Herbert Hörz

Marxistische Philosophie und Naturwissenschaften

Herbert Hörz

Marxistische Philosophie und Naturwissenschaften

2., durchgesehene Auflage

Akademie-Verlag · Berlin
1976

Erschienen im Akademie-Verlag, 108 Berlin, Leipziger Str. 3–4

Lizenznummer: 202 · 100/15/76
Fotomechanischer Nachdruck und buchbinderische Weiterverarbeitung:
VEB Druckerei „Thomas Müntzer", 582 Bad Langensalza
Einbandgestaltung: Karl Salzbrunn
Bestellnummer: 752 144 4 (5977) · LSV 0167
Printed in GDR
EVP 24,00 M

Inhaltsverzeichnis

Vorwort

In unserer Republik gibt es umfangreiche Diskussionen zum Verhältnis von marxistisch-leninistischer Philosophie und moderner Naturwissenschaft. Die naturwissenschaftlichen Kenntnisse wachsen, aber daraus entsteht nicht automatisch eine wissenschaftliche Weltanschauung. In vielen Arbeiten werden Teilprobleme behandelt und die Stellung des dialektischen Materialismus zur Naturwissenschaft dargelegt. Ausgehend von den Erfahrungen am Lehrstuhl „Philosophische Probleme der Naturwissenschaften" der Humboldt-Universität, soll hier ein Diskussionsbeitrag gegeben werden, der sich mit den Bindegliedern zwischen den allgemeinen philosophischen Aussagen und speziellen naturwissenschaftlichen Theorien und Hypothesen befaßt, die Frage beantwortet, was philosophische Verallgemeinerung ist, und philosophische Grundaussagen analysiert. Es geht hier nicht um Detailprobleme, nicht um *spezifische* philosophische Probleme der Naturwissenschaft, sondern es wird der Versuch unternommen, aus speziellen Problemen Lösungen zu verallgemeinern. Manches wird deshalb nur grob skizziert und muß im Zusammenhang mit anderen Arbeiten gesehen werden. Es soll der Erkenntnisprozeß analysiert werden, in dem marxistisch-leninistische Philosophen die ideologische, weltanschauliche und heuristische Funktion der marxistisch-leninistischen Philosophie gegenüber der Naturwissenschaft erfüllen. Deshalb sind es auch nicht die einzelnen Naturwissenschaften, die den Aufbau des Buches bestimmt haben, sondern die Wechselbeziehung zwischen Philosophie und Naturwissenschaft und die philosophischen Grundauffassungen, wie der Materialismus, die materialistische Dialektik, die Dialektik des Erkenntnisprozesses und das Verhältnis von Mensch und Wissenschaft.

In der Geschichte des Denkens wechselte das Verhältnis von Philosophie und Naturwissenschaft zwischen Liebe und Haß, Achtung und Mißachtung. Die gegenseitige Achtung wurde durch Verachtung abgelöst und umgekehrt. Die Naturwissenschaft, aus der Philosophie hervorgegangen, emanzipierte sich so weit, daß sie oft ihren Ursprung vergaß. Mancher Philosoph unterstützte dieses Verhalten, wenn er dort spekulativ Naturzusammenhänge ausdachte, wo experimentelles Prüfen und wissenschaftliches Forschen am Platz war. Die marxistisch-leninistische Philosophie unterwirft sich dem Wahrheitskriterium der Praxis. Sie steht nicht nur nicht im Widerspruch zu den naturwissenschaftlichen Erkenntnissen, sondern verallgemeinert diese so, daß sie der Entwicklung der Philosophie und der Naturwissenschaft dienen. Dazu bedarf es einer sorgsamen philosophischen Analyse neuer naturwissenschaftlicher Erkenntnisse, um scheinbare oder konstruierte Widersprüche zwischen ihnen und bekannten philosophischen Thesen aufzudecken und zu lösen.

Die Naturwissenschaft macht weiter eine stürmische Entwicklung durch. Sie dringt in den Mikro- und Makrokosmos vor, untersucht die materiellen Grundlagen der Lebensprozesse und deckt materielle Strukturen der Bewußtseinsvorgänge auf. Mit ihren Entdeckungen ist eine Vielzahl allgemeiner und spezieller philosophischer Probleme verbunden. Ich möchte deshalb untersuchen, auf welche Art und Weise diese Probleme zu lösen sind, wie die Naturwissenschaft der Philosophie und die Philosophie der Naturwissenschaft helfen kann. Manche Lösung kann deshalb nur angedeutet werden, obwohl sie in der Literatur vorliegt. Es geht mehr um Illustrationen des Erkenntnisweges der Philosophie, der Gegenstand der Betrachtungen ist. Deshalb werden naturwissenschaftliche Erkenntnisse den philosophischen Theorien untergeordnet und an verschiedenen Stellen behandelt. So gibt es beispielsweise keine geschlossene Darlegung des Verhältnisses von marxistisch-leninistischer Philosophie und Kybernetik in seiner Beziehung zur Naturwissenschaft, sondern in verschiedenen Abschnitten wird die Rolle kybernetischer Begriffe für die philosophische Verallgemeinerung, das Verhältnis von Information und Materialismus, von Information und Dialektik behandelt. Wohl ist es möglich, die philosophischen Probleme der Physik, der Biologie, der Chemie usw. darzulegen, aber dabei wird zu wenig das philosophisch Gemeinsame sichtbar gemacht, das erst die *philosophischen* Grundlagen naturwissenschaftlicher Arbeit ausmacht. Da es um das Allgemeine, das weltanschaulich Bedeutsame in den naturwissenschaftlichen Erkenntnissen geht, ist auch die Trennung von Natur- und Gesellschaftswissenschaft nicht immer durchzuhalten. Manche philosophischen Analysen naturwissenschaftlicher Erkenntnisse weisen in ihrer weltanschaulichen, erkenntnistheoretischen und methodologischen Bedeutung über die Naturwissenschaft hinaus und spielen eine Rolle bei der philosophischen Analyse der Gesellschaftswissenschaften. Auch das wird gezeigt. Sicher gilt auch das umgekehrte: Philosophische Theorien können nicht allein durch Analyse der Naturwissenschaften fundiert, präzisiert und entwickelt werden. Sie beruhen auf der theoretischen Auswertung gesellschaftlicher Auseinandersetzungen, auf den Ergebnissen aller Wissenschaften. Da es aber in dieser Arbeit um das Verhältnis von marxistisch-leninistischer Philosophie und moderner Naturwissenschaft geht, wird das übergreifende Moment der Philosophie ausgehend von der Naturwissenschaft gezeigt werden.

Selbstverständlich bringt die hier vorgenommene Untersuchung der Art und Weise philosophischen Erkennens weltanschaulich bedeutsamer Forschungsergebnisse auch gewisse Schwierigkeiten mit sich. Es werden Grundkenntnisse der marxistisch-leninistischen Philosophie und einige Kenntnisse über die Lösung philosophischer Probleme der Naturwissenschaft vorausgesetzt, wenn nicht manches thesenhaft erscheinen soll. Vielleicht ergibt sich aber auch beim Lesen des Buches die Anregung, sich mit allgemeinen philosophischen oder bestimmten Spezialproblemen wieder zu befassen.

Es geht hier um Grundprobleme philosophischer Arbeit, um Grundstandpunkte und um die unter Philosophen viel diskutierte Frage, wie man in unserer Zeit philosophieren solle. Meinen Standpunkt dazu lege ich am Gegenstand des Verhältnisses von marxistisch-leninistischer Philosophie und Naturwissenschaft dar, der als Meinungsäußerung zu diesen allgemeinen Problemen und Fragen zu verstehen ist. Ich erwarte deshalb auch kritische Hinweise der Fachkollegen, die sich nicht mit philosophischen Problemen der Naturwissenschaft beschäftigen, aber aus ihren Spezialkenntnissen heraus die Aufgabe der Philosophie, die Art und Weise ihres Erkenntnisprozesses bestimmen.

Das erste Kapitel gibt Antwort auf die Frage nach der Rolle der Naturwissenschaft bei der Entwicklung der Philosophie. Meist wird nur die entgegengesetzte Frage nach der Hilfe der Philosophie für die Naturwissenschaft gestellt. Das ist zwar berechtigt, aber einseitig. Die Naturwissenschaft ist aus der Philosophie hervorgegangen und hat auch nach ihrer Emanzipation von der Philosophie immer philosophische Probleme hervorgebracht. Jeder Versuch, den Positivismus bis zur Negation der Philosophie überhaupt zu treiben, ist gescheitert. Nicht zuletzt daran, daß der Positivismus selbst eine philosophische Richtung und Haltung ist, die analysiert werden muß. Also muß die Naturwissenschaft selbst philosophische Grundlagen besitzen, philosophisch Bedeutsames hervorbringen, was der Entwicklung der Philosophie dienen kann.

Das zweite Kapitel würdigt die Leistungen der Klassiker des Marxismus-Leninismus bei der Begründung eines wissenschaftlichen Verhältnisses zwischen Philosophie und Naturwissenschaft, während das dritte Kapitel, ausgehend von den Diskussionen um die philosophische Disziplin „Naturdialektik", besonders in der Sowjetunion, die weltanschauliche, ideologische und heuristische Funktion der marxistisch-leninistischen Philosophie gegenüber der Naturwissenschaft behandelt. Es werden dabei auch einige Erfahrungen verarbeitet, die sich aus bisherigen Forschungsarbeiten und Veröffentlichungen ergaben. Die Diskussion darüber ist notwendig, um zu einheitlichen Auffassungen über die Aufgabe der Philosophie gegenüber der Naturwissenschaft zu kommen. Ich habe meine Meinung dargelegt und erwarte Meinungsstreit. Die Kapitel IV bis VII wenden sich dann grundlegenden philosophischen Auffassungen, wie dem Materialismus, der Dialektik, der Erkenntnistheorie und ihrem Verhältnis zur Naturwissenschaft zu und geben eine Kritik bürgerlicher Naturphilosophie. Das Buch wäre unvollständig, wenn auf das international immer mehr in den Vordergrund tretende Problem der moralischen Verantwortung des Wissenschaftlers nicht eingegangen würde. Deshalb wird zum Abschluß das Verhältnis von Mensch und Wissenschaft behandelt und eine Antwort auf die Frage gesucht, ob es Gesetze der Wissenschaftsethik gibt.

Möge dieses Buch ein Beitrag zur theoretischen Fundierung des Bündnisses zwischen marxistisch-leninistischen Philosophen und Naturwissenschaftlern sein und Antwort auf manche Fragen danach geben, was die Philosophie mit der Naturwissenschaft anfängt oder wie der Naturwissenschaftler mit der Philosophie arbeiten kann. Manchmal gibt es dabei Illusionen, zu weit gespannte Erwartungen,die heute oder auch prinzipiell nicht erfüllbar sind. Sie müssen zurückgewiesen werden, ohne die Bedeutung der Arbeiten auf dem Gebiet „philosophische Probleme der Naturwissenschaft" einschränken zu wollen. Es geht um eine fruchtbare Zusammenarbeit von marxistisch-leninistischen Philosophen und Naturwissenschaftlern im Interesse der Entwicklung der Philosophie und der Naturwissenschaft. Dafür werden Fragen gestellt, Antworten skizziert, Hemmnisse aufgedeckt und Möglichkeiten zur besseren und effektiveren Zusammenarbeit gezeigt. Das Buch will Anstöße für das eigene Nachdenken über das Verhältnis von Philosophie und Naturwissenschaft geben und die Diskussion wichtiger Probleme anregen.

Berlin, Juli 1972 Herbert Hörz

KAPITEL I

Die Rolle der Naturwissenschaft für die Entwicklung der Philosophie

Der Mensch entwickelte sich als gesellschaftliches Wesen in ständiger Auseinandersetzung mit der Natur. Er lernte Naturzusammenhänge erkennen, verallgemeinerte Erfahrungen und nutzte sie zur besseren Beherrschung der Natur. Die unmittelbare Anschauung und ihre Verallgemeinerung wurde mit mystisch-religiösen Vorstellungen vermischt. Aber das war noch keine Naturwissenschaft. Zuerst wurde über die Natur philosophiert, ehe sie wissenschaftlich mit Hilfe von Experimenten, als den objektiven Analysatoren der Naturzusammenhänge, untersucht wurde, die Analysen zu Theorien synthetisiert wurden und der für die Entwicklung der Produktivkräfte wichtige Bereich menschlicher Arbeit entstand, die wissenschaftliche Erforschung der Natur. Die Philosophie war der Inbegriff für die geistige Auseinandersetzung mit der Umwelt überhaupt. Sie wurde möglich durch die Arbeitsteilung. Die Produzenten materieller Güter und damit der Existenzbedingungen der Menschen überhaupt vollzogen die tätige, gegenständliche Auseinandersetzung mit der Natur, und die Philosophen, die Geistesarbeiter, reflektierten über die Natur, den Schöpfer der Natur und das menschliche Wesen. Soweit diese Reflexionen die Erfahrungen der tätigen Aneignung der Natur durch den Menschen berücksichtigten, soweit Philosophen selbst schon einfache Experimente durchführten und sie verallgemeinerten, wurde dabei die Voraussetzung für die Naturwissenschaft geschaffen. So versuchten die ionischen Naturphilosophen den Ursprung der Welt materialistisch zu begreifen. – Dabei verstehen wir unter Materialismus die Anerkennung des Primats der Materie gegenüber dem Bewußtsein und unter Idealismus die Anerkennung des Primats des Bewußtseins gegenüber der Materie. – Für Thales war der Urgrund des Seins das Wasser und für Anaximenes die Luft. Anaximander fand ihn im „Apeiron", einem Urstoff, der alles durchdringt, aus dem alles entsteht, besteht und in den alles vergeht. Für spätere Philosophen waren andere Grundelemente Bausteine der Welt, und Demokrit, Epikur und Leukipp entwickelten die Lehre von den letzten unteilbaren Bausteinen des Geschehens, den Atomismus, der in der späteren Naturwissenschaft so große Triumphe feierte.

Zu den die weitere Entwicklung der Philosophie und ihres Verhältnisses zur Natur bestimmenden Gedanken gehören auch die Versuche Platons, das Wesen der geistigen Arbeit zu begreifen. Er überhöht jedoch die Rolle der Ideen in seinem Höhlengleichnis, indem er die Ideen als das primär Wirkliche und die Objekte und Prozesse unserer Umgebung als Ausdruck dieser Ideen betrachtet. Wir erkennen nach ihm deshalb in der *Natur* nur die Schatten der Ideen, wie Menschen, die mit dem Gesicht zur Wand in einer Höhle gefesselt sitzen, nur die Schatten der Vorgänge erkennen, die außerhalb geschehen. Diese Überschätzung der geistigen Tätigkeit durch die Objektivierung der Erkenntnisprodukte, der Ideen, zu dem die materielle Welt bestimmenden und bedingenden Wesen wird im Neoplatonismus oft zur Erklärung der Rolle der Mathematik und der Naturwissenschaft herangezogen. Die philosophischen Ansätze zur Klärung von Problemen, die mit den objektiven Gesetzen und den Auseinandersetzungen des Menschen mit der Natur zusammenhängen, tauchen auch in modernen philosophischen Reflexionen der Naturwissenschaftler und Naturphilosophen wieder auf. Aristoteles, der Platon in vielen Punkten berechtigt kritisierte, aber sich selbst nicht von der idealistischen Grundposition lösen konnte, trug mit seinen Arbeiten zur Physik und Metaphysik[1] zum besseren Naturverständnis bei. Er befaßte sich mit der Bewegung der Körper auf der Erde und im All, mit der Entwicklung der Lebewesen, den Gebirgen, dem Wetter usw. In seinen Arbeiten wird das Naturwissen seiner Zeit dargestellt und interpretiert. Seine Auffassungen, wie die von den natürlichen Orten der Körper, haben lange Zeit die Entwicklung des Naturdenkens beeinflußt. So ist die Entwicklung der Physik im 15. und in den folgenden Jahrhunderten eine ständige Auseinandersetzung mit einseitigen Deutungen von Naturvorgängen durch Aristoteles.

Die Philosophie, soweit sie Naturerkenntnis betrieb, schuf damit Voraussetzungen für die Entwicklung der Naturwissenschaft, deren Entstehung mit der Entwicklung der Industrie und der Produktivkräfte überhaupt durch die Bourgeoisie zusammenhängt. Aufbauend auf den philosophischen Naturerkenntnissen und den Erfahrungen der Menschen bei der Landvermessung, der Verteidigung, der Schiffahrt, der Entwicklung erster Manufakturen usw. entwickelte sich die Naturerkenntnis mit Hilfe von Experimenten, Beobachtungen und durch die Aufdeckung überprüfbarer und ausnutzbarer Naturgesetze. Die Naturwissenschaft entwickelte sich als gesellschaftliche allgemeine

Arbeit mit eigenen Institutionen gegen die Widerstände der feudalen Kräfte und ihrer Weltanschauung, besonders gegen den Widerstand der reaktionären Kreise der katholischen Kirche, erfolgreich seit dem 15. Jahrhundert. Die Philosophie stand an ihrer Wiege, und ihre ersten Aussagen waren philosophisch. Giordano Bruno verteidigte die Bewegung der Erde um die Sonne und endete auf dem Scheiterhaufen. Er war Philosoph und Wegbereiter naturwissenschaftlich begründbarer Ideen. Kepler hatte die Planetengesetze als Ausdruck der Harmonie und Schönheit des Weltalls betrachtet. Galilei führte zur Rechtfertigung seiner wissenschaftlichen Erkenntnisse in seinen „Dialogen" philosophische Streitgespräche durch. Aber mit Newton, mit der Darlegung der Prinzipien der klassischen Physik, war dieser Prozeß der Herausbildung der Naturwissenschaft als von der Philosophie emanzipierten Bereichs geistiger Arbeit im wesentlichen abgeschlossen. Ihre Durchsetzung und Weiterentwicklung erforderte selbstverständlich die Überwindung vieler Hemmnisse, auch von solchen philosophischer Art.

Mit Newton war eine neue Haltung der von der Philosophie emanzipierten Naturwissenschaft zur Philosophie entstanden. Die Forderung Newtons „Physik, hüte dich vor der Metaphysik!" war Anlaß für viele Naturwissenschaftler, der Philosophie mit Mißtrauen zu begegnen. Sie war sicher nicht nur so zu verstehen. Die Physik und die Naturwissenschaft allgemein muß sich selbstverständlich davor hüten, statt des Experiments philosophische Thesen, statt der theoretischen Erklärung Spekulationen zuzulassen. Ihre Ergebnisse sind mit Hilfe theoretischer Deutungen von Experimenten zu gewinnen, und mit Hilfe von Experimenten werden Schlußfolgerungen aus der Theorie überprüft. Kein noch so gut und noch so klug ausgedachtes System philosophischer Kategorien kann die Praxis als Grundlage und Ziel der Erkenntnis und als Kriterium der Wahrheit ersetzen. Aber dieser richtige materialistische Grundgedanke wurde manchmal so eng gefaßt, daß die philosophische Verallgemeinerung naturwissenschaftlicher Erkenntnisse als unwissenschaftlich abgelehnt wurde. Es entstand die Frage: „Was leistet die Philosophie für die Naturwissenschaft?" Von nicht wenigen Naturwissenschaftlern wurde sie in der kurzen Geschichte der Naturwissenschaft von mehreren Jahrhunderten gegenüber der Jahrtausende währenden Geschichte der Philosophie negativ beantwortet. Das Kind hatte sich von seiner Mutter emanzipiert und fragte sie nun, ob sie als Mutter überhaupt noch etwas für das Kind tun könne. Aber ebenso berechtigt wie diese Frage ist die andere: „Was leistet die Naturwissenschaft für die Entwicklung der Philosophie?" Das haben auch hervorragende Naturwissenschaftler erkannt, die, wie Helmholtz, meinten, daß der Philosophie nur wieder aufzuhelfen sei, wenn sie von der kräftigen Entwicklung der Naturwissenschaft Notiz nehme und sich der Untersuchung der wirklichen Erkenntnisprozesse zuwende.[2]

Aber das Verständnis für die gegenseitigen Bedürfnisse von Philosophie und Naturwissenschaft und das Verhältnis zueinander wechselte. Es gab unterschiedliche philosophische Richtungen, die auf die Emanzipation der Naturwissenschaft verschieden reagierten. In Descartes' Philosophie wurde der Zwiespalt deutlich, der dadurch entstand, daß die Naturwissenschaft Erkenntnisse gewann, die der philosophischen Verallgemeinerung bedurften, und philosophische Auffassungen existierten, die der Naturwissenschaft widersprachen. Descartes löste das Problem dualistisch. Mit der „res extensa", der ausgedehnten Substanz, befaßt sich die Naturwissenschaft, mit der „res cogitans", der denkenden Substanz, die idealistisch beeinflußte Philosophie. Diese inkonsequente Lösung brachte ihm sowohl die Kritik des Materialisten Gassendi ein, der konsequent auch die materialistische Erklärung des Denkens forderte, als auch den Vorwurf des Paters Mersenne, der ihm sein Abweichen vom Offenbarungsglauben, vom Glauben an die Allmacht des Schöpfers vorhielt. Nach Marx hielten sich die Naturwissenschaftler in der Folgezeit an die materialistischen Aspekte in der Philosophie Descartes'.[3] Der mechanische Materialismus verallgemeinerte die naturwissenschaftlichen Erkenntnisse, während er als Prototyp der Naturwissenschaft die klassische Physik gelten ließ. An ihr ist der klassische mechanische Determinismus orientiert. Wie die Planetenbahn durch die Newtonschen Gesetze ist jedes Ereignis genau vorausbestimmt und voraussagbar. Sind Ort und Geschwindigkeit eines Körpers bekannt, dann kann mit Hilfe der klassischen Physik, unter Berücksichtigung der bekannten Kräfte, jeder zukünftige Zustand eines Körpers bestimmt werden. Der mechanische Materialismus befand sich im Einklang mit der Naturwissenschaft, aber er war eine historisch begrenzte Form des Materialismus, weil er die durch die naturwissenschaftliche Analyse notwendige Einschränkung der objektiven Zusammenhänge auf die klassisch-physikalisch bestimmbaren philosophisch begründete und damit verabsolutierte. Sobald die Naturwissenschaft neue Erkenntnisse brachte, wie die Entwicklung der Physik zeigt, kam es zum Zusammenbruch des mechanisch-materialistischen Denkens. Beiträge dazu lieferten die Feldphysik, die statistische Physik, die Atomphysik und vor allem die Entwicklung der Relativitäts- und Quantenphysik. Vorher waren schon Ergebnisse der Biologie als nicht mit dem mechanischen Materialismus vereinbar erkannt worden, aber dieser Angriff konnte mit der Haltung zurückgewiesen werden, daß die biologischen Prozesse erst noch auf ihre physikalischen Grundlagen zurückgeführt werden müßten.

Neben dem mit der klassischen Physik im Einklang stehenden mechanischen Materialismus bestand stets der Idealismus als Reaktion auf den Materialismus, als idealistische Deutung der Wissenschaft und Erklärung der Welt. Soweit er die Naturerkenntnisse berücksichtigte, baute er sie, idealistisch gedeutet, in sein philosophisches System ein, indem er sie als philosophisch unzureichend und ergänzungsbedürftig erklärte und Lücken in der naturwissenschaftlichen Erkenntnis durch Spekulation ausfüllte. So war auch die Dialektik von Hegel naturwissenschaftlich nur schwer faßbar, obwohl in ihr Ansätze zur Lösung philosophischer Probleme der Naturwissenschaften enthalten waren. Die philosophierenden Naturwissenschaftler fühlten sich auch mehr mit Kant verbunden, der eine Reihe erkenntnistheoretischer Probleme aufwarf und sie für den Naturwissenschaftler verständlich dadurch löste, daß er die Naturwissenschaft als Aposteriori-Erkenntnis in den allgemeinen Erkenntnisprozeß, der durch die Existenz apriorischer Kategorien und Erscheinungsformen bestimmt wird, einordnet. Das „Ding an sich" ist unerkennbar, nur seine Erscheinungsformen werden untersucht. Kant gab eine für viele Naturwissenschaftler einsichtige Erkenntniskritik, die zwar Agnostizismus und Apriorismus vereinigte, aber dem Naturwissenschaftler die philosophische Begründung seiner Arbeit abnahm und ihn weiterer philosophischer Analysen enthob, da das „Ding an sich" unerkennbar und die Kategorien und Anschauungsweisen a priori gegeben sind. Zwischen diesen Erkenntnisgrenzen, durch das philosophische Denken Kants gesetzt, vollzieht sich nach ihm die Naturerkenntnis. Das 19. Jahrhundert brachte nun nicht nur die philosophische Kritik an Kant durch Hegel[4], Marx und Engels, sondern auch durch Naturwissenschaftler. Kant beantwortete seine Frage, ob synthetische Urteile a priori möglich seien, unter Hinweis auf die euklidische Geometrie bejahend. Der Aufbau der nichteuklidischen Geometrie zeigte jedoch die Unhaltbarkeit dieser Auffassung, und Helmholtz, der lange Zeit gläubiger Kantianer gewesen war, betrachtete nun die reine Erkenntnis Kants als Tummelplatz der Spekulation und die These von den Axiomen der euklidischen Geometrie als synthetische Urteile a priori als unnötig und unbrauchbar.[5]

Eine besondere Rolle spielte gegen Ende des 19. und Anfang des 20. Jahrhunderts der Positivismus. Später wirkte er als Neopositivismus, vor allem über den Wiener Kreis, und hat auch heute seinen Einfluß noch nicht verloren. Er lieferte eine „Begründung" für die Mißachtung der Philosophie durch die Naturwissenschaftler, indem er solche philosophischen Fragen, wie die nach der Ursache der Erscheinungen, nach der objektiven Realität usw., als Scheinfragen abtat und nur die Berücksichtigung positiver Erkenntnisse forderte. Aber die philosophischen Fragen wurden dadurch nicht beseitigt. Sie tauchten immer wieder auf und forderten eine Antwort. Der Positivismus hat die Entwicklung der theoretischen Arbeit, die philosophischen Reflexionen der Naturwissenschaftler zwar nicht beseitigen können, aber gehemmt, und die Geringschätzung der philosophischen Überlegungen und damit die negative Seite des Ausspruchs von Newton begründet. Es schien, als ob die von Schlick, Carnap u. a. ausgesprochene Ansicht des Neopositivismus, eine wissenschaftliche, eine Wissenschaftsphilosophie zu sein, berechtigt wäre. Dieser Schein hielt aber nicht lange vor. Die theoretische Entwicklung der Naturwissenschaft zwang dazu, das Verifikationskriterium des Positivismus zu überprüfen. Die vom Positivismus zu Scheinfragen erklärten Fragen nach dem Ursprung der Welt und der Quelle des Wissens, nach den Ursachen der Prozesse waren nicht nur nicht durch logische Manipulation zu beseitigen, sondern stellen sich auch mit jeder naturwissenschaftlichen Erkenntnis aufs neue. Der Positivismus beantwortete die philosophischen Fragen der Naturwissenschaftler nicht.

Das Mißtrauen mancher Naturwissenschaftler gegenüber der Philosophie resultiert also aus ihrer Stellungnahme gegen Spekulationen und aus dem Zusammenbruch des mechanischen Materialismus. Aber das Zurückziehen auf den Positivismus half auch nicht. Die weltanschaulichen Grundfragen nach dem Ursprung der Welt und der Quelle des Wissens, nach der Stellung des Menschen in der Welt, nach dem Sinn des Lebens und dem Charakter des gesellschaftlichen Fortschritts erfordern Antworten. Solche Antworten gibt die marxistisch-leninistische Philosophie aus der Verallgemeinerung der Ergebnisse der Wissenschaften und der gesellschaftlichen Praxis. Sie ist eine Philosophie, die *wissenschaftliche* Antworten auf die weltanschaulichen Grundfragen theoretisch ausarbeitet und beweist; sie unterwirft sich damit auch dem allgemeinen Kriterium der Wissenschaftlichkeit: der Praxis als Kriterium der Wahrheit, als Grundlage und Ziel der Erkenntnis.

Eben damit wird folgende Frage gerechtfertigt: Welche Rolle spielt die Naturwissenschaft für eine solche Philosophie? Die wissenschaftliche Philosophie verteidigt den materialistischen Grundsatz, wonach die Tatsachen in ihrem eigenen und in keinem phantastischen Zusammenhang zu sehen sind. Ihre Theorie muß aus den Ergebnissen der Wissenschaft und der Praxis verallgemeinerte exakte Widerspiegelung der objektiven Realität sein, deren Folgerungen sich als überprüfbar erweisen müssen. Sie wendet sich also gegen nicht überprüfbare Spekulationen ebenso wie die Naturwissenschaftler, die Angst vor der Philosophie haben. Aber der Verallgemeinerungsprozeß der Philosophie muß untersucht werden. Die Spezifik der philosophischen Aufgabe, weltanschauliche Grundfragen wissenschaftlich zu beantworten, erfordert spezifische Erkenntnismethoden, für die vielleicht manche allgemein anerkannten Wissenschaftskriterien zu eng sind. Aber das ist zu überprüfen.

Mit ihrer spezifischen Aufgabenstellung ist die marxistisch-leninistische Philosophie nicht mehr allein Reservoir für die Entwicklung von Wissenschaften. Die traditionelle Philosophie hat viele Wissenschaften hervorgebracht, wie die Natur- und Gesellschaftswissenschaften, die Sprach- und Kunstwissenschaften, und Grenzgebiete zwischen den Wissenschaften, die zu selbständigen Disziplinen wurden. Heute entstehen aus den vorhandenen Wissenschaften selbst neue. Die Naturwissenschaft hat die technischen Wissenschaften hervorgebracht. Landwirtschaftswissenschaft und andere existieren. Bei allen haben philosophische Gedanken, wenn nicht die Philosophie selbst, Pate gestanden. Mit der Einsicht in die spezifische Aufgabenstellung der wissenschaftlichen Philosophie könnte man die Frage stellen, ob das philosophische Reservoir für die Entwicklung neuer Wissenschaften nicht ausgeschöpft sei. Sicher ist das nicht der Fall, und es entwickeln sich auch aus ihr neue Wissenschaften. Aber dies allein würde die Philosophie nur zur Vorwissenschaft, zur Vorstufe der Wissenschaft, aber nicht zur Wissenschaft selbst machen. Die wissenschaftliche Philosophie ist theoretische Grundlage der wissenschaftlichen Weltanschauung und gibt wissenschaftlich begründete Antworten auf die weltanschaulichen Grundfragen. Es geht also um das Verhältnis von Naturwissenschaft und *wissenschaftlicher* Philosophie, wenn die Frage nach der Rolle der Naturwissenschaft für die Entwicklung der Philosophie gestellt und beantwortet wird. Für andere Philosophien muß man die Vorbehalte der Naturwissenschaftler gegen Spekulation, zeitbedingte Philosophien usw. voll unterstreichen, vor solcher Metaphysik sollte sich die Naturwissenschaft tatsächlich hüten.

Wie kann man die Rolle der Naturwissenschaft bei der Entwicklung der wissenschaftlichen Philosophie bestimmen? Offensichtlich reicht es dazu nicht aus, nur auf die Übereinstimmung von naturwissenschaftlichen Erkenntnissen und philosophischen Aussagen zu verweisen. Das können viele Philosophien. So war der mechanische Materialismus mit der bis ins 19. Jahrhundert herrschenden klassischen Physik vereinbar und der Positivismus mit der philosophischen Haltung vieler Naturwissenschaftler. Eine wissenschaftliche Philosophie muß die Erkenntnisse der Naturwissenschaft berücksichtigen. Sie darf also nicht in Widerspruch zu ihnen stehen. Das ist die Minimalforderung, die zu ergänzen ist. Als erstes sei hier auf die ständig neuen Erkenntnisse der Naturwissenschaft über die Materiestruktur, d. h. die Gesamtheit der Beziehungen zwischen materiellen Objekten, verwiesen. Die weltanschauliche Grundproblematik des Ursprungs der Welt und der Quelle des Wissens ist beispielsweise eng damit verbunden. So kann die philosophische Auffassung über das Universum, die materiellen Grundbausteine der Welt und den Menschen nicht ohne die naturwissenschaftlichen Erkenntnisse ausgearbeitet werden. Engels verwies im vergangenen Jahrhundert auf die drei weltanschaulich bedeutsamen Entdeckungen – den Energieerhaltungssatz, die Zelle und die Darwinsche Entwicklungstheorie –, weil damit philosophische Problemlösungen von großer Tragweite berührt wurden. Der Energieerhaltungssatz ließ die schon lange entwickelte philosophische These von der Einheit der Welt in ihrer Materialität als objektiver Zusammenhang, bei dem die Qualität nicht auf die Quantität reduziert werden kann, besser verstehen. Die Entdeckung der Zelle zeigte materielle Grundlagen für das Leben, und die Darwinsche Entwicklungslehre gab eine natürliche Erklärung für die Entwicklung der Lebewesen bis zum Menschen. In unserem Jahrhundert sind neue weltanschaulich bedeutsame naturwissenschaftliche Erkenntnisse gewonnen worden. Denken wir an die Relativitätstheorie, die uns die Objektivität der Raum-Zeit-Struktur, den inneren Zusammenhang bewegter physikalischer Objekte mit der Raum-Zeit-Struktur und die theoretische Erklärung des Zusammenhangs von Masse und Energie, der Bewegung als Daseinsweise der Materie usw. brachte. Damit konnten philosophische Erkenntnisse mit Hilfe des naturwissenschaftlichen Materials präzisiert werden. Allgemeine Aussagen über die Raum-Zeit, die Bewegung, die Einheit der Welt usw. erhielten einen naturwissenschaftlichen Inhalt. Die Quantentheorie machte die Überprüfung bisheriger Kausalitäts- und Bewegungsauffassungen unumgänglich, führte zur Konzeption der statistischen Gesetze und ließ uns das Verhältnis von Beobachter, Gerät und Objekt besser verstehen. Auch dabei fielen veraltete mechanisch-materialistische Auffassungen neuen naturwissenschaftlichen Erkenntnissen zum Opfer, und andere Gedanken wurden bestätigt. Das trifft auf die einseitige Auffassung vom zu erkennenden „Objekt an sich" zu, das in seiner Wechselwirkung mit anderen Objekten durch die Einwirkung des Menschen mit Hilfe von Geräten auf den objektiven Ablauf erkannt wird, wobei das Experiment sich als bewußt vom Forscher eingesetzter objektiver Analysator erweist, der ihn die objektiven Gesetze des Naturprozesses, d. h. die allgemein-notwendigen und wesentlichen Zusammenhänge, erkennen läßt. Daher ist zur philosophischen Analyse solch weltanschaulich bedeutsamer naturwissenschaftlicher Entdeckungen viel theoretischer Aufwand erforderlich, bedarf es des Meinungsstreits und der kritischen Überprüfung der Resultate. Ständig schleichen sich Fehleinschätzungen und Einseitigkeiten ein. So wurde die Negation der klassischen Kausalitätsauffassung in der Physik durch die Quantentheorie auch als „Willensfreiheit des Elektrons", als „Indeterminismus" usw. gedeutet.

Die weltanschauliche Diskussion verlagert sich heute vor allem auf die Ergebnisse der Molekularbiologie in Verbindung mit der Entwicklungsauffassung. Interessante Einsichten in die materielle Struktur des genetischen Apparats haben auch hier zu vielen philosophischen Diskussionen über die Rolle von Entwicklungsgesetzen, das Verhältnis von Notwendigkeit und Zufall usw. geführt.

Die Rolle der Naturwissenschaft für die Philosophie besteht also *erstens* darin, mit weltanschaulich bedeutsamen Erkenntnissen Material für die Präzisierung philosophischer Auffassungen zu liefern, durch philosophische Reflexion auch diese Erkenntnisse zur philosophischen Analyse auszunutzen und so die philosophische Verallgemeinerung zu fördern. Naturwissenschaftliche Erkenntnisse sind, philosophisch verallgemeinert, wissenschaftliches Fundament der philosophischen Antworten auf die weltanschaulichen Grundfragen. Um dieses Fundament sicher ausnutzen zu können, muß geklärt werden, was wir unter philosophischer Verallgemeinerung verstehen; das soll im dritten Kapitel geschehen. Damit ist ein Beitrag der Naturwissenschaft zur Lösung der spezifisch philosophischen Aufgabe charakterisiert, der jedoch erst durch philosophisch-theoretische Arbeit fruchtbar wird, da die naturwissenschaftlichen Erkenntnisse ihre philosophische Bedeutung zwar schnell offenbaren, aber der Prozeß der Verallgemeinerung bis zur Präzisierung philosophischer Aussagen doch recht kompliziert ist, wie aus der intensiven und teilweise heftigen Diskussion um die Deutung naturwissenschaftlicher Erkenntnisse zu ersehen ist.

Die Rolle der Naturwissenschaft bei der Entwicklung der Philosophie besteht *zweitens* in der möglichen experimentellen Überprüfung philosophischer Ansichten durch die Naturwissenschaft. Das ist das notwendige Pendant zur philosophischen Verallgemeinerung. Es handelt sich um zwei Momente eines Prozesses. Während diese verlangt, die *weltanschauliche* Bedeutung naturwissenschaftlicher Erkenntnisse exakt herauszuarbeiten, muß bei einer experimentellen Überprüfung philosophischer Ansichten der Allgemeinheitsgrad der Aussagen so eingeschränkt werden, daß eine Überprüfung möglich wird. Oft handelt es sich deshalb auch nur um Teilaspekte der allgemeinen Aussage, die überprüft werden. So wurde, mit der Erkenntnis der euklidischen Geometrie verbunden, die in der Geschichte der Philosophie ausgearbeitete These von der Unendlichkeit der Materie mit der Grenzenlosigkeit gleichgesetzt. Im dreidimensionalen nichteuklidischen Raum mit gradlinigen Koordinaten ist es möglich, die Unendlichkeit dadurch zu bestimmen, daß jede Grenze negiert wird. Der mit dem Aufbau nichteuklidischer Geometrien geführte Nachweis, daß in einer Kugelgeometrie die Oberfläche endlich, aber grenzenlos ist, zeigte die Unhaltbarkeit der philosophischen Gleichsetzung von Unendlichkeit und Grenzenlosigkeit. Das galt um so mehr, als später die Bedeutung nichteuklidischer Geometrien zur Darstellung physikalischer Sachverhalte nachgewiesen wurde. Einerseits mußte also der weltanschauliche Gehalt der These von der Unendlichkeit der Materie klarer herausgearbeitet werden, da die Naturwissenschaft die Unhaltbarkeit der eingeschränkten Auffassung von der Grenzenlosigkeit gezeigt hatte. Er besteht in der Anerkennung der ewigen Veränderung, des ständigen Formwechsels des materiell einheitlichen Universums, was außerweltliche ideelle Prinzipien zur Erklärung der uns umgebenden Vorgänge ausschließt. Das ist keine Aussage über die Materiestruktur, die von der Spezialwissenschaft auf Grund experimenteller Befunde und theoretischer Erklärungen zu treffen ist, sondern die auf der Verallgemeinerung wissenschaftlichen Verhaltens beruhende philosophische Antwort auf die weltanschaulichen Grundfragen nach dem Ursprung der Welt und der Quelle des Wissens. Die Materie ist Ursache ihrer selbst, und das Bewußtsein ist ein Produkt der materiellen Entwicklung; diese weltanschauliche Aussage kann durch die Ausarbeitung nichteuklidischer Geometrien und ihrer physikalischen Bedeutung nicht eingeschränkt werden. Andererseits sind weltanschauliche und philosophische Grundaussagen stets mit wissenschaftlichen Erkenntnissen einer Zeit verbunden, werden aus ihnen abgeleitet und mit ihnen erklärt. So vertrat Engels die Auffassung von der Unendlichkeit als Grenzenlosigkeit, um mit ihr Widersprüche im philosophischen System von E. Dühring nachzuweisen.[6] Seine Kritik ist vollauf berechtigt, da die Ungereimtheiten Dührings über die räumlichen und zeitlichen Beziehungen materiellen Geschehens, über die reine Zeit usw. nicht verschwinden, selbst wenn sie mit modernen naturwissenschaftlichen

Erkenntnissen verbunden werden. Es wurde also durch die Entwicklung der Naturwissenschaft ein Teilaspekt der These von der Unendlichkeit der Materie überprüft und die Gleichsetzung von Unendlichkeit und Grenzenlosigkeit als falsch nachgewiesen. Das kann nun zu der Auffassung führen, daß die These von der Unendlichkeit der Materie überhaupt aufgegeben werden müsse. Wer diese Auffassung vertrat, beachtete nicht, daß zur Überprüfung der allgemeinen philosophischen Aussage der Allgemeinheitsgrad eingeschränkt wurde und somit nur ein Teilaspekt der Überprüfung unterlag. Wer jedoch, ohne die Ergebnisse der Naturwissenschaft zu beachten, die philosophische These auch in den zu kritisierenden Aspekten aufrechterhalten will, verfällt dem Dogmatismus und gibt den wissenschaftlichen Charakter der Philosophie preis.

Die wissenschaftliche Philosophie beugt sich also dem Kriterium der Wahrheit, der Praxis, wenn die praktischen Erfahrungen und experimentellen Ergebnisse richtig verallgemeinert werden. Die Wahrheit der verallgemeinerten Aussage kann durch Präzisierung mit Hilfe wissenschaftlicher Erkenntnisse für einen bestimmten Bereich und die Überprüfung dieser Präzisierung festgestellt werden. Damit werden naturwissenschaftliche Erkenntnisse, wenn sie Teilaspekte philosophischer Aussagen treffen, zum Prüfstein für die Richtigkeit des Teilaspektes der philosophischen Aussage.

Die Naturwissenschaft zwingt also die wissenschaftliche Philosophie nicht nur zur Entwicklung durch die Aufdeckung weltanschaulich bedeutsamer Naturzusammenhänge, die verallgemeinert werden müssen, sondern auch durch die Überprüfung von Teilaspekten philosophischer Aussagen. Die wissenschaftliche Philosophie kennt also keinen außerwissenschaftlichen Erkenntnisweg, wie etwa der Thomismus und Neothomismus. Für diesen ist die Naturwissenschaft eine niedere Erkenntnisstufe, die durch die Offenbarung als höhere Erkenntnisweise ergänzt werden muß. Die Offenbarung liefert das, was die Wissenschaft nicht liefert, die ideellen Prinzipien des Naturgeschehens. So kann man die statistische Deutung der Quantentheorie philosophisch aus der Sicht des Neothomismus untersuchen, soweit es um die niedere Stufe der Erkenntnis geht. Das neothomistische philosophische System wird dann eben auf einem niederen Niveau der Materiestruktur angesiedelt, einem Niveau, welches dem, das die Quantentheorie untersucht, zugrunde liegt und einem unerkennbaren neothomistisch interpretierten Determinismus entspricht.[7] Hier wird die eigentliche philosophische Aussage dem Wahrheitskriterium der Naturwissenschaft entzogen. Die dabei durchgeführte philosophische Konstruktion erscheint einleuchtend, da zwei Momente wirklicher Erkenntnis berücksichtigt werden. Das erste ist die Allgemeinheit philosophischer Aussagen, die nie als Ganzes in der Naturwissenschaft erfaßt wird. Das läßt die Möglichkeit zu, von einer spezifischen philosophischen Erkenntnisweise zu sprechen, mit der diese Allgemeinheit gefunden, bestätigt und verteidigt werde. Die Allgemeinheit philosophischer Aussagen darf jedoch, von der wissenschaftlichen Philosophie aus betrachtet, nicht so verstanden werden, als ob die Naturwissenschaft stets nur Teilaspekte treffen könne und damit nichts über die verallgemeinerte Erkenntnis ausgesagt sei. Das ist zwar das Wesen der Verallgemeinerung, denn es liefern nicht einzelne Aspekte des für die Verallgemeinerung herangezogenen Materials den Kern der Aussage, aber die Gesamtheit der Teilaspekte, die wissenschaftlich überprüfbar sind, trifft ihn. So steht also die philosophische Konstruktion einer spezifisch philosophischen Erkenntnisweise, die die Wissenschaft ergänzen soll, weil diese nur Teilaspekte betreffe, der wissenschaftlichen Philosophie entgegen. Diese verallgemeinert auf wissenschaftliche Weise aus den Ergebnissen der Wissenschaften und überprüft die Konsequenzen, die aus diesen Verallgemeinerungen gezogen werden, wieder mit Hilfe der Spezialwissenschaften. Nur so kann sie ihre spezifische Aufgabe auf wissenschaftliche Weise erfüllen. Deshalb hilft ihr auch kein Apriorismus, der Erkenntnismethoden, die selbst der Analyse unterliegen müssen, als gegeben voraussetzt.

Die wissenschaftliche Philosophie leistet damit weniger, als es mit der illusionären Forderung ausgedrückt wird, eigene Erkenntnisweisen zu benutzen, die das naturwissenschaftliche Wissen ergänzen und zu Erkenntnissen führen, die von den naturwissenschaftlichen unabhängig sind. Sie leistet aber auch mehr, als es der Positivismus wollte. Sie beantwortet die weltanschaulichen Grundfragen auf wissenschaftliche Weise. Sie weist die Auffassung zurück, die fordert, das Wissen durch Glauben an höhere Wesen zu ergänzen, die ideellen Vorgänge des Naturgeschehens durch Offenbarung zu finden, und kritisiert die Leugnung der Rolle der Philosophie. Bei der wissenschaftlichen Behandlung weltanschaulicher Fragen nutzt die marxistisch-leninistische Philosophie das gesamte Arsenal wissenschaftlicher Erkenntnisse aus, um verallgemeinerte Aussagen zu gewinnen und deren Konsequenzen jenem Kriterium der Wahrheit zu unterwerfen, das die Naturwissenschaft benutzt.

Das zweite Moment wirklicher Erkenntnis, das ausgenutzt wird, ist die ständige Unabgeschlossenheit der Erkenntnis. Man kann die Einsicht in die Unendlichkeit der Materie auch so formulieren, daß es keine endgültige Wahrheit über die Materiestruktur gibt. Damit kann aber philosophische Erkenntnis, die sich nicht dem Kriterium der Praxis beugt, immer in den Lücken der bisherigen Erkenntnis angesiedelt werden. Nehmen wir die Existenz eines unterhalb des Quantenniveaus existierenden Determinismus an, so wird diese These auch von Physikern wie de Broglie, Vigier, Bohm, Terletzki u. a. vertreten. Was die Existenz tieferliegender Niveaus der Elementarteilchenprozesse angeht, so zweifelt daran kaum noch jemand. Der philosophische Trick, der eingebaut wird, um die neothomistische Substanzauffassung immer wieder retten zu können, ist die *Unerkennbarkeit* des Determinismus. Hier werden, auf Grund der sich entwickelnden Erkenntnis, die der Wissenschaft nicht entsprechende philosophische Erkenntnisweise und deren Wahrheitskriterien stets von neuem in noch unerkannten Bereichen angesiedelt. Damit wird die philosophische Aussage dem Wahrheitskriterium der Naturwissenschaft entzogen, weshalb sie als unwissenschaftlich zu bezeichnen ist. Eine solche Philosophie, die von den Lücken der Erkenntnis lebt, kann kaum Hilfe für die Naturwissenschaft geben. Die wissenschaftliche Philosophie aber, die sich dem wissenschaftlichen Wahrheitskriterium stellt, kann heuristische Funktionen gegenüber der Naturwissenschaft erfüllen.

Hier wird auch die Konsequenz des materialistischen Standpunkts zur Untersuchung der Naturprozesse ersichtlich. Wenn die Tatsachen in ihrem eigenen und in keinem phantastischen Zusammenhang gesehen werden sollen, dann reicht es nicht aus, daß philosophische Aussagen den Aussagen der Naturwissenschaft nicht widersprechen, sondern sie müssen ihr entsprechen, indem sie von ihr ausgehen und ihrem Wahrheitskriterium unterworfen werden. So kann die These von der natürlichen Erklärung für die Entwicklung des Menschen als Konsequenz des materialistischen Standpunktes verstanden werden, nach dem die Materie Ursache ihrer selbst und das Bewußtsein Entwicklungsprodukt der Materie ist. Aber dieser Standpunkt erfordert die wissenschaftliche Fundierung durch Ergebnisse der Naturwissenschaften, durch die Anthropologie, die Geschichte usw. Sie bleibt Hypothese, solange sie nicht wissenschaftlich bestätigt ist. In diesem Sinnechaben die von Engels genannten weltanschaulich bedeutsamen Entdeckungen der Zelle und der Darwinschen Entwicklungstheorie auch die Bedeutung der naturwissenschaftlichen Fundierung dieser Hypothese, ihrer praktischen Bestätigung. Angemerkt sei auch, daß die Hypothese der materialistischen Erklärung der Gesellschaft durch die Aufdeckung der materiellen Verhältnisse als der bestimmenden gesellschaftlichen Verhältnisse durch Marx ihre Bestätigung fand und heute in vielen theoretischen und praktischen Konsequenzen überprüft ist. Die auf der Entwicklung des Denkens als Reflexion über die Auseinandersetzung des Menschen mit der Natur aufgebaute Philosophie, die kräftige Entwicklungsstöße durch die Naturwissenschaft zu allen Zeiten erhielt, kann also Hypothesen zur Klärung naturwissenschaftlicher Sachverhalte in philosophischer Sprache entwickeln, die durch die Naturwissenschaft zu bestätigen und zu präzisieren sind.[8]

Die Untersuchung der Rolle der Naturwissenschaft für die Philosophie führt also immer wieder zum Wechselverhältnis von Philosophie und Naturwissenschaft. Eine wissenschaftliche Philosophie, die sich der Naturwissenschaft nicht verschließt, die sich ihren wissenschaftlichen Kriterien unterwirft, erfüllt nicht nur die für den Naturwissenschaftler wichtige Aufgabe, die weltanschaulichen Grundfragen zu beantworten, sondern kann auch Hypothesen entwickeln, die für die Naturwissenschaft deshalb heuristische Bedeutung haben, weil sie in ihr überprüfbar sind. Nehmen wir dagegen die Haltung der idealistischen Philosophie zur Entwicklung des Menschen und des Bewußtseins, dann wird das Primat des Bewußtseins gegenüber dem Sein behauptet. Es hat entweder immer existiert oder wurde durch Gott oder ein anderes geistiges Prinzip hervorgebracht. Diese Erklärung gilt immer so lange, bis ein Entwicklungsabschnitt auf natürliche Weise durch objektive Gesetze und materielle Prozesse erklärt ist. So hat die Molekularbiologie mit der Untersuchung des genetischen Codes die materielle Grundlage für Vererbungsprozesse aufgedeckt. Die Mystik wird aus den Ansichten über die Vererbung vertrieben. Das bedeutet aber nicht, daß der Idealismus keine Lücken mehr fände. Vor allem benutzt er die Probleme der Entstehung des Lebens und des Bewußtseins. Beide Prozesse sind nur unter Berücksichtigung der objektiven Naturgesetze und Bedingungen zu erklären, die es zu finden gilt. Die Entstehung des Bewußtseins verlangt aber auch noch die Aufdeckung der gesellschaftlichen Determinanten, d. h. der Produktion der menschlichen Existenzbedingungen, die die Entwicklung des Bewußtseins mit bestimmt. Insofern der Materialismus also nur auf eine natürliche Erklärung des Bewußtseins über materielle Prozesse im Gehirn hofft und die gesellschaftlichen Determinanten, die einen erheblichen Selektionsdruck ausüben, nicht beachtet, vernachlässigt er wichtige Komponenten der Erklärung. So ist also der Gegensatz von materialistischer und idealistischer Philosophie in der Stellung zur Wissenschaft offensichtlich. Der gegenwärtige, moderne Materialismus, der dialektische und historische Materialismus, berücksichtigt nicht nur die Erkenntnisse der Wissenschaften, sondern fordert neue Ergebnisse, wie die materialistische Erklärung der Entstehung des Lebens und des Bewußtseins. Er unterwirft seine Hypothesen der wissenschaftlichen Bestätigung oder Widerlegung, verzichtet auf außerwissenschaftliche besondere Erkenntnisweisen und überprüft mit Hilfe wissenschaftlicher Erkenntnisse die allgemeinen philosophischen Aussagen. Der Idealismus dagegen baut zwar erreichte Erkenntnisse in sein System ein, sucht jedoch seine philosophischen Ansichten durch die noch vorhandenen Lücken im Wissen und spezifische außerwissenschaftliche Erkenntnisweisen, die diese Lücken auffüllen lassen, zu „begründen". Wissenschaftliche Philosophie verlangt also, den Grundbestand philosophischen Wissens zu fixieren, die neuen Erkenntnisse der Wissenschaft zu verallgemeinern und die Konsequenzen aus allgemeinen philosophischen Aussagen hypothetisch auszuarbeiten und der Überprüfung mit wissenschaftlichen Methoden zu unterwerfen.

Damit kommen wir auch zum *dritten* Aspekt der Rolle der Naturwissenschaft für die Entwicklung der Philosophie. Der naturwissenschaftliche Erkenntnisprozeß und die naturwissenschaftlichen Methoden sind sowohl Material für eine in der Philosophie zu entwickelnde Erkenntnistheorie und die philosophische Grundlage der Methodologie als auch Reservoir für wissenschaftliche Methoden der Philosophie. Wenn wir die wissenschaftliche Philosophie nicht mit besonderen Erkenntnisweisen ausstatten wollen, dann muß sie auf spezifische Weise, d.h. ihrer Aufgabenstellung angemessen, die wissenschaftlichen Methoden ausnutzen, die in anderen Wissenschaften zur Erkenntnisgewinnung benutzt werden. Die Naturwissenschaft entwickelt sich nicht allein durch die Sammlung experimentellen Materials, das dann theoretisch gedeutet wird. Sie hat viele Bindeglieder zwischen Experiment und Theorie. Zu ihnen gehören die Modelle, wobei die Modellmethode objektiv vorhandene Analogien ausnutzt, um Hinweise für die theoretische Behandlung experimenteller Ergebnisse zu gewinnen. Das Modell tritt also nicht nur als Veranschaulichung der Theorie, sondern auch als Vorstufe der Theorie auf. So verbindet es die Theorie mit dem Experiment. Während das Experiment als objektiver Analysator der Wirklichkeit zu verstehen ist, hilft das Modell, durch Analogien die theoretische Synthese vorzubereiten oder sie zu verstehen. Experimente müssen gedanklich vorbereitet werden. Dazu bedarf es der Auswertung vorhandener Theorien über den zu untersuchenden Sachverhalt und der Theorien über die zu benutzenden Geräte. Diese Auswertung führt zu einem anderen Bindeglied zwischen Experiment und Theorie, zur wissenschaftlichen Hypothese. Sie ist eine wissenschaftlich begründete Vermutung von existierenden Naturzusammenhängen, die es durch den objektiven Verlauf der Naturvorgänge im Experiment zu überprüfen gilt. Es sei aber noch auf eine andere Methode wissenschaftlicher Erkenntnis hingewiesen, auf die Annahme von Grundaxiomen, Grundgleichungen usw., die schöpferisch erdacht, in den Konsequenzen überprüft werden. So werden theoretische Ansätze für Elementarteilchentheorien gewonnen, wie etwa die Heisenbergsche Feldgleichung, und Modelle entwickelt, die biologische Mechanismen erklären, wie das Jacob-Monodsche Modell der Informationsbeziehungen im biologischen Organismus u. a. Am weitesten entwickelt ist die Methode schöpferischen Denkens in der Mathematik als der Wissenschaft von denkmöglichen formalisierten Beziehungen zwischen ideellen Objekten, die in der Naturwissenschaft dadurch genutzt wird, daß solche denkmöglichen Beziehungen durch wirkliche Beziehungen interpretiert und die Konsequenzen mit mathematischer Konsequenz gezogen werden. Der Hinweis auf die Vielfalt wissenschaftlicher Methoden reicht aus, um ihre Bedeutung für die Philosophie zu zeigen. Es wäre danach ein zu enges Kriterium der Wissenschaftlichkeit, wenn jede allgemeine theoretische Aussage als Summe von solchen Sätzen begriffen werden sollte, die alle empirisch überprüfbar sind. Die Naturwissenschaft nutzt Axiome, denkmögliche Beziehungen usw. als Voraussetzungen, die Folgerungen erlauben, die empirisch überprüfbar sind, wobei auch die Grundaussagen ständig einer kritischen Überprüfung bedürfen. Denken wir an die Annahme der klassischen Physik von einer unveränderlichen Ruhmasse, die durch die Entwicklung der Relativitätstheorie und Elementarteilchenphysik sich als Grenzfall einer umfassenderen Beziehung zwischen Ruhmasse und bewegter Masse erwies, wobei Teilchen mit und ohne Ruhmasse existieren, die sich ineinander verwandeln können.

Die wissenschaftliche Philosophie setzt diese Kraft des schöpferischen Denkens bewußt ein, indem sie Grundaussagen als verallgemeinerte Erfahrungen ausnutzt, neue naturwissenschaftliche Erkenntnisse verallgemeinert und die theoretischen Konsequenzen der Verallgemeinerung stets dem Kriterium der Praxis unterwirft. Auch sie arbeitet mit Modellen und Hypothesen. Dabei beschränken sich diese nicht auf einzelne Wissenschaften, sondern sie befassen sich mit Analogien zwischen verschiedenen Wissenschaften, mit allgemeinen Beziehungen und Gesetzen der Natur, der Gesellschaft und des Denkens, mit solchen Hypothesen, die die Übertragbarkeit von Denkweisen aus einer Wissenschaft, nach philosophischer Verallgemeinerung, in andere behaupten. Entsprechend dem wissenschaftlichen Erkenntnisprozeß in der Naturwissenschaft muß auch in der wissenschaftlichen Philosophie der Zusammenhang zwischen schöpferischem theoretischem Denken und experimenteller Überprüfung gesichert sein. Durch ihren großen Allgemeinheitsgrad als Antwort auf die weltanschaulichen Grundfragen ist die philosophische Aussage noch weniger direkt experimentell überprüfbar als die naturwissenschaftliche. Aber der Erkenntnisweg unterscheidet sich prinzipiell nicht. Das ist schon deshalb nicht der Fall, weil jede naturwissenschaftliche allgemeine theoretische Aussage einen philosophischen Aspekt hat, der zwar polivalent ist und durch verschiedene naturwissenschaftliche Konzeptionen ausgefüllt werden kann, aber vorhanden ist und beachtet werden muß, wodurch sich auch methodisch erklärt, wie philosophische Aussagen und Teilaspekte durch die Naturwissenschaft überprüft werden können. Dieser philosophische Aspekt muß durch philosophische Analyse herauspräpariert werden. So ist etwa der Gedanke von der materiellen Einheit der Welt, der dem Einsteinschen Versuch des Aufbaus einer einheitlichen Feldtheorie ebenso wie der Heisenbergschen Feldtheorie und der Konzeption von der Existenz von Fundamentalteilchen zugrunde lag, in diesen verschiedenen physikalischen Konzeptionen verschieden präzisiert und in verschiedenen Aspekten überprüft worden. So ergab sich die Unhaltbarkeit der Vorstellung einer auf qualitative Beziehungen von Grundqualitäten zurückführbaren Einheit der Welt. Die materielle Einheit der Welt ist eine hierarchisch aufgebaute Einheit von höher- und niedrigerentwickelten, von sich verändernden und relativ abgeschlossenen Systemen, die eigene Systemgesetze haben, niteinander wechselwirken und auseinander hervorgehen können. Diese Auffassung hat sich bei verschiedenen Versuchen, eine physikalische Welttheorie aufzubauen, sei es die klassisch-physikalische, die elektrodynamische oder die Einsteinsche, gezeigt. Sie muß auf jedem neuen Niveau, bei jedem neuen Versuch als Hypothese angesehen werden, wobei es aber durch die bisherigen Erkenntnisse schon gesichertes Wissen gibt, das zu berücksichtigen ist. So muß eine zukünftige Theorie, die die Einheitlichkeit durch Teilung der bekannten Elementarteilchen in Fundamentalteilchen herstellen will, berücksichtigen, daß die Behauptung von der räumlichen Teilbarkeit, die viele Jahrhunderte diskutiert wurde und sich aus der Kleiner-Größer-Beziehung ergibt, da das Ganze räumlich größer als die Teile sein soll, nicht sinnvoll benutzt werden kann.

Die Elementarteilchen als Ganze zerfallen in Elementarteilchen als Teile. Aber es werden, wie bei den „quarks", andere Faktoren geteilt. Dort ist es die Elementarladung. Die philosophische These von der materiellen Einheit der Welt wird also als Auffassung über den Zusammenhang von Systemen, von qualitativen und quantitativen Beziehungen, von Struktur und Teilbarkeit präzisiert, überprüft und neu konkretisiert. So ordnet sich philosophische Erkenntnis in den wissenschaftlichen Erkenntnisprozeß überhaupt ein, und so helfen wissenschaftliche Methoden und Erkenntnisweisen, neue philosophische Erkenntnisse zu gewinnen, indem die wissenschaftlichen Methoden auch auf die Philosophie angewandt werden. Diese entwickelt Modelle, baut theoretische Systeme auf, behauptet hypothetische Zusammenhänge, und ihre Aussagen werden im Zusammenhang mit experimentellen Einsichten überprüft.

Im wesentlichen macht die wissenschaftliche Philosophie selbst keine Experimente. Sie nutzt das wissenschaftliche Material, das experimentell überprüft ist. Das schließt aber nicht aus, daß auch philosophische Hypothesen experimentelle Prüfung verlangen. Vielleicht gelingt es der wissenschaftlichen Philosophie in der weiteren Entwicklung das zu erreichen, was in der Gesellschaft schon da ist, aus der passiven Rolle zu aktiver Forderung nach experimenteller Überprüfung philosophischer Hypothesen überzugehen. Aber dann sind Bindeglieder zu beachten. Offensichtlich kann die allgemeine philosophische Aussage nicht als solche überprüft werden. Sie muß für einen bestimmten Erkenntnisbereich präzisiert und daraus eine überprüfbare Hypothese abgeleitet werden. Das wiederum erfordert sorgfältige wissenschaftliche Arbeit des Philosophen, gegründet auf Kenntnis der Geschichte der Philosophie, des modernen Standes der philosophischen Entwicklung und der wissenschaftlich-philosophischen Problemlösungen, sowie des naturwissenschaftlichen Bereiches, für den Hypothesen ausgearbeitet und wo sie experimentell überprüft werden sollen. Aber das ist bereits ein Problem der Rolle der Philosophie für die Naturwissenschaft und bedarf einer gesonderten Behandlung.

Ein weiterer Aspekt der Rolle der Naturwissenschaft für die Entwicklung der Philosophie ist die weltanschaulich-philosophische Haltung des Naturwissenschaftlers selber. Oft ist sie die Grundlage für langwierige philosophische Diskussionen. Da Prinzipien, Erkenntnisse und Methoden der wissenschaftlichen Philosophie nicht allgemein anerkannt sind, ja von manchem Philosophen oder Naturwissenschaftler die Philosophie als etwas Außer- oder Überwissenschaftliches betrachtet wird, kommt es dabei zu Streitigkeiten, die ideologiebestimmt, d. h. abhängig von gesellschaftlichen Klasseninteressen sind und nicht mehr nur die philosophische Verallgemeinerung naturwissenschaftlicher Erkenntnisse mit wissenschaftlichen Methoden betreffen. Ein Beispiel dafür ist die langwierige Diskussion um die Relativitäts- und Quantentheorie. Dazu gehört auch die Ausnutzung der Auffassungen Monods zur Molekularbiologie gegen den dialektischen Materialismus.[9] Bei der Diskussion um die Relativitätstheorie im ersten Drittel unseres Jahrhunderts wurde philosophische Kritik an ihr mit antisemitischen Ausfällen vermengt. Es ging dabei gar nicht um eine echte philosophische Analyse der Ergebnisse der Relativitätstheorie, sondern um einen gesuchten Anlaß für eine nationalistische und chauvinistische Hetzkampagne rechter reaktionärer Kreise. Zu diesem Zweck wurden sogar naturwissenschaftliche Erkenntnisse entstellt. Eine durch naturwissenschaftliche Entdeckungen erforderliche Wende im philosophisch-weltanschaulichen Denken von Naturwissenschaftlern wurde ideologisch im Interesse gesellschaftlicher Auffassungen und Praktiken genutzt. Ein solches Verhalten zur Naturwissenschaft widerspricht der wissenschaftlichen Philosophie. Sie kann aber nicht davon abstrahieren, daß auch Naturwissenschaftler unter bestimmten gesellschaftlichen Verhältnissen leben, in bestimmten politischen und philosophischen Traditionen erzogen sind und sich einer bestimmten Gesellschaftsordnung verpflichtet fühlen oder ihr verpflichtet werden. Daraus ergibt sich für die philosophische Analyse weltanschaulicher Auffassungen der Naturwissenschaftler eine doppelte Aufgabe. Einmal müssen die echten philosophischen Probleme, die in diesen Auffassungen eine Rolle spielen, herausgefunden werden, wobei es die spezifischen Argumente, die der Naturwissenschaftler aus seinen wissenschaftlichen Erfahrungen benutzt, zu beachten gilt. In diesem Sinne vermittelt die weltanschauliche Auffassung von Naturwissenschaftlern Einsichten in echte philosophische Probleme und fördert damit die Entwicklung der Philosophie. Deshalb ist beispielsweise eine Geschichte der Philosophie ohne Beachtung der philosophischen Auffassungen von Naturwissenschaftlern unergiebig, da diese die Entwicklung des Denkens entscheidend beeinflussen. So wurde nicht in erster Linie durch die Entwicklung der Quantentheorie das massenhafte Interesse an philosophischen Fragen der Physik ausgelöst, sondern vor allem durch die populären Deutungen dieser Erkenntnisse, die auf eine ganze Reihe philosophisch bedeutsamer Gesichtspunkte, wie die Kausalitäts- und Determinismusproblematik, das Verhältnis von bewußt gestalteten Experimenten und objektiven Prozessen usw., verwiesen und das Neue der Quantentheorie im Lichte eingewurzelter philosophischer Vorstellungen sahen. Dabei wurde der eigentliche Kern der Diskussion, nämlich die Überwindung der mit der Quantentheorie unvereinbaren klassisch-mechanischen Auffassungen, mit extremen Meinungen über die Unhaltbarkeit des Materialismus verbunden. Hier entsteht die zweite Aufgabe für die Philosophie, nämlich das Verhältnis von Weltanschauung und Gesellschaftsordnung, Philosophie und Politik zu untersuchen. Die Aufmerksamkeit, die etwa die rechtsgerichtete Tagespresse und Wochenjournale in kapitalistischen Ländern dem Buch Monods geschenkt haben, ist sicher nicht allein aus den echten philosophischen Problemen der Biologie zu erklären, sondern aus dem politischen Interesse, die Kritik des Nobelpreisträgers am dialektischen Materialismus ausnutzen zu können.

Wenn deshalb auf die fördernde Rolle weltanschaulicher Ansichten von Naturwissenschaftlern für die philosophische Diskussion aufmerksam gemacht wurde, so trifft das vor allem auf die Ansichten zu, die mehr oder weniger direkt die eigentlichen philosophischen Probleme der Naturwissenschaften an- und aussprechen. Überwiegt dann das reaktionäre ideologische Element, werden also diese Probleme nur als Aufhänger benutzt, um eine unwissenschaftliche Philosophie zu verbreiten, dann kann man nicht mehr von der fördernden Rolle sprechen. Das eigentliche Problem ist jedoch ein anderes. Es geht darum, ob sich für die philosophische Analyse naturwissenschaftlicher Erkenntnisse wissenschaftliche Prinzipien, Erkenntnisse und Methoden durchsetzen oder ob die Philosophie ein Gebiet von Spekulation, Meinungen usw. bleibt, das kein Wahrheitskriterium besitzt.

Es gibt aber auch Naturwissenschaften, in denen die philosophische Diskussion durch Naturwissenschaftler kaum vorhanden ist. Denken wir etwa an die Chemie im 20. Jahrhundert, dann sind mit Ausnahme der Arbeiten von Mittasch keine großen philosophischen Arbeiten hervorragender Naturwissenschaftler bekannt. Das bedeutet jedoch nicht, daß dort keine oder nur sehr wenige philosophische Probleme vorlägen. Es lohnt sich, das Verhältnis der Chemie zu anderen Wissenschaften, die Spezifik der Kausalitätsgedanken und Gesetzesauffassungen, des Strukturdenkens, die Entwicklung von Begriffen, die Erkenntnismethodik, also das Verhältnis von Theorie und Experiment, die Rolle von Modellen und Hypothesen usw., philosophisch zu analysieren. Mag die Angst vor philosophischen Spekulationen in einer so praxiswirksamen Naturwissenschaft wie der Chemie die Chemiker abgehalten haben, dieses Problem zu diskutieren. Vielleicht fehlten bisher die direkten Anstöße zum Philosophieren durch chemische Erkenntnisse, die nicht so direkt wie physikalische und biologische Erkenntnisse weltanschauliche Grundfragen tangieren. Eine wissenschaftliche Philosophie darf das nicht abhalten, diese Probleme aufzudecken und zu untersuchen und damit den philosophischen Meinungsstreit unter den Chemikern selbst anzuregen. Die Naturwissenschaft kann also ihrer Rolle für die Entwicklung der Philosophie selbst besser nachkommen, wenn neue Erkenntnisse von ihren Entdeckern selbst auf ihre philosophische Relevanz überprüft werden. Dazu ist sicher ein Minimum an Kenntnissen der Geschichte der Philosophie und der philosophischen Problemlösungen erforderlich, was jedoch in der Ausbildung vermittelt wird. Es bedarf aber oft dann des Mutes, Fragen zu stellen und Antworten zu geben, die über das eigentliche Fachgebiet hinaus- und in die Philosophie hineinreichen. Wenn das jedoch mit der notwendigen Vorsicht – gegründet auf Argumente – getan wird, wobei der Charakter von Hypothesen beachtet wird, dann entsteht eine wichtige Anregung für die wissenschaftliche Diskussion zwischen Naturwissenschaftlern und Philosophen. Dabei darf sich der Naturwissenschaftler nicht seiner wissenschaftlichen Methodik entledigen und die Philosophie etwa der Spekulation zurechnen. Nur darf die Methodik selbstverständlich nicht positivistisch eingeengt sein, weil sie sonst die echte philosophische Diskussion behindert.

Aus den verschiedensten gesellschaftlichen, politischen und philosophischen Einflüssen auf den Naturwissenschaftler ergibt sich manchmal ein Widerspruch zwischen der wissenschaftlichen Leistung auf dem Fachgebiet und der philosophischen Interpretation seiner Leistung, die nicht mit wissenschaftlichen Mitteln erfolgt. Eingeengt tritt dieser Widerspruch oft im Verhältnis mancher Naturwissenschaftler aus kapitalistischen Ländern zur marxistisch-leninistischen Philosophie auf. Die Konsequenz wissenschaftlicher Verallgemeinerung wird dann nicht mehr durchgehalten, wenn der marxistisch-leninistischen Philosophie Wissenschaftsfremdheit oder sogar Wissenschaftsfeindlichkeit unterschoben wird. Selbstverständlich spielt hier wieder die Komponente ideologischer Auseinandersetzung um die philosophische Deutung naturwissenschaftlicher Erkenntnisse eine Rolle. Aus der naturwissenschaftlich fundierten wissenschaftlichen Weltanschauung, die theoretische Grundlage der marxistisch-leninistischen Philosophie ist, folgen ideologische Grundaussagen und Normen für Verhaltensweisen, die theoretisch im wissenschaftlichen Kommunismus und praktisch im Aufbau des Sozialismus-Kommunismus wirken. Solche theoretischen und praktischen Konsequenzen philosophischer Aussagen widersprechen den Auffassungen mancher Naturwissenschaftler aus der bürgerlichen Gesellschaftsordnung. Sie sind deshalb auch von daher bemüht, eine Lücke in der wissenschaftlichen Verallgemeinerung zu finden. die ihnen das Recht gibt, die sozialistisch-kommunistische Ideologie nicht als wissenschaftlich anzuerkennen und ihre eigene philosophisch-politische Haltung zu rechtfertigen. Auch daraus ergeben sich positivistische Haltungen, die die Naturwissenschaft von philosophischer Verallgemeinerung und damit erst recht von politischen Konsequenzen trennen. Das schließt nicht aus, daß solche Naturwissenschaftler reaktionäre Mittel politisch rechtfertigen, wie die Haltung P. Jordans oder E. Tellers zum Atomkrieg zeigte. Philosophisch entsteht dann bei der wissenschaftlichen Verallgemeinerung ein Bruch, der sich in einer sachlichen Haltung zur Naturwissenschaft ausdrückt und unsachliche Äußerungen zur Philosophie, besonders zur marxistisch-leninistischen Philosophie, zeigt. Monods Buch kann auch dafür als Beispiel dienen. Nicht wenige Kritiker der marxistisch-leninistischen Philosophie meinen deshalb, auf diesen möglichen Bruch als ein Argument für die Wissenschaftsfremdheit der marxistisch-leninistischen Philosophie verweisen zu können, beachten jedoch nicht, daß sie die ideologischen Konsequenzen einer unwissenschaftlichen Philosophie ausnutzen und nicht die wissenschaftliche philosophische Verallgemeinerung naturwissenschaftlicher Erkenntnisse. Selbstverständlich sind auch Philosophen in sozialistischen Ländern nicht davor gefeit, Fehler in der wissenschaftlichen Verallgemeinerung zu machen. Dazu ist dieser Erkenntnisprozeß zu kompliziert. Aber auch das ist kein Argument gegen die wissenschaftliche Philosophie, ebensowenig die Entstellung des Erkenntnisprozesses im Interesse einer idealistischen Philosophie oder dogmatischer Ansichten. Die wissenschaftliche Philosophie hat für die philosophische Verallgemeinerung naturwissenschaftlicher Erkenntnisse wissenschaftliche Prinzipien, Erkenntnisse und Methoden auszunutzen und muß also bei der Berücksichtigung der für die philosophische Diskussion fördernden Rolle weltanschaulicher Auffassungen hervorragender Naturwissenschaftler das Verhältnis von Wissenschaft und Ideologie, den möglichen Bruch in der wissenschaftlichen Verallgemeinerung und die durch bürgerliche Ideologien diktierten Einschätzungen beachten. Dieses Problem muß selbst wissenschaftlich untersucht werden, aber das geht über den Rahmen des Verhältnisses von Philosophie und Naturwissenschaft hinaus. Hier bedarf es der Berücksichtigung von Erkenntnissen der Gesellschaftswissenschaften, die die gesellschaftliche Bedingtheit bestimmter Ideologien, ihrer Entwicklung, ihren Zusammenhang mit bestimmten Klasseninteressen usw. aufdeckt. Damit kommen wir aber auch zu den Grenzen des Beitrages, den die Naturwissenschaft für die Entwicklung einer wissenschaftlichen Philosophie leisten kann. Die Naturwissenschaft liefert Material für die philosophische Verallgemeinerung, schafft die Möglichkeit experimenteller Überprüfung philosophischer Hypothesen über die naturwissenschaftliche Entwicklung und ihrer Beziehung zur Philosophie, liefert mit ihren Erkenntnismethoden Material für Erkenntnistheorie und Methodologie sowie Grundlagen für die wissenschaftliche Behandlung philosophischer Probleme der Naturwissenschaften und regt durch weltanschauliche Aussagen von Naturwissenschaftlern die philosophische Diskussion an. Das ist sicher kein geringer Beitrag für die Entwicklung der Philosophie, der von manchen philosophischen Richtungen und von manchen Philosophen zu gering eingeschätzt wird. Eine wissenschaftliche Philosophie kann ohne Berücksichtigung der naturwissenschaftlichen Erkenntnisse nicht existieren. Sie darf nicht unvereinbar sein mit ihr, sondern muß sie verarbeiten und kann dann auch wieder auf die Naturwissenschaft zurückwirken, jedoch nur, wenn sie ihre spezifische Aufgabe, wissenschaftlich begründete Antworten auf die weltanschaulichen Grundfragen auch mit Hilfe naturwissenschaftlicher Erkenntnisse zu geben, erfüllt hat.

Wo liegen nun die Grenzen des Beitrages der Naturwissenschaft für die Entwicklung der wissenschaftlichen Philosophie? Erstens sind die weltanschaulichen Grundfragen nach dem Ursprung der Welt und der Quelle des Wissens, nach der Stellung des Menschen in der Welt, nach dem Sinn des Lebens und dem Charakter des gesellschaftlichen Fortschritts nicht durch philosophische Verallgemeinerungen der Naturwissenschaft allein zu beantworten. Diese Fragen, die in der Geschichte des Denkens die Philosophen immer beschäftigt haben, erhielten in Abhängigkeit von wissenschaftlicher Naturerkenntnis, gesellschaftlichen Einsichten, herrschenden Klasseninteressen und darauf aufbauenden Ideologien verschiedene Antworten, die in der Geschichte der Philosophie in Abhängigkeit von der jeweiligen sozial-ökonomischen Gesellschaftsformation und des Wissensstandes untersucht werden. Diese Problemlösungen, die mit dem Kampf zwischen Materialismus und Idealismus in der Geschichte der Philosophie verbunden sind, müssen selbstverständlich bei der wissenschaftlichen Beantwortung berücksichtigt werden. So basiert die Anerkennung der materiellen Einheit der Welt und der objektiven Realität als Quelle unseres Wissens auf der Entwicklung der Philosophie und Naturwissenschaft. Aber nicht darauf kommt es in erster Linie an. Die Bemerkungen zu weltanschaulichen Ansichten der Naturwissenschaftler und ihre ideologische Bedingtheit zeigen schon die Kompliziertheit der Antwort auf die weltanschaulichen Fragen, vor allem, wenn es um die Stellung des Menschen in der Welt, den Sinn des Lebens und den Charakter des gesellschaftlichen Fortschritts geht. Diese auch für den Naturwissenschaftler wichtigen Fragen und Antworten werden durch Analogien indirekt aus der Naturwissenschaft nur erahnt, aber nicht begründet. Deutlich wurde das etwa durch die Diskussion um die ABC-

Waffen und die moralische Verantwortung des Wissenschaftlers, die wissenschaftlich nur auf der Grundlage gesellschaftlicher Erkenntnisse geführt werden kann. Es gehen also die Ergebnisse gesellschaftswissenschaftlicher Forschungen als wissenschaftliches Material in die philosophische Verallgemeinerung zur Beantwortung der weltanschaulichen Grundfragen mit ein, wie überhaupt dabei die philosophische Verallgemeinerung aller wissenschaftlichen Erkenntnisse, seien es die der Natur- und Gesellschaftswissenschaften, der Sprach- und Kunstwissenschaften, der technischen Wissenschaften, der Medizin und Psychologie, notwendig ist.

Zweitens ordnet sich damit die Naturwissenschaft in das System der Wissenschaften ein, in dem das Wechselverhältnis der Wissenschaften zu neuen Gesetzmäßigkeiten der Wissenschaftsentwicklung, wie der der Einheit von Integration und Spezialisierung, des Übergangs von der empirisch-beschreibenden zur theoretisch-erklärenden Phase der Wissenschaftsentwicklung, der Umsetzung wissenschaftlicher Erkenntnisse in die Praxis usw., führt. Sicher sind die Gesetzmäßigkeiten der Wissenschaftsentwicklung noch genauer zu erforschen, aber die philosophische Analyse dieser Forschungsarbeiten und ihrer Ergebnisse haben ebenfalls Bedeutung für die philosophische Verallgemeinerung und die Weltanschauung. So muß die Übertragbarkeit von Denkweisen, Wissenschaftsmethoden usw. von einer Wissenschaft auf andere überprüft werden. Die Konzeption der statistischen Gesetze hat nicht nur Bedeutung in der Quantentheorie, sondern auch in anderen Natur- und Gesellschaftswissenschaften. Während also durch philosophische Verallgemeinerungen der philosophische Kern solcher Methoden und Erkenntnisse herausgearbeitet wird, also das Allgemeingültige, auch für andere Wissenschaften und die philosophische Analyse Bedeutsame, wirken auch die Wissenschaften direkt aufeinander ein. Denken wir etwa an die Anwendung physikalischer und chemischer Erkenntnisse und Methoden zur Erforschung des Lebens, an die Mathematisierung der Wissenschaft, an das Verhältnis von Ökonomie und Naturwissenschaft bei der Planung und Einstellung naturwissenschaftlicher Forschungsarbeiten usw. Auch dieser Integrationsprozeß in der Differenzierung muß genau untersucht werden, um seine innere Dialektik aufzudecken, die ihre Widerspiegelung in den von der Dialektik als Wissenschaft untersuchten allgemeinen Beziehungen und Gesetzen findet. Die Verallgemeinerung vollzieht sich also stets gleichzeitig mehrstufig. Das macht die Rolle und Grenzen der Naturwissenschaft für die Entwicklung der Philosophie deutlich, denn ein Verallgemeinerungsprozeß bezieht sich auf die philosophische Analyse naturwissenschaftlicher Erkenntnisse, die durch die Analyse aller anderen wissenschaftlichen Erkenntnisse zu ergänzen ist. Zugleich entwickelt sich aber durch die Wechselbeziehungen der Wissenschaften untereinander das Wissenschaftssystem mit eigenen Gesetzmäßigkeiten. Ihre Untersuchung in einer Wissenschaftswissenschaft oder Wissenschaftstheorie unterliegt ebenfalls der philosophischen Analyse und Verallgemeinerung. Es wird also auch schon verallgemeinertes Material weiter verallgemeinert. Das muß jedoch auch wieder so präzisiert werden, daß eine Überprüfung von Hypothesen möglich ist.

Dabei kommen wir zur dritten Grenze des Beitrags der Naturwissenschaft für die Entwicklung der Philosophie. Die Philosophie muß den Zusammenhang naturwissenschaftlicher Erkenntnisse mit der ideologischen Auseinandersetzung, das Verhältnis von Naturwissenschaft, Weltanschauung und Politik beachten. Während die Wahrheit naturwissenschaftlicher Theorien von der relativ exakten Widerspiegelung der Naturprozesse und ihrer Gesetze abhängt, ist die Wahrheit philosophischer Theorien komplexen Charakters. Sie muß mit den Erkenntnissen der Natur- und Gesellschaftswissenschaften und aller anderen Wissenschaften, mit Erkenntnissen über die Wechselbeziehungen der Wissenschaften und über das Verhältnis von Wissenschaft und Gesellschaft im umfassenden Sinn – von der Ausnutzung wissenschaftlicher Erkenntnisse in der Praxis über die Wissenschaftspolitik bis zur weltanschaulichen Haltung zur Wissenschaft – übereinstimmen, wenn die philosophische Theorie wissenschaftlich weltanschauliche Grundfragen beantworten will. Damit bietet die Philosophie auch breite Angriffsflächen für den positivistisch orientierten Naturwissenschaftler. Wer etwa die Existenz objektiver gesellschaftlicher Gesetze leugnet und die Ergebnisse der Gesellschaftswissenschaften nicht anerkennt, muß auch Zweifel an solchen komplexen philosophischen Verallgemeinerungen äußern, die nicht nur Natur-, sondern auch gesellschaftswissenschaftliche Erkenntnisse oder gar das Verhältnis von Wissenschaft und Ideologie berücksichtigen. Aus dieser positivistischen Enge kann schnell die entgegengesetzte Haltung entspringen, nämlich die Möglichkeit wissenschaftlicher Beantwortung weltanschaulicher Grundfragen durch die Philosophie zu leugnen und sie als Glaubenssache abzutun, die mit Wissenschaft nichts zu tun habe, aber für das menschliche Handeln notwendig sei; etwa in dem Sinne, in dem Kant die reine Vernunft durch die praktische Vernunft ergänzt. Wer die illusionäre Vorstellung von der reinen Wissenschaft, außerhalb von Politik und Ideologie, hat, wird nicht nur nicht mit Problemen der moralischen Verantwortung des Wissenschaftlers in unserer Zeit für die Ausnutzung wissenschaftlicher Erkenntnisse zum Wohle des Menschen zurechtkommen, sondern auch die Wissenschaftlichkeit philosophischer Aussagen leugnen, die diesen Tatbestand berücksichtigen. Damit steht die Philosophie selbst immer im Spannungsfeld von Klasseninteressen und ideologischen Auseinandersetzungen. Während naturwissenschaftliche Erkenntnisse nicht immer an menschliche Interessen rühren, ist das bei der Philosophie immer der Fall, wenn sie Antworten auf die weltanschaulichen Grundfragen gibt und daraus Orientierungen für das praktische Handeln ableitet. Es führt also kein eindeutiger direkter Weg von der wissenschaftlichen Erkenntnis zur philosophischen Aussage, so wie es auch keinen direkten Weg vom Experiment zur naturwissenschaftlichen Theorie gibt. Denken wir etwa an die Haltung des bekannten Experimentalphysikers und Nobelpreisträgers Röntgen, der Anfang unseres Jahrhunderts das Elektron und die Elektronentheorie von Sommerfeld für experimentell nicht nachweisbar hielt. Berücksichtigen wir auch die Haltung Einsteins zur Quantentheorie, der immer neue Gedankenexperimente vorbrachte, um die statistische Deutung zu umgehen. Die theoretische Erklärung experimenteller Erkenntnisse ist Verallgemeinerung nicht nur im Sinne vollständiger Induktion, sondern als Ausnutzung von Begriffen, Beziehungen zwischen Begriffen usw., ausgedacht durch den schöpferischen Verstand zur Widerspiegelung objektiv-realer Sachverhalte. Kriterium der Wahrheit ist die Praxis. Wer also den Verallgemeinerungsprozeß der Naturwissenschaften durchdenkt, wie er sich real vollzieht, und nicht nimmt, wie er bereits idealisiert in manchen erkenntnistheoretischen Arbeiten dargestellt wird, der muß die wissenschaftliche philosophische Verallgemeinerung als Ausnutzung von Begriffssystemen zur Darstellung des Zusammenhangs wissenschaftlicher Erkenntnisse und ihrer Bedeutung in Antworten auf die weltanschaulichen Grundfragen, wobei wissenschaftliche Orientierungshinweise für praktisches Handeln entstehen, ebenfalls anerkennen. Da es aber Gegner der wissenschaftlichen Philosophie gibt, muß es hierfür Gründe geben, die es zu finden gilt. Sie liegen sicher zum geringsten Teil in der erkenntnistheoretischen Inkonsequenz, die naturwissenschaftliche Verallgemeinerung zu idealisieren und sie der philosophischen Verallgemeinerung als exakt entgegenzustellen. Mehr sind dafür politische und ideologische Gründe, wie der politisch immer wieder ausgenutzte Antikommunismus und Antimarxismus, entscheidend, die eine sachliche Prüfung im Meinungsstreit nicht zulassen. Die wissenschaftliche Philosophie deckt als marxistisch-leninistische Philosophie den reaktionären Charakter imperialistischer, chauvinistischer und nationalistischer Ideologien auf, kritisiert die idealistische Deutung naturwissenschaftlicher Erkenntnisse und beantwortet, über philosophische Verallgemeinerungen naturwissenschaftlicher und aller anderen wissenschaftlichen Erkenntnisse, die weltanschaulichen Grundfragen. Deshalb ist diese wissenschaftliche Philosophie all denen ein Dorn im Auge, die sich mit dem Imperialismus und seiner Ideologie verbunden haben. Sie ist für die schwer zu verstehen, die vom Antikommunismus und Antimarxismus beeinflußt sind, und sie wird von den Naturwissenschaftlern nicht beachtet, die sich mit ihrer naturwissenschaftlichen Arbeit ein Schutzschild gegen philosophische Verallgemeinerungen schaffen wollen. Es zeigt sich jedoch immer deutlicher, daß man den weltanschaulichen Fragen nicht ausweichen kann, daß man als Naturwissenschaftler die Rolle der Naturwissenschaft für die Entwicklung einer wissenschaftlichen Philosophie begreifen und ihre Grenzen sehen muß, wobei die letzteren für die Naturwissenschaftler bedeuten, sich mit wissenschaftlichen philosophischen Erkenntnissen vertraut zu machen, die nicht nur durch Verallgemeinerungen der Naturwissenschaft gewonnen werden, ihr aber eine feste weltanschauliche Basis geben und die wissenschaftliche Orientierungen für das gesellschaftliche Leben enthalten.

KAPITEL II

Die Klassiker des Marxismus-Leninismus zum Verhältnis von Philosophie und Naturwissenschaft

Es gibt eine Vielzahl von Arbeiten, die sich mit dem Verhältnis von Philosophie und Naturwissenschaft aus der Sicht des Marxismus-Leninismus befassen, wobei die Auffassungen der Klassiker ausgearbeitet werden.[1] Uns geht es hier um einige Grundgedanken, die für die weiteren Ausführungen von Bedeutung sind, wobei vieles zu berücksichtigen ist, was an anderen Stellen schon gesagt wurde, aber manches auch kritisch zu sagen ist. Die Klassiker des Marxismus-Leninismus begründeten ein neues Verhältnis der Philosophie zu den Naturwissenschaften. Sie wenden sich gegen die spekulative Naturphilosophie, nehmen die naturwissenschaftlichen Erkenntnisse als Grundlage philosophischer Analyse und begründen die Praxis als Wahrheitskriterium philosophischer Aussagen.

1. Theoretisch-philosophische Grundlagen

Die Klassiker des Marxismus-Leninismus begründeten eine umfassende wissenschaftliche Weltanschauung, die Antworten auf die Grundfragen nach dem Ursprung der Welt und der Quelle des Wissens, nach der Stellung des Menschen in der Welt, nach dem Sinn des Lebens und dem Charakter des gesellschaftlichen Fortschritts gibt. Das war möglich, weil sie die Theorie der revolutionären Umwälzung der bisherigen gesellschaftlichen Verhältnisse durch die Arbeiterklasse und ihre Verbündeten ausarbeiteten und die historische Mission der Arbeiterklasse, die Klassengesellschaft zu beseitigen und den Kommunismus aufzubauen, aufdeckten. Sie erarbeiteten in diesem Zusammenhang die theoretisch-philosophischen Grundlagen für das qualitativ neue Verhältnis der Philosophie zur Naturwissenschaft, die erst die mögliche Hilfe der Naturwissenschaft für die Philosophie wirksam werden lassen. Bevor deshalb auf die Arbeiten von Marx, Engels und Lenin eingegangen wird, sollen einige Hauptpunkte, die das neue Verhältnis von Philosophie und Naturwissenschaft charakterisieren, hervorgehoben werden; da ist erstens die konsequente Durchführung des Materialismus zu nennen, die sowohl zu einer philosophischen Aufhebung des naiven Realismus der Naturwissenschaftler führt als auch die gesellschaftliche Bedingtheit der Naturerkenntnis berücksichtigt.

Die Auffassung, daß die Natur außerhalb und unabhängig vom Menschen existiert und von ihm erkannt wird, indem naturwissenschaftliche Theorien als Widerspiegelungen objektiv-realer Sachverhalte in der Auseinandersetzung des Menschen mit der Natur ausgearbeitet werden, wird philosophisch begründet. Nur so hält sie dem Ansturm des idealistischen Denkens stand, das die Natur zum Produkt menschlicher Tätigkeit erklärt und daraus auf das Primat des Bewußtseins gegenüber der Natur schließt. Zweifellos wird die Natur an sich immer mehr zu einer vom Menschen gestalteten Natur, soweit es unsere nähere Umgebung betrifft. Der Boden wird bearbeitet, die Wildpflanze wird zur Kulturpflanze, das Wildtier wurde domestiziert, künstliche Rohstoffe werden chemisch hergestellt usw. Aber die damit geschaffene künstliche Natur hebt durch ihre Existenz nicht den materialistischen Grundstandpunkt zur Natur, von der Existenz objektiver Naturgesetze auf, wohl aber weist sie auf die Schöpferkraft des menschlichen Denkens hin, das als Widerspiegelung der objektiven Realität zur Voraussetzung für deren bewußte Umgestaltung wird. Auf die dabei auftretenden philosophischen Probleme wird im vierten Kapitel ausführlich eingegangen. Es gibt jedoch zur materialistischen Auffassung des Mensch-Natur-Verhältnisses manchmal irreführende Formulierungen, auf die hier kurz hingewiesen werden soll. P. Ruben wendet sich gegen die These, daß die Wirklichkeit unabhängig vom Menschen Gegenstand der Naturwissenschaft sei, die er als Illusion betrachtet. „Es muß aber betont werden", schreibt er, „daß die Frage nach der Naturdialektik genau durch die Annahme dieser Illusion unlösbar wird. Sie transformiert die Natur in eine ‚an sich seiende Existenz' und zerstört damit sofort den Sinn jeglicher Naturdialektik."[2]

Die Aussage von der vom Menschen unabhängigen Wirklichkeit als Gegenstand der Naturerkenntnis wird in die nicht unbedingt damit gleichzusetzende These von der Existenz einer Natur an sich verfälscht. Dagegen haben sich die Klassiker immer gewandt. Sie betonten stets die aktive verändernde materielle Tätigkeit des Menschen, die Rolle der Praxis. Aber als Materialisten nahmen sie nur die Praxis als theoretischen Ausgangspunkt ihrer Betrachtungen, da sie die Praxis selbst analysierten und auf ihre objektiv-reale Komponente, die zu verändernde Natur, die außerhalb und unabhängig vom erkennenden Menschen existiert, auf die subjektive Komponente in der subjektiven Abbildung der objektiven Realität durch den Menschen und auch auf die beide verbindende, bewußt gelenkte materielle Tätigkeit des Menschen verwiesen, die möglich ist, weil der Mensch als Naturwesen Bestandteil der Natur ist und als gesellschaftliches Wesen, das seine Existenzbedingungen selbst produziert, der Natur gegenübersteht. Der materialistische Standpunkt verlangt die Anerkennung der objektiven Realität, die außerhalb und unabhängig vom Bewußtsein existiert und die Anerkennung der Bewußtseinsprodukte als Widerspiegelung der objektiven Realität. Das ist die Antwort auf die Grundfrage der Philosophie nach dem Verhältnis von Materie und Bewußtsein. Der Materialist erkennt das Primat der Materie gegenüber dem Bewußtsein an. Damit ist noch keine Aussage über die Art und Weise der Existenz der Materie gemacht, wie Ruben meint, wohl aber gefordert, die Materie, die Natur in ihrem eigenen und in keinem phantastischen Zusammenhang zu erkennen, was uns zur objektiven Dialektik der Naturzusammenhänge führt und die Ansicht widerlegt, die Natur existiere beziehungslos. In seiner Polemik gegen die Auffassung von der Natur-an-sich, von der beziehungslosen Natur, hebt Ruben vor allem die Beziehung des Menschen zur Natur hervor, macht aber den materialistischen Standpunkt dabei nicht immer deutlich. So schreibt er: „Die physikalische Abstraktion unterstellt vielmehr die unauflösliche Gemeinschaft von Mensch und Natur, ist ohne diese Gemeinschaft absolut nicht ausführbar. Statt die Illusion zu begründen, daß die Natur ‚unabhängig vom Menschen' Gegenstand der Physik sei, demonstriert sie das genaue Gegenteil. Sie ist jener Austauschakt, worin das Allgemeine der Natur sich als menschlicher Besitz realisiert. Die Depravation der Abstraktion setzt dieses Allgemeine selbst mit der Natur identisch, womit die Trennung von Mensch und Natur für das Bewußtsein erst vollzogen wird. Die ‚verständige Abstraktion' dagegen trennt nicht Natur und Mensch, sondern das Allgemeine vom Einzelnen, also nicht Gegenstände als solche, sondern ihre Beziehungen."[3] Hier werden die Komponenten des Erkenntnisprozesses nicht klar geschieden. Wenn nur ausgesagt werden soll, daß zur Erkenntnis der Mensch notwendig sei und Naturwissenschaft, Experimente, also Veränderungen der Natur durch den Menschen verlange, so ist das zwar richtig, klärt aber noch nicht die Antwort auf die Grundfrage der Philosophie. Die Natur existiert unabhängig vom Menschen, weil sie vor dem Menschen existiert, weil es Naturbereiche gibt, die der Mensch noch nicht erforscht hat. Sie ist Gegenstand seines Einwirkens und wird verändert. In seiner

Umgebung entsteht eine künstliche Natur. Aber das hebt die Unabhängigkeit der Naturbeziehungen, allgemein-notwendiger und wesentlicher Naturzusammenhänge, objektiver Naturgesetze vom Menschen nicht auf. Es geht also gar nicht um die *unberührte* Natur, wenn der Materialist vom Primat der Materie gegenüber dem Bewußtsein spricht, sondern um vom menschlichen Bewußtsein unabhängige Naturgesetze, die in der Tätigkeit nicht verändert werden können. Gerade dieser Aspekt wird in den Ausführungen Rubens an dieser Stelle nicht deutlich. Später argumentiert er dann materialistisch, wenn er schreibt: „Marx aber begreift die natürlichen Dinge als geformte (d. h. als natürlich vermittelte) und die Arbeit daher als Umbildung ihrer bestehenden Form im Interesse der menschlichen Bedürfnisbefriedigung. Die Arbeit ist in der Tat die Aufhebung der Selbständigkeit der natürlichen Dinge; aber sie ist dies nur unter Voraussetzung der Selbständigkeit der Natur (sonst wäre „Aufhebung" synonym mit der logischen Negation!), die natürlichen Dinge erhalten ihren Zusammenhang keineswegs erst durch die Arbeit, sondern dessen Anerkennung durch die Arbeitenden ermöglicht erst seine Verwandlung in ein menschliches Verhältnis zur Natur. Es ist selbstverständlich, daß diese Verwandlung zugleich eine Umbildung des menschlichen Verhaltens selbst bedeutet: die Menschen erlangen ihre Freiheit gegen die Natur nur mittels naturgemäßen Verhaltens. Die anarchisch vorgestellte Freiheit wird von der Natur regelmäßig als pure Willkür entlarvt, erleidet daher stets eine Niederlage und muß folglich im Interesse der Selbsterhaltung im menschlichen Evolutionsprozeß als untaugliche Mutante ausgeschieden werden."[4] Hier wird deutlich die Arbeit als Veränderung der Natur von der Existenz der Natur unabhängig vom Menschen geschieden und die Existenz objektiver Naturzusammenhänge anerkannt. Der theoretische Fehler, der diesen materialistischen Standpunkt nicht überall zum Tragen kommen läßt, ist die Überschätzung der Arbeit als Zentralkategorie der Philosophie.[5] Arbeit und Erkenntnis vermitteln zwischen der objektiven Realität und dem Bewußtsein. Durch Arbeit wird Erkenntnis möglich, wird die „Natur an sich" zu einer „Natur für uns", um mit Engels zu sprechen. Aber die Anerkennung der Arbeit scheidet Materialismus und Idealismus nicht, weil in ihr die Einheit von subjektiven und objektiven Komponenten existiert. Erst die Anerkennung des Primats der Materie gegenüber dem Bewußtsein und des Bewußtseins als Widerspiegelung der Materie ist Materialismus und nicht schon die Betonung der verändernden Tätigkeit des Menschen, was die materialistische oder idealistische Beantwortung der Grundfrage verschleiern kann.[6]

Bei Ruben wird dadurch der objektiv-reale Gegenstand der Erkenntnis nicht vom Erkenntnisprozeß getrennt und die Erkenntnisprodukte werden nicht als Widerspiegelung der objektiven Realität, sondern als Arbeitsprodukte angesehen! Das sind sie ebenfalls, aber für die Darlegung des materialistischen Standpunktes ist es nicht so erheblich, daß sie bei der Auseinandersetzung des Menschen mit der Natur entstehen, sondern weit wichtiger ist ihr Abbildcharakter, auf den Ruben nicht eingeht. Er betont die Auffassung von Marx, daß wissenschaftliche Arbeit allgemeine Arbeit ist und schreibt: „Wenn man philosophisch mit den Resultaten der Naturwissenschaft ins reine kommen will, so muß man sie daher als Arbeitsprodukte der naturwissenschaftlichen Arbeit voraussetzen. Die Produkte der Wissenschaft sind Resultate der wissenschaftlichen Arbeit. Die Natur dieser Arbeit bestimmt daher den Charakter ihrer Produkte. Man muß das Wesen dieser Arbeit bestimmen, wenn man über das urteilen will, was ihre Erzeugnisse besagen, welche philosophische Bedeutung sie an sich, d. h. der Möglichkeit nach, ausdrücken. Die ‚Naturalform‘ der wissenschaftlichen Arbeit ist dabei – nach Marx – Form der Allgemeinheit selbst. Dieser entscheidende Hinweis wird im folgenden Leitfaden der Gedankenführung sein.

Es sei an dieser Stelle nochmals betont: ‚Arbeit‘ im Sinne von Marx ist nichts ‚rein Subjektives‘; dieser Ausdruck meint vielmehr die konkrete Einheit der subjektiven und objektiven Arbeitsbedingungen, die immer sinnlich-gegenständliche Tätigkeit ist. Es besteht also wirklich keine Arbeit, sofern nicht natürliche Gegenstände außer den Tätigen vorhanden sind, ergriffen und umgebildet werden. Wer von Arbeit in Abstraktion von der Natur spricht, meint niemals wirkliche Arbeit; sie kann nicht ohne die Natur außer den Arbeitenden verwirklicht werden. Dieser Umstand wird im Begriff des Materialismus gedacht. Das Ausgehen von der menschlichen Arbeit ist damit materialistisch, oder es wird in gar keinem Fall von der Arbeit als wirklicher menschlicher Praxis ausgegangen.“[7]

Hier werden verschiedene Ebenen der Betrachtungsweise vermengt. Um die Arbeit materialistisch begreifen zu können, muß erst der Gegenstand der Arbeit, nämlich die objektive Realität, d. h. das, was außerhalb und unabhängig vom Bewußtsein existiert, als existierend angesehen werden, was Ruben nicht eindeutig hervorhebt. Damit werden die Arbeits- und Erkenntnisprodukte als Widerspiegelung der objektiven Realität begriffen, die in ihrem Inhalt nicht durch die Art der Arbeit, sondern durch den widergespiegelten Gegenstand und seine Beziehungen bestimmt sind. Das ist die Frage nach der objektiven Wahrheit, die auch nicht eindeutig materialistisch beantwortet wird. Die weitere

Untersuchung, wie Arbeit geleistet und wie erkannt wird, muß immer unter konkret-historischen Bedingungen erfolgen, da der Materialismus die Arbeit nicht abstrakt betrachtet, sondern als konkrete Art und Weise der Produktion materieller Güter. Diese Analyse wird aber nicht durchgeführt. Das wiederum würde es dann ermöglichen, die Vorstellungen über die Arbeit in Beziehung zur konkreten Arbeit zu setzen und wissenschaftliche Ideologiekritik zu betreiben. Die Naturerkenntnis ist in ihrem Widerspiegelungscharakter an die objektiven Naturbeziehungen und nicht an die Art und Weise gebunden, wie sie in der Arbeit erkannt werden. Letzteres hat aber Einfluß auf die Realität der Erkenntnis objektiver Wahrheiten, was ebenfalls nicht betrachtet wird. Vor allem aber bestimmt die ökonomische Basis die ideologischen Beziehungen, und soweit naturwissenschaftliche Erkenntnisse ideologisch relevant werden, muß die philosophische Analyse auf die gesellschaftliche Bedingtheit der Naturwissenschaft ausgedehnt werden.

Zweitens haben die Klassiker des Marxismus-Leninismus sich stets gegen die metaphysischen Materiethesen gewandt und die objektive Naturdialektik aufgespürt. Ruben hebt in der Auseinandersetzung mit den Gegnern der Naturdialektik die Geschichtlichkeit der Natur hervor, die er vor allem an die Auseinandersetzung des Menschen mit der Natur bindet. Er schreibt: „Daß Hegel die Materie allein unter dem Gesichtspunkt der Äußerlichkeit zu denken weiß, hat sowohl historisch-praktische Gründe wie auch theoretische. Das bürgerliche Naturverhalten selbst ist jene geschichtliche Bildungsstufe der menschlichen Praxis, worin die Natur allein als Sache außer den Menschen behandelt wird. Wenn sie daher vom Ideologen als rein äußerlich ausgesprochen wird, so drückt er dieses spezifische Naturverhalten der Individuen aus, nicht aber das Wesen der Natur selbst. Der theoretische Grund für Hegels Auffassung besteht darin, daß er den tatsächlichen Ausgangspunkt der physikalischen Erkenntnis nicht zu durchschauen vermag, diesen daher für das Eigentümliche der Natur selbst ausgibt. Er nimmt so die Erscheinung der Natur, wie sie für den Physiker ist, als das Wesen der Natur selbst, verkehrt also das tatsächliche Verhältnis in sein genaues Gegenteil. Wäre es so, daß die Äußerlichkeit die charakteristische Eigentümlichkeit der Natur selbst ist, dann freilich hätte die Natur keine Geschichte."[8] Es ist schwer, die eigentlichen Argumentationen zu finden, da manchmal Begriffe nur vage umschrieben werden. Die Feststellung: „Eine Sache hat Geschichte genau dadurch, daß sie sich selbst zum Gegenstand hat"[9], ist schwer zu fassen, wenn es um die Natur geht. Versuchen wir deshalb, Geschichte mit Entwicklung zu umschreiben, so hat Geschichte die Sache, die sich so verändert, daß eine neue oder höhere Qualität entsteht, die im Vergleich mit der Ausgangsqualität eine neue Gesamtheit von wesentlichen und unwesentlichen Merkmalen enthält.[10] Damit ist die Geschichte der Natur durch das Aufdecken des Entwicklungsprozesses nachzuweisen, in dem neue und höhere Qualitäten entstehen. Dazu hat also die Naturwissenschaft genügend Material geliefert. Insofern ist das Argument von der Geschichte der Natur wichtig in der Auseinandersetzung mit den Gegnern der Naturdialektik. Aber die Dialektik darf nicht nur als Geschichte betrachtet werden. Ruben schreibt: „Man kann ohne Zweifel behaupten, daß mit der Frage, ob die Natur eine Geschichte habe, der Sinn einer Dialektik der Natur steht und fällt. Denn es ist ganz unbestreitbar, daß die Dialektik nur als allgemeiner Ausdruck der Historizität der objektiven Realität bedeutungsvoll ist. ‚Dialektisch' und ‚geschichtlich' sind Ausdrücke für Momente ein und desselben Sachverhalts. Dialektik ist das Allgemeine der Geschichte; Geschichte ist die unmittelbare Wirklichkeit der Dialektik."[11] Die Klassiker haben Dialektik stets als Wissenschaft von den Zusammenhängen, der Veränderung und Entwicklung der Objekte und Prozesse verstanden und auf die Dialektik auch dort hingewiesen, wo es sich um Strukturbeziehungen handelt, ohne schon auf das Entstehen neuer Qualitäten eingehen zu können. Denken wir hier an Lenins Kritik des Standpunkts von Bucharin zum Verhältnis von Ökonomie und Politik. Es war wichtig, die Dialektik aufzudecken, die als Primat der Politik gegenüber der Ökonomie formuliert wurde und in der die Politik als konzentrierter Ausdruck der Ökonomie gefaßt wurde. Dialektik zeigt sich auf jeden Fall in Entwicklung und Geschichte, aber es wäre falsch, Dialektik nur dort zu suchen. Das Verhältnis von Quantität und Qualität, von Elementarität und Struktur hat große Bedeutung für die philosophische Analyse der Elementarteilchen-Physik, obwohl die Elementarteilchen zwar konstituierend für Entwicklungsprozesse sind, aber selbst sich nicht entwickeln. Um deshalb den Reichtum der philosophischen Gedanken der Klassiker ausschöpfen zu können, darf die Dialektik nicht auf ihren Kern, auf die Entwicklungstheorie, reduziert werden, weil sonst wesentliche Bereiche der Naturdialektik unbeachtet bleiben.

Drittens haben die Klassiker die gesellschaftliche Bedingtheit und Rolle der Naturwissenschaft betont und die Bedeutung naturwissenschaftlicher Erkenntnisse in der ideologischen Auseinandersetzung gesehen. Während bei der dialektisch-materialistischen Deutung der Naturerkenntnisse das naturwissenschaftliche Experiment das Wahrheitskriterium für die naturwissenschaftlichen Theorien und ihre philosophische Deutung ist, kann die idealistische Deutung naturwissenschaftlicher Entdeckungen, ideologischer Untersuchungen usw. nur im Zusammenhang mit der gesellschaftlichen Bedingtheit naturwissenschaftlicher Erkenntnisprozesse verstanden werden. Die oftmals geforderte historisch-materialistische Untersuchung der naturwissenschaftlichen Entwicklung kann deshalb nur bedeuten, die philosophischen Ansichten von Naturwissenschaftlern, die ideologische Diskussion um die Naturwissenschaft und die gesellschaftliche Rolle der Naturwissenschaft besser verstehen zu lernen. Die hier genannten Beziehungen sind nicht aus der Naturerkenntnis allein zu begreifen. Sie verlangen die Analyse der gesellschaftlichen Bedingtheit der Naturerkenntnis. Eben das hatten die Klassiker als Aufgabe formuliert und einen Beitrag zur Lösung selbst geleistet.[12]

Erst auf dieser Grundlage war es ihnen möglich, eine fundierte Kritik aller bisherigen Naturphilosophien zu geben. Sowohl die idealistische als auch die mechanisch-materialistische Naturdeutung wurde zurückgewiesen. Anknüpfend an die materialistischen Traditionen naturwissenschaftlicher Forschungsarbeit wurde die Rolle der Philosophie gegenüber der Naturwissenschaft bestimmt. Die wissenschaftliche Philosophie existiert nicht ohne die Naturwissenschaft und darf zu ihren Erkenntnissen nicht im Widerspruch stehen. Sie verallgemeinert diese und hat damit theoretischen Wert für die naturwissenschaftliche Forschungsarbeit. Damit wurden solche naturphilosophischen Auffassungen zurückgewiesen, wie die spekulative Ausfüllung von Lücken der naturwissenschaftlichen Erkenntnis, wie die von dem Richter in naturwissenschaftlichen Streitfragen usw.

Fünftens sind damit theoretische Grundlagen für ein festes Bündnis mit den streitbaren Materialisten unter den Naturwissenschaftlern geschaffen worden.

Die Klassiker des Marxismus-Leninismus entwickelten mit der wissenschaftlichen Philosophie zugleich auch ein wissenschaftliches Verhältnis dieser Philosophie zur Naturwissenschaft.

2. Karl Marx: Philosophie, Ökonomie, Naturwissenschaft

Das Verdienst von Marx in bezug auf das Verhältnis von Philosophie und Naturwissenschaft besteht darin, daß er in den „Ökonomisch-philosophischen Manuskripten“, im „Kapital“ und im Briefwechsel vor allem auf die gesellschaftliche Bedingtheit der Naturwissenschaft und auf ihre große Rolle bei der Entwicklung der Industrie verwiesen hat. Er schuf damit Grundlagen für die materialistische Erklärung der

Geschichte der Naturwissenschaft, weil sie nicht mehr als Geschichte großer Entdecker und Entdeckungen, als innerer Erkenntnistrieb usw. verstanden wurde. Sie wurde im Zusammenhang mit der gesellschaftlichen Entwicklung gesehen, und so wurde der Aufschwung der Naturwissenschaft im Kapitalismus aus der kapitalistischen Produktion verständlich. Marx lieferte mit der politischen Ökonomie den Schlüssel zum Verständnis für die Entwicklung der Naturwissenschaft und damit auch für die Beziehung zwischen Philosophie und Naturwissenschaft. Marx schreibt: „Die Naturwissenschaften haben eine enorme Tätigkeit entwickelt und sich ein stets wachsendes Material angeeignet. Die Philosophie ist ihnen indessen ebenso fremd geblieben, wie sie der Philosophie fremd blieben. Die momentane Vereinigung war nur eine phantastische Illusion. Der Wille war da, aber das Vermögen fehlte. Die Geschichtsschreibung selbst nimmt auf die Naturwissenschaft nur beiläufig Rücksicht, als Moment der Aufklärung, Nützlichkeit, einzelner großer Entdeckungen. Aber desto praktischer hat die Naturwissenschaft vermittelst der Industrie in das menschliche Leben eingegriffen und es umgestaltet und die menschliche Emanzipation vorbereitet, sosehr sie unmittelbar die Entmenschung vervollständigen mußte. Die Industrie ist das wirkliche geschichtliche Verhältnis der Natur und daher der Naturwissenschaft zum Menschen; wird sie daher als exoterische Enthüllung der menschlichen Wesenskräfte gefaßt, so wird auch das menschliche Wesen der Natur oder das natürliche Wesen des Menschen verstanden, daher die Naturwissenschaft ihre abstrakt materielle oder vielmehr idealistische Richtung verlieren und die Basis der menschlichen Wissenschaft werden, wie sie jetzt schon – obgleich in entfremdeter Gestalt – zur Basis des wirklich menschlichen Lebens geworden ist, und eine andre Basis für das Leben, eine andre für die Wissenschaft ist von vornherein eine Lüge.“[13]

Die gesellschaftliche Bedeutung der Naturwissenschaft offenbart sich in der Industrie, die aber nicht nur realisierte Naturwissenschaft ist, sondern gesellschaftliche Erscheinung, Art und Weise der Produktion materieller Güter. Diese materiellen Verhältnisse, die Produktionsverhältnisse, bestimmen, wie Marx später nachwies, den Charakter einer Gesellschaftsformation. Wenn Marx hier deshalb vom natürlichen Wesen des Menschen oder vom menschlichen Wesen der Natur spricht, so sagt er bei der weiteren Entwicklung seiner dialektischen und historisch-materialistischen Ansichten, daß das Wesen des Menschen als Ensemble der gesellschaftlichen Verhältnisse begriffen werden muß, wobei die Produktionsverhältnisse die bestimmenden sind. Diese materiellen Verhältnisse gehen die Menschen ein, wenn sie produzieren, wenn sie die Natur verändern. Das menschliche Wesen der Natur ist damit die durch den gesellschaftlich produzierenden Menschen genutzte Natur und das natürliche Wesen des Menschen ist nicht seine biologische Konstitution, nicht seine Natur im engeren Sinne, es ist die gesellschaftliche Beziehung der Menschen untereinander, es ist die Produktionsweise.

Marx schreibt weiter: „Die Geschichte selbst ist ein wirklicher Teil der Naturgeschichte, des Werdens der Natur zum Menschen. Die Naturwissenschaft wird später ebensowohl die Wissenschaft von dem Menschen wie die Wissenschaft von dem Menschen die Naturwissenschaft unter sich subsumieren: es wird eine Wissenschaft sein."[14] Was hier erahnt wird, ist später ausgearbeitet worden. Die Entwicklung der Gesellschaft wurde als naturhistorischer Prozeß in seiner inneren Gesetzmäßigkeit begriffen. Was hier noch abstrakt formuliert wird, ist das Programm der Entwicklung der Gesellschaftswissenschaft, das Marx im „Kapital" realisierte. So schrieb Engels in einer Rezension zum ersten Band des Kapitals: „Was uns in diesem Buch besonders aufgefallen ist, ist dies: daß der Verfasser die Sätze der Nationalökonomie nicht, wie gewöhnlich geschieht, als ewig gültige Wahrheiten, sondern als Resultate bestimmter geschichtlicher Entwicklungen auffaßt. Während selbst die Naturwissenschaft sich mehr und mehr in eine geschichtliche Wissenschaft verwandelt – man vergleiche Laplaces astronomische Theorie, die gesamte Geologie und die Schriften Darwins –, war die Nationalökonomie bisher eine ebenso abstrakte, allgemeingültige Wissenschaft wie die Mathematik. Was auch das Schicksal der sonstigen Behauptungen dieses Buches sein mag, wir halten es für ein bleibendes Verdienst von Marx, daß er dieser bornierten Vorstellung ein Ende gemacht hat."[15] Sicher ist die Stellung von Marx zur Naturwissenschaft, sein Einfluß auf Engels noch weiter zu untersuchen. Aber eins kann nicht geleugnet werden: Marx blieb nicht bei der Aufdeckung der gesellschaftlichen Rolle der Naturwissenschaft stehen, sondern er nutzte philosophische Verallgemeinerungen naturwissenschaftlicher Erkenntnisse für seine gesamte wissenschaftliche Arbeit aus. In einem Brief an Lassalle vom 16. 1. 1861 schrieb er: „Sehr bedeutend ist Darwins Schrift und paßt mir als naturwissenschaftliche Unterlage des geschichtlichen Klassenkampfs. Die grob englische Manier der Entwicklung muß man natürlich mit in den Kauf nehmen. Trotz allem Mangelhaften ist hier zuerst der ‚Teleologie' in der Naturwissenschaft nicht nur der Todesstoß gegeben, sondern der rationelle Sinn derselben empirisch auseinandergelegt."[16]

Darwins Werk „Über die Entstehung der Arten" wurde auch von Engels hochgeschätzt. Er zählte die Darwinsche Entwicklungstheorie zu den drei weltanschaulich bedeutsamen naturwissenschaftlichen Entdeckungen des 19. Jahrhunderts. Für Marx hatte diese naturwissenschaftliche Theorie verschiedene weltanschaulich bedeutsame Momente. Ohne sie einfach auf die Gesellschaft zu übertragen, konnte sie doch durch philosophische Analyse als „naturwissenschaftliche Unterlage des geschichtlichen Klassenkampfes" dienen. Wir wissen, daß die einseitige Übertragung naturwissenschaftlicher Theorien auf gesellschaftliche Sachverhalte in der Geschichte stets zum Scheitern verurteilt war. Denken wir nur an den Malthusianismus, den Energetismus, den Kybernetismus u. a. Deshalb geht es bei der philosophischen Analyse neuer naturwissenschaftlicher Erkenntnisse um die Aufdeckung der Zusammenhänge, die in anderen Wissenschaften ebenfalls von Bedeutung sein könnten. In diesem Sinne konnten die Erkenntnisse der modernen Physik über verschiedene Gesetzestypen, soweit sie im dialektischen Determinismus ausgearbeitet sind, auch Bedeutung für andere Wissenschaften erlangen. Die Übertragung erfolgt jedoch durch Hypothesenbildung, wobei die Richtigkeit oder Falschheit der Hypothese erst nachgewiesen werden muß. Marx hebt aber auch die Bedeutung der Darwinschen Entwicklungstheorie für die Auseinandersetzung mit der Teleologie hervor. In diesem Sinne muß jede moderne naturwissenschaftliche Theorie in ihrer Bedeutung für die Präzisierung oder Widerlegung philosophischer Thesen der Naturtheorie betrachtet werden. Die Analyse der modernen Physik zeigte, wie die Auffassungen über das Verhältnis zwischen Beobachter, Gerät und Objekt präzisiert werden mußten. Die Subjektabhängigkeit der Objekte im Experiment führte zur Formulierung subjektunabhängiger Gesetze.

Marx betrachtete aber nicht nur die generelle Beziehung zwischen Darwins Theorie und dem Klassenkampf. Er erwähnte auch nicht nur die Bedeutung dieser Theorie in der Auseinandersetzung mit der Teleologie, sondern suchte zugleich nach Analogien zwischen der Entwicklung der natürlichen Organe und der Anpassung der Arbeitswerkzeuge an die Sonderfunktionen des Teilarbeiters.[17] Der philosophisch verbindende Gedanke ist dabei nicht nur die Entwicklungstheorie, sondern auch die Analogie zwischen der Differenzierung der natürlichen Organe und der Arbeitsinstrumente. Wie dieses Beispiel der Marxschen Analyse naturwissenschaftlicher Theorien zeigt, wäre es völlig verkehrt, eine eindeutige lineare Beziehung zwischen naturwissenschaftlicher Aussage und weltanschaulicher These anzunehmen. Verschiedene Formen der philosophischen Analyse, wie Hypothesenbildung, Präzisierung philosophischer Aussagen und Analogienbildung helfen uns, unterschiedliche weltanschauliche Momente einzelwissenschaftlicher Theorien zu erkennen. Das machte auch der Hinweis auf moderne Theorien, wie etwa die moderne Physik, deutlich.

Wie aufmerksam Marx und Engels neue naturwissenschaftliche Erkenntnisse auswerteten, zeigt uns der Briefwechsel zwischen beiden, in dem sie sich auf den Zusammenhang zwischen der Entwicklung der Chemie und der Dialektik aufmerksam machen. Auf Engels' Hinweis[18] hin sieht Marx sein Manuskript zum „Kapital" noch einmal durch und teilte Engels mit, daß er in der Fußnote die Molekulartheorie bereits erwähnt habe.[19]

Der Absatz im „Kapital", zu dem diese Fußnote gemacht wird, lautet: „Der Geld- oder Warenbesitzer verwandelt sich erst wirklich in einen Kapitalisten, wo die für die Produktion vorgeschossene Minimalsumme weit über dem mittelaltrigen Maximum steht. Hier, wie in der Naturwissenschaft, bewährt sich die Richtigkeit des von Hegel in seiner ‚Logik' entdeckten Gesetzes, daß bloß quantitative Veränderungen auf einem gewissen Punkt in qualitative Unterschiede umschlagen."[20]

Marx verweist damit bei der Analyse ökonomischer Prozesse auf die philosophischen Gesetze, die die wissenschaftliche Analyse fördern und die zugleich die theoretische Grundlage der neuen Weltanschauung bilden. Wie wir am Beispiel der modernen Physik schon andeuteten, sind solche erkenntnisfördernden Beziehungen zwischen Natur- und Gesellschaftswissenschaft auch heute vorhanden, die zugleich die Bedeutung unserer wissenschaftlichen Weltanschauung für alle Bereiche menschlicher Tätigkeit zeigen. Die Spezialisierung der Gesellschaftswissenschaftler hat jedoch auch dazu geführt, daß die Bedeutung der Philosophie bei der Aufdeckung von Beziehungen und Gesetzen, die in allen Bereichen existieren, teilweise nicht beachtet wurde. Damit wird jedoch die Rolle der marxistisch-leninistischen Weltanschauung auf ihre Beziehung zu einzelnen Wissenschaften eingeschränkt und nicht auf das Gesamtsystem der Wissenschaften ausgedehnt. Die Fundierung der wissenschaftlichen Weltanschauung durch naturwissenschaftliche Entdeckungen wird dabei vernachlässigt, was dem Marxschen Geiste widerspricht. Diese Haltung führt dann manchen Wissenschaftler dazu, erkenntnisfördernde Hinweise aus anderen Wissenschaften, die durch die marxistische Philosophie vermittelt werden, nicht mehr aufzunehmen und damit die Hilfe für die Entwicklung der Wissenschaft, die aus dem marxistischen Grundstandpunkt entspringt, zurückzuweisen. Sicher liegt hier auch ein Mangel in den philosophischen Arbeiten vor. Nicht immer gelingt es, durch philosophische

Analyse Erkenntnisse einer Wissenschaft für andere fruchtbar zu machen. Oft werden nur theoretische Probleme einer Wissenschaft dargestellt, ohne tiefer in ihren philosophischen Gehalt einzudringen. Deshalb müssen alle Methoden philosophischen Forschens ausgenutzt werden, um durch die marxistische Philosophie rechtzeitig die neuesten naturwissenschaftlichen Erkenntnisse zu analysieren und ihre weltanschauliche Bedeutung hervorzuheben.

3. Friedrich Engels und die Naturwissenschaften

Friedrich Engels hat sich große Verdienste um die Lösung philosophischer Probleme der Naturwissenschaften erworben. Was er im vergangenen Jahrhundert dazu leistete, ist heute Grundlage unserer Arbeit bei der marxistisch-leninistischen Interpretation der Naturwissenschaften. Von ihm lernen wir, wie wir unsere Probleme zu lösen haben. Im Vorwort zur zweiten Auflage des „Anti-Dühring" von 1885 schrieb er: „Aber zu einer dialektischen und zugleich materialistischen Auffassung der Natur gehört Bekanntschaft mit der Mathematik und der Naturwissenschaft."[21]

Engels brach mit der spekulativen Naturphilosophie, zeigte aber zugleich ihre historische Bedeutung für eine Zeit, in der die Naturwissenschaft den dialektischen Zusammenhang der Naturprozesse noch nicht in vollem Umfang erkannte und die Natur selbst noch nicht in ihrer Entwicklung erfaßte. Als materialistischer Denker nahm Engels die Entdeckungen der Naturwissenschaft als Grundlage für seine philosophischen Überlegungen. „Und endlich konnte es sich für mich nicht darum handeln", erklärte er, „die dialektischen Gesetze in die Natur hineinzukonstruieren, sondern sie in ihr aufzufinden und aus ihr zu entwickeln."[22] Es ging also nicht nur um ein einfaches Kennenlernen naturwissenschaftlicher Sachverhalte, sondern um ihr tiefes theoretisches Verständnis, dem Engels Jahre seines Lebens gewidmet hat. Man kann die Leistung von Engels bei der philosophischen Verarbeitung der Naturwissenschaften erst ermessen, wenn man weiß, wie intensiv seine Studien waren und wie sehr er es bedauerte, daß er sie wegen anderer Pflichten nicht noch besser durchführen konnte.

Engels stellte sich die Aufgabe zu zeigen, „daß in der Natur dieselben dialektischen Bewegungsgesetze im Gewirr der zahllosen Veränderungen sich durchsetzen, die auch in der Geschichte die scheinbare Zufälligkeit der Ereignisse beherrschen"[23]. Dazu war eine große Arbeit erforderlich. Es existierten keine Vorarbeiten zur dialektisch-materialistischen Deutung einzelner naturwissenschaftlicher Erkenntnisse. Engels nahm es auf sich, die Dialektik der Natur zu zeigen und die dialektischen Gesetze in jeder Naturwissenschaft zu finden. „Dies im Zusammenhang und auf jedem einzelnen Gebiet zu tun, ist aber eine Riesenarbeit", sagt er und fährt fort: „Nicht nur ist das zu beherrschende Gebiet fast unermeßlich, es ist auch auf diesem gesamten Gebiet die Naturwissenschaft selbst in einem so gewaltsamen Umwälzungsprozeß begriffen, daß auch derjenige kaum folgen kann, dem seine ganze freie Zeit hierfür zur Verfügung steht. Seit dem Tode von Karl Marx ist meine Zeit aber durch dringendere Pflichten mit Beschlag belegt worden ... Ich muß ... abwarten, ob sich später einmal Gelegenheit findet, die gewonnenen Resultate zu sammeln und herauszugeben ...".[24] Die Gelegenheit für die Herausgabe seiner gesammelten Manuskripte zu philosophischen Problemen der Naturwissenschaften bekam er nicht mehr. Erst nach seinem Tode erschien das gesammelte Material als „Dialektik der Natur". Aber wesentliche Einsichten waren bereits im „Anti-Dühring" verarbeitet worden. Die Dialektik der Naturvorgänge wurde durch die vielen Entdeckungen des 19. Jahrhunderts und ihre theoretische Verarbeitung immer offensichtlicher. Der Prozeß der dialektischen Naturerkenntnis, von dem Engels damals sprach, zog sich bis ins 20. Jahrhundert hinein, „... die Revolution", betont er, „die der theoretischen Naturwissenschaft aufgezwungen wird durch die bloße Notwendigkeit, die sich massenhaft häufenden, rein empirischen Entdeckungen zu ordnen, ist der Art, daß sie den dialektischen Charakter der Naturvorgänge mehr und mehr auch dem widerstrebendsten Empiriker zum Bewußtsein bringen muß"[25]. Noch herrschte der mechanische metaphysische Materialismus, als Engels den dialektischen Charakter der Naturprozesse zeigte. Der von Engels geschilderten Konsequenz meinte mancher Wissenschaftler im 20. Jahrhundert durch den Übergang zum Empirismus und logischen Positivismus entgehen zu können. So ist die Auseinandersetzung um die philosophischen Probleme der Naturwissenschaft in unserer Zeit der Kampf des dialektischen Materialismus gegen den subjektiven und objektiven Idealismus, die als Neopositivismus oder Neoplatonismus auftreten, und gegen das metaphysische Herangehen an die Lösung philosophischer Probleme. Dabei hat sich die marxistisch-leninistische Philosophie entwickelt und ihre Positionen verstärkt. Zusammenarbeit von Naturwissenschaftlern und marxistisch-leninistischen Philosophen heißt im Sinne von Engels, die marxistisch-leninistische Philosophie zur weltanschaulichen, erkenntnistheoretischen und methodologischen Grundlage naturwissenschaftlicher Forschungsarbeit zu machen. Dabei sind die durch die Entwicklung des Sozialismus möglichen Vorzüge und objektiven Erfordernisse zu berücksichtigen.

Heute geht es nicht mehr um die Bestätigung der dialektischen Grundgesetze durch das Material der Naturwissenschaften. Was Marx, Engels und Lenin geleistet haben, kann nicht einfach nachvollzogen werden. Die Arbeit muß konkreter auf die philosophischen Probleme einzelner Wissenschaften, auf die notwendigen Präzisierungen philosophischer Auffassungen, auf die möglichen philosophischen Hypothesen zur Entwicklung der Wissenschaft, also auf die durch die Entwicklung der Naturwissenschaft in der zweiten Hälfte des 20. Jahrhunderts uns gestellten philosophischen Fragen orientiert werden. Sie reichen von der Symmetrieproblematik in der Physik über das Verhältnis von Dialektik und Struktur in der Chemie und die Beziehung zwischen Physik, Chemie und Biologie bis zu dem weltanschaulichen Grundproblem der Verantwortung des Wissenschaftlers in unserer Zeit, wie sie im Zusammenhang mit den Ergebnissen der Humangenetik und den Diskussionen um die biologische Bombe entstanden.

Wenn Marx und Engels eng mit dem Chemiker Schorlemmer und dem Arzt Kugelmann zusammenarbeiteten, wenn Lenin das Bündnis zwischen den marxistischen Philosophen und den streitbaren Materialisten forderte, dann geht es heute um die gemeinsame Forschungsarbeit von marxistisch-leninistischen Philosophen und Naturwissenschaftlern zur Lösung der Probleme, die die philosophische Interpretation naturwissenschaftlicher Einsichten der interdisziplinären Forschung stellt. Ihre Lösung kann disziplinär in der theoretischen Naturwissenschaft und in der Philosophie vorbereitet werden, aber nicht endgültig erfolgen. So tauchen in der Einheit von Natur- und Gesellschaftswissenschaften neue Aspekte auf, die analysiert werden müssen. Jede Prognose der Naturwissenschaften und der Ausbildung muß die gesellschaftlichen Möglichkeiten und Anforderungen berücksichtigen, während die Naturwissenschaft neue Möglichkeiten für die Gestaltung der menschlichen Beziehungen durch neue Rohstoffe, neue Nahrungsmittel, neue Energiequellen usw. schafft, die zu prinzipiellen Veränderungen der Lebensweise führen können. Es widerspräche dem Geist von Engels, wenn wir nicht in sozialistischer Gemeinschaftsarbeit an der Lösung dieser Probleme arbeiten würden.

Wenn wir deshalb mit Ehrfurcht und Hochachtung die Arbeiten von Engels zur Naturwissenschaft betrachten, so betreiben wir Geschichte, um daraus für uns zu lernen. Wir brauchen keine Denkmäler zur Erbauung feinsinniger Gemüter, sondern Erinnerungen als Ansporn für die eigene Arbeit. Wir lernen von Engels, weil seine philosophischen

Ideen aktuell sind, weil er die wissenschaftliche Weltanschauung der Arbeiterklasse mitbegründete, weil er zur Lösung unserer Probleme etwas zu sagen hat. Wer deshalb die Geschichte ignoriert, begreift seine eigene Zeit nicht. Die Arbeiten von Engels werden für uns besonders dort fruchtbar, wo er weit über seine Zeit hinaussah. Er analysierte Prozesse in den Naturwissenschaften, die heute noch andauern. Mit Marx entwickelte er den wissenschaftlichen Sozialismus, der heute unser Handeln bestimmt. Gegenüber dieser großartigen Leistung verblassen einzelne zeitgebundene Aussagen und naturphilosophische Thesen, die durch die Entwicklung sich als überholt erwiesen haben. Engels selbst betonte, daß der Materialismus mit jeder neuen wissenschaftlichen Entdeckung seine Form ändert. Deshalb ist es notwendig, auf die historischen Leistungen von Engels für die Erkenntnis der Naturdialektik einzugehen, um die aktuelle Bedeutung seiner Arbeiten zu zeigen, die wütenden Angriffen von seiten der Gegner der marxistisch-leninistischen Philosophie ausgesetzt sind.

3.1. Die historischen Leistungen von Engels

Man spricht von drei Etappen im Leben Engels' bei der Beschäftigung mit der Dialektik der Natur und mit der Naturwissenschaft. Die Vorbereitungsetappe läuft vom Beginn seiner schöpferischen Arbeit Anfang der 40er Jahre bis zu seiner Übersiedlung nach London 1870. In der Zeit vor und nach der Revolution von 1848 beschäftigt sich Engels vorwiegend mit philosophischen, ökonomischen und historischen Problemen. Die Naturwissenschaft interessiert ihn vor allem in ihrer Beziehung zur Gesellschaft. Er befaßt sich mit den Triebkräften und dem Charakter der wissenschaftlichen Entwicklung und hebt deren Bedeutung für die gesellschaftliche Entwicklung hervor. Zu Beginn der 40er Jahre wird die Naturwissenschaft von ihm noch nicht in ihren philosophischen Aspekten untersucht. So waren seine Auseinandersetzungen mit Schelling Anfang der 40er Jahre vom Widerwillen gegen „Autoritätsglauben, Gefühlsmystik, gnostische Phantasterei" getragen. Er verteidigte Hegels Dialektik gegen Schellings Offenbarungslehre, denn für ihn triumphiert die Hegelsche Dialektik gegenüber der Beschränktheit Schellings. Dabei betont er: „Es ist weder Hegel noch sonst jemand eingefallen, die Existenz irgendeines Dinges ohne empirische Prämissen beweisen zu wollen . . .".[26] Aber er setzt gegen Schelling noch nicht die ganze Kraft der materialistischen Lehre ein, wie er sie später in der Arbeit „Ludwig Feuerbach und der

Ausgang der klassischen deutschen Philosophie" mit der Praxis als Kriterium der Wahrheit formuliert, den Gedanken entsprechend, die Marx schon in den Feuerbach-Thesen geäußert hatte. Schelling wird noch mit philosophischen Mitteln, ohne Bezug zur politischen Praxis und zur Entwicklung der Wissenschaften kritisiert.

Nach seiner Schrift „Die Lage der arbeitenden Klasse in England" und gar nach dem „Kommunistischen Manifest" verwirklicht Engels stets die Forderung Marx', die Welt nicht nur zu interpretieren, sondern sie zu verändern. Um sie verändern zu können, muß man sie kennen. Deshalb widmete Engels dem Studium der gesellschaftlichen Verhältnisse große Aufmerksamkeit. Aber er vergaß nicht, die Bedeutung der dialektischen Gesetze auch in der Naturwissenschaft nachzuweisen. In der Hauptetappe seiner Beschäftigung mit der Naturwissenschaft, von Engels' Übersiedlung nach London bis zum Tode von Karl Marx, zeigt Engels systematisch und allseitig die Dialektik der Naturprozesse und das sich entwickelnde dialektische Denken unter den Naturwissenschaftlern.

1873 teilte Engels in einem Brief vom 30. 5. an Marx mit, daß er eine große Arbeit über die Dialektik der Natur schreiben wolle. Die Arbeit daran wurde jedoch unterbrochen, als er sich im Interesse der Arbeiterbewegung und ihrer wissenschaftlichen Weltanschauung mit den Entstellungen von Eugen Dühring auseinandersetzen mußte, dessen Auffassungen immer mehr in der Arbeiterbewegung verbreitet wurden. Für diese Arbeit „Herrn Eugen Dührings Umwälzung der Wissenschaft" (Anti-Dühring) verwandte er auch sein bereits gesammeltes Material zur Naturdialektik. In einer glänzenden Polemik wies er die Unhaltbarkeit der Thesen Dührings nach und zeigte, daß dessen Argumente mit der Naturwissenschaft und der Entwicklung des politischen Kampfes sowie mit der politischen Ökonomie und der Geschichte nicht vereinbar sind. 1878 setzte er seine Arbeit an der „Dialektik der Natur" nach einem Gesamtplan fort und schrieb bereits einige Kapitel. 1882 schrieb er Marx, daß er die „Dialektik der Natur" nun bald beenden müsse. Durch den Tod von Karl Marx am 14. 3. 1883 mußte er jedoch seine eigenen Arbeiten unterbrechen, weil er es für wichtiger hielt, die hinterlassenen Manuskripte von Marx für den Druck fertigzustellen. Durch diese Belastung und die vielen Aufgaben bei der Führung der internationalen Arbeiterbewegung gelang es Engels nicht, seine Arbeit fertigzustellen. Nicht einmal das gesamte bereits erarbeitete Material konnte systematisch geordnet werden. Nach seinem Tode bemühten sich die Nachlaßverwalter in der deutschen Sozialdemokratie nicht, die Arbeit von Engels zu veröffentlichen. Erst 1925 wurde die „Dialektik der Natur" nach Fotokopien in Moskau publiziert. In seinem „Anti-Dühring" und in der „Dialektik der Natur" gibt Engels eine dialektisch-materialistische Verallgemeinerung der Ergebnisse der Naturwissenschaften seiner Zeit und entwickelt dabei viele programmatische Ideen, die, mit den Aussagen Lenins zur Entwicklung der Naturwissenschaften verbunden, für die heutige Bearbeitung philosophischer Probleme der Naturwissenschaften von großer Bedeutung sind.

Besondere Aufmerksamkeit widmete er der Kritik des vorherrschenden mechanischen Materialismus. Hierbei wies er die Beschränktheiten dieser Form des Materialismus nach, der mechanisch war, weil er alles auf die Gesetze der klassischen Mechanik zurückführte und die Existenz von Systemen höherer Bewegungsformen mit eigenen Systemgesetzen nicht berücksichtigte; der metaphysisch war, weil er die Entwicklung der Natur nicht beachtete und idealistisch auf dem Gebiet der Gesellschaft.

Engels untersuchte die weltanschaulich bedeutsamen Entdeckungen des 19. Jahrhunderts, die Zellentheorie, das Gesetz von der Erhaltung und Umwandlung der Energie und die Darwinsche Entwicklungstheorie. An diesen zeigte Engels einerseits, wie die Naturwissenschaft dabei ist, die materielle Einheit der Welt nachzuweisen, und andererseits, daß es sich um eine dialektische Einheit von niederen und höheren Bewegungsformen handelt und die Entwicklung der Natur vom Niederen zum Höheren mit natürlichen Ursachen erklärbar ist. Nach dem Tode von Marx, in der dritten Etappe, konnte Engels sich nur sporadisch mit Problemen der Naturwissenschaft befassen. Das war vor allem bei der Vorbereitung der Neuauflage des „Anti-Dühring" notwendig und bei der Fertigstellung der Schrift „Ludwig Feuerbach und der Ausgang der klassischen deutschen Philosophie". Später schrieb Lenin dann in einer Einführung zum Briefwechsel von Marx und Engels, nachdem er sich selbst um die Verteidigung und Entwicklung des dialektischen Materialismus verdient gemacht hat: „Versucht man mit einem Wort auszudrücken, was sozusagen den Brennpunkt des ganzen Briefwechsels ausmacht, jenen zentralen Punkt, in dem alle Fäden des Netzes der geäußerten und erörterten Ideen zusammenlaufen, so wird dies das Wort Dialektik sein. Die Anwendung der materialistischen Dialektik bei der radikalen Umarbeitung der gesamten politischen Ökonomie, ihre Anwendung auf die Geschichte, auf die Naturwissenschaft, die Philosophie, die Politik und die Taktik der Arbeiterklasse – das ist es, was Marx und Engels vor allem interessiert, hierzu haben sie das Wesentlichste und Neueste beigetragen, das ist der geniale Schritt, den sie in der Geschichte des revolutionären Denkens vorwärts getan haben."[27]

Es ist ein historisches Verdienst von Engels, daß er die Entwicklung des dialektischen Denkens im Zusammenhang mit der Entwicklung der Naturwissenschaft analysierte und die rationelle Bedeutung der Hegelschen Dialektik zeigte.

Er gab eine fundierte Kritik des mechanischen Materialismus, der zwar mit seiner materialistischen Grundauffassung die Entwicklung der Wissenschaft bis zum 19. Jahrhundert gefördert hatte, aber durch seinen mechanischen und metaphysischen Charakter nun zu einem Hemmnis für die weitere Entwicklung der Naturwissenschaft wurde, da er die Dialektik der Natur, die sich immer offensichtlicher für die dialektisch geschulten Wissenschaftler zeigte, vernachlässigte. Die undialektische Denkweise wurde zum Haupthindernis für die philosophische Verallgemeinerung der Ergebnisse der Naturwissenschaften als Grundlage für eine umfassende theoretische Entwicklung der Naturwissenschaften selbst.

Er hob die weltanschaulich bedeutsamen Entdeckungen der Naturwissenschaft im 19. Jahrhundert hervor, die den Gedanken von der materiellen Einheit der Welt bestätigen. Als noch der Streit um diese Entdeckungen und ihre philosophische Bedeutung tobte, zeigte Engels ihre revolutionierende Wirkung auf das Weltbild der Naturwissenschaftler und machte bereits auf undialektische Auffassungen bei ihrer Interpretation aufmerksam. Außerdem gab er eine dialektisch-materialistische Deutung der vorliegenden naturwissenschaftlichen Erkenntnis, besonders der klassischen Physik. Das zu betonen ist um so wichtiger, als wir manchmal die Auffassung finden, daß die klassische Physik mit dem mechanischen und die moderne Physik mit dem dialektischen Materialismus zu verbinden sei. Aus dem Umstand, daß Engels die moderne Physik noch nicht kannte, leiten dann einige Physiker in kapitalistischen Ländern ab, man brauche sich mit Engels nicht zu befassen. Engels entwickelt die Grundprinzipien der dialektisch-materialistischen Naturauffassung aus der Kritik des mechanischen Materialismus und der dialektisch-materialistischen Deutung der klassischen Physik. Diese Grundauffassungen werden auch durch die moderne Physik bestätigt und selbstverständlich präzisiert, aber nicht widerlegt. Sie sind deshalb geeignet, als philosophische Ausgangsthesen bei der philosophischen Interpretation moderner naturwissenschaftlicher Erkenntnisse zu dienen. Aus der Kritik des mechanischen Determinismus wurden die Grundprinzipien des dialektischen Determinismus mitbestimmt, und die Natur wurde nicht mehr als unveränderlich, sondern in ihrem historischen Entwicklungsprozeß gesehen.

Aus diesen historischen Verdiensten von Engels bei der Erforschung der Dialektik der Natur läßt sich auch die aktuelle Bedeutung seiner Auffassungen ableiten. Zur Lösung der mit der modernen Naturwissenschaft verbundenen erkenntnistheoretischen und methodologischen Probleme liefert das Studium der Werke von Engels die dialektisch-materialistischen Grundprinzipien; sie gilt es schöpferisch anzuwenden, um die Präzisierungen unserer philosophischen Auffassungen zu finden, die es uns gestatten mit philosophischen Hypothesen der heuristischen Funktion der marxistisch-leninistischen Philosophie für die Forschung gerecht zu werden.

3.2. Die aktuelle Bedeutung des Engelsschen Erbes

Bei der schöpferischen Ausarbeitung und Lösung der philosophischen Probleme der modernen Naturwissenschaften sind die Arbeiten von Engels also ein unentbehrliches Rüstzeug. Wenn er forderte, die Tatsachen im eigenen und in keinem phantastischen Zusammenhang zu sehen, so ist dieses materialistische Grundprinzip auch bei der Deutung moderner naturwissenschaftlicher Erkenntnisse zu beachten. Dialektischer Determinismus und Entwicklungstheorie, die Auffassung von der Bewegung als Daseinsweise und von Raum und Zeit als Existenzformen der Materie, die Dialektik von Qualität und Quantität, von Endlichkeit und Unendlichkeit usw. sind Grundauffassungen der marxistisch-leninistischen Philosophie, deren Bedeutung schon Lenin in seinem Buch „Materialismus und Empiriokritizismus" hervorhob. Lenin kannte zwar die Manuskripte zur „Dialektik der Natur" nicht, hatte sich jedoch eingehend mit den Auffassungen zur Dialektik der Natur, wie sie Engels im „Anti-Dühring" vertrat, beschäftigt und sie gegen machistische Angriffe verteidigt. Er bemerkte zu diesem Werk von Engels: „Das ist ein erstaunlich inhaltsreiches und lehrreiches Buch."[28]

Gerade die Verbindung von Materialismus und Dialektik, die Engels zur philosophischen Deutung der Naturerkenntnisse meisterhaft ausnutzte, ist vielen bürgerlichen Philosophen ein Dorn im Auge. So schreibt I. Landgrebe von einer „Degeneration der Dialektik bei Engels" und meint: „Die ‚Dialektik der Materie', die nach Engels an sich bestehen und nur im Bewußtsein nachgebildet werden soll, ist also keine Dialektik mehr, sondern vielmehr eine empirisch naturwissenschaftlich begründete Entwicklungslehre und Entwicklungsmechanik im Stile des späteren 19. Jahrhunderts."[29]

Hier wird deutlich, daß Landgrebe die historische und aktuelle Bedeutung der Arbeiten von Engels nicht erkennt. Dessen Hinwendung zur Aufdeckung der dialektischen Beziehungen in den Tatsachen selbst, seine Kritik an der Spekulation wird von Landgrebe als Degeneration abgewertet. Das kann nur ein Philosoph tun, der sich von der Entwicklung der Naturwissenschaft keine philosophischen Impulse verspricht, der die Philosophie von der Wissenschaft trennt. Die marxistisch-leninistische Philosophie gewinnt ihr Wissen über die objektiven dialektischen Beziehungen aus der Wissenschaft und der Analyse der gesellschaftlichen Auseinandersetzungen. Sie braucht die Dialektik nicht nur als Theorie, sondern auch als Methode für richtige Analysen und Prognosen. Die marxistisch-leninistische Philosophie dient als wissenschaftliche Anleitung zum Handeln, weshalb sie sich scharf gegen jede Spekulation verwahrt. Wer Materialismus und Dialektik trennt, geht hinter das 19. Jahrhundert zurück und disqualifiziert sich als Philosoph.

Zweifellos kann man derzeit noch nicht von der bewußten Ausnutzung der Erkenntnisse der Klassiker des Marxismus-Leninismus zur naturwissenschaftlichen Forschungsarbeit durch die Mehrheit der theoretischen Naturwissenschaftler sprechen. Manch einer hat vielleicht noch Vorbehalte wegen dogmatischer Haltungen einiger Philosophen und Naturwissenschaftler in der Vergangenheit, die dem Geist der marxistisch-leninistischen Philosophie nicht entsprachen. Der philosophischen Analyse unterliegen alle unsere Entdeckungen und Theorien. Über die Fruchtbarkeit kann nur die Praxis als Kriterium der Wahrheit und nicht ein philosophisches Prinzip entscheiden. Aus Angst vor spekulativer Philosophie entschied sich schon zur Zeit von Engels mancher Naturwissenschaftler für den Empirismus oder später den Positivismus und mußte sich damit der berechtigten Kritik von Engels aussetzen, der feststellt: „Man verachtet in der Tat die Dialektik nicht ungestraft. Man mag noch so viel Geringschätzung hegen für alles theoretische Denken, so kann man doch nicht zwei Naturtatsachen in Zusammenhang bringen oder ihren bestehenden Zusammenhang einsehn ohne theoretisches Denken. Es fragt sich dabei nur, ob man dabei richtig denkt oder nicht, und die Geringschätzung der Theorie ist selbstredend der sicherste Weg, naturalistisch und damit falsch zu denken.“[30]

Wir können heute von einem Aufschwung der theoretischen Naturwissenschaft sprechen. Nicht nur die Physik hat im 20. Jahrhundert ihre Theorien weiterentwickelt; denken wir auch an die Entwicklung der theoretischen Chemie, an die Erfolge der Molekularbiologie und an die Bearbeitung von Grenzgebieten verschiedener Disziplinen, die zur

Entwicklung neuer Wissensgebiete führte. Diese Verflechtung der Wissenschaften untereinander, die Herausbildung eines Systems von Wissenschaften macht einen Gedanken von Engels besonders aktuell. Er betrifft die Existenz von Systemgesetzen in neben- und untergeordneten, in höher- und niedrigerentwickelten, in komplexen und einfachen Systemen. Man könnte hier von der Dialektik von Einfachem und Kompliziertem, Elementarem und Komplexem sprechen. Die Untersuchung komplexer Systeme hat stets entscheidende Fortschritte gemacht, wenn man ihre elementaren Subsysteme analysiert. So gewann die Chemie neue Einsichten aus der Quantentheorie und die Biologie aus der Untersuchung chemischer und physikalischer Grundlagen des Lebens. Damit erfolgt jedoch keine Reduktion von Systemgesetzen höherentwickelter auf elementare Systeme. Das objektive Gesetz als allgemein-notwendiger und wesentlicher Zusammenhang exisitiert nicht für sich allein, sondern wir haben es mit einem System von Gesetzen zu tun, in dem der Platz einzelner Gesetze über die Bedingungen des Gesetzes bestimmt wird. Das Verhältnis von Systemen und Gesetzen zueinander kann nicht im Sinne der einfachen Reduktion des Komplexen auf das Elementare verstanden werden, wird aber auch nicht durch die Behauptung von der selbständigen Existenz des Komplexen erfaßt. Im Sinne der Dialektik von Engels müssen die elementaren Bestandteile komplexer Systeme untersucht, doch darf damit nicht die Existenz von Systemgesetzen negiert werden. Diese heute in der marxistisch-leninistischen Philosophie schon ziemlich detailliert ausgearbeitete Beziehung zwischen statistischen Gesetzen und Bedingungen kann immer nur als heuristischer Hinweis zur Beantwortung der Fragen verstanden werden, die mit dem Verhältnis von Physik, Chemie, Biologie, Landwirtschaftswissenschaften usw. verbunden sind. Es gibt kein philosophisches Schema zur Lösung dieser Probleme, wohl aber eine Theorie des objektiven Zusammenhangs, den dialektischen Determinismus und die dialektisch-materialistische Entwicklungstheorie, deren Ergebnisse ungenügend in die Diskussion einfließen. Die geforderte gemeinsame Forschungsarbeit von Naturwissenschaftlern und marxistisch-leninistischen Philosophen zur Lösung moderner erkenntnistheoretischer und methodologischer Probleme verlangt zweierlei.

Einerseits darf der Philosoph nicht nur naturwissenschaftliche Entwicklungsprozesse nachvollziehen, indem er neue naturwissenschaftliche Theorien popularisiert und sie als Bestätigung des dialektischen Materialismus ausgibt. Der Nachweis der Vereinbarkeit wissenschaftlicher Aussagen mit den Grundaussagen der marxistisch-leninistischen Philosophie ist eine wichtige Aufgabe der Philosophen, aber nur die

Voraussetzung für echte Forschungsarbeit. Es ist nicht einfach, bestehende philosophische Auffassungen mit Hilfe des naturwissenschaftlichen Materials so zu formulieren, daß eine echte Anregung zum Meinungsstreit mit den Naturwissenschaftlern entsteht. Das aber ist zu leisten, wenn sich die marxistisch-leninistische Philosophie als weltanschauliche, methodologische und erkenntnistheoretische Grundlage der Forschungsarbeit des Naturwissenschaftlers bewähren soll. Auf diesem Gebiet ist vor allem in der Sowjetunion und auch bei uns schon viel geleistet worden. Aber viel ist noch zu tun.

Andererseits muß der Naturwissenschaftler für die Diskussion philosophischer Probleme der Naturwissenschaften vorbereitet sein. Das Niveau der interdisziplinären Arbeit hängt nicht nur von den naturwissenschaftlichen Kenntnissen des Philosophen, sondern auch von den philosophischen Einsichten des Naturwissenschaftlers ab. Dazu gehört vor allem die erkenntnistheoretische und methodologische Reflexion der eigenen Arbeit, die Aufdeckung der weltanschaulichen und methodologischen Probleme, das Studium philosophischer Arbeiten usw. Manche Fragen werden in der Diskussion auf einem philosophischen Niveau gestellt, das hinter Engels zurückgeht.

Beide Aufgaben können in sachlichem Meinungsstreit gelöst werden, wobei der marxistisch-leninistische Philosoph mehr Publikationen bringen muß, die den Naturwissenschaftler ohne epische Breite, kurz und sachlich über den Stand der Forschungsarbeit informieren. Ein „Anti-Dühring“ unserer Zeit oder gar eine „Dialektik der Natur“ für unser Jahrhundert existiert nicht. Wohl gibt es viele Spezialarbeiten, aber mancher Naturwissenschaftler schreckt vor der Fülle philosophischer Arbeiten zurück. Zwar kann ein Handbuch, das die philosophischen Probleme der Naturwissenschaft behandelt und ihre Lösungen formuliert, nicht die Spezialarbeiten ersetzen, aber doch den erreichten Stand charakterisieren, von dem aus weitergearbeitet werden muß. Wie wir sehen, ist nicht nur das Engelssche Erbe in seinem Inhalt aktuell, sondern auch in der Art der Darlegung von Ergebnissen. Immerhin erschien der „Anti-Dühring“ in der Arbeiterzeitung und richtete sich an Arbeiter. Zwar wurde das von manchen Genossen kritisiert, aber die Entwicklung gab Engels recht, Dühring ist heute nur noch durch Engels bekannt, aber die marxistischen Grundauffassungen des „Anti-Dühring“ lernt man in den Schulen unserer Republik. Das philosophisch-theoretische Niveau dieser Arbeit erreichen wir heute jedoch nicht in allen Veröffentlichungen.

Es entspricht der Haltung von Engels und der Forderung Lenins, zur bewußten Ausnutzung der materialistischen Dialektik in der Forschungsarbeit überzugehen, um „falsches Denken" nach Engels und „bürgerliche Ideen" nach Lenin zu vermeiden. Nur wer bewußt die marxistisch-leninistische Philosophie als wissenschaftliche Orientierung für sein Handeln nimmt, ist gegen den Ansturm der bürgerlichen Ideologie, des Idealismus und der Metaphysik gewappnet. Mit der marxistisch-leninistischen Interpretation und Verallgemeinerung der Naturwissenschaften wird die gemeinsame Forschungsarbeit von marxistisch-leninistischen Philosophen und Naturwissenschaftlern zur unabdingbaren Forderung. Sie ergibt sich aber auch aus der Entwicklung der Wissenschaft selbst. Zwei Beispiele sollen verdeutlichen, wie das Engelssche Erbe zur Lösung der philosophischen Probleme der Naturwissenschaften unseres Jahrhunderts erforderlich ist, da die Entwicklung der Wissenschaften selbst die Dialektik der Natur offenbart. Weil Engels in der Auseinandersetzung mit dem mechanischen Materialismus und dem Idealismus den dialektischen Materialismus in seiner Bedeutung für das philosophisch-theoretische Verständnis der Naturwissenschaften zeigte, ist der Nachweis der objektiven Dialektik der Naturprozesse, die sich dem Wissenschaftler des 20. Jahrhunderts immer mehr aufdrängt, zugleich der Beweis für die Aktualität der Arbeiten von Engels. Betrachten wir zuerst die Physik. Die Entdeckung der Radioaktivität, die Existenz von Wellen- und Korpuskeleigenschaften an einheitlichen physikalischen Objekten, das Auftreten von Quantensprüngen, der Übergang von der klassischen zur relativistischen Raum-Zeit-Auffassung, die Umwandlung von Stoff in Strahlung und die Verwandelbarkeit der Elementarteilchen ineinander, kurz, die Entwicklung der Relativitäts-, Quanten- und Elementarteilchentheorie hat die Physiker das dialektische Denken gelehrt. Der sowjetische Physiker S. I. Wawilow meinte zu dieser Situation, daß die Physiker ebenso wie der Held in der Komödie von Molière, der mit Erstaunen vernahm, daß er Prosa sprach, voll Verwunderung feststellen mußten, daß sie in der Sprache der Dialektik redeten, von der sie vorher kaum eine Ahnung hatten.[31]

Die Dialektik der Natur war in der Physik des 20. Jahrhunderts als objektive Naturdialektik, als Dialektik des Erkenntnisprozesses und als Dialektik der Begriffe für den Physiker einsichtig geworden. Für den dialektischen Materialismus handelt es sich hier um drei Aspekte der materialistischen Dialektik als der Wissenschaft vom objektiven Zusammenhang und der Entwicklung, die in unserem Denken widergespiegelt werden. Manche Physiker, vor allem Vertreter der Kopenhagener Deutung der Quantentheorie, lernten die Dialektik nicht in erster Linie als objektive Dialektik verstehen, sondern kamen über die erkenntttheoretische Problematik des Verhältnisses von Subjekt und Objekt im Experiment oder über die Schwierigkeiten der Begriffsbildung mit ihr in Berührung. Einander widersprechende Eigenschaften, die der Wellen und Korpuskeln, die vorher in getrennten Theorien erfaßt wurden, mußten in ihrer Einheit begriffen werden. Die Vorstellung vom idealisierten punktförmigen Objekt im euklidischen Raum stimmte nicht mit den experimentellen Erkenntnissen überein. Wer die Dialektik nicht verstand, suchte den Ausweg aus der Situation im Übergang zum Positivismus oder bemühte sich krampfhaft, zur alten Metaphysik zurückzukehren. Eine Lösung der erkenntnistheoretischen und methodologischen Probleme der modernen Physik bot jedoch der dialektische Materialismus, der die Lehre von der objektiven Dialektik schon im 19. Jahrhundert ausarbeitete.

Für die Biologie zeigte Dubinin in seiner Rede „Probleme der Genetik und die marxistisch-leninistische Philosophie"[32] die Bedeutung der Arbeiten der Klassiker des Marxismus-Leninismus für die Orientierung der Forschung. Viel zuwenig werden in den philosophischen Diskussionen die von den Klassikern formulierten offenen Fragen der Forschung beachtet, die teilweise heute noch nicht endgültig beantwortet sind. Dubinin betont z. B., daß Engels schon den Zusammenhang beliebiger komplizierter Lebenserscheinungen mit materiellen Prozessen hervorhob, aber nicht notwendig damit eine bestimmte wissenschaftlich erst noch zu bestätigende oder zu widerlegende Auffassung verband.[33] Das wird deutlich, wenn Engels schreibt: „Die Empfindung ist nicht notwendig an Nerven geknüpft, wohl aber an gewisse, bisher nicht näher festgestellte Eiweißkörper."[34] Lebenserscheinungen treten nicht unabhängig von materiellen Prozessen auf, aber welche Struktur diese Prozesse haben, welcher Art diese Prozesse sind, muß erst erforscht werden. So verbindet Engels die materialistische Grundhaltung mit dem Aufdecken weißer Flecken in der Erkenntnis.

Der Materialismus darf keine Probleme verdecken, sondern dient dazu, sie klarer zu formulieren, indem er idealistische Lösungen ausschließt und notwendige Entwicklungstendenzen der Wissenschaft konkret analysiert. So orientierte Engels auch auf die physikalisch-chemische Untersuchung des Lebens: „Nur eines bleibt hier noch zu tun: die Entstehung des Lebens aus der unorganischen Natur zu erklären. Das heißt auf der heutigen Stufe der Wissenschaft nichts andres als: Eiweißkörper aus unorganischen Stoffen herzustellen. Dieser Aufgabe rückt die Chemie immer näher. Sie ist noch weit von ihr entfernt. Wenn wir aber bedenken, daß erst 1828 der erste organische Körper, der Harnstoff, von Wöhler aus unorganischem Material dargestellt wurde, und wie unzählige sogenannte organische Zusammensetzungen jetzt künstlich ohne irgendwelche organische Stoffe dargestellt werden, werden wir der Chemie kein Halt! vor dem Eiweiß gebieten wollen. Bis jetzt kann sie jeden organischen Stoff darstellen, dessen Zusammensetzung sie genau kennt. Sobald die Zusammensetzung der Eiweißkörper einmal bekannt ist, wird sie an die Herstellung von lebendigem Eiweiß gehn können. Daß sie aber von heute auf morgen das leisten soll, was der Natur selbst unter sehr günstigen Umständen auf einzelnen Weltkörpern nach Millionen Jahren gelingt – das hieße ein Wunder verlangen."[35]

Die Aktualität des Engelsschen Erbes zeigt sich damit in den heute zu lösenden Aufgaben, die Engels formulierte oder für die er theoretische Einsichten und methodische Hinweise bereitstellte: Erstens geht es um die Stellung der Naturwissenschaften in der Gesellschaft, um ihre Bedeutung als Produktivkraft und um die Einheit von Natur- und Gesellschaftswissenschaften. So kann Engels' Beitrag zur „Rolle der Arbeit bei der Menschwerdung des Affen" als programmatischer Hinweis auf die Untersuchung von natürlichen und gesellschaftlichen Determinanten für die Entwicklung des Menschen verstanden werden. Seine Bemerkungen zur ökonomischen Bedeutung der Wissenschaft fordern wissenschaftstheoretische Untersuchungen heraus, und das von Engels schon behandelte Problem der Klassifizierung der Wissenschaften gewinnt heute Bedeutung für die effektive Wissenschaftsorganisation und das Verständnis des Verhältnisses von Integration und Spezialisierung. Zweitens dienen die Beiträge von Engels zur Ausarbeitung und Begründung des philosophischen Materialismus und der materialistischen Dialektik als dialektischer Determinismus und Entwicklungstheorie auch heute zur Lösung philosophischer Probleme der Naturwissenschaften. Drittens schuf Engels Voraussetzungen für eine produktive Gemeinschaftsarbeit von marxistisch-leninistischen Philosophen und Naturwissenschaftlern, indem er das Verhältnis von Philosophie und Naturwissenschaft klärte, die Rolle der Industrie und des Experiments hervorhob und den Empirismus ebenso wie die spekulative Naturphilosophie zurückwies.

Viertens gilt es, wie Engels die neu entstandenen weltanschaulichen, erkenntnistheoretischen und methodologischen Probleme zu durchdenken und zu lösen. So müssen auch wir die Frage „Was sind die weltanschaulich bedeutsamen Entdeckungen unserer Zeit?" stets aufs neue beantworten. Sie reichen heute von der Elementarteilchenphysik und Kosmologie über die Neurophysiologie und Biokybernetik bis zur Humangenetik.

Friedrich Engels ist uns Vorbild in seinem parteilichen Eintreten für die Interessen der Arbeiterklasse, in seinem Kampf gegen bürgerliche Ideologie und den Revisionismus. In ihm verbinden sich der Revolutionär und der Wissenschaftler. Tiefgründig analysierte er die Ergebnisse der Wissenschaften und der politischen Kämpfe. Die dabei gewonnenen Erkenntnisse dienten der internationalen Arbeiterbewegung als wissenschaftliche Weltanschauung im Kampf gegen Kapitalismus und Imperialismus und helfen uns heute bei der Entwicklung des Sozialismus in unserer Republik. Seine Stellung und seine Arbeiten zu den Naturwissenschaften sind uns Anleitung zum eigenen Handeln und zur wissenschaftlichen Analyse. Im Geiste von Engels ist die fruchtbare Gemeinschaftsarbeit von marxistisch-leninistischen Philosophen und Naturwissenschaftlern zu entwickeln. In seinem Sinne werden wir gemeinsam den wissenschaftlichen Meinungsstreit pflegen und idealistische Verfälschungen naturwissenschaftlicher Erkenntnisse zurückweisen.

4. Lenin und das Bündnis zwischen marxistisch-leninistischen Philosophen und Naturwissenschaftlern

Es wäre einseitig, wollte man Lenins Bedeutung für die Naturwissenschaften nur in den Arbeiten sehen, in denen er sich mit ihren philosophischen Problemen beschäftigte und wertvolle Anregungen für die philosophische Deutung der modernen physikalischen Erkenntnisse gab. Sie sind von unvergänglichem Nutzen für die wissenschaftliche Arbeit. In den Thesen des ZK der KPdSU zum 100. Geburtstag Lenins heißt es dazu: „Lenin ist der erste Denker des Jahrhunderts, der in den Errungenschaften der Naturwissenschaft seiner Zeit den Beginn einer grandiosen wissenschaftlichen Revolution erkannte, der es verstand, den revolutionären Sinn der fundamentalen Entdeckungen der großen Naturforscher aufzudecken und philosophisch zu verallgemeinern. Er gab eine glänzende philosophische Interpretation der neuen wissenschaftlichen Erkenntnisse in der Periode der jähen ‚Aufhebung der Prinzipien' in den führenden Zweigen der Naturwissenschaften. Der von ihm formulierte Gedanke der Unerschöpflichkeit der Materie wurde zu einem allgemeinen Prinzip der naturwissenschaftlichen Erkenntnis."[36] Die schöpferische Entwicklung der marxistisch-leninistischen Philosophie zur Interpretation der heutigen naturwissenschaftlichen Theorien und Hypothesen verlangt sowohl die Anwendung der Leninschen Methode, wie er sie vor allem in seinem Werk „Materialismus und Empiriokritizismus" benutzte und erläuterte, als auch die Berücksichtigung seiner grundlegenden philosophischen Aussagen zur objektiven Realität, zur Materiestruktur, zur Widerspiegelung usw.

Um der Rolle Lenins als des Begründers der proletarischen Partei neuen Typus, des Theoretikers und Führers der sozialistischen Revolution gerecht zu werden und den Leninismus als den Marxismus unserer Epoche zu verstehen, muß man die Bedeutung Lenins für die Naturwissenschaften umfassender sehen, als es die Ausführungen zu philosophischen Problemen ermöglichen:

Erstens wurden durch die sozialistische Revolution in Rußland sozialökonomische und materielle Voraussetzungen für die Entwicklung der Wissenschaft geschaffen. Lenin begründete das notwendige Bündnis zwischen marxistischen Philosophen und Naturwissenschaftlern, um die Angriffe des Idealismus zurückzuweisen und den Materialismus fundiert verteidigen zu können. Er versprach sich von diesem Bündnis große weltanschauliche Wirksamkeit bei der Entwicklung des sozialistischen Bewußtseins der Menschen.

Zweitens zeigte Lenin die Bedeutung der naturwissenschaftlichen Forschung für die Entwicklung der materiell-technischen Basis des Sozialismus. Das wird vor allem in seinem Bemühen um den Plan zur Elektrifizierung des Landes (GOELRO-Plan) deutlich.

Drittens tat er, wie bereits erwähnt, sehr viel für den Nachweis, daß die marxistische Philosophie die Weltanschauung, Erkenntnistheorie und Methodologie des Naturwissenschaftlers ist.

Viertens verkörperte er in seinem Eintreten für die Belange der Wissenschaftler und in seinem Auftreten zu wissenschaftlichen und politischen Streitfragen selbst das Vorbild des Wissenschaftlers und Revolutionärs, der die Prinzipien der Wissenschaftspolitik vorlebt, den wissenschaftlichen Meinungsstreit fördert und konsequent den marxistischen Standpunkt verteidigt.

Fünftens zog Lenin die Konsequenzen aus der gesellschaftlichen und wissenschaftlichen Entwicklung für den Unterricht und die Bildungspolitik. Es ging ihm darum, daß die Jugend die Bildung erhält, die sie später befähigt, mit ihren Aufgaben fertig zu werden.

Lenin war kein Naturwissenschaftler, aber sein Wirken als politischer Führer, als wissenschaftlicher Revolutionär und als marxistischer Philosoph hatte und hat große Bedeutung für die Entwicklung der Naturwissenschaften in der Sowjetunion und in den anderen sozialistischen Ländern. Er wirkte auf Naturwissenschaftler, wie Langevin und Joliot-Curie, wie Bernal und Haldane, und selbst solche

Naturwissenschaftler und Philosophen, die der marxistischen Philosophie und dem Sozialismus ablehnend gegenüberstehen, müssen sich mehr und mehr mit Lenin auseinandersetzen.

In seiner Arbeit „Über die Bedeutung des streitbaren Materialismus" hatte Lenin die Notwendigkeit des Bündnisses zwischen Philosophen und Naturwissenschaftlern begründet und Aufgaben formuliert, die auch heute noch Gültigkeit haben. Er bemerkte zu diesem Bündnis: „Man muß ihm größere Aufmerksamkeit zuwenden. Man muß bedenken, daß gerade aus dem jähen Umbruch, den die moderne Naturwissenschaft durchmacht, unausgesetzt reaktionäre Schulen und Richtungen, große wie kleine, emporsprießen. Die Fragen, welche die jüngste Revolution auf dem Gebiet der Naturwissenschaft aufwirft, aufmerksam zu verfolgen und hierzu Naturforscher für die Mitarbeit an der philosophischen Zeitschrift zu gewinnen, ist daher eine Aufgabe, ohne deren Lösung der streitbare Materialismus schlechthin weder streitbar noch materialistisch sein kann."[37]

Lenin geht es vor allem um die Entwicklung einer gediegenen philosophischen Grundlage für die naturwissenschaftliche Arbeit durch die Verteidigung des Materialismus und die weitere Ausarbeitung der Dialektik. Inzwischen hat die Naturwissenschaft neue Umwälzungen durchgemacht. Die Quantentheorie wurde weiter ausgearbeitet und verschiedene Ansätze für eine einheitliche Theorie der Elementarteilchen entwickelt. Es gibt Erfolge bei der Erforschung des Kosmos, die zu neuen Wissenschaftsdisziplinen führten und die Betrachtung des Verhältnisses des Menschen zum Kosmos philosophisch interessant machten. Man diskutiert über Antistoff und Antiwelten, wobei bürgerliche Philosophen und Journalisten daraus eine Kritik am Materialismus ableiten wollen. Über die Quantentheorie erlangte die Physik auch Bedeutung für die Lösung chemischer und biologischer Probleme. Die umfangreiche Entwicklung der Chemie, Biologie und Psychologie führt zu wichtigen philosophischen Fragen, die von der Beziehung dieser Wissenschaften zueinander bis zum wissenschaftsethischen Problem der Menschenzüchtung reichen. Der Ausbau der Kybernetik und die weitergehende Mathematisierung der Wissenschaften machten das Verhältnis von Philosophie, Mathematik und Kybernetik zum wichtigen Gegenstand philosophischer Forschungsarbeit.

Es entstanden also neue Probleme und alte traten modifiziert oder in neuem Gewand auf. Generell gilt jedoch Lenins Forderung für ihre Lösung; wir brauchen auch heute eine gediegene philosophische Grundlage, die, unter Berücksichtigung der Arbeiten der Klassiker des Marxismus-Leninismus, in der Gemeinschaftsarbeit von Philosophen und Naturwissenschaftlern zu entwickeln ist. Die wissenschaftliche Weltanschauung entsteht nicht spontan aus neuen naturwissenschaftlichen Erkenntnissen. Nur kann der Ansturm des Idealismus jetzt besser als zu Lenins Zeiten aufgehalten werden, wenn wir alle Möglichkeiten zur Gemeinschaftsarbeit und zur ideologischen Offensive gegen die idealistischen Verfälschungen naturwissenschaftlicher Erkenntnisse nutzen, die uns der Sozialismus bietet.

In vielen Arbeiten hatte Lenin besonders auf einen Aspekt des Bündnisses verwiesen, der sich aus der Arbeit mit den bürgerlichen Spezialisten ergab, aber seine Bedeutung für uns nicht völlig verloren hat. Er betonte, daß es notwendig sei, von diesen Spezialisten zu lernen und ihren Gesichtskreis zu erweitern. „Dabei muß man von den Errungenschaften und den Ergebnissen der betreffenden Wissenschaften ausgehen", schreibt Lenin, „und darf nie vergessen, daß der Ingenieur nicht so zur Anerkennung des Kommunismus gelangen wird, wie der illegale Propagandist oder der Literat dazu gelangt ist, sondern über die Ergebnisse seiner Wissenschaft, daß der Agronom auf seine Weise, der Forstwirt auf seine Weise usw. zur Anerkennung des Kommunismus gelangen werden. Ein Kommunist, der nicht bewiesen hat, daß er es versteht, die Arbeit der Spezialisten zusammenzufassen und mit Bescheidenheit zu leiten, indem er in das Wesen der Dinge eindringt und sie bis ins einzelne studiert, ein solcher Kommunist ist oft schädlich. Solcher Kommunisten haben wir viele, und ich würde sie dutzendweise gegen einen einzigen, sein Fachgebiet gewissenhaft studierenden und kenntnisreichen bürgerlichen Spezialisten austauschen."[38]

Die Hilfe, die dem Naturwissenschaftler zu geben ist, damit er auch aus seiner Wissenschaft heraus die marxistisch-leninistische Philosophie und den wissenschaftlichen Sozialismus begreift, ist heute nur eine Seite des Bündnisses zwischen Philosophen und Naturwissenschaftlern. In unserer sozialistischen Republik haben die Beziehungen zwischen marxistisch-leninistischer Philosophie und Naturwissenschaft politische, weltanschauliche, erkenntnistheoretisch-methodologische und ethische Aspekte. Dabei handelt es sich nicht um ein rein theoretisches Verhältnis, sondern in der praktischen Arbeit ist der Naturwissenschaftler integriert in die sozialistische Gesellschaft. Die Philosophie kann ihm beim Verständnis unserer sozialistischen Politik helfen, an der er selbst aktiv beteiligt ist. Die sozialistische Moral lernt er in den Beziehungen zwischen den Menschen kennen und begreift sie theoretisch in der Ethik. Neben dieser durch die gesellschaftliche Entwicklung hervorgebrachten und von der Partei aktiv organisierten Vielseitigkeit der Beziehungen zwischen Philosophie und Naturwissenschaft darf der von Lenin betonte Aspekt nicht vergessen werden. Trotz der Vermittlung politischer Einsichten in der praktischen Tätigkeit und der umfangreichen Verbreitung marxistisch-leninistischer Kenntnisse gewinnt der Naturwissenschaftler die Fähigkeit, mit der marxistisch-leninistischen Philosophie seine wissenschaftlichen Probleme zu lösen, auch aus der Erkenntnis der philosophischen Bedeutung der Naturwissenschaften, die detailliert ausgearbeitet sein muß und nicht durch allgemeine Hinweise ersetzt werden kann.

Lenin begründete die Wissenschaftspolitik, die das Bündnis mit den Naturwissenschaftlern für den Sozialismus nutzbar macht. Im Februar 1920 wurde auf seine Initiative vom Gesamtrussischen Zentralexekutivkomitee eine Resolution angenommen, in der gefordert wurde, „die wissenschaftliche Ausarbeitung und konsequente Durchführung eines staatlichen Plans für die gesamte Volkswirtschaft in Angriff zu nehmen“[39]. Kernstück davon war der GOELRO-Plan, für dessen Ausarbeitung eine staatliche Kommission eingesetzt wurde, die dem VIII. Sowjetkongreß im Dezember 1920 einen umfassenden Bericht vorlegte, den Lenin als „einzige ernste Arbeit betreffend den einheitlichen Wirtschaftsplan“[40] bezeichnete.

180 Spezialisten hatten dazu mehr als 200 Beiträge ausgearbeitet. Es gab wissenschaftliche Abschätzungen des Elektroenergiebedarfs für verschiedene Industriezweige, Material- und Kapazitätsberechnungen waren durchgeführt worden, und Vorschläge für Standortverteilungen der neuen Kraftwerke wurden erörtert. Außerdem gab es einen Plan für die rationellste Nutzung der vorhandenen Kapazitäten. Lenin schätzte diese Arbeit, die Grundlagen für die wissenschaftliche Planung im Sozialismus legte, sehr hoch ein. Die Sowjetmacht unter Führung Lenins stand nach der Revolution vor der schwierigen Aufgabe, die zerrüttete Wirtschaft zu organisieren und die Grundlagen für eine schnelle Entwicklung der Technik zu schaffen. Nahrung und Brennholz mußten oft mit primitiven Methoden unter Aufbietung aller physischen Kräfte besorgt werden. Trotzdem dachte Lenin bereits an die zukünftige Entwicklung von Wissenschaft und Technik im Sowjetstaat. Man kann die heutigen Erfolge der Sowjetunion auf diesem Gebiet nur begreifen, wenn man sie als Auswirkungen der Leninschen Wissenschaftspolitik versteht, die auf der Einsicht in die gesellschaftliche Bedeutung der Wissenschaft und in die Möglichkeiten, die der Sozialismus der Entwicklung der Wissenschaft bietet, sowie auf dem sozialistischen Humanismus beruht.

Lenin rechnete scharf mit den Bürokraten und Ignoranten ab, die die Wissenschaftler in ihrer Arbeit nicht unterstützten, über sie witzelten und meinten, ohne die Wissenschaft auskommen zu können. Ihm ging es um die Einheit von wissenschaftlicher Erkenntnis und praktischer Erfahrung. Er forderte: „Weniger Intellektuellen- und Bürokratendünkel, mehr Studium dessen, was uns unsere praktischen Erfahrungen im Zentrum und draußen im Lande lehren, und dessen, was uns die Wissenschaft bereits gegeben hat."[41] Mit der Planung der volkswirtschaftlichen Entwicklung, die nach Lenin die bisherigen wissenschaftlichen Erkenntnisse berücksichtigen sollte, erhielt auch die Wissenschaft ihren Platz bei der Entwicklung des Sozialismus. Die technische Basis des Sozialismus erforderte notwendig die Entwicklung der Wissenschaft und eine Wissenschaftspolitik, die auf vollständige Einbeziehung der Intelligenz in den sozialistischen Aufbau ausgerichtet war. Lenin hat an vielen Stellen die Bedeutung der Bildung für richtige Leitungsarbeit betont. Auch die für die volkswirtschaftliche Entwicklung so wichtige Leitung der naturwissenschaftlichen Forschungsarbeit setzt Sachkenntnis voraus. So verbinden sich für ihn verschiedene Forderungen miteinander, die auf die Einheit von Wissenschaft und Sozialismus hinauslaufen. Um dem Kapitalismus überlegen zu sein, bedarf es letzten Endes einer höheren Arbeitsproduktivität. Diese kann nur mit einer technischen Basis gesichert werden, bei deren Ausbau die neuesten wissenschaftlichen Erkenntnisse berücksichtigt werden. Das wiederum erfordert die Einbeziehung der Wissenschaftler in die Arbeit. Der Sozialismus beutet jedoch die Arbeitskraft des Wissenschaftlers nicht aus, sondern macht ihn als Bündnispartner der Arbeiterklasse zum Mitbesitzer an Produktionsmitteln, zum Mitorganisator des sozialistischen Aufbaus und damit zum Mitherrscher.

Einerseits geht es also um die Ausnutzung des wissenschaftlichen Potentials, das sich in der Arbeit der Wissenschaftler repräsentiert, für den sozialistischen Aufbau. Andererseits entwickelt sich auch der Wissenschaftler unter sozialistischen Verhältnissen zur sozialistischen Persönlichkeit. Dabei wächst eine neue sozialistische Intelligenz heran. In den Thesen des ZK der KPdSU heißt es: „Bereits in den ersten Jahren des sozialistischen Aufbaus stellte Lenin die Aufgabe, neben dem Einsatz und der Umerziehung der alten Spezialisten eine neue Intelligenz aus den Reihen der Arbeiter und Bauern heranzubilden. Unter den Bedingungen der Sowjetordnung herangewachsen, ist die sozialistische Intelligenz ein organischer Bestandteil unserer Gesellschaft. Unter den Bedingungen des beschleunigten wissenschaftlich-technischen Fortschritts werden ihr spezifisches Gewicht und ihre soziale Rolle immer größer. Lenins Vision wird Wirklichkeit: ‚Zusammenarbeit von Wissenschaftlern und Arbeitern – nur eine solche gemeinsame Arbeit wird imstande sein, die ganze Last des Elends, der Krankheiten und des Schmutzes zu beseitigen ... Dem Bündnis von Wissenschaft, Proletariat und Technik wird keine noch so finstere Gewalt widerstehen können‘."[42]

In Lenins Arbeiten sind jedoch auch wesentliche philosophische Fragen der Naturwissenschaft behandelt worden. So setzte er sich mit idealistischen Auffassungen auf dem Gebiet der Psychologie und Physiologie auseinander, verteidigte den materialistischen Standpunkt und die Widerspiegelungstheorie und bewies die Existenz der Natur vor dem Menschen. Deutlich wird seine Haltung bei der Behandlung philosophischer Probleme der Physik. Um die Jahrhundertwende machten die Physiker bahnbrechende Entdeckungen, die ihr bisheriges Bild von der Materiestruktur ins Wanken brachten. Die Entdeckung der Radioaktivität, die Untersuchungen zur Atomstruktur und die Relativitätstheorie waren es vor allem, die nicht mehr mit den Vorstellungen vom klassischen Objekt vereinbar waren, das undurchdringlich, schwer und träge sich im dreidimensionalen Raum bei absoluter Weltzeit bewegen sollte. Lenin zeigte, wie diese neuen naturwissenschaftlichen Kenntnisse den dialektischen Materialismus bestätigen. Obwohl sein Buch „Materialismus und Empiriokritizismus" in erster Linie der Auseinandersetzung mit dem Revisionismus und seinen idealistischen Vorläufern und zeitgenössischen Quellen gewidmet war, ist es ein wichtiger Beitrag zur Ausarbeitung der philosophischen Grundlagen unserer Weltanschauung und zeigt die Methode philosophischer Analyse naturwissenschaftlicher Erkenntnisse. Lenin fordert die Revision veralteter naturphilosophischer Ansichten; sie ist von der prinzipienlosen Preisgabe marxistisch-leninistischer Grundstandpunkte, zu denen der philosophische Materialismus, die materialistische Dialektik und der historische Materialismus gehören, zu unterscheiden. Der Materialismus wurde vor allem durch die Leninsche Unterscheidung zwischen der Frage nach der Quelle unseres Wissens und der Frage nach der Materiestruktur weiterentwickelt.

Die Frage nach der Quelle unseres Wissens wird durch die Anerkennung der objektiven Realität, das heißt dessen, was außerhalb und unabhängig von unserem Bewußtsein existiert und von ihm erkannt werden kann und wird (philosophischer Materiebegriff), beantwortet Materiestruktur ist die Gesamtheit der materiellen Beziehungen zwischen materiellen Objekten. Diese Unterscheidung, die auch für uns von großer Bedeutung ist, gab Lenin die Möglichkeit, eine Reihe von erkenntnistheoretisch-methodologischen Fragen zu beantworten und philosophische Verwirrungen bei Physikern und Philosophen aufzudecken. Lenin ergänzte nämlich die These von der materiellen Einheit der Welt durch die programmatische Aussage von der Unerschöpflichkeit der Materie. Damit ergibt sich einerseits, daß es keine endgültige Wahrheit über die Struktur der Materie geben kann. Immer tiefer dringt die Naturwissenschaft in das Wesen der Naturvorgänge ein und wird dabei auf unbekannte und teilweise nicht vorhersehbare Objekte und Zusammenhänge stoßen. Die Suche danach wird mit der These von der Unerschöpflichkeit der Materie gefordert. Noch wissen wir nicht, was uns größere Beschleuniger in der Elementarteilchenphysik bringen werden. Die Quarks sind noch nicht gefunden, vielleicht bleiben sie sogar hypothetisch.

Die gelenkte thermonukleare Reaktion muß weiter erforscht werden. Die Kosmosforschung wird Aufschluß über die Strahlungsquellen, über die Sternentstehung usw. geben. Sowohl das bereits gesicherte Material der Physik als auch ihre hypothetischen Aussagen unterliegen der philosophischen Analyse. Ausgehend von Lenin nimmt der marxistisch-leninistische Philosoph durch präzisierte philosophische Aussagen, in denen die neuen naturwissenschaftlichen Erkenntnisse berücksichtigt wurden, durch philosophische Hypothesen über den Beitrag naturwissenschaftlicher Theorien und Hypothesen zur Philosophie und durch die Beantwortung erkenntnistheoretischer und methodologischer Fragen mit spezifisch philosophischen Einsichten und Methoden an der Diskussion der Naturwissenschaften teil. Er fördert damit den Meinungsstreit um die Klärung allgemeiner naturwissenschaftlicher Fragen und bleibt nicht nur Zeuge der theoretischen Entwicklung der Naturwissenschaft.

Andererseits führte diese Relativität unserer Kenntnisse über die Materiestruktur manche Naturwissenschaftler und Philosophen schon zu Zeiten Lenins zum Relativismus, das heißt zur Auffassung, daß es keine sicheren Kenntnisse über die Wirklichkeit geben könne. Demgegenüber zeigte Lenin die dialektische Einheit von Objektivität und Relativität im Erkenntnisprozeß. Durch die Anerkennung der objektiven Wahrheit, daß heißt eines Inhalts unserer Vorstellungen, der außerhalb und unabhängig vom Bewußtsein existiert, wendet sich der dialektische Materialist gegen den Relativismus. Er wendet sich aber auch gegen die dogmatische Anerkennung endgültiger Wahrheiten über die Materiestruktur, indem er den relativen Charakter der objektiven Wahrheiten betont.

Die Relativität unserer Erkenntnisse zwingt die Philosophie, sich ständig mit veralteten naturphilosophischen Auffassungen auseinanderzusetzen und die Bedeutung neuer Denkweisen auszuarbeiten. Dabei reicht die einfache Darlegung theoretischer Grundprobleme einzelner Naturwissenschaften nicht aus. Es muß die philosophische Verallgemeinerung durchgeführt werden. Ohne das letztere brauchte man keine Spezialisten für philosophische Probleme der Naturwissenschaften. Die notwendig vom Philosophen erarbeiteten naturwissenschaftlichen Grundideen sind erst die Voraussetzung seiner Arbeit, bei der er die weltanschauliche Bedeutung naturwissenschaftlicher Aussagen überprüfen, philosophische Hypothesen mit erkenntnisfördernder Bedeutung für andere Wissenschaften aufstellen und Präzisierungen der philosophischen Aussagen durchführen muß. Das erst ermöglicht es ihm, sich schlagkräftig mit Angriffen auf die marxistisch-leninistische Philosophie auseinanderzusetzen.

So erforderte die Kopenhagener Deutung der Quantentheorie nicht nur eine Verteidigung des materialistischen Grundstandpunkts, sondern auch die Ausarbeitung der dialektisch-materialistischen Position zu den neu erkannten Beziehungen zwischen Subjekt und Objekt in der Physik, zu den neuen Materiestrukturen, zur Kausalitätsauffassung usw. Die dabei entwickelte statistische Gesetzeskonzeption mußte ihre Bewährung wiederum in anderen Wissenschaften erfahren. Es reicht also auch nicht aus, physikalische Theorien mit Etiketten solcher Art zu versehen: „Das beweist die philosophische These über Raum und Zeit."

Solche Feststellungen haben dann volle Berechtigung, wenn es gelungen ist, dafür detaillierte Nachweise zu liefern; das setzt vor allem die Präzisierung philosophischer Aussagen und die Aufstellung philosophischer Hypothesen voraus. Geradeso ging Lenin an die philosophischen Fragen der Physik heran. Er führte seine Analyse der Auseinandersetzungen zwischen Materialismus und Idealismus in der Physik bis zur heute bestätigten Hypothese von der Unerschöpflichkeit des Elektrons, wobei Unerschöpflichkeit nicht im Sinne von Teilbarkeit verstanden werden muß.

Lenin ist uns Vorbild als Revolutionär und Wissenschaftler. Über ihn heißt es: „W. I. Lenin ist ein Politiker von neuem Typus: Gelehrter, Volkstribun und Propagandist, Organisator breiter Volksmassen. Ihn zeichnen aus: tiefe Wissenschaftlichkeit bei der Analyse der vor sich gehenden Ereignisse; nüchterne Einschätzung des Kräfteverhältnisses und der Gruppierung der Klassenkräfte; Konsequenz und Härte bei der Verteidigung marxistischer Prinzipien; Zielstrebigkeit im Handeln, Elastizität in der Taktik des Kampfes, selbstloses Dienen für die Interessen und Ziele der proletarischen Bewegung."[43]

Mit diesen Eigenschaften bewährte sich Lenin auf den verschiedensten Gebieten als hervorragender Führer der Arbeiterbewegung; so auch in der Wissenschaftspolitik. Neben der Organisation der Wirtschaft und der Verteidigung des Landes als Vorsitzender des Rats der Volkskommissare, neben seinen Verpflichtungen gegenüber der russischen und internationalen Arbeiterbewegung fand Lenin immer Zeit, sich mit den Sorgen und Nöten der Naturwissenschaftler zu beschäftigen. Am 18. August 1920 verlangte er vom Kriegsrat der Westfront die Verstärkung der Offensive in Polen und befaßte sich mit der Bitte Gorkis, Petrograder Gelehrten Sonderzuteilungen von Lebensmitteln zu gewähren. Als er mit Gorki einmal zur Hauptartillerieverwaltung fuhr, um sich mit einer Erfindung bekannt zu machen, waren die Fachleute über die vielen sachkundigen Fragen Lenins erstaunt. Auf dem Heimweg meinte Lenin dann zu Gorki: „Ach, wenn wir die Möglichkeit hätten, all diesen Technikern ideale Bedingungen für ihre Arbeit zu schaffen! In fünfundzwanzig Jahren würde Rußland das führende Land der Welt sein."[44]

Lenin versuchte nicht nur den praktischen Nutzen von neuen Erfindungen schnell zu erfassen, sondern bemühte sich auch sofort um die Arbeits- und Lebensbedingungen des Erfinders. So beschäftigte er sich auch mit den Arbeiten F. A. Zanders, des Nachfolgers von Ziolkowski, zur Schaffung von Raketentriebwerken für interplanetare Flüge. Zander schrieb: „Ende 1920 berichtete ich über mein Triebwerk auf der Gouvernementskonferenz der Erfinder in Moskau, auf der die Vereinigung der Erfinder gegründet wurde, und sprach ausführlich über mein Projekt eines Weltraumschiffs. Dort sagte Wladimir Iljitsch Lenin mir seine Unterstützung zu."[45] Am 24. Januar 1921 empfing Lenin Gorki und unterhielt sich mit ihm über den bekannten Physiologen I. P. Pawlow. Noch am gleichen Tage unterzeichnete Lenin den bekannten Beschluß des Rates der Volkskommissare: „Über die Schaffung von Bedingungen, die die wissenschaftliche Arbeit des Akademiemitglieds I. P. Pawlow und seiner Mitarbeiter gewährleisten." Es wird darin auf die „außerordentlichen wissenschaftlichen Verdienste Pawlows" hingewiesen, die „von ungeheurer Bedeutung für die Werktätigen der ganzen Welt sind"[46].

Dabei ging es Lenin keineswegs nur um die Arbeits- und Lebensbedingungen einzelner Wissenschaftler. Am 27. Januar 1921 empfing er Delegierte des Vereinigten Rats der wissenschaftlichen Institute und höheren Lehranstalten Petrograds und besprach mit ihnen die notwendigen Bedingungen für die wissenschaftliche Forschungsarbeit in der Sowjetrepublik.

Für Lenin war die Wissenschaftspolitik eine Einheit von richtigen Prinzipien für die Entwicklung der Wissenschaft, ihrer Verwirklichung durch den Partei- und Staatsapparat unter seiner Leitung und von persönlichem Einsatz für neue Erkenntnisse und Erfindungen und bei der Beseitigung von Mißständen und bürokratischem Herangehen. Wissenschaft entwickelt sich im Meinungsstreit. Administrativer Druck und Bürokratie ohne Sachkenntnis schaden dabei. Am Beispiel des GOELRO-Plans wird deutlich, wie Lenin sich die Planung und Leitung der Wissenschaft dachte. Was er in der Politik sagte, gilt auch in der Wissenschaft: Man kann „neue Auffassungen nicht anders als polemisch entwickeln"[47]. Sachliche Diskussionen, hartes Ringen um Positionen, Streit mit Argumenten sind die Grundlagen für Entscheidungen. Dabei sind auch Auffassungen wichtig, die bisher keine allgemeine Anerkennung gefunden haben. Wissenschaftliche Wahrheit kann nicht durch Abstimmung gefunden werden, sondern muß mit Argumenten belegbar und in Experimenten überprüfbar sein. Für Lenin war auch in seinem Verhalten und bei seinen Entscheidungen die Praxis das Kriterium der Wahrheit, aber die Praxis muß theoretisch verstanden werden, damit sinnvolle Experimente die Richtigkeit von Aussagen überprüfen lassen.

Noch ist das Leninsche Erbe in seiner Vorbildwirkung für unser Verhalten nicht voll ausgeschöpft. Er war Theoretiker und Praktiker der sozialistischen Revolution, Wissenschaftler und Revolutionär. Wir können nicht nur aus seinen theoretischen Arbeiten, sondern auch aus seinem praktischen Verhalten lernen.

Lenin zog aus der gesellschaftlichen und wissenschaftlichen Entwicklung auch die Konsequenzen für den Unterricht. In seiner Rede „Die Aufgaben der Jugendverbände" entwickelte er programmatisch Grundzüge der Bildungspolitik, die Grundlage unseres einheitlichen sozialistischen Bildungssystems sind. Sie sind zugleich Aufforderung an uns, den theoretischen Gehalt dieser Leninschen Rede stets aufs neue auszuschöpfen. Lenin forderte, den allseitig gebildeten Menschen zu erziehen, der sich die moderne Bildung aneignet: „Wir brauchen das Büffeln nicht, aber wir müssen das Gedächtnis jedes Lernenden durch die Kenntnis der grundlegenden Tatsachen entwickeln und vervollkommnen, denn der Kommunismus wird zu einer hohlen Phrase, zu einem bloßen Aushängeschild und der Kommunist zu einem eitlen Prahlhans, wenn er nicht alle erworbenen Erkenntnisse in seinem Bewußtsein verarbeitet. Ihr sollt sie euch nicht nur aneignen, ihr sollt sie euch kritisch aneignen, damit ihr euer Denken nicht mit unnützem Kram belastet, sondern es durch die Kenntnis aller Tatsachen bereichert, die für einen modernen gebildeten Menschen unerläßlich sind."[48] Die Entwicklung der Naturwissenschaft, die sich seit Beginn unseres Jahrhunderts vollzogen hat, und die Anforderungen, die die sozialistische Gesellschaft an die Aus- und Weiterbildung stellt, sind also die zu berücksichtigenden Komponenten. Dabei wäre es sicher interessant, was Pädagogen, Naturwissenschaftler, Psychologen, Philosophen usw. unter den grundlegenden Tatsachen verstehen, die der Lernende unbedingt kennen muß, und wie ihre kritische Aneignung unter unseren heutigen Bedingungen erfolgen muß.

Zur kritischen Aneignung des Lehrstoffs gehört auch die marxistisch-leninistische Fundierung des Wissens. Viele naturwissenschaftlichen Probleme werfen philosophische Fragen auf. Ihre Beantwortung erleichtert das Problemdenken und die Problemlösungen. Mit der Physik verbunden sind z. B. Auffassungen über die Bewegung, die Struktur und die raum-zeitlichen Beziehungen physikalischer Prozesse, die in philosophischen Richtungen, wie dem mechanischen Determinismus, verabsolutiert und zur Lösung des Freiheitsproblems usw. herangezogen wurden. Diese Beziehungen zu lehren, kommt der Forderung Lenins entgegen, das Wissen nicht zu einem toten Ballast werden zu lassen, Oberflächlichkeit zu vermeiden und Persönlichkeiten zu erziehen, die sich in den Tatsachen zurechtfinden.

So bietet Lenins Forderung an die sozialistischen Bildungseinrichtungen und an den Jugendverband viele Hinweise zur theoretischen Lösung aktueller Probleme, die Grundlage der praktischen Arbeit sein müssen. Die Leninsche Forderung zu lernen verlangt, zu überprüfen, was und wie gelernt wird. Uns nützt kein Schubfachwissen. Es müssen Zusammenhänge hergestellt werden, sowohl zur täglichen Erfahrung und zur Volkswirtschaft als auch zu weltanschaulichen Problemen.

Lenin sah den engen Zusammenhang von Naturwissenschaft und Weltanschauung. Er wußte eben auch, daß sich aus naturwissenschaftlicher Bildung nicht automatisch eine wissenschaftliche Weltanschauung ergibt. Theoretisch und praktisch begründete er das Bündnis der marxistisch-leninistischen Philosophie mit den Naturwissenschaften und die Einheit von Naturwissenschaft und Sozialismus. Er entwickelte die marxistische Philosophie weiter, auch in der Beziehung zur Naturwissenschaft, indem er den Materialismus ausbaute, die Dialektik der Natur durch die Analyse neuer Entdeckungen der Naturwissenschaft aufdeckte und die Erkenntnistheorie entwickelte. Ausgehend von den Arbeiten der Klassiker des Marxismus-Leninismus und besonders von Lenin müssen deshalb die Bedingungen für das Bündnis von marxistisch-leninistischer Philosophie und Naturwissenschaften weiter untersucht werden.

5. Bedingungen des Bündnisses zwischen marxistisch-leninistischen Philosophen und Naturwissenschaftlern

In seiner Arbeit „Über die Bedeutung des streitbaren Materialismus" stellte Lenin zwei wesentliche Forderungen an die marxistischen Philosophen. Erstens verlangte er von ihnen, das Bündnis mit den streitbaren Materialisten unter den Naturwissenschaftlern herzustellen, wobei die modernen Naturforscher nach Lenin „in der materialistisch gedeuteten Dialektik Hegels eine Reihe von Antworten auf die Fragen finden, die durch die Revolution in der Naturwissenschaft aufgeworfen werden"[49]. Er selbst hatte im „Materialismus und Empiriokritizismus" gezeigt, wie viele der erkenntnistheoretischen und methodologischen Probleme der Naturwissenschaften mit Hilfe der Dialektik gelöst werden können. Erinnert sei nur an die Dialektik von objektiver, absoluter und relativer Wahrheit, an die Kritik der metaphysischen Auffassung von der Materiestruktur mittels der These von der Unendlichkeit der Natur usw. Aber auch heute gibt es noch Bedenken gegen die Dialektik unter hervorragenden Wissenschaftlern in kapitalistischen Ländern. So bezeichnet der Nobelpreisträger J. Monod die Dialektik als „wissenschaftsfremd" und „mit Wissenschaft unvereinbar".[50] Sein Buch ist selbst ein Zeugnis dafür, daß der moderne Biologe der Dialektik nicht ausweichen kann. Beispielsweise kann das Verhältnis zwischen der invarianten Reproduktion der Arten und der Entwicklung neuer Arten nur mit Hilfe der materialistischen Dialektik begriffen werden, da eine ideale invariante Reproduktion keine neuen Arten entstehen ließe. Monod weicht deshalb auf zufällige Fehler der Reproduktion aus und leugnet so die Existenz von Entwicklungsgesetzen. Damit löst er die Entwicklungsprobleme nicht, weil er die objektive Dialektik mißachtet und sie als „anthropozentristisch" bezeichnet.

In der Auseinandersetzung mit solchen Auffassungen, die die Bedeutung der Dialektik negieren, gewinnt Lenins zweite Forderung, „Fragen, welche die jüngste Revolution auf dem Gebiet der Naturwissenschaft aufwirft, aufmerksam zu verfolgen"[51], an Bedeutung.

Auch heute gibt es weltanschaulich bedeutsame Entdeckungen, die sorgsam vom Standpunkt des dialektischen Materialismus analysiert werden müssen. Während in der ersten Hälfte unseres Jahrhunderts umfangreich die Dialektik physikalischer Prozesse analysiert werden mußte, was zu neuen Einsichten in die Gesetzesproblematik, in das Verständnis von Gesetz und Zufall, Gesetz und Bedingungen führte, zwingen uns heute besonders die Erkenntnisse der Molekularbiologie, der Entwicklungstheorie größere Aufmerksamkeit zu schenken. Die Kritik am mechanischen Determinismus, die durch die statistische Deutung der Quantenmechanik und durch die Heisenbergschen Unbestimmtheitsrelationen erforderlich wurde, führte zur dialektisch-materialistischen Deutung des Verhältnisses von dynamischen und statistischen Gesetzen. Das reicht jedoch nicht mehr aus, um das Entstehen höherer Qualitäten im biologischen Entwicklungsprozeß zu erklären. So zwingt uns die Entwicklung der Naturwissenschaft dazu, wenn wir die Leninsche Forderung erfüllen, stets andere Aspekte der Dialektik im Zusammenhang mit neuen Entdeckungen der Naturwissenschaft auszuarbeiten. Um die neu auftauchenden Probleme zu lösen, ist dabei die Ausnutzung des philosophischen Erbes der Klassiker des Marxismus-Leninismus und andererseits die Präzisierung unserer Standpunkte und die Entwicklung unserer Auffassungen zur Naturdialektik auf der Grundlage des philosophischen Materialismus erforderlich.

Zwischen den beiden Leninschen Forderungen besteht ein enger Zusammenhang. Das Bündnis mit den streitbaren Materialisten kann nur hergestellt werden, wenn die marxistisch-leninistischen Philosophen die neuesten Erkenntnisse der Naturwissenschaft philosophisch analysieren. Dabei ist nicht jeder Naturwissenschaftler, selbst wenn er sich als spontaner Materialist in seiner Arbeit verhält, d. h. die Existenz seiner Forschungsobjekte außerhalb und unabhängig von seinem Bewußtsein annimmt, ohne bewußt darüber zu reflektieren, schon ein streitbarer Materialist, der gegen Idealismus und Mystik auftritt. Der spontane Materialismus des Naturwissenschaftlers muß zu einem bewußt reflektierten, wissenschaftlich begründeten philosophischen Materialismus werden, damit er konsequent gegen den Idealismus bei der Naturerklärung auftritt. Die Haltung des Naturwissenschaftlers gegenüber den Naturobjekten als außerhalb und unabhängig vom Bewußtsein existierend und den Erkenntnissen der Naturwissenschaft als Widerspiegelungen der objektiven Realität kann man als naturwissenschaftlichen Materialismus bezeichnen. Aber auch dieser wird nur unter bestimmten Bedingungen zum konsequenten streitbaren

Materialismus. Wichtig ist dabei vor allem das Verhältnis zum Sozialismus-Kommunismus und zum Marxismus-Leninismus. Auch die Rolle der Dialektik ist zu beachten. Das Beispiel Monods zeigt die Problematik des Bündnisses marxistisch-leninistischer Philosophen mit Naturwissenschaftlern, die zwar den Materialismus vertreten, aber die Bedeutung der Dialektik leugnen. Diese widersprüchliche Haltung Monods läßt ihn trotz der Kritik am Idealismus in der Biologie nicht zu einer wissenschaftlich begründeten Absage an den Idealismus kommen. Da dieses Beispiel auf verschiedene Probleme des Bündnisses hinweist, soll kurz darauf eingegangen werden.

Monod fordert, das Objektivitätspostulat, worunter er die Absage an jedes Projekt in der Natur, an jedes Endziel in der Natur versteht, in der Wissenschaft stets zu beachten. Er betont, „daß die Natur objektiv gegeben ist und nicht projektiv geplant"[52]. Dem Kern nach entspricht diese Forderung der Bemerkung von Engels, daß der Materialismus die Tatsachen in ihrem eigenen und in keinem phantastischen Zusammenhang betrachtet. Das Objektivitätspostulat ist die bewußte Reflexion der spontan materialistischen Haltung der Naturwissenschaftler in ihrer experimentellen und theoretischen Arbeit, wenn sie das Primat der Materie gegenüber dem Bewußtsein anerkennen, weil sie die Natur als gegeben und nicht durch das Bewußtsein oder einen ideellen Schöpfer hervorgebracht betrachten. Aber dieser naturwissenschaftliche Materialismus bei Monod ist nicht allein deshalb inkonsequent, weil er die Gesellschaft nicht materialistisch erklärt, das trifft auf andere naturwissenschaftliche Materialisten auch zu, sondern er ist es, weil er die objektive Dialektik leugnet. Das führt ihn vom naturwissenschaftlichen Materialismus weg. Der naturwissenschaftliche Materialismus ist noch kein philosophischer Materialismus, der bewußt das Primat der Materie gegenüber dem Bewußtsein zeigt und die Einheit der Welt in der Materialität als weltanschauliche, methodologische und erkenntnistheoretische Grundlage für seine Forschungsarbeit nimmt und daraus Konsequenzen für die Anerkennung der objektiven Dialektik zieht. Der philosophische Materialismus anerkennt das dialektische Denken als subjektiven Reflex der objektiven Dialektik in Natur und Gesellschaft. Für den das Objektivitätspostulat verfechtenden Biologen Monod ist die Dialektik aus dem Denken abgeleitet und verhält sich die Natur nicht dialektisch.[53] So ist Monod einerseits naturwissenschaftlicher Materialist mit der Anerkennung des Objektivitätspostulats. Da er selbst bewußt diese Forderung ausspricht, ist er keineswegs ein spontaner Materialist. Monod kritisiert den Vitalismus und andere idealistische Strömungen und fordert dazu auf, das

Entwicklungsproblem in der Biologie materialistisch zu lösen. Andererseits ist er zwar spontaner Dialektiker, d. h. er kann den dialektischen Beziehungen in der biologischen Evolution nicht ausweichen, leugnet aber bewußt die Dialektik und wendet sich gegen den dialektischen Materialismus, den er teilweise entstellt und verfälscht. Damit schadet er der Position des naturwissenschaftlichen Materialismus. Beide Seiten dieser Haltung machen es schwer, ihn zu den streitbaren Materialisten zu rechnen, mit denen nach Lenin die marxistischen Philosophen ein Bündnis herstellen sollen. Der naturwissenschaftliche Materialismus ist inkonsequent. Er muß zum philosophischen Materialismus geführt werden. Solange der Materialismus nicht bis zur Anerkennung der Dialektik geführt wird, ist er kein konsequenter philosophischer Materialismus, der vor dem Einbrechen idealistischer Auffassungen in die Naturerkenntnis schützt. Monod kommt durch das Leugnen der Entwicklungsdialektik zur Leugnung objektiver dialektischer Entwicklungsgesetze, weshalb er keine weltanschaulich wirksame Kritik idealistischer Auffassungen in der Biologie liefern kann. Das Rückführen der Entstehung neuer Arten allein auf den Zufall kann auch mit dem Gedanken der ständigen Neuschöpfung verbunden werden.

Diesen Widerspruch zwischen naturwissenschaftlichem Materialismus und Nichtanerkennung der Dialektik finden wir auch bei anderen Naturwissenschaftlern. Die Gefahr besteht darin, daß die materialistische Haltung, da sie nicht philosophisch gefestigt ist, in eine idealistische Naturphilosophie eingebaut wird. Denken wir etwa an die Fortschritte, die der kritische Realismus in seinem Einfluß auf manche Naturwissenschaftler machte, dann wird das deutlich.[54]

Die Anerkennung der bewußtseinsunabhängigen Außenwelt reicht noch nicht aus, um Materialist zu sein. Sie wird vom kritischen Realismus ebenfalls vertreten, aber mit der dem Materialismus entgegengesetzten These verbunden, daß der Charakter der Außenwelt nicht zu bestimmen sei, da die Erkenntnis diese Realität nicht exakt widerspiegle.[55] Dadurch kann der kritische Realismus zur Erkenntnistheorie des Neothomismus werden.

Der streitbare Charakter des naturwissenschaftlichen Materialismus wird offensichtlich durch verschiedene Faktoren eingeschränkt. Dazu gehören die negative Haltung zur Dialektik und die Kritik des dialektischen Materialismus, die man bei einigen hervorragenden Naturwissenschaftlern in kapitalistischen Ländern findet, die bewußt oder unbewußt dem Antikommunismus erliegen. Gegenüber dieser zwiespältigen Haltung, die die bewußt materialistische Haltung zur Naturerkenntnis mit antimarxistischen Auffassungen verbindet, ist es unbedingt erforderlich, am Materialismus anzuknüpfen und die von diesen Wissenschaftlern aufgeworfenen Probleme dialektisch-materialistisch zu lösen. Ein solches Vorgehen ermöglicht eine sachliche Kritik einseitiger und teilweise idealistischer Auffassungen zu naturwissenschaftlichen Problemen und das Zurückweisen bürgerlicher Ideologie. Das Bündnis mit solchen Naturwissenschaftlern ist jedoch dann nicht möglich, wenn die antimarxistischen Züge in den Auffassungen überwiegen. Dann reicht der naturwissenschaftliche Materialismus als Bewußtwerden des spontanen Materialismus des Naturwissenschaftlers nicht aus, um zum streitbaren Materialismus zu werden, der Bündnispartner des dialektischen Materialisten in der Auseinandersetzung mit dem Idealismus sein kann.

Die genannten Probleme zeigen, daß es wichtig ist, sich genauer mit den Bedingungen des Bündnisses zwischen marxistisch-leninistischen Philosophen und streitbaren Materialisten unter den Naturwissenschaftlern zu befassen, wozu hier einige Anregungen gegeben werden sollen. Dabei sind folgende Bedingungen zu beachten: Erstens gibt es eine große Zahl hervorragender Naturwissenschaftler in sozialistischen Ländern, die sich bewußt zur marxistisch-leninistischen Philosophie bekennen und sie als weltanschauliche, erkenntnistheoretische und methodologische Grundlage ihrer wissenschaftlichen Arbeit betrachten. Zweitens schafft die mögliche friedliche Koexistenz von Staaten mit verschiedener Gesellschaftsordnung bestimmte Voraussetzungen für einen sachlichen Meinungsstreit um philosophische Probleme der Naturwissenschaften zwischen marxistisch-leninistischen Philosophen, Naturwissenschaftlern aus sozialistischen Ländern und Naturwissenschaftlern aus kapitalistischen Ländern. Zugleich wird sich jedoch die ideologische Auseinandersetzung weiterentwickeln und mancher Naturwissenschaftler vom Antikommunismus beeinflußt. Drittens bringt die Entwicklung der Naturwissenschaft selbst Materialismus und Dialektik hervor.

Betrachten wir nun zuerst das Verhältnis von marxistisch-leninistischer Philosophie und Naturwissenschaft in den sozialistischen Ländern. In Gemeinschaftsarbeit von Philosophen und Naturwissenschaftlern sind in der Sowjetunion und in anderen sozialistischen Ländern, darunter auch in der DDR, Konferenzen zu philosophischen Problemen der Naturwissenschaft durchgeführt und Forschungsergebnisse publiziert worden. Das Bündnis zwischen Naturwissenschaftlern in den sozialistischen Ländern und den marxistisch-leninistischen Philosophen hat verschiedene Aspekte und einen völlig anderen Charakter als das mögliche Bündnis mit streitbaren Materialisten unter den Naturwissenschaftlern in den kapitalistischen Ländern. – Auch dort gelangen Naturwissenschaftler zu der Einsicht, daß sie das Bündnis mit der Arbeiterklasse und der marxistisch-leninistischen Partei brauchen, um zu revolutionären Veränderungen der gesellschaftlichen Verhältnisse zu kommen. Sie begreifen die marxistisch-leninistische Philosophie als theoretische Grundlage der Weltanschauung der Arbeiterklasse und ihrer Partei und bleiben nicht bei der Anerkennung einiger methodologischer erkenntnistheoretischer Thesen stehen. Zu ihnen gehörten Langevin und F. Joliot-Curie. Viele Naturwissenschaftler verhalten sich jedoch aus Unkenntnis, durch den Einfluß des Antikommunismus oder aus einer positivistischen Grundhaltung heraus ablehnend zum dialektischen Materialismus. –

Für den Naturwissenschaftler in den sozialistischen Ländern geht es bei seinem Verhältnis zur marxistisch-leninistischen Philosophie vor allem darum, das politische Bündnis zwischen führender Arbeiterklasse und Intelligenz zu beachten, wobei die Philosophie theoretische Grundlage sozialistischer Politik ist. Dieses politische Bündnis macht das Verhältnis zur Philosophie zu einem praktischen und läßt den Naturwissenschaftler nicht beim theoretischen Verhältnis stehenbleiben. Daraus ergibt sich aber auch, daß Unzufriedenheit mit bestimmten politischen Maßnahmen bei manchen Wissenschaftlern zur theoretischen Ablehnung der Philosophie führen kann.

Das politische Bündnis hat den Marxismus-Leninismus und damit auch die marxistisch-leninistische Philosophie als weltanschauliche Grundlage. Der Naturwissenschaftler gewinnt durch das Studium der Theorie des Marxismus-Leninismus, das er obligatorisch absolviert, das Verständnis der gesellschaftlichen Zusammenhänge und damit eine wissenschaftliche Weltanschauung. Dafür ist aber eine wissenschaftlich fundierte Propaganda entscheidend, die die obligatorische Aus- und Weiterbildung im Marxismus-Leninismus zur echten weltanschaulichen Bildung und Erziehung benutzt und die auftauchenden Fragen sachlich beantwortet.

Nicht zu unterschätzen ist für den sozialistischen Naturwissenschaftler die moralische Kraft des Sozialismus, die es ihm gestattet, realen humanistischen Zielen zu dienen. Auch hier wird das theoretische Verständnis der historischen Mission der Arbeiterklasse und ihrer sozialistischen Moral mit dem praktischen Erleben sozialistischer menschlicher Beziehungen verbunden sein.

Das politische Bündnis zwischen Arbeiterklasse und Intelligenz mit seinen moralischen Aspekten und seiner weltanschaulichen Grundlage schließt jedoch nicht aus, daß auch der sozialistische Naturwissenschaftler die heuristische Bedeutung der marxistisch-leninistischen Philosophie für die Lösung erkenntnistheoretischer und methodologischer Probleme über seine Wissenschaft selbst begreifen lernt. Die Ergebnisse seiner Wissenschaft, philosophisch richtig gedeutet, zwingen ihn dazu, Antworten auf seine Fragen im dialektischen Materialismus zu finden und neue Fragen an die Philosophen zu stellen. Aus der sich entwickelnden engen Zusammenarbeit zwischen Naturwissenschaftlern und Philosophen ergeben sich immer neue Forschungsergebnisse, die die marxistisch-leninistische Philosophie mit ihrer materialistischen Grundhaltung und ihrer materialistischen Dialektik als zur Lösung neuer philosophischer Probleme, die mit neuen naturwissenschaftlichen Erkenntnissen auftauchen, geeignet zeigen. Es gibt keine endgültigen Lösungen von Problemen und keine ewig gültigen Antworten auf Fragen der Naturwissenschaft, da sich die Naturwissenschaft ständig entwickelt. Veraltete naturphilosophische Auffassungen müssen revidiert und neue Erkenntnisse philosophisch verallgemeinert werden.

Durch die verschiedenen Beziehungen zwischen Naturwissenschaft und Philosophie, Naturwissenschaftlern und Philosophen im Sozialismus kann es auch zu Konflikten kommen, die verschiedene Ursachen haben. Wie schon betont, kann das Unverständnis für politische Maßnahmen ebenso in eine negative Haltung zur Philosophie umschlagen wie die ständige Mißachtung weltanschaulicher Probleme, die in der modernen Naturwissenschaft auftauchen, durch die Propaganda des Marxismus-Leninismus. Auch das dogmatische Festhalten an veralteten naturphilosophischen Auffassungen, der Einfluß bürgerlicher Ideologien und die Mißachtung des Leninschen Hinweises, daß nur eine gediegene philosophische Bildung den Einbruch bürgerlichen Denkens in die Naturwissenschaft verhindert, führen zu solchen Konflikten.

Es ist deshalb die Aufgabe der marxistisch-leninistischen Philosophen und der Naturwissenschaftler in den sozialistischen Ländern, Konflikte in kameradschaftlicher Zusammenarbeit und sachlicher Diskussion zu lösen und durch gemeinsames Auftreten im Sinne der marxistisch-leninistischen Philosophie ein Bollwerk gegen idealistische Fehldeutungen der Naturwissenschaft zu schaffen. Das ist die Konsequenz der Leninschen Forderung nach dem Bündnis mit den streitbaren Materialisten, die heute in erster Linie hervorragende Naturwissenschaftler in sozialistischen Ländern sein werden.

Zweitens erfordert die friedliche Koexistenz von Staaten mit verschiedenen Gesellschaftsordnungen, die Probleme des Bündnisses zwischen marxistisch-leninistischen Philosophen und streitbaren Materialisten unter den Naturwissenschaftlern unter diesem Aspekt zu überprüfen. Entscheidend ist dabei das Verhältnis von Ideologie und Wissenschaft, das einer intensiven Betrachtung bedarf. Arbeiten, die auf diesem Gebiet begonnen wurden, sollten konsequent weitergeführt werden. Besondere Bedeutung hat die sich verschärfende ideologische Auseinandersetzung der Marxisten-Leninisten und aller demokratischen Kräfte mit dem Antikommunismus, der sich auch auf die Haltung vieler Naturwissenschaftler in den kapitalistischen Ländern auswirkt. Einerseits wird den Naturwissenschaftlern eine entstellte und verfälschte Darstellung der marxistisch-leninistischen Philosophie geboten, die sie der geistigen Anstrengung entheben soll, sich selbst ein reales Bild von den Grundprinzipien und der Entwicklung dieser Philosophie zu machen. Andererseits werden durch bürgerliche Ideologen Kritiken hervorragender Naturwissenschaftler an der marxistisch-leninistischen Philosophie als „Beweis" für die Unvereinbarkeit von dialektischem Materialismus und moderner Naturwissenschaft genutzt.

Die Methoden der Entstellung und Verfälschung sind unterschiedlich, doch geeignet, Eindruck auf Naturwissenschaftler in kapitalistischen Ländern zu machen. (Auswirkungen dieses ideologischen Kampfes zeigen sich dann auch in sozialistischen Ländern, besonders gefördert durch immer wieder geführte revisionistische Angriffe auf die Anerkennung der objektiven Naturdialektik.) So wird der Umstand, daß in der Vergangenheit einige Naturwissenschaftler und marxistische Philosophen im Widerspruch zu den Lehren der Klassiker des Marxismus-Leninismus dogmatische Auffassungen vertraten, ausgenutzt, um von der Wissenschaftsfeindlichkeit dieser Philosophie zu sprechen. Deshalb ist es wichtig, immer wieder die Übereinstimmung der Naturwissenschaft mit dem Materialismus in seiner Konsequenz nachzuweisen. Das Bündnis mit den Naturwissenschaftlern kann nur auf der Grundlage des Materialismus hergestellt werden. Selbstverständlich sind verschiedene Standpunkte auch unter marxistisch-leninistischen Philosophen und Naturwissenschaftlern bei Beachtung der Grundprinzipien möglich. Denken wir etwa an die Diskussion um den Determinismus in der Quantenmechanik, wo in den Auffassungen der Vertreter der verborgenen Parameter, der Ensembletheorie und der Dialektik von Faktischem und Möglichem, der Materialismus in seinen Grundlagen nicht angegriffen wurde. Heute kann man sagen, daß die Physik selbst die Dialektik physikalischer Prozesse, wie sie im Verhältnis von dynamischen und statistischen Gesetzen zum Ausdruck kommt, nachgewiesen hat. Dafür gibt es nun im Zusammenhang mit der Ausarbeitung der Elementarteilchentheorie verschiedene physikalische Konzeptionen zur These von der materiellen Einheit der Welt, die von der Anerkennung einer „Urmaterie" (Feld) bis zur Suche nach Fundamentalteilchen reichen.

Auch hier hat die Physik die Tragfähigkeit der verschiedenen Konzeptionen zur Erklärung der Experimente zu überprüfen. Die philosophischen Grundprinzipien werden durch die Bestätigung oder Widerlegung bestimmter Hypothesen nicht betroffen, wohl aber philosophische Hypothesen und präzisierte philosophische Aussagen, die direkt mit der Bestätigung einer bestimmten physikalischen Hypothese verbunden sind. So kann die weitere Entwicklung der Physik nicht die These von der materiellen Einheit der Welt widerlegen, wohl aber bestimmte Auffassungen über die Struktur dieser Einheit, die mit dem Verhältnis von Symmetrie und Asymmetrie, Teil und Ganzem, niedriger- und höherentwickelten Systemen verbunden sind. Interessante philosophische Diskussionen in der Psychologie zeigen dasselbe. Das Grundprinzip von der sozialen Bedingtheit der Psyche wird sowohl in der Konzeption von Rubinstein als auch in der von Leontjew anerkannt. Aber beide unterscheiden sich bei der Erklärung des Mechanismus der Determiniertheit psychischen Geschehens. Während Leontjew als entscheidenden Faktor die Objekte ansieht, nimmt Rubinstein die Wechselwirkung von Subjekt und Objekt als hauptsächlichen Determinationsfaktor.[56] Die Psychologie wird die Bedeutung oder eventuelle Einseitigkeiten dieser Konzeptionen in der Zukunft nachweisen, was wiederum zur Präzisierung philosophischer Auffassungen führen muß. Aber generell kann die marxistisch-leninistische Philosophie nicht als Richter in einem Meinungsstreit um naturwissenschaftliche Hypothesen auftreten, obwohl sie diese Hypothesen sorgsam philosophisch analysieren muß, um ihrer heuristischen Funktion gerecht zu werden. Der Philosoph nimmt damit als Diskussionspartner am Meinungsstreit teil. Argumente dabei können nur die Ergebnisse der Wissenschaften sein.

Dieser Meinungsstreit wird nun in der ideologischen Auseinandersetzung von imperialistischen Ideologen zu prinzipiellen Differenzen zwischen der Philosophie und der Naturwissenschaft aufgebauscht, wobei der Eindruck erweckt wird, unsere Philosophie erhebe den Anspruch auf endgültige Wahrheiten, der dann durch den Hinweis auf die Differenzen im Meinungsstreit widerlegt werden soll. Dabei nutzt die imperialistische Ideologie die Autorität hervorragender Naturwissenschaftler aus, um die „Wissenschaftsfremdheit" der marxistisch-leninistischen Philosophie „nachzuweisen". Als Beispiel kann dafür gerade die Arbeit von Monod dienen, die von imperialistischen Presseorganen immer wieder als sensationell, philosophisch interessant usw. angeboten wurde. Die Wirkung dieses Buches besteht darin, daß der Naturwissenschaftler in ihm philosophische Grundprobleme der Biologie aufgreift und Lösungsversuche findet. Das trifft aber auf andere Bücher auch zu, wie etwa auf das des Mitpreisträgers von Monod F. Jacob[57], die deshalb nicht so großen Einfluß erlangen, weil sie nicht die für den ideologischen Meinungsstreit so wichtige Auseinandersetzung mit dem Marxismus-Leninismus enthalten. Imperialistische Ideologen nutzten den sogenannten „heloeffect“, der bei denen, die mit dem Marxismus nicht vertraut, der antikommunistischen Propaganda bereits unterlegen sind oder als Schüler auf die Autorität ihrer Lehrer vertrauen, zur Feststellung führt, daß die Sachkunde im Urteil über naturwissenschaftliche Fragen auch Sachkunde über philosophische Probleme impliziere, wodurch sie der unsachlichen, entstellenden Darstellung der marxistisch-leninistischen Philosophie verfallen.

In diesem Sinne wird der gegen die Ideologie auftretende und die Wissenschaftlichkeit fordernde Naturwissenschaftler selbst zum manipulierten Mittel in der ideologischen Auseinandersetzung. Selbst sachliche Argumente gegen Äußerungen marxistischer Philosophen, die manchmal Berechtigung haben, werden als Argument gegen die marxistisch-leninistische Philosophie genutzt.

Diese Bemerkungen zum Verhältnis von Ideologie und Wissenschaft zeigen die das Bündnis hemmenden Faktoren und die notwendige differenzierende Haltung marxistisch-leninistischer Philosophen zu philosophischen Äußerungen von Naturwissenschaftlern. Selbstverständlich gilt es auch hier im Leninschen Sinne das Bündnis mif streitbaren Materialisten zu suchen. Das sind die Naturwissenschaftler, die sich gegen den Idealismus wenden, bewußt die materialistische Haltung in der Naturwissenschaft verteidigen und trotz Schwankungen bei der Einschätzung gesellschaftlicher Vorgänge keine ideologischen Vorbehalte gegen den Kommunismus und den Marxismus-Leninismus haben. Selbstverständlich gibt es in dieser für das Bündnis gegen den Idealismus geeigneten Gruppe ebenfalls Unterschiede. So bekämpfte Einstein den Idealismus und sympathisierte mit sozialistischen Ideen. Er war ein streitbarer Materialist und Humanist. Letzteres kann man auch von Max Born sagen. Er hat jedoch oft Vorbehalte gegen den Sozialismus geäußert. Auch Heisenberg setzte sich mit manchen idealistischen Konsequenzen verschiedener Deutungen der Naturwissenschaft auseinander, kritisierte jedoch öfter den Kommunismus und den Marxismus-Leninismus, weshalb er nicht eindeutig den streitbaren Materialisten zugeordnet werden kann.

Wichtig ist es für die ideologische Auseinandersetzung, nicht den spontanen Materialismus vieler Naturwissenschaftler zu vergessen, die sich nicht philosophisch äußern, deshalb nicht in die Gruppe der streitbaren naturwissenschaftlichen Materialisten gehören, aber doch die innere Einheit von Naturwissenschaft und Materialismus repräsentieren. Es sei hier nur an die große Gruppe der Chemiker erinnert, die sich nicht mit philosophischen Problemen der Chemie beschäftigt. Da die imperialistische Ideologie damit weniger idealistische Angriffspunkte erhält, als das etwa bei der Physik und auch bei der Biologie der Fall ist, erscheint es manchmal so, als gebe es kaum philosophische Probleme der Chemie. Hier wird die Aufgabe für den marxistisch-leninistischen Philosophen deutlich. Er muß die innere Einheit von Materialismus und Chemie zeigen, philosophische Probleme der Chemie bearbeiten und eventuellen Einbrüchen des Idealismus in das chemische Denken vorbeugen.

Im Gegensatz dazu werden von manchen marxistisch-leninistischen Philosophen die Naturwissenschaftler oft zitiert, die in der ideologischen Auseinandersetzung von der imperialistischen Propaganda in den Vordergrund gespielt werden, weil sie ihnen durch ihre Kritik am Marxismus-Leninismus und Kommunismus ideologische Hilfe leisten. Man muß sich mit ihnen selbstverständlich auseinandersetzen, indem an den materialistischen Elementen ihrer Problemdarstellung angeknüpft, ihre ideologische Position aufgedeckt und die einseitige und falsche Problemorientierung sachlich kritisiert wird. Wichtig ist jedoch bei der Verteidigung und Festigung des materialistischen Standpunktes die Hervorhebung der großen Gruppe der Naturwissenschaftler, die in ihrer naturwissenschaftlichen Arbeit spontane Materialisten sind. Dadurch wird die Position des naturwissenschaftlichen Materialismus in der Auseinandersetzung mit dem Idealismus gestärkt, und mögliche Bündnispartner können sich zeigen, die im Interesse der Objektivität den Antikommunismus zurückweisen. Die ideologische Auseinandersetzung unter den Bedingungen der friedlichen Koexistenz verlangt von den marxistisch-leninistischen Philosophen eine klare Haltung zu den philosophischen Grundprinzipien, sachliche Diskussion echter Probleme der Naturwissenschaft und parteiliche Kritik der bürgerlichen Ideologie.

Drittens bringt die stürmische Entwicklung der Naturwissenschaft, die u. a. zu neuen Einsichten in den genetischen Code führte, eine Absage an den Positivismus hervor. Das drückt sich in Diskussionen um die theoretischen Grundlagen der Physik, Biologie und Chemie ebenso wie in den Debatten um das Verhältnis von Physiologie und Psychologie und um die Gesetze in den Geowissenschaften aus. Sicher sind in den nächsten Jahren gerade von den Biologen in ihren allgemeinen Arbeiten philosophische Einsichten zu erwarten, die der kritischen Analyse bedürfen. In der Auseinandersetzung mit dem mechanischen Determinismus und idealistischen Naturphilosophien rückt dadurch die dialektisch-materialistische Entwicklungstheorie in den Mittelpunkt philosophischer Fragen und Auseinandersetzungen. Während der mechanische Materialismus und der Idealismus keine wissenschaftliche Erklärung der Entwicklung geben können, da sie entweder eine eindeutige Vorausbestimmtheit oder ein ideelles Endziel anerkennen, kann der dialektische Materialismus mit Hilfe der konkreten Erscheinungen der dialektischen Grundgesetze das Entstehen höherer Qualitäten auf natürliche Weise erklären. Danach gibt es kein automatisches Entstehen höherer Qualitäten, sondern unter bestimmten Bedingungen verwirklichen sich solche Möglichkeiten, die sich aus der bisherigen Entwicklung ergeben haben. Daher kann die sich in einem Zeitabschnitt ergebende Reihe von Möglichkeiten, von denen jede unter bestimmten Bedingungen realisiert werden kann, als Gruppe relativer Ziele betrachtet werden. Es gibt also keine Zielgerichtetheit im Sinne eines ideellen Endziels und keine eindeutige Vorausbestimmtheit, da in den verschiedenen Entwicklungsetappen jeweils mehrere Möglichkeiten für die weitere Entwicklung existieren. Gerade um diese Dialektik der Entwicklungsprozesse geht es bei den Ergebnissen der modernen Genetik. Die Hervorhebung eines eindeutigen Ablaufs des Geschehens, die Leugnung des objektiven Zufalls als Erscheinungsform objektiver Gesetze und der zufälligen Verwirklichung von Möglichkeiten mit mehr oder weniger großer Wahrscheinlichkeit als Bestandteil des statistischen Gesetzes führt entweder zum mechanischen Materialismus oder zum Idealismus. Wer also die Entwicklung erklärt, sich mit dem Idealismus und mechanischen Materialismus auseinandersetzt, wie Monod es tut, aber dabei die objektive Dialektik leugnet, muß in theoretische Schwierigkeiten und zu Inkonsequenzen kommen. So kann Monod die Rolle des Zufalls nur überbetonen, weil er eine ideale Ordnung bei der invarianten Reproduktion anerkennt. Letzteres ist ein Element des Platonismus — d. h. der Anerkennung einer ideellen Ordnung der Welt, nach der sich das Materielle orientiert —, das wir bei manchen Naturwissenschaftlern finden.

So bringt die moderne Naturwissenschaft, wie schon Lenin betonte, den dialektischen Materialismus hervor, aber nicht direkt. Es entstehen auch Modephilosophien, wie der Positivismus, der kritische Realismus und andere, die dieser Konsequenz ausweichen wollen. Die Leugnung der objektiven Dialektik macht Anleihen an den Idealismus erforderlich oder bringt die Rückkehr zum mechanischen Materialismus mit sich. Für das Bündnis mit den streitbaren Materialisten unter den Naturwissenschaftlern ist es wichtig, daß die marxistisch-leninistischen Philosophen die Kompliziertheit dieses Prozesses analysieren, die neuesten Entdeckungen der Naturwissenschaft dialektisch-materialistisch deuten und jede Inkonsequenz und Einseitigkeit bei der Hervorhebung der inneren Einheit von Materialismus und Naturwissenschaft und bei der Aufdeckung der objektiven Dialektik zurückweisen. Alle Naturwissenschaften bringen philosophische Probleme hervor, die nicht immer neu sein müssen, sondern analog in anderen Wissenschaften schon gelöst sein können. Zu verschiedenen Zeiten treten verschiedene philosophische Probleme und unterschiedliche Wissenschaften in den Vordergrund des philosophischen Interesses der Naturwissenschaftler. Obwohl die Auswirkungen der Diskussion um die Quantenmechanik immer noch zu spüren sind, geht es heute vor allem um die Erkenntnisse der Genetik im speziellen und um die Biologie im allgemeinen, die für die Präzisierung der Entwicklungstheorie aufzubereiten sind. Deshalb wird die Ausnutzung der Dialektik zur Lösung erkenntnistheoretischer und methodologischer Probleme der Naturwissenschaften konsequent fortgesetzt. Neben der Analyse der objektiven Dialektik ist heute vor allem die Dialektik des Erkenntnisprozesses von Interesse. Das äußert sich in vielen Arbeiten, die sich mit erkenntnistheoretischen Problemen befassen und das Verhältnis von Experiment und Theorie, Modell und Hypothese, sinnlicher und rationaler Elemente der Erkenntnis analysieren. Die Dialektik des Erkenntnisprozesses aufzudecken ist für alle Naturwissenschaften wesentlich und muß mit dem Material aller Naturwissenschaften erfolgen.

Wenn die Ergebnisse der Biologie in den Mittelpunkt philosophischen Interesses geraten, so bedeutet das nicht die Unterschätzung etwa der philosophischen Probleme der Physik und Chemie. Nur gilt auch hier, daß sie vor allem in Hinblick auf die Biologie analysiert werden müssen. Das Verhältnis von physikalischen und chemischen zu biologischen Prozessen läßt viele Einsichten in die materielle Einheit der Welt und ihre Struktur, in das Verhältnis von System und Element, von Invarianz und Entwicklung gewinnen. Auch die philosophischen Probleme der Psychologie sind mit denen der Biologie verbunden, da es um die naturwissenschaftlichen Grundlagen der Bewußtseinsprozesse geht. Nicht zu vergessen sei die immer wieder diskutierte Problematik der Bedeutung von Mathematik und Kybernetik für die Naturwissenschaft, die philosophisch analysiert werden muß, weil sich bei ihrer

Lösung immer wieder Ansätze für kritisch-realistische Theorien von der ideellen Ordnung der Welt bieten.

Für das Bündnis der marxistisch-leninistischen Philosophen und der streitbaren Materialisten unter den Naturwissenschaftlern bestehen also heute entscheidende neue Bedingungen, die es fördern, aber auch zum differenzierten Herangehen an die philosophischen Ansichten von Naturwissenschaftlern zwingen und die Lösung entscheidender Aufgaben durch die Philosophen fordern. Diese Bedingungen sind die reale Macht des Sozialismus, die Möglichkeit der friedlichen Koexistenz von Staaten unterschiedlicher Gesellschaftsordnung und die stürmische Entwicklung wichtiger Zweige der Naturwissenschaft, wie der Genetik, der Psychologie, der Physik der Elementarteilchen usw., die immer mehr Naturwissenschaftler über ihr Fach zur philosophischen Diskussion zwingt. Es liegt an den marxistisch-leninistischen Philosophen, diese Bedingungen zur Erweiterung des Bündnisses zu nutzen, indem sie die von Lenin gestellten Forderungen erfüllen und das Bündnis mit den streitbaren Materialisten herstellen und sorgsam die neuen Erkenntnisse der Naturwissenschaft analysieren.

KAPITEL III

Die Funktionen der marxistisch-leninistischen Philosophie gegenüber der Naturwissenschaft und der philosophischen Verallgemeinerung naturwissenschaftlicher Erkenntnisse

Unter den marxistisch-leninistischen Philosophen herrscht Einigkeit über die Bedeutung der von Lenin gestellten Aufgabe, ein enges Bündnis mit den Naturwissenschaftlern herzustellen und dazu die neuesten Erkenntnisse der Naturwissenschaften zu analysieren. Dabei geht es einerseits um die weltanschauliche Bedeutung neuer Entdeckungen und damit um die Bereicherung und Entwicklung der Philosophie. Andererseits sollen die Philosophen die Arbeit des Naturwissenschaftlers unterstützen. Aus diesem Grunde bezeichnen wir die marxistisch-leninistische Philosophie als weltanschauliche, erkenntnistheoretische und methodologische Grundlage naturwissenschaftlicher Forschungsarbeit. Diese Feststellung ist weniger Resultat der bisherigen gemeinsamen Arbeit zwischen Naturwissenschaftlern und Philosophen als vor allem Programm der weiteren Arbeit. Nicht nur mit jeder neuen Entdeckung, sondern gerade auf der Suche nach neuen Gesetzen, Zusammenhängen in der Naturwissenschaft hat sich die marxistisch-leninistische Philosophie zu bewähren. Sie darf deshalb nicht nur Ergebnisse verallgemeinern, sondern muß auch Methoden untersuchen, um zu neuen Ergebnissen zu kommen. Schwierigkeiten und Hemmnisse, fördernde Bedingungen und Erkenntnisprozesse sind zu analysieren, um zu einer für die Entwicklung der Wissenschaft nützlichen Erkenntnistheorie zu kommen.

Diese Aufgabenstellung fordert die Klärung dessen, was wir unter philosophischer Verallgemeinerung verstehen, was die Aspekte philosophischer Analysen naturwissenschaftlicher Erkenntnisse sind und wie wir philosophische Aussagen beweisen. Die Beantwortung dieser Fragen ist eng verbunden mit der Diskussion um die Begründung einer spezifischen Disziplin „Philosophische Probleme der Naturwissenschaften", die seit Jahren unter marxistisch-leninistischen Philosophen geführt wird. Dabei haben Gegenstandsdiskussionen um Wissenschaftsdisziplinen ihre eigenen Schwierigkeiten. Im Stadium ungenügender Materialsammlung, Problemzusammenstellung und Problemlösung reicht meist eine Aufgabenstellung als Arbeitshypothese aus, um Probleme bearbeiten zu können. Die metatheoretische Reflexion über den Gegenstand einer neuen Wissenschaft oder Disziplin, die sich noch nicht voll entwickelt hat, ist meist gegenstandslos und unfruchtbar, da Gegenstandsbestimmungen auf die Abgrenzung von anderen Gegenständen gerichtet sind, was erst möglich ist, wenn genügend Material vorliegt. Erst dann zeigt sich die *Spezifik* einer neuen Disziplin. So entwickeln sich neue Disziplinen meist im Rahmen anerkannter Wissenschaftsgebiete, wie die Biochemie in Biologie und Medizin, die Bionik in Biologie und Technik usw. Für Arbeitsmöglichkeiten, Aufgabenstellungen und erste Problemlösungen ist deshalb die Gegenstandsbestimmung keine notwendige Voraussetzung. Sie kann auch die Probleme nicht klären. Erst die Entwicklung einer bestimmten Forschungsrichtung, die zu echten neuen Ergebnissen führt, kann auf Grund angehäuften Materials eine Diskussion über den Gegenstand einer neuen Disziplin und damit über die Spezifik dieser Arbeitsrichtung im Vergleich mit anderen sinnvoll erscheinen lassen. Wenn deshalb zuerst zu den bisherigen Aussagen über den Gegenstand und die Aufgaben der Disziplin „Philosophische Probleme der Naturwissenschaften" Stellung genommen werden soll, so geht es dabei um Ergebnisse der Diskussionen, die für die weitere Arbeit wichtig sind, und nicht um eine exakte Gegenstandsbestimmung, die sich bald als überholt erweisen könnte. Vor allem soll auch auf nicht effektive, philosophisch nicht relevante Aufgabenstellungen hingewiesen werden, um die Arbeitsrichtung „Philosophische Probleme der Naturwissenschaften" besser charakterisieren zu können.

1. Zur Diskussion um die „Naturdialektik" oder die Disziplin „Philosophische Probleme der Naturwissenschaften"

Immer wieder wird auf Beratungen die Frage gestellt, ob eine spezifische Disziplin „Philosophische Probleme der Naturwissenschaften" existiert und sie mit der „Naturdialektik" identisch sei. Die Antworten darauf sind verschieden. Um bestimmte wesentliche Aspekte der philosophischen Arbeit hervorheben zu können, sollen einige Standpunkte und Argumente dafür betrachtet werden.
Ein wesentlicher Punkt in der Diskussion ist die Stellung zur Naturphilosophie. Engels hatte davon gesprochen, daß die marxistische Philo-

sophie Schluß macht mit jeglicher Naturphilosophie, die spekulativ Zusammenhänge ausdenkt, da es die Aufgabe der Naturwissenschaft ist, diese Zusammenhänge zu untersuchen. Der Materialist nimmt die Tatsachen in ihrem eigenen Zusammenhang und in keinem phantastischen. Damit kann nicht irgendeine These oder Auffassung in der Philosophie als Kriterium für die Tragfähigkeit und Bedeutung naturwissenschaftlicher Hypothesen und theoretischer Ansätze oder gar für die Anerkennung naturwissenschaftlicher Erkenntnisse dienen, sondern nur die Praxis, das Experiment. In diesem Sinne wandte sich Kopnin gegen Wiederbelebungsversuche der Naturphilosophie im Marxismus. Er setzte sich mit der Forderung auseinander, die Philosophie möge ein „harmonisches Weltbild im Ganzen“ geben, da die Naturwissenschaft dazu nicht in der Lage sei.[1] Zweifellos sind die Differenzierung der Wissenschaften und die notwendige Verallgemeinerung neuer naturwissenschaftlicher Erkenntnisse als Grundlage für wissenschaftliche Antworten auf weltanschauliche Grundfragen, wie der nach der Quelle des Wissens und dem Ursprung der Welt, sowie nach der Stellung des Menschen in der Welt, wichtige Argumente für die Bedeutung der Philosophie und der philosophischen Arbeit. Sie richten sich gegen den Positivismus in der Naturwissenschaft, gegen die Leugnung notwendiger philosophischer Verallgemeinerungen und gegen weltanschauliche Kurzschlüsse aus naturwissenschaftlicher Erkenntnis, d. h. den Versuch, diese Erkenntnisse ohne Überprüfung in den Rang philosophischer Aussagen zu erheben.

Kopnin hebt jedoch einen anderen Aspekt dieser Forderung hervor, nämlich die Überschätzung der Philosophie, bei der die dialektische Methode „als System von Methoden für das wissenschaftliche Denken“ verstanden wird und Philosophen in der Rolle des „Schiedsrichters“ im wissenschaftlichen Meinungsstreit auftreten, „die eine wissenschaftliche Richtung verurteilen und die andere befürworten“. „Diese naturphilosophische und halbadministrative Einmischung der Philosophie in die Wissenschaft“, meint Kopnin, „hatte zweifellos nicht nur negativen Einfluß, sondern schadete der Wissenschaft und noch mehr der Philosophie selbst. Sie diskreditierte die marxistische Philosophie in den Augen der Gelehrten.“[2] In der Auseinandersetzung, die Kopnin führt, entsteht jedoch der Eindruck, als ob die Bedeutung der vorher genannten Argumente zur Rolle der Philosophie nicht richtig ausgearbeitet wird. Nach ihm vollzieht sich die Summierung, Systematisierung wissenschaftlicher Ergebnisse nicht über die Naturphilosophie, was sicher richtig ist, sondern in Enzyklopädien, in denen die Erkenntnisgewinne einer bestimmten Etappe der Entwicklung der Menschheit zusammengefaßt werden. Es ist wahr, daß die Philosophie dabei eine wesentliche

Rolle spielt, aber eine völlig andere als die Naturphilosophie. Sie erfüllt nach Kopnin die Funktion der allgemeinen Methodologie.[3] Wenn aber die marxistisch-leninistische Philosophie bei der Verallgemeinerung naturwissenschaftlicher Erkenntnisse nur die Funktion einer allgemeinen Methodologie erfüllt, kann das bedeuten, daß die Naturwissenschaft selbst die Aufgabe löst, den philosophischen Gehalt naturwissenschaftlicher Aussagen zu bestimmen. Das würde nicht nur eine hohe philosophische Bildung des Naturwissenschaftlers voraussetzen, sondern auch die Aufgabenstellungen verschieben. Die Aufgabe des Biologen ist es nicht in erster Linie, den Beitrag zu bestimmen, den seine Erkenntnisse für die Präzisierung philosophischer Auffassungen über die materielle Einheit der Welt und dialektischer Kategorien haben. Er wird nicht philosophisch fundiert die Auseinandersetzung mit mechanisch-materialistischen und idealistischen Philosophien führen und die wissenschaftliche Weltanschauung weiter ausbauen. Wie das geschehen soll, ist erst noch zu untersuchen. Aber soviel ist schon klar, die theoretischen Aussagen einzelner Naturwissenschaften sind noch nicht die philosophische Verallgemeinerung. Um Tatsachen in ihrem philosophischen Zusammenhang zu sehen, dafür reicht nicht die Physik, die Biologie oder eine andere Wissenschaft aus. Sofern die Funktion der Philosophie auf eine allgemeine Methodologie reduziert wird, wird mindestens ihre weltanschauliche Funktion in Frage gestellt.

I. S. Narski setzte sich damit auseinander und betonte: „Die Fragen der Theorie des Materialismus bezogen auf die Natur ... sind philosophisch genauso bedeutsam, wie die erkenntnistheoretischen Fragen ... Die Logik der wissenschaftlichen Forschung bildet nur den erkenntnistheoretischen Teil der philosophischen Problematik der Naturwissenschaft als angewandter Wissenschaft.“[4] Während Narski fordert, die philosophischen Probleme der Naturwissenschaften als „integrale Disziplin“ zu untersuchen, wird dieser Standpunkt von anderen negiert. Es ist interessant, daß Kopnin das Wiederentstehen der Naturphilosophie in der „Hervorhebung der Dialektik der Natur oder eines naturphilosophischen Teils der marxistischen Philosophie als spezieller philosophischer Wissenschaft“ sieht. Die Verteidiger dieser Auffassung meinen, daß die Naturwissenschaft nur das Material liefere, aber das Haus selbst nicht bauen könne. Der Philosoph erst sei dann der Architekt.[5] Wiederum wird die richtige Kritik an naturphilosophischen Tendenzen spekulativen Charakters mit einseitigen Schlußfolgerungen verbunden. Nicht jeder Vertreter einer philosophischen Disziplin „Dialektik der Natur“ muß die von Kopnin kritisierte extreme Auffassung haben. Wenn Kopnin schreibt, daß „der Philosoph die Erscheinungen und Prozesse der Natur so nimmt, wie sie ihm in den Begriffen und Gesetzen der verschiedenen Wissenschaften gegeben sind“[6], dann wird damit nicht mehr deutlich, was unter philosophischer Verallgemeinerung zu verstehen ist. Historisch ist jedenfalls erwiesen, daß Engels den physikalischen Begriff der Materie nicht übernahm. Dieser Begriff wird auch heute in der Physik noch oft zur Bezeichnung der Quellen der Felder benutzt und in diesem Sinn nicht in die Philosophie übernommen. Die Diskussionen um Begriffe wie System, Information, Raum und Zeit und andere zeigen, wie wichtig die Analyse des philosophischen Gehalts naturwissenschaftlicher Begriffe und Aussagen ist. Wenn die Herausbildung einer philosophischen Disziplin „Dialektik der Natur“ zur Isolierung der Philosophen von den Naturwissenschaftlern führt, wie Kopnin meint, dann ist sie sicher falsch, da es um die gemeinsame Forschungsarbeit von Philosophen und Naturwissenschaftlern zur Lösung philosophischer Probleme der Naturwissenschaft geht. Aber die Dialektik der Natur ist auch in Gemeinschaftsarbeit nur zu erforschen, wenn das philosophisch Bedeutsame in den naturwissenschaftlichen Aussagen gefunden wird, wenn die Dialektik der Natur aufgedeckt, wenn der in den naturwissenschaftlichen Erkenntnissen immanente dialektische Zusammenhang in der Physik, Chemie und Biologie gesehen wird. Wenn die materialistische Dialektik, wie Lenin das forderte, bewußt genutzt werden soll, dann müssen die Wechselbeziehungen zwischen Philosophie und Naturwissenschaft in zweifacher Hinsicht bestimmt werden.

Einerseits bereichert die Naturwissenschaft die Philosophie, aber das muß erforscht werden und ergibt sich nicht automatisch aus der Entwicklung der Naturwissenschaft, so wie auch nicht automatisch durch die Sammlung naturwissenschaftlicher Kenntnisse bei dem Sammelnden eine wissenschaftliche Weltanschauung entsteht. Der Naturwissenschaftler, der nicht selbst mit Philosophen zusammenarbeitet, muß in der Lage sein, sich die gelösten philosophischen Probleme seiner Wissenschaft anzueignen und offene Probleme kennenzulernen. Dann müssen aber Spezialisten dieses Material aufbereiten, echte Forschungsarbeit leisten und die Ergebnisse darüber publizieren. Andererseits soll die Philosophie erkenntnisfördernd auf die wissenschaftliche Forschung wirken. Wenn das eine spezifisch philosophische Aufgabe sein soll, dann müssen die Grundaussagen der marxistisch-leninistischen Philosophie, die bisher gewonnenen Einsichten in dialektische Zusammenhänge, so aufbereitet werden, daß sie für den Naturwissenschaftler faßbar sind und ihm im Meinungsstreit Anregungen geben. Es geht also nicht darum, was Kopnin berechtigt kritisiert, die dialektischen Gesetze als einen „eigenartigen Kasten" zu behandeln, in dem „die ganze Welt eingeschlossen ist", wobei mit Hilfe logischer Methoden die Reichhaltigkeit der objektiven Realität erschlossen werden soll.[7] Die Naturwissenschaft kann nicht aus der Dialektik deduziert werden, aber das bedeutet doch nicht die Wertlosigkeit der Erkenntnisse des dialektischen Materialismus für die Diskussion. Wenn der Philosoph als Diskussionspartner am Meinungsstreit um naturwissenschaftliche Hypothesen, um die philosophische Interpretation naturwissenschaftlicher Theorien teilnimmt, dann nicht als Richter, sondern als Spezialist, der die weltanschaulichen Wirkungen naturwissenschaftlicher Kenntnisse einschätzen kann, der die Auseinandersetzungen zwischen den philosophischen Richtungen kennt, der die Geschichte philosophischer Problemlösungen analogen Charakters studiert hat und aus seinem Wissen um die Bedeutung des Materialismus und der Dialektik für andere Wissenschaften schöpft. Deshalb wird er nicht deduzieren, sondern aus seinem Wissen, das ebenfalls dem Kriterium der Praxis unterliegt, solche Beiträge zur Diskussion leisten, die die Erkenntnis erweitern helfen.

Es geht also gerade darum, diesen Wechselprozeß der gegenseitigen Einwirkung von Philosophie und Naturwissenschaft zu untersuchen und nicht bei der Betrachtung stehenzubleiben – so wichtig das für manchen Naturwissenschaftler sein mag, der, berechtigt oder unberechtigt, Vorbehalte gegenüber der Philosophie hat –, daß die Philosophie nicht die gesicherten Erkenntnisse der Naturwissenschaft angreifen und naturwissenschaftliche Hypothesen nicht aus philosophischen Gründen verwerfen darf. Solche Feststellungen reichen als Aufgabenstellung für die Philosophie nicht aus. Sie sind ein Ausdruck der Auffassung, daß Philosophie und Naturwissenschaft berechtigt nebeneinander existieren können, aber keine theoretische Grundlage für ihre Zusammenarbeit besitzen.

Deshalb hebt auch E. G. Judin hervor, daß es zwar richtig sei, die Naturphilosophie zu verwerfen, aber allein reiche das nicht aus. Nach ihm muß das analytische Herangehen an naturwissenschaftliche Probleme, das mit der Analyse grundlegender Begriffe und Ergebnisse der Naturwissenschaft verbunden ist, sowie die methodologische Belehrung der Naturwissenschaftler durch Philosophen durch ein konstruktives Herangehen ersetzt werden. Es geht um einen „unmittelbaren Beitrag zur Entwicklung dieses oder jenes Gebiets der Naturwissenschaft, wobei man im Rahmen der spezifischen philosophischen Methode bleibt"[8].

Judin erklärt das am Beispiel der Forschungen zur Systemtheorie. Dabei treten verschiedene Begriffe auf. Die Ausgangsbegriffe, wie System, Struktur, Element, werden inhaltlich bestimmt und unterliegen der philosophischen Analyse. Die kybernetischen Begriffe, Ein- und Ausgang, Stabilität und Gleichgewicht, und die mathematischen Begriffe, vor allem aus der Vektoralgebra, dienen dazu, auf der Grundlage der Ausgangsbegriffe mit kybernetischen und mathematischen Methoden eine Konzeption der Systemtheorie aufzubauen. „Wenn wir uns nun dem zuwenden, wie die grundlegenden Ausgangsbegriffe bestimmt werden," schreibt Judin, „die das erste Niveau darstellen und faktisch die ganze Konzeption bestimmen, dann zeigt sich, daß sie entweder auf einer rein intuitiven Niveaugrundlage eingeführt werden und dann vom Geschmack und der Neigung des Autors abhängen (beispielsweise der Begriff Element) oder sofort durch einige prinzipiell verschiedene Begriffsgruppen. Darunter ist der Begriff des Zusammenhangs, er wird gleichzeitig inhaltlich eingeführt, sowie auf der Grundlage kybernetischer Mittel und unter Ausnutzung mathematischer Begriffe."[9] Als spezifisch philosophische Methoden bezeichnet Judin deshalb die kritische Analyse der Ausgangsbegriffe wissenschaftlicher Arbeit, was später als ein wesentlicher Aspekt philosophischer Arbeit mit naturwissenschaftlichen Erkenntnissen hervorgehoben werden soll. Er hat zugleich als Ergebnis das Vermeiden weltanschaulicher Kurzschlüsse. Wenn von vornherein die philosophische Analyse grundlegender naturwissenschaftlicher Begriffe gefordert wird, dann wird damit die einfache Übernahme derartiger intuitiv eingeführter Begriffe als angebliches Ergebnis der naturwissenschaftlichen Forschungsarbeit in die Philosophie verhindert oder zumindest erschwert.

Die Argumente von Judin zeigen, daß die Spezifik philosophischer Erkenntnisse, auch wenn sie im Rahmen einer besonderen Disziplin gewonnen wurden, nicht die Zusammenarbeit von Philosophen und Naturwissenschaftlern verhindern, sondern einen speziellen Beitrag des Philosophen zu dieser Zusammenarbeit darstellen, der von Philosophen und Naturwissenschaftlern auch gemeinsam geleistet werden kann, was nicht die philosophische Spezifik dieser Arbeit beseitigt. Judin hebt damit gerade einen Aspekt philosophischer Arbeit hervor, der, wie wir gesehen haben, durch die Kritik Kopnins an den Vorstellungen von der Existenz einer philosophischen Disziplin „Dialektik der Natur" unterzugehen drohte. Dabei ist für die Durchführung der Begriffskritik nicht entscheidend, ob die Existenz einer solchen Disziplin anerkannt wird oder nicht. Die Arbeit ist zu leisten, und marxistisch-leninistische Philosophen beschäftigen sich mit ihr.

Wenn die Kritik an einer spezifischen philosophischen Disziplin so weit geht, daß die Notwendigkeit der philosophischen Analyse moderner naturwissenschaftlicher Erkenntnisse bestritten wird und infolgedessen die Bindeglieder zwischen den Grundaussagen der marxistisch-leninistischen Philosophie und der naturwissenschaftlichen Forschungsarbeit nicht untersucht werden, dann ist das ein echtes Hemmnis bei der Erfüllung der von Lenin gestellten Aufgaben. In diese Richtung gehen m. E. einige Überlegungen von W. A. Bosenko in seinem Beitrag „Philosophischer Materialismus als Prinzip", in dem er sich mit der Formulierung von Engels auseinandersetzt, nach der der Materialismus mit jeder epochemachenden Entdeckung auf dem Gebiet der Naturwissenschaft seine Form ändern muß. Bosenko verwahrt sich dagegen, diese Äußerung so zu verstehen, als ob mit neuen naturwissenschaftlichen Erkenntnissen sich ständig neu die Form des Materialismus zeigen und so der mechanische durch den dialektischen und der dialektische durch einen neuen Materialismus abgelöst werden müsse. Die Begründung dafür lautet: „Wir stellen fest, daß in der angeführten Bemerkung von Engels überhaupt nicht von der Veränderung der Philosophie, der philosophischen Sätze im Zusammenhang mit neuen naturwissenschaftlichen Entdeckungen die Rede ist. Seine Worte von der Veränderung der Form des Materialismus beziehen sich nicht auf den philosophischen Materialismus, sondern auf den naturwissenschaftlichen. In dem Maße, in dem sich das Wissen über die sich verändernde materielle Wirklichkeit vertieft, verändert sich notwendig die wissenschaftliche materialistische Vorstellung über die umgebende Welt, d. h. es verändert sich die Form des (naturwissenschaftlichen) Materialismus. Aber bei all diesen Veränderungen erhält sich das, was der wissenschaftlichen Erkenntnis (als Widerspiegelung) selbst zugrunde liegt und ihr Wesen und ihren Inhalt darstellt. Das ist das Prinzip des Materialismus, die Materie ist ursprünglich, das Bewußtsein abgeleitet. Dieses materialistische Prinzip ist schon philosophischer Materialismus, der keinen Veränderungen unterliegt. Keine neueste Entdeckung der Naturwissenschaft, keine Veränderung in den menschlichen Vorstellungen (auch unendlich weit von uns entfernter Generationen) über das uns umgebende Weltbild, d. h. keine Veränderung der Form des (naturwissenschaftlichen) Materialismus kann diesen (dem Wesen nach erkenntnistheoretischen) philosophischen Inhalt des Materialismus erschüttern oder unter Zweifel stellen."[10] Zweifellos muß die Unveränderlichkeit der Grundprinzipien betont werden. Hier wird aber die Bemerkung von der Veränderung der Form nur auf Vorstellungen bezogen, die in der Naturwissenschaft existieren und in dem Zusammenhang auf den naturwissenschaftlichen Materialismus. Der philosophische Materialismus selbst wird damit auf seine Grundprinzipien eingeschränkt. Das Grundprinzip vom Primat der Materie gegenüber dem Bewußtsein wird tatsächlich sich nicht ändern, aber diese Feststellung reicht nicht aus, wenn die Frage beantwortet werden soll, wie der Materialismus in der modernen Naturwissenschaft sich zeigt, ausgenutzt wird und sich vielleicht auch verändert. Bosenko zitiert Lenins Bemerkung von der notwendigen Revision der naturphilosophischen Ansichten von Engels zur Bestätigung seiner Auffassung. Es geht hier aber nicht um natur*wissenschaftliche,* sondern um natur*philosophische* Ansichten, die revidiert werden sollen. Woher können diese kommen, wenn der philosophische Materialismus sich nicht verändert, wohl aber der naturwissenschaftliche? Offensichtlich ging es den Klassikern und geht es heute darum, den Materialismus zur Interpretation und zur Analyse naturwissenschaftlicher Erkenntnisse auszunutzen. Die geniale Leistung von Marx bestand gerade darin, die Gesellschaft materialistisch zu verstehen. Es wäre sicher ein Schritt zurück, wenn wir darauf verzichten würden, Natur und Gesellschaft materialistisch aufzufassen. Das erfordert aber, das allgemeine Prinzip in der Diskussion philosophischer Aspekte naturwissenschaftlicher Forschungsarbeit wirksam werden zu lassen. Dabei treten im Zusammenhang mit naturwissenschaftlichen Erkenntnissen unterschiedliche Auffassungen zu *philosophischen* Aspekten auf, deren Richtigkeit oder Falschheit erst mit neuen Erkenntnissen nachgewiesen werden kann. Denken wir beispielsweise an die Diskussionen um den Determinismus und das Verhältnis von dynamischen und statistischen Gesetzen im Zusammenhang mit der Quantenmechanik. Alle marxistisch-leninistischen Philosophen vertraten den materialistischen Standpunkt von der Existenz objektiver Gesetze. Aber damit ist die Struktur dieser Gesetze noch nicht geklärt, ihre Typologie noch nicht bestimmt. Es war zwar wenig wahrscheinlich, daß die Theorie „verborgener Parameter“ zum Erfolg führt, aber keiner konnte einem anderen das Recht absprechen, den materialistischen Standpunkt zu verteidigen, indem er nach dem Subniveau mit klassisch determinierten Beziehungen suchte. Heute wiederum gibt es verschiedene physikalische Konzeptionen zur philosophischen These von der materiellen Einheit der Welt in der Elementarteilchenphysik.[11] Damit verbunden sind Auffassungen zur Teilbarkeit, zu den Raum-Zeit-Beziehungen und zum Verhältnis von System und Element, die sowohl einen philosophischen als auch einen physikalischen Aspekt haben. So ist heute schon klar, daß die alte philosophische Diskussion um die Existenz letzter unteilbarer Teilchen oder die unendliche räumliche Teilbarkeit heute durch die Ergebnisse der Physik auf höherem Niveau weitergeführt werden kann. Es gibt in der materiellen Einheit der Welt relativ isolierte stabile Systeme mit eigenen Systemgesetzen, deren Elemente mit ihrem gesetzmäßigen Verhalten diese Systemgesetze nicht aufheben, aber selbst wieder Systeme mit eigenen Elementen sein können. Die Teilbarkeit ist aber nicht mehr im Sinne der klassischen räumlichen Teilbarkeit möglich, die auf der Beziehung des größer und kleiner beruhte.

Sicher wird durch diese angedeuteten Diskussionen, die sich durch die Standpunkte zum Verhältnis von Biologie und Chemie, zur Erklärung des Bewußtseins usw. auf materialistischer Grundlage ergänzen ließen, der prinzipielle materialistische Standpunkt nicht betroffen. Aber der Naturwissenschaftler stellt an den Philosophen die Frage, was Materialismus bei der Lösung konkreter Probleme bedeuten könnte. Da wir die Angabe philosophischer Rezepte zur Lösung naturwissenschaftlicher Streitfragen verworfen haben, bleibt also nur die Alternative, sich entweder auf die Wiederholung des Grundsatzes vom Primat der Materie zurückzuziehen oder zu versuchen, die *philosophischen* Konsequenzen dieses Grundsatzes im Zusammenhang mit der naturwissenschaftlichen Problematik zu ziehen und als Diskussionsbeitrag zum Meinungsstreit einzubringen. Während der erste Standpunkt den Philosophen als Diskussionspartner des Naturwissenschaftlers disqualifiziert, liefert der zweite zwar keine Lösung des Problems, kann aber die Diskussion erkenntnisfördernd beeinflussen. In diesem Sinne werden wir noch einmal auf die heuristische Funktion der marxistisch-leninistischen Philosophie für die naturwissenschaftliche Forschungsarbeit zurückkommen müssen. Die Leugnung dieser philosophischen Bindeglieder zwischen den Grundprinzipien der Philosophie und der Naturwissenschaft, die entweder, wie wir noch sehen werden, in präzisierten philosophischen Aussagen bestehen oder philosophische Hypothesen darstellen, macht die marxistisch-leninistische Philosophie unfruchtbar für die Naturwissenschaft.

Bosenko will diesem Vorwurf entgehen und betont deshalb die Existenz des Materialismus in der Naturwissenschaft, wenn er schreibt: „Die Formulierung des philosophisch materialistischen Prinzips ist nicht Selbstzweck, es durchdringt alle konkreten Gebiete der Natur- und Gesellschaftserkenntnis und arbeitet dort als Grundlage, als Art des Herangehens an die Wirklichkeit, als allgemeines Widerspiegelungsprinzip (indem es auch die praktische Aneignung der Wirklichkeit einschließt), als Ausdruck der prinzipiellen Erkennbarkeit der Welt, als unausbleiblicher Inhalt jeder beliebigen wissenschaftlichen Wahrheit, als Weltanschauung.

Bei dieser Lage die Wissenschaft (richtiger, das System der konkreten Wissenschaften), die sich auf das materialistische Widerspiegelungsprinzip gründet, Naturwissenschaft oder Materialismus oder letztlich einfach Geschichte (bestehend aus der Geschichte der Natur und der Geschichte der Gesellschaft) zu nennen, ist ein und dasselbe. Darunter wird das wissenschaftliche, kontinuierlich sich vervollständigende und wirklich materialistisch gedeutete Bild der materiellen Welt verstanden, d. h. die echte Geschichte der Wirklichkeit. Das allgemeine erkenntnistheoretische Prinzip des Materialismus ... wird buchstäblich in den Wissenschaften von der Natur selbst ‚leben'." [12] Damit werden die notwendigen Bindeglieder zwischen den Grundprinzipien des Materialismus und der naturwissenschaftlichen Erkenntnis in ihrer Bedeutung für die philosophische Erkenntnis ungenügend beachtet. Der Materialismus existiert nur noch in der Naturwissenschaft selbst. Die Konsequenz dieses Standpunktes ist selbstverständlich die Leugnung des Arbeitsgebiets „Philosophische Probleme der Naturwissenschaften". Man könnte hier fast von einer „dialektisch-materialistischen Begründung" des positivistischen Standpunkts mancher Naturwissenschaftler sprechen, wenn nicht alles auf eine Illusion hinausliefe, nämlich die, daß die innere Einheit von Materialismus und Naturwissenschaft ohne philosophische Analyse einsichtig wäre. Das ist aber nicht der Fall. Es gibt ernsthafte Einwände gegen diese Auffassung. Wenn die marxistisch-leninistische Philosophie sich als weltanschauliche, erkenntnistheoretische und methodologische Grundlage der naturwissenschaftlichen Arbeit bewähren soll, was von keinem Diskussionsteilnehmer bestritten wird, dann muß die Verbindung mit der naturwissenschaftlichen Entwicklung aufgedeckt werden. Da die Hervorhebung theoretischer Grundfragen einer Naturwissenschaft nicht als philosophische Analyse ausreicht, da damit noch nicht das weltanschaulich Bedeutsame dieser Erkenntnis gezeigt, nicht der Zusammenhang mit anderen Erkenntnissen aufgedeckt und damit diese Erkenntnisse noch nicht als naturwissenschaftliche Bestätigung des Materialismus nachgewiesen wird, muß die philosophische Analyse, Darlegung und Verallgemeinerung naturwissenschaftlicher Erkenntnisse durchgeführt werden. Eben dieser Prozeß wird nicht beachtet. Damit kann die marxistisch-leninistische Philosophie in der Konsequenz in ein Arsenal ewiger Wahrheiten verwandelt werden, das entweder neben der Naturwissenschaft oder in ihr existiert. Obwohl sich diese beiden Auffassungen in ihrem Ausgangspunkt unterscheiden, die erste betont die Selbständigkeit der Philosophie unabhängig von der Naturwissenschaft und die zweite läßt sie in der Naturwissenschaft aufgehen, treffen sie sich im Ergebnis. Sie lassen die echten Wechselbeziehungen zwischen Philosophie und Naturwissenschaft im Dunkeln und geben damit keine theoretische Grundlage für das Bündnis zwischen Philosophen und Naturwissenschaftlern und schon gar nicht für gemeinsame Forschungsarbeit. Hier geht es also schon längst nicht mehr um die Frage nach der Disziplin „Philosophische Probleme der Naturwissenschaften", sondern um die Aufgabe der Philosophen, dem Naturwissenschaftler bei der Lösung erkenntnistheoretischer und methodologischer Probleme zu helfen, eine dialektisch-materialistische Deutung der Ergebnisse der Naturwissenschaft zu geben, den Naturwissenschaftlern eine wissenschaftliche Weltanschauung zu vermitteln und die Philosophie mit Hilfe neuer Erkenntnisse selbst weiterzuentwickeln.

Mit der Auffassung von Bosenko wird die Notwendigkeit philosophischer Analysen der Naturwissenschaft nicht beachtet und letzten Endes die Entwicklung der Philosophie selbst bestritten. Der rationelle Kern seiner Auffassungen besteht darin, daß sich die allgemeinsten philosophischen Prinzipien, wie das vom Primat der Materie gegenüber dem Bewußtsein, von der materiellen Einheit der Welt, vom objektiven Zusammenhang und der dialektischen Entwicklung nicht verändern. Insofern wird auch der dialektische Materialismus nicht durch einen neuen Materialismus abgelöst. Aber die Veränderung der Form des Materialismus betrifft nicht nur die Naturwissenschaft, wie Bosenko meint, sondern auch die Philosophie. Es verändert sich nicht nur das Wissen um die Beziehungen zwischen Objekten in naturwissenschaftlicher, sondern auch in philosophischer Hinsicht. Wenn wir beispielsweise Raum und Zeit als Existenzformen der Materie betrachten, so erfordert diese Feststellung weitere Erläuterungen und Ergänzungen, die nur mit Hilfe der Ergebnisse der Wissenschaften gemacht werden können. Wir erhalten damit philosophische Aussagen über Raum und Zeit, die für die Physik oder die Biologie oder die Chemie gelten. Schon die Ausarbeitung solcher Beziehungen, die in mehreren Wissenschaften gelten, ist eine wichtige philosophische Aufgabe. Diese präzisierten philosophischen Begriffe und Auffassungen ändern sich mit der Entwicklung der Naturwissenschaft. Sie müssen deshalb, wenn sie sich als veraltet erweisen, revidiert werden. Dazu muß man sich auf den Inhalt der Grundprinzipien der marxistisch-leninistischen Philosophie besinnen, Präzisierungen, die sich als zeitgebunden erwiesen haben, aufgeben und neue Präzisierungen ausarbeiten.

Dabei ist jeder Versuch, solche allgemeinen Prinzipien, die überall Gültigkeit haben, heute zu formulieren, nicht effektiv.[13] Schon gar nicht kann man aus ihnen die Wirklichkeit deduzieren. Unsere Aufgabe als marxistisch-leninistische Philosophen, die sich mit philosophischen Problemen der Naturwissenschaft von heute befassen, kann es nicht sein, die Ausarbeitung der Grundprinzipien des dialektischen Materialismus neu zu vollziehen. Das haben die Klassiker getan. Darin besteht ihre geniale Leistung. Wir müssen und können mit diesen Prinzipien arbeiten und dabei der weltanschaulichen, ideologischen und heuristischen Funktion der marxistisch-leninistischen Philosophie gegenüber der Naturwissenschaft gerecht werden. So geht es stets darum, zwei Tendenzen zurückzuweisen, die die Lösung philosophischer Probleme der Naturwissenschaft behindern. Die eine besteht in der Überbetonung der Selbständigkeit der Philosophie, die deshalb falsch ist, weil jede Aussage über die Welt unabhängig von wissenschaftlichen Einsichten in ihre Struktur spekulativ ist. Die andere ist das Identifizieren von Philosophie und Naturwissenschaft, womit die Lösung *philosophischer* Probleme der Naturwissenschaft als nicht existierende Aufgabe abgetan wird. Gegenüber diesen Auffassungen ist es wichtig, die Wechselbeziehungen zwischen Philosophie und Naturwissenschaft aufzudecken und auf die wechselseitige Beziehung zu verweisen. Das ist unabhängig davon, ob eine spezielle philosophische Disziplin „Philosophische Probleme der Naturwissenschaften" als notwendig erachtet wird oder nicht. Die Zuspitzung der Frage nach den Wechselbeziehungen auf die Frage nach der Existenz einer speziellen Disziplin führt zu manchen einseitigen Auffassungen und verdeckt teilweise sogar das echte Problem.

Wenn wir von der Wechselbeziehung zwischen Philosophie und Naturwissenschaft sprechen, dann wird von manchen Philosophen als Bindeglied zwischen beiden ein wissenschaftliches Weltbild eingeschaltet. So schreibt M. W. Mostepanenko: „Das physikalische Weltbild tritt als Bindeglied zwischen Philosophie und physikalischen Theorien auf. Es ist der Leiter des Einflusses der Philosophie auf die physikalische Theorie und der physikalischen Theorie auf die Philosophie. . . Offensichtlich muß man, bevor man über den Inhalt und das Wesen dieses oder jenes physikalischen Begriffes streitet, zeigen, mit welchem physikalischen Weltbild wir ihn verbinden." [14] Ich halte das für problematisch. Selbstverständlich existieren physikalische Begriffe im Zusammenhang mit physikalischen Theorien und diese unterliegen philosophischen Deutungen. Auf diese Deutungen muß in einem Meinungsstreit um physikalische Begriffe eingegangen werden. Sicher wird der Begriff „Weltbild" verschieden benutzt. Wir sprechen vom Weltbild eines Wissenschaftlers, vom physikalischen, biologischen usw.

Weltbild und auch von unserem Weltbild, d. h. der wissenschaftlichen Weltanschauung. Er muß also analysiert werden. Wenn deshalb das physikalische Weltbild das notwendige Bindeglied zwischen Philosophie und Physik sein soll, also nicht mehr Philosophie, aber auch noch nicht Physik ist, wie dies Mostepanenko betont, so muß seine Spezifik gezeigt werden. Er schreibt: „Das physikalische Weltbild hat selbständige Bedeutung. Diese Bedeutung besteht darin, daß das physikalische Weltbild (auf der Grundlage bestimmter philosophischer Ideen) alle grundlegenden Begriffe, Prinzipien und Hypothesen, die es in der Physik auf der gegebenen Etappe ihrer Entwicklung gibt, verallgemeinert. Damit ist das physikalische Weltbild nicht einfach ein Bild, sondern ein ideelles Modell der Natur im modernen Sinne, d. h. unter Einschluß wissenschaftlicher Abstraktionen beliebigen Allgemeinheitsgrades."[15]

Es ist sicher nicht zu bestreiten, daß viele Naturwissenschaftler, wenn sie sich mit philosophischen Problemen ihres Fachs befassen, sich ein Bild von der Natur entwickeln, das aus physikalischen und philosophischen Auffassungen besteht. Für die philosophische Analyse ist es jedoch gerade wichtig, diese Mischung von gesicherten physikalischen Erkenntnissen und oft nicht berechtigten philosophischen Schlüssen auseinanderzuhalten. Zwei Beispiele sollen das kurz verdeutlichen. So waren in der Kopenhagener Deutung der Quantentheorie die statistische Deutung der ψ-Funktion und die Heisenbergsche Unbestimmtheitsrelation enthalten, aber auch die Interpretation dieser physikalischen Beziehungen als gegen die Kausalität gerichtete Beweise für den Indeterminismus und die unkontrollierbare Wechselwirkung zwischen Subjekt und Objekt, die die Grenze zwischen beiden verschwinden läßt und den Materialismus widerlegen sollte.[16] Betrachtet man dieses physikalische Weltbild als Mittler des Einflusses zwischen Philosophie und Physik, so erschwert man sich die Kritik der unhaltbaren philosophischen Interpretationen. Auch für philosophische Aussagen gilt, daß das Kriterium ihrer Richtigkeit die Praxis ist. Für die Lösung philosophischer Probleme der Physik ist deshalb die durch Experimente bestätigte physikalische Theorie entscheidend. Die idealistische Deutung der Subjekt-Objekt-Beziehung durch manche Physiker und Philosophen kann deshalb nicht als physikalisches Weltbild bezeichnet werden, sondern muß als idealistische Auffassung, die nicht mit der Physik übereinstimmt, zurückgewiesen werden. Es ist also entscheidend für das physikalische Weltbild, welche philosophischen Ideen dafür ausgenutzt werden, um physikalische Erkenntnisse zu interpretieren. In diesem Sinne führte Lenin die Kritik des „physikalischen Idealismus" durch, nicht indem er ihn als physikalisches Weltbild betrachtete, sondern seinen philosophischen Kern, die Stellung zur Grundfrage der Philosophie herausarbeitete. Lenin wollte nicht die physikalischen Erkenntnisse erörtern, verband aber seine philosophische Kritik mit der Lösung philosophischer Probleme der Physik. Das wird deutlich, wenn er schreibt: „Selbstverständlich sind wir bei der Untersuchung der Frage nach dem Zusammenhang einer bestimmten Schule der neuesten Physik mit der Wiedergeburt des Idealismus weit entfernt von dem Gedanken, die Speziallehren der Physik zu erörtern. Uns interessieren lediglich die erkenntnistheoretischen Schlußfolgerungen aus einigen ganz bestimmten Sätzen und allgemein bekannten Entdeckungen. Diese erkenntnistheoretischen Schlußfolgerungen drängen sich in einem solchen Maße von selber auf, daß sie auch schon von vielen Physikern berührt werden. Mehr noch, unter den Physikern gibt es bereits verschiedene Richtungen, bilden sich bestimmte Schulen auf diesem Boden heraus. Unsere Aufgabe beschränkt sich deshalb darauf, präzis darzustellen, worin die wesentliche Differenz dieser Richtungen besteht und in welchem Verhältnis sie zu den Grundlinien der Philosophie stehen."[17] Das physikalische Weltbild, von dem Mostepanenko spricht, enthält diese Differenzen in sich, die vom marxistisch-leninistischen Philosophen herausgearbeitet werden müssen. Deshalb ist für die Klärung von Streitfragen nicht der Bezug physikalischer Begriffe zum physikalischen Weltbild entscheidend, sondern zur physikalischen Theorie, wenn man über die physikalische Berechtigung dieser Begriffsbildung diskutiert, oder zur Philosophie, wenn das Wesen philosophischer Differenzen herausgearbeitet werden soll. Das Weltbild ist also vorhanden und Ausgangspunkt philosophischer Analyse, aber nicht das entscheidende Bindeglied zwischen Philosophie und Naturwissenschaft. Bevor ich auf die Notwendigkeit zurückkomme, tatsächlich die Bindeglieder zwischen den *Grundprinzipien* der marxistisch-leninistischen Philosophie und den naturwissenschaftlichen Theorien und Hypothesen auszuarbeiten, soll noch einmal kurz mein Standpunkt zur Einführung des Bindegliedes „physikalisches Weltbild" zwischen Philosophie und Physik dargelegt werden. Ich hatte schon betont, daß sich in bestimmten Entwicklungsetappen bei Physikern ein solches Weltbild herausbildet. Lenin spricht in dem Zusammenhang von bestimmten naturphilosophischen Schulen, deren Platz in der philosophischen Auseinandersetzung zu bestimmen ist. Deshalb muß vor allem in einem solchen Weltbild die philosophische Stellung der Vertreter dieses Weltbildes herausgefunden werden und ihr Verhältnis zum Streit zwischen Materialismus und Idealismus. Handelt es sich um mechanisch-materialistische oder idealistische Deutungsversuche naturwissenschaftlicher Erkenntnisse, dann ist ihr Widerspruch zu den dialektisch-materialistischen Deutungen zu zeigen und der Versuch zurückzuweisen, jene als Ergebnis naturwissenschaftlicher Forschungsarbeit darzustellen. Das so verstandene „physikalische Weltbild“ muß also differenziert werden in philosophische und physikalische Aussagen, wobei die philosophischen analysiert werden müssen. Insofern ist es kein Bindeglied, das vom marxistisch-leninistischen Philosophen für die Lösung philosophischer Probleme der Naturwissenschaft ausgenutzt werden kann. Auf die Vertreter der Kopenhagener Deutung der Quantentheorie wirkten positivistische und subjektiv-idealistische philosophische Ideen über den Wiener Kreis und die Zeitschrift „Erkenntnis“ ein. Bohr hatte manche seiner Ideen aus dem Pragmatismus von James übernommen. In der philosophischen Auseinandersetzung wurde dabei die idealistische und positivistische Deutung der Quantentheorie als Ergebnis der physikalischen Entwicklung ausgegeben, was unbedingt zurückzuweisen war. In dieser Kopenhagener Deutung realisierte sich also auch nicht der mit der statistischen Denkweise verbundene neue Denkstil der Physik; er kann erst auf der Grundlage materialistischer und dialektischer Auffassungen und konsequent durch den dialektischen Materialismus herausgearbeitet werden.

Ähnlich ist die Situation in dem zweiten Beispiel. In seinem Buch „Zufall und Notwendigkeit“ versucht J. Monod, ausgehend von materialistischen Ideen die Dialektik als unzureichend zur Erklärung der biologischen Entwicklung zu begründen.[18] Darauf wird ein gewisses biologisches Weltbild geschaffen, das aus biologischen Tatsachen und philosophischen Ideen besteht. Der Mensch wird als Zufallstreffer der Natur erklärt, der aus Übertragungsfehlern bei der invarianten Reproduktion entstand. Das biologische Tatsachenmaterial über die reproduktive Invarianz wird mit der philosophischen Idee von der idealen Ordnung der Welt verbunden und damit die metaphysische Trennung von Zufall als Ursache der Entwicklung und Notwendigkeit der Invarianz schon vorausgesetzt. Sie ist eine philosophische Deutung und kein Ergebnis der naturwissenschaftlichen Analyse, verhindert aber die bewußte Aufdeckung der objektiven Naturdialektik. So ist Monods Buch ein Beispiel für die Dialektik biologischer Prozesse, obwohl der Verfasser bewußt die Existenz und Bedeutung der Dialektik leugnet. Für dieses Weltbild gilt die Notwendigkeit der differenzierten philosophischen Analyse, die den Platz philosophischer Ideen im Zusammenhang mit dem Parteienkampf in der Philosophie bestimmt, unrichtige und falsche Deutungen biologischer Erkenntnisse zurückweist, die echten philosophischen Probleme aufdeckt und zu ihrer Lösung beiträgt.

Wenn man also, wie die Beispiele der Kopenhagener Deutung der Quantentheorie und die Deutung der Ergebnisse der Molekularbiologie durch Monod zeigen, vorhandene Weltbilder der Naturwissenschaft in die dialektisch-materialistische Untersuchung des Verhältnisses von Philosophie und Naturwissenschaft einbaut, dann wird ein zwar bestehendes, aber erst noch zu analysierendes Phänomen zur Erklärung dieser Beziehungen genommen, womit das eigentliche Problem nur verdeckt wird. Das wird noch deutlicher, wenn wir die von Mostepanenko gegebene Bestimmung der Hauptaspekte des Begriffs „physikalisches Weltbild" betrachten. Er schreibt dazu: „Vor allem ist es notwendig festzuhalten, daß das physikalische Weltbild bestimmte Etappen in der Entwicklung physikalischer Theorien besitzt. M. Born bemerkt richtig, daß jede Periode in der Entwicklung der Physik ihren Stil hat, ‚relativ a priori' in Beziehung zu ihrer Periode. Das physikalische Weltbild bestimmt diesen Stil. Im ontologischen Aspekt drückt das physikalische Weltbild das tiefste Wesen der physikalischen Erscheinungen aus, das auf der gegebenen Etappe der Entwicklung der Physik aufgedeckt werden konnte."[19]

Bevor ich auf die anderen Aspekte eingehe, die Mostepanenko noch erwähnt, muß schon auf das Problematische dieses ersten Aspekts hingewiesen werden. Wenn wir vom Denkstil einer Wissenschaft sprechen, so kann es doch nur darum gehen, daß eine bestimmte Naturwissenschaft in einer Etappe ihrer Entwicklung durch bestimmte weltanschauliche Grundauffassungen, wie etwa den Materialismus in der Molekularbiologie, den Empirismus in der Psychologie usw., oder durch bestimmte methodologische und erkenntnistheoretische Grundsätze, wie das Beobachtbarkeitsprinzip in der Quantenphysik, die statistische Denkweise, das kybernetische Herangehen an die Naturwissenschaft, die Arbeit mit mathematischen Methoden usw., große Erfolge in der wissenschaftlichen Entwicklung erreichte. Handelt es sich dabei um experimentell überprüfte neue Erkenntnisse, so ist es berechtigt, diesen Denkstil oder diese Denkweise auf ihre Bedeutung für andere Wissenschaften zu überprüfen. Die philosophische Analyse muß also sowohl die Voraussetzungen für das Entstehen des Denkstils wie die Möglichkeit der Übertragbarkeit dieser Denkweise überprüfen. Dabei zeigt sich, daß man bei undifferenziertem philosophischen Herangehen an das naturwissenschaftliche Weltbild methodologische und weltanschauliche Fehler machen kann. So wurde beispielsweise die von Einstein betonte Bedeutung des Machschen Prinzips für die Entwicklung der Relativitätstheorie zum Einfluß des Machschen Positivismus auf die Entwicklung der Physik umgefälscht. Ein physikalisch wichtiges Prinzip, das methodologische Bedeutung hat, wurde damit mit einer philosophischen Richtung identifiziert. Auch das Beobachtbarkeitsprinzip von Heisenberg bedarf der philosophischen Analyse, um seinen berechtigten methodologischen Kern herauszufinden und ihn von positivistischen Äußerungen zu befreien.[20] Der mit dem Begriff „physikalisches Weltbild" identifizierte Begriff „physikalischer Denkstil einer Epoche" bedarf also ebenso der philosophischen Analyse wie jener. Er charakterisiert ein bestimmtes Phänomen, erklärt es aber nicht. Deshalb könnte man meinen, daß die Aufgliederung in Hauptaspekte durch Mostepanenko diese Erklärung liefert. Wenn wir uns aber den ersten Hauptaspekt ansehen, dann ist das sicher nicht der Fall. Worin kann das tiefste Wesen einer physikalischen Erscheinung bestehen? Sicher darin, daß wir durch neue physikalische Gesetze, etwa über das Verhalten der Elementarteilchen, tiefer in das Wesen materieller Prozesse eindringen. Darüber hinaus kann die philosophische Deutung dieser neuen Erkenntnisse zur Präzisierung philosophischer Kategorien führen und die naturwissenschaftliche Basis unserer wissenschaftlichen Weltanschauung erweitern, womit sie noch schlagkräftiger gegen den Idealismus und alle unwissenschaftlichen Weltanschauungen argumentiern kann. Dieser „ontologische Aspekt" des „physikalischen Weltbildes" erweist sich damit als physikalische Erkenntnis oder philosophische Deutung vom Standpunkt der wissenschaftlichen Weltanschauung aus oder als eine Mischung von physikalischen Erkenntnissen und philosophischen Ideen mit spontan-materialistischen Elementen und idealistischen Deutungsversuchen, wie bei der Kopenhagener Deutung, oder mit bewußtem Materialismus und Leugnung der Dialektik bei Monod. Die wissenschaftliche Weltanschauung braucht damit kein außerhalb der Philosophie und Physik bestehendes Weltbild, sondern die Aufdeckung der echten Wechselbeziehungen zwischen Philosophie und Physik, die sich über die Präzisierung philosophischer Aussagen oder philosophischer Hypothesen als Bindeglieder zwischen Grundprinzipien naturwissenschaftlicher Aussagen zeigen, worauf noch einzugehen ist.

Als weiteren Hauptaspekt des „physikalischen Weltbildes" betrachtet Mostepanenko den gnoseologischen, der „zwei Funktionen erfüllt. Erstens gibt er die Möglichkeit einer anschaulichen Vorstellung des Inhalts der abstrakten Begriffe, die in die physikalische Theorie eingehen, und zweitens dient er ... als Quelle der Ausgangsbegriffe, Prinzipien und Hypothesen, die für den Aufbau der Theorie notwendig sind."[21]

Hier gilt das, was ich schon zum Denkstil insgesamt gesagt habe, die Quelle der Ausgangsbegriffe, Prinzipien und Hypothesen bedarf der philosophischen Analyse, um wissenschaftlich begründetes methodologisches und erkenntnistheoretisches Herangehen an die Lösung der Probleme von idealistischen philosophischen Beigaben, die manchmal damit vermengt sind, unterscheiden zu können. Wie schon Judin richtig bemerkte, ist die Analyse der Ausgangsbegriffe gerade eine spezifisch philosophische Aufgabe. Auch die erste Funktion, eine anschauliche Vorstellung von inhaltlich abstrakten Begriffen zu geben, kann nur erfüllt werden, wenn die Anschaulichkeit als Einheit von Wesen und Erscheinung in der sinnlichen Erkenntnis betrachtet wird. Aber das Wesen der Erscheinungen kann nur über die physikalische Theorie und ihre philosophische Deutung verstanden werden. Außerdem hatte Mostepanenko selbst das Weltbild mit einem ideellen Modell der Natur verglichen. Deshalb ist es wichtig, die Bedeutung von Modell und Anschaulichkeit für die physikalische Erkenntnis philosophisch zu analysieren, wobei sich die Funktion beider im Erkenntnisprozeß ergibt, die gerade in ihrer Ergänzung und nicht in ihrer Gegenüberstellung besteht. Modelle dienen dabei der Veranschaulichung der Theorie oder sind Zwischenstufen auf dem Weg zur Theorie als systematisierte Anschauung.[22] Ob so oder so, beide Aspekte des Erkenntnisprozesses sind mit der philosophischen Deutung physikalischer Erkenntnisse verbunden und deshalb kein Aspekt des „physikalischen Weltbildes", das diese erklären würde, sondern ein Aspekt, der selbst wieder der differenzierten philosophischen Analyse bedarf.

Der dritte logische Hauptaspekt wird von Mostepanenko als „Metatheorie physikalischer Theorien der gegebenen Periode physikalischer Entwicklung" betrachtet, „als Grundlage ihrer Erklärung (Interpretation) und Begründung für ihren Ausbau als deduktive Systeme"[23]. Hier wird wiederum nicht klar, ob es sich um allgemeine Auffassungen über die Axiomatisierbarkeit physikalischer Theorien handelt, die der Logik oder Mathematik angehören, um die philosophische Interpretation von Voraussetzungen und Grundaussagen einer bestimmten physikalischen Theorie oder um die physikalische Theorie selbst, was der Ausdruck „Metatheorie" nicht erklären würde.

Es ergibt sich also m. E. durch die Betrachtung der Hauptaspekte des „physikalischen Weltbildes", daß der Eindruck nur noch verstärkt wird, wie notwendig die philosophische Analyse des Phänomens ist, das so bezeichnet wird. Die Erklärung der Wechselbeziehungen von Philosophie und Physik, Philosophie und Naturwissenschaft wird durch die Betonung von der Existenz eines „naturwissenschaftlichen

Weltbildes" nicht gegeben, sondern erst gefordert. Das „naturwissenschaftliche Weltbild" kann aus weltanschaulichen Kurzschlüssen bestehen, wenn einzelwissenschaftliche Aussagen ohne entsprechende Verallgemeinerung in den Rang philosophischer Aussagen erhoben werden. Es kann sich aus präzisierten philosophischen Aussagen und philosophischen Hypothesen zusammensetzen, die weiter als Bindeglieder untersucht werden müssen. Es kann aber auch aus weltanschaulich problematischen, methodologisch brauchbaren und naturwissenschaftlich bestätigten Aussagen sich zusammensetzen, was erst recht philosophische Analyse erfordert. Die bisherigen Betrachtungen lassen nun auch die Schlußfolgerung von Mostepanenko fragwürdig erscheinen: „Da das physikalische Weltbild ganze Perioden in der Entwicklung der Physik charakterisiert, kann die ganze Geschichte der Physik als Geschichte der Entstehung, Entwicklung und Ablösung der physikalischen Weltbilder betrachtet werden. Drei von ihnen gab es in der Geschichte der Physik schon: das mechanische, elektrodynamische und quantentheoretische. Ein weiteres entsteht in unserer Zeit.

Kommen wir nun zum Grundproblem zurück, dann kann man für das Problem der Wechselbeziehungen von Philosophie und Physik folgenden wichtigen Schluß ziehen: Das physikalische Weltbild ist der Leiter des Einflusses der Philosophie auf die Physik und der Physik auf die Philosophie. Mit der Einführung des Begriffs ‚physikalisches Weltbild' erhält das Problem der Wechselbeziehungen von Philosophie und Physik eine ganz konkrete Form."[24] Eben diese Bemerkung stimmt nicht, weil durch den Begriff nur ein existierendes Phänomen beschrieben, aber nicht erklärt wird. Im Gegenteil, durch die Einführung dieses Begriffs wird der Anschein erweckt, als ob das physikalische Weltbild *zwischen* Philosophie und Physik existieren würde, was nicht der Fall ist. Es enthält gerade die differenziert zu analysierenden philosophischen und physikalischen Auffassungen einer bestimmten Zeit, die in ihrer Spezifik zu untersuchen sind und nicht als Komplex. Deshalb ist auch der Schluß nicht berechtigt, daß man die Geschichte der Physik als Geschichte dieser Weltbilder betrachten könnte, obwohl sie zweifellos diese Geschichte begleiten. Erst einmal handelt es sich dabei um vorherrschende Auffassungen und nicht um die allein herrschenden. Deshalb ist es für das mechanische Weltbild gerade wichtig, die dialektischen Elemente im Denken solcher Physiker wie Helmholtz, Hertz und anderer zu finden und auf die Herausbildung dialektischer Ideen in ihrer Bedeutung für die Naturwissenschaft bei Diderot, d'Alembert, Kant und anderen hinzuweisen. In diesem Sinne kann die Geschichte des mechanischen Weltbildes und seiner Ablösung durch das elektrodynamische nicht unabhängig von der Kritik des mechanischen durch den dialektischen Materialismus betrachtet werden. Auch ist es schwer, die Deutungsversuche für den zweiten Hauptsatz der Thermodynamik, für die Relativitätstheorie usw. in dieses Schema einzuordnen. Entweder schreibt man also eine Geschichte der Physik, die im wesentlichen physikalische Entdeckungen und ihre Auswirkungen auf die Theorienbildung enthält[25], oder es werden die damit verbundenen philosophischen Auffassungen zur Materiestruktur mit beachtet[26]. Für das erste Herangehen ist die Einführung des Begriffs „physikalisches Weltbild" und die Beschreibung solcher Weltbilder nicht erforderlich, für das zweite nicht ausreichend, ja sogar desorientierend. Im Zusammenhang mit der wissenschaftlichen Weltanschauung kann das Weltbild dennoch eine Rolle beim anschaulichen Verständnis philosophisch gedeuteter wissenschaftlicher Erkenntnisse spielen. Aber es erfaßt nicht die Kompliziertheit des Wechselverhältnisses von Philosophie und Wissenschaft. Es bleibt also trotz dieses Versuchs von Mostepanenko, die Wechselbeziehungen zwischen Philosophie und Physik zu erhellen, die Antwort auf die Frage nach den Bindegliedern zwischen den Grundprinzipien der marxistisch-leninistischen Philosophie und der Naturwissenschaft immer noch offen, wobei wir einige Ergebnisse der Diskussion um die Disziplin „Philosophische Probleme der Naturwissenschaften" bereits zusammenfassen können:

Erstens besteht Einigkeit unter den marxistisch-leninistischen Philosophen darüber, daß die Leninsche Aufgabe zu lösen ist, ein festes Bündnis mit den Naturwissenschaftlern herzustellen und dazu die neuesten Ergebnisse der Naturwissenschaften zu analysieren. Damit ist auch klar, daß das Studium der philosophischen Probleme der Naturwissenschaften notwendig ist. Wie sie zu lösen sind, ob durch Spezialisten in Gemeinschaftsarbeit mit Naturwissenschaftlern, durch Philosophen allein, durch Philosophen und Naturwissenschaftler, ist nicht klar. Aber die Argumente derer, die sich für die gemeinsame Lösung der Probleme durch Philosophen und Naturwissenschaftler aussprechen, sind einsichtig, obwohl damit noch nichts über die Existenz einer spezifisch philosophischen Disziplin gesagt wird.

Einigkeit besteht auch bei der Kritik an der spekulativen Naturphilosophie; vor allem wird Engels' Feststellung, eine Rückkehr zu ihr sei ein Schritt zurück, betont. Auch daraus ergibt sich noch keine eindeutige Haltung zur Existenz einer spezifischen Disziplin. Schwieriger ist die Lösung des Problems, worin die Wechselbeziehung zwischen Philosophie und Naturwissenschaft im allgemeinen und marxistisch-leninistischer Philosophie und Naturwissenschaft im besonderen bestehen. Die Teilnehmer an der Diskussion sind sich über das Vorhandensein solcher Beziehungen einig, aber die Standpunkte dazu reichen von der Betonung der Selbständigkeit der Philosophie und der Begründung des berechtigten Nebeneinanderbestehens von Philosophie und Naturwissenschaft über die Annahme eines Bindegliedes „naturwissenschaftliches Weltbild" und die Untersuchung anderer Bindeglieder bis zur inneren Einheit von philosophischen Grundaussagen und Naturwissenschaft. Jeder Standpunkt dazu bringt eine bestimmte Haltung zur Frage nach der speziellen philosophischen Disziplin mit sich. Der Streit geht also um Wechselbeziehungen zwischen marxistisch-leninistischer Philosophie und Naturwissenschaft.

Zweitens zeigt sich, daß die Untersuchung dieser Wechselbeziehungen nicht daran gebunden ist, ob eine spezifische philosophische Disziplin existiert. Diejenigen, die sie befürworten, betrachten sie als „integrative Disziplin", heben die Notwendigkeit weltanschaulicher, logisch-methodologischer und erkenntnistheoretischer Untersuchungen hervor, manche vielleicht auch nur einen Aspekt und begründen die Existenz der Disziplin aus der Notwendigkeit, die philosophischen Probleme der Naturwissenschaften zu lösen. Die Gegner der Disziplin bestreiten das Argument nicht und treten ebenfalls für die Lösung dieser Probleme ein, meinen aber, die Disziplin sei nicht nötig, sie trenne die Naturwissenschaften von der Philosophie usw. Auch dagegen könnten wieder Argumente angeführt werden. Wägt man die verschiedenen Argumente ab, dann zeigt sich, daß die Aufgabenstellung, philosophische Probleme der Naturwissenschaften zu lösen, nicht bestritten wird. Damit wird aber, beim derzeitigen Stand unserer wissenschaftlichen Arbeit, die Diskussion um eine spezifische Disziplin zur zweitrangigen Frage gegenüber der wirklichen Lösung der Probleme. Sollte sich die Gegnerschaft zur Feststellung, daß eine spezifische Disziplin existiert, so ausweiten, daß Philosophen sich nicht mehr speziell mit philosophischen Problemen der Naturwissenschaften auseinandersetzen, dann wäre m. E. die Leninsche Aufgabenstellung in Gefahr, nicht erfüllt zu werden. So lange das nicht der Fall ist, kann nur die Arbeit zur Lösung philosophischer Probleme der Naturwissenschaften durch Philosophen, die die Philosophie beherrschen und die theoretischen Grundprobleme der Naturwissenschaft kennen, ein echter Beitrag zu dieser Diskussion sein. Die abstrakte Beantwortung der Frage, ob eine Disziplin existiere oder nicht, führt in der konkreten Arbeit nicht weiter, solange keine über die bisherige Argumentation hinausgehenden Ergebnisse der Arbeit vorliegen. Gleichgültig ob Disziplin oder nicht, die Wechselbeziehungen zwischen marxistisch-leninistischer Philosophie und Naturwissenschaft müssen genauer untersucht werden als bisher. Dabei sind die bisherigen Erfahrungen bei der Gemeinschaftsarbeit von Philosophen und Naturwissenschaftlern und bei der philosophischen Analyse naturwissenschaftlicher Erkenntnisse zu verallgemeinern.

Drittens scheiden durch die bisherigen Überlegungen schon eine Reihe von Verfahren bei der Analyse philosophischer Probleme der Naturwissenschaften aus. Die marxistisch-leninistische Philosophie entwickelt sich nicht unabhängig von den Naturwissenschaften, obwohl letztere auch nicht allein das Material liefern, das philosophisch zu verallgemeinern ist. Die Naturwissenschaft hat auch nicht den Charakter einer bestätigenden Beispielsammlung für allgemeine philosophische Thesen; daher ist der Nachweis der Vereinbarkeit von naturwissenschaftlicher Erkenntnis und philosophischer Aussage auch erst der Beginn philosophischer Forschungsarbeit. Da die Naturphilosophie im alten Sinne allgemein als spekulativ abgetan wird, kann sie nicht wieder dadurch belebt werden, daß die Philosophie nur als „Lückenbüßer" dort auftritt, wo die Naturwissenschaft noch keine Erkenntnisse gewonnen hat. Hier hat die marxistisch-leninistische Philosophie klar die zu lösenden Probleme zu formulieren und deren Lösung nicht durch Spekulation und Pseudowissenschaft zu verhindern. Daraus ergibt sich aber auch, daß der Prozeß der Herausbildung von Wissenschaften, in die bisherige philosophische Aspekte von Problemlösungen mit eingehen, nicht abgeschlossen ist. Die marxistisch-leninistische Philosophie bleibt weltanschauliche, erkenntnistheoretische und methodologische Grundlage der naturwissenschaftlichen Arbeit, aber es muß gezeigt werden, was das bedeutet.

In den Diskussionen über die Wechselwirkungen zwischen Philosophie und Naturwissenschaft wurde klar herausgearbeitet, daß die erkenntnistheoretisch-methodologischen Grundlagen nicht von der weltanschaulichen Funktion der Philosophie zu trennen sind. Das erfordert aber, den Zusammenhang philosophischer Aussagen und die Strukturen dieses Zusammenhangs zu untersuchen, um die Grundprinzipien der marxistisch-leninistischen Philosophie nicht mit bestimmten präzisierten Auffassungen zu verwechseln, die ihre Bedeutung verlieren können, wenn die damit verbundenen naturwissenschaftlichen Erkenntnisse überprüft werden.

Es bleibt also die Aufgabe, die Wechselbeziehungen von Philosophie und Naturwissenschaft genau zu bestimmen, um die Funktionen zu erkennen, die unsere Philosophie gegenüber der Naturwissenschaft zu lösen hat.

2. Die Funktionen der marxistisch-leninistischen Philosophie gegenüber der Naturwissenschaft

In der Diskussion um die Lösung der philosophischen Probleme der Naturwissenschaften sind verschiedene Hinweise auf die Funktion der marxistisch-leninistischen Philosophie gegenüber der Naturwissenschaft gegeben worden, indem auf die weltanschauliche Bedeutung naturwissenschaftlicher Erkenntnisse aufmerksam gemacht, die Analyse von Grundbegriffen gefordert und die Logik der Forschung betrachtet wurde. Wir unterscheiden drei Funktionen: Erstens besteht die *weltanschauliche Funktion* darin, neue naturwissenschaftliche Erkenntnisse so zu verallgemeinern, daß sie als naturwissenschaftliche Grundlage unserer wissenschaftlichen Weltanschauung erkannt werden und die Beweiskraft der marxistisch-leninistischen Philosophie in der Auseinandersetzung mit idealistischen und mechanisch-materialistischen Deutungen nicht nur der Naturwissenschaft, sondern auch der gesellschaftlichen Entwicklungen verstärken. Damit erhält der Naturwissenschaftler eine, die Ergebnisse seiner Wissenschaft mit ausnutzende, allgemeine wissenschaftliche Weltanschauung, die auf die philosophischen Grundfragen in der Geschichte des Denkens eine wissenschaftlich begründete Antwort gibt. Zweitens besteht die *ideologische Funktion* darin, daß die marxistisch-leninistische Philosophie theoretische Grundlage der sozialistischen Politik ist und mit der wissenschaftlichen Weltanschauung Orientierungen für das praktische Handeln der Menschen gibt. In diesem Sinne wirkt sie als wissenschaftliche Erkenntnis der objektiven Realität motiv- und verhaltensbildend, fördert und fordert das gesellschaftliche Handeln im Interesse des Fortschritts und ordnet persönliche Erfahrungen, die sich aus der gesellschaftlichen Umwälzung ergeben, in die wissenschaftliche Weltanschauung ein. Sie hilft zugleich, dem Ansturm bürgerlicher Ideologien zu widerstehen. Drittens hat für die naturwissenschaftliche Forschungsarbeit die *heuristische Funktion* besondere Bedeutung. Sie wird erfüllt, wenn die marxistisch-leninistische Philosophie erkenntnisfördernd an der Diskussion um ungelöste naturwissenschaftliche Probleme mit spezifischen philosophischen Mitteln der Begriffskritik, Hypothesenbildung usw. teilnimmt. Um nicht nur als Wissenschaftsinterpret aufzutreten, der die Vereinbarkeit bereits durch Experimente bestätigter Theorien mit allgemeinen philosophischen Auffassungen nachweist, muß der marxistisch-leninistische Philosoph besonders die heuristische Funktion erfüllen.

Es besteht jedoch ein innerer Zusammenhang zwischen allen diesen Funktionen, der noch sichtbar gemacht werden muß. Beispielsweise kann die heuristische Funktion nur wirksam erfüllt werden, wenn die weltanschauliche Funktion erfüllt wird. Denn nur die Hervorhebung weltanschaulich bedeutsamer naturwissenschaftlicher Erkenntnisse, ihre Analyse und Verallgemeinerung schafft die Voraussetzung dafür, den vorliegenden Gedankenreichtum der Philosophie bei der Lösung erkenntnistheoretischer, methodologischer und weltanschaulicher Probleme, die im Verlaufe der Forschungsarbeit auftauchen, einzusetzen. So konnte in der Diskussion um die Deutung des zweiten Hauptsatzes der Thermodynamik im 19. Jahrhundert durch Engels der Hinweis auf die Dialektik von Quantität und Qualität bei der Erhaltung und Umwandlung der Energieformen nur deshalb gemacht werden, weil zugleich die weltanschauliche Bedeutung von Auffassungen über den Wärmetod des Weltalls berücksichtigt wurde. Die Diskussion um die Subjekt-Objekt-Problematik verlangte sowohl die grundsätzliche materialistische Erklärung der Beziehungen zwischen Subjekt und Objekt als auch die Ausarbeitung der Rolle des Experimentators, die Analyse des Begriffs der Anschaulichkeit, die Untersuchung des Experiments als objektiven Analysators der Wirklichkeit usw. Weltanschauliche Stellungnahmen, die nicht zur Lösung spezifischer Probleme wirksam werden, sind wenig überzeugend. Aber auch die Diskussion um spezifische Beziehungen und Methoden in einzelnen Wissenschaften ohne ihren weltanschaulichen Bezug sind wenig effektiv. Die Erfüllung der weltanschaulichen und heuristischen Funktion klärt auch das vieldiskutierte Problem der Beweisbarkeit philosophischer Aussagen, wie wir noch sehen werden. Das wiederum ist die Grundlage dafür, die ideologische Funktion nicht in der verkehrten Widerspiegelung der objektiven Realität zu sehen, nicht aus ihr eine einfache Apologie bestehender Machtverhältnisse zu machen, sondern die wissenschaftliche Erklärung gesellschaftlicher Zusammenhänge, verbunden mit der allgemeinen Weltanschauung, orientierend für das Handeln wirken zu lassen. Eben dadurch unterscheidet sich der Marxismus-Leninismus von allen anderen Weltanschauungen und Ideologien, daß er Wissenschaft ist und sich dem Wahrheitskriterium der Praxis unterwirft.

Bevor wir nun die Funktionen im einzelnen untersuchen können, muß die Frage beantwortet werden, was wir als Weltanschauung bezeichnen, welche Beziehung die Philosophie zur Weltanschauung hat und welche Bindeglieder zwischen Philosophie und Naturwissenschaft existieren. Daraus ergibt sich dann auch die Antwort auf die Frage, was unter philosophischer Verallgemeinerung naturwissenschaftlicher Erkenntnisse zu verstehen ist.

2.1. Das Verhältnis von Weltanschauung, Philosophie und Naturwissenschaft

Unter Weltanschauung verstehen wir ein System von Antworten auf die Fragen nach dem Ursprung der Welt und der Quelle des Wissens, nach der Stellung des Menschen in der Welt, nach dem Sinn des Lebens und dem Charakter des gesellschaftlichen Fortschritts. Die prinzipielle Beantwortung dieser Fragen hängt von der Antwort auf die Grundfrage der Philosophie ab. Für den Idealismus und seine verschiedenen Formen besteht der Ursprung der Welt in einem außerweltlichen ideellen Schöpfer oder ideellen Ursprung (objektiver Idealismus) oder im Primat des menschlichen Bewußtseins (subjektiver Idealismus), wonach die Quelle des Wissens das Denken, das Bewußtsein ist. In Abhängigkeit davon werden dann Antworten auf die Fragen nach der Stellung des Menschen in der Welt, nach dem Sinn des Lebens und dem Charakter des gesellschaftlichen Fortschritts gegeben. Dabei folgt für idealistische Philosophen keinesfalls die Passivität des Menschen gegenüber seiner Umgebung. Gerade in der klassischen deutschen Philosophie wurde auf idealistische Weise die tätige Seite im menschlichen Verhalten ausgearbeitet.[27] Uns genügt hier der Hinweis darauf, daß die Beantwortung der weltanschaulichen Grundfragen von der materialistischen oder idealistischen Haltung der Philosophie geprägt wird. In idealistische Auffassungen geht das naturwissenschaftliche Wissen nur bedingt oder fehlgedeutet ein. So hatte Thomas von Aquino das Prinzip der doppelten Wahrheit begründet, nach dem die weltanschaulichen Grundfragen durch Offenbarung geklärt werden, während die Wissenschaft eine andere Wahrheit besitzt, die bei der Untersuchung der Natur aufgedeckt wird, aber der Offenbarung nicht widersprechen darf. Während der Idealismus auch bestimmte naturwissenschaftliche Erkenntnisse ausnutzte, die jedoch einseitig gedeutet wurden, leugnete der Positivismus die Möglichkeit der Beantwortung der weltanschaulichen Grundfragen überhaupt. In seiner Konsequenz gehört er zum subjektiven Idealismus, der die objektive Realität leugnet.

Die verschiedenen Formen des Materialismus, die vor dem dialektischen Materialismus existierten, versuchten eine von der Anerkennung des Primats der Materie gegenüber dem Bewußtsein ausgehende wissenschaftliche Erklärung der Natur zu geben. Sie scheiterten aber an der wissenschaftlichen Erklärung der Gesellschaft und mußten viele Zusammenhänge durch Spekulation ersetzen, da deren Untersuchung noch nicht möglich war.

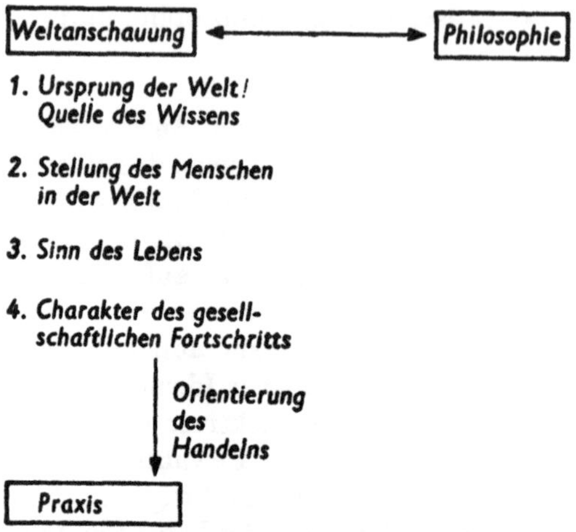

Abb. 1

Die Philosophie erwies sich als theoretische Grundlage einer Weltanschauung, die zur Orientierung des Handelns wird (Abb. 1). Handelt es sich um eine unwissenschaftliche Philosophie, dann haben auch die aus der so begründeten Weltanschauung sich ergebenden Forderungen, die das Handeln orientieren und motivieren, keine wissenschaftliche Grundlage. Die marxistischen Klassiker zeigten uns, daß die herrschenden philosophischen Ideen einer Gesellschaft als Bestandteil des Überbaus stets Ausdruck der Interessen der herrschenden Klassen sind, die sich aus dem Platz in der gesellschaftlichen Produktion ergeben und durch die Produktionsverhältnisse bestimmt sind. Deshalb besteht die ideologische Funktion der herrschenden Philosophie in der Ausbeuterordnung in der Rechtfertigung der bestehenden Machtverhältnisse. Die Stellung zur Naturwissenschaft wird dadurch bestimmt, welche Rolle sie für die herrschende Klasse zu spielen hat. So finden wir im bürgerlichen Materialismus die Betonung der Rolle der Naturwissenschaften für die Entwicklung der Gesellschaft, für die Erkenntnistheorie und Philosophie. Da jedoch die ideologische Funktion die bestimmende für die Philosophie ist, überwiegen Gesellschaftserklärungen, die alle idealistisch sind, aber den jeweiligen Erfordernissen angepaßt werden, namentlich, um die Bourgeoisie zum Kampf gegen den Feudalismus zu aktivieren, und später dann, um die Macht der Bourgeoisie zu rechtfertigen. Die weltanschauliche Funktion ist der ideologischen direkt untergeordnet, da die Weltanschauung auf ideologische Bedürfnisse ausgerichtet wird und nur so viel an objektiver Wahrheit zuläßt, als es die ideologische Funktion gestattet. Die heuristische Funktion existiert kaum. Sie findet sich in Ansätzen dort, wo Materialismus und Dialektik, aus der Naturwissenschaft verallgemeinert, zum methodologischen Prinzip zur Lösung von Problemen genommen werden. So erzielt der englische und französische Materialismus des 17. und 18. Jahrhunderts eine Reihe von Erfolgen bei der Naturerklärung, der Atomismus in der Chemie bewährt sich und die dialektische Konzeption Kants zur Erklärung kosmischer Vorgänge hat Bedeutung. Es ist zugleich die Zeit der sich voll von der Philosophie und dabei besonders der spekulativen Naturphilosophie emanzipierenden Naturwissenschaft, was im 19. Jahrhundert zur Ablehnung der Philosophie durch viele Naturwissenschaftler führte. Damals hatte sich die marxistische Philosophie erst als theoretische Grundlage der wissenschaftlichen Weltanschauung der Arbeiterklasse, die ein neues Verhältnis zwischen Philosophie und Naturwissenschaft begründete, zu bewähren.

Die marxistisch-leninistische Philosophie gibt wissenschaftlich begründete Antworten auf die weltanschaulichen Grundfragen, indem sie die wissenschaftlichen Erkenntnisse aus der Entwicklung des revolutionären Klassenkampfes und der Natur- und Gesellschaftserkenntnis verallgemeinert. Damit erhält auch die naturwissenschaftliche Erkenntnis eine andere Bedeutung für die Philosophie. Der spontane Materialismus der Naturwissenschaftler in ihrer wissenschaftlichen Arbeit, die materialistische Tradition in der Naturwissenschaft und die objektive Naturdialektik, die in der Entwicklung der Naturwissenschaft sich immer klarer für die dialektisch geschulten Denker zeigte, wurden zu den naturwissenschaftlichen Grundlagen für die wissenschaftliche Philosophie. Damit wird die Einheit der drei Funktionen deutlich. Auf einer wissenschaftlichen Philosophie baut sich eine wissenschaftliche Weltanschauung auf, die ihre mobilisierende Wirkung auf die Massen, also die ideologische Funktion, aus der objektiven Wahrheit ihrer Grundaussagen bezieht. Die naturwissenschaftlichen Erkenntnisse werden wissenschaftlich untersucht, weshalb ihre philosophische Analyse heuristische Bedeutung für die naturwissenschaftliche Arbeit selbst gewinnen kann.

Untersuchen wir zuerst einmal die Bindeglieder zwischen den von den Klassikern begründeten Grundprinzipien der marxistisch-leninistischen Philosophie und der Naturwissenschaft (Abb. 2). Unter den Grundprinzipien, die die marxistisch-leninistische Philosophie gegenüber allen anderen Philosophien auszeichnet, verstehen wir den philosophischen Materialismus mit der Anerkennung des Primats der Materie gegenüber dem Bewußtsein, der materiellen Einheit der Welt und der Existenz objektiver Gesetze in Natur und Gesellschaft, die materia-

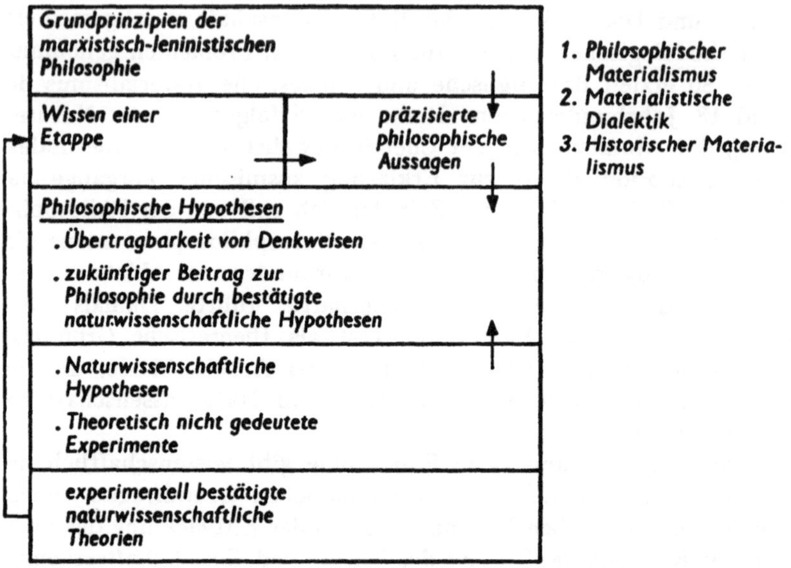

Abb. 2

listische Dialektik mit der Anerkennung des objektiven Zusammenhanges, der Bewegung und Entwicklung, die sich auf der Grundlage von dialektischen Widersprüchen als Übergang von einer Qualität zur anderen durch quantitative und qualitative Änderungen im Rahmen der alten Qualität vollzieht und dabei zur dialektischen Negation der Negation führt, sowie den historischen Materialismus, der die Produktionsverhältnisse als die bestimmenden gesellschaftlichen Verhältnisse nimmt und die Dialektik von Basis und Überbau untersucht, die Politik als konzentrierten Ausdruck der Ökonomie betrachtet und die Geschichte der Gesellschaft als Geschichte der Klassenkämpfe erklärt, die sich mit der Entstehung des Privateigentums und des Staates als Triebkraft der gesellschaftlichen Entwicklung erwiesen und erst durch den Aufbau der klassenlosen Gesellschaft beseitigt werden. Diese in den Werken der Klassiker begründeten Prinzipien sind bereits Ausgangspunkt der philosophischen Analyse naturwissenschaftlicher Erkenntnisse und haben sich dabei zu bewähren. Der erste Schritt philosophischer Analyse neuer naturwissenschaftlicher Erkenntnisse ist deshalb sicher die Verteidigung dieser Grundprinzipien durch den Nachweis der Vereinbarkeit beider. Da die Grundprinzipien von großer Allgemeinheit sind, ist dazu meist kein großer Aufwand erforderlich, obwohl in der weltanschaulichen Auseinandersetzung dieser Nachweis Bedeutung für die Zurückweisung vulgärer, einseitiger und verfälschter Auffassungen von unserer Philosophie hat. Denken wir etwa an die Diskussion um die Relativitätstheorie, bei der die Relativität von Raum und Zeit, bezogen auf die individuelle Bewegung, also die Leugnung eines absoluten Raumes und einer absoluten Zeit, gegen den Materialismus genutzt werden sollte. Leider verwarfen auch einige Marxisten damit die Relativitätstheorie, weil sie die falschen philosophischen Argumente nicht sachlich analysierten. Allein die These von Raum und Zeit als Existenzform der Materie verlangt die genaue Untersuchung der objektiven Raum-Zeit-Struktur in Abhängigkeit von der Bewegung materieller Objekte und drückt den materialistischen Grundstandpunkt aus, daß unsere Raum-Zeit-Theorien Widerspiegelung der objektiven Raum-Zeit-Beziehungen sind. Dieser Nachweis der Vereinbarkeit ist die Voraussetzung für die weitere philosophische Analyse der Raum-Zeit-Beziehungen, die zu Auffassungen über das Verhältnis von Materie, Bewegung, Raum und Zeit führen und etwa den Raum immer mehr als objektiv-reale Struktur erkennen lassen. Auch die mit der Diskontinuität und Kontinuität der Raum-Zeit verbundene Erkenntnis der Beziehungen, die Frage nach der räumlichen Teilbarkeit, nach der Unumkehrbarkeit der Zeit usw. werden untersucht. Damit gehen wir aber bereits über die Grundprinzipien hinaus. Wir wollen dabei unter präzisierten philosophischen Aussagen die mit Hilfe des gesammelten Wissens einer Epoche auf einem bestimmten Gebiet erweiterten und erläuterten Grundprinzipien verstehen.

Um für die Naturwissenschaft fruchtbar zu sein, muß jede allgemeine philosophische Aussage für den Bereich präzisiert werden, in dem sie benutzt werden soll. Das ist nur durch die Analyse des einzelwissenschaftlichen Materials aus diesem Bereich möglich. Betrachten wir beispielsweise das Verhältnis von Gesetz und Zufall in seiner Bedeutung für die Physik. Unter Gesetz verstehen wir einen allgemeinnotwendigen, d.h. reproduzierbaren und wesentlichen, d. h. den Charakter der Erscheinung bestimmenden Zusammenhang. Diese Definition kann für die klassische Physik dahingehend präzisiert werden, daß ein Gesetz eine mögliche Beziehung ist, die vom physikalischen Prozeß unter den Bedingungen der Gültigkeit des Gesetzes notwendig verwirklicht werden muß. Der Zufall ist dann die konkrete Erscheinungsform dieser Notwendigkeit, in der Schwankungen um die im Gesetz zum Ausdruck gebrachte Tendenz des Verhaltens auftreten. Diese für die klassische Physik präzisierte Gesetzesauffassung reicht für die Erkenntnisse der Quantenmechanik nicht mehr aus. Neues naturwissenschaftliches Material verlangt eine erneute Präzisierung des philosophischen Begriffs. Der Quantentheorie würde nun etwa folgende Präzisierung gerecht: Ein statistisches Gesetz ist die Existenz einer Systemmöglichkeit, die notwendig verwirklicht wird, einer miteinander verbundenen Reihe möglicher Beziehungen, von denen eine Beziehung durch ein einzelnes Objekt zufällig verwirklicht wird, während die Gesamtheit der zum System gehörenden Objekte notwendig diese Reihe von Möglichkeiten verwirklicht. Das Gesetz gibt für die zufällige Verwirklichung einer Möglichkeit eine Wahrscheinlichkeit an.

Die für die klassische und die Quantenphysik präzisierten Gesetzesauffassungen stellen nun zwei Typen des Gesetzes dar, die hier schon so formuliert wurden, daß sie auch auf andere Prozesse anwendbar erscheinen. In der Physik erweist sich das klassische (dynamische) Gesetz als Grenzfall des statistischen Gesetzes. So ist auch im statistischen Gesetz der dynamische Aspekt durch die Existenz der sich notwendig verwirklichenden Systemmöglichkeit enthalten. Man könnte damit die Gesetzesauffassung so präzisieren: Ein Gesetz ist ein allgemein-notwendiger und wesentlicher Zusammenhang (Grundprinzip), der für das Verhalten des Systems eine Systemmöglichkeit angibt, die notwendig verwirklicht wird (dynamischer Aspekt), wobei für das Verhalten der Elemente eine Reihe von Möglichkeiten mit einer Wahrscheinlichkeitsverteilung existiert (stochastischer Aspekt) und jede zufällige Verwirklichung einer Möglichkeit durch ein Element mit einer bestimmten Wahrscheinlichkeit geschieht (prohabilistischer Aspekt). Der Zusammenhang zwischen den verschiedenen Gesetzestypen muß jedoch weiter ausgearbeitet werden. Für die weitere Analyse ist es notwendig, philosophische Hypothesen aufzustellen. Eine philosophische Hypothese ist eine wissenschaftlich sich aus den Ergebnissen der Einzelwissenschaft und ihrer philosophischen Analyse begründende Vermutung über die Gültigkeit von Zusammenhängen einer Einzelwissenschaft in einer anderen oder über den Beitrag der sich entwickelnden Theorie zur Präzisierung philosophischer Kategorien. Um die Allgemeingültigkeit der erwähnten Gesetzestypen festzustellen, wäre es völlig verkehrt, sie nach der Analyse physikalischer Theorien schon als verallgemeinert zu betrachten. Eine notwendige Stufe der Verallgemeinerung wäre die Hypothese, daß diese Gesetzestypen auch in der Biologie oder in der Gesellschaftswissenschaft auftreten. Jede dieser Hypothesen muß einzeln überprüft werden. Die Hypothese kann sich jedoch auch auf die zukünftige Präzisierung philosophischer Begriffe durch die Wissenschaft selbst beziehen. Es wäre auch möglich, Hypothesen über die Beziehung dieser beiden Gesetzestypen in der zukünftigen Physik aufzustellen. So wären etwa folgende Hypothesen denkbar: Die Physik wird die statistischen Gesetze auf dynamische oder umgekehrt die dynamischen auf statistische Gesetze reduzieren; eine neue Einheit von dynamischen und statistischen Gesetzen wird sich durchsetzen: dynamische und statistische Gesetze sind nur Momente eines umfassenderen Gesetzestyps. Ohne diese Hypothesen weiter auszuführen, wird hier schon ersichtlich, daß für die Entwicklung der Gesetzesproblematik in der Physik mehrere Hypothesen philosophischen Charakters möglich sind. Zugleich kommen wir damit in den Bereich der physikalischen Hypothesen und theoretischen Ansätze. Die angenommenen philosophischen Hypothesen können nämlich in verschiedenen physikalischen Konzeptionen ihren Ausdruck finden. Schon aus diesen wenigen Bemerkungen wird die Kompliziertheit einer philosophischen Verallgemeinerung deutlich. Neben der Präzisierung philosophischer Begriffe mit Hilfe bestätigter physikalischer Theorien und der darauf aufbauenden philosophischen Hypothesenbildung ist auch die Analyse der physikalischen Hypothesen nach der damit verbundenen philosophischen Gesetzesauffassung erforderlich.

Damit verbunden ist auch die theoretische Erfassung des Verhältnisses von Gesetz und Zufall. Der Zufall ist jetzt nicht mehr nur Erscheinungsform des Gesetzes, sondern die Dialektik von Notwendigkeit und Zufall tritt uns im Gesetz selbst entgegen. Das zufällige Verwirklichen einer der Möglichkeiten wird sogar quantitativ in der Wahrscheinlichkeit erfaßt.

Wenn man das Verhältnis von Gesetz und Zufall in der marxistischen Philosophie untersucht, so muß die Entwicklung unserer Einsichten in die dialektischen Beziehungen beachtet werden. Engels hatte noch dieses Verhältnis untersucht, indem er den Zufall als Erscheinungsform der Notwendigkeit und damit des Gesetzes faßte. Im Zufall waren alle Schwankungen zusammengefaßt, die sich in dem konkreten Prozeß zeigten, für den auch das Gesetz als Tendenz galt. Engels verdeutlichte das am Beispiel der Erbsenschote, deren Anzahl der Erbsen objektiver Zufall ist. Die Wissenschaft untersucht neue Gesetze, die das Verhalten der objektiven Prozesse bestimmen.

Die Untersuchung der statistischen Gesetze führte uns zu einem neuen Verhältnis zwischen Gesetz und Zufall. Das Gesetz umfaßt auch zufällig sich verwirklichende Möglichkeiten, für deren Realisierung die statistischen Gesetze Wahrscheinlichkeiten angeben. Die sich notwendig verwirklichende Gesamtheit der Beziehungen durch alle Elemente des Systems, für die das statistische Gesetz als Systemgesetz gilt, und die durch ein Element zufällig verwirklichte Möglichkeit erwiesen die Dialektik von Notwendigkeit und Zufall im Gesetz.

Gleichzeitig existiert auch die Dialektik von Gesetz und Zufall weiter, denn der Zufall bleibt auch jetzt noch Erscheinungsform des Gesetzes. Für die Hypothesenbildung auf diesem Gebiet ist die Analyse des Verhältnisses von dynamischen und statistischen Gesetzen erforderlich. Damit wird die Frage aktuell, ob auch gesellschaftliche Gesetze in der Art statistischer Gesetze existieren. Hier kommen wir zu noch wenig ausgearbeiteten Gebieten der marxistischen Philosophie, die jedoch von großer Bedeutung für die Entwicklung der Philosophie und der Einzelwissenschaften sind.

Hatte die Physik auf das Verhältnis von Gesetz und Zufall verwiesen, so verlangen heute Biologie, Psychologie und Gesellschaftswissenschaften eine Präzisierung dessen, was Zufall ist. Der Zufall als ein Zusammenhang zwischen Prozessen, die sich nicht gegenseitig begründen, kann als äußerer Störfaktor für ein System auftauchen. Diese Art des Zufalls kann für das System wesentlich oder unwesentlich sein. Die zufällige Einnahme eines Gifts durch den Organismus ist für diesen wesentlich, obwohl zufällig. Der Zufall kann aber auch im System vorhanden sein. Dort muß sein Verhältnis zu den Systemgesetzen betrachtet werden. Bleibt er Erscheinungsform der Notwendigkeit oder geht er in das statistische Gesetz ein? Diese Frage kann nur durch die einzelwissenschaftliche Forschung beantwortet werden.

Dieses Beispiel zeigt uns, wie sich auch die Erkenntnis der Dialektik durch die Analyse des Materials, das durch die Naturwissenschaft bereitgestellt wird, entwickelt, wenn wir eine intensive philosophische Forschungsarbeit betreiben. Sicher ist das Verhältnis von Gesetz und Zufall, obwohl es große Bedeutung für die naturwissenschaftliche Analyse von Zusammenhängen hat und auch für die Entwicklung der dialektisch-materialistischen Weltanschauung eine große Rolle spielt, bisher nur ungenügend untersucht worden.

Aus den bisherigen Ausführungen ist schon ersichtlich, daß die philosophische Verallgemeinerung naturwissenschaftlicher Erkenntnisse heute nicht mehr in der Art vor sich gehen kann, wie Engels sie vornahm. Das naturwissenschaftliche Material ist nicht mehr so überschaubar wie im vergangenen Jahrhundert. Konzeptionen, die eine allgemeine Welt- oder Naturtheorie vorsahen, sind bisher gescheitert. Die Begründung der dialektisch-materialistischen Naturtheorie ist bereits erfolgt, so daß die Aufdeckung allgemeingültiger Beziehungen nichts Neues mehr bietet. Ungenügend war jedoch lange Zeit die echte philosophische Analyse des naturwissenschaftlichen Materials.

Philosophische Verallgemeinerung der naturwissenschaftlichen Erkenntnisse erfolgt also in der Einheit von Deduktion und Induktion über die Präzisierung philosophischer Aussagen für einen Forschungsbereich mit Hilfe der in diesem Bereich existierenden Theorien. Das bietet die Grundlage für eine Gruppe philosophischer Hypothesen über die Entwicklung der Wissenschaft und über die Gültigkeit der Präzisierung auch in anderen Bereichen. Erst nach Bestätigung dieser Hypothesen ist die Allgemeingültigkeit der Präzisierung erwiesen, und die geht dann in den Bestand der marxistischen Philosophie ein, der Grundlage für die weitere Forschungsarbeit ist.

Die marxistische Philosophie besteht also aus Aussagen mit unterschiedlichem Allgemeinheitsgrad. Ihr Grundbestand sind Beziehungen und Gesetze mit weltanschaulicher Bedeutung. Jede Weltanschauung muß die Frage nach der Quelle unseres Wissens und dem Ursprung der Welt, nach der Stellung des Menschen in der Welt und dem Sinn des Lebens beantworten. Diese Fragen beantwortet die marxistische Philosophie mit solchen Teiltheorien wie der von der materiellen Einheit der Welt, des dialektischen Determinismus, der Entwicklungstheorie, der Gesellschaftstheorie usw. Die Verallgemeinerung naturwissenschaftlicher Erkenntnisse muß also bis zur Entscheidung geführt werden, ob es sich um neue Teile des Grundbestandes der marxistischen Philosophie handelt. Diesen Grundbestand haben Marx, Engels und Lenin ausgearbeitet, und er bietet die Grundlage der philosophischen Analyse des naturwissenschaftlichen Materials. Dazu müssen jedoch die allgemeinen Aussagen präzisiert werden.

Neben dem Grundbestand existieren präzisierte philosophische Aussagen für bestimmte Forschungsbereiche, die mit Hilfe der Einsichten und Entdeckungen der Wissenschaften in einer Epoche präzisiert wurden. Hier müssen die für die Naturwissenschaft von Engels präzisierten Aussagen, kurz seine naturphilosophischen Auffassungen, die mit den Ergebnissen der Wissenschaft des vergangenen Jahrhunderts verbunden sind, überprüft werden. Dazu gehören teilweise seine Auffassungen zur Bewegung und zur Unendlichkeit. Was wir über das Verhältnis von statistischem Gesetz und Zufall sagten, ist eine Präzisierung der Dialektik von Notwendigkeit und Zufall, die den Ergebnissen der Physik in unserem Jahrhundert entspricht. Manche frühere präzisierte Aussage erweist sich auch als Bestandteil einer umfassenderen Beziehung, wie das mit der Engelsschen Auffassung vom Zufall ist, die in die heutige Lehre vom Zufall eingeht.

Präzisierte philosophische Aussagen sind die Grundlage für philosophische Hypothesen, die entweder die Entwicklung des Forschungsbereichs betreffen, für die die präzisierte Aussage gilt, oder auf die Allgemeingültigkeit des erkannten Zustandes abzielen.

Präzisierte philosophische Aussagen und philosophische Hypothesen sind notwendiger Bestandteil der philosophischen Erkenntnis, ob sie auf die Erweiterung unseres Grundbestands an philosophischen Aussagen oder auf die Hilfe bei der Entwicklung der Wissenschaften gerichtet sind.

Diese kurz erläuterten Beziehungen zwischen den Grundprinzipien der marxistisch-leninistischen Philosophie und den naturwissenschaftlichen Erkenntnissen, auf die wir noch näher eingehen werden, zeigen erst einmal die präzisierten philosophischen Aussagen und philosophischen Hypothesen als wichtige Bindeglieder, die aber noch der Philosophie angehören. Das ist eindeutig bei den präzisierten philosophischen Aussagen, die aus einzelwissenschaftlichen Erkenntnissen und Grundprinzipien zusammengesetzt sind und mit der Entwicklung des Wissens neu überprüft werden müssen. Auch die philosophischen Hypothesen, die die Übertragbarkeit von Denkweisen aus einer Wissenschaft auf andere behaupten, sind spezifisch philosophische Erkenntnismittel, da zur Aufstellung solcher Hypothesen die präzisierte philosophische Aussage schon existieren muß, die hypothetisch auf andere Bereiche übertragen werden soll. Diese Hypothese geht beispielsweise von der in der Physik bestätigten statistischen Konzeption aus und betrachtet ihre philosophische Gültigkeit in der Rechtswissenschaft oder Ökonomie.[28] Dazu muß bereits der allgemeine philosophische Gehalt der statistischen Konzeption als *philosophisch* präzisierte Aussage mit philosophischen Kategorien, wie Möglichkeit, Wirklichkeit, Notwendigkeit, Zufall usw., herausgearbeitet sein. Anders ist es mit den philosophischen Hypothesen zweiter Art, die sich mit der Entwicklung der Wissenschaft befassen und, auf der präzisierten philosophischen Aussage aufbauend, das hypothetische Material dieser Wissenschaft analysieren. In diesem Sinne können heute philosophische Hypothesen über die physikalische Erklärung des Verhältnisses von Symmetrie und Asymmetrie in der Elementarteilchenphysik formuliert werden, die etwas über den Beitrag der möglicherweise sich bestätigenden Hypothese von der grundlegenden Asymmetrie oder der grundlegenden Symmetrie oder der dialektischen Einheit beider zur Präzisierung philosophischer Grundaussagen leisten. Diese wissenschaftlich begründete Vermutung ist von der Bestätigung oder Widerlegung der physikalischen Hypothese abhängig, mit der sie selbst bestätigt oder widerlegt wird. Ihre rechtzeitige Analyse sichert die spätere Präzisierung der philosophischen Grundaussagen und ist ein echter philosophischer Diskussionsbeitrag zu Forschungsproblemen der Naturwissenschaft.

So bewähren sich im Prozeß der philosophischen Verallgemeinerung die Grundprinzipien der marxistisch-leninistischen Philosophie als wissenschaftlich fundierte Antworten auf die weltanschaulichen Grundfragen und dienen zugleich als heuristische Ausgangsprinzipien für die Präzisierung philosophischer Aussagen und die Aufstellung philosophischer Hypothesen. Der philosophische Forschungsprozeß ist also die Einheit von weltanschaulicher und heuristischer Funktion, da durch die Präzisierung und Hypothesenbildung sowie deren Bestätigung oder Widerlegung die wissenschaftliche Grundlage für die Berechtigung der Grundprinzipien ergänzt und erweitert (weltanschauliche Funktion)

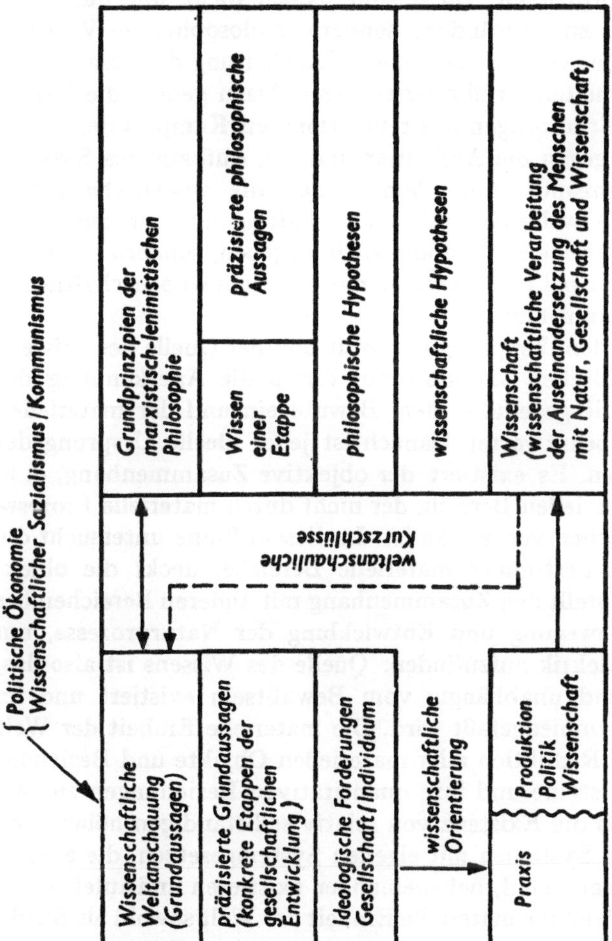

Abb. 3

und dabei ein spezifisch philosophischer Diskussionsbeitrag zum Meinungsstreit der Naturwissenschaftler um ungelöste Probleme geleistet wird (heuristische Funktion).

Davon ausgehend können wir auch schon einige allgemeine Bemerkungen zum Beitrag der Naturwissenschaft zur ideologischen Funktion der marxistisch-leninistischen Philosophie machen und den Zusammenhang zur weltanschaulichen Funktion herstellen (Abb. 3). Die wissenschaftliche Weltanschauung der Arbeiterklasse, der Marxismus-Leninismus, beantwortet die weltanschaulichen Grundfragen auf der Grundlage der von der marxistisch-leninistischen Philosophie erarbeiteten Grundprinzipien. Diese sind jedoch nicht nur durch die Naturwissenschaft zu begründen, sondern philosophische Verallgemeinerungen aus der wissenschaftlichen Verarbeitung des gesamten in der Praxis gesammelten Erfahrungsschatzes. Dazu gehört die Verallgemeinerung der Erfahrungen des revolutionären Kampfes der unterdrückten Klassen gegen die Ausbeuter und des Aufbaus des Sozialismus und Kommunismus. Außerdem werden die wissenschaftlichen Antworten auf die weltanschaulichen Grundfragen nicht durch die marxistisch-leninistische Philosophie allein gegeben, sondern sie bildet eine Einheit mit der politischen Ökonomie und dem wissenschaftlichen Sozialismus/Kommunismus.

Die Frage nach dem Ursprung der Welt und der Quelle des Wissens wird im philosophischen Materialismus durch die Anerkennung des Primats der Materie gegenüber dem Bewußtsein und der materiellen Einheit der Welt beantwortet. Danach ist jeder ideelle Ursprung der Welt ausgeschlossen. Es existiert der objektive Zusammenhang, d. h. es gibt keinen materiellen Bereich, der nicht durch materielle Prozesse mit anderen Bereichen verbunden ist. In diesem Sinne untersucht die Naturwissenschaft bestimmte materielle Bereiche, deckt die objektiven Gesetze auf, stellt den Zusammenhang mit anderen Bereichen her und betrachtet Bewegung und Entwicklung der Naturprozesse, um ihre objektive Dialektik aufzufinden. Quelle des Wissens ist also das, was außerhalb und unabhängig vom Bewußtsein existiert und im Materiebegriff zusammengefaßt wird. Die materielle Einheit der Welt ist dabei nicht als Reduktion aller materiellen Objekte und Beziehungen auf letzte Bausteine und ihre quantitativen Beziehungen zu verstehen, sondern als die Existenz von relativ selbständigen höher- und niederentwickelten Systemen mit eigenen Systemgesetzen, die auseinander hervorgegangen sind, nebeneinander existieren und aufeinander einwirken. Deshalb ist die materielle Einheit der Welt sowohl als Struktur- und Entwicklungszusammenhang zu verstehen als auch in ihrer ständigen Veränderung zu betrachten. Die materialistische Auffassung von der Einheit der Welt erweist sich durch die Entwicklung der Wissenschaft und Philosophie als nachgewiesen, wenn sie dialektisch verstanden wird. Insofern ist der philosophische Materialismus als wissenschaftliche Weltanschauung zu verstehen, wenn er dialektischer und historischer Materialismus ist. Gerade durch die Anwendung des Materialismus zur Erklärung der Gesellschaft haben die Klassiker einen wichtigen Beitrag zum Nachweis der materiellen Einheit der Welt geliefert. Das drückt sich auch in der wissenschaftlichen Beantwortung der zweiten weltanschaulichen Grundfrage aus, nach der das menschliche Wesen als Ensemble der gesellschaftlichen Verhältnisse erfaßt wird, wobei die Produktionsverhältnisse als materielle Verhältnisse die bestimmenden sind und objektive gesellschaftliche Gesetze existieren. Diese Aussagen haben doppelte Bedeutung für die Naturwissenschaft. Einerseits geht es um die erkenntnistheoretische Behandlung des Subjekt-Objekt-Verhältnisses, dessen materialistische Deutung für das Experiment die Existenz von Objekten außerhalb und unabhängig vom Bewußtsein anerkennt, auf die durch das erkennende Subjekt eingewirkt wird (Praxis), wobei durch die Veränderung der Objekte und Variierung der Bedingungen im Experiment die allgemein-notwendigen und wesentlichen Zusammenhänge der Objekte erkannt werden, die subjektunabhängig sind, d. h. die objektiven Gesetze (Erkenntnis). Die Praxis ist dabei Ausgangspunkt und Ziel der Erkenntnis und Kriterium der Wahrheit. Das erkennende Subjekt verändert die Objekte, um die Gesetze zu erkennen. In bezug auf die Grundprinzipien der marxistisch-leninistischen Philosophie wird dabei von ihren Gegnern manchmal der elementare Fehler begangen, Subjekt und Bewußtsein, Objekt und Materie zu identifizieren und die Veränderung des Objekts durch das Subjekt als Veränderung der Materie durch das Bewußtsein zu betrachten. Der dialektische Materialismus leugnet keinesfalls die praktische, bewußte Veränderung der Welt durch den Menschen. Im Gegenteil, er postuliert das sogar als allgemeine Forderung. Er will selbst Anleitung zum Handeln sein. Erkenntnistheoretisch besagt jedoch die Gegenüberstellung von Materie und Bewußtsein für das Verhalten des Menschen nur, daß die Quelle seines Wissens das ist, was außerhalb und unabhängig von seinem Bewußtsein existiert. Wenn der Mensch erkennt, ordnet er die Objekte in bestimmter Weise an, schafft künstliche Bedingungen für ihr Verhalten und überprüft ihre *objektiven* Reaktionen. Durch die Analyse der verschiedenen objektiven Momente in mehreren Experimenten gelingt es ihm, objektive allgemein-notwendige und wesentliche Beziehungen der Objekte zu finden, deren richtige Widerspiegelung im formulierten Naturgesetz durch die Praxis überprüft wird. Der Materialismus leugnet also nicht die aktive Einwirkung des Subjekts auf das Objekt und auch nicht die Bedeutung der theoretischen Arbeit zur Synthese der im Experiment analysierten Momente des objektiven Verhaltens. Aber er anerkennt die Existenz der objektiven Realität, der objektiven Reaktion der Objekte und der objektiven Gesetze und fordert deren Erkenntnis.

Andererseits gibt die marxistisch-leninistische Philosophie eine konkret-historische Erklärung des menschlichen Wesens als Ensemble der gesellschaftlichen Verhältnisse. Das hat für die Naturwissenschaft insofern Bedeutung, als auch der Naturwissenschaftler seine Wissenschaft unter bestimmten gesellschaftlichen Verhältnissen betreibt und er selbst durch Tradition, Erziehung und Erfahrungen sich einer bestimmten Klasse verpflichtet fühlt. Bei der Bestimmung der Rolle des Menschen bei der Umgestaltung der Wirklichkeit muß deshalb das menscnliche Wesen ausgehend von den herrschenden Produktionsverhältnissen als der bestimmenden Verhältnisse in einer Epoche erkannt, die Stellung der Klassen und Schichten zu den Produktionsmitteln und die Rolle der Naturwissenschaft und einzelner Naturwissenschaften in dieser Gesellschaftsformation untersucht werden. Diese gesellschaftlichen Beziehungen wirken sich dann auch auf die philosophischen Ansichten der Naturwissenschaftler aus, die theoretische Grundlage seiner Weltanschauung sind. Für die französischen Physiker Joliot-Curie und Langevin spielte beispielsweise der Kampf des französischen Volkes gegen den Faschismus, an dem sie teilnahmen, eine große Rolle für ihre weltanschauliche Haltung. Gemeinsam mit der Einsicht, daß der dialektische Materialismus eine richtige sinnvolle Deutung der Ergebnisse der modernen Physik gibt, führte das zu ihrem Eintritt in die Reihen der Kommunisten. Die weltanschauliche Haltung wird keineswegs nur durch die Naturwissenschaft bei einem Naturwissenschaftler geprägt. Auf die vielen Naturwissenschaftler, die vor dem Faschismus emigrierten, hinterließen diese politischen Erfahrungen einen großen weltanschaulichen Eindruck und bestimmten wie bei Einstein und Born in großem Maße ihren kämpferischen Humanismus.

Damit wird auch schon klar, daß sich die Weltanschauung nicht auf die philosophischen Grundfragen nach der Stellung des Menschen in der Welt und dem Ursprung der Welt beschränkt, deren Beantwortung sich aus der Antwort auf die Grundfrage der Philosophie ergibt, sondern auch die davon abgeleiteten, für das menschliche Verhalten wesentlichen Fragen nach dem Sinn des Lebens und dem Charakter des gesellschaftlichen Fortschritts mit beantworten muß. Für die wissenschaftliche Weltanschauung ergibt sich die Frage nach dem Sinn des Lebens aus der Bestimmung des Charakters der Epoche, womit auch die Frage nach dem Charakter des gesellschaftlichen Fortschritts konkret historisch beantwortet wird. Sicher gibt es allgemeine humanistische Forderungen und Ziele, die sich Menschen in ihrem Leben stellen und als Sinn ihres Lebens betrachten, aber für den marxistisch-leninistischen Philosophen ist ein sinnvolles Leben nur zu führen, wenn er den Humanismus nicht zur Illusion, sondern zur real erfüllbaren Forderung werden läßt. Die Realität des Humanismus ist jedoch abhängig von den gesellschaftlichen Bedingungen. Da es uns hier um das Verhältnis von Weltanschauung und Naturwissenschaft geht, sollen einige kurze Bemerkungen zu diesem wichtigen weltanschaulichen Thema genügen. Mit einem besonderen Aspekt werden wir uns noch einmal bei der Erörterung der moralischen Verantwortung des Wissenschaftlers befassen. Der Charakter des gesellschaftlichen Fortschritts wird durch die Entwicklung der Ausbeutergesellschaft bis zum Kapitalismus und die notwendige Ablösung durch den Sozialismus/Kommunismus bestimmt. Wir leben in der Epoche des Übergangs vom Kapitalismus zum Sozialismus und des Aufbaues des Kommunismus, also kann der reale Sinn des Lebens nur darin bestehen, sich mit aller Kraft für den Sieg des Sozialismus und den Aufbau des Kommunismus einzusetzen. Wer seinem Leben einen anderen Sinn geben will, verfällt in Illusionen oder ist ein Gegner des gesellschaftlichen Fortschritts.

Wir gehen hier bereits über den Rahmen philosophischer Betrachtungen zur Weltanschauung hinaus, weil bei gesellschaftlichen Analysen die Wissenschaftlichkeit der Antworten auf diese weltanschaulichen Grundfragen durch ökonomische Untersuchungen untermauert werden muß. Damit wird auch deutlich, daß für die wissenschaftliche Antwort auf die weltanschaulichen Grundfragen die Einheit des Marxismus-Leninismus beachtet werden muß, die aus Philosophie, politischer Ökonomie und wissenschaftlichem Sozialismus/Kommunismus besteht. Aus dem dialektisch- und historisch-materialistischen Herangehen an die Erklärung der Gesellschaft folgt die Notwendigkeit der durch die politische Ökonomie vorzunehmenden Untersuchung der materiellen Grundlagen der Gesellschaft und besonders der Entwicklung der Produktionsverhältnisse. Ebenso muß die Forderung nach konkret-historischer Bestimmung des menschlichen Wesens durch die im wissenschaftlichen Sozialismus/Kommunismus erfolgte Untersuchung der Strategie und Taktik des revolutionären Kampfes unter Führung der marxistisch-leninistischen Parteien erfüllt werden. Dabei werden auch solche Fragen, wie die Rolle der Naturwissenschaft als Produktivkraft, der

Naturwissenschaftler als Bündnispartner der Arbeiterklasse usw., gestellt und beantwortet. Hierdurch werden die allgemein weltanschaulichen Antworten präzisiert.

Das verweist nun darauf, daß die Grundaussagen der wissenschaftlichen Weltanschauung Grundlage für die Bestimmung der konkreten Beziehungen in einer bestimmten Etappe der gesellschaftlichen Entwicklung sind. Bei schöpferischer Anwendung verhindern sie illusionäre, scheinwissenschaftliche Betrachtungen der gesellschaftlichen Entwicklung und sichern die Wissenschaftlichkeit unserer Weltanschauung. Deshalb hat die Beachtung des philosophischen Materialismus, der materialistischen Dialektik, des historischen Materialismus, der politischen Ökonomie und des wissenschaftlichen Kommunismus zur Beantwortung der weltanschaulichen Grundfragen so große Bedeutung. Wenn wir diese weltanschaulichen Grundaussagen kurz bestimmen, dann lauten sie: Erstens schließt die materielle Einheit der Welt einen ideellen Ursprung der Welt aus, Quelle unseres Wissens ist die außerhalb und unabhängig von unserem Bewußtsein existierende objektive Realität, die vom Menschen erkannt werden kann und wird. Zweitens wird die Stellung des Menschen in der Welt dadurch bestimmt, daß das menschliche Wesen ein Ensemble der gesellschaftlichen Verhältnisse ist und die bestimmenden Verhältnisse die materiellen Produktionsverhältnisse sind. Drittens muß deshalb der Sinn des Lebens konkrethistorisch in Abhängigkeit vom Charakter der Epoche der gesellschaftlichen Entwicklung bestimmt werden, und viertens vollzieht sich die gesellschaftliche Entwicklung nach dem Gesetz der Übereinstimmung der Produktionsverhältnisse mit dem Charakter der Produktivkräfte, wobei die Gesamtheit wesentlicher Produktionsverhältnisse den Charakter einer Gesellschaftsformation und eine höherentwickelte Gesamtheit den fortschrittlicheren Charakter von Gesellschaftsformationen bestimmt. Die Ausbeuterordnung wird durch die klassenlose Gesellschaft abgelöst.

Diese Grundaussagen werden nun für jede Etappe der gesellschaftlichen Entwicklung präzisiert, sei es die entwickelte sozialistische Gesellschaft oder der Aufbau der materiell-technischen Basis des Kommunismus. Aus diesen Präzisierungen als wissenschaftlichen Verallgemeinerungen der praktischen Erfahrungen ergeben sich dann ideologische Forderungen an die Gesellschaft und an das Individuum, die als wissenschaftliche Orientierung für praktisches Handeln betrachtet werden können. Es ist deshalb falsch, Wissenschaft und Ideologie voneinander zu trennen, wie das manchmal durch Gegner der marxistisch-leninistischen Philosophie geschieht, worauf noch einzugehen sein wird. Durch die Gleichsetzung von Ideologie als verkehrtem Bewußtsein gesellschaftlicher Zustände, das der Verteidigung der Ausbeuterordnung dienen soll, mit der wissenschaftlichen Weltanschauung als Ideologie der Arbeiterklasse wird der Eindruck erweckt, als ob die marxistisch-leninistische Philosophie philosophische Deutungen naturwissenschaftlicher Erkenntnisse pseudowissenschaftlichen Interessen unterordnen wolle. Dabei wird der wissenschaftliche Charakter unserer Weltanschauung mißachtet und gegen den Materialismus verstoßen, der die Untersuchung der Tatsachen in ihrem eigenen und in keinem phantastischen (oder pseudowissenschaftlich ideologischen) Zusammenhang verlangt. Die Ideologie, die auf der wissenschaftlichen Weltanschauung des Marxismus-Leninismus aufbaut, ist eine wissenschaftliche Verallgemeinerung der Erfahrungen des Klassenkampfes und ergibt damit wissenschaftlich begründete ideologische Forderungen, die motivierend, mobilisierend und stimulierend gesellschaftliches Verhalten beeinflussen. Das bedeutet auch für jeden einzelnen Menschen, daß er die Grundaussagen der wissenschaftlichen Weltanschauung beherrschen muß, um mit den präzisierten Grundaussagen sein eigenes Verhalten zu analysieren und die Forderungen an sich selbst zu bestimmen. Gerade die Frage nach dem Sinn des Lebens muß jeder konkret für sich selbst beantworten, um wissenschaftliche Orientierungen für sein praktisches Handeln zu erhalten.

Dieser Aspekt verweist auch auf die Problematik im gesellschaftlichen Erkenntnisprozeß, die für das Verhältnis Weltanschauung, Praxis, Wissenschaft und Philosophie dadurch entsteht, daß wir die gesellschaftliche Existenz im Zusammenhang mit der individuellen Aneignung der wissenschaftlichen Weltanschauung in Verbindung bringen müssen. Nicht jeder kann den wissenschaftlichen Erkenntnisprozeß in allen Etappen vollziehen. So wird derjenige, der sich nicht mit wissenschaftlicher Forschungsarbeit beschäftigt, kaum über die modernen Ergebnisse bestimmter Wissenschaften, ihre Hypothesen und die damit verbundenen philosophischen Diskussionen und weltanschaulichen Auseinandersetzungen informiert sein, obwohl er ständig die weltanschaulichen Grundaussagen für sein Handeln braucht. Wenn wir ein vereinfachtes Beispiel als Analogon zur Verdeutlichung gebrauchen, dann könnte man sagen, nicht jeder, der elektrische Geräte im Haushalt benutzt, kennt die Gesetze der Elektrodynamik, nach denen sie funktionieren. Wenn wir deshalb Wert darauf legen, die wissenschaftliche Begründbarkeit philosophischer Grundprinzipien und weltanschaulicher Grundaussagen auch mit Hilfe der Naturwissenschaft zu zeigen, so soll das nur das Verständnis dafür fördern, die wissenschaftliche Weltanschauung als durch die Wissenschaft bestätigte wissenschaftliche Orientierung des praktischen Handelns zu nehmen. Daraus kann eben nicht abgeleitet werden, daß die Grundaussagen der Weltanschauung nicht wissenschaftlich beweisbar wären, sondern sich im praktischen Leben nur zu bewähren hätten. Hier wird gerade der Unterschied zwischen wissenschaftlicher und unwissenschaftlicher Ideologie deutlich. Auch die unwissenschaftliche Ideologie kann aktivierend, stimulierend und motivierend das Handeln der Menschen beeinflussen. Bürgerliche Ideologien im Interesse der Festigung der Herrschaft des staatsmonopolistischen Kapitalismus beweisen das immer wieder. Für ihre Zielsetzung bewähren sie sich, widersprechen aber den objektiven gesellschaftlichen Gesetzen und Entwicklungstendenzen, sind also nicht wissenschaftlich begründet. Die sozialistische Ideologie dagegen beruht auf wissenschaftlich begründeten Antworten auf die weltanschaulichen Grundfragen. Ihre Forderungen können nicht nur an ihrer Wirksamkeit im Sinne vielleicht falsch gestellter Aufgaben überprüft werden, sondern nur im Zusammenhang mit der wissenschaftlichen Analyse der gesellschaftlichen Gesetze und Entwicklungstendenzen unter Ausnutzung der marxistisch-leninistischen Grundprinzipien, die durch die Ergebnisse der Wissenschaft bewiesen sind und werden.

Bei dieser individuellen Aneignung und Ausnutzung der Weltanschauung gibt es verschiedene Probleme und Schwierigkeiten. So kann die auf der Wechselbeziehung von Praxis und Wissenschaft aufbauende philosophische Analyse manchmal als uninteressant und unnötig angesehen werden. Nicht selten verbirgt sich hinter dem Slogan „Jetzt wird nicht philosophiert, sondern gearbeitet" nicht nur der Wunsch nach Ergebnissen, sondern auch die positivistische Negation theoretischer Erörterungen und damit engster Praktizismus, der die wissenschaftliche Orientierung für das praktische Handeln verschmäht. Teilweise werden dann sogar scheinwissenschaftliche Gründe folgender Art angeführt: Was kann die Philosophie schon für Probleme lösen? Wissenschaft ist dort, wo keine Philosophie ist. Sicher löst die Philosophie nicht spezielle Probleme einzelner Wissenschaften, aber sie löst immer wieder auftauchende weltanschauliche, erkenntnistheoretische und methodologische Probleme, begründet die Grundaussagen der wissenschaftlichen Weltanschauung und gibt damit wissenschaftliche Orientierungshilfen für praktisches Verhalten, die bei ihrer Berücksichtigung nicht nur Fehler vermeiden lassen, sondern auch schneller erkennen lassen. Aber nicht nur der Praktizismus schränkt die Bedeutung der Philosophie ein, sondern auch die im Erkenntnisprozeß bewußt oder unbewußt durchgeführten weltanschaulichen Kurzschlüsse, die einzelwissenschaftliche Aussagen, Theorien und Methoden in den Rang von Antworten auf weltanschauliche Grundfragen erheben. Aus der Geschichte des Denkens sind uns solche weltanschaulichen Kurzschlüsse als Kritiken des Materialismus bekannt. Denken wir etwa an den Machismus, mit dem sich Lenin schon auseinandersetzte. Die Erkenntnisse über die Empfindungen als Umwandlung des äußeren Reizes in Bewußtseinstatsachen wurden als Antworten auf die Frage nach der Rolle des Wissens genommen, ohne philosophisch analysiert zu werden. Dabei ergab sich der Versuch, die Empfindungen als Quelle der Erkenntnis zu betrachten und die Frage nach der Ursache der Empfindungen außer acht zu lassen. Der Machismus gelangte damit zur Leugnung der objektiven Realität. Im Energetismus, der über Materialismus und Idealismus gestellt werden sollte, wurden Erkenntnisse über die Energie so gedeutet, als ob für materielle Prozesse und ideelle Widerspiegelungen die Energie als Grundform der Bewegung existiere. Damit wurde die materialistische Beantwortung der Frage nach dem Ursprung der Welt negiert, obwohl das die Erkenntnisse der Naturwissenschaft in keiner Weise rechtfertigen.

Auch mit anderen weltanschaulichen Grundfragen wurden unwissenschaftliche Antworten im Sinne weltanschaulicher Kurzschlüsse verbunden. So wurden biologische Erkenntnisse über Rassen als Antwort auf die Frage nach der Stellung des Menschen in der Welt betrachtet und im Faschismus zur Rechtfertigung der Barbarei und des Chauvinismus genutzt und somit zu einer allgemeinen Weltanschauung des Faschismus ausgeweitet. In der letzten Zeit spielte vor allem der Versuch eine Rolle, mit Hilfe kybernetischer Modelle auch weltanschauliche Fragen zu beantworten, was sich fast zum Kybernetismus entwickelte. Die Kybernetik als junge Wissenschaft bedarf der sorgfältigen philosophischen Analyse, da einerseits kybernetische Erkenntnisse zur Präzisierung philosophischer Aussagen genutzt werden können und andererseits, wie schon früher von anderen Autoren auch betont wurde, die philosophische Begriffskritik notwendig ist, um der Kybernetik in ihrer Entwicklung zu helfen. Primitive Plausibilitätserklärungen vom Menschen als Rückkopplungssystem, von der Gesellschaft als System von Blockschaltungen schaden der Kybernetik selbst, da sie die berechtigte Kritik durch Fachwissenschaftler hervorrufen, die sich gegen diese Vereinfachungen wenden, wenn sie als wissenschaftliche Erkenntnisse ausgegeben werden, obwohl sie weniger erfassen, als bisher schon bekannt war. Die Kybernetik hat Bedeutung für Informations- und Regelprozesse, sie löst Probleme des Systemverhaltens usw., aber sie gibt noch keine Antworten auf die weltanschaulichen Grundfragen.

Immer wieder tritt auch das Problem des Menschen in den Mittelpunkt philosophischen Interesses. Der marxistisch-leninistischen Philosophie wird sogar manchmal vorgeworfen, den Menschen zu vernachlässigen. Das geschieht im Existentialismus, erkenntnistheoretisch gesehen, ebenfalls durch einen weltanschaulichen Kurzschluß.[29] Die praktische Tätigkeit des Menschen, sein existentielles Dasein wird zum unanalysierten Ausgangspunkt philosophischer Betrachtung genommen. Die weltanschaulichen Grundfragen werden nicht beantwortet, um Ausgangspunkte für die wissenschaftliche Forschung zu gewinnen. Dagegen analysiert der Marxismus die Praxis und zeigt die bestimmende Rolle der Produktionstätigkeit und der Produktionsverhältnisse. Durch diese Antwort auf die Frage nach der Stellung des Menschen in der Welt können wissenschaftliche und auch solche Fragen wie die nach dem Sinn des Lebens beantwortet werden. Der Existentialismus aber nimmt Probleme des menschlichen Lebens, beschreibt sie und verallgemeinert sie zur Weltanschauung vom Menschen, der ins Nichts geworfen ist, der keine realen Ziele bei der gesellschaftlichen Umwandlung verfolgen kann, der ein nicht zu analysierendes Individuum ist usw. Weltanschauliche Kurzschlüsse können auch im persönlichen Leben auftreten, wenn bestimmte Erfahrungen nicht richtig verallgemeinert wurden und so aus Erlebnissen die führende Rolle der Arbeiterklasse bestritten, der Glaube an Wunder gefördert werden und Pessimismus in Hinsicht auf den gesellschaftlichen Fortschritt entsteht.

Es ist deshalb stets zu beachten, daß zu den Erkenntnissen der wissenschaftlichen Weltanschauung eine richtige Verallgemeinerung neuer wissenschaftlicher Erkenntnisse gehört. Diese erreichten Einsichten müssen nicht immer schon Bestandteil jedes individuellen Bewußtseins sein. Daraus entstehen dann auch manchmal bestimmte Gegensätze zwischen Auffassungen von Naturwissenschaftlern, die weltanschaulich kurzschlüssig verallgemeinern, und den Grundaussagen der wissenschaftlichen Weltanschauung, was durch bürgerliche Ideologen als Argument gegen die marxistisch-leninistische Philosophie genutzt wird. Die Argumentation lautet so: Wenn eine wissenschaftliche Weltanschauung existiert, muß sie im Einklang mit den Ergebnissen der Naturwissenschaft stehen. Da manche Naturwissenschaftler gegen sie auftreten, kann das nicht der Fall sein, also ist sie keine wissenschaftliche Weltanschauung. Wollte man in bezug auf andere Wissenschaften ähnlich, d. h. etwa so argumentieren: Es gab Physiker, die gegen die Relativitätstheorie auftraten, also ist sie keine wissenschaftliche Theorie, so würde die Argumentation zurückgewiesen werden. Über die Wissenschaftlichkeit von Theorien entscheidet eben nicht die Meinung von Wissenschaftlern, sondern das Experiment. Selbstverständlich spielt für die Deutung von Experimenten die Meinung eine wichtige Rolle. Nur wird nach und nach der Subjektivismus durch immer besser erdachte Experimente, die die Hypothesen bestätigen oder widerlegen, ausgeschlossen. Für die Philosophie ergeben sich zusätzliche Schwierigkeiten, um die Wahrheit philosophischer Aussagen bestimmen zu können. Als erste sei die Verbindung der weltanschaulichen mit der ideologischen Funktion in der marxistisch-leninistischen Philosophie gegenüber der naturwissenschaftlichen Arbeit genannt. Selbst wenn mancher Naturwissenschaftler in kapitalistischen Ländern bereit ist, dialektische und materialistische Thesen als wissenschaftlich begründete Verallgemeinerungen seiner und anderer naturwissenschaftlichen Erkenntnisse zu betrachten, so bedeutet das keinesfalls, daß er sie auch als wissenschaftliche Orientierung für sein gesamtes praktisches Handeln in gesellschaftlicher und wissenschaftlicher Hinsicht anerkennt. Die wissenschaftliche Weltanschauung auch als wissenschaftliche Ideologie auszunutzen, erfordert, den Klassenstandpunkt der Arbeiterklasse und ihrer Verbündeten anzunehmen, was mehr als nur naturwissenschaftliche Kenntnisse voraussetzt. Daher ist die Anerkennung der Wissenschaftlichkeit des Marxismus-Leninismus nicht nur ein Problem der experimentellen Überprüfung philosophischer Aussagen durch einzelne Wissenschaften; vielmehr ist hier die Praxis in allen ihren wichtigsten Momenten, nämlich der Produktionstätigkeit, dem Klassenkampf,und die experimentelle Arbeit in den Wissenschaften als Einheit Kriterium der Wahrheit. Damit ist eben auch die zweite Schwierigkeit für den Nachweis der Wissenschaftlichkeit philosophischer Aussagen verbunden. Es muß stets der komplizierte Erkenntnisprozeß über präzisierte philosophische Aussagen, philosophische Hypothesen, deren Bestätigung oder Widerlegung und somit der gesamte Prozeß der Verallgemeinerung beachtet werden, um die Wahrheit von Aussagen zeigen zu können. Gerade diese Kompliziertheit bringt manchmal zwei Extreme hervor, die eng miteinander zusammenhängen. Einerseits wird behauptet, daß die philosophischen Aussagen keines wissenschaftlichen Beweises bedürfen, sondern sich nur in der Praxis zu bewähren hätten. Da nun die Bewährung ebenfalls eines Kriteriums bedarf, Bewährung außerdem darin besteht, daß Prognosen auf der Grundlage von Theorien eintreffen, daß vorgegebene Ziele erreicht werden, erscheint es nun so, als ob damit das Problem gelöst sei. In Wirklichkeit muß die Wissenschaftlichkeit von Prognosen, Zielstellungen usw. überprüft und das Kriterium der Bewährung auf seine

Kompliziertheit hin untersucht werden, was letzten Endes auf den von uns charakterisierten Verallgemeinerungsprozeß hinausläuft und die Praxis als *Kriterium der Wahrheit* einschließt. Andererseits meint man mit der Betonung, daß die philosophischen Aussagen als Grundlage der wissenschaftlichen Weltanschauung durch die Praxis bestätigt werden, einen Beweis zu haben, der nicht des komplizierten wissenschaftlichen Erkenntnisprozesses bedarf, sondern mehr intuitiv aus eigenem Erleben in Klassenkampfsituationen erfolgt. Dieses Moment der Herausbildung einer Weltanschauung ist sicher nicht zu unterschätzen, kann aber nicht als allgemeines Prinzip betrachtet werden, da damit kein echtes Kriterium für die Wissenschaftlichkeit von Aussagen gegeben wird. Praxis wird auf eigene Erfahrungen und die der Umgebung eingeschränkt. Aber gerade diese Begründung der eigenen Weltanschauung hat manchen schon zum Renegatentum geführt, wenn Erscheinungen im Klassenkampf nicht wissenschaftlich analysiert, sondern intuitiv in die Weltanschauung eingeordnet werden. So kann sich die wissenschaftliche Weltanschauung zwar mit Hilfe eigenen Erlebens herausbilden, gefestigt wird sie nur durch die Aneignung ihrer neuesten Erkenntnisse, die sich aus den wissenschaftlichen Verallgemeinerungen neuer wissenschaftlicher Entdeckungen und gesellschaftlicher Erfahrungen ergeben. Eben weil das nicht jeder Mensch allein kann, ergibt sich daraus eine weitere Schwierigkeit für die Erkenntnis der Wissenschaftlichkeit einer Weltanschauung. Sie ist gesichert im gesellschaftlichen Erkenntnisprozeß durch die Arbeit vieler Marxisten-Leninisten, und jeder einzelne Mensch, der sich mit den Ergebnissen beschäftigt, muß erreichte Ergebnisse übernehmen, um seinen Beitrag zur Entwicklung des Marxismus-Leninismus zu leisten oder ihn als wissenschaftliche Grundlage für sein praktisches Handeln zu benutzen. Die Überschätzung der eigenen Erfahrungen, die intuitiv gegen allgemeine Aussagen der Weltanschauung gerichtet werden, sind kein Beweis gegen sie, da sie selbst erst der gründlichen wissenschaftlichen Analyse bedürfen.

Die marxistisch-leninistische Philosophie als philosophisch-theoretische Grundlage der wissenschaftlichen Weltanschauung, des Marxismus-Leninismus, erweist sich gegenüber der Naturwissenschaft und den Naturwissenschaftlern als weltanschauliche, erkenntnistheoretische und methodologische Grundlage naturwissenschaftlichen Arbeitens und hat sich als solche in neuen Situationen, in die die Naturwissenschaft unter bestimmten gesellschaftlichen Bedingungen gerät, und bei neuen naturwissenschaftlichen Entdeckungen stets aufs neue zu bewähren. Ihre Bedeutung besteht gerade nicht in anerkannten naturphilosophischen Thesen oder in philosophischen Stellungnahmen zu einzelnen naturwissenschaftlichen Erkenntnissen, sondern darin, daß sie eine allgemeine, Natur, Gesellschaft und Denken umfassende Weltanschauung darstellt, die wissenschaftliche Orientierung für praktisches Handeln jeder Art gibt, wissenschaftliche Grundlage der sozialistischen Politik ist und sich konsequent mit jeder unwissenschaftlichen Weltanschauung auseinandersetzt. In diesem Sinn ist auch die Einheit der drei Funktionen der marxistisch-leninistischen Philosophie gegenüber der naturwissenschaftlichen Arbeit zu verstehen. Kernpunkt ist die weltanschauliche Funktion, also die wissenschaftliche Verallgemeinerung naturwissenschaftlicher Erkenntnisse, die zur Bereicherung des naturwissenschaftlichen Fundaments der wissenschaftlichen Weltanschauung führt, indem damit philosophische Antworten auf die weltanschaulichen Grundfragen nach dem Ursprung der Welt und der Quelle des Wissens, nach der Stellung des Menschen in der Welt, nach dem Sinn des Lebens und dem Charakter des gesellschaftlichen Fortschritts besser begründet und neuen Situationen angepaßt werden, was durch philosophische Präzisierungen der Grundaussagen geschieht. Das wiederum ist die Voraussetzung, um sowohl der ideologischen als auch der heuristischen Funktion gerecht zu werden. Die präzisierten philosophischen Aussagen sind Grundlage philosophischer Hypothesen, womit die heuristische Funktion erfüllt werden kann. Für die ideologische Funktion bedarf es der Präzisierung der weltanschaulichen Grundaussagen auf Grund der Analyse der konkreten Situation. So ist also das Verhältnis von marxistisch-leninistischer Philosophie und Spezialwissenschaften nur zu verstehen, wenn es in den gesellschaftlichen Erkenntnisprozeß und die Auseinandersetzungen im Klassenkampf eingeordnet wird. Damit ist auch der Zusammenhang der drei Funktionen klar, die wir nun getrennt noch genauer betrachten wollen.

2. 2. Die weltanschauliche Funktion der marxistisch-leninistischen Philosophie gegenüber der naturwissenschaftlichen Arbeit

Die Beziehung der marxistisch-leninistischen Philosophie gegenüber der wissenschaftlichen Weltanschauung ist dadurch gekennzeichnet, daß die allgemeinen philosophischen Aussagen (Grundprinzipien) wissenschaftliche Antworten auf die weltanschaulichen Grundfragen nach dem Ursprung der Welt und der Quelle des Wissens, nach der Stellung des Menschen in der Welt, nach dem Sinn des Lebens und dem

Charakter des gesellschaftlichen Fortschritts geben. Damit kann die weltanschauliche Funktion gegenüber der naturwissenschaftlichen Arbeit nur darin bestehen, neue naturwissenschaftliche Erkenntnisse auf ihre weltanschauliche Bedeutung hin zu überprüfen und zu zeigen, welche Antworten sich daraus für die Beantwortung der Grundfragen ergeben. Dabei kann es nicht nur um den Erkenntnisgewinn allein gehen. Naturwissenschaft wird von Menschen betrieben, die in einer bestimmten Gesellschaftsformation leben, Traditionen verkörpern, Klassenbeziehungen eingehen usw. Dieses Verhältnis ist ebenso zu beachten wie die dadurch und durch die naturwissenschaftliche Arbeit geprägten philosophischen Auffassungen eines Naturwissenschaftlers, die nicht immer mit der weltanschaulichen und philosophischen Bedeutung der von ihm oder andern gewonnenen Einsichten in die Naturprozesse übereinstimmen müssen. Mit dieser weltanschaulichen Funktion ist auch die Richtung *philosophischer* Verallgemeinerungen bestimmt, die sich dadurch von anderen Verallgemeinerungen unterscheiden. Wenn wir deshalb von der marxistisch-leninistischen Philosophie als der Wissenschaft von den allgemeinen Beziehungen und Geetzen der Natur und Gesellschaft und des Denkens sprechen, dann bezieht sich diese Allgemeinheit auf die Beantwortung der weltanschaulichen Grundfragen und keineswegs etwa auf allgemeine Strukturaussagen. Das Verhältnis von Materie und Bewußtsein ist das grundlegende, allgemeinste Verhältnis, das bei der Erkenntnis der Welt auftritt. Seine Analyse führt als Antwort auf die Grundfrage der Philosophie dazu, den weltanschaulichen Grundstandpunkt der Analyse der Wirklichkeit zu bestimmen. So betrachtet der Materialist die Materie als primär gegenüber dem Bewußtsein, und die Einheit der Welt sieht er in ihrer Materialität. Damit betrachtet er die Tatsachen in ihrem eigenen und in keinem phantastischen Zusammenhang, was ihn von jedem Idealismus unterscheidet, ob er einen ideellen Schöpfer der Welt (objektiver Idealismus) annimmt oder das menschliche Bewußtsein als primär betrachtet (subjektiver Idealismus). (Wir werden später noch auf die innere Einheit von Materialismus und Naturwissenschaft eingehen.) Hier interessiert erst einmal die Beziehung von Allgemeinheit und Weltanschauung, die in manchen Publikationen in der Vergangenheit nicht immer deutlich hervorgehoben wurde. In seiner Broschüre „Philosophie und Einzelwissenschaft“ hatte Georg Klaus das Verhältnis von Philosophie und Einzelwissenschaften als einen „Spezialfall des Verhältnisses von Allgemeinem und Besonderem“[30] dargestellt. Dieser Auffassung folgte das „Philosophische Wörterbuch“, in dem es über das Verhältnis von Philosophie und Einzelwissenschaften heißt: Die Philosophie „anerkennt vorbehaltlos alle Erkenntnisse dieser Wissenschaften und benutzt sie verallgemeinernd zum Aufbau einer geschlossenen Weltanschauung"[31]. Über die Verallgemeinerung selbst wird gesagt, daß sie ein „methodisches Verfahren zur Gewinnung von wissenschaftlichen Begriffen, Gesetzen, Theorien" ist. Weiter heißt es: „Eine höhere Stufe der Verallgemeinerung liegt vor, wenn aus spezifischen Begriffen, Gesetzen, Theorien umfassendere konstruiert werden."[32] Wie diese Verallgemeinerung zu vollziehen ist, wird jedoch nicht erläutert. Es fehlen die Bindeglieder zwischen der allgemeinen philosophischen Aussage und der besonderen naturwissenschaftlichen Theorie.

Georg Klaus erblickt eines dieser Bindeglieder in der Kybernetik, die nach ihm eine viel größere Allgemeingeltung hat als die allgemeinsten unter den Einzelwissenschaften. Nach ihm leistet die Kybernetik Vorarbeiten für die philosophische Abstraktion.[33]

Es könnte nun die Frage gestellt werden, ob jede philosophische Verallgemeinerung notwendig über das Zwischenglied der kybernetischen Verallgemeinerung gehen muß. Da kybernetische Gedankengänge und Begriffsbildungen erst langsam in viele Naturwissenschaften eindringen, muß man die Frage verneinen, will man nicht die philosophische Verallgemeinerung auf lange Zeit aussetzen. Damit ist jedoch noch nichts über die wirkliche Hilfe der Kybernetik bei der philosophischen Verallgemeinerung gesagt; darüber wird die künftige Forschung noch genauere Auskunft geben müssen. Wird die Philosophie als das Allgemeine und die Naturwissenschaft als das Besondere betrachtet, so ist anzugeben, worin dieses Allgemeine besteht, da sonst keine Abgrenzung zu anderen Wissenschaften, wie etwa der Mathematik oder Kybernetik, die sich mit allgemeinen Strukturen und Verhaltensweisen befassen, erfolgen kann. Wie bereits betont, muß deshalb diese Abgrenzung dadurch erfolgen, daß das Ziel *philosophischer* Verallgemeinerung die Beantwortung der weltanschaulichen Grundfragen ist. In diesem Sinne haben die Anerkennung des Primats der Materie gegenüber dem Bewußtsein, des objektiven Zusammenhanges, der Dialektik von Bewegung und Entwicklung usw. den Charakter von allgemeinen Grundprinzipien, die einerseits Antworten auf grundlegende Fragen sind und andererseits konkretisiert und präzisiert werden müssen. Insofern erfaßt das Verhältnis von Allgemeinem und Besonderem das Verhältnis von Philosophie und Naturwissenschaft nur ungenau.

Neben der Beziehung zwischen Philosophie und Naturwissenschaft als Verhältnis des Allgemeinen zum Besonderen wird in der Literatur hervorgehoben, daß sich die Philosophie mit dem Verhältnis des Menschen zur Natur befaßt. Der Mensch verändert Naturgegenstände, um sie zu erkennen, und nutzt seine Erkenntnisse, um sich eine „künstliche Natur" als Umwelt zu schaffen. So gibt es kaum noch Naturbereiche unserer näheren Umgebung, in die der Mensch noch nicht verändernd eingegriffen hat. Deshalb müßte es möglich sein, aus dem in der Naturwissenschaft erfaßten Verhältnis des Menschen zur Natur philosophische Aussagen über das Verhalten des Menschen zu seinen Erkenntnisobjekten zu gewinnen. In diesem Sinne verallgemeinerten Physiker das in der Quantentheorie existierende Verhältnis zwischen Beobachter, Gerät und Objekt zu einer philosophischen Erkenntnistheorie. Diese Beziehung hatte sicher auch A. Kosing im Auge, wenn er über die dialektisch-materialistische Naturtheorie als philosophische Disziplin schrieb: „Gegenstand einer solchen philosophischen Disziplin ist die Natur, jedoch nicht als Natur an sich, sondern in ihrer Wechselbeziehung mit der praktischen und theoretischen Auseinandersetzung des Menschen mit der Natur, also die durch Praxis und Naturwissenschaft vermittelte Natur."[34] Wenn ich auch mit dem Grundgedanken einverstanden bin, der hier ausgedrückt werden soll, nämlich, daß die Wissenschaft nicht die Natur an sich untersucht, so ist jedoch in der hier getroffenen Formulierung nicht klar, worin die philosophische Aufgabe einer dialektisch-materialistischen Naturtheorie besteht. Die Natur in ihrer Wechselbeziehung mit der praktischen und theoretischen Auseinandersetzung der Menschen mit der Natur, wie Kosing schreibt, ist nicht Gegenstand der Philosophie, sondern der Naturwissenschaft. Darauf wird besonders von den Physikern seit den dreißiger Jahren immer wieder hingewiesen. Die philosophische Aufgabe kann deshalb nur darin bestehen, das von der Naturwissenschaft über das Verhältnis von Mensch und Natur und die objektiven Naturgesetze gelieferte Material so zu verallgemeinern, daß der Beitrag der Naturwissenschaft zur Klärung des philosophischen Verhältnisses von Mensch und Umwelt hervortritt. Damit kommen wir auch von dieser Seite wieder zum Problem der Verallgemeinerung zurück.

Ziel der Verallgemeinerung ist es, die weltanschauliche Grundfrage nach der Stellung des Menschen in der Welt durch Verallgemeinerung naturwissenschaftlicher Erkenntnisse besser zu beantworten. Der Mensch verändert bewußt im Experiment die Natur, um die subjektunabhängige Invariante des Naturverhaltens, d. h. die objektiven Gesetze besser erkennen zu können. Dabei wird sowohl die aktive, die Natur verändernde Rolle des Menschen, dessen Wesen darin besteht, Ensemble der gesellschaftlichen Verhältnisse zu sein und die Natur stets unter konkret-historischen Bedingungen in Abhängigkeit von den gesellschaftlichen Erfordernissen und Möglichkeiten zu verändern, deutlich als auch die Materialität der Naturprozesse und die Objektivität der Gesetze. Moderner Materialismus in der Naturwissenschaft ist nur möglich als dialektischer Materialismus, der die Natur als vor dem Menschen existent anerkennt, die Naturwissenschaft in ihrer sozialen Bedingtheit erkennt und sie als Widerspiegelung objektiver Naturprozesse im Bewußtsein betrachtet.

Mit dieser Betonung der wissenschaftlichen Antworten der marxistisch-leninistischen Philosophie auf die weltanschaulichen Grundfragen könnte der Eindruck entstehen, als ob die naturwissenschaftliche Fundierung der wissenschaftlichen Weltanschauung überflüssig wäre, da die Grundprinzipien bereits den Charakter ewiger Wahrheiten besitzen. Mit einer solchen Haltung zu den Grundprinzipien, die auch in Diskussionen anzutreffen ist, wird m. E. die weltanschauliche Funktion vereinfacht. Es ist dafür interessant, sich die Argumentation C. F. von Weizsäckers zur Rolle der Philosophie gegenüber der Naturwissenschaft genau anzusehen, weil darin die Fragen des Naturwissenschaftlers an den Philosophen deutlich werden, die in der marxistisch-leninistischen Philosophie nur beantwortet werden können, wenn man sich von der Auffassung löst, es genüge, ewige Wahrheiten philosophischer Art zu verkünden. Weizsäcker schildert, wie ihm „die Unausweichlichkeit von Philosophie innerhalb der positiven Wissenschaft begegnet ist". Große Schritte in der Wissenschaft sind mit „Kritiken der Grundlagen" verbunden. „Man muß über die Grundlagen nachdenken", meint er, „vor allem die Grundbegriffe kritisch betrachten."[35] Als Weizsäcker als Schüler Heisenbergs mit der Physik zusammentraf, kannte er Gesetze, konnte mit Differentialgleichungen rechnen, aber er „verstand nicht die Begriffe, in denen man zu sagen versuchte, was der Sinn dieser Differentialgleichungen war"[36]. Als gläubiger Student meinte er, seine Lehrer verstünden es. Später stellte er fest, daß das nur teilweise der Fall war. Viele machten sich keine Gedanken über solche Grundbegriffe wie Materie, Kausalität, Vorhersage, Erfahrung usw. Sie arbeiteten mit diesen Begriffen, ohne sie zu untersuchen. Für Weizsäcker stellte sich damit die Frage, woher Auskunft über diese Begriffe, die meist aus der Philosophie stammen, zu bekommen sei. Er las philosophische Literatur und landete bei Aristoteles und Platon, „denn sie sind die Erfinder der Begriffe, die noch in der heutigen Physik benutzt werden, die in ihr aber mit so viel komplizierter Geschichte belastet sind, daß das Verständnis dafür, warum gerade diese Begriffe und keine anderen gebildet wurden, zu schwer ist"[37]. So festigte sich der Eindruck über das Verhältnis von Philosophie und Politik: „In der Politik kann man keine Erfolge haben, wenn man nicht den

Eindruck erweckt, man wisse den Weg. In der Philosophie kann man nur Erfolg haben, wenn man sich dessen bewußt ist, daß man den Weg nicht weiß. Gleichzeitig aber ist Philosophie unentbehrlich für das Weitergehen des politischen Bewußtseins, denn diejenigen, die irrig meinen, sie wüßten den Weg, führen uns ja notwendigerweise ins Unglück. Nur diejenigen führen uns nicht ins Unglück, die den notwendigen Eindruck, sie wüßten den Weg, mit schlechtem Gewissen als eine Pflicht ihres Berufes erwecken, sich aber dessen bewußt sind, wie notwendig es ist, darüber hinaus sich selbst zu prüfen ... Wer also nicht diese Voraussetzung macht, gleichzeitig die Sicherheit im Handeln zu zeigen und die Unsicherheit im Denken als wahre Sicherheit des bewußten Menschen zu praktizieren, der wird nicht sinnvoll Politik treiben können."[38]

Ebenso müssen sich nach Weizsäcker die Naturwissenschaftler Rechenschaft über die Grundlagen ihres Tuns geben. Es geht um „die Rückfrage nach dem, was man selbst tut und sagt. Diese Rückfrage ist aber Philosophie, und sie ist nicht möglich ohne den lebendigen Kontakt mit dem, was in der Vergangenheit schon gedacht worden ist. Warum aber ist es denn in der Philosophie nicht möglich, einmal einen festen Bestand uns zu überliefern, warum muß man auf die Quellen zurückgehen? Das ist eine sehr schwierige, philosophische Frage. Philosophie ist eine Wissenschaft, über die man nicht reden kann, ohne sie selbst zu betreiben ... Philosophie scheint der Versuch zu sein, das Äußerste noch ins Bewußtsein zu bringen, was uns überhaupt bewußt werden kann. Man könnte auch sagen: das Innerste. Dieser Versuch ist so notwendig, daß er immer von neuem unternommen werden muß."[39]

Diese Reflexionen des Philosophen und Physikers Weizsäcker über die Aufgaben der Philosophie berühren deutlich die weltanschauliche Funktion der Philosophie gegenüber der Wissenschaft. Denn das „Äußerste" oder „Innerste" ins Bewußtsein zu bringen, heißt Antwort auf die weltanschaulichen Grundfragen zu geben. Nach ihm ist das zwar notwendig, aber nie vollständig möglich. Für ihn werden keine wissenschaftlichen philosophischen Prinzipien überliefert, wie man in der Physik heute die Quanten- und Relativitätstheorie aus Lehrbüchern lernt und kaum noch die Originalarbeiten von Einstein, Heisenberg u. a. liest. Kann man das aber wirklich nicht? Besteht Philosophie allein in der Forderung der Selbstreflexion und Selbstbesinnung und ist jeder echte philosophische Gedanke ein einmaliger Akt, an den man sich erinnert, der aber seinen Platz nicht in einem wissenschaftlichen System hat? Das sind nicht Weizsäckers Fragen allein, und seine Antworten sind typisch für viele Naturwissenschaftler, die der Philosophie mit Verständnis begegnen. Ich meine, daß es schon wichtig ist, die weltanschaulichen Grundfragen erst einmal zu formulieren, um zu wissen, was die Philosophie eigentlich beantwortet. Diese Fragen stammen aus der Geschichte des Denkens, werden immer wieder gestellt und sind auch heute aktuell. Es sind eben die nach dem Ursprung der Welt und der Quelle des Wissens, nach der Stellung des Menschen in der Welt, nach dem Sinn des Lebens und dem Charakter des gesellschaftlichen Fortschritts. Der Marxismus-Leninismus und mit ihm die marxistisch-leninistische Philosophie gibt Antworten auf diese Fragen, die als wissenschaftlicher Grundbestand überliefert sind. Da sie aber nicht nur die Aufforderung an die Politiker enthalten, die Unsicherheit des Denkens zu zeigen, sondern die Forderung, die Welt zu verändern, um die klassenlose Gesellschaft aufzubauen, sind diese Antworten nicht klassenindifferent. Wer sie als bewiesen ansieht, ist aufgefordert, die Interessen der Arbeiterklasse zu vertreten. Die wissenschaftliche Weltanschauung wirkt als Programm der Arbeit und aktiviert und mobilisiert die Volksmassen als wissenschaftliche Ideologie zum Kampf gegen Ausbeutung und Unterdrückung.

Diese Bemerkungen richten sich nicht gegen die Rolle der Tradition und die Ausnutzung philosophischer Arbeiten der Vergangenheit, aber historisches Interesse an ihnen darf nicht den Maßstab verdecken, den die marxistisch-leninistische Philosophie durch wissenschaftliche Antworten auf die weltanschaulichen Grundfragen schuf, die sie unter bestimmten gesellschaftlichen und wissenschaftlichen Voraussetzungen geben konnte. Diese Grundprinzipien, eben der philosophische Materialismus, die materialistische Dialektik und der historische Materialismus, sind als wissenschaftliches Material für zukünftige Analysen überlieferbar. Aber sie sind kein Dogma, kein Schema fertiger Antworten auf Fragen. Weizsäcker charakterisiert eigentlich den Weg, der zu gehen ist, wenn er das philosophische Problem nennt, das bei Platon und Kepler ungelöst bleibt: „Es ist die tatsächliche Vermittlung zwischen dem höchsten Punkt der Philosophie, dem Einen oder der Idee selbst, und der Vielheit der sinnlichen Erfahrungen."[40] Weniger intuitiv erfaßt und weniger mystisch formuliert ist es die Frage nach den Bindegliedern zwischen den Grundprinzipien der Philosophie und der Naturwissenschaft, die wir in präzisierten philosophischen Aussagen und philosophischen Hypothesen fanden.

Wissenschaftliche Philosophie ist überlieferbar in ihren Grundprinzipien. Sie ist aber nicht abgeschlossen. Sie stellt diese Grundprinzipien zur Bewährung, die durch Präzisierungen und deren Überprüfung erfolgt, und macht sie zum Ausgangspunkt theoretischer Überlegungen, die als philosophische Hypothesen formuliert werden. Sicher widerspiegelt diese Auffassung einen „prinzipiellen Empirismus", der alles von der Erfahrung her fassen will. Die marxistisch-leninistische Philosophie anerkennt die Kraft wissenschaftlichen Denkens, das auf wissenschaftlicher Einsicht beruht, die durch viele Erfahrungen in der Geschichte bestätigt wurde und nicht einfach zu widerlegen ist. Weizsäcker bringt selbst Beispiele für diese Art wissenschaftlicher Arbeit, die platten Empirismus widerlegt. Er erzählt von der Arbeit eines amerikanischen Experimentalphysikers, der 1935 ein Experiment so deutete, daß der Satz von der Erhaltung der Energie bei hohen Energien gewisser atomarer Prozesse nur im statistischen Mittel erfüllt sei. Heisenberg las die Arbeit und meinte: „Der hat falsch gemessen." Später nahm der Verfasser die Arbeit tatsächlich zurück, mit der Bemerkung, daß er sein Experiment falsch interpretiert habe. Heisenberg verachtete nicht die Erfahrung, wie Weizsäcker betont, sondern machte auf Grund wissenschaftlicher Einsichten die Voraussage, daß das andere keine Erfahrung im eigentlichen Sinne sei.[41] Heisenberg widerlegt die Arbeit nicht durch das anerkannte Prinzip. Aber es ist der Anlaß seines Zweifels an dem angeblichen Erfolg. Die eigentliche Widerlegung kann nur die sorgfältige Analyse des Experiments bringen, bei der sich erweisen muß, was eigentlich bestätigt und was widerlegt wurde. Die Grundprinzipien der marxistisch-leninistischen Philosophie haben m. E. den Rang solcher wissenschaftlichen Prinzipien, die als Maßstab für die Überprüfung der Erfahrung genommen werden müssen, aber keine Erfahrung und ihre Analyse ersetzen,und sie sollten auch nicht als wissenschaftlicher Beweis für die Bestätigung oder Widerlegung naturwissenschaftlicher Auffassungen dienen können. Auf ihrer Grundlage ist eine sinnvolle Begriffskritik möglich, können die begrifflichen Grundlagen der Naturwissenschaft diskutiert werden. Nur ist es dann erforderlich, die Grundprinzipien selbst weiter auszuarbeiten und zu präzisieren. Wenn die Naturwissenschaft Begriffe wie Kausalität, Gesetz, Tatsache, Vorhersage, Erfahrung usw. benutzt, dann müssen diese Begriffe in ihrer doppelten Beziehung zu den philosophischen Grundprinzipien und zu dem derzeit bekannten Stand wissenschaftlicher Erkenntnis bestimmt werden. Dabei können sich Fragen an die zukünftige wissenschaftliche Forschung ergeben, die sich als Konsequenzen aus den Grundprinzipien ergeben. Weizsäcker bringt als Beispiel Newton, den seine richtigen Gedanken über die Erdanziehung zu einem Ergebnis führten, das nicht mit der damals bekannten Erfahrung übereinstimmte. Er ließ die Arbeit liegen, wurde aber durch

Messungen des Erddurchmessers bestätigt und nahm dann erst die Gedanken wieder auf.[42] Die Konsequenz der Prinzipien führte Newton zum Widerspruch mit der damaligen Erfahrung, aber jene wurden durch die zukünftige Erfahrung bestätigt. So können auch heute die philosophischen Grundprinzipien auf ihre Konsequenzen mit Hilfe der bekannten theoretischen Einsichten in die Naturprozesse überprüft werden, was möglicherweise zu interessanten Fragen und Hypothesen führt.

Die marxistisch-leninistische Philosophie vermittelt zwar überlieferbares Grundwissen in Form von Grundprinzipien, bewährt sich aber als weltanschauliche, erkenntnistheoretische und methodologische Grundlage wissenschaftlichen Arbeitens ständig neu.

Welche Rolle spielen nun die Grundprinzipien, wenn sie nicht als Dogma betrachtet werden sollen? Sie sind vor allem Anleitung zur Rückbesinnung auf die Grundlagen naturwissenschaftlichen Arbeitens, das Verhältnis Mensch-Natur betreffend, das stets unter konkret-historischen Bedingungen existiert und gesellschaftliche Aneignung der Natur ist. Damit sind die Grundprinzipien Anleitung auch zum Fragen, sowohl nach den Grundlagen als auch nach dem Sinn weltanschaulicher Aussagen, die mit bestimmten naturwissenschaftlichen Erkenntnissen verbunden werden. Ist ihre Verbindung gerechtfertigt oder nicht? Werden weltanschauliche Prinzipien zur Entwicklung der Wissenschaft genutzt oder nicht? Handelt es sich um wissenschaftliche oder unwissenschaftliche Weltanschauungen? Das für den wissenschaftlichen Charakter entscheidende Hauptprinzip des philosophischen Materialismus lautet: Die Tatsachen müssen in ihrem eigenen und in keinem phantastischen Zusammenhang begriffen werden, oder anders ausgedrückt: Über die Wahrheit von Theorien entscheiden nicht Prinzipien, sondern die Praxis. Das erfordert selbst wieder Erläuterung, was später auch geschehen soll. Hier geht es erst einmal darum, daß das Hauptprinzip wissenschaftlichen Arbeitens überhaupt mit dem Hauptprinzip des philosophischen Materialismus zusammenfällt und damit eine Antwort auf die weltanschauliche Grundfrage nach dem Ursprung der Welt und der Quelle des Wissens gibt. Die Materie ist danach Ursache ihrer selbst. Es bedarf keiner ideellen außerweltlichen Ursachen. Das Bewußtsein ist gegenüber der Materie sekundär, es ist Eigenschaft und Entwicklungsprodukt der Materie sowie spezifisch menschliche Form der Widerspiegelung der Materie in Erkenntnisresultaten. Auch darüber gibt es weltanschauliche Diskussionen, wie das nächste Kapitel zum Verhältnis von Materialismus und moderner Naturwissenschaft zeigt. Dabei geht es schon um die wissenschaftlich begründeten Antworten auf die weltanschaulichen

Grundfragen in Auseinandersetzung mit idealistischen und mechanisch-materialistischen Deutungen naturwissenschaftlicher Erkenntnisse.

Worin besteht nun die weltanschauliche Funktion der marxistisch-leninistischen Philosophie gegenüber neuen naturwissenschaftlichen Erkenntnissen?

Erstens hat sie die weltanschauliche Bedeutung naturwissenschaftlicher Erkenntnisse zu zeigen, d. h. die Antworten auf die weltanschaulichen Grundfragen, die mit ihrer Hilfe präzisiert, fundiert, aber auch entstellt werden können, zu analysieren. Dabei geht es um ein besseres Verständnis der Auseinandersetzung des Menschen mit der Natur, um ein tieferes Eindringen in die Gesetze der Natur, um die gesellschaftliche Bedingtheit von Naturerkenntnis und um den Platz der Naturwissenschaft in bestimmten Gesellschaftsordnungen. Insgesamt soll sich durch die Erfüllung dieser Aufgabe eine immer tiefer in das Wesen eindringende Widerspiegelung der objektiven Realität ergeben, die sich in den wissenschaftlich besser fundierten Antworten auf die weltanschaulichen Grundfragen ausdrückt. Dazu erfolgen die Verallgemeinerungen der Naturerkenntnisse über präzisierte philosophische Aussagen und philosophische Hypothesen, was die innere Einheit von Materialismus und Naturwissenschaft aufdeckt und die objektive Naturdialektik besser erkennen läßt.

Zweitens wird der Erkenntnisprozeß in seiner Vielgestaltigkeit und Kompliziertheit immer besser erfaßt. Hier geht es vor allem um das Verständnis des Naturwissenschaftlers in seiner Zeit, der Naturerkenntnisse unter bestimmten gesellschaftlichen Bedingungen gewinnt, gesellschaftliche Forderungen befriedigt und gesellschaftliche Ziele erreichen soll. In die Naturerkenntnis gehen weltanschauliche und philosophische Komponenten ein; in ihr spielt die traditionelle Bildung und Weiterbildung eine Rolle, muß die Fähigkeit des Naturwissenschaftlers vorhanden sein, theoretische Fragen zu stellen und sie experimentell beantworten zu können. Es sind philosophisch die Bindeglieder zwischen Experiment und Theorie, wie sie heute vor allem in der Hypothesenbildung, Modellmethode, Analogienbildung usw. existieren, zu analysieren, um zu einem besseren Verständnis der verschiedenen Komponenten des wissenschaftlichen Erkenntnisprozesses zu kommen.

Drittens führt die Untersuchung der Methoden der Naturwissenschaft zu einer besseren Methodologie, wobei die Philosophie selbst die Untersuchung der begrifflichen Grundlagen der Naturwissenschaft fördert und selbst Begriffskritik leistet. Die weltanschauliche Funktion der marxistisch-leninistischen Philosophie umfaßt nicht nur die Inhalte der Antworten auf die weltanschaulichen Grundfragen, die durch die Naturwissenschaften gegeben werden, nicht nur die Beziehung von Wissenschaft und Weltanschauung im Erkenntnisprozeß der Naturwissenschaften und des Naturwissenschaftlers, sondern auch die Methode, um zu weltanschaulichen Aussagen zu gelangen, und die entsprechende Methodenkritik im Zusammenhang mit den Grundprinzipien. So konnte der Versuch, die Kybernetik zur philosophischen Methode zu deklarieren, zu keinem Erfolg führen, da in der kybernetischen Begriffsbildung eine Reihe dialektischer Beziehungen nicht berücksichtigt wurde. Die marxistisch-leninistische Philosophie kann dabei ihrer methodologischen Bedeutung nur gerecht werden, wenn sie die Ergebnisse der Analyse des Erkenntnisprozesses und der Verallgemeinerung naturwissenschaftlicher Erkenntnisse ausnutzt. So kann der Begriff der Kausalität nur kritisch analysiert werden, wenn die Auffassungen zur Kausalität und die Ergebnisse von Untersuchungen objektiver Kausalprozesse mit betrachtet werden. Erst dadurch kann das Verhältnis etwa von Kausalität und Gesetz methodologische Bedeutung in der Forderung nach der Aufdeckung statistischer Gesetze bekommen.

Manchmal wird versucht, die Aufgabe der Philosophie auf erkenntnistheoretische und methodologische Betrachtungen naturwissenschaftlicher Erkenntnisse einzuschränken, wobei die Erkenntnistheorie noch mit der Logik der Forschung identifiziert wird. Das ist aus folgenden zwei Gründen falsch: Einerseits wird damit die Rolle der Grundprinzipien negiert, und es werden einseitige empiristische Züge in die Philosophie hineingetragen. Andererseits werden damit nur ungenügend die Voraussetzungen geschaffen, auch der heuristischen Funktion im umfassenden Sinne gerecht zu werden. Auch als Methodologie darf die marxistisch-leninistische Philosophie nicht unterschätzt werden, sie kann aber ihre Aufgaben nur erfüllen, wenn nicht nur Methoden, sondern auch Inhalte naturwissenschaftlicher Erkenntnisse analysiert werden, um Antworten auf die weltanschaulichen Grundfragen zu erhalten.

Die marxistisch-leninistische Philosophie muß ihrer weltanschaulichen Funktion stets aufs neue durch die Analyse neuer Erkenntnisse, neuer Methoden, neuer Aspekte des Verhältnisses von Philosophie und Naturwissenschaft gerecht werden. Dabei sind weltanschaulich bedeutsam vor allem solche Entdeckungen und Methoden, die direkt auf weltanschauliche Grundfragen verweisen und neue Antworten geben, anscheinend die bisherigen Antworten widerlegen oder bisherige Antworten auf neue Weise bestätigen. Das betrifft heute vor allem die Erkenntnisse der Molekularbiologie, die direkt mit der Frage nach der Stellung des Menschen in der Welt und dem Sinn des Lebens verbunden werden. Diskussionen um Menschenzüchtung, um die chemische Grundstruktur von Lebewesen, um die Entwicklungstheorie usw. wirken auf viele Menschen und verlangen philosophische Analyse. Aber auch die Eroberung des Kosmos, die Diskussion um die mögliche Existenz außerweltlicher Zivilisationen, über die technischen Möglichkeiten wissenschaftlicher Erforschung des Mondes und anderer Planeten eröffnet neue Einsichten in bisher unbekannte Gebiete des Weltraums, die vor nicht allzu langer Zeit dem Menschen noch verschlossen erschienen. So wechseln Anteilnahme und Bewunderung für die Taten der Konstrukteure und Kosmonauten mit der Frage nach dem Sinn der Kosmosforschung. Spekulationen und wissenschaftliche Tatsachen sind Gegenstand breiter Erörterungen, die über pessimistische Science-fiction-Geschichten zur Angst vor Überfällen aus dem Weltall und vor Robotern erziehen. Mit der wissenschaftlichen Weltanschauung verbunden, sind die Ergebnisse der Kosmosforschung weitere Fundamente des Materialismus und bedürfen der Untersuchung in verschiedener Hinsicht. Vor allem wirkt auf das Bewußtsein die Schöpferkraft des Menschen, die sich in seinen Fähigkeiten manifestiert, den Kosmos zu erobern. Neben neuen Einsichten in Naturprozesse und das Verhältnis von Mensch und Natur, wird die weltanschauliche Diskussion auch durch solche Einsichten und Methoden bestimmt, die das Erkenntnisvermögen des Menschen betreffen. Ergebnisse der Neurophysiologie und der Bewußtseinsforschung werden in verschiedener Hinsicht weltanschaulich wirksam. Die Einheit von ideellen und materiellen Prozessen im Bewußtsein ist kein Argument gegen den Materialismus, die Untersuchung von Gesetzen der Denktätigkeit führt nicht zur absolut-exakten Voraussage zukünftiger Denkprozesse, und weitere Forschungen werden nicht die Einheit von Bewußtsein und Handeln zerstören.

Vor solchen Forschungsrichtungen, wie der der Aufdeckung der Gesetze der Bewußtseinsentwicklung in verschiedener Hinsicht, stehen jedoch nicht nur Probleme des Materialismus und der Dialektik, sondern auch der Ethik und damit des historischen Materialismus. Wie können wir gegen Bewußtseinserkrankungen organischen und gesellschaftlichen Ursprungs vorgehen? Wird das Bewußtsein manipuliert oder mit einer wissenschaftlichen Weltanschauung ausgerüstet? Widerspricht die Ausnutzung von Gesetzen der Bewußtseinsentwicklung nicht der persönlichen Freiheit? Es soll auf solche Fragen keine Antwort versucht werden, weil es hier darum geht, die weltanschauliche Relevanz naturwissenschaftlicher Erkenntnisse dadurch zu bestimmen, daß mögliche Beziehungen zu den weltanschaulichen Grundaussagen gezeigt werden, deren Untersuchung erst die Antwort gibt. Nicht vergessen darf man dabei auch die durch die Mathematisierung der Wissenschaften und die Entwicklung der Kybernetik entstandenen Illusionen, alle Probleme schnell und unkompliziert lösen zu können. Hier geht es um die weltanschauliche Grundproblematik nach der Erkennbarkeit der Welt durch den Menschen, die, wie Erfahrungen gezeigt haben, nicht durch einen „Kybernetismus" oder einen „mathematischen Dämon" zu lösen ist. Weltanschaulich bedeutsam sind Erkenntnisse, die neue Räume erschließen, neue Prozesse analysieren und zu neuen Methoden führen, wenn es um den Ursprung der Welt und die Quelle des Wissens, um die Stellung des Menschen in der Welt und um den Sinn des Lebens und den Charakter des gesellschaftlichen Fortschritts geht. Dabei müssen die Beziehungen zu diesen Grundfragen nicht immer so unmittelbar wie bei der Molekularbiologie, der Kosmosforschung und der Bewußtseinsforschung sein. Als es schien, daß die Elementarteilchentheorie letzte Grundbausteine der Materie gefunden habe, wurde die These von der Unerschöpflichkeit der Materie angegriffen. Auch die Rolle der Mathematik in der Physik sollte als Existenz einer ideellen Naturordnung verstanden werden, die von der Mathematik aufzudecken sei. Wenn wir also als weltanschaulich bedeutsam die naturwissenschaftlichen Erkenntnisse betrachten, die unmittelbar sich auf die weltanschaulichen Grundfragen beziehen und von der Philosophie analysiert werden müssen, so muß man auch auf die Existenz naturwissenschaftlicher Erkenntnisse verweisen, die erst nach philosophischer Analyse weltanschaulich wirksam werden. Hier sind die Beziehungen zu den weltanschaulichen Grundproblemen nicht unmittelbar einsichtig, sondern existieren mittelbar und sind erst aufzudecken. So kann das Verhältnis von Symmetrie und Asymmetrie in Naturvorgängen nach seiner philosophischen Betrachtung, die die objektive Existenz der dialektischen Beziehungen in Naturvorgängen, die stets eine Einheit von Symmetrie und Asymmetrie sind, zeigen, gegen die These von der Existenz einer idealen und absoluten Symmetrie in der Natur genutzt werden, die als Begründung eines Antizufallsfaktors, einer ideellen Notwendigkeit oder gar einer ideellen Ordnung, die in der Materie existiert, dient.

Wenn hier zwischen weltanschaulich unmittelbar und mittelbar wirksamen Erkenntnissen der Naturwissenschaft unterschieden wird, dann soll damit darauf hingewiesen werden, daß es wissenschaftliche Erkenntnisse gibt, die im Mittelpunkt weltanschaulicher Auseinandersetzungen stehen und von der marxistisch-leninistischen Philosophie in erster Linie zu analysieren sind. Dieses Verhältnis kann sich in der Geschichte wandeln. Zu Engels' Zeiten waren das die Entdeckung der Zelle, des Energieerhaltungssatzes und die Darwinsche Entwicklungstheorie. Lenin mußte sich vor allem mit philosophischen Problemen der Physik und der Fehldeutung psychologischer Erkenntnisse im Machismus auseinandersetzen. In der ersten Hälfte unseres Jahrhunderts wurde die weltanschauliche Diskussion um die einzelwissenschaftlichen Erkenntnisse vor allem durch die Relativitätstheorie und durch die Quantentheorie bestimmt. Kriege und die Existenz von Massenvernichtungsmitteln, besonders der Abwurf der Atombombe auf Japan durch den USA-Imperialismus führten zum Verhältnis von Naturwissenschaft und Gesellschaft und zur Frage nach der moralischen Verantwortung des Wissenschaftlers. Die Diskussion darüber konnte nicht wieder verstummen, da neue Mittel zur Vernichtung der Menschen geschaffen wurden und der Imperialismus bereit ist, sie anzuwenden, wenn er nicht daran gehindert wird. Dabei wird die politische Macht der sozialistischen Länder, der internationalen Arbeiterklasse und der antiimperialistischen Kräfte durch die konsequente kämpferische humanistische Haltung vieler Naturwissenschaftler gestärkt. Heute wird um die philosophischen Probleme der Molekularbiologie, der Kosmosforschung, der Physiologie/Psychologie und der Kybernetik gestritten, die sich als weltanschaulich bedeutsam erwiesen. Unabhängig davon, welche wissenschaftlichen Erkenntnisse unmittelbar weltanschaulich bedeutsam sind, fordert der wissenschaftliche Charakter unserer Philosophie nicht nur deren eingehende Untersuchung mittels präzisierter philosophischer Aussagen und philosophischer Hypothesen, sondern die philosophische Analyse auch solcher wissenschaftlichen Erkenntnisse, wie der der Chemie, der Geowissenschaften usw., die nicht im Mittelpunkt weltanschaulicher Auseinandersetzungen stehen. Nur in dieser Breite kann sich die marxistisch-leninistische Philosophie als weltanschauliche, erkenntnistheoretische und methodologische Grundlage naturwissenschaftlicher Arbeit bewähren. Sie unterscheidet sich dadurch auch vom spektakulären Aufgreifen neuer wissenschaftlicher Erkenntnisse durch bürgerliche Ideologie und Naturphilosophie, die den scheinbaren Anspruch mancher Deutungen dieser Erkenntnisse, den Materialismus zu widerlegen, die Unhaltbarkeit der Dialektik zu zeigen, die Einseitigkeit der dialektisch-materialistischen Erkenntnistheorie und des historischen Materialismus aufzudecken, ausnutzen, um gegen die von der marxistisch-leninistischen Philosophie begründeten Antworten zu polemisieren.

Um die Kompliziertheit der weltanschaulichen Funktion noch mehr zu verdeutlichen, sei kurz auf die philosophische Problematik des Verhältnisses von Kybernetik und Philosophie und auf das Verhältnis von Naturwissenschaft und Menschenbild eingegangen.

Wenden wir uns der ersten Problematik zu, so kann es hier nicht allgemein um das Verhältnis von Kybernetik und Philosophie gehen, sondern nur um die eingeschränkte Problematik, ob mit der Entwicklung der Kybernetik auch Änderungen bei der philosophischen Analyse naturwissenschaftlicher Erkenntnisse auftreten. Wir hatten bereits von der notwendigen Präzisierung philosophischer Begriffe für bestimmte Forschungsbereiche gesprochen. Für diese Präzisierung liefert auch die Kybernetik wichtige Hinweise. Erstens treten bestimmte philosophische Begriffsbildungen im Zusammenhang mit der von der Kybernetik geförderten systemtheoretischen und strukturellen Betrachtungsweise in den Hintergrund und werden durch andere ersetzt, die präziser zu definieren sind. Das trifft etwa auf die Begriffe Ding und Erscheinung zu, an deren Stelle immer mehr die Begriffe System, Struktur und Element treten. Zweitens werden Teilaspekte von Kategoriepaaren in der kybernetischen Begriffsbildung exakter gefaßt. So können bestimmte Seiten der Inhalt-Form-Beziehung durch die Element-Struktur-System-Funktion-Beziehung besser gefaßt werden, ohne jene voll auszuschöpfen. Dabei ist es wichtig, dialektische Beziehungen nicht auf Paare von Kategorien einzuschränken, wenn die Analyse der objektiven Prozesse eine Erweiterung erforderlich macht. Auch das Verhältnis von Ganzem und Teil kann in bestimmter Beziehung als Verhältnis System-Teilsystem-Element präzisiert werden. Drittens erlaubt uns die Kybernetik, bestimmte dialektische Beziehungen formalisiert auszudrücken, wie das O. Lange erarbeitete.[43] Dazu gehört neben der Entwicklung auch das Verhältnis von System und Element, für das Lange zeigt, daß das Verhalten des Systems sowohl von der Verhaltensweise der Elemente als auch von der Strukturmatrix abhängt.

Kybernetik und Philosophie unterscheiden sich nicht durch ihren Allgemeinheitsgrad. Wenn man darunter ihren Gültigkeitsbereich versteht, so gelten Philosophie und Kybernetik für alle Prozesse und Systeme. Aber das Ziel ihrer Verallgemeinerung ist verschieden. Wenn sich die Kybernetik mit der Informationsübertragung und der Verhaltensweise von Systemen befaßt, so spielt die Art der Elemente, die das System bilden, keine Rolle. Hier wäre schon ein Grundproblem der Philosophie zu lösen, nämlich das Verhältnis des Materiellen zum Ideellen, das für die Kybernetik nicht als von ihr zu lösendes Problem betrachtet wird. Die Philosophie befaßt sich mit der Beantwortung der oben genannten weltanschaulichen Fragen unter Einbeziehung aller Erkenntnisse der Wissenschaften.

Voreilige Proklamationen über den weltanschaulichen Wert einzelwissenschaftlicher Erkenntnisse ohne philosophische Analyse haben sich in der Geschichte des Denkens immer wieder als unhaltbar erwiesen. So verhielt es sich mit dem Energetismus und dem Malthusianismus ebenso wie mit dem physiologischen oder physikalischen Idealismus. Auch ein neuer Kybernetismus wäre völlig verkehrt, wenn damit der Ersatz der Philosophie gemeint ist. Aber ebenso, wie sich aus der modernen Physik viele interessante philosophische Einsichten ergaben, muß auch die Kybernetik auf ihre philosophisch relevanten Probleme hin untersucht werden. Durch ihren großen Allgemeinheitsgrad bietet sie jedoch der Philosophie mehr als nur Material zur Analyse. Sie kann bei der Präzisierung der Begriffe helfen. Wie die Mathematik allgemein, die ehemals philosophische Probleme auf spezifische Art, beispielsweise in der Beweistheorie oder der Kategorientheorie, löste, kann auch hier die Kybernetik solche Fragen, die bisher als philosophisch angesehen wurden, wie die nach dem Verhältnis von System und Element, beantworten. Die Ausgliederung neuer Wissenschaften aus der Philosophie ist nicht beendet. So behandelt die Operationsforschung das Entscheidungsproblem, was vordem als wichtiges philosophisches Problem angesehen wurde. Die Ausgliederung neuer Wissenschaften verlangt von der Philosophie, daß sie überprüft, welche philosophischen Probleme bis zu welchem Grad damit einzelwissenschaftlich beantwortbar sind und welche neuen Probleme entstehen. Außerdem muß die Hilfe jeder neuen Wissenschaft in Anspruch genommen werden, also auch die der Kybernetik, die zur Präzisierung philosophischer Begriffe beitragen kann.

Die nun mit Hilfe der Kybernetik präzisierten Begriffe oder dialektischen Beziehungen unterliegen jedoch ebenfalls dem geschilderten philosophischen Erkenntnisprozeß. Ihre Anwendung in bestimmten Bereichen hat erst hypothetischen Charakter. Hatten wir jedoch bisher von der Präzisierung philosophischer Begriffe mit Hilfe des naturwissenschaftlichen Materials gesprochen, so bietet sich für diesen Erkenntnisprozeß die Kybernetik als Hilfswissenschaft an. Viele der bisher zu präzisierenden philosophischen Begriffe und Beziehungen waren oft in der Literatur nur unscharf gefaßt. Manchmal wurde nur angegeben, daß es sich um eine dialektische Beziehung handelt, ohne daß der Charakter dieser Dialektik näher bestimmt war. Hier kann die kybernetische Begriffsbildung zur schärferen Fassung philosophischer Begriffe beitragen. Zugleich entsteht jedoch dabei eine Gefahr. Wenn die kybernetische Fassung eines philosophischen Begriffs den philosophischen Inhalt einschränkt und zur philosophischen Verallgemeinerung trotzdem genutzt wird, kommt ein einseitiges Bild zustande. Auf diese Gefahr muß hingewiesen werden, weil Versuche in der Geschichte der Wissenschaften, die Philosophie auf eine andere Wissenschaft zurückzuführen, stets gescheitert sind. Wollte man in der Philosopie nur eine allgemeine System- und Verhaltenstheorie sehen, eine Theorie möglicher Systeme, dann könnte Philosophie auf Mathematik und Kybernetik reduziert werden. Auch die historische Entwicklung des Verhältnisses zwischen Mensch und Umwelt kann nicht allein Gegenstand der Philosophie sein, sonst könnte man sie auf Geschichte reduzieren. Sicher arbeitet der Philosoph bei der Behandlung von Teilaspekten manchmal ähnlich dem Mathematiker oder dem Historiker, und doch geht seine Aufgabe weiter. Die Philosophie muß theoretische Grundlage der Weltanschauung sein. Das kann sie nur, wenn sie die Ergebnisse aller Wissenschaften verallgemeinert oder für die Verallgemeinerung nutzt. Weltanschauung soll wissenschaftliche Orientierung für das praktische Handeln sein. Dazu kann die Philosophie nur beitragen, indem sie eine durch die Ergebnisse der Einzelwissenschaften gesicherte Antwort auf die oben genannten Fragen gibt.

In dieser allgemeinen Aufgabenstellung der Philosophie kann die Kybernetik nur eine Teilaufgabe lösen, nämlich zur Begriffspräzisierung bei der philosophischen Verallgemeinerung naturwissenschaftlicher Erkenntnisse beizutragen. Zugleich muß jedoch die Philosophie kybernetische Begriffe kritisch analysieren. Beispielsweise kann der Begriff des Elements als Teil eines kybernetischen Systems nicht als philosophischer Begriff auf die Elementarteilchenphysik angewandt werden. Philosophisch interessant sind nämlich die Fragen nach der Struktur dieser Elemente, nach ihrer Teilbarkeit, nach ihrer Elementarität. Die Kybernetik drückt zwar ein wesentliches Moment der neuen Denkweise aus, indem sie auf die Beziehungen im System verweist und die Bedeutung der Struktur hervorhebt, kann jedoch die vorher genannte Analyse nicht durchführen. Dazu bedarf es der wechselseitigen Diskussion zwischen Physikern und Philosophen.

Kybernetische Begriffe sind also wesentliche Hilfsmittel bei der philosophischen Verallgemeinerung, unterliegen dabei aber selbst der kritischen philosophischen Analyse. Auf diese Seite ist in der philosophischen Literatur bisher nur ungenügend hingewiesen worden. Das mag damit verbunden sein, daß die Philosophie die Aufgabe hat, neuen Denkweisen zum Durchbruch zu verhelfen, was auch für die Kybernetik zutrifft. Deshalb stand dieser Aspekt bisher notwendig im Vordergrund. Während also die kybernetische Denkweise für jede Wissenschaft sinnvoll ausgenutzt werden sollte, ist eine Reduzierung einzelner Wissenschaften auf Kybernetik falsch, da diese bestimmte Teilaspekte erfaßt, aber nicht die wissenschaftlichen Aufgaben der Naturwissenschaften oder Philosophie löst. Damit entsteht mit der Kybernetik keine neue Weltanschauung, obwohl manchmal in der Literatur der Eindruck erweckt wurde, als ob es vorher kein Systemherangehen an die Wirklichkeit gegeben hätte. Gerade die kybernetische Systemtheorie steht in enger Beziehung zur philosophischen Systemauffassung. Es gibt mehrere Versuche, allgemeine Systemtheorien aufzubauen.[44] Für alle trifft zu, daß die philosophische Analyse der theoretischen Grundlagen erforderlich ist und überprüft werden muß, ob Bestandteile philosophischer Systemauffassungen besser in einer allgemeinen Systemtheorie behandelt werden können. Die philosophische Analyse neuer Erkenntnisse muß deshalb auch vereinfachte Antworten auf weltanschauliche Grundfragen zurückweisen und auf die Kompliziertheit objektiver dialektischer Beziehungen, ihres Erkenntnisprozesses und der Erkenntnismethoden aufmerksam machen.

Diese Kompliziertheit, die in der philosophischen Analyse selbst sichtbar wird, macht auch unser zweites Beispiel deutlich. Es geht um das Verhältnis von Naturwissenschaft und Menschenbild. Die moderne Naturwissenschaft hat entscheidenden Anteil an der zukünftigen Gestaltung der Beziehungen zur Umwelt. Deshalb wäre es interessant, die Konzeptionen philosophisch zu analysieren, die hinter der modernen Wissenschaftsentwicklung in bezug auf den Menschen stecken. In der Literatur gibt es teilweise eine scharfe Kritik an einem ungezügelten Wissenschaftsoptimismus. So schreibt der Physiker W. Heitler, „daß große Teile der gegenwärtigen Wissenschaft selbst lebensfremde Züge aufweisen“[45]. Dabei geht es nicht um Gefahren, die durch die Produktion von Massenvernichtungswaffen für die Menschheit entstehen, sondern um die aus der Wissenschaftsentwicklung entstehenden Möglichkeiten, den Menschen nicht mehr als bestimmendes Subjekt der Wissenschaft, sondern nur noch als Objekt der Forschung zu sehen. Nachrichtentechnik, soziologische Untersuchungen, Humangenetik usw. bieten Möglichkeiten zur Manipulierung des Menschen und zu seiner biologischen Veränderung. Propagiert man nur die Erfolge der Wissenschaft, ohne ihr humanes Ziel zu beachten, so entsteht bei vielen Menschen die Illusion von der Allmacht der Wissenschaft und ihrer Dämonie, der der Mensch unterworfen ist.

Sicher kann ein Teil der Gefahren durch die Überwindung der kapitalistischen Gesellschaftsordnung gebannt werden. Besonders die Manipulierung der Menschen mit Hilfe moderner wissenschaftlicher Erkenntnisse ist Bestandteil des modernen Herrschaftssystems des staatsmonopolistischen Kapitalismus. Hier setzt die moralische Verantwortung der Wissenschaftler ein, die für die humane Verwendung ihrer Erkenntnisse gegenüber der Gesellschaft eintreten müssen. Darüber hinaus gibt es noch ein Problem, das Heitler mit folgenden Worten charakterisiert: „Daß der Erfinder für die Dinge, die er macht, verantwortlich ist, – und nicht erst derjenige, der sie praktisch verwendet, darüber kann kein Zweifel bestehen. Die Dinge, die der Erfinder machen kann und glaubt machen zu dürfen, stehen aber in engstem Zusammenhang mit der ganzen wissenschaftlichen Einstellung, die der Erfindung vorhergeht. Wenn ich wirklich glaube, daß ein Lebewesen komplizierte Chemie ist, darf ich auch chemisch mit ihm experimentieren. Wenn ich den Geist des Menschen leugne oder als Nebenprodukt physikalisch-chemischer Vorgänge im Gehirn betrachte, dann darf ich auch diese Vorgänge im Gehirn auf physikalische Weise beeinflussen. Dann sind wirklich alle die genannten Anwendungen der Wissenschaft moralisch wertfrei und erlaubt."[46] Sicher überspitzt Heitler in seiner Arbeit an manchen Stellen, aber eins wird deutlich: Wissenschaftskonzeption und Menschenbild sind eng miteinander verbunden.

Man könnte natürlich einwenden, daß Heitler von einem mechanisch-materialistischen Menschenbild ausgeht, das durch dialektisch-materialistische Kritik längst widerlegt ist. Damit würde man jedoch nicht das eigentliche Problem treffen. Jede Epoche hat bestimmte Wissenschaftsideale, die einem wissenschaftlichen Menschenbild entsprechen, aber auch widersprechen können. Dabei sind diese Ideale auch von den sozialen Verhältnissen geprägt, unter denen der Wissenschaftler lebt. Die Wissenschaftspropaganda verbreitet diese Ideale und macht sie damit zum weltanschaulichen Problem für viele Menschen. Die Wissenschaftsentwicklung verläuft, wenn sie unbewußt dem Ideal folgt, nicht immer im Interesse der Gesellschaft. Da der Sozialismus sowohl die menschlichen Beziehungen so umgestaltet, daß gegenseitige Hilfe und kameradschaftliche Unterstützung dominierend werden, als auch die Wissenschaft dringend zur Entwicklung des gesellschaftlichen Systems braucht, muß er Wissenschaftsideal und Ziel der gesellschaftlichen Entwicklung miteinander in Einklang bringen.

Bestimmte Wissenschaftsentwicklungen bringen jedoch, unabhängig vom Willen der Menschen, Probleme für die Entwicklung der Menschheit mit sich. Denken wir an die Chemisierung der Natur. So wird beispielsweise durch die Anwendung von Schädlingsbekämpfungsmitteln zwar volkswirtschaftlicher Nutzen erzielt; es kann jedoch später ein biologischer Schaden auftreten, dessen Auswirkungen auf den

Menschen zur Zeit der Benutzung dieses Mittels noch nicht vorauszusehen waren. Hier muß die Wissenschaft in Zusammenarbeit verschiedener Disziplinen einen Ausweg finden. Komplizierter ist das Problem der Menschenzüchtung. Auf internationalen Genetikerkongressen wird die Möglichkeit der Menschenzüchtung diskutiert. Wir müssen wissen, was sich für Folgerungen ergeben, um die wissenschaftliche Forschung auf diesem Gebiet für unser Ziel einer menschlichen Gesellschaft einzusetzen.

Wir können die wissenschaftliche Entwicklung nicht aufhalten und wollen es auch nicht. Wir müssen jedoch den Zusammenhang zwischen dem Wissenschaftsideal und dem damit verbundenen Menschenbild sehen, um beides mit unseren Vorstellungen von der gesellschaftlichen Entwicklung zu konfrontieren.

Das Wissenschaftsideal seiner Zeit führte Spinoza dazu, seine Ethik zu geometrisieren. Worin besteht das Wissenschaftsideal heute? Sind wir uns bei allen Forschungen über die dabei mitkonzipierte Haltung zum Menschen klar? Meist weichen wir diesen Fragen aus. Die Philosophie muß sie aber beantworten, wie sie auch eine Ethik schaffen muß, die moderner naturwissenschaftlicher Forschung angemessen ist. Die humanistischen Maßstäbe für wissenschaftliches Forschen dürfen nicht so eng sein, daß mögliche neue Wissenschaftsrichtungen in ihrer Entwicklung gehemmt werden, obwohl sie in der Zukunft viele Leiden lindern könnten. Sie dürfen aber auch nicht so weit sein, daß nicht mehr der Mensch die Wissenschaft lenkt, sondern er gelenkt wird durch die Menschenbilder, die er unbewußt mit seinen Forschungen voraussetzt. Das Selbstexperiment von Ärzten und Kosmonauten ist ein persönliches Wagnis zum Wohle der Menschheit. Es könnte jedoch durch ungezügelte und nicht regulierte Einführung wissenschaftlicher Erkenntnisse in die Praxis zu Experimenten mit großen Menschengruppen kommen, die verhindert werden müßten. Weil man die Entwicklung der Wissenschaft nicht aufhalten kann, muß man sich mit den humanistischen Anforderungen an die moderne Wissenschaftsentwicklung auseinandersetzen und auf die Gefahren einseitiger Wissenschaftskonzeptionen aufmerksam machen.

Beide Probleme, sowohl die mit der Kybernetik verbundene philosophische Problematik bei der Analyse naturwissenschaftlicher Erkenntnisse als auch das Verhältnis von Menschenbild und Naturwissenschaft, die nur kurz charakterisiert wurden, wobei auf verschiedene Aspekte ihrer Lösung noch zurückzukommen sein wird, zeigen die Vielseitigkeit weltanschaulicher Probleme und die Schwierigkeit, der weltanschaulichen Funktion der marxistisch-leninistischen Philosophie gegenüber der Naturwissenschaft gerecht zu werden. Jedoch nur die Erfüllung der mit dieser Funktion verbundenen Aufgaben ermöglicht auch die Durchführung der ideologischen und heuristischen Funktion. Die weltanschauliche Funktion ist, wie schon betont, die zentrale Funktion der marxistisch-leninistischen Philosophie, die nicht positivistisch in einzelwissenschaftliche Forschung aufgelöst werden kann, ohne die Philosophie in ihrer eigenen Bedeutung selbst zu negieren. Sie darf aber auch nicht zu einem reinen Regel- und Normensystem weltanschaulichen Verhaltens werden, das als praktisch bewährt und bewährbar angesehen wird, aber von der Entwicklung der Naturwissenschaft oder gar der Wissenschaft überhaupt losgelöst wird. Damit würden die Grundprinzipien zu Glaubensprinzipien, Spekulationen oder a priori gegebenen ewigen Wahrheiten, und der materialistische Grundgedanke der Klassiker des Marxismus-Leninismus, stets von Tatsachen auszugehen und ihre Beziehungen theoretisch zu erfassen, würde nicht berücksichtigt. Gerade deshalb muß sich die auf der Wissenschaft und den Erfahrungen des Klassenkampfes basierende wissenschaftliche Weltanschauung als System von Antworten auf die weltanschaulichen Grundfragen sowohl als wissenschaftliche Orientierung praktischen Handelns (ideologische Funktion) als auch durch erkenntnisfördernde Hinweise für die naturwissenschaftliche Forschung durch die Lösung weltanschaulicher, erkenntnistheoretischer und methodologischer Probleme (heuristische Funktion) bewähren. Die ideologische Funktion betrifft dabei die gesellschaftlichen Beziehungen der Naturwissenschaft und des Naturwissenschaftlers, was Gegenstand noch weiterer Untersuchungen sein muß und nicht in der ganzen Komplexität mit ausführlichen Begründungen hier abgehandelt werden kann. Es soll hier um die wissenschaftlichen Aspekte der ideologischen Funktion gehen, die für das Verhältnis von marxistisch-leninistischer Philosophie und moderner Naturwissenschaft von Interesse sind. Anders ist es mit der heuristischen Funktion der marxistisch-leninistischen Philosophie gegenüber der Naturwissenschaft. Sie muß ausführlich dargestellt werden und auf sie ist noch zurückzukommen.

2.3. Die ideologische Funktion der marxistisch-leninistischen Philosophie

Die wissenschaftliche Weltanschauung ist als System von Antworten auf die weltanschaulichen Grundfragen nicht nur Widerspiegelung der objektiven Realität, sondern zugleich Programm der Veränderung der

Welt und damit Handlungsmotivierung für ihre revolutionäre Umgestaltung. Sie bringt das aktive Verhältnis der Arbeiterklasse und ihrer Verbündeten zur Gesellschaft zum Ausdruck und ist damit zugleich wissenschaftliche sozialistische Ideologie, indem sie die theoretischen Grundlagen für die politische Umgestaltung der Gesellschaft in der sozialistischen Revolution und beim Aufbau des Sozialismus, der entwickelten sozialistischen Gesellschaft und des Kommunismus gibt. Unter wissenschaftlicher Ideologie soll dabei die auf die Umgestaltung der Gesellschaft orientierte theoretische Erfassung gesellschaftlicher Zusammenhänge im Sinne präzisierter weltanschaulicher Grundaussagen für bestimmte Etappen des Übergangs vom Kapitalismus zum Kommunismus verstanden werden, aus der sich Handlungsanweisungen ergeben.[47] Die marxistisch-leninistische Philosophie ist philosophisch-theoretische Grundlage der sozialistischen Politik. Mit der sozialistischen Revolution gewinnt der Naturwissenschaftler ein neues Verhältnis zur Arbeiterklasse als der Klasse, die die Macht übernommen hat. Während die Masse der Naturwissenschaftler im Kapitalismus zur Stärkung der Herrschaft der Kapitalisten beiträgt und nur wenige den Weg zur Arbeiterklasse finden, hilft der Naturwissenschaftler im Sozialismus bei der Entwicklung der materiell-technischen Basis der neuen Gesellschaftsordnung. Im Kapitalismus wird die Propagierung der marxistisch-leninistischen Philosophie durch die herrschende Klasse behindert, im Sozialismus ist sie Studienfach an den Universitäten, und sie wird über die verschiedensten Formen der Qualifizierung und Weiterbildung gelehrt. Damit hat der Naturwissenschaftler im Sozialismus die Möglichkeit, seine politischen Erfahrungen mit dem Sozialismus theoretisch-philosophisch zu erfassen und die Philosophie als theoretische Grundlage praktischer Politik zu begreifen.

Lenin hat auf die sich daraus ergebenden Konsequenzen für das Bündnis zwischen Philosophen und Naturwissenschaftlern früh aufmerksam gemacht. Er hat von den Philosophen nicht nur theoretisch gefordert, den Naturwissenschaftlern zu helfen, dem Ansturm der bürgerlichen Ideologie zu widerstehen und eine dialektisch-materialistische Interpretation der modernen Naturwissenschaft zu geben, die nur im Bündnis mit den streitbaren Materialisten unter den Naturwissenschaftlern auszuarbeiten ist, sondern er hat sich auch praktisch für dieses Bündnis eingesetzt. Das ist um so höher zu bewerten und unterstreicht die Bedeutung dieser Aufgabe, als es in einer Zeit geschah, in der die Sowjetunion schwere innen- und außenpolitische Krisen durchmachte, weil sich die Reaktion nicht mit der sozialistischen Revolution abfinden wollte.

Lenin erkannte die Notwendigkeit einer neuen technischen Basis für den Aufbau des Sozialismus. Er förderte die wissenschaftlichen Vorarbeiten zum Plan für die Elektrifizierung des Landes und seine Verwirklichung. Ihm ging es darum, der Bevölkerung zu zeigen, „daß wir in dieser Hinsicht umfangreiche Pläne haben, die nicht der Phantasie entsprungen, sondern technisch untermauert und wissenschaftlich vorbereitet sind"[48]. Damals wurden bereits die praktischen Grundlagen für die sozialistische Wirtschaftsplanung geschaffen, deren Ergebnisse Lenin in vielen Arbeiten verallgemeinerte und woraus er Schlußfolgerungen über die Rolle der Wissenschaft und der Wissenschaftler für die Planung zog, die auch für sein Verhalten zu den Naturwissenschaftlern bestimmend waren. 1920 wurde mit der Ausarbeitung des Plans zur Elektrifizierung (GOELRO) begonnen. In seinem Artikel „Über den einheitlichen Wirtschaftsplan" schätzt Lenin die geleistete Arbeit ein: „Wir haben einen staatlichen Auftrag erteilt, haben Hunderte von Spezialisten mobilisiert und in zehn Monaten (natürlich nicht in zwei, wie ursprünglich festgelegt war) einen wissenschaftlich begründeten, einheitlichen Wirtschaftsplan erhalten. Wir können auf diese Arbeit mit Recht stolz sein; wir müssen nur verstehen, wie sie auszuwerten ist, und gerade das Unverständnis hierfür muß jetzt bekämpft werden."[49] Es war für Lenin und seine Mitstreiter oft nicht einfach, selbst bei führenden Funktionären Verständnis für die Bedeutung der wissenschaftlichen Arbeit und für ihre Schwierigkeiten zu erreichen. Ihm ging es sowohl um die wissenschaftliche Auswertung der eigenen Erfahrungen als auch um die Ausnutzung der bereits gesammelten wissenschaftlichen Erkenntnisse auf allen Gebieten. Mit Besserwisserei, Ingoranz und ironisierender Witzelei über das Phantastische des Plans setzte er sich hart auseinander. „Man muß endlich lernen," schrieb er, „die Wissenschaft zu schätzen, mit der ‚kommunistischen' Hoffart von Dilettanten und Bürokraten aufzuräumen; man muß endlich lernen, systematisch zu arbeiten und dabei die eigene Erfahrung, die eigene Praxis auszuwerten."[50]

Lenin kümmerte sich auch um die Lebensbedingungen der Wissenschaftler. Erwähnt wurde schon der Beschluß des Rates der Volkskommissare vom 24. 1. 1921, in dem, in „Anbetracht der ganz außergewöhnlichen Verdienste des Akademiemitgliedes I. P. Pawlow, die von ungeheurer Bedeutung für die Werktätigen der ganzen Welt sind", eine Kommission u. a. den Auftrag erhielt, „in kürzester Frist maximal günstige Bedingungen zu schaffen, die die wissenschaftliche Arbeit des Akademiemitglieds Pawlow und seiner Mitarbeiter gewährleisten"[51]. Man könnte hier Lenins Interesse an wissenschaftlichen Entdeckungen erwähnen. Mehrmals beschäftigte er sich mit der Entwicklung des Rundfunks in Rußland, weil er seine große propagandistische Bedeutung erkannte. Er forderte für eine Gruppe von Ingenieuren, die sich mit der Verwertung von Ölschiefer befaßten, alle Hindernisse zu beseitigen, die Entwicklung der Arbeit finanziell zu unterstützen und die Ingenieure auszuzeichnen.[52] Selbst Arbeitszimmer und Laboratorien für Wissenschaftler waren 1920 Gegenstände eines Briefes an den Petrograder Sowjet.[53] Leider wurde in der Folgezeit nicht immer Lenins Haltung zu Wissenschaft und Wissenschaftlern, seine Forderung nach Meinungsstreit und philosophischer Durchdringung der wissenschaftlichen Erkenntnisse zum Maßstab des Handelns für jeden Funktionär und Wissenschaftler genommen. Sehen wir einmal von Ergebnissen des Machtmißbrauchs ab, so fand das seinen theoretischen Ausdruck in der Mißachtung naturwissenschaftlicher Erkenntnisse durch einige Philosophen und Naturwissenschaftler. Heute können wir in der Sowjetunion und auch bei uns auf umfangreiche Arbeiten zu philosophischen Problemen der Naturwissenschaften zurückblicken. Aus dem Bündnis mit einigen Naturwissenschaftlern haben sich gemeinsame Forschungsvorhaben entwickelt, und Gemeinschaftspublikationen sind entstanden. Das ist die Grundlage dafür, daß der marxistisch-leninistische Philosoph heute nicht mehr als Historiker der Wissenschaften die Vereinbarkeit naturwissenschaftlicher Erkenntnisse mit dem dialektischen Materialismus dann feststellt, wenn der Naturwissenschaftler sich längst anderen Problemen zugewandt hat, sondern aktiv seinen Beitrag zum Nachweis der inneren Einheit zwischen Materialismus und Naturwissenschaft leistet. So wie Lenin sich der philosophischen Diskussion seiner Zeit zuwandte, sind viele Arbeiten unserer Philosophen den brennenden erkenntnistheoretischen und methodologischen Fragen unserer naturwissenschaftlichen Forschung gewidmet. Aber Lenin forderte noch mehr. Ihm ging es nicht allein um eine Diskussion der philosophischen Probleme zwischen Spezialisten, den Philosophen und Naturwissenschaftlern, sondern auch um die Propagierung weltanschaulich-naturwissenschaftlicher Erkenntnisse, um die wissenschaftliche Basis der individuellen Weltanschauung des einzelnen zu sichern und zu erweitern. Naturwissenschaftliche Kenntnisse allein bringen nicht automatisch eine wissenschaftliche Weltanschauung hervor. Lenin betonte, daß der Materialismus nur streitbar ist, wenn er die Fragen der naturwissenschaftlichen Entwicklung und der Naturwissenschaftler beantwortet. „Denn die Naturwissenschaft schreitet so schnell voran", bemerkt er, „macht eine Periode so tiefgehenden revolutionären Umbruchs auf allen Gebieten durch, daß sie ohne philosophische Schlußfolgerungen unter keinen Umständen auskommen kann."[54]

Wir sind heute in der Lage, Lenins Auftrag in sehr viel breiterem Umfang zu erfüllen, als ihm selbst damals möglich war. Wir haben ausgebildete Spezialisten für philosophische Probleme der Naturwissenschaften, die als Philosophen sich mit der Naturwissenschaft oder als Naturwissenschaftler sich mit der Philosophie befaßt haben. Sie sollten überall als Zentren für die Zusammenarbeit von Philosophen und Naturwissenschaftlern wirksam werden, beginnend mit gemeinsamen Diskussionen bis zur gemeinsamen Forschungsarbeit, die sich in Publikationen niederschlagen sollte. Die obligatorische marxistisch-leninistische Weiterbildung der Naturwissenschaftler an den Universitäten und Hochschulen, aber auch das geistig-kulturelle Leben in den Betrieben und Institutionen sollten mehr als bisher zur Darlegung und Lösung philosophischer Probleme der Naturwissenschaften beitragen. Dann werden die Naturwissenschaftler selbst zu Propagandisten der marxistischen Philosophie bei der Vermittlung naturwissenschaftlicher Erkenntnisse, so wie es an manchen Stellen schon der Fall ist. Damit wird der Naturwissenschaftler vom Konsumenten wissenschaftlicher Ideologie zu ihrem aktiven Propagandisten.

Die Mißachtung der Leninschen Forderung, schnell auf neue naturwissenschaftliche Erkenntnisse philosophisch zu reagieren, gibt der bürgerlichen Ideologie Einflußmöglichkeiten, weil der dialektische Materialismus damit an einer Stelle amputiert wird, wo sein Gebrechen nicht so schnell sichtbar ist.

Für die marxistisch-leninistische Philosophie hat die ideologische Funktion große Bedeutung, weil sich in ihr erst die wirkliche Konsequenz der revolutionären Theorie offenbart. Die Klassiker des Marxismus-Leninismus haben sich stets gegen alle Formen der Ablehnung der Theorie gewandt und den Praktizismus bekämpft. Aber die bloße Interpretation von Tatsachen reichte ihnen nicht aus. Die Theorie war für sie dann erst vollständig entwickelt, wenn aus ihr Handlungsanweisungen hervorgehen, Motive und weltanschauliche Impulse entstehen und so nach Marx die Philosophen die Welt nicht nur verschieden interpretieren, sondern mithelfen, sie zu verändern, wenn nicht nur Ziele menschlicher Handlungen, sondern auch Wege zum Ziel theoretisch erarbeitet werden. Deshalb ist das Maß für die Wirksamkeit einer Ideologie in ihrem Einfluß auf die Handlungen zu sehen. Sie bewährt sich im massenhaften Verhalten von Menschen nach den ideologischen Handlungsanweisungen. Aber Wahrheit und Wirksamkeit stimmen nicht miteinander überein, sind nicht identisch. Auch die auf einseitigen und falschen Theorien über die Wirklichkeit aufbauenden ideologischen Hinweise für das gesellschaftliche Handeln können große motivbildende und weltanschauliche Bedeutung unter bestimmten Bedingungen für bestimmte Klassen und Schichten haben. Das zeigte beispielsweise der Faschismus, der soziale Umwandlungen proklamierte, Elitedenken verbreitete und dabei die reaktionärste Form der Herrschaft des Monopolkapitals war und ist. Wahre Theorien über gesellschaftliche Zusammenhänge müssen dagegen nicht immer begeisterte Anhänger finden. Aber sie sind wissenschaftliche Orientierung für praktisches Handeln und müssen als solche umgesetzt werden. Eben dann wird die Theorie zur materiellen Gewalt, wenn sie die Massen ergreift, wenn sie damit ihre ideologische Funktion erfüllt.

Mancher Wissenschaftler sieht unter dem Einfluß der bürgerlichen Ideologie, die falsches Bewußtsein ist, nur den Aspekt der Wirksamkeit der Ideologie und beachtet die Frage nach der Wahrheit der der Ideologie zugrunde liegenden Theorie nicht. Er untersucht die Wissenschaftlichkeit der Ideologie nicht und lehnt sie von vornherein als unwissenschaftlich ab. In dieser Weise verfährt beispielsweise Monod. Er nennt Erscheinungen der bürgerlichen Ideologie und überträgt sie auch auf die wissenschaftliche sozialistische Ideologie. Der theoretische Kern seiner Kritik ist die Trennung von Wirksamkeit und Wahrheit von Ideen. Die Wirksamkeit der Idee bestimmt ihren ideologischen Wert und nicht die Wahrheit, meint Monod. Er schreibt: „Der Wirkungsgrad einer Idee hängt von der Verhaltensänderung ab, die sie beim einzelnen oder bei der Gruppe herbeiführt, wenn diese die Idee annehmen. Wenn eine Idee von einer Gruppe von Menschen angenommen wird und ihr mehr Zusammenhalt, mehr Zielstrebigkeit und mehr Selbstvertrauen vermittelt, dann verleiht sie ihr damit auch eine gesteigerte Expansionskraft, wodurch dann andererseits die Verbreitung der Idee gesichert wird. Der Verbreitungsgrad der Idee steht in keiner notwendigen Beziehung zu dem Anteil objektiver Wahrheit, den sie enthalten mag. Die verstärkte Macht, die für eine Gesellschaft in einer religiösen Ideologie liegt, hängt nicht eigentlich von deren Struktur ab, sondern davon, daß diese Struktur angenommen worden ist, daß sie sich durchsetzt. Deshalb läßt sich auch das Durchsetzungsvermögen einer solchen Idee nur schwer von ihrer Wirkungskraft trennen."[55] Es geht hier um die Aufgabe der Ideologie, Handlungsanweisungen für bestimmte Menschengruppen zu geben. Diese Anweisungen müssen, wenn sie wirksam sein sollen, mit den Interessen dieser Gruppen zusammenlaufen. Damit ergibt sich für den historischen Materialismus mit der Erklärung der Interessen aus den Produktionsverhältnissen auch eine Erklärung für die Wirksamkeit der Ideen. Die in der antagonistischen Klassengesellschaft existierenden Produktionsverhältnisse, die die Art und Weise der Produktion materieller Güter bestimmen, beruhen auf dem Eigentum der herrschenden Klasse an den Produktionsmitteln, was sich mit der Ausbeutung und Unterdrückung der produzierenden Schichten verbindet. Das sich daraus ergebende objektive Interesse der herrschenden Klasse richtet sich auf die Erhaltung ihrer Herrschaft, die Rechtfertigung der Ausbeutung und der Unterdrückung. Demgegenüber besteht das Interesse der unterdrückten Klasse in der Veränderung dieser Ordnung. Diese Interessen finden stets ihren ideologischen Ausdruck. Solange jedoch beim Übergang von der Sklaverei zum Feudalismus und vom Feudalismus zum Kapitalismus nur eine Ausbeuterklasse durch die andere Ausbeuterklasse sich in der Herrschaft ablöste, war zwar die Ideologie der vorher unterdrückten Klassen fortschrittlich, brachte die auf objektiven Gesetzen der gesellschaftlichen Entwicklung basierenden Interessen zur Veränderung der gesellschaftlichen Zustände zum Ausdruck, war jedoch von vornherein Ideologie von Teilinteressen, weil Ideologie der zukünftig herrschenden Klasse. Sie suchte dabei stets den Schein des allgemeinen Interesses zu wecken, der dadurch objektiv bedingt war, daß die Veränderung der bestehenden Zustände zu den Interessen aller unterdrückten Klassen und Schichten gehörte. Der Schein des allgemeinen Interesses löste sich nach der Machtergreifung durch die neue Ausbeuterklasse auf. Wie die Klassiker des Marxismus-Leninismus nun begründeten, hat die Arbeiterklasse mit ihrer Machtergreifung das Ziel, die Ausbeuterordnung überhaupt zu beseitigen und die klassenlose kommunistische Gesellschaft zu errichten. Durch die Abschaffung des Privateigentums an Produktionsmitteln und die Herstellung des gesellschaftlichen Eigentums an ihnen, durch die Beseitigung der Ausbeutung des Menschen durch den Menschen, durch die Verteilung der Produkte nach der Leistung im Sozialismus und nach den Bedürfnissen im Kommunismus verändern sich die Interessen dieser Klasse und der mit ihr verbündeten sozialen Schichten gegenüber jeder Ausbeuterordnung grundsätzlich. Um ihr Ziel erreichen zu können, muß die Arbeiterklasse eine wissenschaftliche Weltanschauung besitzen, die ihre allgemeinen Interessen aus der Entwicklung der Gesellschaft, aus der Existenz objektiver Entwicklungsgesetze begründet. Damit wird die Wahrheit der Gesellschaftstheorie für die sozialistische Revolution und den Aufbau des Kommunismus selbst zum notwendigen Bestandteil für die Wirksamkeit dieser Ideologie. Die sozialistische Revolution wird zur Massenbewegung, die mit der sozialistischen

Demokratie die Voraussetzung zur Teilnahme der Massen an der Planung und Leitung der gesellschaftlichen Prozesse schafft. Die Wirksamkeit sozialistischer Ideologie beruht auf der Wahrheit ihrer Einsicht in gesellschaftliche Zusammenhänge. Mehr noch, sie beruht auf einer umfassenden Weltanschauung, die die Fragen nach dem Ursprung der Welt und der Quelle des Wissens, nach der Stellung des Menschen in der Welt, nach dem Sinn des Lebens und dem Charakter des gesellschaftlichen Fortschritts wissenschaftlich beantwortet, ihre Antworten stets überprüft, korrigiert und präzisiert. Monod meint dazu: „Für Marx wie für Hegel läuft die Geschichte nach einem immanenten, notwendigen und positiven Plan ab. Daß die marxistische Ideologie einen so ungeheuren Einfluß auf die Geister hat, ist nicht allein darauf zurückzuführen, daß sie das Versprechen einer Befreiung des Menschen enthält, sondern auch und sicherlich vor allem darauf, daß sie eine Ontogenese enthält, daß sie eine vollständige und detaillierte Erklärung der vergangenen, gegenwärtigen und zukünftigen Geschichte gibt. Beschränkt auf die menschliche Geschichte und selbst mit den Sicherheiten der ‚Wissenschaft' ausstaffiert, blieb der historische Materialismus etwas Bruchstückhaftes. Es mußte der dialektische Materialismus hinzutreten, der seinerseits die umfassende Erklärung liefert, die der Geist benötigt: Die Geschichte des Menschen und die des Kosmos sind darin vereint, als gehorchten sie beide den gleichen ewigen Gesetzen." [56] Streicht man den Zweifel Monods an der Richtigkeit dieser Weltanschauung ab, dann hat man die Begründung für ihre Wirksamkeit. Sie ist in sich geschlossen, gibt nicht nur Antworten auf bestimmte Teilfragen, sondern beantwortet die wesentlichen weltanschaulichen Grundfragen auf der Grundlage der Entwicklung der Wissenschaft und der wissenschaftlichen Verallgemeinerungen des gesellschaftlichen Entwicklungsprozesses. Sie dogmatisiert sich nicht selbst, wie Hegel das mit seiner Philosophie machte, und läßt die Geschichte nicht als Schema bestehen, sondern hebt aus der Entwicklung der Gesellschaft das Ziel ab, die kommunistische Gesellschaft zu errichten, und entwickelt dann die Mittel und Wege, um dieses Ziel zu erreichen.

Der Materialismus fordert aber, die Tatsachen in ihrem eigenen und keinem phantastischen Zusammenhang zu sehen. Nach Monod muß diese Grundlage der Erkenntnis auch im Werturteil begründet werden. Damit nimmt er sich selbst die Möglichkeit, die Verallgemeinerung der Erfahrungen der Wissenschaft als Grund für den Materialismus anzugeben. Er schreibt: „In einem objektiven System ist dagegen jegliche Vermischung von Erkenntnis und Wertung verboten. Aber dieses Verbot, dieses ‚erste Gebot', durch das die objektive Erkenntnis begründet wird, ist selber nicht objektiv und kann es nicht sein: Es ist eine moralische Regel, eine Verhaltensvorschrift. (Hierin liegt grundsätzlich das logische Verbindungsglied zwischen Erkenntnis und Wertung.) Die wahre Erkenntnis kennt keine Wertung, doch um sie zu begründen, bedarf es eines Werturteils oder vielmehr eines wertenden Axioms. Die Aufstellung des Objektivitätspostulats als Bedingung wahrer Erkenntnis stellt offensichtlich eine ethische Entscheidung und nicht ein Erkenntnisurteil dar, denn dem Postulat zufolge konnte es vor dieser unausweichlichen Entscheidung keine ‚wahre Erkenntnis' geben. Das Objektivitätspostulat stellt die Norm für die Erkenntnis auf und legt dafür einen Wert fest, der in der objektiven Erkenntnis selbst besteht. Wenn man das Objektivitätspostulat akzeptiert, dann trifft man folglich das grundlegende Urteil einer Ethik – der Ethik der Erkenntnis."[57]

Erstens begründet nicht die Verhaltensvorschrift das Objektivitätspostulat, sondern die Erfahrung und das Experiment, die Praxis zwingt uns, die objektive Wahrheit neuer Erkenntnisse als Widerspiegelung der objektiven Realität anzuerkennen. Denn Monods Fragestellung könnte ja auch auf die Verhaltensvorschrift angewandt werden. Woher kommt sie ? Wann wird sie anerkannt? Von wem wird sie anerkannt? Bei der Beantwortung dieser Fragen kann er nicht dem Parteienkampf in der Philosophie zwischen Materialismus und Idealismus ausweichen und auch nicht der Erklärung der Ideologie im Zusammenhang mit objektivem Klasseninteresse. Aber erst das objektive Klasseninteresse des Proletariats verlangt die objektive Wahrheit über die gesellschaftliche Entwicklung, den Materialismus in der Gesellschaft. Damit ist das Objektivitätspostulat keine ethische Entscheidung, sondern eine auf wissenschaftlicher Verallgemeinerung der bisherigen Erfahrungen der Menschen beruhende Einsicht, deren Durchsetzung mit vielen Auseinandersetzungen und großen Schwierigkeiten verbunden ist, weil es dabei nicht nur um Erkenntnis, sondern vor allem um gesellschaftliche Interessen geht, die Erkenntnisse fördern und hemmen können.

Zweitens ist es falsch, daß die objektive Wahrheit keine Wertung kennt. Das ist eben dann nicht der Fall, wenn diese Wahrheit Interessen berührt. Dann wird sie gewertet, in Abhängigkeit von den Interessen. Sie wird ideologisch aufbereitet. Nur eine Ideologie, die auf der objektiven Wahrheit beharrt, sie nicht verdreht, einseitig darstellt, hat das Recht, sich wissenschaftliche Ideologie zu nennen. So wie Kopernikus, Bruno, Galilei und andere um die Anerkennung der objektiven Wahrheit kämpften, wie die Physiker sich für die Anerkennung der Einsteinschen Relativitätstheorie gegen die faschistisch-chauvinistische Ideologie wenden mußten, so ist die objektive Wahrheit über die gesellschaftliche Entwicklung noch viel härter umstritten. Wenn jedoch die objektiven Klasseninteressen berücksichtigt werden und die Klasse erkannt wird, die für den Fortschritt eintritt, dann verlangt die Einsicht in die objektive Wahrheit das Eintreten für diese Klasse. In den Klassenkämpfen unserer Tage bedeutet das für die Naturwissenschaftler, sich zum echten Bündnispartner der Arbeiterklasse zu entwickeln, die ihnen die Verwirklichung ihrer humanistischen Ideale garantiert und gegen den der Menschheit schadenden Mißbrauch wissenschaftlicher Erkenntnisse kämpft.

Wahrheit und Wirksamkeit von Ideen sind also in den unwissenschaftlichen Ideologien nicht miteinander verbunden, obwohl die Wirksamkeit davon abhängt, wie objektive Interessen zum Ausdruck gebracht werden. Aber in der antagonistischen Klassengesellschaft handelt es sich dabei vorwiegend um reaktionäre Ausbeuterinteressen. Nur in revolutionären Situationen entsteht aus der notwendigen Veränderung der bestehenden Zustände eine fortschrittliche Ideologie, die Teilinteressen als Gesamtinteressen ausgibt, aber objektiv auf den Fortschritt der Gesellschaft gerichtet ist. Insofern hat Monod mit seiner Bemerkung teilweise recht, wenn er schreibt: „Das eigentliche Durchsetzungsvermögen einer Idee ist sehr viel schwieriger festzustellen. Sagen wir so, daß es von den geistigen Strukturen abhängt, auf die eine Idee trifft, und damit auch von den Ideen, die diese Kultur zuvor schon gefördert hat; es hängt aber sicher ebenso von gewissen angeborenen Strukturen ab, die zu identifizieren uns im übrigen ziemlich schwerfällt. Aber es ist deutlich zu erkennen, daß jene Ideen das größte Durchsetzungsvermögen haben, die den Menschen dadurch erklären, daß sie ihm seinen Platz in einem notwendigen Schicksalsablauf zuweisen, wo seine Angst sich löst."[58] Die Kultur fördert weiter solche Ideen, die objektiven Klasseninteressen der herrschenden Klassen entsprechen, das vergißt Monod hinzuzufügen. Es geht auch nicht um angeborene Strukturen, wohl aber um objektiv existierende, in der Art und Weise der Produktion materieller Güter begründete Strukturen, die Einfluß auf die Wirksamkeit von Ideen haben. Erst dann ist es auch möglich, wissenschaftlich die Stellung des Menschen in der Welt zu klären, weil sein Wesen als Ensemble der gesellschaftlichen Verhältnisse erkannt wird, wobei die materiellen Verhältnisse die bestimmenden sind. Höchstwahrscheinlich beruht die Wirksamkeit fortschrittlicher Ideologen auf Teileinsichten in diesen gesellschaftlichen Mechanismus.

Die marxistisch-leninistische Philosophie erfüllt also ihre ideologische Funktion auf der Grundlage der Erkenntnis objektiver Wahrheiten. Sie ist nicht gegen die Wissenschaft gerichtet, sondern versucht die philosophische Verallgemeinerung wissenschaftlicher Erkenntnisse durchzuführen. Sie trennt aber Wahrheit und Wirkung nicht voneinander, sondern sucht die Erkenntnis der objektiven Wahrheit im Interesse der Arbeiterklasse und ihrer historischen Mission. Dabei kann es in der Auseinandersetzung auch zu wissenschaftlichen und ideologischen Fehleinschätzungen kommen, wie das Beispiel Lyssenkos zeigt, das Monod anführt.[59] Aber die marxistisch-leninistische Philosophie korrigiert solche Fehler und glorifiziert sie nicht etwa noch ideologisch. Mit der Existenz sozialistischer Länder, in denen die Arbeiterklasse die Macht hat und sie mit ihren Verbündeten ausübt, hat das Bündnis zwischen marxistisch-leninistischen Philosophen und Naturwissenschaftlern eine feste politische Basis im politischen Bündnis zwischen Arbeiterklasse und Intelligenz. Dort erfüllt sich die ideologische Funktion der marxistisch-leninistischen Philosophie gegenüber der Naturwissenschaft in der Klärung der Rolle der Naturwissenschaft und des Naturwissenschaftlers im Sozialismus, in der weltanschaulichen Fundierung gesellschaftlichen Verhaltens im Sozialismus und in der Auseinandersetzung mit unwissenschaftlicher, bürgerlicher Ideologie.

2. 4. Die heuristische Funktion der materialistisch-leninistischen Philosophie für die naturwissenschaftliche Forschungsarbeit

Es soll hier auf einige wesentliche Aspekte der philosophischen Analyse eingegangen werden, die für das Verständnis der heuristischen Funktion der marxistischen Philosophie in der naturwissenschaftlichen Forschung Bedeutung haben.

Erstens geht es dabei um die philosophische Interpretation neuer naturwissenschaftlicher Erkenntnisse, die zu einer neuen Denkweise führen. Als Beispiele dafür seien die Relativitätstheorie mit ihrer Raum-Zeit-Auffassung, die Quantentheorie und die Kopenhagener Deutung, die Molekularbiologie sowie die Entwicklung der Kybernetik genannt. Durch die philosophische Interpretation sollte die Bedeutung der neuen Denkweise für andere Wissenschaften erkannt und sie selbst in die marxistische Weltanschauung eingeordnet werden. Dabei zeigte sich oft die Notwendigkeit, bisher vorhandene philosophische Standpunkte zu präzisieren oder aufzugeben. In diesem Sinne war es auch erforderlich, naturphilosophische Thesen von Engels zu kritisieren. Lenin schreibt dazu: „Eine Revision der ‚Form' des Engelsschen Materialismus, eine Revision seiner naturphilosophischen Sätze enthält folglich nicht nur nichts ‚Revisionistisches' im landläufigen Sinne des Wortes, sondern ist im Gegenteil eine unumgängliche Forderung des

Marxismus. Den Machisten machen wir auch keineswegs eine solche Revision zum Vorwurf, sondern ihr rein revisionistisches Verfahren: das Wesen des Materialismus unter dem Deckmantel einer Kritik an seiner Form preiszugeben . . ."[60] Hier wird schon deutlich, daß wir es bei der philosophischen Analyse naturwissenschaftlicher Erkenntnisse mit philosophischen Aussagen verschiedener Allgemeinheitsgrade zu tun haben. Lenin spricht einerseits vom Wesen des Materialismus. Er präzisiert diese Feststellung später mit den Worten: „Denn die einzige ‚Eigenschaft' der Materie, an deren Anerkennung der philosophische Materialismus gebunden ist, ist die Eigenschaft, objektive Realität zu sein, außerhalb unseres Bewußtseins zu existieren."[61] Dieser Leninsche Materiebegriff, an dessen Anerkennung der marxistische Philosoph gebunden ist, umfaßt die Einheit der außerhalb und unabhängig vom menschlichen Bewußtsein existierenden Objekte, Eigenschaften, Beziehungen usw., die im Bewußtsein widergespiegelt werden können. Damit hat dieser Begriff einen anderen Allgemeinheitsgrad als etwa der Energie-Impuls-Begriff, der nur für Systeme mit bestimmter Masseverteilung verwendbar ist. Den Allgemeinheitsgrad bestimmt man durch den Gültigkeitsbereich. Andererseits spricht Lenin von der notwendigen Revision der naturphilosophischen Sätze von Engels. Hier handelt es sich um speziellere philosophische Aussagen, die vom Erkenntnisstand einer bestimmten Epoche abhängig sind. Wenn Engels den Gedanken der räumlichen Unendlichkeit mit der Vorstellung einer bestimmten geometrischen Struktur des Raumes (Euklidizität) verbindet, dann gelangt er zu naturphilosophischen Aussagen, die sich angesichts der Relativitätstheorie als überholt erweisen. Wir kommen später noch einmal auf die Differenzierung der philosophischen Aussagen nach dem Allgemeinheitsgrad zurück, weil die heuristische Funktion der Philosophie in der naturwissenschaftlichen Forschung offensichtlich nicht in der einfachen Darlegung der philosophischen Thesen mit hohem Allgemeinheitsgrad bestehen kann, sondern die Präzisierung dieser Thesen mit Hilfe der naturwissenschaftlichen Einsichten erfordert. Selbstverständlich kommen wir dabei zu Aussagen, die der ständigen Überprüfung bedürfen. Interpretation neuer naturwissenschaftlicher Einsichten bedeutet hier also zweierlei: Einerseits werden die Erkenntnisse auf ihre Vereinbarkeit mit den Aussagen des dialektischen Materialismus überprüft, und andererseits werden diese durch jene präzisiert.

Zweitens führt die marxistische Philosophie die Analyse von Grundbegriffen durch, die in der naturwissenschaftlichen Forschung Verwendung finden. Die auf der Untersuchung der historischen Begriffsentwicklung basierende philosophische Begriffskritik hat sicher Bedeutung für die Arbeit des Naturwissenschaftlers. Solche Begriffe wie Masse, Energie, Raum-Zeit, Leben, Psyche und viele andere sind nicht nur Gegenstand naturwissenschaftlichen Forschens und Grundlage der Theorienbildung, sondern müssen auch in ihrer historischen Wandlung, in ihrer Verwendung in verschiedenen Theorien und bei verschiedenen Denkern analysiert werden. Dabei ist die semantische Analyse mit philosophiehistorischen Untersuchungen zu verbinden, weil erst der historische Hintergrund die mit der Begriffsverwendung verbundenen Ideen deutlich werden läßt. Es ist interessant, daß viele hervorragende Naturwissenschaftler sich mit der Geschichte des Denkens auseinandersetzen. Besonders beliebt ist dabei der Rückgriff auf das griechische Denken. E. Schrödinger erklärt das aus zwei Ursachen: „Die eine ist die Geistes- und Gefühlssituation, in die heutzutage die Menschheit im allgemeinen gelangt ist; die andere ist die ungemein kritische Lage, in die sich fast alle Grundwissenschaften mit wachsender Bestürzung geraten sehen, im Gegensatz zur hohen Blüte ihrer Abkömmlinge, wie der technischen Disziplinen, der praktischen Chemie mit Einschluß der Kernchemie, der Medizin und Chirurgie."[62] Wenn Schrödinger dabei vor allem den in der griechischen Philosophie nicht vorhandenen Antagonismus zwischen Religion und Wissenschaft hervorhebt, der das heutige Denken erschwere und die historische Rückschau hervorrufe, so ließe sich darüber streiten. Richtig ist jedoch, daß derjenige, der sich mit der griechischen Philosophie oder anderen philosophischen Strömungen befaßt, Antworten auf die Fragen will, die aus seiner Situation in der Gegenwart entstehen. Auch die Kritik von Grundbegriffen einer Wissenschaft zwingt dazu, die Entstehung und Entwicklung dieser Begriffe zu untersuchen. Deshalb merkt Lenin zu Hegels Ausführungen über die Bedeutung der Begriffe an: „Sehr richtig und wichtig – eben das wiederholte in populärer Form Engels, als er schrieb, die Naturforscher sollten wissen, daß die Resultate der Naturwissenschaft Begriffe sind, die Kunst, mit Begriffen zu operieren, aber nicht angeboren, sondern das Resultat einer 2000jährigen Entwicklung der Naturwissenschaft und der Philosophie ist."[63]

Drittens untersucht die marxistische Philosophie als Erkenntnismethode und Methodologie der Naturwissenschaften deren Erkenntnisprozeß einschließlich der Methoden sowie die Ausnutzung von Theorien und Methoden der einen Naturwissenschaft in anderen und das Eindringen von Mathematik, Logik und Kybernetik in die Naturwissenschaften. Auch bei der Lösung dieser Aufgabe gibt es verschiedene Schwerpunkte, die sich in Abhängigkeit vom Stand der naturwissenschaftlichen und philosophischen Forschung herausbilden. So wurde lange Zeit in der marxistischen Literatur nur der individuelle Erkenntnisprozeß durchleuchtet, ohne hinreichend auf die Herausbildung von Theorien im historischen Prozeß einzugehen. Die Bildung von naturwissenschaftlichen Theorien ist jedoch nur zu einem Teil die Leistung einzelner hervorragender Wissenschaftler. Interessant für die philosophische Erkenntnistheorie sind sowohl die Vorläufer als auch die Nachfolger eines Naturwissenschaftlers, der eine neue Theorie entwickelt hat. Es sollten aber auch diejenigen unser Interesse beanspruchen, deren Hypothesen verworfen wurden. Erst so gewinnt man ein Bild von den komplizierten Prozessen, die zur Entwicklung einer Theorie führten. Hinzu kommen dann die philosophischen Diskussionen der entsprechenden Zeit und die gesellschaftlichen Umstände der Theorienbildung, ihr möglicher Einfluß auf andere Wissenschaften usw. Wurde einige Zeit lang nur das Verhältnis von Experiment und Theorie untersucht, so sind heute vor allem zwei Momente der Erkenntnistheorie und Methodologie in der Diskussion. Einerseits geht es um die erkenntnistheoretischen Bindeglieder zwischen Experiment und Theorie, wie Modell, Hypothese, Muster usw. Andererseits wird die logische Struktur des Erkenntnisprozesses und der Theorienbildung aufgedeckt. Beide Momente sind wichtige Ergänzungen für die marxistische Erkenntnistheorie und Methodologie, fassen aber noch nicht die ganze Reichhaltigkeit des vorliegenden historischen, experimentellen und theoretischen Materials, das der philosophischen Analyse bedarf. Gerade die logische (systematische) Analyse muß mit dem wirklichen historischen Erkenntnisprozeß verbunden werden, um so zu einem neuen Verständnis der Einheit von Logischem und Historischem zu kommen. Lenin hat diesen Gesichtspunkt bei seiner Kritik am Idealismus von Hegel hervorgehoben. Bei Hegel heißt es: „Das Bewußtsein ist der Geist als konkretes und zwar in der Äußerlichkeit befangenes Wissen; aber die Fortbewegung dieses Gegenstandes beruht allein, wie die Entwicklung alles natürlichen und geistigen Lebens, auf der Natur der reinen Weisheiten, die den Inhalt der Logik ausmachen.“[64]

Lenin stellte den materialistischen Standpunkt dagegen: „Logik und Erkenntnistheorie müssen aus der Entwicklung alles natürlichen und geistigen Lebens abgeleitet werden.“[65] An anderer Stelle äußerte er seine Gedanken dazu, wie diese Aufgabe gelöst werden kann. Er nennt die „Wissensgebiete, aus denen sich Erkenntnistheorie und Dialektik aufbauen sollen“[66]. Dazu gehören: Geschichte der einzelnen Wissenschaften, Geschichte der geistigen Entwicklung des Kindes, Geschichte der geistigen Entwicklung der Tiere, Geschichte der Sprache, Psychologie und Physiologie der Sinnesorgane. Außerdem verweist Lenin auf die Bedeutung der griechischen Philosophie, die alle diese Momente angedeutet hat. Gegenüber dieser Forderung ist unsere ausgearbeitete Erkenntnistheorie noch arm an Bestimmungen. Obwohl schon viele Teilarbeiten zur Geschichte der naturwissenschaftlichen Theorienbildung, zu ihren logischen Aspekten, zur kybernetischen Durchdringung der Erkenntnistheorie usw. vorliegen, haben wir noch keine ausgearbeitete Theorie des wirklichen Erkenntnisprozesses, die diese Arbeiten zusammenfaßt. Das gilt auch für die Methodologie. Die Synthese der bisher vorgenommenen Analysen naturwissenschaftlicher Methoden, ihrer Wechselbeziehung in verschiedenen Wissenschaften, ihrer kybernetischen, logischen, mathematischen Seiten steht noch aus.

Teilweise machen sich auch in der marxistischen Philosophie Einseitigkeiten bemerkbar, die in der neopositivistischen Literatur konsequent entwickelt werden. Es muß, wie wir schon betont haben, in der marxistischen Erkenntnistheorie und Methodologie die Einheit des Logischen und Historischen berücksichtigt werden. So ergeben sich aus der historischen Analyse Hinweise auf Mängel in der logischen Durchdringung der Erkenntnisprozesse, und die Ausarbeitung der logischen Struktur, etwa der Problemlösung, muß auf ihre Praktizierbarkeit im wirklichen Erkenntnisprozeß überprüft werden. Hatte Lenin gegenüber Hegel die Bedeutung der „Entwicklung des natürlichen und geistigen Lebens" hervorgehoben, so finden wir heute bei Karl Popper die Verselbständigung der Welt der objektiven Ideen, die er der objektiven physischen Welt und der Welt der subjektiven Erfahrungen entgegenstellt.[67] In der marxistischen philosophischen Analyse sollte, wie wir bei der notwendigen Begriffskritik betonten, der Begriff gerade in seiner historischen Entwicklung untersucht und nicht verselbständigt werden. Die relative Selbständigkeit in der Entwicklung bestimmter Theorien, die sich teilweise unabhängig von den praktischen Erfahrungen und dem Experiment vollzieht und ihren charakteristischen Ausdruck in der Mathematik findet, darf in der philosophischen Analyse nicht dazu verleiten, den folgenden Standpunkt von Popper einzunehmen: „It cannot seriously be denied that the third world of mathematical and scientific theories exerts an immense influence upon the first world. It does so through the intervention of technologists who work changes in the first world by applying certain consequences of these theories; of theories, incidentally, developed originally by other men who may have been unaware of any technological possibilities. Thus these possibilities were hidden in the theories themselves, in the objective ideas themselves; and they were discovered in them by men who tried to understand these ideas.

This argument, if developed with care, seems to me to support the objective reality of all three worlds. Moreover, it seems to me to support not only the thesis that a subjective mental world of personal experiences exists . . ., but also the thesis, that it is one of the main functions of the second world to grasp the objects of the third world . . .

I suggest that one day we will have to revolutionize psychology looking at the human mind as an organ for interacting with the objects of the third world; for understanding them, contributing to them, participating in them; and for bringing them to bear on the first world."[68]

Die marxistische Erkenntnistheorie muß sich ebenfalls mit der Rolle mathematischer und naturwissenschaftlicher Theorien, ihrer Modellbelegung usw. befassen. Nicht darin kann die Kritik an Popper bestehen, daß er auf die notwendige Interpretation ausgearbeiteter Theorien verweist und ihre breitere Anwendungsmöglichkeit hervorhebt, die von den Schöpfern der Theorie nicht immer gesehen wurde. Mit der Hervorhebung der Hauptfunktion der Welt der subjektiven Erfahrungen, die Ideen der dritten Welt verstehen zu lernen, wird ein wesentliches Problem der Erkenntnistheorie verdeckt, nämlich das, den historischen Ursprung dieser Ideen zu finden. Poppers Auffassung gleicht der Hegelschen, die schon von Lenin kritisiert wurde. Die marxistisch-philosophische Analyse naturwissenschaftlicher Theorien kann nicht bei der Feststellung stehenbleiben, daß sie einer Welt der objektiven Ideen angehören und ihre Anwendungsmöglichkeiten in der physischen Welt zu finden sind, sondern sie muß den Übergang von der Erfahrung zur Idee finden, die Begriffsgeschichte berücksichtigen und die philosophisch-theoretischen Voraussetzungen kritisieren, die der heutigen Erfahrung nicht mehr entsprechen. Gerade die Entwicklung der Relativitätstheorie hat beispielsweise gezeigt, daß Raum und Zeit keineswegs der Welt der objektiven Ideen angehören. Kant hatte über die Zeit geschrieben: „Die Zeit ist kein empirischer Begriff, der irgend von einer Erfahrung abgezogen worden . . . Die Zeit ist eine notwendige Vorstellung, die allen Anschauungen zugrunde liegt."[69] Die Entwicklung unserer Raum-Zeit-Auffassungen hat das Gegenteil bewiesen. Dazu war es aber für Einstein erforderlich, nicht die objektiven Ideen von Raum und Zeit neu zu interpretieren, sondern eine Begriffsanalyse durchzuführen, in der Raum und Zeit sich auch als empirische Begriffe erweisen mußten, nämlich als empirisch überprüfbare Folgerungen, die sich aus der neuen physikalischen Raum-Zeit-Theorie ergaben.Gerade diese Wandlung der Raum-Zeit-Theorien von der euklidischen Theorie zur Relativitätstheorie ist für die erkenntnistheoretische Analyse von Interesse. Die

Einbeziehung naturwissenschaftlicher Theorien in die Welt der objektiven Ideen läßt uns zwar die Schöpferkraft des menschlichen Geistes begreifen, der Systeme von Begriffen bilden kann, die mögliche Relationen von materiellen und ideellen Objekten darstellen, deren Realisierung zu einer wichtigen Aufgabe wissenschaftlichen Arbeitens wird. Die für eine dialektisch-materialistische Erkenntnistheorie wichtige Entstehungsgeschichte und die Entwicklung der Ideen in Abhängigkeit von der Erfahrung werden dabei jedoch vernachlässigt.

Viertens hilft die Darstellung philosophischer Auffassungen hervorragender Naturwissenschaftler, das Wechselverhältnis zwischen Philosophie und Naturwissenschaft am konkreten Material besser zu begreifen. Kein Wissenschaftler wird in seiner Denkweise und in seinem Verhalten allein durch die Entwicklung seiner Wissenschaft bestimmt. Seine philosophische Bildung, seine Herkunft, seine persönlichen Erfahrungen, seine Ausbildung und die gesellschaftlichen Verhältnisse, unter denen er lebt, sind wesentliche Komponenten, die auch sein Verhalten in wissenschaftlichen Streitfragen beeinflussen. Zweifellos werden diese Wechselbeziehungen zwischen Naturwissenschaft, Philosophie, Politik und gesellschaftlichen Verhältnissen erst deutlich, wenn man nicht bei der Darlegung der vom Naturwissenschaftler selbst geäußerten Auffassungen zur Philosophie und zu philosophischen Problemen stehenbleibt. Die philosophische Analyse muß hier die Grundhaltung herauspräparieren, die der experimentellen und theoretischen Arbeit des Naturwissenschaftlers immanent ist. Eine bloße Beschreibung von Auffassungen ist keine philosophische Analyse. Diese verlangt, die kritische Würdigung aufgestellter Thesen, den Vergleich des wirklichen Schaffensprozesses eines Naturwissenschaftlers mit den von ihm geäußerten Prinzipien seiner Arbeit, die Einschätzung seines Beitrags zur Entwicklung des menschlichen Denkens, den Einfluß philosophischer Richtungen auf seine wissenschaftliche Arbeit nachzuweisen, seine politische Haltung zu berücksichtigen usw. Solche Untersuchungen sind wichtiges Material für die marxistische Erkenntnistheorie. Sie lassen uns auch die hemmende und fördernde Rolle philosophischer Auffassungen in der wissenschaftlichen Arbeit eines Naturwissenschaftlers besser begreifen. Hieraus ergeben sich Hinweise auf Möglichkeiten, wie die Philosophie heuristisch in der naturwissenschaftlichen Forschung wirken kann. Gerade die eingehende Analyse philosophischer Auffassungen von Naturwissenschaftlern, die Anhänger oder auch Gegner der marxistischen Philosophie sein können, zeigt, daß es keine einfache Umsetzung richtiger philosophischer Thesen in einzelwissenschaftliche Ergebnisse gibt. Diese Forderung zu akzeptieren,hieße, die marxistische

Philosophie sofort der Kritik auszusetzen und die vorhandenen Möglichkeiten nicht zu realisieren. Allgemeine philosophische Thesen und einzelwissenschaftliche Theorien und Hypothesen sind über eine Reihe von Bindegliedern miteinander verbunden. Manchmal sind die philosophischen Fragen von den einzelwissenschaftlichen Hypothesen kaum zu trennen, wenn man diese Bindeglieder aufsucht. So ist die philosophische Frage nach der Existenz letzter unteilbarer Objekte direkt mit den Ergebnissen der Elementarteilchentheorie verbunden. Auch die Frage nach der relativen Selbständigkeit biologischer Gesetze gegenüber physikalischen und chemischen kann nur mit Hilfe der modernen biophysikalischen und biochemischen Forschungsergebnisse beantwortet werden. Dabei spielen selbstverständlich, wie die philosophischen Auffassungen von Naturwissenschaftlern zeigen, die philosophische Ausbildung und Haltung des einzelnen Wissenschaftlers für die Deutung der Ergebnisse keine untergeordnete Rolle. Sie beflügelt ihn, bestimmte Hypothesen aufzustellen und andere abzulehnen, an bestimmten Deutungen festzuhalten und andere zu korrigieren usw. Eine wissenschaftlich-philosophische Antwort auf die genannten Fragen kann jedoch nur die philosophische Analyse des einzelwissenschaftlichen Materials bringen. Wir stoßen also auch bei den philosophischen Auffassungen von Naturwissenschaftlern auf philosophische Aussagen mit verschiedenem Allgemeinheitsgrad. Sie können sich auf die direkte wissenschaftliche Arbeit des Forschers beziehen, ohne daß er sich selbst Gedanken über ihre Anwendungsmöglichkeiten in anderen Wissenschaften macht. Es kann sich um Meinungen handeln, die gesellschaftliche und politische Probleme betreffen, und der philosophisch arbeitende Naturwissenschaftler kann expressis verbis die Bedeutung der Philosophie für seine Arbeit anerkennen oder leugnen. Wir werden uns deshalb im folgenden mit der für uns wichtigen Differenzierung der philosophischen Aussagen nach ihrem Allgemeinheitsgrad befassen, soweit es für die heuristische Funktion der marxistischen Philosophie in der naturwissenschaftlichen Forschung von Interesse ist.

2.4.1. Zur Differenzierung der philosophischen Aussagen nach ihrem Allgemeinheitsgrad

Lenin forderte die Kritik überholter naturphilosophischer Ansichten von Engels und unterschied sie vom Wesen des Materialismus, dessen Aufgeben Revisionismus ist. Diese Unterscheidung gründet sich auf die Existenz von philosophischen Aussagen verschiedenen Allgemeinheitsgrades. Zum Grundbestand der marxistischen Philosophie gehören die von den Klassikern des Marxismus-Leninismus ausgearbeiteten Beziehungen und Gesetze mit weltanschaulicher Bedeutung. Jede Weltanschauung muß die entsprechenden Grundfragen beantworten. Die marxistische Philosophie ist als Bestandteil des Marxismus-Leninismus eine der theoretischen Grundlagen zu ihrer Beantwortung. Lenin hebt die „selbst von Marx' Gegnern anerkannte bewunderswerte Folgerichtigkeit und Geschlossenheit seiner Anschauungen, die in ihrer Gesamtheit den modernen Materialismus und den modernen wissenschaftlichen Sozialismus als Theorie und Programm der Arbeiterbewegung in allen zivilisierten Ländern der Welt ergeben", hervor. Der Hauptinhalt des Marxismus ist nach ihm die ökonomische Lehre von Marx.[70] Die weltanschauliche Bedeutung der marxistisch-leninistischen Philosophie liegt gerade darin, daß sie zur theoretischen Begründung der Antworten auf die eben genannten Fragen beitragen muß. In diesem Sinne ist die marxistisch-leninistische Philosophie als dialektischer und historischer Materialismus ein System von Beziehungen und Gesetzen. „Die Philosophie des Marxismus ist der Materialismus", sagt Lenin. In allen entscheidenden Auseinandersetzungen „erwies sich der Materialismus als die einzige folgerichtige Philosophie, die allen Lehren der Naturwissenschaften treu bleibt, die dem Aberglauben, der Frömmelei usw. feind ist"[71]. Aber der Materialismus wurde durch Marx und Engels weiterentwickelt. Sie kritisierten ihn in seiner mechanistischen, metaphysischen Gestalt und erkannten die Bedeutung der in der klassischen deutschen Philosophie ausgearbeiteten Dialektik, die von dem großen deutschen Materialisten Feuerbach nicht gesehen worden war. Damit bereicherten sie nach Lenins Meinung den Materialismus durch die Errungenschaften der klassischen deutschen Philosophie: „Die wichtigste dieser Errungenschaften ist die Dialektik, d. h. die Lehre von der Entwicklung in ihrer vollständigsten, tiefstgehenden und von Einseitigkeit freiesten Gestalt, die Lehre von der Relativität des menschlichen Wissens, das uns eine Widerspiegelung der sich ewig entwickelnden Materie gibt."[72] Damit wurde der Materialismus, dessen Kern die Anerkennung einer außerhalb und unabhängig vom menschlichen Bewußtsein existierenden Quelle unseres Wissens ist, zum dialektischen Materialismus. Die objektive Realität ist Ursache ihrer selbst, d. h., sie hat keinen immateriellen Ursprung. Dadurch erst war es möglich, eine Reihe von Einseitigkeiten, Inkonsequenzen usw. des mechanischen Materialismus zu überwinden. Der vormarxsche Materialismus erklärte im wesentlichen die Natur materialistisch. Da er nicht dialektisch war, konnte er die Natur nicht vollständig aus sich selbst heraus erklären, weshalb bei manchen Denkern der erste Anstoß für die sich bewegende Materie oder die ursprüngliche Schöpfung der Natur anerkannt wurde. Der dialektische Materialismus übernahm die materialistische Grundposition, bereicherte sie durch die Dialektik und erklärte damit die Gesellschaft materialistisch. Lenin schreibt dazu: „Marx, der den philosophischen Materialismus vertiefte und entwickelte, führte ihn zu Ende und dehnte dessen Erkenntnis der Natur auf die Erkenntnis der menschlichen Gesellschaft aus. Der historische Materialismus von Marx war eine gewaltige Errungenschaft des wissenschaftlichen Denkens. Das Chaos und die Willkür, die bis dahin in den Anschauungen über Geschichte und Politik geherrscht hatten, wurden von einer erstaunlich einheitlichen und harmonischen wissenschaftlichen Theorie abgelöst, die zeigt, wie sich aus einer Form des gesellschaftlichen Lebens, als Folge des Wachsens der Produktivkräfte, eine andere, höhere Form entwickelt ... Genauso wie die Erkenntnis des Menschen die von ihm unabhängig existierende Natur, d. h. die sich entwickelnde Materie widerspiegelt, so spiegelt die gesellschaftliche Erkenntnis des Menschen (d. h. die verschiedenen philosophischen, religiösen, politischen usw. Anschauungen und Lehren) die ökonomische Struktur der Gesellschaft wider."[73]

Wesentlich in der marxistisch-leninistischen Philosophie ist also die Einheit von Materialismus, Dialektik und materialistischer Gesellschaftstheorie. Sie stellt ein System von Aussagen dar, die die Fragen der Weltanschauung beantworten und damit wissenschaftliche Orientierung für das praktische Handeln der Menschen darstellen. Diese Funktion der Philosophie realisiert sich dadurch, daß der Marxismus-Leninismus Weltanschauung der Partei der Arbeiterklasse ist. Dieser Grundbestand an Aussagen der marxistischen Philosophie ist insofern allgemeingültig, als er sowohl die Auseinandersetzungen des Menschen mit der Natur als auch die gesellschaftlichen Verhältnisse betrifft, unter denen der Mensch die Natur immer mehr beherrschen lernt, sowie die Kämpfe um die Beherrschung der gesellschaftlichen Beziehungen. Im Mittelpunkt der marxistischen Philosophie steht damit der historisch sich entwickelnde Mensch als das Ensemble der gesellschaftlichen Verhältnisse, der die objektiven Gesetze der Wirklichkeit erkennt, um Natur und Gesellschaft verändern und beherrschen zu können. Der Gültigkeitsbereich der allgemeinen philosophischen Aussagen ist also durch die Existenz der menschlichen Gesellschaft und die Auseinandersetzung des Menschen mit der Natur gegeben. Diese allgemeinen philosophischen Aussagen bieten auch die Grundlage für die philosophische Analyse des naturwissenschaftlichen Materials. Bei der Betrachtung der Aspekte der philosophischen Analyse haben wir neben der Einbeziehung neuer naturwissenschaftlicher Erkenntnisse in die marxistisch-leninistische Weltanschauung auch auf die Ausarbeitung der Erkenntnistheorie und Methodologie sowie auf die Darstellung philosophischer Anschauungen von Naturwissenschaftlern verwiesen. Bei allen diesen Aspekten wird deutlich, daß es sich nicht nur um die Ausarbeitung einer dialektisch-materialistischen Naturtheorie handeln kann, sondern wesentliche Beiträge für eine dialektisch-materialistische Gesellschaftstheorie gewonnen werden, da die Stellung der Naturwissenschaft und des Naturwissenschaftlers in der Gesellschaft wesentlichen Einfluß auf seine wissenschaftliche Arbeit haben. Die Verwirklichung von Ideen selbst ist ein gesellschaftlicher Prozeß und die für die Haltung des Naturwissenschaftlers wichtige Weltanschauung, die er bewußt annehmen oder unbewußt verwirklichen kann, wie Lenin sagt, eine Widerspiegelung der ökonomischen Basis der Gesellschaft. Um deshalb die Bedeutung der allgemeinen philosophischen Aussagen für die naturwissenschaftliche Forschung bestimmen zu können, müssen wir jene soweit präzisieren und damit in ihrem Allgemeinheitsgrad einschränken, daß daraus Fragen an die Forschung entstehen.

Die Verallgemeinerung naturwissenschaftlicher Aussagen und die Präzisierung philosophischer Thesen müssen sich wechselseitig ergänzen. Dabei wird die Verallgemeinerung auf die oben charakterisierten Beziehungen des Menschen zur Umwelt gerichtet sein, was Grundlage für die weltanschauliche Auseinandersetzung ist. Die Präzisierung richtet sich dagegen auf die philosophische, also auch erkenntnistheoretische und methodologische Hilfe für den Naturwissenschaftler. Notwendige Voraussetzung für eine mögliche Präzisierung allgemeiner philosophischer Aussagen ist dic Analyse der vorliegenden Erkenntnisse einer Epoche über alle Erkenntnisobjekte. Dabei kann die Präzisierung zuerst nur einen Wissenschaftsbereich wie die Physik oder Biologie betreffen und später wiederum verallgemeinert werden. Mittel zur Verallgemeinerung ist die philosophische Hypothese als wissenschaftlich begründete Vermutung über die philosophische Bedeutung naturwissenschaftlicher Hypothesen und über die Übertragbarkeit von Denkweisen einer Wissenschaft in andere. Präzisieren wir beipielsweise das Verhältnis von Gesetz und Zufall mit Hilfe des vorliegenden physikalischen Materials, das besonders durch die Quantentheorie reichhaltig geliefert worden ist, dann erhalten wir einerseits verschiedene Typen von Gesetzen, nämlich die dynamischen und die statistischen, die alle dem allgemeinen philosophischen Gesetzesbegriff genügen, nach dem das Gesetz ein allgemein-notwendiger und wesentlicher Zusammenhang ist. Andererseits erhalten wir eine Differenzierung der Zufälle. Es ist nun wesentlicher Bestandteil der philosophischen Arbeit, die Bedeutung dieser Präzisierungen für andere Wissenschaften zu untersuchen. Dazu nimmt man ihre Gültigkeit auch in anderen Natur- und Gesellschaftswissenschaften an und überprüft in Gemeinschaftsarbeit mit den betreffenden Einzelwissenschaftlern die Gültigkeit dieser Hypothese. Ist das nachgewiesen und handelt es sich also nicht um eine für eine Wissenschaft spezifische Denkweise oder Methode, d. h., hat man die auch für andere Wissenschaften gültigen Seiten dieser Denkweise oder Methode gefunden, dann ist die Gültigkeit der präzisierten philosophischen Aussage nicht nur für eine Wissenschaft, sondern für mehrere, eine bestimmte Gruppe oder alle Wissenschaften nachgewiesen. Den Nachweis für alle Wissenschaften nehmen wir auch dann als gegeben an, wenn noch nicht alle, aber die wichtigsten Wissenschaften eines Typs überprüft sind. Unter Typen verstehen wir in diesem Zusammenhang Natur- und Gesellschaftswissenschaften, Wissenschaften, die sich mit Objekten als Komplexen verschiedener Bewegungsformen befassen, und solche, die Relationen und Verhaltensweisen von Elementen untersuchen, sowie Sprach-, Literatur- und Kunstwissenschaften. Meist haben deshalb solche verallgemeinerten präzisierten philosophischen Aussagen immer noch ein hypothetisches Moment, das neue Hypothesen und Präzisierungen verlangt. Ständig entwickeln die Wissenschaften neue Erkenntnisweisen, neue Methoden und neue Einsichten in die Materiestruktur, darunter auch in die Beziehungen zwischen gesellschaftlichen Objekten, was die Philosophie wiederum zur ständigen Präzisierung ihrer Aufgaben treibt. Damit ist das Wechselverhältnis von Präzisierung und Verallgemeinerung mittels Hypothesenbildung nie abgeschlossen.

Wenn wir in diesem Sinne die marxistisch-leninistische Philosophie auf die Entwicklung der Naturwissenschaft anwenden, wobei wir Naturwissenschaft nicht nur als Widerspiegelung der Naturvorgänge in Theorien, sondern als tätige Auseinandersetzung des Menschen mit der Natur, die der Theorienbildung dient, betrachten wollen, dann ergeben sich für die philosophische Analyse zwei Aspekte. Die Naturwissenschaft erkennt Gesetze der Naturvorgänge, wobei sie die Ergebnisse der Logik, der Mathematik usw. ausnutzt, um Theorien zu bilden und sie zu formulieren. Deshalb kann erstens die Widerspiegelung der Naturprozesse und der natürlichen Erkenntnisobjekte im Bewußtsein uns Auskunft über die Art und Weise der Existenz der Materie, über die Struktur der Materie und über die objektiven dialektischen Beziehungen in der Natur geben. Wir nehmen dazu die naturwissenschaftlichen Erkenntnisse als annähernd adäquate Widerspiegelungen der objektiven Vorgänge und schließen aus ihnen, unter Berücksichtigung der Relativität unserer Erkenntnis und der Dialektik der Begriffsentwicklung, auf die objektive Dialektik. Zweitens sind auch der Erkenntnisprozeß, die praktische Veränderung der Natur durch den Menschen und die dabei benutzten Methoden Gegenstand philosophischer Untersuchungen, deren Ergebnisse in die Erkenntnistheorie und Methodologie eingehen. Hier stehen die Erkenntnistheorie und Methodologie, die bewußte tätige Auseinandersetzung mit der Natur, ein wesentlicher Bestandteil der menschlichen Praxis, im Mittelpunkt philosophischen Interesses. Beide Aspekte hängen eng miteinander zusammen, dürfen aber nicht identifiziert werden. Beispielsweise führte die Analyse des Subjekt-Objekt-Verhältnisses in der modernen Physik manche Physiker und Philosophen dazu, Kritik am Materialismus überhaupt zu üben. Da die Vermittlung der Erkenntnisse über die mikrophysikalischen Objekte an das Subjekt über Geräte geschieht, in denen die Wirkungen der Objekte vom Menschen sinnlich wahrgenommen und registriert werden können, die Experimentiereinrichtung aber das Verhalten der Objekte verändern kann, wurde daraus die Leugnung der objektiv realen Existenz der Objekte abgeleitet. Eine solche Widerlegung des materialistischen Standpunkts ist nicht stichhaltig. Es werden dabei zwei Fragen miteinander vermengt. Einerseits geht es um die Frage nach der objektiven Wahrheit. Im Zusammenhang mit unseren Ausführungen bedeutet die materialistische Antwort auf diese Frage – nämlich es existiert außerhalb und unabhängig von unserem Bewußtsein ein Inhalt unserer Vorstellungen, den wir erkennen –, daß wir tatsächlich von den Theorien auf den objektiven Sachverhalt schließen dürfen. Die Wechselwirkung zwischen Lichtquanten und Elementarteilchen bei der Beobachtung läßt uns deshalb die Gesetze zwischen Lichtquanten und Elementarteilchen überhaupt erkennen. Andererseits beantwortet die marxistische Philosophie die Frage nach der Adäquatheit unserer Widerspiegelungen durch die Anerkennung der Relativität unserer Erkenntnisse. Das wiederum verlangt, den Erkenntnisprozeß und die Methoden der Erkenntnisgewinnung durch Experimente usw. zu untersuchen, um die Art und Weise zu finden, die uns ein immer genaueres Abbild der Wirklichkeit liefert. Die Einwirkung der Meßprozesse auf die Bewegung der Elementarteilchen ist also kein Beweis gegen die materialistische Auffassung, wohl aber ein Hinweis auf die erkenntnistheoretische Problematik der Meßverfahren, soweit Meßmittel benutzt werden, die zu einem nicht mehr vernachlässigbaren „Fehler" in der Beobachtung führen. Die aus dieser Erkenntnis in der Quantenmechanik gewonnene Heisenbergsche Unbestimmtheitsrelation läßt sich deshalb auch in der von uns genannten zweifachen Hinsicht untersuchen. Wir können sowohl die mit ihr verbundenen Einsichten in die objektiven dialektischen Beziehungen zwischen mikroskopischen Objekten betrachten, die etwa Hinweise auf die Dialektik von Struktur, System und Element geben, als auch die erkenntnistheoretische Problematik behandeln, die uns zwingt, das Verhältnis von Subjekt und Objekt zu präzisieren und eine Theorie des Experiments auszuarbeiten.

Oft wird auch unter marxistisch-leninistischen Philosophen die Frage diskutiert, ob aus der Naturwissenschaft Begriffe so verallgemeinert werden können, daß sie als allgemeine philosophische Aussagen gelten. So betont W. S. Gott die Rolle philosophischer Kategorien für die Naturwissenschaft und schreibt dann weiter: „Die wissenschaftliche Philosophie ist ein offenes System. Indem sie neue Erkenntnisse aus Natur- und Gesellschaftswissenschaften ausnutzt, bereichert sie den Inhalt ihrer traditionellen Kategorien ebenso, wie sie auch neue aufnimmt. Dieser Prozeß ist keine einfache Generalisation der Ergebnisse der Naturwissenschaft. Es geht hier um die Vertiefung des Gehalts, die Hervorhebung der wesentlichsten Seiten naturwissenschaftlicher Erkenntnisse, die Erforschung der logisch-erkenntnistheoretischen Tendenzen, die Entwicklung entsprechender Begriffe."[74]

Dieser Prozeß der Neuaufnahme von Kategorien in die marxistisch-leninistische Philosophie ist bisher wenig untersucht, vor allem werden keine Kriterien dafür angegeben, was solche Kategorien zu philosophischen macht. Als Hinweis wird immer festgehalten, daß es sich um allgemeingültige Kategorien handelt. Damit wird auch schon die Problematik deutlich, da Allgemeingültigkeit nicht allein ausreicht, um etwas philosophisch zu bestimmen. Als erstes Kennzeichen philosophischer Aussagen hatten wir die Antworten auf die weltanschaulichen Grundfragen bestimmt. Diese prinzipiellen Aussagen werden deshalb auch Grundprinzipien genannt. Sie weisen das materialistische Herangehen an die uns umgebende Welt, an die Natur, die Gesellschaft und das Denken und alle damit verbundenen Erscheinungen aus. So wird das Primat der Materie gegenüber dem Bewußtsein betont, die Einheit der Welt in der Materialität anerkannt, das Wesen des Menschen als Ensemble der gesellschaftlichen Verhältnisse betrachtet, wobei die Produktionsverhältnisse die bestimmenden sind und das gesellschaftliche Bewußtsein durch das gesellschaftliche Sein bestimmt wird. In der Gesellschaft existieren objektive Gesetze, mit deren Erkenntnis der Charakter des gesellschaftlichen Fortschritts und der Sinn des Lebens konkret-historisch bestimmt werden können. Diese materialistischen Prinzipien berücksichtigen den dialektischen Charakter objektiver Prozesse und ihre Historizität. Die materialistische Dialektik ist philosophische Theorie des objektiven Zusammenhangs, der Bewegung und Entwicklung. Insofern gehört es zu den Grundprinzipien der marxistisch-leninistischen Philosophie, den objektiven Zusammenhang der Prozesse zu berücksichtigen, sie in ihrer Veränderung zu verstehen und die Entwicklung ihrer Formen als Übergang von einer Qualität zur höheren durch quantitative und qualitative Änderungen im Rahmen der alten Qualität zu begreifen, deren Quelle dialektische Widersprüche, ihre Entfaltung und Lösung und deren Richtung die dialektische Negation der Negation ist. Diese theoretischen Grundprinzipien sind von enormer methodischer Bedeutung beim Verständnis der Natur- und Gesellschaftsprozesse, bei der Entwicklung der Erkenntnis und beim Verständnis des Denkens. Insofern haben die Klassiker die materialistische Dialektik auch als Wissenschaft von den allgemeinsten Beziehungen und Gesetzen der Natur, Gesellschaft und des Denkens bezeichnet, eben als für das Verständnis des materialistischen Herangehens notwendige und seine Konsequenz erst ausmachende Theorie des objektiven Zusammenhangs, der Bewegung und Entwicklung. Die Untersuchung dialektischer Beziehungen verlangt also den Nachweis der Allgemeingültigkeit, ist aber insofern philosophische Theorie, als sie sich stets auf die Antworten zu den weltanschaulichen Grundfragen bezieht. Insofern hat die Untersuchung des Begriffs „System", die zu einer allgemeingültigen Definition durch die Annahme einer Elementmenge und der Beziehung zwischen diesen Elementen führt, noch keinen philosophischen Charakter, da damit keine Antwort auf eine weltanschauliche Grundfrage gegeben werden kann. Wird das gemacht, so handelt es sich um einen weltanschaulichen Kurzschluß, da die Auffassung etwa des Menschen als System nicht ausreicht, um seine Stellung in der Welt zu bestimmen. Die philosophischen Systemauffassungen müssen deshalb, auf den Menschen angewandt, materialistisch bestimmt, durch die Hervorhebung der Produktionsverhältnisse als der bestimmenden gesellschaftlichen Verhältnisse, und historisch-konkret sein. Sie müssen die Dialektik von System, Element und Beziehungen beachten, nicht nur im Sinne der Relativität, wonach Elemente selbst wieder Systeme sein können, sondern auch im Sinne echter Dialektik, wo etwa Elemente zu Beziehungen und umgekehrt Beziehungen zu Elementen werden können. So erfolgt der Austausch menschlicher Tätigkeiten durch Menschen; Produktion und Konsumtion werden nicht nur von Menschen ausgeführt, sondern auch durch sie vermittelt. Allein diese kurzen Bemerkungen zeigen schon, daß für die philosophische Theorie die Einheit von Allgemeingültigkeit und Beantwortung der weltanschaulichen Grundfragen gesichert sein muß, um von allgemeingültigen philosophischen Aussagen sprechen zu können. Wenn wir deshalb als Kennzeichen für philosophische Aussagen die Einheit von weltanschaulicher Relevanz und Allgemeingültigkeit gelten lassen, dann wird auch der Unterschied der Philosophie zu anderen Wissenschaften deutlich. Viele leisten Beiträge, die weltanschaulich relevant, aber nicht allgemeingültig sind, so die Geschichte , die politische Ökonomie, die selbst Bestandteil der wissenschaftlichen Weltanschauung sind. Andere sind allgemeingültig, beantworten aber die weltanschaulichen Grundfragen nicht, so die Mathematik.

Von diesem Standpunkt aus, der als Beitrag zur Diskussion angesehen und kritisch untersucht werden muß, aber m. E. ausbaufähig ist, kann nun auch die Frage beantwortet werden, wie neue Kategorien in die Philosophie kommen oder was es bedeutet, die philosophischen Aspekte naturwissenschaftlicher Kategorien hervorzuheben. So meint W. S. Gott, daß philosophische Verallgemeinerung nicht nur die Aufnahme neuer Merkmale naturwissenschaftlicher Erkenntnisse und philosophischer Kategorien darstellt. Ohne diesen Prozeß weiter zu untersuchen, bemerkt er: „Die philosophischen Kategorien, die unter dem Einfluß der naturwissenschaftlichen Begriffe bereichert werden, nehmen nicht einfach ein neues Merkmal in den Inhalt der Kategorien auf, das die Naturwissenschaft gibt, sondern ‚verwandeln' dieses Merkmal durch das ‚Prisma' ihres Systems."[75] Eben diesen Prozeß der Verwandlung durch das Prisma des Systems habe ich versucht eingehender zu betrachten, als das sonst in der Literatur zu philosophischen Problemen der Naturwissenschaft üblich ist. Davon ausgehend muß nun auch die Auffassung von Gott weiter präzisiert werden. So kann die Aufnahme naturwissenschaftlicher Hypothesen in die philosophischen Aussagen eine solche Veränderung philosophischer Kategorien sein, von der Gott spricht. Das Ergebnis ist jedoch eine philosophische Hypothese, die entweder die Übertragbarkeit von Denkweisen der einen Wissenschaft auf andere betrifft oder die zukünftige Beziehung der naturwissenschaftlichen Theorie, um die es sich handelt, zur Philosophie. Das erste ist beispielsweise der Fall, wenn die statistische Gesetzeskonzeption aus der Physik in philosophische Termini, wie Möglichkeit, Notwendigkeit, Zufall, Wirklichkeit, übertragen wird und nun überprüft werden soll, ob die Formulierung des statistischen Gesetzes auf andere Wissenschaften als die Physik übertragbar ist. Der zweite Fall tritt ein, wenn die philosophische These von der Unerschöpflichkeit der Materie, angewandt auf die Physik, benutzt wird, um die Hypothese von Chew, Heisenberg, Gell-Mann und anderen zur Elementarität zu analysieren.[76]

Wie wir schon gesehen haben, würde dagegen die philosophische Untersuchung der statistischen Gesetzeskonzeption in der Physik zu einer für die Physik gültigen präzisierten philosophischen Aussage führen. Das wäre nun keine Hypothese, sondern eine echte Bereicherung der philosophischen Gesetzesauffassung. Das Prisma des philosophischen Systems, von dem W. S. Gott spricht, besteht hier darin, daß die Kategorien und Aussagen, die als Antwort auf die weltanschaulichen Grundfragen genutzt werden, so aufbereitet werden, daß sie den physikalischen Sachverhalt in diesen philosophischen Termini ausdrücken. Eben das erst gibt die Möglichkeit zur Verallgemeinerung naturwissenschaftlicher Erkenntnisse durch die Philosophie. Die Benutzung der Schrödinger-Gleichung in der Quantenmechanik besagt noch gar nichts über den philosophischen Gehalt dieses naturwissenschaftlichen Gesetzes, das in dieser Gleichung ausgedrückt wird. Die philosophische Formulierung jedoch lautet: Ein statistisches Gesetz ist ein allgemein-notwendiger und wesentlicher Zusammenhang, wobei für das Verhalten des Systems eine Möglichkeit existiert, die notwendig verwirklicht wird, für das Elementverhalten jedoch eine Reihe von Möglichkeiten, von denen jedes Element eine zufällig verwirklicht. Hier wird schon von weiteren spezifischen Aspekten der Schrödinger-Gleichung abgesehen und durch die allgemeine philosophische Ausdrucksweise die Möglichkeit hypothetischer Übertragungen der Gesetzesdefinition auf andere Wissenschaften überprüfbar gemacht und so immer weiter verallgemeinert. Auf Möglichkeiten, bestimmte Kategorien und Beziehungen zu verallgemeinern, wird in vielen Arbeiten hingewiesen. So wird auch in einem Sammelband Leningrader Philosophen der Versuch unternommen, Kategorien zu verallgemeinern, um zu einer „Theorie der allgemeinen dialektischen Beziehungen" zu gelangen.[77]

Es wird betont, daß bei der Präzisierung und Entwicklung verschiedener Seiten der Dialektik allgemeine wissenschaftliche Begriffe wie Invarianz, Ordnung und Unordnung eine große Rolle spielten. Begriffe sollen eine philosophische Interpretation erhalten, aber es wird nicht deutlich, worin diese besteht. M. E. ist es dazu erforderlich, sie mit den philosophischen Kategorien der Zusammenhangs-, Bewegungs- und Entwicklungstheorie in Verbindung zu bringen, die sich um das Verhältnis von Gesetz und Kausalität, Widerspruch und Wechselwirkung und um die dialektischen Grundgesetze gruppieren. Wichtig ist für die philosophische Analyse nicht nur der Nachweis der philosophischen Bedeutung durch die Beantwortung von weltanschaulichen Grundfragen und die Allgemeingültigkeit, sondern es gilt den inneren Zusammenhang der Kategorien selbst zu beachten, d. h. sie in das

theoretische Gefüge der materialistischen Dialektik selbst einzuordnen. Eine Verallgemeinerung hat diesen Aspekt philosophischer Arbeit mit zu berücksichtigen. Das ist auch wichtig zur Erfüllung der heuristischen Funktion der Philosophie. Dafür reicht es nun nicht aus, wenn die Beziehung zwischen allgemeinen Kategorien und ihrer spezifischen Anwendung unabhängig vom gesamten Begriffsgefüge der materialistischen Dialektik gesehen wird oder gar ein Kategorienpaar wie das der Stabilität und Veränderung zum Entscheidenden gemacht werden soll. Damit wird die Dialektik fast zu einem Schema zur Lösung von Problemen degradiert.[78] Ein solches Schema wird nur solange gelten, als man zutreffende Beispiele sucht. Es scheitert an der objektiven Dialektik selbst, die zu ihrer Untersuchung das Ausschöpfen des gesamten Begriffsapparates der Theorie und Methode der Dialektik verlangt und nicht den Hinweis auf die Existenz des einen oder anderen polaren Gegensatzes. In diesem Sinne ist auch die folgende Bemerkung problematisch. „Der Übergang von der Erforschung der Stabilität und Veränderung zur Erforschung der Stabilität und Veränderung der Physik ist mit zwei wichtigen methodologischen Umständen verbunden:
1) Übergang vom Allgemeinen (‚Stabilität allgemein' und ‚Veränderung allgemein') zum Einzelnen (‚Bestimmter Typ der Stabilität' und ‚bestimmter Typ der Veränderung'). 2) Übergang von der qualitativen Methode der Forschung zur quantitativen Methode (d. h. der Fragestellung nach der ‚Quantität' der Stabilität und als ‚Quantität der Veränderlichkeit')."[79] Möglicherweise ist mit dieser Forderung ein rationeller Kern verbunden, aber der Übergang vom Allgemeinen zum Besonderen kann keineswegs nur von der philosophischen Kategorie zum physikalischen Begriff erfolgen, sondern die Beziehung von Kategorie und Begriff zur entsprechenden Theorie muß berücksichtigt werden, um alle Zwischenglieder aufdecken zu können und zu echten heuristischen Hinweisen zu kommen. Sonst wird nur die Vereinbarkeit des Einzelnen mit dem Allgemeinen deutlich, aber die echte philosophische Analyse, die in der Aufstellung philosophischer Hypothesen sich bewährt, wird nicht durchgeführt. Außerdem wird bei solchen Feststellungen nicht deutlich, worauf sich die Bestimmung des Verhältnisses von „Stabilität und Veränderlichkeit allgemein" gründet. Es wird nicht gezeigt, wo das Material für die Bestimmung dieser Dialektik existiert. Eigentlich hat die Physik selbst Material dafür zu liefern und nicht nur ein Beispiel für eine (vielleicht a priori bestimmte) Dialektik. Die zweite Forderung trennt qualitative und quantitative Aspekte, indem sie den einen der Philosophie und den anderen der Physik zuweist. Damit wird sowohl der quantitative Aspekt in der philosophischen Analyse aus-

geschlossen, was ich für falsch halte[80], als auch der qualitative Aspekt physikalischer Aussagen nicht berücksichtigt. Der Prozeß der philosophischen Verallgemeinerung wird hier nicht in seiner inneren Kompliziertheit gesehen.

Er muß aber ausgearbeitet und beachtet werden, um die Spezifik philosophischer Analyse naturwissenschaftlicher Erkenntnisse zu zeigen. Erst dadurch wird deutlich, *wie* philosophische Begriffe und Auffassungen präzisiert werden. Die Frage, die nun entsteht, ist die: Nehmen auch die Grundprinzipien neue Merkmale in sich auf, und was ist mit solchen Begriffen, die sich als allgemeingültig und relevant für die Beantwortung weltanschaulicher Fragen erweisen. Das ist sicher eine diffizile Problematik, der aber keineswegs ausgewichen werden soll. Selbst auf die Gefahr hin, Widerspruch von verschiedenen Seiten zu erhalten, was der Klärung der Probleme nur dienlich sein kann, will ich meine Meinung dazu sagen: Die schon mehrmals charakterisierten Antworten auf die weltanschaulichen Grundfragen, die als Grundprinzipien bezeichnet wurden, bedürfen keiner Ergänzung oder Erweiterung, wohl aber alle Folgerungen, die aus ihnen gezogen werden. Um es noch klarer zu sagen: Das Primat der Materie gegenüber dem Bewußtsein, des gesellschaftlichen Seins gegenüber dem gesellschaftlichen Bewußtsein, die Einheit der Welt in der Materialität, die Existenz objektiver Gesetze in Natur und Gesellschaft, das Verständnis des Menschen als Ensemble der gesellschaftlichen Verhältnisse, die dialektische Untersuchung des Zusammenhangs, der Bewegung und Entwicklung der objektiven Realität als Grundprinzipien verändern sich nicht, wenn nicht der Marxismus-Leninismus, die marxistisch-leninistische Philosophie und damit der wissenschaftliche Charakter der Philosophie in Frage gestellt werden sollen. Aber diese Grundprinzipien bedürfen der Präzisierung, damit sie in Verbindung zu den wissenschaftlichen Erkenntnissen einer bestimmten Zeit gebracht werden können. Diese Präzisierungen bedürfen der ständigen Überprüfung. Dabei möchte ich noch einmal klar den materialistischen Grundstandpunkt formulieren, nämlich die Tatsachen in ihrem eigenen und in keinem phantastischen Zusammenhang zu sehen. Sollte es deshalb begründete Tatsachen geben, die gegen eines der Prinzipien sprechen, dann sind die Tatsachen entscheidend und nicht das Prinzip. Nur ist hier darauf hinzuweisen, daß die Prinzipien eben so allgemein formuliert sind, daß sie die Art und Weise des Herangehens an die Wirklichkeit betreffen und Antworten auf die weltanschaulichen *Grund*fragen geben. Gerade das spricht für ihre Allgemeingültigkeit für die menschliche Erkenntnis und Tätigkeit; sie sind nicht mehr an den Erkenntnisfortschritt gebunden, sondern die Grundlage des Erkenntnisfortschritts selbst. Die Allgemeinheit der Prinzipien gestattet aber trotzdem, den dialektischen und historischen Materialismus von jeglichem Idealismus und von allen historisch überlebten Formen des Materialismus abzugrenzen.

Dieser Standpunkt schließt m. E. nicht aus, daß auch neue Aussagen und neue Kategorien in die Philosophie aufgenommen werden können, die das Merkmal der Allgemeinheit und der weltanschaulichen Relevanz im Sinne der Beantwortung der Grundfragen besitzen. Das betrifft jetzt nicht mehr den bisher charakterisierten philosophischen Erkenntnisprozeß, bei dem durch Präzisierungen, Hypothesenbildung und Bestätigung von Hypothesen die Antworten auf die weltanschaulichen Grundfragen gründlicher, mit besseren Sachkenntnissen, mit neuen wissenschaftlichen Erkenntnissen usw. erfolgen. Es geht hier um die Untersuchung dialektischer Beziehungen, wobei neue Kategorien benutzt werden. So zeigt die philosophische Analyse der Naturwissenschaften unserer Zeit die Bedeutung der Kategorien Element, System, Struktur, Funktion und ihrer Beziehungen zur Darstellung allgemeiner Zusammenhänge. Auch der Begriff der Information hat nach seiner umfangreichen Untersuchung enge Beziehungen zum allgemeinen Widerspiegelungsbegriff, ohne mit diesem identisch zu sein. In der Erkenntnistheorie spielt die Untersuchung der Bindeglieder zwischen Experiment und Theorie, wie z. B. der Hypothesen und der Modelle, eine immer größere Rolle. Davon ausgehend ergeben sich Konsequenzen für die Methodologie aus den Systembetrachtungen, der Modellmethode usw. Nun haben sich um diese als allgemeingültig betrachteten Begriffe meist schon Theorien gebildet. Die Informationstheorie ist ein wesentlicher Bestandteil der Kybernetik. Verschiedene Ansätze zur Systemtheorie wurden entwickelt. Wir sprechen von der Modelltheorie, und in der mathematischen Logik existieren Theorien zur Hypothesenbildung, insbesondere die induktive Logik befaßt sich damit. Die Hervorhebung der Allgemeingültigkeit dieser Kategorien ist also gerade mit ihrer Einordnung in neue Theorien und Wissenschaftsdisziplinen verbunden, und die Forderung der Philosophie besteht in erster Linie darin, diese Kategorien und Beziehungen zu analysieren, aber nicht unbedingt in die Philosophie als philosophische Kategorien aufzunehmen. Wenn das geschieht, muß die philosophische Begriffskritik Voraussetzung dafür sein. In diesem Sinne hilft uns tatsächlich die Beziehung zwischen den Begriffen System, Element, Struktur und Funktion besser, dialektische Beziehungen auszudrücken, als das die Begriffe Dinge, Erscheinungen erlaubten. Wir werden auf dieses Problem bei der Darstellung von Grundproblemen der Dialektik noch zurückkommen. Ehe man jedoch vorzeitig aufgrund von Behauptungen über die Allgemeingültigkeit von Kategorien und Beziehungen zwischen ihnen auf die philosophische Bedeutung verweist, muß erstens überprüft werden, ob die Allgemeingültigkeit der Kategorie und der damit verbundenen Aussagen tatsächlich gesichert ist, und zweitens, ob der philosophische Charakter durch Beantwortung weltanschaulicher Grundfragen gegeben ist. Ist das nicht der Fall, hilft die Behauptung von der Allgemeingültigkeit und vom philosophischen Charakter nicht weiter, sondern verhindert manchmal sogar die notwendige philosophische Analyse. Es kann also allgemeingültige neue philosophische Kategorien geben, mit denen philosophisch wichtige allgemeingültige Beziehungen formuliert werden. Das betrifft vor allem die Dialektik der Natur, Gesellschaft und des Denkens in allen ihren Aspekten, als objektive Dialektik der natürlichen und Gesellschaftsprozesse, als Dialektik der Erkenntnis und als Dialektik des Denkens, die als subjektive Dialektik Widerspiegelung der objektiven Dialektik ist, sich aber auch selbst verändert und entwickelt. Zusammenfassend kann man auf Grund der bisherigen Betrachtungen also festhalten, daß der philosophische Materialismus in seinen wissenschaftlichen Grundprinzipien formuliert ist, wobei für die philosophische Erkenntnis das Verhältnis der Grundfrage der Philosophie und ihrer materialistischen Beantwortung zu den Erkenntnissen der Naturwissenschaft über die Materiestruktur vielschichtig ist, worauf im nächsten Kapitel eingegangen wird. Durch die Präzisierung der Grundprinzipien mit Hilfe neuen naturwissenschaftlichen Materials werden die Antworten auf die weltanschaulichen Grundfragen wissenschaftlich besser fundiert, und so kann die Philosophie ihrer heuristischen Funktion gerecht werden.

Die materialistische Dialektik als philosophische Theorie des Zusammenhangs, der Bewegung und Entwicklung führt uns ständig zu neuen Beziehungen und bezieht auch neue Kategorien in die Darstellung der objektiven und subjektiven Dialektik und der Dialektik des Erkenntnisprozesses ein. So führte die Präzisierung des Gesetzesbegriffes zu einem neuen Terminus „statistisches Gesetz", dessen Allgemeingültigkeit nun deutlich wird. Auf die Modellmethode, den Systembegriff u. a. ist schon hingewiesen worden. Mit dem tieferen Eindringen in die Dialektik der objektiv-realen Prozesse wird auch der materialistische Standpunkt besser fundiert, und neue Kategorien können so auch zur Präzisierung von Grundprinzipien benutzt werden. So kann die These von der materiellen Einheit der Welt auch als These von der Hierarchie materieller Systeme verstanden werden, in der relativ isolierte höher- und niederentwickelte Systeme existieren, deren Struktur, genetischer und Entwicklungszusammenhang aufgedeckt werden muß. Die Existenz relativ isolierter Systeme ermöglicht überhaupt erst die Analyse der Erkenntnis, die Dialektik verlangt aber, den Zusammenhang dieser Systeme zu begreifen, der sowohl im Nebeneinander von niedriger und höher entwickelten Systemen als auch in dem Auseinanderhervorgehen existiert. Ebenso muß jedes System nach seinen inneren und äußeren Entwicklungsbedingungen, nach seiner inneren Struktur, nach Veränderungen und Entwicklungen betrachtet werden. Auf diese Weise hilft die Erkenntnis der Dialektik den materialistischen Standpunkt zu festigen, und, um mit der Engelsschen Formulierung zu sprechen, die Änderung seiner Form ist keine Änderung der Grundprinzipien, sondern ihre Präzisierung und die Erweiterung des philosophischen Kategorienbestandes. Insofern entwickelt sich die wissenschaftliche Philosophie ständig. Sie gibt zwar kein Grundprinzip preis, unterwirft sich aber den Kriterien der Praxis bei der Überprüfung der Wissenschaftlichkeit ihrer Antworten auf die weltanschaulichen Grundfragen, ihrer präzisierten philosophischen Aussagen und ihrer philosophischen Hypothesen. Insofern anerkennen wir nicht nur philosophische Aussagen mit verschiedenem Allgemeinheitsgrad, wobei die allgemeinsten in der Philosophie die philosophischen Grundprinzipien sind und die speziellsten die präzisierten philosophischen Aussagen für einen Wissenschaftsbereich, etwa die Physik, sondern untersuchen auch den Prozeß der Verallgemeinerung, der den eigentlichen philosophischen Erkenntnisprozeß ausmacht. Spezielle philosophische Aussagen müssen, wenn sie philosophische Bedeutung erhalten sollen, also in Beziehung zu den Grundprinzipien gesetzt werden, verallgemeinerungsfähig sein. Ist das nicht der Fall, sind sie nur präzisierte philosophische Aussagen für eine Wissenschaft, deren hypothetische Übertragung auf andere Wissenschaften sich nicht bestätigt, dann gehören sie eigentlich zum theoretischen Grundbestand dieser Wissenschaften und brauchen philosophisch nicht weiter erforscht zu werden, solange sich keine neuen verallgemeinerungswürdigen Aspekte ergeben. Auch hier wird die Einheit von Allgemeingültigkeit und Beantwortung weltanschaulicher Grundfragen deutlich. Die Allgemeingültigkeit interessiert uns im Zusammenhang mit der Antwort auf die weltanschaulichen Grundfragen, und damit verlieren die zwar mit philosophischen Termini ausgedrückten einzelwissenschaftlichen Erkenntnisse, die nicht verallgemeinerungsfähig sind, ihre Bedeutung für die *philosophische* Forschungsarbeit.

Bei allen diesen Untersuchungen nutzen wir die Grundaussagen der marxistischen Philosophie, präzisieren sie jedoch gleichzeitig, wobei diese Präzisierungen verschiedenen Allgemeinheitsgrad besitzen. Sie können für die Ergebnisse einer Wissenschaft, für mehrere oder alle Wissenschaften zutreffen; sie können die Auseinandersetzung des Menschen mit der Natur und mit den anderen Menschen, darunter auch die Theorienbildung und die Bewußtseinsentwicklung betreffen. J. Meurers hat in seiner Kritik des dialektischen Materialismus diesen Prozeß der Präzisierung und Verallgemeinerung in der marxistischen Philosophie nicht berücksichtigt, wenn er über die allgemeinen philosophischen Aussagen schreibt: „Da sie sinnleer sind, kann bald dies, bald jenes als eine Bestätigung ihrer, d. h. als ‚glänzende' Bestätigung des dialektischen Materialismus ausgegeben werden."[81] Für ihn ist der Materiebegriff zu leer, „um die Fülle des Wirklichen zu fassen. Der dialektische Materialismus kann nicht erklären, warum die Materie die von ihm behaupteten dialektischen Gegensätze in sich trägt."[82] Zweifellos ist auch der Nachweis der Vereinbarkeit naturwissenschaftlicher Erkenntnis mit den allgemeinen philosophischen Aussagen eine Aufgabe der marxistischen Philosophie. Aber sie leistet mehr. Durch die Ausnutzung der Erkenntnisse einzelner Wissenschaften präzisiert sie ihre Begriffe, Auffassungen und Grundprinzipien. Mittels Hypothesenbildung ist sie in der Lage, heuristisch die naturwissenschaftliche Forschung zu beeinflussen. Meurers macht aber noch einen zweiten Fehler, mit dem er zeigt, daß er den materialistischen Kern marxistischen Philosophierens nicht begriffen hat. Die Fülle des Wirklichen muß nicht aus dem Materiebegriff heraus erklärt werden, sondern der Materiebegriff als Ausdruck des Materialismus zeigt, daß die Quelle unserer Erkenntnis in dem gesehen wird, was außerhalb und unabhängig von unserem Bewußtsein existiert. Das wird in seiner konkreten Existenz gerade von den Einzelwissenschaften untersucht. Deshalb dürfen die dialektischen Gegensätze nicht behauptet werden, sondern müssen aus den Erkenntnissen der Einzelwissenschaften abgeleitet werden. Gerade deshalb gewinnen für die Bestätigung der allgemeinen philosophischen Aussagen ihre Präzisierungen so große Bedeutung. Das führt uns zu der Frage nach dem Kriterium für die Wahrheit der allgemeinen philosophischen Aussagen.

2.4.2 Über den Beweis philosophischer Aussagen

Um über den Beweis der allgemeinen philosophischen Aussagen diskutieren zu können, muß die geschilderte komplizierte philosophische Stufung der Erkenntnis, die sich in Aussagen verschiedenen Allgemeinheitsgrades ausdrückt, berücksichtigt werden. Wir behandeln dabei den Beweis philosophischer Aussagen nur insofern, als es für unsere Problematik wichtig ist.[83] Für die präzisierten philosophischen Aussagen, die die Grundlage der philosophischen Hypothesen sind und deren Verallgemeinerung die allgemeinen philosophischen Aussagen darstellen, sind die bestätigten einzelwissenschaftlichen Theorien entscheidend. Wenn wir vorher von der Präzisierung des Verhältnisses von Gesetz und Zufall sprachen, dann hatten wir als naturwissenschaftliche Voraussetzung die Quantenmechanik, eine bestätigte naturwissenschaftliche Theorie, genannt. Zweifellos sind nun für die philosophische Arbeit nicht allein die präzisierten philosophischen Aussagen, die auf der Grundlage von bestätigten Theorien existieren, von Interesse. Sie sind die Grundlage für die weitere Arbeit, weil sie uns helfen, philosophische Hypothesen verschiedener Art aufzustellen. So kann, auf der präzisierten philosophischen Aussage über das Verhältnis von Gesetz und Zufall aufbauend, etwas über die künftige Entwicklung dieses Verhältnisses und über den Beitrag der physikalischen Forschung dazu gesagt werden. Hierzu wiederum ist die Analyse der vorliegenden physikalischen Hypothesen über die künftigen physikalischen Theorien erforderlich. Es entspricht der philosophischen Denkweise, präzisierte Aussagen zu verallgemeinern. In diesem Sinne könnten philosophische Hypothesen über die weitere Entwicklung der Physik lauten, daß die statistischen Gesetze der grundlegende Typ seien und die dynamischen ihre Grenzfälle, daß die statistischen Gesetze sich auf dynamische reduzieren ließen oder eine neue Einheit von dynamischen und statistischen Gesetzen sich herausbilde. Solche hypothetischen Auffassungen sind in der Physik mit physikalischen Konzeptionen über die weitere theoretische und experimentelle Arbeit verbunden. Der Philosoph muß diese Konzeptionen auf ihre Beziehung zur allgemeinen Hypothese über den künftigen Charakter der Gesetze untersuchen, zugleich aber seine Hypothesen über die Gültigkeit der präzisierten Aussage in anderen Naturwissenschaften überprüfen und auch von dort Hypothesen über die Entwicklung der Gesetzesauffassung aufstellen. Damit arbeiten Naturwissenschaftler und Philosophen zwar mit dem gleichen Material, nämlich den bestätigten Theorien und den durch theoretische und experimentelle Einwände hervorgerufenen Kritiken an diesen Theorien sowie den einzelwissenschaftlichen Hypothesen. Der Philosoph interessiert sich jedoch für die dabei mögliche Bestätigung seiner Hypothesen, die sowohl die Verallgemeinerung ermöglichen als auch zu heuristischen Hinweisen, nämlich Denkanregungen für die weitere Arbeit, für den Naturwissenschaftler führen können.

Zwei Fehler muß der Philosoph in seiner Arbeit vermeiden. Erstens darf er seine philosophischen Aussagen nicht nur aus einer Wissenschaft allein gewinnen, obwohl er damit beginnen muß. Bleibt er dabei stehen, ohne den Versuch der Präzisierung und Hypothesenbildung zu machen, so leistet er nur die Einordnung der naturwissenschaftlichen Einsichten der von ihm betrachteten Wissenschaft in die allgemeinen philosophischen Aussagen. Anders gesagt: Durch die Anwendung des allgemeinen philosophischen Begriffs stellt er die Vereinbarkeit der naturwissenschaftlichen Aussage mit der allgemeinen philosophischen Aussage heraus, nicht mehr. So war es eine Zeitlang erforderlich, die neuen Erkenntnisse der Elementarteilchentheorie über die Umwandlung von Stoff in Strahlung und umgekehrt als vereinbar mit dem Materialismus nachzuweisen. Es wurde gezeigt, daß der Leninsche Materiebegriff auch Strahlung und nicht nur den Stoff umfaßt. Das gilt auch für die Antiteilchen oder den möglichen Antistoff. Der Nachweis ist einfach. Der Leninsche Materiebegriff ist die Widerspiegelung dessen, was außerhalb und unabhängig von unserem Bewußtsein existiert und von ihm erkannt werden kann. Stoff, Strahlung und Antistoff existieren außerhalb und unabhängig vom menschlichen Bewußtsein und sind von ihm sogar schon erkannt worden. Damit werden sie vom Materiebegriff umfaßt. Dieser Nachweis wurde deshalb erforderlich, weil in Unkenntnis der Leninschen Materiedefinition oder als bewußte Fälschung die Behauptung von der Widerlegung des Materialismus durch diese Entdeckungen der Physik verbreitet worden war. Viel wichtiger für den marxistischen Philosophen, der sich mit den philosophischen Problemen der modernen Naturwissenschaften befaßt, ist jedoch die Präzisierung philosophischer Begriffe wie unendliche Teilbarkeit, Ding, Symmetrie usw. mit Hilfe der Ergebnisse der Elementarteilchenphysik. Der Nachweis der Vereinbarkeit naturwissenschaftlicher und philosophischer Aussagen enthält noch keine heuristische Bedeutung für die naturwissenschaftliche Forschung. Er kann auch vom philosophisch arbeitenden theoretischen Naturwissenschaftler selbst geführt werden. Dazu sind keine Spezialisten für philosophische Probleme der Naturwissenschaften erforderlich. Der Philosoph muß die bestätigte Theorie kritisch analysieren, indem er übertragbare philosophische Präzisierungen versucht, die in anderen Wissenschaften helfen können. Er muß eventuell vorhandene Widersprüche in einer Theorie, die von den Naturwissenschaftlern diskutiert werden, beachten, um Hinweise für seine Hypothesenbildung zu erhalten, und er muß die bereits entwickelten naturwissenschaftlichen Hypothesen berücksichtigen, weil er ihren Beitrag zur philosophischen Theorie heute schon abschätzen kann. Das erst macht ihn zum Zeitgenossen der naturwissenschaftlichen Forschung und der damit verbundenen philosophischen Diskussion. Seiner Orientierung dienen die allgemeinen philosophischen Aussagen und die bereits vorhandenen Präzisierungen in anderen Wissenschaften. Er kennt die Geschichte der philosophischen Ideen. Eben das ermöglicht es ihm, die von uns vorher charakterisierten philosophischen Hypothesen aufzustellen, die auch in der naturwissenschaftlichen Forschung Berücksichtigung finden können. Der Philosoph wird damit zu einem Spezialisten für Integrationsbeziehungen bestimmter Art, nämlich solcher, die das Zusammenwirken verschiedener Wissenschaften und die dabei auftretenden allgemeinen philosophischen Beziehungen betreffen.

Wir sehen, daß nicht die allgemeine philosophische Beziehung der Bestätigung unterliegt, sondern ihre Präzisierungen. Erst die hypothetische Übertragung solcher Präzisierungen auf andere Wissenschaften führt dann nach und nach zum Beweis allgemeiner philosophischer Aussagen, was manchmal kurz so zusammengefaßt wird: Die Geschichte der Wissenschaften und die Praxis haben die allgemeine philosophische Aussage bewiesen.

Durch diese komplizierte Erkenntnis entsteht zweitens die Gefahr, aus allgemeinen philosophischen Erwägungen, ohne wissenschaftlich gesicherte Präzisierungen, die existierende Theorie durch Spekulationen zu ersetzen. Zweifellos verlangt der Materialismus den Nachweis behaupteter Zusammenhänge. Wird in der Biologie, wie es die Mendelschen Regeln besagen, eine Beziehung zwischen verschiedenen Generationen von Lebewesen konstatiert, so muß die Wissenschaft darauf orientiert werden, den inneren Mechanismus aufzudecken, der diesen Zusammenhang konstituiert. Das erfordert, die chemischen und physikalischen Grundlagen des Lebensprozesses genauer zu analysieren. Diese wissenschaftliche Arbeit kann jedoch nicht durch philosophische Spekulationen geleistet werden. Das sollte nicht verwechselt werden mit der notwendigen Forderung nach kühnen Hypothesen, die uns in der Wissenschaft voranbringen.

Allgemeine philosophische Aussagen können also erstens bewiesen werden, indem mit Hilfe bestätigter einzelwissenschaftlicher Theorien die allgemeinen Aussagen präzisiert und zur Grundlage von Hypothesen genommen werden, deren Richtigkeit oder Falschheit aus der theoretischen Deutung des experimentellen Materials einer Einzelwissenschaft folgen muß. In diesem Sinne sind die allgemeinen philosophischen Aussagen nur über Präzisierungen und Hypothesen mit der einzelwissenschaftlichen Forschung verbunden. Es sei auch noch einmal daran erinnert, daß die präzisierten philosophischen Aussagen verschiedenen Allgemeinheitsgrad besitzen und ihre Bestätigung als Nachweis der Richtigkeit jener Hypothese erfolgt, die die Übertragung der Präzisierung aus einer Wissenschaft oder einer Gruppe von Wissenschaften in eine andere behauptet.

Zweitens ist auch die widerspruchsfreie Einordnung allgemeiner philosophischer Thesen in das System der Beziehungen und Gesetze der marxistischen Philosophie eine Vorstufe des Beweises. Man würde sich eines wesentlichen Hilfsmittels der philosophischen Analyse begeben, wenn man ständig alle allgemeinen philosophischen Thesen in Frage stellen würde, um sie über die langwierigen Präzisierungen und Hypothesen als wahre philosophische Aussagen zu beweisen. Da die marxistische Philosophie Systemcharakter besitzt, weil sie konsequenter, d. h. dialektischer und historischer Materialismus ist, kann auch der Widerspruch zu anderen Aussagen auf die Falschheit einer bestimmten Aussage hindeuten, ebenso wie die widerspruchsfreie Einordnung die vorläufige Richtigkeit bestätigt.

Drittens gilt es die Fruchtbarkeit allgemeiner philosophischer Aussagen für die einzelwissenschaftliche Forschung zu berücksichtigen. Sowohl erkenntnistheoretische und methodologische Untersuchungen über das Modell oder über das Experiment als auch Begriffskritik und die Ausarbeitung dialektischer Beziehungen können denkanregend für den Forscher wirken, der gar nicht immer den unter Punkt eins charakterisierten komplizierten Weg der philosophischen Analyse gehen muß, sondern seine Anregungen mittels Analogienbildung, Vergleich usw. aus den allgemeinen philosophischen Aussagen erhält. Dieses Vorgehen finden wir, wie wir gesehen haben, auch bei Marx selbst.

Viertens wird die durch die wissenschaftliche Weltanschauung gegebene Orientierung für das Handeln der Menschen durch dieses Handeln selbst auf ihre Richtigkeit überprüft. Daraus können wiederum Rückschlüsse auf die philosophisch-theoretische Fundierung der Weltanschauung gezogen werden.

Wir sehen also, daß der Beweis philosophischer Thesen durch ihre Überprüfung im komplizierten Erkenntnisprozeß mit Hilfe bestätigter einzelwissenschaftlicher Theorien und den zugrunde liegenden Experimenten geschieht. Es wäre jedoch einseitig, nur auf diese Seite des Wahrheitskriteriums zu verweisen. Auch die Einordnung der philosophischen Aussagen in das philosophische System, ihre Rolle bei der Bildung von Analogien und ihre Bedeutung für die Orientierung des Handelns spielen eine Rolle. Ohne allein Wahrheitskriterium zu sein, geben sie doch Hinweise auf die Richtigkeit und Falschheit bestimmter Thesen, was weitere Untersuchungen verlangt.

Die heuristische Funktion der marxistischen Philosophie in der naturwissenschaftlichen Forschung verwirklicht sich also auf verschiedene Weise, vor allem aber über die Bildung philosophischer Hypothesen, die die Übertragbarkeit von Aussagen, Beziehungen, Gesetzen, Denkweisen, Methoden usw. aus einer Wissenschaft in eine bestimmte Naturwissenschaft behaupten oder etwas über die Entwicklung der Naturwissenschaft aussagen. Hinzu kommt dann die auf der Grundlage allgemeiner philosophischer Aussagen mögliche Analogienbildung. Für die weitere Erforschung dieser auch für die Entwicklung der wissenschaftlichen Weltanschauung beim einzelnen Naturwissenschaftler wichtigen Funktion der marxistisch-leninistischen Philosophie sind vor allem noch mehr historische Materialien über die Theorienbildung in der Naturwissenschaft zu analysieren und die philosophischen Auffassungen von hervorragenden Naturwissenschaftlern zu erforschen, um die Bedeutung von Analogien und philosophischen Hypothesen im Erkenntnisprozeß zu erkennen.

2.4.3. Der Systemcharakter der marxistischen Philosophie und neue Erkenntnisse der Wissenschaften

Von seiten nichtmarxistischer Philosophen und teilweise auch von modernen Revisionisten wird der Einbau neuer wissenschaftlicher Erkenntnisse in das System der marxistisch-leninistischen Philosophie bestritten und der Vorwurf des Dogmatismus erhoben, wenn man an den Grundprinzipien der marxistisch-leninistischen Philosophie festhält. Offensichtlich wird bei dieser Argumentation gerade der komplizierte Entwicklungsprozeß der Philosophie nicht berücksichtigt und mit allgemeinen Deklarationen statt mit wissenschaftlichen Untersuchungen gearbeitet. Um die unhaltbaren Argumente zu zeigen, die dabei benutzt werden, wollen wir uns mit zwei Kritikern der marxistisch-leninistischen Philosophie auseinandersetzen, die auf dem Philosophiekongreß in Wien 1968 auftraten. Einerseits kommt der österreichische Philosoph W. Meurers zu der Auffassung, daß die marxistische Philosophie notwendig wichtige Fragen aus der philosophischen Untersuchung ausschließen müsse. Andererseits ersetzt der jugoslawische Philosoph P. Vranicki die marxistische Philosophie durch einen Pluralismus marxistischer Philosophien.

W. Meurers behandelt in seinem Beitrag das Thema „Das Problem der Entideologisierung der Naturwissenschaft". Ideologie ist für ihn die

„Geisteshaltung", „welche unter allen Umständen, koste es was es wolle, vorliegende naturwissenschaftliche Ergebnisse, sei es in Einzelheiten, sei es in ihrer Gesamtheit in das eigene philosophische System zu pressen versucht"[84]. In diesem Sinne macht Meurers dem dialektischen Materialismus den Vorwurf, ideologisch zu sein. Er meint, die von der Philosophie notwendig zu stellenden Fragen könnten von vornherein abgelehnt werden, da sie nicht in das vorgegebene System passen. Solange man nur allgemein darüber redet, könnte man auf die Grundhaltung der Klassiker des Marxismus-Leninismus verweisen, die Tatsachen in ihrem eigenen und in keinem phantastischen Zusammenhang zu sehen, weshalb der Ausgangspunkt des Philosophierens nicht die philosophischen Thesen, sondern die philosophisch zu analysierenden Tatsachen sind. Wir wissen, daß wir damit nur die allgemeine Antwort erhalten: Die marxistische Philosophie schließt keine Fragen von vornherein, ohne wissenschaftliche Analyse aus, weil sie nicht in ihr System passen. Nun versucht Meurers seine Ansichten zu belegen, indem er die Frage nach dem Warum der Bewegung als in der marxistischen Philosophie nicht zulässig bezeichnet: „Wenn z. B. in gewissen philosophischen Positionen die These vertreten wird, man dürfe nicht fragen, warum es überhaupt Bewegung gäbe, weil man schon in einer solchen Frage trenne, was notwendig zusammengehöre, eben den bewegten Stoff und die Bewegung, so ist das eine ideologisch verdorbene apodiktische Behauptung; denn bisher kann nicht bewiesen werden, daß die Bewegung des Stoffes denknotwendig ist, noch ist ein Beweis erbracht und kann wohl nicht erbracht werden, daß durch eine solche Frage bereits getrennt werde, was wesenhaft zusammengehört."[85] Meurers greift hier auf seine schon früher geübte Kritik am dialektischen Materialismus zurück, in der er behauptete, daß dieser „gar kein kategorischer philosophischer Weltentwurf ist, sondern nur das intellektuelle Gehäuse eines dem reinen Prozeß verfallenen Erkenntnisbemühens ohne Bezug zu Wahr-Falsch"[86]. Damit wird schon über die notwendige Vermittlung der allgemeinen philosophischen Aussagen mit den einzelwissenschaftlichen Experimenten und Theorien hinweggesehen. Der Bezug zu Wahr und Falsch kann aber nur über diese Vermittlung hergestellt werden. Das wird am konkreten Fall, den Meurers betrachtet, nämlich der These von der Einheit von Materie und Bewegung, ganz deutlich. Meurers schreibt: „Vom Anspruch einer umfassenden Welterklärung aus gesehen, wird in der ursprünglichen Kombination von Bewegung und Materie noch ein weiteres Problem unterdrückt: Es folgt nämlich rein logisch weder aus dem Begriff der Materie noch aus der Tatsache, daß es Materie gibt, daß die Materie bewegt ist. Warum ist die Materie bewegt, und warum ruht nicht alles gegeneinander? Diese Frage erhebt sich sofort, weil die in Rede stehenden Begriffe und Tatsachen nicht logisch notwendig auch Bewegung enthalten. Der Materiebegriff ist einfach zu leer, um darin die Fülle des Wirklichen zu fassen. Daß aus der Tatsache der Materie nicht die Bewegung der Materie folgt, ist der neuralgische Punkt des dialektischen Materialismus seit seinem Eintritt in die Geistesgeschichte."[87] Weiter heißt es dann noch: „So wird immer wieder, und zwar im ursprünglichen Akt ohne Beweis gesagt, daß Materie ohne Bewegung nicht denkbar sei, und daß die fortschreitende Forschung nur bewegte Materie fände; als wenn aus dem Umstand, daß jede Materie bewegt ist, folgte, daß sie notwendig auch bewegt sei, daß man der Frage nach dem Warum ihrer Bewegung damit enthoben sei."[88] In seinem Diskussionsbeitrag auf dem Philosophiekongreß 1968 bezeichnet Meurers diese Frage für den dialektischen Materialismus als unangenehm, weil sie nicht in den allgemeinen Weltentwurf paßt: „So kann z. B. kein Zweifel darüber bestehen, daß in einem philosophischen Entwurf, der die These vertritt, die Materie ist notwendig bewegt, wenn er auch dafür keinen Beweis hat, nicht die Frage gestattet werden, warum es denn überhaupt Bewegung gibt, und wie sie zustande kommt, warum nicht vielmehr Alles in Ruhe ist."[89]

Meurers begeht in seiner Argumentation folgende entscheidenden Fehler:

Erstens berücksichtigt er nicht, daß es um die These von der bewegten Materie in der Geschichte der Philosophie einen langandauernden Streit gegeben hat, dessen Ergebnisse in den dialektischen Materialismus eingingen und ihn zu der These von der Einheit von Materie und Bewegung geführt haben.

Zweitens unterliegt diese These auch heute dem geschilderten komplizierten Erkenntnisprozeß, in dem Präzisierungen für die verschiedenen Wissenschaften gefunden werden, die, wie Meurers selbst sagt, nur bewegte Materie entdecken.

Drittens muß die Geschichte der naturwissenschaftlichen Theorien analysiert werden. Dabei zeigt sich, daß die Behauptung von der Ruhe als dem Gegebenen bereits in Galileis Begründung der Physik durch das Trägheitsprinzip einer Kritik unterzogen wurde. Elektrodynamik und Relativitätstheorie sowie die Quantentheorie brachten neue Erkenntnisse über den Charakter der physikalischen Bewegung, wie die Kritik der Fernwirkung, die Unmöglichkeit eines absoluten Bezugssystems der Bewegung und die Umwandlung von Stoff in Strahlung und umgekehrt, um nur einige zu nennen. Der Schluß, der sich aus dieser Analyse ergibt, bestätigt die These von der bewegten Materie.

Viertens hat Lenin folgendes ausgeführt: „Das, was den Materialisten grundlegend von dem Anhänger der idealistischen Philosophie unterscheidet, ist dies, daß er die Empfindung, Wahrnehmung, Vorstellung und überhaupt das Bewußtsein des Menschen als Abbild der objektiven Realität betrachtet. Die Welt ist die Bewegung dieser von unserem Bewußtsein widerspiegelten objektiven Realität. Der Bewegung der Vorstellungen, Wahrnehmungen usw. entspricht die Bewegung der Materie außer mir. Der Begriff der Materie drückt nichts anderes aus als die uns in der Empfindung gegebene objektive Realität. Daher ist die Trennung der Bewegung von der Materie gleichbedeutend mit der Trennung des Denkens von der objektiven Realität, mit der Trennung meiner Empfindungen von der Außenwelt, d. h. gleichbedeutend mit dem Übergang auf die Seite des Idealismus."[90] Lenin geht es also gar nicht darum, ob der Begriff der Materie logisch notwendig schon das Merkmal der Bewegung enthält. Damit wird gerade der materialistische Grundstandpunkt verfälscht, der die Begriffe als Widerspiegelungen der objektiven Realität auffaßt. Die Leninsche Argumentation geht in folgende Richtung: Die von den meisten Philosophen anerkannte Bewegung unseres Denkens, die ideelle Bewegung, ist eine Widerspiegelung der materiellen Bewegung. Wer deshalb die materielle Bewegung leugnet, muß auch den Abbildcharakter unserer Begriffe ablehnen, was aber Idealismus bedeutet.

Alle diese Momente zusammengenommen erweisen die Unhaltbarkeit der Argumente von Meurers gegen den dialektischen Materialismus. Nicht die Frage nach dem Warum der Bewegung wird aus dem dialektischen Materialismus ausgeschlossen; diese Frage ist bereits beantwortet. Alle Thesen vom ersten Beweger, von der ständigen Schöpfung usw. weichen dem aus der Entwicklung der Wissenschaft sich ergebenden Schluß auf die bewegte Materie aus. Alle materiellen Prozesse, Objekte usw. unterliegen der Veränderung, hervorgerufen durch andere Prozesse. Die Ruhe ist nur relativ. Diesen Schluß zieht die marxistische Philosophie aus der Geschichte der Philosophie und der Wissenschaft. Sie unterwirft ihn aber der ständigen Kontrolle durch die Ergebnisse der Einzelwissenschaften über Präzisierungen und Hypothesenbildung, wobei diese These zugleich Anregungen für die weitere Forschungsarbeit vermitteln kann. Wenn Meurers heute die Frage neu stellen will, um eine Antwort zu erhalten, die der des dialektischen Materialismus nicht entspricht, so muß er Argumente anführen, die sich aus der Entwicklung der Wissenschaften ergeben und vom dialektischen Materialismus nicht berücksichtigt wurden. Das wird ihm aber schwerfallen, da die Grundprinzipien der marxistischen Philosophie auch auf die philosophischen Begriffe selbst angewandt werden. So unterliegt auch die marxistisch-philosophische Begriffsbildung der philosophischen Analyse, die die Veränderung der Begriffe auf Grund neuer wissenschaftlicher Einsichten und praktischer Erfahrungen aufdeckt.

Leichter ist es für Meurers, eine beantwortete Frage zu stellen und zu behaupten, diese Frage dürfe nicht gestellt werden. Hier wird Philosophieren zur von der wissenschaftlichen Entwicklung losgelösten Spekulation. Niemand kann ihm verwehren, einen immateriellen Urgrund materieller Objekte anzunehmen und dem dialektischen Materialismus vorzuwerfen, er ließe die Frage nach diesem immateriellen Urgrund nicht zu. Auch hier liegt eine Antwort vor, die den Ursprung der Welt in der Materie selbst sieht und die Welt als Ursache ihrer selbst betrachtet. Ist man mit der materialistischen Beantwortung von Fragen nicht einverstanden, dann sollte man das auch klar ausdrücken und nicht der marxistischen Philosophie vorwerfen, sie ließe bestimmte Fragen gar nicht zu. Ist man jedoch am Meinungsstreit mit dem marxistischen Philosophen interessiert, so muß man mit wissenschaftlichen Argumenten die Antwort auf bestimmte Fragen angreifen. Solche Argumente waren jedoch bei Meurers nicht zu finden. Seine „Beweise“ reduzieren sich auf ein Mißverständnis der von uns im vorhergehenden Abschnitt erläuterten Aspekte der philosophischen Analyse, der komplizierten Entwicklung der Philosophie und des Wahrheitskriteriums der marxistischen Philosophie.

Der Systemcharakter der marxistischen Philosophie versperrt also keineswegs den Weg für neue Erkenntnisse. Einerseits werden die neuen Erkenntnisse der Naturwissenschaften gerade zur ständigen Überprüfung der allgemeinen philosophischen Aussagen herangezogen. Andererseits helfen jedoch die allgemeinen philosophischen Aussagen über einen komplizierten Mechanismus bei der Präzisierung und der Hypothesenbildung in der naturwissenschaftlichen Forschung. Das System der marxistischen Philosophie kann nur existieren, wenn beide Aufgaben erfüllt werden. Ohne Erfüllung würde es sich sonst um eine Summe allgemeiner Sätze handeln, die weder eine theoretische Begründung der wissenschaftlichen Weltanschauung wären, noch eine heuristische Funktion in der naturwissenschaftlichen Forschung erfüllen könnten.

In seinem dem Wiener Kongreß vorgelegten Beitrag will Vranicki in Thesenform die Notwendigkeit verschiedener Varianten in der marxistischen Philosophie zeigen. Ohne die spezialen Wurzeln dieser revisionistischen Konzeption und ihre Konsequenzen für den wissenschaftlichen Sozialismus zu zeigen, wollen wir in diesem Beitrag auf die theoretische Unhaltbarkeit der angeführten Thesen eingehen. Das philosophische Denken wird als historisches Denken charakterisiert, das vom Niveau der menschlichen Praxis abhängt. Wegen der Vielschichtigkeit der menschlichen Praxis sei auch die bisherige Philosophie verschiedenartig, meint Vranicki und fährt dann fort: „Das gleiche gilt auch für die marxistische Philosophie. Die historischen Situationen ändern sich auch heute radikal, damit entstehen wichtige Verschiebungen der geschichtlichen Probleme und Aufgaben. Wenn die Philosophie (in diesem Falle die marxistische), als das empfindlichst theoretische Barometer einer Gesellschaft, nicht imstande ist, auf diese Verschiebungen zu reagieren – wird sie historisch irrelevant."[91] Selbstverständlich gilt das, was wir über den notwendigen Einbau neuer Erkenntnisse in die marxistische Philosophie und über die Analyse neuer naturwissenschaftlicher Erkenntnisse gesagt haben, auch für die geschichtlichen Veränderungen und gesellschaftswissenschaftlichen Einsichten. Sie müssen der ständigen philosophischen Untersuchung unterliegen, damit die Philosophie weltanschaulich richtige Orientierungen für das Handeln und heuristische Hinweise für die Entwicklung der Einzelwissenschaften gibt. Mit der zitierten These wird deshalb die Frage gestellt, wie das möglich ist. Für die Entwicklung der Naturwissenschaft haben wir bisher versucht eine Antwort zu geben. Vieles davon trifft, weil auf die Wissenschaften überhaupt, auch auf die Gesellschaftswissenschaften zu. Man erwartet deshalb von Vranicki eine These, die entweder auf die notwendige Untersuchung des Problems verweist, wie neue Situationen und Erkenntnisse in der marxistischen Philosophie verarbeitet werden, oder die schon eine Lösung anbietet. Demgegenüber folgen jedoch nur Thesen, die behaupten, man könne in komplexen Situationen nicht nur auf eine Weise zeitgemäß bleiben, weshalb es undialektisch sei, die marxistische Philosophie in einer bestimmten Form zu proklamieren. Es heißt dann weiter: „Dem ideologischen Dogmatismus ist die Einsicht unzugänglich, daß in der Geschichte gewisse Problemverschiebungen stattfinden und daß philosophische Konzeptionen, die in einer bestimmten Periode historische Resonanz hatten, sie in einer anderen nicht unbedingt zu haben brauchen."[92] Wir hatten schon vorher den Standpunkt Lenins erläutert, der einerseits die marxistischen Grundpositionen gegenüber dem Revisionismus verteidigte und andererseits eine ständige Revision überholter Auffassungen forderte. Dogmatismus besteht im Festhalten an solchen überholten Ansichten, deren Falschheit jedoch nicht durch Deklamation, sondern durch wissenschaftliche Analyse nachgewiesen sein muß. Gerade Lenin hatte durch seine schöpferische Anwendung des Marxismus auf die Epoche des Imperialismus und die Verhältnisse in Rußland gezeigt, wie wichtig es ist, den Marxismus nicht als Ansammlung allgemeingültiger Sätze zu betrachten, sondern ihn als Instrument für die wissenschaftliche Erforschung neuer gesellschaftlicher Situationen anzuwenden. In diesem Sinne helfen uns die marxistisch-philosophischen Grundpositionen, den Dogmatismus zu überwinden. Sie fordern ja, von der bestehenden Situation auszugehen und die wirklichen Beziehungen zwischen verschiedenen Erscheinungen aufzudecken, in der Dialektik die Kompliziertheit der Zusammenhänge zu begreifen, die dialektische Entwicklung zu berücksichtigen und in der Gesellschaftstheorie die Klassenposition zu bestimmen und den Ursprung der Ideen in der ökonomischen Basis zu suchen. Gerade diese Forderungen zwingen uns zur ständigen Entwicklung der marxistischen Philosophie. Zwar hat Vranicki nicht den Allgemeinheitsgrad der Konzeptionen genannt, die in bestimmten Perioden Resonanz fanden und in anderen nicht. Bezieht man das auf die Anwendung des Marxismus auf bestimmte konkrete Epochen, so stimmt das zweifellos. Denken wir etwa an die Thesen über den Krieg und deren Wandlung gegenüber imperialistischen Raubkriegen und dem Krieg gegen die sozialistische Sowjetunion. Da jedoch Vranicki Grundpositionen nicht von Aussagen geringeren Allgemeinheitsgrades unterscheidet, kommt er zu folgender These: „Das zeigt, daß man den Standpunkt einer einzigen marxistischen Philosophie oder einer Struktur dieser Philosophie radikal verwerfen muß und die Notwendigkeit verschiedener Varianten anerkennen muß.“[93]

Aus dieser These sind zwei Folgerungen möglich. Entweder geht es nur um die Entwicklung der marxistischen Philosophie, die den neuen Situationen und wissenschaftlichen Erkenntnissen entsprechen muß, dann ist die These falsch, oder es geht um die Ersetzung der Grundpositionen der marxistischen Philosophie durch den Pluralismus, dann bedeutet die These eine revisionistische Position und das Verlassen des Marxismus-Leninismus. Dieser letzte Sinn ist aus der These zwar zu entnehmen, in den anderen Thesen aber nicht vorbereitet und schon gar nicht begründet. Diese Auslegung würde die marxistische Philosophie zu einer Einheit aller modernen Strömungen der bürgerlichen Philosophie machen, ohne hervorzuheben, was sie als marxistisch-leninistische Philosophie auszeichnet. Damit erweist sich die pluralistische Konzeption als ein Schritt hinter den Marxismus zurück, der zu einem historisch sicher nicht zeitgemäßen Eklektizismus führt und die wissenschaftlichen Positionen vermissen läßt, die erst eine philosophische Analyse der Wirklichkeit gestatten.

Zwar geht es bei Vranicki nicht direkt um das Verhältnis von Philosophie und Naturwissenschaft. Die von uns angestellten Überlegungen zeigen jedoch, daß die Grundpositionen der marxistischen Philosophie die Grundlage für den wirklichen wissenschaftlichen Meinungsstreit darstellen, der sich um die Präzisierungen und Hypothesen entwickeln muß. Sicher kann Vranicki auch diese Grundpositionen in Frage stellen, er muß dann nur darauf verzichten, sich als marxistisch-leninistischer Philosoph zu bezeichnen. Geht es ihm jedoch nur um die in den ersten Thesen angeführten Probleme einer der neuen Situation angemessenen Philosophie, dann muß er an den Grundpositionen festhalten und die neue Situation mit ihrer Hilfe analysieren sowie den philosophischen Erkenntnisprozeß selbst untersuchen.

Der Pluralismus ist eine Form des Revisionismus, bei der die Grundprinzipien der marxistischen Philosophie aufgegeben und Thesen aus bürgerlichen Philosophiesystemen als marxistische Philosophie ausgegeben werden. Die Analyse des Verhältnisses von Philosophie und Naturwissenschaft zeigt die Unhaltbarkeit pluralistischer Konzeptionen. Die wissenschaftliche Analyse wird durch das Gerede über den Dogmatismus des marxistisch-leninistischen philosophischen Systems ersetzt, und die Probleme werden genannt, aber nicht gelöst, weil das wissenschaftliche Instrumentarium fehlt, das in den Grundaussagen der marxistischen Philosophie enthalten ist.

2.4.4. Heuristik und heuristische Funktion der marxistischen Philosophie

In unserer Republik wurde viel über die Heuristik diskutiert. Es geht dabei um die Erhöhung der Effektivität der geistigen Arbeit. J. Müller bemerkt dazu: „Heuristische Verfahren sollen die Effektivität der gedanklichen Arbeit verbessern helfen. Unter ‚Effektivität' wollen wir dabei das Verhältnis des Aufwandes zum Nutzen der Arbeit verstehen, d. h., die Arbeit wird als um so effektiver gelten können, je größer der Nutzen (Gewinn, Auswirkung, Qualität) und je kleiner der Aufwand (Zeit, Kosten, Arbeitskräfte) ist. Mit ‚Heuristik' soll folglich die Klasse wissenschaftlicher Untersuchungen bezeichnet werden, die sich zum Ziel setzt, einerseits die projektierenden Phasen der Problembearbeitungsprozesse zu erforschen und zu beschreiben, um andererseits, auf der Grundlage dieser Forschungsergebnisse, Vorschriften zu erarbeiten, deren Anwendung diese Phasen der Bearbeitungsprozesse effektiver vollziehen lassen."[94] Sicher gehört zu einer entwickelten Heuristik auch die Bestimmung der heuristischen Funktion der marxistisch-leninistischen Philosophie für die naturwissenschaftliche Forschung. Da es sich hier um die Wechselbeziehungen von Wissenschaften mit verschiedenem Allgemeinheitsgrad handelt, wobei die Philosophie zugleich noch theoretische Grundlage der wissenschaftlichen Weltanschauung ist, die Logik, Mathematik und Kybernetik zur Präzisierung ihrer Begriffe ausnutzt und diese Wissenschaften andererseits als Einzelwissenschaften philosophisch analysiert, kompliziert sich die Lage noch mehr, als es bei der Untersuchung heuristischer Verfahren in einzelnen Wissenschaften der Fall ist.

Die heuristische Funktion der marxistischen Philosophie in bezug auf naturwissenschaftliche Forschung besteht in der möglichen theoretischen Hilfe durch philosophische Analysen der verschiedensten Art, die mittelbar oder unmittelbar die naturwissenschaftliche Forschung betreffen. Zur unmittelbaren Hilfe gehören die philosophischen Untersuchungen naturwissenschaftlicher Grundbegriffe, die Aufstellung philosophischer Hypothesen über die Entwicklung der Naturwissenschaft und Hypothesen zur Übertragung von Denkweisen, Auffassungen usw. aus anderen Wissenschaften in eine bestimmte Naturwissenschaft. Die mittelbare Hilfe ist graduiert. Sie reicht von den allgemein ausgearbeiteten Lösungen für erkenntnistheoretische und methodologische Probleme über die Verallgemeinerung der naturwissenschaftlichen Erkenntnisse und deren Einbau in die marxistische Philosophie bis zur möglichen Analogiebildung auf der Grundlage allgemeiner philosophischer Aussagen. Im ersten Abschnitt hatten wir auf die verschiedenen Aufgaben der marxistischen Philosophie bei der Analyse naturwissenschaftlicher Erkenntnisse hingewiesen, die gelöst werden müssen, damit die marxistische Philosophie ihre heuristische Funktion erfüllen kann.

Wenn wir an die Gegenstandsbestimmung der Heuristik von J. Müller denken, dann sind wir dabei, die Phasen der Problembearbeitung im Wechselverhältnis von marxistischer Philosophie und Naturwissenschaft zu erforschen, wobei uns noch viel historisches, psychologisches, soziologisches und wissenschaftstheoretisches Material fehlt, um solche Forschungsergebnisse zu erreichen, die uns Vorschriften über die effektivere Durchführung der einzelnen Phasen der Problembearbeitung vorlegen lassen. Mancher sieht das nicht einmal als Ziel der philosophischen Forschungsarbeit an, da er sich mit der weltanschaulichen Funktion der marxistischen Philosophie zufriedengibt und ihre heuristische Funktion für die Wissenschaften nicht wahrhaben will. Vielleicht ergibt jedoch auch die weitere Erforschung dieser Problematik, daß solche Vorschriften gar nicht erarbeitet werden können. Diese Feststellung kann jedoch höchstens am Ende der Forschungsarbeit auf diesem Gebiet stehen und darf nicht von vornherein diese Arbeit diskreditieren. Auch Müller verweist in seiner Arbeit darauf, daß es sich nicht immer um eindeutige Vorschriften handeln kann: „Es wird also notwendig sein, in heuristischen Programmen auch Ausdrücke zu verwenden, die in gewisser Weise nicht eindeutig sind, wie ‚es wird günstig sein', ‚schätzen Sie ab', ‚folgen sie einer Vermutung' usw. Schöpferische Leistungen sind nicht zu erbringen, ohne daß ein Risiko eingegangen wird. Heuristik will erreichen, dies so planmäßig und so vernünftig wie möglich zu tun, aber sie kann es nicht beseitigen. Das Abschätzen, Einschätzen, Dafürhalten, Mutmaßen oder Vermuten drückt aus, daß wir Möglichkeiten Werte zuordnen, welche die Wahrscheinlichkeit ihres Eintretens ausdrücken, und zwar gerade dort, wo solche Werte praktisch nicht errechnet werden können. Dabei spielt natürlich der Erfahrungsschatz, den wir dem idealen Bearbeiter zusprechen, eine entscheidende Rolle."[95] Gerade dieser Erfahrungsschatz des Bearbeiters kann in vielen Fällen bei der Lösung allgemeiner theoretischer Probleme in den Naturwissenschaften durch philosophische Kenntnisse erweitert werden, die Grundlage der Analogienbildung sein können oder über Präzisierungen und Hypothesen direkt zur Überprüfung bestimmter vorhandener Standpunkte führen. Die Einwirkung philosophischer Ideen auf die Forschungsarbeit ist noch ungenügend erforscht. Als Zuarbeit für die Heuristik entstehen für den Spezialisten, der sich mit philosophischen Problemen der Naturwissenschaft befaßt, zwei Aufgaben. Einerseits geht es um eine effektive Erarbeitung der philosophischen Probleme der Naturwissenschaften als Grundlage der heuristischen Funktion der marxistischen Philosophie in der naturwissenschaftlichen Forschung. Andererseits geht es um die Etappen, in denen sich die heuristische Funktion in der naturwissenschaftlichen Forschung verwirklicht. Darüber existiert bisher jedoch kaum Material. Eine Reihe von Fehleinschätzungen, die es in der Vergangenheit über die Rolle der marxistischen Philosophie in der Forschung gab, beruhten auf der Mißachtung der ersten Aufgabe, die gelöst sein muß, ehe bewußt die heuristische Funktion erfüllt werden kann.

Wir wollen nun, ausgehend von dem bisher Gesagten, kurz die verschiedenen Phasen hervorheben, die bei der philosophischen Analyse naturwissenschaftlicher Erkenntnisse durchlaufen werden müssen, damit die marxistische Philosophie ihrer heuristischen Funktion gerecht werden kann. Ausgangspunkt der Analyse in einer bestimmten Situation sind dabei die bis dahin erkannten philosophischen Beziehungen und Gesetze, wie sie von den Klassikern und in der folgenden philosophischen Literatur ausgearbeitet wurden, und neue wissenschaftliche Erkenntnisse in Form von bestätigten Theorien, die noch nicht philosophisch analysiert sind, von naturwissenschaftlichen Hypothesen und noch nicht gedeuteten Experimenten.

Die erste Phase ist der Vergleich der bestätigten naturwissenschaftlichen Theorien mit den vorliegenden philosophischen Aussagen, um die Vereinbarkeit festzustellen.

Die zweite Phase gilt der Präzisierung der philosophischen Thesen mit Hilfe des einzelwissenschaftlichen Materials. Die erste Schwierigkeit besteht darin, die für die naturwissenschaftlichen Erkenntnisse relevanten philosophischen Beziehungen zu suchen. So führte die Betrachtung der Raum-Zeit-Problematik der Relativitätstheorie unter dem Aspekt der Inhalt-Form-Dialektik nur zu einer begrenzten philosophischen Auswertung. Erst die Einbeziehung des Strukturbegriffes brachte neue Momente hervor. Die zweite Schwierigkeit ist, eine philosophische Kritik der bestätigten Theorie geben zu können, die auf eventuelle Widersprüche zu philosophischen Auffassungen oder zu anderen naturwissenschaftlichen Theorien aufmerksam macht. In diesem Sinne müßte auch der Begriff des „realen physikalischen Objekts mit bestimmter Ausdehnung“ mit Hilfe der Relativitäts- und Quantentheorie sowie der Elementarteilchentheorie untersucht werden und vorhandene Widersprüche in verschiedenen theoretischen Ansätzen aufgedeckt werden. Das Ergebnis dieser Analyse ist eine präzisierte philosophische Aussage, die die in der Theorie enthaltenen neuen Beziehungen nicht hinter der Allgemeinheit der allgemeinen philosophischen Begriffe verdeckt, sondern sie in philosophischen Termini zum Ausdruck bringt, wie das beispielsweise in der Quantentheorie mit dem neuen Verhältnis von Gesetz, Möglichkeit, Zufall war. Während in der ersten Phase nur gezeigt wurde, daß die neuen Erkenntnisse nicht den Grundprinzipien der marxistischen Philosophie widersprechen, muß in der zweiten Phase gerade das philosophische Neue herausgearbeitet werden, das uns zwingt, veraltete präzisierte Auffassungen aufzugeben. Dazu reicht aber die Darstellung der theoretischen Grundprobleme einer Naturwissenschaft nicht aus, sondern es bedarf der Benutzung philosophischer Termini und der Charakteristik philosophischer Beziehungen. Wer das nicht leistet, hat die erste der genannten Schwierigkeiten noch nicht überwunden.

Die dritte Phase gilt der Ausarbeitung philosophischer Hypothesen auf der Grundlage der präzisierten philosophischen Aussagen. Dabei kann es sich einerseits um den Beitrag der Naturwissenschaft zur Philosophie handeln, aus der das analysierte Material stammt, oder andererseits um die theoretische Übertragung von Präzisierungen in andere Wissenschaften. Bei der Entwicklung einer Naturwissenschaft müssen die vorhandenen naturwissenschaftlichen Hypothesen philosophisch untersucht und auf ihren späteren Einbau in bestimmte philosophische Beziehungen überprüft werden. Bei der hypothetischen Übertragung geht es um die präzisierten Aussagen auf der Grundlage bestätigter Theorien und nur in seltenen Fällen um solche auf der Grundlage von Hypothesen naturwissenschaftlichen Ursprungs, die sich meist noch nicht zur Übertragung eignen.

Die vierte Phase dient der Überprüfung der verschiedenen Hypothesen. Dabei können die Hypothesen für die Übertragung von Präzisierungen in andere Wissenschaften bei ihrer Bestätigung den Allgemeinheitsgrad der Präzisierung erhöhen, je nachdem ob eine Hypothese damit in zwei, mehreren oder allen Wissenschaften gilt. Ist letzteres der Fall, dann handelt es sich um eine allgemeine philosophische Aussage, die trotzdem nicht in den Grundbestand der marxistischen Philosophie eingeht, da die Grundlage für die Präzisierung das Wissen einer bestimmten Epoche ist, das sich später als überholt erweisen kann.

Die Hypothesen für die Entwicklung einer Wissenschaft machen nach ihrer Bestätigung noch keine Aussage über den Allgemeinheitsgrad der damit gewonnenen Präzisierung, sondern diese muß dann erst hypothetisch auf andere Wissenschaften übertragen werden. Die philosophische Analyse naturwissenschaftlicher Erkenntnisse führt also einerseits zu allgemeinen philosophischen Aussagen, die der wissenschaftlichen Begründung der marxistisch-leninistischen Weltanschauung dienen und zugleich die Grundlage für weitere künftige Präzisierungen auf Grund neuer naturwissenschaftlicher Erkenntnisse sind, andererseits erweisen sich Aussagen als nur beschränkt gültig, haben jedoch ihre heuristische Bedeutung für eine oder einzelne Wissenschaften erfüllt, ohne in den Rang einer allgemeinen philosophischen Aussage erhoben werden zu können.

KAPITEL IV

Materialismus und moderne Naturwissenschaft

1. Die weltanschauliche Auseinandersetzung um die materialistische Deutung naturwissenschaftlicher Erkenntnisse

Die Auseinandersetzung um den Materialismus in der modernen Naturwissenschaft ist mit dem Übergang vom mechanisch-materialistischen zum dialektisch-materialistischen Denken von Naturwissenschaftlern verbunden. Der Materialismus hat sich entwickelt. Die Klassiker des Marxismus-Leninismus kritisierten die Mängel des vormarxschen Materialismus und vertraten die Position des dialektischen und historischen Materialismus. Wie jeder Materialismus beantwortet auch dieser die Grundfrage der Philosophie, die nach dem Verhältnis von Materie und Bewußtsein durch die Anerkennung des Primats der Materie gegenüber dem Bewußtsein und der prinzipiellen Erkennbarkeit der Welt. Aber er beachtet zugleich die Dialektik dieser Beziehungen und weicht damit den Beschränktheiten des vormarxschen Materialismus aus. So wird mit dem Materiebegriff all das erfaßt, was außerhalb und unabhängig vom Bewußtsein existiert und erkannt werden kann und wird. Damit charakterisiert dieser Begriff die objektive Realität, d. h. das, was außerhalb und unabhängig von unserem Bewußtsein existiert, als Quelle unseres Wissens. Die Frage nach der Quelle unseres Wissens ist aber nach Lenin von der Frage nach der Materiestruktur zu unterscheiden.[1] Unser Wissen über die Materiestruktur vermehrt sich ständig, aber die Quelle unseres Wissens ist und bleibt die objektive Realität. Die marxistisch-leninistische Philosophie weist damit nicht nur jeden Idealismus zurück, sondern zeigt auch den Mangel des mechanischen Materialismus, der materielle Objekte mit bestimmten Eigenschaften zu Grundbausteinen des materiellen Geschehens erklärte. Verbindet man die materialistische Auffassung mit bestimmten Eigenschaften materieller Objekte und begreift diese Verbindung nicht als durch die Naturwissenschaft widerlegbare präzisierte philosophische Aussage, sondern hebt sie in den Rang einer allgemeinen philosophischen Aussage, dann setzt sich der Materialismus stets der berechtigten Kritik durch die Entwicklung der Naturwissenschaft aus und begünstigt idealistische Deutungsversuche.

Lenin faßte die Kritik zusammen, die Marx und Engels am vorhergehenden Materialismus geübt hatten. Sie besteht darin, „1. daß dieser Materialismus ein ‚vorwiegend mechanischer' war, der die neueste Entwicklung der Chemie und Biologie (in unseren Tagen wäre noch hinzuzufügen: der elektrischen Theorie der Materie) nicht berücksichtigte; 2. daß der alte Materialismus unhistorisch, undialektisch war (metaphysisch im Sinne von Antidialektik) und den Standpunkt der Entwicklung nicht allseitig und konsequent zur Geltung brachte; 3. daß man ‚das menschliche Wesen' als Abstraktum und nicht als ‚das Ensemble der' (konkrethistorisch bestimmten) ‚gesellschaftlichen Verhältnisse auffaßte' und deshalb die Welt nur ‚interpretierte', während es darauf ankommt, sie ‚zu verändern', d. h., daß man die Bedeutung der ‚revolutionären, der praktischen Tätigkeit' nicht begriff"[2]. Sowohl die philosophische Analyse dieser Beschränktheiten als auch ihre Überwindung zeigt die neue Qualität des marxistischen Materialismus. Sie waren möglich durch die gesellschaftliche Entwicklung, die mit dem Kapitalismus das höchste und letzte Stadium der antagonistischen Klassengesellschaft hervorgebracht hatte und damit das Proletariat, dessen historische Mission im Sturz des Kapitalismus und im Aufbau der klassenlosen Gesellschaft besteht. Der dialektische und historische Materialismus ist die theoretisch-philosophische Grundlage der Weltanschauung der Arbeiterklasse und ihrer Partei.

Der mechanistische Charakter des vormarxschen Materialismus äußerte sich vor allem in der Reduktion relativ selbständiger objektiver Systeme mit höheren Bewegungsformen auf mechanische. Jene sollten aus der Bewegung qualitativ identischer kleinster Teilchen erklärt werden, die sich nach den Gesetzen der klassischen Mechanik verhielten. Wie Lenin bereits betont, wurden dabei nicht nur die Erkenntnisse der Chemie und Biologie außer acht gelassen, sondern auch die Entwicklung der Physik nicht berücksichtigt. In den Diskussionen um die philosophischen Einsichten der Quantenmechanik brach dann für viele Physiker das mechanisch-materialistische Weltbild endgültig zusammen. Das führte zu solchen Formulierungen, wie sie Heisenberg benutzte, um die Krise der materialistischen Auffassung auszudrücken: „Bei den kleinsten Bausteinen der Materie aber bewirkt jeder Beobachtungsvorgang eine grobe Störung; man kann gar nicht mehr vom Verhalten des Teilchens losgelöst vom Beobachtungsvorgang sprechen ... Die Vorstellung von der objektiven Realität der Elementarteilchen hat sich also in einer merkwürdigen Weise verflüchtigt, nicht in den Nebel irgendeiner neuen, unklaren oder noch unverstandenen Wirklichkeitsvorstellung, sondern in die durchsichtige Klarheit einer Mathematik, die nicht mehr das Verhalten des Elementarteilchens, sondern unsere Kenntnis dieses Verhaltens darstellt."[3] Die Revolution im philosophischen Denken, die sich mit dem dialektischen Materialismus bereits vollzogen hatte, wurde nicht begriffen. Durch die Entwicklung der Physik ändern sich einerseits unsere Vorstellungen über die physikalische Materiestruktur. Um zu erkennen, müssen wir experimentell verändern. Es taucht deshalb die Frage auf, ob wir beim subjektiven Verändern noch objektive Faktoren erhalten, die den Materialismus bestätigen. Sobald man das mechanisch-materialistische Ideal der an sich existierenden Objekte mit ihren Eigenschaften wie Trägheit, Schwere und konzentrierte Raumerfüllung aufrechterhält, kommt man in Schwierigkeiten. Man faßt die neuen Eigenschaften als nichtmaterielle und die subjektive Veränderung objektiver Zustände als Abhängigkeit der Materie vom Bewußtsein. Der materialistische Grundgedanke wird dabei nicht berücksichtigt. Man muß nämlich neben der Änderung unseres Wissens andererseits die Frage nach der Quelle unseres Wissens beantworten und die Existenz der objektiven Realität anerkennen, wenn man wissenschaftlich arbeiten will. Die Antwort auf diese Frage enthält keine Angaben über die Materiestruktur, worunter wir die Gesamtheit aller materiellen Beziehungen zwischen materiellen Objekten verstehen; darüber kann nur die einzelwissenschaftliche Forschung Auskunft geben, deren Erkenntnisse philosophisch analysiert werden müssen. So kann man sich über das Verhältnis von Mathematik, Physik und Philosophie auch unter marxistischen Philosophen streiten, aber in der Anerkennung der objektiven Realität besteht Einigkeit.

Hatte die Physik unseres Jahrhunderts auf die qualitativ unterschiedlichen physikalischen Prozesse verwiesen, so lieferten andere Naturwissenschaften reichhaltiges Material über die relative Selbständigkeit der von ihnen untersuchten Systeme. Schon Marx und Engels hatten diesen Gedanken konsequent weiterverfolgt und nach den Systemgesetzen gesucht, die die gesellschaftliche Bewegung auszeichnen. Der mechanische Materialismus versuchte, die gesellschaftlichen Verhältnisse auf Naturverhältnisse zu reduzieren und konnte die qualitative Besonderheit der gesellschaftlichen Entwicklung nicht erklären. Marx und Engels hatten nun den Materialismus nicht nur von seiner mechanischen Beschränktheit befreit und die relative Selbständigkeit anderer Systeme mit eigenen Systemgesetzen nachgewiesen; sie kritisierten damit auch seinen metaphysischen Charakter. Erleidet der Mensch nur passiv die Einwirkungen der Materie, dann ist seine Erkenntnis ein einfaches Abbilden dessen, was außerhalb und unabhängig von ihm existiert. Marx hatte jedoch auf die aktive Veränderung der Wirklichkeit durch den Menschen hingewiesen. Dabei geht es sowohl um die Veränderung materieller Objekte und Beziehungen zum Zwecke der Erkenntnis als auch um die revolutionäre Umgestaltung der menschlichen Lebensbedingungen und letzten Endes um die sozialistische Revolution unter Führung der Kommunistischen Partei. Der Materialismus wäre unvollständig ohne die Beachtung der Rolle der Praxis.

Die Einheit von Materialismus und Dialektik kommt in bezug auf den Materiebegriff einerseits in der Unterscheidung zwischen der Frage nach der Quelle unseres Wissens und der Frage nach der Materiestruktur zum Ausdruck, die es gestattet, das Verhältnis von der Objektivität der zu untersuchenden Prozesse und der Relativität unserer Erkenntnisse zu klären und zwischen objektiver und relativer Wahrheit zu unterscheiden. Andererseits wird der erkennende und handelnde Mensch selbst der philosophischen Analyse unterzogen. Er wird in seiner praktischen Tätigkeit als das Ensemble der gesellschaftlichen Verhältnisse begriffen, wobei in seinem Handeln objektive Gesetze existieren.

Die Überwindung des mechanistischen und methaphysischen Charakters des Materialismus ist Voraussetzung für die materialistische Erklärung der Gesellschaft und der Widerspiegelung. Deshalb deckten Marx und Engels auch die Inkonsequenzen des mechanischen Materialismus bei seiner Naturerklärung auf. Erst die Anerkennung der materiellen Einheit der Welt als eines gegliederten, hierarchisch aufgebauten, weil aus niederen und höheren Bewegungsformen bestehenden Zusammenhangs, wobei materielle Bereiche miteinander durch materielle Prozesse verbunden sind, ließ auch die Rückführbarkeit gesellschaftlicher Phänomene auf Naturprozesse fragwürdig werden. Deshalb forderte Lenin, das Prinzip der materiellen Einheit der Welt mit dem Prinzip der Entwicklung zu verbinden, weil der dialektische Materialismus sowohl die Existenz relativ selbständiger Entwicklungsstufen, wie anorganische Materie, Leben und gesellschaftliche Prozesse, anerkennt als auch den inneren Zusammenhang zwischen ihnen betont. Die von den Klassikern des Marxismus ausgehende dialektische Betrachtung des Verhältnisses von bewußter Tätigkeit und objektiven Gesetzen entwickelte die materialistische Naturauffassung konsequent weiter, was besonders in unserem Jahrhundert philosophisch in der Auseinandersetzung mit idealistischen Deutungen von Naturerkenntnissen relevant wurde. Der konsequente Materialismus gibt eine philosophische Begründung für die Existenz objektiver Gesetze im menschlichen

Handeln. Mit der Ausdehnung des Materialismus auf die Gesellschaftstheorie offenbarte die marxistische Philosophie dann erst ihre eigentliche theoretische Leistungsfähigkeit.

In der Naturwissenschaft spielten diese Grundpositionen des philosophischen Materialismus in den Auseinandersetzungen eine unterschiedliche Rolle. Manche Diskussionen wurden zu Beginn unseres Jahrhunderts besonders heftig geführt, um dann in den Hintergrund zu treten, wie etwa die Raum-Zeit-Problematik, um anderen Platz zu machen, wie der Diskussion um die philosophischen Konsequenzen der Molekularbiologie. Andere haben ihre Aktualität bis heute behalten, wie das Verhältnis von Mathematik und Naturwissenschaft. Es soll deshalb auf einige wichtige Deutungsprobleme im Zusammenhang mit den Grundprinzipien verwiesen werden. Als eine der wichtigsten Diskussionen in der Physik, die den Übergang vom mechanischen zum dialektischen Materialismus charakterisiert, kann man die Kritik der klassischen Substanzauffassung bezeichnen, nach der im Wechsel der Erscheinungen die Grundbausteine der Materie konstant bleiben, die aus unteilbaren letzten Teilchen bestehen, die ausgedehnt, schwer und träge sind und konzentriert den Raum erfüllen. Diese durch die Feldphysik, die Entdeckung der Radioaktivität, die Entwicklung der Relativitäts- und Quantentheorie nicht mehr haltbare Substanzauffassung wurde von manchen Physikern mit dem Materialismus überhaupt verbunden und ihre Kritik als Kritik des Materialismus betrachtet. Da nicht nur diese mechanisch-materialistische Substanzauffassung existierte, sondern auch neothomistische und andere idealistische Auffassungen, komplizierte sich die Auseinandersetzung, die nicht mit dem Hinweis auf den Materiebegriff zu erledigen war. Es ist deshalb noch einmal auf das Verhältnis von Materie und Substanz zurückzukommen, da die Diskussion vom Beginn unseres Jahrhunderts mit anderen Aspekten heute noch andauert.

Das Primat der Materie gegenüber dem Bewußtsein wurde zu Beginn unseres Jahrhunderts mit den verschiedensten Argumenten durch den Machismus angegriffen. Damit hat sich Lenin ausführlich in „Materialismus und Empiriokritizismus" auseinandergesetzt. Durch die Erfolge der Physiologie der höheren Nerventätigkeit, der Neurokybernetik usw. besteht hier die Notwendigkeit, mechanisch-materialistischen Auffassungen zu begegenen, die ideelle Beziehungen auf materielle vollständig reduzieren und dadurch das Bewußtsein nicht mehr als Widerspiegelung der objektiven Realität fassen oder die die aktive Einwirkung des Subjekts auf das Objekt vernachlässigen. Aber auch die gegen den Materialismus gerichtete Behauptung von der Einheit von Geist und Materie als Widerlegung der materialistischen Antwort auf die Grundfrage der Philosophie muß zurückgewiesen werden.

Mit der aktiven Einwirkung des Menschen auf das zu erkennende Objekt war die umfangreiche Diskussion um das Verhältnis von Subjekt und Objekt in der Physik verbunden. Manche deuteten die Situation in der Quantenmechanik so, als ob der Beobachter mit seinen Experimentiereinrichtungen das objektive Verhalten der Elementarteilchen insgesamt bestimmen würde. Danach galt die Grenze zwischen Subjekt und Objekt als nicht festlegbar und der Materialismus als widerlegt. Die vom dialektischen Materialismus anerkannte Bedeutung der praktischen Veränderung der Objekte zur Erkenntnis der objektiven Gesetze wurde nicht beachtet. Deshalb sprach Heisenberg auch von dem Verflüchtigen der Vorstellung von der objektiven Realität in die einsichtige Klarheit der Mathematik. Wenn wir diesen Gedanken weiter verfolgen, wie er auch heute noch oft geäußert wird, dann kommen wir zu Elementen des Neoplatonismus, von dem Monod sagt, „ein platonisches Element gibt es und es wird es in der Naturwissenschaft geben“[4]. Darunter wird die in der Mathematik formulierbare und mit der Gesetzeserkenntnis aufzudeckende gesetzmäßige Ordnung der Natur verstanden, die manchmal als ideelle Ordnung der Welt betrachtet wird. Der dialektische Materialismus erkennt die Einheit der Welt in der Materialität an, wonach es keinen materiellen Bereich gibt, der nicht durch materielle Prozesse mit anderen materiellen Bereichen verbunden ist. Die Behauptung von der Existenz einer ideellen Ordnung in der Natur, die dem Materiellen zugrunde liegt, widerspricht dieser Erkenntnis des Materialismus. In diesem Sinne formuliert beispielsweise der kritische Realist Strombach: „Die letzte Stufe der Analyse des Materiellen führt zum Nichtmateriellen.“[5] Es geht also um eine materialistische Erklärung der bedeutenden Rolle der Mathematik in der Physik und der Naturwissenschaft überhaupt.

Die Stellung zur These von der materiellen Einheit der Welt ist dabei unterschiedlich. Ging es in der Auseinandersetzung mit dem mechanischen Determinismus im 19. Jahrhundert vor allem noch um die Bedeutung der dialektisch-materialistischen Bewegungsauffassung und damit auch um das Verständnis der materialistischen These von der Bewegung als Daseinsweise der Materie, so finden wir heute kaum noch Angriffe gegen diese für das Verständnis der materiellen Einheit der Welt wichtige Auffassung. Sicher ist das Verständnis der Dialektik der Bewegung in der Natur nicht einfach, aber die Bewegung selbst zu leugnen fällt beim heutigen Stand der Naturerkenntnis schwer. Damit verschieben sich die weltanschaulichen Auseinandersetzungen weit mehr auf die Dialektik der Entwicklungsprozesse, die für das materialistische Verständnis der Natur deshalb wichtig sind, weil erst die materialistische Erklärung des Entstehens höherer Qualitäten, z. B. des Lebens, idealistische Erklärungen beim Entwicklungsdenken ausschließt.

Auch die bei der philosophischen Diskussion um die Relativitätstheorie noch umstrittene objektiv-reale Existenz von Raum-Zeit-Strukturen ist heute anerkannt. Es geht heute um das Verständnis der Beziehungen zwischen materieller Bewegung und Raum-Zeit-Struktur, zwischen Kontinuität und Diskontinuität der Raum-Zeit, um Elementarlängen usw.[6], was philosophisch interessant, aber weltanschaulich nicht so bedeutsam ist, wie es die Frage nach der Relativitätstheorie als subjektiver Anordnung oder Widerspiegelung objektiv-realer Sachverhalte war. Weltanschaulich bedeutsam könnten in der Zukunft Diskussionen um die Raum-Zeit-Beziehungen in anderen Naturwissenschaften werden, da sie Grundlage für die Ausarbeitung allgemeiner Raum-Zeit-Beziehungen sein könnten. Bisher sind jedoch Probleme der Unumkehrbarkeit der Zeit, der Zeitrhythmen, der Eigenzeit, der räumlichen Anordnung, der Wechselbeziehungen von Raum-Zeit und materiellen Prozessen in *allen* Wissenschaften noch ungenügend in ihrer philosophischen Relevanz erkannt und in ihrem inneren Zusammenhang untersucht worden.

Ein weiterer wesentlicher Aspekt der These von der materiellen Einheit der Welt ist die Anerkennung der Unendlichkeit der Materie mit ihren Momenten der Unerschöpflichkeit, der Bewegung als Daseinsweise der Materie und der Existenz unerschöpflich vieler potentieller Raum-Zeit-Strukturen. Gerade das letzte Moment der Unendlichkeit der Materie führt zu vielen Diskussionen im Zusammenhang mit der Aufstellung von offenen und geschlossenen Modellen des Weltalls. Solange Unendlichkeit mit Unbegrenztheit gleichgesetzt wurde, mußte die Untersuchung von endlichen, aber unbegrenzten Modellen zu Schwierigkeiten mit der präzisierten philosophischen Auffassung von der Unendlichkeit führen, die mit Erkenntnissen der euklidischen Geometrie verbunden war. Gerade die Hervorhebung des weltanschaulichen Gehalts der materialistischen These von der Unendlichkeit der Materie, nämlich daß die ständige Bewegung zum Entstehen anderer und neuer Objekte, Prozesse und Eigenschaften führt und auch höhere Qualitäten auftreten, daß die Materie in ihrem Formenreichtum unerschöpflich ist und wir durch die Hervorhebung allgemein-notwendiger und wesentlicher Zusammenhänge, d. h. der objektiven Gesetze, die Welt erkennen können, es aber keine endgültige Wahrheit über die Materiestruktur, d. h. die materiellen Beziehungen zwischen materiellen Objekten gibt, zeigte die Unhaltbarkeit der Angriffe gegen diese Erkenntnis. Die umfangreiche Diskussion um Fundamentalteilchen und neue Beziehungen im Elementarteilchenbereich unterstützt heute die These von der Unerschöpflichkeit der Materie.

Bedeutet das nun, daß der Materialist den Gedanken an eine ontologisch bestimmbare Urmaterie überhaupt ablehnt? Dazu ist folgendes zu sagen: Erstens unterstützt der dialektische Materialismus physikalische Hypothesen, die den materiellen Ursprung bisher bekannter Materieformen erklären wollen. Dabei sind auch einander widersprechende Hypothesen oder solche, deren innere Einheit noch nicht ganz erkannt ist, mit dem dialektischen Materialismus vereinbar. Sei es die Heisenbergsche Konzeption vom Feld als dem Ursprung der Teilchen, sei es die Annahme von der Existenz von Fundamentalteilchen in der Art der quarks usw.; alle diese theoretischen Ansätze müssen auf ihre philosophischen Konsequenzen hin analysiert werden. Sie bringen den materialistischen Gedanken zum Ausdruck, daß der Ursprung derzeitiger Materieformen selbst materiell ist und deshalb die Einheit der Welt in ihrer Materialität besteht. Ebenso wie die Annahme der Existenz virtueller Teilchen sind auch andere Hypothesen Versuche, den inneren Mechanismus des Elementarteilchenverhaltens zu erkennen. Über die Bedeutung dieser Hypothesen und ihre Bestätigung oder Widerlegung entscheidet die Physik. Sie müssen so lange auf ihre Konsequenzen überprüft werden, bis sie als bestätigt oder widerlegt betrachtet werden können. Zweitens ist mit solchen Hypothesen nichts über eine letzte Urmaterie ausgesagt. Wie schon Engels betonte, haben auch die gefundenen materiellen Formen ihren materiellen Ursprung, den es dann zu suchen gilt. Es hieße jedoch die naturwissenschaftliche Forschung zur Unfruchtbarkeit verdammen, wollte man philosophische Gründe gegen die Berechtigung der genannten Hypothesen anführen. Sie werden in dem Moment zu philosophischen Aussagen, in dem sich eine der Hypothesen bestätigt hat und nun die Existenz der Urmaterie postuliert wird. Die These von der Unerschöpflichkeit der Materie fordert, immer die Vorformen der jetzt bekannten materiellen Prozesse zu suchen. Drittens ist heute schon klar, daß es sich nicht mehr um die Suche nach räumlich kleineren Teilchen handeln kann. Was „räumlich kleiner" im Elementarteilchenbereich bedeutet, kann nicht bestimmt werden. Die Unerschöpflichkeit der Materie muß nicht in der Unerschöpflichkeit von Teilchen bestehen, sondern kann die Unerschöpflichkeit der Beziehungen, die Teilbarkeit von Quantenzahlen, das Überschreiten von elementaren Grenzen usw. bedeuten. Es hieße den Materiebegriff ontologisieren, sähe man hier nur eine Richtung der physikalischen Forschung als mit dem dialektischen Materialismus vereinbar an. Viertens ist die philosophische Analyse der physikalischen Erkenntnisse über die materiellen Grundstrukturen an die bisher erreichten Ergebnisse gebunden. Soweit sie allgemeine Strukturaussagen macht, haben diese philosophisch-hypothetischen Charakter. Aber diese Analyse ist wichtig, wenn der Philosoph auf die neuen Erkenntnisse vorbereitet sein will. Er muß heute schon die philosophische Relevanz physikalischer Hypothesen abschätzen, weil er nur so der Aufgabe gerecht werden kann, erkenntnistheoretische und methodologische Probleme der Wissenschaften mit zu lösen.

Wir können also festhalten, daß der dialektische Materialismus entsprechend seiner materialistischen Grundkonzeption eine ontologisch bestimmbare Urmaterie ablehnt und sich deshalb auch mit dem Substanzgedanken auseinandersetzt. Sowohl der Beharrungs- als auch der Substratgedanke hat nur relative Bedeutung. Er kann bestimmte Hypothesen erklären. So könnte man den Substratgedanken in den „quarks" wiederfinden und den Beharrungsgedanken in den Symmetrieforderungen der Physik. Damit ist jedoch nicht die sich andeutende Einheit von Erhaltung und Nichterhaltung, von Symmetrie und Asymmetrie erklärt, und die Einheit von physikalischem Objekt und Beziehungen oder, um philosophisch zu sprechen, die Bewegung als Daseinsweise der Materie wird mit dem Substratgedanken gerade nicht erfaßt. Darauf wird jedoch noch einzugehen sein, da die Substanzauffassung, wie schon betont wurde, weltanschaulich bedeutsam ist.

Die kurze Charakteristik weltanschaulich bedeutsamer Fragen bei der materialistischen Deutung naturwissenschaftlicher Erkenntnisse zeigt uns die Dialektik der weltanschaulichen Auseinandersetzung. Bestimmte Grundprobleme, wie das Primat der Materie gegenüber dem Bewußtsein, die Erkennbarkeit der Welt und das Verständnis der materiellen Einheit der Welt, bleiben auch in der philosophischen Diskussion um naturwissenschaftliche Erkenntnisse stets aktuell. Aber als weltanschaulich bedeutsam erweisen sich dabei oft andere Erkenntnisse, mit denen versucht wird, die weltanschaulichen Grundfragen nach dem Ursprung der Welt, der Quelle des Wissens und der Stellung des Menschen in der Welt zu beantworten. Bei den mit der These von der materiellen Einheit der Welt verbundenen philosophischen Erkenntnissen, die die Bewegung als Daseinsweise der Materie, Raum und Zeit als Existensformen der Materie und die Unendlichkeit der Materie betreffen, wechseln die Auseinandersetzungen von direkt weltanschaulich bedeutsamen zu indirekt wirksamen, aber philosophisch interessanten Diskussionen um neue naturwissenschaftliche Entdeckungen und umgekehrt. Dieser Prozeß muß von philosophischer Seite ständig beachtet werden, um weltanschaulich nur direkt wirksame philosophische Deutungen naturwissenschaftlicher Erkenntnisse nicht aus dem Auge zu verlieren und weltanschaulich bedeutsame Deutungen durch philosophische Analyse hypothetischer naturwissenschaftlicher Aussagen vorzubereiten. Nur so gelingt es den marxistisch-leninistischen Philosophen, der manchmal anzutreffenden Sucht, die von der bürgerlichen Ideologie hochgespielten philosophischen Deutungen naturwissenschaftlicher Entdeckungen als die allein weltanschaulich wirksamen einzuschätzen, auszuweichen, philosophischen Modernismus in schlechtem Sinn zu umgehen und die weltanschauliche Diskussion aus marxistisch-leninistischer Sicht mitzugestalten. Der enge Zusammenhang zwischen Grundprinzipien, präzisierten philosophischen Aussagen und philosophischen Hypothesen muß dabei beachtet werden. Aus der philosophischen Hypothese kann sich die weltanschaulich bedeutsame Einsicht entwikkeln, und letztere muß stets bis zur neuen Hypothese geführt werden.

Es existiert eine innere Einheit von Materialismus und Naturwissenschaft, die es bewußtzumachen gilt und deren Leugnung zurückzuweisen ist. Das ist nur möglich, wenn wir nicht nur auf die Unterschiede zwischen Grundprinzipien und präzisierten Aussagen verweisen, sondern auch ihren inneren Zusammenhang beachten. Für den philosophischen Materialismus bedeutet das, den Zusammenhang zwischen der materialistischen Antwort auf die Frage nach der Quelle unseres Wissens und den neuen Erkenntnissen über die Beziehungen der materiellen Objekte untereinander zu erfassen. Der Materialist ist an die Anerkennung des Leninschen Materiebegriffs gebunden, aber nicht an eine bestimmte Aussage über die Materiestruktur. Um jedoch keine Trennung zwischen diesem Materiebegriff und den Aussagen über die Materiestruktur vorzunehmen, die manchen Angriffen auf den Materialismus als wissenschaftlicher Konsequenz der Naturwissenschaft entgegenkäme, muß man den inneren Zusammenhang zwischen beiden untersuchen. Offensichtlich ergeben sich aus dem Leninschen Materiebegriff Konsequenzen für eine dialektisch-materialistische Untersuchung der Materiestruktur. Bevor wir darauf eingehen, sollen zuerst einige Argumente gegen die innere Einheit von Materialismus und Wissenschaft von seiten einiger Naturwissenschaftler betrachtet werden.

Der Mathematiker H. Meschkowski unterscheidet drei verschiedene Auffassungen von der physikalischen Wirklichkeit: „1. die solipsistische Auffassung (‚Das Elektron ist kein Ding'), 2. die materialistische Auffassung (Die ‚physikalische Realität ist Ausgangsposition'), 3. die vermittelnde Haltung Borns (Ableitung der Realität aus den ‚Invarianten')", und meint dazu: „Es ist wichtig festzustellen, daß die beiden unter 1. und 2. genannten extremen Konzeptionen sich weder beweisen noch widerlegen lassen. Die effektiven Fortschritte im Bereich der beiden ‚Schulen' zeigen ja schließlich, daß man tatsächlich Naturwissenschaft als ‚Solipsist' und auch als ‚Materialist' treiben kann."[7]

Das von Meschkowski benutzte Argument führt noch nicht an die eigentliche philosophische Problematik heran, obwohl es in der Literatur bei Angriffen gegen den dialektischen Materialismus des öfteren benutzt wird. Hier wird nämlich nicht über die philosophische Konsequenz naturwissenschaftlicher Erkenntnisse gesprochen, sondern über die philosophische Meinung von Naturwissenschaftlern über ihre Entdeckungen. Dabei versteckt sich die eigentliche Problematik zwischen den beiden Aussagen der ersten und der zweiten Richtung. Auch der dialektische Materialismus nimmt die Elementarteilchen nicht einfach als Ding im Sinne der klassischen Auffassung, nach der ein Ding ein physikalisches Objekt ist, das schwer, träge und undurchdringlich ist, konzentriert den Raum erfüllt, im absoluten dreidimensionalen Raum existiert und so vollständig erkannt wird. Wird letztere Auffassung mit der materialistischen Position verwechselt, dann ist man beim mechanischen Materialismus. Der dialektische Materialismus wendet sich gegen die Leugnung der objektiven Quelle unseres Wissens über physikalische Objekte, die sich z. B. aus der positivistischen Interpretation der Behauptung, das Elektron sei kein Ding, und der darauf begründeten Folgerung, über die objektiv-reale Existenz der Elektronen werde nichts ausgesagt, ergibt. Sicher können Physiker in theoretischen Abhandlungen explizite den Solipsismus oder den Materialismus vertreten, ohne eine innere Beziehung zu ihren Erkenntnissen herzustellen, dann ist damit aber noch nichts über die Beweisbarkeit oder Widerlegbarkeit des Materialismus ausgesagt, dann bleibt man bei der Feststellung der Vereinbarkeit naturwissenschaftlicher Erkenntnisse mit verschiedenen philosophischen Richtungen stehen, ohne die wissenschaftliche Philosophie von anderen zu unterscheiden. Dabei wird möglicherweise eine Glaubensthese als mit der Naturwissenschaft vereinbar angesehen, weil man nicht die Bindeglieder zwischen der allgemeinen philosophischen These und der naturwissenschaftlichen Aussage aufdeckt.

Der Neurophysiologe P. Chauchard meint: „Die Botschaft der Naturwissenschaft scheint uns auf den ersten Blick materialistisch zu sein. Sie zeigt uns nichts anderes als eine selbständige, sich komplizierende, in Evolution begriffene Materie, die ohne jede äußere Einwirkung alles aus sich selbst hervorbringt und so bis zum menschlichen Geist gelangt. Da sich aber die Naturwissenschaft nur mit den Eigenschaften der Materie, Bewußtsein und Seele mit inbegriffen, befaßt, ist ein solcher Materialismus nicht erstaunlich, sondern ganz natürlich. Daraus schließt man dann arglistig, das gelte auch auf der Ebene der metaphysischen Analyse des Zustandes des Wesens schlechthin, obwohl die Naturwissenschaft nichts mit diesem Bereich zu schaffen hat."[8] Chauchard schildert nun die marxistischen Aussagen über das Primat der Materie gegenüber dem Bewußtsein und die materielle Einheit der Welt, um sie als mechanisch-materialistisch zu charakterisieren. Er meint, man könne diese Auffassungen für vernünftig halten und an sie glauben, nur drängten sie sich nicht als naturwissenschaftliche Erkenntnisse auf, da die Naturwissenschaft die unauflösliche Verbindung von Geist und Materie untersuche und diese Einheit Materie nenne. Daraus schließt er: „Die Materialisten tun so, als ob sie sich nur auf die Naturwissenschaft stützten, tatsächlich aber ergänzen sie die wissenschaftlichen Erkenntnisse über diese Materie durch eine Metaphysik dieser Materie. Es ist durchaus berechtigt, allen Menschen die naturwissenschaftliche Schau mitzuteilen, aber ohne metaphysischen Zwang."[9] Selbstverständlich ist die Philosophie nicht nur komprimierte Naturwissenschaft, das hat der Marxismus nie behauptet, und gerade Lenin hat auf die Bedeutung der Marxschen Einführung des Materialismus in die Gesellschaftslehren des öfteren hingewiesen. Aber nicht das soll uns hier beschäftigen, sondern die Behauptung, daß die Naturwissenschaft durch eine Metaphysik der Materie ergänzt würde, die sich nicht aus der Naturwissenschaft mit wissenschaftlicher Konsequenz ergebe. Dieses Argument läßt nämlich wiederum auch andere metaphysische Ergänzungen zu und stellt den Materialismus neben andere philosophische Richtungen. Das wird beispielsweise von dem Physiker und neothomistischen Philosophen W. Büchel ausgenutzt, um Platz für die Interpretation naturwissenschaftlicher Erkenntnisse zugunsten der neothomistischen Philosophie zu schaffen: „Damit ist freilich schon ausgesprochen, daß wir aus der physikalischen Erfahrung direkt und unmittelbar nichts über die materielle Substantialität entnehmen können, weil ja die Physik direkt und unmittelbar nur von den Eigenschaften und Bestimmungen der materiellen Substanz spricht, nicht von dieser Substanz selbst ... Direkt und unmittelbar kann also die physikalische Erfahrung über die materielle Substanz nichts aussagen, wohl aber mittelbar und indirekt. Denn das ‚Wesen' der materiellen Substanz erschließt sich uns ja nur durch die Bestimmungen und Eigenschaften, die sie trägt, und sie sind es gerade, mit denen die Physik sich beschäftigt."[10]

Einerseits unterwirft Büchel damit die neothomistische Substanzauffassung der, wenn auch nur indirekten, naturwissenschaftlichen Kritik. Darin unterscheidet er sich von vielen dogmatischen Verfechtern des Neothomismus. Andererseits hält er jedoch an dem Postulat fest, daß die Substanz existiere, obwohl die Naturwissenschaft dies widerlegt hat.[11] Hier läßt ihn das Dogma des Neothomismus nicht los, und die Leugnung einer inneren Beziehung zwischen Materialismus und Naturwissenschaft begünstigt diese Haltung.

Materialismus und Naturwissenschaft vereinbaren sich schon dadurch, daß beide das Kriterium der Praxis, des Experiments für die Überprüfung der Wahrheit von Aussagen anerkennen. Idealistische Richtungen lehnen dieses Kriterium ab, weshalb die Behauptung, sie seien mit der Naturwissenschaft vereinbar, nicht überprüfbar ist. Diese Vereinbarkeit von Materialismus und Naturwissenschaft nutzte Lenin in der Auseinandersetzung mit Mach aus. Dieser behauptete die Unschädlichkeit des materialistischen Standpunktes, eine Auffassung, die von vielen Naturwissenschaftlern geteilt wird. „Diese naive Äußerung über die Unschädlichkeit der materialistischen Auffassung verrät den ganzen Mach! Erstens ist es falsch, daß die Idealisten diese Auffassung ‚sehr lange' nicht kritisiert haben ... Zweitens erkennt Mach dadurch, daß er die Unschädlichkeit der von ihm bestrittenen materialistischen Anschauungen zugibt, im Grunde ihre Richtigkeit an. Denn wie hätte etwas Unrichtiges im Laufe von Jahrhunderten unschädlich bleiben können? Wo ist das Kriterium der Praxis geblieben, mit dem Mach zu liebäugeln versucht hat?"[12] Es geht Lenin dabei um die prinzipielle Haltung des Materialismus und nicht um seine Aussagen über die Materiestruktur. Er betont den Unterschied zwischen dem metaphysischen Materialismus, der ein unveränderliches Wesen der Dinge nicht ablehnt, und dem dialektischen Materialismus, der die Relativität unserer Kenntnisse über die Materiestruktur betont.[13]

Die Vereinbarkeit von Materialismus und Wissenschaft anerkennen kann jeder Naturwissenschaftler, ohne damit schon gegen den Ansturm der bürgerlichen Ideologie und damit auch gegen Fehldeutungen seiner Erkenntnisse gefeit zu sein.[14] Es ist dies zunächst die spontane Haltung des Naturwissenschaftlers, die sich aus seiner Arbeit ergibt. Er untersucht die Materiestruktur und stellt bei der Entwicklung neuer naturwissenschaftlicher Denkweisen die Relativität unserer Erkenntnisse fest. Ist sein Materialismus nun mit einer bestimmten Auffassung von der Materiestruktur verbunden, dann könnte der Materialismus zugleich mit dieser Auffassung als widerlegt erscheinen. Deshalb verlangt der dialektische Materialismus auch eine materialistische Position bezüglich der Veränderung unserer Erkenntnisse.

Der spontane Materialismus des Naturwissenschaftlers zeigt die innere Beziehung zwischen Materialismus und Naturwissenschaft nur von der Seite ihrer Vereinbarkeit. Er offenbart sich in der direkten Arbeit und kann durch Äußerungen desselben Naturwissenschaftlers, die als Reflexionen über seine Arbeit erscheinen und idealistische Konsequenzen enthalten, verdeckt werden. Hier muß dann im einzelnen der Nachweis geführt werden, wo die Inkonsequenz im Denken auftritt. Geht man jedoch von der bewußten Anerkennung des dialektischen Materialismus aus und untersucht die Konsequenzen der Leninschen Materieauffassung, dann zeigt sich, daß es sich hier keineswegs um eine metaphysische Ergänzung der Naturwissenschaft handelt.

Materie ist nach Lenin eine philosophische Kategorie zur Bezeichnung dessen, was außerhalb und unabhängig von unserem Bewußtsein existiert und von ihm erkannt werden kann und wird. Um erkannt werden zu können, müssen Wirkungen auf die Sinnesorgane ausgeübt werden. Nur was überhaupt Wirkungen ausüben kann, ist erkennbar. Wenn man deshalb an irgendeiner Stelle eine absolute Durchbrechung des objektiven Zusammenhangs annimmt, dann wäre der aus dem Zusammenhang herausgelöste Bereich nicht mehr erkennbar. In diesem Sinne ist die These von der materiellen Einheit der Welt oder vom objektiven Zusammenhang – es gibt keinen materiellen Bereich, der nicht durch materielle Prozesse mit anderen Bereichen verbunden ist – direkt mit dem Materiebegriff verbunden. Erkennt man nun die Durchbrechung des objektiven Zusammenhangs an, dann macht man eine mit der naturwissenschaftlichen Denkweise überhaupt nicht zu vereinbarende Annahme. Diese Durchbrechung ist nämlich nicht naturwissenschaftlich nachweisbar, weil nicht erkennbar und deshalb uninteressant. Sie wäre im eigentlichen Sinne eine metaphysische Ergänzung der naturwissenschaftlichen Erkenntnisse.

Solche nicht nachweisbaren metaphysischen Ergänzungen hat es in der Geschichte der Philosophie viele gegeben. Denken wir etwa an das unerkennbare „Ding an sich". Die Materialisten kritisierten Kant, indem sie zeigten, daß zwischen dem „Ding an sich" und der Erscheinung kein unüberbrückbarer Gegensatz existiert und das „Ding an sich" prinzipiell erkennbar ist. Auch die neothomistische Auffassung von der Substanz kann heute nur noch aufrechterhalten werden, wenn sie, von den naturwissenschaftlichen Einsichten getrennt, diese als hinter dem Erkennbaren existierend annimmt.[15]

An irgendeiner Stelle wird bei diesen theoretischen Konstruktionen immer der objektive Zusammenhang, der die Erkennbarkeit garantiert, durchbrochen. Lehnt man dagegen eine Durchbrechung des objektiven Zusammenhangs ab, dann müssen alle Erscheinungen, mögen sie aus noch so unerklärten Experimenten stammen, einer theoretischen Deutung zugeführt werden. Dabei stoßen wir auf neue Objekte und Eigenschaften. Unsere Kenntnisse von der Materiestruktur erweitern sich. Die materialistische Position verlangt die Aufdeckung stets neuer Zusammenhänge, über deren materielle Struktur selten etwas bekannt ist. Der Materialismus bindet sich nicht an bestimmte Strukturen, sondern betont nur, daß sie erkennbar sind. Erst die philosophische Analyse zeigt also den inneren Zusammenhang von Materialismus und Naturwissenschaft und weist andere Auffassungen als metaphysische Hinzufügungen zurück. Sicher ist beispielsweise damit der religiöse Glauben nicht widerlegt, aber so einfach macht es sich die wissenschaftliche Philosophie auch nicht. Sie widerlegt wissenschaftlich Glaubensthesen, die im Widerspruch zur Naturwissenschaft stehen und erklärt im historischen Materialismus seine sozialökonomischen Wurzeln. Insofern gehört der Glaube von Naturwissenschaftlern nicht in den Bereich der philosophischen Analyse naturwissenschaftlicher Probleme. Soweit er sich auf die Materiestruktur bezieht, ist er widerlegbar. Tritt er als metaphysische Hinzufügung zur Naturwissenschaft auf, so wird der Weg der wissenschaftlichen Bestätigung oder Widerlegung verlassen, während der Materialismus gerade diesen Weg weitergeht.

Somit ist also erstens die marxistisch-leninistische Philosophie mit der Naturwissenschaft vereinbar; zweitens werden ihre philosophischen Aussagen dem Kriterium der Praxis in einem komplizierten Erkenntnisprozeß unterworfen; drittens entspricht das materialistische Herangehen an die Wirklichkeit dem naturwissenschaftlichen; und viertens werden metaphysische Hinzufügungen zur Naturwissenschaft auch durch den Materialismus als unerkennbar und damit überflüssig zurückgewiesen, wobei wir auf ihre ideologische Bedeutung hier nicht eingehen.

2. Materie oder Substanz?

Unter Substanz wird in der vormarxistischen Philosophie der unveränderliche Träger der sich verändernden Eigenschaften verstanden. Die Substanz ist das, was im Wechsel der Erscheinungen gleichbleibt. In diesem Sinne heißt es bei Kant: „Es ist aber das Substrat alles

Realen, d.i. zur Existenz der Dinge Gehörigen, die Substanz, an welcher alles, was zum Dasein gehört, nur als Bestimmung kann gedacht werden.“ [16] An anderer Stelle heißt es: „Bei allen Veränderungen in der Welt bleibt die Substanz, und nur die Akzidenzen wechseln.“ [17] Der mechanische Materialismus suchte nach der materiellen Substanz, nach der Urmaterie, aus der sich die Vielfalt materieller Prozesse und Objekte aufbaue. Insofern betrachtete Lenin den Substanzbegriff als „eine wichtige Stufe im Entwicklungsprozeß der menschlichen Erkenntnis der Natur und der Materie“ [18]. Manchmal wurde auch die Substanz idealistisch erklärt; so vor allem im Thomismus. Es ist deshalb das Verhältnis der Physik zu ihr zu bestimmen.

In der Substanzauffassung spielen zwei Gedanken eine Rolle: einerseits soll die Substanz der letzte Träger aller Eigenschaften und Bestimmungen sein; andererseits gilt die Substanz als das, was bleibt, wenn die Eigenschaften und Bestimmungen wechseln. Kant betonte vor allem den Beharrungsgedanken. Verbunden mit der Anerkennung letzter, unteilbarer Teilchen, ist der Substanzgedanke in der Physik so lange fruchtbar, wie diese hypothetischen Teilchen, die Atome, noch nicht gefunden sind. Die Atome fungieren als letzte Träger aller Eigenschaften und Bestimmungen, auf deren quantitative Beziehungen die qualitative Vielfalt der Erscheinungen zurückgeführt werden kann. Aber selbst als der Substratgedanke, d. h. die Anerkennung eines letzten Trägers von Eigenschaften, aufgegeben werden mußte, weil mit den Elementarteilchen elementarere physikalische Objekte gefunden wurden, konnte der Beharrungsgedanke noch aufrechterhalten werden. Die weitere Entwicklung der Physik stellt auch ihn in Frage. Sie zwingt uns, die Materiestruktur in ihren allgemeinen Seiten anders zu bestimmen, als das in der klassischen Physik der Fall war. Im Vordergrund steht nicht mehr die raumzeitliche Bestimmung der Bewegung eines klassischen Körpers. Elementarteilchen verwandeln sich ineinander, es existieren mit den Resonanzen Quasi-Teilchen, die als Ganzes in Reaktionen auftreten, aber dann wieder zerfallen. Der für die Substanzauffassung wesentliche Gedanke des Trägers von Eigenschaften kommt damit ins Wanken. In den Versuchen, eine einheitliche Elementarteilchentheorie aufzubauen, steht nicht das Teilchen im Mittelpunkt, sondern die Beziehungen der Teilchen untereinander, die verschiedenen Formen ihrer Wechselwirkung. Das Teilchen tritt nicht mehr als Träger von Eigenschaften auf, sondern es wird als Teilchen erst durch die Wechselwirkung mit anderen Teilchen bestimmt. Die von Chew entwickelte Konzeption für das Verhalten stark wechselwirkender Teilchen, seine „bootstrap“-Hypothese, negiert die selbständige Existenz von Teilchen überhaupt. Die Teilchen sind nur Knotenpunkte in einem System von Beziehungen. Damit könnte man philosophisch auch die Eigenschaften als bestimmend ansehen, denn sie konstituieren erst das Teilchen. Außerdem ist der Wechsel der Eigenschaften zugleich ein Verwandeln der Teilchen ineinander. Das Fortschreiten des Denkens von der Untersuchung der Struktur und der Bewegung des Einzelobjektes über die Betrachtung von Massenerscheinungen zur Erforschung der Beziehungen in Systemen, in denen die „Dinge" den Platz an relativ beständige Elemente eines Systems abtreten mußten, wurde vor allem durch den Feldbegriff gefördert.

Die theoretische Erfassung der elektromagnetischen Wellen zeigte schon eine neue Art des Herangehens an die Wirklichkeit. Es wurden in der Maxwellschen Theorie Gesetze des elektromagnetischen Feldes formuliert, die bereits das mechanistische Denken durchbrachen, das alles auf mechanische Beziehungen (Kräfte) zwischen unveränderlichen Partikeln zurückführte. Die Rolle der Feldauffassung bei der Aufstellung einer Gravitationstheorie veranlaßte Einstein zu der Frage: „Können wir den Materiebegriff nicht einfach fallenlassen und eine reine Feldphysik entwickeln?" Er beantwortet diese Frage zusammen mit Infeld in dem Buch „Die Evolution der Physik" wie folgt: „Was unseren Sinnen als Materie erscheint, ist in Wirklichkeit nur eine Zusammenballung von Energie auf verhältnismäßig engem Raum. Wir könnten die Materiekörper auch als Regionen im Raum betrachten, in denen das Feld außerordentlich stark ist. Daraus ließe sich ein gänzlich neues philosophisches Weltbild entwickeln, das letztlich zu einer Deutung aller Naturvorgänge mittels struktureller Gesetze führen müßte, die überall und immer gelten ... In einer solchen Physik wäre kein Raum mehr für beides: Feld und Materie; das Feld wäre als das einzig Reale anzusehen."[19]

Einsteins einheitliche Feldtheorie war der große Versuch, die Einheit der Welt theoretisch zu erfassen. Diese physikalische Konzeption hatte keinen Erfolg. Zusammenfassend stellen Einstein und Infeld fest: „Dem Feldbegriff wird zwar im Rahmen der Relativitätstheorie sehr große physikalische Bedeutung beigemessen, doch ist es uns vorläufig noch nicht gelungen, ihn zu einer reinen Feldphysik zu verarbeiten. Vorläufig müssen wir also noch beides als gegeben hinnehmen: Feld und Materie."[20]

Ist es auch Einstein nicht gelungen, eine Feldphysik aufzubauen, so gibt es doch immer wieder Versuche, die Einheit der Welt in physikalischen Theorien zu erfassen. Dazu gehören sowohl die einheitliche Feldtheorie Heisenbergs als auch die Quantengeometrodynamik. Das

Scheitern der Einsteinschen und anderer Versuche ist nun keineswegs eine Bestätigung für den Substanzgedanken. Das richtige philosophische Herangehen Einsteins an die theoretische Erfassung physikalischer Phänomene besteht gerade in seiner Abwendung vom Substanzgedanken, in der Hinwendung zur Untersuchung der Beziehungen materiellen Geschehens, wie sie im Feldbegriff zusammengefaßt werden. Erst später wurden neue Felder entdeckt; außerdem lassen es die Ergebnisse der Quantentheorie nicht zu, die Korpuskeleigenschaften der physikalischen Objekte und die Diskontinuität physikalischer Größen zu vernachlässigen.

Die Situation in der Physik unseres Jahrhunderts brachte Bernhard Bavink schon sehr früh dazu, den Substanzgedanken in der Physik abzulehnen. Er schrieb: „In summa: wir gebrauchen hiernach nicht mehr, wie Kant meinte und viele Philosophen bis heute als Dogma lehren, zuerst eine Substanz, damit dann zweitens etwas mit ihr geschehen kann, sondern wir gebrauchen nur noch ein Etwas, was überhaupt die Welt von einem leeren (vierdimensionalen) Ordnungsschema unterscheidet, und die formalen Gesetze dieses ‚geordneten Etwas' sind die physikalischen Gesetze alles Seins und Geschehens."[21] Trotz dieser Ablehnung der Substanz meinte Bavink, letzte Elemente der Wirklichkeit in den Wirkungsquanten gefunden zu haben. Wie W. Büchel richtig hervorhebt, entsprach diese Auffassung etwa der Quantenphysik bis zur Aufstellung der Quantenmechanik. Heute kann man, meint Büchel, „auch in naturphilosophischer Hinsicht die Atomistik der Wirkung nicht mehr als die letzte und allgemeinste Grundstruktur der materiellen Wirklichkeit auffassen"[22].

Aus dem bisher Gesagten ergibt sich die Unhaltbarkeit des Substanzgedankens in der modernen Physik. Die materielle Einheit der Welt kann nicht in der Wechselwirkung von unveränderlichen Substanzen gefunden werden, deren Eigenschaften sich zwar ändern, sie sich selbst aber nicht. Dadurch würde die physikalische Forschung auf das Suchen nach letzten Elementen orientiert, die, selbst qualitativ gleichartig, durch ihre quantitativen Beziehungen die Wirklichkeit in ihrer Vielfalt erklären. Die moderne Physik wendet sich von dieser Auffassung ab. Sie sucht die Existenz der Teilchen selbst durch die Untersuchung ihrer Eigenschaften, die sie erst durch die Wechselwirkung mit anderen Teilchen erhalten, zu erklären. Während die Substanzauffassung den unveränderlichen Träger voraussetzt, an dem sich etwas verändert, nimmt die moderne Physik das materielle Geschehen in erster Linie als Veränderung, als Wechselwirkung und sucht nach Strukturgesetzen dieser Veränderung.

W. Büchel meint nun, die Substanzauffassung retten zu können, indem er sie als philosophisch relevant betrachtet. Die Physik kann nach ihm ohne den Substanzbegriff auskommen, „weil ja die Physik direkt und unmittelbar nur von den Eigenschaften und Bestimmungen der materiellen Substanz spricht, nicht von dieser Substanz selbst". Er fährt fort: „Zum Substanzbegriff führt nur die philosophische Überlegung, daß jede ‚Bestimmung' und ‚Eigenschaft' einen ‚Träger' voraussetzt, ein Etwas, das diese Bestimmung und Eigenschaften ‚hat', und daß letztlich ein Träger dasein muß, der ‚in sich selbst steht' und nicht wieder Bestimmung oder Eigenschaft von etwas anderem ist."[23]

Gerade diese philosophische Überlegung ist in der modernen Physik nicht stichhaltig. Würde eine Substanz tatsächlich existieren, dann müßte jede Eigenschaft, die wir in der Physik finden, einer Substanz entweder zukommen oder nicht zukommen. Nun macht Mittelstaedt darauf aufmerksam, daß wir in der Quantentheorie nicht alle Eigenschaften auf eine Substanz beziehen können. Das hängt mit den Eigenschaften der Quantenobjekte selbst zusammen. Auf Grund der Heisenbergschen Unbestimmtheitsrelationen ist es nicht möglich, die Meßresultate als Akzidenzien einer Substanz zu interpretieren. Mittelstaedt schreibt: „Darüber hinaus ist es aber nicht einmal hypothetisch möglich, alle Eigenschaften, auch wenn man sie gar nicht experimentell bestimmen will, auf ein Objekt zu beziehen, da man sonst zu logischen und wahrscheinlichkeitstheoretischen Widersprüchen geführt wird. In bezug auf die Gesamtheit aller meßbaren Eigenschaften ist infolgedessen der klassische Begriff der Substanz und entsprechend der Begriff des Dinges nicht mehr anwendbar. Die physikalischen Systeme sind, wenn man sie als Träger aller Eigenschaften auffassen will, wegen der Nichtobjektivierbarkeit dieser Eigenschaften nur als ‚uneigentliche Gegenstände' zu betrachten."[24]

Die objektive Dialektik im physikalischen Geschehen widerspricht dem von Büchel propagierten Gedanken der Notwendigkeit eines Trägers der Eigenschaften. Wenn solche Träger existieren, dann darf es keine Eigenschaften geben, die ohne Träger sind. Diesen Gedanken der trägerlosen Eigenschaften hatte Einstein in seiner Feldphysik bereits entwickelt. Der Mißerfolg seiner Versuche brachte jedoch die Physik nicht zur Anerkennung der Substanz zurück, sondern es wurde die Einheit von Teilchen und Feld weiter erforscht. Das Teilchen selbst ist eine Gesamtheit von Eigenschaften anderer Teilchen. Es gibt keine starre Grenze zwischen Feld und Teilchen. So wird das Proton im Atomkern als von einer Wolke virtueller Teilchen umgeben betrachtet, welche die Beziehung mit dem Neutron vermitteln können.

Man kann nun die Kernkräfte als die durch Pionen vermittelte Wechselwirkung zwischen Protonen und Neutronen betrachten oder das Nukleon als ein Teilchen, dessen zwei Erscheinungsformen Proton und Neutron sind. In diesen verschiedenen Vorstellungen hat der Substanzgedanke deshalb keinen Platz, weil mit ihm die dialektische Beziehung zwischen Teilchen und Feld nicht erklärt werden kann. Wenn die Eigenschaften erst den Träger konstituieren, diese Eigenschaften aber auch anderen Teilchen zukommen oder von ihnen ausgehen, dann wird die relative Existenz der Teilchen deutlich und ihre Wechselwirkung als Grundlage ihrer Existenz anerkannt. Damit wird aber gerade der Gedanke irgendeines Trägers völlig aufgegeben. Das Objekt ist ein System von Eigenschaften, das nicht mehr existiert, wenn alle Eigenschaften nicht mehr existieren.

Da die moderne Physik die Strukturgesetze des physikalischen Geschehens sucht und dabei die auf Invarianzen gegenüber Transformationen beruhenden Erhaltungssätze eine große Rolle spielen, glauben manche den Beharrungsgedanken der Substanzauffassung in den Erhaltungssätzen begründet zu finden. W. Strombach wendet sich zwar gegen die Interpretation der Substanz als Stoff, behauptet jedoch, daß Erhaltungsgrößen, Naturkonstanten usw. auf eine ihnen zugrunde liegende Realität hinweisen. Er anerkennt eine einzige anorganische Universalsubstanz, die in sich strukturiert ist. Dieser Gedanke erscheint ihm berechtigt, da die Ergebnisse der Elementarteilchentheorie nach seiner Ansicht darauf hinweisen, daß alle Partikel Erscheinungsformen eines Grundgebildes sind.[25] Sicher spielt in der Heisenbergschen Theorie der Gedanke von der Existenz einer Urmaterie eine große Rolle. Diese Urmaterie ist ein Feld, und die Partikel sind Wirkungen des Feldes. Aber diese Urmaterie Heisenbergs trägt gerade nicht dem Substanzgedanken Rechnung. Sie soll ja nicht neben den Beziehungen und Eigenschaften der Partikel existieren, sondern die Einheit von Feld und Teilchen symbolisieren. Sie ist nicht Träger der Teilcheneigenschaften, der selbst unveränderlich bleibt, sondern gerade der Ausdruck der ständigen Veränderungen. Charakterisiert wird sie durch Symmetrieeigenschaften. Wir kommen also wieder auf die Symmetrien und Erhaltungssätze selbst zurück, die keineswegs den Substanzgedanken begründen.

Hinzu kommt die noch nicht geklärte Problematik des Verhältnisses von Symmetrie und Asymmetrie, Erhaltung und Nichterhaltung, die auch die Annahme einer nur symmetrischen Struktur des physikalischen Geschehens, ausgedrückt in ewig gültigen Erhaltungssätzen, fraglich werden läßt.[26] Die Beziehungen im physikalischen Geschehen sind immer noch komplizierter, als es bisherige Theorien zum Ausdruck brachten, und doch stellen unsere Theorien Erkenntnisse über dieses Beziehungsgefüge dar. Die erste Stufe der Erkenntnis in der Physik können wir mit dem Substanzgedanken charakterisieren. Es gibt unveränderliche Substanzen, die Träger von Eigenschaften sind, und diese Eigenschaften gilt es zu erforschen. Die Kritik dieser Auffassung geschah durch die Feldtheorie. Damit standen zuerst noch Substanzauffassung und Feldphysik nebeneinander. Erst die Aufdeckung von Wellen- und Korpuskeleigenschaften an einheitlichen physikalischen Objekten führte zur zweiten Erkenntnisstufe, zur inneren Einheit von Feld und Teilchen. Damit mußte der Substanzgedanke aufgegeben und die Eigenschaften und Beziehungen als selbständig, ohne Träger existierend, anerkannt werden. Als das, was im Wechsel der Erscheinungen gleichbleibt, konnten auf dieser Stufe die Erhaltungssätze angesehen werden, die in immer größerer Zahl gefunden werden.

Heute deutet sich bereits eine weitere Erkenntnisstufe an, die uns die Klärung des Verhältnisses von Symmetrie und Asymmetrie bringen wird. Bisher stellte sich heraus, daß eine ganze Reihe von Erhaltungssätzen unter bestimmten Bedingungen verletzt wird. Die Parität bleibt bei schwachen Wechselwirkungen nicht erhalten. Auch die Erhaltung der kombinierten Parität wird beim Zerfall des K^0-Mesons in zwei Pionen verletzt. In der Allgemeinen Relativitätstheorie wird die Diskussion um die Energieerhaltung geführt; das bringt auch die Hypothese mit sich, daß Probleme der Massenerhaltung auftreten. Damit ist der gedankliche Rückgriff auf eine durch Erhaltungssätze begründete Substanzauffassung nicht berechtigt; denn das den Erhaltungssätzen zugrunde liegende materielle Geschehen weist selbst in seiner Gesetzesstruktur nur relative Beständigkeit auf.

Wir sehen hier schon, wenn man die Erkenntnisse über die Struktur der Materie in die Wirklichkeitsauffassung einbezieht, verändert sich diese ständig. Die Substanzauffassung charakterisiert eine Stufe des Erkenntnisprozesses, die heute infolge neuer Erkenntnisse nur noch beschränkte Bedeutung für makrophysikalische Körper hat. Die Physik ist damit zugleich immer tiefer in das Wesen des objektiven Zusammenhangs eingedrungen. So wie die elektromagnetischen Wellen nicht des Äthers als mechanischen Trägers bedurften, sondern als selbständige Realität anerkannt werden mußten, so brauchen die Relationen und Eigenschaften, die im physikalischen Geschehen aufgedeckt werden, keinen in sich beharrenden Träger. Die Eigenschaften selbst sind objektiv-real. Die Teilchen sind durch ihre Eigenschaften vollständig konstituiert. Wenn es Teilchen mit relativ invarianten

Eigenschaften gibt und wenn dadurch die Teilchen als Träger dieser Eigenschaften erscheinen, dann kann das doch nicht zur Begründung der Substanzauffassung herangezogen werden, weil die Teilchen nur relativ stabil sind, sich in andere Teilchen verwandeln und nur durch die Eigenschaften anderer Teilchen existieren.

Der letzte Ausweg wäre die Annahme einer Substanz, die den Erhaltungssätzen zugrunde liegt. Zweifellos ist der Gedanke berechtigt, die Elementarteilchen als Wirkungen eines Feldes oder als aus Fundamentalteilchen aufgebaut aufzufassen. Aber Feld und Fundamentalteilchen sind keine Substanzen, weil sie nicht unveränderlich sind. Auch „quarks" und „Anti-quarks" würden zerstrahlen, und das Heisenbergsche Feld als Urmaterie ist gerade Ausdruck der ständigen Veränderungen. Daher kann der Substanzgedanke auch nicht mit Hilfe der abzusehenden Fortschritte der Physik neu begründet werden.

Die Ergebnisse der Physik hinsichtlich der Materiestruktur zwingen uns also, den Substanzbegriff fallenzulassen. Dagegen werden die Leninsche Materiedefinition und die dialektisch-materialistische These von der materiellen Einheit der Welt nicht widerlegt, da sie ja gerade auf der Aufhebung des Substanzbegriffes beruhen. Alle gefundenen Materiestrukturen existieren außerhalb und unabhängig vom menschlichen Bewußtsein. Sie sind nicht vom Menschen in die Natur hineininterpretiert worden, sonst hätte es ihn nicht so große Mühe gekostet, sie zu finden. Zugleich stellen die Fortschritte der Physik neue Einsichten in die materielle Einheit der Welt dar. Gerade die Umwandelbarkeit der Elementarteilchen ineinander, die Einheit von Teilchen und Feld sind wichtige Hinweise darauf, daß die Einheit der Welt nicht als Zusammenhang unveränderlicher Teilchen begriffen werden kann. Die Teilchen selbst verdanken ihre Existenz der Wechselwirkung und damit der materiellen Einheit der Welt.

Wir möchten nun einige philosophische Ergebnisse der bisherigen Betrachtungen zur Materiestruktur hervorheben, die uns die These von der materiellen Einheit der Welt besser verständlich machen. Erstens hat in der modernen Physik der Dingbegriff seine dominierende Rolle bei der Kennzeichnung physikalischer Objekte verloren. Die Erkenntnis der Eigenschaften physikalischer Objekte erfolgt durch die Untersuchung der verschiedenen Formen der Wechselwirkung der Elementarobjekte untereinander.

Zweitens gewinnt die dialektische Beziehung zwischen System und Element bei der Untersuchung physikalischer Objekte immer mehr Bedeutung. Das Verhalten der Elementarteilchen wird untersucht, indem bestimmte Wechselwirkungsprozesse betrachtet werden, in denen die Teilchen als Elemente des Systems aufeinander bezogen werden können. Insofern beschäftigt sich die physikalische Forschung einerseits mit den Systemen und andererseits mit den Elementen als den Objekten. Hierauf ist bei der Behandlung der Dialektik noch einmal zurückzukommen.

Drittens versucht die moderne Physik die Strukturgesetze des physikalischen Geschehens zu erkennen. Sie betrachtet die in bestimmten Wechselwirkungsformen gültigen Erhaltungssätze, welche die möglichen Reaktionsschemata einschränken und damit einen Rahmen für das Verhalten der Elementarteilchen darstellen. Dabei ist die Frage noch nicht beantwortet, ob es auch Gesetze für die Durchbrechung von Erhaltungssätzen gibt.

Viertens wird damit die begriffliche Trennung des materiellen Geschehens von der Raum-Zeit im Elementarteilchenbereich problematisch. Wenn die physikalischen Gesetze die Struktur des Elementarteilchenverhaltens ausdrücken sollen, dann sind auch die raum-zeitlichen Beziehungen Bestandteil dieser Struktur. Das ließe die Möglichkeit einer allgemeinen Raum-Zeit-Theorie, die nicht nur physikalische Prozesse umfaßt, trotzdem zu. Sie müßte die raum-zeitlichen Beziehungen aus den verschiedensten Bewegungsformen untersuchen. Im Elementarteilchenbereich allein ist die Raum-Zeit jedoch kein ausgezeichnetes Beziehungssystem gegenüber allen anderen Bestandteilen des Beziehungsgefüges im physikalischen Geschehen.

Fünftens kann für das physikalische Geschehen der präzisierte Materiebegriff aufgefaßt werden als Widerspiegelung der Gesamtheit aller objektiv-real existierenden, relativ stabilen, offenen und geschlossenen, miteinander zusammenhängenden Systeme, die sich durch bestimmte physikalische Gesetze voneinander unterscheiden. Die physikalische Theorie muß die Einheit und Veränderung dieser Systeme erfassen.

3. Mensch-Gerät-Objekt

Manche Physiker, Vertreter der Kopenhagener Deutung der Quantentheorie, meinten den Materialismus widerlegt zu haben, weil sie in der Physik die Bedeutung des handelnden Menschen hervorhoben, der die Objekte verändert, um sie zu erkennen. Es gab deshalb eine breite Diskussion zwischen Physikern und Philosophen um die in der Kopenhagener Deutung der Quantentheorie enthaltene Auffassung der Subjekt-Objekt-Relation. Nach der in der klassischen Physik vorherrschenden Erkenntnistheorie befand sich das zu untersuchende physikalische Objekt im dreidimensionalen Raum bei absoluter Weltzeit. Dieses Objekt wird durch den Menschen beobachtet, wobei die Beobachtung ohne wesentlichen Einfluß bleibt. Jede Aussage der Physik wurde deshalb als objektivierbar angesehen, d. h., sie sollte formulierbar sein, ohne daß auf den Beobachtungsprozeß Bezug genommen wird. Der Mensch wurde damit als Registrator objektiver Beziehungen in der Theorie betrachtet.

Durch die Ergebnisse der Quantentheorie, besonders durch die Heisenbergschen Unbestimmtheitsrelationen, wurde deutlich, daß die raum-zeitlichen Bestimmungen von Ereignissen, wie sie in der Theorie vorausgesagt wurden, durch den Meßprozeß beeinflußt werden. Es ergaben sich nur noch Wahrscheinlichkeitsaussagen für zukünftige Ereignisse. Als Lösungsversuche wurden folgende Varianten diskutiert: Erstens wäre es möglich, daß das Experiment erst die objektiven Eigenschaften bestimmt. Damit wird das vom Physiker angeregte und durchgeführte Experiment zum wesentlichen Bestandteil der Theorie. Die physikalischen Aussagen würden nicht mehr das objektiv-reale physikalische Geschehen erfassen, sondern die Wechselbeziehung zwischen Subjekt und Objekt. Damit sollte dann auch der Materialismus widerlegt sein. Zweitens wurde eine eindeutige Vorhersagbarkeit des physikalischen Geschehens angenommen. Die Quantentheorie sollte nur ein Übergangsstadium zu einer vollständigeren Theorie sein, die möglicherweise mit Hilfe noch verborgener Parameter wieder eine eindeutig objektivierbare Charakteristik des physikalischen Verhaltens geben könnte.

Wir wollen nur diese beiden wesentlichen Lösungsversuche hervorheben, die in vielen Formen auftraten. Zur ersten Gruppe gehören viele Vertreter der Kopenhagener Deutung der Quantentheorie, zur zweiten Einstein, später Bohm und Vigier u. a. Uns geht es nicht um eine Differenzierung dieser Auffassungen, sondern um das folgende Problem, das dem dialektischen Materialismus daraus erwuchs und das er lösen muß: Sind Aussagen über objektiv-reales Geschehen möglich, obwohl der Mensch im Erkenntnisprozeß die zu untersuchenden Objekte entscheidend verändert? Die Antwort auf diese Frage hat im dialektischen Materialismus zwei Aspekte. Einmal geht es um den konkreten Erkenntnisprozeß selbst, der in seinem gesetzmäßigen Verlauf untersucht werden muß und dessen Betrachtung die Leninsche Materiedefinition rechtfertigt, aber zugleich die Vermittlung zwischen Materie und Bewußtsein in ihrer ganzen Kompliziertheit zeigt. Zum anderen muß das Experiment als das Kriterium untersucht werden, das uns die Unterscheidung zwischen Aussagen über objektive Tatbestände und solchen über eingebildete Sachverhalte erlaubt. Bei der Theorienbildung spielen beide Momente eine Rolle.

Befassen wir uns zuerst mit dem Erkenntnisprozeß, also mit der Subjekt-Objekt-Relation, die uns die Beziehung zwischen Materie und Bewußtsein vermittelt. Bisher haben wir das physikalische Geschehen als objektiv-real – d. h. als außerhalb und unabhängig vom menschlichen Bewußtsein – existierend betrachtet und die physikalischen Theorien als Widerspiegelung dieses physikalischen Geschehens genommen. Mit der Quantentheorie trat jedoch das Problem der Theorienbildung in den Vordergrund physikalischer Überlegungen zu erkenntnistheoretischen Fragen. Halten wir im philosophischen Begriff des Bewußtseins in der erkenntnistheoretischen Gegenüberstellung zur Materie nur die Ergebnisse des Erkenntnisprozesses fest, die, in Aussagen formuliert, Bestandteil von Theorien sind, so stellt andererseits das im Materiebegriff enthaltene materielle Geschehen nur den Ausgangspunkt physikalischer Theorienbildung dar. Die Vermittlung zwischen beiden stellen die Handlungen und dabei gewonnenen Erkenntnisse des Menschen (Erkenntnissubjekt) her, für den alles, was außerhalb und unabhängig von seinem Bewußtsein existiert, Erkenntnisobjekt ist. Dazu gehören materielle und ideelle Beziehung, für eine Physikergruppe z. B. auch die Gedanken anderer Gruppen, die es mit den Experimenten zu konfrontieren gilt, um deren Wahrheit zu erkennen. Keine Theorie wird allein durch die Verallgemeinerung experimenteller Daten gewonnen. Es gehen in sie vorhergehende Theorien, philosophische Ansichten, Kritiken der Kollegen usw. ein. Über materielle Objekte wird mittels bestimmter ideeller Objekte, nämlich der Bedeutungen der die materiellen Objekte charakterisierenden Zeichen, gesprochen. Dabei ist es schon fraglich, ob jeder Diskussionsteilnehmer mit einem bestimmten Zeichen die gleiche Bedeutung verbindet. Aber das sind Probleme, die das Verhältnis der Menschen untereinander betreffen und von der Psychologie, Sprachwissenschaft usw. untersucht werden müssen. Prinzipiell ist es jedenfalls möglich, sich über die Sachverhalte zu verständigen, über die diskutiert werden soll. Von dieser Seite her gibt es für die Theorienbildung keine Schwierigkeiten, wobei wir hier von der ideologischen Problematik abstrahieren.

Wie kommt aber der einzelne Mensch zu seinen Erkenntnissen? Er verändert die Erkenntnisobjekte, um aus diesen Veränderungen Schlußfolgerungen auf das reproduzierbare Verhalten der Objekte ziehen zu können. Dabei ist die Beziehung zwischen Mensch und

Objekt nicht immer direkt. In der modernen Physik wird sie sogar durch hochkomplizierte Geräte, wie Beschleuniger, Funkenkammer usw., noch indirekter. Damit gehen in die Theorienbildung über das Verhalten beispielsweise stark wechselwirkender Teilchen auch die Theorien über die dabei benutzten Geräte ein, ohne die es nicht möglich gewesen wäre, etwas über Veränderungen der zu erkennenden Objekte zu erfahren.

Neben der komplizierten Vermittlung zwischen physikalischen Objekten und der Theorie ist für die moderne Theorienbildung die wachsende Rolle der Theorie selbst wichtig. Der Erkenntnisweg geht keineswegs nur vom Objekt über den Begriff zur Theorie. Der Schluß von der Diracschen Elektronentheorie auf die Existenz eines Teilchens mit entgegengesetzter Ladung zum Elektron war ein Beweis für die Tragfähigkeit physikalischer Theorien; denn 1932 wurde das Positron, das Antiteilchen des Elektrons gefunden.

Der dialektische Materialismus berücksichtigt in seiner Erkenntnistheorie die Kompliziertheit der Theorienbildung. Das aktive schöpferische Verhalten des Subjekts im Erkenntnisprozeß kommt gerade in der ständig wachsenden Rolle der Mathematik in der Physik zum Ausdruck. Die Einwirkung des Subjekts auf das Objekt, die Wirkung des Objekts auf das Subjekt, die theoretische Vorhersage objektiver Beziehungen mittels mathematischer Durchdringung der Physik und die experimentelle Überprüfung der Theorie bilden die Vermittlungen zwischen Materie und Bewußtsein und müssen in der dialektisch-materialistischen Erkenntnistheorie untersucht werden. Die Erkenntnis dieser notwendigen Vermittlungen ist das zweite wesentliche Ergebnis der philosophischen Diskussionen um die Resultate der modernen Physik, während die erste Einsicht in der charakterisierten neuen Wirklichkeitsauffassung, in der neue Elemente der Materiestruktur sichtbar wurden, bestand. Aber wie die Abwendung von überholten Ansichten über die Struktur der Materie nicht den Materialismus widerlegte, so auch nicht die Erkenntnis der komplizierten Beziehungen zwischen Materie und Bewußtsein, die durch die Wechselwirkung zwischen Subjekt und Objekt hergestellt werden.

Folgende wesentliche Momente spielen bei der Theorienbildung eine Rolle:

Erstens müssen genügend viele Experimente durchgeführt sein, damit die gesetzmäßigen Beziehungen im Elementarteilchenbereich offensichtlicher werden. Deshalb wird in den großen Kernforschungsgemeinschaften immer mehr experimentelles Material mit Hilfe immer größerer Beschleuniger und verbesserter Registriertechnik angesammelt.

Zweitens werden von den theoretischen Physikern immer neue theoretische Ansätze zu einer einheitlichen Elementarteilchentheorie oder einer Teiltheorie entwickelt. Es geht, wie die Physiker sagen, um „verrückte Ideen", die den „verrückten" Eigenschaften der Elementarteilchen angepaßt sind. Eine dieser Ideen ist beispielsweise die Annahme von Teilchen mit gebrochener Quantenzahl für die elektrische Ladung. Sollten diese, von Gell-Mann und Zweig vorausgesagten, Teilchen gefunden werden, so zöge das viele Konsequenzen nach sich. Es wäre dann auch möglich, andere Quantenzahlen als gebrochen anzusehen und weitere Fundamentalteilchenmodelle zu entwickeln. Das letzte Wort über die Brauchbarkeit theoretischer Ansätze sprechen jedoch die Experimente.

Drittens muß man die von der marxistischen Philosophie in der letzten Zeit stärker untersuchten Bindeglieder zwischen Experiment und Theorie, nämlich Modelle und Hypothesen, erwähnen. Der dialektische Materialismus betont die Notwendigkeit des wissenschaftlichen Meinungsstreits für die Entwicklung der Wissenschaft. Die objektiven dialektischen Beziehungen im physikalischen Geschehen werden oft von den gegensätzlichen Seiten her in verschiedenen theoretischen Ansätzen erfaßt, wie das etwa in der Wellen- und Korpuskeltheorie der Fall war. Erst später gelingt dann die Synthese. Danach sind die Teilaspekte Bestandteil bestätigter Theorien, andernfalls müssen Hypothesen überhaupt fallengelassen werden.

Viertens spielt der dialektische Materialismus bei der Theorienbildung eine fördernde Rolle, wenn es ihm gelingt, neue Denkansätze schnell zu erkennen und ihren philosophischen Hintergrund herauszuarbeiten. Die Anerkennung des objektiv-realen physikalischen Geschehens und die Verteidigung dieses materialistischen Grundgedankens ist lediglich die Voraussetzung für eine fruchtbare philosophische Arbeit. Diese muß gerade die erkenntnistheoretische Analyse der Theorienbildung geben und die philosophischen Grundlagen physikalischer Strukturauffassungen kritisch untersuchen.

Man kann die Haltung des dialektischen Materialismus zur modernen Physik nur verstehen, wenn man einerseits die materialistische Grundhaltung begreift, die in der Anerkennung der Existenz einer vom menschlichen Bewußtsein unabhängigen Realität besteht. Aber dieses objektiv-reale physikalische Geschehen wird erkannt. Hier werden die physikalischen Objekte von Wissenschaftlern nach einem Plan untersucht, unterliegen also der bewußten Erforschung durch den Menschen und werden dabei von ihm auch verändert. Andererseits entwickelt der Mensch heute Begriffssysteme und mathematische Theorien als

Denkmöglichkeiten objektiven Verhaltens. Sie fließen in den Erkenntnisprozeß ein und bestimmen wiederum den Plan wissenschaftlicher Untersuchungen. Die bewußtseinsunabhängige Außenwelt wird vom Materiebegriff erfaßt, die Denkmöglichkeiten werden vom Begriff des Bewußtseins umfaßt. Der Erkenntnisprozeß selbst ist die Vermittlung beider. Der Materialismus nun kommt vor allem darin zum Ausdruck, daß die Materie als gegenüber dem Bewußtsein primär betrachtet wird. Sehen wir dabei von der historischen Entwicklung ab, dann bedeutet das für die Erkenntnis, daß unsere Theorien über die Struktur der Materie nur relative Wahrheiten darstellen. Die Materie selbst ist unendlich kompliziert und kann immer nur unter bestimmten Bedingungen erkannt werden. Es existiert also etwas außerhalb und unabhängig vom menschlichen Bewußtsein, was Gegenstand unserer Erkenntnis ist. Was dort existiert, können wir nur erfahren, indem wir es bestimmten Bedingungen unterwerfen, es verändern und dabei erkennen. Damit bleibt die Frage nach dem Kriterium noch offen, das uns berechtigt, unsere Aussagen als Erkenntnisse des objektiven physikalischen Geschehens zu bezeichnen. Darüber werden wir noch sprechen. Hier kommt es zuerst einmal auf die Feststellung an, daß Materialismus und Macht des Verstandes sich nicht widersprechen, sondern ergänzen.

Der Physiker W. Heitler zieht jedoch aus der Bedeutung der Mathematik für die Physik die Schlußfolgerung: „Irgendwie werden wir nicht dem Schlusse entgehen können, daß auch außerhalb von uns etwas Geistiges existiert, ein geistiges Prinzip, das sowohl mit den Gesetzen und Geschehnissen der materiellen Welt als auch mit unserer Geistestätigkeit zusammenhängt."[27] Die Übereinstimmung zwischen Denken und Sein wird hier einem außerweltlichen Prinzip zugesprochen. Das wäre als Hypothese nur dann in Betracht zu ziehen, wenn die Übereinstimmung immer vollständig wäre. Aber oft fehlt uns die Theorie zu experimentellen Daten, und es gibt umgekehrt mathematische Theorien, deren objektive Entsprechung noch nicht gefunden ist. Heitler stellt richtig fest: „Die physikalischen Gesetze sind ja nicht von uns erfunden, obwohl unsere Denktätigkeit bei ihrer Entdeckung eine unentbehrliche Rolle spielt."[28] Damit wird aber die Annahme eines außerweltlichen Prinzips, das materielles Geschehen und Denken in Einklang miteinander setzt, eine nutzlose und unbewiesene Hypothese. Die Funktion dieses außerweltlichen Prinzips von Heitler übt der Mensch selbst aus. Durch seine Handlung überprüft er die Wahrheit seiner Theorien. Er selbst stellt die Übereinstimmung zwischen Außenwelt und Theorie her. Nur ist es ihm nicht möglich, eventuelle Nichtübereinstimmungen durch Korrekturen der Wirklichkeit zu überwinden. Er muß dann seine Theorien ändern. Gerade das bestätigt aber den Materialismus. Indem wir das Primat der Materie anerkennen, betonen wir, daß die Wirklichkeit immer noch mehr Beziehungen aufweist als unsere Theorien. Daraus folgt, daß wir unsere Begriffssysteme aufnahmebereit machen müssen für neue experimentelle Ergebnisse, die für uns völlig unerwartet sein können. Das war beispielsweise bei den Untersuchungen im Mikrokosmos der Fall. Die ausgearbeitete Gruppentheorie erwies sich als geeignet, den in der physikalischen Theorie erfaßten objektiven Sachverhalt auszudrücken. Zur Vorbereitung auf neue Erkenntnisse müssen deshalb schon vorher neue Denkmöglichkeiten in der Mathematik zur Darstellung von physikalischen Systemen untersucht werden. Damit wird eine neue Triebkraft für menschliche Erkenntnisse gewonnen. Nicht nur das Experiment allein, sondern auch die Suche nach sinnvollen Belegungen für mathematische Theorien führt die Erkenntnis weiter. Diese Auffassung spricht allerdings gegen eine vereinfachte metaphysische Materialismusauffassung, in der das schöpferische Denken nicht den ihm gebührenden Platz einnimmt und die Rolle des Menschen bei der Erkenntnis nicht berücksichtigt wird.

Auch in dieser Richtung werden Angriffe vorgetragen. So schreibt J. Meurers: „Den viator-Charakter von Wissenschaft verneinen, heißt den Menschen verneinen. Der dialektische Materialismus des Ostens verneint den viator-Charakter der Wissenschaft. Es ist für ihn wissenschaftlich ausgemacht und ‚bewiesen', daß es nur Materie gibt, die er zwar noch in unendlich vielen Einzelschritten in die Zukunft hinein zu erforschen hat."[29] Den Beweis für die Berechtigung seiner Angriffe auf den Materialismus meint Meurers in der Physik zu finden: „Das Elektron ist nicht mehr vorstellbar und beschreibbar in einem Begriffs-System, welches es als materielles Etwas ... ansieht bzw. interpretiert. Vielmehr tritt das Elektron lediglich als ein elektro-magnetisch Wirkendes in Erscheinung, es versagt bei ihm der Begriff des Materiell-Körperlichen."[30] Hier wird zweierlei deutlich: erstens wird die marxistische Unterscheidung zwischen der Frage nach den Quellen unseres Wissens und der Frage nach der Struktur der Materie nicht beachtet. Der Materialismus postuliert nicht, daß das Elektron materiell-körperlich existiert, sondern daß es objektiv-real ist. Andererseits wird an diesem Beispiel das Vordringen der Mathematik innerhalb der physikalischen Erkenntnis klar. Gerade aus der Elektronentheorie Diracs wurde die Vorhersage des Positrons abgeleitet. Waren klassische Objekte noch direkt sichtbar, wenn man die Massenpunktmechanik als Theorie der klassischen Körper nimmt, so sind heute die Elementarteilchen nur durch ihre Wirkungen zu erkennen. Oft kennen wir sie nur als mathematische Strukturen, die so lange mathematisch untersucht werden, bis eine experimentell überprüfbare Aussage gemacht werden kann. Aber der Materialismus verlangt ja nicht die Anerkennung eines in bestimmter Art und Weise strukturierten physikalischen Objekts, sondern er nimmt etwas außerhalb und unabhängig vom Bewußtsein Existierendes als Quelle unseres Wissens an. Die Vermittlung zwischen der Theorie und diesem objektiv-realen Seienden übernimmt gerade der Mensch. Deshalb hat Meurers mit seiner Behauptung und seinem Beweis nicht recht. Er wendet sich gegen den metaphysischen Materialismus, der auch die große Bedeutung der Mathematik in der Erkenntnis nicht erklären kann.

Wir hatten bisher die Frage noch ausgeklammert, welches Kriterium unsere Auffassung von der Objektivität physikalischen Geschehens bestätigt. Wir möchten hierzu kurz einige Gedanken darlegen, um auch diese Seite des Verhältnisses des Materialismus zur modernen Physik zu zeigen, da sie große Bedeutung in der Auseinandersetzung mit jenen Argumenten gegen den Materialismus hat, die sich auf die Wechselwirkung zwischen Subjekt und Objekt im Experiment berufen.[31] Zweifellos ist der Aufbau des Experiments nicht subjektunabhängig. Es muß theoretische Vorarbeit geleistet werden, ehe das Experiment überhaupt durchgeführt werden kann. Die bisherigen theoretischen Vorstellungen, etwa über das Verhalten stark wechselwirkender Teilchen bei hohen Energien, müssen bekannt sein, damit eine sinnvolle Frage formuliert werden kann, die durch das Experiment beantwortet werden soll. Dann wird das Experiment aufgebaut. Hier ist wiederum das Geschick des Experimentators entscheidend, mit dem Experiment wirklich zu einer Antwort auf die gestellte Frage zu kommen. Dabei spielen auch die Meßgeräte eine wesentliche Rolle. Deshalb gehen in das Meßresultat des Experiments auch die Theorien der benutzten Geräte und vor allem die Genauigkeit der Meßgeräte ein. Das experimentelle Ergebnis ist also gar kein voraussetzungsloser Fakt, der erst dann der Analyse unterliegt. Ein Fehler im Aufbau des Experiments oder ungenügende Meßgenauigkeit der bisher entwickelten Geräte kann bereits entscheidenden Einfluß auf das experimentelle Ergebnis haben, so daß die gestellte Frage vielleicht gar nicht beantwortet wird.

Abhängig vom Experimentator ist auch die Beschreibung der gewonnenen Meßdaten. Er muß sie registrieren, damit sie theoretisch ausgewertet werden können. Dann beginnt eine neue Etappe der theoretischen Arbeit, nämlich die Deutung des Resultats. Hier ist wiederum der Meinungsstreit darüber erforderlich, ob das Meßergebnis in die alte Theorie eingefügt werden kann oder eine neue Theorie erfordert.

Unabhängig vom Experimentator sind jedoch der Ablauf des Experiments und sein Ergebnis, nämlich insofern, als der objektive Vorgang zwar unter bestimmten Bedingungen verläuft, die in der Natur nicht vorkommen, aber sein Verhalten nicht vorhergesagt werden kann. Das Experiment ist die Antwort auf die der Natur gestellte Frage. Der Experimentator erzeugt künstlich eine Erscheinung und untersucht sie dann auf wesentliche Momente hin. Da das Ergebnis des Experiments nicht vorhersagbar ist, stellt dieses ein Kriterium für die Richtigkeit oder Falschheit der Antwort auf die gestellte Frage dar. Damit ist die Erkenntnis jedoch nicht beendet. Ein Experiment allein liefert uns keine Theorie. Zuerst muß es wiederholt und variiert werden, um eventuelle subjektive Fehler im Aufbau oder Mängel in der Apparatur aufzudecken. Dann gilt es andere Experimente zu berücksichtigen, die andere Momente des Wesens der physikalischen Vorgänge zeigen, da sie unter völlig anderen Bedingungen verlaufen sind. Erst dann kann die Theorie als Synthese vieler experimenteller Daten gefunden werden. Die Objektivierbarkeit unserer Aussagen ist dann möglich, wenn wir im Experiment Zusammenhänge gefunden haben, die reproduzierbar sind, d. h., unter denselben wesentlichen Bedingungen wiederholt sich der vorher beobachtete Vorgang, was in den gleichen Meßresultaten zum Ausdruck kommt, die derselben allgemeinen Beziehung, dem erkannten Gesetz, genügen.

Das Experiment ist also für den Menschen ein objektiver Analysator physikalischer Prozesse, in dem Anordnung, Messung und Deutung subjektiv beeinflußt werden, während Ablauf und Ergebnis objektiv sind, unabhängig vom Bewußtsein der Menschen. Die Synthese der aus den Experimenten gewonnenen Analysen erfolgt in der Theorie, deren Folgerungen wiederum experimentell überprüft werden. Hier bestätigt sich erneut die entscheidende Rolle des Bewußtseins bei der Erkenntnis des objektiven physikalischen Geschehens. Ohne experimentelles Geschick und gute theoretische Vorarbeit wird die Natur unsere Fragen nicht beantworten. Dabei erfordert das tiefere Eindringen in das Wesen des Naturgeschehens immer kompliziertere Apparaturen, die uns keine direkten Aussagen über das Verhalten der Objekte vermitteln, sondern deren Meßdaten gewissermaßen verschlüsselte Nachrichten darstellen, deren Entschlüsselung wiederum einen hohen Aufwand an theoretischem Denken erfordert. Aber das Experiment bleibt ein Kriterium für die Objektivität des physikalischen Geschehens, das uns auch Aussagen über das Verhalten der physikalischen Objekte erlaubt.

Die moderne Physik bestätigt also den dialektischen, aber nicht den mechanischen Materialismus. Trotzdem meldct der Mitbegründer der Quantentheorie Werner Heisenberg Bedenken gegen die dialektisch-materialistische Wirklichkeitsauffassung an: „Man kann nicht vernünftigerweise erwarten," meint er, „daß jene Denker, die vor über hundert Jahren den dialektischen Materialismus eingeführt haben, die Entwicklung der Quantentheorie hätten vorhersehen können. Ihre Begriffe von Materie und Wirklichkeit konnten unmöglich den Ergebnissen unserer heutigen verfeinerten experimentellen Technik angepaßt sein."[32] Wir wissen, daß schon Lenin die dialektisch-materialistische Materieauffassung auf Grund der philosophischen Diskussionen, die Anfang unseres Jahrhunderts um die Entdeckungen der Physik stattfanden, präzisierte. Es ist deshalb interessant, darauf hinzuweisen, gegen welche materialistischen Ideen Heisenberg polemisiert. Er schreibt über die Gegner der Kopenhagener Deutung der Quantentheorie: „Es wäre nach ihrer Ansicht wünschenswert, zu der Realitätsvorstellung der klassischen Physik oder, allgemeiner gesprochen, zur Ontologie des Materialismus zurückzukehren, also zur Vorstellung einer objektiven realen Welt, deren kleinste Teile in der gleichen Weise objektiv existieren wie Steine und Bäume, gleichgültig, ob wir sie beobachten oder nicht. Dies aber ist unmöglich oder jedenfalls wegen der Natur der atomaren Erscheinungen nicht vollständig möglich ..."[33]

Gegen eine solche Materialismusauffassung wandte sich bereits Lenin, indem er in seinem Buch „Materialismus und Empiriokritizismus" den Materialismus von Marx und Engels dem metaphysischen Materialismus entgegenstellte und die Frage nach der Struktur der Materie von der Frage nach den Quellen unseres Wissens unterschied. Heisenbergs Darstellung der Ontologie des Materialismus besteht in folgendem: Die Anerkennung der objektiven Realität ist mit der Aussage verbunden, daß alles, was objektiv-real ist, in derselben Weise existiert wie die uns umgebende Wirklichkeit. Das wäre aber die Anerkennung unveränderlicher Wesenheiten, die Lenin gerade ablehnte.

Unsere Erkenntnisse über die Wirklichkeit haben sich erweitert. Die Entwicklung der Physik zeigte, daß es nicht richtig ist, nur das als objektiv-real anzusehen, was als klassischer Körper im dreidimensionalen Raum bei absoluter Zeit existiert. Die Physik kritisierte den klassischen Teilchenbegriff und entwickelte neue Raum-Zeit-Auffassungen. Aber der dialektische Materialismus bindet sich gerade nicht an eine bestimmte Stoff- oder Strukturauffassung. Er nimmt gar nicht an, daß Elementarteilchen in derselben Art und Weise existieren wie Steine und Bäume. Er hebt dafür hervor: Sowohl die Mikro- als auch die Makroobjekte ebenso wie noch zukünftig zu findende Objekte existieren außerhalb und unabhängig vom Bewußtsein und können vom Menschen erkannt werden.

Die Gleichsetzung des Materialismus mit dem mechanischen Materialismus spielte auch schon früher eine große Rolle. Nehmen wir als Beispiel das in vielen Auflagen erschienene Buch von E. Zimmer „Umsturz im Weltbild der Physik", dessen erste Auflage vom Jahre 1934 ist. Zimmer schreibt dort: „ Die Materie im Kleinen ist nicht das, was wir gewöhnlich unter Materie verstehen; sie ist nicht mit den Vorstellungen des Materialismus zu begreifen. Sicher wissen wir aber eins von ihr . . .: Sie ist von etwas Geistigem geordnet, nämlich mathematisch berechenbar."[34] Auch Zimmer erläutert seine Materialismusauffassung: „Dieser Materialismus, der alles, auch das Seelische, auf die Bewegung materieller Teilchen zurückführen will, kann sich nicht mehr auf die Physik berufen. Kleinste materielle Teilchen, die sich nach den Gesetzen der Mechanik bewegen, bilden nicht mehr die Grundlage der Physik."[35] Materialismus wird also auch bei Zimmer auf mechanischen Materialismus eingeschränkt, und daraus wird die allgemeine Behauptung abgeleitet, er sei mit den Ergebnissen der modernen Physik nicht vereinbar. Dem Materialismus wird dabei eine Auffassung entgegengesetzt, die von der mathematischen Ordnung der Wirklichkeit ausgeht. Das ist kein vereinzelter Gedanke bei Zimmer. Wir finden ihn auch bei vielen Physikern. So schreibt P. Jordan: „Die wunderbare Entdeckung, welche durch die Quanten- und Wellenmechanik gemacht wurde, ist nun die, daß das fragliche Reich der mikrophysikalischen Gebilde trotz der Unmöglichkeit, es im Sinne der gewohnten Realitätsvorstellung zu beschreiben, einer mathematischen Beschreibung zugänglich ist, die – wenn man sich einmal in sie eingelebt hat – als von erstaunlicher innerer Einfachheit und durchsichtigster Klarheit zu erkennen ist."[36] Auch hier wird auf die Bedeutung der Mathematik und auf die Änderung unserer Realitätsvorstellung hingewiesen. Sicher ist die klassische Auffassung vom physikalischen Objekt überholt. Mit der Entwicklung der Physik entwickelt sich auch unsere Auffassung von der Struktur der Materie. Aber das bedeutet nicht, daß man den Materialismus aufgeben muß, sondern nur, daß einseitige Auffassungen, die mit den veralteten Erkenntnissen verbunden sind, fallengelassen werden müssen. Darauf macht Max Born zu Recht aufmerksam. Er wendet sich gegen den Fehler, den auch manche Marxismuskritiker machen, indem er schreibt: „Wenn wir gezwungen sind, den gewöhnlichen Dingen des täglichen Lebens – einschließlich der im Experiment verwendeten Instrumente und Materialien – Wirklichkeit anzuerkennen, so können wir diese Wirklichkeit auch jenen Objekten nicht absprechen, die wir nur mit Hilfe von Instrumenten beobachten können. Wenn wir diese als real und als Teile der Außenwelt bezeichnen, so verpflichtet uns das jedoch noch in keiner Weise zu einer bestimmten Beschreibung; ein Ding kann wirklich real sein und sich dabei doch sehr von anderen uns bekannten Dingen unterscheiden." [37]

Die Anerkennung einer Außenwelt, die unabhängig vom erkennenden Menschen existiert, ist nicht mit einer bestimmten Auffassung über die Struktur der Objekte dieser Außenwelt gekoppelt. Es kann Bereiche geben, die sich in bestimmter Hinsicht prinzipiell voneinander unterscheiden, wie Makro- und Mikrokosmos, der Kosmos und ein möglicher Antikosmos; alle diese Bereiche gehören jedoch zur subjektunabhängigen Außenwelt. Philosophisch exakter wird die Problematik mit den Termini der marxistischen Philosophie gelöst, weil auch die materiellen Vorgänge im Menschen selbst Quelle unseres Wissens sind. Der dialektische Materialismus betont deshalb, daß die prinzipiell voneinander unterschiedenen materiellen Vorgänge vom Begriff der Materie als das umfaßt werden, was außerhalb und unabhängig vom Bewußtsein existiert und von diesem widergespiegelt werden kann. Damit zeigt sich die Haltlosigkeit der Angriffe gegen den Materialismus, die mit Hilfe der modernen physikalischen Ergebnisse geführt werden. Diese widersprechen zwar dem mechanischen Materialismus und einigen naturphilosophischen Thesen im dialektischen Materialismus, aber nicht dem Materialismus überhaupt, wie er im dialektischen Materialismus seine wissenschaftliche Begründung erhielt. Der Materialismus ist gekennzeichnet durch die Anerkennung des Primats der Materie gegenüber dem Bewußtsein und die damit verbundene These, daß die Einheit der Welt in ihrer Materialität besteht. Die Entwicklung der marxistischen Philosophie vollzieht sich durch die Präzisierung des materialistischen Standpunkts zu Fragen der Struktur der Materie mit Hilfe der physikalischen Forschung. Deshalb kann sich der marxistische Philosoph auch nicht mit der Verteidigung des Materialismus begnügen, sondern muß sich mit den Problemen beschäftigen, die moderne physikalische Forschungsergebnisse für den materialistischen Standpunkt zu philosophischen Problemen der Physik mit sich bringen.

4. Philosophie und Mathematik

Im Verhältnis von Philosophie und Mathematik gibt es eine Vielzahl von Problemen, bei deren Lösungsversuchen Diskussionen um den materialistischen Standpunkt geführt werden. Popper hatte beispielsweise von der Welt der objektiven Ideen gesprochen, die durch die Wissenschaft zu interpretieren seien. Auch Heisenberg stellte bei der Diskussion philosophischer Probleme der Quantenmechanik fest, daß sich die Vorstellung von der objektiven Realität in die durchsichtige Klarheit der Mathematik verflüchtige. Seine späteren Versuche, eine einheitliche Feldtheorie aufzubauen, führten ihn zur Aufstellung von Symmetrieforderungen an die physikalische Theorie, die, mathematisch formuliert, von manchen Philosophen als ideelle Ordnung der Welt gedeutet werden. – Es ist interessant, hier die Beziehung zu Monods Gedanken von der idealen Symmetrie der Welt zu sehen, die durch den Zufall durchbrochene Entwicklung gestattet. Die Symmetrie, Invarianz, Ordnung der Welt als absolut vorauszusetzen, heißt, die Tatsachen schon nicht mehr in ihrem eigenen Zusammenhang zu sehen, denn das würde dazu zwingen, die Existenz objektiver Zufälle als ständige Begleiterscheinung der Notwendigkeit, als Erscheinungsform der Notwendigkeit anzusehen. Materialistische Naturerklärung verlangt also die Beachtung der Einheit von Symmetrie und Asymmetrie, von Invarianz und deren Durchbrechung, von Ordnung und Unordnung. – Wenn wir deshalb mathematische Symmetrieforderungen berücksichtigen, ist für die philosophische Deutung festzustellen, ob diese Symmetrien als absolut und objektiv existierend angesehen werden oder ob sie Idealforderungen an die Wirklichkeit sind, die wesentliche objektive Strukturen erfassen, aber nicht die Strukturen insgesamt, d. h. die Gesamtheit der wesentlichen und unwesentlichen, allgemeinen und besonderen, notwendigen und zufälligen Beziehungen zwischen den Elementen eines Systems in einem bestimmten Zeitintervall. Es geht bei der Deutung dieser Forderungen um das Verhältnis von Mathematik und Wirklichkeit, um die Rolle der Mathematik in der Physik. Eben dieses Verhältnis wird verschieden gefaßt. Der bereits erwähnte kritische Realist W. Strombach schreibt zu den Versuchen Heisenbergs: „Die bisher bekannten Naturgesetze beschreiben lediglich das Verhalten an sich daseiender, real existierender Objekte der naturwissenschaftlichen Forschung. Hier aber werden die Möglichkeiten, überhaupt exakt-naturwissenschaftliches Forschungsobjekt zu werden, in einem Ordnungsschema erfaßt. Heisenberg trägt also das mathematische Gesetz bis an einen Bereich heran, in dem sich gewissermaßen erst das Wirklichwerden – im Sinne physikalischer Wirklichkeit – vollzieht."[38] Sicher ist es richtig, wenn allgemeine Symmetrieforderungen in der Heisenbergschen Theorie als Möglichkeiten für das Verhalten physikalischer Objekte gewertet werden. Das wird der erkenntnisfördernden Rolle der Mathematik in der Physik gerecht. Aber die physikalische Wirklichkeit wird nicht durch die Mathematik konstituiert. Dagegen spricht schon die Möglichkeit, verschiedene mathematische Theorien zur Darstellung physikalischer Sachverhalte benutzen zu können, wobei die Physik selbst durch die experimentelle Bestätigung ihrer Theorien zeigen muß, welche mathematische Darstellung den physikalischen Sachverhalt adäquat wiedergibt. Die Bedeutung der Mathematik besteht gerade darin, durch den Aufbau von Systemen ideeller Objekte, deren Beziehungen widerspruchsfrei formuliert sind, geeignete Begriffssysteme für die Darstellung wirklicher Beziehungen zu schaffen. In diesem Sinne gibt die Mathematik mögliche Beziehungen zwischen ideellen Objekten an und kann zur Darstellung wirklicher Beziehungen genutzt werden.

Bestechend ist nun die Kraft mathematischen Denkens dann, wenn ihm Erfahrungen widersprechen, aber die zukünftige Experimentalforschung die Richtigkeit von Schlußfolgerungen aus mathematisch formulierten physikalischen Theorien zeigt. Hier geht die mathematische Darstellung von Sachverhalten über in die theoretische Forderung an die Physik, nichtinterpretierte mathematische Ausdrücke physikalisch zu interpretieren und entsprechende Objekte oder Beziehungen zu finden. Die Konsequenz widerspruchsfreien mathematischen Denkens hat deshalb heuristische Bedeutung für die Untersuchung der objektiven Realität, wenn die Mathematik zur Darstellung von Sachverhalten geeignet ist, Schlüsse aus dieser Darstellung gezogen werden, die durch Experimente bisher nicht bestätigt wurden, oder mathematische Ausdrücke auftauchen, deren physikalische Bedeutung noch nicht bekannt ist. Sie demonstriert damit die Macht des theoretischen Denkens.

Gerade diese heuristische Rolle der Mathematik wird oft von Naturwissenschaftlern selbst hervorgehoben, Weizsäcker spricht sogar von einem „Instinkt", den bedeutende Wissenschaftler haben, womit sie die Wahrheit ahnen, dann behaupten und zuletzt beweisen. „Den wirklich produktiven, den wirklich bedeutenden Forscher zeichnet ja meistens aus", meint er, „daß er noch einen Instinkt, noch ein Gefühl, eine nicht mehr ganz rationalisierbare Wahrnehmung für Zusammenhänge hat, die weiter reicht als die der meisten anderen Leute, und deshalb ist er zuerst an der betreffenden Wahrheit."[39] Zur Erklärung dessen, wie man zu solchen Wahrheiten kommt, zitiert Weizsäcker Heisenbergs Worte: „Natur ist eben mathematisch einfach." Das tiefe Eindringen in die Mathematik, oder anders gesagt, der ständige Umgang mit Systemen ideeller Objekte und deren möglichen Beziehungen läßt Konsequenzen von Naturtheorien schneller durchschauen und allgemeine Zusammenhänge sichtbar werden. Der Instinkt erweist sich damit als der geschulte Verstand des mathematischen Denkers, der Zusammenhänge dort sieht, wo andere sie nicht vermuten. In diesem Sinne erklärt Weizsäcker Einfachheit durch Abstraktheit: „Die Theorien werden zwar immer abstrakter, aber diese Abstraktheit erweist sich für den, der sie versteht, als eine höhere Einfachheit. Die Theorien werden im Prinzip immer einfacher. Gerade das sehr Einfache ist eben in den Formen konkreter Einzelheiten, konkreter Bilder nicht vorherzusagen, denn das Konkrete ist immer kompliziert. Die Einfachheit unserer modernen Theorien und ihre Abstraktheit sind zwei verschiedene Aspekte genau desselben Wesenszuges."[40] Hier wird auch deutlich, daß es nicht um die Mathematik allein geht, die diesen Instinkt hervorbringt. Die komplizierten Einzelheiten konkreter Prozesse können selbst mathematisch durchdrungen werden, ohne daß daraus sich weitere Konsequenzen ergeben müssen. Es ist das Denken in Zusammenhängen, das wichtig ist. Nicht das schon vergegenständlichte Denken, das mathematische Funktionen stets mit realen Körpern und deren Beziehungen verbindet, schärft den Verstand für das Zusammenhangsdenken, sondern das Loslösen vom Gegenstand, das abstrakte Suchen nach möglichen Beziehungen zwischen ideellen Objekten. So wie aber das konkrete Denken sich in Einzelheiten verlieren kann und den Zusammenhang aus dem Auge verliert, so kann das abstrakte Denken im Möglichen stehenbleiben und den Zusammenhang zum Wirklichen vergessen. Deshalb reicht es nicht aus, die Einfachheit im Abstrakten zu sehen, sondern es muß das Abstrakt-Einfache im Konkreten gesehen werden, um es zu verstehen, um es, wie Marx sagt, zum geistig reproduzierten Konkreten als Totalität von Mannigfaltigkeiten zu machen. Es geht also gar nicht mehr allein um die Mathematik, sondern um die Rolle schöpferischen Denkens überhaupt, für das die Mathematik m. E. doch eine gute Schule ist. Gleichzeitig werden hier Beziehungen zwischen wissenschaftlicher Philosophie und Mathematik in bezug auf ihren heuristischen Wert sichtbar. Auch die Konsequenz wissenschaftlichen philosophischen Denkens zwingt dazu, Zusammenhänge aufzudecken, im Besonderen das Allgemeine zu finden. Wie die Mathematik dient auch die Philosophie nicht nur zur Darstellung schon bekannter Sachverhalte, sondern die aus der Darstellung sich ergebenden Konsequenzen sind von heuristischem Wert für die weitere Arbeit. In der Philosophie sind sie als philosophische Hypothesen zu formulieren. Während die Mathematik aber die möglichen Beziehungen zwischen ideellen Objekten betrachtet und ihr Anwendungsproblem in der Verbindung zwischen möglichen und wirklichen Beziehungen der ideellen Objekte zu den von anderen Wissenschaften untersuchten und in Theorien erfaßten Objekten liegt, beantwortet die Philosophie mit ihren Grundprinzipien die weltanschaulichen Grundfragen. Letztere abstrahiert ebenfalls von den konkreten Objekten und Beziehungen, aber sie gibt in ihren allgemeinen Aussagen Antwort auf Fragen, die unsere Wirklichkeit betreffen. Sie bestimmt die Art und Weise des Herangehens an die Untersuchung der Wirklichkeit. Es handelt sich nicht mehr darum, nur die Frage zu beantworten, wie Erkenntnis möglich ist. Es geht vielmehr um die Grundprinzipien des wirklichen Erkenntnisprozesses, um die Aneignung der objektiven Natur durch den Menschen als gesellschaftliches Wesen in seinem praktischen Handeln. Eben das ist Gegenstand der Philosophie, wenn sie die weltanschaulichen Grundfragen beantwortet. Ihre allgemeinen Aussagen fassen damit das Konkrete, die Auseinandersetzung des Menschen mit der Natur, nicht in ewig gültigen, alles umfassenden Formeln zusammen, sondern analysieren dieses Konkrete, zeigen die bestimmenden Faktoren in ihm (Produktionsverhältnisse), die objektiven Voraussetzungen (Materie) und die Konsequenzen für menschliches Handeln und Erkennen (Sinn des Lebens). Aber wie der Mathematiker über das Spiel mit Möglichkeiten das Aufdecken von Zusammenhängen in wirklichen Systemen vergessen kann, so kann auch der Philosoph seine Grundprinzipien zu totem Ballast degradieren, mit dem nicht gearbeitet wird. Die Grundprinzipien müssen zur philosophischen Analyse des naturwissenschaftlichen Materials genutzt werden, das Philosophisch-Allgemeine muß im Einzelnen gefunden werden, damit die marxistisch-leninistische Philosophie ihrer Funktion gerecht werden kann. Philosophie und Mathematik verteidigen auf verschiedene Art wissenschaftliche Grundprinzipien mit heuristischem Wert, und für beide gilt folgender materialistischer Grundsatz: Entscheidend ist nicht das Prinzip, sondern entscheidend sind die Tatsachen, ist die Praxis als Kriterium der Wahrheit. Aber mit diesem Kriterium muß man richtig arbeiten, sonst erweist sich der auf philosophischem oder mathematischem Denken basierende „Instinkt" als besser als die enge Praxis einer bestimmten Zeit. Weizsäcker hatte diesen Instinkt mit Heisenbergs Worten als das Verständnis der mathematischen Einfachheit der Natur erklärt. Aber er weiß selbst, daß das nicht ausreicht. Er erzählt deshalb, daß Heisenberg auf eindringliche Fragen danach, was mathematisch einfach sei, entgegnete: „Das ist eben schön", und erklärt das so: „Erstens gibt sich hier Heisenberg mit hoher methodischer Bewußtheit darüber Rechenschaft, daß er sich über den Grund der Einfachheit nicht mehr Rechenschaft geben kann. Zweitens erinnert er, wahrscheinlich sehr mit Recht, daran, daß diesen grundlegenden Theorien etwas gemeinsam ist mit großen künstlerischen Leistungen."[41] Ich habe versucht, die Gründe für dieses Verständnis der mathematischen Einfachheit in der Existenz objektiver Zusammenhänge zu zeigen, die abstrakt in der Mathematik formuliert werden, weshalb das mathematische Denken das Denken in Zusammenhängen fördern kann. Um auf die Rolle der Mathematik zurückzukommen, so besteht sie nicht darin, eine ideelle Ordnung der Natur zu postulieren, sondern die objektive Ordnung der Natur richtig zu erfassen. Das ist das Erkenntnisproblem überhaupt. Aber hier gibt es eben für den, der die Fähigkeit hat, kritisch sich bisheriges Wissen anzueignen und es mit theoretischen Konsequenzen und Verständnis für bisherige Erfahrungen zu durchleuchten, objektive und theoretische Voraussetzungen, die er spontan oder bewußt benutzt und so zu neuen Erkenntnissen gelangt. Dazu gehört die objektive Existenz des inneren Zusammenhangs der Naturobjekte oder die materielle Einheit der Welt. Zusammenhänge können durch das Denken aufgespürt werden, weil sie objektiv existieren. Mehr noch, es gibt nicht nur allgemein-notwendige und wesentliche Zusammenhänge in jedem relativ isolierten System, sondern auch solche im Zusammenwirken der Systeme. Eben diese Gesetze aufzudecken und sie als methodische Hinweise beim Aufbau einer Theorie zu benutzen, zeichnet die großen Naturwissenschaftler aus. Philosophie und Mathematik helfen jede auf ihre Weise beim Verständnis solcher Zusammenhänge. Deshalb ist es einerseits wichtig, das von Naturwissenschaftlern oft genannte Kriterium der Einfachheit genau zu untersuchen, seine objektiven Voraussetzungen zu bestimmen und es als Prinzip klar zu formulieren. Andererseits muß die Fähigkeit betont werden, die notwendig ist, um das Einfache im Komplizierten zu sehen, um das Gesetz aus den vielen Erscheinungen herauszufinden, um also das Wesentliche im Unwesentlichen zu bestimmen. Diese Fähigkeit ist nicht Intuition allein, sondern basiert auf solidem Wissen und wird durch mathematisches und philosophisches Denken gefördert. Daß die Mathematik allein nicht ausreicht, wird auch durch Naturwissenschaftler selbst hervorgehoben. So berichtet Heisenberg von Niels Bohr, „daß die Kenntnis der Zusammenhänge für ihn nicht aus einer mathematischen Analyse der zugrunde gelegten Annahmen entsprang, sondern aus einer intensiven Beschäftigung mit den Phänomenen, die es ihm ermöglichte, die Zusammenhänge mehr intuitiv zu erfühlen als abzuleiten. So entsteht also Naturerkenntnis, und erst im zweiten Schritt kann es gelingen, das Erkannte mathematisch zu präzisieren und der vollen rationalen Analyse zugänglich zu machen. Bohr war mehr der profunde Philosoph, nicht Physiker, aber er wußte, daß in unserer Zeit Naturphilosophie nur dann Kraft besitzt, wenn sie sich dem unerbittlichen Richtigkeitskriterium des Experiments in allen Einzelheiten unterwirft."[42]

Die letzte Bemerkung Heisenbergs trifft voll auf die materialistischen Anforderungen an die philosophischen Aussagen zur Naturwissenschaft zu. Heute kann es nicht mehr um eine spekulative Naturphilosophie gehen. Aber Heisenberg macht auch deutlich, was ich als unterschiedliche Aufgabenstellung von Philosophie und Mathematik bezeichnet habe, wenn er die mathematische Analyse mit dem philosophischen Naturverständnis verbindet. Was er jedoch als intuitives Erfühlen bezeichnet, muß in zwei Komponenten aufgespalten werden. Die eine ist die Fähigkeit des Naturwissenschaftlers Bohr, die objektive Dialektik der Natur zu erahnen. Die zweite ist das *bewußte Verständnis* für die objektive Dialektik der Natur, wie sie die materialistische Dialektik gibt. Diese zweite Komponente ist bisher zu wenig in der naturwissenschaftlichen Forschungsarbeit wirksam geworden. Ihre Bedeutung mehr hervorzuheben, ist die Aufgabe der wissenschaftlichen Philosophie. Nur muß dazu bemerkt werden, daß das Studium der Dialektik zwar das Verständnis der objektiven Dialektik der Natur erleichtert, aber nicht die Fähigkeit ersetzen kann, diese Kenntnisse auch richtig auszunutzen. Die zweite Komponente ersetzt also die erste nicht, wie es vielleicht manchmal vereinfacht behauptet wird.

Heisenberg schildert, wie notwendig das Verständnis der Zusammenhänge für den Naturforscher ist. Er braucht Brücken zwischen den Sinneswahrnehmungen und allgemeinen Ideen. Sie zu finden, ist nicht leicht. Genaue Beobachtung und rationales, diskursives Denken reichen dazu nach ihm nicht aus. „Zwar gehören dieses rationale Denken und das sorgfältige Messen zur Arbeit des Naturforschers . . . Aber sie sind nur Werkzeug, nicht Inhalt der Arbeit."[43] Eben der Inhalt der Arbeit wird durch die Philosophie mitbestimmt, wenn sie wissenschaftlich ist. Diese erleichtert dann auch das Auffinden solcher Brücken zwischen Ideen und Wahrnehmungen.

Nur wenn man die Auffassungen von Naturwissenschaftlern zur Rolle der Mathematik nicht kritisch analysiert und die Rolle der Mathematik selbst verabsolutiert, kann man zur Behauptung von einer durch die Mathematik konstituierten ideellen Ordnung der Welt kommen. Strombach schreibt dazu: „Während nun die Philosophie die Möglichkeit einer immateriellen Struktur der Natur ... seit der Antike diskutiert, war es die neuzeitliche Physik des 18. und 19. Jahrhunderts, die ... alle geistigen Bezüge auf innerkosmisches Geschehen als ‚Okkultismus' verwarf. Es ist deshalb bemerkenswert, wenn gerade die Physik heute zu einer anderen Deutung Anlaß gibt ... Die Möglichkeit einer idealen Infrastruktur des materiellen Seins zieht u. a. Heisenbergs Elementarteilchentheorie in Erwägung, zumindest wenn sie weltbildhaft interpretiert wird ..."[44] Auf diese weltbildhafte Interpretation trifft Lenins Kritik an denjenigen zu, die den Widerspiegelungscharakter der Mathematik vergessen.[45] Hier wird schon nicht mehr über die dialektischen Beziehungen zwischen Symmetrie und Asymmetrie diskutiert, sondern über weltanschaulich bedeutsame erkenntnistheoretische Schlußfolgerungen von der Symmetrie auf die innerkosmische Ordnung und von der Rolle der Mathematik auf den ideellen Charakter dieser Ordnung. Der innere Zusammenhang zwischen der weltanschaulichen und der heuristischen Funktion der marxistisch-leninistischen Philosophie wird hier deutlich. Einerseits geht es um die Verteidigung der materialistischen Auffassung, andererseits um die Lösung der mit der Rolle der Mathematik verbundenen Probleme des Verhältnisses von Symmetrie und Asymmetrie. Strombach macht weltanschauliche Aussagen über den Ursprung der Welt und die Quelle des Wissens, wenn er eine ideelle Ordnung der Welt annimmt. Diese Auffassung ist sofort als Abweichung vom Materialismus zu qualifizieren. Es kann auch ihre falsche Berufung auf die Mathematik zurückgewiesen werden, wie Lenin das tat. Darüber hinaus wird jedoch die zukünftige physikalische Bestätigung der Dialektik von Symmetrie und Asymmetrie dieser Auffassung jeden Boden nehmen. Während die weltanschauliche Widerlegung jetzt schon erfolgt, kann die Präzisierung dieser dialektischen Beziehungen zwischen Symmetrie und Asymmetrie nur in Abhängigkeit von der Physik erfolgen. Sie hat heute noch hypothetischen Charakter.

Zur Widerlegung der weltanschaulichen Position betrachten wir noch genauer die Argumentation von Strombach, bei dem es heißt: „Die mathematische Struktur und nicht das wahrgenommene Objekt ist die letzte Stufe der naturwissenschaftlichen Erkenntnis. Eine Tatsache, die keine weitere Erklärung von seiten der Physik erhält, die als mathematisch Existierendes sich auf eine nicht-materielle Wirklichkeit bezieht.

Auf diese Weise können wir festhalten: Die letzte Stufe der Analyse des Materiellen führt zum Immateriellen."[46] Wenn hier nicht die Feststellung ausgesprochen werden soll, daß die Erkenntnis der Objekte in Theorien formuliert wird, die ideelles Abbild der objektiven Realität sind, dann soll offensichtlich die mathematische Struktur als im Materiellen existierende und das Verhalten des Materiellen bestimmende Struktur angesehen werden. Aber diese Schlußfolgerung ist in keiner Weise gerechtfertigt. Schon die bisherigen Erkenntnisse der Physik zeigen, daß nicht nur Erhaltungssätze existieren, sondern auch ihre Durchbrechung im physikalischen Prozeß möglich ist. Damit kann die Symmetrie nicht als absolut existierendes ideelles Prinzip angesehen werden. Wohl aber kann – und das macht Heisenberg – die Existenz bestimmter Symmetrien zur Voraussetzung für den Aufbau einer Theorie genommen werden. Erweist sich dabei die Theorie als geeignet, bestimmte physikalische Prozesse zu erfassen, so hat sie ihren Zweck erreicht. Selbst wenn sie, was in Heisenbergs Theorie nicht der Fall ist, die Durchbrechung von Symmetrien nicht berücksichtigen würde, ist daraus nicht abzuleiten, daß im Materiellen eine absolute Symmetrie existiert. Letztere wird also von Strombach nicht aus den Erkenntnissen der Physik abgeleitet, sondern bereits vorausgesetzt, wobei ihr die Erkenntnisse über Nichterhaltungen sogar widersprechen. Der idealistische Standpunkt Strombachs ist also kein Ergebnis der philosophischen Analyse naturwissenschaftlicher Erkenntnisse; er ist vielmehr die mit nicht ganz zutreffenden Beispielen untermauerte These des kritischen Realismus von der Existenz einer ideellen Ordnung in der Welt. Oft wird dabei psychologisch interessant und ideologisch wirksam die unklare Vorstellung über die Rolle der Mathematik in der Physik ausgenutzt. Es soll sich die Auffassung festigen, daß die Erfolge der Mathematik nicht deshalb möglich sind, weil sie sich zur Widerspiegelung objektivrealer Strukturen eignet, wobei diese Eignung durch physikalische Interpretation und experimentelle Bestätigung nachgewiesen werden muß, sondern weil die ideelle Ordnung der Welt mathematisch sei. Obwohl wir den Idealismus in der Auffassung Strombachs zurückweisen, müssen wir uns doch noch weiter mit diesem Problem des Verhältnisses von Mathematik und Wirklichkeit befassen. Der Ansatz zur Lösung ist schon gegeben. Er liegt in der Berücksichtigung der Kraft und Macht mathematischen Denkens für die Erkenntnis der Wirklichkeit durch den dialektischen Materialismus. Dazu ist es erforderlich, sehr vereinfachte Auffassungen zum Widerspiegelungsprozeß zurückzuweisen, wie sie in der mechanisch-materialistischen Erkenntnistheorie existieren. Ein solches vereinfachtes Modell des Erkenntnisprozesses könnte etwa so aussehen: Jedem Objekt wird ein Begriff zugeordnet. Die Beziehung zwischen den Objekten wird als Beziehung zwischen den Begriffen ausgedrückt. Die Begriffe sind deutliche Kopien der Objekte im Sinne von Bildern (ikonische Abbildtheorie) oder genaue Beschreibungen der Eigenschaften des Objekts.

Mit solchen vereinfachten Auffassungen ist die Kraft des schöpferischen theoretischen Denkens und besonders die Rolle der Mathematik nicht zu erklären, da Abbilder stets Objekte als primär in dem Sinn voraussetzen, daß das Objekt erst auf den Menschen einwirken muß, ehe er sich ein Abbild davon machen kann. Solche Auffassungen wurden auch der marxistisch-leninistischen Philosophie von manchem ihrer Kritiker zugesprochen. So bezeichnet Monod die dialektisch-materialistische Erkenntnistheorie als Theorie der „absolut-exakten Spiegelung“[47]. W. v. Del-Negro geht sogar noch weiter und will diese vereinfachten Auffassungen aus Lenins Arbeiten selbst herausfinden. Er hebt die Auseinandersetzung Lenins mit der Plechanowschen Hieroglyphentheorie hervor, verweist auf die Betonung des Abbildcharakters der Erkenntnis durch Lenin und schreibt: „Dieser Realismus Lenins nimmt geradezu die Züge eines naiven Realismus an, wenn er behauptet, daß die Materie von unseren Empfindungen ‚kopiert, photographiert, abgebildet‘ wird. Schwer nachvollziehbar wird diese Abbildungstheorie in dem Augenblick, in dem sie von Lenin auch auf das Verhältnis von Farbempfindungen und ihrem nach der Undulationstheorie des Lichtes anzunehmenden Korrelat, nämlich Ätherschwingungen von bestimmter Frequenz, angewandt wird. Da man sich kaum denken kann, wieso zwischen Farben wie rot und grün und den entsprechenden physikalischen Prozessen eine Abbildungsbeziehung bestehen soll, versuchten spätere Kommentatoren die Ähnlichkeit, die zwischen diesen ganz heterogenen Bereichen postuliert wird, in einem mehr übertragenen, vagen Sinne umzudeuten, nur um den Buchstaben der Lehre Lenins nicht zu verletzen. Dabei bleibt allerdings unklar, wie noch ein Gegensatz zur Hieroglyphentheorie Plechanows aufrechterhalten werden soll.“[48]

Der Sinn der Auseinandersetzung Lenins mit Plechanow wird hier nicht begriffen. Es ging Lenin um die Verteidigung der materialistischen Grundposition in der Erkenntnistheorie. Danach ist Quelle unseres Wissens die objektive Realität, d. h. das, was außerhalb und unabhängig vom Bewußtsein existiert und erkannt werden kann und wird. Es geht also um die Erkenntnis der objektiven Realität und nicht um irgendwelche Zeichen, die auch Zeichen von nichts sein können. Die Erkenntnis selbst wird von Lenin ihrer materiellen Komponenten wegen betont, indem er die Empfindung als Umwandlung des äußeren Reizes in eine Bewußtseinstatsache ansieht und die Empfindungen damit als hervorgerufen durch die Einwirkungen der objektiven Realität betrachtet.[49] Da nur der objektive Inhalt unserer Bewußtseinsprodukte durch die objektive Realität bestimmt ist, die Form dieses Abbildes aber durch den Erkenntnisapparat des Menschen, wird manchmal die Subjektivität des Erkenntnisprozesses überbetont und der objektive Inhalt der Erkenntnis vergessen. In diesem Sinn spricht Lenin von Abbildern, die damit, auf spezifische Weise durch den Erkenntnisapparat beeinflußt, eine zuverlässige Nachricht über das Abgebildete geben, wobei die Richtigkeit der Abbilder durch die Praxis überprüft wird.[50]

Deshalb ist Del-Negros Kritik nicht zu verstehen. Er argumentiert so: „Erinnern wir uns daran, daß Lenin von photographischer Kopie der Wirklichkeit gesprochen hatte und die Abbildlichkeit des Erkennens bei den Empfindungen hatte beginnen lassen; erst sekundär hatte er sie auf die begriffliche Erkenntnis ausgedehnt. Ein Abbildungsverhältnis der Empfindungen zur objektiven Wirklichkeit war aber schon in der Darstellung Lenins schwer verständlich, sofern z. B. die Farbempfindungen als Abbilder (und nicht bloß Zeichen) von Schwingungsfrequenzen des Lichtäthers bezeichnet wurden. Dieses Abbildungsverhältnis der Empfindungen zur Wirklichkeit, also des anschaulichen Wahrnehmungsinhaltes zu den vom Bewußtsein unabhängigen Wirklichkeitsbeständen, wird aber noch viel unglaubwürdiger, wenn wir das Gebiet der klassischen Physik verlassen und das einer so abstrakten Theorie, wie es die Relativitätstheorie ist, betreten. Dies gilt in raumzeitlicher Hinsicht schon von der speziellen Relativitätstheorie: es ist anschaulich ein unvollziehbarer Gedanke, daß Raum- und Zeitrelationen auf verschiedene Bezugssysteme relativ sein sollen, daß eine von einem Punkt ausgehende Lichtwellenfront sich in allen gradlinig gleichförmig zueinander bewegten Bezugssystemen in Form von Kugelwellen ausbreiten soll. Es ist sinnlos, hier von einer abbildlichen Deckung unserer anschaulichen Wahrnehmungen und Vorstellungen mit der angenommenen objektiven Realität sprechen zu wollen. Diese Sinnlosigkeit erhöht sich noch, wenn wir hinter den Räumen und Zeiten der Systeme das neue Absolutum Raumzeit einführen, in dem der dreidimensionale Raum und die eindimensionale Zeit eine Art Union eingegangen sein sollen. Auch dies läßt sich anschaulich nicht nachvollziehen." [51] Hier wird nun Abbild und Anschaulichkeit gleichgesetzt, was der Leninschen Auffassung direkt widerspricht. Er schreibt: „Von der lebendigen Anschauung zum abstrakten Denken und von diesem zur Praxis – das ist der dialektische Weg der Erkenntnis der Wahrheit, der Erkenntnis der objektiven Realität."[52]

Diesen Weg gilt es also unter Beachtung des materialistischen Grundstandpunktes von der Quelle des Wissens, dem materiellen Erkenntnisprozeß und vom Bewußtsein als Eigenschaft, Entwicklungsprodukt und Widerspiegelung der Materie in seiner inneren Dialektik zu erforschen. Damit wird das Primat der Materie gegenüber dem Bewußtsein nicht so verstanden, als ob ein Denkprodukt erst dann existieren dürfe, wenn es durch materielle Objekte hervorgerufen wurde. Damit wäre die Rolle der Mathematik nie zu erklären. Außerdem widerspricht eine solche Auffassung allen Tatsachen. Das Denken wird durch Anschauung stimuliert, aber es braucht zu seiner Entfaltung nicht immer die Anschauung, sondern kann sich im Bereich des Denkmöglichen bewegen. Zum Abbild wird Denkmöglichkeit aber erst, wenn der Weg vom abstrakten Denken zur Praxis gegangen wird, um mit Lenin zu sprechen, wenn also mathematische Theorien mit physikalischen oder anderen Modellen belegt und die mathematischen Begriffe so interpretiert werden, daß sie experimentell überprüft den Objekten und Beziehungen entsprechen. Hier beginnt das eigentliche Widerspiegelungsproblem als Verhältnis von Mathematik und Wirklichkeit, dessen materialistische Lösung sowohl das Postulat einer ideellen mathematischen Ordnung ausschließt als auch konsequent gegen vulgärmaterialistische Forderungen der ständigen Verbindung von Mathematik und Wirklichkeit im Sinne des vereinfachten Modells des Erkenntnisprozesses gerichtet ist. Das Bewußtsein ist in der dialektisch-materialistischen Erkenntnistheorie nicht eine passive Widerspiegelung. Weil es Widerspiegelung der objektiven Realität, der objektiven Gesetze ist, weil es die objektiven Entwicklungstendenzen und die objektiven Möglichkeiten zur Veränderung der Wirklichkeit aufdeckt, deshalb kann es auch ein reales Programm zur Umgestaltung der Wirklichkeit geben. Abstraktes Denken bewährt sich im konkreten Verändern der Welt und wird durch das Kriterium der Praxis in seiner Wahrheit bestätigt oder, wenn es sich nicht bewährt, widerlegt. Aber abstraktes Denken wird spekulativ, wenn es von der Wirklichkeit losgelöst wird. Es muß von bisherigen theoretischen Erkenntnissen ausgehen, Fragen beantworten, die durch die Praxis entstehen, und wird durch Anschaulichkeit stimuliert, aber nicht vollständig bestimmt. Was nun hier für den gesellschaftlichen Erkenntnisprozeß insgesamt gilt, muß nicht für jede individuelle Erkenntnis, Forschungskapazität usw. gelten. Ein Mathematiker kann wichtige Ergänzungen zur mathematischen Theorie liefern, ohne selbst die Fragestellung aus der Praxis empfangen zu haben oder die Bedeutung seiner Erkenntnisse in der Praxis überprüfen zu können. Der Abbildcharakter der Mathematik besteht aber in diesen Komponenten, objektiv-reale Beziehungen zwischen Objekten richtig widerzuspiegeln. Lenin schilderte den gesellschaftlichen Erkenntnisprozeß, um den Platz jedes Menschen im Erkenntnisprozeß und seine Beziehung zur gesellschaftlichen Erkenntnis zu bestimmen. Er wies aber dabei auf die aktive, verändernde Rolle des Bewußtseins hin, was von vielen Kritikern vergessen wird, wenn er betont: „Das Bewußtsein des Menschen widerspiegelt nicht nur die objektive Welt, sondern schafft sie auch."[53] Es hilft uns, neue Objekte und Beziehungen hervorzubringen, die in der Natur nicht existieren, unsere Erkenntnismöglichkeiten zu erweitern und die Erkenntnismittel zu schärfen, weil es Widerspiegelung der objektiven Realität ist. Spekulationen über Naturvorgänge schaffen keine neuen Geräte, Maschinen usw. Nur das bewußte Ausnutzen objektiver Gesetze hilft uns dabei.

Die Rolle des mathematischen Denkens ist es, die immer wieder Philosophen zur Deutung veranlaßt. Leider reflektieren zu wenige Naturwissenschaftler selbst über die Rolle der Mathematik in den Wissenschaften. Wo sie es tun, kommt es zu verschiedenen Antworten, die vom Schulterzucken bis zum Neoplatonismus reichen. Aber auch der Materialismus hat sich noch zuwenig mit den entsprechenden Problemen befaßt. Das sind nicht wenige.[54] Nennen wir nur einige davon, zu denen noch kurze Bemerkungen gemacht werden sollen. Da ist einmal das Problem der vollständigen Formalisierung und Mathematisierung naturwissenschaftlicher Theorien, das auch die weltanschauliche Haltung des Menschen beeinflußt, weil die Verfechter dieser Auffassung stets zwischen dem Optimismus, daß es geht, und dem Pessimismus, daß es doch unmöglich sei, schwanken. Viel diskutiert wird das Verhältnis von Mathematik, Widerspiegelung und Wahrheit auch im Zusammenhang mit der Unterteilung Kants in synthetische und analytische Urteile. Ungeklärt ist noch das Verhältnis von Quantität und Qualität. Manchmal wird die Mathematik als Darstellung quantitativer Beziehungen bezeichnet, dabei wird aber nicht berücksichtigt, daß in mathematischen Theorien viele qualitative Beziehungen vorhanden sind. Schon einfache Existenzbeweise für die Differenzierbarkeit von Funktionen sind keine rein quantitativen Aussagen, sondern im Ergebnis wird qualitativ die Differenzierbarkeit im quantitativ bestimmten Bereich festgehalten.

Die These von der vollständigen Formalisierbarkeit und sogar Mathematisierbarkeit naturwissenschaftlicher Aussagen wurde besonders stark vom logischen Positivismus vertreten. Hervorgehoben wird dabei vor allem die Möglichkeit der quantitativen Analyse objektiver Prozesse, weshalb Mathematisierbarkeit und Formalisierbarkeit oft als Tendenz zur Quantisierbarkeit verstanden werden. Nach Carnap verlangt die philosophische Begründung der Physik eine Analyse der Sprache der Wissenschaft mit dem Ziel, eine formalisierte Sprache aufzubauen, in der alle Begriffe klar bestimmt und eindeutig sind.[55] In dem kritischen Vorwort von J. W. Nowik und G. J. Rusawin zur sowjetischen Ausgabe des Buchs von Carnap „Philosophische Grundlagen der Physik" wird diese Auffassung als nicht erfüllbar und subjektivistisch bestimmt, obwohl dieses Programm stimulierend die Formalisierung der Wissenschaften beeinflußte. Als erkenntnistheoretische Grundlage des Programms der absoluten Formalisierung der wissenschaftlichen Erkenntnis wird die Verabsolutierung von Momenten erfolgreich sich entwickelnder Wissenschaften, wie der mathematischen Logik, und der Versuch, spezielle Methoden der Erforschung des Wissens als erschöpfende, allgemeine und universelle philosophische Methodologie auszugeben, angeführt.[56] Carnap gibt Gründe für die Bedeutung der mit der Formalisierbarkeit und Mathematisierbarkeit wissenschaftlicher Gebiete verbundenen quantitativen Methode an, die auch von den sowjetischen Autoren unterstützt werden. Sie betonen „das wissenschaftliche Interesse an der Kritik Carnaps", die er an der „dogmatischen Skepsis gegenüber der Extrapolation der quantitativen Methode auf immer neue Gebiete des Wissens" übt. Sie unterstützen vor allem seine Kritik an der idealistischen Auffassung, nach der die quantitative Methode nicht auf dem Gebiet geistiger Erscheinungen anwendbar sei, und anerkennen die Bemerkung Carnaps, daß „die Absage an die quantitative Wissenschaft die Absage an alle Annehmlichkeiten, die uns die moderne Technik gibt", bedeuten würde.[57] Die Gründe für die methodologische Forderung nach der quantitativen Methode und damit nach der Formalisierbarkeit, die Carnap anführt, sind die bequeme und kurze Darstellung der Theorien und die Möglichkeit exakter Voraussagen.[58] Diese Vorzüge sind wirklich zu beachten und auch noch mehr in der marxistisch-leninistischen Philosophie zu nutzen, wobei stets die Spezifik philosophischen Herangehens an die Probleme im Unterschied zum mathematischen beachtet werden muß.

Für die weitere Diskussion dieser Tendenz der wissenschaftlichen Entwicklung zur Formalisierung und Mathematisierung des Wissens müssen wir zwischen beiden unterscheiden. Unter Formalisierung soll die Anwendung von Abkürzungen zur einfachen Darstellung von Sachverhalten und Beziehungen verstanden werden, wobei das Ziel darin besteht, mit wenigen Konstanten, Variablen und Grundbeziehungen die Ausgangsthesen in Form von Axiomen zu formulieren und alle übrigen Ergebnisse als logische Folgerungen mit Hilfe entsprechender Regeln zu erhalten. Wenn von der Formalisierbarkeit des Wissens oder einer Theorie gesprochen wird, dann ist damit die Möglichkeit der Formalisierung gemeint. Wird der Prozeß der Formalisierung charakterisiert, so können die von Carnap genannten Vorzüge der kurzen und übersichtlichen Darstellung oft genutzt werden, indem bestimmte Beziehungen durch Abkürzungen ausgedrückt werden, ohne daß das genannte Ziel erreicht wird oder werden kann oder erreicht werden soll.

Unter Mathematisierung soll mehr verstanden werden, nämlich die Anwendung des mathematischen Apparats, bestimmter mathematischer Theorien, wie Gruppentheorie u. a., auf formalisierte Beziehungen. Das ist umfassender und schwieriger als die Formalisierung, aber auch effektiver. Mathematisierbarkeit einer Theorie oder des Wissens überhaupt würde dann bedeuten, alle Aussagen in mathematisierter Form geben zu können, d. h. die Möglichkeit der Mathematisierung. Das durchzuführen ist ein Prozeß, der sicher nie abgeschlossen ist. Schon die philosophische Analyse der statistischen Gesetzeskonzeption in der Physik und ihre hypothetische Übertragung auf die Gesellschaftswissenschaften zeigte die Notwendigkeit, statistische Gesetze zu differenzieren. Während die quantitativ bestimmten statistischen Gesetze mathematisch formuliert sind und die Wahrscheinlichkeiten für das Verwirklichen der Elementmöglichkeiten sich direkt aus dem mathematischen Formalismus ergeben, wie die Schrödingergleichung und die Berechnung mittlerer Orte und Impulse zeigt, sind die qualitativ bestimmten statistischen Gesetze bei der Bestimmung der Wahrscheinlichkeit für das Verhalten der Elemente abhängig von der Analyse der spezifischen Wirkungsbedingungen zweiter Ordnung.[59]

Die stimulierende Wirkung der Anerkennung von Formalisier- und Mathematisierbarkeit und der Forderung nach Formalisierung und Mathematisierung auf die Präzisierung unserer Begriffe, auf die klare und übersichtliche Darstellung und auf daraus sich ergebende quantitative Voraussagen darf uns deshalb nicht die Augen vor den Grenzen dieser Methoden verschließen. Um es von vornherein zu sagen, ich halte jede Skepsis gegenüber diesen Methoden für falsch, weil sie uns behindert, notwendige Schritte in der Erkenntnis zu tun. Ebenso ist aber auch der übertriebene Optimismus nicht berechtigt, der meint, mit der Formalisierung und Mathematisierung seien alle Probleme gelöst, und der deshalb auf andere Methoden, wie die historische, beschreibende, die qualitative Bestimmung von Zusammenhängen und die philosophische Analyse, verzichtet. Wer die Formalisierung und Mathematisierung des

Wissens verteidigt, soll die Hypothese der Formalisierbarkeit und Mathematisierbarkeit des Wissens so lange für berechtigt halten, bis Grenzen wissenschaftlich nachgewiesen sind. Danach gilt es, diese Grenzen herauszuarbeiten und sie als zeitberechtigt zu erkennen. Wer aber diese Hypothese zur alleinigen Wahrheit erklärt und deshalb auf andere Methoden mit dem Blick auf die zukünftig durchzuführende Formalisierung und Mathematisierung verzichtet, der schadet der Wissenschaftsentwicklung und verdient philosophische Kritik.

Darauf macht Kopnin aufmerksam, indem er auf die Analyse des Wissens und der Erkenntnis von zwei Seiten verweist. Es geht sowohl um die Analyse der Bereicherung des Inhalts der Begriffe durch die Dialektik als auch die logische Analyse der Begriffe. Falsch ist es jedoch nach ihm, das ideelle Modell des Aufbaus der Erkenntnis, das der Formalisierung zugrunde liegt, zum alleinigen zu erklären. Es besagt nach ihm, daß das Wissen eine natürliche oder künstliche, formalisierte Sprache ist, in der das ganze Alphabet bekannt ist und aus Ausgangszeichen alle anderen Zeichen konstruiert werden, Regeln zur Bildung von Sätzen existieren, Axiome bestimmt und Schlußregeln angegeben werden. Er äußert dazu: „Wie jede andere hat auch die Methode des Aufbaus formalisierter Systeme ihre Grenzen. Das Modell, von dem sie ausgeht, ist nicht auf das gesamte Wissen anwendbar. In der Mathematik und in anderen Wissensgebieten werden die theoretischen Systeme in Zusammenhang mit diesem Modell formalisiert. Aber schon die Axiomatisierung der theoretisch-physikalischen Systeme begegnet beispielsweise bestimmten Schwierigkeiten, und wenn sie möglich ist, dann nicht in der Art, wie es die Methode der Schaffung axiomatischer Systeme des theoretischen Wissens, d. h. die moderne formale Logik, vorschreibt. Selbstverständlich schließen wir nicht die Möglichkeit und sogar die Notwendigkeit des Aufbaus formalisierter Systeme in verschiedenen Gebieten der modernen Wissenschaft bis zur Schaffung von Algorithmen, mit denen Menschen arbeiten können, aus.“[60] Die Dialektik befaßt sich danach mit der Bereicherung des Inhalts unseres Wissens und mit der Vervollständigung der Erkenntnismethoden selbst. B. M. Kedrow unterstützt den Gedanken Kopnins, daß die Formalisierung der Dialektik zur Aufhebung und Vernichtung der Dialektik führt und damit gegen die Erkenntnisse der Wissenschaften selbst gerichtet ist, die die Bedeutung der Dialektik zeigen. Kedrow wendet sich gegen die eklektische Vermengung von Logik und Dialektik und verweist darauf, daß die Dialektik weiter als die Logik geht.[61] Sie untersucht vor allem die Veränderung und Entwicklung unseres Wissens, den wirklichen Erkenntnisprozeß als Einheit von relativer und objektiver Wahrheit, von Wahrheit und Irrtum. Sie muß die gesellschaftliche Bedingtheit von Erkenntnissen ebenso beachten wie die Fähigkeiten bestimmter Forscher, neue Erkenntnisse zu gewinnen. Der dialektische Materialismus erklärt auch logische und mathematische Grundbegriffe durch Begriffskritik, wie die Begriffe des Systems und Elements, der Wahrheit u. a.

Im Zusammenhang mit dem Strukturbegriff macht W. S. Tjuchtin auf wichtige Unterschiede zwischen der philosophischen und mathematischen Untersuchung aufmerksam, die Bedeutung für unser Problem der Mathematisierung und Formalisierung des Wissens haben und auch auf die zusätzliche Frage nach der Mathematisierung philosophischen Wissens eingehen, die von manchen Philosophen absolut abgelehnt wird. Nach ihm gilt es in der Erkenntnis zwischen dem objektiven Inhalt der Begriffe und Theorien (ontologischer Aspekt) und der Form oder Art und Weise der Widerspiegelung dieses Inhalts (logisch-gnoseologischer Aspekt) zu unterscheiden. Der enge Zusammenhang beider Aspekte hebt nicht auf, daß bei der Erkenntnis der eine oder andere in den Vordergrund tritt. Beim ontologischen Aspekt betrachtet Tjuchtin die Einheit von quantitativen und qualitativen Seiten in den Begriffen und Theorien. Die Begriffe und die damit ausgedrückten Gesetze und Prinzipien auch der Philosophie sind Verallgemeinerungen beider Seiten. Aber während von der quantitativen Seite her die Begriffe und Gesetze der Einzelwissenschaften und der Philosophie die Form der Allgemeinheit haben, da „alle Erscheinungen einer Klasse oder von Klassen (und die Zahl dieser Objekte ist praktisch unendlich) sich dem gegebenen Gesetz unterordnen, in den Umfang des entsprechenden Begriffs eingehen", ist das bei der qualitativen Seite nicht der Fall. Hier unterscheiden sich philosophische Gesetze und Kategorien von denen der Spezialwissenschaften. „Die Begriffe der letzteren", schreibt Tjuchtin, „beziehen sich auf qualitativ bestimmte Gegenstandsgebiete, auf ein bestimmtes Niveau der Organisation der Materie, d. h., sie besitzen begrenzte qualitative Allgemeinheit. Die philosophischen Kategorien und Gesetze dagegen werden auf alle bekannten (und mit einiger Wahrscheinlichkeit auch auf unbekannte) qualitativ vielfältigen Gebiete und Strukturniveaus der Materie ausgedehnt und erheben den Anspruch auf universelle Gültigkeit.

Die wissenschaftlichen Begriffe mit begrenzter qualitativer Gültigkeit widerspiegeln Objekte, die Systeme sind und eine bestimmte Art der Ordnung ihrer Elemente, Zusammenhänge, Eigenschaften haben, d. h. Struktur besitzen. In dem Maße, in dem es gelingt, diese Ordnung der Objekte aufzudecken, zu fixieren, gelingt es auch mit den Mitteln der Mathematik, den Inhalt der entsprechenden Begriffe und Gesetze auszudrücken."[62] Für Tjuchtin ist nun stets nur zu bestimmen, wo die Grenze existiert, bis zu der die Bildung der Begriffe die Strukturiertheit des Inhalts behält, denn „nicht jede Verallgemeinerung hat strukturellen Charakter"[63]. Da nun die Philosophie bei der Verallgemeinerung von jeder konkreten Struktur abstrahiert, fixieren die philosophischen Begriffe keine „universelle Struktur", keine „Struktur allgemein", was zum logischen Widerspruch führen würde, da sie als universelle Struktur völlig unbestimmt sein müßte, der Begriff Struktur aber eine bestimmte Ordnung verlangt. Deshalb hebt Tjuchtin hervor, daß „mit dem philosophischen Begriff der Struktur nur die Tatsache konstatiert wird, daß verschiedene Klassen von Erscheinungen existieren, die eine bestimmte Struktur haben, wobei nicht ausgesagt wird, welche das ist"[64].

Von dieser Konzeption her ergibt sich dann auch die Haltung zur Mathematisierbarkeit und Formalisierbarkeit philosophischer Aussagen. Nach Tjuchtin „kann der objektive Inhalt philosophischer Kategorien, die alle Gegenstandsbereiche umfassen, nicht effektiv ausgedrückt, dargestellt werden mit Hilfe mathematischer Methoden oder mathematischer Strukturen, mittels derer die Struktur der Objekte widergespiegelt wird"[65]. In diesem Sinne hält er auch solche allgemeinen Schemata wie die Darstellung der dialektischen Negation in der Art $A \rightarrow B \rightarrow A_1 \cdot B_1$ für nicht effektiv, da nichts daraus folgt.

Diese kurz charakterisierte Auffassung Tjuchtins kann noch weiter ausgebaut werden, wenn wir sie mit dem bisher Gesagten in Verbindung setzen. Es wurde von mir schon auf den inhaltlichen Aspekt der philosophischen Verallgemeinerung verwiesen, der die Antworten auf die weltanschaulichen Grundfragen umfaßt. Damit wird auch der mögliche Einwand zurückgewiesen, der bei Tjuchtins Konzeption mit der Frage, wozu ist diese philosophische Verallgemeinerung überhaupt noch notwendig, wenn von allen konkreten strukturellen Bestimmungen abstrahiert wird?, auftauchen könnte. Sie ist notwendig, um die weltanschauliche und ideologische Funktion der marxistisch-leninistischen Philosophie erfüllen zu können, die als wissenschaftliche Philosophie auf wissenschaftlichen Erkenntnissen aufbaut. Sie ist aber auch notwendig, um die heuristische Funktion erfüllen zu können. Deshalb hatten wir gerade den Umsetzungsmechanismus von allgemeinen philosophischen Kategorien zu einzelwissenschaftlichen Theorien zum Gegenstand der Untersuchung gemacht. Es ist dabei der Ablehnung des naturphilosophischen Denkens durch Tjuchtin zuzustimmen, der betont: „Die philosophischen Kategorien und die ihnen entsprechenden Schemata darf man nicht unmittelbar auf einzelne Tatsachen, Erscheinungen anwenden, indem man die Begriffe und Gesetze der speziellen Wissenschaften umgeht, die die Strukturen eines bestimmten Gebiets der Erscheinungen aufdecken."[66] Untersucht man jedoch diese Bindeglieder, was Tjuchtin in seinem kurzen Beitrag nicht konnte, was aber hier ausführlich geschehen ist, dann wird nicht nur die Reichhaltigkeit philosophischer Begriffsbildungen und Aussagen im Zusammenhang mit der Naturwissenschaft deutlich, sondern auch der verschiedene Allgemeinheitsgrad. Was deshalb über die inhaltlich bestimmten (als Antwort auf die weltanschaulichen Grundfragen) philosophischen Grundprinzipien gesagt wird, muß nicht auf präzisierte philosophische Aussagen zutreffen. Erinnern wir uns kurz an das Verhältnis von Materialismus und Naturwissenschaft, um dann wieder auf die Mathematisierbarkeit zurückzukommen. Wenn wir das Grundprinzip von der materiellen Einheit der Welt nehmen, dann wird damit die Frage nach dem Ursprung der Welt beantwortet und jeglicher außerweltliche Ursprung ausgeschlossen. Diese allgemeine These hat aber, wie wir gesehen haben, bereits eine Reihe weiterer Aspekte, wie die Auffassung von der Unerschöpflichkeit der Materie, der Bewegung als Daseinsweise der Materie und der Raum-Zeit als Existenzform der Materie. Diese Aussagen sind wiederum mit naturwissenschaftlichen Erkenntnissen zu verbinden, um zu präzisierten philosophischen Aussagen zu kommen.

So werden die Raum-Zeit-Theorien der Physik zur Präzisierung der philosophischen Raum-Zeit-Auffassung benutzt, um Aussagen über die Dialektik der objektiven Raum-Zeit-Struktur zu erhalten. Dabei kann das Problem der Unumkehrbarkeit der Zeit, der Teilbarkeit des Raumes usw. diskutiert werden. Hier werden zwar nun keine philosophischen Begriffe mathematisch ausgedrückt, aber die philosophische Präzisierung der Begriffe muß die mathematisierten physikalischen Aussagen richtig erfassen. Gehen wir nun von der These der materiellen Einheit der Welt weiter zur Untersuchung des objektiven Zusammenhangs, so stellt Tjuchtin richtig fest, daß die philosophische Aussage die Strukturiertheit dieses Zusammenhangs hervorhebt. Aber sie bleibt dabei nicht stehen, sondern untersucht die dialektischen Beziehungen dieses Zusammenhangs. Wenn wir deshalb von der Struktur des objektiven Zusammenhangs sprechen, ist es wichtig, die mathematische Struktur-System-Betrachtung im Auge zu haben, ohne die philosophischen qualitativen Bestimmungen der Dialektik auf sie zu reduzieren. Aber die mathematische System-Struktur-Betrachtung kann hier zur Präzisierung von Aspekten der philosophischen Aussagen genommen werden. Wenn letztere nicht auf diese Präzisierung reduziert werden, dann hilft das bei der philosophischen Begriffskritik.[67] In diesem Sinne ist m. E. die Kritik Tjuchtins an Kröber berechtigt. Kröber hatte versucht, den Inhalt philosophischer Begriffe mit mathematischen Methoden auszudrücken.[68] Er benutzte dazu Aussagen von O. Lange und brachte sie in Beziehung zur Theorie vom dialektischen Widerspruch. Hier wird das Gesagte deutlich. Eine Reduktion der philosophischen Aussagen auf diese mathematische Darstellung verarmt die Philosophie, denn sie hat bisher schon mehr Arten von Widersprüchen untersucht, als sie Kröber bei seinen Betrachtungen erhält. Deshalb gilt es nicht, den Inhalt philosophischer Kategorien auf Mathematik zu reduzieren, wohl aber die Darstellung philosophischer Kategorien und mathematischer Methoden zu nutzen, um die philosophische Begriffskritik, etwa des Systembegriffs in der Systemtheorie, durchzuführen. Tjuchtin betont, daß es Kröber „nicht gelang, die allgemein von ihm gestellte Aufgabe zu lösen, mathematisch den Inhalt philosophischer Begriffe auszudrücken. Faktisch hat er eine andere, speziellere Aufgabe gelöst. Er hat mathematische Methoden zur Analyse einzelner verschiedener Zusammenhänge der Wechselwirkung, der Kausalität, des Widerspruchs angewandt, weil er von der Lösung von Gleichungen ausging, die sich auf eine Klasse von Objekten beziehen, die von Spezialwissenschaften untersucht werden."[69]

Den eigentlichen Wert mathematischer Methoden in der Philosophie sieht Tjuchtin aber in anderer Richtung. Es gibt philosophische Kategorien, die die Spezifik des Erkenntnisprozesses erfassen, wie Wahrheit, Logisches und Historisches, Analyse und Synthese usw. Damit werden doch diese Teile der Erkenntnistheorie im spezifischen Gegenstandsbereich bearbeitet, und es ist möglich, zur Lösung von Aufgaben effektive mathematische Methoden, nicht nur bekannte, sondern auch noch unbekannte, wie Tjuchtin bemerkt, einzusetzen. Nur ist dabei das gleiche zu beachten, was vorher gesagt wurde. Die Reduktion der Philosophie auf die Mathematik beschränkt die *philosophische* Analyse der Wirklichkeit, schränkt den Inhalt ihrer Kategorien ein. Wir werden darauf beispielsweise noch einmal beim Wahrheitsproblem zurückkommen müssen, da die logische Wahrheitstheorie nicht das Verhältnis von Theorie und Wirklichkeit im philosophischen Sinn berücksichtigt. Das ist aber notwendig, um zur Feststellung von der Existenz der objektiven Wahrheit zu kommen, was zur Grundlage der Logik, aber nicht zur Logik selbst gehört. Das Herangehen von Tjuchtin ist völlig berechtigt. Nur ist dabei zu beachten, daß die effektive Anwendung von mathematischen Methoden auf philosophische Begriffe und Aussagen auch nicht die mögliche Herausbildung einer Wissenschaftsdisziplin ausschließt, sondern geradezu fordert. Denken wir etwa an die Informations-, die

Beweis-, die Entscheidungstheorie u. a., in die ehemalige philosophische Probleme, auf spezifische Weise mathematisch gelöst, mit eingehen.

Bisher haben wir betont, daß die Mathematik sich mit Systemen ideeller Objekte und ihren möglichen Beziehungen befaßt. Man könnte das auch so ausdrücken, daß sie mögliche Strukturen untersucht. Dabei sind alle denkmöglichen Strukturen, die unter Beachtung logischer Gesetze ausgedacht werden, Gegenstand der Mathematik, soweit sie nicht an konkrete Systeme gebunden sind, sondern für alle Systeme gelten. Der hier benutzte Strukturbegriff ist jedoch gegenüber dem philosophischen eingeschränkt. Es geht bei der Mathematik um formalisierbare Strukturen und Systeme, d. h. solche, die mit wenigen Ausgangsbegriffen, Axiomen und Regeln erfaßt werden können. Die Struktur von Systemen in ihrer Reichhaltigkeit von Beziehungen untersucht die Dialektik. Mathematik ist also die Wissenschaft von Systemen ideeller Objekte mit möglichen formalisierbaren Strukturen. Die Formalisierung ist nicht überall durchzuführen und schränkt die Reichhaltigkeit objektiver Beziehungen ein. Aber sie ist ein wichtiges Mittel zur Erkenntnis der objektiven Realität, wenn philosophisch stets exakt die Grenzen der Anwendbarkeit bestimmt werden, die historischer Natur sind und nie zur absoluten Grenze gemacht werden dürfen. In diesem Sinne ist auch die Frage nach der Mathematisierbarkeit und Formalisierbarkeit der Philosophie zu beantworten. Die betrachteten Gründe reichen aus, um festzustellen, daß die Grundprinzipien der marxistisch-leninistischen Philosophie als Antworten auf die weltanschaulichen Grundfragen inhaltlich bestimmt sind und ihre Formalisierung diesen Inhalt einschränken würde, der stets Erläuterung im Zusammenhang mit neuen wissenschaftlichen Einsichten erfordert. Deshalb fehlt damit auch die Mathematisierbarkeit als Grundlage für die Mathematisierung. Das Anliegen, philosophische Teilgebiete zu formalisieren und zu mathematisieren, muß aber unterstützt werden, weil damit einerseits historische Grenzen der Anwendung dieser Methode auf die Philosophie sichtbar werden, wobei jedoch die philosophische Begriffskritik dadurch unterstützt wird, und andererseits immer noch die Möglichkeit berücksichtigt werden muß, daß neue Wissenschaftsgebiete sich auch aus der Philosophie damit herauslösen. Zu beachten ist jedoch, daß die *Reduktion* des Inhalts philosophischer Begriffe und Aussagen auf formalisierte und mathematisierte Aussagen die Reichhaltigkeit des philosophischen Inhalts einschränkt und zu weltanschaulichen Kurzschlüssen führt, da weltanschauliche Grundfragen dann einseitig beantwortet werden.

Mit diesen Bemerkungen werden zwei wesentliche Probleme deutlich, die vorher schon genannt wurden. Das erste betrifft den Widerspiegelungscharakter, die Abbildungsfunktion der Mathematik und, damit verbunden, die Frage nach der Wahrheit mathematischer Aussagen. Hier ist vor allem auf die Bindeglieder zwischen reiner und angewandter Mathematik, zwischen Mathematik und Spezialwissenschaften zu verweisen. Damit wird der materialistische Standpunkt zur Mathematik noch deutlicher. Das zweite Problem bezieht sich auf das Verhältnis von Quantität und Qualität und damit auf die Frage nach dem Verhältnis von analysierender, formalisierender zu synthetisierender, integrierender Erkenntnis. Die Antwort auf diese Frage wird manchmal mit der Negation der Formalisierung und Mathematisierung verbunden, manchmal führt sie auch zur Forderung nach einer integrativen, intuitiven Erkenntnisweise. Um es gleich zu sagen, die Forderung nach einer der Formalisierung, Mathematisierung, Analyse usw. entgegengesetzten Erkenntnisweise, die sich dieser Methoden überhaupt nicht bedient, sondern reine Intuition oder, schärfer gesagt, reine Spekulation ist, ist mit der wissenschaftlichen Philosophie m. E. nicht zu vereinbaren. Aber das Problem der vollständigen Quantifizierbarkeit, der Mathematisierbarkeit, das darin verborgen liegt, bedarf ernsthafter Betrachtungen.

Da wir auf das Verhältnis von Wahrheit und Naturwissenschaften noch ausführlich eingehen, geht es hier um die eingeschränkte Problematik der Wahrheit mathematischer Aussagen und den Widerspiegelungscharakter der Mathematik, wobei wir uns eindeutig vom Subjektivismus abgrenzen wollen. Carnap löst beispielsweise die Mathematik völlig von der Wirklichkeit, indem er betont, daß „die Sätze der Logik und Mathematik uns nichts über die Welt sagen“[70]. Er geht davon aus, daß die Welt sich ständig verändert. Selbst fundamentale Gesetze der Physik können sich verändern. Aber solche Veränderungen, so stark sie auch sein mögen, können nach Carnap nichts an der Wahrheit logischer und mathematischer Gesetze ändern. Nach ihm existiert die Aussage, daß drei plus eins vier ist, in jeder möglichen Welt. „Diese Aussage kann uns nichts über die Welt sagen, in der wir leben.“[71] Dabei versteht er unter dieser möglichen Welt eine, die man ohne logische Widersprüche beschreiben kann. Da wir die Wahrheit mit Lenin als objektiven Inhalt unserer Vorstellungen, Begriffe, Theorien usw. fassen, kann über die Wahrheit mathematischer Aussagen nichts gesagt werden, da sie nach Carnap keine Beziehung zur objektiven Realität haben. Er benutzt zur Darstellung seiner Auffassung die Unterscheidung Kants von den synthetischen und analytischen Urteilen.[72] Analytische Urteile sind solche, die nichts in sich einschließen, außer den Beziehungen der benutzten Termini. Um sie zu begründen, bedarf es keiner zusätzlichen

Erfahrungen. Im Prädikat wird nur das ausgesagt, was im Subjekt schon enthalten ist. Zu ihnen rechnet Carnap die Logik und Mathematik. Synthetische Urteile dagegen drücken im Prädikat nur Eigenschaften aus, die im Subjekt nicht enthalten sind. Zu ihrer Überprüfung bedarf es der Erfahrung. Dazu gehören nach Carnap alle Aussagen der Spezialwissenschaften. Kant war zwar der Meinung, daß Geometrie und Mathematik synthetische Urteile a priori, d. h. unabhängig von der Erfahrung, enthalten, wurde aber in der Folgezeit stark kritisiert. Besonders die Entdeckung nicht-euklidischer Geometrien zeigte die a posteriori, d. h. auf der Erfahrung beruhende, Erkenntnis der Geometrie.[73] Während die Kritik der materialistischen Naturwissenschaftler und besonders des Empiristen Helmholtz an Kant auf die Rolle der Erfahrung hinwies, sucht Carnap die analytischen Urteile a priori scharf von den synthetischen Urteilen a posteriori zu trennen. Sicher hat die Unterscheidung zwischen analytischen und synthetischen Urteilen ihre Berechtigung. Darauf verweisen auch Nowik und Rusawin. Sie unterstreichen den Gedanken Carnaps, daß es keine absolute Grenze zwischen analytischen und synthetischen Urteilen gibt, da bei der Formulierung unserer Erkenntnisse in synthetischen Aussagen stets auch analytische Urteile benutzt werden. Sie betonen, daß für die Erkenntnis der Wirklichkeit die Logik allein nicht ausreicht. Unsere Urteile müssen die Wirklichkeit in ihren Aspekten, Seiten usw. richtig widerspiegeln, was in der Praxis überprüft wird. „Es versteht sich", schreiben sie, „daß keine Notwendigkeit existiert, in der Erfahrung die Gesetze und Prinzipien der Logik und viele Ausgangssätze der Mathematik zu überprüfen. In dieser Beziehung unterscheiden sich logische und mathematische Aussagen wesentlich von Aussagen der Erfahrungswissenschaften, wo für die Feststellung der Wahrheit unserer Aussagen es ständig notwendig ist, Beobachtungen und Experimente heranzuziehen. Deshalb ist die Einteilung der Aussagen in der Wissenschaft in analytische und synthetische nicht nur völlig gerechtfertigt, sondern in einer Reihe von Fällen einfach notwendig."[74] Sie weisen jedoch den subjektivistischen Standpunkt Carnaps zurück, der daraus schließt, daß die Mathematik nichts über die Wirklichkeit aussage.

Carnap macht seinen Standpunkt am Beispiel der Geometrie deutlich. „Wenn wir sagen, daß die Geometrie wirklich a priori ist und wir nicht an der Wahrheit ihrer Theoreme zweifeln dürfen, dann denken wir an die mathematische Geometrie. Aber nehmen wir an, wir ergänzen durch den Satz: ‚Sie sagten uns auch etwas über die Welt. Mit ihrer Hilfe können wir Resultate von Messungen realer geometrischer Strukturen voraussagen'. Jetzt sind wir unbemerkt zur anderen Bedeutung der

Geometrie übergegangen, indem wir über die physikalische Geometrie, über die Struktur des realen Raumes zu reden begonnen haben. Die mathematische Geometrie ist a priori, die physikalische Geometrie synthetisch. Keine Geometrie ist gleichzeitig a priori und synthetisch."[75] Dieser Standpunkt negiert gerade das eigentliche Erkenntnisproblem, das der Materialismus stellt und löst, nämlich wie mathematisches Wissen zustande kommt und woher es seine Bedeutung zur Darstellung naturwissenschaftlicher Erkenntnisse hat. Indem Carnap die analytischen Urteile zu Urteilen a priori erklärt, leugnet er ihre Beziehung zur Wirklichkeit. So betont er bei der Zahl, daß sie, in einem bestimmten Axiomensystem definiert, keine Beziehung zur Wirklichkeit hat, was Rusawin zu der Anmerkung veranlaßt: „Dieses Herangehen ist nur für die Verteidiger des Logizismus charakteristisch ... Nach Meinung der Logizisten kann die ganze reine Mathematik auf Logik zurückgeführt werden. Jedoch ruft dieser Standpunkt starke Einwände seitens anderer Schulen zur Begründung der Mathematik hervor, wie auch der Mehrheit der Mathematiker, die keiner dieser Schulen angehören.

Für den materialistisch denkenden Leser ist klar, daß die Grundbegriffe der Mathematik, wie auch die Mathematik insgesamt, bestimmte Eigenschaften und Beziehungen der realen Welt widerspiegeln. Selbst die Interpretation der mathematischen Termini mit Hilfe logischer zeugt letzten Endes vom Zusammenhang der Mathematik mit der Wirklichkeit, wenn man die Logik selbstverständlich nicht als reine Lehre vom Denken betrachtet, die nicht mit der Welt verbunden ist."[76] Carnap hält leider seinen Standpunkt, „daß es kein Wissen ohne Erfahrung gibt"[77], nicht konsequent durch. Versuchen wir deshalb einige der Gründe zu nennen, die den materialistischen Standpunkt zur Mathematik untermauern. Erstens hatten wir die Mathematik als Wissenschaft von Systemen ideeller (abstrakter) Objekte mit möglichen formalisierbaren Strukturen bezeichnet. Man könnte meinen, daß hier der Hinweis auf den materialistischen Standpunkt fehl am Platze sei, da es sich um Denkmöglichkeiten handelt. Ich möchte aber hier gerade auf die objektive Dialektik von Möglichkeit und Wirklichkeit verweisen, wobei die objektive Möglichkeit als Tendenz der weiteren Entwicklung existiert. Der Weg von der Denkmöglichkeit zur objektiven Möglichkeit ist oft nicht weit. Es sei mir ein einfaches, fast simples Beispiel gestattet. Im Moskauer Gorkipark gibt es eine Bildergalerie für Kinder mit dem Titel „Märchen werden Wirklichkeit", auf der der zur Sonne reitende Iwan mit Raketen, der fliegende Teppich mit Flugzeugen, der Besuch Neptuns mit Tauchern usw. verglichen werden. Hier handelt es sich um frühere Märchenträume, die heute Wirklichkeit werden. Muß man deshalb die Grenze zwischen der Denk- und der objektiven Möglichkeit nicht vor allem historisch sehen, wenn die Denkmöglichkeit nicht objektiven Gesetzen (aber nicht nur den bekannten) widerspricht? Die Mathematik beachtet die in der Erfahrung überprüften Gesetze des Denkens. Ihre Denkmöglichkeiten haben nicht den Charakter inhaltlicher Aussagen von Märchen. Aber sie zeugen von der Kraft des Denkens, Beziehungen zwischen ideellen Objekten herzustellen, obwohl keine objektive Entsprechung bisher gefunden wurde. Da die möglichen Beziehungen objektiv existieren, kann man sie auch abstrakt als Denkmöglichkeit erfassen. Wenn man die Unerschöpflichkeit der materiellen Objekte und Beziehungen berücksichtigt, dann gewinnt man von dort sogar ein materialistisches Argument, das jeder Denkmöglichkeit objektive Realisierung zusprechen läßt. Nur hat das keine praktische Bedeutung, da diese Realisierung selbst im Unendlichen liegen kann, aber nicht muß. Wie viele Theorien sind geschmäht worden und haben schnelller ihre Bedeutung erwiesen, als die Kritiker dachten. Erinnert sei nur an die Beschimpfungen der nichteuklidischen Geometrie im vergangenen Jahrhundert durch viele hervorragende Denker.

Zweitens haben sich die logischen Gesetze, wie etwa das vom ausgeschlossenen logischen Widerspruch u. a., deren sich die Mathematik bedient, nicht unabhängig von der Erfahrung herausgebildet. Da in der Wirklichkeit nicht dasselbe demselben zugleich und in derselben Beziehung zukommen und nicht zukommen kann, wurde derjenige, der das behauptete, unabhängig von der praktischen Überprüfung als Lügner bezeichnet. Sicher wäre es interessant, das Entstehen logischer Formen im Denken und Sprechen der Menschen historisch eingehend zu untersuchen. Unser Denken ist Widerspiegelung der objektiven Realität. Es gibt uns zuverlässige Nachricht über die Wirklichkeit. Das wurde immer wieder überprüft, und dabei haben sich Kriterien richtigen Denkens herausgebildet, die zwar aus der Erfahrung stammen, aber nicht immer an der Erfahrung überprüft werden müssen, sondern heute als relative a priori-Voraussetzungen betrachtet werden können.

Drittens ist auch auf das Entstehen der Mathematik überhaupt zu verweisen, auf die Lösung praktischer Aufgaben, wie Landvermessung, Zeitbestimmung usw. Allgemeine Äquivalente des Warenaustausches, wie das Geld, zwingen zu abstrakten quantitativen Bestimmungen, zur Bildung von Äquivalenzklassen. Mathematisches Denken ist damit mit praktischem Handeln verbunden. Aber die Kraft abstrakten Denkens kann sich erst entfalten, wenn die historisch notwendige direkte Verbindung mit der Wirklichkeit gelöst wird und nur Systeme ideeller Objekte mit möglichen formalisierten Strukturen direkt zum Gegenstand der Betrachtung werden.

Deshalb ist viertens die Bedeutung der Mathematik zur Lösung theoretischer und praktischer Probleme zu beachten, die erst eigentlich ihren Abbildcharakter offenbart. Erst wenn die Denkmöglichkeit in Beziehung zur Einheit von Möglichkeit und Wirklichkeit in existierenden Systemen, die experimentell untersucht werden, gesetzt wird, kann sie zeigen, was in ihr widergespiegelt wird. Gerade das Aufdecken möglicher formalisierter Strukturen läßt die Verbindung zu verschiedenen wirklichen Systemen herstellen, weist die Polyvalenz, die vielseitige Verwendbarkeit mathematischer Thesen aus. Hier bewährt sich erst das, was über die Mathematik als Schule des Denkens in Zusammenhängen gesagt wurde. Die dafür wichtigen Komponenten der Mathematik sind erstens ihre Abstraktheit, d. h. ihre Loslösung vom konkreten objektiven System. Dadurch kann jedes System ideeller Objekte mit verschiedenen realen Systemen identifiziert werden. Zweitens muß das Verhältnis von Möglichkeit und Wirklichkeit im besprochenen Sinne beachtet werden. Jede mögliche Beziehung kann durch verschiedene wirkliche Beziehungen realisiert werden. Eine Möglichkeit, das zeigt schon der dialektische Determinismus, verwirklicht sich nicht nur auf eine bestimmte Weise. Drittens hatten wir die Formalisierbarkeit der Strukturen hervorgehoben. Damit wird die Reichhaltigkeit objektiver Beziehungen auf wenige Grundbeziehungen eingeschränkt. Objektivreal existierende Systeme werden dadurch vergleichbar untereinander, daß nur bestimmte formalisierte Aspekte hervorgehoben werden.

Aus dieser Komponente ist auch ersichtlich, daß bei der materialistischen Betrachtung des Widerspiegelungscharakters der Mathematik die Wahrheitsproblematik nicht abstrakt für die mathematische Theorie überhaupt, sondern nur konkret für die Ausnutzung einer mathematischen These im Zusammenhang mit einer spezialwissenschaftlichen Theorie gelöst werden kann. Die mathematische Theorie erweist sich als geeignet oder nicht geeignet zur Widerspiegelung objektiv-realer Sachverhalte. Ist sie geeignet, muß die Wahrheit der mathematisch dargestellten naturwissenschaftlichen Theorien und Aussagen experimentell überprüft werden. Werden diese widerlegt, so ist das tatsächlich keine Widerlegung der Mathematik, sondern der in bestimmter inhaltlicher Weise formulierten Aussagen der naturwissenschaftlichen Theorie, wobei einerseits der objektive Inhalt des Naturprozesses in der Theorie nicht richtig erfaßt sein mag, – worauf die Mathematik vielleicht erst hinwies –, andererseits kann sich auch tatsächlich die mathematische Theorie als ungeeignet zur Darstellung erweisen.

Um hier gegen die manchmal anzutreffende Auffassung zu polemisieren, daß die Rolle der Mathematik nur in der Darstellung besteht, soll kurz auf die Widerspiegelungsfunktion in ihrer Kompliziertheit eingegangen werden. An anderer Stelle habe ich folgende Aspekte im Zusammenhang mit der Raumproblematik betont, die allgemeinen Charakter haben.[78] Die Mathematik realisiert sich als Widerspiegelung der objektiven Realität in der Darstellungs- und heuristischen Funtion gegenüber den naturwissenschaftlichen Theorien. Was soll darunter verstanden werden? Bei der *Darstellungsfunktion* geht es darum, daß die Mathematik geeignet ist, Beziehungen zwischen naturwissenschaftlichen Meßergebnissen als wesentliche funktionale qualitative und quantitative Abhängigkeiten darzustellen. Damit werden Beschreibungen und Beobachtungen durch ein System von Aussagen ersetzt, das in seinen inneren logischen und mathematischen Konsequenzen überprüft werden kann. So erwies sich die mathematische Matrizentheorie für die Darstellung der beobachtbaren Größen, wie der Frequenzen, bei der Heisenbergschen Form der Quantenmechanik als geeignet. Schrödinger stellte die Ergebnisse als Wellengleichung dar. Beide Darstellungen erwiesen sich als mathematisch äquivalent, nicht weil sie als mathematische Theorien äquivalent sind, sondern weil sie, auf die physikalischen Erkenntnisse, die experimentell überprüfbar sind, bezogen, zur Darstellung gleichermaßen geeignet sind. Auch damit bestätigt sich die Kritik an der mechanisch-materialistischen Widerspiegelungsauffassung, nach der es für bestimmte Objekte und ihre Beziehungen nur eine abstrakte Darstellung im Sinne der eineindeutigen Abbildung geben dürfte. Der Widerspiegelungsprozeß ist jedoch komplizierter, und durch das menschliche Denken werden neue Werkzeuge geschaffen, die zur Erkenntnis genutzt werden können. Insofern kann eine mathematische Theorie zur Darstellung naturwissenschaftlicher Sachverhalte geeignet sein, aber daraus folgt nicht, daß sie die einzig mögliche Abbildung mathematischer Art dieses Sachverhalts ist. In der Beziehung zwischen mathematischer und naturwissenschaftlicher Theorie gibt es deshalb kein Wahrheits-, sondern nur ein Anwendungsproblem. Letzteres wird dadurch gelöst, daß sich mathematische Theorien zur Darstellung eignen, besser eignen oder gar nicht eignen. Es wäre sicher zu eng, nur die Eignung zu- oder abzusprechen, da die Mathematik mit ihrem verschiedenen theoretischen Herangehen für die verschiedensten Widerspiegelungszwecke auch die verschiedensten Möglichkeiten bietet. Aber daraus darf nun nicht geschlossen werden, daß die Mathematik überhaupt nichts mit der Wirklichkeit zu tun habe. Auf einige Gegenargumente ist schon hingewiesen worden. Hier wird nun der erkenntnistheoretische Fehler deutlich, der dabei gemacht wird, wenn die fehlende Wahrheitsbeziehung zwischen mathematischer und naturwissenschaftlicher Theorie zur Leugnung des Widerspiegelungscharakters der Mathematik überhaupt benutzt wird. Solange die mathematischen Aussagen denkmögliche Beziehungen betreffen, kann nur in dem Sinne von Widerspiegelung gesprochen werden, als sie logischen Kriterien gehorchen, die in der Geschichte des Denkens als axiomatisierte Erfahrung erscheinen und nicht mehr überprüft zu werden brauchen. Diese Kriterien regeln das wissenschaftliche Denken, soweit es um die Denkmöglichkeit geht. Sie regeln es nicht mehr allein, wenn es um die Erkenntnis der Wirklichkeit geht, weil sie dort nur den Rahmen für richtiges Denken bilden, aber kein wahres Denken als Widerspiegelung der objektiven Realität allein bestimmen können. Es kann auch in dem Sinne von Widerspiegelung gesprochen werden, als mathematische Theorien aus praktischen Problemlösungen entstehen können und nicht nur aus abstraktem Denken allein. Um die Beziehung zur Wirklichkeit noch enger zu gestalten, versuchen einige logische Richtungen, die Kriterien der Widerspruchsfreiheit und logischen Entscheidbarkeit durch die Angabe von Meßvorschriften zu erweitern, wie etwa der Operationalismus. Gerade die Darstellungsfunktion der Mathematik zeigt, wie falsch es ist, die Macht und Kraft des Denkens auf die Beschreibung der Wirklichkeit einzuschränken, wie das der Positivismus in seinem frühen Stadium verlangte, als er alle theoretischen Aussagen auf Beobachtungssätze zurückführen wollte. Aber bei seiner Kritik darf nun wieder nicht vergessen werden, daß die Untersuchung der Beziehungen zwischen abstrakter Theorie und konkreter Wirklichkeit wesentliches Anliegen der dialektisch-materialistischen Erkenntnistheorie ist, weil damit erst wirkungsvoll idealistische Angriffe auf die materialistische Widerspiegelungstheorie zurückgewiesen werden können. Die denkmöglichen Beziehungen, die logischen Kriterien unterworfen sind, dienen also durch die mathematische Darstellung naturwissenschaftlicher Sachverhalte als Widerspiegelung objektiv-realer Sachverhalte. Hier taucht nun das Wahrheitsproblem direkt auf, da etwa in der physikalischen Theorie die mathematische Form nicht mehr eindeutig vom physikalischen Inhalt getrennt werden kann. In dem Sinne ist die Schrödingergleichung keine reine mathematische Wellengleichung mehr, sondern mathematisch formulierte physikalische Theorie. Deshalb kann das Wahrheitsproblem auch nicht allein für die physikalische Interpretation, sondern muß für die mathematisch formulierte physikalische Theorie in ihrer Einheit gelöst werden. Obwohl auf die Wahrheitstheorie noch eingegangen wird, sei schon die entsprechende dialektisch-materialistische Fragestellung hervorgehoben. Sie besagt: 1. Existiert ein objektiver Inhalt unserer Vorstellungen? Für die mathematisiert dargestellte naturwissenschaftliche Theorie sind das die entsprechenden Naturobjekte und ihre Beziehungen. Die Aussagen darüber haben damit den Charakter objektiver Wahrheit. 2. Welchen Charakter von Exaktheit hat die Abbildung? Im Vergleich mit der klassischen Mechanik gab die Quantenmechanik eine genauere, exaktere Darstellung der Bewegung physikalischer Objekte. Sie hat also den Charakter relativer Wahrheit, aber höherer Stufe, da sie tiefer in das Wesen der materiellen Prozesse eindringt. 3. Sind die Folgerungen aus der Theorie in der Praxis überprüft? Die experimentell bestätigte Theorie hat sich bereits den Praxiskriterien unterworfen. Aber hier kommen wir zu einem weiteren Aspekt der Rolle der Mathematik für die Naturwissenschaft. Die mathematische Darstellung naturwissenschaftlicher Sachverhalte führt durch die daraus zu ziehenden logischen Konsequenzen zu neuen, nicht interpretierten Ausdrücken, deren Bedeutung als Widerspiegelung erst erforscht werden muß. Es wäre deshalb falsch, die Rolle der Mathematik in dem Sinne auf die Darstellungsfunktion einzuschränken, daß die Mathematik nur logisch widerspruchsfreie, kurze und quantitativ faßbare Darstellungen erlaube. Obwohl das schon sehr viel für die Naturwissenschaft ist, die damit die Möglichkeit hat, die Widerspruchsfreiheit, aber auch die quantitativen Voraussagen zu überprüfen und so theoretischen und praktischen Kriterien unterworfen wird, reicht das nicht aus. Gerade die Konsequenzen der mathematischen Darstellung zeigen den theoretischen Wert der Mathematik für die Naturwissenschaft.

Die ***heuristische Funktion*** der Mathematik gegenüber der Naturwissenschaft besteht aus einer theoretischen und einer praktischen Komponente, die sich direkt aus der Darstellungsfunktion ergeben. Dabei schließen wir hier Einseitigkeiten bei der Darstellung aus, da sie durch die Anwendung anderer bekannter oder noch zu schaffender mathematischer Theorien beseitigt werden müssen. Die mathematisch dargestellte, ausgedrückte naturwissenschaftliche Theorie kann entweder auf logische Widersprüche verweisen, was die Erweiterung der Theorie verlangt, oder auf Widersprüche zwischen den logischen Konsequenzen und den experimentellen Ergebnissen aufmerksam machen, was wiederum theoretische Arbeit zu ihrer Überwindung verlangt. Sie führt aber auch oft durch ihre inneren Konsequenzen zu noch nicht interpretierten Beziehungen und Ausdrücken, wodurch die experimentelle Suche nach neuen Objekten und Beziehungen ausgelöst wird. Ein berühmtes Beispiel ist die Interpretation der Lösungen der Quadratwurzel für die Energie in der Diracschen

Elektronentheorie durch die Annahme der Existenz eines Teilchens, das dem Elektron in vielem ähnlich sei. In der Diracschen Löchertheorie sollte ein aus dem Elektronenmeer verschwundenes Elektron ein Loch zurücklassen, das selbst objektiv-real existiert und die Eigenschaft der negativen Energie hat. Dieses „Loch" wurde 1932 als Positron entdeckt. Es ist das Antiteilchen zum Elektron und verwandelt sich unter bestimmten Bedingungen beim Zusammentreffen mit den Elektronen in Lichtquanten, die wiederum unter anderen Bedingungen sich in Positron und Elektron verwandeln können. Es bedarf deshalb umfangreicher theoretischer Arbeiten, vieler Diskussionen und auch des Spürsinns des Theoretikers, der Hinweise für das Experiment geben muß, um der heuristischen Funktion der Mathematik in der Naturwissenschaft nachzukommen. Sie kann ihr deshalb gerecht werden, weil durch die mathematische Darstellung naturwissenschaftlicher Theorien ein logisch widerspruchsfreies System ideeller Beziehungen zwischen widergespiegelten Naturobjekten existiert, das durch Experimente auf seine Wahrheit überprüft werden kann. Deshalb muß sowohl betont werden, daß die Mathematik ohne die Beachtung logischer und innermathematischer Kriterien diese Rolle nicht spielen könnte, da daraus ihr Beitrag zum Erkenntnisgewinn resultiert, als auch die Widerspiegelung objektiv-realer Beziehungen zwischen Naturobjekten in der mathematisch formulierten naturwissenschaftlichen Theorie hervorgehoben werden, weil sonst die Beziehung zu den zu suchenden Objekten nicht hergestellt werden kann. Betrachtet man deshalb mathematische Darstellungen als reine Konventionen, dann kann man der heuristischen Rolle der Mathematik nicht gerecht werden, da die logischen und mathematischen Konsequenzen, wenn sie bisher keine Interpretation gefunden haben, im Konventionalismus nicht als Hinweis auf objektiv existierende Beziehungen betrachtet werden.

Die heuristische Funktion der Mathematik hat auch noch eine andere Komponente, auf die anfangs schon hingewiesen wurde, als es um das durch die Mathematik geförderte Denken in Zusammenhängen ging. Heuristische Hinweise für die Forschung entstehen auch durch Analogien. Dieser Prozeß ist bisher noch wenig erforscht. Viele interessante Hinweise gibt dazu Ujomov, der zeigt, welche verschiedenen Arten von Analogien existieren.[79] Die Abstraktheit der Mathematik regt zur Analogienbildung in bezug auf die mögliche mathematische Darstellung naturwissenschaftlicher Sachverhalte an, indem die gemeinsame mathematische Struktur unterschiedlicher objektiver Systeme gesehen und so die mathematische Darstellung vorbereitet wird. Sicher ist über die heuristische Funktion der Mathematik noch mehr zu sagen. Aber das muß speziellen Arbeiten zur Philosophie der Mathematik vorbehalten bleiben. Hier geht es um die Begründung des materialistischen Standpunktes zur Mathematik und um die Kritik idealistischer und mechanisch-materialistischer Auffassungen, weshalb der Widerspiegelungscharakter der Mathematik im Mittelpunkt der Betrachtungen steht. Berücksichtigt man die Darstellungs- und die heuristische Funktion der Mathematik für die Naturwissenschaften, dann wird klar, daß sich in diesen beiden, die die Verbindung zwischen den Systemen ideeller Objekte mit möglichen formalisierbaren Strukturen und den in der Naturwissenschaft untersuchten objektiv-realen Systemen herstellen, die Mathematik als Widerspiegelung der objektiven Realität erweist. Mit Hilfe der Mathematik wird dann das theoretische System der Naturwissenschaft als Widerspiegelung des objektiv-realen Systems aufgebaut. Es ist eine Einheit von mathematischen und naturwissenschaftlichen Aussagen und in seinen Folgerungen an der Praxis überprüfbar.

Die Mathematik erforscht neue Denkmöglichkeiten, um bessere Voraussetzungen für die Widerspiegelung komplizierter objektiver Sachverhalte in theoretischen Systemen als Einheit mathematischer und naturwissenschaftlicher Aussagen zu schaffen. In diesem Sinne stellt sich auch das Wahrheitsproblem als lösbar erst, wenn die Verbindung zwischen den theoretischen Systemen und den objektiv-realen Systemen durch viele theoretische Bindeglieder hergestellt werden kann. Der Positivismus darf nicht dort kritisiert werden, wo er die Bindeglieder aufdecken will, sondern er muß kritisiert werden, wenn er alle theoretischen Aussagen auf evidente Beobachtungssätze zurückführen will und die Logik und Mathematik als unabhängig von der Wirklichkeit bezeichnet. Nicht alle theoretischen Aussagen sind auf Beobachtungssätze reduzierbar. Das Arsenal theoretischer Werkzeuge ist komplizierter; abstrakte und allgemeine Beziehungen sind nicht direkt in der Wirklichkeit zu finden. Deshalb verdient der Prozeß der Verallgemeinerung in jeder Wissenschaft, vor allem aber in der Philosophie, besondere Beachtung. Für den marxistisch-leninistischen Philosophen gilt es jedoch, stets das Kriterium der Wahrheit, nämlich die Praxis, zu berücksichtigen. Um dieses Kriterium aber richtig ausnützen zu können, muß der Prozeß der Verallgemeinerung untersucht und überprüft sein, ob die Folgerungen aus dem theoretischen System richtig gewonnen und ob die experimentellen Ergebnisse richtig verallgemeinert wurden. Ist das nicht der Fall, dann wird die an die Praxis gestellte Frage auch nicht eindeutig beantwortet.

Eben deshalb ist für das schöpferische Denken die Wahrheitsproblematik erst in letzter Instanz bei der Widerspiegelung objektiv-realer in theoretischen Systemen lösbar. Aber Ziel theoretischen Denkens ist es immer, sie zu lösen. Wer dieses Ziel nicht hat, weicht vom materialistischen Standpunkt ab. Das bedeutet nun wieder nicht, daß jeder Wissenschaftler sie selbst lösen muß. Aber er muß Voraussetzungen für die Lösung schaffen, indem er ideelle Systeme entwickelt, experimentelle Ergebnisse interpretiert, logische Mittel der Theorienbildung untersucht, philosophische Interpretationen naturwissenschaftlicher Erkenntnisse gibt usw. Dabei ordnet sich die logische Richtigkeit, logische Konsequenz oder logische Wahrheit diesem allgemeinen Prozeß der Wahrheitsfindung unter. Sie ist ein Teil von ihm und gestattet, die Regeln richtigen Denkens konsequent im Gesamtprozeß zu berücksichtigen. Das ist nun wohl eine notwendige, aber keine hinreichende Bedingung für die Wahrheitsfindung. Dazu bedarf es dann der Widerspiegelung objektiv-realer Sachverhalte, deren Exaktheit in der Praxis überprüft werden kann und muß.

Da die Mathematik mehr bietet als die Logik, viele ihrer Begriffsbildungen haben Beziehungen zur objektiven Realität, erweist sie sich selbst in gewisser Weise als ein Bindeglied zwischen Logik und wissenschaftlicher Theorie als Widerspiegelung objektiv-realer Sachverhalte. Dieses Bindeglied wird in zwei Richtungen durch zwei extreme philosophische Auffassungen gedeutet. Die eine, die nur die Verbindung zur Logik sieht, versucht alles auf die Logik zu reduzieren. Dieses Programm, so wertvoll es in seiner Realisierung für die Klärung von Grundlagenfragen war und ist, läßt gerade die für die heuristische Funktion wichtige Widerspiegelungsbeziehung außer acht, beachtet nur den analytischen Charakter mathematischer Aussagen und nicht ihren synthetischen, wo sie mit wissenschaftlichen Theorien verbunden wird. In seiner Kritik des Programms von Hilbert betont P. Bernays, daß sich „gewiß nicht die ganze Mathematik durch eine formal abgegrenzte Theorie erschöpfend darstellen“ läßt. „Die Mathematik als Ganzes“, schreibt er, „ – dieses können wir aus den Antinomien der Mengenlehre entnehmen – ist nicht wiederum eine Struktur, d. h. ein mathematischer Gegenstand, noch auch einem solchen isomorph.“[80] Das andere Extrem könnte man durch die Hervorhebung der Beziehung zur Wirklichkeit charakterisieren und durch den Versuch, mathematische Begriffe stets mit Meßvorschriften zu verbinden, was sicher ebenfalls zu theoretischen Schwierigkeiten führt, wenn dabei die Rolle logischer Gesetze nicht beachtet werden sollte. Manche mathematischen Begriffe erweisen sich nicht von ihrer Bildung her als mit der Wirklichkeit verbunden, sondern erst dadurch, daß sie zur Darstellung naturwissenschaftlicher Sachverhalte geeignet sind. Sie erweisen sich als

Widerspiegelungen vermittelt durch die Darstellungsfunktion der Mathematik. Die Schwierigkeit bei der materialistischen Deutung besteht oft darin, daß die Kritik der mechanisch-materialistischen Abbildauffassung nicht beachtet wird. Bernays weist darauf hin, daß man sowohl die mathematischen Beziehungen, die er „Schematen" nennt, als nur angenähert an die Wirklichkeit betrachten kann wie auch das Konkrete als Approximation der Schematen. Er schreibt: „Es findet also eine Art Wechselbeziehung zwischen dem Konkreten und den Schematen statt, insofern einerseits die Schematen das Konkrete im allgemeinen nur approximativ durch konkrete Gegenstände realisieren lassen.

In dieser Wechselbeziehung kommt nun zum Ausdruck, daß wir in den Schematen eine Gegenständlichkeit sui generis vor uns haben; es ist die Gegenständlichkeit des *Mathematischen*.

Die Mathematik überhaupt läßt sich auffassen als die Lehre von den Schematen nach ihrer inneren Beschaffenheit. Damit erhält einerseits, auf Grund des Gedankens der schematischen Korrespondenz, die wesentliche Rolle der Mathematik für die theoretische Naturwissenschaft ihre Würdigung, andererseits wird aber damit auch der grundsätzlichen Verschiedenartigkeit der mathematischen Gegenständlichkeit gegenüber der Naturgegenständlichkeit Rechnung getragen.

Die mathematische Gegenständlichkeit geht durch Idealisierungs- und Abstraktionsprozesse hervor aus der phänomenalen Gegenständlichkeit des *Strukturellen*."[81] Hier liegen ähnliche Gedanken wie bei Tjuchtin vor, der Mathematik letzten Endes als Strukturtheorie verstand. Es wird hier aber auch deutlich, daß die Mathematik nicht nur die Wissenschaft des Möglichen überhaupt ist, sondern dieses Mögliche muß auch formalisierbar sein, den Gesetzen der Logik gehorchen und sich, wenn auch oft spät, zur Darstellung objektiv-realer Sachverhalte in theoretischen Systemen geeignet erweisen. Es ist also das Mögliche des Wirklichen (die mögliche Struktur), das formalisierbar ist. Damit wird auch die philosophische Problematik der Mathematik deutlich. Es geht um ihre Ausgangsbegriffe, die philosophisch analysiert werden müssen, um ihren Widerspiegelungscharakter und dabei um die Dialektik des Erkenntnisprozesses.

Marx hatte schon die „spekulative Konstruktion" entlarvt, die aus Birnen, Äpfeln usw. das Obst als solches herausfindet, es zu einer selbständigen Wesenheit macht und nun die Äpfel und Birnen als nur angenäherte Abbilder dieser Wesenheit betrachtet. Diese spekulative Konstruktion führen auch diejenigen durch, die die formalisierte Struktur, die möglichen Beziehungen zwischen ideellen Objekten, nicht in ihrer Beziehung zur objektiven Realität betrachten, sondern als selbständige Wesenheiten ansehen, sie zu einer Welt objektiver Ideen machen, wie Popper, und dann die Wirklichkeit als ihr nicht ganz getreues Abbild betrachten. Der materialistische Standpunkt sieht die möglichen formalisierbaren Strukturen im Zusammenhang mit wirklichen Strukturen, wobei die letzteren durch erstere widergespiegelt werden. Aber indem abstrakt Züge der Wirklichkeit als formalisierbar betrachtet werden, ist daraus nicht zu schließen, daß die eigentliche Welt die der formalisierten Strukturen sei. Bezugspunkt materialistischen Denkens und Handelns ist die objektive Realität, das darf bei aller Kompliziertheit des Widerspiegelungsprozesses niemals vergessen werden.

Von diesem Bezugspunkt her stellt sich auch das Verhältnis von Quantität und Qualität in der Mathematik etwas anders dar, als es manchmal behandelt wird. Schon Hegel hatte darauf hingewiesen, daß das Maß als Einheit von Qualität und Quantität betrachtet werden muß. Es geht nicht einfach um Quantitäten als Maßzahlen, sondern um die Quantitäten einer bestimmten Qualität, d. h. der Gesamtheit der wesentlichen Eigenschaften, die ein Objekt oder ein System von anderen unterscheiden. Zu diesem Unterschied gehört auch das Maß. Eine Qualität hat nur bestimmte Quantitäten und nicht beliebig viele. Interessant ist diese Feststellung im Zusammenhang mit der Quantentheorie, die zeigte, daß z. B. nicht alle Übergänge von einer Atombahn auf die andere durch Elektronen möglich sind. Die Deutung des photoelektrischen Effekts von Einstein beruhte gerade darauf, daß die Zahl der aus dem Metall ausgelösten Elektronen nicht von der Intensität, sondern von der gequantelten Energie des Lichts abhängt. Die objektive Realität zwang dazu, nicht jeder Qualität jede mögliche Quantität zuzuschreiben, sondern zu beachten, daß eine bestimmte Einheit von Quantität und Qualität als Maß existiert. Bernays möchte diese Problematik dadurch erfassen, daß er von Strukturen statt von Quantitäten spricht. Bei ihm heißt es: „Was zunächst die Rolle der Struktur überhaupt betrifft, so kann doch Struktur als dasjenige angesehen werden, was in der Phänomenalität zu den Qualitäten hinzukommt. Die geläufige Gegenüberstellung von Qualität und Quantität ist wohl für manche Fälle des täglichen Lebens angemessen, aber diejenige des *Qualitativen* und des *Strukturellen* ist gewiß die mehr grundsätzliche. Die Beurteilung des Quantitativen kommt hinaus auf Prozesse des Aneinanderfügens und auf Beobachtungen wie die des Hinausragens eines Gegenstandes über einen anderen; beides hat einen strukturellen Charakter. Dagegen eine generelle Zurückführung des Strukturellen auf das Quantitative gelingt schwerlich in phänomenologischem Sinne,

d. h. auf direkt beschreibende Art, sondern höchstens theoretisch, etwa im Geiste eines Pythagoräismus, gemäß welchem aber auch die qualitativen Unterschiede auf quantitative zurückgeführt werden.

In der Mathematik haben wir es zumeist nicht mit direkt phänomenal gegebenen Strukturen, sondern mit *idealisierten Strukturen* zu tun, wobei die Idealisierung in einer Anpassung an die Begrifflichkeit, gewissermaßen einem Kompromiß zwischen Anschauung und Begrifflichkeit besteht."[82] Damit wird nun zwar auf diese Einheit von Quantität und Qualität verwiesen, die phänomenologisch auch zu fassen ist, nur dient der Strukturbegriff gerade dazu, die Gesamtheit der Beziehungen zwischen Objekten in einem System zu erfassen. Im Strukturbegriff sind dabei nicht nur die Beziehungen enthalten, die dieses System von anderen unterscheiden lassen (besonderer qualitativer und quantitativer Aspekt), sondern auch die, die es mit anderen gemeinsam hat (allgemeiner qualitativer und quantitativer Aspekt).

Wenn wir die wesentlichen Verhaltensweisen des Systems mit den Systemgesetzen identifizieren, dann haben diese Gesetze, wenn sie mathematisch formuliert sind, sowohl quantitative als auch qualitative Seiten. Allein das Fallgesetz enthält als qualitative Bestimmungen Fallweg, Fallzeit und Erdanziehung. Die Beziehungen untereinander sind durch Maßzahlen bestimmt, weshalb dieses Gesetz das Maß, d. h. die Einheit von qualitativen und quantitativen Bestimmungen, für frei fallende Körper unter den Bedingungen eines annähernden Vakuums gibt. Diese mathematisch formulierten naturwissenschaftlichen Gesetze geben deshalb unter bestimmten Bedingungen die quantitativen Beziehungen qualitativ bestimmter Größen an. Es ist aber einseitig, der Mathematik nur diese quantitativen Beziehungen zuzuschreiben. Da sie mögliche formalisierbare Beziehungen zwischen ideellen Objekten betrachtet, muß sie die ideellen Objekte qualitativ bestimmen. In der Mengentheorie muß beispielsweise die Elementbeziehung definiert werden, um weitere Folgerungen zu erhalten. Das Arsenal der Schlußmethoden ist ebenfalls qualitativ und nicht allein quantitativ bestimmt. Man könnte nun meinen, daß das vielleicht auf die Zahlentheorie nicht zuträfe. Aber selbst in den Peano-Axiomen werden die zu behandelnden Objekte qualitativ von anderen abgegrenzt. Die Auffassung von der Mathematik als Wissenschaft des Quantitativen kommt sicher aus der historisch engen Verbindung mit Maßzahlen etwa in der Geometrie, aus dem Rechnen mit Zahlen als Ausdruck quantitativer Beziehungen. Aber schon in vielen früheren philosophiekritischen Arbeiten zur Zahl als reiner Quantität wurde angemerkt, daß jede Zahl eine Vielzahl von Beziehungen in sich hat und als Zahl selbst definiert sein muß. Da

Mathematik nicht auf Zahlentheorie reduzierbar ist und die Zahl selbst qualitativ bestimmt werden muß, die Aufstellung möglicher Beziehungen zwischen ideellen Objekten ebenfalls qualitative Bestimmungen verlangt, reicht es eben nicht aus, das Wesen der Mathematik im Quantitativen zu sehen. Das wird auch durch die Betrachtungen zur Analogie, Allgemeinheit, Abstraktheit, Möglichkeit usw. unterstrichen.[83] Diese Dialektik von Quantitativem und Qualitativem in der Mathematik kann sicher weiter untersucht werden, uns interessiert aber im Zusammenhang mit der Widerspiegelung ein anderes Problem, das ebenfalls die Beziehung zwischen Quantität und Qualität und die Rolle der Mathematik betrifft. Wenn wir Gesetze als Ausdruck des Maßes betrachtet haben, so verweist das auf einen Aspekt der Einheit von Quantität und Qualität. Die Komplexität von Naturerscheinungen zwingt uns aber auch dazu, Gesetze in ihrem Zusammenwirken als System betrachten zu müssen. Die Bekämpfung von Schädlingen in der Landwirtschaft mit chemischen Mitteln erfordert zur Bekämpfung resistenter Stämme immer stärkere Gifte. Die Ausnutzungen von Giften kann aber mehr Schaden bringen, als der Ertrag an landwirtschaftlichen Produkten aufwiegt. Deshalb wurde auch der Landschaftsschutz zu einem wichtigen Teil staatlicher Tätigkeit erklärt. Dieses Problem des Zusammenhangs von einzelnen Gesetzen und komplexen Naturerscheinungen tritt uns an verschiedenen Stellen entgegen, so bei der Anwendung naturwissenschaftlicher Erkenntnisse in der Medizin, bei deren Umsetzung in der Technik usw. Das unter bestimmten Bedingungen als Maß erkannte Gesetz muß unter anderen Bedingungen und im Zusammenwirken mit anderen Gesetzen neu in seiner Bedeutung als Maß erkannt werden. Es geht da um das Maß der komplexen Erscheinung.

Die Diskussion um solche Probleme, die klassisch von Goethe in Auseinandersetzung mit der Newtonschen Farbenlehre geführt wurde, flammt immer wieder auf und führt manchmal zu einer Entgegensetzung zwischen der analytischen, quantifizierenden mathematischen Betrachtungsweise und der synthetischen, qualitativen Gesamtschau, die intuitiv vorzunehmen sei. Ich halte diese Gegenüberstellung für falsch. Sie ist jedoch in gewisser Weise durch Goethe so eingeführt worden. Für ihn war das Messen von Winkeln, Abständen, Geschwindigkeiten usw. zwar eine wichtige Erkenntnismethode, um technische Ziele zu verwirklichen, aber er hielt das nicht für das beste Herangehen, um in die Geheimnisse der Natur einzudringen. Dazu bedürfe es der Gesamtschau der untersuchten Gegenstände unter natürlichen Bedingungen.

R. Carnap stellt fest, nachdem er Goethes Herangehen an die Naturerscheinungen als qualitatives Beobachten unter natürlichen Bedingungen beschrieben hat: „Heute wissen wir selbstverständlich, daß im Streit zwischen dem Newtonschen analytischen, experimentellen, quantitativen Herangehen und dem Goetheschen unmittelbaren, qualitativen, phänomenologischen Herangehen das erste sich nicht nur in der Physik zeigte, sondern heute mehr und mehr auch andere Gebiete der Wissenschaft erfaßt, eingeschlossen die Sozialwissenschaft. Jetzt ist offensichtlich, besonders in der Physik, daß die gewaltigen Erfolge im vergangenen Jahrhundert ohne die Ausnutzung der quantitativen Methoden unmöglich gewesen wären."[84] Obwohl Carnap hervorhebt, daß Goethe Erfolge mit seiner Methode in der vergleichenden Morphologie hatte, lehnt er doch die Unterordnung der quantitativen Methode unter die Gesamtschau ab. Nach ihm müssen zwei sprachliche Situationen unterschieden werden, wenn man die Frage beantworten will, ob wir etwas verlieren, wenn wir die Welt mit Hilfe von Zahlen beschreiben.[85] Sprache wird dabei in ganz allgemeinem Sinne jede Methode genannt, die Informationen über die Welt liefert. Die zwei Situationen sind dann erstens eine Sprache, die tatsächlich einige Eigenschaften der beschriebenen Gegenstände nicht enthält, und zweitens eine Sprache, bei der es nur so scheint, als ob sie diese Eigenschaften nicht enthalte, sie in Wirklichkeit aber enthält. Für die erste Situation nimmt Carnap das Beispiel einer Fotografie von Manhattan in Schwarz-Weiß. Sie gibt uns Informationen, enthält aber vieles nicht. Sie sagt nichts über die Farben, über die Tiefenausmaße usw. aus. Trotzdem kann man richtige Schlüsse darüber bekommen, aber nicht aus der Fotografie allein. Für die zweite Situation nimmt er Noten auf einem Notenblatt. Sie enthalten die Musik, und der geübte Musiker hört sogar die Melodie. Auf den ersten Blick scheint es so, als ob keine Musik enthalten wäre, und doch gehört sie dazu. Nach Carnap ist für diese Art der Information vor allem die Kenntnis der Übersetzungsregeln notwendig, nach denen Noten in Musik, Messungen in Farbe usw. umgesetzt werden. Auf dieses Problem werden wir noch einmal zurückkommen, wenn wir uns mit dem Verhältnis von Information, Zeichen und Abbild beschäftigen. Hier geht es um das wichtige Argument Carnaps, daß wir nichts an Wissen über die Realität verlieren, wenn wir die quantitative Methode anwenden und dabei die Übersetzungsregeln kennen. Er betont: „Die Vorzüge der quantitativen Sprache sind so offensichtlich, daß man sich wundern muß, wenn viele Philosophen ihre Anwendung in der Wissenschaft kritisieren."[86]

Es ist hier vor allem zu bemerken, daß nicht nur Philosophen, sondern auch Naturwissenschaftler sich mit dem Verhältnis von quantitativen und qualitativen Methoden, Analyse und Gesamtschau beschäftigen. So stellt der Physiker Heitler in seinem in kurzer Zeit in mehreren Auflagen erschienenen Buch die Forderung, die quantifizierende Analyse durch eine intuitive Gesamtschau zu ergänzen, um den Verlust auszugleichen, der durch erstere an den menschlichen Werten hervorgebracht wird.[87] Dabei werden verschiedene Standpunkte vertreten. Die erste von Carnap und von vielen Naturwissenschaftlern entwickelte Auffassung betont die Bedeutung und Vorherrschaft der quantitativen Methode gegenüber allen anderen. Ich stimme hier vor allem mit der sachlichen Kritik überein, die an vielen Vorbehalten gegenüber der quantitativen Methode auch von seiten der Philosophen geübt wird. Aber ein Problem darf dabei nicht aus dem Auge verloren werden. Es besteht die Gefahr, aus der notwendigen Abstraktion, die durch die quantitativ-analytische Methode gefordert wird, einseitige Antworten auf die weltanschaulichen Grundfragen ableiten zu wollen. Insofern muß jede Erkenntnis auch auf die Tätigkeit des Menschen und seine Weltanschauung bezogen werden, muß in Beziehung zum gesellschaftlichen Fortschritt und zum Sinn des Lebens gesetzt werden.

Eben diese Seite haben einige im Auge, die wie Heitler zweitens die Ergänzung der analytischen Methode durch eine Gesamtschau fordern. Sie soll jedoch, wie bei Goethe, im intuitiven Erfassen durch Schauen und Beobachten bestehen. Hier geht es nicht mehr darum, der quantitativen Analyse durch Übersetzungsregeln die Qualität zuzuordnen, wie etwa Lichtwellen bestimmter Länge und Farben, sondern um den Verlust an Qualität durch quantitative Methoden. Heitler benutzt dazu das Beispiel der Farbenlehre. Nach ihr sind psychologische Effekte nicht durch Lichtwellenmessungen bestimmbar. Die intuitive Gesamtschau muß nach ihm also das liefern, was den Menschen an qualitativen Seiten der Natur betrifft und was durch die quantitativ-analytische Methode ausgesondert wird. Nun wird jeder den psychologischen Effekt von Farben als wesentliches Forschungsgebiet betrachten, aber sicher nicht die Forderung nach Intuition dabei unterstützen. Was Heitler und viele andere m. E. als echtes Problem sehen, es aber nicht wissenschaftlich lösen, ist die Existenz und Begründung einer Weltanschauung, die Orientierung für menschliches Handeln sein muß und die allgemeinen Fragen nach der Stellung des Menschen in der Welt, zur Naturwissenschaft usw. behandeln. Diese weltanschaulichen Grundfragen gilt es in einer wissenschaftlichen Weltanschauung so zu beantworten, daß die Mittel wissenschaftlicher Abstraktion voll eingesetzt werden, einschließlich quantifizierender Methoden, dort, wo sie sinnvoll sind. Man muß das Gebiet weltanschaulichen Denkens und Handelns aus dem Bereich der Intuition herausnehmen, wissenschaftlich die Bildung von gesellschaftlicher und individueller Weltanschauung erforschen, den Zusammenhang mit den gesellschaftlichen Kräften, mit der Arbeiterklasse herstellen, um so bewußt die Herausbildung einer wissenschaftlichen Weltanschauung bei den Menschen fördern zu können und unwissenschaftliche sachlich zurückzuweisen.

Eine dritte Gruppe von Auffassungen betont die Berechtigung verschiedener Methoden in der Wissenschaft, ohne das grundlegende Problem der Weltanschauung und damit der „Gesamtschau" der Welt zu benutzen. So verteidigt Bernays mit Bezug auf F. Gonseth[88] und J. Piaget[89] die Möglichkeit anthropologischer Betrachtungen von Gebieten theoretischer Forschung. Er schreibt: „Dieses Verfahren ist Gegenstand philosophischer Diskussion. Aprioristische Philosophen sind meist geneigt, jedes derartige Unternehmen von vornherein als psychologistisch abzulehnen. Dieser Vorwurf des Psychologismus ist aber nur da berechtigt, wo die anthropologische Betrachtung verabsolutiert wird, das heißt, wenn wir uns nicht ihrer Grenzen bewußt sind. Jedenfalls ist es angemessen, daß wir uns vom naturalistischen Standpunkt eine Vorstellung vom Funktionieren unserer erkenntnisartigen Tätigkeiten und Vorgänge und von ihren Möglichkeiten zu verschaffen suchen. Anerkannt ist ja die Kritik und Kontrolle, welche unser Gebrauch der Wahrnehmung durch die Feststellungen der Psychophysik erfährt. Aber die Untersuchungen brauchen auch hierbei nicht stehen zu bleiben. Übrigens sind ja die Forschungen in der Psychophysik der Wahrnehmungen noch keineswegs abgeschlossen. Man begnügt sich ja hier nicht damit, den Wahrnehmungsvorgang physikalisch und physiologisch zu kennzeichnen, sondern man will von der Seite der Psychophysik her auch die phänomenologischen Tatsachen, insbesondere betreffend die Mannigfaltigkeit der Beziehungen der Farben und der Töne verstehen. Im Gebiet der Farbenlehre ist vor nicht langem ein grundsätzlicher Fortschritt gelungen, indem die vorher bestehenden Unstimmigkeiten zwischen der physiologischen Farbenlehre und den phänomenologischen Befunden sich erklären ließen durch Veränderungen, die sich beim Übergang vom Sinnesorgan zum Zentralnervensystem vollziehen."[90] Hier wird versucht, die anthropologische Betrachtung in die wissenschaftliche Forschung als Bestandteil einzuordnen. Dabei werden die Grenzen betont und die Bedeutung der quantitativ-analytischen Methode nicht bestritten, auch nicht einer anderen untergeordnet. Es geht eigentlich hier um den von Carnap genannten Übersetzungsmechanismus zwischen qualitativen Wahrnehmungen und qualitativem Denken und den quantitativen Bestimmungen mit Geräten. Dieser Übersetzungsmechanismus wird wissenschaftlich von der Psychologie und Physiologie untersucht und selbst auch quantifiziert. Dabei wendet sich Bernays gegen zu einfache Deutungen, wenn er schreibt: „In der Kennzeichnung des Musikalischen von der Psychophysik her ist gewiß noch manches zu tun. Die These, daß der harmonische Wohlklang der Akkorde sich durch die Einfachheit der Verhältnisse der Schwingungszahlen bestimme, ist gewiß zu simpel. Eine bloße Quinte klingt leer und nicht schön. Der Dreiklang C–E–G klingt schöner, wenn man das E um eine Oktave erhöht. Vermutlich wird es einmal möglich, auch solche Dinge im Rahmen der Psychophysik verständlich zu machen."[91] Gefordert ist eigentlich die Einheit von Analyse und Synthese, das tiefere Verständnis von Zusammenhängen der Natur, die auf den Menschen nicht als quantitative Beziehungen allein wirken, sondern in ihrer Gesamtheit bestimmte Gefühle, Motive usw. wecken. Die zukünftige Forschung wird zeigen, was davon ebenfalls quantitativ durch Zahlen bestimmt werden kann. Bernays ist zuzustimmen, wenn er die Berechtigung verschiedener Methoden in der Wissenschaft fordert. Das qualitative Beschreiben, das aus der Beobachtung hervorgeht, ist m. E. eine Vorstufe zur Bestimmung des Maßes für diese Qualität. Dabei scheint jedoch eine gewisse Überschätzung dieser Methoden in den folgenden Worten zum Ausdruck zu kommen: „Doch, wie gesagt, die anthropologische Betrachtung des geistigen Lebens und seiner Gegenstände braucht nicht bei der Wahrnehmung und ihren Objekten stehenzubleiben. Die Denkprozesse sind sicherlich auch einer solchen Betrachtung zugänglich. Ich möchte in diesem Zusammenhang erinnern an die ziemlich vergessene Schrift von Paul Hertz *Über das Denken* (1923), in der er unter anderen die einfachsten Denkhandlungen untersucht, wobei er auf Prozesse kommt, die den einfachsten Funktionen der kombinatorischen Logik (Konstanzfunktion, Identitätsfunktion) entsprechen. – Wir haben hier einen Forscher unter uns, Prof. Piaget, der sehr weitgehend die Entwicklung der mathematischen Vorstellungen und Begriffe anthropologisch verfolgt. Mit diesen Untersuchungen ist die Bahn eröffnet für einen weiten Bereich des Forschens, und es ist zu wünschen, daß diese Richtung der Forschung auf breiter Front weitergeführt werde."[92] Zweierlei daran ist wichtig: einerseits darf die Vorstufe quantitativer Erforschung, die in der qualitativen Beschreibung besteht und zu Gesetzen als allgemein-notwendigen und wesentlichen Zusammenhängen führen kann, nicht unterschätzt werden; andererseits muß der Übersetzungsmechanismus zwischen quantitativen Beziehungen und qualitativen Bestimmungen genau erforscht werden. Diese in Bernays Ausführungen enthaltenen Forderungen verdienen volle Unterstützung. Die Standpunkte reichen also von der Überschätzung der quantitativen Methode bei Carnap, wobei das Problem der Synthese des Wissens und des Übersetzungsmechanismus von Quantität in Qualität nicht in seiner ganzen Kompliziertheit gesehen wird, über den Versuch, die notwendige Weltanschauung durch Intuition aufzubauen, bis zur Forderung nach Anerkennung der anthropologischen Methode. Bei allem wird deutlich, daß mit dem Verhältnis von Quantität und Qualität, wie schon betont, nicht das eigentliche Problem getroffen wird, denn überall zeigt sich, daß quantitativen Methoden nicht ausgewichen werden kann und die Quantität immer in Einheit mit der Qualität existiert. Hinter diesem Streit um die Rolle der quantitativen Methode verbergen sich zwei Probleme. Das eine betrifft die Rolle der Abstraktion, die als wissenschaftliche Abstraktion sich der quantitativ-analytischen Methode bedient, die wiederum ihren höchsten Ausdruck in der Mathematik hat, aber nicht mit der Mathematik allein verbunden ist. Das zweite ist die Klärung der Rolle der Mathematik im Widerspiegelungsprozeß. Da Mathematik oft als Wissenschaft von der Zahl, des Quantitativen allein verstanden wird, wurde diese Frage als Frage nach der Rolle der Quantität aufgefaßt.

Heisenberg charakterisiert in seiner Stellungnahme zum Streit Goethes mit Newtons Werk die Rolle der naturwissenschaftlichen Abstraktion: „Die Aufgabe lautet ja, in der bunten Vielfalt der Erscheinungen das Einfache zu erkennen. Das Bestreben der Physiker mußte also darauf gerichtet sein, aus der verwirrenden Kompliziertheit der Phänomene einfache Vorgänge herauszuschälen. Aber was ist einfach? Seit Galilei und Newton lautet die Antwort: *Einfach* ist ein Vorgang, dessen gesetzmäßiger Ablauf quantitativ, in allen Einzelheiten, mathematisch ohne Schwierigkeiten dargestellt werden kann. Der einfache Vorgang ist also nicht jener, den uns die Natur unmittelbar darbietet; sondern der Physiker muß durch manchmal recht komplizierte Apparate das bunte Gemisch der Phänomene erst trennen, das Wichtige von allem unnötigen Beiwerk reinigen, bis der eine ,einfache Vorgang allein und deutlich hervortritt, so daß man eben von allen Nebenerscheinungen absehen, d. h. abstrahieren kann. Das ist die eine Form der Abstraktion, und Goethe meint dazu, daß man damit eigentlich schon die Natur selbst vertrieben habe."[93] Wir haben schon bei der Darlegung von Grunderkenntnissen der dialektisch-materialistischen Erkenntnistheorie darauf hingewiesen, daß uns unsere Abbilder zuverlässige Nachrichten vom Verhalten der Objekte geben. Aber diese Nachrichten werden bei der Umwandlung äußerer Reize in Bewußtseinstatsachen verschlüsselt und müssen von uns entschlüsselt werden. Mehr noch, die Kompliziertheit objektiv-realer Beziehungen und Systeme zwingt uns zur Analyse. Wir zerlegen Komplexe, führen komlizierte Systeme auf einfache zurück und begreifen in der Vielfalt der Beziehungen nach und nach das allgemein Notwendige und Wesentliche, das Gesetz. Das Gesetz zu haben, heißt aber, es in eine Theorie einzuordnen, Beziehungen mit anderen Theorien herzustellen usw. Wenn man das Trägheitsgesetz kennt, so kennt man noch lange nicht die Auswirkungen auf den Menschen im Kosmos. Das unter bestimmten Bedingungen in Reinheit erkannte Gesetz, d. h. bei Beseitigung aller störenden Faktoren, muß nun im Zusammenhang mit anderen Faktoren gesehen werden. Wer jedoch meint, die Stufe der Analyse durch intuitive Gesamtschau umgehen zu können, wendet sich gegen die Wissenschaft. Die Abstraktion wird nämlich, auf der erreichten Erkenntnis aufbauend, mehrstufig fortgesetzt. Führt die physikalische Abstraktion zum Gravitationsgesetz, so kann der Physiologe dieses Gesetz nicht aufheben, da auch der Mensch und seine Umgebung aus physikalischen Prozessen bestehen. Aber er muß die Existenz des Gravitationsgesetzes im Zusammenhang mit anderen Gesetzen und Bedingungen sehen. So liefert er mit der Aufdeckung gesetzmäßiger Zusammenhänge in dem von ihm untersuchten System eine andere Abstraktion, die das Gravitationsgesetz und seine Auswirkung auf den menschlichen Organismus beachtet. Der Statiker, Architekt usw. nutzt physikalische Gesetze, beachtet ihre Existenz in dem von ihm untersuchten System und kommt mit Hilfe der Abstraktion zu neuen gesetzmäßigen Beziehungen. Ohne die Kenntnis der anderen Abstraktionen werden aber die Konstruktionen des Technikers, die Aussagen des Biologen und Mediziners nicht bestehen können. Abstraktionen sind also in einfachen und komplizierten Systemen erforderlich. Jedes System hat Systemgesetze, die es zu erforschen gilt und die durch Abstraktion als objektive Gesetze in Widerspiegelungen, d. h. Gesetzesaussagen, erfaßt werden. Der innere Zusammenhang zwischen Gesetzen gleichen Niveaus in verschiedenen Systemen, in höher- und niedrigerentwickelten Systemen zwingt uns dazu, den inneren Zusammenhang unserer Abstraktionen als Ausdruck des objektiven Zusammenhangs zu erforschen. So liefert auch die wissenschaftliche Philosophie keine intuitive Gesamtschau, sondern ein auf wissenschaftlichen Abstraktionen aufbauendes, sich in der Praxis bewährendes und zu heuristischen Aussagen befähigtes System von Antworten auf die weltanschaulichen Grundfragen. Im Sinne der Klassiker des Marxismus-Leninismus und in Übereinstimmung mit den Naturwissenschaften ist also das Problem der Abstraktion so zu lösen, daß überall die quantitativ-analytische Methode anzuwenden ist; auch wenn das nicht immer schon in mathematischer Form geschehen kann. Die dadurch gewonnenen Abstraktionen sind als Gesetze zur Erklärung der wesentlichen Verhaltensweisen des untersuchten Systems geeignet. Neben dem Vordringen in die Tiefe solcher Systeme, wobei etwa die chemischen und physikalischen Grundlagen der Lebensprozesse, die psychologischen Verhaltensweisen menschlicher Individuen usw. untersucht werden, muß vor allem auf den objektiven Zusammenhang zwischen relativ isolierten Systemen geachtet werden, der als Struktur-, Bewegungs- und Entwicklungszusammenhang begriffen werden und als solcher untersucht werden muß. Dabei entstehen Integrationsprobleme, wie etwa die Untersuchung gesellschaftlich bedingter Krankheitssymptome, die Entwicklung von Persönlichkeiten, die Gestaltung bestimmter Landschaftsbereiche, die Entwicklung der sozialen Beziehungen in einem Wohngebiet usw., die nicht auf quantitativ-analytischem Wege durch eine Wissenschaft gelöst werden. Aber auch hier muß die quantitativ-analytische Methode Anwendung finden, indem sie auf die erreichten Erkenntnisse in den Gebieten aufbaut, die in das Integrationsproblem notwendig eingehen und an dem Gegenstand angemessene, Einseitigkeiten vermeidende Abstraktionen durchführt. Das Argument, jede Abstraktion sei einseitig, kann dadurch entkräftet werden, daß es sich nicht um Einseitigkeiten in wesentlichen, d. h. den Charakter der Erscheinungen bestimmenden Beziehungen handeln darf. Das aufzudecken, ist aber gerade eine wichtige Forschungsaufgabe. So führt die Synthese über die Analyse, ist die Abstraktion auch für die Synthese erforderlich, da es um die synthetische Erkenntnis allgemein-notwendiger und wesentlicher Seiten geht, also um Gesetze komplexerer und komplizierterer Systeme, die nicht durch Intuition aufgedeckt werden. Die Beachtung dieser verschiedenen Anwendungen der Abstraktionen sagt uns, daß wir das konkrete objektive System oder Ereignis analytisch in verschiedene Bestandteile zerlegen, sie untersuchen, um sie dann synthetisch so zusammenzufügen, daß die quantitativen und qualitativen Beziehungen zwischen den analytischen Teilen des Ganzen als Gesetz bestimmbar werden. Das geistig reproduzierte Konkrete ist die abstrakte Zusammenfassung verschiedener Abstraktionsergebnisse. Sie ist aber nicht nur die quantitative Seite qualitativer Bestimmungen, sondern das Maß, das Gesetz.

Für diese Abstraktionsergebnisse haben die mathematischen Theorien große Bedeutung. Darauf ist schon mehrmals hingewiesen worden. Vor allem ist ersichtlich, daß die Mathematik nicht nur Zahlen, nicht nur Quantitäten behandelt. Das wurde schon in der Bestimmung deutlich, wonach die Mathematik Wissenschaft von ideellen Objekten und ihren möglichen formalisierbaren Beziehungen ist. Eben hier sieht Heisenberg auch eine weitere Form der Abstraktion, mit der Goethe ebenfalls nicht einverstanden war: „Die andere Form der Abstraktion besteht im Gebrauch der Mathematik zur Darstellung der Phänomene. In der Mechanik Newtons hat sich zum erstenmal gezeigt – und das war der Grund für ihren enormen Erfolg –, daß in der mathematischen Beschreibung riesige Erfahrungsbereiche einheitlich zusammengefaßt und damit einfach verstanden werden können. Die Fallgesetze Galileis, die Bewegungen des Mondes um die Erde, die der Planeten um die Sonne, die Schwingungen eines Pendels, die Bahn eines geworfenen Steins, alle diese Erscheinungen konnten aus der einen Grundannahme der Newtonschen Mechanik, aus der Gleichung: Masse mal Beschleunigung = Kraft, zusammen mit dem Gravitationsgesetz, mathematisch hergeleitet werden. *Die abbildende mathematische Gleichung war also der abstrakte Schlüssel zum einheitichen Verständnis sehr weiter Naturbereiche; und gegen das Vertrauen in die öffnende Kraft dieses Schlüssels hat Goethe vergeblich angekämpft.*“[94] Über diesen abstrakten Schlüssel des Verständnisses verschiedener Naturerscheinungen wird sicher noch viel diskutiert werden, aber wir müssen uns vor der Überschätzung dieses Schlüssels, der nicht alle Pforten öffnet, ebenso hüten wie vor der Unterschätzung. Die Mathematik gewinnt ihre Bedeutung als Widerspiegelung im Zusammenhang mit anderen Wissenschaften. Durch das richtige Verständnis für die Widerspiegelung lassen sich Über- und Unterschätzungen vermeiden. Im Extrem ist die Überschätzung mit der idealistischen Deutung von einer primären ideellen Ordnung der Welt verbunden und die Unterschätzung mit mechanisch-materialistischen Einseitigkeiten, die die Kraft des Denkens nicht berücksichtigen. Die von uns dargestellte Einheit von Darstellungs- und heuristischer Funktion ist dabei zu beachten. Sie wird deutlich in der Schilderung Heisenbergs zur Entwicklung der Quantenmechanik. Die Mathematik half experimentelle Sachverhalte klar darzustellen. Daraus ergaben sich Lösungswege für andere Probleme. Zugleich konnte die Mathematik diese Bedeutung nur erlangen, weil die Physik eine bestimmte Stufe der Abstraktheit erreicht hatte. Heisenberg schildert den Zustand der Physiker vor der Ausarbeitung der Quantentheorie und das Aufatmen bei ihrer Entdeckung: „Es mußte doch schließlich möglich sein, in einer präzisen rationalen Sprache zu sagen, was im Inneren der Atome geschieht. Aber mit den Begriffen der älteren Physik war dies offenbar nicht mehr möglich. Es gab also einen Inhalt, der gestaltet werden mußte, nämlich die Ergebnisse vieler Experimente an den Atomen. Der offensichtlich vorhandene Zusammenhang zwischen diesen vielen Experimenten mußte klar ausgedrückt werden können. Aber das war lange Zeit zu schwierig. Erst als es dann schließlich gelungen war, empfanden die Physiker, daß ihre Wissenschaft wieder in Ordnung sei. Das Sichtbarwerden der neuen Ordnung war für die beteiligten Physiker ein starkes, überraschendes Erlebnis. Die im kritischen Gebiet Tätigen spürten sofort, daß hier etwas sehr erregendes Neues und völlig Unerwartetes geschehe. Aber ich möchte mich nicht länger mit der Schilderung solcher Erlebnisse aufhalten; nur einen Punkt möchte ich noch erwähnen, der für den späteren Vergleich wichtig ist. Die Mathematik und insbesondere ihre moderne technisierte Form, ihr Vollzug in elektronischen Rechenmaschinen, spielte in allen diesen Vorgängen nur eine untergeordnete, sekundäre Rolle. Die Mathematik ist die Form, in der wir unser Verständnis der Natur ausdrücken; aber sie ist nicht sein Inhalt. Man mißversteht die moderne Naturwissenschaft und, ich glaube, auch die moderne Entwicklung der Kunst an einer entscheidenden Stelle, wenn man in ihr die Bedeutung des formalen Elements überschätzt."[95] Daraus wird auch deutlich, daß Mathematik fehlende inhaltliche Klarheit nicht ersetzen kann. Sie ist ein Hilfsmittel zur Klärung inhaltlicher Probleme, klärt sie aber nicht allein. Deshalb ist nicht die Mathematik die alleinige Form der wissenschaftlichen Abstraktion, wohl aber eine sehr wichtige, die auf der Formalisierbarkeit aufbaut und deren Anwendung uns viele Mittel der Erkenntnis erschließt.

Die weltanschauliche Bedeutung der Diskussion um das Verhältnis von Mathematik und Philosophie ist also mit dem Zurückweisen des Idealismus und mechanischen Materialismus verbunden und vor allem dabei mit der Klärung des Widerspiegelungscharakters der Mathematik. Mit den Ausführungen in diesem Abschnitt sollten einige Argumente zur Verteidigung des materialistischen Standpunkts zur Mathematik zusammengetragen und kritische Anmerkungen zu verbreiteten Auffassungen gemacht werden. Dabei wird deutlich, daß viele Argumente gegen den Materialismus aus einseitigen Auffassungen des Erkenntnisprozesses entspringen. So verführt die Entgegensetzung von quantitativen und qualitativen Methoden zur Forderung nach der Ergänzung der quantitativen Analyse durch intuitive Synthese. Die wissenschaftliche Erkenntnis geht jedoch anders vor sich. Das eigentliche Problem wird mit dieser Forderung sogar verdeckt, nämlich sich mehr mit dem Abstraktionsprozeß zu befassen, die Einheit von Quantität und Qualität, Analyse und Synthese zu beachten und die Rolle der Mathematik im Abstraktionsprozeß der Wissenschaften zu bestimmen.

5. Zur materialistischen Erklärung des Bewußtseins

Die materialistische Erklärung des Bewußtseins ist Gegenstand der Erörterungen zu philosophischen Problemen der Naturwissenschaft, da sie eine weltanschauliche entscheidende Thematik berührt, die direkt mit der Antwort auf die Frage nach dem Ursprung der Welt, der Quelle des Wissens und der Stellung des Menschen in der Welt verbunden ist. Die materialistischen Antworten auf diese Fragen sind für die wissenschaftliche Erklärung des Bewußtseins entscheidend. So wendet sich der dialektische Materialismus gegen den Idealismus mit der These vom Primat der Materie gegenüber dem Bewußtsein. Diese materialistische Antwort auf die Grundfrage der Philosophie verlangt die Erklärung des Bewußtseins aus der materiellen Entwicklung heraus. Das führt bereits zu Auseinandersetzungen und Vorurteilen. So meint Del-Negro: „Gegen den Materialismus spricht die Unvollziehbarkeit der Vorstellung, daß ein Stück Materie denken, fühlen, wollen sollte (die sogenannten ‚Denkmaschinen' denken ja nicht wirklich, sondern verhalten sich nur so, als ob sie denken würden)."[96] Del-Negro weiß, daß diese Auffassung von Denken und Wollen anorganischer stofflicher Substanz dem dialektischen Materialismus nicht unterschoben werden kann. Aber er beachtet nicht den wichtigen Gedanken Lenins von der Einheit des Materialismus mit dem Entwicklungsprinzip. Der dialektische Materialismus postuliert nicht das Denken als Eigenschaft der Materie, sondern stellt die Aufgabe an die Wissenschaft, genau zu erforschen, wie das Bewußtsein entstand. Deshalb ist die für den dialektischen Materialismus von Del-Negro angegebene Lösung des Dualismus von Geist und Körper zu vereinfacht. Bei ihm heißt es: „Für den Diamat löst sich das Problem damit, daß das Bewußtsein und seine Vorgänge zwar nicht materiell seien, trotzdem aber von der Materie des Gehirns abhängen und als Eigenschaft des Gehirns anzusehen seien; eine scheinbar widersprüchliche Ansicht, die nur dann erträglicher wird, wenn man bedenkt, daß der Begriff der Materie im Diamat seine Stofflichkeit eingebüßt hat."[97] Hier kann es doch zunächst nicht darum gehen, die Stofflichkeit als materielle Eigenschaft überhaupt zu leugnen. Del-Negro meint hier eine Konvergenz zum kritischen Realismus zu finden, der die Natur der bewußtseinsunabhängigen Außenwelt nicht bestimmt. Es geht im dialektischen Materialismus um die Anerkennung des Bewußtseins als Eigenschaft und Entwicklungsprodukt der Materie, wobei Materie nicht nur als Stoff, d. h. als mit den Eigenschaften der Undurchdringlichkeit, der konzentrierten Raumerfüllung, der Schwere und Trägheit allein behaftet, verstanden werden darf. Es geht bei der Erweiterung des Materiebegriffs, der als Widerspiegelung der objektiven Realität, d. h. dessen, was außerhalb und unabhängig von unserem Bewußtsein existiert und widergespiegelt werden kann und wird, gefaßt wird, nicht darum, die Materialität dessen zu bestreiten, was außerhalb und unabhängig vom Bewußtsein existiert. Gerade diese Behauptung ist bei Del-Negro zu finden, wenn er meint, daß der kritische Realismus „im Diamat an die Stelle des ontologischen Materialismus trat“[98]. Der materielle Charakter wird zwar im dialektischen Materialismus nicht mehr ontologisch durch wenige Eigenschaften bestimmt, die den materiellen Objekten absolut zugesprochen werden, weil damit der Materialismus an die Entwicklung der Wissenschaft gebunden wäre, aber er wird nicht aufgegeben. Die objektive Realität ist einheitlich in dieser Materialität, und diese zeigt sich in den materiellen Wirkungen auf den menschlichen Erkenntnisapparat. Die verschiedenen Bestimmungen besagen also, daß der Materiebegriff das widerspiegelt, was außerhalb und unabhängig vom Bewußtsein existiert. Diese objektive Realität ist materiell in dem Sinne, daß es keiner außerweltlichen ideellen Ursachen zu ihrer Erklärung bedarf. Wie diese Materialität im einzelnen zu bestimmen ist, welche Eigenschaften, Strukturen materieller Objekte hinzukommen, muß die Spezialwissenschaft aufdecken. Aber die Kritik an der Gleichsetzung des Materiebegriffs mit dem Stoffbegriff besagt nicht, daß es keine Objekte mit stofflichen Eigenschaften gebe, sondern hebt hervor, daß das nicht die einzigen Merkmale der Materialität sind. So zeigte die Untersuchung der Strahlung die Durchdringlichkeit als Eigenschaft. Sie erfüllt nicht konzentriert den Raum, besitzt aber auch Masse. Dagegen besitzen die Photonen keine Ruhmasse. Die Teilchen verwandeln sich ineinander, was früher als mit der Stofflichkeit unvereinbar angesehen wurde. – Die objektive Realität wird nun im Bewußtsein widergespiegelt, d. h., es entsteht ein ideelles Bild der objektiven Realität, wobei dieser Entstehungsprozeß des Abbildes wissenschaftlich untersucht wird, um die materiellen Grundlagen der Bewußtseinsprozesse zu erkennen.

Der dialektische Materialismus unterscheidet sich also in wesentlichen Punkten vom kritischen Realismus, worauf noch einzugehen sein wird. Aber hier wird schon klar, daß der Versuch Del-Negros, dem dialektischen Materialismus und dem kritischen Realismus die gemeinsame Position der „kritisch-realistischen Bejahung der objektiven Außenwelt“ zu unterschieben, nicht stimmt, da gerade das Wesentliche am Materialismus, die Anerkennung der Einheit der Welt in der *Materialität*, geleugnet wird. Er schreibt, nachdem er festgestellt hat, daß der Neothomismus keinesfalls das Bewußtsein als sekundär und als eine

Eigenschaft betrachtet: „In diesem Punkt – und in manchen anderen – bleibt natürlich der Gegensatz aufrecht; *aber in der Bejahung der realen Außenwelt, u. zw. einer Welt, die keineswegs den rein stofflichen Charakter des klassischen Materialismus besitzt, gehen im Grunde Diamat und Neothomismus konform.* Es ist daher verkehrt, wenn *W. Büchel* („Dialektischer Materialismus und moderne Physik", Stimmen der Zeit 1960, S. 177) meint, die quantenphysikalische Komplementarität sei mit dem Diamat schwer vereinbar, weil für diesen die Materie greifbar und solid sein müßte (daß dies nicht der Fall ist, haben wir ausführlich dargelegt); ebenso verkehrt ist es auf der anderen Seite, wenn *H. Hörz* („Werner Heisenberg und die Philosophie", S. 191) einen Gegensatz zwischen „kritischem Realismus" als solchem und Diamat herausarbeiten möchte, weil jener gegen den Materialismus kämpfe und der Theologie Argumente liefere (beides gehört nicht zum Wesen der Sache, der kritische Realismus deckt sich mit der z. B. von Kröber vertretenen These des heutigen Diamat und hat an sich betrachtet nichts mit Theologie zu tun)."[99] Es ist einseitig, wie das manchmal in der Darlegung der marxistischen Auffassung geschieht, den Materiebegriff nur als Anerkennung einer bewußtseinsunabhängigen Außenwelt zu betrachten. Lenin stellte nie nur die eine Seite allein dar: „Die Materie ist das Primäre; Denken, Bewußtsein, Empfindung sind das Produkt einer hohen Entwicklung."[100] Er betonte immer den materialistischen Standpunkt auch bei der Erklärung des Abbildprozesses: „Eben das ist Materialismus: Die Materie wirkt auf unsere Sinnesorgane ein und erzeugt die Empfindung. Die Empfindung ist abhängig vom Gehirn, von den Nerven, der Netzhaut usw., d. h. von der in bestimmter Weise organisierten Materie. Die Materie ist das Primäre. Die Empfindung, der Gedanke, das Bewußtsein ist das höchste Produkt der in besonderer Weise organisierten Materie. Dies ist die Auffassung des Materialismus überhaupt und die Auffassung von Marx und Engels im besonderen."[101]

Der Unterschied zwischen dialektischem Materialismus und kritischem Realismus umfaßt also mehrere Aspekte, wenn man die innere Geschlossenheit der materialistischen Auffassungen berücksichtigt und nicht nur einseitige Formulierungen herausgreift, wie das Del-Negro im Falle Kröber macht. Die Bejahung der realen Außenwelt ist schon kein Konvergenzpunkt zwischen beiden, da der Materialismus nur die Einschränkung der Materialität auf Stoff kritisiert, aber am materiellen Charakter der Außenwelt festhält. Deshalb ist Büchels Angriff auf den Materiebegriff unhaltbar, aber die von mir gebrachten Argumente gehören zum Wesen der Sache. Der kritische Realismus liefert deshalb der Theologie Argumente, weil er die Frage nach dem Charakter der Außenwelt nicht beantwortet und eine Antwort für unmöglich hält. Weltanschaulich wichtig ist jedoch die prinzipielle Antwort, daß Materialität die Ablehnung jeder außerweltlichen ideellen Ursache, jedes ideellen Ursprungs der objektiven Realität bedeutet. Hier wird auch die Konsequenz des Materialismus sichtbar, der die Materialität mit den nachprüfbaren Einwirkungen der objektiven Realität auf die Sinnesorgane verbindet und so die objektive Realität als materielle Quelle unseres Wissens betrachtet. So sind unsere Empfindungen, Begriffe usw. Abbilder der objektiven Realität, die über die Sinnesorgane mit der objektiven Realität verbunden und selbst Bedeutungen materieller Prozesse sind. Eben auch diesen Punkt vom Abbildcharakter unseres Bewußtseins leugnet der kritische Realismus. Aber gerade dafür liefert die Wissenschaft ständig neues Material, das die Einheit von materiellen Strukturen und ideellen Widerspiegelungen nachweist.[102] So wurden Nervenzellen in den Hirngebieten der Sehrinde entdeckt, die durch bestimmte Kontureneigenschaften von Gegenständen erregt werden. Eine Zellgruppe spricht beispielsweise auf rechte Winkel an, eine andere auf Bewegungen bestimmter Geschwindigkeit, unabhängig davon, von welchem Objekt sie herrühren, eine dritte auf Knickung in einem Konturenverlauf. Mit diesen Nervenzellen können Formeigenschaften der Gegenstände erkannt werden, die wir gleichzeitig benennen und als Ganzes wahrnehmen und vorstellen. Diese Nervenzellen vollziehen objektiv Analyseprozesse, indem sie, unabhängig von den Gegenständen, ihre Form erfassen. In gewisser Weise wird hier auf materielle Art das vollzogen, was die Mathematik begrifflich leistet. – Vielleicht bietet sich hier eine auf den ersten Blick vulgär erscheinende Erklärung der Rolle der Mathematik dadurch, daß sie die formale Struktur der materiellen Grundlagen unseres Bewußtseins, wie sie in Nervenprozessen, Schaltungen usw. existieren, ausdrückt. Dann wäre sie zugleich eine Theorie der materiellen Bewußtseinsstrukturen. Um hier jedoch weitergehen zu können, müßte das Bewußtsein noch genauer erforscht sein. – Bei der Erkenntnis von Tönen, Schallwellen usw. werden materielle Prozesse im Gehör ausgelöst, die Informationen über die Art und Weise der Töne vermitteln. Auch hier existiert als materielle Grundlage der Bewußtseinsprozesse eine, wie Lenin sagte, in bestimmter Weise organisierte Materie, die die Informationen vermittelt. So wurden bei der Aufklärung der Funktionsweise des Gehörs z. B. Ganglienzellen entdeckt, die nicht auf reine Töne, sondern auf komplizierte Schallmuster ansprechen. Hier hat sich im Verlauf der historischen Entwicklung der Erkenntnisapparat des Organismus so vervollkommnet, daß er die für den Organismus bedeutsamen Schallmuster aussondert. Auch das ist ein Analyseverfahren, das nicht der Zerlegung in einzelne Komponenten dient, aus denen dann die für den Organismus wesentlichen Komplexe aufgebaut werden, sondern das aus der Vielzahl von Mustern die wesentlichen für den Organismus als Komplexe aussondert. Im Zusammenhang mit diesen Untersuchungen wurde ein System von Nervenfasern entdeckt, das bewirkt, daß nicht alle Reize, die auf den Organismus einwirken, in gleicher Weise aufgenommen werden. Die Hemmung peripherer Rezeptorzellen wirkt selektiv, auswählend, auf die Reizweiterleitung. Durch dieses materielle System ist es möglich, die Aufmerksamkeit in einem Gespräch zu verlagern und mal der einen, mal der anderen Stimme zu folgen.

Diese Ergebnisse unterstreichen die Einheit von materiellen Prozessen und ideellen Abbildungen und zeigen damit den Weg zur materialistisch-monistischen Lösung des Geist-Körper-Dualismus. Das bedeutet nun aber nicht, den Weg zu gehen, den einige Kritiker des dialektischen Materialismus gehen, die die Gegenüberstellung von Materie und Bewußtsein in der Grundfrage der Philosophie durch die Erkenntnisse der Biokybernetik, Neurophysiologie usw. aufheben wollen und die von der Naturwissenschaft nachgewiesene Einheit von Materie und Bewußtsein betonen, aber dabei von der „unauflöslichen Verbindung von Geist und Materie" sprechen.[103] Während bei der idealistischen Interpretation des Verhältnisses von Subjekt und Objekt in der Quantenmechanik die unauflösliche Verbindung des Subjekts mit dem Objekt als Argument gegen den Materialismus benutzt wurde – das deshalb nicht stichhaltig ist, weil die objektive Realität, potentielle Objekte und objektive Gesetze anerkannt werden müssen, die durch menschliches Handeln nicht beseitigt werden –, geht es hier um die Einheit von Geist und Materie. Die Existenz materieller Grundlagen ideeller Bedeutungen hebt aber die Grundfrage der Philosophie und ihre materialistische Beantwortung, bei der die Materie als primär und das Bewußtsein als abgeleitet betrachtet wird, nicht auf. Aber das erfordert Erläuterung, da sich Lenin stets gegen diejenigen wandte, die das Bewußtsein einfach als materiell bezeichnen, die Antwort auf die Grundfrage verwischen und den Abbildcharakter unseres Bewußtseins nicht berücksichtigen. Der dialektische Materialismus betont, daß das Bewußtsein sekundär gegenüber der Materie in verschiedener Hinsicht ist. Erstens ist das Bewußtsein Entwicklungsprodukt der Materie. Die Materie existierte vor dem Bewußtsein und hat erst auf einer hohen Stufe ihrer Entwicklung das Bewußtsein hervorgebracht. Aber es gab bereits Formen der Widerspiegelung, bevor der mit Bewußtsein begabte Mensch entstand. Unter Widerspiegelung durch ein System verstehen wir dabei allgemein die im Ergebnis materieller Einwirkungen auf dieses System entstandenen relativ beständigen Spuren dieser Einwirkung im System, die Elemente der Struktur der Einwirkung ausdrücken und Reaktionen des Systems auf die Einwirkungen sind. Im Laufe der Entwicklung bis zum Menschen sind aus primitiven Widerspiegelungsformen immer bessere entstanden, die schließlich zur spezifisch menschlichen Form der Widerspiegelung, zum Bewußtsein führten. Solche verschiedenen Entwicklungsstufen sind das Entstehen von Spuren bei wechselwirkenden Objekten im anorganischen Bereich, wobei die Objekte nicht aktiv auf die Einwirkung reagieren. Der Organismus dagegen bringt die Reizbarkeit, d. h. die aktive Reaktion auf Umwelteinflüsse hervor, die notwendige Voraussetzung des Stoffwechsels und damit des Lebens ist.

Durch Reize wird Energie verbraucht, die wieder aufgenommen werden muß. Bei primitiven Lebewesen ist deshalb die Widerspiegelung an die Form der einfachen Reizbarkeit gebunden; in ihr wird auf lebenswichtige Umweltbeziehungen negativ oder positiv reagiert. Später wird nicht mehr nur auf lebensnotwendige Erscheinungen, sondern auch auf die mit ihnen verbundenen Geräusche, Farben, Formen usw. reagiert. So differenziert sich nach und nach die Widerspiegelung bei höheren Tieren, was mit der Herausbildung spezifischer Organe verbunden ist und zur Erfassung der Umgebung in Form gegenständlicher Abbilder führt, wobei die höchstentwickelten Tiere, wie die Menschenaffen, eine kompliziertere Form der Widerspiegelung entwickeln, die mit komplizierterer Tätigkeit verbunden ist und als Denkhandeln bezeichnet wird. Die Widerspiegelung der Umwelt bleibt jedoch an die biologische Bedeutung der Gegenstände und Signale gebunden. Der Mensch erst, der seine Existenzbedingungen selbst produziert, widerspiegelt Gegenstände, ohne die Abbilder immer mit den Gegenständen zu verbinden, die er einmal subjektiv erlebt hat. Die Entstehung der spezifisch menschlichen Form der Widerspiegelung kann nur erklärt werden, wenn man die gesellschaftlichen Bedingungen dafür untersucht. Dabei ist die dialektische Einheit von Kontinuität und Diskontinuität in der Entwicklung des Bewußtseins von den primitiven Formen der Widerspiegelung bis zu den höchsten zu beachten. Einerseits vollzieht sich die ständige Vervollkommnung und Verbesserung des Widerspiegelungsapparates, differenziert sich die Fähigkeit zur Widerspiegelung und entwickeln sich alle Voraussetzungen für das menschliche Bewußtsein, das als höchste Form der Widerspiegelung betrachtet werden muß, die nicht mehr an die biologische Bedeutung gegenständlicher Situationen gebunden ist, sondern abstrakte Beziehungen betrachtet, ideelle Objekte bildet und sinnvolle Programme für menschliche Tätigkeiten entwirft, Prognosen aufstellt, Hypothesen entwickelt usw. Diese Entwicklung vollzog sich unter dem Einfluß äußerer Bedingungen, die bei den Tieren biologischer Art waren. Andererseits vollzieht sich mit der Entwicklung des menschlichen Bewußtseins eben der genannte qualitative Sprung, der nicht durch äußere biologische Bedingungen allein erklärbar ist, sondern die gesellschaftliche Organisation und Tätigkeit der Menschen als innere Bedingung sozialen Verhaltens mit einschließt. Die Entstehung und Entwicklung der Arbeit als Grundlage menschlicher Existenz überhaupt brachte mit dem menschlichen Bewußtsein eine neue Qualität der psychischen Tätigkeit hervor. Die Arbeit ist ein gesellschaftlicher Prozeß zur gegenständlichen Veränderung der Natur mit Hilfe von Werkzeugen. Das erfordert einen ungeheueren geistigen Aufwand zur Verfertigung der Werkzeuge, zur planmäßigen Gestaltung der Beziehungen zwischen dem Ziel der Tätigkeit, der Art der Werkzeuge, den Möglichkeiten menschlichen Verhaltens usw. Höhere psychische Leistungen verlangen bestimmte Organe und deren Differenzierung. Arbeit, Bewußtsein und Sprache beeinflussen sich gegenseitig in ihrer Entwicklung. Auch die Arbeit als gesellschaftliche Tätigkeit hatte Vorformen im gemeinschaftlichen Leben hochentwickelter Tiere. Aber die neue Qualität der Beziehungen des Menschen besteht darin, daß sie auf der Grundlage der Produktion materieller Güter als Voraussetzung menschlicher Existenz geknüpft und durch die Art und Weise der Produktion bestimmt werden.

Damit sollte nur angedeutet werden, wie kompliziert der Entwicklungsprozeß des menschlichen Bewußtseins ist, worin seine wichtigsten Komponenten bestehen und daß die Auffassung vom Denken und Wollen stofflicher Materie in keiner Weise dem dialektischen Materialismus entspricht, der das Bewußtsein als kompliziertes Entwicklungsprodukt der Materie faßt, wobei sich aus der wissenschaftlichen Erkenntnis die Einsicht in das *genetische* Primat der Materie gegenüber dem Bewußtsein ergibt und das Bewußtsein sich als abgeleitet sekundär erweist.

Zweitens ist das Bewußtsein sekundär in struktureller Beziehung. Wir können hier vom *strukturellen Primat* der Materie gegenüber dem Bewußtsein sprechen. Das Bewußtsein ist Eigenschaft der Materie und existiert nicht unabhängig von materiellen Prozessen. Während also auch nach der Entwicklung des Bewußtseins materielle Prozesse vor sich gehen können, ohne Bewußtsein zu besitzen, kann Bewußtsein nicht ohne materielle Prozesse existieren. Es ist also als ständige Eigenschaft der Materie in struktureller Hinsicht abgeleitet, sekundär. Auf die Existenz bestimmter Nervenzellen mit Abstraktionsfunktion wurde schon hingewiesen. Die Formwahrnehmung, das Hören usw. bedürfen materieller Prozesse. Hinzu kommen die physikalischen und chemischen Grundlagen der Nerventätigkeit, die die Erkenntnis ermöglichen. Zur Aufrechterhaltung der Lebensfähigkeit der 10^{10} Nervenzellen des Großhirns, die 2% der Gesamtmasse des Körpers ausmachen, sind pro Tag 70 Liter Sauerstoff notwendig. Damit das Gehirn funktionieren kann, müssen deshalb 10% des durch Atmung aufgenommenen Sauerstoffs dafür verbraucht werden. Der hohe Grad an Organisiertheit des Gehirns verlangt ständige Energiezufuhr. Eine Unterbrechung der Sauerstoffzufuhr zum Gehirn von nur wenigen Sekunden zerstört zwar noch nicht den räumlichen Aufbau des Gehirns, macht aber den Menschen „bewußtlos". Hält die Unterbrechung länger an, treten entscheidende Veränderungen im Bewußtsein ein. Das Gedächtnis ist auf die Synthese von spezifischen Eiweißen in den Nervenzellen zurückzuführen. Sicher sind die materiellen Voraussetzungen und Grundlagen der Bewußtseinsprozesse noch genauer zu erforschen, ihre chemischen und physikalischen Komponenten aufzudecken, aber ohne diese materiellen Prozesse, ohne Energieaufnahme, chemische Umwandlungen, elektrische Potentiale, Informationstransport durch chemische Substanzen, physikalische Reaktion usw. gibt es kein Bewußtsein. Das Bewußtsein als Eigenschaft der Materie ist damit eine bestimmte Struktur, die von den materiellen Prozessen nicht völlig unabhängig, sondern mit ihnen verbunden, ihr Resultat ist.

Drittens ist das Bewußtsein die spezifisch menschliche Form der Widerspiegelung der Einflüsse auf den Menschen mit Hilfe bestimmter materieller Prozesse. So kann die Eiweißsynthese, die in den Nervenzellen vor sich geht, durch die Chemie untersucht und analysiert werden, elektrische Potentiale können auf elektronischem Wege gemessen werden, wenn sie bei Lichtreizung in bestimmten Hirngebieten sich ändern. Für das Bewußtsein als Widerspiegelung der objektiven Realität enthalten diese materiellen Prozesse Informationen über die Einwirkungen der Außenwelt auf den Menschen, vermitteln sie also Nachrichten über die Außenwelt. Gerade in diesem Informationscharakter besteht das ideelle Abbild des materiellen Prozesses. In der Widerspiegelungsbeziehung ist nicht die materielle Grundlage der ideellen Bedeutung wesentlich, sondern die ideelle Bedeutung des materiellen Prozesses. Wir sind in der Lage, mit Hilfe verschiedener Zellgruppen Bewegungen usw. so zu koordinieren, daß wir etwa ein fahrendes Auto rechtzeitig bemerken und vor ihm zurücktreten, da die Gesamtheit unserer Kenntnisse die entsprechende Gefahr signalisiert. Es bilden sich deshalb auf der Grundlage materieller Prozesse eine Vielzahl ideeller Beziehungen heraus, in denen unsere Erfahrungen, Hypothesen, Prognosen usw. zusammengefaßt werden. In bezug auf die ideellen Bedeutungen bestimmter materieller Prozesse kann man deshalb von der ideellen Struktur unseres Bewußtseins sprechen. Hier zeigt sich das Primat der Materie gegenüber dem Bewußtsein in der sekundären, abgeleiteten Widerspiegelung der materiellen Prozesse im Bewußtsein. Dieser Widerspiegelungesprozeß geht nicht einseitig gerichtet vor sich. Das zeigte etwa die in der Rolle der Mathematik zum Ausdruck kommende Kraft des theoretischen Denkens, aber die Widerspiegelung ist in dem Sinne sekundär, daß sie Widerspiegelung objektiver Realität ist, gleichgültig wie dieser Widerspiegelungseffekt zustande kam, ob durch Begriffsbildung und Überprüfung der Folgerungen oder durch die Lösung von Aufgaben, die sich direkt aus der Praxis ergaben. Deshalb vereinfacht Del-Negro die materialistische Erklärung des Bewußtseins, wenn er als Grundposition, „auf die ein Anhänger des Diamat nicht verzichten konnte", zum Bewußtsein nur zählt die „einseitige Abhängigkeit der Bewußtseinsvorgänge von der Materie, genauer vom Gehirn (wobei allerdings der nichtmaterielle Charakter des Bewußtseins selbst im Gegensatz zu den Vulgärmaterialisten zumeist zugegeben wird; es ist aber trotzdem vom materiellen Gehirn abhängig, dieses ist sein Träger)." [104] Der nicht-materielle Charakter des Bewußtseins drückt sich gerade in der Widerspiegelung aus, für die nicht der materielle Prozeß entscheidend ist, der ideelle Bedeutung vermittelt, sondern nur die ideelle Bedeutung, die mit den widergespiegelten Objekten und Prozessen konfrontiert wird. Es wäre hier vulgärmaterialistisch, den Widerspiegelungscharakter des Bewußtseins auf die materiellen Prozesse im Gehirn selbst zu beschränken. Solche Auffassungen hat es unter marxistischen Psychologen auch gegeben. So erklärte K. W. Kornilow 1925: „Die Psyche als Eigenschaft der Materie ist subjektiv, aber eine untrennbare Seite dieser Materie." [105] Nur verstand er diese untrennbare Beziehung zwischen Materie und Bewußtsein so, daß es bei der Widerspiegelung um die Beziehung des Psychischen, Subjektiven zu den materiellen, objektiven Prozessen des Gehirns geht.[106] Eben das ist nicht die Widerspiegelungsbeziehung. Hier wird das strukturelle Primat der Materie auf die Widerspiegelungsbeziehung gegenüber dem Bewußtsein verengt. Der materielle Prozeß als Träger der Information hat nur die Übermittlerfunktion, stellt die materielle Verbindung zwischen Sender und Empfänger, zwischen Objekt und Abbild dar. Die Widerspiegelungsbeziehung abstrahiert von diesem materiellen Träger – wenn es sich nicht um die Theorie dieses Trägers und damit um seine Widerspiegelung handelt – und betont die relativ exakte Widerspiegelung des Objekts und der Beziehungen im Bewußtsein.

Für den materialistischen Standpunkt ist es wichtig, sowohl die *Materialität* der Prozesse hervorzuheben, die vom äußeren Reiz bis zur Reaktion, über Gedächtnis usw. als materielle Grundlage der Bewußtseinsprozesse existieren und in einer naturwissenschaftlichen Theorie des Bewußtseins widergespiegelt werden, als auch die *Idealität* des Abbildes zu betonen, die darin besteht, daß der materielle Prozeß, der Informationen über das abgebildete Objekt liefert, keine stoffliche, energetische, strukturelle Kopie des Objekts ist, sondern in codierter Form die Informationen enthält, die vom Bewußtsein mit Hilfe der Praxis (Erfahrung) decodiert werden können. Gerade dieser Gegensatz zwischen Materialität und Idealität ist Gegenstand der Grundfrage der Philosophie. Er wird verwischt, wenn die Idealität des Abbilds auf die Materialität der Nervenprozesse im Erkenntnisapparat reduziert wird, wie das Kornilow und andere Vertreter von der Materialität des Bewußtseins taten. Das Primat der Materie gegenüber dem Bewußtsein in der Widerspiegelungsbeziehung anzuerkennen heißt, abgebildetes Objekt und in Wahrnehmungen, Vorstellungen, Empfindungen, im Verhalten, in Begriffen, Theorien, Aussagen formuliertes Resultat des Erkenntnisprozesses in bezug auf seine Übereinstimmung mit dem Objekt durch die Praxis zu überprüfen. Dabei kann eben die Übereinstimmung nie in Form eines einfachen Spiegelbilds existieren, weil sonst gerade die Idealität negiert würde. Die Übereinstimmung besteht in dem Sinne, daß die vorhandenen Informationen über Form, Struktur, Bestandteil usw. des Objekts, über seine Beziehungen zu anderen Objekten richtige Schlüsse für menschliches Verhalten zulassen. Dabei muß das Verhalten nicht als sofortige Reaktion auf Reize erfolgen, und die Theorien sind nicht immer mit Vorstellungen über konkrete Objekte verbunden. Hier drücken sich einige spezifische Seiten der menschlichen Widerspiegelung der objektiven Realität aus. Auch bei ihr handelt es sich um das Entstehen relativ beständiger Spuren der Einwirkung der Außenwelt auf den Menschen, wobei die Spuren Elemente der Struktur der Einwirkung ausdrücken und Reaktionen des Menschen auf die Einwirkungen sind. Aber wir hatten schon auf die differenzierten und entwickelten Formen der Widerspiegelung bei höheren Tieren hingewiesen, die bis zum Denkhandeln führen und die aktive Gestaltung der Umwelt gestatten. Beim Menschen entsteht in der Widerspiegelung eine neue Qualität, da die Spurenbildung als Umwandlung des äußeren Reizes in eine Bewußtseinstatsache zu einer Trennung der Information von der gegenständlichen Vorstellung führt, abstrakt in Begriffen, Theorien und Aussagen formuliert wird und so die relative Trennung von Denken und Sprache auf der einen Seite und der Tätigkeit auf der anderen Seite erlaubt. Deshalb geht es bei der menschlichen Form der Widerspiegelung nicht mehr allein um die aktive Verarbeitung der aus der Außenwelt erhaltenen Informationen und ihre Umsetzung in Handlungsanweisungen, sondern auch um die Untersuchung möglicher materieller Beziehungen, die als Beziehungen zwischen ideellen Objekten dargestellt werden, um die Prognose zukünftiger Tätigkeiten usw. Der Mensch widerspiegelt objektive Gesetze, entwickelt ideelle Systeme mit ideellen Objekten und Beziehungen und koordiniert seine ideelle Tätigkeit mit der objektiven Realität in der Praxis. Durch diese spezifische Form der Widerspiegelung entstehen beim Menschen auch neue Bedürfnisse, die nicht nur auf die Befriedigung materieller Interessen gerichtet sind, sondern auch sein geistiges Leben, seine ideellen Bemühungen usw. betreffen. Weil das Bewußtsein Widerspiegelung der objektiven Realität ist, die objektive Gesetze, Entwicklungstendenzen, Möglichkeiten zur Veränderung der Wirklichkeit erfaßt, ist es Anleitung zum Handeln. Das Handeln selbst wird auf verschiedene Weise motiviert und stimuliert. Hier spielt nicht nur die wissenschaftliche Erkenntnis der objektiven Realität eine Rolle, sondern auch die Gestaltung und Entwicklung der Psyche des Menschen, was wiederum abhängig von den gesellschaftlichen Verhältnissen und den daraus sich ergebenden Klasseninteressen ist. Die Kompliziertheit menschlicher Interessen- und Motivbildung und -gestaltung schränkt jedoch nicht den grundsätzlichen materialistischen Gedanken vom Primat der objektiven Realität gegenüber der Widerspiegelung als dem Resultat des Erkenntnisprozesses ein. Das Abbild ist immer in bezug auf das Objekt zu überprüfen, ob es das Objekt annähernd exakt in seinen Beziehungen erfaßt oder nicht. Deshalb ist es zwar richtig, wenn für die Erkenntnis betont wird, daß sie sowohl vom Objekt als auch vom Subjekt abhängt, aber diese Feststellung darf nicht zur Vernachlässigung des Primats der Materie gegenüber dem Bewußtsein in der Widerspiegelungsbeziehung führen. So schreibt S. Wasiljew über den Erkenntnisprozeß: „Die nüchterne unvoreingenommene Betrachtung dieses Prozesses zeigt, daß die Erkenntnis als Resultat der Wechselwirkung des Menschen mit der ihn umgebenden Natur und der gesellschaftlichen Wirklichkeit sowohl vom Objekt als auch vom Subjekt abhängt."[107] Diese Feststellung ist gegen die vulgarisierende Tendenz der Betrachtung des Erkenntnisprozesses gerichtet, die alle Einwirkungen des Subjekts auf ihn vernachlässigt. Diese widerspricht auch unseren Darlegungen zur Rolle des Experimentators, zur Kraft schöpferischen Denkens usw. Um jedoch den materialistischen Grundgedanken deutlich zu machen, der in der Betrachtung der Abhängigkeit des Erkenntnisprozesses von Subjekt und Objekt verlorengehen könnte, ist m. E. die Unterscheidung zwischen dem Prozeß und den Resultaten des Prozesses wichtig. Das Primat der Materie gegenüber dem Bewußtsein in der Widerspiegelungsbeziehung bezieht sich auf die Beziehung zwischen Objekt und *Abbild als Erkenntnisresultat.* Hier ist das Erkenntnisresultat vom Objekt abgeleitet und nicht umgekehrt das Objekt vom Erkenntnisresultat. Dieser Feststellung widerspricht auch nicht die Gestaltung von Objekten, seien es Plaste, Maschinen, Kunstwerke usw., die erst als Projekt im Kopf des Menschen existieren, da die aktive Gestaltung der Umgebung und die Neuschöpfung auf richtigen Abbildern der objektiven Realität, auf der Erkenntnis der objektiven Gesetze usw. beruhen. Wenn die objektiven Möglichkeiten zur Gestaltung der Wirklichkeit nicht als Erkenntnisresultate richtig erfaßt wurden, dann wird die Verwirklichung projektierter Möglichkeiten nicht gelingen. Selbstverständlich lernt der Mensch im Erkenntnisprozeß durch die aktive Veränderung der Wirklichkeit, auch durch das Scheitern geplanter Projekte, die realen Möglichkeiten von den unrealen zu unterscheiden. Aber das ist eben kein reiner Widerspiegelungsprozeß, sondern zugleich ein Prozeß der gegenständlichen Veränderung der Wirklichkeit. So ist der Erkenntnisprozeß die andere Seite der Veränderung. Der Mensch erkennt durch Veränderung und verändert auf der Grundlage von Erkenntnissen, die er ständig erweitern muß. In diesem Prozeß der Gestaltung, Veränderung und Erkenntnis der Wirklichkeit müssen die ganze Kraft schöpferischen Denkens, die Fähigkeit zum Experiment usw. eingesetzt werden, um Erkenntnisresultate zu erhalten, die neue Projekte begründen lassen und so die *bewußte* Gestaltung der Wirklichkeit ermöglichen. Sicher kann man nun feststellen, daß auch das Resultat des Erkenntnisprozesses vom Subjekt abhängt. Das ist richtig, wenn man damit meint, daß Erkenntnisse nur dadurch erreicht werden, daß Menschen mit bestimmten Fähigkeiten und Fertigkeiten sie dem natürlichen und gesellschaftlichen Prozeß „entlocken". Aber in der Widerspiegelungsbeziehung geht es um etwas anderes: Ist das *Resultat* des Erkenntnisprozesses eine wahre Widerspiegelung des objektiven Sachverhalts? Diese Frage wird vom Materialismus dadurch beantwortet, daß er Empfindungen, Vorstellungen, Begriffe, Theorien als relativ exakte Abbilder der objektiven Realität – die mehr oder weniger vermittelt sind – faßt und sie also als von der objektiven Realität abgeleitet betrachtet. Die Frage dagegen, wie man im *Erkenntnisprozeß* zu diesen Resultaten gelangt, erfordert die Beachtung der aktiven Rolle des Erkenntnissubjekts. Das Resultat des Erkenntnisprozesses in seiner Widerspiegelungsbeziehung ist unabhängig davon, wer es gefunden hat. In der Naturwissenschaft werden solche Resultate ständig präzisiert, erweitert, in neue Theorien eingebaut und nach und nach die Rolle des Entdeckers vergessen. Für den Physiker, der das Fallgesetz oder das Trägheitsgesetz benutzt, ist es unwichtig, wie Galilei und Newton es gefunden haben. Die Relativitätstheorie hat sich inzwischen so vervollkommnet, daß sie sich von den Darlegungen bei Einstein unterscheidet. Die Abbilder werden in mathematischer Form besser dargestellt. Es hat Ergänzungen gegeben. Neue Ableitungen sind dazugekommen und Konsequenzen berechnet, verworfen oder bestätigt worden. Damit wurde die Theorie zu einer immer adäquateren Widerspiegelung der objektiven Realität. Für den Erkenntnistheoretiker, der den *Erkenntnisprozeß* zum Gegenstand seiner Untersuchungen macht, ist die Widerspiegelungsbeziehung zwischen Objekt und Abbild und die Hervorhebung des Primats der Materie gegenüber dem Bewußtsein Ausgangspunkt der weiteren Untersuchung der Dialektik von Subjekt und Objekt im Erkenntnisprozeß. Dabei verläßt er aber in dem Moment den materialistischen Standpunkt, wenn er den Abbildcharakter der Resultate des Prozesses nicht mehr beachtet.

In dieser Richtung liegen Kritiken an der dialektisch-materialistischen Erkenntnistheorie durch den Existentialismus. Der Mensch wird nur in Aktion gesehen, aber die Determinanten der Aktionen, die Produktionsverhältnisse, werden nicht berücksichtigt. In der Erkenntnistheorie kommt einer der führenden Vertreter des Existentialismus, J. P. Sartre, deshalb zur Leugnung der Rolle der Bewußtheit für die Aktion und betont nur die Einheit von Aktion und Bewußtwerden. Der Prozeß wird gegenüber dem Resultat überbetont und das Resultat in seinen Beziehungen zum Objekt nicht betrachtet. Als Argument nutzt Sartre, und deshalb ist das für uns interessant, die erkenntnistheoretischen Einsichten der modernen Physik. Er schreibt: „Die einzige Erkenntnistheorie, die heutzutage Gültigkeit beanspruchen kann, ist die auf die Einsicht der Mikrophysik gegründete: daß der Experimentator selbst in die Versuchsanordnung einbezogen ist. Dies ist die einzige Theorie, auf Grund derer man allen idealistischen Illusionen entgehen kann, die einzige, die den wirklichen Menschen in der wirklichen Welt zeigt. Aber dieser Realismus impliziert notwendig einen reflexiven Ausgangspunkt, d. h., die Enthüllung einer Situation erfolgt in und durch die Praxis, die sie verändert. Wir setzen die Bewußtheit nicht als Ursprung der Handlung an, sondern sehen darin ein notwendiges Bestandstück der Handlung selbst: die Handlung erhellt sich im Laufe ihres Vollzugs selbst, nichtsdestoweniger treten diese Erhellungen erst im Bewußtsein und durch die Bewußtheit der Handelnden auf, was mit Notwendigkeit den Ansatz einer Erkenntnistheorie impliziert. Die Erkenntnistheorie aber ist gerade der schwächste Punkt des Marxismus." [108] Hier muß einiges richtiggestellt werden. Die Einbeziehung des Experimentators in die Versuchsanordnung und die Betonung der Erkenntnis bei der praktischen Veränderung reicht gerade nicht zur Abgrenzung vom Idealismus aus. Dazu ist die Anerkennung objektiver Gesetze, die der Physiker mit Hilfe seiner Experimente erkennt, erforderlich. Hier beginnt aber das eigentliche Problem einer materialistischen Erkenntnistheorie, über die bei der philosophischen Deutung der Mikrophysik viel diskutiert wurde. So betonten viele Physiker, daß der Mensch im Experiment Fragen an die Natur stellt. Dazu braucht er aber Hypothesen, die er sich theoretisch erarbeiten muß. Ohne Modelle, Hypothesen usw., also ohne theoretische Vorbereitung, wäre die experimentelle Arbeit planlos, ziellos, ein Glücksspiel. Dabei muß nicht jeder Physiker alle Konsequenzen, die sich aus den Ergebnissen eines Experiments ergeben, überschauen. Aber er braucht einen Plan für sein Experiment. Die in den Experimenten erhaltenen Daten unterliegen dann der wissenschaftlichen Analyse, die, von den vorhandenen Theorien ausgehend, die neuen Daten einordnet oder zur Entwicklung einer neuen Theorie führt. Insofern entsteht Bewußtheit nicht erst in der Aktion, sondern ist bereits vorhanden und wird in der Aktion einer Bewährung unterworfen. Wird eine neue physikalische Theorie erforderlich, weil die experimentellen Daten nicht mit den vorhandenen Theorien vereinbar sind, so sind dafür nicht nur die individuellen Daten eines Physikers aus seinen Experimenten entscheidend, sondern erst ein umfangreiches Material macht die objektiven Gesetze dieses Materials einsichtig. Die theoretische Synthese des Materials ist ebenfalls nicht Bestandteil der Aktion, sondern ihrer theoretischen Auswertung. Die dann entwickelte Theorie wird mit Hilfe aus ihr gezogener Schlußfolgerungen am Experiment überprüft. Insofern ist Bewußtheit Bestandteil der Handlung, wie Sartre meint, aber nicht allein. Sie ist auch Ausgangspunkt der Handlung. Ohne physikalische Theorie gäbe es schon keine konstruierten Geräte für komplizierte Experimente, könnten keine sinnvollen Fragen an die Natur gestellt werden. Obwohl der Physiker sein Experiment bewußt durchführt, liefert es noch keine neue Theorie. Lediglich eine Beschreibung ist möglich; denn das Ergebnis erfordert theoretische Deutung, die nicht schon in der Handlung selbst entsteht, sondern den Vergleich mit anderen Handlungen fordert. Nicht die Beschreibung eines Experiments, sondern erst die Theorie, in der die individuellen Besonderheiten verschwunden sind und die Bestandteil des gesellschaftlichen Bewußtseins als der Summe aller Erkenntnisse einer Epoche über die untersuchten Erkenntnisobjekte ist, wird vom

Materialisten als Widerspiegelung objektiver Gesetze gefaßt. Über die Kompliziertheit des menschlichen Erkenntnisprozesses, der sich im Handeln vollzieht, vergißt Sartre den Materialismus, der materielle Objekte als Erkenntnisgegenstände und Theorien als Widerspiegelungen objektiver Gesetze auffaßt. Aber erst von dieser materialistischen Grundlage her kann eine der modernen Physik adäquate Erkenntnistheorie ausgearbeitet werden, die auch die komplizierten Beziehungen zwischen Erkenntnissubjekt und -objekt berücksichtigt.

Sartre entwickelt dann seine Kritik an der marxistischen Erkenntnistheorie: „Wenn Marx schreibt: ‚Die materialistische Weltauffassung bedeutet ganz einfach die Auffassung der Natur, so wie sie ohne jeden fremden Zusatz ist', macht er sich zum objektiven Weltauge und behauptet damit, die Natur so, wie sie absolut ist, zu betrachten. Nachdem er alle Subjektivität abgestreift und sich der reinen objektiven Wahrheit angeglichen hat, ergeht er sich in einer von Objektmenschen bevölkerten Objektwelt. Lenin dagegen schreibt, wenn er von unserem Bewußtsein spricht: ‚Es ist nur eine Widerspiegelung des Seins, bestenfalls eine in ewiger unendlicher Annäherung exakte Widerspiegelung' und nimmt sich mit demselben Argument das Recht, zu schreiben, was er gerade schreibt. In beiden Fällen geht es darum, die Subjektivität auszuschalten: im ersten Fall sucht man jenseits ihrer einen Standort, im zweiten diesseits. Beide Positionen stehen jedoch im Widerspruch zueinander: wie soll die ‚in unendlicher Annäherung exakte Widerspiegelung' die Grundlage für den materialistischen Rationalismus abgeben können? Hier wird ein Doppelspiel getrieben: es gibt im Marxismus ein konstituierendes Bewußtsein, das a priori die Rationalität der Welt behauptet (und infolgedessen dem Idealismus verfällt): dieses konstituierende Bewußtsein determiniert das konstituierte Bewußtsein des Einzelmenschen als bloßen Reflex (was zu einem skeptischen Idealismus führt). Beide Auffassungen laufen letzten Endes auf die Zerstörung des wirklichen Verhältnisses von Mensch und Geschichte hinaus, weil in der ersteren die Erkenntnis als reine Theorie, als nirgends situierter Blick, in der zweiten aber die Erkenntnis im bloß passiven Hinnehmen besteht ... Der Mensch verschwindet völlig ..." [109] Das eigentliche erkenntnistheoretische Problem im Materialismus sieht Sartre gar nicht. Das verhindert seine existentialistische Grundposition, die auch in der Erkenntnis vom einzelnen Menschen ausgeht und das Bewußtsein nicht als abhängig vom gesellschaftlichen Sein anerkennt.

Der Materialismus sucht zum Zweck der wissenschaftlichen Erforschung des Erkenntnisprozesses und seiner Ergebnisse die Objektivität in der Subjektivität. Damit verschwindet der Mensch nicht aus der

Philosophie, sondern er wird in seinem Verhalten objektiven Kriterien unterworfen, die außerhalb von ihm liegen. Mit dem Leninschen Materiebegriff wird das bezeichnet, was außerhalb und unabhängig von unserem Bewußtsein existiert und erkannt werden kann und wird. Diese Frage nach der Quelle unseres Wissens umgeht Sartre bereits. Er tut so, als ob das Wissen keine Quelle brauche. Wenn aber die objektive Realität existiert, dann kann sie zum Kriterium für die Richtigkeit unserer Auffassungen genommen werden. Deshalb nennt Lenin die Frage nach der objektiven Wahrheit, d. h. nach einem Inhalt unserer Vorstellung, der subjektunabhängig existiert, und ihre materialistische Beantwortung einen wesentlichen Bestandteil der marxistischen Philosophie. Die Marxisten anerkennen zwar die Existenz der objektiven Wahrheit, behaupten aber im Hinblick auf die Materiestruktur nicht die absolute Wahrheit der gewonnenen Erkenntnisse. Man kann Lenins Auffassung nicht, wie Sartre das tut, auf die Anerkennung des relativen Charakters unserer Erkenntnisse reduzieren. Lenin schreibt: „Ihr werdet sagen: Diese Unterscheidung zwischen relativer und absoluter Wahrheit ist unbestimmt. Ich antworte darauf: Sie ist gerade ‚unbestimmt' genug, um die Verwandlung der Wissenschaft in ein Dogma im schlechten Sinne des Wortes, d. h. in etwas Totes, Erstarrtes, Verknöchertes, zu verhindern, sie ist aber zugleich ‚bestimmt' genug, um sich auf das entschiedenste und unwiderruflichste vom Fideismus und vom Agnostizismus, vom philosophischen Idealismus und von der Sophistik der Anhänger Humes und Kants abzugrenzen."[110] Eben um die Einheit von Materialismus und Dialektik in dieser Frage geht es auch Lenin.

Wird der Prozeßcharakter der Erkenntnis überbetont, in der Dialektik von Subjekt und Objekt der Widerspiegelungscharakter der Abbilder und das Primat der objektiven Realität gegenüber den Abbildern nicht beachtet, dann führt das zur Beseitigung des Materialismus. Deshalb geht es in der Kritik an der Argumentation Sartres nicht in erster Linie um die Anerkennung der Subjektivität sondern um die Anerkennung der Objektivität, um den materialistischen Standpunkt, der erst die Rolle der Subjektivität, der aktiven Widerspiegelung und der bewußten Veränderung richtig begreifen läßt.

Verwirrt wurde die Problematik, die mit der Grundfrage der Philosophie verbunden ist, durch die Diskussion um die Kybernetik und speziell den Informationsbegriff. Da mehrmals die Widerspiegelung mit Informationen verbunden wurde, muß die Stellung des Informationsbegriffs zu den Kategorien „Materie" und „Bewußtsein" Lenins gestreift werden.[111] Durch die materialistische Betrachtung des Erkenntnisprozesses wurde bei manchen Kritikern des dialektischen Materialismus die „Information“ als etwas Drittes neben „Materie“ und „Bewußtsein“ gestellt. Damit wird aber die eindeutige Beantwortung der Grundfrage der Philosophie verhindert. So soll nach P. Kirschenmann die Information eine Antithese zu Geist und Materie sein, womit die Grundfrage der Philosophie ihren grundlegenden Charakter zur Klärung philosophischer Meinungsverschiedenheiten verlöre.[112] Keiner der Kritiker kann jedoch in Frage stellen, daß Information immer an materielle Prozesse gebunden ist. Jede Informationsübertragung verlangt Energie. Auch die Informationsaufnahme und -verarbeitung durch das Gehirn verbraucht Energie, wie wir gesehen haben. Die Information ist also kein geistiges Prinzip allein, da sie stets an materielle Prozesse gebunden ist. Das wird auch nicht bestritten, sondern die Einheit von materiellen Prozessen und ideellen Bedeutungen wird gerade genutzt, um die Gegenüberstellung von Materie und Bewußtsein aufzuheben. Da es aber generell keine ideellen Phänomene ohne materielle Prozesse gibt, was der Materialismus im Primat der Materie gegenüber dem Bewußtsein gerade betont, ist das kein Argument gegen den Materialismus. Der Schein einer antimaterialistischen Argumentation wird dadurch erweckt, daß verschiedene Beziehungen nicht richtig auseinander gehalten werden. Zuerst wird hervorgehoben, daß Information nicht an den Menschen gebunden ist, sondern auch in der Natur auftritt. Shukow bestimmt sie als das Moment der Widerspiegelung, das vom System zu seiner Steuerung ausgenutzt wird.[113] Zur Festlegung des materialistischen Standpunkts zur Information im Zusammenhang mit der Grundfrage reicht diese Bestimmung aus. Sie führt nämlich das Informationsproblem auf das allgemeine Problem der Widerspiegelung zurück. – Auf den Zusammenhang zwischen Information und Abbild ist bei der Behandlung der Dialektik des Erkenntnisprozesses noch einzugehen. Er ist jedoch für die grundsätzliche materialistische Argumentation noch nicht entscheidend. – Betrachtet man die Widerspiegelung als allgemeine Eigenschaft der Materie und den Widerspiegelungsprozeß zugleich als Informationsprozeß, bei dem die Elemente der Struktur der Einwirkungen auf ein System, die in den Spuren im System enthalten sind, die Information über die Einwirkung darstellen, dann ist der Prozeß der Informationsübertragung in den Widerspiegelungsprozeß eingebettet. Der Sender gibt eine codierte Nachricht über einen Kanal an den Empfänger, der sie decodiert. Von der Widerspiegelungsbeziehung her ist nun zu überprüfen, ob die Information, die der Empfänger hat, mit der Ausgangsinformation übereinstimmt. Diese Übereinstimmung wird durch den Empfänger in seinen Reaktionen überprüft. Aber diese Reaktionen und damit die

Prüfungsmethoden sind unterschiedlich. Handelt es sich um einfache Lebewesen, dann ist die Reaktion auf biologische Reize und die darin enthaltenen Informationen der Lebensprozeß überhaupt. Höhere Tiere nutzen die Umgebung biologisch wichtiger Beziehungen als Informationsträger. Der Mensch hat auch hier eine neue Qualität erreicht. Er benutzt ein umfangreiches Informationssystem, das auf der ideellen Widerspiegelung der objektiven Realität beruht und die Information nicht mehr an den konkreten Gegenstand bindet, über den informiert wird. Deshalb sagt die materialistische Antwort auf die Grundfrage der Philosophie für die Untersuchung der Informationsprozesse folgendes aus:

Erstens ist die Information als Teil des Widerspiegelungsprozesses in der Entwicklung zu betrachten, und die verschiedenen Formen der Informationsübertragung in der Biologie, Gesellschaft, Technik sind zu analysieren. Dabei handelt es sich um die Analyse materieller Prozesse, die teils direkt, teils in Simulationen widergespiegelt werden. Die Informationstheorie ist damit Widerspiegelung dieser Prozesse und als Bewußtsein sekundär gegenüber den materiellen Prozessen, die Informationen übertragen.

Zweitens ist das Verhältnis von End- und Ausgangsinformation zu untersuchen. Da materielle Systeme in der Technik, Tiere, Pflanzen usw. durch auf materiellen Prozessen basierende Reaktionen dieses Verhältnis überprüfen, tritt hier keine besondere Problematik im Zusammenhang mit der Grundfrage auf. Für den Menschen geht es darum, ob die Information über die objektive Realität Abbild von ihr ist. Die objektive Realität ist Quelle der Information, also primär. Die Information selbst wird durch materielle Prozesse vom Sender zum Empfänger übertragen. Damit ist die materialistische Auffassung bestätigt. Entweder handelt es sich um materielle Prozesse, bei denen die Theorie sekundär ist, sei es die Biologie, Technik, Informationstheorie, oder um die spezifisch menschliche Form der Widerspiegelung selbst, bei der im Widerspiegelungsprozeß mittels materieller Prozesse Abbilder entstehen, die als Erkenntnisresultate die Objekte und ihre Beziehungen mehr oder weniger exakt abbilden. Damit ergibt sich mit der Informationsproblematik keine besondere Schwierigkeit für die materialistische Beantwortung der Grundfrage, wenn die Widerspiegelungstheorie genügend ausgearbeitet ist. Schwierig wird es für die marxistischen Theoretiker, die Lenins Gedanken von der Widerspiegelung als allgemeine Eigenschaft der Materie nicht unterstützen oder meinen, Lenin habe diese Auffassung nicht vertreten.[114] Betrachtet man die Widerspiegelung als allgemeine Eigenschaft der Materie, die sich aus einfachen Formen bis zur spezifisch menschlichen Form als neuer Qualität entwickelt, dann ist die Information in ihren verschiedenen Formen mit der Widerspiegelungstheorie erklärbar. Zugleich erweist sich das menschliche Bewußtsein als Entwicklungsprodukt der Materie. Damit ist auch der Widerspiegelungsaspekt, wie Shukow bemerkt, allgemeiner als der erkenntnistheoretische.[115] Erkenntnistheorie befaßt sich mit der spezifisch menschlichen Form der Widerspiegelung, ihrer neuen Qualität, ihrer spezifischen Seite. Die Widerspiegelungstheorie wird nun oft eingeschränkt als Bestandteil der Erkenntnistheorie verstanden, die mit der Wahrheitstheorie und der Klärung der Rolle der Praxis die Erkenntnistheorie ausmache. Tatsächlich handelt es sich hier um eine eingeschränkte Widerspiegelungstheorie. Umfassend hat diese die Widerspiegelung als allgemeine Eigenschaft der Materie zu untersuchen und nicht nur spezifische Formen. Daraus folgt auch die erkenntnistheoretische Gegenüberstellung von Materie und Bewußtsein, die Bedeutung für die spezifisch menschliche Form der Widerspiegelung hat. Sie gilt, wie betont, für die allgemeinen Widerspiegelungsprozesse und ihre von Menschen aufgestellten Theorien und für die Widerspiegelung der objektiven Realität durch den Menschen überhaupt. Der zweite Aspekt ist der umfassendere, zu ihm gehört auch der erste als spezielleres Moment.

Man könnte nun meinen, daß eine besondere Problematik bei der Widerspiegelung des menschlichen Widerspiegelungsprozesses auftrete. Verwirrungen werden hier dadurch begünstigt, daß der Begriff des Bewußtseins in verschiedener Hinsicht gebraucht wird. Deshalb ist es wichtig, die dialektisch-materialistische Erklärung des Bewußtseins auch mit einer eindeutigen Festlegung zu verbinden, was in welcher Beziehung als Bewußtsein zu verstehen ist. Auf damit verbundene Probleme soll kurz hingewiesen werden.

Der philosophische Materialismus schließt mit der Anerkennung der Erkennbarkeit der objektiven Realität und ihrer Unerschöpflichkeit den Widerspruch zwischen Objektivität und Relativität aus. Die Anerkennung der objektiven Wahrheit, d. h. eines Inhalts unserer Vorstellungen, der außerhalb und unabhängig von unserem Bewußtsein existiert und den wir in unseren Theorien widerspiegeln, ist nicht verbunden mit der Feststellung einer absolut exakten Widerspiegelung, sondern fordert die Untersuchung des Erkenntnisprozesses als einer Annäherung relativer Wahrheiten an die vollständige Widerspiegelung der objektiven Realität.

Einerseits wird dabei die materialistische Position zur Erkenntnis verteidigt, die in der Anerkennung des Widerspiegelungscharakters unserer Erkenntnisse besteht. Andererseits wird auf die Dialektik des Erkenntnisprozesses verwiesen. Diese in der marxistischen Literatur vielfach behandelte Einheit von Materialismus und Dialektik im Erkenntnisprozeß führt durch die Mehrdeutigkeit des Bewußtseinsbegriffs zu Problemen, sobald es sich um die materialistische Erklärung des Bewußtseins handelt. Das wird in der Argumentation von Chauchard deutlich: „Der dialektische Materialismus hat den Mechanismus verworfen, und er verabscheut ihn zumindest so sehr wie den Idealismus. Pawlow hat durch seinen Nachweis der Gesamttätigkeit des Gehirns viel dazu beigetragen. Der Begriff des Sichtbarwerdens, der es ermöglicht, die neuen Eigenschaften jeder Organisationsstufe der Materie, besonders der menschlichen Ebene zu erkennen, indem er die qualitativen Veränderungen durch quantitative Verkomplizierung erklärt, weist den Weg, wie man den Mechanismus überwinden kann. Die marxistische Psychologie und Pädagogik mißt dem menschlichen Bewußtsein eine immer größere Bedeutung bei, was ihre Vertreter nicht daran hindert, Materialisten zu sein. Der naturwissenschaftliche Realismus steht in einem ununterbrochenen Kampf gegen die Überreste eines mechanistischen Denkens, dessen Widerstandskraft durch die Furcht vor dem Idealismus und Spiritualismus noch gesteigert wird. Die sowjetische Neurophysiologie der Pawlowschen Richtung bleibt deshalb trotz ihrer Grundlagen für eine Physiologie des Bewußtseins ängstlich bei der mechanistischen Auffassung des Bewußtseins als einem Epiphänomen.

Die Materialisten haben noch die Tendenz, die Bedeutung der Komplexität zu verkleinern und die Finalität von dem Organismus inhärenten Tatsachen zu leugnen. . ."[116]

Chauchard erkennt die Frontstellung des dialektischen Materialismus gegen den Idealismus und Mechanizismus. Er vermengt jedoch die Frage nach der Quelle unseres Wissens und der Widerspiegelung der objektiven Realität in unserem Bewußtsein mit der naturwissenschaftlich zu klärenden Frage nach den materiellen Grundlagen des Bewußtseins. Das wird deutlich, wenn er von der Physiologie des Bewußtseins spricht und marxistische Psychologen wegen ihrer Anerkennung der Rolle des Bewußtseins lobt, obwohl sie sich zum Materialismus bekennen.

Das Bewußtsein ist in philosophischem Sinne, wenn man die Leninschen Bemerkungen zur Gegenüberstellung von Materie und Bewußtsein berücksichtigt, Entwicklungsprodukt und Eigenschaft der Materie. Darin unterscheidet es sich nicht von vielen anderen materiellen Erscheinungen und wird in seiner Struktur ebenso wie diese durch die

Naturwissenschaft untersucht. Es ist aber zugleich spezifisch menschliche Form der Widerspiegelung. Ohne nun die materiellen Prozesse zu berücksichtigen, die Grundlagen des Denkens sind, werden in der Grundfrage der Philosophie, eben der Frage nach dem Verhältnis von Materie und Bewußtsein, das, was außerhalb und unabhängig vom Bewußtsein existiert, und die Resultate des Widerspiegelungsprozesses einander entgegengestellt. Die materialistische Antwort auf diese Frage, die das Primat der Materie gegenüber dem Bewußtsein betont, ist wiederum keine Aussage über die Materiestruktur. Sie gibt die Orientierung für die wissenschaftliche Forschung, indem sie sich gegen jede von den Tatsachen losgelöste Spekulation wendet und für jede physiologische Theorie des Bewußtseins als Widerspiegelung die Überprüfung am Widergespiegelten verlangt. Der naturwissenschaftliche Begriff des Bewußtseins umfaßt die materiellen Grundlagen des Bewußtseins in seiner Einheit mit den ideellen Bedeutungen, die diese materiellen Prozesse besitzen. Insofern ist der philosophische Begriff des Bewußtseins enger, weil er sowohl von den materiellen Grundlagen als auch vom Denkprozeß abstrahiert und nur die ideellen Ergebnisse dieses Prozesses umfaßt.

In diesem Sinne können wir die Grundfrage der Philosophie auch auf die naturwissenschaftlichen Probleme des Bewußtseins anwenden. Der Materialist anerkennt die Existenz materieller Grundlagen des Bewußtseins und fordert ihre Untersuchung. Die Struktur dieser Grundlagen und des Denkprozesses überhaupt können philosophisch nur aus den Ergebnissen der Einzelwissenschaften verallgemeinert werden. Welche Hypothesen dann gewonnen werden können, betrifft schon die erkenntnistheoretisch-methodologische Funktion der Philosophie gegenüber der naturwissenschaftlichen Forschung. Wir haben gesehen, daß sich Lenin dieser Seite der philosophischen Arbeit bewußt ist und als Materialist die offenen Fragen in der naturwissenschaftlichen Erkenntnis hervorhebt, ohne sie durch allgemeine philosophische Phrasen zu vertuschen.

Einerseits wird auf die naturwissenschaftlichen Erkenntnisse verwiesen, die wir über das Bewußtsein erhalten haben oder noch erhalten werden. Da hier die Einheit von materiellen Prozessen (Materie) und ideellen Bedeutungen (Geist) gesehen wird, wenden sich einige Naturwissenschaftler gegen die Grundfrage der Philosophie und ihre materialistische Beantwortung, weil sie hierin einen Rückgriff auf den mechanischen Materialismus sehen. Andererseits wundern sie sich dann über die Anerkennung der Rolle des Bewußtseins für das Handeln der Menschen, die sie mit dem materialistischen Standpunkt für unvereinbar halten.

Um diesem Dilemma zu entgehen, muß vor allem der Unterschied zwischen dem philosophischen und dem naturwissenschaftlichen Bewußtseinsbegriff beachtet werden. In der Gegenüberstellung von Materie und Bewußtsein ist bewußt von ihrem inneren Zusammenhang abstrahiert worden, um den materialistischen Standpunkt zu verdeutlichen. So wie nicht auf die materiellen Grundlagen der Denkprozesse eingegangen wird, spielt auch die individuelle Entwicklung des Bewußtseins in dieser Gegenüberstellung keine Rolle. Das Bewußtsein in philosophischem Sinne als Ergebnis des gesellschaftlichen Erkenntnisprozesses hat programmatische Bedeutung für das Handeln der Menschen. Das Setzen von Zielen, die Abschätzung der Wahrscheinlichkeit für das Verwirklichen gewünschter Möglichkeiten, die Erkenntnis der zu schaffenden Bedingungen usw. sind nur durch die Existenz von Theorien als Widerspiegelungen der Wirklichkeit möglich.

Die Untersuchung des Bewußtseins als Einheit von materiellen Prozessen und ideellen Bedeutungen liefert mit der Theorie des Bewußtseins Einsichten in die Materiestruktur, die eine philosophische Analyse verlangen. Wir können entweder auf den weltanschaulichen Aspekt eingehen, der diese Theorien des Bewußtseins als Widerspiegelung des Bewußtseins im weiteren Sinne faßt, oder die erkenntnistheoretisch-methodologische Analyse der Erkenntnisse über das Bewußtsein durchführen, um eventuell auch weltanschaulich bedeutsame Argumente gegen den Idealismus zu finden.

Die philosophische Analyse des Bewußtseins hat also verschiedene Seiten, die man nicht vermengen darf, ohne Fehler zu begehen. Sicher wird von vielen Naturwissenschaftlern der Zusammenhang von Philosophie und Naturwissenschaft gerade bei dieser Problematik gesehen. Chauchard verdeutlicht diese Position mit den Worten: „Die wissenschaftliche Analyse der Welt übersteigt aber den rein naturwissenschaftlichen Rahmen und bildet einen Teil der Philosophie. Die Kosmologie und die objektive Untersuchung des Menschen und seines Verhaltens läuft heute naturwissenschaftlich auf eine Erklärung des menschlichen Bewußtseins hinaus. Eine naturwissenschaftliche Sicht ist deshalb reich an philosophischem Inhalt, sie hat einen allgemeinen und universellen Wert, den einfache praktische Kenntnisse hinsichtlich der Tat nicht hätten."[117] Was hier über die Bedeutung der naturwissenschaftlichen Forschung für die philosophische Analyse der Welt gesagt wird, entspricht insofern dem marxistischen Standpunkt, als keine philosophische Aussage über die Materiestruktur und damit auch nicht über die materiellen Grundlagen des Bewußtseins ohne Beachtung der naturwissenschaftlichen Einsichten gemacht werden darf; aber die weltanschauliche Problematik wird umgangen und die Anerkennung der Rolle des Bewußtseins und der Theorie für die Orientierung des Handelns als dem Materialismus nicht voll entsprechend angesehen, wie bei Chauchards Bemerkungen zu den marxistischen Psychologen deutlich wurde. Der dialektische Materialismus anerkennt aber voll und ganz die Bedeutung des Bewußtseins für das Handeln und bemüht sich auch in dieser Hinsicht um wissenschaftliche Erkenntnisse. Nicht umsonst betonen wir die sozialistische Bewußtseinsbildung so stark. Wir schätzen den mobilisierenden Charakter richtiger Einsichten in die gesellschaftlichen Zusammenhänge für die gesellschaftliche Tat hoch ein. Aber das betrifft nicht die naturwissenschaftlichen Probleme einer Bewußtseinstheorie, obwohl sie manchmal damit vermengt werden. Für die naturwissenschaftliche Forschung kann die Orientierung nur sein, ständig neue Erkenntnisse zu suchen, um dem naturwissenschaftlichen Geheimnis der Denkprozesse auf die Spur zu kommen. Auch hier existiert außerhalb und unabhängig vom Bewußtsein (im philosophischen Sinne) ein Inhalt unserer Vorstellungen (materielle Grundlagen des Bewußtseins), den es zu erforschen gilt. Das ist zugleich die Anerkennung der objektiven Wahrheit, auf der Lenin besteht, ohne die Relativität unserer Erkenntnisse auf diesem Gebiet zu leugnen.

Wir können also verschiedene Aspekte des Bewußtseinsbegriffs unterscheiden: In der Grundfrage der Philosophie benutzen wir zur Charakterisierung die Erkenntnisresultate. In der Naturwissenschaft geht es um die materiellen Grundlagen der Bewußtseinsprozesse als Abbilder. Physiologie und Psychologie haben den Zusammenhang von bestimmten materiellen Prozessen und ideellen Abbildern zu untersuchen. „Bewußtsein" wird aber auch zur Bezeichnung eines bestimmten Inhalts gesellschaftlicher Auffassungen bei einzelnen Menschen benutzt. Diese Bezeichnung nähert sich der ersten, wird aber meist in dem spezifischen Sinne der gesellschaftlichen Auffassungen einer Zeit unter bestimmten gesellschaftlichen Verhältnissen verstanden. So wird von der Entwicklung des sozialistischen Bewußtseins gesprochen und eine Theorie des Bewußtseins gefordert. Hier geht es aber nicht mehr um das Bewußtsein allein. Die Entwicklung des sozialistischen Bewußtseins ist abhängig von den Erfahrungen, Handlungen usw. des Menschen. Es gibt dabei nicht nur eine Widerspiegelung, sondern auch eine Motivation, einen Einfluß des Seins auf das Bewußtsein usw. Eine solche „Theorie des Bewußtseins" ist im eigentlichen Sinne eine Theorie der das Bewußtsein des Menschen beeinflussenden Faktoren, der Einheit von Denken und Handeln, Theorie und Praxis usw. Die Bezeichnung „Theorie des Bewußtseins" dafür ist irreführend. Eine

Theorie des Bewußtseins hat die materiellen Bewußtseinsprozesse, ihre Einheit mit ideellen Bedeutungen, die natürliche und gesellschaftliche Entwicklung usw. zu untersuchen, um die Entstehung und Funktion des Bewußtseins als Entwicklungsprodukt und Eigenschaft der Materie zu zeigen und ihren Widerspiegelungscharakter aufzudecken. Die Erklärung der Entwicklung des gesellschaftlichen Bewußtseins kann nur der historische Materialismus und keine spezielle Theorie des Bewußtseins liefern.

KAPITEL V

Die materialistische Dialektik als Theorie und Methode

In der Diskussion um die Grundprobleme der materialistischen Dialektik tauchte eine Reihe von Fragen auf, deren Beantwortung für die Klärung der bedeutenden Rolle der Dialektik für die Entwicklung der Naturwissenschaften wichtig ist. Sie gruppieren sich alle um die Bestimmung dessen, was unter Dialektik zu verstehen ist. Dabei geht es vor allem darum, die Reichhaltigkeit dialektischer Beziehungen zu beachten und die Behauptung, die Dialektik sei wissenschaftsfremd, die von einigen Naturwissenschaftlern vorgebracht wird, weil sie das Wesen der objektiven Dialektik, des dialektischen Denkens und dialektischen methodischen Herangehens an die Wirklichkeit nicht begreifen, richtigzustellen. Es wurde schon mehrmals auf die Einheit von Materialismus und Dialektik verwiesen. Das ist der Ausgangspunkt aller weiteren Betrachtungen zur Dialektik. Er besagt, daß dialektisches Denken eine Widerspiegelung der objektiven Dialektik ist und deshalb die Tatsachen in ihrem eigenen dialektischen Zusammenhang begriffen werden müssen. Die von der Dialektik als Wissenschaft untersuchten Beziehungen und Gesetze sind kein Schema zur Betrachtung des Weltzusammenhangs, wie das bei Hegel schien, sondern eine mehr oder weniger adäquate Widerspiegelung der objektiven dialektischen Beziehungen, die immer besser erforscht werden müssen, damit die Dialektik auch als Methodologie und Methode wirksam werden kann. Prinzipiell wird die Dialektik der Metaphysik entgegengestellt, die die Objekte und Prozesse nicht allseitig in ihrem inneren Zusammenhang, ihrer Bewegung und Entwicklung faßt. Dabei ist metaphysisches Denken auch von der Entwicklung der Naturwissenschaft abhängig. Wirkte es sich bis ins 19. Jahrhundert vor allem in der Leugnung des Entwicklungsgedankens aus, so wird dieser heute wohl anerkannt, aber nicht in seiner Vielfalt und Reichhaltigkeit begriffen, da die Quelle, Form und Richtung der Entwicklung nicht aufgedeckt werden. Aber auch um andere Aspekte der Dialektik gibt es Diskussionen. So betont Monod die ideale invariante Reproduktion der Natur, die nur durch absoluten Zufall gestört wird. Wie wir sehen werden, ist hier die Dialektik von Gesetz, Notwendigkeit und Zufall nicht beachtet worden, und damit fehlt eine wesentliche Voraussetzung zum dialektischen Verständnis der Naturprozesse in ihrer Entwicklung.

In der Beziehung zwischen marxistisch-leninistischer Philosophie und Naturwissenschaft ist vor allem das Verhältnis von dialektischem Determinismus zur Entwicklungstheorie interessant, da sich heute die philosophischen Probleme der Biologie und damit das Entwicklungsprinzip in den Vordergrund schieben. Die ausgearbeiteten philosophischen Probleme der Physik im Zusammenhang mit der Diskussion um den Determinismus bieten jedoch eine gute Grundlage für die Klärung der neuen Probleme. Deshalb soll mit der Frage, was Dialektik ist, die Beziehung zwischen diesen beiden Prinzipien der Dialektik berücksichtigt werden. Ein weiterer wichtiger Diskussionspunkt ist das Verhältnis von Theorie, Methode und Methodologie, um die Dialektik für die Entwicklung der Naturwissenschaft fruchtbar zu machen. Das ist zugleich ein Beitrag zur Erklärung der heuristischen Funktion der marxistisch-leninistischen Philosophie für die naturwissenschaftliche Forschung.

Die hier dargelegten Ausführungen zu diesem Problem stützen sich auf viele Forschungsergebnisse im dialektischen Determinismus und sind in bezug auf die Entwicklungstheorie weiter als Aufgabenstellung zu betrachten. Dabei kann die Frage, was Dialektik ist, nicht beantwortet werden, ohne auf die Bedeutung der Dialektik auch für die Gesellschaftswissenschaften und zur Lösung anderer als nur naturwissenschaftlicher Probleme hinzuweisen. Das entspricht dem oft geäußerten Gedanken, daß die Philosophie nicht allein durch die Naturwissenschaft begründbar ist.

1. Was ist Dialektik?

Um einen Ausgangspunkt für unsere Bemerkungen zur Diskussion um die Frage, was Dialektik ist, zu gewinnen und die dazu gehörenden kritischen Bemerkungen zu rechtfertigen, soll kurz der Standpunkt dazu charakterisiert werden: Die materialistische Dialektik wird als Wissenschaft von den allgemeinsten Beziehungen der Struktur, der Veränderung und Entwicklung in Natur, Gesellschaft und im Denken betrachtet. Es geht der Dialektik also darum, in Natur, Gesellschaft und Denken gedanklich den Zusammenhang der Objekte und Prozesse aufzudecken, sie in ihrer Veränderung und Entwicklung zu begreifen.

Dabei besteht ein innerer Zusammenhang zwischen den Aspekten objektiv-dialektischer Beziehungen und den verschiedenen Disziplinen der Dialektik.

Wenn man von den materialistischen Grundprinzipien ausgeht, die die Einheit der Welt in der Materialität und das Primat der Materie gegenüber dem Bewußtsein hervorheben, dann untersucht die materialistische Dialektik als Wissenschaft sowohl die Formen des objektiven Zusammenhangs, seine Struktur, seinen Prozeßcharakter und die Entwicklung als auch den dialektischen Prozeß der Erkenntnis der objektiven Dialektik, der zur Widerspiegelung der objektiven Dialektik im Denken, also zur subjektiven Dialektik führt. Bei der Untersuchung der objektiven Dialektik werden häufig Bereiche der dialektischen Beziehungen übersehen, ausgespart und so die Dialektik eingeengt. Von manchen wird nur die Entwicklungstheorie als Dialektik betrachtet, während andere die Struktur als das Wesentliche ansehen. Es geht um die Reichhaltigkeit dialektischer Beziehungen, die sich bereits bei der Untersuchung von Strukturbeziehungen offenbaren. Nur muß dabei die Einschränkung des Strukturbegriffs auf die invarianten Beziehungen im System oder gar auf das Gesetz aufgegeben werden. Die Struktur eines Systems wird, wie schon betont, als die Gesamtheit der wesentlichen und unwesentlichen, allgemeinen und besonderen, notwendigen und zufälligen Beziehungen zwischen den Elementen eines Systems in einem bestimmten Zeitintervall betrachtet. Gerade damit wird erst das Anliegen dialektischer Strukturbetrachtungen sichtbar. Verdeutlichen wir das kurz noch einmal am Verhältnis von Dialektik und Mathematik. Die Mathematik untersucht die Struktur in bestimmter Hinsicht. Sie betrachtet mögliche formalisierbare Beziehungen zwischen ideellen Objekten. Über diese Strukturbetrachtung geht die Dialektik in verschiedener Hinsicht hinaus, ohne die Mathematik, auf deren Bedeutung schon eingegangen wurde, damit ersetzen zu können. Die Dialektik untersucht das Verhältnis zwischen möglichen und wirklichen Beziehungen und muß dabei berücksichtigen, wie diese mit wesentlichen und unwesentlichen, notwendigen und zufälligen Beziehungen zusammenhängen. Als materialistische Dialektik erfaßt sie Beziehungen zwischen ideellen Objekten im Verhältnis zu den Beziehungen zwischen den materiellen Objekten und ist damit geeignet, begriffskritische Hinweise zu geben. So muß sie für den Elementbegriff, der nicht weiter reduzierbare Grundbestandteile einer Theorie erfaßt, die Dialektik von Struktur und Element, die Strukturmerkmale des Elements, die Beziehung von System und Element berücksichtigen und bei der Betrachtung des Verhältnisses von Inhalt und Form auf den möglichen Wechsel von

Elementen zu Beziehungen hinweisen, der die Dialektik im Verhältnis von Element und Beziehungen in einem System zeigt. Diese Ausführungen sind, wie schon betont, nicht formalisierbar, da sie sich nicht auf diesen Aspekt des Abstraktionsprozesses beziehen. In der Erkenntnistheorie muß gerade die Beziehung zwischen Formalisierbarkeit und nichtformalisierbaren Strukturbeziehungen aufgedeckt werden. Diese Hinweise sollen nur noch einmal verdeutlichen, daß es sich bei der Strukturuntersuchung um verschiedene Aspekte handeln kann. Im Sinne dessen, was beim Verhältnis von Mathematik und Philosophie ausgeführt wurde, geht es bei der Dialektik nicht um die gleichen Formen der Allgemeinheit ihrer Aussagen wie bei der Mathematik. Die Dialektik muß das *objektiv existierende Gemeinsame* von Objekten und Prozessen im Hinblick auf ihren *allseitigen Zusammenhang, ihre Veränderung und Entwicklung* herausfinden. Eben diese Forderung nach Allseitigkeit tauchte in der Konzeption einer intuitiven Gesamtschau des Weltgeschehens auf. Sie wurde da schon zurückgewiesen. Bei der Allseitigkeit der Betrachtungen der Dialektik geht es um das Verständnis des objektiven Zusammenhangs in seiner ganzen Kompliziertheit, der als geistig reproduziertes Konkretes eine Totalität mannigfaltiger abstrakter Bestimmungen ist. Die Dialektik darf also die Zusammenhänge nicht ausdenken, sondern muß sie in der Wirklichkeit auffinden und begrifflich erfassen. Einen Gegenstand oder eine Erscheinung dialektisch betrachten heißt also, ihre Struktur in der Vielfalt der Beziehungen möglichst allseitig aufzudecken, die Veränderung zu berücksichtigen und die Entwicklung mit Quelle, Form und Richtung zu analysieren.

Daraus ergeben sich Aspekte objektiv-dialektischer Beziehungen, die es aufzudecken gilt (Abb. 4). Das wird verständlich, wenn wir diese Aspekte im Zusammenhang mit den Kategorien „Wesen" und „Qualität" betrachten. Das Wesen eines Systems ist die Gesamtheit der relativ invarianten inneren Beziehungen. Durch die innere und äußere Wechselwirkung dieses Systems werden nun bestimmte Beziehungen besonders betroffen, die in diesem Zusammenhang wesentlich sind. Die Differenzierung in wesentliche und unwesentliche Beziehungen ist also beim objektiven Wechselwirkungsprozeß aus dem in einem bestimmten Zeitintervall vorliegenden spezifischen Zusammenhang abzuleiten. Was wesentlich war, kann in anderen Zusammenhängen unwesentlich sein. Die Gesamtheit der wesentlichen Beziehungen eines Systems, die in einem bestimmten Zusammenhang mit Teilsystemen oder anderen Systemen auftreten, soll Qualität genannt werden. Die Qualität unterscheidet also ein Objekt von anderen, aber auch einen Zustand des Objekts in einem Zeitintervall von anderen. Sind verschiedene Quali-

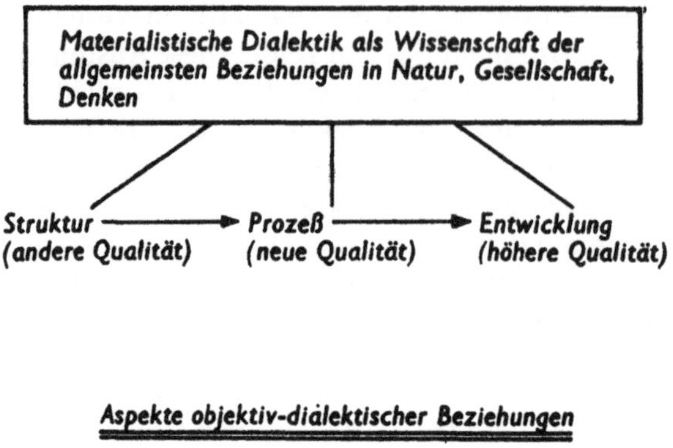

Abb. 4

täten, wie etwa die Aggregatzustände des Wassers, Ausdruck eines Wesens, nämlich der bestimmten chemischen Verbindung zwischen Wasserstoff und Sauerstoff, dann weisen sie Gemeinsames auf, was als Grundqualität bezeichnet werden soll. Ein Objekt oder eine Erscheinung hat also eine Grundqualität, erscheint aber in verschiedenen Zusammenhängen zu verschiedenen Zeiten mal mit der einen, mal mit der anderen Qualität, die aber alle Ausdruck der Grundqualität sind. Diese verschiedenen Qualitäten eines Wesens sind *andere Qualitäten*, aber noch keine *neuen Qualitäten*. Damit eine neue Qualität entsteht, muß sich im Prozeß die Grundqualität ändern und ein neues Wesen des Objekts oder der Erscheinung existieren. Im Erkenntnisprozeß ist nicht von vornherein klar, ob es sich bei bestimmten Erscheinungen um eine neue oder eine andere Qualität handelt. So können wir in der Elementarteilchenphysik Neutron und Proton als andere Qualitäten der Grundqualität Nukleon betrachten. Sie könnten aber auch im Verhältnis zueinander eine neue Qualität, d. h. voneinander durch ihr Wesen unterschiedene Teilchen sein. Die Suche nach den Fundamentalteilchen will nun die Gesamtheit der Elementarteilchen als andere Qualitäten der durch die Fundamentalteilchen bestimmten Grundqualität nachweisen. Diese dialektische Betrachtung führt keineswegs zu einem Reduktionismus der neuen auf andere Qualitäten einer Grundqualität, da stets die Grundqualität das gleiche Strukturniveau haben muß wie die andere Qualität, sonst handelt es sich auf jeden Fall um eine neue Qualität eines anderen Strukturniveaus. Sind nämlich die gesuchten „quarks" die Fundamentalteilchen, dann wird ein neues Strukturniveau gebrochener Quantenzahlen der Elementarladung aufgedeckt. Auf gleichem Strukturniveau befinden sich aber Elementarteilchen, die auf Grund ihres Zerfallsmechanismus' erst als verschieden angesehen werden, um dann als zwei Zerfallskanäle eines Teilchens erkannt zu werden. Es kann jedoch auch oft Gleichheit von oder die Existenz anderer Qualitäten behauptet werden, um später die neue Qualität zu erkennen, wie das bei der Suche nach den Mesonen der Fall war, die erst später in Myonen und Pionen differenziert werden konnten.

Ändert sich nun die Grundqualität in solcher Weise, daß zwischen Ausgangs- und Endqualität zwar eine scheinbare Rückkehr der Endqualität zur Ausgangsqualität feststellbar ist, aber die Endqualität quantitativ mehr und qualitativ bessere Beziehungen im Vergleich mit der Ausgangsqualität, bezogen auf ein relatives Ziel, hat, dann sprechen wir von *höherer Qualität*. Gerade das Entstehen höherer Qualitäten als Gegenstand der materialistischen Dialektik muß noch genauer untersucht werden, was bedeutet, daß die dialektisch-materialistische Entwicklungstheorie, die in den Grundzügen existiert, weiter ausgearbeitet werden muß. Die Aspekte objektiv-dialektischer Beziehungen, die es in ihrem inneren Zusammenhang zu untersuchen gilt, sind also die durch die Existenz anderer Qualitäten bestimmten Strukturbeziehungen, der Prozeß des Entstehens neuer Qualitäten und die Überprüfung, ob neue Qualitäten höhere Qualitäten sind, wie sie entstehen und worin ihre Quelle besteht.

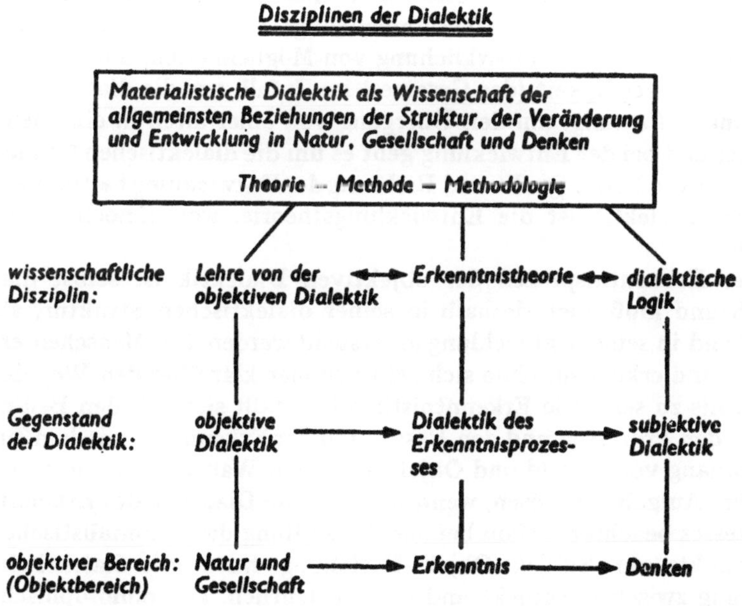

Abb. 5

Von diesen Aspekten objektiv-dialektischer Beziehungen sind die Disziplinen der Dialektik zu unterscheiden, die verschiedene Momente der Dialektik im menschlichen Erkenntnisprozeß betrachten (Abb. 5). Ging es bei den Aspekten objektiv-dialektischer Beziehungen um das Verständnis des objektiven Zusammenhangs als Struktur, Prozeß und Entwicklungszusammenhang, wobei das Verhältnis von anderen Qualitäten zueinander, von neuen und alten Qualitäten und niederen und höheren Qualitäten untersucht wird, so wird bei den Disziplinen der Dialektik die Beziehung zwischen Materie und Bewußtsein wichtig. Die materialistische Dialektik untersucht Natur und Gesellschaft (Objektbereich), um die dialektischen Beziehungen aufzudecken (Gegenstand) und sie in der Lehre von der objektiven Dialektik (Disziplin) zu erfassen. In diesem Sinne sind Untersuchungen über die Beziehungen von Elementarität und Struktur, Symmetrie und Asymmetrie im Elementarteilchenbereich, über das Verhältnis von Entwicklung und Erhaltung der Lebewesen, über Grundqualität und deren Erscheinungsformen in bestimmten Gesellschaftssystemen ein Beitrag zur besseren Erkenntnis der objektiven Dialektik, die sich um die genannten Aspekte gruppiert, weshalb die für die Lehre von der objektiven Dialektik wichtigen Grundbeziehungen daraus bestimmt werden müssen. Für die dialektische Strukturbetrachtung ist dies das Verhältnis von Kausalität und Gesetz, sowie die Formen des Zusammenhangs, für die Veränderung im Prozeß geht es um die Verwirklichung von Möglichkeiten, die Erscheinung der Notwendigkeit (des Gesetzes) im Zufall, um die dialektische Bewegungsauffassung, um den Übergang von einer alten in eine neue Qualität; und bei der Entwicklung geht es um die dialektischen Grundgesetze, die die Form, Quelle und Richtung der Entwicklung bestimmen. Kern der Dialektik ist die Entwicklungstheorie, worauf noch einzugehen ist.

Dieser Erkenntnisprozeß der objektiven Dialektik ist selbst dialektisch und muß auch deshalb in seiner dialektischen Struktur, als Prozeß und in seiner Entwicklung untersucht werden. Die Menschen erkannten und erkennen, ohne sich selbst immer klar über den Weg der Erkenntnis zu sein. Die Erkenntnistheorie befaßt sich mit den Bedingungen, den Prozessen und den Resultaten der Erkenntnis, mit dem Zusammenhang von Abbild und Objekt und dem Wahrheitsproblem. Sie kann ihre Aufgabe nur lösen, wenn sie dabei die Dialektik des Erkenntnisprozesses beachtet. Schon bei der Behandlung des materialistischen Standpunkts zur Subjekt-Objekt-Beziehung wurde die dialektische Beziehung zwischen Subjekt und Objekt deutlich. Der philosophische Materialismus kann nur konsequent und wissenschaftlich sein, wenn er dialektisch ist, d. h. keine Einseitigkeiten zuläßt, den Zusammenhang, die Veränderung und die Entwicklung betrachtet. Das gilt auch für den Erkenntnisprozeß, dessen dialektische Beziehungen in der Erkenntnistheorie untersucht werden müssen. Dazu gehören, wie wir schon gesehen haben, die für das Verhältnis von Subjekt – Gerät – Objekt wichtigen Bindeglieder zwischen Theorie und Experiment. Dazu gehört das Verhältnis von sinnlicher und rationaler Stufe im Erkenntnisprozeß, auf das noch eingegangen wird, wenn Modell und Anschaulichkeit behandelt werden. Wesentlich ist vor allem die Wahrheitsproblematik, die deshalb auch gesonderte Behandlung verdient. Die Dialektik des Erkenntnisprozesses ist objektiv, d. h. unabhängig vom einzelnen Menschen. Sie muß untersucht und bewußt gemacht werden. Sie ist aber nicht durch den Erkenntnisapparat allein bedingt, sondern auch durch die objektive Dialektik, die es zu erkennen gilt. Die dialektische Allseitigkeit der Erkenntnis kann nur erreicht werden, wenn vorher wesentliche Beziehungen hervorgehoben, bestimmte Aspekte herausabstrahiert werden. Die Dialektik des Erkenntnisprozesses besteht aber in der Einheit von Analyse und Synthese, Abstraktion und geistig-reproduziertem Konkreten, Wesen und Erscheinung, rationaler und sinnlicher Erkenntnis usw. Sie ist damit der Erkenntnis der objektiven Dialektik angepaßt, ermöglicht sie. Die Erkenntnis der objektiven Dialektik des Erkenntnisprozesses und ihre bewußte Beachtung jedoch erleichtern die Erkenntnis der objektiven Dialektik.

Da alle unsere Erkenntnisse über die objektive Dialektik, mit welchen Erkenntnismethoden sie auch vermehrt werden, in Begriffen, Aussagen, Theorien formuliert werden müssen, ist auch die Beziehung zwischen der Dialektik objektiver Prozesse und der Dialektik ihrer Abbilder zu beachten. Die Widerspiegelung der objektiven Dialektik von Natur und Gesellschaft im Denken wird subjektive Dialektik genannt. Da es hier um die Widerspiegelungsbeziehung geht, wird deutlich, daß die Dialektik der Begriffe die objektive Dialektik erfassen muß, wenn die Begriffe Abbilder der objektiven Realität sein sollen. Interessant wird dabei die Feststellung der Wahrheit, wenn es sich um die Widerspiegelung von Integrationsbeziehungen handelt. So können Teilerkenntnisse wahr sein, wenn sie abstrakt formuliert vorliegen und die Grenzen ihrer Gültigkeit umrissen werden, aber ihre Zusammenfassung zu einer wahren Theorie über einen Gesamtkomplex kann Schwierigkeiten bereiten. Doch darauf soll erst später eingegangen werden. Hier ist interessant, daß sich durch den Widerspiegelungscharakter unserer Erkenntnis die objektive Dialektik spontan auch in der Begriffsdialektik durchsetzt, wie Begriffsuntersuchungen zeigen. Die Geschichte des Atombegriffs, des Artbegriffs usw. zeigt die Wandlung des Begriffsinhalts. Die Diskussion der Wellen- und Korpuskeldarstellung quantenmechanischer Objekte machte auf die dialektischen Beziehungen in einheitlichen physikalischen Prozessen aufmerksam, die in Begriffen nicht ausreichend erfaßt werden. Dialektisches Denken kommt der Widerspiegelung der objektiven Dialektik im Denken entgegen, macht die Dialektik der Begriffe, Theorien usw. bewußt. Hier hat die dialektische Logik ein exaktes Arbeitsgebiet, indem sie Analysen von Begriffsentwicklungen, dialektische Denkprinzipien über den Zusammenhang von Theorien usw. entwickelt. Der Terminus „dialektische Logik" wird manchmal, da er auch für eine Pseudologik als Ersatz der mathematischen Logik benutzt wurde, als diffamiert angesehen und nicht gern von manchen Philosophen und Logikern benutzt. Man spricht deshalb auch von Logik der Forschung, Wissenschaftslogik usw. Dabei ist aber zu beachten, daß die logische Untersuchung des Denkens sowohl durch die mathematische Logik erfolgt als auch durch die Dialektik. Für beide gilt das, was zum Verhältnis von Philosophie und Mathematik allgemein gesagt wurde. Bei der dialektischen Logik geht es im Sinne der Dialektik um die Struktur von Begriffszusammenhängen in ihrer Allseitigkeit – als Widerspiegelungen der objektiven Dialektik, um die Veränderung und Entwicklung solcher Zusammenhänge in Abhängigkeit von der Erkenntnis der objektiven Dialektik.

Natur und Gesellschaft werden vom Menschen erkannt und die Resultate des Erkenntnisprozesses in Begriffen und Theorien ausgedrückt. Hier ist es nicht wichtig, daß der Erkenntnisprozeß und die Begriffe und Theorien selbst auch Gegenstand wissenschaftlicher Untersuchungen sind. Damit wird die Beziehung zwischen Bewußtseinsinhalten und objektiver Realität nur vermittelter, aber nicht aufgehoben. Ziel der Erkenntnis ist es nun, solche Zusammenhänge aufzudecken, die dem Menschen helfen, mit seiner natürlichen und gesellschaftlichen Umwelt fertigzuwerden. Das kann sehr vermittelt sein und muß nicht immer die Erkenntnis der Natur und Gesellschaft selbst betreffen, sondern etwa die Erkenntnismethoden, die Motive, die Stimulation der Erkenntnis usw. Diese materialistische Haltung zum Erkenntnisprozeß bestimmt die Stellung zur Erkenntnis der Dialektik. Die objektive Dialektik in Natur und Gesellschaft muß aufgedeckt werden ebenso wie die Dialektik des Erkenntnisprozesses und die als Widerspiegelung der objektiven Dialektik sich spontan oder bewußt durchsetzende subjektive Dialektik. Dabei ist die Dialektik des Erkenntnisprozesses abhängig von der objektiven Dialektik in Natur und Gesellschaft in doppeltem Sinne, sowohl von der Dialektik der Erkenntnisobjekte als auch von der Dialektik des Erkenntnisapparates. Hier kann auf das verwiesen werden, was dazu bei der Behandlung des Widerspiegelungsprozesses gesagt wurde. Die subjektive Dialektik ist dagegen als Widerspiegelung der objektiven Dialektik eindeutig durch letztere bestimmt, kann jedoch durch metaphysisches Denken verzerrt, aber nicht beseitigt werden.

Die dialektischen Disziplinen müssen ständig den inneren Zusammenhang ihrer Gegenstände, deren gegenseitige Abhängigkeit berücksichtigen, um nicht metaphysisch an die Dialektik heranzugehen. Sie untersuchen jedoch verschiedene Aspekte des einheitlichen Erkenntnisprozesses der Dialektik. Deshalb besteht zwischen ihnen eine andere Abhängigkeit als zwischen ihren Gegenständen. Während die Dialektik des Erkenntnisprozesses und die subjektive Dialektik durch die objektive Dialektik bestimmt werden, also das Primat der Materie gegenüber dem Bewußtsein beachtet werden muß, kommt in der gegenseitigen Befruchtung der dialektischen Disziplinen die Kraft des schöpferischen Denkens zum Ausdruck. Leider sind sie bisher unterschiedlich entwickelt worden. Manchmal wurde sogar die Dialektik nur auf die Lehre von der objektiven Dialektik eingeschränkt und dabei wieder auf Entwicklungstheorie. In letzter Zeit wurden jedoch mehrfach Arbeiten zur Erkenntnistheorie und zur Logik der Forschung angefertigt, die die subjektive Dialektik und die Dialektik des Erkenntnisprozesses analysieren.

Materialistische Dialektik kann also als Wissenschaft von den allgemeinsten Beziehungen der Struktur, der Veränderung und Entwicklung in Natur, Gesellschaft und Denken gefaßt werden, wenn man erläutert, wie das zu verstehen ist.

Es herrscht zwar bisher keine Einigkeit über alle Fragen der Dialektik, aber es gibt doch eine Reihe von Ergebnissen, die bei den weiteren Diskussionen zwischen marxistisch-leninistischen Philosophen berücksichtigt werden müssen. Erstens muß selbstverständlich die Notwendigkeit betont werden, eine neue Qualität bei der Erforschung der Dialektik zu erreichen.

Wenn wir mit der Forderung nach dialektischem Denken als notwendiger Voraussetzung zum theoretischen Verständnis der objektiven Prozesse in Natur, Gesellschaft und Denken Ernst machen, dann ergibt sich daraus für die philosophische Forschung, die Grundlagen der materialistischen Dialektik in Verbindung mit den gesellschaftlichen Entwicklungen und neuen wissenschaftlichen Erkenntnissen, ausgehend von den Klassikern des Marxismus-Leninismus, weiter auszuarbeiten. In der Literatur gibt es verschiedene Standpunkte zum Verhältnis von objektiver und subjektiver Dialektik, von Determinismus und Entwicklungstheorie, zur Gesetzesproblematik usw.[1] Sie gehen alle von der Bedeutung der materialistischen Dialektik als Theorie und Methode wissenschaftlichen Verhaltens zur revolutionären Umgestaltung der Welt aus, aber unterscheiden sich in der Antwort auf viele Detailfragen. Dahinter stecken unterschiedliche Ausgangspunkte, verschiedene Materialien und Einsichten. Vielleicht sind manche heute noch als unterschieden anzusehende Darstellungen der Dialektik sogar inhaltlich äquivalent. Die Darstellung der Dialektik weist selbst dialektische Beziehungen auf, die beachtet werden müssen und oft zu dialektischen und methodischen Schwierigkeiten führen. Klar ist jedoch eins, daß wir die Frage, was Dialektik ist, nicht nur mit Definitionen beantworten können, sondern auch detaillierter die Bedeutung der Dialektik bei der Lösung erkenntnistheoretischer und methodologischer Probleme der Natur- und Gesellschaftswissenschaften nachweisen müssen. Damit erhalten wir auch tieferen Einblick in die grundlegenden Beziehungen der materialistischen Dialektik, und mancher Begriffsstreit ohne reale Grundlage an Argumentation kann verschwinden.

Ein zweites Ergebnis der Diskussion ist die Hervorhebung des objektiven Charakters der dialektischen Beziehungen und Gesetze. Damit wird der prinzipiell materialistische Standpunkt betont. Das damit verbundene Problem der richtigen Erfassung der Subjekt-Objekt-Dialektik ist jedoch noch nicht gelöst. So ist das Verhältnis von Objektivität und Materialität noch nicht geklärt. Konzeptionen, die dazu entwickelt wurden, sind noch zuwenig in der kritischen Diskussion, die konstruktiv zu Lösungen führen müßte. Auch wird der materialistische Standpunkt manchmal nicht deutlich genug hervorgehoben. So schreibt G. Stiehler: „So leitet die dialektische Fassung der Bewegung zum Begriff der Entwicklung über ..."[2] Einerseits müssen wir für die Ausarbeitung der dialektisch-materialistischen Entwicklungstheorie beachten, daß die Begriffsdialektik eine Widerspiegelung der objektiven Dialektik ist. Es geht also nicht um die Explikation des in einer dialektischen Bewegungsauffassung enthaltenen Entwicklungsbegriffs, sondern um die Verallgemeinerung der Erfahrungen des politischen Kampfes, der Ergebnisse der Wissenschaften usw. Theoretische Tiefe erreichen wir nicht durch die Erläuterung des Zusammenhangs von Begriffen mit anderen allein, wenn sie nicht mit der Aufdeckung des objektiven Inhalts der Begriffe verbunden wird. Zur Erklärung der Entwicklung muß z. B. der innere Zusammenhang zwischen verschiedenen Bewegungsformen der Materie, ihr Auseinanderhervorgehen, betrachtet werden. Das Material dazu stellt die Wissenschaft zur Verfügung . Es geht also um das, was Marx forderte: „Die Forschung hat den Stoff sich im Detail anzueignen, seine verschiednen Entwicklungsformen zu analysieren und deren inneres Band aufzuspüren. Erst nachdem diese Arbeit vollbracht, kann die wirkliche Bewegung entsprechend dargestellt werden. Gelingt dies und spiegelt sich nun das Leben des Stoffs ideell wider, so mag es aussehn, als habe man es mit einer Konstruktion a priori zu tun."[3] Die innere Logik der marxistisch-leninistischen Philosophie ergibt sich also aus dem objektiven Zusammenhang von Entwicklungsprozessen, wobei der Übergang von einer Entwicklungsstufe zur anderen erforscht und erklärt werden muß.

Andererseits hatte schon G. A. Wetter vor längerer Zeit darauf hingewiesen, daß aus der Erklärung der Selbstbewegung mit Hilfe dialektischer Widersprüche und einfacher Negationen noch keine Höherentwicklung sich ergibt. Nach seiner Meinung könnte die Auflösung des Widerspruchs in einer Negation statt zur Höherentwicklung auch zur Rückentwicklung führen und deshalb, wie er schreibt, „z. B. nicht den Aufstieg des Organismus zum Grade des Bewußtseins, sondern sein Absinken auf die Ebene des Anorganischen bewirken"[4]. Die dialektische Bewegungsauffassung als Selbstbewegung führt uns noch nicht zur Entwicklung, wenn wir nicht die empirisch konstatierbare Tatsache hinzunehmen, daß Objekte und Beziehungen verschiedener Entwicklungsniveaus existieren, deren Übergänge zu erklären sind. Dabei ist mit empirischem Material die dialektische Negation der Negation als objektiv existierender, allgemein-notwendiger und wesentlicher Zusammenhang für Entwicklungsprozesse nachzuweisen.

Wir gewinnen in der philosophischen Forschungsarbeit nichts, wenn wir Kategorien miteinander vergleichen, ohne den objektiven Inhalt dieser Kategorien zu untersuchen. Wir können nicht im Sinne Hegels Begriffe aus Begriffen entwickeln, sondern müssen aufmerksam die dialektischen Beziehungen der Natur- und Gesellschaftsprozesse studieren, um sie begrifflich zu erfassen. Dabei existieren bereits die von den Klassikern des Marxismus-Leninismus ausgearbeiteten materialistischen Beziehungen und Gesetze, der Determinismus und die dialektisch-materialistische Entwicklungstheorie, die zur Erklärung von Entwicklungsprozessen ausgenutzt und weiter präzisiert wird. Sicher gibt es noch viele Lücken, und manches muß neu präzisiert werden. So kann die Dialektik von Notwendigkeit und Zufall nach der Erkenntnis der statistischen Gesetze heute besser ausgearbeitet und eine Differenzierung der Zufälle und Bedingungen gegeben werden. Die dialektischen Grundgesetze, von Engels mit Beispielen belegt, müssen besser begriffen und für das Entwicklungsdenken fruchtbar gemacht werden.

Auch die Auseinandersetzung mit der Metaphysik hat sich geändert. Entwicklung selbst wird kaum noch bestritten, wohl aber die sich durchsetzende Tendenz der Höherentwicklung, d. h. des Entstehens höherer Qualitäten im Vergleich mit den Ausgangsqualitäten, wobei die höhere Qualität, bezogen auf das relative Ziel im Entwicklungsprozeß, quantitativ mehr und qualitativ bessere Resultate zeigt.

Drittens wurde in der Diskussion die Rolle der Grundgesetze der Dialektik für die dialektisch-materialistische Entwicklungstheorie betont. Es wird von den zwei Konzeptionen der Entwicklung ausgegangen, für die Lenin hervorhob, daß die eine Auffassung der Entwicklung nur Wiederholungen sieht, den dialektischen Widerspruch im dunkeln läßt, während die dialektisch-materialistische Auffassung der Entwicklung die Entwicklung als Revolution faßt und als Kern der Dialektik den dialektischen Widerspruch erkennt. Trotzdem ist bei der Ausarbeitung der Entwicklungstheorie besonderer Wert auf den inneren Zusammenhang der Grundgesetze und auf ihre detaillierte Betrachtung zu legen.

Eine Vielzahl von Arbeiten, die bei uns zum Mechanismus der quantitativen und qualitativen Entwicklung beim qualitativen Sprung begonnen wurden, die Untersuchung etwa zur Instabilitätsphase beim Übergang zu einer neuen Qualität, sind leider nicht so konsequent weitergeführt worden, wie es notwendig wäre, um zu weiteren Verallgemeinerungen zu kommen. Sie waren für die biologische Entwicklungsauffassung eine echte Hilfe. Außerdem muß aber heute auch die Gesellschaftswissenschaft genau unter diesem Aspekt analysiert werden. So gibt es zuwenig philosophische Arbeiten zu Ergebnissen der Gesellschaftswissenschaften, die den qualitativen Sprung in seinem inneren Mechanismus genauer betrachten. Es wird oft nur auf das Umschlagen von Quantität in Qualität eingegangen. Selbstverständlich ist das eine echte Problematik. Doch Lenin hat eine ganze Reihe von Hinweisen dazu gegeben, wie bei den Konsumgenossenschaften, beim Staatsapparat usw. das Umschlagen von Quantität in Qualität beim Übergang zum Sozialismus erfolgt. Dieser Hinweis soll zeigen, daß die weltanschauliche Funktion der Philosophie nur erfüllt werden kann, wenn nicht nur die philosophischen Probleme der Natur-, sondern auch der Gesellschaftswissenschaften bearbeitet werden. Denn es geht darum, den Inhalt des Gesetzes des Übergangs von einer Qualität zur anderen durch quantitative und qualitative Änderungen im Rahmen der alten Qualität im inneren Mechanismus genauer zu erforschen. Erst dann können wir andererseits solche präzisierten philosophischen Auffassungen erarbeiten, die bei der Lösung biologischer Entwicklungsprobleme von Interesse sind. Dabei ist auch die biologische Erkenntnis philosophisch noch besser für die philosophische Entwicklungstheorie aufzubereiten. Alte Probleme, wie die Zeit als Existenzform der Materie, treten dann in neuem Gewand auf und erfordern Lösungen. So geht es um die Untersuchung spezifischer Zeitprobleme in bestimmten Entwicklungsprozessen.

Trotz vieler Arbeiten zum dialektischen Widerspruch ist es unsere Aufgabe, die Widerspruchsdialektik weiter auszuarbeiten. Der objektive dialektische Widerspruch bringt Schwierigkeiten bei der Erkenntnis mit sich, wie die Probleme der Wellen-Korpuskel-Deutungen zeigten. Er ist nicht nur Quelle der Entwicklung, Erklärung der Bewegung, sondern auch methodische Hilfe beim Verständnis struktureller Zusammenhänge. Aber das muß ausgearbeitet und damit sichtbar gemacht werden. Sonst gerät man in eine vulgarisierte Betrachtung der Wirklichkeit, bei der schon plus und minus als dialektischer Widerspruch betrachtet werden, ohne den Bezug auf ein System zu sehen, die Gegenseite genau zu bestimmen und ihre Wechselwirkung zu analysieren. In der Gesellschaft ist z. B. nach den wesenseigenen objektiven Widersprüchen, nach den Widersprüchen, die erst geschaffen werden, nach Widersprüchen, die durch subjektive Fehler und durch Mängel entstehen, zu differenzieren, damit wir zu einem besseren Verständnis der echten Entwicklungsproblematik kommen.

Das Gesetz der Negation der Negation ist bisher ungenügend ausgearbeitet, obwohl in ihm eigentlich erst die Dialektik der Entwicklungsrichtung deutlich wird, was wiederum Bedeutung für Prognosen hat. Diese wurden nämlich manchmal undialektisch durchgeführt, indem man einfach extrapolierte und die Frage nach dem Sprung oder Bruch, der Diskontinuität in der Entwicklung ungenügend gestellt und beantwortet hat. Gleichzeitig wurde unzureichend beachtet, daß uns das Gesetz der Negation der Negation die Möglichkeit gibt, durch die scheinbare Rückkehr zum Alten Ausgangs- und Endzustand miteinander zu vergleichen, so daß man über dieses Gesetz durch die Dialektik von Kontinuität und Diskontinuität auch ein besseres Verständnis für das Herangehen an Prognoseprobleme gewinnt.

Viertens ist die Forderung nach der Verallgemeinerung der wissenschaftlichen Erkenntnisse zu erfüllen, wobei nicht immer die Kompliziertheit philosophischer Verallgemeinerungen berücksichtigt wird. Wertvolles wissenschaftliches Material bleibt philosophisch oft ungenutzt. Zu allgemeinen philosophischen Thesen wird manchmal nur mit der einen oder anderen Zusatzthese argumentiert und dabei kaum berücksichtigt, daß eine philosophische Verallgemeinerung ein komplizierter Erkenntnisprozeß ist, der sich durch Präzisierungen allgemeinphilosophischer Auffassungen, durch die Aufstellung philosophischer Hypothesen und ihre Überprüfung vollzieht. Es gibt in diesem Zusammenhang bei der Forderung nach Verallgemeinerung philosophischer Probleme der Wissenschaften auch eine Reihe von Extremen. Beispielsweise werden gelegentlich theoretische Probleme einzelner Wissenschaften dargestellt, ohne wenigstens in gewisser Weise den Zugang zu echten philosophisch-weltanschaulichen Problemen zu öffnen. Es wird auch teilweise zu allgemein argumentiert, ohne eine echte Hilfe für die einzelnen Wissenschaften beim Verständnis der weltanschaulichen, erkenntnistheoretischen und methodologischen Probleme zu bieten. Einerseits wird damit die weltanschauliche Funktion unserer marxistisch-leninistischen Philosophie und andererseits ihre heuristische Funktion nicht erfüllt. Bei der Forderung nach Verallgemeinerung der philosophischen Probleme der Wissenschaften tauchte noch ein weiteres Problem auf. Es ging um das Verhältnis zur Kybernetik und zur Mathematik im Zusammenhang mit Entwicklungstheorien. Mir scheint, daß es hier besonders wichtig ist, uns den echten philosophischen Problemen der Kybernetik zuzuwenden und nicht nur die Ersetzung der Philosophie durch Kybernetik zurückzuweisen. Sicher gab es Tendenzen populärwissenschaftlicher – im schlechten Sinne – Plausibilitätserklärungen über die Bedeutung kybernetischer Vorgänge. Die Kybernetik wird weiter gründlich, sachlich ausgearbeitet werden. Unsere Aufgabe ist es, die Beziehungen zwischen marxistisch-leninistischer Philosophie und Kybernetik zu analysieren und auch darauf zu achten, daß ein bestimmtes Niveau der Fachwissenschaften erreicht sein muß, ehe kybernetische Gedanken dort sinnvoll Anwendung finden können. Es hat eine Vielzahl von Vereinfachungen oder einseitigen Auffassungen gegeben, die zu Schwierigkeiten in der theoretischen Arbeit auch durch Diskreditierung dessen, was als Kybernetik bezeichnet worden ist, geführt haben. Dabei muß man sich gegen folgende Illusionen wenden: gebt uns die Kybernetik, und wir lösen alle entsprechenden Probleme, macht die entsprechenden Modelle, und wir werden dann schon mit unseren Problemen fertig werden. Aber auch solche Illusionen traten auf, daß Wissenschaften, die sich erst kurzfristig entwickelt haben, sofort praxiswirksam werden, daß sie umfassend einsetzbar und auch im großen Maßstab schon lehrbar seien.

Fünftens hat sich in der bisherigen theoretischen Arbeit gezeigt, daß die erkenntnistheoretischen Problemen der Gesetzeserkenntnis, die erkenntnistheoretischen Probleme bei der Aufdeckung und Ausarbeitung der dialektischen Beziehungen unterschätzt wurden. Die Gesetzeserkenntnis ist ein Prozeß, der nicht sofort zu völlig exakten Widerspiegelungen der Gesetze führt. Es wird mit Modellen, Hypothesen, Analogien gearbeitet. Manche Hypothese wird schon als bestätigte Theorie ausgegeben. Deshalb muß auch die Rolle des Praxiskriterums genau bestimmt werden.

Sechstens sind sachliche und begründete Auseinandersetzungen mit den Auffassungen zu führen, die die Existenz der objektiven Naturdialektik leugnen, die Bedeutung dialektischen Denkens für die Naturwissenschaftler negieren.

Ergebnisse bisheriger Diskussionen sind also meist Aufgabenstellungen für die weitere Arbeit, wobei es vor allem darum geht, die Ergebnisse der Forschungsarbeit zum dialektischen Determinismus bei der Präzisierung der Entwicklungstheorie zu nutzen, um dabei auch den dialektischen Determinismus weiter zu entwickeln. Dafür ist es wichtig, das Verhältnis von dialektischem Determinismus und Entwicklungstheorie genauer zu bestimmen, um die Einschränkung des dialektischen Determinismus auf Gesetzestheorien oder der Dialektik auf Entwicklungstheorie nicht zuzulassen.

2. Dialektischer Determinismus und Entwicklungstheorie

Um das Verhältnis von dialektischem Determinismus und dialektisch-materialistischer Entwicklungstheorie charakterisieren zu können, muß auf die Erfahrungen bei der Ausarbeitung des dialektischen Determinismus zurückgegriffen werden. Zuerst ging es darum, die in der Physik geführten Diskussionen um den Determinismus von marxistischer Seite aus zu analysieren und dabei die Auswirkungen dieser Diskussionen auf andere Naturwissenschaften und auch die Gesellschaftswissenschaften zu berücksichtigen. Bald darauf zeigte sich aber, daß das zu eng ist und die Determinismuskonzeption der marxistisch-leninistischen Philosophie insgesamt ausgearbeitet werden muß, um zu philosophischen Hypothesen zu kommen und solche präzisierten Aussagen zu gewinnen, die nicht nur mit der Physik vereinbar sind. Grundlage für diese Präzisierungen blieb jedoch wesentlich das Material der Physik. Jetzt geht es vor allem darum, die Entwicklungstheorie mit Hilfe des biologischen Materials zu präzisieren. Die Hauptangriffe auf die Dialektik haben sich in diesem Zusammenhang ebenfalls verlagert, und zwar vom Determinismus in der Physik auf die Entwicklungstheorie in der Biologie. Wo neue philosophische Probleme der Naturwissenschaften auftauchen, die gelöst werden müssen, meint die bürgerliche Ideologie, in der Auseinandersetzung mit der marxistisch-leninistischen Philosophie gewinnen zu können. Aber hier kann es sich eben immer nur um kurzfristige Erfolge handeln.

Die Ausarbeitung der Entwicklungstheorie stellt neue Aufgaben, deren Lösung mit den Erfahrungen bei der Ausarbeitung des Determinismus durch die Mitarbeiter und Freunde des Lehrstuhls „Philosophische Probleme der Naturwissenschaften“ an der Humboldt-Universität verbunden werden muß.

Mit den Kategorien „Gesetz“ und „Entwicklung“ sind deshalb zwei Bezugspunkte der bisherigen und zukünftigen Forschungsarbeit charakterisiert. Seit mehr als zehn Jahren haben wir uns dort intensiv mit dem dialektischen Determinismus als der philosophischen Theorie des objektiven Zusammenhangs beschäftigt und das Verhältnis von Kausalität und Gesetz, Gesetz und Bedingungen, Struktur und Prozeß untersucht. Im Mittelpunkt stand dabei die Kategorie „Gesetz“, die zur Bezeichnung eines allgemein-notwendigen, d. h. reproduzierbaren, und wesentlichen, d. h. den Charakter der Erscheinung bestimmenden, objektiven Zusammenhangs dient.[5] Wenn wir nun die materialistische Dialektik als Entwicklungstheorie verstehen, die die Entwicklung als Übergang von einer Qualität zur anderen durch qualitative und quantitative Veränderungen im Rahmen der alten Qualität erklärt, wobei dialektische Widersprüche die Quelle der Entwicklung sind und die dialektische Negation dialektischer Negationen die Richtung der Entwicklung angibt, dann zeigen die Formen des objektiven Zusammenhangs mögliche objektive Veränderungen als Grundlage von Entwicklungsprozessen. Entwicklung ist Entstehen höherer Qualitäten, und nicht nur und nicht allein das Vorhandensein anderer Qualitäten (Struktur) oder das Entstehen neuer Qualitäten (Veränderung).[6] Insofern steht der dialektische Determinismus nicht neben der dialektisch-materialistischen Entwicklungstheorie, sondern jener als die Anerkennung der Bedingtheit und Bestimmtheit der Objekte und Prozesse im Gesamtzusammenhang muß bis zur Untersuchung der Bedingtheit und Bestimmtheit von höherentwickelten Objekten und Entwicklungsprozessen im Gesamtzusammenhang weitergeführt werden. Erst damit wird die Dialektik in ihrer Reichhaltigkeit von Beziehungen erkannt.

Wenn wir uns deshalb in den nächsten Jahren intensiv mit der dialektisch-materialistischen Entwicklungstheorie beschäftigen wollen, dann werden damit die bisherigen Erkenntnisse zum dialektischen Determinismus ausgenutzt und vertieft. Es geht also um ein tieferes Eindringen in die objektive Dialektik der Natur, der Gesellschaft und des Denkens durch die Untersuchung von Entwicklungsprozessen. So kann der objektive Zufall, der als Erscheinungsform des Gesetzes auftritt, aber nicht allgemein-notwendig ist, besser in seiner Bedeutung verstanden werden, wenn er als historischer Zufall in seiner Wirkung als hemmender oder fördernder Faktor für gesellschaftliche Entwicklungen betrachtet wird. Die im dialektischen Determinismus untersuchten Formen des objektiven Zusammenhangs, wie die Verwirklichung von Möglichkeiten, die Durchsetzung der Notwendigkeit, des Gesetzes im Zufall usw., sind Grundlage von Entwicklungsprozessen, erklären aber die Entwicklung als Entstehen höherer Qualitäten nicht. Dazu bedarf es der Einbeziehung der dialektischen Grundgesetze in die theoretische Erörterung, wobei unsere bisherigen Auffassungen über die Formen des Zusammenhangs selbst präzisiert werden.

Dialektischer Determinismus und dialektisch-materialistische Entwicklungstheorie durchdringen sich gegenseitig, da objektive dialektische Strukturbeziehungen und das Entstehen neuer Qualitäten Grundlage für das determinierte Auftreten höherer Qualitäten sind. Sie bilden die Grundpfeiler der materialistischen Dialektik. In diesem Sinne spricht Lenin auch davon, daß das Prinzip der Einheit der Welt mit dem Entwicklungsprinzip verbunden werden muß.[7] Nehmen wir die Einheit der Welt in der Materialität, dann ist damit der objektiv-reale Zusammenhang der Objekte und Prozesse anerkannt, d. h., daß es keinen materiellen Bereich gibt, der nicht durch materielle Prozesse mit anderen Bereichen verbunden ist. Dieser objektive Zusammenhang weist dialektische Beziehungen auf, die im dialektischen Determinismus als Kausalität, Gesetz, Bedingungen, Zufall, Möglichkeit usw. begriffen werden und deren innerer Zusammenhang untersucht wird. Dabei treten verschiedene Strukturniveaus in höher- und niederentwickelten Systemen auf, die als Dialektik von System und Element erfaßt werden, wodurch die Einheit der Welt auch als Einheit von niedriger- und höherentwickelten Objekten und Prozessen begriffen wird. Aber erst die dialektisch-materialistische Entwicklungstheorie erklärt die materielle Einheit der Welt allseitig, indem sie das Entstehen von Systemen mit höheren Qualitäten aus solchen mit niedereren Qualitäten untersucht und damit idealistische Thesen über einen weisen Leiter der Prozesse (Thomas von Aquino), über eine ideelle Ordnung der Welt und eine ideelle Zweckbestimmung ausschließt.

Wir können und müssen also die Formen des objektiven Zusammenhangs im dialektischen Determinismus untersuchen und dabei erst einmal die Entwicklung vernachlässigen. Wir erkennen darin, daß Dialektik nicht allein an Entwicklung gebunden ist, sondern in jedem Zusammenhang und jeder Veränderung existiert. Entwicklungsprozesse vollziehen sich nur auf der Grundlage objektiver dialektischer Beziehungen in der Struktur und Veränderung objektiver Prozesse und weisen eine Spezifik aus, die in der dialektisch-materialistischen Entwicklungstheorie untersucht wird. So muß die Dialektik der Elementarteilchenprozesse beachtet werden, wenn man die Dialektik der Atome und Moleküle untersucht, die wiederum Bestandteile von Lebensprozessen sind. Anorganische Natur, Leben und Gesellschaft als die grundlegenden Bewegungsformen der Materie haben dabei jeweils ihre bestimmenden Systembeziehungen, die nicht auf die niederere Bewegungsform reduzierbar sind. Aber die Dialektik verlangt nicht nur die Erklärung der Dialektik von System und Element und die Hervorhebung der bestimmenden Rolle der Systemgesetze gegenüber dem Elementverhalten, sondern auch die Untersuchung der Entwicklung. Das geschieht in zweifacher Hinsicht. Einmal ist die Entwicklung vom Niederen zum Höheren als Entstehung des Lebens und der menschlichen Gesellschaft zu verfolgen, um die Determinanten für diese Prozesse zu bestimmen. Zum anderen müssen Entwicklungsprozesse im biologischen Bereich und der menschlichen Gesellschaft selbst analysiert werden. Dialektischer Determinismus und dialektisch-materialistische Entwicklungstheorie sind weltanschauliche, erkenntnistheoretische und methodologische Grundlage für die Analyse solcher Entwicklungsprozesse durch verschiedene Wissenschaften. Aus diesem Grunde ist es erforderlich, der Ausarbeitung der materialistischen Dialektik noch mehr Aufmerksamkeit zu schenken.

Wenn man die Frage beantwortet, was Dialektik ist, kommt man, wie wir gesehen haben, notwendig auf das Verhältnis von Determinismus und Entwicklungstheorie. In mancher Diskussion tauchte diese Problematik auch als Verhältnis von Struktur-, Bewegungs- und Entwicklungsgesetzen auf, und mancher erwartete, Bewegungs- und Entwicklungsgesetze bei allgemeiner Fassung des Strukturbegriffs auf Strukturgesetze zurückführen zu können. Mir scheint, daß es in der materialistischen Dialektik jedoch um eine andere Beziehung geht. Wer etwa Dialektik *nur* auf Entwicklungstheorie einschränkt – und das wäre das andere Extrem gegenüber der Reduzierung auf die Struktur –, der beachtet die dialektischen Beziehungen in strukturellen Beziehungen unter Vernachlässigung der Bewegung und Entwicklung und in einfachen Veränderungen bei Vernachlässigung der Entwicklung nicht. Die Rolle solcher dialektischer Beziehungen wird aber auch in der gesellschaftlichen Entwicklung deutlich. So kann schon eine im gleichen Zeitintervall vorgenommene Betrachtung der Herrschaftsformen in kapitalistischen Ländern andere Qualitäten dieser Formen, vom offenen Faschismus bis zur bürgerlichen Demokratie, zeigen, die alle die gleiche Grundqualität, das gleiche Wesen, nämlich kapitalistische Produktionsverhältnisse, besitzen. Es wäre undialektisch, die Grundqualität nur mit einer Herrschaftsform zu verbinden. Diese Dialektik des Zusammenhangs von Prozessen muß natürlich auch bei zeitlichen Veränderungen beachtet werden, wenn wesentliche Veränderungen im antiimperialistischen Kampf durch die Herausbildung neuer Nationalstaaten entstehen. Die dabei auftretende neue Qualität auf der Grundlage von wesentlichen Beziehungen, etwa einer antiimperialistischen Front der nationalen Bourgeoisie, der Arbeiter und Bauern, muß noch unterschieden werden von der eindeutig höheren Qualität, nämlich dem Aufbau des Sozialismus. Dieses Beispiel zeigt die Notwendigkeit, Entwicklungsprozesse nicht nur global, sondern auch differenziert zu betrachten. Die dialektischen Beziehungen und die Existenz anderer, das Entstehen neuer und die Entwicklung höherer Qualitäten müssen beachtet werden, um die materialistische Dialektik als philosophische Theorie des Zusammenhangs, der Bewegung und Entwicklung allseitig auszuarbeiten und damit ihren Wert als Methode wissenschaftlicher Arbeit und praktischer Veränderung noch zu erhöhen.

Gerade bei der Untersuchung der objektiven Dialektik der Natur reichen die Analysen von Entwicklungsprozessen nicht aus, wenn man die Reichhaltigkeit dialektischer Beziehungen erfassen will. Denken wir etwa an das in der Elementarteilchentheorie wichtige Verhältnis von Elementarität und Struktur, das uns zur Anerkennung der Existenz von Strukturniveaus führt. Die Untersuchung des Verhältnisses von dynamischen und statistischen Gesetzen führt zur Dialektik von System und Element, deren einseitige Betrachtung zu theoretisch falschen Schlüssen verleitet. Das Verständnis der Dialektik von Entwicklungsprozessen wird erleichtert, wenn die dialektischen Beziehungen in einem relativ stabilen System, einem sich verändernden System, wobei die Veränderung zu einer neuen Qualität führt, und einem sich entwickelnden System, das eine höhere Qualität hervorbringt, untersucht werden. Auf den inneren Zusammenhang zwischen Determinismus und Entwicklungstheorie wurde dabei schon hingewiesen.

Es gibt jedoch einseitige Formulierungen zur Dialektik. So schreibt G. Stiehler: „Die Dialektik als Theorie ist die Wissenschaft von der Bewegung und Entwicklung der Natur, der Gesellschaft und des Denkens; sie untersucht die allgemeinen Formen und Gesetze der Bewegung und Entwicklung."[8] Zur Dialektik gehört aber auch die Theorie des objektiven Zusammenhangs. Stiehler selbst stellt auch die Beziehung dazu her, wenn er schreibt: „Die allgemeinen Grundlagen der marxistisch-leninistischen Theorie der Dialektik erweisen sich als Konkretionen der Begriffe des Systemzusammenhangs und der Selbstbewegung.

Die materialistische, dialektische Auffassung des Gesamtzusammenhangs der Wirklichkeit führt zur Erkenntnis der Entwicklung als einer Selbstbewegung. Und diese wiederum läßt sich nur verstehen, wenn man die Wirklichkeit als Systemmannigfaltigkeit begreift."[9]

Meiner Meinung nach gibt es hier noch eine ganze Reihe von theoretischen Problemen. Selbstbewegung ist noch nicht Entwicklung. Auch die Wirklichkeit als Systemmannigfaltigkeit zu begreifen, reicht nicht aus. Es geht ja bei der dialektisch verstandenen materiellen Einheit der Welt darum, daß relativ isolierte Systeme mit eigenen Systemgesetzen existieren, wobei die Systeme verschiedenen Entwicklungsniveaus angehören und der Übergang von einem Entwicklungsniveau zum anderen objektiv sich vollzieht. Auch daraus wird klar, daß in der Systemmannigfaltigkeit auch strukturelle Beziehungen, unter Berücksichtigung der Veränderung in der Zeit, zwischen Systemen gleichen und unterschiedlichen Niveaus betrachtet werden. Denken wir etwa an Beziehungen zwischen elementaren Prozessen und komplexen und komplizierten Systemen, wie sie bei der molekularbiologischen Forschung betrachtet werden. Wer Dialektik *nur* als Entwicklungstheorie betrachtet, mißachtet die Analyse der dabei auftretenden dialektischen Beziehungen, die für die Ausübung wissenschaftlicher Forschungsarbeit äußerst interessant ist. Auch die Determinationsproblematik in der Physik, die als weltanschauliche Grundproblematik der Naturwissenschaften in der ersten Hälfte unseres Jahrhunderts umfangreich diskutiert wurde, führte mit einer metaphysischen Bewegungskonzeption zu idealistischen Auffassungen, was wiederum zu Rückschlüssen auf die Gesellschaft mit ihrer Gesetzes- und Freiheitsproblematik Anlaß gab.

Wenn die Klassiker die Entwicklungstheorie als Kern der Dialektik betrachteten und deren Grundgesetze ausarbeiteten, dann heißt das für uns, daß wir Struktur, Veränderung und Entwicklung wiederum nicht undialektisch auseinanderreißen, aber auch nicht Entwicklung auf Struktur oder alles auf Entwicklung reduzieren dürfen. Eben darum geht es. Die Reichhaltigkeit dialektischer Beziehungen muß beachtet und durch Untersuchung der strukturellen Zusammenhänge und Veränderungen ein tieferes Verständnis der Entwicklungsdialektik erreicht werden. Dialektik ist deshalb als philosophische Theorie des Zusammenhangs, der Bewegung und Entwicklung zu betrachten. Wir weisen also von vornherein darauf hin daß es sich auch um eine Theorie des Zusammenhangs handelt und Dialektik nicht nur auftritt, wenn es sich um Entwicklungsprozesse handelt oder um Bewegungen, weil sonst erste Probleme der Dialektik einfach umgangen und genaugenommen die Voraussetzungen für das Verständnis der Entwicklungsprozesse nicht geschaffen werden. So zeigt die Arbeit von J. Monod zu Notwendigkeit und Zufall, daß die Schwierigkeiten nicht bei der Erklärung der Entwicklung auftreten, sondern die Erklärung der Entwicklung nicht gegeben werden kann, weil bereits die Dialektik des objektiven Zusammenhangs nicht begriffen worden ist. Es geht uns also darum, daß Zusammenhang, Bewegung und Entwicklung in Natur, Gesellschaft und Denken untersucht und die allgemeinen Beziehungen und Gesetze ausgearbeitet werden, wodurch dann die Dialektik als Methode der revolutionären Umgestaltung der Welt wirksam wird. In dem Zusammenhang wird dann oft die Frage gestellt: Was heißt philosophische Theorie? Es gäbe doch auch andere Theorien, die sehr allgemein sind. Sicher muß man darüber noch weiter diskutieren, aber auch dazu gibt es bereits ausgearbeitete Standpunkte, die zeigen, daß sich die Allgemeinheit der Philosophie darauf bezieht, Antworten auf die weltanschaulichen Grundfragen zu geben. Das sind Antworten auf die Fragen nach der Quelle des Wissens, nach dem Ursprung der Welt, nach der Stellung des Menschen in der Welt, nach dem Sinn des Lebens und dem Charakter des gesellschaftlichen Fortschritts. Damit ist eine Orientierung für die Ausarbeitung dieser allgemeinen Beziehungen und Gesetze bereits gegeben. Damit ist auch klar, daß grundlegender Bestandteil der marxistisch-leninistischen Philosophie der philosophische Materialismus und das Verständnis des Verhältnisses von Materie und Bewußtsein ist. Das Verständnis der allgemeinen Beziehungen und Gesetze, das für die Wissenschaft bei den Antworten auf die weltanschaulichen Grundfragen wichtig ist, erfordert die Untersuchung der Dialektik. Es wird auch in dem Zusammenhang ungenügend berücksichtigt, daß wir sowohl der Dialektik in Natur und Gesellschaft, die wir als objektive Dialektik bezeichnen, als auch der Dialektik im Denken, die wir als subjektive Dialektik bezeichnen, und der Dialektik des Erkenntnisprozesses selbst zu wenig Aufmerksamkeit schenken. Dialektischer Determinismus ist in diesem Sinne philosophische Theorie der Bedingtheit (der kausale Aspekt) und der Bestimmtheit (der Struktur- und Gesetzesaspekt) der Objekte und Prozesse im Zusammenhang mit anderen Objekten und Prozessen. Durch die Untersuchung dieser Dialektik ist ein Beitrag für die theoretische Behandlung und Beherrschung von Entwicklungsprozessen geleistet, was Lenin nun als Kern der Dialektik betrachtet. Bei Entwicklungsprozessen geht es um den inneren Zusammenhang von verschiedenen materiellen Entwicklungsniveaus und um das Auseinanderhervorgehen dieser verschiedenen Niveaus. Für diese Entwicklungsdialektik spielen die Grundgesetze der Dialektik, nämlich der dialektische Widerspruch als Quelle der Entwicklung, die Einheit von Quantität und Qualität als Form der Entwicklung und die Negation der Negation als Richtung der Entwicklung eine entscheidende Rolle. Es darf aber in der Literatur nicht so sein, daß wir beim Gesetz vom dialektischen Widerspruch nicht unterscheiden, ob wir es nun als Entwicklungsgesetz betrachten, zu einer Strukturdarstellung oder für die Lösung der Bewegungsproblematik benutzen.

Die Grundform des objektiven Zusammenhangs ist die Kausalität als die direkte, konkrete, fundamentale Vermittlung des Zusammenhangs, wobei Prozesse (Ursachen) andere Prozesse (Wirkungen) hervorbringen. Damit ist das generelle Prinzip der Bedingtheit objektiven Geschehens als Kausalprinzip charakterisiert. Auf der Grundlage eines Komplexes von Kausalbeziehungen existieren Gesetze als allgemein-notwendige und wesentliche Beziehungen zwischen Objekten und Prozessen. Gesetze geben den wesentlichen Grund für konkretes Verhalten, sind selbst nicht ewig, sondern bedingt, und erscheinen im Zufall. Schon die im Gesetz enthaltene Verwirklichung von Möglichkeiten ist ein Prozeß, der zwar unter strukturellem Aspekt betrachtet werden kann, indem Möglichkeitsfelder, realisierte Möglichkeiten usw. untersucht werden, aber entscheidend ist die damit bestimmte Veränderung. Deshalb sind für den Determinismus die Bedingtheit (Kausalität) und davon abgeleitet die Bestimmtheit (Gesetz) entscheidend. Die Formen des Zusammenhangs können darum alle wieder unter dem Prozeßaspekt gesehen werden, als Verwirklichung von Möglichkeiten, als Verursachung von Wirkungen, als Formung des Inhalts usw. Damit wird bei der Untersuchung des objektiven Zusammenhangs deutlich, daß es ein durch Wechselwirkung vermittelter Zusammenhang ist. Entscheidend für das volle Verständnis der Wirklichkeit ist dann die Erklärung des Zusammenhangs zwischen nieder- und höherentwickelten Strukturniveaus. Hier gelten alle bisher betrachteten Beziehungen weiter. Es kommt jedoch eine Spezifik der Dialektik hinzu, sie ist das in den formulierten Grundgesetzen festgehaltene Verständnis der objektiven Entwicklungsprozesse als Übergang von einer Qualität zur höheren durch quantitative und qualitative Änderungen im Rahmen der alten Qualität, durch die Entfaltung und Lösung der dialektischen Widersprüche und die dialektische Negation der Negation. Diese dialektische Konzeption der Struktur, des Prozesses und der Entwicklung hat sich in der Naturwissenschaft zu bewähren.

3. Theorie, Methode, Methodologie

Die materialistische Dialektik wurde bereits als Theorie, Methode und Methodologie bezeichnet (Abb. 5). Das erfordert eine Erklärung, wie dies zu verstehen ist. In vielen Diskussionen wird nicht genügend zwischen dem theoretischen, methodischen und methodologischen Aspekt differenziert, was erst ermöglicht, auch ihre innere Einheit zu beachten. Manche betrachten die Dialektik allein als Methode, obwohl die Klassiker des Marxismus-Leninismus nie allein diesen Aspekt hervorgehoben haben. So hatte Marx gerade darauf hingewiesen, daß es notwendig ist, sich den Stoff im Detail anzueignen, erst dann kann die Bewegung entsprechend dargestellt werden. Das gilt auch für die Dialektik. Sie ist nach Engels „Wissenschaft des Gesamtzusammenhangs" [10], und der Kern der Dialektik ist nach Lenin „die Lehre von der Einheit der Gegensätze" [11]. Insofern gilt es in dieser Wissenschaft, in dieser Lehre die objektive Dialektik aufzuspüren, theoretisch zu verarbeiten und methodisch auszunutzen. Wie Lenin mit Recht bei Hegel hervorhebt, kann die Methode nicht vom Inhalt getrennt werden, ist also die Methode nichts neben der oder ohne die Theorie Existierendes. Die Methode ist danach die Reflexion über die Art und Weise der inneren Selbstbewegung des Inhalts.[12] Sie ist die Art und Weise zur Erforschung der Objekte, um zu exakten Abbildern der objektiven Realität zu kommen, während die Theorie über einen Objektbereich die Gesamtheit der untereinander zusammenhängenden Abbilder darüber ist. Sicher gibt es dabei für die Wissenschaften verschiedene Methoden, von denen einige schon erwähnt wurden, wie die experimentelle Methode, die das bewußte Organisieren von Erfahrungen mit der objektiven Realität betrifft. Durch das Schaffen künstlicher Bedingungen, bei denen alle wesentlichen Parameter bis auf einen oder mehrere zusammenhängende, deren Zusammenhang bekannt oder zu erforschen ist, konstant gehalten werden, ist der Mensch in der Lage, eine objektive Analyse bestimmter Prozesse durchzuführen, deren Ergebnisse mit anderen verglichen und theoretisch synthetisiert werden. Diese Methode hat, wie betont, verschiedene theoretische Voraussetzungen. Sie basiert auf der Theorie der benutzten Geräte, auf den bisherigen theoretischen Einsichten in das Verhalten der zu studierenden Objekte, auf daraus sich ergebenden Hypothesen, die durch das Experiment überprüft werden sollen, auf der Logik und meist auch auf der Mathematik, die zur Darstellung von Voraussetzungen genutzt wird. Gewonnene theoretische Einsichten halfen deshalb auch bei der Verbesserung der Methoden. Dabei hat sich mit der Arbeitsteilung in der Wissenschaft auch eine gewisse Spezialisierung für Theorie und experimentelle Methode insofern herausgebildet, als z. B. der theoretische Physiker Vorschläge für Experimente unterbreitet, wie das Young und Lee zur Überprüfung der Parität taten und andere Physikergruppen die Realisierung übernehmen. Die erste Gruppe orientiert sich mehr auf die theoretischen Erkenntnisse zur Physik der Elementarteilchen und nutzt dabei weniger die experimentelle Methode selbst aus, wohl aber andere Methoden, während die zweite Gruppe sich weiter mit der Theorie der Geräte als Voraussetzung für das Experiment beschäftigt und die Erkenntnisse zur theoretischen Analyse schafft. Wir sehen also selbst bei dieser Arbeitsteilung die Einheit von Theorie und Methode.

Von anderer Art als die experimentelle ist die mathematische Methode. Sie versucht widerspruchsfreie Systeme ideeller Objekte mit möglichen formalisierbaren Beziehungen zu konstruieren und sieht ihre Aufgabe höchstens darin, ein solches System mit einem Modell zu belegen. Wie wir gesehen haben, kann ohne Berücksichtigung des Widerspiegelungscharakters der Mathematik diese Methode leicht als Denkspielerei, als Spekulation ohne realen Sinn angesehen werden. Sie ist es aber nicht, wenn ihre Darstellungs- und heuristische Funktion genutzt werden, um Widerspiegelungen der objektiven Realität zu erhalten. Insofern ergänzen sich mathematische und experimentelle Methode bei der Erkenntnis gegenseitig. Man könnte in diesem Sinne auf weitere Methoden hinweisen, wie etwa die Beobachtung. Durch das immer tiefere Eindringen in das Wesen der Naturprozesse liefert die Beobachtung allein kaum noch Ergebnisse. Eintreffende Lichtstrahlen aus dem Kosmos werden experimentell mit Hilfe von Geräten untersucht, Meteoriten chemisch analysiert, Pflanzen kultiviert usw. Die Beobachtung regt an, Experimente durchzuführen, die nicht immer unter reinen Laborbedingungen möglich sind. Die Entdeckung von Elementarteilchen in kosmischen Strahlen forderte die Anpassung der Geräte an die natürlichen Bedingungen, die Kultivierung von Pflanzen, die Analyse der Umgebungseinflüsse usw. Während die Beobachtung mehr der experimentellen Methode zugeordnet werden kann, ist die Systemmethode eigentlich Bestandteil der mathematischen Methode, wenn darunter die mathematisch-kybernetische Analyse von System-Element-Struktur-Funktion-Beziehungen verstanden wird. Im wesentlichen kann man deshalb das Methodengefüge der Wissenschaften durch zwei Grenzpunkte bestimmen, durch die experimentelle und die mathematische Methode. Alle anderen Methoden können zugeordnet oder als Wechselbeziehung beider gefaßt werden. Stets bewegen sich die Methoden im Rahmen zwischen experimenteller Umgestaltung und der Aufdeckung möglicher Beziehungen zwischen ideellen Objekten und müssen, um Resultate im Widerspiegelungsprozeß, Theorien über die objektive Realität erreichen zu können, den Zusammenhang zwischen beiden herstellen, indem die mögliche Beziehung zwischen ideellen Objekten zur Darstellung wirklicher Beziehungen zwischen Objekten benutzt wird und Folgerungen im Experiment überprüft werden. Darauf ist bei der erkenntnistheoretischen Problematik noch zurückzukommen.

Für die Betrachtung der Methoden sind damit schon folgende zwei Momente wesentlich: Einerseits existiert keine Methode ohne Theorie. Sie ist stets abhängig vom untersuchten Gegenstand, den Kenntnissen über ihn und der Methodentheorie, seien es die Theorie der Geräte, die Logik, die Meßtheorie u. a. Andererseits muß der Zusammenhang der Methoden untereinander, ihre gegenseitige Ergänzung berücksichtigt werden, damit Theorien als Gesamtheiten von Abbildern über Objektbereiche entstehen können.

Ein weiteres Moment darf nicht vergessen werden. Das ist die historische Entwicklung der Methoden, von neuen Methoden und neuen Zusammenhängen zwischen ihnen. Zur quantitativen Auswertung von Experimenten müssen entsprechende Geräte vorhanden sein. Zu früher entwickelten, aber heute vervollkommneten Raum-Zeitmessern sind aus ihnen aufgebaute Meßfühler hinzugekommen. Die aus Metall oder Holz bestehenden Längenmaße und die Sonnen- und Sanduhren sind durch präzisere Meßinstrumente abgelöst worden. Für Längenmessungen gibt es mechanische, optische, elektrische und pneumatische Meßgeräte. Präzisionsmessungen geschehen im klimatisierten Meßraum. Die Quarzuhren gehen mit größerer Genauigkeit als traditionelle Uhren, und die Atomuhr ist ein weiterer Fortschritt in der Zeitmessung. Die Entwicklung dieser für die experimentelle Methode wichtigen Geräte erforderte die Einsicht in die Gesetze des Naturverhaltens, die Entwicklung der Optik, Elektrodynamik usw. So bringt die Entwicklung der Theorie verbesserte, erweiterte und neue Methoden mit sich.

Auf den Zusammenhang der Methoden und seine Geschichtlichkeit macht auch Bernays aufmerksam: „Die Mannigfaltigkeit der wissenschaftlichen Methoden, mit ihren Beziehungen zueinander und ihren Verflechtungen ist überdies ja der geschichtlichen Entwicklung unterworfen. Die Ergebnisse und Entdeckungen der Wissenschaften beeinflussen deren Programme. Besonders drastisch zeigt sich das im Gebiete der Physik. Wenn wir die Ansichten über deren Aufgaben und deren angemessene Methode, wie sie etwa im Anfange des 19. Jahrhunderts bestanden, mit den heutigen vergleichen, so ist die ungeheure Wandlung ersichtlich. Aber auch in andern Gebieten, insbesondere etwa in der

Biologie, hat der Rahmen, das Programm und die Methodik der Wissenschaft bedeutende Wandlungen erfahren."[13] Besonders das Beispiel der Biologie wäre es wert, genauer untersucht zu werden, da die Anwendung physikalischer und chemischer Methoden, d. h. die Art und Weise, mit der physikalische und chemische Objekte experimentell untersucht werden, bei der Untersuchung von Lebensprozessen sowohl den theoretischen Fortschritt demonstriert, der dadurch erreicht wurde, als auch das Problem des Zusammenhangs der Methoden deutlich macht. Physik und Chemie klären physikalische und chemische Grundlagen der Lebensprozesse auf, sind aber nicht die den biologischen Gegenständen adäquaten Methoden, sondern ihre Ergebnisse müssen zusammengefaßt, mit anderen biologischen Experimenten konfrontiert werden, um zu einer biologischen Theorie zu kommen, die den physikalischen und chemischen Einsichten nicht widersprechen darf, aber die Spezifik des Lebens berücksichtigt. So liefern Chemie und Physik Grundlagen für die Erklärung der biologischen Entwicklung, aber sie erklären diese nicht vollständig, denn die chemischen und physikalischen Prozesse laufen unter neuen Bedingungen ab, müssen in ihrer Wechselwirkung erfaßt werden, die gerade das Leben ist. Die materialistische Erklärung des Lebens verlangt die Untersuchung aller Komponenten des biologischen Lebensprozesses, seien sie physikalischer und chemischer Natur, und die Aufdeckung der aus der Wechselwirkung dieser Komponenten sich ergebenden Systemgesetze, d. h. der biologischen Gesetze. Aus diesen Andeutungen wird schon deutlich, daß die historische Entwicklung der Methoden zu stets neuen Zusammenhängen im System der Methoden führt. Die Ausnutzung anderer Methoden führt meist zu neuen Resultaten, wie die Entwicklung der Quantenchemie, der Biophysik und Biochemie, der mathematischen Ökonomie usw. zeigt. Damit wird aber auch die Rolle der Methodenkritik deutlich, die für die Zielstellung wissenschaftlicher Arbeiten, für die Organisation der Wissenschaft von großer Bedeutung ist. Die bereits vorher erwähnten weltanschaulichen Kurzschlüsse hatten eine ihrer erkenntnistheoretischen Ursachen meist auch in der Überschätzung einer Methode gegenüber allen anderen Methoden.

Wenn wir nun von der Dialektik als Methode und Methodologie sprechen, müssen die genannten Momente, die für alle Methoden Bedeutung haben, berücksichtigt werden, woraus dann auch die Spezifik der dialektischen Methode bestimmt werden kann, die gerade darin besteht, methodologische Grundlage wissenschaftlichen Arbeitens zu sein. Bevor aber das erläutert wird, soll kurz das Verhältnis von Theorie und Methode für die Dialektik behandelt werden. Auf einer der Sitzungen des

IV. Kongresses der IUPHS in Bukarest 1971 kam es zu einer interessanten Diskussion im Zusammenhang mit Vorträgen von Marxisten zur Dialektik als Methode. Von einem Diskussionsredner wurde die Feststellung, die Dialektik sei Methode, mit der Bemerkung angegriffen, dann müsse sie auch zu neuen Erkenntnissen führen, wobei die methodischen Schritte im einzelnen nachgewiesen werden sollten. Für die Auseinandersetzung mit dieser Auffassung war jedoch durch die Referenten ungenügend Material geliefert worden, weil der Zusammenhang von Theorie und Methode nicht in seiner ganzen Kompliziertheit erwähnt und die These von der Dialektik als Methode nicht durch die Analyse wenigstens eines der methodischen Schritte untermauert wurde. In der Diskussion wurde das zwar nachgeholt, zeigte aber die Schwäche der Position, die den theoretischen Gehalt der Dialektik nicht berücksichtigt. Nehmen wir dazu ein Beispiel, um das kurz zu verdeutlichen. Dabei muß die Funktion der Philosophie beachtet werden, die entweder in der Antwort auf die weltanschaulichen Grundfragen oder in heuristischen Hinweisen an die naturwissenschaftliche Forschung besteht, da sonst irreale Forderungen an die Philosophie und die dialektische Methode gestellt werden. Zur Erfüllung der weltanschaulichen Funktion war die philosophische Verallgemeinerung der Ergebnisse der Quantenmechanik von großer Bedeutung, da einerseits die Angriffe, die mit Hilfe des Wellen-Korpuskel-Dualismus gegen den Materialismus geführt wurden, und andererseits positivistische Auffassungen widerlegt werden mußten. Dabei zeigte sich für den dialektisch geschulten Denker, der die materialistische Dialektik vertrat, die Einseitigkeit der Bestimmung der Quantenobjekte als Wellen oder als Korpuskeln. Es mußte die Auffassung von der Existenz der Stoffpartikel als gradlinig sich bewegender, nur mechanisch miteinander wechselwirkender, konzentriert den Raum erfüllender Bausteine des Naturgeschehens aufgegeben werden. Wellen- und Korpuskeltheorie erfaßten zwei Eigenschaften einheitlicher Naturobjekte, deren innere Beziehung im mathematischen Formalismus der Quantenmechanik und besonders in der Heisenbergschen Unbestimmtheitsrelation aufgedeckt wurde. Durch den objektiven inneren Zusammenhang der Wellen- und Korpuskeleigenschaften kommt es zu Interferenzen beim Durchgang durch Spalte, zeigen sich die Objekte beim Auftreffen auf den Schirm als entsprechend der Wellentheorie verteilt, aber als Teilchen, wenn sie im Geigerzähler ankommen. Die dialektischen Materialisten weisen auf die dialektische Einheit von möglicher Wirkung (Welleneigenschaft) und wirklicher Reaktion (Korpuskeleigenschaft) hin und konnten damit solche Angriffe zurückweisen, die mit der Unbestimmtheitsrelation prinzipielle

Grenzen der Erkenntnis verbanden, sie nicht als Widerspiegelung objektiver gesetzmäßiger Zusammenhänge erfaßten usw. Die Dialektik erwies sich als Methode zur weltanschaulichen Klärung des physikalischen Sachverhalts und zur kritischen Analyse einseitiger philosophischer Deutungen. Das mag für den positivistisch eingestellten Naturwissenschaftler wenig sein. Die weitere Diskussion um das Faktische und Mögliche, um die verborgenen Parameter, um die Ensembletheorie usw. zeigte jedoch die Bedeutung des dialektischen Verständnisses der Naturprozesse.[14]

Hier wird nun vor allem die Bedeutung einer entwickelten philosophischen Theorie deutlich, sowie die Notwendigkeit des Meinungsstreits um die dialektische Position zu solchen Erkenntnissen. Aber das unterscheidet die Dialektik nicht von anderen Wissenschaften. So hält die Diskussion um die Energiequellen astronomischer Vorgänge ebenso an wie die Erklärung des Zerfalls des K^0-Mesons in zwei und drei Pionen. Die experimentellen Ergebnisse der Molekularbiologie liefern noch keine Entwicklungstheorie. Also das im Ergebnis der Anwendung bestimmter Methoden erreichte theoretische Niveau bedarf ständig der Bestätigung und Erweiterung.

Die materialistischen Dialektiker mußten das gesamte theoretische Arsenal einsetzen, um zur richtigen Deutung der Quantenmechanik zu kommen. Dabei ergab diese theoretische Diskussion in ihrem Ergebnis neue Einsichten in die Gesetzesproblematik, vor allem in das Verhältnis von dynamischen und statistischen Gesetzen, deren innerer Zusammenhang erkannt wurde, was von methodologischer Bedeutung für andere Wissenschaften ist, wie im nächsten Abschnitt zu zeigen sein wird.

Die Anwendung der dialektischen Methode erfordert also eine entsprechend ausgearbeitete Theorie, die bei der Anwendung selbst erweitert und präzisiert wird. So kann auch die dialektisch-materialistische Entwicklungstheorie in ihrer methodischen Bedeutung für das weltanschauliche Verständnis biologischer Entwicklungsprozesse ausgenutzt werden. Dabei werden präzisierte philosophische Aussagen über die dialektischen Beziehungen gewonnen und philosophische Hypothesen über zu entdeckende dialektische Beziehungen ausgearbeitet. So ist die Analyse des Verhältnisses von Symmetrie und Asymmetrie ein Kernpunkt für das Verständnis der Dialektik physikalischer Prozesse im Elementarteilchenbereich. Die Hypothese von der Existenz von Gesetzen asymmetrischen Verhaltens ist ein Hinweis auf die möglichen dialektischen Beziehungen zwischen Symmetrie und Asymmetrie.[15] Also ist die Anwendung der dialektischen Methode in den philosophischen Erkenntnisprozeß überhaupt eingeordnet und erfordert die ständige Entwicklung der Dialektik als Theorie, damit sie als Methode noch fruchtbarer werden kann. Die theoretischen Grundlagen für die Dialektik als Methode sind im dialektischen Determinismus und der dialektisch-materialistischen Entwicklungstheorie vorhanden, die heute Voraussetzung für die weitere Untersuchung der objektiven Dialektik, der Dialektik der Erkenntnis und der subjektiven Dialektik sind. „Die Dialektik", schreibt Lenin, „erheischt die allseitige Berücksichtigung der Wechselbeziehungen in ihrer konkreten Entwicklung, nicht aber das Herausreißen eines Stückchens von diesem, eines Stückchens von jenem."[16] Diese Forderung wäre als methodische Regel etwa in dem Sinne, daß man alles im Zusammenhang sehen muß, sehr wenig. Aber hinter ihr steckt das ganze theoretische Fundament der Dialektik, das von den Klassikern ausgearbeitet und später durch viele Arbeiten weiterentwickelt wurde. So geht es in der Leninschen Forderung darum, die objektiven Formen des Zusammenhangs für die Betrachtung der Wechselbeziehungen zu berücksichtigen, wie sie als Verhältnis von Kausalität und Gesetz, Gesetz und Bedingungen, Gesetz (Notwendigkeit) und Zufall, Möglichkeit und Wirklichkeit usw. untersucht sind. Es geht deshalb nicht um alle Beziehungen, sondern um die wesentlichen. Das im Zufall erscheinende Gesetz muß gefunden werden. Die Möglichkeiten müssen auf ihre Bedingungen zur Realisierung analysiert werden usw. Für die Untersuchung der konkreten Entwicklung gibt die dialektisch-materialistische Entwicklungstheorie die entsprechenden methodischen Anweisungen durch die Forderung, die entsprechenden quantitativen und qualitativen Änderungen im Rahmen der Ausgangsqualität zu bestimmen, die zu einer neuen Qualität führten oder führen, die dialektischen Widersprüche in ihrem inneren Zusammenhang zu analysieren und die Quelle der Entwicklung zu finden sowie die Richtung zukünftiger Entwicklungsprozesse danach abzuschätzen, wie sich aus der dialektischen Negation der Ausgangsqualität durch dialektische Negation der Negation eine höhere Qualität entwickelt. Wer deshalb mit der dialektischen Methode arbeiten will, muß sie erst einmal genau kennen, in ihre Grundlagen sich einarbeiten, Präzisierungen, die für die Lösung einer Aufgabe wichtig sind, sich aneignen und selbst durch die Anwendung der dialektischen Methode einen Beitrag zu ihrer theoretischen Entwicklung leisten. Der Kritiker, der die Bedeutung der dialektischen Methode für die Naturwissenschaft nicht sieht, hat meist keine Vorstellung vom theoretischen Reichtum der Dialektik, wenn er selbst theoretisch arbeiten will, oder lehnt in positivistischer Manier die Philosophie überhaupt ab, um einer Vulgärphilosophie zu verfallen. Das positivistische, atheoretische, unphilosophische Herangehen an die Wirklichkeit ist, um mit Engels zu sprechen, selbstverständlich der sicherste Weg, undialektisch und damit falsch zu denken.

Der erste Aspekt, den wir für jede Methode hervorhoben, nämlich die Einheit von Theorie und Methode, gilt auch für die materialistische Dialektik. Die Gesamtheit ihrer theoretischen Aussagen ist die Grundlage für methodische Anforderungen an die wissenschaftliche Arbeit und die Aufstellung von Handlungsanweisungen für die praktische Tätigkeit, was als *methodischer Aspekt* der materialistischen Dialektik bezeichnet werden kann. Als Wissenschaft der allgemeinsten Beziehungen der Struktur, der Veränderung und der Entwicklung in Natur, Gesellschaft und Denken fordert sie die Allseitigkeit der Strukturbeziehungen, die Veränderung und Entwicklung des untersuchten Bereiches zu berücksichtigen, wofür sie theoretische Voraussetzungen bereitstellt, die als methodische Forderungen der Untersuchung der Wirklichkeit ausgenutzt werden können. Zu ihr gehören der dialektische Determinismus als Theorie der Bedingtheit und Bestimmtheit der Objekte und Prozesse im Gesamtzusammenhang und die dialektisch-materialistische Entwicklungstheorie. Damit sind auch die Grundprinzipien der Dialektik bestimmt. Dazu gehören die Anerkennung der Bedingtheit der Objekte und Prozesse durch die konkrete Vermittlung des Zusammenhangs (Kausalität), die Existenz objektiver Gesetze und von Formen des Zusammenhangs, wie die Durchsetzung der Notwendigkeit im Zufall, die Verwirklichung von Möglichkeiten, die Formierung des Inhalts. Diese Formen müssen stets im Zusammenhang mit neuen naturwissenschaftlichen Erkenntnissen untersucht und neu präzisiert werden. Entscheidend für die Dialektik sind dann die dialektischen Grundgesetze, die die Form, die Quelle und die Richtung der Entwicklung bestimmen. Das tiefe Eindringen in die theoretischen Probleme der Dialektik ermöglicht eine wirksame Methode.

Als zweiter Aspekt wurde der Zusammenhang der Methoden genannt. Hier erweist sich die dialektische Theorie und Methode als Methodologie, wenn sie auf dieses System der Methoden selbst als Methode angewandt wird. Das von uns charakterisierte System der Methoden mit den zwei, den Rahmen dieses Systems bestimmenden Methoden, der experimentellen und mathematischen und der verschiedenen Zwischenglieder, muß selbst ständig analysiert werden. Der *methodologische Aspekt der materialistischen Dialektik* besteht also darin, als dialektische Methode auf das System der spezialwissenschaftlichen Methoden angewandt zu werden, den Zusammenhang der Methoden, ihre Veränderung und Entwicklung zu untersuchen und so die methodischen Forderungen der

Dialektik zur theoretischen Erforschung des Systems der Methoden auszuwerten. Die daraus sich ergebenden methodischen Forderungen für den Erkenntnisprozeß, eben den Zusammenhang der Methoden zu beachten, ihre Veränderung und Entwicklung im Konkreten zu berücksichtigen, ist ein Beitrag dazu, die materialistische Dialektik als erkenntnistheoretische Grundlage wissenschaftlichen Arbeitens auszuweisen.

Bevor wir zum dritten Aspekt kommen, nämlich der Veränderung der Methode, der auch *die materialistische Dialektik als sich verändernde und entwickelnde Methode* zeigt, soll noch auf einige Seiten der materialistischen Dialektik als Methodologie eingegangen werden. Oft wird die Dialektik als Methode und Methodologie nicht unterschieden. Das führt dann dazu, daß der wichtigen philosophischen Aufgabe der Analyse der Methoden der Spezialwissenschaften, ihres inneren Zusammenhangs und ihrer Kritik zu wenig Aufmerksamkeit geschenkt wird. Die Dialektik wird dann oft nur als Methode neben andere gestellt, während ihre Beachtung als Methodologie gerade verlangt, nicht neben anderen Methoden zu stehen, sondern zu ihrer Analyse und der ihres Zusammenhangs mit anderen, also vor allem zur Methodenkritik, genutzt zu werden. Dieser methodologische Aspekt hat, wie wir gesehen haben, direkt weltanschauliche Bedeutung, da die Überschätzung einer Methode gegenüber anderen zu weltanschaulichen Kurzschlüssen führt. Denken wir z. B. an vulgarisierte, weil einseitig überschätzte kybernetische Systembetrachtungen, die ohne Vulgarisierung volle Berechtigung zur Analyse der Wirklichkeit haben. Der Mensch wurde hierbei als kybernetisches System betrachtet, ebenfalls die gesellschaftliche Ökonomik und die Gesellschaft überhaupt. Die Einseitigkeit dieses methodischen Herangehens führt zu einer Unterschätzung der Betrachtung der determinierenden Faktoren gesellschaftlicher Entwicklung in ihrer inneren Dialektik, wobei die Produktionsverhältnisse als die bestimmenden, aber nicht absolut determinierenden Faktoren zu sehen sind, die gesellschaftlichen Gesetze als System beachtet und die wesentlichen von unwesentlichen Faktoren unterschieden werden müssen. Dafür gibt nicht die Kybernetik, sondern die Dialektik das methodische Rüstzeug. Die Kybernetik dagegen hilft, bestimmte Seiten menschlichen und gesellschaftlichen Verhaltens in ihren formalisierbaren Strukturen zu erkennen, um sie für die Untersuchung mit Hilfe von Rechenmaschinen usw. aufzubereiten. Beides widerspricht sich nicht, sondern muß sich gegenseitig ergänzen. Dabei wird die Dialektik gerade als Methodologie wirksam, die sowohl die Berechtigung der kybernetischen Methode nachweist als auch ihre Grenzen zeigt, wo sie mit anderen Methoden verbunden oder ihre Erkenntnisse durch andere Erkenntnisse ergänzt werden müssen.

Bisher existieren noch zuwenig Untersuchungen über den Zusammenhang der verschiedenen Methoden, obwohl in der Logik der Forschung Teilaspekte zum Verhältnis von Empirischem und Theoretischem, zur Analyse, Klassifizierung ausgearbeitet wurden und in der Kritik des Strukturalismus vor allem das Verhältnis von Logischem und Historischem und die Berechtigung der historischen neben der strukturellen Methode eine Rolle spielten.[17] Die dabei angesetzte Methodenkritik und die existierenden Teilaspekte der dialektischen Betrachtung des Zusammenhangs der verschiedenen Methoden muß konsequent bis zur Ausarbeitung methodologischer Grundlagen fortgesetzt werden. In diesem Sinne wäre es interessant, der Methodologie als Wissenschaftsdisziplin überhaupt mehr Aufmerksamkeit zu schenken. Die Dialektik als Methode zur Ausarbeitung der Methodologie, als methodologische Grundlage wissenschaftlichen Arbeitens erschöpft die Methodologie keineswegs. Unter Methodologie wäre dabei die Wissenschaft von den Methoden wissenschaftlicher Forschungsarbeit, ihres Zusammenhangs, ihrer Veränderung und Entwicklung und des Verhältnisses von Forschungs- und Darstellungsweise zu verstehen, woraus sich Konsequenzen für die Darstellung wissenschaftlicher Erkenntnisse ergeben. Selbstverständlich besteht bei der Ausarbeitung der Methodologie die Gefahr, sie von der spezialwissenschaftlichen Forschungsarbeit loszulösen und sie so zu fruchtloser Spekulation zu verdammen. Diese Gefahr existiert jedoch nicht nur für die Methodologie, sondern in mehr oder weniger großem Maße auch für alle theoretischen Disziplinen, deren Widerspiegelungscharakter nicht direkt einsichtig ist. So kann auch die Philosophie sich von der Wirklichkeit lösen und zur theoretischen Spielerei ohne Nutzen werden. Solche Gefahren müssen erkannt und verhindert werden, ohne durch den Hinweis auf die Gefahr schon die theoretische Arbeit immer mit dem Merkmal „fast spekulativ" zu versehen. Theoretischer Fortschritt verlangt auch theoretische Spielerei mit Sinn, und die Mathematik zeigt, daß es sehr schwer ist, diesen Sinn immer von vornherein zu bestimmen. Etwas mehr Dialektik bei der Betrachtung solcher für die Forschungsarbeit wichtigen Probleme ist sicher angebracht. Der Positivismus hat versucht, den Wissenschaften eine allgemeine Methodologie zu geben, aber seine Theorie- und Philosophiefeindlichkeit hat ihn in große Schwierigkeiten gebracht. Sein undialektisches Herangehen an wissenschaftliche Erkenntnisse hat seine logischen Konstruktionen vom echten Erkenntnisprozeß entfert und nicht gestattet, den wirklichen Erkenntnisprozeß in seiner inneren Kompliziertheit zu verfolgen.

Das methodologische Rüstzeug, mit dem heute junge Wissenschaftler ausgestattet werden, ist m. E. ungenügend. Sie lernen, wenn sie dazu fähig sind, in alter Weise die Methoden ihrer Lehrer. Die Methodenkritik selbst ist schon sehr selten geworden. Vom theoretischen Verständnis der Methoden in einer Methodologie, das in den Grundzügen den jungen Wissenschaftlern vermittelt werden müßte, kann man gar nicht reden. Teilweise wird einseitiger Empirismus verkündet, ohne die Dialektik von theoretischem Verständnis und Anschaulichkeit zu begreifen. Die theoretische Arbeit wird manchmal nur verteidigt, ohne die Widerspiegelungsfunktion in ihrer ganzen Kompliziertheit zu berücksichtigen. Der Blick für die Grenzen von Methoden, für ihre Ergänzung durch andere wird zuwenig entwickelt und die Forderung nach interdisziplinärer Arbeit verdeckt oft das Übel in der disziplinären Arbeit und wird damit zu einer unerfüllbaren Deklaration.

Eine Methodologie ohne Dialektik landet aber in der Metaphysik, d. h. in der Überschätzung der einen und der Unterschätzung anderer Methoden, im ungenügenden Verständnis für den Zusammenhang und die Entwicklung der Methoden. Eine solche metaphysische Haltung begünstigt auch unsachliche Kritiken an neuen Methoden, wie etwa der kybernetischen, der mathematischen usw. Oft werden dabei in die Anwendung einer Methode auch zu hohe Erwartungen gesetzt, deren Nichterfüllung nicht nur zum Zerfall von Illusionen führt, sondern auch oft in völlige Ablehnung umschlägt. Ein krasses Beispiel waren die mit der Kybernetik, Mathematisierung der Wissenschaften und dem Einsatz von EDV verbundenen Illusionen gewesen, deren Zusammenbruch eine Welle der Kritik an der Kybernetik auslöste. Hochgespannte und nicht gerechtfertigte Erwartungen sind in die Kritik auch berechtigten Herangehens umgeschlagen. Beides ist undialektisch. Während in der ersten Phase des Kybernetiktaumels mehr Methodenkritik von seiten marxistischer Philosophen angebracht gewesen wäre, muß in der zweiten Phase die sachliche Rechtfertigung der Berechtigung dieser Methoden überwiegen. Die Metaphysik hat also verschiedene Konsequenzen, die durch die Dialektik kritisiert und ihres metaphysischen Charakters entkleidet, d. h. in das Verständnis des Zusammenhangs eingeordnet werden müssen. Heute gibt es m. E. eine bei Studenten und auch durch Propaganda in der wissenschaftlich gebildeten Bevölkerung geförderte euphorische Stimmung zu den Ergebnissen der Molekularbiologie, die von vielen Wissenschaftlern in bezug auf ihre illusionäre Seite nicht geteilt wird. Hier hat die Anwendung von anderen Methoden zu völlig neuen Einsichten geführt, die uns das Verhalten biologischer Objekte von grundlegenden Gesetzen her besser verstehen lassen. Aber damit ist die Dialektik von System und Element nicht aufgehoben. Die Untersuchung von Gesetzen der Teilsysteme liefert noch nicht die Systemgesetze selbst. Beides muß sich gegenseitig ergänzen. So haben die chemischen und physikalischen Gesetze Bedeutung für die Erklärung des Lebens, heben aber die biologischen Systemgesetze nicht auf. Deshalb hilft uns die Dialektik, als Methodologie verstanden, nicht die Augen vor den Methoden zu verschließen, die heute nicht so große Erfolge haben, aber ihren berechtigten Platz im Methodengefüge besitzen. Die bessere Ausarbeitung der Methodologie auf der Grundlage der Dialektik würde also auch bessere wissenschaftliche Grundlagen für die Entscheidungen wissenschaftsleitender Organe liefern. Nur kann das erst wirksam werden, wenn nicht nur hin und wieder Grundsatzgruppen gebildet werden, die ohne besondere dialektische Schulung die Dialektik der Erkenntnisprozesse aufdecken sollen, sondern der Entwicklung der Methodologie, des dialektischen Denkens überhaupt mehr Aufmerksamkeit geschenkt wird. Die Dialektik als Methode und Methodologie kann also keine kurzzeitigen, für jedermann sichtbaren Erfolge aufweisen, sondern sie wirkt in der Forschungsarbeit, im Zusammenhang der Methoden, in ihrer weltanschaulichen Bedeutung: Sie ist eben keine Methode neben den anderen, sondern zum Verständnis des Zusammenwirkens dieser Methoden geeignet.

Diese Haltung zur Dialektik als Methodologie, besser zum methodologischen Aspekt der Dialektik, ermöglicht auch eine sachliche Kritik einseitiger methodologischer Strömungen der bürgerlichen Philosophie, wie des Positivismus und des Strukturalismus. Manchmal wird die Kritik metaphysisch in dem Sinne durchgeführt, daß der positivistischen eine antipositivistische und der strukturalistischen eine antistrukturalistische Haltung entgegengesetzt wird. So wird im ersten Falle die Rolle der Weltanschauung, der Philosophie usw. betont, und im zweiten die Bedeutung der historischen Methode. Die Dialektik wird auch noch nicht durch die Versicherung erreicht, daß auch diese Strömungen positive Resultate erzielt haben. Eine begründete Kritik ist eigentlich erst dann im dialektischen Sinne gegeben, wenn diese positiven Elemente genau analysiert, ihre Grenzen abgesteckt und sie in eine allgemeine Methodologie, deren Grundlage die Dialektik ist, eingeordnet werden. Erst dann kann man von dialektischer Aufhebung sprechen, die aus dem reinen Entgegensetzen von These und Antithese herauskommt und zu einer wirklichen Entwicklung unserer Kenntnisse über die Methoden führt.

Der dritte der genannten Aspekte der Methode ist ihre historische Entwicklung. Für das System der Methoden bedeutet das, die Einheit von

Logischem und Historischem mehr zu beachten und der Bedeutung der historischen Methode, d. h. der Untersuchung der Objekte und Prozesse in ihrer Veränderung und Entwicklung in Abhängigkeit von den dialektischen Grundgesetzen der Entwicklung, mehr Aufmerksamkeit zu schenken. Dabei geht es uns im Zusammenhang mit der Methode nicht um die Untersuchung der objektiven Entwicklung, sondern vor allem um die Entwicklung der Erkenntnis. Hier hat die Dialektik von Logischem und Historischem selbst mehrere Seiten, die manchmal zu wenig Beachtung finden.[18] Unter dem Logischen soll dabei die fertige Theorie als Widerspiegelung der gesetzmäßigen Beziehungen bestimmter Objektbereiche verstanden werden und als Historisches die Herausbildung dieser Theorie über Hypothesen, Irrtümer, Teilbestätigungen, weltanschauliche Einflüsse, gesellschaftliche Determinanten, objektive Entwicklungsprozesse usw. Der Prozeßcharakter der Erkenntnis hat danach selbst verschiedene Voraussetzungen und Bedingungen. Erstens kann man nicht alle theoretischen Ansätze und deren philosophische Bedeutung in der Geschichte des Denkens präformiert vorfinden. Einerseits geht es im Erkenntnisprozeß um eine scheinbare Rückkehr zum Alten, andererseits muß exakt das Neue in einer Theorie bestimmt werden. Sie erweist sich in echtem dialektischem Sinne als Negation der Negation. Zweitens geht mit der Theorienbildung das in der Vorbereitung vorhandene reichhaltige Gedankengut nicht vollständig in die Theorie ein. Probleme bleiben ungelöst, Hypothesen unbeachtet usw. Das kann zur Fundgrube späterer Erkenntnisse über Problemstellungen und -lösungen werden. Drittens haben bestimmte Ideen in historisch konkreten Situationen eine bestimmte Prägung erfahren, wirken aber als Analogie immer wieder aufs neue. Daher kann für den heuristischen Aspekt von der konkreten Bedingtheit abstrahiert werden, aber nicht für die historische Untersuchung. Viertens entstehen bestimmte Theorien erst dann, wenn das empirische Material ausreicht, um die theoretische Analyse wesentlicher Gesetze und Beziehungen zugänglich zu machen. Damit wird erst die meist geniale Vorausschau zur empirisch untermauerten Theorie. Diese verschiedenen Seiten der Dialektik von Logischem und Historischem machen deutlich, wie kompliziert es ist, die historische Methode auf die Entwicklung der Erkenntnis anzuwenden und mit ihr auch die Entwicklung der Methode zu untersuchen, die stets von der Entwicklung der theoretischen Erkenntnisse abhängt. Wenn wir bisher davon gesprochen haben, daß die mathematische und die experimentelle Methode den Rahmen des Methodensystems bestimmen, so müssen wir jetzt die historische Methode hinzufügen. Das Wechselverhältnis von mathematischer und experimenteller

Methode ist selbst historisch, aber auch das Herangehen mit ihnen an die Untersuchung objektiver Systeme muß durch die Untersuchung dieser Systeme in ihren Aspekten der Veränderung und Entwicklung geschehen. Manche meinen, die historische Methode sei die eigentlich dialektische Methode. Obwohl eine solche Auffassung weniger schadet als eine metaphysische Haltung zum Methodenproblem, ist sie doch nicht richtig. Das zeigen die Seiten der Dialektik von Logischem und Historischem. Jeder Forscher kann beispielsweise Analogien benutzen und wird dabei nicht undialektisch, wenn er die historische Bedingtheit der in der Analogie benutzten Sachverhalte oder Erkenntnisse aus heuristischen Gründen erst einmal vernachlässigt. Erst die Überschätzung dieser Analogiemethode würde zu Fehlern führen. So nutzt auch der Techniker bestimmte Baupläne der Natur zu technischen Konstruktionen, wie Decken, Brücken, Reißverschlüsse usw. Der Biologe muß den Halm in seiner Entwicklung sehen, die Klette in das biologische System einordnen, die Seerose in ihrer Umgebung betrachten. Den Techniker interessiert nur die entsprechende Lösung einer bestimmten Aufgabe, die er als Analogie zur Lösung technischer Probleme auffaßt. In dieser Richtung wird uns die Bionik sicher noch weitere Ergebnisse bringen.[19] Hier geht es gerade nicht um die historische Methode, obwohl die objektive Dialektik beachtet und ein Moment genutzt wird, das auch metaphysisch überschätzt werden kann, aber dann zu methodischen Fehlern führt. Die mathematische, experimentelle und historische Methode bestimmen in ihrem wechselseitigen Zusammenhang, mit Bindegliedern, Präzisierungen für bestimmte Gebiete usw. das Methodengefüge der Spezialwissenschaften. Dieses Methodengefüge besitzt selbst eine innere Dialektik, es hat gesetzmäßige Zusammenhänge, verändert und entwickelt sich, was von der Dialektik als Methodologie untersucht werden muß. Aber die materialistische Dialektik entwickelt sich auch. Dafür spricht einerseits die objektive Veränderung und Entwicklung und andererseits die Entwicklung der Erkenntnis, die beide die Entwicklung der Wissenschaft vom objektiven Zusammenhang, der Entwicklung und Veränderung verlangen.

Die Entwicklung der Dialektik als Wissenschaft vollzieht sich auf dialektische Weise mit dem philosophischen Erkenntnisprozeß überhaupt, in den sie eingeordnet ist. Ihre Grundprinzipien, die für die wissenschaftliche Beantwortung der weltanschaulichen Grundfragen wesentlich sind, wurden bereits charakterisiert. Sie sind keine selbständigen Antworten auf die Grundfragen, sondern erweisen sich als wichtig für das theoretische Verständnis der Antworten des philosophischen Materialismus, sind die Methode zur methodischen Gewinnung und

Auswertung dieser Antworten und charakterisieren die Methodologie bei der Verallgemeinerung weltanschaulich relevanter wissenschaftlicher Erkenntnisse. Ich will versuchen, diesen Zusammenhang kurz anzudeuten und dabei auf verschiedene bereits erläuterte philosophische Erkenntnisse zurückgreifen. Die Frage nach dem Ursprung der Welt und der Quelle des Wissens wird durch die materialistische Antwort auf die Grundfrage der Philosophie beantwortet, nach der die Materie primär gegenüber dem Bewußtsein ist, die Einheit der Welt in der Materialität besteht und das Bewußtsein sich als Widerspiegelung der objektiven Realität erweist. Ohne die materialistische Dialektik, die die Objekte und Prozesse in ihrem allseitigen Zusammenhang, ihrer Veränderung und Entwicklung erfaßt, wobei die objektive Dialektik im Zusammenhang mit der Dialektik der Erkenntnis und der subjektiven Dialektik untersucht wird, wäre das theoretische Verständnis dieser Erkenntnisse des philosophischen Materialismus nicht gesichert. Nehmen wir das Primat der Materie gegenüber dem Bewußtsein als Widerspiegelung der objektiven Realität. Damit wird in der Gegenüberstellung zwischen „Materie" und „Bewußtsein" sowohl die Einheit als auch der Unterschied beider begrifflich ausgedrückt. Materie ist eine philosophische Kategorie zur Bezeichnung der objektiven Realität, d. h. dessen, was außerhalb und unabhängig vom Bewußtsein existiert und erkannt werden kann und wird. Die objektive Realität ist also die Quelle unseres Wissens und kein unerkennbares Ding an sich. Während mit der Bestimmung „außerhalb und unabhängig vom Bewußtsein" der Unterschied zu ihm betont wird, wird mit der Bestimmung als „Quelle des Wissens" der Hinweis auf den praktischen und theoretischen Aneignungsprozeß der objektiven Realität durch den Menschen gegeben. Das Bewußtsein als Eigenschaft und Entwicklungsprodukt der Materie unterscheidet sich nicht von anderen materiellen Systemen in seiner Materialität, sondern erst durch die Idealität, die es als spezifisch menschliche Form der Widerspiegelung mit der ideellen Bedeutung materieller Bewußtseinsprozesse gewinnt. Damit ist aber auch begrifflich die Beziehung der Widerspiegelung zum Widergespiegelten, also zur Quelle des Wissens hergestellt. Der Erkenntnis*prozeß* widerspiegelt deshalb die materiellen Objekte in ideellen Objekten. Dieser Prozeß ist jedoch kein reiner Spiegelungsprozeß, wie manchmal behauptet wird, sondern entsteht bei der praktischen Veränderung der materiellen Objekte durch den Menschen als Erkenntnissubjekt, der seinem Wesen nach Ensemble der gesellschaftlichen Verhältnisse ist, die konkret historisch durch die Produktionsverhältnisse determiniert werden. Gerade diese praktische Veränderung der materiellen Objekte im Experiment mittels Geräten hilft uns, die objektiven Naturgesetze zu erkennen. Unsere Theorien erweisen sich damit als Widerspiegelungen der objektiven Realität, die im Prozeß der praktischen Veränderung als Erkenntnisse gewonnen werden. Wer deshalb den Prozeß vom Ergebnis losreißt und die Gegenüberstellung von Materie und Bewußtsein verabsolutiert, ist ebenso undialektisch wie der, der das Ergebnis vom Prozeß nicht unterscheidet. Der philosophische Materialismus anerkennt also das genetische, strukturelle und Widerspiegelungsprimat der Materie gegenüber dem Bewußtsein und erklärt materialistisch-dialektisch die theoretische und praktische Aneignung der materiellen Objekte. Schematisch wird die Beziehung zwischen der Grundfrage der Philosophie und ihrer materialistischen Beantwortung, die die Einheit und den Unterschied von Materie und Bewußtsein betrifft, und der materialistischen Subjekt-Objekt-Dialektik in Abb. 6 dargestellt. In der Praxis wirkt das Subjekt gegenständlich auf die materiellen Objekte ein, widerspiegelt sie als ideelle Objekte, baut ein System von Theorien und Metatheorien zum immer besseren Verständnis der objektiven Realität und der Wechselbeziehungen von Subjekt und Objekt auf. Bei der Betrachtung dieses Prozesses der praktischen Veränderung und Erkenntnis ist der materialistische Standpunkt bei der Erklärung des Subjekts zu beachten, das seinem Wesen nach Ensemble der gesellschaftlichen Verhältnisse ist, die durch die Produktionsverhältnisse determiniert werden, aus

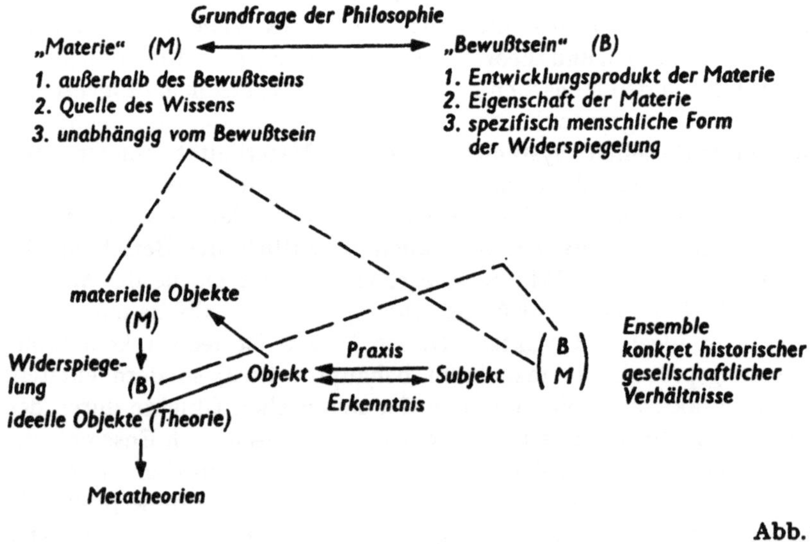

Abb. 6

materiellen Prozessen besteht und das Bewußtsein selbst in genetischer, struktureller und in der Widerspiegelungsbeziehung sekundär gegenüber der Materie ist. Bei der Erklärung des Objekts muß die Grundfrage der Philosophie und die Beziehung zwischen materiellen und ideellen Objekten beachtet werden, was auch zur Dialektik zwischen erkannten und potentiell erkannten materiellen Objekten führt.

Die Einheit von Materialismus und Dialektik bewährt sich also beim theoretischen Verständnis der Antworten auf die weltanschaulichen Grundfragen. Das trifft auch auf die Erkenntnis der materiellen Einheit der Welt zu, die nur verstanden werden kann, wenn die Grunderkenntnis, daß es keinen materiellen Bereich gibt, der nicht durch materielle Prozesse mit anderen Bereichen verbunden ist, mit der Erkenntnis der Formen des Zusammenhangs, der Veränderung und der Entwicklungsgesetze verbunden wird. Es handelt sich um keine mechanisch verstandene materielle Einheit, die aus mechanischen Beziehungen zwischen letzten unteilbaren materiellen Grundbausteinen der Materie besteht, sondern um eine dialektisch verstandene Einheit, die die Strukturiertheit des objektiven Zusammenhangs, die Existenz von Systemen mit Systemgesetzen, das Entstehen neuer und die Entwicklung höherer Qualitäten anerkennt.

Auch die anderen Grundprinzipien der marxistisch-leninistischen Philosophie könnten so auf ihre innere Einheit von Materialismus und Dialektik überprüft werden, wobei sich überall die Bedeutung der Dialektik zum theoretischen Verständnis der materialistischen Grundprinzipien herausstellt, weshalb die Grundprinzipien der Dialektik auch zu den Grundprinzipien der marxistisch-leninistischen Philosophie gehören. Aus ihrer Bedeutung für das theoretische Verständnis ergibt sich auch die methodische Bedeutung der Dialektik zur methodischen Auswertung der materialistischen Grundprinzipien. Wenn die These von der materiellen Einheit der Welt verlangt, daß alles im Zusammenhang gesehen werden muß, so zeigt das dialektische Verständnis dieser These, wie diese methodische Forderung verstanden werden muß. Der Metaphysiker könnte meinen, daß er, um das Atom zu erkennen, erst das ganze Universum kennen müsse. Im dialektischen Determinismus wird deshalb auf die Erkenntnis der Systemgesetze unter entsprechenden Bedingungen verwiesen, auf die Hervorhebung wesentlicher Beziehungen aus der Gesamtheit usw. Während der Metaphysiker die materialistischen Thesen in methodischen Forderungen so verabsolutiert, daß sie den Erkenntnisprozeß hemmen und nicht vorantreiben, zeigt der materialistische Dialektiker ihre Bedeutung und Relativität, beachtet er die Bedingtheit und Bestimmtheit, Veränderung und Entwicklung der Objekte und Prozesse. So muß eben derjenige mit seiner Erklärung des Erkenntnisprozesses scheitern, der undialektisch das Primat der Materie gegenüber dem Bewußtsein so versteht, daß die Kraft des schöpferischen Denkens, die Rolle von Metatheorien usw. geleugnet wird. Er wird damit die Mathematik und ihre Beziehung zur Wirklichkeit nicht erklären können. Damit kommt er auch, auf Grund des metaphysischen Standpunktes, zur Unterschätzung der mathematischen Methode für den Erkenntnisprozeß. Hier liegt die methodologische Bedeutung der dialektischen Grundprinzipien, die die Bedeutung und Grenzen der Anwendung spezialwissenschaftlicher Methoden begreifen lassen und so mithelfen, weltanschaulich relevante naturwissenschaftliche Erkenntnisse wissenschaftlich zu verallgemeinern.

Wenn ein Naturwissenschaftler die Dialektik nicht als notwendige Ergänzung der materialistischen Thesen zu ihrem theoretischen Verständnis, ihrer methodischen Auswertung und als methodologische Grundlage wissenschaftlichen Arbeitens begreift, dann wird von ihm ein wichtiges Hilfsmittel zum theoretischen Verständnis der Naturprozesse außer acht gelassen, wie das Beispiel Monods zeigt. Auf seine Entwicklungsauffassung ist noch zurückzukommen. Hier soll das Gesagte an seiner Meinung zur dialektisch-materialistischen Erkenntnistheorie demonstriert werden. Nach ihm ist es für den dialektischen Materialismus notwendig, „daß das ‚Ding an sich' unverstellt und ungeschmälert ohne irgendeine Auswahl unter seinen Eigenschaften auf die Ebene des Bewußtseins gelangt. Die Außenwelt muß buchstäblich in der umfassenden Gesamtheit ihrer Strukturen und Bewegungen gegenwärtig sein"[20]. Monod weiß selbst, daß diese Interpretation nicht mit der von Marx vertretenen Auffassung übereinstimmt, betont jedoch, daß sie „für die logische Kohärenz des dialektischen Materialismus unverzichtbar" bleibt.[21] Das ist eben nicht der Fall. Sicher ist es leicht, die Dialektik als „wissenschaftsfremd" zu diskriminieren, wenn man sie vorher aus den Betrachtungen ausschließt. Deshalb kann Monod vom „erkenntnistheoretischen Zusammenbruch des dialektischen Materialismus sprechen", nachdem er die Widerspiegelungstheorie auf die „radikale Forderung nach dem ‚vollkommenen Spiegel' reduziert" hat und diese Forderung mit den Worten widerlegt, „daß das Zentralnervensystem dem Bewußtsein nur eine soche Information liefern kann und sicher auch soll, die verschlüsselt, umgesetzt und in feststehende Normen eingefügt ist – kurz, eine verarbeitete und nicht einfach nur wiedergegebene Information"[22]. Die Konsequenz des materialistischen Standpunkts, die Tatsachen in ihrem eigenen und in keinem phantastischen Zusammenhang zu erfassen, verlangt gerade die Aufdeckung der Dialektik des Erkenntnisprozesses und zeigt, daß Erkenntnis als Prozeß ständige Veränderung des Objekts zum Zwecke der Analyse objektiv-realer Vorgänge ist, bei deren synthetischer Zusammenfassung die Erkenntnis der objektiven Naturgesetze sich ergibt, die Widerspiegelungen der objektiven Realität sind. Monod beachtet nicht die Dialektik des *Erkenntnisprozesses*, sondern meint, mit der Feststellung, daß das *Erkenntnisresultat* Widerspiegelung der objektiven Realität sei, sei dieser Prozeß vernachlässigt. Sein Argument bezieht sich nämlich nur auf die vom dialektischen Materialismus keineswegs geleugnete und auch nicht zu leugnende Kompliziertheit des Erkenntnisprozesses. Er sagt nichts über das Verhältnis von erhaltener Information und Ausgangsobjekt. Insofern trifft seine Argumentation den dialektischen Materialismus in zweifacher Hinsicht nicht: Einerseits wird die These vom Resultat des Erkenntnisprozesses als ideelle Widerspiegelung der Objekte gar nicht behandelt, wenn man von ihrer Reduktion auf exakte Spiegelung absieht, was noch als unhaltbar bei der Wahrheitsproblematik zu zeigen ist; andererseits wird auf die Kompliziertheit des Erkenntnisprozesses verwiesen, eine Erkenntnis, mit der der dialektische Materialismus übereinstimmt. Diese Kompliziertheit zu leugnen hieße gerade die Dialektik mißachten und Metaphysiker zu sein. Monod ist Metaphysiker bei der Betrachtung des Materialismus und wundert sich dann über die objektive Dialektik, der er ständig begegnet und die er bewußt nicht wahrhaben will.

Die Haltung zur materialistischen Dialektik muß selbst dialektisch sein, wenn man ihre Bedeutung für die Wissenschaft erkennen will. Sie unterliegt selbst einem Entwicklungsprozeß, dem die immer bessere Erkenntnis der objektiven Dialektik, die Dialektik des Erkenntnisprozesses und die subjektive Dialektik entsprechen. Dabei sind die Grundprinzipien der Dialektik als Wissenschaft Theorie und Methode zu ihrer eigenen Entwicklung, die sich unter präzisierten philosophischen Aussagen, philosophischen Hypothesen, deren Bestätigung und Widerlegung vollzieht; was mit der Determinismusdiskussion in der Physik und dem Verhältnis von Entwicklungstheorie in Philosophie und Biologie in den nächsten Abschnitten noch eingehender betrachtet wird.

Wir können, ausgehend von den bisherigen Darlegungen, jetzt die Frage beantworten, die immer wieder gestellt wird: Was leistet die Dialektik als Theorie, Methode und Methodologie?

Erstens hilft die Dialektik als Wissenschaft beim theoretischen Verständnis des objektiven allseitigen Zusammenhangs, der Veränderung und Entwicklung der Objekte und Prozesse, der Erkenntnisse und der Denkprodukte. Sie erweist sich als Wissenschaft von den Beziehungen und Gesetzen des Zusammennangs, der Veränderung und Entwicklung in Natur, Gesellschaft und Denken. Ihre Vernachlässigung, das metaphysische Herangehen an die Erkenntnis der Wirklichkeit, läßt weltanschauliche Kurzschlüsse, Einseitigkeiten und erkenntnistheoretische Fehler zu, die Auswirkungen auf das praktische Verhalten, auf die Wissenschaftsorientierung usw. haben können. Die materialistische Dialektik ist unentbehrlich für die philosophische Verallgemeinerung weltanschaulich relevanter wissenschaftlicher Erkenntnisse und beim Verständnis der materialistischen Antworten auf die weltanschaulichen Grundfragen.

Zweitens leiten sich aus dem theoretischen Verständnis des allseitigen Zusammenhangs, der Veränderung und Entwicklung methodische Folgerungen für das Denken, die Erkenntnis und das auf Erkenntnis basierende Handeln und dessen Einschätzung ab. Die Dialektik wendet sich gegen jeglichen *Schematismus* bei der Übertragung von Erkenntnissen, die unter bestimmten Bedingungen gewonnen wurden, auf andere, ohne aber damit die Bedeutung der Analogie zu negieren. Sie fordert stets die Objekte und Prozesse, die Erkenntnisse und das Denken in ihrer Bedingtheit und Bestimmtheit im Gesamtzusammenhang, in ihrer Veränderung und Entwicklung zu betrachten. Insofern ist sie auch gegen *Eklektizismus*, der Erkenntnisse über verschiedene Aspekte eines Objekts zusammenträgt, ohne innere Beziehungen zwischen diesen Erkenntnissen aufzudecken. Vor allem richtet sich die dialektische Methode aber gegen die *Metaphysik* in ihren verschiedensten Erscheinungsformen, die immer Leugnung der Dialektik ist, indem sie relativ gültige Zusammenhänge verabsolutiert und damit andere Beziehungen nicht anerkennt, die Veränderung und Entwicklung nicht begreift. Dabei tritt die Metaphysik mal als Anerkennung des Zusammenhangs, aber Leugnung der Veränderung, mal als Anerkennung der Entwicklung, aber Leugnung der Quelle der Entwicklung auf. Sie richtet sich stets gegen die Dialektik, aber nicht unbedingt gegen *alle* ihre Aspekte der objektiven Dialektik. Die Dialektik kritisiert auch den *Relativismus*, der machmal schon als Dialektik angesehen wird, weil er die Bewegung als Daseinsweise der Materie betrachtet, die Veränderung und Entwicklung betont. Die Dialektik sieht jedoch das Bleibende in der Veränderung, die Tendenz zur Höherentwicklung im Zusammenhang mit Stagnation und Regression. Sie untersucht allgemein-notwendige und wesentlichen Beziehungen von Objekten und Prozessen, deren Erkenntnis und Formulierung als wissenschaftliche

Gesetze Voraussagen gestatten und den *Skeptizismus* in seine Schranken weisen, ebenso wie die dialektisch-materialistische Entwicklungstheorie in ihren Ergebnissen sich gegen alle Formen des *Pessimismus* wendet. Alle diese Verhaltensweisen vom Schematismus bis zum Pessimismus sind ihrem Wesen nach methaphysische, d. h. undialektische Reflexionen über die Art und Weise der inneren Selbstbewegung des Inhalts, sind undialektische Methoden, gegen die sich die dialektische Methode unter Berücksichtigung der theoretischen Erkenntnisse über die Bedingtheit und Bestimmtheit im Gesamtzusammenhang, über die Veränderung und Entwicklung der Objekte, Erkenntnisprozesse und Denkprodukte richtet. Damit ist die dialektische Methode Anleitung zum zielgerichteten erfolgreichen Handeln, wobei sie ihre theoretische Einsicht erweitert und so methodisch stets besser wirksam wird. Durch die Präzisierung ihrer Grundprinzipien und die Formulierung philosophischer Hypothesen über zukünftige Erkenntnisse dialektischer Beziehungen, z. B. zwischen Symmetrie und Asymmetrie, Invarianz und Entwicklung usw., hat sie heuristische Bedeutung für die Entwicklung der Naturwissenschaft, ohne jedoch einzelwissenschaftliche Methoden ersetzen zu können.

Drittens hat die Dialektik methodologische Bedeutung. Sie ersetzt, wie betont, keine der im Methodengefüge, das durch die mathematische, experimentelle und historische Methode und ihre Wechselbeziehungen charakterisiert ist, enthaltenen Methoden, sondern zeigt deren Bedeutung und relative Grenzen, untersucht ihren inneren Zusammenhang, ihre Veränderung und Entwicklung und erweist sich somit als Grundlage wissenschaftlicher Methodenkritik. Alle spezialwissenschaftlichen Methoden müssen ausgenutzt werden, um Erkenntnisse zu gewinnen. Erst dann kann die Dialektik Bedeutung als Methode zur Untersuchung des Systems der Methoden, als Theorie des Zusammenhangs der erreichten Erkenntnisse, als Methodenkritik mit der Forderung nach Ergänzung von Methoden durch andere und als Theorie des Methodensystems erlangen. Sie ersetzt auch nicht die Methodologie, sondern ist Grundlage einer auszuarbeitenden Methodologie.

Aus dem bisher Gesagten ergibt sich, wie unberechtigt die Kritik mancher Wissenschaftler an der Dialektik als Methode ist, die sie als Methode ohne wissenschaftliche Resultate bezeichnen. Diese Resultate können erst erreicht werden, wenn die Erkenntnisse, die es dialektisch zusammenzufassen gilt, einzelwissenschaftlich richtig gewonnen werden. Deshalb ist der Hinweis von Monod auf Lyssenko[23] falsch, weil von ihm entsprechende Ergebnisse der Einzelwissenschaften geleugnet, einseitig bestimmte Methoden der Züchtung überbetont und mit falschen theoretischen Schlußfolgerungen verbunden wurden. Solche elementaren methodischen Fehler naturwissenschaftlicher Forschungsarbeit können durch Dialektik nicht kompensiert werden, sind aber auch der Dialektik als Wissenschaft nicht anzulasten. So fehlt bei Monod auch die Begründung für die Rechtfertigung Lyssenkos, die er mit deutlicher Kritik am dialektischen Materialismus vornimmt: „Trotz allen Leugnens der russischen Genetiker hatte Lyssenko vollkommen recht. Die Theorie vom Gen als der durch Generationen und sogar durch Kreuzungen unveränderten Erbanlage war in der Tat mit den dialektischen Prinzipien ganz und gar nicht zu versöhnen. Das ist per definitionem eine idealistische Theorie, da sie auf einem Postulat der Invarianz beruht."[24] Daß es sich nicht um eine invariante Reproduktion handelt, die völlig fehlerfrei vor sich geht, zeigt Monod in seinem Buch selbst und wird uns noch beim Verhältnis Monods zur Dialektik beschäftigen. Aber es ist einfach falsch, daß Abstraktionen, die mit spezialwissenschaftlicher Methode gewonnen werden, wie die Invarianz der Gene, als der Dialektik widersprechend angesehen werden. Der Dialektik widerspricht die *Verabsolutierung* solcher Abstraktionen zu Idealprinzipien, die den allseitigen Zusammenhang, die Veränderung und Entwicklung nicht beachten. Die Stellung der Dialektik zu solchen Abstraktionen besteht also darin, ihre relative Berechtigung zu betonen und als heuristischen Hinweis zu fordern, das Moment der Veränderung und Entwicklung zu untersuchen und in der theoretischen Arbeit zu berücksichtigen. Das Postulat der Invarianz muß damit durch Erkenntnisse ergänzt werden, die die Entstehung von Arten und die Höherentwicklung erklären, da die Verabsolutierung der Invarianz der Existenz der Höherentwicklung widerspricht. Deshalb ist auch erst, wie wir schon bei der Betrachtung der kritisch-realistischen Haltung zur Mathematik sahen, die Anerkennung eines das materielle Verhalten regulierenden außerweltlichen Prinzips der Invarianz oder Symmetrie Idealismus und nicht die biologische Untersuchung invarianter Prozesse in der biologischen Entwicklung. Auf die dialektischen Feinheiten kommt es also an, die Monod durch sein zu grobmaschiges Sieb durchgeschlüpft sind, weshalb er zum angenehmen Partner bürgerlicher Ideologie wurde. Wer die objektive Dialektik erst aus seinen Betrachtungen eliminiert, darf sich dann aber auch nicht wundern, wenn er nur Metaphysik darin findet und mit ihr nun wieder die Wirklichkeit nicht richtig erklären kann.

Dialektisches Denken, die Anwendung der Dialektik als Theorie, Methode und Methodologie ist keinem Naturforscher angeboren und ergibt sich auch nicht automatisch aus der naturwissenschaftlichen Forschungsarbeit. Sie ist aber erlernbar, wenn man die Dialektik als Wissenschaft ernst nimmt, sie studiert und mit den Reflexionen über die sich aus der naturwissenschaftlichen Forschungsarbeit ergebenden Einsichten in den Gesamtzusammenhang, die Veränderung und Entwicklung der Objekte, Erkenntnisprozesse und Denkprodukte verbindet. Dabei ergeben sich aus der bisherigen Betrachtung auch Konsequenzen für die Darstellung der Dialektik. Die oft übliche Einteilung der Dialektik in dialektische Kategorien und Gesetze muß zugunsten einer inhaltlich geschlossenen Darstellung des dialektischen Determinismus als der philosophischen Theorie der Bedingtheit und Bestimmtheit der Objekte und Prozesse im Gesamtzusammenhang mit anderen Objekten und Prozessen und der dialektisch-materialistischen Entwicklungstheorie, deren innerer Zusammenhang schon erläutert wurde, aufgegeben werden. Erst dann werden konkrete Objekte und Prozesse nicht mehr Beispiele für die eine oder andere dialektische Beziehung sein, sondern die Dialektik wird als in sich geschlossene Wissenschaft erkannt, die in der marxistisch-leninistischen Philosophie als Einheit mit dem philosophischen Materialismus auftritt und den allseitigen Zusammenhang, die Veränderung und Entwicklung untersucht, methodisch auswertet und als methodologische Grundlage wissenschaftlicher Arbeit fruchtbar macht.

4. Die Determinismusdiskussion in der Physik und ihre heuristische und methodologische Bedeutung

Über die Determinismusdiskussion in der Physik ist viel geschrieben worden, und auch in der Gegenwart flammt sie aus den verschiedensten Gründen immer wieder auf. Im Zusammenhang mit der Behandlung der Dialektik in deren Bedeutung als Theorie, Methode und Methodologie sollen uns deshalb die bisher erreichten Ergebnisse dieser Diskussion zeigen, in welchen Etappen sie sich entwickelte, wie sie sich auf die Entwicklung der marxistisch-leninistischen Philosophie auswirkte und worin heute ihre methodologische und heuristische Bedeutung besteht. Das ist eine Auswahl aus den Problemen, und es kann dabei nicht um die Erörterung von Detailproblemen, sondern mehr um einen Überblick über die gesamte Diskussion gehen.[25] Sicher ist die Determinismusproblematik nicht aus der Physik allein heraus zu erklären, aber die Physik hat wesentliche Beiträge, besonders durch die Entdeckung der Quantentheorie und speziell durch die statistische

Deutung der Quantenmechanik und die Heisenbergschen Unbestimmtheitsrelationen, zur notwendigen Präzisierung philosophischer Determinismusauffassungen geleistet. So lohnt es sich, in großen Zügen die Entwicklung des dialektischen Denkens auf diesem Gebiet zu verfolgen. Oft wird als Beginn der Diskussion die Aufstellung der Quantenmechanik selbst angesehen, die, mit der Kopenhagener Deutung verbunden, eine Kritik des klassischen Determinismus gab, das Verhältnis von dynamischen und statistischen Gesetzen betrachtete und bis zu idealistischen Auffassungen von der „Willensfreiheit des Elektrons" und der „Indeterminiertheit physikalischen Geschehens" kam. Dabei sind die Termini „Determinismus" und „Indeterminismus" Ursache vieler Mißverständnisse auch heute noch. Deshalb zuerst einige Vorbemerkungen zu terminologischen Fragen. Mancher Physiker und mancher andere Naturwissenschaftler versteht unter Determinismus nur seine klassische Form, nach der der Ablauf des Geschehens durch die klassische Mechanik bestimmt ist und der zukünftige Zustand eines Objekts, nämlich seine Raum-Zeit-Koordinaten, festgelegt in Orten und Impulsen, sich eindeutig aus dem gegenwärtigen Zustand ergeben, weshalb auch eindeutige Voraussagbarkeit gesichert ist. Deshalb wird von ihnen dann die Bezeichnung „Indeterminismus" nicht im philosophischen Sinne zur Bezeichnung einer Auffassung, die ursachelose Vorgänge, d. h. Wunder, anerkennt, gebraucht, sondern nur zur kritischen Haltung gegenüber dem klassischen Determinismus. Wir verstehen, wie schon betont, unter dialektischem Determinismus die Theorie von der Bedingtheit und Bestimmtheit der Objekte und Prozesse im Gesamtzusammenhang mit anderen Objekten und Prozessen, was zur Konsequenz hat, daß der Unterschied zwischen Kausalität und Gesetz herausgearbeitet, die klassische Kausalitätsauffassung kritisiert, die Formen des Zusammenhangs beachtet und das Verhältnis von dynamischen und statistischen Gesetzen untersucht werden. Der dialektische Determinismus ist voll mit den Erkenntnissen der modernen Physik vereinbar, hat aus ihrer Entwicklung Material zur Präzisierung übernommen und dient heute mit heuristischen Hinweisen zur Entwicklung der Wissenschaft.

Aus der historischen Entwicklung entstanden dann eine Reihe weiterer terminologischer Probleme, hinter denen Konzeptionen stehen, wie die Bezeichnung „dynamische" und „statistische" Gesetze. Manche meinen von stochastischen oder von probabilistischen Gesetzen reden zu müssen und halten den Ausdruck „statistisches Gesetz" für unglücklich. Dazu ist zu sagen, daß der Terminus allein nicht den Inhalt bestimmt, deshalb muß in jeder Diskussion vor allem die entsprechende

Definition des Terminus und die damit verbundene theoretische Konzeption beachtet und dann erst gestritten werden, ob die theoretische Konzeption den Sachverhalt richtig widerspiegelt und die Definition dann widerspruchsfrei ist. Bei der später zu gebenden Definition des statistischen Gesetzes aus philosophischer Sicht zeigt sich, daß der dynamische, stochastische (statistische) und probabilistische Aspekt in dieser Definition enthalten sind. Mit Umbenennungen allein ist nichts gewonnen. Es geht um solche philosophische Theorien, die physikalische Sachverhalte richtig verallgemeinern, deren weltanschauliche Bedeutung zeigen und sie zur Präzisierung philosophischer Auffassungen ausnutzen, philosophische Hypothesen aufstellen lassen und damit der weltanschaulichen und heuristischen Funktion gerecht werden. Insofern hilft auch die Klassifizierung von verschiedenen Standpunkten zum Determinismus allein nicht weiter, wenn sie nur auf unterschiedliche Definitionsversuche verweisen. Wie auf der Konferenz zum 50. Geburtstag des Erscheinens der Arbeit Lenins „Über den streitbaren Materialismus" im März 1972 in Moskau B. M. Kedrow zu einem solchen Klassifizierungsversuch von A. Polikarow erklärte, sind stets neue Varianten ausdenkbar, die die bisherige Klassifizierung sprengen. Deshalb ist es erkenntnistheoretisch problematisch, den Weg zu gehen, das Feld der möglichen Lösungen, Definitionen usw. zu suchen, um es dann zu reduzieren.[26] Neues an Definitionsversuchen und Erklärungen in philosophischer Hinsicht ist stets im Zusammenhang mit dem wissenschaftlichen Material zu prüfen, das zur Präzisierung von Auffassungen genutzt wird. Wissenschaftliche Philosophie kann m. E. keine Zusammenfassung aller möglichen philosophischen Auffassungen zu einem Wort, einer Definition, einem theoretischen Problem sein, sondern sie muß auf die wissenschaftliche Beantwortung der weltanschaulichen Grundfragen, auf die wissenschaftliche Verallgemeinerung naturwissenschaftlicher Erkenntnisse in ihrer philosophischen Bedeutung und auf die Erfüllung der heuristischen Funktion orientiert sein. Von dieser Warte her gesehen ist mancher Wortstreit in der Philosophie sinnlos, wenn es um den wissenschaftlichen Wert geht; er kann aber Bedeutung erlangen in der Auseinandersetzung der wissenschaftlichen mit unwissenschaftlichen Weltanschauungen und Ideologien. Deshalb kann also die Diskussion mit Physikern, die Determinismus mit mechanischem klassischen Determinismus gleichsetzen und die Ergebnisse des dialektischen Determinismus nicht berücksichtigen, nicht in erster Linie um Worte wie „Determinismus" und „Indeterminismus" geführt werden, sondern um die philosophische Auffassung, die damit verbunden ist. Es ist jedoch von marxistisch-leninistischen Philosophen auf den definierten und den Grundprinzipien angepaßten Gebrauch der Termini zu achten. Unsere dialektisch-materialistische Auffassung ist deterministisch in echt philosophischem Sinne. In ihr wird die Bedingtheit und Bestimmtheit der Objekte und Prozesse im Gesamtzusammenhang anerkannt, aber nicht die eindeutige kausale Abhängigkeit des zukünftigen Zustands vom gegenwärtigen, ohne Beachtung der verschiedenen Möglichkeiten, ihrer Bedingungen zur Realisierung usw. Es geht also um den dialektischen Determinismus.

Bevor aber die umfangreichen Diskussionen um Kausalität, Determinismus, Gesetz usw. in der Physik begannen, gab es schon vor der Entdeckung der Quantentheorie Hinweise auf den dialektischen Charakter der Naturprozesse im Hinblick auf den Determinismus. Deshalb kann man als die erste Etappe der Determinismusdiskussion in der Physik, die sich gegen den klassischen, mechanischen (Laplaceschen) Determinismus richtet, das Ende des 19. und den Anfang des 20. Jahrhunderts bezeichnen. Sie ist charakterisiert durch eine kritische Haltung zum mechanischen Determinismus, ausgehend von den Ergebnissen der Statistik, den Diskussionen um die Thermodynamik und der Anerkennung der Existenz von Zufällen in der Physik. Diese Etappe reicht bis zur Aufstellung der Quantenmechanik Mitte der zwanziger Jahre und umfaßt damit auch die Auseinandersetzungen um das Bohrsche Atommodell mit seinen stationären Zuständen.

Die zweite Etappe ist durch die Entwicklung, Auswertung und den Ausbau der Quantenmechanik bestimmt. Mit der Kopenhagener Deutung der Quantentheorie durch Bohr, Heisenberg, Jordan u. a. wurde die Rolle der Statistik so überbetont, daß die Kausalität und der Determinismus geleugnet, die Materialität der physikalischen Objekte bestritten und die aus dem absoluten Zufall sich begründende Freiheit proklamiert wurde. Selbstverständlich geschah das durch Physiker im unterschiedlichen Maße. Max Born, der selbst die statistische Deutung der Zustände erarbeitet hatte, wonach nicht mehr der Ort des Teilchens, sondern nur noch ein Mittelwert bestimmt werden kann, was auch für andere Parameter gilt, wandte sich früh gegen bestimmte positivistische Auswüchse.[27] Gegen die von Bohr, Heisenberg u. a. gezogenen Konsequenzen in bezug auf die statistischen Gesetze wandten sich Einstein und Planck.[28] Besonders Einstein versuchte mit verschiedenen Gedankenexperimenten die Heisenbergschen Unbestimmtheitsrelationen zu umgehen, die das nicht gleichzeitige Vorhandensein von Orten und Impulsen mit beliebiger Genauigkeit bei Objekten konstatieren. Eine weitere Gruppe von Physikern versuchte, durch Uminterpretation der Ergebnisse der Quantentheorie zu einem tieferliegenden klassischen Determinismus mit Hilfe verborgener Parameter zu kommen. Das traf auf de Broglie, Vigier, Bohm, Terlezki u. a. zu. Soweit heute die Diskussion um die Quantenmechanik noch geführt wird, kann man davon sprechen, daß sich die dialektische Auffassung zur Statistik als vorherrschend erweist, viele positivistische Schlußfolgerungen abgebaut und der Dialektik viele neue Momente zugeführt wurden, wie die Anerkennung der objektiven Existenz des Zufalls, des Verhältnisses von Faktischem (Tatsächlichem, Realem) und Möglichem usw. Es gibt aber auch noch Versuche, den klassischen Determinismus zu retten.

Die dritte Etappe kann man deshalb mit der umfassenden Entwicklung der Elementarteilchenphysik in Verbindung bringen, die neue Aspekte der Determinismusproblematik mit der Diskussion um das Verhältnis von Kausalität und Lokalität und damit der Quantentheorie zur Relativitätstheorie mit sich bringt. Wesentlich ist auch das Verhältnis von Symmetrie und Asymmetrie. Seine umfassende Diskussion und teilweise Klärung könnte wiederum zu einem Wendepunkt im dialektischen Denken der Physik werden, wie es die Aufstellung der Heisenbergschen Unbestimmtheitsrelationen war. Der Positivismus wird in vielen zu engen Auffassungen, die die Entwicklung der Physik hemmen, durch Physiker kritisiert, etwa sein altes Verifikationsprinzip, wonach die Überprüfung theoretischer Aussagen stets durch Reduktion auf Beobachtungstatsachen erfolgen müsse. Die philosophischen Probleme der Quantentheorie sind also nicht etwa als gelöst zu betrachten, aber überspitzte Formulierungen, einseitige Kritiken zum Determinismus usw. sind in den Hintergrund getreten und die philosophischen Probleme der Elementarteilchenphysik, der Relativitätstheorie usw. beschäftigen die Physiker heute mehr.

Wenn man diese drei Etappen überschaut, dann kann man für die Herausbildung des dialektischen Denkens feststellen, daß die erste Etappe nur die Vorbereitung auf den qualitativen Sprung im dialektischen Denken der Physiker darstellte, den die Entwicklung der Quantentheorie in der zweiten Etappe von ihnen verlangte. In der dritten Etappe ist das durch die Quantentheorie erzwungene dialektische Denken als vorherrschend zu betrachten, wobei manche Kritiker es als eine vorübergehende Stufe der physikalischen Entwicklung ansehen. Zur bewußten Ausnutzung der Dialektik als Wissenschaft entschließen sich immer noch zu wenige Naturwissenschaftler, so daß der Dialektik der Natur oft mit Metaphysik begegnet wird, um dann danach zu staunen, wie wenig diese metaphysische Denkweise und Methode der Wirklichkeit entspricht. Aber das tiefere Eindringen in das Wesen physikalischer Prozesse erfordert auch umfassenderes dialektisches Denken zu seinem theoretischen Verständnis, was aber keinesfalls bedeutet, daß sich dialektisches Denken automatisch daraus ergebe.

Bei der Charakterisierung der genannten Etappen handelt es sich um Tendenzen, die in der Diskussion sichtbar werden. Das macht das Beispiel Schrödingers deutlich.

Erwin Schrödinger gehört zu den Mitbegründern der Quantenmechanik. 1926 entwickelte er seine Wellenmechanik, die der Heisenbergschen Matrizenmechanik mathematisch äquivalent ist. Er ging von de Broglies Vorstellung der Materiewellen aus und versuchte für die stationären Wellen in der Nähe eines Atomkerns eine Wellengleichung zu finden. Als ihm das gelang, wollte er die Elektronen im Atom einfach durch dreidimensionale Materiewellen ersetzen und auf die Vorstellung von den Quanten und Quantensprüngen ganz verzichten. Diese Auffassung verteidigte er in den Diskussionen, die 1926 in Kopenhagen zwischen Bohr, der Kopenhagener Physikergruppe und Schrödinger stattfanden. Dabei zeigte sich, daß sie nicht aufrechtzuerhalten war. Schrödinger und Heisenberg war es gelungen, die halbklassische Theorie Bohrs, die noch mit empirischen Regeln arbeiten mußte, durch eine in sich geschlossene Theorie der Atomstruktur zu ersetzen, die das neuartige experimentelle Verhalten der Elektronen im Atom erfaßte.

Entscheidende Bedeutung erlangte in der zweiten Etappe die Kopenhagener Deutung der Quantentheorie, die von Bohr, Born, Heisenberg u. a. vertreten wurde und die besonders den statistischen Charakter des Verhaltens der Quantenobjekte hervorbob. Damit wurden dann Betrachtungen über die Subjekt-Objekt-Problematik, über die Kausalität und über die Rolle des Beobachters verbunden, die bei einigen Vertretern dieser Deutung zur Kritik des Materialismus führten. Schrödinger gehört nicht zu dieser Gruppe, obwohl er viele Diskussionen mit ihr führte. Ihn unterschied von ihr nicht nur die zeitweilige Anerkennung der Wellen als der einzigen objektiv-real existierenden physikalischen Objekte, sondern vor allem seine Kritik am Positivismus und sein Festhalten an der Existenz einer subjektunabhängigen Realität. Ihn verbindet mit der Kopenhagener Deutung der Quantentheorie seine schon in der ersten Etappe, im Anschluß an Gedanken des Experimentalphysikers Franz Exner ausgesprochene Ablehnung des mechanischen Determinismus. Auch er behandelt die philosophischen Probleme, die mit der Entdeckung des Wellen-Korpuskel-Dualismus verbunden waren. Gerade in der Diskussion darum offenbarte sich die Notwendigkeit des dialektischen Verständnisses der physikalischen Wirklichkeit. Sicher ist der Terminus „Dualismus“ vor allem aus der in den zwanziger Jahren entstandenen Situation zu verstehen, als die Wellen Korpuskeleigenschaften und die Teilchen Welleneigenschaften in den Experimenten zeigten. Bisher waren Wellen und Teilchen als verschiedene physikalische Objekte behandelt worden, für die es auch verschiedene Theorien gab. Nun zeigten die experimentellen und theoretischen Forschungen die Existenz von Wellen- und Korpuskeleigenschaften an allen physikalischen Objekten. Damit wurde der eigentliche Dualismus, nämlich das angenommene Nebeneinanderexistieren von zwei Materiearten, die völlig unabhängig voneinander sein sollten, aufgehoben und ein Monismus begründet, der sich sowohl in der Existenz physikalischer Objekte mit Wellen- und Korpuskeleigenschaften als auch in der Umwandlung von Teilchen mit Ruhemasse in solche ohne Ruhemasse und umgekehrt ausdrückt. Versuche, den Monismus in der Weise zu begründen, daß nur noch Wellen als objektiv-real existierend angesehen wurden, scheiterten.

Aus dieser Einsicht ergab sich eine Reihe von Konsequenzen, die vor allem den Determinismus betrafen.

Nimmt man die in den verschiedenen Arbeiten Schrödingers entwickelten Ansichten zum Determinismus, so fällt einem die konsequente Kritik des mechanischen Determinismus auf. Schon 1922 nimmt Schrödinger die statistischen Gesetze als die grundlegenden und verurteilt die Leugnung des Zufalls. Er meint zu den Ursachen für den klassischen Determinismus: „Woher stammt nun der allgemein verbreitete Glaube an die absolute, kausale Determiniertheit des molekularen Geschehens und die Überzeugung von der Undenkbarkeit des Gegenteils? Einfach aus der von Jahrtausenden ererbten Gewohnheit, kausal zu denken, die uns ein undeterminiertes Geschehen, einen absoluten, primären Zufall als einen vollkommenen Nonsens, als logisch unsinnig erscheinen läßt."[29] Dieser Denkgewohnheit ist nach Schrödinger der rationale Boden entzogen, wenn wir die Rolle der statistischen Gesetze erkennen. Zwar behalten wir jene in der Praxis bei, „weil sie ja im Erfolg das Richtige trifft. Uns aber von ihr zwingen zu lassen, hinter den beobachteten statistischen absolut kausale Gesetze mit Notwendigkeit zu postulieren, wäre ein ganz offenbar fehlerhafter Zirkelschluß."[30] Auch in anderen Arbeiten kommt Schrödinger immer wieder auf die Bedeutung der statistischen Gesetze und die Existenz des Zufalls zurück. Er stützt sich auf die Überlegungen von Exner, daß es für die statistischen Gesetze gar nicht wichtig sei, wie sich die Elementarereignisse vollziehen.[31] Sie sind zufällig. Schrödinger schreibt: „Im wirklichen Leben aber kreuzen sich beständig Hunderte von Kausalketten, und so treffen beständig Ereignisse zusammen, die nicht in einem verständlichen Zusammenhang stehen, deren Zusammentreffen dem naturwissenschaftlich Denkenden als zufällig gilt."[32] Diese Argumentation Schrödingers gleicht der Kritik von Engels am mechanischen Determinismus, wie er sie in seiner „Dialektik der Natur" übt. Sie hat auch heute ihre Bedeutung noch nicht verloren, muß jedoch präzisiert werden. Die statistischen Gesetze geben uns auch Auskunft über das Verhalten der Elementarereignisse, das tatsächlich zufällig ist. Es geschieht als zufällige Verwirklichung einer der im Gesetz enthaltenen Möglichkeiten, wobei das statistische Gesetz für diese Verwirklichung eine Wahrscheinlichkeit angibt. Darauf ist noch genauer einzugehen.

Schrödinger gibt eine interessante Darstellung des Verhältnisses von Kausalität und Gesetz, von Kausalität und Zufall. Jeder, der etwa seinen Lebensweg genau überlegt, wird „den Eindruck gewinnen, daß das zufällige Zusammentreffen nicht direkt ursächlich verknüpfter Ereignisse oder Umstände darin eine sehr große, ja eigentlich die interessante Hauptrolle spielt, gegenüber welcher die der durchschaubaren Kausalketten mehr trivial erscheint als der Mechanismus, der für die eigentlich beabsichtigte Vorführung das Vehikel bildet, die Klaviatur, auf welcher die oft schöne, oft schaurige , aber schließlich immer irgendwie sinnvolle Harmonie gegriffen wird"[33]. In diesen Auffassungen Schrödingers sind zwei wesentliche Einsichten des dialektischen Determinismus im Keim angelegt. Erstens existieren auch die Gesetze als allgemein-notwendige und wesentliche Zusammenhänge nur auf der Grundlage eines Komplexes von Kausalbeziehungen. Kausalität wird dabei als die konkrete, relativ elementare und direkte Vermittlung des Zusammenhangs gefaßt. Die Gesetze sind es, die die Harmonie des objektiven Geschehens hervorrufen, von der Schrödinger im übertragenen Sinne spricht. Er proklamiert also nicht die einfache Akausalität, sondern versucht, die Rolle der Kausalität im wirklichen Geschehen zu bestimmen. Zweitens verfällt er aber nicht in den Fehler des mechanischen Determinismus, der mit der Anerkennung der Kausalität den Zufall leugnete. Gerade die Anerkennung der bedeutenden Rolle der statistischen Gesetze zwingt uns, verschiedene Arten des Zufalls zu untersuchen und damit unsere Auffassung über das Verhältnis von Gesetz und Zufall weiterzuentwickeln.

Einsichten in die Dialektik physikalischer Prozesse sind nicht direkt von bestimmten physikalischen Entdeckungen abhängig, aber solche können dialektisches Denken fördern. Immer geht es jedoch um die bewußte Reflexion der Dialektik, wenn sie als Methode, Methodologie und Theorie heuristisch wirksam werden soll. Dabei hat die aus der

Entwicklung der Naturwissenschaft übernommene Ahnung dialektischer Zusammenhänge, wenn sie nicht wissenschaftlich-philosophisch begründet werden, meist Abstriche am Materialismus zur Folge, was aus dem Unverständnis des dialektischen Materialismus resultiert. So bemerkt W. Heisenberg zu Einsteins Kritik an der Kopenhagener Deutung der Quantentheorie: „Er empfand es als unbefriedigend, wenn die Naturgesetze sich nicht auf die objektiven Vorgänge, sondern auf die Möglichkeit, auf die Wahrscheinlichkeit solcher Vorgänge beziehen sollten."[34] Heisenberg trennt damit den objektiven Vorgang und seine Wahrscheinlichkeit. Er meint: „Nicht mehr die objektiven Ereignisse, sondern die Wahrscheinlichkeiten für das Eintreten gewisser Ereignisse können in mathematischen Formeln festgelegt werden. Nicht mehr das faktische Geschehen selbst, sondern die Möglichkeit zum Geschehen ... ist strengen Naturgesetzen unterworfen."[35] Hier wird der Konflikt deutlich, in den jede Naturwissenschaft geraten muß, die den objektiven Vorgang undialektisch nur als etwas schon Realisiertes betrachtet. Der Terminus „Vorgang" weist eigentlich auf den Prozeßcharakter hin. Das, was sich außerhalb und unabhängig von unserem Bewußtsein an Elementarteilchenprozessen, Atombewegungen usw. vollzieht, ist stets Verwirklichung von Möglichkeiten und nicht einfach statische Wirklichkeit. Wird der objektive Vorgang nur in seinem Resultat betrachtet, als verwirklichte Möglichkeit, dann kann dieser Prozeßcharakter verlorengehen. Eben das war eins der Probleme für die Quantentheoretiker, das es dialektisch zu lösen galt. Eine Welle war für die Physiker etwas, was Interferenzen zeigte, die in Bildern, auf Leuchtschirmen usw. festgehalten werden können. Eine Korpuskel bewegte sich dagegen geradlinig und gleichförmig, ohne Einfluß äußerer Kräfte. Für die Physiker des 19. Jahrhunderts bestand Stoff aus Korpuskeln und Strahlung aus Wellen. Korpuskel und Wellen waren vom Resultat her in ihrem Verhalten bestimmt und eindeutig als verschiedene Materiearten angesehen worden. Wenn deshalb Teilchen, die als Korpuskeln betrachtet werden, Interferenzerscheinungen zeigen, also Wellen sein mußten, und Wellen als Korpuskeln auf Zähler einwirken, dann ist das Dilemma da. Es wurde für den Physiker ganz offensichtlich, als seine Definition der Korpuskel, die in jedem Zeitmoment einen beliebig genau bestimmbaren Ort und Impuls haben sollte, durch die Heisenbergsche Unbestimmtheitsrelation widerlegt wurde.

Die dialektische Lösung konnte nur sein, bestehende einseitige Betrachtungsweisen über Wellen und Korpuskeln aufzugeben, die Dialektik von Möglichkeit und Wirklichkeit zu beachten und damit den objektiven Vorgang in seiner Dialektik zu begreifen. Danach ergab sich die Wirkung der physikalischen Objekte als korpuskular und die Möglichkeit der Wirkung als wellenartig, die Interferenz ist Ausdruck objektiver Wechselwirkung, und das Faktische, d. h. das im Experiment realisierte Ereignis, ist die zufällige Verwirklichung einer der im Gesetz enthaltenen Möglichkeiten für das Verhalten des einzelnen Objektes. Es wurden also verschiedene objektive Ereignisse und objektive Vorgänge in mathematischen Formeln erfaßt, aber nicht mehr nur als Resultat von Vorgängen, sondern als objektive Möglichkeitsfelder, die sich aus verschiedenen Resultaten der Experimente als objektiv existierende Möglichkeiten für das Verhalten der Objekte ergaben.

Eben diesen Gedanken von der Dialektik von Gesetz, Möglichkeit, Wirklichkeit, Notwendigkeit und Zufall wollen wir noch genauer in seiner Bedeutung für die Physik und dann in seiner allgemeinen heuristischen und methodologischen Bedeutung betrachten. Dazu müssen kurz einige Entwicklungsstufen der marxistisch-leninistischen Determinismusauffassung im Zusammenhang mit der Physik charakterisiert werden. In der ersten, vorher charakterisierten Etappe der Determinismusdiskussion in der Physik bestand bereits die materialistische Dialektik als Wissenschaft, ausgearbeitet durch die Klassiker des Marxismus-Leninismus. Sie gab für die Physik eine Kritik des mechanischen Determinismus, indem sie auf die Existenz objektiver Zufälle verwies, den Zufall als Erscheinungsform der Notwendigkeit betrachtete und die Mißachtung der Dialektik von Notwendigkeit und Zufall durch die Leugnung des Zufalls als Fatalismus oder als Degradation der Notwendigkeit auf den Zufall – die die Wissenschaft zur Spielerei machte – zurückwies. Die der klassischen Physik entsprechende Präzisierung der allgemeinen philosophischen Gesetzesauffassung, nach der ein Gesetz ein allgemein-notwendiger, d. h. reproduzierbarer, und wesentlicher, d. i. den Charakter der Erscheinung bestimmender, Zusammenhang ist, lautet also: Das Gesetz gibt eine Möglichkeit, die notwendig verwirklicht wird. Alles andere ist Zufall. Da nun im mechanischen Determinismus der objektive Zufall geleugnet wurde, konnte die Gesetzesauffassung noch schärfer wie folgt formuliert werden: Jeder Vorgang besitzt eine Möglichkeit seines Ablaufs, die er notwendig verwirklicht. Damit ist jeder Vorgang durch ein Gesetz zu erfassen. Einen Zufall gibt es nicht. Die allgemeine Notwendigkeit ist auf die direkte Notwendigkeit des Vorgangs reduziert. Das Wesentliche ist vom Unwesentlichen nicht mehr zu unterscheiden. Diese Auffassung ist eindeutig metaphysisch und wurde als Illusion gepflegt, wonach es prinzipiell möglich sei, alle komplexen und komplizierten Erscheinungen auf Elementarvorgänge zurückzuführen, die eindeutig durch ein Gesetz bestimmt sind. Eben diese mechanisch-deterministische Auffassung wurde bereits im 19. und zu Beginn des 20. Jahrhunderts durch die Klassiker des Marxismus-Leninismus untersucht.

In der zweiten Etappe der Determinismusdiskussion in der Physik reichte diese prinzipielle Kritik nicht mehr aus. Ausgehend von vielen Hinweisen auf die Dialektik der Natur durch die Klassiker mußte nun vor allem das Verhältnis von Kausalität und Gesetz genau betrachtet, die Form des Zusammenhangs untersucht und das Verhältnis von dynamischem und statistischem Gesetz analysiert werden.[36] Wenn die Kausalität so gefaßt wird, daß *x* notwendigerweise *y* hervorbringt[37], dann ist damit der Zufall eines einzelnen Uranatoms nicht kausal, weil nicht bestimmt werden kann, welches *x* notwendigerweise diesen Zufall hervorbringt. Zweierlei kann aber die moderne Physik für diese Objekte bestätigen; einerseits ist durch Halbwertszeit und andere Gesetze die objektive Möglichkeit des Verhaltens bestimmt, und im Rahmen des Möglichkeitsfeldes vollzieht sich das Ereignis, wobei Gesetze vom Typ der Schrödingergleichung sogar Wahrscheinlichkeiten für das Verhalten der Objekte und die Verwirklichung bestimmter Möglichkeiten angeben. Andererseits kann damit die Wirklichkeit nicht in elementare, für sich existierende Kausalbeziehungen vom Typ „*x* bringt notwendigerweise *y* hervor" aufgelöst werden, sondern die Gesetze existieren stets auf der Grundlage eines Komplexes von Kausalbeziehungen. Kausalität ist die direkte, konkrete und fundamentale Vermittlung des Zusammenhangs, wobei Prozesse (Ursache) andere Prozesse (Wirkung) hervorbringen. Die Wissenschaft untersucht, ausgehend von der Bedingtheit der Prozesse (Kausalität) ihre Bestimmtheit durch Gesetze als allgemein notwendige und wesentliche Zusammenhänge, die sich im zufälligen Verwirklichen vorgegebener objektiver Möglichkeiten zeigen. Damit muß das Gesetz nicht nur von der schon in der ersten Etappe zu engen Formulierung befreit werden, nach der jeder Vorgang nur eine Möglichkeit hat, die er notwendig verwirklicht, sondern auch von der philosophischen Präzisierung, die im weiteren als dynamisches Gesetz bezeichnet wird: Ein dynamisches Gesetz ist ein allgemein-notwendiger und wesentlicher Zusammenhang, wobei eine Möglichkeit sich notwendig verwirklicht. Das ist das, was manchmal als harte oder strenge Determination bezeichnet und vom stochastischen Verhalten unterschieden wird. In Grenzfällen tritt das dynamische Gesetz auf. Es ist jedoch eingebettet in die der modernen Physik entsprechende philosophische Präzisierung des statistischen Gesetzes. Das statistische Gesetz ist ein allgemein-notwendiger und wesentlicher Zusammenhang, der für das Systemverhalten eine Möglichkeit bestimmt, die notwendig verwirklicht wird (dynamischer Aspekt), wobei für das Verhalten der Elemente ein objektives Möglichkeitsfeld existiert, aus dem eine Möglichkeit zufällig verwirklicht wird (stochastischer Aspekt), für die eine gewisse Wahrscheinlichkeit existiert (probabilistischer Aspekt). Der dynamische Aspekt im statistischen Gesetz enthält also die notwendig sich verwirklichende Möglichkeit. Aus ihr ergibt sich die statistische Verteilung nach dem Möglichkeitsfeld mit der Wahrscheinlichkeit für die Verwirklichung bestimmter Möglichkeiten. Im statistischen Gesetz ist dieser dynamische Aspekt auf das System bezogen. Er charakterisiert die gesetzmäßige Veränderung des Systems. So entspricht die Verteilung von Elementarteilchen nach dem Durchgang durch einen Spalt auf einem Leuchtschirm der in den Gesetzen der Quantenmechanik vorgegebenen Möglichkeit, die notwendig verwirklicht wurde.

Hier ist noch eine Bemerkung zur Terminologie mit konzeptionellem Hintergrund angebracht. Entsprechend dem Widerspiegelungscharakter unserer Erkenntnis ist das von der Wissenschaft formulierte Gesetz eine Widerspiegelung objektiver allgemein-notwendiger und wesentlicher Zusammenhänge unter bestimmten Bedingungen. Wenn wir also vom Gesetz sprechen, ist dieser objektive Inhalt des formulierten Gesetzes gemeint. Er kann, wenn es sich nicht mehr um Hypothesen, sondern um durch Experimente bestätigte Gesetze handelt, nicht beseitigt werden, und deshalb bleibt auch der Abbildcharakter des Gesetzes erhalten. Da aber der objektive gesetzmäßige Zusammenhang umfassender als das formulierte Gesetz ist, ergeben sich für die Abbilder durch neue Erkenntnisse ständig Präzisierungen. Dabei erweisen sich früher formulierte Gesetze oft als Grenzfall umfassenderer Gesetze, wie das bei der klassischen Mechanik gegenüber der relativistischen und Quantenmechanik der Fall ist. Es kann sich aber auch darum handeln, daß ein besonderer Fall, als Gesetz formuliert, nun im allgemeinen Fall enthalten ist. So konnte die Erkenntnis von der Verwandlung mechanischer Energie in Wärme durch Joule in das allgemeine Gesetz der Energieerhaltung eingeordnet werden. Im ersten Fall änderten sich die Existenzbedingungen des Gesetzes, statt Geschwindigkeiten, die klein gegenüber der Lichtgeschwindigkeit sind, und Wirkungen, bei denen das Plancksche Wirkungsquantum vernachlässigbar ist, werden annähernde Lichtgeschwindigkeit und Wirkungen im Bereich des Wirkungsquantums betrachtet. Deshalb sind die vorher behandelten Gesetze weiter gültig, unter ihren Existenzbedingungen. Sie erweisen sich als Grenzfall, deren Gültigkeitsgrenzen erkannt wurden. In diesem zweiten Fall geht es um die zuerst als besondere Form erkannte allgemeine Verhaltensweise, für die das Gesetz existiert. Die in der Wissenschaft formulierten Gesetze sind also objektive Wahrheiten und können als Abbilder der objektiven gesetzmäßigen Beziehungen auch zum Ausdruck ihres objektiven Inhalts benutzt werden, ohne daß ständig zwischen Formulierung und objektivem Inhalt unterschieden wird. Wenn diese Unterscheidung nicht unbedingt erforderlich ist, dann kann der Terminus „Gesetz" sowohl zur Bezeichnung des Abbilds, d. h. des durch die Wissenschaft formulierten und überprüften Zusammenhangs, als auch zur Bezeichnung des objektiven Inhalts des Abbilds, d. h. des objektiv existierenden allgemein-notwendigen und wesentlichen Zusammenhangs, benutzt werden. Das geht so lange, bis die Beziehung zwischen Abbild und Abgebildetem selbst der Analyse aus erkenntnistheoretischen, methodologischen oder weltanschaulichen Gründen unterliegt. Dann muß zwischen Abbild, d. h. der Gesetzesformulierung der Wissenschaft, und Abgebildetem, d. h. dem objektiven Gesetz, unterschieden werden.

Eben die Widerspiegelungsbeziehung, die in gewissem Rahmen die Ausnutzung der Formulierung erlaubt, um den objektiven Inhalt zu bestimmen, wird von Carnap nicht beachtet, Nach ihm gäbe es sogar weniger Unklarheiten, wenn das Wort „Gesetz" in der Physik nicht benutzt würde. Es werde nur deshalb weiter verwendet, meint er, weil kein allgemein anerkanntes Wort für Allaussagen existiere, die die Wissenschaften als Grundlage für Voraussagen und Erklärungen benutzen. „Wenn der Wissenschaftler über Gesetze spricht", schreibt er, „wendet er sich einfach der Beschreibung beobachtbarer Regelmäßigkeiten zu. Diese Beschreibung kann genau oder fehlerhaft sein. Wenn sie ungenau ist, so trägt dafür der Wissenschaftler und nicht die Natur die Verantwortung."[30] Diesen hierin ausgedrückten Gedanken vom Primat der Materie gegenüber der Naturtheorie muß man voll unterstützen, aber er wird eben nicht konsequent bis zur Anerkennung der Widerspiegelungsbeziehung geführt, denn das formulierte Gesetz ist die Widerspiegelung des objektiven Gesetzes, d. h. des objektiv existierenden allgemein-notwendigen und wesentlichen Zusammenhangs. Deshalb geht es nicht im Sinne von Hume, den Carnap selbstverständlich von seiner Position ausgehend verteidigt, um die Beschreibung von beobachtbaren Regelmäßigkeiten, sondern, um mit Hegel zu sprechen, um die Aufdeckung des wesentlichen Grundes für das Verhalten der Objekte und Prozesse. Als logischer Positivist trennt Carnap, wie wir schon vorhin gesehen haben, die Denkprodukte von der Wirklichkeit und unterwirft jene logischen Kriterien allein, da sie ja analytische Urteile a priori sein sollen und nichts über die Welt aussagen. Hier wird dieser Standpunkt mit materialistischen Positionen insofern verbunden, als das Primat der Naturvorgänge gegenüber Beschreibungen anerkannt wird. Das wird auch in dem von Carnap benutzten Beispiel zur Veranschaulichung seines Standpunktes deutlich.[39] Er greift die Aussage an, daß die Natur nicht die Gesetze verletzt, weil er annimmt, dahinter stehe die Auffassung, das Gesetz sei ein Kommando, der Natur gegeben und zu befolgen sei. Dabei kann nach Carnap der Eindruck entstehen, als ob Gesetze vorgeschrieben seien, die Natur sie verletzen könne, aber durch Gottes Willen gezwungen werde, sie nicht zu verletzen.[40] Carnap meint selbst, daß es sich hier um eine extreme Auslegung der Aussage handelt, verfolgt aber konsequent seinen Gedanken weiter, indem er den Besucher einer Stadt nimmt, der eine Straße auf dem Stadtplan sucht. Dabei entdeckt er Unterschiede zwischen der Karte und den Straßen. Statt zu sagen, daß die Straße sich aus der Unterordnung unter die Karte gelöst habe, sei es richtig, die Karte als falsch zu bezeichnen, bemerkt Carnap und vergleicht diese Situation mit dem Wissenschaftler, der von Gesetzen spricht. Die Gesetze sind für ihn die Naturkarte, die vom Physiker gezeichnet werde. Wenn hier Unterschiede auftauchen, „dann entsteht niemals die Frage darüber, unterordnet sich die Natur den Gesetzen. Die einzige Frage besteht darin, ob nicht der Physiker Fehler gemacht hat."[41]

Diese Auffassung, so einleuchtend sie manchem erscheinen mag, hat zwei entscheidende Fehler. Der erste besteht darin, daß der Physiker bei der Zeichnung seiner Karte von der Natur, sprich bei der Gesetzeserkenntnis, nicht willkürlich vorgehen kann, sondern durch das Kriterium der Wahrheit, das Experiment, gezwungen ist, seine Auffassungen so lange als hypothetisch zu behandeln, als sie nicht mit der Wirklichkeit übereinstimmen. Sind sie überprüft, dann sind sie Widerspiegelungen der objektiven Realität, haben den Charakter objektiver Wahrheit und können präzisiert, erweitert, aber nicht widerlegt werden. Der materialistische Standpunkt vom Primat der Natur wird also nicht konsequent bis zur Naturtheorie als Widerspiegelung der Natur fortgesetzt. Es ist interessant, daß an diesem Punkt auch der kritische Realismus und nicht nur der Positivismus angreift. Für den kritischen Realismus liegt der Schwerpunkt bei der Anerkennung einer im Wesen nicht erkennbaren Außenwelt, während Carnap die Frage nach einer Außenwelt als sinnlos abtut. Nach ihm hat es der Philosoph nur mit Begriffen und Methoden zu tun. In seiner kritischen Anmerkung dazu schrieb G. J. Rusawin: „Die Begrenzung der Aufgabe der Philosophie durch die Analyse der Begriffe und Methoden der Wissenschaft, die Gleichsetzung der Philosophie und der logischen Analyse der wissenschaftlichen Sprache, die Erklärung der traditionellen philosophischen

Probleme als Pseudoprobleme und Metaphysik ist der grundlegende Inhalt der neopositivistischen Konzeption der Philosophie, der zuerst am klarsten von den Mitgliedern des Wiener Kreises, zu denen Carnap gehörte, entwickelt wurde. In der Gegenwart zeigt das positivistische Herangehen mehr und mehr seine Unzulänglichkeit nicht nur durch die Kritik von seiten anderer Richtungen, sondern hauptsächlich unter dem Einfluß unwiderlegbarer Fakten der Entwicklung der Wissenschaft selbst."[42] So muß der Positivismus eine Position nach der anderen aufgeben, sein Verifikationskriterium kann durch die Wissenschaft nicht streng eingehalten werden, das Verhältnis von Materiellem und Ideellem, objektiver Realität und Abbild spielt weiter eine wesentliche Rolle, die Dialektik der Erkenntnis wird aufgedeckt und die für die Philosophie wichtigen Begriffsanalysen, Methodenkritiken usw. erfordern gerade die Berücksichtigung des objektiven Inhalts physikalischer Theorien.[43] Der von Carnap sorgfältig vermiedene Widerspiegelungscharakter der Gesetzesformulierungen erfordert zwar, ständig den Unterschied zwischen objektiver Realität und Denkprodukt zu beachten, aber Carnap reißt beide völlig auseinander und trennt die Gesetzesformulierung vom objektiven Gesetz. Nach ihm macht jene keine Aussage über diese. Aber das ist falsch, weil damit das Kriterium der Wahrheit nicht beachtet und die Wirksamkeit unserer Erkenntnisse als wissenschaftliche Orientierung praktischen Handelns nicht erklärt wird. Der dialektische Materialismus betont deshalb den objektiven Inhalt unserer Widerspiegelungen, ihren objektiv wahren Charakter, der in der Praxis überprüft wird, wobei unsere Erkenntnisse immer tiefer in das Wesen der Natur eindringen. Die wissenschaftlichen Gesetze sind also keine logischen Allaussagen zur Erklärung und Voraussage, sondern Widerspiegelungen objektiver allgemeinnotwendiger und wesentlicher Zusammenhänge unter bestimmten Bedingungen. Ihr Entwicklungscharakter und die Möglichkeit der Voraussagen bestehen in der Erkenntnis der objektiven Beziehungen, im Widerspiegelungscharakter. Deshalb ordnet sich die Natur nicht dem Verstand unter, sondern ihren eigenen objektiven Gesetzen, die vom Menschen immer besser erkannt werden.

Hier wird dann auch der zweite Fehler in der Auffassung Carnaps deutlich. Aus dem Widerspiegelungscharakter ergibt sich gerade die Kraft theoretischen Denkens zur Erkenntnis der Wirklichkeit, wie wir bei der Rolle der Mathematik sahen. Wenn man Carnap ernst nimmt und seine Auffassung auf die Entdeckung des Positrons anwendet, dann hätten Dirac, Anderson u. a. die negativen Lösungen der Wurzelausdrücke für Energie in der Elektronentheorie als falsch gezeichnetes

Bild des Physikers von der Natur betrachten müssen und sich nicht um die objektive Entsprechung des mathematischen Ausdrucks kümmern dürfen. Unsere Theorien als Widerspiegelungen sind keine reinen Gedankenkonstruktionen ohne Beziehung zur Wirklichkeit. Sie sind solche Konstruktionen, die die Wirklichkeit theoretisch erfassen lassen. Wenn also die in einer physikalischen Theorie enthaltenen Gesetze Widerspiegelungen objektiver Gesetze sind, dann widerspiegelt die Theorie möglicherweise in ihren Konsequenzen bisher dem Menschen unbekannte Objekte, die aber existieren und gefunden werden müssen. Eben diese Seite beachtet Carnap auch nicht.

Für unsere Behandlung der Gesetzesproblematik ergibt sich aus den Fehlern Carnaps, daß die Betonung des Primats der Natur gegenüber der Naturtheorie nicht ausreicht, wenn nicht die durch Experimente bestätigte Theorie als Widerspiegelung objektiver Naturprozesse und ihres gesetzmäßigen Verhaltens angesehen wird. Hier unterscheidet sich auch die Methoden- und Begriffskritik des marxistisch-leninistischen Philosophen von der des logischen Positivisten. Während der letztere nur die Regeln der Logik zur Klassifizierung von Standpunkten, zum Aufbau von Begriffssystemen, zur Untersuchung der Methoden und Begriffe anwendet, geht der dialektische Materialist insofern darüber hinaus, als er zwar streng auf die Einhaltung der Logik achtet, aber Begriffe und Methoden im Zusammenhang mit den von ihnen widergespiegelten Objekten betrachtet. Gerade deshalb ist Carnaps Standpunkt zum Gesetz und zur Kausalität zwar möglich vom Standpunkt der Logik aus und kann in eine Klassifizierung philosophischer Standpunkte eingeordnet werden. Er ist aber falsch bei der philosophischen Interpretation naturwissenschaftlicher Erkenntnisse, weil er verschiedene Beziehungen nicht erklärt. Gerade deshalb ziehen wir auch die Methode der philosophischen Erkenntnis, die die Erkenntnisse der Naturwissenschaften über Präzisierungen und Hypothesen verallgemeinert, derjenigen vor, die zu einem philosophischen Problem das Feld der denkmöglichen Lösungen aufsuchen will, um durch Reduktion dieses Feldes der Lösung näherzukommen. Die zweite Methode berücksichtigt die Determiniertheit der Erkenntnis durch die objektive Realität, das Primat der Materie gegenüber dem Bewußtsein und die Widerspiegelungsbeziehung nicht. Deshalb kann es zwar in der Determinismusproblematik verschiedene Lösungsversuche geben. Sie haben sich aber alle bei der Verallgemeinerung naturwissenschaftlicher Erkenntnisse zu bewähren, wobei sich, wie früher betont, keine eindeutige Abhängigkeit zwischen physikalischem Sachverhalt und philosophischen Theorien ergibt. Aber die philosophisch richtigen Widerspiegelungen der objektiven Determiniertheit müssen sich entweder ergänzen oder sich philosophisch äquivalent sein.[44]

Unter diesen Aspekten hatten wir das „statistische Gesetz" betrachtet und die Unterscheidung zwischen „Kausalität" und „Gesetz" vorgenommen. Andere Kausalitäts- und Gesetzesdefinitionen müssen denselben Kriterien gehorchen und vor allem die Ergebnisse der Physik im Zusammenhang mit der statistischen Deutung der Quantenmechanik berücksichtigen, sowie die Rückkehr zum mechanischen Determinismus vermeiden. Der Nachweis, daß nur dieses Kriterium verletzt ist, reicht schon aus, um die Auffassung philosophisch als nicht haltbar zu bezeichnen. Dagegen ist mit dem Nachweis der Einhaltung der Kriterien noch nicht der Beweis für die philosophische Richtigkeit erbracht, da es dazu philosophischer Verallgemeinerung mit überprüfbaren Präzisierungen und Hypothesen bedarf, was für die entwickelte statistische Gesetzesauffassung noch geschehen soll, außerdem ist auch noch nicht die philosophische Äquivalenz mit anderen Auffassungen nachgewiesen.[45]

Bevor wir aber zur methodologischen und heuristischen Bedeutung der statistischen Gesetzeskonzeption als wesentlichem Bestandteil des dialektischen Determinismus übergehen, soll erst noch kurz zu einem Problem Stellung genommen werden, nämlich der immer wieder behaupteten Existenz von Kausalgesetzen als Klassifizierungsmöglichkeit von Gesetzen. Nach der in dieser Arbeit vertretenen Auffassung zum Verhältnis von der Kausalität als der konkreten, direkten und fundamentalen Vermittlung des Zusammenhangs, wobei Prozesse als Ursachen Wirkungen hervorbringen, und dem Gesetz als allgemeinnotwendigem und wesentlichem Zusammenhang kann es keine Kausalgesetze geben. Jedes Gesetz existiert als Zusammenhang in einem Komplex von Kausalbeziehungen und hebt aus der Wechselwirkung in einem Komplex konkreter Vermittlungen des Zusammenhangs das Reproduzierbare und Wesentliche hervor. In ihrer konkreten Bestimmtheit ist die Kausalität nicht reproduzierbar, nur in ihrer wesentlichen Seite, aber das ist gerade das Gesetz. Sicher gibt es nun verschiedene Klassifizierungen von Gesetzen.[46] Solche Versuche sind fruchtbar zum besseren Verständnis der Gesetze. Sie heben bestimmte Aspekte der objektiven Wechselwirkung in ihren reproduzierbaren und wesentlichen Seiten hervor. So wird u. a. von funktionalen, Struktur- , Bewegungs-, Entwicklungs-, statistischen (stochastischen), dynamischen Gesetzen gesprochen. Schränken wir uns erst einmal auf die objektiven Gesetze und ihre Formulierungen ein, schalten wir also Denkgesetze und ähnliches aus, dann, meine ich, könnte in einem Klassifizierungssystem dieser Gesetze die Definition des statistischen Gesetzes als allgemeinste gelten, und viele Aspekte würden dadurch gewonnen, daß die Art und Weise, wie Möglichkeit zur Wirklichkeit wird, überprüft werden kann. Diese Meinung ergibt sich aus der Ausnutzung philosophischer Kategorien zur Bestimmung des Gesetzes, womit die allgemeinsten Züge gesetzmäßiger Prozesse ausgedrückt werden können. Die Voraussetzungen für den statistischen Gesetzesbegriff sind sehr allgemein. Erstens müssen strukturierte Systeme existieren, damit das System- und Elementverhalten erfaßt werden kann. Zweitens vollzieht sich in der Wirklichkeit ständig der Übergang von Möglichem zu Wirklichem, und das Gesetz muß ihn erfassen. Drittens ist aus der Wechselwirkung, d. h. dem Komplex von Kausalbeziehungen, das Reproduzierbare, das Allgemein-Notwendige, das objektiv existiert, herauszufinden und im Gesetz zu formulieren. Viertens muß das Wesentliche, d. h. das den Charakter der Erscheinung Bestimmende, gefunden werden. Fünftens muß die objektive Durchsetzung der Notwendigkeit im Zufall beachtet werden.[47] Diese allgemeinen, auch in den Formulierungen der Klassiker zum Gesetz enthaltenen Forderungen sind in der Definition des statistischen Gesetzes erfüllt. Sie charakterisiert das System- und Elementverhalten als notwendige und zufällige Verwirklichung wesentlicher Möglichkeiten, wobei das Reproduzierbare hervorgehoben wird.

Nehmen wir zuerst die wesentliche Klassifizierung nach Struktur-, Bewegungs- und Entwicklungsgesetzen. Die allgemeine Definition des statistischen Gesetzes wird dabei nicht verletzt, sondern ausgenutzt. Bei einem Strukturgesetz geht es um den gesetzmäßigen Zusammenhang zwischen gleichzeitig existierenden Elementen, Eigenschaften eines Systems oder zwischen Systemen. Für diesen Zusammenhang gibt das Gesetz eine Möglichkeit, die notwendig verwirklicht ist, wie etwa beim Gesetz des Elektromagnetismus das elektrische Feld magnetische Felder bedingt und umgekehrt. Dabei kann das Verhalten der Elemente unwichtig sein, weshalb es oft ausreicht, den dynamischen Aspekt des Gesetzes auszuarbeiten. Dynamischer Aspekt heißt hier die notwendige Verwirklichung einer Möglichkeit. Das Wort „dynamisch" kann benutzt werden, da kein Strukturzusammenhang ewig existiert, sondern auf Bewegung beruht und durch Bewegung entsteht. In den Gesetzen der Quantenmechanik, als Strukturgesetze für die Verteilung der Teilchen auf dem Leuchtschirm verstanden, ergibt sich sowohl die notwendige Gesamtverteilung als auch die Wahrscheinlichkeit für das Auftreffen eines Teilchens auf einen bestimmten Ort. Im Strukturgesetz wird von der Bewegung und damit von der *konkreten Vermittlung* des Zusammenhangs, d. h. vom kausalen Aspekt, abstrahiert. Aber die Kausalität existiert als objektive Grundlage für die Existenz des Gesetzes. Im Bewegungsgesetz geht es um die Entstehung von Qualitäten durch Veränderung. Es wird also der Ausgangszustand in Beziehung zum Endzustand gesetzt. Dabei können keineswegs alle Kausalbeziehungen, die an diesem Prozeß beteiligt sind, aufgedeckt werden, und der Ausgangszustand ist auch nicht die Ursache *x*, die notwendig den Endzustand *y* hervorbringt. Es wäre zu einfach, hier nur die Kausalität zur Erklärung heranzuziehen. Aber der Anfangszustand enthält Möglichkeiten für den Endzustand, von denen die Systemmöglichkeiten notwendig und die Elementmöglichkeiten zufällig verwirklicht werden. Betrachten wir die Gesetze der Quantenmechanik jetzt unter dem Bewegungsaspekt, wobei der kausale Aspekt weiter grundlegend ist, aber nicht das Gesetz erklärt, dann gibt der Ausgangszustand sich bewegender Elementarteilchen für den Endzustand ihres Auftreffens auf den Schirm die notwendige Verteilung und die Wahrscheinlichkeit für das zufällige Auftreffen auf einen Ort an. Über Entwicklungsgesetze kann man nicht aus der Physik sprechen. Nehmen wir deshalb das Gesetz von der ständigen Übereinstimmung der Produktionsverhältnisse mit dem Charakter der Produktivkräfte. In einer Gesellschaftsformation, als Strukturgesetz angesehen, bestimmt es den widersprüchlichen Charakter von Produktivkräften und Produktionsverhältnissen als zur Auflösung drängender Widerspruch. Daher auch die Bemerkung von Marx über die Gesetze als Einheit widersprechender Seiten. Die Übereinstimmung ist nur ein strukturelles Moment im Entwicklungsprozeß, aber diese Möglichkeit muß in der gesellschaftlichen Entwicklung immer wieder neu verwirklicht werden. Als Bewegungsgesetz erklärt es das Hervorbringen neuer Qualitäten, etwa im Charakter der Produktion im Kapitalismus, ohne daß damit eine höhere Qualität, der Sozialismus, entsteht. Als Entwicklungsgesetz erklärt es den erforderlichen Qualitätssprung der Produktionsverhältnisse vom privatkapitalistischen Eigentum an Produktionsmitteln zum gesellschaftlichen Eigentum, um dem Charakter der Produktivkräfte zu entsprechen. Ständig ist dabei die Möglichkeit, die notwendig zu verwirklichen ist, im Gesetz vorgegeben und nicht durch Stochastik usw. aufzuheben. Aber es existiert auch das Möglichkeitsfeld, das sich stets auf die Elemente des betrachteten Systems bezieht, mit den Wahrscheinlichkeiten seiner Verwirklichung, die in der Gesellschaft zeitbedingt sind. Die Elemente des Systems können dabei verschieden bestimmt werden. Es kann sich um Länder, Produktionszweige, Arten des Übergangs zu neuen Produktionszweigen usw. handeln. Hier gilt das über Methode und Methodologie Gesagte. Sie sind kein Schemata, sondern heuristischer Hinweis zur exakten Erforschung des Gegenstandes. Methodologisch interessant ist schon der Hinweis auf die Möglichkeit, jedes Entwicklungsgesetz als Bewegungs- und Strukturgesetz und jedes Bewegungsgesetz als Strukturgesetz ausnutzen zu können, da keine Struktur unbewegt und keine Entwicklung unstrukturiert ist.[48]

Was ergibt sich aus den bisherigen Betrachtungen für die Behauptung von der Existenz von Kausalgesetzen? Erstens gibt es kein Gesetz, das nicht auf der Grundlage eines Komplexes von Kausalbeziehungen existiert. Jedes Gesetz hebt aus diesem Komplex verschiedene Aspekte hervor, die alle mit der Definition des statistischen Gesetzes vereinbar sind. Dabei drückt einerseits die Kausalität die konkrete Bedingtheit der Objekte und Prozesse aus, während das Gesetz ihre Bestimmtheit durch allgemein-notwendige und wesentliche Beziehungen ausmacht. Andererseits helfen die Gesetze die kausalen Vorgänge besser zu erkennen, ohne sie je zu erschöpfen. Damit wird die Kausalität als Grundlage für die Existenz jedes Gesetzes und des Systems der Gesetze als Klassifikationsmerkmal für Teilaspekte ungeeignet.

Zweitens hat die Formulierung von Kausalgesetzen bisher dazu gedient, den Zusammenhang von „Ursachen" und „Wirkungen" gesetzmäßig zu bestimmen.

Im Strukturgesetz wird von diesem kausalen Zusammenhang sowieso abstrahiert. Im Bewegungsgesetz geht es aber um die Beziehung zwischen Anfangs- und Endzustand, die nicht kausal in der konkreten Bestimmtheit, sondern allgemein-notwendig und wesentlich bestimmt wird. Danach wären alle angeblichen Kausalgesetze zu untersuchen, ob in ihnen nicht gerade von vielen Kausalbeziehungen abstrahiert wird, um die Bewegung als Gesetz zu erfassen, wobei die Systemmöglichkeit notwendig und die Elementmöglichkeiten zufällig verwirklicht werden.

Drittens gibt es keinen materiellen Bereich, der nicht durch materielle Prozesse mit anderen Bereichen verbunden ist. Dieser objektive Zusammenhang wirkt sich bedingend auf die Objekte und Prozesse aus, weshalb wir seine Existenz ebenfalls als Gesetz bezeichnen können. Das Kausalgesetz oder Kausalprinzip besagt danach, daß es keinen Prozeß gibt, der nicht als Wirkung in seiner Existenzweise durch andere Prozesse als Ursache bedingt ist. In welcher Art und Weise diese Bedingtheit vor sich geht, wird von der Wissenschaft in Gesetzen erfaßt.

Das statistische Gesetz erweist sich damit als grundlegend für die Klassifizierung der Gesetze, muß aber in seiner Bedeutung als Struktur-, Bewegungs- und Entwicklungsgesetz beachtet werden. Die sogenannten Tendenzgesetze in der gesellschaftlichen Entwicklung sind dann nichts anderes als statistische Gesetze, als Entwicklungsgesetze. Die Tendenz ist die historische Notwendigkeit, d. h. die notwendige Verwirklichung der Systemmöglichkeit, die sich durch die zufällige Verwirklichung der Elementmöglichkeit im Entwicklungsprozeß durchsetzt. Hier wird ebenfalls die methodologische und historische Bedeutung des Determinismusstreits, der sich hauptsächlich um die Konzeption der statistischen Gesetze rankt, deutlich. Auf sie wollen wir jetzt noch genauer eingehen. Für die Bedeutung der statistischen Gesetzeskonzeption in der Gesellschaft sprechen folgende Gründe:

Erstens war es für die Ausarbeitung der dialektisch-materialistischen Gesellschaftstheorie notwendig, den mechanischen Determinismus, nach dem Gesetz, Notwendigkeit, kausaler Ablauf, Vorausbestimmtheit und Voraussagbarkeit miteinander übereinstimmen, zu überwinden und die Anerkennung objektiver gesellschaftlicher Gesetze mit der Dialektik von Notwendigkeit und Zufall, Möglichkeit und Wirklichkeit zu verbinden, sowie den Prozeß der relativ exakten Gesetzeserkenntnis zu betonen.

Zweitens erfordert das Verständnis für die Dialektik gesellschaftlicher Entwicklungsprozesse, mit Hilfe der marxistisch-leninistischen Philosophie die Beziehung zwischen der historischen Notwendigkeit und den einander nicht immer entsprechenden Handlungen der Menschen in der Geschichte als Ausdruck des Klassenkampfs zu beachten. Diese Handlungen könnten als statistische Verteilungen untersucht werden. Lenin verwahrte sich dagegen, die historische Notwendigkeit mit einer ausweglosen Zwangslage der Menschen zu identifizieren. Die historische Notwendigkeit setzt sich im Handeln der Menschen durch. In den vorsozialistischen Gesellschaftsordnungen geschieht das spontan. Mit dem Sozialismus existieren jedoch die Bedingungen zur bewußten Gestaltung gesellschaftlicher Verhältnisse. Gerade das verlangt aber, das Verhältnis von objektiven gesellschaftlichen Gesetzen und menschlichem Handeln genauer zu untersuchen und vor allem die Struktur der Gesetze so aufzudecken, daß methodische Hinweise für die Untersuchung bestimmter Gesetze durch die Gesellschaftswissenschaften gegeben werden können. Die dialektische Auffassung des Gesetzes muß dabei berücksichtigen, daß entgegengesetzte Handlungen der Menschen sich nicht gegenseitig aufheben, weil keine Entwicklung damit zustande käme. Die historische Entwicklung existiert aber und muß deshalb als Tatsache berücksichtigt werden. Damit ist die statistische Verteilung der Handlungen in ihrem Ergebnis festlegbar, wenn die objektiven Gesetze, d. h. die historische Notwendigkeit, bekannt sind. Wer daraus jedoch den Schluß zieht, der Geschichtsprozeß vollziehe sich automatisch, verstößt gegen Grundeinsichten der Klassiker des Marxismus-Leninismus. Wir sehen also, wie das Verständnis der Dialektik der gesellschaftlichen Entwicklung durch die Analyse der statistischen Gesetze wächst. Die objektiven gesellschaftlichen Gesetze sind die Richtpunkte für unsere wissenschaftlichen Voraussagen. Ihre Struktur ist entscheidend dafür, was vorausgesagt werden kann.

Drittens spielt in der kapitalistischen Welt mit dem Auf- und Niedergang der Futurologie, mit der Diskussion über das Jahr 2000 und mit der sichtbar werdenden Perspektivlosigkeit des kapitalistischen Systems die Frage nach der Voraussagbarkeit gesellschaftlicher Ereignisse für viele Wissenschaftler eine große Rolle. Es ist interessant, daß viele Denkansätze zur Antwort auf diese Frage mit dem statistischen Denken verbunden sind, aber gerade die vorhin genannte historische Notwendigkeit außer acht lassen. Das ist eine Konsequenz, die der marxistisch-leninistischen Gesellschaftstheorie widerspricht, doch im Einklang mit vielen Tatsachen zu sein scheint. So spricht W. Wieser von der „Tatsache der Unentscheidbarkeit von Zukunftsproblemen". Er betrachtet die Konsequenzen der modernen Biologie für die sozialen Zustände der Menschen und meint: „Jede Prognose sollte eigentlich aus einer Liste von Möglichkeiten bestehen, ebenso wie jede Entscheidung für eine bestimmte Lebensweise stets ein Kompromiß ist. Das einzige, was wir als sicher annehmen können, ist, daß die Zukunft von uns Entscheidungen verlangen wird, die so oder so den gegenwärtigen sozialen (und damit auch moralischen) Zustand der Menschheit verändern werden. Nur in diesem Sinne lassen sich wissenschaftliche Prognosen auffassen: als Spiele mit Möglichkeiten."[49] Sicher existieren objektive Möglichkeiten, aber die Gesellschaftsanalyse muß so weit getrieben werden, daß die Wahrscheinlichkeit für ihre Verwirklichung aufgedeckt wird.

Viertens werden Angriffe auf die marxistisch-leninistische Gesellschaftstheorie mit Hilfe einseitiger Darlegungen unserer Gesetzesauffassung geführt. So behauptet D. Kaletta, daß ein „Gesetz, das die gesamte, einschließlich zukünftige Menschheitsentwicklung beschreibt", nicht möglich sei, da alle gesellschaftlichen Prozesse einmalig seien. Hier wird schon die Marxsche Untersuchung des Verhältnisses von Produktivkräften und Produktionsverhältnissen und von Basis und Überbau negiert, wodurch ein Kriterium für die Wiederholbarkeit gesellschaftlicher Vorgänge gewonnen wurde. Kaletta meint nun, der historische Materialismus würde das Kausalgesetz, nach dem jeder Ursache eine Wirkung umkehrbar eindeutig zugeordnet sei, ausnutzen, um ein allgemeines Gesetz zu finden. Dazu schreibt er dann: „Mit Hilfe dieses Satzes gelingt es dem Histomat, die einzelnen geschichtlichen Epochen aufzufädeln, die vorhergehende als Ursache für die darauffolgende zu interpretieren und im Rahmen dieser Kausalkette zusammen mit dem

Gesetz der (materiellen) Einheit der Welt den sprichwörtlich roten Faden von der urkommunistischen bis zur kommunistischen Gesellschaft abzuwickeln. Damit ist zwar nicht der gesetzmäßige Charakter der Entwicklung garantiert, aber die Gläubigkeit an eine Kausalgesetzlichkeit läßt eine zukünftige Entwicklung als notwendig und damit gesetzmäßig erscheinen."[30] Nachdem er dann zur Diskussion der statistischen Gesetze in der Quantentheorie Stellung genommen hat, zieht er den Schluß: „Der Führungsanspruch der kommunistischen Partei ist . . . gerade eine unmittelbare Konsequenz eines von der kommunistischen Partei lückenlos verstandenen Kausalnexus, der die Vision künftiger Entwicklungen eindeutig normiert hat. Der somit ideologisch sanktionierte Führungsanspruch steht und fällt mit der Kategorie der Kausalgesetzlichkeit."[31] Da nach ihm die Quantentheorie die Kausalgesetzlichkeit zugunsten der statistischen Gesetze aufgegeben habe, sei auch dieser Führungsanspruch wissenschaftlich nicht begründbar. Die hier vorgenommene undialektische Gegenüberstellung von kausalen und statistischen Gesetzen verfälscht die Auffassung des dialektischen Determinismus. Die Analyse der statistischen Gesetze in den Gesellschaftswissenschaften wird die Unhaltbarkeit der geschilderten Argumente zeigen.

Fünftens hat die Anwendung mathematischer Methoden und der Kybernetik in den Gesellschaftswissenschaften teilweise zu Illusionen über die Lösung gesellschaftswissenschaftlicher Probleme geführt. Sicher ist es dabei nicht eine vorrangige Aufgabe, auf die Grenzen dieses Herangehens aufmerksam zu machen. Wo sie auftreten, müssen sie genau analysiert werden. Zuerst sollten aber die Dankanstöße zur weiteren Entwicklung der Wissenschaft genutzt werden, die aus der Mathematisierung der Gesellschaftswissenschaften zu gewinnen sind.

Der dialektische Determinismus als philosophische Theorie des objektiven Zusammenhangs befaßt sich mit der Bedingtheit und Bestimmtheit der Objekte und Prozesse im Gesamtzusammenhang und deckt die dialektischen Beziehungen zwischen den verschiedenen Formen des Zusammenhangs auf. Die Überwindung des mechanischen im dialektischen Determinismus spielt in den Diskussionen um das Verhältnis von dynamischen und statistischen Gesetzen in der Physik, die mit der statistischen Deutung der Quantentheorie einen großen Aufschwung erlebte, der heute immer noch anhält, eine große Rolle. Es brach die Illusion von den eindeutigen Voraussagen für Einzelereignisse zusammen, woraus Konsequenzen idealistischer Art mit der Leugnung objektiver Zusammenhänge überhaupt gezogen wurden. Speziell der Positivismus erreichte unter vielen Naturwissenschaftlern Einfluß mit der

Ansicht, daß nur noch Zusammenhänge zwischen Beobachtungstatsachen beschrieben werden könnten und das Wesen objektiver Prozesse nicht mehr erkannt werde. Auch mechanisch-deterministische Positionen wurden vertreten, nach denen es darum geht, die statistischen Gesetze als Ausdruck unserer Unkenntnis zu betrachten und verborgene Parameter zu suchen, die eine eindeutige Vorausbestimmtheit objektiver Prozesse erzwingen und damit die eindeutige Voraussagbarkeit ermöglichen. Marxisten-Leninisten haben sich entschieden gegen idealistische und mechanisch-materialistische Auffassungen gewandt und die Dialektik von dynamischen und statistischen Gesetzen hervorgehoben. Dabei entwickelten sich verschiedene Standpunkte, deren Konsequenzen wichtig für die methodologische und heuristische Bedeutung statistischer Gesetze sind. So muß die Auffassung von A. Katz, daß die statistischen Gesetze die universellen Existenzgesetze seien[52], dahingehend überprüft werden, ob damit nur statistische Verteilungen gemeint sind. Es muß also geklärt werden, wie das statistische Gesetz definiert und welcher Zusammenhang zwischen Philosophie und Statistik gesehen wird. Dagegen kann die Hervorhebung streng determinierter Zusammenhänge als primärer Realität durch P. Kard und J. L. Destouches[53] nicht die Dialektik von Gesetz und Zufall klären.

Selbstverständlich kann man die hypothetische Annahme von der Existenz grundlegend statistischer oder grundlegend streng determinierter Beziehungen machen, wie das in der Literatur des öfteren geschieht. Der eigentlichen Dialektik von dynamischen und statistischen Momenten in der objektiven Struktur, Veränderung und Entwicklung ist man damit aber noch nicht auf der Spur. Die Annahme grundlegender statistischer Gesetze würde der hier entwickelten Auffassung entsprechen, wenn damit die Dialektik von Notwendigkeit und Zufall, Möglichkeit und Wirklichkeit, Möglichkeit und Wahrscheinlichkeit im Gesetz beachtet wird, was im dynamischen, stochastischen und probabilistischen Aspekt des Gesetzes zum Ausdruck kommt. Werden damit nur statistische Verteilungen verstanden, dann gibt es Schwierigkeiten, die methodologische und heuristische Bedeutung des statistischen Gesetzes auszuarbeiten, da in den statistischen Verteilungen als stochastischen Möglichkeitsfeldern nur die zufällige Verwirklichung von Möglichkeiten beachtet wird, aber nicht die notwendige Verwirklichung der Systemmöglichkeit, wie sie auch in der Schrödingergleichung enthalten ist, und nicht die Wahrscheinlichkeit für das zufällige Verwirklichen einer Möglichkeit durch ein Element des Systems. Aber gerade das erst macht die Dialektik deutlich. Mit der statistischen Verteilung ist zwar das Verhältnis von vielen Möglichkeiten zur Verwirklichung berücksichtigt, aber nicht der Unterschied zwischen notwendig und zufällig sich verwirklichenden Möglichkeiten und nicht das Verhältnis von Möglichkeit und Wahrscheinlichkeit. Deshalb muß die Annahme von den grundlegenden statistischen Gesetzen dialektisch präzisiert werden. Aus diesem Grund lehne ich auch die Bezeichnung „stochastisches Gesetz" ab, weil sie nur auf einen Aspekt der Gesetzesauffassung orientiert, aber nicht die heute zu erkennende Reichhaltigkeit der dialektischen Beziehungen beachtet.

Die Behauptung von einer grundlegenden strengen, harten Determiniertheit, die in der Physik in verschiedenen Konzeptionen auftaucht und im Anschluß an die Thesen von de Broglie philosophisch von Destouches verteidigt wird, muß zeigen, daß sie nicht dem mechanischen Determinismus und damit der Leugnung der Dialektik von Notwendigkeit und Zufall verfällt. Während bei der Annahme von grundlegenden statistischen Verteilungen die Bestimmtheit des Verhaltens, wie sie im dynamischen Aspekt für das System und im probabilistischen Aspekt für das Element gegeben ist, unterschätzt wird, kommt es bei der Behauptung von der strengen Determiniertheit zur Überschätzung der Bestimmtheit des Elementverhaltens. Bei jener Annahme wird vom Gesetz zu wenig und bei dieser zu viel verlangt. Die Überschätzung der Bestimmtheit war im mechanischen Determinismus durch die Leugnung des Zufalls gegeben. Sie kann heute in der Form nicht mehr auftreten. Insofern wird das Einzelereignis auch nicht mehr in allen seinen Seiten als bestimmbar angesehen. Heute äußert sich die Metaphysik in der Leugnung der Dialektik von System und Element und den sich daraus ergebenden Konsequenzen für die Gesetzesauffassung. Durch die Einordnung des Elementverhaltens in die Systemstruktur wird die notwendige Verwirklichung der Möglichkeit für das System von der zufällig sich verwirklichenden Möglichkeit durch das Element unterschieden, wobei für das Element ein Möglichkeitsfeld und eine Wahrscheinlichkeitsverteilung existiert. Nur in Grenzfällen kann das Möglichkeitsfeld auf eine reduziert oder die Wahrscheinlichkeitsverteilung aufgehoben werden, weil die Ereignisse als gewiß oder wenigstens als gleichwahrscheinlich anzusehen sind.

Um mit diesen Konsequenzen noch besser theoretisch fertig zu werden, sind einige Bemerkungen zum Verhältnis von Philosophie und Statistik angebracht. Mit statistischen Verteilungen und Untersuchungen wird bei uns viel gearbeitet. Statistische Verteilungen sind Grundlage von Prognosen, Entscheidungen usw. Ihr Wert ergibt sich aber erst, wenn eine feste theoretische Basis existiert, an der Programm und Auswertung statistischer Untersuchungen gemessen werden können.

Statistische Untersuchungen müssen deshalb dahingehend überprüft werden, ob der theoretisch hergestellte Zusammenhang zwischen den Ereignissen dem objektiven Zusammenhang entspricht, ob die allgemein-notwendigen, d. h. reproduzierbaren, und wesentlichen, d. h. den Charakter der Erscheinung bestimmenden, Zusammenhänge, also die objektiven Gesetze, beachtet worden sind.

Da es hier um die methodologische Bedeutung des statistischen Gesetzes geht und nicht um die statistische Verteilung von Ereignissen in einem Bereich, sind zwei Aspekte interessant. Einerseits muß das angedeutete Verhältnis von Statistik und objektiven Zusammenhängen philosophisch analysiert werden, um verschiedene Auffassungen der Statistik richtig einordnen zu können. Andererseits geht es um die philosophische Definition des statistischen Gesetzes.

In der Geschichte des Denkens haben sich verschiedene Auffassungen zur Statistik herausgebildet, die Bedeutung für die Gesetzesauffassung haben. Ohne darauf im einzelnen einzugehen[54], sollen wenige Hauptgruppen charakterisiert werden.

Erstens wurde die Statistik als Hilfsmittel betrachtet, um Erscheinungen zu verstehen, bei denen eine große Anzahl von Objekten oder Parametern eine Rolle spielte. Prinzipiell wurde dabei die Rückführbarkeit der Statistik auf die zugrunde liegenden Einzelprozesse betont. So kann die Temperatur als statistische Größe auch mit der kinetischen Energie der einzelnen Moleküle bestimmt werden. Eine Statistik der Häufigkeit der Todesursachen von Menschen in bestimmtem Alter kann durch die Untersuchung jedes einzelnen Falles belegt werden. So wie dem einzelnen Atom keine Temperatur zukommt, so trifft auf den bestimmten einzelnen Menschen die Häufigkeitsaussage nicht zu. Aber jede statistische Aussage über Systeme mit vielen Elementen, seien es Objekte oder Parameter, ist mit eindeutigem Verhalten der Elemente des Systems verbunden. Die Illusion des mechanischen Determinismus bestand nun darin, daß für dieses eindeutige Verhalten der Elemente Gesetze existieren, die nur aufgedeckt zu werden brauchten, um die Zukunft exakt voraussagen zu können. Danach hat ein Element genau eine Möglichkeit, die es notwendig verwirklichen muß. – Engels machte bei der Kritik des mechanischen Determinismus schon auf die Existenz des Zufalls als der Erscheinungsform der Notwendigkeit aufmerksam, für die kein solches Gesetz existiert. – Statistische Verteilungen waren damit Systembeziehungen von großen Zahlen von Elementen, wobei für die Elemente im Gesetz eine Möglichkeit existierte, die notwendig verwirklicht werden mußte. Für jedes komplizierte Objekt ergab sich dabei die Notwendigkeit des Verhaltens aus der Summe der notwendigen Elementarprozesse (atomare Prozesse), aus denen es bestand. Damit gab es zwar praktische Grenzen für die Bestimmung z. B. aller atomaren Prozesse im Menschen, aber prinzipiell war es nach dieser Auffassung möglich, sie zu erkennen und damit die Notwendigkeit des Verhaltens zu bestimmen. Der Zufall war damit nur als unerkannter Zusammenhang bestimmt, dessen Zusammensetzung aus Elemtarprozessen noch nicht bekannt ist. Damit war die Statistik eigentlich nur aus unserer Unkenntnis der elementaren Prozesse wichtig, und die Wissenschaftsorientierung zielte auf die Untersuchung der elementaren eindeutig bestimmten Prozesse.

Diese Auffassung wurde in der Physik nach der Entwicklung der Quantenmechanik scharf kritisiert. Mit der statistischen Deutung der Quantenmechanik ergab sich eine zweite philosophisch wichtige Auffassung zur Statistik. Danach ergab die mathematische Gleichung (Schrödingergleichung), die eindeutig den Zustand ψ bestimmte, nur Mittelwerte für solche Parameter, wie Ort und Impuls. Die Heisenbergschen Unbestimmtheitsrelationen schließen die exakte Bestimmung von Ort und Impuls aus. Die Elementarteilchen, die durch einen Spalt oder Doppelspalt im Experiment fliegen und auf einen Leuchtschirm auftreffen, haben zwar eine voraussagbare Verteilung, sind aber in ihrem Verhalten nicht eindeutig durch Gesetze bestimmt. Es können aber Wahrscheinlichkeiten für ihr Verhalten angegeben werden, was manchmal zum Terminus „Probabilistik“ oder „probabilistische Gesetze“ führte. Die statistische Verteilung des Systems von Elementarteilchen ist also nicht mehr auf eindeutiges Verhalten der Elementarteilchen in dem Sinne zurückzuführen, daß nur eine Möglichkeit für das Verhalten des Elements existiert, die notwendig verwirklicht wird. Es existieren für jedes Teilchen eine Reihe von Möglichkeiten, von denen es eine zufällig, da nicht eindeutig aus dem Gesetz ableitbar, verwirklicht, wofür eine bestimmte Wahrscheinlichkeit existiert. Dieser Sachverhalt in der Physik ist für die Gesellschaftswissenschaften deshalb interessant, weil die Existenz einer Systemmöglichkeit für den Zustand ψ, die notwendig Systemwirklichkeit wird, und von Möglichkeiten für das Verhalten der Elemente, die mit angebbarer Wahrscheinlichkeit verwirklicht werden, Anlaß zu Analogiebetrachtungen über das Verhältnis von Individuum und Gesellschaft geben. Das Neue an dieser Auffassung von Statistik ist, daß die statistische Verteilung keine Regel zur Erfassung vieler Objekte und Parameter ist, deren elementare Vorgänge eindeutig bestimmt sind. Die angegebene Systemmöglichkeit, die notwendig Systemwirklichkeit wird, ist das Gesetz, d. h. der allgemein notwendige und wesentliche Zusammenhang. Dieses Gesetz gibt die

Möglichkeiten für das Verhalten der Elemente des Systems und die Wahrscheinlichkeit für ihre Verwirklichung. Bei solchen Analogiebetrachtungen, mit deren Hilfe erst der methodologische und heuristische Wert von philosophischen Auffassungen, die als präzisierte Auffassungen in einem Gebiet gewonnen werden, für andere Gebiete sichtbar wird, muß darauf geachtet werden, daß die Spezifik der verschiedenen Bereiche nicht verwischt wird. Meist wirkt sie sich auch in der Dialektik als Theorie, Methode und Methodologie aus. So unterscheidet sich das statistische Gesetz vom Typ der Schrödingergleichung von statistischen Gesetzen der Gesellschaftswissenschaften. Das physikalische Gesetz enthält also die statistische Verteilung, weshalb wir es auch statistisches Gesetz nennen können, das jedoch im Unterschied zu anderen als quantitativ bestimmtes statistisches Gesetz bezeichnet wird.

Drittens ist deshalb der Unterschied statistischer Gesetze vom Typ der Schrödingergleichung zu statistischen Gesetzen in den Gesellschaftswissenschaften zu beachten. Sicher geht es auch hier um Systemmöglichkeiten, die notwendig Wirklichkeit werden, und um Wahrscheinlichkeiten für das Verhalten der Elemente. Aber die gesellschaftlichen Gesetze sind nicht mathematisch formuliert, und die Wahrscheinlichkeitsverteilung für das Verwirklichen der Elementmöglichkeiten muß auf andere Weise gewonnen werden. Wieso können wir trotzdem von der methodologischen Bedeutung der statistischen Gesetzesauffassung für die Gesellschaftswissenschaften sprechen? Wir anerkennen die Existenz objektiver gesellschaftlicher Gesetze, d. h. allgemein-notwendiger und wesentlicher Zusammenhänge, die nicht für das einzelne Individuum existieren, sondern sich im gesellschaftlichen Gesamtprozeß zeigen. Damit spielt die für das statistische Gesetz wesentliche dialektische Beziehung von System und Element eine Rolle.[55] Die Aufgabe besteht also darin, den Zusammenhang zwischen Gesetzen des Gesamtprozesses und individuellem Verhalten theoretisch zu verstehen, wobei sich der Gesamtprozeß nicht einfach als Summe gleichberechtigter und voneinander unabhängiger individueller Handlungen erweist. Eben einen solchen Zusammenhang deckt die statistische Gesetzeskonzeption auf. Daraus ergeben sich Hinweise für das Verständnis dieser dialektischen Zusammenhänge, für die Methode und Methodologie der Gesetzeserkenntnis. In keiner Weise wird aber die historisch-materialistische Untersuchung gesellschaftlicher Prozesse ersetzt, und die Anwendung der experimentellen, historischen und mathematischen Methode ist Voraussetzung für den Einsatz der methodologischen Mittel der Dialektik. Deshalb spielen auch für die Dialektik die Besonderheiten gesellschaftlicher Gesetze, die sich aus den theoretischen

Ergebnissen der Gesellschaftswissenschaften bestimmen lassen, eine große Rolle. Hier bestätigt sich das, was allgemein zur heuristischen Bedeutung dialektischer Untersuchungen gesagt wurde. Sie tragen, ausgehend von der Präzisierung der Grundprinzipien mit Hilfe einzelwissenschaftlichen Materials, den Charakter von Hypothesen über aufzudeckende dialektische Beziehungen in anderen Bereichen, wenn sie als präzisierte Aussagen in einem Bereich, hier in der Physik, schon bestätigt sind.

Die Besonderheiten gesellschaftlicher Gesetze sind dabei: die entscheidende Rolle der Bedingungen, der spezifische Zusammenhang der Gesetze untereinander und die Durchsetzung der historischen Notwendigkeit. Während im statistischen Naturgesetz vom Typ der Schrödingergleichung die Wahrscheinlichkeit für das Verwirklichen der Elementmöglichkeit aus der statistischen Verteilung zu bestimmen ist, muß die Wahrscheinlichkeit für die Verwirklichung gesellschaftlicher Möglichkeiten direkt aus der Analyse der Bedingungen abgeleitet werden. Allein schon die Durchsetzung der historischen Notwendigkeit des Sieges des Sozialismus vollzieht sich in jedem Land unter bestimmten notwendigen Bedingungen, die selbst wieder den Charakter von Gesetzen der sozialistischen Revolution haben – dazu gehören vor allem die führende Rolle der Arbeiterklasse und ihrer marxistisch-leninistischen Partei und das sozialistische Eigentum an Produktionsmitteln –, sowie den internationalen Bedingungen, wie der Existenz des sozialistischen Lagers. Um nun in einem Lande die Voraussage machen zu können, ob die sozialistische Revolution durchzuführen ist, d. h. ihr Sieg sehr wahrscheinlich ist, bedarf es der Analyse der inneren und äußeren subjektiven und objektiven Bedingungen. Für die Methodologie ist es deshalb wichtig, Einschätzungen über die Verwirklichung der Möglichkeit der sozialistischen Revolution in bestimmten Ländern stets mit der Angabe dieser Bedingungen zu versehen. Dabei kann die Verteilung der Möglichkeiten für viele Länder, aber auch für ein Land, die Zuordnung großer, gleicher oder kleiner Wahrscheinlichkeit für eine Möglichkeit ergeben. Soweit stimmen sogar manche bürgerlichen Ideologen mit uns überein, die die Politik als die Kunst des Möglichen bezeichnen. Nach marxistisch-leninistischer Auffassung muß sich jedoch in der Wahrscheinlichkeitsverteilung die historische Notwendigkeit ausdrücken. Deshalb muß jede pessimistische Einschätzung, die revolutionären Kämpfen unserer Zeit nur wenig Aussicht auf eine sozialistische Perspektive zuspricht, überprüft werden, ob hier die Existenz der historischen Notwendigkeit beachtet wird. Dabei wird auch der so oft betonte Tendenzcharakter gesellschaftlicher Gesetze deutlich. Die Tendenz ist die Verwirklichung der Systemmöglichkeit. Dieser Prozeß vollzieht sich durch die zufällige Verwirklichung einer Elementmöglichkeit, für die, ausgehend von den Bedingungen, eine mehr oder weniger große Wahrscheinlichkeit in einem bestimmten Zeitintervall besteht. Die historische Notwendigkeit setzt sich also in genügend langen Zeiten im Verhalten der Elemente durch, ohne dieses Verhalten eindeutig zu bestimmen. Dafür sind die Elementbedingungen verantwortlich. Dabei existieren die gesellschaftlichen Gesetze nicht isoliert. Es gibt allgemeine und besondere, Struktur-, Bewegungs- und Entwicklungsaspekte gesellschaftlicher Gesetze. Die Dialektik, besonders der dialektische Determinismus, bietet hier nicht nur eine methodologische Grundlage zur Ausarbeitung des Systems durch eine mögliche Klassifizierung der Gesetze, wie schon angedeutet, sondern stellt auch die Methode mit dem dialektischen Determinismus und der Entwicklungstheorie dar, um ein solches System ausarbeiten zu können.

Mit den Bedingungen und der historischen Notwendigkeit in der Wahrscheinlichkeitsverteilung für statistische Aussagen in der Gesellschaftswissenschaft ist deshalb das System gesellschaftlicher Gesetze zu beachten. Während die Schrödingergleichung im wesentlichen unter ihren Gültigkeitsbedingungen das Verhalten der Quantenobjekte regelt, unterliegen gesellschaftliche Vorgänge meist nicht nur einem Gesetz allein. Schon die Durchsetzung der historischen Notwendigkeit des Sieges des Sozialismus ist abhängig von Bedingungen, die selbst Gesetze sind. Marx zeigte bei der Untersuchung der Profitrate das Zusammenwirken verschiedener Tendenzen. Er betont, daß die von ihm entwickelten Gesetze über Steigen und Fallen der Profitrate einerseits Gesetze der allgemeinen Profitrate sind, wobei sich die Wechsel in verschiedenen Sphären entweder in der Zeit oder gleichzeitig durch andere lokale Schwankungen ausgleichen. Sie wirken damit nicht auf die allgemeine Profitrate zurück. Andererseits hat nach Marx jede Sphäre einen Spielraum für das Schwanken der Profitrate, bevor sich das auf die allgemeine Profitrate auswirkt.[56] Marx hebt also den Charakter von Gesetzen als allgemein-notwendige, d. h. reproduzierbare, und wesentliche, d. h. den Charakter der Erscheinungen bestimmende, Beziehungen hervor, die im Wechsel der Erscheinungen gleichbleiben. Mit diesen Gesetzen ist ein Spielraum für das Schwanken um die im Gesetz zum Ausdruck gebrachte Tendenz gegeben. Man könnte also nur auf der Grundlage der Gesetze die Schwankungen in statistischen Verteilungen erfassen. Marx geht auch den nächsten Schritt. Er untersucht die Gesetze für Veränderungen der Verteilungen und hebt das Gesetz des tendenziellen Falls der Profitrate hervor:

„Wir stellen absichtlich dies Gesetz dar, bevor wir das Auseinanderfallen des Profits in verschiedene gegeneinander verselbständigte Kategorien darstellen. Die Unabhängigkeit dieser Darstellung von der Spaltung des Profits in verschiedene Teile, die verschiedenen Kategorien von Personen zufallen, beweist von vornherein die Unabhängigkeit des Gesetzes in seiner Allgemeinheit von jener Spaltung, und von den gegenseitigen Verhältnissen der daraus entspringenden Profitkategorien." [57]

Für das methodologische Herangehen an die Gesetzesproblematik sind deshalb verschiedene Schritte zu beachten. Der erste Schritt ist die Aufdeckung der Vielzahl von existierenden Gesetzen in gesellschaftlichen Erscheinungen, die reproduzierbar den Charakter der Erscheinungen bestimmen. Der zweite Schritt ist die Beachtung des damit gegebenen Spielraums für Schwankungen um die im Gesetz zum Ausdruck gebrachten Tendenzen, die in ihren wesentlichen Veränderungen untersucht werden müssen, wofür selbst wieder Gesetze existieren. Der dritte Schritt ist dann die Untersuchung der gegenwirkenden Ursachen, die die Verwirklichung der im Gesetz enthaltenen Möglichkeit beeinflussen. Deshalb ist die Marxsche Gesetzesanalyse auch nur im Zusammenhang mit seiner Untersuchung der objektiven dialektischen Widersprüche der gesellschaftlichen Entwicklung zu verstehen. Mit diesen Schritten wird auch die Spezifik gesellschaftlicher statistischer Gesetze deutlich. Im System dieser Gesetze realisiert sich eine Möglichkeit notwendig, wofür bestimmte Bedingungen existieren. Der Spielraum für das schwankende Verhalten der Parameter und der Bereiche, in denen das allgemeine Gesetz existiert, wird durch eine Möglichkeitsverteilung bestimmt, für deren Verwirklichung eine Wahrscheinlichkeitsverteilung zu suchen ist, die nur in Abhängigkeit von den spezifischen Bedingungen gefunden werden kann. In die Bedingungen geht nun das gesellschaftliche Handeln der Menschen direkt ein. Als gesellschaftliches Handeln ist es selbst die Voraussetzung für die Existenz objektiver gesellschaftlicher Gesetze, die als Invarianten im menschlichen Handeln existieren. Jede individuelle Handlung ist ein Beitrag zur Herstellung bestimmter Bedingungen, der die Verwirklichung der im Gesetz enthaltenen Möglichkeit fördert oder hemmt, aber das Gesetz nicht aufheben kann.

Die bisherigen Betrachtungen führen uns zu der bereits aus der Physik abgeleiteten philosophischen Definition des statistischen Gesetzes, fordern aber, eine Differenzierung dieser Gesetze durchzuführen.

Unter einem statistischen Gesetz verstehen wir einen allgemein-notwendigen und wesentlichen Zusammenhang, wobei für das Verhalten eines Systems eine Möglichkeit existiert, die notwendig verwirklicht wird, und für das Verhalten der Elemente verschiedene Möglichkeiten existieren, die mit einer bestimmten Wahrscheinlichkeit zufällig verwirklicht werden. Nun müssen die Existenzbedingungen des Gesetzes differenziert werden. Die Gesamtheit der notwendigen Voraussetzungen für die Existenz des Gesetzes, die noch nicht die Spezifik des Gesetzes bestimmen, sind die notwendigen nichtspezifischen Existenzbedingungen; die spezifischen Existenzbedingungen bestimmen die im Gesetz enthaltene allgemein-notwendige und wesentliche Beziehung. Für das statistische Gesetz sind die spezifischen Existenzbedingungen erster Ordnung diejenigen, die die notwendige Verwirklichung der Systemmöglichkeit bedingen. Spezifische Existenzbedingungen zweiter Ordnung bedingen das Verhalten der Elemente des Systems.

Das statistische Gesetz selbst kann nun ebenfalls differenziert werden. Wir schließen dabei die eindeutige Rückführbarkeit auf Elementarprozesse aus und betonen den Charakter des statistischen Gesetzes als Systemgesetz, wobei durch das Zusammenwirken der Elemente im System eine neue Qualität von Beziehungen existiert, die nicht als Summe der Einzelbeziehungen zu bestimmen ist. In diesem Sinne kann das Studium der Elemente nicht die Systembeziehungen aufdecken, sondern die Eigengesetzlichkeit der Systemveränderung muß selbständig gefunden werden. Im statistischen Gesetz wird aber die Beziehung zwischen System und Elementen hergestellt. Gibt es nun Gesetze, die eine Möglichkeit angeben, die notwendig verwirklicht wird, wie z. B. das Wertgesetz, das den Austausch der Ware zu ihrem Wert fordert, und es existieren für die Elemente verschiedene Möglichkeiten, ohne daß schon Wahrscheinlichkeiten für ihre Verwirklichung untersucht sind, dann sprechen wir von einem *potentiellen statistischen Gesetz*. Ein statistisches Gesetz kann die in ihm enthaltenen Wahrscheinlichkeiten nur im Sinne der Schrödingergleichung aus der mathematischen Formulierung des Gesetzes bestimmen lassen, was als *quantitativ bestimmtes statistisches Gesetz* bezeichnet werden soll.

Davon zu unterscheiden ist das statistische Gesetz in den Gesellschaftswissenschaften, das die notwendig zu realisierende Systemmöglichkeit enthält, aber für die Elementmöglichkeit die Wahrscheinlichkeit der Realisierung in Abhängigkeit von den Bedingungen bestimmen muß, wofür dann eine skalierte Verteilung angegeben werden kann, bei der mindestens die Bezeichnungen sehr wahrscheinlich, gleich wahrscheinlich und wenig wahrscheinlich auftauchen. Dieses statistische Gesetz soll *qualitativ bestimmtes Gesetz* heißen. Gesellschaftliche Entscheidungen sind eine Auswahl aus den vorgegebenen Varianten.

Für die Methodologie der Gesetzeserkenntnis ist also zu beachten, daß statistische Gesetze nicht nur vorliegen, wenn mathematische statistische Verteilungen existieren. Solche Verteilungen erlangen ihre Bedeutung erst auf der Grundlage bereits erkannter statistischer Gesetze. In den Gesellschaftwissenschaften geht es dabei unter demAspekt der Beziehungen von objektiven Gesetzen und gesellschaftlichem Handeln vor allem um die potentiellen und qualitativ bestimmten statistischen Gesetze, für die die Wahrscheinlichkeitsverteilung zu bestimmen ist oder bestimmt wurde durch die Analyse der Bedingungen.

Da es sich hier nicht um eine Arbeit zur Gesetzesauffassung handelt, kann die vorgeschlagene Konzeption für die Rolle statistischer Gesetze nicht weiter untersucht werden, obwohl sich daraus viele Konsequenzen für das Entscheidungsproblem, für Prognosen usw. ergeben. Es sollte hier nur, entsprechend der dargestellten Funktion der marxistisch-leninistischen Philosophie gegenüber der Naturwissenschaft und der Wissenschaft überhaupt, der Zusammenhang zwischen der Determinismusdiskussion in der Physik und den Determinismusproblemen in anderen Wissenschaften hergestellt werden. Damit wird auch das etwas konkreter, was bei der Darlegung der Konzeption zur Gesetzesauffassung schon gesagt wurde.

5. Biologische und philosophische Entwicklungstheorie

Die biologische Entwicklungstheorie beanspruchte seit ihrer Entstehung stets weltanschauliches Interesse. Die natürliche Erklärung des Entstehens neuer Arten durch Selektion auf Grund natürlicher Bedingungen und innerer Anlagen durch Darwin war für Engels eine von den weltanschaulich bedeutsamen Entdeckungen des 19. Jahrhunderts. Neben dem Energieerhaltungsgesetz war es dann noch die für die Erklärung der biologischen Grundlagen des Lebens wichtige Entdeckung der Zelle, die Engels für bemerkenswert hielt. Die Entstehung des Lebens und die Entwicklung der Organismen war und ist auch heute noch ein Reservoir für idealistische Problemlösungen oder mechanisch-materialistische Erklärungen. So kommen immer wieder zwei einseitige Grundstandpunkte bei der Erklärung der Entstehung des Lebens und seiner Entwicklung zum Ausdruck, die sich hinter differenzierten philosophischen Auffassungen verbergen.[58]

Die eine ist die idealistische Erklärung durch besondere Lebenskräfte. Diese vitalistische Theorie versucht die gegenüber der anorganischen Natur höhere Qualität lebender Organismen durch besondere

Eigenschaften, die nur dem Leben allein zukommen; zu erklären. Schon Helmholtz wandte sich gegen die mit einer Lebenskraft postulierte Verletzung des Energieerhaltungssatzes.[59]

Der Versuch, das Besondere des Lebens unabhängig von der anorganischen Natur zu erklären, war immer ein Durchbrechen des Entwicklungsgedankens. Dieser forderte, die Entstehung der höheren Qualität auf natürliche Weise zu erklären. Die Lebensprozesse existieren auf der Grundlage physikalisch-chemischer Prozesse, und deren Spezifik kann nicht unabhängig von diesen gefunden werden. Dieser richtige Gedanke führt wiederum zu einer anderen einseitigen Haltung, nämlich zur Reduktion der Lebensprozesse auf physikalisch-chemische, ohne die Spezifik der Lebensprozesse genügend zu berücksichtigen. Damit wird, philosophisch betrachtet, die Entstehung höherer Qualitäten geleugnet. So wurde in den vergangenen Jahrhunderten der Mensch als komplizierte Maschine betrachtet oder als komplizierte Pflanze, wie bei Lamettrie, Voltaire u. a.

Die Darwinsche Entwicklungstheorie war, unabhängig von vielen Unzulänglichkeiten, gegen solche einseitigen Auffassungen gerichtet. Sie gab eine natürliche Erklärung für die Entstehung der Arten und untersuchte spezifische Gesetze der Entwicklung der Organismen. Der bekannte sowjetische Biologe J. J. Schmalhausen betont die Fruchtbarkeit der Darwinschen Theorie für die gesamte Biologie. Sie hat nach ihm sowohl dem Kriterium der wissenschaftlichen Forschung als auch dem der Anwendung wissenschaftlicher Erkenntnisse in der Praxis standgehalten.[60]

Auch heute müssen die molekularbiologischen Untersuchungen die Darwinsche Erkenntnis von der Auswahl der am besten an die natürlichen Bedingungen angepaßten Formen auf molekularem Niveau berücksichtigen. M. Eigen betrachtet das als eine gesetzmäßige Begrenzung des Zufalls der Mutationen. Er betont: „Die zufällige Mutation ist einem Ausleseprozeß unterworfen, und dieser trifft keineswegs eine ‚willkürliche' Entscheidung. Der Selektion liegt vielmehr ein physikalisch klar formulierbares *Bewertungsprinzip* zugrunde. Wäre die Selektion reine Willkür, wäre das einzige Kriterium der Auswahl die *Tatsache* des Überlebens selbst, so würde Darwins Selektionsprinzip – von ihm selbst formuliert als ‚survival of the fittest' – nur eine triviale Tautologie, nämlich ‚survival of the survivor' zum Ausdruck bringen. Das Bewertungsprinzip der Selektion läßt sich für makroskopische Systeme ähnlich den Gesetzen der Thermodynamik formulieren. Der einzige formelle Unterschied besteht darin, daß an die Stelle der absoluten Extremalprinzipien der Thermodynamik ‚eingeschränkte' Optimalprinzipien treten. Diese lassen sich sogar mit Hilfe der Thermodynamik begründen, allerdings nicht unmittelbar mit den im Anhang dieses Buches erläuterten Sätzen der Gleichgewichtsthermodynamik, sondern mit analogen Stabilitätskriterien für stationäre irreversible Prozesse. Eines der Hauptmerkmale lebender Systeme ist nämlich, daß sie ständig Energie in einer zur Arbeitsleistung geeigneten Form aufnehmen und sich dadurch dem Abfall in den Gleichgewichtszustand, den Zustand maximaler Unordnung, entziehen."[61]

Damit wird auf ein wichtiges Problem der Dialektik aufmerksam gemacht, mit dem wir uns noch beschäftigen werden, auf das Verhältnis von Gesetz und Zufall in Entwicklungsprozessen. Das Auswahlprinzip, von Darwin übernommen, heute weiter erforscht und präzisiert, ist kein Prinzip, das den chemischen und physikalischen Gesetzen widerspricht. Es ist aber auch kein für die physikalischen oder chemischen Elementarvorgänge gültiges Prinzip. Er gilt für das komplexe Verhalten physikalischer und chemischer Prozesse in lebenden Systemen unter biologischen Bedingungen. Es ist also Systemgesetz.

Eigen umgeht mit seiner Erklärung sowohl die idealistische als auch die vitalistische Klippe und macht keine Zugeständnisse an den metaphysischen Reduktionismus, weil er den inneren Zusammenhang zwischen Systemgesetz und Gesetzen der Elementarprozesse sieht. Er geht auf materialistischer Grundlage dialektisch an die Lösung des Problems biologischer Entwicklung heran. Das wird offensichtlich, wenn er schreibt: „Sagen wir noch einmal ganz deutlich: Allein auf Grund der durch Optimalprinzipien gekennzeichneten Selektionsgesetze konnten in der relativ kurzen Zeitspanne der Existenz unseres Planeten und unter den herrschenden physikalischen Bedingungen Systeme entstehen, die sich reproduzieren, einen dem Energie- bzw. Nahrungsangebot angepaßten Stoffwechsel entwickelten, Umweltreize aufnahmen und verarbeiteten und schließlich zu ‚denken' begannen. Sosehr die individuelle Form ihren Ursprung dem Zufall verdankt, sosehr ist der Prozeß der Auslese und Evolution unabwendbare Notwendigkeit. Nicht mehr! Also keine geheimnisvolle inhärente ‚Vitaleigenschaft' der Materie, die schließlich auch noch den Gang der Geschichte bestimmen soll! Aber auch nicht weniger – nicht *nur* Zufall!

Damit verschwindet die tiefe Zäsur zwischen der unbelebten Welt und der Biosphäre, der Philosophie, Weltanschauung und Religion so große Bedeutung zugemessen haben. Die ‚Entstehung des Lebens', also die Entwicklung vom Makromolekül zum Mikroorganismus, ist nur ein Schritt unter vielen, wie etwa der vom Elementarteilchen zum Atom, vom Atom zum Molekül, ... oder auch der vom Einzeller zum Organverband und schließlich zum Zentralnervensystem des Menschen."[62] Eben um das dialektische Verständnis für die von Eigen genannten Entwicklungsschritte geht es auch heute, wenn über die weltanschaulichen Konsequenzen der biologischen Entwicklungstheorie diskutiert wird und die heuristische Funktion der dialektisch-materialistischen Entwicklungstheorie nachgewiesen werden soll.

Dabei hat sich die Dialektik heute mit verschiedenen metaphysischen Auffassungen zur biologischen Entwicklung auseinanderzusetzen. So verweisen A. Ja. Iljin und I. N. Smirnov auf die notwendige Kritik zweier metaphysischer Extreme, der autogenetischen und ektogenetischen Konzeption.[63] Die autogenetische Konzeption sucht die Quelle der Entwicklung in der „inneren Natur" der lebenden Organismen, die als von äußeren Faktoren motiviert betrachtet wird. Hierbei werden wichtige Momente der Entwicklung, nämlich die inneren Widersprüche, von den äußeren getrennt. In gewisser Weise gehört zu dieser Konzeption auch die Auffassung von den absolut zufälligen Genmutationen als Quelle der Entwicklung. Das biologische Ausleseprinzip in seiner molekularen Bedeutung wird hier vernachlässigt, die Rolle der biologischen Bedingungen nicht beachtet und der zufällige Elementarprozeß nicht, wie Eigen es fordert, in seiner gesetzmäßigen Bestimmtheit gesehen. Nach Iljin und Smirnov ist bei der ektogenetischen, lamarckistischen Konzeption die Entwicklung der organischen Formen direkt und unmittelbar durch die Einwirkung der äußeren Umgebung bestimmt, was sie als undialektisch bezeichnen, da der komplizierte Zusammenhang zwischen äußeren Lebensbedingungen und inneren Entwicklungsprozessen in eine einseitige Kausalabhängigkeit gebracht werde, wobei die Umgebung die Ursache und die Veränderung des Organismus die Folge ist. Gegen solche einseitigen Auffassungen wurde bereits im vorhergehenden Abschnitt Stellung genommen. Die Schwierigkeit bei der theoretischen Erklärung der Experimente sehen Iljin und Smirnov im Ignorieren der aktiven Rolle lebender Organismen bei der Umgestaltung der sie umgebenden Bedingungen. Die Umgebung wird der zielgerichteten Tätigkeit des Organismus untergeordnet. Es geht also nicht nur um die Anpassung an die Umgebung, sondern auch um ihre aktive Gestaltung. „Deshalb tritt die Aktivität des Organismus", schreiben sie, „nicht als spontane Erscheinung einer ‚Lebensenergie', ausgehend von einzelnen ‚Lebenseinheiten' auf, sondern als Prozeß der Anpassung, der durch die Gesamtheit der biologischen Beziehungen der Population als Gesamtsystem determiniert ist, dessen Element der einzelne Organismus ist."[64] Der Lamarckismus erlaubt zwar, den Anpassungsprozeß an die Umgebung auszudrücken, erklärt aber nicht die Höherentwicklung. Die Verfasser verweisen in ihrer kritischen Auseinandersetzung mit dieser Konzeption auf die Arbeiten von Schmalhausen, in denen die Bedeutung der Leninschen Konzeption der Entwicklung, nach der die dialektischen Widersprüche die Quelle der Entwicklung sind, nachgewiesen wird.[65]

Die dialektisch-materialistische Entwicklungstheorie hat, ausgehend von der Problemlage bei der biologischen Entwicklung, folgendes zu leisten:

Erstens hat sie in Auseinandersetzung mit vitalistischen und mechanistischen Konzeptionen die natürliche Erklärung der Entwicklung zu verteidigen. Auch hier muß, um mit Lenin zu sprechen, das Prinzip der Einheit der Welt in der Materialität mit dem Prinzip der Entwicklung verbunden werden. Die materialistische Erklärung von Entwicklungsprozessen verlangt die Genese höherer Qualitäten bis zur Entwicklung der menschlichen Gesellschaft als natürlichen Prozeß zu verfolgen, seine Form, seine Quelle und seine Richtung aufzudecken. Das leistet allgemein die philosophische Entwicklungstheorie mit den drei dialektischen Grundgesetzen, die deshalb in ihrem Zusammenhang mit der biologischen Entwicklung betrachtet werden sollen, um ihren konzeptionellen Charakter zur Lösung von Problemen zu verdeutlichen.

Zweitens muß der objektive Zusammenhang verschieden entwickelter Strukturniveaus aufgedeckt werden. Dabei geht es um die Dialektik von System und Element in spezifischer Hinsicht. Das biologische System ist durch ein höheres Entwicklungsniveau bestimmt als die physikalischen und chemischen Elemente dieses Systems. Da die Verhaltensweise der Elemente sowohl durch die Elementgesetze als auch durch die Systemgesetze bestimmt wird, geht es um den inneren dialektischen Zusammenhang zwischen beiden. Zur Aufklärung dieses Sachverhaltes hat die Konzeption von den Strukturniveaus in der Biologie Wesentliches beigetragen.

Drittens zeigt sich die Unhaltbarkeit der mechanistisch verstandenen These „causa aequat effectum" zur Erklärung der Entwicklung. Darauf macht auch Carnap aufmerksam, wenn er über die Diskussion mit einem Metaphysiker berichtet, der meinte, die Darwinsche Evolutionstheorie mit Hilfe metaphysischer Prinzipien widerlegen zu können. Danach existiere kein Weg, auf dem lebende Organismen mit primitiver Organisation sich zu höheren Organismen entwickeln können, da diese Evolution dem Prinzip der Gleichheit von Ursache und Wirkung widerspreche. Nur göttliche Einmischung könne solche Veränderungen erklären. „Der Glaube an das Prinzip ,causa aequat effectum' war bei diesem Menschen so stark, daß er die wissenschaftliche Theorie nur aus dem Grunde negierte, weil sie dem Prinzip widersprach", meint Carnap. „Er kritisierte die Evolutionstheorie nicht auf Grund ihrer Folgerungen, sondern negierte sie einfach aus metaphysischen Gründen."[66] Es ist zu zeigen, daß die Entwicklung dem Kausalitätsprinzip nicht widerspricht. Obwohl also der Standpunkt dieses Metaphysikers zu kritisieren ist, läßt sich daraus keine Widerlegung der Kausalitätsauffassung und keine Rechtfertigung des positivistischen Standpunkts ableiten. Es gilt dabei das Verhältnis von Kausalität und Information zu berücksichtigen.

Zu diesen drei grundsätzlichen Problemen der Entwicklungstheorie sollen nun einige Bemerkungen gemacht werden, die die Rolle der Dialektik zur Klärung dieser Probleme andeuten. Entsprechend der mit diesem Buch verfolgten Absicht soll dabei die weltanschauliche, ideologische und heuristische Funktion der materialistischen Dialektik als Entwicklungstheorie angedeutet werden, ohne jede Problemlösung im einzelnen verfolgen zu können, was einer späteren Arbeit vorbehalten sein wird.[67]

5.1. Was ist Entwicklung?

Die dialektisch-materialistische Entwicklungstheorie hat als erstes die Frage zu beantworten, was sie unter Entwicklung versteht und welche Entwicklungskriterien sie annimmt. Dabei gibt es für die biologische Entwicklung verschiedene weltanschaulich wesentliche Aspekte, die alle gleichermaßen zu erfassen sind. Dazu gehört einmal die Entstehung des lebenden Organismus, dann die Entwicklung der Lebewesen und die Entstehung der menschlichen Gesellschaft. Im Mittelpunkt der biologischen Entwicklungstheorie steht die Entwicklung der Lebewesen von primitiven zu höheren Formen. Hier ist schon eine wichtige Unterscheidung angebracht, die uns die Lösung philosophischer Probleme der Entwicklungsprozesse erleichtert, nämlich die zwischen natürlicher und künstlicher Entwicklung. Sie ist mit der bereits diskutierten Unterscheidung zwischen anderer, neuer und höherer Qualität zu verbinden, damit sowohl die berechtigten Analogien zwischen Domestikation und natürlicher Evolution als auch ihre Grenzen bestimmt werden können. Dazu gibt es viele Diskussionen unter den Biologen, weil damit die Frage beantwortet werden muß, ob z. B. durch die Domestikation der Wildtiere ein Modell für den Ablauf der natürlichen Evolution gegeben sei. Sicher spielt hier die bereits betonte Analogiemethode eine große Rolle. Es können Ergebnisse bei der Domestikation und ihre Deutung ausgenutzt werden, um die natürliche Entwicklung besser verstehen zu können. Davon gehen auch W. Herre und M. Roehrs aus, wenn sie auf die Bedeutung der Zuchtwahl ausgehend vom Studium der Domestikation verweisen und feststellen: „Daß die Selektion bei der natürlichen Evolution eine entscheidende Rolle spielt, ist allgemein anerkannt. Die Domestikation kann in solcher Blickrichtung als Modell der Evolution gelten."[68] Man muß also genau die Bedingungen beachten, unter denen die Analogieschlüsse ihre Berechtigung haben. Die Verfasser lassen deshalb die Domestikation nicht als allgemeines Modell der Evolution zu. Sie legen ihrer Auffassung den zoologischen Artbegriff von Cuvier zugrunde, der nach ihrer Meinung „die Art als eine natürliche Fortpflanzungsgemeinschaft bei freier Gattenwahl bezeichnet. Damit ist die Art gleichzeitig als eine Gendurchmischungseinheit umschrieben, bei der alle Individuen aus dem gleichen Gesamtbestand (gene-pool) ihre Erbeinheiten beziehen, ohne alle Gene dieser Einheit besitzen zu müssen. Die Gene können sich vielfältig und theoretisch unbegrenzt vermischen und lösen ungestörte Entwicklungsabläufe aus ... Mit dem Durchdenken dieser Auffassung hat die Art als natürliche Fortpflanzungsgemeinschaft wieder als eine biologische Realität zu gelten, weil sie der Inbegriff aller Individuen ist, die voneinander abstammen, Nachkommen erzeugen und wesentliche Eigenschaften gemeinsam haben, da ihnen die gleichen formativen Kräfte innewohnen. ... Zwischen den Arten ist damit Diskontinuität und nicht Kontinuität die Regel."[69] Von dieser Bestimmung der Art her kamen die Verfasser zu dem Schluß, daß die Artkennzeichen aus ihr heraus erfaßt werden müssen und nicht von Kennzeichen auf Artsein geschlossen werden kann. Sie verweisen auf die Veränderung der Eigenschaften, auf die variierte Ausprägung der einzelnen Merkmale, ohne Unterbrechung des Fortpflanzungszusammenhangs.[70] Ohne hier weiter auf die Diskussionen um den Artbegriff eingehen zu können[71], wird die Dialektik der biologischen Entwicklung in diesen Bestimmungen deutlich. Es geht um die Hervorhebung solcher Merkmale im Artbegriff, die wesentliche, d. h. den Charakter der Erscheinung bestimmende Eigenschaften sind, und nicht um bloße Beschreibung von Unterschieden, die durch die Variabilität und Veränderung der Merkmale den inneren Zusammenhang der Elemente des betrachteten Systems schwächen oder aufheben. Wenn im Artbegriff die Diskontinuität bestimmend ist, d. h. die Qualitätsbestimmung in Abgrenzung zu anderen Gesamtheiten von wesentlichen Merkmalen, dann dürfen nicht Erscheinungsformen der gleichen Grundqualität, d. h. andere Qualitäten, schon als neue Qualität, d. h. Änderungen der Grundqualität, genommen werden. Die Bestimmung der Merkmale und den Nachweis dafür, wo Grundqualitäten vorliegen und wo durch Merkmalveränderung oder Variabilität nur andere Qualitäten der gleichen Grundqualität erscheinen, muß die biologische Forschung durchführen, aber für die Philosophie ist es wichtig, daß hier die Unterscheidung zwischen der durch eine bestimmte Gesamtheit von wesentlichen und unwesentlichen Eigenschaften festgelegten Grundqualität mit verschiedenen anderen Qualitäten und einer neuen Grundqualität bestätigt wird. Zu klären ist aber die Frage nach der höheren Qualität, die eben nicht aus Untersuchungen über Detailprobleme der Zoologie oder der Botanik oder über das Wechselverhältnis von Domestikation und Selbstdomestikation beantwortet werden kann.

Von diesem Standpunkt aus gewinnen kritische Äußerungen gegen die Bestimmung der Evolution auf Grund von Merkmalen oder über die Entwicklung von Einzelmerkmalen Bedeutung.[72] Obwohl die Übergänge fließend sind, ist also stets zu unterscheiden zwischen erstens der Erscheinung anderer Qualitäten einer Grundqualität, zweitens dem Entstehen neuer Qualitäten und drittens der Entwicklung höherer Qualitäten. Der Streit um den Artbegriff in der Zoologie kann auch geführt werden, indem man nur die ersten zwei Aspekte berücksichtigt. Sicher kann nicht ein Merkmal zur Bestimmung der Art gesucht werden, sondern es muß die Grundqualität erkannt werden, die Herre und Roehrs z. B. in der natürlichen Fortpflanzungsgemeinschaft bei freier Gattenwahl gegeben sehen. Damit wird schon auf bestimmte Unterschiede zwischen Domestikation und natürlicher Entwicklung verwiesen, denn Domestikation verlangt die Aufhebung der freien Gattenwahl, die bewußte Gestaltung der Bedingungen durch den Menschen. Hier ergibt sich aber auch das Analogon zwischen Domestikation und natürlicher Evolution bis zur Entstehung neuer Grundqualitäten. Durch die Vielzahl der Erscheinungsformen einer Art (andere Qualitäten) ist bei der natürlichen Evolution die Auslese auf Grund bestimmter Bedingungen ermöglicht, wobei mutative Veränderungen eine Vielzahl von Möglichkeiten auch zur Entstehung neuer Arten schaffen, von denen unter natürlichen Bedingungen jedoch nur wenige verwirklicht werden. Merkmalsvariabilität und Mutation sind also Möglichkeiten für die Evolution bestimmter Merkmalskomplexe, die sich unter natürlichen Bedingungen herausbilden und unter bestimmten natürlichen Bedingungen verwirklicht werden. Diese Möglichkeiten können aber auch auf spezifische Weise durch künstliche Bedingungen, durch künstliche Auswahl von Pflanzensorten, durch Beeinflussung der

Gattenwahl verwirklicht werden, wobei bei der künstlichen Evolution Möglichkeiten verwirklicht werden, die unter natürlichen Bedingungen nur eine sehr geringe Wahrscheinlichkeit der Verwirklichung hätten. Das Analogon zwischen natürlicher und künstlicher Evolution bei der Herausbildung von anderen Qualitäten auf Grund der Merkmalsvariabilität und neuer Arten auf Grund von Mutation ist also die Auslese oder die Verwirklichung bestimmter Möglichkeiten aus dem größeren Möglichkeitsfeld auf Grund natürlicher oder künstlicher Bedingungen. Damit wird deutlich, daß die künstliche Evolution kein Nachvollzug der natürlichen Entwicklung ist, sondern stets nur ein auf bestimmten wesensgleichen Bedingungen oder gar auf verschiedenen Bedingungen beruhendes, der natürlichen Evolution analoges Vorgehen.

Die Unterscheidung zwischen anderen Qualitäten der gleichen Grundqualität und neuer Grundqualität, wie sie durch die Dialektik beachtet wird, hat also Bedeutung für die biologische Evolution. Das Gemeinsame zwischen natürlicher und künstlicher Evolution besteht nun darin, daß ein natürliches Möglichkeitsfeld aus Merkmalsvariabilitäten und Mutationen gegeben ist, wobei sich bestimmte Möglichkeiten mit großer oder geringer Wahrscheinlichkeit unter natürlichen oder künstlichen Bedingungen verwirklichen. Die künstliche Evolution muß also mit dem objektiven Möglichkeitsfeld rechnen und die Bedingungen entsprechend variieren, ohne dabei die Artgrenzen einfach aufheben zu können. Sie bleibt in erster Linie im Rahmen der gleichen Grundqualität und gestaltet doch die Merkmale aus. Daß nicht einfach eine neue Grundqualität durch künstliche Gattenwahl entsteht, bestätigen die Kreuzungen zwischen Maultier und Maulesel, wobei keine neue Tierart gezüchtet werden konnte. Das gilt auch für Hausyak und primigene Hausrinder. Nicht die künstlichen Bedingungen, sondern das objektive Möglichkeitsfeld ist für die biologische Evolution entscheidend. Es gestattet die künstliche Züchtung und natürliche Evolution vieler anderer Qualitäten einer Grundqualität, für die nun die Evolution der Merkmale, die Nutzenskomponenten usw. untersucht werden können. Herre und Roehrs meinen dazu: „Die Erfahrungen der modernen Zoologie lehren, daß Abgegrenztheit zwischen Gruppen bestehen muß und nicht allgemeine Vermischung oder auch nur Vermischung in weiteren Grenzen, weil sich sonst die verschiedenen Formengruppen nicht in jener Weise erhalten könnten, wie es die Zoologie tatsächlich beobachtet. Es zeigt sich, daß in der Tierwelt getrennte Gruppen vorhanden sind, die jeweils eine Gendurchmischungseinheit darstellen, und diese gelten als Arten."[73]

Wenn man diese abgegrenzten Gruppen, die, durch eine Grundqualität ausgezeichnet, objektive Möglichkeiten zur Entstehung anderer Qualitäten enthalten, betrachtet, dann wird auch von dieser Seite her die Bedeutung der molekularbiologischen Untersuchungen deutlich. Die Erforschung des genetischen Codes liefert Erkenntnisse über die materiellen Grundlagen des objektiven Möglichkeitsfeldes und damit über mögliche Realisierungen von Vorhaben einer künstlichen Züchtung.

Das Entstehen einer neuen Grundqualität darf in der Biologie nicht mit der Merkmalsvariabilität identifiziert werden. Hier wird das Möglichkeitsfeld durch andere Faktoren bestimmt, die noch weiter erforscht werden müssen, nämlich durch die Änderung des genetischen Codes. In der natürlichen Entwicklung geben eine Vielzahl zufälliger Mutationen die Voraussetzungen für die Verwirklichung bestimmter Möglichkeiten, d. h. die Entstehung neuer Arten. Bei Herre und Roehrs heißt es dazu: „Artbildung bedeutet einen Bruch in einer ursprünglichen Einheit, es wird nicht nur eine bisherige Grenze überschritten, sondern es bildet sich ein neues Isolat, eine neue Grenze stellt sich ein. Artbildung ist primär nicht Ausgestaltung innerhalb oder Aufspaltung einer Population, sondern Umbildung einer Population als Ganzes. Die Artbildung wird damit Grundlage wirklicher Evolution; Evolution ist mit Artbildung und primär nicht mit der Umgestaltung von Strukturen verknüpft."[74]

Wir benutzen den Begriff der biologischen Evolution zur Charakterisierung aller biologischen Veränderungen, während der Begriff der Entwicklung als philosophischer Begriff das Entstehen höherer Qualitäten als Tendenz umfaßt, wobei im Prozeß der Höherentwicklung Stagnation und Regression, Ausbildung vielfältiger Merkmalsvariabilität usw. notwendige Aspekte der Entwicklung sind. Eben für die Entwicklung wird die Unterscheidung zwischen anderen und neuen Qualitäten wichtig. Höherentwicklung ist überhaupt erst möglich, wenn neue Arten als neue Grundqualitäten entstehen können, wenn also die Veränderung des genetischen Codes zu einer neuen Gesamtheit von wesentlichen und unwesentlichen Eigenschaften führt, die sich in einer neuen natürlichen Fortpflanzungsgemeinschaft mit natürlicher Gattenwahl zeigt. Das objektive Möglichkeitsfeld für die Entstehung neuer Arten, in der Natur durch eine Vielzahl zufälliger Veränderungen des genetischen Codes vorgegeben, wobei unter natürlichen Bedingungen sich bestimmte Möglichkeiten realisierten, aber auch nicht realisierte existierten oder weiter existieren, ergibt aus den realisierten Möglichkeiten ein neues Möglichkeitsfeld für die Entwicklung höherer Qualitäten. Dabei gewinnt die Unterscheidung zwischen natürlicher und künstlicher Evolution an Bedeutung, da die künstliche Evolution keine Möglichkeit zum Nachvollzug der natürlichen Entwicklung in allen ihren Aspekten bis zur Entwicklung der menschlichen Gesellschaft bietet.

Die Gemeinsamkeiten zwischen der natürlichen Evolution und der Domestikation und der künstlichen Evolution allgemein bestehen in der Existenz des objektiven Möglichkeitsfeldes und in der Realisierung von Möglichkeiten auf Grund natürlicher oder künstlicher Bedingungen, die sich auf der Grundlage biologischer Gesetze vollzieht, wobei die Realisierung durch natürliche oder künstliche Auslese erfolgt. Die biochemischen Prozesse, besonders der genetische Code, bilden die Basis für die Evolutionsprozesse insofern, als sie das Möglichkeitsfeld bestimmen und die Realisierung einer Möglichkeit sich in ihnen ausdrücken muß. Die Unterschiede zwischen beiden bestehen in den realisierten Möglichkeiten. Während die natürlichen Bedingungen die Realisierung solcher Möglichkeiten zulassen, die aktive Anpassung an die Umgebung gestatten, kann die künstliche Evolution auch solche Möglichkeiten realisieren, die unter natürlichen Bedingungen keine Chance zum Überleben hätten oder sich gar nicht herausbilden würden. Daraus ergeben sich Unterschiede bezüglich des Evolutionskriteriums. Für die natürliche Evolution ergibt sich das Kriterium aus der Entwicklung der menschlichen Gesellschaft und ihrer biologischen Vorbereitung. Diese Feststellung hat aus dem Grunde keinen teleologischen Charakter, da die menschliche Gesellschaft existiert, der Mensch seine Existenzbedingungen bewußt selbst produziert, die Umwelt sich aktiv unterordnet und so die höhere Qualität gegenüber der anorganischen Materie und ihrer Wechselwirkung und den primitiven Lebewesen repräsentiert. Für die Teleologie, d. h. die Zielgerichtetheit der Entwicklung, gelenkt durch ein geistiges Prinzip, spräche die eindeutige, ohne Umwege vor sich gehende Evolution des Menschen. Die Biologie zeigt jedoch, daß die Genese nicht so erfolgte. Gäbe es einen weisen Lenker des Evolutionsprozesses, so hätte er sich allzu oft verrechnet, zu viele Nebenäste in der Evolution zugelassen, um ihm das Prädikat weise und die Funktion des Leiters zusprechen zu können. Gerade die Existenz der unterschiedlichsten Lebewesen auf dem Lande, im Wasser, in der Luft mit solchen an spezifische Bedingungen angepaßten Arten spricht dafür, daß die Entwicklung sich als aktive Anpassung an die Umwelt vollzog, wodurch gleichzeitig ein breites Möglichkeitsfeld für die Herausbildung anderer Qualitäten entstand. Die Realisierung anderer Qualitäten brachte durch Veränderungen des genetischen Codes, vielleicht unter

Selektionsdruck, die möglichen und realisierten neuen Arten als besser angepaßte, aktiv auf die Umwelt einwirkende Lebewesen hervor. Auf der Grundlage vieler neuer Arten auf verschiedenen Entwicklungsstufen konnte sich auch die Entwicklungslinie durchsetzen, die die Entstehung höherer Qualitäten garantiert und die natürliche Voraussetzung für die Entstehung des Menschen ist. So ist die Entwicklung des Menschen als eine Tendenz zu verstehen, die sich im Entstehen anderer und neuer Qualitäten durchsetzt. Da die menschliche Gesellschaft existiert, muß das als Tatsache für eine biologische Entwicklungstheorie genommen und theoretisch erklärt werden. Im Hinblick auf die höhere Qualität „Mensch", die sich gegenüber den primitiven Lebewesen durch die bewußte Produktion der eigenen Existenzbedingungen unter Ausnutzung der Naturreserven, also durch die aktive Umgestaltung der Natur auszeichnet, sind alle biologischen Arten Evolutionsstufen, die als andere oder neue Qualitäten durch die Untersuchung ihres genetischen Codes, ihres biologischen Verhaltens und ihrer Einordnung in den historischen Entwicklungsprozeß des Menschen zu bestimmen sind. Das Kriterium dafür, ob eine höhere Qualität in der Evolution erreicht wird, ist also nicht im biologischen Prozeß selbst zu suchen, sondern besteht im Vergleich zwischen Ausgangs- und Endqualität, wobei die Endqualität qualitativ besser und quantitativ umfangreicher die entsprechende Funktion erfüllen muß. In der natürlichen Entwicklung ist diese Funktion durch die aktive Gestaltung der Umwelt gegeben, die vom Menschen im Vergleich mit allen Lebewesen auf qualitativ höherer Stufe durch die Verwendung von Werkzeugen, durch die geplante und bewußt durchgeführte aktive Umgestaltung der Natur, durch die Erkenntnis und Auswertung der Naturgesetze und damit durch die Arbeit erfolgt. Damit werden auch die Naturprozesse quantitativ umfangreicher aktiv beeinflußt, als das jede Tiergemeinschaft konnte. Der Mensch überzog die ganze Erde mit Transport- und Nachrichtensystemen, erobert den Kosmos und dringt in das Wesen der materiellen fundamentalen Strukturen im Elementarteilchenbereich ein. Für die natürliche Entwicklung gelten die in der materialistischen Dialektik aufgedeckten dialektischen Grundgesetze als theoretische Erklärung des Entwicklungsprozesses. Das erste Gesetz befaßt sich mit der Art und Weise der Entwicklung als Qualitätsänderung. Es sagt aus, daß sich die Entwicklung als Übergang von alten Qualitäten zu neuen durch quantitative und qualitative Änderungen im Rahmen der alten Qualität vollzieht, wobei höhere Qualitäten entstehen können.[75] Das zweite Gesetz bestimmt als Triebkraft der Entwicklung die Entfaltung und Lösung von dialektischen Widersprüchen. So verweist N. W. Timofejew-Resowski auf die

Beziehung zwischen dem für die Population inneren genetischen Gleichgewicht, das für eine bestimmte Zeit erhalten bleibt und bei dem die Auslese unter den Bedingungen der Übereinstimmung mit der Umwelt vor sich geht, und seiner Verletzung. Er betrachtet das Verhältnis von Gleichgewicht, Durchbrechung und neuem Gleichgewicht als Grundlage der Elementarerscheinungen, die dem Evolutionsprozeß zugrunde liegen.[76] Während des Gleichgewichtszustandes geht es um die Ausbildung anderer Qualitäten, während die Verletzung des Gleichgewichts zum Entstehen neuer Qualitäten führen kann. Der dialektische Widerspruch ist hier durch die Pole „genetisches Gleichgewicht", „Übereinstimmung mit der Umwelt" und „Verletzung des Gleichgewichts", „Prozeß der Übereinstimmung mit der Umwelt" charakterisiert. Solche dialektischen Widersprüche werden in einer Etappe als gelöst betrachtet, wenn die Übereinstimmung und das Gleichgewicht hergestellt werden. Sie existieren aber weiter und entfalten sich aufs neue, was wieder zur Verletzung des Gleichgewichts und einer Etappenlösung durch Herstellung des Gleichgewichts führt. Sicher kann es heute nicht nur darum gehen, einzelne Aspekte und Prozesse des Entwicklungsgeschehens als Beispiel für dialektische Widersprüche zu benutzen. Der hier genannte elementare Widerspruch muß mit den biologischen Widersprüchen, die sich zwischen Selektionsdruck und Organisation, zwischen Struktur und Funktion, zwischen Anpassung und aktiver Gestaltung usw. ergeben, im Zusammenhang erforscht werden. Nicht einzelne Widersprüche sind Quelle der Entwicklung, sondern das System der Widersprüche, in dem es grundlegende und abgeleitete, allgemeine und besondere, wesentliche und unwesentliche gibt. Die biologischen Gesetze sind auf der Grundlage der immanenten Entwicklungswidersprüche zu analysieren und als Einheit von gegensätzlichen Seiten zu bestimmen. Die Möglichkeitsfelder für Entwicklungsprozesse ergeben sich aus der Einheit von Gegensätzen. So entstehen aus den Gegensätzen zwischen der notwendigen Anpassung und der im Lebewesen vorhandenen geeigneten oder ungeeigneten Struktur auf Grund natürlicher Prozesse neue Möglichkeiten und Realisierungen.

Das dritte, bisher kaum untersuchte Gesetz, das der dialektischen Negation der Negation, bestimmt die Richtung der Entwicklung. Es besagt, daß eine neue Qualität, ausgezeichnet durch eine bestimmte Gesamtheit von wesentlichen und unwesentlichen Eigenschaften, wodurch sie sich von der alten Qualität unterscheidet, eine dialektische Negation der Ausgangsqualität ist, die die Möglichkeiten zur nochmaligen Negation enthält, deren Realisierung die Entwicklung einer höheren Qualität ist, charakterisiert durch scheinbare Rückkehr zur Ausgangsqualität und unterschieden von ihr durch qualitativ bessere und quantitativ umfangreichere Funktionserfüllung. Die höhere Qualität muß also durch den Vergleich mit der Ausgangsqualität bestimmt werden. Es gilt, wissenschaftlich exakt zwischen beiden die scheinbare Rückkehr zum Alten, d. h. gleiche und unterschiedene Merkmale zu bestimmen. Erst wenn die Rückkehr zum Alten tatsächlich nur scheinbar ist, und, in bezug auf eine bestimmte Funktion, eine qualitativ bessere und quantitativ umfangreichere Erfüllung vorliegt, ist eine höhere Qualität erreicht. Durch dieses dritte Gesetz sind Entwicklungsstadien unterschieden, die als Ausgangsqualität, neue Qualität, d. h. als dialektische Negation der Ausgangsqualität, und höhere Qualität, d. h. als dialektische Negation der Negation, bestimmt werden können. Unter diesem Aspekt muß das biologische Material gesichtet werden, um eine philosophische Präzisierung der dialektischen Grundgesetze und besonders des Gesetzes der Negation der Negation zu gewinnen und damit vielleicht zu hypothetischen Aussagen für die Biologie zu kommen.

Die natürliche biologische Entwicklung ist dabei durch die Ausgangsqualität der primitivsten Lebewesen und die Endqualität Mensch in der menschlichen Gesellschaft charakterisiert. Die Zwischenstufen müssen genau bestimmt werden. Offensichtlich spielt für den Gesamtzyklus die Entwicklung der Aktivität der lebenden Systeme zur Gestaltung der Umwelt eine große Rolle. Diese Aktivität verlangt einen besonderen Informations- und Reaktionsapparat, der die aktive Umgestaltung der Natur durch Lebewesen, die sich immer mehr aus der allseitigen Wechselwirkung mit der Natur lösen und ihre künstliche Umwelt aufbauen, erlaubt. Ein willkürlich aus der Umgebung gerissenes oder künstlich konstruiertes System erfüllt die für die aktive Umgestaltung notwendige Funktion der Anpassung nicht mehr und geht zugrunde. Die durch diesen dialektischen Widerspruch hervorgebrachten Formen von Lebewesen sind in ihrer Ausgangsqualität durch völlige Einordnung in die Umwelt durch Reaktion des gesamten Lebewesens auf die biologischen Reize charakterisiert. Die aktive Gestaltung der Umwelt verlangt innere Organe und eine Strukturierung der Lebewesen, führt zur Differenzierung, zur Herausbildung des Nervensystems, der Sinnesorgane usw. Diese Differenzierung ist eine dialektische Negation der Ausgangsqualität. Sie ist im philosophischen Sinne Aufheben im Sinne von Negieren, Aufbewahren und Auf-eine-höhere-Stufe-Heben. Negiert wird die relative Passivität, die bloße Reaktion auf biologische Reize, die Reaktion des Gesamtorganismus. Aufbewahrt wird die biologische Reizung durch direkte Signale lebensnotwendiger Momente der Umgebung, aber sie wird auf eine höhere Stufe gehoben, wird mit anderen Reizen verbunden, die mittelbar Signalcharakter haben, was wiederum die Spezialisierung von Organen und Funktionen erlaubt und erfordert. Mit der Entwicklung des Menschen erfolgt die dialektische Negation der Negation. Durch eine bessere Spezialisierung der Organe, durch ein weitergehendes Heraustreten aus der Natur, durch die Ausnutzung von Werkzeugen entwickelt sich eine neue Einheit Mensch-Natur, wobei der Mensch sich die Natur unterordnet. Er reagiert wie die primitiven Lebewesen scheinbar als Ganzes auf seine Umwelt, aber in differenzierter Weise durch umfassende Informationssysteme, durch verlängerte Sinnesorgane, durch entwickelte Gliedmaßen. Dieser genau zu erforschende Entwicklungszyklus vom primitiven Lebewesen zum Menschen hat in sich sicher andere Entwicklungszyklen, die sich selbst wiederum als dialektische Negation der Negation erweisen. So kann die Entwicklung von Eigenschaften, Funktionen, Organen usw. untersucht werden. Solange es jedoch um die natürliche Entwicklung geht, muß jeder Teilzyklus der Entwicklung in den Gesamtzyklus eingeordnet und das Kriterium für die höhere Qualität aus dem Gesamtzyklus gewonnen werden. Bezogen auf die Endqualität des Zyklus kann man auch von relativen Zielen der Entwicklung sprechen.

Was ist in der biologischen Entwicklung unter einem relativen Ziel zu verstehen? Da mit dem objektiven Möglichkeitsfeld die Tendenzen der weiteren Veränderung und Entwicklung existieren, die objektiven Bedingungen zur Realisierung der einen oder andern Möglichkeit führen und wir Ausgangs- und Endqualität des Entwicklungszyklus kennen, sind die relativen Ziele dadurch zu bestimmen, daß sie solche realisierten Möglichkeiten sind, die zur Endqualität führen oder sie selbst darstellen. Relativ ist dieses Ziel in verschiedener Hinsicht. Einmal muß es auf alle objektiven Möglichkeiten bezogen sein, und bei der Realisierung gibt es sicher nicht nur eine, die zur Endqualität führen kann. Die Natur findet hier verschiedene Lösungen, probiert verschiedene Wege. Relativ ist das Ziel auch in Abhängigkeit von den objektiven Bedingungen, da bessere Möglichkeiten für das Erreichen der Endqualität nicht realisiert werden, wenn die objektiven Bedingungen nicht existieren. Als relatives Ziel ergibt sich also die dialektische Negation im Hinblick auf die dialektische Negation der Negation oder die Endqualität selbst. – Im Falle biologischer Entwicklung ist ihre Bestimmung einfacher, da die Endqualität sich schon herausgebildet hat. In der Gesellschaft haben wir es mit Entwicklungsprozessen zu tun, bei denen die Endqualität nicht existiert, sondern aus den objektiven Möglichkeiten, den gesellschaftlichen Gesetzen und den bisherigen Erfahrungen gesellschaftlicher Tätigkeit erst theoretisch bestimmt und dann praktisch erreicht werden muß. Das schafft für die Entwicklungstheorie noch andere und kompliziertere Probleme, für deren Lösung die Entwicklungstheorie weiter ausgearbeitet werden muß. – Mit der Bestimmung relativer objektiver Ziele wendet sich die dialektisch-materialistische Entwicklungstheorie gegen den mechanischen Materialismus, für den Ablauf des Geschehens, Notwendigkeit, Kausalität und Gesetz gleich sind. In letzter Konsequenz führt das, wie Engels zeigte, zum Fatalismus. Da jeder Ablauf Notwendigkeit ist, muß die realisierte Wirklichkeit schon so im voraus eindeutig bestimmt sein. Das ist die Kehrseite der idealistischen Auffassung vom zu erreichenden Ziel der Entwicklung, das durch eine Idee bestimmt ist, von einem außerweltlichen Schöpfer geleitet wird usw. Das vorgegebene Ziel wird hier durch die Einwirkung immaterieller Ursachen erreicht, während der mechanische Materialismus im eigentlichen Sinne kein Ziel kennt, da er alles, was entsteht, als notwendig ansieht. Das relative Ziel ergibt sich dagegen aus der objektiven Entwicklung. Es ist mögliche Endqualität, die realisiert wird, wenn die Bedingungen existieren. Es gibt verschiedene Möglichkeiten, relative Ziele zu erreichen, und es gibt verschiedene relative Ziele.

Wenn man in der biologischen Entwicklungstheorie die Menschwerdung nicht als eine höhere Qualität im Entwicklungszyklus bestimmt, wobei die aktive Gestaltung der Natur mit Werkzeugen zur bewußten Schaffung der Existenzbedingungen des Menschen entscheidend ist, kommt man zu Problemen bei der Erklärung der Entwicklung.[77] So wird von einigen Forschern der Mensch als Haustier betrachtet. Sicher liegen dieser Feststellung vorhandene Analogien zugrunde, die in der breiteren Variabilität der Merkmale, in ähnlichen Verhaltensweisen, in fehlenden Feinden usw. gesehen werden. Es wird von der „Selbstdomestikation" des Menschen gesprochen. Eine Rolle spielt dabei die Bolksche Fetalisationshypothese.[78] Nach ihr hat die menschliche Form als Ganzes ihr typisches Gepräge als Konsequenz einer allgemeinen Entwicklungshemmung gegenüber Ahnenformen erreicht. Der Zustand der Fetalisation wird durch Entwicklungsverlangsamung erreicht. Beim Menschen treten so Haarmangel, Pigmentverlust usw. auf.

In der Auseinandersetzung mit dieser Hypothese stellte D. Starck fest, daß es keine Fetalisation ganzer Organismen gibt, sondern allenfalls Fetalisation einzelner Merkmale, weshalb diese Hypothese die Menschwerdung nicht erklärt.[79] In der Fetalisationshypothese wird kein Bezug auf den eigentlichen Entwicklungszyklus genommen, und es werden lediglich bestimmte Merkmale verglichen. Die Frage nach der zu erfüllenden Funktion wird nicht gestellt. Wenn wir den Menschen aber nicht mehr nur als biologisches, sondern auch als gesellschaftliches Wesen betrachten, dann kann man ihn nicht von seiner Art und Weise der Produktion trennen. Wer will bestreiten, daß die optischen Geräte dem Menschen die Möglichkeit geben, genauer als Tiere zu sehen. Die Geruchsempfindlichkeit bestimmter Tiere wird durch Meßfühler zwar nicht immer erreicht, aber angestrebt. Gerade die Bionik versucht, Fähigkeiten der Tiere und Pflanzen technisch auswertbar nachzubilden, indem das Wesen des Prozesses aufgedeckt und technisch verwendet wird. Wenn deshalb Lorenz der Selbstdomestikation die weltoffene Neugier und die Entspezialisation zuschreibt, so ist das einseitig. Sicher schafft der Abbau instinktiver Verhaltensweisen freie Bahn für Lernen und Erziehung, aber die Neugier ist sicher kein spezifisches menschliches Merkmal, obwohl die menschliche Neugier spezifische Seiten hat. Lorenz hebt nur das mit dem Tier Gemeinsame hervor. Die Spezifik der menschlichen Neugier besteht im Erreichen von Erkenntnissen zur Verbesserung der Existenzbedingungen, in der Aufdeckung der objektiven Gesetze mittels wissenschaftlicher Geräte. Die Neugier selbst ist abhängig von der Umgebung, den gesellschaftlichen Umständen usw. Nicht jeder Mensch ist neugierig. Schöpferische Neugier verlangt bestimmte gesellschaftliche Bedingungen, die Schöpfertum entwickeln und fördern, die wie der Sozialismus massenhaftes Auftreten schöpferischer Persönlichkeiten fordern. Gerade um schöpferisch zu sein, bedarf es bestimmter Spezialisation. Der Mensch als soziales Wesen produziert arbeitsteilig, schafft neue Sphären gesellschaftlicher Tätigkeit und entwickelt damit eine variable Spezialisierung. Es ist falsch, den Menschen aus seinen gesellschaftlichen Beziehungen zu lösen, um ihn dann mit dem Tier zu vergleichen. Haarmangel und Pigmentverlust sind deshalb keine Fetalisation des Menschen, sondern früher wesentliche Eigenschaften sind unter neuen Bedingungen unwesentlich geworden und verschwinden oder bilden sich zurück. Aber die neue Gesamtheit von wesentlichen und unwesentlichen Eigenschaften, die den Menschen auszeichnet, ist eine höhere Qualität der Gestaltung der Natur im Vergleich mit dem Tier. Herre und Roehrs betonen deshalb in der Auseinandersetzung mit Lorenz: „Die körperlichen Besonderheiten des Menschen sind Ergebnis eines Evolutionsprozesses."[80] Sie lehnen die Hypothese der Selbstdomestikation ab und schreiben: „Das menschliche Gehirn mit seinem enorm entwickelten Neocortex im Zusammenhang mit körperlichen Merkmalen ist die Ursache für die menschlichen Verhaltensbesonderheiten: Gerätegebrauch, Veränderung der Umwelt, Neugierverhalten, Forschungstrieb, Weitergabe der Erfahrungen und des Erlernten von Generation zu Generation, Weltoffenheit usw. Durch die Leistungen seines Zentralnervensystems konnte der Mensch Kulturen und Zivilisationen entwickeln. Bei den Haustieren gibt es keine Parallelen für eine derartige Höherentwicklung des Gehirns und der zugehörigen Leistungen."[81] Obwohl das zur Kritik von Lorenz völlig berechtigt gesagt werden kann, muß für die Entwicklungstheorie darauf hingewiesen werden, daß die „menschlichen Verhaltensbesonderheiten" nicht als Ursache Gehirn und körperliche Merkmale allein haben. Das würde wieder zu der Frage führen, warum entwickelten sich das Gehirn und die Merkmale. Aus der Sicht der marxistisch-leninistischen Philosophie muß mit Engels die Rolle der Arbeit bei der Menschwerdung des Affen betont werden. Es geht dabei darum, den inneren Entwicklungsprozeß durch die immer bessere aktive Anpassung an die Natur zu bestimmen, der zur Entwicklung von sozial organisierten Wesen führte, die nun ihre Existenzbedingungen selbst bestimmen. Diese Entwicklung zur höheren Qualität war möglich durch eine große Anzahl von Ausgangsvarianten, die sich auf jeder Stufe der biologischen Evolution herausbildeten und Möglichkeiten für die Evolution neuer Stufen boten, bis sich der Mensch entwickelte, der nun in die natürliche Evolution lenkend eingreift und die Entwicklungsgesetze zur künstlichen Evolution nutzt. Dabei zwangen die äußeren Bedingungen zur Entfaltung der inneren Entwicklungstendenz.[82] Solange Gleichgewicht zwischen Fähigkeiten, Bedürfnissen einerseits und Befriedigung der Bedürfnisse mit Hilfe dieser Fähigkeiten auf Grund der Naturbedingungen andererseits existiert, besteht keine Ursache für die Entwicklung neuer Fähigkeiten. Ist dieses Gleichgewicht aber gestört, zwingen die objektiven Bedingungen bei Strafe des Untergangs zur Realisierung solcher Möglichkeiten, die neuen Umweltbedingungen entsprechen. Es wäre nun sicher falsch, die Entwicklung als direkte, durch Außenweltbedingungen hervorgerufene innere Veränderung der Organismen zu begreifen. Diese lamarckistische Haltung wurde bereits als metaphysisch charakterisiert. Es muß die Dialektik von Organismus und Umwelt beachtet werden, wobei der Organismus auf Grund seiner inneren Bedingungen und Gesetze auf Umwelteinflüsse reagiert. Die moderne Erblehre bejaht den Einfluß von Umweltfaktoren auf die Erbanlage. Es wird dabei auf die Auffassung Dobshanskys verwiesen, der die Behauptung, die Vererbungswissenschaft leugne die Bedeutung der Umwelt für den Erbwandel, als töricht bezeichnete. Sie nimmt an, daß Mutation kein direkter Anpassungsvorgang ist und dem Organismus die Fähigkeit fehlt, vorausschauend auf Anforderungen der Umwelt durch entsprechende sinnvolle adaptive Erbänderungen zu antworten.[83]

Die Existenz objektiver Möglichkeiten zur inneren Veränderung ist also Voraussetzung, damit der Druck äußerer Bedingungen zu inneren Veränderungen führt. Diese Möglichkeiten zur inneren Veränderung können durch Mutationen entstehen, aber nur ein Bruchteil der Möglichkeiten wird realisiert. (Wie die Dialektik von Möglichkeit und Wirklichkeit hierbei Bedeutung für die Biologie hat, wird z. B. auch an der Unterscheidung von Herre zwischen selektionistisch wirksamen und physiologisch wirkmöglichen Domestikationsbedingungen deutlich.[84]) Für die Entwicklungstheorie ist der Prozeß, in dem äußereBedingungen die Realisierung innerer Möglichkeiten fördern, wobei wiederum neue Möglichkeiten entstehen, die unter anderen Bedingungen realisiert werden können, äußerst interessant. Der biologische Organismus reagiert auf Grund innerer Struktur auf äußere Einflüsse. Er kann sie nicht vorbereiten , aber er kann, je variabler er ist, desto besser reagieren.

Hier kommen wir nun direkt zum Problem der künstlichen Evolution, die für den Menschen bei der Gestaltung der natürlichen Umwelt, um bessere Existenzbedingungen zu erlangen, große Bedeutung hat. Der prinzipielle Unterschied zur natürlichen Entwicklung besteht bei der künstlichen im Entwicklungskriterium. Aus den existierenden objektiven Möglichkeiten sollen durch künstliche Bedingungen solche realisiert werden, durch die der Mensch Nutzen für seine Existenzbedingungen ziehen kann. Es werden hier also der künstlichen Entwicklung relative Ziele vorgegeben, die nicht mit der natürlichen Entwicklungslinie der aktiven Anpassung bis zur bewußten Produktion der Existenzbedingungen durch den Menschen zusammenhängen. Im Gegenteil: Es gibt direkte Gegenentwicklungen, die wegen der geringen Anpassung an natürliche den Schutz dieser Evolutionsform durch Menschen fordern, der für sie künstliche Bedingungen schafft. Dabei treten verschiedene Evolutionsrichtungen auf, wie die Steigerung der Widerstandsfähigkeit unter natürlichen Bedingungen, verbunden mit hohem Nutzen, die Erreichung hohen Nutzens unter künstlichen Bedingungen, die Befriedigung ästhetischer Interessen des Menschen, die Veränderung des Geschmacks usw. Die Kriterien sind hier also durch menschliche Interessen gesetzt und die Ziele durch den Menschen bestimmt, wobei Interessen und Ziele in Beziehung zu den objektiven Möglichkeiten gebracht werden müssen. Wie müssen hierzu die objektiven Gesetze genutzt werden? Offensichtlich werden sie durch die künstlichen Bedingungen in ihrem Wirkungsmechanismus modifiziert. Was verstehen wir darunter? Unter Modifizierung der Gesetze allgemein verstehen wir die Veränderung des Möglichkeitsfeldes, das Auftreten neuer Möglichkeiten und das Verschwinden alter. Modifiziert wird aber nicht immer gleich das Gesetz. Es reicht auch, wenn die für die Verwirklichung des Möglichkeitsfeldes vorhandene Wahrscheinlichkeitsverteilung sich verändert, was von den spezifischen Existenzbedingungen zweiter Ordnung abhängt, die Einfluß auf die zufällige Verwirklichung der Möglichkeiten aus dem Möglichkeitsfeld haben. Bei Entwicklungsprozessen hat die Modifizierung der Entwicklungsgesetze jedoch noch eine andere Seite. Wir hatten festgestellt, daß sie den Entwicklungszyklus von der Ausgangsqualität über die neue Qualität als dialektische Negation bis zur höheren Endqualität als dialektische Negation der Negation erfassen. Dieser Entwicklungszyklus wird in der künstlichen Evolution unterbrochen und dafür ein anderer vollendet.

Wir erhalten also die Modifizierung der Gesetze durch die Änderung der Möglichkeitsverteilung und die Unterbrechung des Entwicklungszyklus und die Modifizierung der Wahrscheinlichkeitsverteilung durch die Änderung der Existenzbedingungen zweiter Ordnung, denn dort greift der Mensch ein. In erster Linie ging es ihm bei der Evolution der Kulturpflanze aus der Wildform um die Steigerung der Ertragsfähigkeit der Pflanze. So wird bei den prähistorischen Funden in verschiedenen Höhlen Neumexikos in verschiedenen Schichten aus aufeinanderfolgenden Zeiten eine Vergrößerung der Kolben des Maises beobachtet. So läßt sich auch die Evolution der Kohlsorten, der Stachelbeere usw., verfolgen. Die Evolution der für den Menschen interessanten Merkmale, wie Fruchtgröße, Steigerung des Zuckergehaltes bei der Zuckerrübe usw., erfolgt durch Auslese und verbesserte Kulturbedingungen. Vorhandene Möglichkeiten, die in der natürlichen Entwicklung sich mit geringer oder gleicher Wahrscheinlichkeit als andere Möglichkeiten realisieren, werden durch Auslese bevorzugt realisiert. Dadurch ändert sich auf Grund des Eingriffs des Menschen die Wahrscheinlichkeitsverteilung für die Realisierung der objektiven Möglichkeiten, was wieder durch die Auslese bestimmten genetischen Materials zu neuen Möglichkeiten führen kann. Es wird damit vor allem die für eine Grundqualität charakteristische Breite anderer Qualitäten durch den Menschen so ausgewertet, daß er solche Formen ausliest und Bedingungen für ihre Evolution schafft, die für ihn wichtig sind. Damit verläuft die Evolution in einer anderen Richtung, als es auf Grund der natürlichen Bedingungen geschehen würde. Nur ist der Mensch gezwungen, die von ihm geschaffenen Kulturbedingungen stets beizubehalten. Dann verwirklichen sich auf der Grundlage des breiten Ausgangsmaterials auch neue Möglichkeiten. Einerseits werden Wildpflanzenmerkmale durch Auslese immer mehr zu Kulturpflanzenmerkmalen, obwohl noch immer Wildpflanzenmerkmale vorhanden sind. Nicht alle Kulturpflanzen verlieren ihre Schutzmittel gegen Tierfraß, und manche enthalten noch Bitterstoffe. Andererseits werden ältere Kulturpflanzen durch neue ersetzt. So wurde der Sommerweizen vom Hartweizen und Brotweizen verdrängt. Landsorten werden durch Hochzuchten ersetzt, und Heterosissorten sind bereits eingeführt. Früher für die Industrie wichtige Farbpflanzen sind fast verschwunden, und die einheimischen Ölfrüchte sind durch die billigeren tropischen verdrängt worden. Entscheidend für diese Evolution, für das Entstehen neuer Kulturpflanzen und das Vergehen alter ist der Mensch, sind seine gesellschaftlichen, vor allem die ökonomischen Interessen und Ziele. Insofern kann die Evolution der Kulturpflanzen nicht aufhören, da die Entwicklung der menschlichen Gesellschaft, von der aus diese Evolution bestimmt wird, nicht aufhört. In diesem Sinne kann es auch keine ideale Kulturpflanze geben, die für alle Zeiten menschliche Bedürfnisse befriedigt. F. Schwanitz schreibt dazu: „... daß es die vollendete Kulturpflanze gar nicht gibt und daß alle Pflanzenformen, die wir als Kulturpflanzen bezeichnen, sich noch mitten im Evolutionsprozeß befinden, die von einer typischen Wildart zu einer vollkommeneren Kulturpflanze, die immer ein Ideal bleiben wird, weiter geht. Je nach dem Umfang, in dem der Evolutionsprozeß bei einer Pflanzenform vorgeschritten ist, findet man bei ihr mehr oder weniger Kultur- oder Wildpflanzenmerkmale. Das Auftreten dieser Merkmale ist also ein eindeutiges Anzeichen dafür, daß der Evolutionsprozeß noch im Gange ist."[85]

Die Entwicklung der Kulturpflanzen ist ein gutes Beispiel dafür, daß es sich um eine bestimmte Gesamtheit von wesentlichen und unwesentlichen Merkmalen handelt, die eine Grundqualität auszeichnen, wobei die wesentlichen zu unwesentlichen Merkmalen unter verschiedenen Bedingungen werden können und umgekehrt. Dabei müssen diese Merkmale nicht immer vorhanden sein, aber das genetische Material, das ihre Ausbildung erlaubt, muß vorhanden sein. So entstehen andere Qualitäten einer Grundqualität. Während für die Kulturformen die für den Menschen wichtigen Merkmale durch Auslese und Kulturbedingungen zu wesentlichen evolutioniert werden, die damit den Charakter der Pflanze bestimmen, sind für die Wildformen die zur Erhaltung der Art unter Bedingungen der freien Natur beitragenden Merkmale die wesentlichen. Ist die Spezialisierung der Kulturpflanze zu weit vorgeschritten, dann stirbt sie aus, wenn sie nicht mehr vom Menschen betreut wird. Nicht so weit spezialisierte Kulturpflanzen verwildern dann. Schwanitz gibt das Beispiel der Kulturformen von Tomaten und Paprika, die, von Amerika nach Asien und Afrika gebracht, dort rasch verwilderten und sich als Kirschtomaten und kleinfruchtige Paprikaformen rasch ausbreiteten. Er schreibt dazu: „Diese Umkehr des Evolutionsvorganges dürfte freilich nur möglich sein, solange dieser Prozeß noch nicht zu weit fortgeschritten ist. Sind die Veränderungen zu zahlreich und zu einschneidend, schließen sie z. B. die natürliche Fortpflanzung aus, wie dies bei den Obstsorten mit parthenokarpen, samenlosen Früchten der Fall ist, dann ist die Entwicklung zweifellos nicht mehr umkehrbar."[86]

Für die künstliche Evolution der Kulturpflanze wird das Verhältnis Mensch-Pflanze an den von Schwanitz erläuterten Etappen der Züchtung deutlich.[87] Im Zeitalter der Landsorten enstand durch Gestaltung der Umgebung und Auslese eine Verbesserung der Wildsorten. Durch das Anwachsen der Bedürfnisse nach hohen Erträgen und die Entdeckung der Mineraldüngung wurde eine planmäßige Pflanzenzüchtung möglich, die als Zeitalter der Originalzuchten zur Verbesserung der Getreidearten, Rüben und Kartoffeln führte. Doch die Ausnutzung der Gesetze der Vererbung, besonders der Mendelschen Regeln, gestattete eine gelenkte Pflanzenzüchtung auch als Kombinationszüchtung. So führte dieses Zeitalter der Hochzüchtung z. B. zu einem ertragreichen und frostharten Weizen für Schweden. Nun wurden die Grundlagen für die Heterosiszüchtung gewonnen. Es ging nicht mehr um eine Erhöhung der Erträge, sondern auch um die Verbesserung der Qualität, wie Verbesserung des Eiweißgehalts, des Ölgehalts, der Backfähigkeit, des Vitamingehalts, des Geschmacks usw. Diese Qualitätszüchtung verlangte die Anwendung der verschiedensten chemischen, physikalischen, bakteriologischen usw. Methoden. Im nun einsetzenden Zeitalter der Mutationszüchtung soll die Mutationsrate künstlich erhöht werden, um ein besseres Ausgangsmaterial für die Züchtung zu gewinnen.

Wir sehen, wie die Ablösung der natürlichen durch die künstliche Evolution den Menschen immer mehr zum Beherrscher dieser Evolution macht. Die von ihm ausgenutzten künstlichen Bedingungen zur Evolution sind nicht mehr nur auf die Gestaltung der Umwelt der Pflanze beschränkt, sondern auch die Auslese wird dadurch verbessert, daß mit physikalischen und chemischen Methoden auf Grund genetischer Erkenntnisse das Möglichkeitsfeld durch gezielte Mutationen verändert wird, um neue Möglichkeiten durch größeres Ausgangsmaterial zur Realisierung zu schaffen. Wohl ist damit die Evolution der Pflanze kein Bestandteil der natürlichen Evolution, unabhängig vom Einwirken des Menschen, mehr. Der Mensch ordnet sich die Natur unter, indem er ihre Gesetze erkennt und diese Kenntnisse ausnutzt, um die Natur entsprechend seinen Interessen und Zielen gesetzmäßig zu verändern. Die objektiven Gesetze können nicht aufgehoben, wohl aber modifiziert werden. Wenn wir vorher nur vom Entwicklungszyklus sprachen, der von primitiven Lebewesen bis zum Menschen verlief, so kann man doch auch Teilzyklen untersuchen, die für die künstliche Evolution von Bedeutung sind. Es wäre sicher interessant, unter diesem Aspekt das biologische Material der Entwicklung der Kulturpflanzen zu sichten, um zu sehen, wie aus einer Ausgangsqualität, nämlich der Wildform, eine Endqualität entsteht, die qualitativ besser und quantitativ umfangreicher die Bedürfnisse der Menschen befriedigt. Wenn nun für diesen gelenkten Entwicklungsprozeß, für die gezielte Evolution einer höheren Qualität, bezogen auf das Ziel, Bedürfnisse zu befriedigen, die Grundgesetze der Dialektik gelten, dann gilt es, ihre methodische Bedeutung besser als bisher auszuarbeiten. Die bisherigen Betrachtungen sprechen dafür, mehr philosophische Forschungsarbeit auf das Verhältnis von biologischen und philosophischen Entwicklungstheorien zu verwenden.

Die dialektisch-materialistische Entwicklungstheorie versteht unter Entwicklung die dialektische Negation einer Ausgangsqualität durch Negation, Aufbewahren und Auf-höhere-Stufe-Heben in einer neuen Qualität, die wiederum dialektisch negiert zu einer höheren Qualität führt, die, gemessen am Kriterium des Entwicklungsprozesses, die Funktion im Vergleich mit der Ausgangsqualität qualitativ besser und quantitativ umfangreicher erfüllt. Der Entwicklungszyklus der Biologie umfaßt die Entwicklung von primitiven Lebewesen bis zur Entstehung des Menschen. Dieser Prozeß muß in seiner Form als Entstehen neuer und höherer Qualitäten durch quantitative und qualitative Änderungen im Rahmen der alten Qualität genau untersucht werden, wie auch die dialektischen Widersprüche als Quelle der Entwicklung und die Negation der Negation als Richtung der Entwicklung exakter erforscht werden müssen, damit ihre methodische und methodologische Bedeutung besser ausgearbeitet werden kann. Neben dem für die Biologie entscheidenden natürlichen Entwicklungszyklus gibt es Teilzyklen, die, in den natürlichen Entwicklungsprozeß eingeordnet, nicht eindeutig die höhere Qualität hervorbringen. Solche Zyklen können unterbrochen sein, es kann Stagnation und Regression geben. Es ist stets das objektive Möglichkeitsfeld zur Ausbildung anderer und neuer Qualitäten als Voraussetzung für die Entstehung einer höheren Qualität zu beachten. Die höhere Qualität eines Teilzyklus muß der Schritt auf dem Weg zur höheren Qualität des Gesamtzyklus, zur Entstehung des Menschen sein. Eben das ist das für die natürliche Entwicklung anzulegende Entwicklungskriterium in der Biologie. Ob dabei einzelne Merkmale besser oder schlechter ausgebildet sind, spielt keine Rolle. Bei der Grundqualität der Arten geht es um eine *Gesamtheit* von wesentlichen und unwesentlichen Eigenschaften und nicht um einzelne Merkmale. Ist deshalb die betrachtete Qualität eines Teilzyklus kein Schritt zur Herausbildung des Menschen, so kann sie auch nicht als höhere Qualität angesehen werden. Dabei wird deutlich, daß sich eine höhere Qualität nicht eindeutig gerichtet und automatisch herausbildet. Die Natur schafft unter unterschiedlichen Bedingungen durch Realisierung verschiedener Möglichkeiten viele andere Qualitäten, läßt neue Qualitäten entstehen, womit erst das Ausgangsmaterial für eine höhere Qualität existiert, die sich unter bestimmten Bedingungen herausbilden kann. Daß sie sich mit dem Menschen herausgebildet hat, ist eine Tatsache, die nicht mehr geleugnet werden kann, aber erklärt werden muß. Eben um die philosophische Konzeption zu dieser Erklärung ging es bisher. Im Ausgangsmaterial zur Entwicklung der höheren Qualität existieren viele Merkmale, Eigenschaften usw., die bei einer einseitig gerichteten Entwicklung nicht gebraucht würden. Auch das spricht gegen die einfache direkte Notwendigkeit, auf die der mechanische Materialismus alles zurückführt, und gegen die weise Leitung des Entwicklungsprozesses, die manche Idealisten annehmen. Die Entwicklung vollzieht sich auf der Grundlage der Realisierung vieler objektiver Möglichkeiten, der Entstehung neuer Qualitäten als natürlicher Prozeß, der sich selbst bedingt und seine objektiven Gesetze hat. Die Entwicklung der höheren Qualität ist dabei die Tendenz in der biologischen Evolution, die auch Nebenlinien, Stagnation und Regression umfaßt.

Die künstliche Evolution kann erst nach der Entwicklung der menschlichen Gesellschaft als Züchtung von Kulturpflanzen und als Domestikation von Wildtieren auftreten. Das Entwicklungskriterium ist dabei durch die menschlichen Interessen, Zwecke und Ziele bestimmt, die auf Grund der erkannten Naturgesetze und mit Hilfe der zur Verfügung stehenden Methoden erreicht werden. Durch neue Bedürfnisse, neue Produktivkräfte, neue Erkenntnisse und neue Methoden wird die Züchtung immer planmäßiger durchgeführt und immer mehr abhängig von der natürlichen Umwelt, die durch eine künstliche Umwelt ersetzt wird. Schafft die künstliche Umwelt, über Bewässerung, Düngung, Schutz vor Feinden usw , mit Hilfe der Auslese schon günstige Voraussetzungen zur Evolution, so können diese noch durch Erhöhung der Mutationsrate mit Hilfe von Chemikalien verbessert werden. Hier gibt es also Entwicklungszyklen anderer Art. Die Wahrscheinlichkeit zur Verwirklichung bestimmter Möglichkeiten wird durch Auslese und Kulturbedingungen erhöht. Ziel ist die Verwirklichung solcher Möglichkeiten, mit denen die Bedürfnisse der Menschen befriedigt werden. Voraussetzung sind also die objektiven Möglichkeiten, die, in bestimmter Weise realisiert, nach und nach ein vom Menschen gewünschtes Möglichkeitsfeld entstehen lassen, das selbst noch erweitert wird, weil der Mensch die Mutationsrate erhöhen kann. Insofern wird der Entwicklungszyklus beeinflußt. Er wird nicht in seiner natürlichen Form bis zum Entstehen höherer Qualitäten geführt, da die Entwicklungskriterien durch den Menschen gesetzt wurden. Da der Mensch offensichtlich die objektiven Gesetze nicht beseitigen kann, ist es interessant, zu untersuchen, wie höhere Qualitäten, gemessen an den Entwicklungskriterien des Menschen, durch künstliche Bedingungen, Auslese, Erweiterung der Mutationsrate im objektiven Evolutionsprozeß entstehen.

Weltanschaulich bedeutsam ist an der dialektisch-materialistischen Deutung biologischer Evolution die Ausschaltung idealistischer und mechanisch-materialistischer Konzeptionen, die das biologische Material einseitig auswerten. Es muß aber noch mehr an der Präzisierung der philosophischen Entwicklungsauffassung mit Hilfe des biologischen Materials gearbeitet werden, um mögliche philosophische Hypothesen zu erhalten und so die heuristische Funktion der marxistisch-leninistischen Philosophie zu erfüllen.

5.2. Entwicklung, Gesetz, Zufall

Die bisherigen Ausführungen lassen es zu, noch etwas genauer auf die Rolle des Zufalls in gesetzmäßigen Entwicklungsprozessen einzugehen. W. G. Borsenkow und W. J. Kupzow verweisen darauf, wie kompliziert das Problem des Zufalls im Evolutionsgeschehen geworden ist, und fordern eine detaillierte Problemstellung.[88] Das ist richtig. Deshalb soll zur Vielschichtigkeit des Zufallsproblems etwas gesagt werden.

Der Zufall wird von uns als das bezeichnet, was möglich ist, sich aber nicht mit Notwendigkeit, Unausweichlichkeit verwirklicht. Damit wird der Zufall von der Notwendigkeit und vom Gesetz abgegrenzt. Solche Ereignisse oder Momente der Ereignisse sind zufällig, die nicht allgemein-notwendig, d. h. reproduzierbar, und nicht wesentlich, d. h. den Charakter der Erscheinung bestimmend, sind. Besser ist es, das Fehlen beider Merkmale des Gesetzes zu betonen, da es wesentliche Zufälle gibt. Darunter werden solche verstanden, die das System, in dem sie auftreten, in seiner Struktur völlig verändern. In diesem Sinne ist eine Mutation, die den Untergang des Organismus hervorruft oder eine neue Art möglich werden läßt, ein wesentlicher Zufall. Vielleicht gelingt es aber auch, die Gesetze zu entdecken, deren Erscheinungsform dieser Zufall ist. Der Zufall tritt nun an verschiedenen Stellen in der objektiven Realität auf. So ist kein Ereignis, das gesetzmäßig auftritt, in allen seinen Seiten durch das Gesetz oder die Gesetze als allgemein-notwendig und wesentlich bestimmt, deshalb nennen wir die Gesamtheit der Seiten eines Ereignisses als Erscheinungsform des Gesetzes Zufall. Aus diesem zufälligen Ereignis wurden die Seiten herausgehoben, die durch das Gesetz oder die Gesetze bestimmt sind. Wir nennen aber auch das äußere Einwirken auf ein System, das im wesentlichen durch seine Systemgesetze bestimmt wird, Zufall. Hier kann es sich auch wieder um die Erscheinungsform einer umfassenden Gesetzmäßigkeit handeln. So ist die beim Pflanzensamen durch Bestrahlung hervorgerufene Mutation Zufall Es wird jedoch versucht, allgemein notwendige und wesentliche Zusammenhänge zwischen Bestrahlung und Mutation aufzudecken. Damit würde der zufällige Charakter des Einzelereignisses in allen seinen Seiten nicht aufgehoben.

Diese verschiedenen Aspekte des Zufalls verlangen Differenzierung. Für das Verhältnis von Gesetz und Zufall wurde diese Differenzierung durchgeführt.[89] Es geht jedoch hier um mehr. Das Verhältnis von Entwicklungsgesetz und Zufall soll beachtet werden. Daher wollen wir erst die Dialektik von Notwendigkeit und Zufall im statistischen Gesetz noch einmal kurz charakterisieren, um dann die durch Entwicklungsprozesse entstandenen neuen Probleme zu berücksichtigen. Das ist um so wichtiger, als Monod beispielsweise die Erklärung der Entwicklung nicht mit der natürlichen Genese verbindet und die entsprechenden Entwicklungsgesetze nicht beachtet, sondern sie als Verhältnis von Notwendigkeit und Zufall in den Proteinen beschreibt. Für ihn „ruht das Geheimnis des Lebens, so es eines gibt, auf dieser Stufe der chemischen Organisation“[90]. Aber die Dialektik von Notwendigkeit und Zufall auf dieser Strukturebene reicht zur Erklärung der Entwicklung nicht aus. Sie wird von Monod keineswegs als wichtige Voraussetzung für Entwicklung betrachtet, sondern als alleiniges Erklärungsprinzip, dazu noch einseitig verstanden. Er schreibt: „Man kann also in dem Strukturierungsprozeß eines globulären Proteins gleichzeitig das mikroskopische Abbild und die Ursache der selbsttätigen epigenetischen Entwicklung des Organismus sehen. In dieser Entwicklung lassen sich mehrere Etappen oder aufeinander folgende Stufen erkennen:

1. Die Faltung der Polypeptid-Ketten, aus der die globulären Strukturen entstehen, die mit stereospezifischen Assoziationseigenschaften ausgestattet sind;

2. Die assoziative Wechselwirkung zwischen Proteinen (oder Proteinen und anderen Bestandteilen), durch welche sich die Zellorganellen bilden;

3. Wechselwirkungen zwischen Zellen zur Bildung von Geweben und Organen;

4. auf allen diesen Etappen Koordinierung und Differenzierung der chemischen Aktivitäten durch Wechselwirkungen allosterischer Art.

Auf jeder dieser Etappen tauchen neue Strukturen höherer Ordnung und neue Funktionen auf; sie gehen aus spontanen Wechselwirkungen zwischen den Produkten der vorhergehenden Etappe hervor und zeigen, wie in einem mehrstufigen Feuerwerk, die latenten Möglichkeiten der früheren Stufen. Seine Ursache findet der ganze Determinismus dieser Erscheinung schließlich in der genetischen Information, die in der Summe der Polypeptid-Sequenzen zum Ausdruck kommt und die durch die Anfangsbedingungen interpretiert oder genauer: gefiltert wird."[91]

Die von uns charakterisierte Dialektik von Möglichkeit und Wirklichkeit wird hier zur Darstellung ausgenutzt. Das Erklärungsprinzip liegt für Monod in den verschiedenen Sequenzen von Radikalen der Polypeptid-Ketten. Nach seiner Meinung müßte man diese Sequenzen nicht nur beschreiben, sondern ihr Bildungsgesetz kennen, um die Entwicklung zu erklären. Aber die bisherigen Ergebnisse zeigen solche Gesetze nicht. Monod schreibt: „Die erste vollständige Sequenzaufklärung eines globulären Proteins wurde 1952 von Sanger beschrieben. Es war zugleich eine Offenbarung und eine Enttäuschung. In dieser Sequenz, mit der man die Struktur, folglich auch die Auswahleigenschaften eines funktionalen Proteins (des Insulins) bestimmen konnte, ließ sich keine Regelmäßigkeit, keine Besonderheit, keine Einschränkung entdecken. Man konnte jedoch noch hoffen, daß in dem Maße, wie sich solche Belege häufen würden, doch irgendwelche Gesetze für die Art der Verknüpfungen oder einige funktionale Korrelationen zum Vorschein kommen würden."[92] Hier drängen sich Vergleiche mit der Determinismusdiskussion in der Physik auf. Als zwar die Halbwertszeit für den Zerfall des Urans, aber nicht die Ursache für den Zerfall eines einzelnen Uranatoms bekannt war, wurde von Indeterminismus gesprochen. Es ist aber eine Illusion, der Wissenschaft zuzuschreiben, daß sie Einzelereignisse in allen ihren Seiten aufklären könne, also den Zufall voll im Gesetz erfassen könnte. Sie erfaßt ihn als zufällige Verwirklichung einer im Gesetz enthaltenen Möglichkeit, wobei die Verwirklichung mit einer zu erkennenden Wahrscheinlichkeit erfolgt. Diese in der Konzeption der statistischen Gesetze ausgedrückte Konsequenz des dialektischen Determinismus hat auch hier Bedeutung. Die objektiven Möglichkeiten, die im Entwicklungsprozeß entstehen, sind Bestandteil des im Entwicklungsgesetz enthaltenen Möglichkeitsfeldes. Die Verwirklichung von Möglichkeiten erfolgt in Abhängigkeit von den Bedingungen mit bestimmter Wahrscheinlichkeit, wobei Möglichkeiten und Wahrscheinlichkeiten sich nicht aus der Chemie, sondern nur im Zusammenhang von Chemie und Biologie erklären lassen, da der Selektionsdruck, den die Bedingungen ausüben, in seinen chemischen Konsequenzen berücksichtigt werden muß. Monod zieht daraus den Schluß: „Heute kennt man Hunderte von Sequenzen verschiedener Proteine, die aus den unterschiedlichsten Organismen extrahiert wurden. Aus diesen Sequenzen und einem systematischen Vergleich mit Hilfe moderner Untersuchungs- und Rechenmethoden läßt sich heute das allgemeine Gesetz ableiten: Es ist das Gesetz des Zufalls. Um es genauer auszudrücken: Diese Strukturen sind in dem Sinne ‚zufällig', als es unmöglich ist, irgendeine theoretische oder empirische Regel zu formulieren, mit der sich aus einer genauen Kenntnis von 199 eines aus 200 Bausteinen bestehenden Proteins die Beschaffenheit des restlichen, noch nicht durch die Analyse festgestellten Bausteins vorhersagen ließe."[93] In gewisser Weise ist das ein Zurückkehren zum mechanisch-deterministischen Standpunkt, der den objektiven Zufall leugnet, denn die Forderung kann für so komplizierte Entwicklungsprozesse wie die der Biologie nicht heißen, sie in Elementarprozesse aufzulösen und diesen einen eindeutig bestimmten Verlauf zuzuerkennen. Dieses Scheitern der mechanischen Determinismuskonzeption schlägt bei Monod um in die Anerkennung des absoluten Zufalls, der die Entwicklung negiert. Da wir später auf seine Dialektikkonzeption ausführlich eingehen, reichen diese Darlegungen erst einmal aus, um die weltanschauliche und heuristische Bedeutung der philosophischen Klärung der Zufallsproblematik im Evolutionsgeschehen zu zeigen. Offensichtlich sind dabei zwei Aspekte zu beachten. Einerseits stürzt die mechanisch-deterministische Illusion der Erklärung komplizierter Prozesse, also auch der Entwicklung durch eindeutig bestimmte Elementarreaktionen von Elementarprozessen. Die für den lebenden Organismus wichtigen biochemischen Elementarreaktionen müssen in ihrem Zusammenhang zu den biologischen Entwicklungsgesetzen gesehen werden, da die Elementarreaktionen den Entwicklungsmechanismus auf Elementarebene erklären und die Entwicklungsgesetze erst verständlich machen, wann bestimmte Reaktionen vorwiegend stattfinden, ausgelassen werden, verschwinden usw. Philosophisch gesprochen kann die Entwicklung von Systemen nicht unabhängig von den Entwicklungsgesetzen für diese Systeme betrachtet werden, die nicht als Summe der Gesetze für das Verhalten der Elemente zu erfassen sind. Andererseits darf daraus nicht abgeleitet werden, daß für die Erklärung der Entwicklung die System- und Entwicklungsgesetze ausreichen. Sicher wird die Wissenschaft weiter den Sequenzaufbau untersuchen, und Ergebnisse der Elementarteilchentheorie, der Quantenchemie usw. können zu neuen Einsichten und Gesetzen führen. Aber auch diese Gesetze sind keine Erklärung des Elementarverhaltens, sondern eine der allgemein-notwendigen und wesentlichen Seiten im Elementarverhalten. Der Zufall als Erscheinungsform des Gesetzes wird auf keiner Ebene der Hierarchie biologischer Systeme, auch nicht durch den Übergang zu chemischen und physikalischen Prozessen aufgehoben. Deshalb ist also sowohl die Dialektik von System und Element im Entwicklungsprozeß als auch das weitere Eindringen in die Elementgesetze als Grundlage für besseres Verständnis des Entwicklungsmechanismus des Systems zu beachten.

$$B_S, M_S \xrightarrow{\text{notwendig}} W_S$$

$$b_1, m_1 \xrightarrow{\text{zufällig}} w_1 \ (p_1)$$

$$b_2, m_2 \xrightarrow{\text{zufällig}} w_2 \ (p_2)$$

$$b_3, m_3 \xrightarrow{\text{zufällig}} w_3 \ (p_3)$$

a) statistisches Gesetz (B_S — notwendige Existenzbedingung 1. Ordnung,
b_n = Bedingung 2. Ordnung, M_S = Systemmöglichkeit, W_S = Systemwirklichkeit,
m_n = Elementmöglichkeiten, w_n = Elementwirklichkeiten,
p_n = Wahrscheinlichkeit für das zufällige Verwirklichen der Elementmöglichkeit)

Abb. 7a

Die Erkenntnis der Dialektik von System und Element ist, wie früher begründet, mit der statistischen Gesetzeskonzeptionen verbunden, die nun in ihrer Beziehung zur Entwicklung betrachtet werden muß. Im statistischen Gesetz (vgl. Abb. 7a) taucht die Dialektik von Notwendigkeit und Zufall in der Struktur des Gesetzes bereits auf. Dabei ist das statistische Gesetz bestimmend für das Verhalten eines Systems. Selbst wenn nicht nur ein Gesetz, sondern ein System von Gesetzen (Gesetzmäßigkeit) das Verhalten des Systems in seinen allgemein-notwendigen und wesentlichen Seiten bestimmt, kann diese

Gesetzmäßigkeit auf die Struktur des statistischen Gesetzes zurückgeführt werden. Aus der notwendig sich verwirklichenden Systemmöglichkeit ergibt sich eine miteinander verbundene Reihe von Elementmöglichkeiten (m_n), die sich zufällig mit einer bestimmten Wahrscheinlichkeit (p_n) verwirklichen. Der im Gesetz enthaltene Zufall ist also Erscheinungsform der allgemeinen Notwendigkeit. Sobald daher System und Elemente vorliegen, sind die notwendig sich verwirklichenden Systemmöglichkeiten von den zufällig sich verwirklichenden Elementmöglichkeiten zu unterscheiden. Hier bezieht sich das Nichtgesetzmäßige, Zufällige auf die unausweichliche Verwirklichung der Systemmöglichkeit, wobei im Prozeß dieser Verwirklichung Elementmöglichkeiten sich verwirklichen, ohne daß dieser Prozeß für das Element eindeutig durch das Gesetz vorausbestimmt ist. Es handelt sich aber dabei nicht einfach um Zufälle außerhalb des Gesetzes, da eine Wahrscheinlichkeitsverteilung für die Verwirklichung der sich aus der Systemmöglichkeit ergebenden Elementmöglichkeiten existiert. Beim quantitativ bestimmten statistischen Gesetz ergibt sie sich als notwendige mathematische Konsequenz aus der sich verwirklichenden Systemmöglichkeit, beim qualitativ bestimmten statistischen Gesetz muß sie dagegen aus den Bedingungen mit erschlossen werden.

Dieser systeminnere Zufall, den das Gesetz mit umfaßt, ist wesentlicher Zufall, weil zwar nicht reproduzierbar, aber doch den Charakter des Systems mitbestimmend. Da aber das Elementverhalten nicht durch die zufällige Verwirklichung einer der im Gesetz enthaltenen Elementmöglichkeiten allein bestimmt wird, sondern damit ein Ereignis auftritt, das auch andere Aspekte besitzt, die nicht in der Möglichkeit vorgesehen sind, bezeichnen wir dieses ebenfalls als Zufall. Es ist also nicht nur zufällig, welches Element welche Möglichkeit im Prozeß der Verwirklichung der Systemgesetze verwirklicht, dafür existiert eine Wahrscheinlichkeit, sondern es ist auch zufällig, wie dieser Prozeß in allen seinen Seiten abläuft und wie das Endergebnis (Ereignis) dann in den Aspekten bestimmt ist, die nicht in der Möglichkeit enthalten sind. Während wir den im Gesetz enthaltenen Zufall als Erscheinungsform der allgemeinen Notwendigkeit bezeichnen, der wesentlich ist, ist der jetzt charakterisierte Zufall der Art und Weise, wie das Ereignis zustandekommt und in seinen Aspekten zusammengesetzt ist, die Erscheinungsform des Gesetzes, d. h. nicht allgemeinnotwendig und nicht wesentlich.

Diese zufällige Erscheinungsform des Gesetzes wird durch innere und äußere Faktoren hervorgerufen, die die Systemstruktur über die Bedingungen unwesentlich beeinflussen, wobei diese inneren und äußeren Einflußfaktoren ebenfalls als Zufälle bezeichnet werden. Davon zu unterscheiden ist der äußere wesentliche Zufall, der als Störfaktor das System so beeinflußt, daß es zur Modifizierung des Gesetzes kommt, indem etwa die vorhandenen objektiven Möglichkeiten verringert oder erweitert werden. Der Extremfall dieses wesentlichen Zufalls ist die Aufhebung aller Möglichkeiten, d. h. die Zerstörung des Systems.

Diese kurz charakterisierte Differenzierung der Zufälle hat eine entscheidende Bedeutung für das Verständnis der Entwicklungsprozesse in der Biologie. Zuerst sei aber noch einmal darauf hingewiesen, daß die Unterscheidung von System und Element hier auf die Entwicklung von primitiven Lebewesen bis zum Menschen bezogen wird. Der Mensch ist die sich verwirklichende Möglichkeit, die auf Grund der Systembedingungen notwendig auftrat, die Entstehung neuer Arten, die gesamte biologische Evolution in ihrer konkreten Bestimmtheit wird als zufällige Verwirklichung von Elementmöglichkeiten betrachtet. Nicht jede der in bezug auf die Entwicklung des Menschen sich mit geringer Wahrscheinlichkeit verwirklichenden Möglichkeiten, die auf Grund der Bedingungen im biologischen Evolutionsprozeß auftraten, ist damit ein notwendiges Glied in der Entwicklung zum Menschen. Die Natur plant die Entwicklung des Menschen nicht, um sie dann zielgerichtet durchzuführen, sondern sie gibt alle Möglichkeiten zur Ausgestaltung des Formenreichtums und schafft dabei die Voraussetzungen, daß unter bestimmten Bedingungen vernunftbegabte Wesen entstehen, die ihre Existenzbedingungen selbst produzieren. B. Rensch schreibt in seiner Arbeit „Die phylogenetischen Abwandlungen der Ontogenese" dazu: „Die Vielgestaltigkeit der Abwandlungen lehrt, daß alle biologisch gangbaren Wege eingeschlagen werden und daß mithin eine Deutung durch zugrunde liegende primär richtungslose Mutationen und natürliche Auslese der Varianten möglich ist."[94]

Wenden wir nun die Vorstellung vom statistischen Gesetz und der Differenzierung der Zufälle auf den Entwicklungsprozeß an, so sind Besonderheiten zu beachten (Abb. 7b). Erstens betrachten wir die Entwicklung des Menschen als eine bereits in der Vergangenheit liegende Erscheinung. Wir können also alle Entwicklungsstadien, soweit das der Wissenschaft möglich ist, untersuchen, ohne Abschätzungen über zukünftige Prozesse vornehmen zu müssen, die noch nicht eingetreten sind. Die notwendigen Abschätzungen beziehen sich hier auf Lücken unserer Erkenntnisse. Dabei zeigt das bisher vorliegende Material, daß nicht nur eine, sondern verschiedene Möglichkeiten existierten und auch die verwirklichten Möglichkeiten nicht

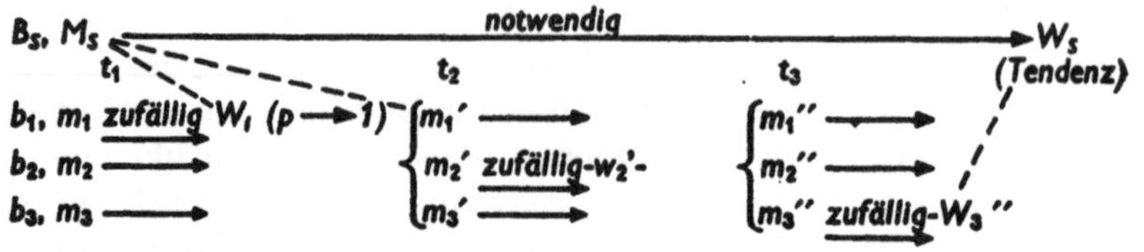

b) statistisches Gesetz und Entwicklungsprozeß = t = Zeit
(Entwicklungsgesetz)

Abb. 7b

alle zum relativen Ziel dieser Entwicklung, zur Herausbildung des Menschen, beitrugen. Trotzdem erscheint es im Rückblick manchmal so, als ob alles bereits auf ein Endziel angelegt gewesen sei. Gegen diese teleologische Interpretation spricht die zufällige Verwirklichung von Möglichkeiten, die nicht direkt zur Herausbildung der Systemwirklichkeit Bedeutung hatten. Wir können also einerseits die verwirklichten Möglichkeiten zusammenstellen, die direkt zur Herausbildung des Menschen führten und damit die Entwicklung in „Reinheit" zeigen. Andererseits ist es aber für die Entwicklungskonzeption wichtig, die in jedem Zeitintervall möglichen Variablen m_n zu sehen, von denen viele verwirklicht, aber nur eine oder wenige als verwirklichte Möglichkeiten das Möglichkeitsfeld schufen, das durch neue Realisierungen und neue Möglichkeitsfelder schließlich zur Herausbildung des Menschen führte. Wer also den ersten Weg einseitig als einzigen ansieht, kommt, da der Mensch nun existiert, zur Teleologie. Wer ihn aber mit dem zweiten verbindet, betrachtet die Entwicklung als sich durchsetzende Tendenz durch Seitenlinien, Stagnationen und Regressionen. Zweitens sind im Entwicklungsprozeß damit bestimmte Etappen zu unterscheiden, wobei es hier zuerst einmal um die Hauptgruppen geht. Während im statistischen Gesetz als Struktur- und Bewegungsgesetz die Elementmöglichkeiten mit ihrer Verwirklichung die Systemwirklichkeit ausdrücken, da sie Erscheinungsformen der allgemeinen Notwendigkeit sind, ist der Entwicklungsprozeß komplizierter. Bereits auf der Stufe der Ausgangsqualität, also der primitiven Lebewesen, ist die Evolution anderer Qualitäten möglich, was zu einem Möglichkeitsfeld führt, dessen Verwirklichung nur in einer oder wenigen Positionen Bedeutung für die Entwicklung hat. Das ist eben nicht die Ausgestaltung der Grundqualität in verschiedener Hinsicht, sondern die völlige Änderung der Grundqualität, das Entstehen neuer Qualitäten, neuer Arten, im Hinblick auf die Gesamtentwicklung höherentwickelter Lebewesen. Eben unter diesen neuen Qualitäten sind diejenigen interessant, die echte dialektische Negationen sind, also vorhergehende Lebenseigenschaften negieren, aufbewahren und auf eine höhere Stufe heben und die Voraussetzung zur weiteren Entwicklung mit sich bringen. Die auf jeder Stufe möglichen anderen und neuen Qualitäten bilden nun das Möglichkeitsfeld für die weitere Entwicklung. Dabei sind für die Gesamtentwicklung die großen Etappen entscheidend, die z. B. von der allseitigen Reaktion primitiver Lebewesen auf biologische Reize über die differenzierte Reaktion der mit Nervensystemen ausgestatteten Tiere auf biologische Reize und Signale bis zum Menschen mit seiner allseitigen Reaktion auf die gesamte Umwelt und die aktive Unterordnung der Umwelt unter seine Ziele führen. Die notwendige Verwirklichung der Systemmöglichkeit auf Grund der Systembedingungen vollzieht sich also in Hauptetappen, die zufällige Verwirklichung von Elementmöglichkeiten auf Grund spezifischer Existenzbedingungen zweiter Ordnung mit bestimmter Wahrscheinlichkeit auf jeder Etappe verlangen. Diese Hauptetappen führen in der biologischen Evolution zur Herausbildung neuer Qualitäten durch quantitative und qualitative Änderung im Rahmen der alten Qualität, wobei die Quelle der Entwicklung dialektische Widersprüche sind und die Richtung der Entwicklung sich in der Herausbildung der höheren Qualität als Negation der Negation zeigt.

Drittens sind im Zusammenhang mit den Hauptetappen weitere Systemniveaus zu unterscheiden, die sich auf die Breite der verschiedenen Möglichkeitsfelder beziehen, die sich dadurch herausbilden, daß die Natur alle biologisch gangbaren Wege einschlägt. Während aus der Sicht der Gegenwart die Vergangenheit in den Hauptetappen auf Grund der bereits bekannten Verwirklichung der Systemmöglichkeit in der menschlichen Gesellschaft erklärt ist, muß die Untersuchung des Aufbaus dieser Etappen in seinen vielgestaltigen Möglichkeiten darauf eingehen, daß in jeder Hauptetappe viele andere Wege möglich waren, um zu anderen relativen Zielen und anderen Ergebnissen zu kommen. Diese Untersuchung hat vor allem auch Bedeutung für die künstliche Evolution, die andere Entwicklungskriterien als die natürliche Entwicklung bis zum Menschen hat. Dabei sind auch Teilzyklen in bezug auf höhere Qualitäten, etwa in der besseren Anpassung an die Umwelt zu sehen. Dieses Kriterium reicht selbstverständlich nicht aus, um die Entwicklung zum Menschen zu charakterisieren, aber es hat für die künstliche Evolution bei der Herausbildung von an natürliche Bedingungen angepaßten Arten Bedeutung. Für die natürliche Evolution bis zum Menschen hatten wir als wichtigstes Kriterium die Vorstufen in Richtung auf die Herausbildung der aktiven Umgestaltung der

Natur zur Produktion der Existenzbedingungen durch den Menschen bezeichnet, die in der wachsenden Aktivität der Lebewesen, in differenzierten Informations- und Reaktionstypen, im Denkhandeln höherer Tiere, in neuen Organisationsformen usw. sich herausbilden. Die Untersuchung von Teilzyklen der Herausbildung höherer Qualitäten muß auch Teilkriterien beachten, die nicht immer voll ins Hauptkriterium einzuordnen sind. Man gewinnt deshalb bei manchen philosophischen Diskussionen um die Entwicklungsproblematik in der Biologie den Eindruck, daß diese Unterscheidung zwischen Haupt- und Teilkriterien nicht getroffen wird und Teil- zu Hauptkriterien erhoben werden, um zu neuen für alle Entwicklungszyklen gültigen Kriterien zu kommen. Dieses allgemein-gültige Kriterium kann jedoch entweder nur die im Gesetz der Negation der Negation enthaltene philosophische Formulierung sein, die sicher weiter auszuarbeiten und zu präzisieren ist, aber entsprechend der hier entwickelten Konzeption zum Verhältnis von Philosophie und Naturwissenschaft nicht die spezialwissenschaftliche Untersuchung aufheben kann, oder es gibt ein solches allgemeines Kriterium nicht, wohl aber Haupt- und Teilkriterien. Das Hauptkriterium bezieht sich auf den Entwicklungsprozeß des Menschen in „Reinheit", die Teilkriterien beruhen auf der zufälligen Verwirklichung der vielen objektiven Möglichkeiten und den dabei auftretenden höheren Qualitäten.

Viertens ist damit die Rolle des Zufalls genauer zu bestimmen. Da Haupt- und Teilzyklen mit der Verwirklichung der den Entwicklungsprozeß bestimmenden Systemmöglichkeit existieren, taucht der Zufall in seinen verschiedenen Formen und in allen Teilzyklen auf. Gegenüber der notwendig sich verwirklichenden Systemmöglichkeit gibt es deshalb nicht mehr nur eine Reihe von Möglichkeiten, sondern auf jeder Etappe des Entwicklungsprozesses entsteht eine Reihe von zufällig sich verwirklichenden Möglichkeiten, wobei statistische Gesetze die Möglichkeitsgruppen und Wahrscheinlichkeitsverteilungen in verschiedener Hinsicht, für die Erhaltung der Art, für die Entstehung neuer Arten, für die Entwicklung, für die Ausprägung von Merkmalen, für das Verhältnis von Organgröße und Körpergröße usw., bestimmen. Es geht also beim Entwicklungsprozeß um die Gesetzmäßigkeit, d. h. das System der die Entwicklung in Struktur, Veränderung und Herausbildung höherer Qualitäten bestimmenden Gesetze. Eben diese Gesetzmäßigkeit hat selbst statistischen Charakter, ist aber komplizierter in der Struktur als etwa die Schrödingergleichung. Die im statistischen Entwicklungsgesetz oder der Gesetzmäßigkeit enthaltenen zufälligen Verwirklichungen von Möglichkeiten sind ebenfalls wesentliche Erscheinungsformen der hier notwendig sich verwirklichenden Tendenz, aber es geht hier um wesentliche Erscheinungen verschiedener Art. Zu denen erster Art können wir alle die zufälligen Verwirklichungen von Elementmöglichkeiten rechnen, die die Herausbildung der Hauptetappen und damit die Entwicklung in „Reinheit" charakterisieren. Die wesentlichen Erscheinungen zweiter Art umfassen als zufällige Verwirklichungen von Möglichkeiten alle überhaupt auftretenden anderen, neueren und höheren Qualitäten bei Lebewesen, soweit sie als Möglichkeiten bestimmt sind und sich mit einer gewissen Wahrscheinlichkeit verwirklichen. Dabei treten aber auf jeder Stufe der Verwirklichung auch unwesentliche Eigenschaften auf, die als zufällige Erscheinungsform der Gesetzmäßigkeit anzusehen sind. Was nun die wesentlichen und unwesentlichen äußeren Störfaktoren als Zufälle betrifft, so ergeben sich keine weiteren Besonderheiten gegenüber der anorganischen Natur. Wir beziehen hier das Äußere des Zufalls auf den einzelnen Organismus, das einzelne Lebewesen. Im Gesamtzusammenhang sind es für unser Entwicklungssystem innere Zufälle, die entscheidend die Entwicklung beeinflussen. Der Organismus reagiert aktiv auf sie. Entsprechend der vorhandenen Organisation, der Höhe seiner Entwicklungsstufe ist er in der Lage, solche Zufälle zu kompensieren oder zu integrieren. Soweit dies der Fall ist, können wir sie als unwesentlich bezeichnen. Wesentlich sind sie dann, wenn sie die Gesamtheit der wesentlichen und unwesentlichen Eigenschaften verändern, eine neue Grundqualität entsteht oder wenigstens eine andere Qualität der gleichen Grundqualität auftritt. Das wären wieder wesentliche Zufälle verschiedener Art. Entscheidend für das Auftreten solcher zufälliger Änderungen sind die Mutationen, die als Zufälle erster Art durch Änderung der Grundqualität die Möglichkeitsfelder verändern, damit zur Modifizierung der Gesetze führen und als Zufälle zweiter Art die Wahrscheinlichkeitsverteilung für die Verwirklichung von Möglichkeiten verändern. B. Rensch schreibt dazu: „Bereits ein einzelner Mutationsschritt kann durch zeitliche Verschiebung eines entwicklungsphysiologischen Teilablaufs, durch eine Schwellenänderung biochemischer Reaktionen oder durch Abänderung oder Neuentstehung von Gradienten starke morphologische Abweichungen hervorrufen. Das lehren vor allem die homöotischen Mutationen, bei denen infolge Eingreifens einer Mutation in einen frühen Determinationsprozeß z. B. bei Drosophila statt einer Antenne ein Bein, statt einer Haltere ein Flügel, statt eines Flügels eine beinartige Bildung entstehen ... Wenn auch solche extremen Abänderungen nicht zur Neubildung von Arten geführt haben, so sind doch z. B.

Flügelreduktionen bei insel- und küstenbewohnenden Dipteren, Verdopplungen des Genitalapparates bei Plattwürmern ... oder Verdopplungen des Zellkerns bei Protozoen ... durch derartige große Mutationsschritte zu erklären, bei denen gewissermaßen durch eine veränderte Weichenstellung die Entwicklung in eine relativ stark abweichende Bahn gelenkt wurde."[95] Rensch geht auch auf andere Mutationen ein, etwa solche, die die Quantität der Hormonproduktion verändern und die er „konstruktive Mutationen" nennt. Er hebt dazu hervor: „Die stammesgeschichtlichen Abwandlungen der Ontogenesen beruhen primär stets auf Änderungen der Gene und Genkombinationen. Dabei darf aber nicht übersehen werden, daß die natürliche Auslese gewissermaßen einkalkuliert, daß die für die sich entwickelnden Organismen jeweils adäquate Umwelt bei der Morphogenese mitwirkt."[96] Der Zufall ist also nicht losgelöst von der Notwendigkeit und dem Gesetz. Er existiert als Erscheinungsform der Notwendigkeit, des Gesetzes oder modifiziert das Gesetz und die Wahrscheinlichkeitsverteilung, kann aber auch als unwesentlicher Zufall auftreten. Für die künstliche Evolution spielt die bewußte Nutzung des Zufalls durch künstliche Auslese, aber auch die Organisation des Zufalls durch induzierte Mutationen eine Rolle. F. Schwanitz schreibt dazu: „Mutationsauslösung hat bis heute bei einer großen Anzahl von Kulturpflanzen zum Auftreten wesentlicher Verbesserungen der Kulturpflanzeneigenschaften, ja z. T. zur Entstehung ganz neuer, dem Menschen wichtiger Eigenschaften geführt, und hiervon ist sowohl der Ertrag wie die Qualität der Ernteprodukte betroffen. Bei verschiedenen Kulturpflanzen, so bei Tomaten, bei Soja und bei Gerste ließ sich sogar zeigen, daß das ganze Spektrum von Eigenschaften, die die verschiedenen Sorten einer Kulturpflanze auszeichnen, durch induzierte Mutationen aus einer einzigen Ausgangssorte erhalten werden konnte."[97] Für die philosophische Diskussion ist diese Aufdeckung des Verhältnisses von Gesetz, Entwicklung und Zufall, der Dialektik von Notwendigkeit und Zufall in verschiedener Hinsicht wichtig. Einmal wird damit deutlich, daß der dialektische Materialismus die Rolle des Zufalls nicht leugnet, aber ihn auch nicht verabsolutiert, sondern ihn im Zusammenhang mit Notwendigkeit und Gesetz als deren Erscheinungsform erklärt. Zum anderen wird damit der Auffassung widersprochen, der Zufall sei kein Gegenstand der Wissenschaft und der philosophischen Analyse, er stehe dem Gesetz entgegen. Wie wir gesehen haben, enthalten statistische Gesetze und Gesetzmäßigkeiten die Dialektik von Notwendigkeit und Zufall in ihrer Struktur. Obwohl der Zufall als das Nichtgesetzmäßige definiert wird, ist er Erscheinungsform des Gesetzes. Wer deshalb, wie Monod, den Zufall überbetont, kommt zur Leugnung der Rolle der Entwicklungsgesetzmäßigkeiten. Auf den Zusammenhang von Gesetz und Zufall, den wir hier ausführlich erläutert haben, kommt auch Eigen in seinem Vorwort zu Monod zu sprechen. Er meint: „Wir sehen also, daß nur die Entstehung der individuellen Form dem Zufall unterworfen ist. Ihre Selektion – in Konkurrenz zu anderen Formen – jedoch bedeutet eine Einschränkung bzw. Reduzierung des Zufalls; denn sie erfolgt nach streng formulierbaren Kriterien, die im Einzelfall zwar – wie in der Thermodynamik – Schwankungen zulassen, in der großen Zahl aber Gesetz, also *Notwendigkeit* bedeuten."[98] Gerade diesem auch von Eigen charakterisierten Ansatz zur Dialektik von Notwendigkeit und Zufall sind wir hier weiter gefolgt und haben auf die Konzeption der statistischen Gesetze in ihrer Besonderheit für die Entwicklungsprozesse und auf die Differenzierung des Zufalls verwiesen. Sicher erfordert diese Konzeption noch weitere philosophische Forschungen und Diskussionen. Aber sie führt aus den globalen Behauptungen über die Gegensätze von Gesetz und Zufall heraus und ermöglicht die Auswertung der Dialektik als Theorie, Methode und Methodologie.

Damit wird einerseits deutlich, daß die biologischen Prozesse keinen von allen anderen losgelösten, nicht mit ihnen vergleichbaren Determinationsmechanismus haben. Der dialektische Determinismus als philosophische Theorie des objektiven Zusammenhangs, der das Verhältnis von Gesetz, Bedingungen, Zufall usw. untersucht, hat auch für die Entwicklungsprozesse Bedeutung. Auch sie sind notwendig und zufällig sich verwirklichende Möglichkeiten. Aber andererseits ergibt sich auch, daß bestimmte spezifische Seiten für Entwicklungsprozesse in der Dialektik von Gesetz und Zufall, Notwendigkeit, Möglichkeit und Wirklichkeit usw. zu beachten sind. Philosophisch gesehen sind Entwicklungsprozesse durch die dialektischen Grundgesetze bestimmt. Das hat Auswirkungen für die Dialektik von Gesetz und Zufall. Eben darauf sollte mit den vier Besonderheiten verwiesen werden. Die Struktur der Entwicklungsgesetzmäßigkeit ist komplizierter als die des statistischen Gesetzes in der Physik in seiner philosophischen Verallgemeinerung (vgl. Abb. 7a und b). Auf solche Besonderheiten in der biologischen Determiniertheit hat beispielsweise J. T. Frolow öfter aufmerksam gemacht.[99] Hier geht es vor allem darum, diese Besonderheiten nicht so überzubetonen, daß das Gemeinsame im dialektischen Determinismus nicht mehr sichtbar wird und so ungewollt Argumente dem Neovitalismus geliefert werden. In der Biologie wird keine besondere Kausalität, kein besonderes Gesetz und kein besonderer Zufall im philosophischen Sinne betrachtet. Zum Unterschied von Struktur- und Prozeßuntersuchungen geht es jedoch um Entwicklungen, d. h. um das Entstehen höherer Qualitäten als dialektische Negation der Negation. Solche Entwicklungen vollziehen sich auf der Grundlage von Komplexen von Kausalbeziehungen, d. h. konkreten, fundamentalen Vermittlungen des objektiven Zusammenhangs, wobei Veränderungen verursacht sind. In diesen Komplexen existieren Gesetze als allgemein-notwendige und wesentliche Zusammenhänge, wobei auf das Verhältnis von System und Element die Konzeption der statistischen Gesetze Anwendung findet, und der Zufall ist Erscheinungsform der Notwendigkeit und des Gesetzes. Aber die Entwicklungsgesetzmäßigkeiten sind nicht auf die Summe statistischer Gesetze von Strukturen und Prozessen zu reduzieren, weil sonst die Entwicklung höherer Qualitäten nicht beachtet wird. Eben hier taucht die Dialektik von System und Element noch in einer anderen Weise als in der anorganischen Natur auf, und das wurde bereits hervorgehoben. Gegenüber der Entwicklung vom primitiven Lebewesen zum Menschen als System kann man bis zu den einzelnen Lebewesen in bestimmten Etappen als Elemente zurückgehen und deren biochemische Grundlagen untersuchen. Dabei taucht manchmal eine neomechanistische Variante des Determinismus auf, die alle komplexen Prozesse und vor allem die Entwicklungsprozesse aus elementaren erklären will. Hier muß klar auf die Dialektik von Elementarem und Komplexem hingewiesen werden. Die für die biologische Entwicklung existierenden Systemgesetze sind keine Summe der Gesetze von Elementarprozessen, sondern selbständige Systembeziehungen, die untersucht und aufgedeckt werden müssen. Man kann also die Biologie nicht auf Biochemie reduzieren, obwohl die Biologie große Impulse gerade aus der Biochemie bekam. Die Aufklärung der chemischen Grundlagen biologischer Prozesse hilft biologische Entwicklungsprozesse besser verstehen, aber erklärt sie nicht vollständig, weil in ihnen von biologischen Bedingungen, wie etwa dem Selektionsdruck, abstrahiert wird. Die von Monod vorgenommene Erklärung der Entwicklung mit Hilfe der Molekularbiologie weist einige Illusionen auf, die durch die Entwicklung der Wissenschaft widerlegt werden, so die neoplatonistische Annahme von absoluter Symmetrie, die Suche nach dem Gesetz für die einzelne Sequenz usw. Wo er den Illusionscharakter erkennt, was bei der Invarianz nicht der Fall ist, wohl aber bei dem Sequenzgesetz, rettet er sich in den Zufall, als etwas unabhängig vom Gesetz Existierendes. Aber darüber noch mehr im Abschnitt zu Monods Stellung zur Dialektik. Die dialektisch-materialistische Entwicklungstheorie berücksichtigt einmal die relative Selbständigkeit biologischer Systeme und die natürliche Entwicklung dieser Systeme und baut damit auf den von der Biologie untersuchten Gesetzen für die Entwicklung auf. Sie beachtet zum anderen die materiellen Grundlagen für diese Systeme, die nicht nur in der biologischen Umgebung, in den Zellen usw. bestehen, sondern auch in den chemischen Verbindungen, in den Elementarteilchenprozessen und in der Existenz physikalischer und chemischer Gesetze. Zwar heben die Gesetze für das Verhalten dieser Grundlagen nicht die Systemgesetze biologischer Entwicklung auf, lassen diese aber besser verstehen. So spielt sowohl der genetische Zusammenhang, d. h. die Entstehung neuer Arten und die Entwicklung höherer Qualitäten, als auch der strukturelle Zusammenhang zwischen höher- und niederentwickelten Systemen, zwischen biologischen, chemischen und physikalischen Prozessen eine Rolle. Die derzeitige Überschätzung der Biochemie hat ihre Ursache in den Erfolgen, die mit ihr erzielt wurden, in den Hemmnissen, die ihrer Entwicklung entgegenstanden, und in manchen einseitigen Auffassungen, die korrigiert wurden. Aber besser bestimmte Einseitigkeiten in Kauf nehmen, solange sie nicht weltanschaulich gegen die wissenschaftliche Philosophie gerichtet werden, als mögliche erfolgversprechende Richtungen der Wissenschaft in ihrer Ausdehnung zu hemmen. Nur darf das wissenschaftspolitisch nicht zur Unterdrückung anderer, zur Zeit nicht so erfolgreicher, aber wichtiger Wissenschaftszweige führen.

Eine Bemerkung sei noch zu dem heuristisch wichtigen Gedanken von den verschiedenen Strukturniveaus gemacht. Wir hatten in den verschiedenen Niveaus die Hauptetappen der Entwicklung zum Menschen betont und sie von anderen Strukturniveaus unterschieden, die ebenfalls in der Evolution auftreten.[100] M. F. Wedenow, W. I. Kremjanski und A. T. Schatalow machen nun den Versuch, solche Strukturniveaus genau zu bestimmen, nachdem sie dafür eine Reihe von Kriterien ausgearbeitet haben.[101] Sie heben dabei grundlegende Niveaus hervor, die in sich andere enthalten. Als erste Stufe betrachten sie sich selbst organisierende Komplexe von Makromolekülen, die den Übergang zum Leben charakterisieren, aber durch die Entstehung von genetischen Funktionen in ihnen, wie Selbstreproduktion usw., zu den Grundstrukturen des Lebens gehören. Die zweite Stufe sind die Zellen als einzellige Lebewesen, die selbst wieder differenziert sind und von denen einige Arten solcher subzellularen Bildungen den Übergang zur nächsten Stufe bilden, nämlich den Vielzellern (Tieren). Die mehrzelligen Pflanzen werden vom Typ der Regulierung und Organisation her von den Verfassern mehr der einzelligen Pflanze als den mehrzelligen Tieren zugerechnet. Als vierte und höchste Stufe werden die Familien- und Herdengruppen (höhere Tiere) angesehen, aus denen dann die Gesellschaft entsteht. Diese Einteilung erfolgt im wesentlichen nach dem Strukturprinzip, wobei von einfachen zu komplizierten Strukturen aufgestiegen wird. Dabei wird versucht, nach verschiedenen Kriterien möglichst alles zu umfassen, was bei der Einordnung der Pflanzen schon Schwierigkeiten macht. Würde man nun die Tiere selbst wieder differenzieren, so würden sich die Schwierigkeiten verstärken. Würde man jedoch die Strukturniveaus nach bestimmten Kriterien ordnen, so würde manche Schwierigkeit verschwinden. Die Ordnung etwa nur nach der Kompliziertheit der Struktur würde von Einzellern über Mehrzeller zu höheren Tieren führen. Auch andere Kriterien, wie die Anpassung an die Außenwelt, die Steigerung der Aktivität, die Rolle des Informations- und Reaktionstypus, können zur Ordnung herangezogen werden. Geht es jedoch, was bei allen Klassifikationsversuchen immer wieder durchklingt, um die Genese des Menschen, so darf nicht alles eingeordnet werden, sondern die Beschränkung müßte auf den Hauptgruppen liegen, die direkt über Entwicklungsetappen den Menschen hervorbrachten. Die unter anderen Bedingungen sich entwickelnden Pflanzen und die Tiere, die keinen direkten Bestandteil dazu bilden, könnten als Nebenlinien bezeichnet werden. Auch für die Klassifizierung der vom Menschen gezüchteten Arten der Pflanzen und Lebewesen gelten andere Kriterien und nicht das Kriterium der natürlichen Entwicklung, weshalb diese Beziehungen zur natürlichen Entwicklung zwar gesehen, aber ihre Klassifizierung nicht danach erfolgen kann.

Es sollte auf dieses Problem der berechtigten Klassifizierung in Abhängigkeit von den Entwicklungskriterien noch einmal aufmerksam gemacht werden, weil viele Diskussionen schon dadurch entstehen, daß sich das Kriterium der natürlichen Entwicklung bis zum Menschen nicht als Summe der verschiedensten, sonst benutzten Kriterien erweist und dadurch sich die Einordnungsschwierigkeiten noch erhöhen. Das Verhältnis von Entwicklung, Gesetz und Zufall gibt in seiner dialektischen Betrachtung eine Konzeption zur Lösung vieler erkenntnistheoretischer und methodologischer Probleme. Das sollte angedeutet werden, erfordert aber noch weitere Ausarbeitungen.

5.3. Information und biologische Entwicklung

Auf die Rolle der Diskussion um die Informationsprozesse beim Problem der Widerspiegelung wurde schon hingewiesen. Die Diskussion wird jedoch nicht nur unter dem Aspekt der Widerspiegelung als allgemeiner Eigenschaft der Materie im Zusammenhang mit der Grundfrage der Philosophie geführt, sondern sie befaßt sich auch, vor allem seit den Untersuchungen von Monod und Jacob über die Regelungssysteme der Proteinsynthese und anderen Erkenntnissen der Molekularbiologie, mit dem Verhältnis von Information und biologischer Entwicklung. In diesem Zusammenhang scheint es möglich zu sein, einige Probleme der Entwicklung zu lösen. Solche Lösungsversuche müssen philosophisch analysiert werden, da sie weltanschaulich relevant und heuristisch auswertbar sind. Zugleich lösen sich möglicherweise dadurch solche Paradoxien, wie die Fassung des Kausalprinzips als „causa aequat effectum", die der Entwicklung entgegengestellt werden. Wir werden dann später noch auf einen weiteren Aspekt der Informationsdiskussion zurückkommen, auf das Verhältnis von Information, Zeichen und Abbild, das ebenfalls ein wesentliches philosophisches Problem der Kybernetik ist.

Die Beziehung zwischen Information und biologischer Entwicklung wird von verschiedenen Autoren unterschiedlich betrachtet. Wurde noch vor 10–15 Jahren die Information hauptsächlich als für den Menschen zutreffend angesehen und später noch der Technik oder, wie bei Shannon, hauptsächlich der Technik zugeschrieben, so wird heute die Grenze nicht mehr so eng gezogen. An der Bedeutung der Information für die biologische Entwicklung besteht kaum noch ein Zweifel, der Streit wird mehr um das Verhältnis von Widerspiegelung und Information im Zusammenhang mit der Leninschen These von der Widerspiegelung als allgemeiner Eigenschaft der Materie geführt. Während einige diese These im umfassenden Sinne verstehen, wie das auch hier entwickelt wurde, beschränken andere sie auf komplizierte Systeme von Lebewesen. Auch die Information wird von einigen Autoren nur komplizierten lebenden und technischen Systemen zugeschrieben.[102] Obwohl es auch solche Ansichten gab, daß der Begriff der Information nicht bestimmt werden müsse, sondern nur die Quantität der Information, wollen wir für unsere Zwecke an der Feststellung von Shukow festhalten, daß Information „zweckmäßig geordnete Struktur der Objekte und Einwirkungen ist"[103]. Information in bezug auf die Auffassung zur Widerspiegelung besagt, daß es sich dabei um die Bedeutung dieser Struktur für andere Prozesse, d. h. um die einseitige Einwirkung, die Spuren hinterläßt, und um die Wechselwirkung handelt. Die zweckmäßig geordnete Struktur (Information) veranlaßt Verhaltensweisen (Reaktionen). Die Information lenkt damit Reaktionen. Eben diese Rolle der Information hat in der Biologie Bedeutung durch den Informationscharakter chemischer Prozesse. Gerade in diesem Zusammenhang sollen einige Bemerkungen zur philosophischen Problematik gemacht werden.[104]

In den letzten Jahren hat die Molekularbiologie sich intensiv mit der Steuerung und Reglung des interzellularen chemischen Ablaufs befaßt. Für die vielen chemischen Reaktionen, die die Leistung des Organismus bestimmen, sind Enzym-Proteine von großer Bedeutung. Sie wirken als Katalysatoren im Stoffwechsel (Metabolismus), wobei das Enzym nur einen einzigen Reaktionstypus katalysiert und nur gegenüber einer Substanz, die reaktionsfähig für diesen Typus ist, aktiv wird. Dieses Verhalten der Enzyme wird bereits mit dem Begriff der Information verbunden, da beispielsweise die Aminierung der Fumarsäure mit den Mitteln der organischen Chemie eine Mischung der beiden optisch aktiven Isomere der Asparaginsäure, die bei Durchleuchtung mit polarisiertem Licht entweder eine Linksdrehung der Polarisationsebene (L-Asparaginsäure) oder eine Rechtsdrehung (D-Asparaginsäure) ergeben. Das Enzym katalysiert nur die Bildung von L-Asparaginsäure. Die zweckmäßige geordnete Struktur des Enzyms und die L-Asparaginsäure sind für die Katalyse notwendig, während andere Strukturen, wie die der D-Asparaginsäure, nicht dazu führen. Dieser spezifische „Auswahl"prozeß wird als Ergebnis der Information durch das Enzym gewertet. Monod schreibt dazu: „Natürlich besitzt das Enzym die Information, die dieser Wahl entspricht, in der Struktur seines stereospezifischen Rezeptors. Doch die Energie, die zur *Verstärkung* dieser Information nötig ist, kommt nicht aus dem Enzym: Um die Reaktion entlang des einen der beiden möglichen Wege zu orientieren, benützt das Enzym das chemische Potential, das der Umwandlung der Fumarsäure entstammt. Die gesamte Synthesetätigkeit der Zellen, wie kompliziert sie auch sein mag, läßt sich in letzter Instanz nach den gleichen Prinzipien erklären."[105] Hier liegt die Möglichkeit zu philosophischer Fehlinterpretation der Informationsproblematik auf der Hand. Monod stellt die Frage, wodurch die Leistungsfähigkeit bei der Ausführung des vorher festgelegten Programms bestimmt ist. Das ist in Verbindung mit seinem Teleonomiebegriff zu sehen, den er zur Erklärung der Entwicklung benutzt. Dieser Begriff „schließt die Vorstellung einer gelenkten, kohärenten und aufbauenden Tätigkeit ein. Nach diesen Kriterien müssen die Proteine als die hauptsächlichen molekularen Träger der teleonomischen Leistungen von Lebewesen betrachtet werden."[106]

Um das Problem noch einfacher darzustellen, kann man die Frage stellen, ob der Stein Informationen hat, die ihn zur Auswahl ermächtigen, ob er nach oben oder nach unten fällt, in der Luft ganz bleibt oder auf dem Boden zerschellt. Es geht hier um die Existenz objektiver Naturgesetze, die das Verhalten der Objekte in den allgemein-notwendigen und wesentlichen Seiten unter bestimmten Bedingungen bestimmen. Wird dieser einfache materialistische Standpunkt vergessen, dann kann auch dem Stein die Fähigkeit zur Auswahl zwischen den genannten Möglichkeiten zugesprochen werden. Es wird die Frage gestellt, warum der Stein so und nicht anders fällt. Auf der Ebene der chemischen Prozesse lebender Organismen ist keine Ursache dafür vorhanden, den Standpunkt von der Existenz objektiver Gesetze aufzugeben, die für das Verhalten des Enzyms, das nur L-Asparaginsäure katalysiert, bestimmend ist. Was in Erstaunen versetzt, ist die Spezifik der Reaktion. Aber mit der Erkenntnis der Gesetze klären wir nicht die Frage nach dem Warum, sondern beantworten erst einmal die Frage nach dem Wie, geben die Bestimmtheit des Prozesses durch das Gesetz an. Die Frage nach der Bedingtheit des Prozesses, danach, warum er so abläuft, wann er entstanden ist, ist für die Wissenschaft von Interesse, soweit es wesentliche Komponenten betrifft. Hier werden zwei Wege gegangen; einerseits werden Gesetze des niederen Niveaus erforscht, wobei durch Untersuchung der chemischen Prozesse die Entwicklung der Lebewesen erklärt werden soll. Andererseits werden die Bedingungen für die Existenz der Gesetze gesucht, wobei die spezifischen Existenzbedingungen verschiedener Ordnung die spezifische Verhaltensweise erklären. Monod versucht jedoch, das Gesetz oder die Gesetzmäßigkeit des Enzymverhaltens als Antwort auf die Frage nach dem Warum zu deuten, indem er die auf Grund der Information mögliche Auswahl betont. Es liegt jedoch keine Auswahl, sondern objektive Wechselwirkung auf Grund objektiver Strukturen vor. Die zweckmäßige und geordnete Struktur des Enzyms und der L-Asparaginsäure ermöglichen die Katalyse dieser Säure durch das Enzym.

Monod betrachtet nun die Regelungsverfahren der allosterischen Enzyme, die sich mit einem spezifischen Substrat verbinden, die Umwandlung eines Substrats in ein Produkt aktivieren, aber darüber hinaus wird durch eine oder mehrere andere Verbindungen ihre Aktivität im Hinblick auf das Substrat gesteigert oder gehemmt. Als wichtigstes Regelungsverfahren bezeichnet Monod die Hemmung durch Rückkopplung, die Aktivierung durch Rückkopplung, die parallele Aktivierung und die Aktivierung durch einen Prekursor.[107] Die allosterischen Enzyme koppeln meist mehrere Verfahren, die kooperativ oder antagonistisch wirksam sind. Zu einer Dreierkopplung meint Monod: „Das Enzym erkennt also die drei Effektoren gleichzeitig, ‚mißt' ihre relative Konzentration, und seine Aktivität stellt in jedem Augenblick die Summierung dieser drei Informationen dar.“ [108]

Wieder muß zum philosophischen Verständnis die anthropozentrische Sprache Monods überprüft werden. Wir zerlegen in der Erkenntnis einen komplizierten biologisch-chemischen Vorgang in Teilkomponenten, die als abstrakte Bestimmungen uns helfen, aus den verschiedensten Abstrakta nun die konkrete Wechselwirkung beschreiben zu können. Das Enzym braucht dazu im objektiven Ablauf nichts zu erkennen, sondern nur auf objektive Strukturen von Objekten und Prozessen in gesetzmäßiger Weise zu reagieren. Anders ausgedrückt: Die objektive Struktur (Information) bestimmt die Verhaltensweise (Reaktion). Eben dieser Prozeß ist in seinen objektiven Gesetzen genau zu erforschen. Es gibt also bei Enzymen nichts Besonderes, das als Teleonomie bezeichnet werden könnte, wohl aber sind die biologischen Reaktionen komplizierter als die in der anorganischen Natur und stellen eine gewisse Auswahl aus möglichen Reaktionen dar, wobei die Auswahl nicht durch das Erkenntnisvermögen des Enzyms, sondern durch die biologischen Bedingungen, wie Selektionsdruck, bereits durchgeführte Auslese usw., zu erklären ist. Der Versuch, durch die Einführung eines Programms auf der molekularen Ebene, das mittels Informationen erfüllt werde, biologisches Verhalten zu erklären, beachtet die Determination dieses Programms durch die biologischen Bedingungen ungenügend und schränkt damit die objektiven Möglichkeitsfelder und deren zufällige Verwirklichung unter dem Einfluß der Bedingungen auf die notwendige Verwirklichung der Möglichkeit auf Grund eines Programms ein. Hier werden also Hinweise auf die Teleologie in die philosophische Interpretation des biologischen Wissens eingebaut.

Monod hält seine Gedanken von der Teleonomie konsequent durch, wenn er das „Laktose-System“, die gesteuerte Synthese von den Proteinen im Bakterium Escherichia coli untersucht. Zwei der Proteine sind für die Vermehrung der Laktose im Stoffwechsel des Bakteriums unerläßlich. Wachsen die Bakterien in einem Milieu ohne Galaktoside, dann werden die Proteine kaum hergestellt. Durch ein Induktor-Galaktosid wird jedoch die Produktionsrate sofort erhöht um einen

Faktor 1000. Die Syntheserate geht zurück, wenn der Induktor entfernt wird. Monod spricht hier von „der Untersuchung dieses in erstaunlichem und beinahe übernatürlichem Maße teleonomischen Phänomens" [109] und ergänzt das noch durch die Geschichte des finnischen Forschers Karström, der sich in den dreißiger Jahren mit diesem Problem beschäftigte, um später die Forschung aufzugeben und Prediger zu werden. Den Ablauf des Vorgangs schildert Monod so: „Der Ablauf geht folgendermaßen vor sich:

a) Das Regulator-Gen lenkt in konstantem und sehr geringem Umfang die Synthese des Repressor-Proteins.

b) Der Repressor erkennt spezifisch das Operator-Segment, mit dem er sich zu einem sehr stabilen Komplex (entsprechend einer freien Energie, ΔF von etwa 15 kcal) verbindet.

c) Bei diesem Stande ist die Synthese des Boten (zu der das Enzym RNS-Polymerase eingreifen muß) blockiert – wahrscheinlich durch ein einfaches sterisches Hindernis; diese Synthese muß zwangsläufig auf der Stufe des Promotors beginnen.

d) Der Repressor erkennt gleichfalls die β-Galaktoside, verbindet sich aber nur im *freien Zustand* fest mit ihnen. Bei Vorhandensein von β-Galaktosiden trennt sich daher der Komplex aus Operator und Repressor und ermöglicht die Synthese des Boten, also auch von Proteinen." [110] Diese Schilderung des Ablaufs der Synthese gibt einen guten Einblick in die Kompliziertheit chemischer Grundlagen der Lebensprozesse. Sieht man vom Anthropozentrismus ab, den Monod immer wieder zum Ausdruck bringt, wenn es um die Enzyme geht, denen er Erkenntnisfunktionen zuspricht, gekoppelt mit dem Informationsbegriff, so wird die Rolle der Information als Regler von Verhaltensweisen offensichtlich. Das System ist auf Reaktion eingerichtet, die durch die objektive Struktur etwa von β-Galaktosiden ausgelöst wird und die Synthese von Proteinen ermöglicht, beim Fehlen des Induktors aber wird die Synthese gestoppt. Die Natur hat also zweckmäßige Reaktionen ausgebildet, da die Proteine das Eindringen der Galaktoside ins Zellinnere ermöglichen, werden sie gebraucht, sonst nicht. Die dazu ausgebildeten chemischen Reaktionen, die die Proteinbildung hemmen oder aktivieren, sind in ihrer Gesetzmäßigkeit erkannt. Die Frage, wann sie sich herausgebildet haben, kann nicht durch die Annahme, daß die Enzyme ein neues Programm tragen, etwa im Sinne der Monaden von Leibniz, erklärt werden, sondern nur durch die Untersuchung der biologischen Bedingungen und der Anforderungen an den Organismus, in bestimmter Weise zu reagieren. Sicher ist die Verhaltensweise der Enzyme beeindruckend, aber nicht durch den Hinweis auf etwas Übernatürliches, sondern durch die Zweckmäßigkeit der Leistungen, die die Natur durch die Verwirklichung vorhandener Möglichkeiten in der objektiven Wechselwirkung von Objekt und Umgebung im molekularbiologischen Mechanismus ausgebildet hat. Nach den tendenziösen Darstellungen Monods verwundert seine Schlußfolgerung, die sich gegen die Dialektik richtet, nicht mehr: „Es ist zu unterstreichen, daß die beiden Wechselwirkungen des Repressors non-kovalent und umkehrbar sind und daß insbesondere der Induktor durch seine Verbindung mit dem Repressor nicht verändert wird. So ist die Logik dieses Systems äußerst einfach: Der Repressor legt die Transkription still; er wird seinerseits durch den Induktor inaktiviert. Aus dieser doppelten Negation geht eine positive Wirkung, eine ‚Affirmation' hervor. Man kann bemerken, daß die Logik dieser Negation der Negation nicht dialektisch ist: sie führt nicht zu einem neuen Satz, sondern zur bloßen Wiederholung des ursprünglichen Satzes, wie er entsprechend dem genetischen Code in der Struktur der DNS niedergeschrieben ist. Die Logik der biologischen Regelungssysteme gehorcht nicht der Hegelschen Logik, sondern der Booleschen Algebra und der Logik der Elektronenrechner."[111] Dazu sind einige Bemerkungen erforderlich, die mit kritischen Äußerungen zu Monods einseitigen Darstellungen schon vorbereitet wurden, aber das gesamte Verhältnis von Information und Entwicklung betreffen und deshalb über Monod hinausgehen, aber insgesamt als Argument gegen seine Haltung zur Dialektik dienen sollen.

Erstens spielt das Verhältnis von Energie und Information auch im biologischen Bereich eine Rolle. Monod hatte bereits darauf hingewiesen, daß die Information nicht energielos übertragen wird. Die Information als zweckmäßige, geordnete Struktur von wechselwirkenden Systemen löst jedoch Reaktionen aus, die nicht einfach mit dem Kausalprinzip „causa aequat effectum" zu erklären sind. Das hatte auch Carnap schon betont. Wenn man deshalb die Ursache-Wirkungs-Verhältnisse in biologischen Systemen untersucht, dann darf nicht der zur Übertragung der Information benötigte Energieaufwand als Ursache und die durch die Information ausgelöste biologische Veränderung und Entwicklung als Wirkung betrachtet werden. Diese Annahme würde den Kausalzusammenhang vereinfachen. Entsprechend der hier entwickelten Determinismuskonzeption ist die Kausalität die Grundform des objektiven Zusammenhangs, und alle Prozesse verlaufen als Komplexe von Kausalbeziehungen. Betrachten wir aber den energetischen Zusammenhang in der biologischen Veränderung und Entwicklung, so sind verschiedene Etappen des Prozesses zu beachten. Zuerst geht es um die Herausbildung der Information, d. h. der zweckmäßigen geordneten Struktur des Objekts oder Prozesses. Um die entsprechenden Strukturen zu bilden, sind Energien erforderlich, die manchmal erst über einen längeren Zeitraum verbraucht werden. So zeigt die Biologie, daß die Evolution von Zellen mit ihren chemischen Synthesereaktionen bereits eine höhere Stufe biologischen Niveaus ist, deren Herausbildung entsprechende Bedingungen für die Verwirklichung solcher Möglichkeiten und Energien erforderte. Wenn also die Struktur als Information für ein anderes Objekt oder einen anderen Prozeß wirksam wird, darf in der Energiebilanz die zur Herausbildung notwendige Energie der wechselwirkenden Objekte und Prozesse nicht vergessen werden. Die Informationsübertragung selbst benötigt wenig Energie, erfolgt aber nicht energielos. Die durch die Informationsübertragung ausgelösten Reaktionen erfordern wiederum viel Energie, die vorhanden sein muß, damit die Information in Reaktion umgesetzt werden kann. Ein Tier, das zu schwach ist, seine Beute zu bekommen, hat nicht mehr die nötigen Energiereserven, die Information über die Anwesenheit der Beute in Reaktion umzusetzen. Deshalb muß die Energiebilanz für die Herausbildung der Information, für die Übertragung der Information und für die Reaktion auf die Information stimmen. Die eigentliche Funktion der Information liegt in der Auslösung der Reaktion, was dann manchmal zu dem Kurzschluß führt, als sei die ganze Übertragungsenergie die Ursache der damit nicht vergleichbaren Reaktion als Wirkung. Aber die Informationsausbildung ist selbst ein umfangreicher Komplex von Kausalbeziehungen, wobei durch großen Energieaufwand zweckmäßige und geordnete Strukturen entstehen, dic ohne Informationsübertragung keine Reaktionen bei anderen auslösen. Dazu ist eine geringe Energie erforderlich. Die Informationsübertragung ist aber eben keine kleine Ursache, da in ihr die Gesamtheit des bisherigen Entwicklungsprozesses als Struktur (Ordnung) geronnen ist und nur mit der geringen Energie mit übertragen wird. Auch die Ausbildung des Empfängers der Information verlangte Energie, die sich nun so auswirkt, daß der Empfänger auf die Information reagiert und dabei selbst wieder große Energien verbraucht. Die Ursache biologischer Veränderung ist also umfassender zu sehen und nicht auf die Informationsübertragung zu beschränken. Dieser Zusammenhang von Energie und Information ist auch deshalb noch genauer zu untersuchen, weil die zur Ausbildung einer Struktur im Sender und Empfänger notwendige Energie erst die Reaktion des Empfängers ermöglicht, der wiederum auf Grund seiner eigenen Struktur und der Information und nicht nur auf Grund der Information allein reagiert. Die Information wird durch materielle Objekte und Prozesse übertragen. Deshalb kann die Einwirkung auf ein System durch materielle Prozesse sowohl nach der energetischen als auch nach der informationellen Seite betrachtet werden, obwohl beide letztlich als untrennbare Einheit aufgefaßt werden müssen. Das System, auf das gewirkt wird, ist selbst eine Einheit von Energie und Information, es reagiert auf die mit geringer Energie übertragene Information durch mit geringer Energie erfolgende Informationsverarbeitung und durch eine gesetzmäßige Verhaltensweise, die möglicherweise viel Energie erfordert. Ursache für diesen Energieaufwand sind also die historisch entstandene Struktur des Senders und des empfangenden Systems und die Informationsübertragung. Wirkung ist die Reaktion des Systems entsprechend seinen Systemgesetzen. Es wäre zu überprüfen, ob dann die Energiebilanz ebenfalls stimmt. Auf jeden Fall dürfen aus dem Gesamtkomplex die Informationsübertragung und die Reaktion nicht so betrachtet werden, als ob sie der Kausalitätsauffassung und der Energieerhaltung widersprächen. Das ist, wie wir gesehen haben, nicht der Fall.

Zweitens kann deshalb aus der Informationsübertragung und den dadurch ausgelösten Prozessen nicht auf ein teleonomisch angelegtes Programm geschlossen werden. Die Reaktionsweise auf Informationen hat sich selbst im Laufe der Entwicklung erst herausgebildet und entspricht erst danach einem Programm. Das Programm ist dabei die objektive Struktur des Empfängers, der in bestimmter Weise auf die Informationsübertragung reagiert. Dieses Programm entstand nicht auf übernatürliche Weise, sondern als natürliche Auslese, als Verwirklichung verschiedener biologischer Möglichkeiten. Es hat also seine Zweckmäßigkeit erst in der Geschichte erhalten, obwohl es uns heute als auf übernatürliche Weise geschaffen erscheint. Von dieser Konzeption her ist es problematisch, wenn Monod schreibt: „Wie bei einem Kristall bildet eigentlich die Struktur der aggregierten Moleküle die ‚Informations'quelle für den Aufbau des Ganzen. Das Wesen dieser epigenetischen Prozesse besteht folglich darin, daß die Gesamtorganisation eines komplexen multimolekularen Gebildes potentiell in der Struktur seiner Bestandteile enthalten ist, sich aber erst offenbart und damit *wirklich* wird durch ihren Zusammenschluß.

Diese Analyse reduziert offenbar den alten Streit zwischen Präformisten und Epigenisten auf ein Wortgefecht, das jeglichen Interesses entbehrt. Die vollendete Struktur war nirgendwo als solche präformiert. Aber der Strukturplan war schon in seinen Bestandteilen vorhanden. Die Struktur kann sich daher autonom und spontan verwirklichen – ohne äußeren Eingriff, ohne Eingabe neuer Information. Die Information war – jedoch unausgedrückt – in den Bestandteilen schon vorhanden. Der epigenetische Aufbau einer Struktur ist nicht eine *Schöpfung*, er ist eine *Offenbarung*."[112] Hier wird der biologische Prozeß nur mit der vorhandenen Information begonnen, aber nicht mit der Erklärung, wie sie als objektive Struktur erst entstanden ist. Eben das zeigt wieder, daß die Erklärung nicht in der Chemie allein, ohne Berücksichtigung biologischer Faktoren gesucht werden darf. Monod verweist selbst auf die Rolle der Bedingungen: „Die Informationsbereicherung, wie sie der Bildung der dreidimensionalen Struktur entspricht, rührt daher, daß die (durch die Sequenz repräsentierte) genetische Information tatsächlich unter genau festgelegten Anfangsbedingungen zum Ausdruck kommt (in wässeriger Phase, innerhalb bestimmter enger Grenzen der Temperatur, der Ionenzusammensetzung usw.), so daß von allen möglichen Strukturen nur eine einzige realisierbar wird. So tragen die Anfangsbedingungen zu der Information bei, die schließlich in der globulären Struktur enthalten ist, ohne sie deshalb zu spezifizieren; sie eleminieren nur die anderen möglichen Strukturen und schlagen auf diese Weise vor oder erzwingen es vielmehr, einer *a priori* zum Teil mehrdeutigen Botschaft eine eindeutige Interpretation zu geben."[113] Diesen Gedanken gilt es konsequent für die gesamte Entstehung der Information zu Ende zu führen. Damit kommt man wieder auf die Widerspiegelung als allgemeine Eigenschaft der Materie zurück, weil bestimmte Reaktionstypen auf Einwirkungen schon in der anorganischen Materie existieren, die in den biologischen Bereich übernommen, dort spezifiziert, modifiziert, ausgewählt usw. werden. Das, was als Information reaktionsauslösend wirkt, ist geronnene objektive Entwicklung. Deshalb kann Teleonomie nie gerechtfertigt werden, wenn das Programm, nach dem die biologischen Prozesse ablaufen, nicht auf seine Entstehung untersucht wird. Wenn deshalb Monod zeigen möchte, „daß dieser Prozeß einer spontanen und autonomen Morphogenese in letzter Instanz auf den stereospezifischen Erkennungseigenschaften der Proteine beruht, daß er ein mikroskopischer Prozeß ist, bevor er sich in makroskopischen Strukturen äußert"[114], so kann das einseitig verstanden werden. Die mikroskopisohen Eigenschaften der Proteine finden keine Erklärung aus der Chemie allein, sondern erst durch ihre Einordnung in das biologische System mit seinen Gesetzen und Bedingungen. Sonst wäre nicht auf natürliche Weise zu erklären, warum nicht ein Enzym auch in der anorganischen Natur auftritt. Entweder werden die biologischen Entwicklungsbedingungen berücksichtigt und damit die elementaren Vorgänge in das zugehörige System eingeordnet, oder man schreibt den Elementen Programme zum Aufbau des Systems vor. Hier hat aber Darwins Theorie von der Auslese und Anpassung nichts an Bedeutung verloren. Sie berücksichtigt eben, im Gegensatz zu Monod, die biologischen Faktoren.

Drittens sieht Monod in der Einwirkung des Repressors auf die Transkription und der Einwirkung des Induktors auf den Repressor eine doppelte Negation, die zur Affirmation führt, aber nicht dialektisch ist. Hier sind die Kriterien für eine dialektische Negation der Negation in keiner Weise beachtet. Deshalb könnte man auch Monods Beispiele beliebig erweitern. So kann ich auch einen Geldschrank erst mit dem einen Schlüssel öffnen, dann mit dem anderen, Zahlenkombinationen betätigen und damit die Alarmanlage außer Kraft setzen und den Schrank öffnen. Das Zusammenwirken verschiedener Reaktionen, wobei ein neuer Zustand entsteht, ist keine dialektische Entwicklung. Damit hat Monod recht, aber das wird auch nicht behauptet. Außerdem geht es bei der materialistischen Dialektik nicht um die Hegelsche Logik, sondern um die objektiven Entwicklungsgesetze, die von uns zu erkennen und nicht als Schema auf die Wirklichkeit anzuwenden sind. Der von Monod geschilderte Prozeß der Synthese von Proteinen kann erfolgen, und bei Abwesenheit von Galaktosiden hört er fast auf. Hier werden also Zustände durch Reaktionen hergestellt oder beseitigt. Die dialektische Negation verlangt aber das Entstehen einer neuen Grundqualität. Das ist jedoch bei Monods Beispiel gerade nicht der Fall. Es bleibt die Gesamtheit von wesentlichen und unwesentlichen Beziehungen in Bakterien erhalten. Um von dialektischer Negation sprechen zu können, müßte aber eine neue Grundqualität entstanden sein, die als Grundlage für die dialektische Negation der Negation dienen kann. Deshalb gehorcht die Logik der biologischen Regelungssysteme, soweit es um die invariante Reproduktion geht, selbstverständlich nicht der Entwicklungstheorie, da gar keine Entwicklungsprozesse betrachtet werden. Das eigentliche zu lösende Entwicklungsproblem ist die Entstehung der höheren Qualitäten. Wenn wir diese Entwicklungsproblematik unter den Informationsaspekten betrachten, dann wird deutlich, daß die ständig sich entwickelnde Aktivität lebender Systeme – die sich in der höheren Qualität des Menschen dadurch ausdrückt, daß er die Natur sich unterordnet und seine Existenzbedingungen selbst produziert – eine ständige Vervollkommnung des Informations- und Reaktionsapparates verlangt. Shukow weist darauf hin, daß es für die Informationsprozesse im Verhalten nicht ausreicht, nur die innerzellularen Erscheinungen zu untersuchen, da in Zusammenhang mit der Spezialisierung der Zellen ein enger Zusammenhang zwischen ihnen existiert und

Stoff-, Energie- und Informationsaustausch vor sich geht.[115] Auf die zur Erklärung der Entwicklung höherer Qualitäten sich ergebende Konzeption der dialektisch-materialistischen Entwicklungstheorie wurde schon eingegangen. Es bleibt jetzt noch die Stellung Monods zur Dialektik auch unter dem Aspekt der ideologischen Funktion zu betrachten.

5.4. Monod und die Dialektik

Wenn wir im dritten Kapitel den engen Zusammenhang der weltanschaulichen, ideologischen und heuristischen Funktion der marxistisch-leninistischen Philosophie gegenüber der Naturwissenschaft erläutert haben, so gibt Monod in seiner Stellung zur Dialektik ein Beispiel dafür, wie sich weltanschauliche, ideologische und heuristische Aspekte vermischen können, wenn philosophische Probleme in Auseinandersetzung mit dem dialektischen Materialismus behandelt werden. Dabei wird der heuristische Wert der Darlegungen philosophischen Charakters durch die ungenügend begründeten und teilweise falschen weltanschaulichen Aussagen Monods eingeschränkt, und die interessanten philosophischen Problemstellungen werden im Interesse der bürgerlichen Ideologie gegen den dialektischen Materialismus genutzt. Das Ergebnis sind wichtige Probleme, aber keine philosophischen Lösungen, die der Wissenschaft adäquat sind. Weltanschaulich wichtige Fragen, wie die Entwicklungsproblematik, das Verhältnis von Philosophie und Naturwissenschaft, die ethischen Probleme unserer Zeit, werden berührt, aber ohne Berücksichtigung der existierenden wissenschaftlichen Erkenntnisse gelöst. Um zu zeigen, wohin die Mißachtung der Dialektik einen philosophierenden Naturwissenschaftler führen kann, betrachten wir deshalb Monods Buch als Ganzes.

Die stürmische Entwicklung der Naturwissenschaft bringt ständig neue philosophische Fragen hervor, deren Beantwortung zu vielen Diskussionen Anlaß gibt. Das war zu Beginn unseres Jahrhunderts mit der Entwicklung der Physik so und betrifft in unserer Zeit vor allem die Biologie. Die Molekularbiologie stellt umfangreiches einzelwissenschaftliches Material zur philosophischen Verallgemeinerung zusammen, das unsere Vorstellungen von der objektiven Dialektik der Natur bereichern könnte. Die Präzisierung und weitere Ausarbeitung der philosophischen Entwicklungstheorie, das Verhältnis von Gesetz und Zufall, die erkenntnistheoretischen und ethischen Konsequenzen aus den modernen Erkenntnissen der Biologie sind Gegenstand vieler philosophischer Diskussionen. Es ist deshalb von besonderem Interesse, wenn hervorragende

Biologen selbst ihre Meinung zu philosophischen Problemen sagen. Von philosophischer Seite sind solche Auffassungen sachlich und kritisch zu analysieren. Das gilt für uns als marxistisch-leninistische Philosophen in besonderem Maße, da der dialektische Materialismus sich stets aufs neue als weltanschauliche, erkenntnistheoretische und methodologische Grundlage wissenschaftlichen Arbeitens bestätigen muß, indem er wissenschaftlich begründete Antworten auf die philosophischen Fragen der Naturwissenschaftler gibt.

Der bekannte Molekularbiologe Jacques Monod, der mit A. Lwoff und F. Jacob 1965 den Nobelpreis für Medizin erhielt, bricht aus der Enge positivistischer Fragestellungen aus und behandelt in seinem Buch wichtige Aspekte der Entwicklungsauffassung in der modernen Biologie. Er betont „die Pflicht, die den Wissenschaftlern heute mehr denn je auferlegt ist, ihre Fachdisziplin im Zusammenhang der modernen Kultur zu sehen und diese nicht nur durch technisch bedeutsame Erkenntnisse zu bereichern, sondern auch durch Gedanken, die sich aus ihrer Fachwissenschaft ergeben und die nach ihrer Ansicht für die Menschheit wichtig sein könnten“ [116].

Sicher sind in der Zukunft noch mehr philosophisch interessante Publikationen von Biologen zu erwarten, da ihre Forschungsergebnisse weltanschaulich bedeutsame Einsichten berühren, die die Entwicklung in der Natur, die Entstehung des Lebens, die chemischen und physikalischen Grundlagen der Lebensprozesse, kurz gesagt, die Dialektik der Natur, betreffen, wobei nach Engels und Lenin die Mißachtung der Dialektik der sicherste Weg zu idealistischen Spekulationen ist. Deshalb muß die philosophische Analyse auf das subjektive Verständnis der dialektischen Naturprozesse eingehen und untersuchen, ob der spontane Materialismus des Naturwissenschaftlers in seinen philosophischen Äußerungen bewußt reflektiert wird.

Monod geht in seinem ersten Kapitel „Seltsame Objekte“ auf den Unterschied zwischen künstlichen und natürlichen Objekten ein und untersucht Kriterien ihrer Unterscheidbarkeit. Als Grundpostulat der wissenschaftlichen Methode bezeichnet er den Standpunkt, „daß die Natur *objektiv*, gegeben ist und nicht *projektiv*, geplant“ [117]. Die Lebewesen sind keine projektiv geplanten Schöpfungsergebnisse eines ideellen Schöpfers. Sie sind auch nicht durch eine besondere Lebenskraft ausgezeichnet. Gerade diese gegen idealistische Erklärungsversuche der Lebewesen gerichtete Haltung des Molekularbiologen Monod wird im Vorwort von M. Eigen besonders betont: „Die Molekularbiologie hat dem Jahrhunderte aufrecht erhaltenen Schöpfungsmystizismus ein Ende gesetzt, sie hat vollbracht, was Galilei begann.“ [118]

Die Lebewesen unterscheiden sich nach Monod vom übrigen Universum durch folgende drei Eigenschaften: Sie sind erstens Objekte, „die mit einem Plan ausgestattet sind, den sie gleichzeitig in ihrer Struktur darstellen, und auch ihre Leistungen ausführen"[119]. Diese Eigenschaft nennt Monod *Teleonomie*. Zweitens wird die Struktur der Lebewesen durch die inneren „morphogenetischen" Wechselwirkungen bestimmt, was als „autonome Morphogenese" bezeichnet wird, und drittens haben die Lebewesen die Eigenschaft der „reproduktiven Invarianz", d. h., die „Objekte sind fähig, die ihrer eigenen Struktur entsprechende Information sine varietur, also unverändert, zu reproduzieren und zu übertragen"[120].

Damit hat Monod zugleich das Problem formuliert, das er lösen will. Es geht ihm um den „tiefen erkenntnistheoretischen Widerspruch" zwischen dem Objektivitätspostulat, das die Absage an jedes Projekt in der Natur, an irgendeine Endursache verlangt, und der durch die Objektivität erzwungenen Anerkennung der Teleonomie.

Dieser Widerspruch ist bei der Anerkennung der materialistischen Dialektik auflösbar durch die Untersuchung der materiellen Prozesse, ihrer Gesetze und Bedingungen, die zur Herausbildung der Lebewesen und ihrer Entwicklung führten. Dabei ist die Leugnung eines der Naturentwicklung zugrunde liegenden ideellen Ziels und eines geistigen Schöpfers gegen den Idealismus gerichtet. Es muß aber auch die Existenz eines Automatismus bestritten werden, der die Entwicklung vom Niederen zum Höheren vorantreibt, wie ihn der mechanische Determinismus und seine Gleichsetzung von objektivem Ablauf des Geschehens und notwendiger Vorausbestimmtheit zukünftiger Ereignisse anerkennen. Damit wird für Entwicklungsabläufe nur *eine* Möglichkeit anerkannt, die notwendig verwirklicht werden muß. Eben gegen diese Auffassung polemisiert auch Monod, der bei der Lösung des genannten Widerspruchs die Rolle des Zufalls betont, genauer gesagt überbetont. Für ihn steht fest, „daß einzig und allein der Zufall jeglicher Neuerung, jeglicher Schöpfung in der belebten Natur zugrunde liegt". Diese Erkenntnis, so meint Monod, sei es, „die einen jeglichen anthropozentrischen Standpunkt am stärksten trifft"[121]. Hier befinden wir uns an einem entscheidenden Punkt der philosophischen Konzeption Monods. Er will den Anthropozentrismus, den er im Vitalismus und *Animismus* findet und den er auch der marxistischen Philosophie unterschiebt, bekämpfen. Dazu nimmt er im zweiten Kapitel „Vitalismen und Animismen" Stellung. Unter Vitalismus versteht er die Annahme eines teleonomischen Prinzips in der Biosphäre. Diese Auffassungen seien als unwissenschaftliche Spekulationen zurückzuweisen, da sie nach Monod nur durch unsere gegenwärtige Unkenntnis gerechtfertigt sind, nach der physikalische Gesetze nicht zur Erklärung des Lebens ausreichen.

Zum Animismus, der „das Bewußtsein, welches der Mensch von der stark teleonomischen Wirkungsweise seines eigenen Zentralnervensystems hat, in die unbeseelte Natur projiziert“ [122], zählt Monod auch den dialektischen Materialismus. Dabei ist es interessant, daß der materialistische Grundgedanke von der Erklärung der Tatsachen in ihrem eigenen Zusammenhang, vom Primat der Materie und der materiellen Einheit der Welt in Monods Darstellung des dialektischen Materialismus keine Rolle spielt. Er kommt sogar zu einer idealistischen Umdeutung der materialistischen Dialektik, wenn er schreibt: „Da also das Denken Teil und Reflex der universellen Bewegung ist und da es sich dialektisch bewegt, muß das Entwicklungsgesetz des Universums dialektisch sein.“ [123] Solche Behauptungen sind unhaltbar und auch nicht mit der Bemerkung zu rechtfertigen, daß die angegebene Deutung der Dialektik vielleicht dem wahren Denken von Marx und Engels nicht entspräche. Der dialektische Materialismus berücksichtigt die natürlichen und gesellschaftlichen Determinanten für die Entstehung des menschlichen Bewußtseins, betrachtet das Bewußtsein als Eigenschaft der Materie und anerkennt, daß der Mensch bei der praktischen Veränderung der Wirklichkeit Abbilder der objektiven Realität gewinnt. Die Dialektik im Denken ist also Widerspiegelung der objektiven Dialektik. Dialektische Gesetze müssen in der Natur gefunden und nicht hineinprojiziert werden. Monod vulgarisiert auch die dialektisch-materialistische Erkenntnistheorie, indem er sie mit der Forderung der „vollkommenen Spiegelung“ identifiziert und erkenntniskritische Aspekte in ihr leugnet. Wir finden hier eine Zusammenstellung verschiedenster Fälschungen dialektisch-materialistischer Grundaussagen, die dem Objektivitätspostulat Monods widersprechen, aber für die vielen Gegner des Sozialismus und Marxismus ideologisch äußerst wertvoll sind. Sie setzen auch den philosophischen und überhaupt den wissenschaftlichen Wert des Buches herab.

Durch die Entstellung und Mißachtung der materialistischen Dialektik, die er als „wissenschaftsfremd“ und „mit Wissenschaft unvereinbar“ bezeichnet, nimmt er sich selbst die Möglichkeit zur Lösung philosophischer Probleme. Ich möchte das am Beispiel des Anthropozentrismus und Monods Haltung zum Zufall kurz andeuten. Monod will den Anthropozentrismus, den er auch im dialektischen Materialismus sieht, bekämpfen. Dabei nährt er aber selbst anthropozentristische Illusionen, wenn er von der „Erkenntnis“ und „Entscheidung“ der Enzyme spricht und nach ihm das Enzym eine Information liefert, die einer binären Wahl entspricht, oder wenn von Übereinkunft der Informationsübertragung die Rede ist.[124] Da es sich hier um oft benutzte Termini handelt, ist das nicht weiter schlimm. Sie müßten nur einem so „konsequenten" Gegner des Anthropozentrismus wie Monod auffallen. Als eigentlichen Anthropozentrismus betrachte ich seine Auffassung zum Zufall im Verhältnis von Symmetrie und Asymmetrie. Das Buch erweckt den Anschein, als ob Invarianzen, Symmetrien und Erhaltungen die Grundstruktur der Wirklichkeit bilden.[125] Wäre das der Fall, dann wäre jede Durchbrechung der Symmetrie das Gesetz- und Regellose, der absolute Zufall. Wird nun, wie bei Monod, als Grundlage der Entwicklung ein Fehler in der Replikation der genetischen Botschaft genommen, dann ist die invariante Reproduktion das Gesetzmäßige und der Fehler der Zufall, den Monod als totale Unabhängigkeit zweier Ereignissreihen auffaßt. Damit wird die ideale Ordnung der Welt, ihre absolute Symmetrie, behauptet und deren Durchbrechung als nicht gesetzmäßig angesehen. In dieser Konzeption wird die tiefe Einsicht in die Dialektik von Gesetz und Zufall, von Notwendigkeit und Zufall, auf die auch Eigen in seinem Vorwort aufmerksam macht, nicht beachtet.[126] Die philosophische Konsequenz dieser Auffassung führt zum Neoplatonismus, den Monod nicht vertritt, obwohl er betont, „ein platonisches Element gibt es und wird es in der Naturwissenschaft geben"[127].

Würde Monod hier konsequent von seinem Objektivitätspostulat ausgehen, so müßte er anerkennen, daß die Durchbrechung von Symmetrien ebenso objektiv vorhanden ist wie ihre Erhaltung. Berücksichtigt man also die objektive Dialektik von Symmetrie und Asymmetrie, von Erhaltung und Nichterhaltung, dann zeigen gerade die dialektischen Entwicklungsgesetze den Weg zur weiteren Erforschung der Gesetze biologischer Entwicklung. Selbstverständlich sind letztere nicht aus ersteren zu deduzieren. Aber wenn man die objektive Dialektik der Natur untersucht, dann zeigt sich, daß es den absoluten Zufall nicht gibt. Seine Annahme ist ebenso subjektivistisch wie die Behauptung von der idealen Symmetrie in der Natur. Die materialistische Dialektik zwingt uns, die Gesetze der Entwicklung zu finden und damit asymmetrisches Verhalten in Gesetzen zu erfassen. Letzten Endes ist das auch die Konsequenz der Darstellung Monods, nur wird dort das eigentliche Problem vereinfacht, indem der angeblichen idealen Naturordnung der sie durchbrechende Zufall entgegengestellt wird, womit die Existenz objektiver Entwicklungsgesetze geleugnet wird. Diese aus der Frontstellung gegen den mechanischen Determinismus zu verstehende Haltung verliert gegenüber dem dialektischen Determinismus ihren Sinn und geht sogar hinter dessen Problemlösungen zurück.

Mit diesen Feststellungen wird zugleich die philosophische Grundauffassung Monods zur Dialektik kritisiert, was mit anderen Beispielen auch geschehen könnte. So ist seine Analyse des Verhältnisses von System und Element, von Komplexem und Elementarem eine Hinführung zur Dialektik, aber noch keine exakte Analyse dieser Beziehungen. Das kann man auch vom Verhältnis von Gesetz und Bedingungen, von Kausalität und Gesetz usw. sagen. Insgesamt gilt, daß Monod überall an die Dialektik der Natur herankommt, da er aber die wissenschaftliche, materialistische Dialektik offensichtlich aus ideologischen Gründen ablehnt, kann man ihm selbst den Vorwurf des Anthropozentrismus, der Verletzung seines Objektivitätspostulats nicht ersparen. Die konsequente Einhaltung des letzteren würde ihn zur Anerkennung der objektiven Dialektik zwingen, der er durch metaphysische Ausflüchte entgehen will. So wird für den geschulten Dialektiker Monods Buch selbst zum Nachweis für die Existenz und Bedeutung der Dialektik in der Biologie.

Die aus diesem Widerspruch sich erklärenden philosophisch nicht immer haltbaren Thesen durchdringen auch die folgenden Kapitel, die aber zugleich eine interessante Darstellung philosophischer Probleme der modernen Biologie zum Inhalt haben. Einige davon seien hier genannt, ohne sie ausführlich darlegen zu können. So geht es im dritten Kapitel „Maxwells Dämonen" um die Erklärung des Begriffs des nonkonvalenten stereospezifischen Komplexes, wobei das Verhältnis von Information, Ordnung und Entwicklung philosophisch interessant ist. Das vierte Kapitel „Mikroskopische Kybernetik" erklärt die chemischen Wechselwirkungen, den Begriff der Zwangsfreiheit als chemische Unabhängigkeit zwischen der Funktion und der Beschaffenheit der chemischen Signale, von denen diese Funktion abhängig ist, und gibt eine Kritik des Holismus. Das fünfte Kapitel „Molekulare Ontogenese" befaßt sich mit den stereospezifischen Erkennungseigenschaften der Proteine, während das sechste Kapitel „Invarianz und Störungen" eigentlich eine Darstellung der Dialektik von Notwendigkeit und Zufall, Symmetrie und Asymmetrie liefert. Nach Monod beruhen „alle Eigenschaften der Lebewesen auf einem grundlegenden Mechanismus der molekularen Erhaltung". Für ihn ist „die Evolution keineswegs eine Eigenschaft der Lebewesen, da sie ihre Ursache gerade in den Unvollkommenheiten des Erhaltungsmechanismus hat . . ." [128] Nur die metaphysische Ausgangsposition läßt also die Evolution zum zufälligen Produkt der Erhaltung werden. Berücksichtigt man die Ergebnisse der

Physik in bezug auf die Durchbrechung der Erhaltung, dann wird dialektisch Erhaltung und Nichterhaltung als einheitlicher objektiver Prozeß gesehen, wobei die Nichterhaltung der invarianten Reproduktion Entwicklung unter bestimmten Bedingungen mit bestimmten Entwicklungsgesetzen gestattet und die Erhaltung der Invarianz auf jeder Entwicklungsstufe auch die invariante Reproduktion ermöglicht. Gerade das macht auch die dialektisch-materialistische Entwicklungstheorie zum Gegenstand ihrer Untersuchung, das Entstehen höherer Qualitäten als Negation der Negation durch die Entfaltung und Lösung dialektischer Widersprüche, wobei Stagnation und Regression auftreten und kein Endziel existiert. Wohl gibt es aber auf Grund vorhandener materieller Bedingungen verschiedene Möglichkeiten als vorliegende Tendenzen zukünftigen Verhaltens. Betrachten wir Entwicklungsprozesse von erreichten Stadien aus zeitlich rückwärts, dann erscheint es so, als ob die erreichte höhere Qualität, etwa die Entstehung des Lebens oder des Menschen in der spezifischen Form, wie wir sie kennen, überhaupt die einzige Möglichkeit gewesen sei, die realisiert werden konnte und somit das Ziel der Entwicklung darstellt. Der dialektische Materialismus bestreitet das. Ist etwas Neues entstanden, so wurde damit eine der vielen vorhandenen Möglichkeiten verwirklicht, und es gilt deshalb, die Bedingungen und Gesetze zu analysieren, unter denen das geschah. Die existierenden Möglichkeiten einer Entwicklungsetappe kann man deshalb als relative Ziele ansprechen.

Zu diesen Konsequenzen kommt Monod in seinem siebenten Kapitel „Evolution" nicht. Bei seiner Erklärung der Entstehung des Bewußtseins umgeht er völlig die Rolle der Arbeit, obwohl er auf die Bedeutung der bewußten Planung der Tätigkeiten verweist. Für ihn ist so auch die Sprache ein Produkt des Zufalls. Das achte Kapitel heißt „Die Grenzen" und soll auf die Grenzen biologischer Erkenntnis heute verweisen. Monod sieht sie nicht mehr in der Erklärung der Evolution, obwohl der Begriff der Evolution noch genauer zu bestimmen sei, sondern im Ursprung der ersten lebenden Systeme und in der Funktionsweise des Zentralnervensystems der Menschen. Die Kritik des mechanischen Determinismus mit seiner Anerkennung der Vorausbestimmtheit muß man dabei voll unterstreichen, während die Darstellung des Verhältnisses von Empirismus und Apriorismus problematisch ist. Wenn das relative Apriori betont wird, das sich aus der Existenz eines bestimmten sensorischen Apparats für die Erkenntnis ergibt, so ist das berechtigt, aber zugleich ist darauf zu verweisen, daß dieser Apparat selbst eine Geschichte hat. Monod schreibt: „Wenn das Verhalten Elemente enthält, die durch Erfahrungen erworben wurden, so wurden sie nach einem Programm erworben, das seinerseits angeboren, das heißt genetisch festgelegt ist." [129] Hier wird sich Monod selbst untreu. Schließt man sich nämlich seinen Argumenten an, so muß auch die Frage beantwortet werden, wie das Programm entstand. Nach Monod kam es durch Zufall zustande. Wodurch wurde der Zufall ausgewählt? Nach Monod durch Selektionsdruck, d. h. durch Erfahrung. Deshalb betont er auch, daß alles aus der Erfahrung stammt, entweder aus der gegenwärtigen oder der vergangenen. Damit hebt er selbst das Zugeständnis an den Apriorismus auf.

Das letzte Kapitel heißt „Das Reich und die Finsternis" und befaßt sich mit realen Gefahren der genetischen Entartung. Da es hier um gesellschaftliche Prozesse geht, reicht selbstverständlich die Biologie zur Erklärung nicht aus. Monod betrachtet jedoch die biologischen Aspekte gesellschaftlicher Entwicklung nicht in Abhängigkeit von den gesellschaftlichen Verhältnissen, spricht klassenindifferent von der modernen Gesellschaft, wiederholt Angriffe gegen den Marxismus und landet letztlich im sozialen Utopismus, bei dem die Ethik der Erkenntnis zur Basis des wahren Sozialismus wird. In der Erklärung gesellschaftlicher Prozesse wird Monod zum Idealisten, der die determinierende Rolle der Produktionsverhältnisse nicht versteht, die Klassengegensätze nicht beachtet und den ideologischen Kampf mißachtet.

Die Einschätzung des Buches ergibt erstens, daß das Objektivitätspostulat Monods in seinem Kern die Anerkennung des Primats der Materie und der materiellen Einheit der Welt bedeutet, die materialistische Erklärung des Lebens, seiner Entstehung und Evolution fordert und die Anerkennung der objektiven Wahrheit darstellt. Leider wird dieses Postulat nicht konsequent, vor allem nicht bei der Betrachtung von Ideologien und bei der Erklärung der Gesellschaft durchgehalten.

Zweitens wird die Dialektik der Natur gezeigt, aber nicht in ihrer Reichhaltigkeit begriffen. Manchmal wird sie mit metaphysischen Ausflüchten umgangen, womit sich die Lösung bestimmter Probleme, wie das des Verhältnisses von Gesetz und Zufall, Symmetrie und Asymmetrie erschwert.

Drittens sind die Angriffe auf den Marxismus entweder aufgebauschte Einseitigkeiten, die sein Wesen nicht betreffen, oder Unkenntnis der Entwicklung des Marxismus, aber auch direkte Entstellungen, wie der Vorwurf des Anthropozentrismus.

Viertens gibt es im Buch Ansätze zum Anthropozentrismus mit der Anerkennung einer idealen Ordnung der Welt und der Interpretation des Verhaltens der Enzyme mit Kategorien wie Erkenntnis, Entscheidung usw.

Fünftens wird der Kerngedanke des historischen Materialismus nicht begriffen, wonach die bestimmenden gesellschaftlichen Verhältnisse die Produktionsverhältnisse sind, die als Basis den Überbau bestimmen. Das zeigt sich bei der Erklärung der Sprache, der Gesellschaft und der Moral. Der Klassenkampf in seinen verschiedenen Formen wird nicht beachtet. Zwar trifft die von Monod getroffene Unterscheidung von objektiver Wahrheit und Norm zu, aber der Klassencharakter der Moral wird nicht erklärt, und Monod entwickelt utopische Vorstellungen von „wahrem Sozialismus".

Sechstens gibt Monod eine naturwissenschaftlich begründete Kritik verschiedener idealistischer Vorstellungen zur Naturentwicklung, leugnet aber den wissenschaftlichen Charakter der marxistischen Philosophie und deren heuristische Funktion für die Naturwissenschaft.

Es wird also deutlich, was Engels schon betonte: Man verachtet die Dialektik nicht ungestraft. Monod ist kein Metaphysiker. Er ist spontaner Dialektiker, aber er wendet sich gegen die Dialektik als Wissenschaft, und eben da beginnen seine Schwierigkeiten. Er begreift die Dialektik von Symmetrie und Asymmetrie, Notwendigkeit und Zufall nur einseitig: Deshalb muß die spontane Dialektik als Ahnung dialektischer Beziehungen in der Natur durch die bewußte Erforschung der objektiven Naturdialektik ersetzt werden.

KAPITEL VI

Zur Dialektik naturwissenschaftlicher Erkenntnisprozesse

Die Dialektik naturwissenschaftlicher Erkenntnisprozesse rückt immer mehr in den Mittelpunkt philosophischen Interesses bei der Lösung philosophischer Probleme der Naturwissenschaft. Es zeigt sich, daß die Untersuchung erkenntnistheoretischer Probleme nicht in dem notwendigen Umfange durch marxistisch-leninistische Philosophen betrieben wird. Das wird besonders deutlich an der bereits behandelten Gesetzesproblematik. Das Gesetz als objektiv existierender allgemeinnotwendiger und wesentlicher Zusammenhang ist erkenntnistheoretisch gesehen nicht identisch mit der Gesetzesformulierung in der Wissenschaft. Letztere ist eine relativ exakte Widerspiegelung des ersteren. Wenn es nicht um die erkenntnistheoretische Problematik geht, ist der Unterschied nicht so wichtig, da das Abbild das Abgebildete erfaßt. Für den Erkenntnisprozeß der Gesetze ist es jedoch wichtig, stets den relativen Charakter der Widerspiegelung zu betonen und auf die tiefere Erkenntnis der Gesetze zu orientieren. Dabei taucht eine Reihe von Problemen auf. Wie verschiedene Diskussionen der letzten Zeit zeigen, wurden bei manchen Philosophen der materialistische Sensualismus der marxistisch-leninistischen Philosophie und seine Konsequenzen für die Erkenntnistheorie vergessen. Selbstverständlich tritt er nicht mehr in der vereinfachten Form auf, die in den Worten zum Ausdruck kam: „Nihil est in intellectu, quod non fuerit in sensu." (Nichts ist im Intellekt, das nicht vorher in den Sinnen war.) Bereits die Betrachtungen zur Rolle der Mathematik zeigen die Einseitigkeit dieses Standpunktes. Das Denkmögliche ist im Intellekt, erhält zwar seine Anregung aus den Sinnen, ist aber vorher nicht in ihnen. Die antizipatorische Funktion des Denkens ist kompliziert und nicht als einfache Verarbeitung von Sinnesdaten zu erklären. Ich habe jedoch schon auf die Grenzen der auf der Kantschen Trennung von analytischen und synthetischen Urteilen beruhenden positivistischen Auffassung verwiesen, nach der die analytischen Urteile nichts über die Welt aussagen. Es geht um die Einheit von sinnlicher und rationaler, von empirischer und theoretischer Erkenntnis. Denkmöglichkeiten müssen sinnlich überprüfbar gestaltet und empirische Untersuchungen theoretisch ausgewertet werden. Dazu ist es für die Philosophen wichtig, die Bindeglieder in dem Erkenntnisprozeß zu finden, die diese dialektische Einheit im Prozeß zeigen. Um das zu verdeutlichen, soll das Verhältnis von Modell und Anschaulichkeit in der Physik betrachtet werden.

Die Erkenntnistheorie umfaßt neben dem Widerspiegelungsaspekt und der dafür wichtigen Einheit von sinnlicher und rationaler Erkenntnis vor allem das Wahrheitsproblem. Hier ergeben sich, ausgehend von der Leninschen Wahrheitstheorie in Zusammenhang mit der Entwicklung der Naturwissenschaft, einige diskussionswürdige Aspekte, die in einem zweiten Abschnitt untersucht werden sollen.

Besondere Bedeutung hat die Diskussion um die Kybernetik für die Erkenntnistheorie. Sie liefert viele neue Einsichten in erkenntnistheoretische Probleme und bietet einige Lösungen an. Wie wir schon gesehen haben, ist die philosophische Analyse der Kybernetik unbedingt erforderlich. Das trifft auch auf ihre erkenntnistheoretischen Lösungsversuche zu. In diesem Zusammenhang soll deshalb ein wichtiger Teilaspekt untersucht werden, nämlich das Verhältnis von Information, Zeichen und Abbild.

1. Modell und Anschaulichkeit in der modernen Physik

Die moderne Physik ist ein Beispiel dafür, daß wissenschaftliche Entdeckungen nicht nur unsere Kenntnisse über die Gesetze des untersuchten Bereiches erweitern, sondern auch Beiträge zur Problemstellung und -lösung bei der Ausarbeitung der Erkenntnistheorie leisten. Heisenberg formuliert diese Auffassung als philosophische Antwort auf die erkenntnistheoretischen Fragen, die mit der Entwicklung der Quantentheorie auftauchten, wenn er schreibt, „daß sich mit der historischen Entwicklung auch die Struktur des menschlichen Denkens ändert. Der Fortschritt der Wissenschaft vollzieht sich nicht nur dadurch, daß uns neue Tatsachen bekannt und verständlich werden, sondern auch dadurch, daß wir immer wieder neu lernen, was das Wort ‚verstehen' bedeuten kann."[1]

Für die erkenntnistheoretische Problematik der modernen Physik ist die intensive Diskussion um die Rolle von Modellen und über die Anschaulichkeit physikalischer Objekte charakteristisch.[2] Es geht dabei um mehr als nur um die Definition des Modellbegriffs oder die Festlegung, was unter Anschaulichkeit zu verstehen ist. Hinter unterschiedlichen Auffassungen dazu verbergen sich verschiedene philosophische Haltungen zu den Erkenntnismöglichkeiten und Erkenntnismethoden. Die prinzipielle Position des dialektischen Materialismus ist dadurch bestimmt, daß er als Quelle unseres Wissens die objektive Realität, d. h. das, was außerhalb und unabhängig von unserem Bewußtsein existiert, anerkennt und unsere Begriffe, Theorien usw. als Abbilder der objektiven Realität betrachtet. Damit ist jedoch nicht die Frage beantwortet, wie der Erkenntnisprozeß verläuft, in dessen Ergebnis Abbilder entstehen. Deshalb ist auch für den dialektischen Materialismus die Analyse des Weges vom Experiment, von der Erfahrung zur Theorie, die Beachtung des praktischen Nutzens theoretischer Überlegungen und damit die Untersuchung der Einheit von sinnlichen und rationalen Elementen im naturwissenschaftlichen Erkenntnisprozeß eine ständige Aufgabe, um die neuen Einsichten in die Art und Weise des Erkennens philosophisch nutzbar zu machen, die durch naturwissenschaftliche Entdeckungen erreicht werden.

Ohne schon Modell und Anschaulichkeit zu definieren, verfolgen wir einige Konsequenzen, sie sich aus bestimmten Haltungen ergeben, wie sie bei Physikern im Zusammenhang mit der Relativitäts-, der Quanten- und der Elementarteilchentheorie auftraten. Das ist deshalb aufschlußreich, weil sich hieraus Hinweise auf die Kompliziertheit des Verhältnisses von Modell und Anschaulichkeit ergeben, die in der Diskussion manchmal ungenügend berücksichtigt werden. Dabei geht es vor allem um das Verhältnis von Empirie und Theorie, das teilweise einseitig gefaßt wird.

Nach Einstein brachte die Relativitätstheorie die Einsicht mit sich, „daß jeder Versuch einer logischen Ableitung der Grundbegriffe und Grundgesetze der Mechanik aus elementaren Erfahrungen zum Scheitern verurteilt ist". Für ihn ist die Natur „die Realisierung des mathematisch denkbar Einfachsten". Er betont: „Die brauchbaren mathematischen Begriffe können durch Erfahrung wohl nahegelegt, aber keinesfalls aus ihr abgeleitet werden. Erfahrung bleibt natürlich das einzige Kriterium der Brauchbarkeit einer mathematischen Konstruktion für die Physik. Das eigentlich schöpferische Prinzip liegt aber in der Mathematik."[4]

Wenn wir diese Stellungnahme für unser Thema ausnutzen, dann hat die mit dem Experiment und damit mit sinnlichem Erleben verbundene Erfahrung die Aufgabe, wissenschaftliches Denken anzuregen und seine Ergebnisse zu kontrollieren. Eigentliche wissenschaftliche Arbeit ist aber die Theorienbildung, die schöpferische Tätigkeit des menschlichen Geistes. In der Konsequenz könnte das Modell damit als nur physikalische Konkretisierung der mathematischen Theorie verstanden werden, wobei mathematische Terme durch physikalisch feststellbare Eigenschaften belegt werden. Das Modell wäre also die Veranschaulichung der Theorie, da die experimentelle Überprüfung der Theorie uns zu sinnlich erlebbaren Erkenntnissen führt, die mit unserm Bild von der physikalischen Wirklichkeit verbunden werden.

Anders ist die Stellungnahme der Vertreter der Kopenhagener Deutung der Quantentheorie. Bohrs Atommodell hatte anschaulichen Charakter. Heisenbergs Beobachtbarkeitsprinzip half bei der Entwicklung der Quantenmechanik.[5] Heisenberg erläutert Bohrs Haltung zu dieser Erkenntnissituation mit den Worten: „Diese Bilder ... sind ja aus Erfahrungen erschlossen, oder, wenn Sie wollen, erraten, nicht aus irgendwelchen theoretischen Berechnungen gewonnen."[5] Die Sprache soll Bilder im Bewußtsein erzeugen und gedankliche Verbindungen herstellen. Man hoffte, „daß sich im Laufe der Zeit neue Begriffe bilden, mit denen wir auch diese unanschaulichen Vorgänge im Atom irgendwie ergreifen können"[6]. Das Modell hat hier die Aufgabe, Erfahrungen zu systematisieren und Sachverhalte auf anschauliche Weise begreiflich zu machen. Dabei ist das Modell ein Schritt zum theoretischen Verständnis des als unanschaulich Bezeichneten. Das Modell ist die Vorstufe zur Theorie.

Ein weiterer Aspekt des Verhältnisses von Anschaulichkeit und Modell wird außerdem sichtbar, wenn das Bohrsche Atommodell mit den Planetenbahnen verglichen und der Versuch in der Kernphysik betrachtet wird, das Planetenmodell auch auf den Atomkern zu übertragen. Durch Analogienbildung sollen damit neue Ansätze zur theoretischen Erklärung experimenteller Sachverhalte gewonnen werden. Bereits bewährte Theorien und theoretische Ansätze werden auf wenige bekannte Objekte angewandt. Die Analogie kann dabei sowohl mathematisch abstrakter als auch anschaulich konkreter Natur sein.

Wir können also folgende drei Momente im Verhältnis von Modell und Anschaulichkeit erst einmal hervorheben, die wiederum in der Elementarteilchenphysik ihren Ausdruck finden: 1. Es werden mathematische Ausgangsgleichungen aufgestellt und die physikalischen Konsequenzen überprüft. In dieser Richtung liegen die Versuche von Heisenberg u. a., eine einheitliche Feldtheorie aufzubauen. Die Theorie wird mit Hilfe von Modellen veranschaulicht. 2. Das umfangreiche experimentelle Material wird geordnet, um bestimmte allgemeine Beziehungen zu finden. Man sucht das Anschaubare (Anschauliche) begrifflich zu fassen, wobei das Modell als Vorstufe der Theorie auftreten kann. In dieser Richtung liegen die Bestrebungen, die Elementarteilchen zu klassifizieren. 3. Man arbeitet mit Analogien und Verfahrensweisen, die sich an anderen Stellen bewährt haben, d. h. entwickelt auf dieser Grundlage Modelle für bisher unbekannte Objekte und Verhaltensweisen. Dabei spielen anschauliche Vorstellungen über Bekanntes eine Rolle für die Erkenntnis von Unbekanntem. Da das Atom sich als teilbar erwies, teilt man auch die Elementarteilchen und sucht nach den Subteilchen.

Die erkenntnistheoretische Problematik zeigt sich also stets neu und wird nicht endgültig gelöst. Aber ihre Analyse hilft dem Verständnis für die erkenntnistheoretischen Schwierigkeiten beim Aufbau neuer Theorien und läßt uns einseitige Forderungen vermeiden. Dazu gehört einerseits die Überschätzung der Logik, mit der allein die Erkenntnistheorie nicht aufgebaut werden kann, da die Rolle wissenschaftlicher Intuitonen nicht erklärt und die Bedeutung psychischer Faktoren, gesellschaftlicher Vorurteile, weltanschaulicher Komponenten usw. nicht berücksichtigt wird. Dabei muß auch die Logik der Forschung selbst weiterentwickelt werden. Andererseits kann eine Überschätzung der Erfahrung, des Experiments uns daran hindern, die schöpferische Rolle theoretischen Denkens besser auszuarbeiten. Auch die Relativität der praktischen Bewährung von Theorien im Experiment muß beachtet werden.

In manchen Diskussionen werden die Anschaulichkeit physikalischer Sachverhalte und die Entwicklung von Modellen in der modernen Physik als sich gegenseitig ausschließend einander entgegengestellt. Die Veranschaulichung von Theorien mit Hilfe von Modellen oder die Systematisierung der Anschauung durch Modelle wird nicht immer als wesentlicher Bestandteil des wissenschaftlichen Erkenntnisprozesses betrachtet. Um solchen Auffassungen begegnen zu können, ist eine genauere Bestimmung dessen, was unter Modell und Anschaulichkeit zu verstehen ist, erforderlich. Das gibt die Grundlage dafür, die Beziehungen zwischen Modell und Anschaulichkeit exakter fassen zu können.

Von Physikern und Philosophen wird direkt vom Verlust der Anschaulichkeit physikalischer Objekte in der Mikrophysik gesprochen. An die Stelle der anschaulichen Totalsicht des Objekts treten Bilder oder Modelle. Dabei konnte man unter dieser Totalsicht die systematisierte Anschauung verstehen, die z. B. in der Massenpunktmechanik zur Auffassung führte, daß ein Körper als Massenpunkt repräsentiert werden kann. In keiner noch so einfachen wissenschaftlichen Aussage über physikalische Objekte wird tatsächlich eine Totalsicht gegeben. Das wirkliche Objekt in der Vielfalt seiner Beziehungen wird zu einem (idealisierten ideellen) Repräsentanten vereinfacht, der für das wirkliche Objekt angesehen wird. Der klassisch-physikalische Körper ist damit nicht anschaulicher als das Elementarteilchen, sondern der ideelle Repräsentant des klassischen Körpers ist einfacher, aus weniger Bestimmungen bestehend, als der ideelle Repräsentant des Elementarteilchens, der komplizierter ist, mehr Bestimmungen enthält. Damit zeigt sich aber, daß wir von der Erscheinung, dem sinnlich erlebten klassischen Körper und seinen Bewegungen, zum Wesen physikalischer Prozesse vordringen, die wir in der Massenpunktmechanik bereits theoretisch erfassen. Die Erweiterung unseres Wissens erfolgt dann durch den Übergang vom Wesen erster zum Wesen zweiter Ordnung usw. Das geschieht in zweifacher Hinsicht. Einerseits untersuchen wir die Subniveaus oder die Mikrostruktur der klassischen Objekte, wobei sich bisherige Theorien als Grenzfälle umfassenderer Theorien erweisen. Andererseits stellen wir Beziehungen zwischen bisher getrennten Gebieten her, wie im 19. Jahrhundert zwischen Magnetismus und Elektrizität. Heute geht es darum, die Beziehungen zwischen den in der Quantentheorie und in der Relativitätstheorie erfaßten physikalischen Sachverhalten zu finden.

Was damit als Verlust der Anschaulichkeit angesehen wird, erweist sich (negativ formuliert) als Überwindung einseitiger oder vereinfachter theoretischer Vorstellungen über die wirklichen Beziehungen und (positiv formuliert) als tieferes Eindringen in das Wesen physikalischer Prozesse. Der bisherige ideelle Repräsentant für physikalische Objekte verliert für kompliziertere Objekte seine Gültigkeit. Man versucht sich jedoch die neue Theorie durch neue ideelle Repräsentanten für wirkliche Objekte und Beziehungen zu veranschaulichen. Eine so mit Vorstellungen verbundene Theorie wird dann oft als anschaulich bezeichnet. Insofern richtet sich die Kritik an anerkannten Theorien oft gegen die damit verbundenen anschaulichen Vorstellungen (ideelle Repräsentanten).

Das Quantenobjekt kann im Teilchen oder Wellenbild beschrieben werden. Für die Erkenntnis des Atomkerns wurden verschiedene Kernmodelle entwickelt. Es zeigt sich, daß sich Anschaulichkeit (Veranschaulichung) und Modell im Erkenntnisprozeß nicht ausschließen. Das ist nämlich nur der Fall, wenn man „anschaulich" mit „klassisch-physikalisch beschreibbar" gleichsetzt und unter einem anschaulichen physikalischen Objekt einen Körper versteht, der schwer, undurchdringlich und träge ist, konzentriert den Raum erfüllt und sich im dreidimensionalen euklidischen Raum bei absoluter Weltzeit bewegt; im Modell dagegen die diesen widersprechenden neu erkannten Eigenschaften erfaßt.

Es entsteht damit ein Gegensatz zwischen dem vereinfachten ideellen Repräsentanten für das klassische Objekt und dem neuen für die Quantenobjekte. Vom Verlust der Anschaulichkeit könnte man nur sprechen, wenn der neue ideelle Repräsentant keine Beziehung mehr zum sinnlichen Erleben, zur Anschauung hat. Das ist aber nicht der Fall und wurde sowohl von den Quantentheoretikern als auch von Einstein nicht behauptet. Der erkenntnistheoretische Fehlschluß lag darin, den ideellen Repräsentanten des klassischen Körpers als klassischen Körper selbst zu betrachten und theoretische Operationen mit ihm, mit sinnlichen Erlebnissen, so zu koppeln, daß die vereinfachten Beziehungen als die allein bestimmenden angesehen wurden. Vereinfachungen sind immer erforderlich. Aber die Erkenntnis verlangt neben der vereinfachenden Analyse, wobei einzelne Seiten, Aspekte usw. hervorgehoben werden, die Synthese. Der dialektische Materialismus betrachtet den Erkenntnisprozeß als Aufsteigen vom sinnlich Konkreten zum Abstrakten und dann zum abstrakt Konkreten, das eine Gesamtheit der analysierten Bestimmungen ist und als ideeller Repräsentant wirklicher Objekte und Beziehungen (Abbild) zuverlässig Nachricht über das objektiv-reale Geschehen gibt. Dieses abstrakt Konkrete muß ständig neu bestimmt werden, wenn neue Erkenntnisse gewonnen werden. Der Gegensatz besteht deshalb nicht zwischen Modell und Anschauung, wie wir gesehen haben, sondern zwischen einfacheren, weniger exakten und exakteren Abbildern. Unter einem Modell verstehen wir die geistige oder materielle Reproduktion von möglichen und wirklichen Prozessen, Beziehungen, Funktionen durch ein Erkenntnissubjekt mittels Analogien oder das Aufsuchen solcher Analogien in anderen materiellen oder ideellen Systemen. Anschaulichkeit ist die durch unsere rationale Erkenntnis mögliche Hervorhebung des Wesens oder wesentlicher Seiten eines Objekts oder Prozesses in der sinnlichen Erkenntnis mittels Vorstellungen, die Objekt und Prozeß als Einheit von Wesen und Erscheinung fassen. Die Vorstellungen sind abhängig von den theoretischen Kenntnissen. Insofern ist es möglich, verschiedene Stufen der Anschaulichkeit in Abhängigkeit vom Eindringen in das Wesen der anschaulich zu beschreibenden Objekte zu unterscheiden. Anschaulichkeit und Modell sind Momente des Erkenntnisprozesses und helfen bei der adäquateren Erkenntnis von Objekten. Damit wird auch klar, daß die Forderung nach Anschaulichkeit nicht dem tieferen theoretischen Erfassen der Gesetze physikalischer Prozesse entgegensteht, sondern es gerade voraussetzt. Es geht deshalb nicht um eine „anschauliche Physik", sondern um die Einheit von sinnlichen und rationalen Komponenten im

Erkenntnisprozeß und damit um den materialistischen Standpunkt, der die Umwandlung des äußeren Reizes in eine Bewußtseinstatsache (Lenin) als wesentliche Komponente des Erkenntnisprozesses beachtet. Angriffe des Positivismus auf die dialektisch-materialistische Erkenntnistheorie berücksichtigen oft gerade diesen Aspekt nicht, der sich als Veranschaulichung der Theorie in Modellen oder in der modellmäßigen Erfassung der Anschauung als Vorstufe zur Theorie zeigt.

Die Kernmodelle dienen z. B., mit ihren Analogien, als Veranschaulichung der komplizierten Vorgänge durch bereits bekannte Systeme und Prozesse. So nimmt man beim Schalenmodell des Kerns an, daß die Nukleonen in Schalen angeordnet sind. Den Schalenbegriff hat man aus der Atomtheorie übernommen. Die Spezifik der Kernbewegung zeigt sich jedoch darin, daß es kein stabilisierendes Zentrum gibt. Hier wird die Wechselwirkung der Nukleonen wesentlich. Das Modell umfaßt in der Analogie also gleiche und spezifische Seiten von Atom und Kern. Das Schalenmodell als ideeller Repräsentant des Atomkerns enthält dabei selbst schon wieder Näherungen, indem z. B. die Dichte als konstant angenommen wird. Mit anderen Modellen, wie dem Tröpfchenmodell, kombinierten Modellen, versucht man, immer mehr in das Wesen des Atomkerns einzudringen. Materialisierte oder prinzipiell materialisierbare Modelle machen für das Erkenntnissubjekt die modellierten Objekte und Beziehungen anschaulich. Damit besteht die Möglichkeit, verschiedene Theorien zur Klärung der Beziehungen in unbekannten Systemen heranzuziehen.

Die Beziehungen im modellierten Objekt sind nur durch Experimente zu erkennen. Mit dem Modell wird theoretisch und praktisch so gearbeitet, als ob es das Objekt selbst sei. Es enthält jedoch als ideeller Repräsentant stets Näherungen, die so wesentlich sein können, daß sie in neuen Modellen aufgehoben werden. Nie darf jedoch das Modell selbst als das wirkliche modellierte Objekt genommen werden. Hier bestätigt sich die dialektisch-materialistische Auffassung von der Unerschöpflichkeit objektiv-realer Beziehungen und Objekte. Um mit Einstein zu sprechen, ist die Erfahrung, das Experiment stets das Kriterium für die Bewährung von Theorien und Modellen. Das Experiment liefert die Verhaltensweise des Objekts als Grundlage und Kritik des Modells. Auch Experimente mit Modellen, soweit es sich um materielle Reproduktionen handelt, die zwar in der modernen Physik kaum eine Rolle spielen, aber in Biologie und Technik wichtig sind, sind kein Ersatz für Experimente mit den modellierten Objekten. Bei Analogieschlüssen vom Modell auf das Objekt sind deshalb stets die Systemgesetze für das Verhalten des Objekts zu berücksichtigen oder zu erforschen, um keine falschen Extrapolationen zuzulassen. In der wissenschaftlichen Forschung ist also der Platz des Modells dadurch bestimmt, daß es einerseits Grundlage für die Theorienbildung ist und andererseits zur Veranschaulichung der Theorie dient, wobei die Bedeutung von Analogien berücksichtigt werden muß.

Die für die Modellbildung in der modernen Physik charakteristische Anwendung mathematischer Methoden widerspricht nicht der Anschaulichkeit physikalischer Objekte. Erst das tiefe theoretische Verständnis der physikalischen Beziehungen mittels der Mathematik öffnet den Weg für die Analogienbildung, die es gestattet, Objekte so zu modellieren, daß sie bekannten Theorien und Methoden zugänglich werden. Insofern kann die Veranschaulichung komplizierter physikalischer Vorgänge als heuristisches Mittel zur Analogienbildung betrachtet werden, womit sie Bestandteil des Erkenntnisprozesses ist, der die Anwendung von Modellen zur Untersuchung des eigentlichen Erkenntnisobjekts gestattet.

Aus den charakterisierten Beziehungen zwischen Modell und Anschaulichkeit in der modernen Physik geht hervor, daß das theoretische Verständnis objektiv-realer physikalischer Prozesse durch systematisierte Anschauung und Modellbildung gefördert wird und die Ausarbeitung und Ausnutzung mathematischer Theorien in der Physik der Modellierung und Veranschaulichung bedarf. Ohne die Analyse der nur der sinnlichen Erkenntnis zugänglichen Wirkungen der objektiven Realität gibt es keine Theorie oder keine experimentelle Überprüfung der Theorie. Der Erkenntnisprozeß muß also genauer in seiner Vielschichtigkeit untersucht werden. Material dazu liefert die Geschichte der Wissenschaften, die Grundlage einer wissenschaftlichen Erkenntnistheorie ist, weil sie die Einheit von Erfahrung und schöpferischem Denken, von experimentellem und theoretischem Herangehen und damit auch die Bedeutung der Modellierung bei der theoretischen Analyse physikalischer Objekte und der Ausnutzung von Analogien als heuristisches Mittel der Erkenntnis sowie die Rolle der Anschaulichkeit in der Veranschaulichung von Theorien und in der systematisierten Anschauung zeigt. Als Illusion erweist sich die Auffassung von der anschaulichen Totalsicht physikalischer Objekte ebenso, wie die von ihrer allumfassenden Modellierung.

Anschauung und Modelle liefern Aspekte, Seiten der objektiv-realen Prozesse und sind Erkenntnismittel im komplizierten Erkenntnisprozeß. Deshalb ist es wichtig, ihren Beziehungen noch mehr Aufmerksamkeit zu schenken und mit den logischen Beziehungen auch psychische, weltanschauliche u. a. Komponenten als wesentlich für den Erkenntnisprozeß zu berücksichtigen.

2. Lenins Wahrheitstheorie in ihrer Bedeutung für die Naturwissenschaften

Die Wahrheitsauffassung ist eines der zentralen erkenntnistheoretischen Probleme des naturwissenschaftlichen Erkenntnisprozesses. Durch die ständige Entdeckung unbekannter Objekte und Beziehungen beim tieferen Eindringen in die Materiestruktur kommt es gerade bei daraus sich ergebenden Umwälzungen des Begriffssystems einer Naturwissenschaft und der notwendigen Überprüfung existierender Theorien zur Diskussion des Wahrheitsproblems. Ein bekanntes Beispiel dafür ist die Haltung des Physikers Lorentz.[7] In einem Gespräch mit Joffe über die Entwicklung der Physik 1924 brachte er seine Zweifel darüber zum Ausdruck, daß ihn die wissenschaftliche Arbeit zur objektiven Wahrheit führen würde. Als Begründung diente ihm die Entwicklung der Quantentheorie. Vorher wurde die Auffassung vertreten, daß ein Elektron auf einer kreisförmigen Bahn Energie ausstrahlt. Die Quantentheorie dagegen basierte auf der Annahme, daß ein sich um den Kern bewegendes Elektron keine Energie ausstrahlt. Lorentz stellte die Frage: „Wo ist die Wahrheit, wenn man über sie wechselseitig sich ausschließende Behauptungen aufstellen kann? Sind wir überhaupt in der Lage, die Wahrheit zu erkennen, und hat es Sinn sich mit der Wissenschaft zu beschäftigen?" Zum Schluß des Gesprächs bedauerte Lorentz sogar, nicht früher gestorben zu sein, als ihm noch alles klar war. Hier wirkte sich die unbefriedigende Lösung des Wahrheitsproblems so auf die Weltanschauung eines Physikers aus, daß er den Wert wissenschaftlicher Arbeit überhaupt anzweifelte.

Lenin hatte sich in seiner Arbeit „Materialismus und Empiriokritizismus", die 1908 geschrieben und 1909 erschien, besonders mit den umwälzenden Entdeckungen der Physik Ende des 19. und Anfang des 20. Jahrhunderts und ihren philosophischen Konsequenzen auseinandergesetzt, weil der Machismus Einfluß auf Theoretiker in der russischen Arbeiterbewegung gewann und eine fundierte philosophische Auseinandersetzung mit dem Revisionismus unumgänglich wurde. In der dabei notwendig sich ergebenden Kritik des Relativismus spielte für Lenin die dialektisch-materialistische Wahrheitstheorie eine entscheidende Rolle. Er verteidigte die Auffassungen von Marx und Engels und entwickelte ihre Wahrheitsauffassung weiter. Damit existiert in der marxistisch-leninistischen Philosophie eine Wahrheitstheorie, die solche weltanschaulichen Kurzschlüsse, wie sie bei Lorentz auftraten, wissenschaftlich begründet, weil dem Erkenntnisprozeß der Naturwissenschaften nicht entsprechend, ausschaltet. Die Aktualität der

Leninschen Bemerkungen zur marxistischen Wahrheitsauffassung ergibt sich aus folgenden Gründen:

Erstens gibt es auch heute mit der Entwicklung der naturwissenschaftlichen Forschung verbundene undialektische Auffassungen zum Verhältnis von Objektivität und Relativität unserer Erkenntnis, die in Frage stellen, daß wir die Wahrheit naturwissenschaftlicher Erkenntnisse erkennen und beweisen können. Das führt auch zu philosophischen Angriffen auf die Leninsche Wahrheitstheorie, die es mit Lenin selbst zurückzuweisen gilt.

Zweitens haben sich durch die Entwicklung der Naturwissenschaft einige Probleme ergeben, deren Lösung mit Hilfe der Leninschen Wahrheitstheorie erfolgt, wobei sie durch dieses Material präzisiert werden muß. Dazu gehören die Diskussion um die Subjekt-Objekt-Beziehung ebenso, wie das Verhältnis von physikalischen und chemischen Methoden bei der Erforschung des Lebens. Letzten Endes geht es hier um den naturwissenschaftlichen Prozeß der Aufdeckung der Wahrheit über die Materiestruktur.

Drittens spielt das Verhältnis von philosophischer und logischer Wahrheitsauffassung in der Auseinandersetzung mit dem Positivismus eine große Rolle und wird auch unter marxistisch-leninistischen Philosophen diskutiert.

2.1. Lenins Wahrheitstheorie

Ausgehend von den Ansichten von Marx und Engels zur Wahrheit hat Lenin die marxistisch-leninistische Wahrheitstheorie geschlossen im „Materialismus und Empiriokritizismus" dargestellt. Er zieht dabei die Konsequenzen aus der materialistischen Beantwortung der Grundfrage der Philosophie für den Erkenntnisprozeß und erklärt dialektisch das Verhältnis von Relativität und Objektivität der Erkenntnis. In der Auseinandersetzung mit Bogdanow, der sich nicht nur gegen ewige Wahrheiten im Namen des Marxismus wandte, sondern auch ihre Objektivität leugnete, schrieb Lenin: „Hier sind offenkundig zwei Fragen miteinander vermengt: 1. Gibt es eine objektive Wahrheit d. h. kann es in den menschlichen Vorstellungen einen Inhalt geben, der vom Subjekt unabhängig ist, der weder vom Menschen noch von der Mensheit abhängig ist? 2. Wenn ja, können dann die menschlichen Vorstellungen, die die objektive Wahrheit ausdrücken, sie auf einmal vollständig, unbedingt, absolut oder nur annähernd, relativ ausdrücken? Diese zweite Frage ist die Frage nach dem Verhältnis zwischen absoluter und relativer Wahrheit."[8]

Der Fehler des von Lenin kritisierten revisionistischen Standpunktes bestand gerade darin, daß diese beiden Fragen nicht auseinandergehalten wurden. In diesem Sinne war auch der erkenntnistheoretische Schluß bei Lorentz, der auf die Leugnung der objektiven Wahrheit hinauslief, falsch. Die erste Frage wird vom dialektischen Materialismus dadurch beantwortet, daß er unsere Theorien, Hypothesen, Aussagen usw. als Widerspieglungen der objektiven Realität auffaßt und damit nicht nur die Quelle unseres Wissens in dem sieht, was außerhalb und unabhängig vom Bewußtsein existiert, sondern auch die Erkennbarkeit der objektiven Realität anerkennt. Wir können also mit unseren Sinnesorganen, dem Gehirn, der empirischen und der theoretischen Erkenntnis die Wirklichkeit abbilden. Nur diese prinzipielle materialistische Haltung wird mit der Anerkennung einer objektiven Wahrheit zum Ausdruck gebracht.

Damit wird zugleich die Frage nach der Exaktheit unseres Wissens und nach dem Kriterium zur Überprüfung dieser Exaktheit gestellt. Lenin beantwortet nach der grundsätzlichen Kritik am Idealismus und Agnostizismus, die die objektive Wahrheit nicht anerkennen, auch diese Fragen. „Die objektive, d. h. vom Menschen und von der Menschheit unabhängige Wahrheit anerkennen heißt auf diese oder jene Weise die absolute Wahrheit anerkennen", schreibt Lenin und fährt mit der Darstellung der Kritik von Engels an Düring fort, um zu dem Schluß zu kommen: „Um den Materialismus fortzuentwickeln, muß man ... es verstehen, die Frage nach dem Verhältnis zwischen absoluter und relativer Wahrheit dialektisch zu stellen und zu lösen."[9]

Eben die dialektische Beziehung zwischen relativer und absoluter Wahrheit erlaubt es, den Relativismus zurückzuweisen und die Einheit von objektiver Wahrheit und Relativität unserer Erkenntnisse im Erkenntnisprozeß anzuerkennen. Dabei gibt es für Lenin keine von der Wirklichkeit losgelöste absolute A-priori-Wahrheit. In diesem Zusammenhang wird auch seine Kritik an Kant verständlich, die sich sowohl gegen den Apriorismus Kants als auch gegen die leere Abstraktion des Dings an sich richtet. Er hebt Hegels Kritik am Kantianismus hervor: „Sie stellt sich das Verhältnis der ‚drei Terminorum' (wir, die Gedanken, die Sachen) so vor, daß wir ‚in die Mitte' zwischen die Sachen und uns die Gedanken stellen, daß diese Mitte uns ‚abschließt', ‚statt uns zusammenzuschließen'. Darauf, sagt Hegel, ist mit der ‚einfachen Bemerkung' zu antworten, daß ‚eben diese Sachen, die jenseits unserer Gedanken auf dem anderen Extreme stehen sollen, selbst Gedankendinge sind' ... und ‚das sogenannte Ding an sich nur ein Gedankending der leeren Abstraktion'."[10]

Hegel zeigt von seinem dialektisch-idealistischen Standpunkt her die Konsequenz des Kantschen Standpunktes. Das Ding an sich, das unerkannt bleiben soll und damit den Gedanken gegenübersteht, ist selbst eine leere Abstraktion, ein Gedankending. Lenin hebt als dialektischer Materialist die Bedeutung der Hegelschen Kritik unter einem anderen Aspekt hervor, er zeigt die materialistische Konsequenz der dialektischen Argumentation: „Das Wesen des Arguments ist meines Erachtens (1) bei Kant trennt (schließt ab) die Erkenntnis Natur und Mensch; in Wirklichkeit schließt sie sie zusammen; (2) bei Kant steht die ‚leere Abstraktion' des Dinges an sich an Stelle des lebendigen Ganges der Bewegung unseres sich immer mehr vertiefenden Wissens von den Dingen."[11]

Es ist die Erkenntnis, die uns das Wissen um die objektive Wahrheit vermittelt und damit Natur und Mensch zusammenschließt. Die dialektisch-materialistische Wahrheitsauffassung kann also keineswegs so verstanden werden, als ob sie absolute Wahrheit und Wirklichkeit einander entgegenstellen würde, ohne den Prozeß zu berücksichtigen, der zur Wahrheit führt. Für Lenin geht der Erkenntnisprozeß von der Erscheinung zum Wesen. In der Erscheinung offenbart sich dem erkennenden Menschen immer ein Moment des Wesens, das er durch Abstraktion in der Theorienbildung hervorheben muß. Aus der Theorie ergeben sich dann neue Aussagen, die überprüft werden können. Eben dieser wirkliche Prozeß, in dem der Mensch zu Wissen über die Natur gelangt, interessiert Lenin. Deshalb ist für ihn das Kantsche Ding an sich zwar mit Hegel eine leere Gedankenabstraktion, aber er will damit nicht den Idealismus der Auffassung, wonach diese objektive Realität nicht erkennbar sei, nachweisen.

Das echte erkenntnistheoretische Problem liegt für den Materialismus, der die objektive Realität und ihre Erkennbarkeit betont und damit die objektive Wahrheit, d. h. unsere Theorien und Aussagen als Widerspieglungen der objektiven Realität, anerkennt, in der Beziehung zwischen relativer und absoluter Wahrheit. Absolute Wahrheit wird hier im Sinne der exakten Wiederspieglung der objektiven Realität und damit im Sinne der objektiven Wahrheit verstanden. Unsere Erkenntnis erfaßt die objektive Wahrheit, d. h. den Inhalt unserer Vorstellungen, der subjektunabhängig ist, immer genauer. „Das menschliche Denken ist also," wie Lenin betont, „seiner Natur nach fähig, uns die absolute Wahrheit, die sich aus der Summe der relativen Wahrheiten zusammensetzt, zu vermitteln, und es tut dies auch. Jede Stufe in der Entwicklung der Wissenschaft fügt dieser Summe der absoluten Wahrheit neue Körnchen hinzu; aber die Grenzen der Wahrheit jedes wissenschaftlichen Satzes sind relativ und können durch die weitere Entwicklung des Wissens entweder weiter oder enger gezogen werden."[12]

Es ist ein wesentliches Kennzeichen des wissenschaftlichen Fortschritts, wenn es gelingt, die Grenzen der Wahrheit zu erweitern, oder zu verengen. Es sei hier an die Kritik der Gleichzeitigkeit durch Einstein erinnert. Die Grenzen der Anwendbarkeit dieses Begriffs wurden in der Relativitätstheorie deutlich gemacht. Das war ein Fortschritt unseres Wissens, der uns in der Erkenntnis der objektiven Wahrheit ein Stück voranbrachte und bisher allgemein angenommene Raum-Zeit-Vorstellungen über Bord warf. Ob politisch motiviert oder nicht, taucht in solchen Situationen auch die Wahrheitsproblematik auf. So schrieb einer der Gegner Einsteins: „Professor Einstein hat ein Relativitätsprinzip aufgestellt, das alle unsere Vorstellungen von Raum und Zeit wankend machen und uns überzeugen soll, daß es überhaupt nichts Festes, Zuverlässiges und Wahres in der Welt gibt."[13]

Es gehört zu den niederdrückenden Erlebnissen Heisenbergs, die Kritik der Einsteinschen Theorie auf einer Tagung der Physikalischen Gesellschaft gehört zu haben.[14] Neben dem dialektisch-materialistischen Verständnis der Beziehungen zwischen relativer und absoluter Wahrheit sind auch die gesellschaftlichen Interessen an der Verkündung oder Unterdrückung von wissenschaftlichen Wahrheiten zu berücksichtigen. Die Verbindung von Antisemitismus und angeblich wissenschaftlicher Kritik an Einstein wurde von manchem Wissenschaftler und Studenten nicht gesehen, weil die Relativitätstheorie tatsächlich mit überkommenen philosophischen Vorstellungen, wie sie etwa auch bei Kant existieren, brach. Die Annahme Kants, daß synthetische Urteile a priori mit den euklidischen geometrischen Axiomen existieren, wurde zwar schon durch die Entwicklung nichteuklidischer Geometrien widerlegt, aber in ihrer physikalischen Bedeutung erst durch die allgemeine Relativitätstheorie erkannt.

Lenin, der vor allem auf die gesellschaftlichen Interessen bei der Aufdeckung der Wahrheit einging, begann seine Arbeit „Marxismus und Revisionismus" mit den Worten: „Ein bekannter Ausspruch lautet: Würden geometrische Axiome an menschliche Interessen rühren, so würde man sicherlich versuchen, sie zu widerlegen. Naturgeschichtliche Theorien, die an alte theologische Vorurteile rührten, wurden und werden bis zum heutigen Tage aufs schärfste bekämpft."[15]

Der marxistisch-leninistische Philosoph hat deshalb stets eine doppelte Aufgabe bei der Untersuchung objektiver Wahrheiten der Naturwissenschaft. Einerseits gilt es die Argumente zu prüfen, die aus den

Experimenten und der theoretischen Überlegung für die zu überprüfende Aussage oder Theorie sprechen. In diesem Sinne muß er, unvoreingenommen von bisherigen Vorstellungen, überprüfen, ob die Grenzen für die Wahrheit bisheriger Aussagen tatsächlich verschoben werden. Das war etwa der Fall bei der Entwicklung der Quantentheorie, die ein neues Verhältnis zwischen dem Experimentator und den physikalischen Objekten begründete und zu einer neuen Determinismusauffassung in der Physik führte. Die bisherigen Vorstellungen über die Bewegung physikalischer Objekte, wie sie in der Massenpunktmechanik existierten, galten nur noch für solche Vorgänge, bei denen das Plancksche Wirkungsquantum vernachlässigbar war. Andererseits muß das gesellschaftliche Interesse an philosophischen Konsequenzen aus naturwissenschaftlichen Wahrheiten überprüft werden, weil sonst die ideologischen Auseinandersetzungen darum nicht begriffen werden. So wurde die Quantentheorie vom kritischen Realismus der Neothomisten durch die Annahme eines nicht erkennbaren Determinismus gedeutet, während der Positivismus ebenfalls versuchte, Argumente für seine Auffassung abzuleiten. In Auseinandersetzung mit beiden Richtungen wurde vom dialektischen Materialismus eine philosophische Deutung der Quantentheorie erarbeitet, die die objektive Wahrheit der neu erkannten Beziehungen, wie der Unbestimmtheitsrelationen usw. berücksichtigt. Die gesellschaftliche Determiniertheit des Streites um naturwissenschaftliche Erkenntnisse ändert jedoch nichts an dem Widerspiegelungscharakter unserer Theorien über die Naturobjekte. Hier wird bei der Wahrheitstheorie auch das Verhältnis der weltanschaulichen zur heuristischen und ideologischen Funktion der Philosophie deutlich. In der marxistisch-leninistischen Philosophie werden wissenschaftlich begründete Antworten auf die weltanschaulichen Grundfragen gegeben, weshalb wir auch von einer wissenschaftlichen Weltanschauung sprechen. Diese Antworten sind Grundlage für die sozialistische Ideologie, also für die wissenschaftliche Deutung des gesellschaftlich-praktischen Handelns des Menschen. Die Kompliziertheit der Wahrheitsfindung für weltanschauliche Aussagen wird durch die bürgerliche Ideologie genutzt, um die Wahrheit von Aussagen und Verhaltensnormen, die sich aus der sozialistischen Ideologie ergeben, zu bestreiten. Ideologie ist mit Interessen verbunden. Darauf haben die Klassiker des Marxismus-Leninismus immer hingewiesen. Aber daraus kann nicht abgeleitet werden, daß es grundsätzlich kein Klasseninteresse an der Wahrheit gäbe. In der Betrachtung der Probleme der Bündnispolitik mit Naturwissenschaftlern und der ideologischen Funktion der marxistisch-leninistischen Philosophie gegenüber der

Naturwissenschaft wurde gerade auf die historische Mission der Arbeiterklasse verwiesen, die zur revolutionären Aktion eine wissenschaftliche Weltanschauung braucht. Die Klasseninteressen der Arbeiterklasse verlangen die Aufdeckung der Wahrheit und die ständige Analyse relativ wahrer Aussagen über gesellschaftliche Zusammenhänge mit Hilfe des Praxiskriteriums.

Nur von dieser Position her ist auch zu verstehen, wieso eine Weltanschauung, die wissenschaftlich ist, mit präzisierten philosophischen Aussagen und philosophischen Hypothesen ihre heuristische Funktion gegenüber der Naturwissenschaft erfüllen kann. Soweit sich nichtmarxistische Naturphilosophie um die Deutung naturwissenschaftlicher Erkenntnisse bemüht und gesellschaftliche Interessen weitgehend unberücksichtigt läßt, also sich im Bereich von philosophischen Hypothesen bewegt und Deutungen grundlegend philosophischer Begriffe mit Hilfe des naturwissenschaftlichen Merkmals untersucht, kann auch sie heuristische Hinweise für die naturwissenschaftliche Forschung geben. Der Bruch tritt jedoch beim Übergang zur Antwort auf die weltanschaulichen Grundfragen auf, die letzten Endes unwissenschaftlich beantwortet und nur soweit Teileinsichten in die gesellschaftlichen Zustände vermittelt werden, kann die darauf aufbauende Ideologie mobilisierend und aktivierend wirken, um die Interessen der Bourgeoisie zum Ausdruck zu bringen. Sie erfüllt also ihre ideologische Funktion, der Klassenherrschaft der Bourgeoisie zu dienen, durch eine unwissenschaftliche Weltanschauung, durch den ideologischen Ausdruck der Interessen der Bourgeoisie, differenziert nach der Rolle der Bourgeoisie und durch teilweise vorhandene heuristische Hinweise an die Naturwissenschaft, wenn es ihr gelingt, relativ unabhängig von der ideologischen Funktion und der unwissenschaftlichen Weltanschauung theoretische Grundkonzeptionen der Naturwissenschaft sachlich zu erklären.

Die Dialektik von relativer, absoluter und objektiver Wahrheit umfaßt auch die gesellschaftliche Determiniertheit der Wahrheitssuche des Erkenntnisprozesses. Weltanschauliche und ideologische Aussagen richten sich nach dem gesellschaftlichen Interesse, naturwissenschaftliche nicht unbedingt. Der Erkenntnisprozeß in der Naturwissenschaft ist jedoch in dieser gesellschaftlichen Bedingtheit zu sehen. Dabei ist aber zu beachten, ob es sich nur um Naturerkenntnisse oder um weltanschauliche Deutung dieser Erkenntnis handelt, die ideologisch ausgewertet wird. Die Naturerkenntnis arbeitet stets mit den Mitteln und Möglichkeiten, die die Gesellschaft hat und entwickelt sich wesentlich auf Grund gesellschaftlicher Bedürfnisse. Diese Relativität der Erkenntnis darf nicht mit weltanschaulichen Fehldeutungen und ideologischen Verfälschungen verwechselt werden, die ihren Grund in überlebten Klasseninteressen haben. Man kann also den Widerspiegelungsprozeß nicht so darstellen, als werde die objektive Wahrheit in der Erkenntnisbeziehung des Menschen zur Natur gefunden und die relative Wahrheit im gesellschaftlich determinierten Erkenntnisprozeß, der zu relativ wahren, aber nicht zu objektiv wahren Theorien über die objektive Realität führe. Klasseninteressen bestimmen die Anlage, das Ziel, die Anwendung der Erkenntnis, aber Tatsachen und ihre Bestätigung können nicht einfach ignoriert werden. Deshalb hat auch die ideologische Auseinandersetzung um die philosophische Deutung wissenschaftschaftlicher Erkenntnisse große Bedeutung. Es ist daher problematisch, wenn Wittich von zwei Widerspiegelungsbeziehungen in bezug auf die Naturobjekte spricht, so, als gäbe es eine objektive Wahrheit, bezogen auf die Naturobjekte, und eine andere objektive Wahrheit, bezogen auf das gesellschaftliche Sein. Wittich bemerkt zu den beiden Beziehungen: „Im Hinblick auf den Objektbereich stehen die Naturwissenschaften einzig zur Natur in der Relation der Widerspiegelung. Hinsichtlich des gesellschaftlichen Seins stehen sie aber insofern in einer Widerspiegelungsbeziehung, als sie den aus dem materiellen Leben der Gesellschaft entstandenen Erkenntnisbedürfnissen Ausdruck geben und zugleich den mit diesen gebotenen Möglichkeiten des Naturerkennens."[16] Hier wird im Rahmen der Wahrheitsproblematik die Natur an sich und nicht die für naturwissenschaftliche Erkenntnisse wichtige Beziehung des gesellschaftlich tätigen erkennenden Menschen in seiner Auseinandersetzung mit der Natur betrachtet. Sicher gibt es verschiedene Aspekte, die in der Erkenntnis eine Rolle spielen. Eigentlich geht es um die Bedingungen und Möglichkeiten zur Wahrheitssuche in den Naturwissenschaften und nicht schon um den Erkenntnisprozeß überhaupt. Eben die von Lenin untersuchte dialektische Beziehung zwischen relativer und absoluter Wahrheit zeigt, wie im einheitlichen Erkenntnisprozeß der Mensch gesellschaftlich determiniert die Natur erkennt. Wittich reißt Objekt und Prozeß der Naturerkenntnis von den Bedingungen dieser Erkenntnis los und verabsolutiert die zwei Aspekte der Erkenntnis in zwei Widerspiegelungsrelationen. Damit wird in letzter Konsequenz die Leninsche Auffassung von der objektiven Wahrheit nicht beachtet. Lenin betont den widersprüchlichen Charakter des Widerspiegelungsprozesses, wenn er schreibt: „Erkenntnis ist die ewige unendliche Annäherung an das Objekt. Die Widerspiegelung der Natur im menschlichen Denken ist nicht 'tot', nicht 'abstrakt', nicht ohne Bewegung, nicht ohne

Widersprüche, sondern im ewigen Prozeß der Bewegung, des Entstehens der Widersprüche und ihrer Lösung aufzufassen." [17]

Die erste Widerspiegelungsrelation kann jedoch nur von der zweiten getrennt werden, wenn man sie als „tote" Widerspiegelung und nicht als Prozeß auffaßt, der sich in konkreten gesellschaftlichen Situationen mit bestimmten Erkenntnismitteln und -bedürfnissen vollzieht. Dabei kann es keine totale Erkenntnis geben. Die Relativität unserer Wahrheit hat mehrere Faktoren, die ihre Bedingtheit ausmachen, die Zeit, den Ort, die Bedürfnisse, die Möglichkeiten usw. Hinzu kommt noch, daß Objekte nicht isoliert existieren, weshalb man sie in ihren Zusammenhängen erkennen muß. Solche Zusammenhänge werden immer von neuem aufgedeckt. Dazu äußert Lenin: „Die Gesamtheit aller Seiten der Erscheinung, der Wirklichkeit und ihre (Wechsel)Beziehungen – das ist es, woraus sich die Wahrheit zusammensetzt. Die Beziehungen (Übergänge, Widersprüche) der Begriffe = Hauptinhalt der Logik, wobei diese Begriffe (und ihre Beziehungen, Übergänge, Widersprüche) als Widerspiegelungen der objektiven Welt gezeigt sind. Die Dialektik der Dinge erzeugt die Dialektik der Ideen und nicht umgekehrt." [18]

Es geht hier also um verschiedene Probleme, die Wittich nicht genügend untersucht. Einerseits vollzieht sich der einheitliche Erkenntnisprozeß gesellschaftlich determiniert als Erkenntnis objektiver Wahrheiten mit Hilfe und in Form relativer Wahrheiten, wobei verschiedene Aspekte untersucht werden und der komplexe Charakter der Wahrheit beachtet werden muß. Darauf wird im nächsten Abschnitt eingegangen. Andererseits kann die gesellschaftliche Determination ihren Ausdruck auch in der ideologischen und weltanschaulichen Verfälschung von Erkenntnissen auf Grund überlebter Klasseninteressen finden. Hier muß die erkannte relative objektive Wahrheit über die Natur in der ideologischen Auseinandersetzung zur weltanschaulichen Deutung herangezogen werden, worauf im Abschnitt „Wahrheit und Weltanschauung" noch eingegangen werden soll. Dieser Aspekt wird von Wittich gar nicht beachtet. Von der Vielzahl der Erkenntnisaspekte, die er auf zwei reduziert, sieht er nur den ersten, wodurch seine Konzeption einseitig ist und das eigentliche Problem, die Komplexität der Wahrheit verdeckt.

Wittich widerlegt sich eigentlich selbst, wenn er schreibt: „Tatsächlich widerspricht jedoch die wahre Aussage, daß die Menschen die Natur stets entsprechend ihren letztlich durch das gesellschaftliche Sein bestimmten Erkenntnisbedürfnissen und -möglichkeiten erkennen, in keiner Weise der materialistischen Erkenntnis, daß die

Natur objektiv real, also außerhalb und unabhängig des menschlichen Bewußtseins existiert. Das sind zwei Aussagen, die unterschiedliche Sachverhalte betreffen. Die zweite Aussage betrifft das Verhältnis von Natur und menschlichem Bewußtsein, die erste Aussage beantwortet die Frage, wodurch der wissenschaftliche Aneignungsprozeß der objektiv real existierenden Natur bedingt ist, und das ist natürlich letztlich das gesellschaftliche Sein der Menschen, also der entscheidende Bereich ihrer Praxis, also das geschichtliche Subjekt in seiner materiellen Tätigkeit. Insofern schließt die so verstandene Subjektivität der Naturerkenntnis weder aus, daß ihr Gegenstand objektiv real existiert, noch daß ihr Inhalt der objektiven Realität entspricht, also objektiv sein kann. Die Bedingtheit des Naturerkennens durch das gesellschaftliche Sein schließt lediglich den Glauben aus, daß die Menschen unabhängig von ihrer praktischen Tätigkeit, unabhängig von ihren praktischen Bedürfnissen die Natur erkennen, daß sie sich also insofern kein menschliches Bild der Natur erarbeiten."[19]

Es geht also einerseits um die Beziehung zwischen dem Resultat des Erkenntnisprozesses und der abgebildeten Natur, d. h. um die Grundfrage der Philosophie und ihre materialistische Beantwortung und andererseits um den eigentlichen Erkenntnisprozeß. Resultat und Prozeß werden auseinandergezogen und als zwei Relationen untersucht, um dann wieder auf den Prozeß zu verweisen, der zum Resultat führt. Das ist in letzter Konsequenz der Leninsche Gedanke, daß die Erkenntnis den Menschen und die Natur zusammenschließt. Es läßt sich jedoch keine Begründung für zwei wohlunterschiedene Widerspiegelungsbeziehungen ableiten. Wenn gesagt werden soll, daß die Naturerkenntnis gesellschaftlich determiniert ist, so ist das richtig, wird aber von Lenin in der Beziehung zwischen objektiver und relativer Wahrheit erfaßt. Geht es dabei um die Erkenntnis von Naturobjekten, so nähert sich der Mensch der objektiven Wahrheit immer mehr an. Dabei erkennt er die Beziehungen zwischen Natur und Gesellschaft immer besser und kann mit der marxistisch-leninistischen Philosophie die ideologischen Auseinandersetzungen auf die Klassenbeziehungen und auf die ökonomische Struktur der Gesellschaft zurückführen. Die Erkenntnis der objektiven Wahrheit führt also über die relativen Wahrheiten.

Lenin macht diesen Standpunkt deutlich: „Vom Standpunkt des modernen Materialismus, d. h. des Marxismus, sind die Grenzen der Annäherung unserer Kenntnisse an die objektive absolute Wahrheit geschichtlich bedingt, unbedingt aber ist die Existenz dieser Wahrheit selbst, unbedingt ist, daß wir uns ihr nähern. Geschichtlich bedingt sind die Konturen des Bildes, unbedingt aber ist, daß dieses Bild ein objektiv existierendes Modell wiedergibt. Geschichtlich bedingt ist, wann und unter welchen Umständen wir in unserer Erkenntnis des Wesens der Dinge bis zu der Entdeckung des Alizarins im Kohlenteer oder bis zur Entdeckung der Elektronen im Atom gelangt sind, unbedingt aber ist, daß jede solche Entdeckung ein Schritt vorwärts auf dem Wege der ‚unbedingten objektiven Erkenntnis' ist."[20]

Es gibt also nicht einerseits die Erkenntnis der objektiven Wahrheit, die aus der Gegenüberstellung von Bewußtsein und Naturobjekt erreicht wird, und andererseits die geschichtlich bedingte Erkenntnis. Wer beide Seiten auseinanderreißt, verfällt der Metaphysik, die den Prozeß, in dem durch geschichtlich bedingte Erkenntnis objektive Wahrheiten gefunden werden, nicht begreift. Das wird auch deutlich, wenn man das Wahrheitskriterium der marxistisch-leninistischen Philosophie berücksichtigt, das in der Praxis besteht. Lenin bemerkt dazu: „Der Gesichtspunkt des Lebens, der Praxis muß der erste und grundlegende Gesichtspunkt der Erkenntnistheorie sein. Und er führt unvermeidlich zum Materialismus, da er von vornherein die zahllosen Schrullen der Professorenscholastik beiseite wirft. Freilich darf dabei nicht vergessen werden, daß das Kriterium der Praxis schon vom Wesen der Sache nach niemals irgendeine menschliche Vorstellung bestätigen oder widerlegen kann. Auch dieses Kriterium ist ‚unbestimmt' genug, um die Verwandlung der menschlichen Kenntnisse in ein ‚Absolutum' zu verhindern, zugleich aber auch bestimmt genug, um gegen alle Spielarten des Idealismus und Agnostizismus einen unerbittlichen Kampf zu führen. Wenn das, was von unserer Praxis bestätigt wird, die einzige, letzte, objektive Wahrheit ist, so ergibt sich daraus, daß man als einzigen Weg zu dieser Wirklichkeit den Weg der auf dem materialistischen Standpunkt stehenden Wissenschaft anerkennen muß."[21]

So ergibt sich die marxistisch-leninistische Wahrheitstheorie in den Darlegungen von Lenin als eine in sich geschlossene Auffassung, die große Bedeutung zur Lösung der erkenntnistheoretischen Probleme der Naturwissenschaft hat. Ihre wesentlichen Aussagen sind folgende: Erstens werden durch die Erkenntnis Mensch und Natur miteinander verbunden. In der Auseinandersetzung mit der Natur gelingt es dem Menschen, tiefer in das Wesen der Materiestruktur einzudringen, wobei das Objekt seiner Erkenntnis außerhalb und unabhängig von seinem Bewußtsein existiert.

Zweitens wird die Erkennbarkeit dessen, was außerhalb und unabhängig von unserem Bewußtsein existiert, in der Anerkennung der objektiven Wahrheit zum Ausdruck gebracht. Sie ist der Inhalt unserer Vorstellungen, der außerhalb und unabhängig vom Bewußtsein existiert und von ihm immer exakter erkannt wird.

Drittens ist der Prozeß, in dem die objektive Wahrheit erkannt wird, geschichtlich bedingt. Der Mensch erkennt die Natur in Abhängigkeit von den Erkenntnisbedürfnissen und -möglichkeiten der Gesellschaftsordnung, in der er sich befindet. Entscheidend für die Naturerkenntnis ist dabei der Stand der Produktivkräfte, der die Experimentiermöglichkeiten bestimmt. Über die geschichtlich bedingte Wahrheitsfindung führt der Weg zur objektiven Wahrheit. Jede relative Wahrheit enthält einen Kern objektiver Wahrheit.

Viertens erfolgt die Überprüfung der Wahrheit in der Praxis. Das ist die Konsequenz des materialistischen Standpunkts, der die objektive Wahrheit anerkennt. Wenn es keine absoluten A-priori-Wahrheiten gibt, sondern es sich um Widerspiegelungen der objektiven Realität handelt, dann muß die Überprüfung der Wahrheit durch organisierte Erscheinungen der objektiven Realität, wie Experiment und Industrie, erfolgen. Dabei hat das Praxiskriterium relativen Charakter, weil die Überprüfung nur mit den geschichtlich existierenden Erkenntnismitteln erfolgen kann.

Fünftens wird die Erkenntnis solcher Beziehungen, die an menschliche Interessen rühren und ihnen möglicherweise widersprechen, durch reaktionäre Klasseninteressen weltanschaulich verfälscht oder ideologisch zur Rechtfertigung reaktionärer Klasseninteressen ausgewertet. Für die Wahrheitserkenntnis ist deshalb die Auseinandersetzung mit idealistischen und metaphysischen Deutungen naturwissenschaftlicher Erkenntnisse und ihre wissenschaftliche weltanschauliche Interpretation von Bedeutung. Auf der Grundlage des Einbaus naturwissenschaftlicher Erkenntnisse über präzisierte philosophische Aussagen in die wissenschaftlichen Antworten auf die weltanschaulichen Grundfragen kann die marxistisch-leninistische Philosophie ihre ideologische und heuristische Funktion erfüllen.

Ideologische Bedeutung haben in erster Linie gesellschaftliche Erkenntnisse; vor allem die These von der Existenz objektiver gesellschaftlicher Gesetze wird von bürgerlichen Ideologen angegriffen. Aber die Problematik gesellschaftlicher Erkenntnisse über die objektiven gesellschaftlichen Gesetze konnte hier nicht berücksichtigt werden. Dabei müßte sowohl die Leninsche Unterscheidung zwischen materiellen und ideologischen Verhältnissen beachtet, als auch präzisiert werden, was unter „objektiv" zu verstehen ist. Es genügt nicht, „objektiv" einfach dem Merkmal, „außerhalb und unabhängig vom Bewußtsein zu existieren", gleichzusetzen, dann wären die Begriffe „objektiv" und „materiell" gleich. Es geht dabei offensichtlich um die subjektunabhängigen Invarianten im menschlichen Handeln, die sich als Resultante dieses Handelns spontan in den vorsozialistischen Gesellschaftsordnungen durchsetzen und bewußt im Sozialismus als Grundlage des Handelns genommen werden. – Hier geht es um die Naturerkenntnis.

2.2. Die Entwicklung der Naturwissenschaft und das Wahrheitsproblem

Seit der Begründung der Leninschen Wahrheitstheorie haben viele Entdeckungen in der Naturwissenschaft stattgefunden und sich neue Denkweisen durchgesetzt, die zu vielen philosophischen Überlegungen geführt haben. Erwähnt seien hier nur die Anerkennung der Relativitätstheorie und die Versuche, eine allgemeine Feldtheorie zu entwickeln. Neue Elementarteilchen wurden entdeckt und der Streit um Kosmologie und Kosmogonie erhielt neue Nahrung. Der Mensch erobert sich den Kosmos. Die Chemie drang tiefer auch mit Hilfe der Physik in die chemischen Strukturen der Materie ein, und Physik und Chemie erwiesen ihre Bedeutung für die Erforschung des Lebens. Deshalb geht es heute nicht nur um die gelenkte thermonukleare Reaktion und um die gesteuerte chemische Rohstoffentwicklung, sondern auch um die gelenkte biologische Vererbung. Damit stehen die naturwissenschaftlichen Grundlagen der menschlichen Existenz und Entwicklung zur philosophischen Diskussion. Darüber hinaus wirkt die Naturwissenschaft über die Entwicklung der Produktivkräfte, die vorwiegend und vor allem in der wissenschaftlich-technischen Revolution und durch den wissenschaftlich-technischen Fortschritt erfolgt, auf die Stellung des Menschen im Produktionsprozeß ein. Das alles macht die Naturwissenschaften von verschiedenen Seiten her philosophisch interessant und erfordert die Klärung weltanschaulicher Grundprobleme.

Wir befassen uns hier mit dem Wahrheitsproblem und wollen aus der Entwicklung der Naturwissenschaft einige Entdeckungen herausgreifen, die zu philosophischen Diskussionen führten, die das Wahrheitsproblem berühren, um den Nachweis zu führen, daß die Leninsche Wahrheitstheorie auch zur Klärung der dabei auftretenden Probleme beitragen kann. Das von Lenin grundsätzlich behandelte Verhältnis zwischen Objektivität und Relativität der Erkenntnis taucht bei den Naturwissenschaftlern immer wieder auf. Viele von ihnen nehmen dazu eine richtige Haltung ein. So schreibt der Physiker W. Fucks über die notwendigen Idealisierungen bei der naturwissenschaftlichen Erkenntnis: „Es dürfte kaum irgendein Wissenschaftszweig entwickelt worden sein, ohne daß zunächst eine große Zahl von Einflüssen willkürlich außer Betracht gelassen worden wäre. Es kann und ist in vielen Fällen auch so gewesen, daß bei diesem Verfahren Theorien entstehen, die mit der Erfahrung nicht übereinstimmen. Man macht dann neue Hypothesen, in denen man vernachlässigte Einflüsse berücksichtigt, so lange, bis Beobachtung oder Experiment die theoretischen Ergebnisse bestätigen."[22]

Das ist der spontan-materialistische Standpunkt des Naturwissenschaftlers, der sowohl die Bedeutung des theoretischen Denkens anerkennt, als auch die Überprüfung der Ergebnisse in der Praxis fordert. Die Wahrheit ist, wie Lenin betont, die Zusammenfassung verschiedener Seiten und Beziehungen des zu untersuchenden Objekts. Deshalb ist die Überprüfung der Wahrheit in der Praxis zugleich der Ausgangspunkt für neue Überlegungen zur Verbesserung der Theorie. Fucks meint dazu: „Die Erfahrungen in den Naturwissenschaften, bei denen nur Theorien zulässig sind, die experimentell widerlegt werden können, lehren, daß das unkontrollierte menschliche Denken nicht sehr verläßlich ist. Es gelingt in den Naturwissenschaften fast nie, ohne wiederholte und wiederholte Korrektur von seiten des Experiments die richtige Theorie eines Erfahrungsbereichs zu finden."[23]

Diese prinzipiell mit der Leninschen Auffassung übereinstimmende Einschätzung des naturwissenschaftlichen Erkenntnisprozesses wird auch im allgemeinen von vielen Naturwissenschaftlern geteilt. Sie reicht nur dann nicht aus, wenn es zu prinzipiellen Umwälzungen unserer bisherigen Theorien kommt und liebgewordene Vorstellungen aufgegeben werden müssen. Sicher hatte Lorentz vor der Entwicklung der Quantentheorie eine ähnliche Auffassung, verzweifelte aber nach ihrer Entdeckung und stellte die Existenz einer objektiven Wahrheit in Frage.

Eine solche prinzipielle Umwälzung im physikalischen Denken wie die Quantentheorie brachte jedoch noch weitere philosophische Probleme mit sich. Vor allem ging es um die Überprüfung der Wahrheit von physikalischen Aussagen. Im Mittelpunkt vieler Diskussionen stand der Begriff der Elektronenbahn. Einerseits war es möglich geworden, die Bahn von Elementarteilchen in Photographien sichtbar zu machen, andererseits führte dieser Begriff bei der Erklärung der Bewegung im Atom zu großen Schwierigkeiten. Heisenberg gab nun diesen Begriff auf und ging von den beobachtbaren Größen im Atom, den Frequenzen und Intensitäten der emittierten Strahlung aus. Es gelang ihm damit, die Matrizenmechanik aufzubauen und später mit den Unbestimmtheitsrelationen die dialektische Widersprüchlichkeit des Begriffs Bahn zu zeigen. Bei den zuerst begonnenen Diskussionen gab es positivistische Ansätze zur Leugnung der objektiven Wahrheit bei einigen Physikern, die die objektive Realität der Elementarteilchen bestritten und damit den objektiven Inhalt unserer Aussagen über physikalische Vorgänge. Damit verbunden war eine einseitige Interpretation des Subjekt-Objekt-Verhältnisses, nach der das Subjekt das Objekt im Erkenntnisprozeß erst schafft. Auf diese Problematik sind wir schon eingegangen. Dabei zeigt sich, daß gegen diese Interpretation von dialektisch-materialistischer Seite vor allem zwei Gründe vorzubringen sind. Erstens hebt die Einwirkung des Subjekts auf das Objekt nicht die Objektivität unserer Erkenntnisse auf. Das veränderte Objekt gibt im Experiment uns Hinweise auf die objektiven physikalischen Gesetze für das physikalische Verhalten. In diesem Sinne sind, wie Fucks betont, viele Korrekturen durch das Experiment erforderlich, um zur richtigen Theorie zu gelangen. Die objektive Wahrheit dieser Theorie besteht darin, daß diese Widerspiegelung der objektiven Realität ist, d. h., ihr Inhalt, über den theoretisch etwas ausgesagt wird, existiert außerhalb und unabhängig vom Bewußtsein und wird mittels der Objekte erkannt, die der menschlichen Veränderung unterliegen. Die vermittelte Erkenntnis der objektiven Realität ist ein Moment, das zum relativen Charakter der objektiven Wahrheit führt, ohne ihre Objektivität aufzuheben. So waren vom dialektischen Materialismus im Sinne Lenins die Ergebnisse der Quantentheorie als Widerspiegelungen der objektiven physikalischen Vorgänge aufzufassen und alle vorgegebenen Auffassungen über das physikalische Objekt, die dazu im Widerspruch standen, kritisch zu überprüfen. Es zeigte sich dabei, daß es keine Welle an sich und keine Korpuskel an sich gibt.

Mikroobjekte haben Wellen- und Korpuskeleigenschaften, die sich in Abhängigkeit von den objektiven oder im Experiment hergestellten Bedingungen zeigen. Wie schon die Relativitätstheorie die Auffassung von Raum-Zeit-Strukturen veränderte, so wurde durch die Quantentheorie unsere Kenntnis von der Struktur und Bewegung physikalischer Objekte erweitert. Es ist interessant, daß Heisenberg in der Auseinandersetzung mit Kant zu Schlüssen kommt, die dialektischen Charakter haben. Er schreibt: „Hinsichtlich des ‚Dinges an sich' hatte Kant ausgeführt, daß wir von der Empfindung nicht auf die Natur des ‚Dinges an sich' schließen können. Diese Behauptung hat, wie von Weizsäcker bemerkt, ihre formale Analogie in der Tatsache, daß trotz des Gebrauchs der klassischen Begriffe in allen Experimenten ein nichtklassisches Verhalten der atomaren Gegenstände durchaus möglich ist. Für den Atomphysiker ist das ‚Ding an sich', sofern er diesen Begriff überhaupt gebraucht, schließlich eine mathematische Struktur. Aber diese Struktur wird, im Gegensatz zu Kant, indirekt aus der Erfahrung erschlossen. Bei dieser abgeänderten Deutung ist das Kantsche a priori indirekt mit der Erfahrung insofern verknüpft, als es durch die Entwicklung des menschlichen Denkens in einer weit zurückliegenden Vergangenheit gebildet wurde."[24]

Damit unterliegt es aber der Überprüfung durch die Erfahrung. Vorstellungen, die sich als allgemeingültig durch die begrenzten Mittel, die der experimentellen Überprüfung zur Verfügung standen, herausgebildet haben, sind durch spätere Experimente widerlegt. So war es mit der Konstanz der Masse, mit der gleichzeitigen Existenz von Ort und Impuls eines sich bewegenden Objekts usw. Die Relativität der Erkenntnis hebt aber ihren Widerspiegelungscharakter nicht auf. Der Erkenntnisfortschritt verschiebt hier, entsprechend der Leninschen Auffassung, die Grenzen für die Gültigkeit der objektiven Wahrheit.

Zweitens wird an dieser Entwicklung auch deutlich, daß die in der Praxis überprüften Erkenntnisse über physikalische Objekte keine endgültigen Wahrheiten sind. Die Grenzen ihrer Gültigkeit sind durch die Erkenntnismittel, vor allem durch die Geräte bestimmt, die für die Erkenntnis und ihre Überprüfung zur Verfügung stehen. Darin liegt gerade der relative Charakter der Praxis als Kriterium der Wahrheit. Es gibt nicht nur die bereits untersuchten Objekte, sondern auch *mögliche* Erkenntnisobjekte, die erst später untersucht werden können. Das trifft sowohl für räumlich und zeitlich von uns entfernte Objekte, als auch für die inneren Strukturen psychologischer, biologischer und physikalischer Systeme zu, die weiter erforscht werden müssen.

Lenin drückt diesen Gedanken aus, wenn er schreibt: „Für den Materialisten ist die Welt im Gegenteil reicher, lebendiger, mannigfaltiger als sie scheint, denn jeder Schritt der wissenschaftlichen Entwicklung entdeckt in ihr neue Seiten. Für den Materialisten sind unsere Empfindungen Abbilder der einzigen und letzten objektiven Realität – der letzten nicht in dem Sinne, daß sie schon restlos erkannt ist, sondern in dem Sinne, daß es eine andere außer ihr nicht geben kann."[25]

Um diese Argumentation auf die Quantentheorie anzuwenden, muß man einerseits beachten, daß unsere quantentheoretischen Beziehungen

Widerspiegelungen des Verhaltens der Mikroobjekte sind, die die Gesetze der klassischen Physik zu Grenzfällen für das Verhalten von Makroobjekten unter bestimmten Bedingungen machen. Die Grenzen für die Gültigkeit der klassischen Physik sind also eingeengt worden. Andererseits liefert auch die Quantentheorie keine endgültigen Wahrheiten. Es gibt noch potentielle physikalische Objekte zu erforschen, die zu neuen Einsichten in die Materiestruktur führen und die Grenzen für die Geltung der objektiv wahren quantentheoretischen Aussagen verschieben.

Bei der bisher dargestellten Problematik ging es vor allem um die Überprüfung der wahren Aussagen. Für den Naturwissenschaftler gibt es keine wahre Aussage an sich. Darum ging es auch Heisenberg, wenn er das Kantsche Apriori mit der Erfahrung verband und feststellte: „Die synthetischen Urteile a priori erhalten dadurch den Charakter einer relativen Wahrheit."[26] Für ihn sind die gebildeten Begriffe und Worte hinsichtlich ihrer Bedeutung nicht scharf definiert, da wir niemals genau wissen, wo die Grenzen ihrer Anwendbarkeit liegen. Daraus zieht Heisenberg den Schluß: „Daher wird es niemals möglich sein, durch rationales Denken allein zu einer absoluten Wahrheit zu kommen."[27] Die Praxis zeigt die Relativität unserer Wahrheit ebenso wie den in ihr enthaltenen Kern der absoluten, objektiven Wahrheit.

Neben der mit der praktischen Feststellbarkeit der Wahrheit von Aussagen verbundenen Problematik, für deren Lösung die Leninsche Wahrheitstheorie die Ansatzpunkte bietet, ging es bei der Entwicklung der Naturwissenschaft noch um einen anderen Aspekt. Die fortschreitende Spezialisierung in den Naturwissenschaften führt zu Teilerkenntnissen über bestimmte Objektbereiche, die zwar objektive Wahrheiten sind, deren Relativität aber nicht in den geschichtlich bedingten Erkenntnismitteln allein begründet ist, sondern vor allem in der ungenügenden Beachtung des komplexen Charakters der Wahrheit, über den Lenin schreibt: „Das einzelne Sein (Gegenstand, Erscheinung usw.) ist (nur) eine Seite der Idee (der Wahrheit). Für die Wahrheit bedarf es noch anderer Seiten der Wirklichkeit, die auch nur als selbständige und einzelne (besonders für sich bestehende) erscheinen. Nur in ihrer Gegenwart (zusammen) und in ihrer Beziehung realisiert sich die Wahrheit."[28] Der Physiker W. Heitler sieht in der zu spezialisierten Auffassung von Wahrheiten über einzelne Objektbereiche eine Gefahr für jenen Menschen, der damit wichtige Zusammenhänge aus den Augen verliert. Hier taucht neben der relativen Wahrheit einer Theorie auch die Frage nach ihrem Wert für den Menschen auf. Offensichtlich führt die Einschränkung des Untersuchungsbereichs in der Spezialisierung zu Gefahren für den Menschen. In den letzten Jahren gab es in der Weltgesundheitsorganisation viele Diskussionen über die chemischen Schädlingsbekämpfungsmittel, besonders über DDT. Beachtet man nur die Wirksamkeit der Schädlingsbekämpfungsmittel, also die Beziehung chemisches Gift und Schädling, so kann es möglicherweise zu schädlichen Wirkungen auf den Menschen kommen. Direkt geschieht das, wenn das Gift für den Menschen früher oder später sich schädlich auswirkt, etwa wenn es krebserzeugend wirken sollte. Indirekt kommt es zu Schäden durch die Chemisierung der Natur, denen entgegengewirkt werden muß. Insofern nützt die objektive Wahrheit über eine Beziehung dem Menschen manchmal wenig, wenn nicht die notwendigen Beziehungen berücksichtigt werden, die Nutzen und Schaden für den Menschen abschätzen lassen. Der Wert einer Theorie wird dadurch erhöht, daß auch die notwendigen Integrationsprobleme erforscht werden, die bei der praktischen Verwendung dieser Theorie für den Menschen auftreten.[29] Für die Wahrheitsproblematik bedeutet das, daß sich der Wert einer Theorie erhöht, wenn die Komplexität der Wahrheit berücksichtigt wird und man zu Lösungen der genannten Integrationsprobleme kommt.

Heitler versucht, dieses Problem durch die Gegenüberstellung von Analyse und Synthese, von Spezialisierung und Gesamtschau zu lösen. Er schreibt über die Forschungsmethoden: „Auf der einen Seite das Analysieren, Atomisieren, Meßinstrumente ablesen, Datenverarbeiten, intellektuelles Abstrahieren. Auf der anderen Seite des Zusammensehen, die Anschauung, das intuitive Erkennen von Gesamtheiten. Es braucht kaum gesagt zu werden, daß die zweite Richtung mehr dem Leben dient als die erste. Die erste dient der Technik, dem Erschaffen von leblosen Mechanismen, die als unsere Diener unser Leben erleichtern sollen, aber nicht berufen sind, uns zu ihren Dienern zu machen. Die Resultate beider Forschungsrichtungen sind durch eine Kluft getrennt, die gegenwärtig fast unüberbrückbar scheint. Wir haben keine Idee, wie die Farbe, die wir sehen, mit der elektromagnetischen Welle wirklich zusammenhängt, was der Geruch der Rose mit der chemischen Formel der ätherischen Öle zu tun hat, wie die Blütengestalt einer Pflanze mit der Chemie ihrer Chromosomen zusammenhängt usw. Nur ein paar oberflächliche und beschränkt gültige Korrelationen, wie die Farbe-Wellenlänge-Beziehung, sind bekannt. Solange diese Zusammenhänge so völlig im dunklen liegen, kann von einem wahren Verständnis der Natur und vor allem der Lebensvorgänge keine Rede sein."[30]

Einerseits behandelt Heitler ein wichtiges erkenntnistheoretisches Problem, nämlich die Erkenntnis der Elementarprozesse komplexer

Vorgänge. Wenn es möglich wäre, alle komplexen Vorgänge, wie etwa die Lebensprozesse, vollständig auf elementare Reaktionen wie die Wechselwirkungen der Elementarteilchen zurückzuführen, dann wäre die objektive Wahrheit über die Lebensprozesse nur in Elementarteilchentheorien zu finden. Das widerspricht aber unseren bisherigen Erfahrungen. In den komplexen Vorgängen existieren eigene Systemgesetze, die von der Wissenschaft erforscht werden müssen. Sie werden durch die Untersuchung der Elementarreaktionen nicht außer Kraft gesetzt, sondern bestehen als Rahmengesetze dafür weiter, aber der innere Mechanismus des Elementarverhaltens in einem System wird gesetzmäßig erfaßt. Das Verhältnis von Elementar- und komplexen Prozessen findet also seine dialektische Lösung in der dialektischen Beziehung von Systemgesetzen und Elementverhalten, in dem selbst wieder Gesetze existieren, die mit den ersten über die Existenzbedingungen verschiedener Ordnung verbunden sind.[31]

Andererseits stellt Heitler zwei Erkenntnismethoden einander gegenüber, die analytische Wissenschaftserkenntnis und die intuitive Gesamtschau.[32] Soweit er damit auf die Verantwortung des Wissenschaftlers für seine Erkenntnisse hinweisen will und eine der modernen Naturwissenschaft gemäße Wissenschaftsethik fordert, hat seine Auffassung einen rationellen Kern, bietet jedoch keine wissenschaftliche Lösung des Problems. Die Verantwortung des Wissenschaftlers ergibt sich nicht aus dem intuitiven Erkennen von Gesamtheiten und wird auch damit nicht erfüllt, sondern aus der mehr oder weniger wissenschaftlich exakten Einsicht in die gesellschaftlichen Verhältnisse, unter denen Mißbrauch der Wissenschaft betrieben wird. Es geht also im Sinne Lenins hier auch um eine komplexere Wahrheit, die das Verhältnis von wissenschaftlichen Erkenntnissen, ihrer Verwendung im Kapitalismus und Sozialismus und der moralischen Verantwortung des Wissenschaftlers, der er nur im Zusammenhang mit bestimmten Klassenkräften, nämlich der Arbeiterklasse, gerecht werden kann, betrifft. Wissenschaftliche Untersuchung des Verhältnisses von Wissenschaft und Gesellschaft erfordert eine wissenschaftliche Weltanschauung. Eben das berücksichtigt Heitler nicht, weshalb er hier von der dem Naturwissenschaftler sonst eigenen Suche nach der objektiven Wahrheit abweicht.

Aber auch für die naturwissenschaftliche Forschung gilt seine Alternative für die Forschungsmethoden nicht. Die Lösung des genannten erkenntnistheoretischen Problems zwischen Elementarreaktionen und komplexen Prozessen verlangt die Lösung von Integrationsproblemen, bei denen die spezialisierte Erkenntnis in Beziehung zum Menschen und zu anderen interessierenden Faktoren gebracht wird. So wie das

Abholzen der Bäume in Amerika zur Dürre führte, weil der Wasserhaushalt des Bodens gestört wurde, liegen auch heute bei der Ausnutzung wissenschaftlicher Erkenntnisse wesentliche Integrationsbeziehungen vor. Nach den vielen Kernwaffentests tauchte die Frage nach der radioaktiven Verseuchung der Atmosphäre und ihrer Bedeutung für zukünftige Mutationen auf. Das Verbot von Kernwaffenversuchen in bestimmten Medien ist hier ein wichtiger politisch-moralischer Sieg der Friedenskräfte, aber die naturwissenschaftliche Forschung muß daran arbeiten, das Integrationsproblem, das aus der Beziehung radioaktiver Substanzen zum menschlichen Organismus entsteht, zu lösen. Kernkraftwerke haben radioaktiven Müll. In der Medizin finden radioaktive Strahlen Verwendung. Die Technik wäre ohne sie heute undenkbar. Hier hilft sicher keine Gesamtschau, weil sie nur das Problem zeigen, aber es nicht lösen kann. Es geht also bei der Aufdeckung der objektiven Wahrheit in einem bestimmten abgegrenzten Bereich um die Erkenntnis der notwendig damit verbundenen Integrationsbeziehungen, die mit untersucht werden müssen, um die Wahrheit zu finden, die nach Lenin in der Gesamtheit der Beziehungen, Übergänge usw. besteht.

Dieses Problem der komplexen Wahrheit tritt auch an einer anderen Stelle auf, wo es oft nicht als solches gesehen wird. Es geschieht bei der Überführung wissenschaftlicher Erkenntnisse in die Praxis. Die unter Laborbedingungen oder unter eingeschränkten theoretischen Voraussetzungen gewonnenen wissenschaftlichen Einsichten haben ihre Bewährung über Zwischenstufen, wie z. B. Großversuche, Pilotstationen, Nullserien, in großem Maßstab zu zeigen. Hier wird mit Hilfe der Praxis versucht, die entsprechenden Integrationsbeziehungen über die Praxis zu entdecken und damit den Einbau der erkannten Gesetze in umfassende Beziehungen vorzunehmen, wobei oft neue Integrationsgesetzmäßigkeiten erkannt werden. Ein Problem, das auch für die gesellschaftliche Erkenntnis gelöst werden muß. In der Naturerkenntnis gibt es mehrere Wissenschaftsdisziplinen, die sich mit integrativer Erkenntnis befassen, wie die Landwirtschaftswissenschaften, die Medizin u. a. Aber der komplexe Charakter der Wahrheit verlangt zur Aufdeckung nicht Intuition, sondern exakte Erforschung der Teilwahrheiten, Aufdeckung der Integrationsgesetzmäßigkeiten, Überprüfung in der Praxis und weltanschauliche Interpretation. Wir sehen, wie die Entwicklung der Naturwissenschaften zum Wahrheitsproblem führt, wobei die Leninsche Lösung auch zur Beantwortung der dabei auftretenden Fragen Grundlagen für die weitere Präzisierung gibt. Wir haben vor allem auf zwei Gedanken hingewiesen, die in der

Diskussion eine Rolle spielen, auf die notwendige Überprüfbarkeit wahrer Aussagen durch die Praxis, die sich gegen die Annahme von A-priori-Wahrheiten richtet und in der Entwicklung der Quantentheorie eine große Rolle spielte, sowie auf die Komplexität der objektiven Wahrheit.

2.3. Wahrheit und Weltanschauung

Wie wir gesehen haben, spielte zur Lösung der von Heitler behandelten Probleme die wissenschaftliche Weltanschauung für die Erkenntnis der Wahrheit eine Rolle. Der Versuch, in positivistischer Manier die Weltanschauung aus dem Erkenntnisprozeß überhaupt auszuschließen, ist bisher jedesmal gescheitert. Schon die theoretischen Ansätze für eine einheitliche Theorie der Elementarteilchen zeigen die notwendige physikalisch-theoretische und philosophische Arbeit. Der Gedanke von der Einheitlichkeit der Materie ist ebenso philosophisch wie die Annahme von Beziehungen zwischen Elementarteilchenphysik und Kosmologie. Einstein hatte aus der philosophischen Analyse der Beziehungen zwischen Feld und Teilchen eine physikalische Konzeption einer einheitlichen Feldphysik entwickeln wollen. Das Scheitern dieser Konzeption schließt nicht aus, daß der philosophische Gedanke in der Physik auf andere Weise fruchtbar gemacht werden kann.

So wichtig nun philosophische Hypothesen über die Entwicklung der Naturwissenschaft sind, weil sie heuristische Bedeutung für die Aufdeckung der Wahrheit haben, so wenig darf man sie unanalysiert lassen. Sicher kann der Naturwissenschaftler mit seinem spontanen Materialismus in der Regel zu erkenntnisfördernden philosophischen Hypothesen kommen, er kann mit ihnen aber auch einseitige und teilweise falsche weltanschauliche Schlußfolgerungen verbinden. Wie Lenin betonte, „müssen wir begreifen, daß sich ohne eine gediegene philosophische Grundlage keine Naturwissenschaft, kein Materialismus im Kampf gegen den Ansturm der bürgerlichen Ideen und gegen die Wiederherstellung der bürgerlichen Weltanschauung behaupten kann. Um diesen Kampf bestehen und mit vollem Erfolg zu Ende führen zu können, muß der Naturforscher moderner Materialist, bewußter Anhänger des von Marx vertretenen Materialismus sein, d. h., er muß dialektischer Materialist sein.“[33] Gerade das wird in der Kritik des dialektischen Materialismus von einigen seiner philosophischen Gegner ausgenutzt. Die Naturwissenschaft müsse danach weltanschauungsfrei behandelt werden, weil dann die Suche nach der Wahrheit besser gelänge. So hat Meurers, mit dem wir uns bereits auseinandergesetzt haben, auch eine falsche Position zur Wahrheitsproblematik in der Naturwissenschaft. Er forderte die Entideologisierung der Naturwissenschaft. Unter Ideologie versteht er dabei das Pressen naturwissenschaftlicher Ansichten in ein philosophisches System. Damit ist von vornherein entschieden, daß das Problem nicht gelöst werden kann. Denn um das Verhältnis von Wahrheit und Weltanschauung untersuchen zu können, muß, wie schon gesagt wurde, geklärt werden, ob es eine wissenschaftliche Weltanschauung geben kann, die sich in ihrer Stellung zur Wahrheit naturwissenschaftlicher Erkenntnisse prinzipiell von anderen Weltanschauungen unterscheidet. In diesem Sinne hat sich die marxistisch-leninistische Philosophie bewährt, die wissenschaftlich begründete Antworten auf die weltanschaulichen Grundfragen gibt. Zu diesem System wissenschaftlicher Antworten auf weltanschauliche Fragen gehört auch die hier dargelegte Leninsche Wahrheitskonzeption, deren Bedeutung für die Lösung erkenntnistheoretischer Probleme der Naturwissenschaften Lösung erkenntnistheoretischer Probleme der Naturwissenschaften wir nachweisen wollten. Wenn nun Meurers die Entideologisierung in dem von ihm genannten Sinne wünscht, dann bedeutet das, erkenntnistheoretische Probleme nicht auf wissenschaftlicher Grundlage zu lösen und solche Naturwissenschaftler wie Lorentz mit ihren Schwierigkeiten allein zu lassen.

Untersuchen wir nun am konkreten von Meurers gewählten Beispiel die Unhaltbarkeit seiner Position. Er betrachtet die biologische Forschung, die „ihren Gegenstand auf der Basis physiko-chemischer Methoden untersucht und oft, wie selbstverständlich, die These vertritt, daß die lebendige Materie nur eine spezielle Abwandlung der toten sei. Es sei ausdrücklich darauf aufmerksam gemacht, daß hier nicht dem sogenannten Vitalismus das Wort geredet werden soll. Jedoch ist es eine Ideologisierung der Biologie, von vornherein und selbstverständlich nur die eine oder die andere Position zuzulassen, etwa also die sogenannte materialistische Deutung der Lebensvorgänge."[34] Biophysik und Biochemie haben schon bisher große Erfolge bei der Erforschung der Lebensvorgänge erreicht. Sicher wäre es aber einseitig, wollte man daraus die vollständige Reduktion biologischer Gesetze auf physikalische und chemische ableiten. Dem widerspräche auch das, was wir über die Dialektik von Systemgesetzen und Elementarprozessen und das Verhältnis von philosophischer und biologischer Entwicklungstheorie gesagt haben. Soweit es also gegen Einseitigkeiten in wissenschaftlichen Standpunkten geht, kann man Meurers zustimmen. Wenn wir an die Komplexität der Wahrheit denken, dann fordert die biologische Forschung die Untersuchung der physikalischen und chemischen Grundlagen des Lebens ebenso wie die Aufdeckung der biologischen Gesetze. Bedenklich stimmt jedoch schon die Gegenüberstellung von biologischem Materialismus und Vitalismus. Der Vitalismus ist ebenso wie der Materialismus eine philosophische Theorie über die Biologie. Dabei lehnt der dialektische Materialismus mechanische Konzeptionen ab, ohne den Materialismus zu verlassen und dem Vitalismus Konzessionen zu machen.[35] Hier führt Meurers schon keine Sachdiskussion um diese philosophischen Konzeptionen durch, weil er sonst Argumente für die eine oder andere Position betrachten müßte und feststellen würde, daß beide Positionen gegenüber der Naturwissenschaft nicht gleichberechtigt sind. Gegenüber den verschiedenen philosophischen Positionen vertritt Meurers nun die Ansicht: „Wäre es nicht möglich, einfach von Arbeitshypothesen zu sprechen und keine metaphysischen Hintergründe hier zu sehen, was der letzte Grund der Ideologisierung und der apodiktischen Behauptungen sowohl auf der einen wie auf der anderen Seite ist? Nämlich man lebt immer noch in der Vorstellung, daß, wenn das Leben keine rein physiko-chemische Angelegenheit ist und es ein besonderes irgendwie vitalistisch formuliertes Prinzip noch gibt neben dem Stoff, damit eine metaphysische, ja eine theologische Aussage im Sinne eines Theismus gemacht wäre. Auch letzteres wäre eine Ideologisierung des Vitalismus-Standpunktes; denn es muß objektiv gesagt werden, ob nun das Leben eine rein physiko-chemische Angelegenheit ist oder nicht, ob es gegebenenfalls noch ein zweites Prinzip gibt, welches von vornherein da ist, wie der Stoff auch, gerade auch im materialistischen Sinne, das hat mit der metaphysischen Frage nach dem letzten Urgrund des Seins direkt nichts zu tun. Hebt man aber das Gegenüber biologischen Materialismus-Vitalismus von diesen metaphysischen Hintergründen ab, wird es sozusagen ‚weltanschaulich' entschärft, und man ist eher bereit, weil die eigne Position nicht tangiert wird, über beide Möglichkeiten in einer viel ruhigeren Atmosphäre zu sprechen, als das gegenwärtig weitgehend der Fall ist, wo es sich offenkundig um weltanschauliche Positionen handelt, wenn von diesem Gegenüber die Rede ist."[36]

Der Materialismus wird erst auf eine bestimmte Auffassung des Lebens festgelegt und dann „widerlegt". Sicher arbeiten Naturwissenschaft und marxistisch-leninistische Philosophie mit Hypothesen. Dazu gehören auch die Hypothese der Physikalisierung der Lebensprozesse, die naturwissenschaftliche Erfolge brachte, aber philosophisch einseitig ist, und etwa die Hypothese von der Kybernetisierung der Lebensvorgänge, die mit dem Hinweis auf die relative Selbständigkeit biologischer Systeme berechtigt kritisiert wird. Diskussionen um solche Hypothesen und ihren Wahrheitsgehalt können auf der Grundlage des dialektisch-materialistischen Standpunkts durchgeführt werden, wobei die philosophische Analyse bestimmte Einseitigkeiten korrigieren und den Beitrag der naturwissenschaftlichen Theorie zur wissenschaftlichen Weltanschauung zeigen kann. Es ist jedoch falsch, neben diese Position den Vitalismus zu stellen, der das echte Problem der Entstehung des Lebens durch die Annahme einer nicht nachweisbaren Lebenskraft verdeckt. Letztere Position orientiert nicht auf den Erkenntnisfortschritt. Hier kann es nicht um eine weltanschauliche Alternative zwischen biologischem Materialismus und Vitalismus gehen, sondern um die echte Alternative zwischen dialektischem Materialismus und Idealismus, wobei die naturwissenschaftliche Entdeckung für jenen und gegen diesen zeugt.

Es geht um eine der modernen Naturwissenschaft adäquate Philosophie, die in der Lage ist, deren erkenntnistheoretische Probleme zu lösen. Nicht das Absehen von weltanschaulichen Fragen hilft der naturwissenschaftlichen Forschung weiter, sondern die Ausnutzung der marxistisch-leninistischen Philosophie als Erkenntnistheorie und Methodologie. Damit unterliegen die aus der Philosophie gezogenen Folgerungen auch dem Wahrheitskriterium der Praxis in einem komplizierten Erkenntnisprozeß. Der Versuch von Meurers, Naturwissenschaft und Philosophie völlig voneinander zu trennen, muß schon deshalb fehlschlagen, weil es eine Vielzahl von theoretischen Bindegliedern zwischen experimentellen Erkenntnissen und philosophischen Aussagen gibt, wobei die allgemeinen theoretischen Aussagen der Naturwissenschaft bereits die Philosophie berühren. Das war so bei der Relativitätstheorie mit der Raum-Zeit-Auffassung, bei der Quantentheorie mit dem Determinismus und ist so bei der Biologie in bezug auf die materialistische Erklärung der Lebensvorgänge.

Meurers will über rein biologische Fragen ohne philosophische Positionen diskutieren: „Dieses Beispiel aus der Biologie wird deshalb besonders angeführt, weil eine Entideologisierung der Naturwissenschaften gegenüber den philosophischen Systemen es viel leichter möglich macht, ein Gespräch über die echten Probleme zu führen und ein solches Gespräch nicht zu belasten mit weltanschaulichen Positionen, wo Position gegen Position steht ..."[37] Damit wäre entweder die ganze Diskussion auf die Beschreibung von experimentellen Ergebnissen reduziert, was zu keinen neuen Arbeitshypothesen führte und den wissenschaftlichen Meinungsstreit nicht zuließe, denn hinter theoretischen Diskussionen um die Deutung der Ergebnisse stehen ebenfalls philosophische Haltungen, oder die Philosophie wird völlig von den theoretischen Auseinandersetzungen in den Naturwissenschaften gelöst, was die Philosophie zur Spekulation ohne wissenschaftliche Bedeutung macht. Die Frage, die Meurers nicht beantwortet, ist: Kann man wissenschaftlich über philosophische Fragen diskutieren? Die bejahende Antwort, die der dialektische Materialismus gibt, verlangt auch, die Wahrheit philosophischer Aussagen über ihre Beziehung zur wissenschaftlichen Forschung festzustellen. Meurers löst also gerade das wesentliche Wahrheitsproblem für die Philosophie nicht, er läßt naturwissenschaftliche Argumente nicht als Bestätigung oder Widerlegung philosophischer Aussagen zu. Damit sind die von ihm betrachteten philosophischen Systeme für die wissenschaftliche Diskussion irrelevant. Er benutzt dabei aber auch den Trick bürgerlicher Ideologen, in diese philosophischen Systeme die marxistisch-leninistische Philosophie einzubeziehen, die er als über dem Gegensatz von wahr und falsch stehend ansieht.[38] Damit verfälscht er ihre Position, da sie sich dem Praxiskriterium der Wahrheit stellt.

2.4. Zur philosophischen und logischen Wahrheitsauffassung

Die marxistisch-leninistische Wahrheitsauffassung ist nicht an eine bestimmte logische Theorie über die Wahrheit gebunden. Sie stellt aber die weltanschauliche, erkenntnistheoretisch-methodologische Grundlage für die logische Forschung dar.[39] Sie gibt mit der Anerkennung der objektiven Wahrheit eine materialistische Antwort auf die Frage nach dem Verhältnis der Produkte der empirischen und theoretischen Erkenntnis zu dem, was außerhalb und unabhängig von unserem Bewußtsein existiert. Das philosophische Wahrheitsproblem ist damit keine innertheoretische Angelegenheit. Es geht um die Widerspiegelung dessen, was außerhalb und unabhängig von unserem Bewußtsein existiert. Wie wir gesehen haben, ist die Wahrheit dabei selbst komplexer Natur, und der dialektische Materialismus gibt deshalb bei der Erkenntnis gesellschaftlicher Zusammenhänge auch die materiellen Determinanten an, nämlich die ökonomische Struktur der Gesellschaft, die alle anderen gesellschaftlichen Verhältnisse bestimmt.

In der philosophischen Wahrheitsauffassung wird mit dem Verhältnis von relativer und absoluter, objektiver Wahrheit die Dialektik von Objektivität und Relativität geklärt und zugleich in der Praxis das Kriterium gesehen, das der Überprüfung der Wahrheit dient. Da die Wahrheit aber kein a priori Existierendes ist, kann die Wahrheit nicht nur in der

Praxis überprüft, sondern muß auch mittels praktischer Tätigkeit gefunden werden. Der Versuch, in logisch-positivistischer Weise die Wahrheit auf Aussagen einzuschränken, widerspricht den genannten philosophischen Grundgedanken. Sicher ist es für die Logik schwer, entsprechende Wahrheitskriterien logischer Art für die Theorien zu finden, da sich die Logik wesentlich auf die Denkgesetze beschränkt und nur in ihrer philosophischen Begründung die Beziehung zwischen objektiver Realität und Widerspiegelung reflektiert. Würde man die Wahrheit auf Aussagen beschränken, dann wäre damit der komplexe Charakter der Wahrheit negiert. Um es an einem Beispiel auszudrücken: Die marxistisch-leninistische Theorie ist wie jede andere wissenschaftliche Theorie keine Summe von Einzelaussagen, die jede für sich auf Wahrheit untersucht werden können, ohne die anderen Aussagen zu beachten. So ist die Aussage von der bestimmenden Rolle der Basis gegenüber dem Überbau nur wahr, wenn man auch die Aussage beachtet, daß der Überbau aktiv auf die Basis einwirkt. Herausgelöst aus dem Zusammenhang könnte sonst die große Bedeutung des sozialistischen Bewußtseins für die aktive Einwirkung der Menschen auf das gesellschaftliche Sein als Argument gegen den Materialismus genutzt werden, wie das manche bürgerliche Ideologen auch tun. Die Widerspiegelung der Wirklichkeit ist für die marxistisch-leninistische Wahrheitsauffassung eben nicht nur die Beziehung zwischen isoliertem objektivem Sachverhalt und Aussage, sondern zwischen den wesentlichen Beziehungen in einem bestimmten Bereich mit allen notwendigen Integrationsbeziehungen und der Theorie oder verschiedenen Theorien. Geht man nicht davon aus, dann kann die Wahrheit philosophischer Aussagen überhaupt nicht geklärt werden. Die Philosophie befaßt sich mit den Denkweisen, die sich aus naturwissenschaftlichen Theorien ergeben, und überprüft beispielsweise ihre Übertragbarkeit auf andere Wissenschaften. Dazu muß sie von der Wahrheit der Theorie ausgehen können und die Wahrheit der philosophischen Hypothese von der Übertragbarkeit komplex überprüfen. Sicher geht es dabei um Aussagen über Sachverhalte, die überprüft werden. Aber für die Theorienbildung ist wichtig, daß es keine isolierten Aussagen sind, weil die Wirklichkeit nicht in isolierte Sachverhalte aufgespalten ist. Wer dieses wesentliche erkenntnistheoretische Problem und seine Lösung im dialektischen Materialismus nicht beachtet, kann zwar mit einer Aussage einen Sachverhalt richtig erfassen, aber falsch verallgemeinern.

H. Wessel kritisiert m. E. richtig die klassische Wahrheitsauffassung: „Unseres Erachtens liegt in dieser Trennung der Wahrheitsdefinition von der prinzipiellen Feststellbarkeit der Wahrheit die grundlegende Beschränktheit des klassischen Wahrheitsbegriffs. Wird diese Trennung von Wahrheitsdefinition und Wahrheitskriterium beibehalten, so kann das Prinzip der Zweiwertigkeit uneingeschränkt nur für Aussagesätze ‚an sich' – etwa im Sinne Bolzanos –, nicht jedoch für die konkreten Aussagesätze, die uns in den Wissenschaften entgegentreten, behauptet werden."[40]

Wessel ersetzt deshalb die klassische Auffassung „X ist eine wahre Aussage genau dann, wenn P", durch „X ist eine wahre Aussage genau dann, wenn prinzipiell feststellbar ist, daß P". „Prinzipiell feststellbar" wird dabei in folgendem Sinne verstanden: „feststellbar mit Hilfe aller Mittel, die der menschlichen Gesellschaft zu einem konkreten historischen Zeitpunkt zur Verfügung stehen"[41]. Die Überprüfung ist der Prozeß der Wahrheitsfindung. Vorher existierte aber die prinzipielle Möglichkeit zur Überprüfung. Gegen eine solche Auffassung wird manchmal ins Feld geführt, daß sie rein positivistisch sei und die Wahrheitsfindung mit der Wahrheit verwechsle. Aber der eigentliche Prozeß der Wahrheitsfindung wird dabei überhaupt nicht beachtet, sondern nur die Feststellung getroffen, daß die Wahrheit auch feststellbar sein muß. Offenbar wird von den Kritikern dieser Auffassung vergessen, welche prinzipielle Haltung die Klassiker des Marxismus-Leninismus zur Beantwortung der Grundfrage der Philosophie einnahmen. Alle haben sich stets von dem unerkennbaren Ding an sich losgesagt und die prinzipielle Erkennbarkeit der Welt betont. Für sie gab es keine Kluft zwischen Mensch und Natur, sondern die Erkenntnis schließt Mensch und Natur zusammen, wie Lenin betonte. Was hätte es sonst für eine Bedeutung, die Behauptung aufzustellen, im Kosmos gäbe es vernunftbegabte Wesen, wenn nicht irgendein Anhaltspunkt diese Erkenntnis stützt und eine prinzipielle Möglichkeit dafür besteht, diese Hypothese zu überprüfen. Nun könnten die Kritiker einwenden, aber die Wahrheit steht fest, ob etwas überprüft wird oder nicht. Auch das ist falsch, denn es würde die objektive Entwicklung leugnen und die Wahrheit zur objektiv-realen Tatsache selbst machen. So hätte die Behauptung, daß auf dem Mond keine Menschen sind, vergangenes Jahrhundert für viele als eine unumstößliche Wahrheit gegolten. Aber in unserem Jahrhundert waren Menschen auf dem Mond. Vieles ist also vernunftbegabten Wesen möglich. Aber wir brauchen, um die Entwicklung der Sachverhalte zu demonstrieren, über die wahre Aussagen gemacht werden, gar nicht nur auf vernunftbegabte Wesen hinzuweisen. Die Entstehung neuer Sterne, neuer Arten, neuer chemischer Verbindungen usw. zeigt die ständige Veränderung und Entwicklung der objektiven Realität und die notwendige Überprüfung der Wahrheit von Aussagen, Theorien, Hypothesen usw. Über die Wahrheit von prinzipiell nicht überprüfbaren Aussagen zu rechten, das kann kein dialektischer Materialist unternehmen, da er an das materialistische Grundprinzip gebunden ist, die Tatsachen in ihrem eigenen und keinem phantastischen Zusammenhang zu sehen. Eine prinzipiell nicht überprüfbare Beziehung zwischen Tatsachen ist aber so lange Hypothese, bis sie überprüft wird! Ist sie jedoch prinzipiell nicht überprüfbar, dann gehört sie in das Reich der Spekulationen. Wahrheit existiert für den dialektischen Materialismus nicht an sich. Objektive Wahrheit ist nach Lenin der außerhalb und unabhängig vom menschlichen Bewußtsein existierende Inhalt unserer Erkenntnisprodukte. Also wird die Wahrheit nicht vom Menschen diktiert, sondern durch die objektive Realität bestimmt. Aber die materialistische Erkenntnis hat nichts mit der Behauptung zu tun, die Wahrheit existiere unabhängig von der Erkenntnis. Eine Eigenschaft der Erkenntnis kann nicht unabhängig von ihr existieren, wohl aber der in ihr widergespiegelte Inhalt.

Einerseits wird also der Fehler begangen, die Wahrheit als an sich existierend, unabhängig von der Erkenntnis zu postulieren. Wenn man die Wahrheit in Verbindung zu der möglichen Erkennbarkeit des Inhalts der Aussage setzt, d. h. die materialistische Antwort auf die Grundfrage der Philosophie bis zur prinzipiellen Erkennbarkeit der Welt ausdehnt, dann ergibt sich daraus für die Wahrheitsproblematik, daß eine Wahrheit prinzipiell feststellbar sein muß, um Wahrheit zu sein. Die Wahrheitsfindung ist dann der konkrete Erkenntnisprozeß, in dem die Wahrheit überprüft wird. Andererseits wird die Wahrheit als ewig und unveränderlich betrachtet. Dagegen spricht die Veränderung und Entwicklung der objektiven Realität und der Erkenntnis. Die Wahrheit ist konkret. Auch Hypothesen waren nicht immer wahr oder immer falsch. Sie müssen stets auf konkrete Bedingungen bezogen und dann überprüft werden. Eine prinzipiell nicht überprüfbare Aussage ist nach Lenin eine leere Abstraktion, ein bloßes Gedankending. Die Wahrheit von Erkenntnisprodukten beinhaltet also nicht nur die behauptete Verbindung von Erkenntnis und Objekt, sondern auch ihre prinzipielle Feststellbarkeit.

Geht man von dieser Auffassung über zu der für die Entwicklung der Naturwissenschaften wichtigen Frage nach der Wahrheit von Theorien oder gar nach der Wahrheit philosophischer Aussagen über diese Theorien, dann kommen wir sofort zu philosophischen Problemen, die durch die Logik noch nicht gelöst sind. Es muß dabei die Anerkennung der objektiven Wahrheit berücksichtigt werden und ihr komplexer Charakter.

Ein Versuch in dieser Richtung ist die induktive Logik, die wir kurz behandeln wollen, weil bei der philosophischen Problematik das Wahrheitsproblem ganz deutlich wird. Man könnte dazu auch andere Versuche betrachten. Aber das würde zu weit führen. Die induktive Logik macht dabei das philosophische Problem besonders deutlich, weil sie sich um die Logik wissenschaftlicher Arbeit explizit bemüht.

„Sie versucht, in expliziter Gestalt Verfahren darzustellen", schreibt Stegmüller, „welche implizit wie in den Einzelwissenschaften zur Anwendung gelangen, wenn auch meist nur in mehr oder weniger instinktiver Form."[42] Es geht also auch hier um die Gesetze des Denkens, auf deren Grundlage wir die Wirklichkeit widerspiegeln. In diesem Sinne wendet sich Stegmüller gegen die Forderung nach empirischer Überprüfung der induktiven Wahrscheinlichkeit: „Eine Aussage über induktive Wahrscheinlichkeit hat eine Relation zwischen einer Hypothese und einer Gesamtheit von Erfahrungsdaten (z. B. bestimmten Beobachtungsergebnissen) zum Inhalt. Der darin behauptete Wahrscheinlichkeitswert bezeichnet den Grad, in welchem die Hypothese durch die Erfahrungsdaten bestätigt oder gestützt wird. ... Eine induktive Wahrscheinlichkeitsaussage hat also die Gestalt, ‚die Wahrscheinlichkeit (der Bestätigungsgrad) der Hypothese h auf Grund der Erfahrungsdaten e ist so und so groß'."[43]

Sicher haben Carnap und Stegmüller Recht, wenn sie die Forderung nach empirischer Überprüfung der Aussagen über induktive Wahrscheinlichkeiten ablehnen, da alles erforderliche Wissen bereits in e enthalten ist. Sobald die Hypothese bestätigt oder widerlegt ist, verliert die Wahrscheinlichkeit ihren Sinn. Es geht hier also um Beziehungen, die innerhalb des Denkprozesses für die Widerspiegelung der objektiven Realität im Denken eine Rolle spielen, wobei nicht der Erkenntnisprozeß in seiner Gesamtheit, sondern der Denkprozeß analysiert wird. Hier wird die unterschiedliche Verwendung des Wahrheitsbegriffs ganz deutlich. Im induktiv logischen Sinne geht es um die Wahrheit von Aussagen über Beziehungen, die im Denkprozeß auftreten, im philosophischen Sinne um das Verhältnis der objektiven Realität zu den Erkenntnisprodukten. Die Existenz der objektiven Wahrheit ist hier philosophische Voraussetzung der Bedeutung logischer Untersuchungen für die Erkenntnis, während die Logik die Voraussetzungen im Denken für die Aufdeckung relativer Wahrheiten untersucht.

Stegmüller schreibt zur empirischen Überprüfung der induktiven Wahrscheinlichkeit: „Wir können jedoch nicht die Wahrheit der Wahrscheinlichkeitsaussage selbst durch einen ... empirischen Test einer

Prüfung unterziehen. Diesen Umstand haben verschiedene Kritiker der induktiven Wahrscheinlichkeit zum Anlaß genommen, den Begriff selbst als unwissenschaftlich zu verwerfen, da nur das empirisch Überprüfbare sinnvoll und daher wissenschaftlich zulässig sei. Dabei wird der Fehler begangen, die Wahrscheinlichkeitsaussage als synthetischen Satz mit Tatsachengehalt aufzufassen. Nach Carnap ist ein Satz über induktive Wahrscheinlichkeit jedoch rein logischer Natur, so daß keine Notwendigkeit für eine empirische Überprüfung vorliegt."[44]

Die Notwendigkeit solcher logischen Untersuchungen kann sicher nicht bestritten werden, und die Argumentation ist auch insoweit einsichtig, als Aussagen über logische Sachverhalte nicht empirisch unmittelbar überprüfbar sind. Damit ist jedoch das philosophische Wahrheitsproblem nicht geklärt. Es tritt eben nicht in der Frage nach der Wahrheit einzelner Aussagen auf, sondern in der nach der Wahrheit dieser logischen Theorie. Dabei ist die Wahrheit nur vermittelt zu überprüfen, was nach der klassischen Auffassung (in der direkten Gegenüberstellung von Aussage und Sachverhalt) nicht möglich wäre. Die Wahrheit einer logischen Theorie muß dann als bestätigt gelten, wenn sie das erfolgreiche logische Vorgehen in der Wissenschaft und überhaupt in der Praxis, das zur Aufdeckung objektiver Wahrheiten führt, widerspiegelt. Dabei hat auch diese Widerspiegelung nur relativ wahren Charakter, und die Logik entwickelt sich weiter, indem sie ebenfalls die Grenzen für ihre Gültigkeit verschiebt.

Carnap selbst sieht den Unterschied zwischen Wahrheit und induktiver Wahrscheinlichkeit und unterscheidet grundlegend Wahrheitswerte von Wahrscheinlichkeitswerten: „Wenn z. B. die Wahrscheinlichkeit von h auf Grund von e 2/3 ist, so bleibt h trotzdem entweder wahr oder falsch und besitzt nicht einen dazwischen liegenden Wahrheitswert von 2/3."[45]

Die Hypothese h muß also empirisch überprüft werden, um ihre Wahrheit oder Falschheit festzustellen, aber das Denken analysiert auf Grund der gegebenen empirischen Daten bereits die Wahrscheinlichkeit dafür, was für ein Ergebnis bei der Überprüfung eintritt. Während hier bereits auf die Bewegung des Denkens in der Logik Rücksicht genommen wird, ist jedoch die philosophische Kritik berechtigt, daß hierbei die Bewegung als Daseinsweise der Materie nicht beachtet wird. Es erscheint so, als ob die Hypothese von vornherein wahr oder falsch wäre, was die Überprüfung nur noch nachzuweisen hätte. Es gibt jedoch auch objektive Möglichkeitsfelder für Ereignisse, wobei jedes Ereignis auf Grund verschiedener Bedingungen eintritt.

Die Bewegung des Denkens ist damit folglich eine Widerspiegelung der wirklichen Bewegung, wie von Lenin bereits hervorgehoben wurde. Die Wahrheit existiert nicht a priori, um sie dann a posteriori festzustellen, sondern auch der Inhalt unserer Vorstellungen verändert sich, weshalb jede objektive Wahrheit sowohl objektiv bedingt ist, d. h., es existieren außerhalb und unabhängig vom Bewußtsein Bedingungen, die das Ereignis hervorbringen, als auch subjektiv bedingt ist, nämlich durch die Erkenntnismittel und Erkenntnismöglichkeiten der Menschen einer bestimmten Zeit. Deshalb wird die objektive Wahrheit als relative Wahrheit erkannt, liefert jedoch in der Widerspiegelung von objektiven Gesetzen einen Kern absoluter Wahrheit. Gesetze werden aber in Theorien formuliert, weshalb wir wieder auf die Wahrheit von Theorien zurückkommen.

Die bisherigen Bemerkungen zum Verhältnis von logischer und philosophischer Wahrheitsauffassung sollen nur auf einige wenige Probleme verweisen, für deren Lösung die Leninsche Wahrheitstheorie noch besser genutzt werden sollte.

Erstens ist die Unterscheidung zwischen philosophischer und logischer Wahrheitsauffassung zu beachten. Die Logik schafft durch die Untersuchung der Denkgesetze Voraussetzungen für die bewußte Aufdeckung relativer Wahrheiten durch die Ausnutzung der logischen Erkenntnisse. Das hat besondere Bedeutung für die Simulation des Denkprozesses mit Rechenmaschinen, wobei die Denkgesetze berücksichtigt werden müssen. Philosophisch taucht hier das Wahrheitsproblem sowohl bei der Klärung der Frage auf, ob die logische Theorie wahr ist, als auch bei der philosophischen Grundlegung logischer Aussagen über die Wahrheit.

Zweitens muß die Entwicklung der Logik stets von philosophischer Seite analysiert werden, um Hinweise für die Präzisierung der Wahrheitsauffassung zu erhalten, wobei Grundlage für diese Analyse die anfangs geschilderten Standpunkte Lenins zur objektiven und zur relativen Wahrheit und zum Praxiskriterium sind.

Drittens geht es um die Wahrheit von Theorien. Hier stehen noch zu lösende Aufgaben vor der Logik, um die Gesetze des Theorienaufbaus, des Zusammenhangs von alten und neuen Theorien usw. genauer zu erfassen. Eine Theorie besitzt im philosophischen Sinne objektive Wahrheit, wenn sie die objektive Realität widerspiegelt. Dabei kann diese Widerspiegelung vermittelt sein, wie das bei Metatheorien der Fall ist. Um das Wahrheitsproblem zu klären, muß die Beziehung zu den materiellen Verhältnissen, auch den materiellen gesellschaftlichen Verhältnissen beachtet werden. Es reicht nicht aus, Theorien höherer semantischer Stufen mit solchen niederer semantischer Stufen zu vergleichen, um die Wahrheit festzustellen. Den Ausweg suchte der Positivismus in der Gegenüberstellung von Aussage und Sachverhalt, was jedoch dem komplexen Charakter der Wahrheit nicht gerecht wird. Deshalb ist vor allem der Systemcharakter der Theorie zu beachten, in der verschiedene Aussagen miteinander verbunden sind, die den Charakter von Axiomen und abgeleiteten Aussagen haben. Die Theorie ist relativ wahr, wenn die Praxis die wesentlichen Folgerungen aus dieser Theorie bestätigt.

Viertens darf es keine Widersprüche zwischen logischen und philosophischen Wahrheitsbegriffen geben. Der philosophische Wahrheitsbegriff betrifft das Verhältnis von objektiver Realität und Widergespiegeltem unter Berücksichtigung des relativen Charakters unserer Wahrheitserkenntnis. Die dabei aufgestellten philosophischen Aussagen sind auch Grundlage der Logik. Sollten Widersprüche auftreten, so liegen entweder falsche philosophische Interpretationen neuer Logiken vor oder die philosophische Wahrheitsauffassung muß präzisiert werden.

3. Information, Zeichen, Abbild

Bei der Betrachtung der Diskussionen, die um den Informationsbegriff geführt worden sind, kann es sich nur um einige Bemerkungen zu dabei auftretenden philosophischen Problemen handeln, wobei die Rolle der Information als Zeichen im spezifischen menschlichen Widerspiegelungsprozeß behandelt werden soll, der zu Abbildern der objektiven Realität führt. Dabei taucht der Informationsbegriff in verschiedenen Beziehungen auf. Erstens wurde die Information als Bestandteil der Widerspiegelung betrachtet, die eine allgemeine Eigenschaft der Materie ist. Dabei sollte Widerspiegelung als das Entstehen von Spuren bei der Einwirkung von materiellen Prozessen auf ein System verstanden werden, wobei die Spuren Teile der Struktur der Einwirkung abbilden. Für die anorganische Natur erfolgt auf die Einwirkung die Gegenwirkung, und die Spuren können durch neue Einwirkungen gelöscht werden. Die Information wird als Maß der Ordnung, als zur Steuerung und Regelung der Vorgänge geeignete Struktur verstanden. Diese Feststellung ist aber problematisch bei der organischen Wechselwirkung. Die dabei auftretenden Spuren sind Mittel zur Auslösung für systemeigene Reaktionen. Deshalb halten es manche Autoren auch für falsch, hier schon von Information zu sprechen. Sie meinen, es gäbe hier nur Voraussetzungen für spätere Informationsprozesse. Dieser Standpunkt hat viel für sich und würde eine Reihe von Anthropozentrismen ausschalten. Information wird in der Informationstheorie mit Ja-Nein-Entscheidungen verbunden. Wenn ein objektiver Zustand oder ein Zeichen nur zwei Gestalten hat, dann ist das Auftreten der einen oder der anderen eine Entscheidung, die durch ein bit als Maßeinheit charakterisiert wird.[46] Wiener definiert die Information als Alternativentscheidung, worunter er die „Auswahl zwischen zwei gleichwahrscheinlichen, einfachen Alternativen, von denen die eine oder die andere eintreten muß, z. B., die Möglichkeit, mit einer Münze Wappen oder Zahl zu werfen“[47], versteht. Die Information geht von einem Sender zum Empfänger, wird vom Sender codiert und vom Empfänger decodiert. Dazu ist es erforderlich, daß die Information eindeutig und der Code bekannt ist. In diesem Sinne übermitteln wir beim Morsen durch Punkte und Striche bei bekanntem Code Nachrichten. Wenn wir nun diese Begriffsbildungen auf die anorganische Natur anwenden, entstehen Anthropomorphismen, denn der Stein trifft keine Entscheidung, sondern verhält sich gesetzmäßig, wie schon betont wurde. Aber man kann die ganze Aussage dadurch objektivieren, daß vom objektiven Möglichkeitsfeld und der zufälligen Verwirklichung von Möglichkeiten im Rahmen der Gesetze ausgegangen wird. Ist diese zufällige Verwirklichung einer im Gesetz enthaltenen Möglichkeit der Einwirkung auf ein anorganisches System von Elementen, also ein Objekt verwirklicht und enthält das System Spuren der Einwirkung, die Teile der Struktur der Einwirkung enthalten, dann ist das Voraussetzung, Vorform der Widerspiegelung oder Widerspiegelung selbst, und die Struktur der Einwirkung, die in dem System enthalten ist, kann als Information über die Einwirkung gewertet werden. Da aber das anorganische System nicht systemeigen auf die Spuren reagiert, sondern nur auf die Einwirkung direkt, ist das eine potentielle Information, die aber für den erkennenden Menschen zur aktuellen Information wird, wenn er aus Spuren auf Einwirkungen schließt, etwa von den Bergen auf die Verteilung der Gletscher in der Eiszeit. Eben dieser Charakter der Information als potentieller veranlaßt manche Wissenschaftler, hier nicht von Information zu sprechen.

Das Problem scheint m. E. aber nicht in der Begriffsbestimmung zu liegen, sondern darin, daß diese Widerspiegelungsformen oder -vorformen als existierend anerkannt werden, weil sonst die Erklärung des Lebens und des Bewußtseins als Evolutionsprozeß Schwierigkeiten macht.

Zweitens wird in der Molekularbiologie und von vielen Philosophen umfangreich über die Informationsprozesse bei Lebewesen gesprochen. Hier scheint die Problematik des Anthropozentrismus nicht so stark zu sein, da die Lebewesen sich aktiv an die Umwelt anpassen, ein eigenes System herausbilden, das auf Information aus der Umwelt angewiesen ist, um angepaßt bleiben zu können und das auf Information durch systemeigene Reaktionen antwortet.

Weizsäcker bespricht hier die Einwände, die gegen Anthropomorphismen gemacht werden können, wenn man Information als eine Form versteht, die der Mitteilung dient. Nach ihm sind die Begriffe der Informationstheorie in der Molekularbiologie am Platz. „Hier ist aber niemand, der spricht, niemand, der etwas mitteilt oder der das Mitgeteilte versteht"[48], meint Weizsäcker. Er diskutiert mögliche Antworten auf diese Frage. Man kann nach ihm „Information ohne jeden Bezug auf Sprache oder Mitteilung" definieren. „Dann gibt es Informationen, d. h. meßbare Strukturmengen, in der Natur objektiv, und wir sprechen nur das Vorgefundene nach. Man kann aber auch umgekehrt vermuten, daß es eben die Beschaffenheit des sprachlich sich artikulierenden Denkens ist, die uns aus der unendlichen Vielfalt der Natur gerade diese Aspekte heraushebe n läßt. Wir treten an die Natur mit der Frage nach informationsartigen Strukturen heran und dann finden wir sie. Wie schwer diese beiden Standpunkte überhaupt voneinander zu unterscheiden sind, zeigt jeder Versuch, Information nicht-sprachlich zu definieren. Nennt man z. B. Information jede Form, die durch eine Aufzählung einer endlichen Anzahl von Ja-Nein-Entscheidungen beschrieben werden kann, so rekurriert diese für den Anschein objektive Definition ja auch auf unsere Beschreibungsmittel (‚Aufzählung', ‚Entscheidung'). Ich vermute, daß eine genaue Analyse jeder anderen Definition ähnliche Ergebnisse zeitigen wird."[49] Das muß nicht der Fall sein, wenn nicht auf Entscheidungen, sondern auf die objektiven Möglichkeiten und die zufällige Verwirklichung einer dieser Möglichkeiten auf Grund objektiver Bedingungen zurückgegangen wird und die codierte Wiedergabe von Strukturelementen der Einwirkung in den Spuren des Systems als potentielle Information betrachtet wird. Trotzdem hat Weizsäcker Recht, denn auch hier wird sie erst zur aktuellen Information durch den Menschen. Anders dürfte es aber bei den Lebewesen sein. Hier ist die spezifische Reaktion des Lebewesens auf die objektiven Signale der Außenwelt zu beachten. Das Tier selbst hat Reaktionsmöglichkeiten, die von I. P. Pawlow und seinen Mitarbeitern als Reiz-Reaktions-Mechanismus bei Beachtung der bedingten und unbedingten Reflexe untersucht worden sind.

Weizsäcker macht auch auf einen anderen wichtigen Punkt aufmerksam, der für unsere Diskussion des Verhältnisses von Abbild und Information wichtig ist. Die Definition der Information auf Grund von Ja-Nein-Entscheidungen führt zum Vergleich zwischen der geforderten eindeutigen Entscheidung und der Wirklichkeit selbst, für die „es nicht a priori selbstverständlich ist", „daß wir in der Natur so saubere Ja-Nein-Entscheidungen ... vorfinden". Er meint deshalb: „Vielleicht ist hier die naivste Ausdrucksweise auch wirklich die sachgemäßeste: diejenige, die sprachliche Kategorien auch dort anwendet, wo kein sprechendes und kein hörendes Bewußtsein ist. Chromosom und heranwachsendes Individuum stehen in einer solchen Beziehung zueinander, als ob das Chromosom spräche und das Individuum hörte, Metaphern, die sich jedem Naturforscher aufdrängen, legen davon Zeugnis ab, z. B. die Redeweise, daß das Chromosom die Art des Wachstums vorschreibt oder daß das Wachstum dieser Vorschrift gehorcht."[50] Bei der Analyse der Auffassungen von Monod hatten wir eben solch ein Beispiel für die anthropomorphe Ausdrucksweise, die nur dann ein Problem mit sich bringt, wenn aus ihr teleologische oder bei Monod teleonomische Schlußfolgerungen abgeleitet werden sollen, die gegen die Anerkennung der Existenz objektiver Naturgesetze gerichtet sind.

Während wir in der anorganischen Natur erst von Vorformen der Information oder von potentieller Information sprechen können, ist jedoch bei Lebewesen bereits ein sich immer weiter entwickelnder Apparat zur Aufnahme der Signale (Zeichen) aus der Außenwelt vorhanden, auf die systemeigen reagiert wird. Ukrainzew macht dabei auf die doppelte Rolle der Information bei der Systemregelung aufmerksam, wenn er schreibt: „Erstens tritt sie als besondere Form des Zusammenhangs der Teilsysteme und Elemente der sich selbstregulierenden Systeme sowie des gesamten Systems mit der äußeren Welt, die auch andere selbstregulierende Systeme umfaßt, auf; zweitens dient die Information als unmittelbare Ursache der Veränderung der Systemparameter im Prozeß der Regulierung, als unmittelbare Ursache der Auswahl dieser oder jener Variante seines Verhaltens durch das System."[51] Die Information garantiert also sowohl das Funktionieren im relativen Gleichgewicht des Organismus als auch die Reaktion auf Veränderungen der Umwelt. Dabei geht Ukrainzew auch auf das Verhältnis von Information und Signal ein: „Die Information erfüllt die Rolle der unmittelbaren Ursache aller Regelungsprozesse deshalb, weil sie in der Form physikalischer, chemischer, physiologischer oder irgendwelcher anderer materieller Prozesse auftritt, die durch ihre Struktur die Struktur der Widerspiegelung der äußeren Welt und des eigenen Zustandes durch die Rezeptoren des sich selbst regulierenden Systems darstellen. Das erlaubt, die Information zu übergeben, zu bewahren und zu überarbeiten, indem nicht über die Grenzen der materiellen Systeme, der Bewegungsformen der Materie hinausgegangen wird, die das sich selbst regulierende System zu seiner Funktionsfähigkeit ausnutzt."[52] Die aufgearbeitete Information verdichtet sich zu einem Programm der Selbstregulierung, das wiederum auf die Widerspiegelung einwirkt. Ohne weiter auf Details dieser kybernetischen Regelungsvorgänge im Organismus eingehen zu können, ist damit die Bedeutung der Information als Signale aus der Außenwelt oder des eigenen Organismus, die zur spezifischen Reaktion des Organismus führen, deutlich geworden. Es geht also nicht darum, ob dieser Vorgang antropomorph oder nicht ausgedrückt wird, sondern darum, daß mit der Entwicklung der Lebewesen ein neuer komplizierter Informations- und Reaktionsmechanismus entsteht, der biologische Reize verarbeitet, Signale im Zusammenhang mit biologischen Reizen erkennt, Reaktionsmöglichkeiten darauf ausbildet und so zu einem der aktiven Anpassung an die Umwelt dienenden Informations-Reaktions-Apparat kommt. Wird erst durch primitive Lebewesen auf biologische Reize insgesamt reagiert, so dienen später Signale, die mit biologischen Reizen verbunden sind, zur Ausbildung bedingter Reflexe, und es entstehen im Denkhandeln der höheren Tiere Vorformen der Kombination von Informationen zur Aufstellung eines Programms der Tätigkeit.

Drittens hat deshalb die Information als Teil der spezifisch menschlichen Form der Widerspiegelung, des Abbildungsprozesses große Bedeutung. Dabei wurde, ausgehend vom Empirismus von Helmholtz, von manchen Theoretikern, darunter auch von Plechanow, die Rolle unserer Erkenntnisse als Abbilder bestritten. Sie sollten nur Zeichen, aber keine Abbilder sein.[53] Lenin setzte sich damit auseinander, da Zeichen willkürlich sein können, nicht mit dem abgebildeten Prozeß verbunden sein müssen und so subjektivistisch oder agnostizistisch gedeutet werden können. Gegenüber dem Idealismus betont Lenin das Primat der Materie, gegenüber dem Agnostizismus den Abbildcharakter von Erkenntnissen. Helmholtz hatte sich bei den Empfindungen gegen den Ausdruck „Abbild" gewandt, weil keine Identität zwischen Abgebildetem und Abbild bestehe, jedoch stets betont, daß die Zeichen uns Nachrichten über die Außenwelt vermitteln.

Die Identität zwischen Abbild und Abgebildetem wird auch in der dialektisch-materialistischen Abbildtheorie nicht behauptet. Darauf wurde schon mehrmals hingewiesen. Aber es wird betont, daß durch materielle Signale und ihre ideelle Bedeutung die gesetzmäßige Verhaltensweise der Objekte erkannt und in Theorien erfaßt wird, was durch rationale Verarbeitung zu Handlungsanweisungen führt, die mögliche Reaktionen auf Umwelteinflüsse sind, aber auch dem Schaffen von Bedingungen dienen, um selbstgestellte Ziele zu realisieren und damit die Produktion der Existenzbedingungen des Menschen zu erweitern, die nicht nur die materiellen Produkte, sondern auch die gesamte geistige Kultur umfassen.

Ist diese Funktion der Abbildung auf Information zu reduzieren? Weizsäcker hat die Frage anders gestellt: Kann man Sprache auf Information reduzieren? Er neigt dazu, diese Frage verneinend zu beantworten. Dabei geht es selbstverständlich um die in der Informationstheorie definierte Information, die auf eindeutigen Ja-Nein-Entscheidungen aufgebaut, in einem Algorithmus verarbeitet und so zu eindeutigen Informationen des Senders an den Empfänger führt.

Weizsäcker hatte vorher schon den Einwand gemacht, daß nicht alle Naturvorgänge in eindeutige Ja-Nein-Entscheidungen zergliedert werden können. Das bedeutet, daß unsere Abbilder solcher Naturvorgänge, sprachlich formuliert, nicht mehr den Anforderungen der Informationstheorie genügen. Weizsäcker führt diese Gedanken auch am Beispiel des Satzes von Heraklit, daß der Krieg der Vater aller Dinge sei, weiter aus. Nach ihm ist dieser Satz eine tiefe Wahrheit, weil es sich um keine Information handelt, indem „die Worte ‚Vater' und ‚Krieg' in ihm nicht eindeutig sind. Bezeichnen sie in ihm das, was sie gewöhnlich bezeichnen, so wäre der Satz sogar Unsinn. Sie sind aber auch nicht einfach undefiniert, so daß sie nun als eindeutige spekulative Begriffe der Philosophie Heraklits gelten dürfen. Vielmehr wird man vermuten dürfen, daß es zum Wesen der richtig gebrauchten spekulativen Begriffe gehört, nicht eindeutig zu sein. Jedenfalls zwingt in unserem Beispiel der Sinn des Satzes, wenn er uns, wie man sagt, nach und nach aufgeht, die Worte in die Vieldeutigkeit hinein, und gerade dadurch drückt er eine wirkliche Beziehung zwischen den verschiedenen Bedeutungen desselben Wortes aus, die zu spüren mit zum Verständnis des Satzes gehört."[54]

Der Erkenntnisprozeß ist vielfältiger, komplizierter, als es erscheinen könnte, wenn man ihn auf die Summe von Ja-Nein-Entscheidungen reduzierte. Gerade die Vieldeutigkeit bestimmter Begriffe hat dafür auch Bedeutung. So kann etwa die ästhetische Widerspiegelung in Worten dadurch erfolgen, daß mit der Vieldeutigkeit von Begriffen gearbeitet wird, um die Reichhaltigkeit konkreter Formen der Natur, menschlicher Verhaltensweisen, der Gefühlswelt usw. anzusprechen und um so Anstöße zur Beschäftigung mit eigenen Problemen, die analog sind und in der Vieldeutigkeit enthalten sein können, zu geben. Man könnte meinen, für die Wissenschaft dürfte Vieldeutigkeit nicht zutreffen. Hier kommen wir zu einer dialektischen Beziehung in der Erkenntnis, die man im Sinne einer Unbestimmtheitsrelation ausdrücken kann: Je exakter die Begriffe bestimmt werden, desto eingeschränkter ist ihre Gültigkeit. Was hier unter exakt zu verstehen ist, kann mit einem Beispiel plausibel gemacht werden. Der Begriff „Farbe" beinhaltet für den Blumenzüchter die auf der Anschauung beruhende Differenzierung der sichtbaren Nuancen im Aussehen der Blumen, für den Psychologen ist er mit Assoziationen über die Wirkung auf die Gefühlswelt verbunden, für den Dichter sind Farben Symbole, die er mit Vorstellungen der Menschen, mit ihren Traditionen verbinden kann. Für die Physik sind es Wellen bestimmter Länge. Fassen wir den Begriff der Farbe als durch Wellen bestimmter Länge festgelegt auf, dann ist durch diese exakte Bestimmung zwar die Vieldeutigkeit verschwunden, aber er gilt auch nicht mehr für die anderen Beziehungen. Wenn die Farbe der roten Fahne nicht Symbol für das von den Revolutionären vergossene Blut ist, sondern nur noch eine bestimmte Wellenlänge, dann wird die Widerspiegelung der Vielfalt der Beziehungen durch den Menschen auf die eine Beziehung eingeschränkt. Unter exakter Bestimmung wollen wir also die Festlegung der Beziehung verstehen, in der der Begriff gebraucht wird, und die qualitative und quantitative Bestimmung des Umfangs und Inhalts des Begriffs. Die Wissenschaft hat nun die Aufgabe, die Begriffe immer exakter zu bestimmen. Um aber dabei die Einschränkung wieder aufzuheben, werden Integrationsbegriffe benutzt und die Beziehungen zwischen den eingeschränkten Begriffen begrifflich bestimmt. Einerseits wird dabei die Eindeutigkeit der Begriffe manchmal schwer zu erreichen sein, weil die erfaßten Objekte und die Erfahrungen mit diesen Objekten sich nicht eindeutig verhalten. Die objektive Unbestimmtheit, Existenz von Möglichkeiten und Zufällen ist also ein Grund für die Schwierigkeit der Begriffsbestimmung.

Diese kann aber umgangen werden durch immer weitere Abstraktion, bis ein Begriff wenige qualitative Aspekte, die quantitativ bestimmt sind, in einer Beziehung umfaßt. So wäre logisch der Begriff „Farbe" aufzugliedern in viele Begriffe.

Andererseits dringt unsere Erkenntnis von den Erscheinungen zum Wesen vor und tiefer in das Wesen ein. So wurden oft Probleme vage formuliert, Begriffe noch nicht eindeutig gebraucht. Hier ist die immer exaktere Bestimmung des Begriffs ein wesentlicher Erkenntnisfortschritt, der aber auch manchmal zur Beseitigung weiterer betrachteter Probleme führt. Deshalb ist die mit der exakten Begriffsbestimmung verbundene eingeschränkte Gültigkeit durch andere Begriffe, die andere Inhalte in anderen Beziehungen erfassen, zu ergänzen.

Die marxistisch-leninistische Philosophie hat deshalb nicht die Aufgabe, tiefe Wahrheiten in undefinierbaren Begriffen zu verkünden, sondern die Begriffe und Aussagen, mit denen die Antworten auf die weltanschaulichen Grundfragen gegeben werden, aufbauend auf der philosophischen Verallgemeinerung spezialwissenschaftlicher Erkenntnisse und Begriffe zu definieren. Ihre tiefe Wahrheit liegt dabei in ihrer großen Allgemeingültigkeit begründet, die die Erläuterung der betroffenen Zusammenhänge erfordert. Ihre Bedeutung erlangen diese allgemeinen Formulierungen gerade durch die Präzisierung, durch die Beziehung mit exakt definierten Begriffen der Spezialwissenschaften. Wird diese Verbindung nicht hergestellt, dann bleibt die allgemeine philosophische Aussage eine Leerformel, die viel Inhalt aufnehmen könnte, aber in Wirklichkeit keinen hat. Die alleinige Benutzung solcher Feststellungen wie: Der Stein ist materiell; der Baum ist materiell; der Mensch ist materiell usw., besagt nicht viel, wenn nicht die Beziehung geklärt wird, in der sie Bedeutung haben. So kann die begründete Erkenntnis von der Materialität gesellschaftlicher Beziehungen in der Auseinandersetzung mit idealistischen Gesellschaftstheorien weltanschauliche Bedeutung haben. Der heuristische Wert der Aussage wird aber erst sichtbar, wenn daraus Konsequenzen gezogen und eine materialistische Konzeption zur Lösung der Gesellschaftsprobleme entwickelt wird. So hatte auch die Erkenntnis von der Materialität der Elementarteilchen in der Auseinandersetzung mit der idealistischen Deutung der Subjekt-Objekt-Beziehung weltanschauliche Bedeutung, als mit ihr die Analyse der aktiven Rolle des Beobachters im Experiment verbunden wurde. Die marxistisch-leninistische Philosophie ist in diesem Sinn keine Aphorismensammlung, die beliebig ausgelegt werden kann und für jedermann zur ästhetischen Erbauung existiert, sondern ihre Präzisierungen und Hypothesen unterliegen dem Praxiskriterium. Ihre Begriffe und Aussagen sind nicht isoliert zu betrachten. Die Dialektik ihres Begriffsapparates besteht in den inneren Zusammenhängen der Begriffe, in den Reflexionsbestimmungen und in der Entwicklung durch neues wissenschaftliches Material, das verallgemeinert zur Aufhebung veralteter Präzisierungen und zur Aufstellung neuer führt.

Die Informationstheorie hat nun die exakte Bestimmung des Informationsbegriffs so weit durchgeführt, daß die Quantität der Information bestimmt werden kann, wobei diese Definition selbst nicht immer anwendbar ist, auch wenn es um Informationsübertragung geht, die qualitativ als solche bestimmt ist, da ein Signal zur systemeigenen Reaktion führt. So werden Entscheidungen der Menschen nicht durch gleichwahrscheinliche Alternativen bestimmt. Das ist schon eine Abstraktion vom Möglichkeitsfeld mit Wahrscheinlichkeitsverteilung und von der wirklichen gesellschaftlichen Determination des Entscheidungsprozesses.[55] Die wirklichen Informationsprozesse sind deshalb nur annähernd als Summe von Ja-Nein-Entscheidungen zu erfassen.

Es soll hier nun noch einmal darauf hingewiesen werden, daß die Wahrheit von Theorien sich auch nicht aus der Summe von Aussagen ergibt, sondern die Berücksichtigung der inneren Struktur der Theorie, der grundlegenden und abgeleiteten Aussagen, die Reflexion der Aussagen aufeinander usw. berücksichtigen muß. Wenn deshalb Integrationsaussagen über komplexe Bereiche nicht aus der Summe von Elementaraussagen aufgebaut werden können, so kann doch in gewisser Näherung das Kriterium der Ja-Nein-Entscheidungen auf verschiedenen Integrationsebenen angewandt werden. So könnte man eine Vielzahl der uns umgebenden Erscheinungen danach bestimmen, ob sie materiell oder ideell sind. Damit ist die für die menschliche Erkenntnis umfassendste Integrationsebene angesprochen, die in der Grundfrage der Philosophie ausgedrückt wird. Aber die Philosophie ist nicht auf eine solche Information zu reduzieren, sondern verlangt erstens die Feststellung vom Primat der Materie gegenüber dem Bewußtsein, zweitens die Berücksichtigung der aktiven Rolle des Bewußtseins und drittens die Untersuchung des wirklichen Erkenntnisprozesses, bei dem nicht nur die Frage nach dem Primat interessant ist, sondern das Erreichen von Erkenntnissen unter Einsatz aller ideellen und materiellen Möglichkeiten.

Weizsäcker benutzt als Argument für seine Auffassung, daß die Sprache nicht auf Information zu reduzieren ist, die notwendige Benutzung der natürlichen Sprache als Grundlage aller künstlichen Sprachen. Er stellt fest: „Die Definitionen bedienen sich der natürlichen Sprache; sie benutzen also Begriffe, deren Eindeutigkeit nicht selbst schon überprüft ist. Man kann diese Begriffe vielleicht durch mehrere Definitionen eindeutig machen. Aber werden wir einmal erste Begriffe finden, die von selbst eindeutig sind? Das Problem ist genau analog dem Problem des Beweises in einer deduktiven Wissenschaft. Lehrsätze beweist man aus Axiomen. Gibt es Axiome, die von selbst gewiß sind? Die traditionelle Auffassung ist, es gebe Begriffe, die von selbst eindeutig sind, und Axiome, die von selbst gewiß seien. In der Mathematik hat sich diese Annahme von Euklid bis Gauß gut bewährt. Die Philosophie geriet in Mißkredit, weil es ihr nicht ebenso gelang: weil das, was ein Philosoph als fundamentum inconcussum postulierte, vom Nachfolger schon in Zweifel gezogen wurde."[56] Weizsäcker zeigt, daß die Entwicklung der Mathematik selbst zu neuen tieferen Grundlegungen führte und heute eben keine Axiome, die keiner Begründung bedürfen, hat. Er neigt zur Ansicht von Lorenzen, die das Ausgehen von Axiomen verwirft und an das intuitive Verständnis dessen appelliert, was beim schematischen Operieren geschieht. Damit sind Geometrie und Mathematik dort angelangt, wo auch die Philosophie bei ihrer Grundlegung heute steht. Die Ausgangsprinzipien oder Axiome sind letzten Endes geronnene Erfahrung, verallgemeinert in Begriffen und Aussagen ausgedrückt, werden sie zum Ausgangspunkt weiterer Überlegungen. Die Axiome unterliegen deshalb auch ständiger Analyse und Überprüfung in der Praxis. Für die marxistisch-leninistische Philosophie haben wir diesen Prozeß geschildert. Begriffe sind in diesem Sinn Zusammenfassung von Erfahrungen. Sie wurden immer weiter geläutert, um sie exakter zu machen. Es gelingt aber nicht, sie auf a priori existierende Urteile zu gründen, sondern sie bedürfen vom Ausgangspunkt und vom Ziel der Erkenntnis, sowie vom Kriterium der Wahrheit her immer der Praxis, also der in der materiellen Tätigkeit des Menschen gesammelten Erfahrungen. Erkenntnis ist systematisierte Erfahrung. Sie ist damit entweder direkte Verallgemeinerung der Erfahrungen, oder auf Grund von Denkmöglichkeiten werden Erfahrungen organisiert, die zu neuen Erkenntnissen führen. Der Mensch nutzt die objektiv existierenden relativ abgeschlossenen Systeme, die Strukturniveaus und Entwicklungsetappen zur Erkenntnis relativ geschlossener Erscheinungen, die mit Begriffen und Aussagen erfaßt werden.

Wird die Relativität verabsolutiert, die Veränderung und Entwicklung negiert, dann treten an bestimmten Stellen Widersprüche zwischen Theorie und wirklichen Ereignissen auf. – Die Begriffe werden nun immer exakter und dafür immer eingeschränkter gültig. Werden sie deshalb nicht durch Integrationsbegriffe, die viele spezielle Erfahrungen zusammenfassen und Zusammenhänge zeigen, ergänzt, durch Erfahrungen gestützt, dann entsteht ein logisches System, das nur noch in großer Näherung Gültigkeit für die wirkliche Bewegung hat. Durch die Erfahrung wird Metaphysik korrigiert, die objektive Dialektik und die Dialektik des Erkenntnisprozesses in der Dialektik der Begriffe und der Denkprodukte ausgedrückt.

Weizsäcker stellt deshalb zum Verhältnis von Sprache und Information fest: „Die ganz in Information verwandelte Sprache ist die gehärtete Spitze einer nicht gehärteten Masse. Daß es Sprache als Information gibt, darf niemand vergessen, der über Sprache redet. Daß Sprache als Information nur möglich ist auf dem Hintergrund einer Sprache, die nicht in eindeutige Information verwandelt ist, darf niemand vergessen, der über Information redet."[57] Die natürliche Sprache ist also kein Hemmnis für die Information, sondern das Reservoir, in dem neue Informationen dadurch entstehen, daß in der natürlichen Sprache Erfahrungen mitgeteilt und unvollkommen verallgemeinert sind. Der Weg vom Nichtwissen zum Wissen und immer besseren Wissen ist also der Prozeß, in dem Informationen übermittelt, aufbewahrt und bearbeitet werden. Dabei ist die Erkenntnis, die spezifisch menschliche Form der Widerspiegelung, umfassender als die kybernetische Informationsübermittlung, -aufbewahrung und -verarbeitung, die auf Ja-Nein-Entscheidungen beruht. Jede Widerspiegelung, jedes Abbild, sei es unvollkommen und noch keine Information, sei es vollkommen, weil der Zusammenhang und die Veränderung von Informationen berücksichtigt wird oder weil es sich um die Mehrdeutigkeit in der künstlerischen Widerspiegelung usw. handelt, kann durch Abstraktion auf Ja-Nein-Entscheidungen verbessert werden, und muß es im Laufe der wissenschaftlichen Arbeit. Dadurch entsteht Raum für neue Probleme und Lösungen. Die Erkenntnis von der Farbe als Licht bestimmter Wellenlänge hob einen Aspekt des Farbbegriffes hervor. Dadurch war es erst möglich, auch das Farbempfinden genau zu untersuchen und zu wichtigen Resultaten zu kommen, was wieder die Ausarbeitung der Farbgestaltung für die Arbeits- und Wohnatmosphäre ermöglicht. Die mit der exakten Begriffsbestimmung verbundene Einschränkung des Problemkreises schafft damit die Voraussetzung für die Lösung der vorher mit der Vieldeutigkeit verbundenen Probleme. Die exakte Bestimmung ist deshalb kein Erkenntnisverlust, der durch intuitive Gesamtschau aufzuheben ist, sondern ein Erkenntnisgewinn, der aber durch andere Problembestimmungen und -lösungen, durch weltanschauliche Integrationsgesetzmäßigkeiten ergänzt werden muß. Die auf Zeichen und Signalen beruhenden Informationen über Ja-Nein-Entscheidungen sind also notwendiger Bestandteil des Widerspiegelungsprozesses und der Erkenntnisprodukte als Abbilder der objektiven Realität.

Informationsprozesse

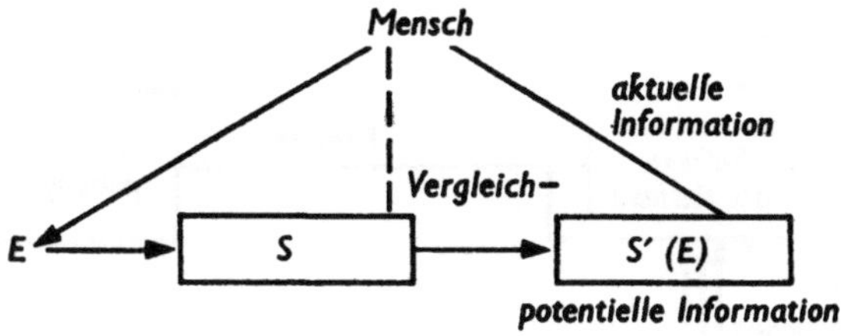

E = Einwirkung; S = System; S' (E) = verändertes System mit Spuren von E

a) Information in der anorganischen Natur

Abb. 8a

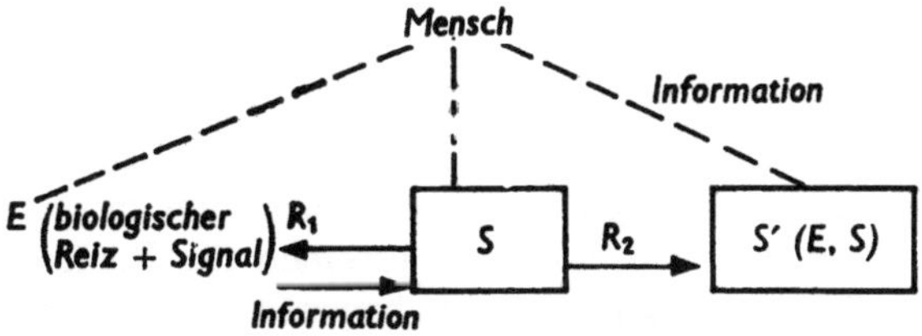

R_1 = Reaktion auf Information; R_2 = Spurenbildung in Abhängigkeit von E und S (Information)

b) Informationen im Lebewesen

Abb. 8b

Ein wichtiger Unterschied zwischen Information, Zeichen und Abbild ist deshalb in der unterschiedlichen Bedeutung für die anorganische Natur, das Leben und die menschliche Gesellschaft zu sehen (Abb. 8). In der anorganischen Natur verändert sich das System, auf das eingewirkt wird, und es entstehen Spuren der Einwirkung. Die in diesen Spuren enthaltene Information ist solange potentiell, bis der Mensch aus ihr auf die Einwirkung rückschließt. Nicht die Einwirkung selbst ist hier die Information, sondern erst die Spurenbildung, da das System auf die Einwirkung nicht systemspezifisch so reagiert, als ob es ein Signal empfangen hätte, sondern direkt auf die energetischen und stofflichen Einwirkungen (Abb. 8a). Da diese Einwirkung keinen

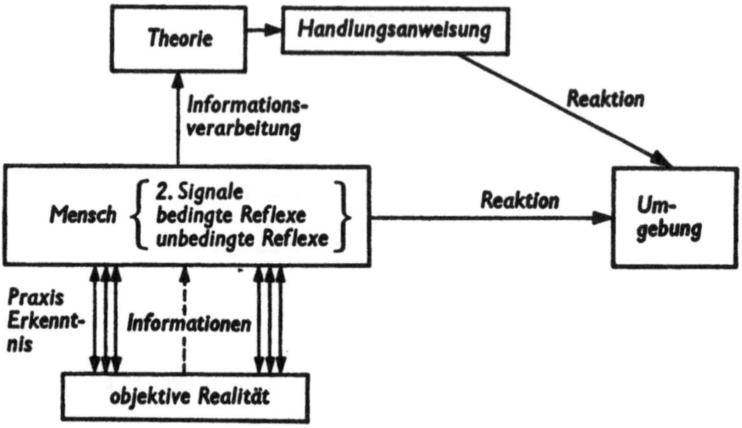

c) Informationen beim Menschen

Abb. 8c

Signalcharakter hat, sie nicht als Zeichen für andere Zusammenhänge auftaucht, sprechen manche Autoren hier auch nicht von Information. Ich halte es für richtig, hier von potentieller Information zu sprechen, da der Mensch die Spuren in veränderten Systemen für Rückschlüsse auf die Einwirkung benutzen kann. Im Lebewesen ist die Reaktion anders. Hier verbindet sich der direkte biologische Reiz, etwa die Existenz der Nahrung, von Feinden usw., mit Signalen des biologischen Reizes. Das Lebewesen kann in systemspezifischer Weise auf das Signal oder Zeichen, das es von der Existenz des biologischen Reizes informiert, reagieren. Dabei reagiert es bei den angeborenen, unbedingten Reflexen sofort, während es bei den bedingten Reflexen erst nach und nach zu einer ausgebildeten Reaktion kommt. Hier verändert das Signal als Information das biologische System in bestimmten Elementen und Teilsystemen bis zur Herausbildung des entsprechenden Reiz-Reaktions-Mechanismus. Das Lebewesen reagiert also auf das Signal oder Zeichen sofort, wenn der Informationscharakter des Zeichens angeboren ist, und es erlernt die Beziehung von Signal und biologischem Reiz, gestaltet sie zu einer zeitweiligen Verbindung aus, wenn solche Beziehungen regelmäßig auftreten. Solche Erfahrungen können gespeichert werden, und bei höheren Tieren kommt es dann zur Kombination von Tätigkeiten, die der Verarbeitung verschiedener Informationen aus Erfahrungen entspricht. Man kann also Zeichen oder Signale als codierte Information betrachten, die vom Tier im Lernprozeß decodiert werden. Dabei sind die Signale und Zeichen nur auf den biologischen Lebensprozeß des Tieres begrenzt. Die Zeichen haben keine Bedeutung für das Tier, ohne den entsprechenden biologischen Reiz. Treten Zeichen und Reiz nicht mehr zusammen auf, dann löst sich die entsprechende zeitweilige Verbindung nach und nach auf. Die Decodierung der Zeichen ist also ein materieller Prozeß und läßt kein ideelles Abbild der objektiven Realität entstehen, das dann selbständig mit anderen Abbildern kombiniert werden kann, zu neuen Abbildern führt. Die Kombination ideeller Objekte zum ideellen Programm materieller Tätigkeit tritt erst beim Menschen auf. Soweit der Mensch sich mit dem Informationsprozeß der Tiere befaßt, erhält er selbst Informationen, die er theoretisch verarbeitet (Abb. 8b).

Der Informationsprozeß beim Menschen unterscheidet sich nun prinzipiell vom Informationsprozeß bei Tieren. Das drücken wir dadurch aus, daß wir beim spezifisch menschlichen Widerspiegelungsprozeß von der Entstehung ideeller Abbilder der objektiven Realität sprechen können. Aber auch beim menschlichen Widerspiegelungsprozeß sind Information und Abbild nicht deckungsgleich. Der Mensch reagiert auf Grund seines entwickelten Signalsystems, in das auch die Worte als 2. Signale einbezogen sind, auf eine Vielzahl von Informationen der Außenwelt und des eigenen Zustandes im Sinn des materiellen Informations-Reaktions-Mechanismus. Informationen, die als Signale auftauchen, deren Beziehung zum signalisierten Prozeß durch Erfahrung bekannt, theoretisch erlernt oder mit bekannten Signalen verbunden ist, werden nicht erst bewußt decodiert, sondern auf Grund der schon vorhandenen zeitweiligen Verbindungen sofort mit Reaktionen beantwortet. Dabei gibt es beim Menschen Unterschiede zum materiellen Informations-Reaktions-Mechanismus der Tiere. Der Mensch ist eben in der Lage, so zu verallgemeinern, daß er auch auf stofflich verschiedene Signale, die gleiche Struktur signalisieren, in gleicher Weise reagieren kann. Er nutzt vor allem die in der theoretischen Arbeit mit Inhalt versehenen Worte, d. h. Abbilder, weil sie eine Einheit von materiellem Prozeß (Signal, Zeichen) und ideeller Bedeutung darstellen, auch als zweite Signale im materiellen Informations-Reaktions-Mechanismus aus. Denken wir an das Reflexverhalten des geübten Autofahrers, der die im Moment der Gefahr erhaltene Information nicht erst bewußt verarbeitet, sondern auf Grund der Erfahrung auf Signale sofort im materiellen Reiz-Reaktions-Mechanismus reagiert. Informationen aus der objektiven Realität haben hier als Zeichen Signalcharakter für Situationen, auf die es ausgebildete Reaktionsweisen gibt, die der Mensch nicht erst durchdenken muß. So zwingt das Rot der Verkehrsampel den Autofahrer sofort zur Auslösung der Reaktion des Bremsvorganges, ohne daß er sich erst die Verbindung zwischen Straßenverkehrsordnung und seinem Verhalten bewußt machen muß, um dann zu überlegen, wie gebremst werden muß.

Bisher haben wir „Signal" und „Zeichen" gleichbedeutend gebraucht, da das Signal als Zeichen übermittelt wird. Das Summen der Mücke ist für die Spinne ein Zeichen, auf das sie ebenso reagiert wie beim Ertönen einer Stimmgabel. Das Zeichen ist ein Signal für das Vorhandensein des biologischen Reizes. Ebenso sind die Verkehrszeichen vom Autofahrer als Signale für bestimmte Situationen, die bestimmte Reaktionen erfordern, zu beachten. Manchmal wird der Begriff „Zeichen" auf die Sprache eingeschränkt und das Wort als Zeichen betrachtet, das Bedeutung besitzt. Diese Einschränkung ist vor allem dann nicht klar, wenn sie wie bei Shukow dazu führt, daß er das Signal als materiellen Träger der Information vom Zeichen unterscheidet, das der materielle Ausdruck der sozialen Information ist und nicht mit der Übergabe von Energie verbunden ist.[58] Auf die Unterscheidung von Signal und Zeichen wird noch zurückzukommen sein. Zuerst jedoch eine Bemerkung zur Energieübertragung beim Wort, das von Shukow allein als Zeichen angesehen wird. Unter Sprache verstehen wir ein System von bedeutungstragenden Lautzeichen, die sekundär auch durch Schriftzeichen, Blindenalphabet, Morsezeichen usw. ausgedrückt werden können, die innerhalb einer Gemeinschaft zur Verständigung dienen. Die Sprache als Mittel der Verständigung ist jedoch mit Energieverbrauch verbunden. Das Wort existiert nur als geschriebenes, gesprochenes Wort. Aber Schreiben und Sprechen verbrauchen Energie. Man könnte nun meinen, solange das Wort nicht ausgedrückt wird, wäre keine Energie erforderlich. Untersuchungen über das sogenannte innere Sprechen belegten jedoch, daß bei angestrengter Denktätigkeit Sprechmuskelsensibilität und entsprechende elektrophysiologische Impulse auftreten. Shukow meint nun, die Informationsübertragung durch das Wort ginge ohne Energieverbrauch vor sich. Aber das ist nicht der Fall. Das Wort muß aufgenommen und verarbeitet werden, was Energie verbraucht. Während das materielle Signal direkt auf die Sinnesorgane einwirkt und so mit geringer Energie Information übermittelt, muß auch das ideelle Signal auf die Sinnesorgane wirken. Das muß zwar nicht direkt sein. Ein Buch oder eine Schallplatte können lange ungenutzt stehen. Aber die Einwirkung selbst verlangt Energie. Das lautlose Wort oder das nicht sichtbare Schriftzeichen sind keine Signale. Während aber beim materiellen Signal Energie und Informationsübertragung eine Einheit bilden, wirkt beim ideellen Signal nicht die materielle Einwirkung mit ihrer Struktur als Information, sondern der ideelle Inhalt des materiellen Prozesses hat Signalcharakter, ist Zeichen der Bedeutung.

Bei der ersten Erfahrungsbildung sieht das Kind Gegenstände und hört dafür Wörter. Der sprachliche Anteil dieses mittels Energie übertragenen Zeichens ist das Signal für den Erkenntnisanteil. Die ständig wachsende Erfahrung, verbunden mit weiterem Lernen von sprachlichen Signalen führt zur Verallgemeinerung, wobei das Wort zum Signal für Gegenstandsklassen wird. Das Wort wird zum Begriff, d. h. zur Zusammenfassung der gesellschaftlichen und individuellen Erfahrung mit den durch das Wort bezeichneten Gegenständen. Um mit Hegel zu sprechen, das Bekannte wird nun zum Erkannten. Die notwendige Energie zur Übertragung des Wortes hat sich nicht geändert, wohl aber der Erkenntnisanteil, der mit ihm verbunden ist. Es ist deshalb interessant, daß die Sprachbeteiligung nicht unbedingt erforderlich ist, solange die sinnliche Erfahrungsbildung vorwiegt, wie klinische Erfahrungen mit der Aphasie, dem Fehlen der Sprachfähigkeit zeigen, wohl aber für die Gedächtnisarbeit und für die Verallgemeinerungsfähigkeit von Vorteil ist. Bei der Begriffsbildung sind jedoch die Worte und Wortgruppen das materielle Substrat für die Bildung von ideellen Objekten und für die Bewahrung der Erkenntnisse im Gedächtnis. Dabei verändert sich der Inhalt des Begriffes mit dem Erkenntnisprozeß, und das gleiche Zeichen wird zum Signal für umfassendere Kenntnisse und Erkenntnisse. Die Energie wird also sowohl bei der Bildung der Worte, bei ihrem Artikulieren und Schreiben, bei der Aufnahme und Verarbeitung verbraucht. Aber die gleiche Energieübertragung, die für bestimmte Worte notwendig ist, kann im Zusammenhang mit verbrauchter Energie für Denkprozesse beim Sender und Empfänger zu größeren Informationen als vorher führen. Das ist tatsächlich ein Unterschied zwischen dem materiellen Signal, das durch seine Struktur die Information vermittelt, und dem ideellen Signal, das einen materiellen Träger besitzt und zur Übertragung Energie verbraucht, wobei aber der Inhalt (Bedeutung) des Signals nicht an die materielle Struktur gebunden ist, sondern in Abhängigkeit von Sender und Empfänger einen größeren oder kleineren Erkenntnisanteil haben kann. Das mag Shukow veranlaßt haben, die Energieübertragung als unwesentlich ganz wegzulassen.

Das Wort hat nun im menschlichen Erkenntnisprozeß eine zweifache Funktion. Einmal ist es materielles Signal im Sinne des zweiten Signalsystems von Pawlow und führt zur Auslösung eines Reiz-Reaktions-Mechanismus. Dabei gehen in dieses Signal gesellschaftliche und persönliche Erfahrungen ein, was mit der anderen Bedeutung des Wortes als Zeichen für einen Begriff, für ein Abbild, zusammenhängt. Im ersten Fall wird durch das Wort eine objektive Situation signalisiert, auf die es zu reagieren gilt, und wenn der Reiz-Reaktions-Mechanismus dafür existiert, wird auf die im Wort übermittelte Information über die Existenz der Situation in entsprechender Weise reagiert. So kann der geübte Soldat durch bedingte Reflexe auf Kommandos reagieren, die beim nicht Wehrdienst ableistenden Menschen erst lange Überlegungen und möglicherweise Fehlverhalten hervorrufen. Er versucht damit, sich die objektive Situation über den Abbildcharakter des Begriffs (Begriffssystem), der (oder das) durch das Wort (Kommando) signalisiert wird, bewußt zu machen. Die Ausnutzung dieses Doppelcharakters des Wortes als Signal für objektive Situationen und als Zeichen für Abbilder (Begriffe) macht auch die von Shukow getroffene Unterscheidung von Zeichen und Signal problematisch. Das Wort als Zeichen ist sowohl materieller Träger von Informationen, was Shukow als Signal bezeichnen würde, als auch Zeichen für einen Begriff, was mit ihm als materieller Ausdruck sozialer Informationen verstanden werden kann. Daß es sich beim Zeichen als materiellem Träger von Informationen um den Reiz-Reaktions-Mechanismus handelt, der durch materielle Signale ausgelöst wird, kann auch dadurch überprüft werden, daß Worte für Tiere zu solchen Signalen werden. Die neue Qualität beim Menschen besteht aber darin, daß er ähnlich klingende Worte in ihrem Bedeutungsgehalt unterscheiden kann und so die zweite Seite des Wortes als Zeichen für Begriffe mit ausnutzt. Von dieser Position her sehe ich keinen Anlaß, Zeichen und Signal zu unterscheiden, wohl aber dafür, das Zeichen in seiner Bedeutung als materielles Signal für objektive Situationen oder als ideelles Signal für Abbilder zu differenzieren. Auch für das Tier ist die Empfindung einer Farbe, eines bestimmten Tones ein Zeichen, das als Signal für objektive Situationen auftritt, aber hier haben die Zeichen nicht den Doppelcharakter des materiellen und ideellen Signals.

Der Mensch verarbeitet mit Hilfe der Begriffsbildung, der Verallgemeinerung und der schöpferischen Fähigkeit des Denkens unbewußt die aus der objektiven Realität empfangenen Informationen. Der Teil, der durch unbedingte und bedingte Reflexe bestimmt ist sowie auf dem materiellen Signalcharakter des Wortes beruht, löst entsprechende Reaktionsmechanismen aus. Da nicht alles durch das theoretische Bewußtsein des Menschen gehen muß, kann er die Informationen auswählen, die er zu Theorien über die objektive Realität, einschließlich der Metatheorien verschiedener semantischer Stufen verarbeitet, um so ein ideelles Abbild objektiver Realität zu gewinnen, das zu einem ideellen Programm der weiteren Tätigkeit führt und, in Handlungsanweisungen umgesetzt, Reaktionen auslöst. Die Informationen werden also im spezifisch menschlichen Widerspiegelungsprozeß zu Abbildern verarbeitet. Dabei gibt es zwischen dem ideellen und materiellen Signalcharakter des Wortes verschiedene Beziehungen. Wie wir gesehen haben, wird die rationale Verarbeitung von Informationen zu Abbildern in Theorien bis zu Handlungsanweisungen geführt. Durch ständige Wiederholung kann so der Weg über die Informationsverarbeitung, die Theorie, die Handlungsanweisung zur Reaktion verkürzt werden, indem der ideelle Signalcharakter des Wortes, der das Abbild signalisiert, unberücksichtigt bleiben kann und nur noch der materielle Signalcharakter des Wortes wirkt und Reaktionen auslöst. Umgekehrt kann aber auch eine auf lange Zeit an den materiellen Signalcharakter gebundene Reaktion durch theoretische Analyse überprüft und neu ausgebildet werden. Falsche oder unrationelle Handgriffe im Arbeitsprozeß, verkrampfte Haltungen des Schülers in der Schule usw. können nur durch die ständige Erklärung und die bewußte Ausnutzung der Argumente für neue Handlungsweisen nach und nach beseitigt werden. In diesem Bereich des Wechselverhältnisses von materiellem und ideellem Signalcharakter des Wortes befinden sich viele noch ungelöste Probleme, die das Unterbewußtsein, Vorbewußtsein usw. betreffen. So kann im Unterbewußtsein auf den materiellen Signalcharakter reagiert werden, obwohl bei der bewußten Analyse der Information und der Verarbeitung zu Abbildern der objektiven Situation die Handlungsanweisung anders ausgesehen hätte. Gerade der ideelle Signalcharakter des Wortes, der das Wort als Zeichen für die Gesamtheit der im Begriff zusammengefaßten Erfahrungen mit den bezeichneten Gegenständen betrifft, drückt die neue Qualität des spezifisch menschlichen Widerspiegelungsprozesses aus. Diese Erfahrungen sind nicht immer in klare Ja-Nein-Entscheidungen aufzugliedern. Sie umfassen die erlernten wissenschaftlichen Erkenntnisse, die persönlichen Erfahrungen und bestimmte Ahnungen, unklare Vorstellungen usw. Das exakte Abbild wäre damit durch Ja-Nein-Entscheidungen zu bestimmen, wobei, um mit Weizsäcker zu sprechen, es sich hier stets um die gehärtete Spitze einer ungehärteten Masse handelt. Nehmen wir beispielsweise das Wort „Elementarteilchenstruktur" und versuchen wir die Erfahrungen damit zu bestimmen, so kommen wir in den Bereich der Hypothesen. So wird die Suche nach Fundamentalteilchen, die Annahme einer Elementarlänge, die Übertragung von

Kernmodellen auf die Elementarteilchenstruktur, die Bootstrap-Hypothese für stark wechselwirkende Teilchen usw. mit diesem Wort verbunden. Erfahrungen zur Struktur der Elementarteilchen existieren. Sie können im wesentlichen auch als Informationen formuliert werden, die eindeutig sind und Ja-Nein-Entscheidungen zum Inhalt haben. Am besten gelingt das durch die klare Schilderung der experimentellen Ergebnisse. Aber die theoretische Verallgemeinerung, die die experimentellen Ergebnisse erklärt, ihren inneren Zusammenhang aufdeckt, Gesetze formuliert usw., existiert noch nicht. Das Wort „Elementarteilchenstruktur" ist damit schon ein Begriff, der Erfahrungen umfaßt. Dieser Begriff ist Abbild der objektiven Realität, da er auf spezifisch menschliche Weise die objektiv-realen Prozesse codiert, als Erkenntnis erfaßt und der Mensch in der Lage ist, entsprechend seinen Erfahrungen, d. h. durch Kenntnis des Codes, die diesem Begriff entsprechenden Thesen und Aussagen in Handlungsanweisungen umzusetzen und entsprechend zu reagieren. Aber dieser Begriff als Abbild ist nicht auf Informationen zu reduzieren.

Der spezifisch menschliche Widerspiegelungsprozeß unterscheidet sich also vom Informationsprozeß dadurch, daß Information in der anorganischen Natur nur potentielle Information als Spurenbildung über die Einwirkung ist, ohne daß Informationen als Zeichen oder Signale für systemeigene Verhaltensweisen auf objektive Situationen der Umgebung oder des Systems selbst existieren. Information bei Lebewesen hat materiellen Signalcharakter, löst als Zeichen Reaktionen des Systems aus, die auf Grund der Systemgesetze spezifische Reaktionen auf die signalisierte objektive Situation sind. Der Mensch übernimmt auf einer hohen Stufe, d. h. eingebettet in den Abbildungsprozeß, die Reiz-Reaktions-Mechanismen, und er hat das Wort als materielles und ideelles Signal. Hier wird aber der Unterschied zwischen Information, Zeichen und Abbild im menschlichen Widerspiegelungsprozeß interessant.

Erstens wirken Worte als Zeichen für objektive Situationen und erfordern entsprechende Reaktionen, ausgelöst durch das Wort als materielles Signal. Dabei kann es sich um ein immer wieder geübtes Verhalten handeln, das auf Disziplin, Achtung vor den Lehrern, Übungsleitern usw. beruht und als Wort-Reaktions-Mechanismus auftritt. Es kann auch die eigene Erfahrung diesen Prozeß herausgebildet haben. Dabei war das Wort Zeichen für das ideelle Abbild einer objektiven Situation, die analysiert, theoretisch erfaßt und zu Handlungsanweisungen geführt wurde. Die Reaktionen werden so lange geübt, bis das Wort Signal der objektiven Situation wurde und das Zeichen für die entsprechende Realisierung gab. Hier wirkt also das Wort als Information.

Zweitens erfolgt jedoch der menschliche Widerspiegelungsprozeß über das Bewußtsein durch die Herausbildung von Erkenntnisprodukten als Abbildern der objektiven Realität. Diese Abbilder sind Begriffe und Theorien, deren Zeichen Worte und Wortverbindungen sind, wobei diese Zeichen den objektiven Inhalt, d. h. die außerhalb und unabhängig vom Bewußtsein existierenden Objekte und Prozesse (objektive Wahrheit), die Erfahrungen mit den Objekten und Prozessen (relative Wahrheit) signalisieren. Die Abbilder sind also verarbeitete Informationen, die selbst wieder Informationscharakter besitzen, wobei für die Gesamtheit von Begriffen und Theorien nicht bei allen Eindeutigkeit erreicht werden kann und sie nicht nur auf Ja-Nein-Entscheidungen zu reduzieren sind.

Drittens entstehen jedoch im Widerspiegelungsprozeß durch Verarbeitung von Informationen auch Hypothesen, Modelle usw. Neue ideelle Objekte werden geschaffen, deren Abbildcharakter noch nicht bekannt ist.

Abbilder wie der Begriff „Elementarteilchenstruktur" erfassen objektiv-reale Prozesse und Erfahrungen mit ihnen, sind aber noch nicht eindeutig zu definieren. Denkmöglichkeiten werden untersucht. Hier handelt es sich um den eigentlichen *Erkenntnisprozeß*, in dem Abbilder genutzt werden und neue entstehen. Er ist die ideelle Reflexion materieller und ideeller Prozesse und enthält nicht nur Informationen, obwohl er immer wieder zu Informationen führen muß. Dabei ist zu beachten, daß die objektive Realität selbst dialektisch ist und die Verarbeitung der Informationen aus ihr die objektive Dialektik berücksichtigen muß. Deshalb wird die Existenz von Möglichkeitsfeldern, verschiedenen Reaktionskanälen usw. mit exakten Begriffen auf Informationen reduziert, die eindeutig sind. Diese Informationen berücksichtigen nicht die objektive Mehrdeutigkeit, die Veränderung und Entwicklung. Der komplexe Charakter der Wahrheit verlangt das aber von unseren Theorien. Deshalb werden Teilthesen in Integrationstheorien eingebaut, die als subjektive Dialektik objektive dialektische Beziehungen besser berücksichtigen, ohne die objektive Dialektik voll zu erfassen. Die dialektischen Aussagen selbst müssen eindeutig sein, Informationen im Ergebnis darstellen. Aber der Zusammenhang, die Veränderung und Entwicklung dieser eindeutigen Aussagen müssen wieder untersucht werden. Man könnte hier zu einer endlosen Kette von Informationsverarbeitung – eindeutigen Aussagen als Information –, Herstellung des Zusammenhangs, Beachtung der Veränderung und

Entwicklung (Dialektik) – Information-Dialektik – usw. kommen, wenn das eigentliche Ziel der Erkenntnis aus dem Auge verloren würde, nämlich Abbilder der objektiven Realität zu erhalten. Diese Abbilder müssen stets exakt bestimmt sein und adäquat der Wirklichkeit entsprechen. Für beides hatten wir auf eine Unbestimmtheitsrelation hingewiesen: die adäquate Entsprechung der Wirklichkeit gilt für immer kleinere Bereiche, je exakter das Abbild bestimmt wird. Daraus ergibt sich das, was Weizsäcker tiefe Wahrheit nannte. Je unbestimmter, unexakter die Abbildungen sind, je mehrdeutiger sie sind, desto umfassender können sie zu Abbildungen genutzt werden. Sie sind aber damit nicht adäquater. Die Berücksichtigung dieser Unbestimmtheitsrelation in der Erkenntnis erfolgt nicht durch den Übergang zur Mehrdeutigkeit, sondern durch die dialektische Integration eindeutiger Abbilder im Prozeß der Erforschung der komplexen Wahrheit zu Integrationstheorien, wobei Integrationstheorien nur entstehen können, wenn ständig die Teilthesen exakter werden.

Viertens wird die Abbildung zu Handlungsanweisungen genutzt. Der Widerspiegelungsprozeß führt zu einem ideellen Modell objektiver Situationen, das seine Bedeutung erst über gezielte Reaktionen (Experiment, Praxis) erweisen kann. Die Reaktionen sind also hier nicht nur durch Information bestimmt, sondern durch die Gesamtheit der Abbilder, also auch durch Hypothesen, Ahnungen usw., die zu Handlungsanweisungen verarbeitet werden, in denen Information, hypothetische Erkenntnisse, Normen, Zielstellungen und Fragen enthalten sind. Die Reaktion dient der Veränderung der Umgebung und dem Erhalt neuer Informationen zur Verarbeitung, um adäquate Abbilder zur Grundlage von Handlungsanweisungen machen zu können. Der Informationsprozeß umfaßt also den Widerspiegelungsprozeß nicht voll bei der ideellen Verarbeitung von Informationen und erst recht nicht die Auslösung von Reaktionen. Die Reaktion selbst ist nicht nur Ergebnis von Informationen.

Fünftens muß sogar noch auf eine weitere Komponente des Widerspiegelungsprozesses aufmerksam gemacht werden. Die Reaktion wird nicht nur durch Informationen und Abbilder, sondern auch durch Gefühle gesteuert. Gefühle drücken die Reichhaltigkeit der Beziehungen des Menschen zur Umwelt aus. Sie sind psychische Reaktionen des Menschen auf Einwirkungen der Außenwelt und durch den Zustand des Organismus bedingt. Sie sind Bestandteil des Widerspiegelungsprozesses. Zweifellos spielt die Erziehung der Gefühle eine große Rolle. Es wäre aber falsch, gefühlsmäßige Reaktionen als unterste Stufe der psychischen Reaktion zu betrachten. Obwohl das über unser Thema hinausgeht, da wir die Gefühle nur als Komponente des Widerspiegelungsprozesses betrachten wollen, die Reaktionen steuert, aber nicht auf Information zu reduzieren ist, sollen noch einige Bemerkungen dazu gemacht werden. In manchen Diskussionen wurde der Standpunkt vertreten, Gefühle gehören nicht zum Widerspiegelungsprozeß. Das ist deshalb unhaltbar, weil Wissenschaft und persönliche Erfahrung zeigen, daß Gefühle Reaktionen auf Einwirkungen der Außenwelt sind, die in spezifischer Weise vom Menschen verarbeitet werden. Die Gefühle hängen von Informationen ab. Sie drücken auf spezifische Weise als Lust, Glück, Ärger, Affekthandlungen usw. die Erkenntnis objektiver Situationen aus. Damit sind gefühlsmäßige Reaktionen durch bestimmte Informationen ausgelöst, nicht aber auf die Informationen zurückzuführen. Vor kurzem las ich in der Prawda einen Bericht über einen Arzt, der 40 Jahre lang hervorragend gearbeitet hat, als Chirurg in einer Partisanenabteilung den Faschismus bekämpfte, sich als leitender Chirurg entlasten ließ, nachdem er einen jungen Nachfolger gefunden hatte, der die Anerkennung des Ärztekollektivs hatte und auf Vorschlag des bisherigen Chefs als neuer leitender Chirurg durch die Gesundheitsabteilung des Bezirkes eingesetzt werden sollte. Nach langer Diskussion wurde er ernannt, um nach etwas mehr als zwei Monaten durch einen anderen ersetzt zu werden. Sicher war er etwas impulsiv und kritikfreudig gegenüber der Gesundheitsabteilung, aber seine Unfähigkeit als Leiter ist wohl kaum in nicht einmal drei Monaten festzustellen. Seine fachliche Qualifikation war sowieso außer Zweifel. Der neu eingesetzte Chef verdarb sich bald die Sympathien der Ärzte, und es kam zu Beschwerden. Als die Untersuchungskommission kam, wurde ihr von einem Teil des Ärztekollektivs, von dem ehemaligen Chef und von seinem Nachfolger das folgende Ultimatum gestellt: Der jetzige Chef geht oder wir gehen. Die Kommission ließ den neuen Chef auf seinem Platze, also ging ein Teil der Ärzte. Das gefühlsmäßige Ultimatum war ein Ausdruck von Verärgerung, Mißachtung der Persönlichkeit, Informationen über die Art und Weise, wie die Gesundheitsabteilung arbeitete usw. Die überlegte rationale Verarbeitung aller zur Verfügung stehenden Informationen, um ein entsprechendes Abbild der objektiven Situation zu bekommen, hätte nicht zu diesem Ultimatum geführt.

Die Kommission selbst hat nicht den Weg der Überzeugung beschritten, der bei rationaler Analyse der nach dem Ultimatum entstandenen Situation sich als die bessere Reaktion erwiesen hätte, sondern ebenfalls sofort gefühlsmäßig, weil verärgert, reagiert. Gefühle obwohl sie Erkenntniswert und Steuerungsfunktion für Reaktionen haben, sollten deshalb stets der rationalen Analyse mit unterzogen werden, damit auf Informationen, entsprechend dem Abbild der objektiven Situation, bewußt Handlungsanweisungen ausgearbeitet werden, die der Situation entsprechen. Hier geht es um die Erziehung der Gefühle. Aber diese Erziehung, verbunden mit Lebenserfahrung, umfassenden Kenntnissen usw., führt auch zu gefühlsmäßigen Reaktionen, die der Situation entsprechen. Humanistische Einstellung, Kameradschaftlichkeit, gegenseitige Hilfe, Freundschaft usw. drücken Gefühle aus, die über das rationale Verständnis hinausgehen, aber mit ihm gekoppelt sind. Nur der Mensch, der seine rationalen Abbilder auch gefühlsmäßig umsetzt, also, wie man sagt, mit Leib und Seele seine Aufgaben erfüllt, der persönliche Leidenschaft mit sachlicher Nüchternheit verbindet, steht in der Reichhaltigkeit der Beziehungen des Widerspiegelungsprozesses. Hier hat das Gefühl, weil durch rationale Abbilder untermauert, hohen menschlichen Wert, macht die neue Qualität des Widerspiegelungsprozesses erst sichtbar.

Die spezifisch menschliche Form der Informationsgewinnung ist also ein Teil des menschlichen Widerspiegelungsprozesses. Informationen sind Grundlage für die Abbilder, die im Prozeß der Informationsverarbeitung entstehen und selbst wieder so exakt bestimmt werden, daß sie als Information wiedergegeben werden können. Aber das Abbild ist reichhaltiger als die Information. Es umfaßt Erfahrungen, die erst als Information zu bestimmen sind. Es drückt in der subjektiven die objektive Dialektik aus. Es steuert über Handlungsanweisungen die Reaktionen, die aber auch gefühlsbetont sind. Diese Beziehungen zeigen die Kompliziertheit des Abbildungsprozesses und die Notwendigkeit, das Verhältnis von Abbild und Information noch weiter zu erforschen.

Auf die Beziehung der Signale und Zeichen im Abbildungsprozeß wurde des öfteren hingewiesen. Durch sie löst sich auch die vieldiskutierte Problematik der Identität oder Nichtidentität von Objekt und Abbild. Signale und Zeichen haben Vermittlungsfunktion in der menschlichen Erkenntnis zwischen Objekt und Abbild. (Wir betrachten hier nicht die materiellen Signale, die als Information sofort Reaktionen auslösen, weil sie das Zeichen für die Existenz einer objektiven Situation sind, die eine bestimmte Reaktion verlangt, sondern nur die Abbilder.) Eine bestimmte objektive Situation führt zu einer Vielzahl von Einwirkungen auf den Menschen, die als Zeichen oder Signale entsprechend dem menschlichen Organismus und seinem Erkenntnisapparat weitergegeben werden. Diese Zeichen sind codierte

Nachrichten aus der Außenwelt. Den Code hat der Mensch sich in seiner langen Entwicklung angeeignet, wobei er ihn besser verstehen lernt, indem er auf Grund der Zeichen sich die objektive Situation modelliert, Handlungsanweisungen ausarbeitet und reagiert. Das Ergebnis der Reaktion läßt Rückschlüsse auf das ideelle Modell der objektiven Situation zu. Mit Hilfe praktischer Tätigkeit überprüft der Mensch, ob er den Code kennt und decodiert die Zeichen und Signale. Der Decodierungsprozeß der mit Energie übermittelten Zeichen ist mit der bisherigen Erfahrung des Menschen verbunden. Ist er unerfahren, kann er nicht den Reichtum der Zeichen deuten, mißachtet andere Zeichen und hat so ein eingeschränktes Abbild der Wirklichkeit. Aber der Erkenntnisprozeß ist eben nicht nur die Aufnahme von Signalen und die Decodierung von Zeichen, sondern die rationelle Verarbeitung der Signale aus der Außenwelt im Zusammenhang mit Denkmöglichkeiten. Das schöpferische Denken bewährt sich erst in der Erkenntnis objektiver Gesetze, die mit denkmöglichen Zeichen gekoppelt zu einem ideellen Modell zu realisierender Objekte führt, die über ein Programm verwirklicht werden. Eben das macht erst den Abbildungscharakter unserer Erkenntnis aus. Die Abbildung als ideelles Modell der wirklichen Beziehungen gestattet über die Gesamtheit der Handlungsanweisungen als Programm nicht nur die zielgerichtete Aktion zum Zweck der Anpassung an die Umgebung, sondern die aktive Veränderung der Umgebung, die Schaffung einer künstlichen Umwelt, wobei die Existenzbedingungen des Menschen immer reichhaltiger und immer besser produziert werden. So gesehen, ist Lenins Kritik an der Zeichentheorie mehr als je aktuell. Sicher haben wir im Kopf keine abgebildeten Gegenstände, aber wir haben mit Hilfe der Signale aus der Außenwelt ein bedeutungstragendes Zeichensystem aufbauen können, das in seinem inneren Zusammenhang ein überprüfbares ideelles Modell objektiver Beziehungen darstellt, mit Hilfe dessen man zweckmäßig reagieren und zielgerichtet verändern kann. Über neue Signale und Reaktionen wird dieses Modell weiter entwickelt, neue Zeichen kommen hinzu, die Bedeutung bekannter Zeichen wird besser erkannt usw. Das Zeichen ist also das Signal für das Abbild und nicht das Abbild selbst. Zeichen allein würden zwar Information übermitteln und Reaktionen auslösen, wenn durch die Erfahrung der Zusammenhang von Zeichen und Reaktion sich als bedingter Reflex ausgebildet hat, aber nicht die ideelle Abbildung gestatten. Erst insofern das Zeichen nicht nur die objektive Situation signalisiert, sondern auch die Existenz des Begriffs als Abbild, kann man vom spezifisch menschlichen Widerspiegelungsprozeß sprechen, in dem

Zeichen decodiert, kombiniert, aufbewahrt und weitergegeben werden, die Abbilder signalisieren.

Die dargestellten Probleme und ihre Lösungen zeigen, wie wichtig es ist, die Erkenntnistheorie weiter auszuarbeiten und die verschiedenen Aspekte der Erkenntnis zu berücksichtigen.[59]

KAPITEL VII

Die marxistisch-leninistische Philosophie und das System der Wissenschaften

Bisher haben wir uns mit weltanschaulichen, erkenntnistheoretischen und methodologischen Problemen der Naturwissenschaften befaßt, um die weltanschauliche, ideologische und heuristische Funktion der marxistisch-leninistischen Philosophie gegenüber der Naturwissenschaft und ihre Wirksamkeit zu zeigen. Da sich seit einigen Jahren intensiv die Wissenschaft mit dem Verhältnis von Wissenschaft und Gesellschaft und dem Problem der Wissenschaftsentwicklung befaßt, ist es angebracht, die Stellung der marxistisch-leninistischen Philosophie zur Wissenschaftswissenschaft kurz zu bestimmen und auf philosophische Probleme bei der Entwicklung und Grundlegung dieser Wissenschaft hinzuweisen. Das Hauptproblem für die Entwicklung der Wissenschaft ist die Bestimmung ihres Bereichs und Gegenstandes. Das ist für die Wissenschaftswissenschaft besonders wichtig, da sie die Wissenschaft nicht auf wissenschaftliche Erkenntnisse reduzieren darf, also stets das Verhältnis von Wissenschaft und Gesellschaft im Auge haben muß. Das wiederum kann leicht dazu verführen, eine Supergesellschaftswissenschaft gründen zu wollen, die Philosophie, Geschichte, Ökonomie, Rechtswissenschaften, Psychologie, Pädagogik usw. umfaßt, wobei die Wissenschaftsprobleme nicht unabhängig von der entsprechenden Wissenschaft, die gesellschaftliches Verhalten und damit auch wissenschaftliches Verhalten untersucht, gelöst werden können. Hinzu kommt, daß eine Wissenschaftswissenschaft (Wissenschaftstheorie) auch die Aufgabe hätte, die Naturwissenschaft, die Medizin, die technischen Wissenschaften usw. in ihre Betrachtungen einzubeziehen und das für alle Wissenschaften Gültige auch aus ihnen zu verallgemeinern. Offensichtlich geht es um die Gesetze des Zusammenhangs, der Veränderung und Entwicklung des Wissenschaftssystems, die gefunden werden müssen, und um deren Existenznachweis, was theoretisch die Existenz einer besonderen Wissenschaft neben Philosophie und Gesellschaftswissenschaft zur Unterstützung der Wissenschaften erst rechtfertigt. Die Betrachtung des Verhältnisses von objektiven Gesetzen und Wissenschaftssystem wird zeigen, daß es berechtigte Gründe für die Hypothese gibt, eine solche Wissenschaft zu begründen und ihre bisherigen empirischen Problemlösungen und theoretischen Ansätze auf eine theoretische Basis zu stellen. Dazu müssen der objektive Charakter der Gesetze, ihre Struktur und ihre Aspekte untersucht werden.

Besondere Bedeutung für die Wissenschaftsorganisation, die Aus- und Weiterbildung von Studenten und Wissenschaftlern hat das Verhältnis von Integration und Differenzierung der Wissenschaften, verbunden mit der Spezialisierung der Wissenschaften und der disziplinären Arbeit. Auf diese Beziehungen wird eingegangen, was den Anstoß für Bemerkungen zur Wissenschaftsklassifizierung gibt, die Gegenstand der Strukturuntersuchungen des Wissenschaftssystems ist. Außerdem geht es um die Rolle der Gemeinschaftsarbeit in der Wissenschaft.

Bei alldem kann es sich nur um ergänzende Bemerkungen und kritische Hinweise aus der Sicht des Philosophen handeln, wobei die hier entwickelte Konzeption zum Verhältnis von Philosophie und Naturwissenschaft Grundlage dafür ist. Die Literatur ist inzwischen so umfangreich und vielfältig geworden, daß eigentlich die Zeit herangereift ist, sich etwas intensiver mit den theoretischen Grundlagen der Wissenschaftswissenschaft zu befassen, wobei die bisher erreichten Ergebnisse der Untersuchungen über Entwicklungstendenzen der Wissenschaft, das Verhältnis von Wissenschaft und Gesellschaft, die Leitung der Wissenschaft, wissenschaftliches Schöpfertum, Wissenschaftsrecht und Wissenschaftsökonomie berücksichtigt werden müssen. Als Anmerkungen zu einer solchen Grundsatzdiskussion können die Ausführungen in diesem Kapitel verstanden werden.

1. Objektive Gesetze und Wissenschaftssystem

Die Notwendigkeit, das System der Wissenschaften selbst wissenschaftlich zu untersuchen, wird heute kaum noch ernsthaft bestritten. In vielen Arbeiten sind dazu Forschungsergebnisse vorgelegt worden. Die theoretische Grundlegung der Wissenschaftswissenschaft steht jedoch noch aus. Ob diese Untersuchungen nämlich von einer eigenen Wissenschaft vorgenommen werden müssen oder ob es sich um eine Integrationsaufgabe handelt, die von verschiedenen Wissenschaften zu erfüllen ist, ist zwar pragmatisch durch die Einrichtung von Instituten entschieden, aber theoretisch noch weiter zu klären. Einige Gedanken sollen dazu im Zusammenhang mit der Frage geäußert werden, ob objektive Gesetze im Wissenschaftssystem existieren und welchen Charakter diese Gesetze haben. Dabei wird die Wissenschaft nicht als Gesamtheit von Erkenntnissen allein verstanden, denn dann würde sich die Wissenschaftswissenschaft auf die Lösung der weltanschaulichen, erkenntnistheoretischen und methodologischen Probleme der Wissenschaften reduzieren, also Philosophie sein, und es bedürfte keiner besonderen Wissenschaft zur Untersuchung der Gesetze des Wissenschaftssystems. Für unsere Zwecke reicht es aus, die Wissenschaft als allgemeine Arbeit entsprechend ausgebildeter Menschen in gesellschaftlichen Einrichtungen zum Zweck der Erkenntnis von Gesetzen der Natur, der Gesellschaft und des Denkens, sowie der Wechselbeziehungen zwischen diesen Bereichen zu bestimmen. Eine Wissenschaft hat ihren Objektbereich, den sie untersucht, und ihren Gegenstand, das sind wesentlich die objektiven Gesetze dieses Bereichs. Sicher sind die Grundanforderungen an Wissenschaften ebenfalls noch zu klären, was die Wissenschaftswissenschaft zu tun hätte, um diese Anforderungen dann an sich selbst zu stellen, womit sie sich als Wissenschaft bestätigte. Wenn wir ihre Existenz annehmen, dann ist ihr Bereich das Wissenschaftssystem und ihr Gegenstand sind die Gesetze dieses Systems. Eben zu diesen Gesetzen sollen aus der Sicht des Philosophen einige Bemerkungen gemacht werden.

1.1. Zur Erkenntnis der Gesetze

Die vorläufigen Bestimmungen, die notwendig sind, um die Frage nach der Erkenntnis und dem Charakter der objektiven Gesetze des Wissenschaftssystems stellen zu können, zeigen schon, daß diese Gesetze als Systemgesetze begriffen werden müssen. Dazu reicht es aber nicht aus, einzelne Wissenschaften als Systeme zu untersuchen, sondern es geht um das System der Wissenschaften. Oft begegnen wir systemtheoretischen Überlegungen, die die einzelnen Wissenschaften analysieren. Selbst wenn die Fruchtbarkeit solcher Analysen schon eindeutig erwiesen wäre, könnte daraus noch kein Schluß auf die Notwendigkeit einer Wissenschaftswissenschaft gezogen werden, da aus der Anwendung von Erkenntnissen und Methoden einer Wissenschaft auf den Gegenstand anderer Wissenschaften sich nicht unbedingt eine neue Wissenschaft ergibt, obwohl das möglich ist. Wenn es deshalb um die Anwendung der Systemtheorie auf einzelne Wissenschaften geht, dann wäre daraus erst einmal zu begründen, daß es sich um ein Grenzgebiet dieser Wissenschaft und der Systemtheorie als Bestandteil der Kybernetik handelt. Überhaupt wäre zu überlegen, ob die Untersuchung der Wissenschaftsökonomie, der Wissenschaftspsychologie, des Wissenschaftsrechts, der Wissenschaftsgeschichte[1] usw. nicht besser als Zweig der Ökonomie, der Psychologie, der Rechtswissenschaften, der Geschichte usw. erfolgen sollte. Die Koordinierung solcher Forschungen könnte durch einen Rat geschehen, in dem alle Disziplinen vertreten sind, und müßte nicht unbedingt durch eigene Institutionen erfolgen. Die Wissenschaftswissenschaft dürfte also als selbständige Wissenschaft nicht auf systemtheoretische Analysen einzelner Wissenschaften reduziert werden, ebensowenig, wie sie als Summe von Wissenschaftsdisziplinen auftreten kann, die Momente der Wissenschaftsentwicklung betrachten. Es geht um das einigende Band dieser Disziplinen, das nur in der Existenz von Systemgesetzen des Wissenschaftssystems gesehen werden kann, die es zu erfassen gilt. Dazu sind Vorarbeiten erforderlich und geleistet worden. So wurde schon viel zur Bestimmung der Elemente dieses Systems, der einzelnen Wissenschaften und ihrer allgemeinen Momente getan. Auch die Struktur dieses Systems wurde bereits in vielen Aspekten erforscht. So gibt es Arbeiten zur Klassifizierung der Wissenschaften, zum Verhältnis von Natur- und Gesellschaftswissenschaften, von Philosophie und Wissenschaften usw. Auch die Entwicklung der Wissenschaft wurde betrachtet und etwa das Verhältnis von Integration und Spezialisierung (Differenzierung) untersucht. Dabei taucht jedoch die Gefahr auf, aus der Analyse einiger Wissenschaftssysteme voreilig auf das System der Wissenschaften zu extrapolieren. So wird manchmal von der Verdopplung des Wissens in zehn Jahren gesprochen. Hier wäre vor allem zu klären, was unter Wissen zu verstehen ist. Offensichtlich gibt es eine Graduierung des Wissens in bezug auf das Eindringen in das Wesen des untersuchten Bereichs. Die Aufzählung von Tatsachen wird durch die Erkenntnis von Zusammenhängen ergänzt, und später wird das Wissen in einer Theorie geordnet, die den Zusammenhang der erkannten Gesetze erfaßt. So bedeutet Verdopplung des Wissens nicht nur das Anwachsen von Artikeln und Mitteilungen über ein Gebiet, sondern die Aufstellung von allgemeinen Theorien. Unter diesem Aspekt gesehen wird deutlich, daß es Wissenszweige gibt, in denen sich das Wissen nicht verdoppelt, wenn man vorherige einschneidende theoretische Entwicklungen mit späteren Ansammlungen experimentellen Materials, mit dem Ausbau der Theorie und mit der Aufstellung von Hypothesen vergleicht. Die Quantität von Arbeiten ist hier nicht allein entscheidend, sondern die zu erreichende höhere Qualität der Erkenntnisse. Es geht also um die nicht allein an der Oberfläche sichtbare gesetzmäßige Entwicklung der Wissenschaft, die es zu erforschen gilt. Heuristische Hinweise dafür liefert die dialektisch-materialistische Entwicklungstheorie, die zeigt, daß nicht die Ansammlung von Wissen allein entscheidend ist, sondern die Kriterien gefunden werden müssen, nach denen man von einer neuen oder höheren Qualität des erreichten Wissensstandes sprechen kann. Dazu ist es erforderlich, die Entwicklung umfassenderer Theorien zu untersuchen und sie mit speziellen Theorien zu vergleichen. Die Quellen wissenschaftlicher Entwicklung sind genauer auszuarbeiten und das entwicklungstheoretisch wichtige Problem dialektischer Negationen und der Negation der Negation zu lösen, So kann die experimentell-beschreibende Phase einer Wissenschaft durch die theoretisch-erklärende abgelöst werden (dialektische Negation), die durch die experimentell überprüfende und praxiswirksame wieder abgelöst wird (Negation der Negation). Oder denken wir unter diesem Aspekt an die Entwicklung der Korpuskular- und Wellentheorie des Lichts und ihre Synthese in der Quantentheorie. Ohne diese Hinweise ausführen zu können, ergeben sich doch schon eine Vielzahl von zu lösenden Problemen, die direkt mit der Gesetzeserkenntnis in Wissenschaftssystemen verbunden sind. Gesetze sind allgemein-notwendige, d. h. reproduzierbare, und wesentliche, d. h. den Charakter der Erscheinung bestimmende, Zusammenhänge. Offensichtlich können wir die den Charakter der Wissenschaftsentwicklung bestimmenden Zusammenhänge nur finden, wenn wir das Wissenschaftssystem in seiner Struktur, Veränderung und Entwicklung betrachten. Dabei gibt es bestimmte allgemeine Tendenzen, die genau untersucht und in Gesetzen fixiert werden müssen.[2] Zu ihnen gehören die Entwicklung der Wissenschaften von der experimentell-beschreibenden zur theoretisch-erklärenden Stufe, die zur Herausbildung allgemeiner Theorien führt und mit der Mathematisierung der Wissenschaften verbunden ist. Erst in der Einordnung der Entwicklung einzelner Wissenschaften in eine solche reproduzierbare Entwicklungstendenz wird der gesetzmäßige Charakter der Wissenschaftsentwicklung deutlich. Die charakterisierte Tendenz ist nicht einmalig und erfüllt sich nicht automatisch. Ständig entstehen neue Wissenschaftsdisziplinen, die diesen Prozeß von vorn beginnen, werden in hochentwickelten Wissenschaften neue Probleme gestellt oder sogar Disziplinen entwickelt, die zwar auf dem erreichten Stand aufbauen, aber doch erst in allgemeine Theorien eingeordnet werden müssen und deshalb die Entwicklungsphasen neu durchmachen. Eine andere Tendenz ist die Praxisbedeutung wissenschaftlicher Erkenntnisse. Hier reicht es nicht aus, aus einigen Wissenschaften zu extrapolieren, daß sich die Umsetzung der Wissenschaft in die Praxis immer schneller vollzieht. Das ist nicht immer der Fall. Man könnte mathematische Theorien, Ergebnisse der Elementarteilchenphysik u. a. nennen, die der Umsetzung erst noch bedürfen. Sicher geht es dabei nicht um Nebenergebnisse, sondern um die Bedeutung der Wissenschaft zur besseren, d. h. quantitativ umfangreicheren und qualitativ höheren Produktion der Existenzbedingungen des Menschen. Damit sind aber für die Tendenz der Umsetzung wissenschaftlicher Erkenntnisse in die Praxis Voraussetzungen zu bestimmen, wie die Ermittlung zukünftiger Bedürfnisse der Menschen, wie die zukünftigen Beziehungen der Menschen usw. Die einseitige Auslegung der Tendenz schnellerer Umsetzung von wissenschaftlichen Erkenntnissen in die Praxis kann, wenn der Tendenzcharakter nicht gesehen wird, dazu führen, Problemlösungen nicht ausreifen zu lassen, wenn sie nicht Erfolg in kurzer Frist bringen.

Erst die Untersuchung solcher Tendenzen in ihrer inneren Kompliziertheit, ihren Regelmäßigkeiten und Ausnahmeerscheinungen führt uns zur Erkenntnis von Gesetzen des Wissenschaftssystems, die uns reproduzierbare und den Charakter der Erscheinungen bestimmende Zusammenhänge zeigen. Davon ausgehend kann dann das Problem des gezielten Zusammenwirkens der Wissenschaften zur Lösung von Integrationsproblemen besser theoretisch begriffen werden.

Die Frage, was wissenschaftliche Revolutionen sind, ist davon ausgehend zu beantworten. Offensichtlich kann man von einer wissenschaftlichen Revolution nur sprechen, wenn ein neuer Problemzugang in experimentellen und theoretischen Erkenntnissen erschlossen wurde und damit erstens bisherige theoretische und experimentelle Erkenntnisse auf ein breiteres theoretisches Fundament gestellt werden, das innere Zusammenhänge zwischen bisher als getrennt betrachteten Prozessen aufdeckt, tiefer in das Wesen der Prozesse eindringt, d. h. die bisherigen Erkenntnisse als Grenzfall in einer umfassenden Theorie darstellt. Zweitens müssen sich daraus neue Ansatzpunkte für die Klärung theoretischer Probleme in anderen Wissenschaften ergeben, die zum Durchdenken der Grundlagen dieser Wissenschaften führen. Drittens ist die Bedeutung der Erkenntnisse für die Praxis sichtbar, indem durch Anwendung der Erkenntnisse auf neue Weise Prozesse in der Praxis beherrscht werden, und viertens ergeben sich weltanschauliche Konsequenzen, die die weltanschaulichen Grundfragen nach dem Ursprung der Welt und den Quellen des Wissens, nach der Stellung des Menschen in der Welt, nach dem Sinn des Lebens und dem Charakter des gesellschaftlichen Fortschritts betreffen. Solche Revolutionen in der wissenschaftlichen Entwicklung sind echte höhere Qualitäten, die im

Erkenntnisprozeß erreicht wurden und zur Charakterisierung des sich entwickelnden Wissens benutzt werden können.

Mit der Betrachtung des gesetzmäßigen Charakters wissenschaftlicher Entwicklungen ergeben sich dann auch neue Einsichten in andere Probleme. Oft wird die Informationsexplosion als Schreckgespenst für den Menschen der Zukunft ausgemalt, der mit ihr nicht mehr zurechtkommt. Ohne das Problem verkleinern zu wollen, muß es doch auf der Grundlage einer dialektisch-materialistischen Entwicklungskonzeption anders gelöst werden, als es manchmal den Anschein hat, wenn nur von der Dokumentations- und Informationsverarbeitung des ständig wachsenden Wissens gesprochen wird. Hier müssen die qualitativen Sprünge in der Wissenssammlung, die wissenschaftlichen Revolutionen berücksichtigt werden. Denken wir etwa an die Periode des Suchens nach Atommodellen in der Physik, in der viele Hypothesen auftauchten, experimentelle Ergebnisse verbreitet wurden. Die Entwicklung der Quantentheorie war nun eine wissenschaftliche Revolution, die die Periode des Anhäufens von experimentellen Ergebnissen, von Teillösungen im Rahmen der klassischen Theorien, von empirischen Modellen, von hypothetischen Gewaltlösungen abschloß. Sie hatte Auswirkungen auf Chemie und Biologie, führte zu neuen praktischen Lösungen, und ihre weltanschauliche Bedeutung zeigte sich in umfangreichen philosophischen Diskussionen. Die Informationsexplosion auf diesem Gebiet in einer bestimmten Etappe wurde durch die Entwicklung der Theorie eingefangen, um einer neuen Explosion, die theoretisch überschaubar war, weil es sich um die Anwendung der Theorie zur Lösung von Problemen handelte, Platz zu machen. Deshalb kann also für die Informationsexplosion nicht die Anzahl der Artikel allein entscheidend sein, sondern ihr Charakter ist mit zu bestimmen, d. h., sind es experimentelle Ergebnisse im Rahmen einer bekannten Theorie oder solche, die neue Theorien fordern, sind es Hypothesen für neue Theorien oder Probleme, deren Lösung nur schwer möglich ist usw., die in Artikeln dargestellt werden. Es bedarf also bestimmter inhaltlicher Kriterien und nicht nur quantitativer Auszählungen, um etwas über die Informationsexplosion aussagen zu können. Sie vollzieht sich in Etappen, wo die quantitative Anhäufung durch qualitative Veränderungen unterbrochen wird, um neuen quantitativen Anhäufungen Platz zu machen. Solche Betrachtungen führen an Gesetze der Wissenschaftsentwicklung heran und bleiben nicht bei bloßen Beschreibungen stehen.

Die aufgeführten gesetzmäßigen Tendenzen der Wissenschaftsentwicklung lassen die Hypothese als berechtigt erscheinen, daß eine Wissenschaftswissenschaft in der Lage ist, Gesetze des Wissenschaftssystems zu finden, um so der Vielzahl der bisher empirisch untersuchten oder spekulativ ausgedachten Zusammenhänge und Veränderungen in Wissenschaftssystemen eine wissenschaftlich-theoretische Basis zu geben und sie damit theoretisch zu erklären. Das würde den Prozeß der Extrapolation empirischer Fakten ohne theoretische Kriterien erheblich einschränken und manche Illusionen über das, was Wissenschaftswissenschaft kann, zerstören. Leichtfertige Tendenzaussagen ohne gründliche Analyse können, in praktische Maßnahmen umgesetzt, leicht zu Hemmnissen für die Wissenschaft werden. Die philosophische Grundlage für die Ausarbeitung solcher Gesetze liefern der dialektische Determinismus und die dialektisch-materialistische Entwicklungstheorie.

1.2. Der objektive Charakter der Gesetze

Da die Wissenschaft als allgemeine Arbeit menschlicher Individuen aufgefaßt wird, taucht für die Gesetze des Wissenschaftssystems die Frage auf, in welchem Verhältnis objektive Gesetze und menschliches Handeln stehen. Durch gesellschaftliches Handeln, aufbauend auf Staatsplänen, Investitionen, Nutzensberechnungen, Wissenschaftsplänen usw., werden Bedingungen für die Entwicklung der Wissenschaft geschaffen, die zu möglichst großen Resultaten führen sollen. Die Wissenschaft ist Bestandteil der Gesellschaft. Sie ist mit allen Bereichen des gesellschaftlichen Lebens verflochten und dringt immer mehr in alle Bereiche ein. Da der Sozialismus der Bildung und Weiterbildung des Volkes große Bedeutung zumißt, um die Schöpferkraft zu entwickeln, gibt es keine abgeschlossene Elite von Wissenschaftlern und wissenschaftlichen Einrichtungen, die als selbständiges System im Staat existieren. Die Gesetze des Wissenschaftssystems können also nicht als Regeln der Wissenschaftsorganisation in wissenschaftlichen Institutionen allein bestimmt werden, obwohl das ein wichtiger Bestandteil praxiswirksamer Wissenschaftswissenschaft sein muß. Vor allem ist die Relativität der Systembestimmung der Wissenschaften zu beachten. Es ist ein gegenüber den gesellschaftlichen Determinanten offenes System. Besäße es aber keine relativ selbständigen Systembeziehungen, dann wäre Wissenschaftswissenschaft nicht möglich. Diese Systembeziehungen sind die Gesetze.

Es wären nun zwei Extreme für das Verständnis der Gesetze des Wissenschaftssystems denkbar. Das erste Extrem versucht in subjektivistischer Manier die Objektivität von Gesetzen der Wissenschaftsentwicklung überhaupt zu leugnen. Die Aufgabenstellung wird nicht mit dem Niveau der Wissenschaften in Verbindung gebracht. So werden manchmal an neu sich entwickelnde Disziplinen, wie Kybernetik, Heuristik, Organisations- und Leitungswissenschaft usw., Anforderungen gestellt, die vom erreichbaren Wissenschaftsniveau gar nicht zu erfüllen sind. Manchmal ist noch nicht einmal geklärt, ob überhaupt eine neue Disziplin existiert. Nicht erreichte Resultate werden dann als subjektives Unvermögen der Wissenschaftler allein deklariert. Obwohl der Einsatz von Wissenschaftlern zur Lösung neuer Probleme sicher nur lohnt, wenn auch die wissenschaftlichen Voraussetzungen bei jedem der eingesetzten vorhanden sind, wirken auch objektive Faktoren, wie Zeit zur Problemlösung, Sicherung der materiellen Bedingungen usw., mit. Der Subjektivismus beachtet sowohl die materiellen Bedingungen als auch die schöpferischen Fähigkeiten als notwendige Voraussetzungen von Problemlösungen nicht und erkennt die Gesetze der Wissenschaftsentwicklung nicht als objektiv an. Es wird alles vom Willen, Wollen und Wünschen abhängig gemacht und die echte Beziehung zwischen objektivem Gesetz und menschlichem Handeln und Wissenschaft nicht berücksichtigt.

Das zweite entgegengesetzte Extrem, das sich jedoch in vielen Konsequenzen mit dem ersten trifft, ist die Verabsolutierung des objektiven Charakters der Wissenschaftsentwicklung durch den Objektivismus. Danach konnte die Wissenschaftsentwicklung nicht anders verlaufen, als sie vor sich ging. Gesellschaftliche Anforderungen werden als störend empfunden. Probleme sollen nicht gestellt und Ergebnisse nicht gefordert werden. Was kommt, das kommt, und was nicht kommt, das konnte es nicht geben. Unfähigkeit wird hinter fehlenden objektiven Bedingungen versteckt. Der erkenntnistheoretische Fehler dieser Auffassung ist doppelter Natur. Einerseits wird die Wissenschaft nicht als integrierter Bestandteil des gesellschaftlichen Lebens gesehen, und die Gesetze der Wissenschaftsentwicklung werden auf innere Beziehungen eines abgeschlossenen Wissenschaftssystem beschränkt. Dagegen spricht jedoch die gesellschaftliche Determiniertheit der Ziele, Arbeitsweisen, materiellen Voraussetzungen, der sozialen Wertschätzung und der Ausnutzung der Ergebnisse. Die Gesetze der Wissenschaftsentwicklung bringen diese gesellschaftliche Determination zum Ausdruck. Andererseits wird die Rolle menschlichen Handelns als Determinationsfaktor für das Verwirklichen von im Gesetz enthaltenen Möglichkeiten nicht beachtet. Es wird die verabsolutierte dynamische Gesetzesauffassung für die Wissenschaftsentwicklung angenommen, nach der immer nur eine Möglichkeit existiert, die notwendig verwirklicht wird. Die der Wissenschaftsentwicklung adäquate Gesetzesstruktur ist jedoch die des statistischen Gesetzes, nach der für das System eine Möglichkeit existiert, die notwendig verwirklicht wird, für die Elemente aber ein Möglichkeitsfeld, wobei jedes Element mit einer bestimmten Wahrscheinlichkeit zufällig eine Möglichkeit aus diesem Feld in Abhängigkeit von den Bedingungen verwirklicht.

Die genannten Extreme treten meist nicht in Reinheit auf. Sie müssen aber in ihren Konsequenzen analysiert werden, um Ansätze rechtzeitig zu erkennen. In letzter Instanz laufen Objektivismus und Subjektivismus auf die Leugnung der objektiven Gesetze hinaus. Der Subjektivismus leugnet sie direkt, der Objektivismus führt dazu, indem er die gesellschaftlichen Determinationsfaktoren leugnet, die Rolle der vom Menschen zu schaffenden objektiven Bedingungen unterschätzt und die objektive Struktur der Gesetze nicht beachtet.

Unter objektiv verstehen wir Subjektunabhängigkeit. Objektive Gesetze der Wissenschaftsentwicklung sind also solche allgemein-notwendigen und wesentlichen Zusammenhänge, die sich im Handeln der Menschen als subjektunabhängig, nicht beeinflußbar erweisen. Wenn sich also die Entwicklung der Wissenschaft von der experimentell-beschreibenden zur theoretisch-erklärenden Stufe vollzieht, dann setzt sich ein solches Gesetz im Handeln der Menschen als Tendenz durch, obwohl die Handlungen der Wissenschaftler einander nicht entsprechen, Meinungsstreit erforderlich ist, Experimente verschieden gedeutet werden, auf theoretische Erklärungen experimentelle Beschreibungen usw. folgen. Auch die Mathematisierung vollzieht sich als widersprüchlicher Prozeß des Für- und Gegeneinanders, der Versuche zur Mathematisierung, des Scheiterns einzelner Versuche, der Entwicklung der Mathematik usw. Tendenz heißt also nicht direkte Veränderung in jedem Zeitabschnitt, in jedem Wissenschaftsgebiet allein in dieser Richtung. Hier hilft uns die Konzeption des objektiven statistischen Gesetzes, das als Systemmöglichkeit, die notwendig verwirklicht wird, die Tendenz bestimmt. Das gilt auch für die Tendenz der Integration usw. Aber diese Tendenzen, die auch noch in ihrem inneren Zusammenhang untersucht werden müssen, sind nicht in einzelnen Gesetzen isoliert voneinander zu finden, sondern aus dem inneren Zusammenhang der Gesetze aufzudecken, sie werden im Wissenschaftssystem notwendig verwirklicht. Sie sind also im Handeln zu berücksichtigen. Ist das Handeln gegen sie gerichtet, hemmt es die Entwicklung. (Auch dieser Punkt, was entwicklungsfördernde und was entwicklungshemmende Faktoren für die Wissenschaft sind, muß noch weiter untersucht werden, weil er theoretisch befriedigend erst auf der Grundlage erkannter objektiver Gesetze behandelt werden kann.)

Für die Elemente des Wissenschaftssystems und ihre Entwicklung, d. h. die durch Wissenschaftler entwickelte Spezialwissenschaft, gibt es im Rahmen der Gesetze Möglichkeitsfelder, die ebenfalls objektiv und durch die Wissenschaftswissenschaft zu bestimmen sind, d. h., wie sich in konkreten Wissenschaften unter bestimmten Bedingungen die allgemeine Tendenz verwirklicht. Für jedes Land gilt es dabei zu berücksichtigen, was sein Beitrag unter seinen Bedingungen bei möglicher und notwendiger Kooperation zur Verwirklichung der Möglichkeit ist. Zu solchen Möglichkeitsfeldern gehören z. B. für die Tendenz der Herausbildung umfassender Theorien die vorwiegend experimentelle Überprüfung vieler Hypothesen, die Aufstellung von Hypothesen auf der Grundlage vorliegenden experimentellen Materials, die Überprüfung ganz bestimmter erfolgversprechender Hypothesen usw. Die Analyse solcher Möglichkeitsfelder kann selbstverständlich nicht von einem Wissenschaftstheoretiker ohne Kenntnis der Bedingungen, des Standes usw. der entsprechenden Wissenschaft vorgenommen werden. Von hier aus richten sich viele Angriffe gegen die Spezialisten der allgemeinen Wissenschaftsentwicklung. Es gilt hier deshalb noch einmal zu betonen, die Kritiker behalten Recht, wenn die Gesetze der Wissenschaftsentwicklung nicht aufgedeckt, die Dialektik von objektivem Gesetz und menschlichem Handeln nicht beachtet und die Struktur dieser Gesetze als statistische Gesetze, die sich als Tendenz durchsetzen, nicht berücksichtigt wird. Das menschliche Handeln kann nicht die Tendenz aufheben, wohl aber über die Bedingungen, die Verwirklichung von bewußt aus dem Möglichkeitsfeld ausgewählten Varianten beschleunigen, aber auch hemmen und so die Wahrscheinlichkeitsverteilung für die Verwirklichung von Möglichkeiten verändern.

1.3. Aspekte der objektiven Gesetze

Der integrative Charakter von Gesetzen der Wissenschaftsentwicklung, der den inneren Zusammenhang der Wissenschaften, gesellschaftliche Determinanten und Auswirkungen auf das Handeln der Menschen umfaßt, bringt uns dazu, von Aspekten der Gesetze zu sprechen, die sich jeweils auf einen dieser integrativen Zusammenhänge beziehen. Nehmen wir als Beispiel das oft diskutierte Verhältnis von Integration und Differenzierung. Als Tendenzgesetz formuliert bedeutet das, das Auftreten integrativer Zusammenhänge in der Spezialisierung. So gibt es durch das Entstehen allgemeiner Theorien, durch die philosophische Deutung der Erkenntnisse, durch die Entwicklung von Grenzwissenschaften, wie etwa der Bionik, viele solcher integrativer Tendenzen in der Spezialisierung und Differenzierung.

Damit wird, was als erster Aspekt bezeichnet werden kann, der dialektische Zusammenhang von *Erkenntnissen* charakterisiert. Spaßhaft wurde das so ausgedrückt, daß man bei der Spezialisierung immer mehr Zusammenhänge über immer weniger Objekte weiß, bis man letzten Endes alles über nichts kennt, während bei der Integration immer weniger allgemeine Zusammenhänge über immer mehr Objekte bekannt sind, bis man nichts über alles weiß. Hinter diesem Spaß steckt der Ernst einseitigen Herangehens, das die Spezialisierung nicht mit integrativem Wissen und die Verallgemeinerung nicht mit Spezialwissen verbindet. In der Ausbildung tauchten solche Extreme auf, wie die Vermittlung sofort anwendungsbereiten Wissens, das auf tiefere Grundlegung verzichtet, aber deshalb schnell veraltet, weshalb z. B. der so ausgebildete Ingenieur sich später die theoretischen Grundlagen doch aneignen muß, wenn er in seinem Fach bestehen will. Als Reaktion darauf wurde auch gefordert, nur noch Methoden zur Wissensaneignung zu vermitteln und auf Spezialwissen zu verzichten. Da die Methode aber die Reflexion über die Art und Weise der inneren Selbstbewegung des Inhalts ist, um mit Hegel zu sprechen, und es nach ihr darauf ankommt, das Bekannte zur erkennen, muß jede Methodenvermittlung mit dem Inhalt verbunden sein, wenn sie Erkanntes und nicht nur Bekanntes sein soll. Aber weil der integrative Zusammenhang spezialisierten Wissens existiert, gibt es vielfältige Möglichkeiten, diesen Einseitigkeiten zu entgehen.

Damit kommen wir zu einem zweiten Aspekt dieses Gesetzes, der die gesellschaftlichen Determinationsfaktoren des Zusammenhangs der Erkenntnisse berücksichtigt und den Integrationsprozeß der Wissenschaft als gesellschaftlichen Prozeß versteht, der seine Auswirkungen in der Wissenschaftsorganisation hat. Es geht eben beim Verhältnis von Integration und Spezialisierung nicht nur um den integrativen Zusammenhang von Spezialwissen, sondern auch um die für die gesellschaftliche Produktion wichtigen Integrationsbeziehungen verschiedener objektiver Bereiche. Das erkannte physikalische oder chemische Gesetz hat gesellschaftliche Bedeutung, wenn es bei der Konstruktion von Maschinen usw. ausgenutzt wird. Das bisher relativ isoliert erforschte Gesetz muß dazu im Zusammenhang mit anderen Gesetzen gesehen werden, um eine neue Maschine, ein neues Arzneimittel, ein neues Haushaltsgerät usw. zu produzieren. Die Ambivalenz physikalischer und chemischer Erkenntnisse wird hier aufgehoben, um sie in bestimmte, für den Menschen notwendige Integrationsbeziehungen einzuordnen. Dadurch entsteht gesellschaftlich notwendige Integration spezialisierten Wissens. Das hat auch Auswirkungen auf die Problemstellung, was wiederum für die Wissenschaftsorganisation von Bedeutung ist. Die Gesellschaft braucht integratives Wissen, das die Stellung des Menschen zur Natur und in der Gesellschaft berücksichtigt. Dieses Wissen baut auf Spezialwissen auf, geht aber darüber hinaus. So muß die schöpferische Lösung neuer Konstruktionsprobleme in der Praxis erst überprüft werden. Dafür gibt es Pilotstationen und experimentelle Überprüfungen im Großversuch. Die Lösung von Integrationsproblemen, wie etwa die Vermeidung von Umweltverschmutzung, verlangt deshalb komplexes Herangehen in verschiedener Hinsicht. So wurde auf der Umweltschutzkonferenz 1972 in Stockholm sowohl scharf die diskriminierende Haltung zur DDR und das sich daraus ergebende Fehlen der Sowjetunion, Polens und anderer sozialistischer Staaten kritisiert, weil ohne sie die Probleme nicht gelöst werden können, als auch von Entwicklungsländern der Vorschlag, besonders der USA, zurückgewiesen, nur solche Industrien zu bauen, die die Umweltverschmutzung gering halten, weil der ökonomische Aufwand für sie nicht tragbar sei. Daraus erhält man das wissenschaftliche Integrationsproblem, ökonomisch tragbare Lösungen zu finden.

Als Konsequenz aus diesem zweiten Aspekt ergibt sich deshalb die Rolle der Wissenschaftsorganisation zur Lösung von Integrationsproblemen. So wie es falsch wäre, daraus nur die Notwendigkeit interdisziplinärer Arbeit abzuleiten, so wäre es auch einseitig, ihre Bedeutung zu negieren. Aber interdisziplinäre Arbeit vollzieht sich in verschiedenen Stufen und hat vor allem die hohe Entwicklung der disziplinären Forschung zur Voraussetzung. Das Verhältnis des Disziplinären zum Interdisziplinären erweist sich damit als ein Moment des Verhältnisses von Integration und Spezialisierung.

Ein dritter Aspekt des Gesetzes betrifft nun die Wissenschaftler selbst, die Entwicklung ihrer schöpferischen Fähigkeiten und Voraussetzungen für die Lösung der gestellten Spezial- oder Integrationsprobleme. Es geht ja nicht nur um die Wissenschaftsorganisation von Kollektiven zur Lösung gesellschaftlich bedeutsamer Probleme, die disziplinär oder interdisziplinär sein können, sondern auch um jeden einzelnen Wissenschaftler, der auf die sich aus dem Tendenzgesetz des integrativen Zusammenhangs spezialisierten Wissens sich ergebenden Konsequenzen vorbereitet sein muß. Das hat Bedeutung für die Aus- und Weiterbildung, für die ständige Spezialisierung des Wissenschaftlers, für seine eigene Haltung zur Spezialisierung und Integration und für die gesellschaftliche Bewertung von speziellen oder Integrationserkenntnissen. Bereits in der Ausbildung des Spezialisten müssen deshalb Integrationstendenzen sichtbar gemacht werden. Der Wissenschaftler muß sich selbst Rechenschaft über mögliche Beziehungen zu Nachbarwissenschaften, über Analogien, über philosophische Verallgemeinerungen usw. geben. Nur wenn er selbst Integrationstendenzen sieht, ist er für die interdisziplinäre Arbeit nicht nur bereit, sondern auch fähig.

Es sollte auf diese drei wesentlichen Aspekte der objektiven Gesetze der Wissenschaftsentwicklung deshalb hingewiesen werden, weil sie manchmal getrennt betrachtet werden und nicht in der inneren Einheit als Aspekte eines Gesetzes gesehen werden. Die Entwicklung der Wissenschaft ist kein innerwissenschaftliches Problem, das ohne Berücksichtigung der gesellschaftlichen Determinanten gelöst werden könnte. Die innerwissenschaftlich bedingte Entwicklung ist gesellschaftlich determiniert, was jedoch nicht aufhebt, daß der Zusammenhang, die Veränderung und Entwicklung des Wissens ein relativ selbständiger Aspekt der Gesetze der Wissenschaftsentwicklung ist, ebenso wie die gesellschaftlichen Determinanten und daraus sich ergebenden Konsequenzen für die Wissenschaftsorganisation. Gesetze der Wissenschaftsentwicklung betreffen immer handelnde Menschen, die als Wissenschaftler die Entwicklung vorantreiben. Obwohl sie die objektiven Gesetze nicht aufheben können, beeinflussen sie die Entwicklung der Wissenschaften. Das geht intensiver, wirksamer, wenn die Gesetze bekannt sind und die Konsequenzen daraus für das eigene Verhalten, für die Aus- und Weiterbildung der Wissenschaftler gezogen werden. Eben das ist der dritte Aspekt der objektiven Gesetze.

Es geht also um den Nachweis der Berechtigung der Wissenschaftswissenschaft durch die Aufdeckung objektiver Gesetze der Wissenschaftsentwicklung, wobei der Charakter aller statistischen Gesetze beachtet, ihre Beziehungen zum menschlichen Handeln berücksichtigt und deren verschiedene Aspekte ausgearbeitet werden müssen.

2. Integration, Spezialisierung und Wissenschaftsklassifikation

Aus der Einsicht in das Verhältnis von Integration und Spezialisierung ergeben sich Konsequenzen für die Wissenschaftsklassifikation, was wiederum Bedeutung für den sozialen Status einer Wissenschaftsdisziplin hat. Wird sie als selbständige Wissenschaft anerkannt, so steigt ihre Bedeutung gegenüber einer in eine andere Wissenschaft eingeordneten Disziplin. Bereits der Hinweis auf die Wissenschaftswissenschaft hat gezeigt, daß ihre Förderung durch die Errichtung von Instituten, durch Kaderbereitstellung usw. mit der Anerkennung als selbständige Wissenschaft verbunden war. Die historische Entwicklung zeigt dabei, daß neben der natürlichen Klassifikation auch künstliche existieren, wobei besonders die pragmatischen eine Rolle spielen. Beispielsweise kann sich die Sprach- und Literaturwissenschaft entwickeln, wie ihre Vertreter betonen, wenn sie nicht als Philologie vereint, sondern getrennt existiert. Diese aus der Wissenschaftsentwicklung sich ergebende notwendige Form kann aber bei der Ausbildung von Sprachlehrern durch eine andere pragmatische, d. h. der Ausbildung und Erziehung von Studenten untergeordnete Form ergänzt werden, nach der die Slawistik, Romanistik usw. existieren. Ob es sich dabei um die Einheit von Sprach- und Literaturausbildung handeln muß, hängt wieder davon ab, ob der Sprachlehrer Literaturkenntnisse zu vermitteln hat oder nicht. Das Beispiel soll hier nicht weiter diskutiert werden. Es zeigt aber, wie die pragmatische Klassifikation nicht nur der in der Wissenschaft sich entwickelnden Spezialisierung folgen darf, sondern verschiedene Determinanten berücksichtigen muß.

In unserer Republik gab es umfangreiche Diskussionen zur Klassifizierung der Wissenschaften.[3] Dabei wurde auf die unterschiedlichen Möglichkeiten zur Klassifizierung eingegangen. Hier kann keine Einschätzung dieser Arbeiten gegeben werden. Es soll nur auf ein Moment der Diskussion aufmerksam gemacht werden, nämlich auf die Beziehung von Integration, Spezialisierung und Wissenschaftsklassifikation, weil das eine wichtige Seite der Arbeit der Wissenschaftswissenschaft ist, bei der die Philosophie helfen kann, indem sie auf bestimmte Elemente der Dialektik in diesen Beziehungen verweist.

In den dreißiger Jahren des vorigen Jahrhunderts war es Auguste Comte noch möglich, die Wissenschaften in sieben Kategorien zu klassifizieren, in Philosophie, Mathematik, Astronomie, Physik, Chemie, Physiologie (Biologie) und Soziologie. In der Folgezeit entstanden nicht nur neue Wissenschaften, sondern jede spaltete sich in viele Teilgebiete auf, die selbst wieder die Bedeutung erlangten, die früher nur der Ausgangsdisziplin zugesprochen wurde. Die Chemie, erst nur in organische und anorganische eingeteilt, zerfiel schon in der zweiten Hälfte des 19. Jahrhunderts als organische Chemie in die Chemie der aromatischen und aliphatischen Verbindungen. Heute kann man letztere wieder in das Studium der gesättigten und der ungesättigten Verbindungen unterteilen.

In der Physik brauchen wir nur an solche neuen Gebiete wie die Elementarteilchenphysik, die Plasmaphysik und die Halbleiterphysik zu erinnern. Eine weitere Ursache der Spezialisierung ist neben der Zersplitterung der einzelnen Wissenschaftsgebiete auch die Entstehung von Grenzwissenschaften, die sich mit den Problemen befassen, die an der Grenze zwischen zwei Wissenschaften liegen. Der Chemiker beispielsweise kann sich für die physikalische Chemie und der Biologe für die Biochemie spezialisieren. Hinzu kommen neue Forschungsgebiete, die erst durch die Entwicklung der Zivilisation, besonders durch das schnelle Wachstum der Industrie entstanden. So muß sich die Wissenschaft heute mit der Verunreinigung der Luft befassen, die Auswirkungen auf die Gesundheit der Menschen hat. Wir brauchen Untersuchungen über die Luftbewegung, die Windstärken und die temperaturbeeinflussenden Faktoren. Das hat Bedeutung für die Städteplanung, die Lebensweise usw.

Im Zusammenhang mit der wachsenden Spezialisierung werden zahlreiche Diskussionen geführt. Viele Wissenschaftler bedauern diese Tendenz der Wissenschaftsentwicklung und fragen nach dem einigenden Band zwischen den Wissenschaften. Andere möchten das analytische und quantifizierende Herangehen der Wissenschaft an die Wirklichkeit durch eine synthetische Betrachtungsweise, die die Qualität oder Ganzheit nicht in Quantitäten und Teile zerstückelt, ergänzt oder ersetzt wissen. Walter Heitler sieht in der quantitativen Betrachtungsweise der modernen Wissenschaft große Gefahren. Er charakterisiert dieses Herangehen folgendermaßen: „Die Physik sucht nach Phänomenen, die quantitativ ausdrückbar sind, und muß folglich die qualitativen Wahrnehmungen erst in quantitative umtransformieren, bevor sie sie wissenschaftlich verarbeitet. Das kann unter Umständen ein langer Weg sein. Es geschieht dadurch, daß man nach weiteren Phänomenen sucht, die den qualitativen Wahrnehmungen ‚eindeutig' zugeordnet sind, die aber der quantitativen Behandlung zugänglich sind."[4] Heitler betrachtet als Beispiel für diese Methode die Newtonsche Zuordnung der Wellenlänge, die quantitativ meßbar ist, zur Farbe, die eine qualitative Sinneswahrnehmung darstellt. Heitler möchte die Physik durch eine Farbenlehre ergänzt wissen, die die Farbe als Ganzheitsphänomen erfaßt und sie nicht in das Messen von Wellenlängen auflöst. Er sieht in der Kritik Goethes an Newton einen rationellen Kern, der ihn zu seiner Forderung veranlaßt. Gewiß irrte Goethe in vielen Einzelfragen, aber nach Heitler kritisierte er berechtigt die „antimenschliche Haltung der Wissenschaft". Heitler schreibt: „Unsere Betrachtungen haben mit aller Deutlichkeit gezeigt, daß das Vorgehen der Physik, nur meßbare Phänomene heranzuziehen, sehr einseitig ist. Sie hat sich damit eine Selbstbeschränkung auferlegt, die zweifellos auch die Quelle ihres beispiellosen Erfolges ist. Sie hat aber damit noch etwas Weiteres erreicht: Die Entfernung der Wissenschaft vom Menschen. In dem quantitativen Aspekt der Welt ist bewußt jedes menschliche Element ausgeschaltet. Die Wissenschaft ist stolz darauf. Anthropomorph zu sein ist zum Schimpfwort für einen Wissenschaftler geworden."[5]

Heitler behandelt an dieser Stelle einen anderen Aspekt der modernen Wissenschaft. Die Suche nach quantifizierbaren Phänomenen führt dazu, qualitativ bestimmte Erscheinungen mit meßbaren Teilen der ganzen Erscheinung gleichzusetzen. Er fragt, ob man daraus die Erkenntnis der Ganzheit erlangen kann. Darauf wurde schon eingegangen. Um Heitlers Problem lösen zu können, müssen wir zunächst zeigen, wie es mit dem Verhältnis von Integration und Spezialisierung zusammenhängt.

Der von uns kurz charakterisierte Spezialisierungsvorgang innerhalb der Wissenschaften führt ebenfalls zur Untersuchung von Teilaspekten zusammenhängender Problemkomplexe. Versuchen wir, das an der Ausarbeitung des marxistischen Menschenbildes zu verdeutlichen.

Viele Wissenschaften befassen sich damit, das Bild des sozialistischen Menschen zu bestimmen. So untersucht die Psychologie das Verhalten des einzelnen Menschen zur Umwelt; sie betrachtet auch sein Verhalten in Kollektiven und verschiedenen sozialen Gruppen und erforscht als Sozialpsychologie die sozialen Gruppen selbst. Von diesen Kenntnissen ausgehend, könnte ein Arbeitspsychologe in einem Betrieb Hervorragendes bei der Verbesserung des Arbeitsklimas leisten. Um voll wirksam zu werden, reichen jedoch seine wissenschaftlichen Erfahrungen nicht aus. Die menschlichen Beziehungen im Betrieb gestalten sich einerseits in Abhängigkeit von den ökonomischen Beziehungen, andererseits ist ein gewisser Grad von Bewußtheit erforderlich, um eventuelle Veränderungen zu begreifen. Hinzu kommen die in den juristischen Gesetzen fixierten Rechtsnormen, die bestimmte Seiten des Verhaltens der Menschen zueinander regeln. Es kommen also die wissenschaftlichen Erkenntnisse des Ökonomen, Philosophen, Soziologen und Rechtswissenschaftlers zu denen des Arbeitspsychologen hinzu, um zu einer richtigen Analyse der menschlichen Beziehungen im Betrieb zu gelangen. Ohne die einzelnen Forschungsergebnisse wäre ein Gesamtbild nicht möglich, aber die Ergebnisse der einzelnen Wissenschaften sind notwendig einseitig.

Noch deutlicher wird diese Problematik, wenn man die Entwicklung der menschlichen Beziehungen bis zum Jahre 2000 in ihren Grundzügen bestimmen will. Mit dieser Aufgabe beschäftigt sich keine Wissenschaft allein, sondern jede trägt einen Teil zu diesem Bild bei. Eigentlich ist die Lösung der Gesamtaufgabe die Voraussetzung für die Prognosen in einzelnen Wissenschaftsgebieten. Die Entwicklung der Technik, der Naturwissenschaft, der Ökonomie, des Volksbildungswesens usw. soll ja der Gestaltung der menschlichen Beziehungen untergeordnet sein. Der Mensch steht im Mittelpunkt aller unserer Bemühungen um wissenschaftlichen und gesellschaftlichen Fortschritt. Die Gestaltung der menschlichen Beziehungen ist jedoch selbst wieder von den Möglichkeiten abhängig, die die Entwicklung der Technik, der Ökonomie usw. bietet. So macht es die Automatisierung ganzer Industriezweige möglich, lebendige Arbeit einzusparen. Das kann unter sozialistischen Verhältnissen zur Vergrößerung der Freizeit, damit zum Problem der sinnvollen Freizeitgestaltung, aber auch zur Veränderung der gesamten Volksbildung führen und zur Einordnung der Ergebnisse schöpferischer Arbeit, die in der Freizeit verrichtet wird, in den gesellschaftlichen Arbeitsprozeß. Unter den Verhältnissen des staatsmonopolistischen Kapitalismus kann es infolge der Automatisierung zur Arbeitslosigkeit kommen. Der Arbeiter ist deshalb ständig dem psychischen Druck ausgesetzt, „disponibel" genug zu sein, damit er strukturelle Veränderungen der Industrie ohne materiellen Schaden übersteht. So greifen eine Vielzahl von Faktoren ineinander. Jeder muß gesondert untersucht werden. Was wir jedoch dabei auch brauchen, ist die komplexe Arbeitsweise von Wissenschaftlergruppen, die die neuen Integrationsprobleme lösen. Dazu gehört beispielsweise die Ausarbeitung des marxistischen Menschenbildes, die Prognose für die Entwicklung der menschlichen Beziehungen bis zum Jahre 2000. Probleme solcher Art, die gelöst werden müssen, sind die philosophischen Probleme der Wissenschaften, die Aufdeckung der Gesetze der Wissenschaftsentwicklung usw.

Das Wesentliche an solchen Integrationsproblemen besteht gerade darin, daß sie nicht von einer Wissenschaft allein gelöst werden können. Die Spezialisierung steht ihrer Lösung objektiv entgegen, wenn man sie nicht durch die komplexe Arbeitsweise von Wissenschaftlerkollektiven wieder aufhebt.

Oft wird die Integration der Wissenschaften als Zauberwort für die Lösung aller mit der Spezialisierung verbundenen Schwierigkeiten betrachtet. Mit der Feststellung, daß in der Wissenschaft objektive Integrationstendenzen herrschen, ist jedoch noch nicht viel erreicht. Es muß mindestens die Verschiedenheit dieser Integrationstendenzen gezeigt und der Prozeß einer sinnvollen Integration zur Lösung der genannten Probleme bewußt eingeleitet werden. Integrationserscheinungen zeigen sich auf verschiedenen Ebenen.

Erstens entwickeln sich in jeder Wissenschaft, mehr oder minder ausgeprägt, allgemeine Theorien. Neben der Spezialisierungstendenz in der Physik arbeitete die physikalische Theorie Gemeinsamkeiten auf Gebieten heraus, die als unabhängig voneinander angesehen wurden. Denken wir nur an die einheitliche Erfassung von Elektrizität und Magnetismus und an die modernen Versuche, eine einheitliche Elementarteilchentheorie zu finden. Die moderne Physik lieferte auch eine theoretische Grundlage zur Erklärung vieler chemischer Prozesse, ebenso wie Chemie und Physik auch der Aufhellung biologischer Erscheinungen dienen, wie die moderne Genetik zeigt.

Zweitens bilden sich durch das Eindringen mathematischer und kybernetischer Gedankengänge in viele Wissenschaften neue Beziehungen zwischen den Wissenschaften heraus. Die Systemtheorie ist im naturwissenschaftlichen, technischen und gesellschaftswissenschaftlichen Forschen anwendbar. Völlig verschiedene Prozesse zeigen gleiche mathematische oder kybernetische Grundstrukturen. Auch das ist eine Integrationserscheinung, die zugleich zu neuen Spezialisierungen führt. So bildet sich etwa als Forschungsgebiet die Anwendung der Mathematik auf chemische Prozesse heraus.

Integration und Spezialisierung ergänzen sich immer gegenseitig. Spezialisierung bedeutet in diesem Sinne, sinnvoll in das System der Wissenschaften eingeordnet zu sein. Oft jedoch wird die Spezialisierung noch als Mangel empfunden und nicht als direktes Erfordernis der Integration betrachtet. Die in der Verbindung von Mathematik und anderen Wissenschaften deutlich werdende Integrationserscheinung erfordert eben zugleich die Spezialisierung bestimmter Mathematiker auf die mathematischen Probleme einzelner Naturwissenschaften. Diese Dialektik zwischen Integration und Spezialisierung ist das Ergebnis der modernen Wissenschaftsentwicklung. Ein Universalgenie, das die wesentlichen Erkenntnisse in der modernen Wissenschaft in sich aufnehmen und verarbeiten könnte, ist nicht mehr denkbar.

Das sich herausbildende System der Wissenschaften ist nun selbst wieder Forschungsgegenstand, dessen Systemgesetze durch die Wissenschaftswissenschaft untersucht werden müssen, wobei die marxistische Philosophie einen großen Beitrag zu leisten hat. Sie hat die Erkenntnistheorie in dieser Richtung auszubauen, eine Theorie der wissenschaftlichen Gesetze auszuarbeiten und auch die Entwicklungstheorie für die Entwicklung des menschlichen Denkens fruchtbar zu machen.

Hier haben wir die dritte Ebene von Integrationserscheinungen, wie sie in einer Wissenschaftswissenschaft sichtbar werden.

Viertens möchte ich die Ebene des menschlichen Handelns, der Umgestaltung der ganzen Gesellschaft hervorheben. Um die dabei auftretenden wissenschaftlichen Fragen beantworten zu können, bedarf es der komplexen Arbeit von Wissenschaftlerkollektiven. In Abhängigkeit von dem Allgemeinheitsgrad der Aufgabenstellung für das Kollektiv könnte hier wiederum differenziert werden. Auch hier wird deutlich, daß die Spezialisierung, das heißt die Untersuchung einzelner Komponenten des gesamten Beziehungsgefüges, notwendige Voraussetzung der Erforschung des Gesamtkomplexes ist. Auf dieser letzten Ebene liegen auch die bereits genannten Integrationsprobleme, die von Natur- und Gesellschaftswissenschaftlern gemeinsam erforscht werden müssen. Richtige Spezialisierung verlangt deshalb auch, den Blick aufs Ganze nicht zu verlieren und die Ergebnisse der anderen Wissenschaften zu berücksichtigen. Es muß also die analytische Erkenntnis nicht, wie Heitler meint, durch synthetische Erkenntnis, die unabhängig von der analytischen ist, ergänzt werden, sondern nur die Zusammenführung spezialisierter Wissenschaftler in Forschungskollektiven macht die Erforschung der Integrationsprobleme möglich. Diese Einsicht muß zur bewußten Organisation derartiger Gemeinschaften führen. Auf das von Heitler erwähnte Verhältnis von Mensch und Wissenschaft werden wir später noch einmal zurückkommen. Das Problem der Gemeinschaftsarbeit von spezialisierten Wissenschaftlern, der Erforschung von Integrationsproblemen usw. darf uns nicht abhalten, der natürlichen Klassifikation der Wissenschaften große Aufmerksamkeit zu schenken, weil sie als wichtige *Komponente* bei der Wissenschaftsentwicklung zu berücksichtigen ist.

Engels hatte Wissenschaftsklassifikation auf den Zusammenhang der objektiv existierenden Bewegungsformen zurückgeführt und gezeigt, daß niedere und höhere existieren, wobei die höheren die niederen enthalten, aber nicht auf sie reduziert werden können.[6] Das hat auch heute noch große Bedeutung. Zugleich geht es um die Überwindung der einseitigen linearen Anordnung der Bewegungsformen. Die Entwicklung des menschlichen Denkens ist keine gerade Linie, ebenso wie die Entwicklung in der Natur keine gerade Linie ist. Bei der Klassifizierung der Wissenschaften handelt es sich aber sowohl um die Berücksichtigung der komplizierten objektiven Entwicklung wie um die Evolution des menschlichen Denkens, die ja erst Wissenschaft möglich macht. Dabei ist das Denken keine rein passive Widerspiegelung der Natur. Im Laufe der Entwicklung hat es sich mit der Mathematik und ihren verschiedenen Theorien ein logisches System zur theoretischen Erfassung objektiver Sachverhalte geschaffen. Die mathematische Entwicklung verläuft nicht in direkter Abhängigkeit von der Untersuchung objektiver Beziehungen. Ihre Entwicklung ist die Voraussetzung für die spätere Widerspiegelung objektiver Sachverhalte mit den bereits vorliegenden mathematischen Mitteln. Das zeigt die ganze Kompliziertheit des Verhältnisses der Wissenschaften untereinander. Nicht nur die direkte theoretische Abbildung objektiver Sachverhalte kann uns beim Problem der Klassifizierung der Wissenschaften interessieren, sondern auch die Entwicklung der Wissenschaften, die die Logik des menschlichen Denkens präzisieren und damit aufnahmebereit für die Widerspiegelung objektiver Sachverhalte machen. Ohne die Durchdringung von Mathematik und Physik wäre der ungeheure Fortschritt der physikalischen Forschung undenkbar. Die Mathematik hat die Hilfsmittel zur Widerspiegelung komplizierter physikalischer Sachverhalte in der Logik unserer Begriffe bereitgestellt. Man kann jedoch die Mathematik nicht in ein Schema von höheren und niederen Bewegungsformen einordnen, ohne ihre Bedeutung einzuschränken.

Das, was Engels über Formen und Grundformen der Bewegung sagte, trifft für die Klassifizierung solcher Wissenschaften wie Physik, Chemie, Biologie und die damit zusammenhängenden Wissenschaften wie physikalische Chemie, Biophysik usw. zu. Hier haben die von Engels entwickelten Prinzipien volle Berechtigung, die Einordnung von niederen in höhere Bewegungsformen ist durchzuführen und ergibt eben die Reihe: Physik, Chemie, Biologie. Das ist jedoch nur eine Gruppe von Wissenschaften, eben diejenigen, die Grundformen oder Formen der Bewegung untersuchen. Neben dieser Gruppe kann man eine zweite hervorheben, die sich mit der Untersuchung von Objekten befaßt, die als in bestimmter Art und Weise organisierte Komplexe von Grundformen der Bewegung existieren. Auch hier ist das Prinzip der Objektivität, d. h. die Untersuchung der objektiven Gegenstände der Wissenschaft, anzuwenden. Die Geowissenschaften befassen sich mit der historischen Entwicklung der Erdrinde, die Selenologie mit dem Mond. Durch die weiteren Forschungen im Kosmos wird sich diese Gruppe der Wissenschaften ständig erweitern. Spezielle Wissenschaften werden sich mit verschiedenen Objekten, wie Venus, Mars usw., befassen, die ebenfalls einen Komplex von Grundbewegungsformen darstellen, ohne auf sie reduziert werden zu können. Dabei verwendet jede dieser Wissenschaften die von den Wissenschaften der verschiedenen Bewegungsformen bereits erarbeiteten Ergebnisse. Hier zeigt sich das Verhältnis von Objekten und Bewegungsformen in einer anderen Weise, als wenn wir nur das Verhältnis der Bewegungsformen untersuchen. In der biologischen Bewegungsform ist die physikalische und chemische enthalten. Sie kann nicht auf diese reduziert werden, jedoch muß ihr Zusammenhang bei der Untersuchung biologischer Objekte berücksichtigt werden. Bei der Erdrinde treten nun sowohl die physikalische und chemische als auch die biologische Bewegungsform modifiziert durch die Bedingungen der Existenz und Veränderung der Erdrinde auf. Die verschiedenen Bewegungsformen müssen bei ihrem Wirken in der Erdrinde nicht nur in ihrer Unterordnung betrachtet werden, sondern auch als nebeneinander wirkende Faktoren, die sich gegenseitig beeinflussen. Um die Erdrinde oder andere materielle Objekte zu untersuchen, muß man das spezifische Zusammenwirken der Bewegungsformen in diesem Objekt und vor allem seine Entwicklungsgesetze aufdecken. Gerade diese Spezifik des Wirkens der Gesamtheit der Bewegungsformen macht den Gegenstand dieser Wissenschaften aus.

Das trifft auch für die Medizin zu, die den Menschen in seiner vielfältigen Verflechtung untersucht, um ihn vor Krankheiten zu schützen oder davon zu heilen. Ihre spezifische Aufgabenstellung verlangt heute nicht nur die Kenntnis des organischen Zustandes, sondern auch der Beziehungen im Arbeitskollektiv, in der Familie usw. Sie untersucht ihn in der Einheit von gesellschaftlichen und biologischen Faktoren in seiner Umwelt, um daraus die entsprechende Hilfe abzuleiten. Dazu erforscht sie die spezifischen Gesetze des menschlichen Organismus und des menschlichen Verhaltens.

Eine dritte Gruppe von Wissenschaften befaßt sich mit den allgemeingültigen Relationen, Formen und Verhaltensweisen materieller Objekte. Dazu kann man die Mathematik und Kybernetik rechnen. Die Systeme und Teilsysteme, mit denen sich die Kybernetik befaßt, sind ebenso wie bestimmte Relationen in der Mathematik Ausdruck möglicher objektiver Systeme und objektiver Relationen. Die Ergebnisse dieser Gruppe von Wissenschaften sind deshalb anwendbar in allen anderen Wissenschaften. Sie verallgemeinern die vorhandenen Relationen, Formen und Verhaltensweisen zwischen qualitativ bestimmten Systemen, Objekten und Bewegungsformen zu allgemeinen Theorien über Relationen, Formen und Verhaltensweisen unabhängig von der qualitativen Bestimmtheit des Objekts und der Bewegungsform. Gerade hier bieten sich bestimmte Entwicklungstendenzen an. War früher die Mathematik hauptsächlich mit der Physik verbunden, so zeigt sie heute gerade ihre allgemeine Geltung für alle Wissenschaften. Ebenso verbindet man heute noch die Geometrie als Theorie der raum-zeitlichen Struktur mit der Physik. Die Raum-Zeit als Existenzform der Materie unterscheidet sich zwar in ihrer konkreten Bestimmtheit im physikalischen, chemischen und biologischen Bereich. Da sie jedoch Existenzform aller qualitativ verschiedenen Materiearten ist, ist die Annahme einer allgemeinen Wissenschaft von den raum-zeitlichen Beziehungen berechtigt. Sie würde in diese Gruppe gehören.

Eine vierte Gruppe von Wissenschaften befaßt sich mit der Anwendung von Grunderkenntnissen über Natur und Gesellschaft zur Konstruktion und Produktion neuer Objekte und Prozesse. Das sind die technischen Wissenschaften, die eben deshalb nicht nur Anwendungen der anderen Wissenschaften sind, weil dieser Prozeß der Umsetzung von Naturwissenschaft in Technik zu Objekten mit eigenen Gesetzen führt. Die technischen Wissenschaften befassen sich deshalb mit der Konstruktion, Produktion und dem Verhalten künstlicher Objekte als konstruiertem Komplex von Bewegungsformen und eigenen objektiven Gesetzen.

Die Wissenschaftsgruppen stehen ebenso wie die Wissenschaften einer Gruppe in engem Zusammenhang. Wie man in einer Gruppe die eine Wissenschaft nicht auf die andere reduzieren kann, so kann man auch nicht die Wissenschaft einer Gruppe auf die einer anderen zurückführen. Für die Klassifizierung der Wissenschaften ist aber nicht mehr nur der Zusammenhang der Bewegungsformen als Entwicklung vom Niederen zum Höheren und vom Einfachen zum Komplizierten entscheidend, sondern es wird auf die Reichhaltigkeit von Beziehungen verwiesen. So gilt es die Bewegungsformen in ihrem spezifischen Wirken in bestimmten Objekten zu untersuchen. Die gleiche Form qualitativ verschiedener Inhalte, die gleichen Funktionen verschiedener Strukturen, quantitative Seiten qualitativer Prozesse, gleiche Relationen bei unterschiedlichen Objekten werden in die Betrachtung einbezogen. Mit Sicherheit kann man voraussehen, daß deshalb mit den vier Gruppen die mögliche Unterscheidung von Wissenschaftsgruppen nicht abgeschlossen ist, aber sie repräsentieren doch vier wesentlich unterschiedene Wissenschaftsbereiche.

Aus dem bisher Gesagten ergibt sich die Frage nach der Stellung der Philosophie in diesem System. Wir ordnen die Philosophie nicht in eine der Gruppen ein, sondern sehen ihre Aufgabe darin, den Zusammenhang zwischen diesen Gruppen zu untersuchen. Überhaupt haben wir bisher die Herausbildung allgemeiner Theorien in den verschiedenen Naturwissenschaften ungenügend berücksichtigt. Besonders bei der Gruppe, die sich mit der Entwicklung materieller Objekte befaßt, die Komplexe von Bewegungsformen sind, gewinnt die Untersuchung allgemeiner Beziehungen, die für alle Objekte, wie Erde, Venus, Mars usw., wenn auch mehr oder weniger eingeschränkt, gelten, an Bedeutung. Es geht um die mögliche Extrapolation von Erkenntnissen über die Struktur der Erdrinde auf andere Planeten. Das dort vorhandene Verhältnis zwischen speziellerem und allgemeinem Gültigkeitsbereich von Gesetzen tritt uns in modifizierter Weise im Verhältnis von Philosophie und Naturwissenschaft entgegen. Die Philosophie befaßt sich gerade mit dem Zusammenhang von Qualität und Quantität, Inhalt und Form, Relationen und Objekten, Struktur und Funktion. Sie erfüllt durch philosophische Verallgemeinerung ihre weltanschauliche, ideologische und heuristische Funktion. Sie braucht dazu die sich ergänzenden Ergebnisse der Einzelwissenschaften, die Beziehungen zwischen ihnen, um diese allgemeinen Beziehungen aufdecken zu können. Dabei klärt sie auch Fragen, die in spezifischer Weise in jeder Wissenschaft auftauchen, wie das Verhältnis von Kausalität und Gesetz, Experiment und Theorie usw. Die allgemeinsten Beziehungen haben weltanschauliche Bedeutung, ihre Klärung hilft bei der Entwicklung des wissenschaftlichen Weltbildes.

3. Die Rolle der Gemeinschaftsarbeit in der Wissenschaft für die Persönlichkeitsentwicklung

Über die sich aus der Entwicklung der Wissenschaft ergebende notwendige Gemeinschaftsarbeit von Wissenschaftlern verschiedener Fachgebiete zur Lösung komplizierter Aufgaben ist schon viel geschrieben worden. Es lohnt sich aber, noch mehr darüber nachzudenken, welche Bedeutung die Gemeinschaftsarbeit für die Entwicklung der sozialistischen Wissenschaftlerpersönlichkeit hat. Sicher kann man hervorheben, daß durch die Forderungen des Kollektivs an den Einzelnen dessen schöpferische Aktivität entwickelt wird, wodurch seine Potenzen besser ausgenutzt werden, als es in der Einzelarbeit möglich ist. Hinzu kommt der im Kollektiv sich entfaltende wissenschaftliche Meinungsstreit, der solche Qualitäten fördert, wie den Mut zur Kritik, die Fähigkeit zur Selbstkritik, zur sachlichen Argumentation. Das Kollektiv beeinflußt die weltanschauliche Haltung, kann pessimistische Stimmungen des Menschen abfangen, ihm Erfolgserlebnisse verschaffen und seinen für die Lösung schwieriger Probleme notwendigen Optimismus fördern. Während in der Einzelarbeit neben großen Erfolgen auch Mißerfolge dadurch entstehen können, daß lange Zeit in falscher Richtung gearbeitet wird, kann die Gemeinschaftsarbeit auch als ständige Korrektur auf die Richtung der Arbeit einwirken. Damit diese kurz charakterisierten Vorzüge der Gemeinschaftsarbeit überhaupt wirksam werden, bedarf es einiger Voraussetzungen, die durch die kluge Leitung dieser Arbeit geschaffen werden müssen. Aus den Erfahrungen, die wir in unserer Sektion sammeln konnten, möchte ich auf einige Probleme hinweisen und ihre Lösungen skizzieren. Dabei geht es vor allen um die Dialektik von Kollektiv- und Einzelleistung, um die Klarheit über den notwendigen Integrationsprozeß und seine Anwendungen auf die Persönlichkeitsentwicklung. So zeigt es sich, daß der vorher genannte dritte Aspekt der Gesetze der Wissenschaftsentwicklung, der die objektive Entwicklungstendenz der Wissenschaft und die gesellschaftlichen Determinanten mit dem persönlichen Einsatz des Wissenschaftlers verbindet, große Bedeutung für die Wissenschaftsentwicklung erlangen kann. Eben das soll als Problemdarstellung an Erfahrungen demonstriert werden.

Ausgehend von der theoretischen Einsicht in die Rolle der Gemeinschaftsarbeit für die Persönlichkeitsentwicklung begannen wir im ehemaligen Institut für Philosophie 1967 mit der Ausarbeitung konzeptioneller Vorstellungen für ein Institutsprojekt. Das Thema lautete: Philosophische Probleme der Sozialismustheorie. Mit der Gründung der Sektion Marxistisch-leninistische Philosophie wurde durch die Sektionsleitung die Arbeit an diesem Projekt forciert. Die Forschungsgruppen für die Erarbeitung der einzelnen Kapitel waren aus Vertretern der verschiedenen Bereiche zusammengesetzt; der Kapitelverantwortliche hatte Weisungsberechtigung für die Arbeit am Forschungsprojekt für die Mitarbeiter seiner Gruppe. Die philosophische Problematik des Themas gruppierte sich um folgende Komplexe: Die Entwicklung der Sozialismustheorie und die Ausarbeitung des wissenschaftlichen Sozialismus; der historische Platz des Sozialismus; die Entwicklung des Sozialismus als System; sozialistische Demokratie und Leitungsprobleme; Persönlichkeitsentwicklung im Sozialismus. Es gab Konzeptionsdiskussionen und dann die Diskussion fertig ausgearbeiteter Materialien im Rahmen der gesamten Sektion. Insgesamt wurden das Vorhaben und die Arbeit daran durch die Partei- und staatliche Leitung als positiv für die Persönlichkeitsentwicklung der Mitarbeiter eingeschätzt. Es wurden jedoch sofort Probleme sichtbar, die sich später als echte Hemmnisse für den Abschluß der Arbeit erwiesen. Einige davon hoben in ihren Auswirkungen den positiven Einfluß auf die Persönlichkeitsentwicklung teilweise auf und führten zu Stimmungen folgender Art: Gemeinschaftsarbeit ist schwieriger als Einzelarbeit und führt zu keinem Erfolg. Gemeinschaftsarbeit führt nicht zur Erhöhung des Niveaus, sondern zu seiner Senkung, da neue Ideen einzelner durch andere als unbewiesen, zu hypothetisch usw. abgetan werden.

Mängel in der Organisation der Gemeinschaftsarbeit führen zum Rückschlag in den theoretischen Einsichten in ihre Bedeutung für hohe Effektivität in der Forschung und die Persönlichkeitsentwicklung, Materialien werden nicht weiter ausgenutzt und diejenigen triumphieren, die von vornherein mit Mißtrauen und halber Kraft an der gemeinsamen Arbeit teilnahmen.

Sicher gab es bei der Erarbeitung des Projekts und der eigentlichen Forschungsarbeit spezifische Probleme, die den ganzen Erfolg verhinderten. Dazu gehören der ungenügende Einsatz einiger Kapitelverantwortlicher für die Fertigstellung der Kapitel. In der entscheidenden Phase wurde der Leiter des Herausgeberkollektivs durch übergeordnete Organe für ein Jahr aus der Universität abgezogen, wodurch das Gesamtprojekt nicht zu Ende geführt wurde. In der Zeit intensiver Forschungsarbeit mußte die Hälfte der Sektionsmitarbeiter an einem anderen Forschungsvorhaben mitwirken, für das viel geschrieben, jedoch kaum etwas publiziert wurde, nicht wegen schlechter Qualität einzelner Beiträge, sondern wegen ungenügend klarer konzeptioneller Vorgaben und schlechter Organisation der Gesamtarbeit.

Um deshalb die richtige These von der Rolle der Gemeinschaftsarbeit für hochwertige Arbeiten und für die Entwicklung sozialistischer Eigenschaften der Wissenschaftlerpersönlichkeit zu bestätigen, ist eine wissenschaftliche Analyse der Fehler bei der Organisation und Anlage der Gemeinschaftsarbeit erforderlich, die zum Mißerfolg führen können, sowie eine Verallgemeinerung der Erfahrungen mit positiven Beispielen. Positiv war vor allem die interdisziplinäre Diskussion in der Sektion zwischen den Vertretern der Grundlagendisziplinen, dialektischer und historischer Materialismus, den Philosophiehistorikern, den Logikern und den Natur- und Gesellschaftswissenschaftlern aus dem Bereich Philosophie-Wissenschaft. Fortschritte in der Persönlichkeitsentwicklung gab es auch bei der Erarbeitung von Bereichsprojekten.

Aus unseren bisherigen Erfahrungen möchte ich auf einige Probleme eingehen und Schlußfolgerungen zeigen, die wir bereits gezogen haben.

Die interdisziplinäre Arbeit verlangt disziplinäre Arbeit auf hohem Niveau, die Fähigkeit, die Probleme zu erkennen, für deren Lösung interdisziplinäre Arbeit unbedingt erforderlich ist, und die Bereitschaft zur interdisziplinären Arbeit. Während die Bereitschaft mit Erfolgserlebnissen wächst, kann Niveaulosigkeit oder niederes Niveau der an der Lösung von Forschungsproblemen beteiligten Vertreter bestimmter Disziplinen nicht durch hohes theoretisches Niveau anderer Disziplinen ausgeglichen werden. Auch die Lösung von komplexen Problemen muß nicht unbedingt interdisziplinäre Arbeit schon verlangen. Die Teile des

Komplexes können disziplinär erarbeitet und von den Vertretern der anderen Disziplinen studiert werden, ohne daß oft direkte Gemeinschaftsarbeit erforderlich ist. Es geht also keineswegs um Gemeinschaftsarbeit um jeden Preis. Es muß bei der Planung der Arbeit sorgfältig überlegt werden, welche Stufe der Gemeinschaftsarbeit unbedingt erforderlich ist. Solche Stufen sind die Zusammenarbeit von Vertretern der gleichen Disziplin oder verschiedener Disziplinen in einer Arbeitsgruppe, die interdisziplinäre Arbeit in der Sektion, die intersektionelle Arbeit, die Gemeinschaftsarbeit mit anderen Einrichtungen usw. Je mehr Organisationsaufwand erforderlich ist, um die Gemeinschaftsarbeit zustande zu bringen, desto gründlicher muß überlegt werden, ob der Effekt den Aufwand lohnt. Entscheidend für die Persönlichkeitsentwicklung an der Universität ist die Ausarbeitung einer Wissenschaftsstrategie der Sektion, die die Gemeinschaftsarbeit in der Sektion garantiert.

Für unsere Sektion traten die genannten Probleme in der interdisziplinären Diskussion der Sektion in Erscheinung. Nehmen wir als Beispiel die Diskussion um die System- und Gesetzesauffassung. Da die Forschungsgruppen interdisziplinär zusammengesetzt waren, es waren Vertreter verschiedener Bereiche in ihnen, und die Bereiche zu diesem Thema in den meisten Fällen keine Forschungsergebnisse aufzuweisen hatten, die allen Bereichsmitgliedern bekannt waren und von ihnen verteidigt werden konnten, trat folgende Situation ein: In den Diskussionen um den Systembegriff hatte jeder Teilnehmer an der Diskussion eine eigene Auffassung. Es begannen selbst zwischen Mitgliedern derselben Bereiche Informationsdiskussionen auf dem Sektionsplenum über den Standpunkt des anderen. Das, was also vorher hätte geleistet werden müssen, nämlich vom Standpunkt jedes Bereiches aus eine diskutierte Systemauffassung zu erarbeiten, geschah nicht, wodurch die Sektionsversammlung nicht effektiv verlief. Bei der Gesetzesauffassung lagen Forschungsergebnisse vor, die von den Vertretern der Bereiche „Philosophie-Wissenschaften“ und „Dialektischer Materialismus“ in jahrelangen Diskussionen um den dialektischen Determinismus erarbeitet wurden. Manche Mitarbeiter der Sektion wurden jedoch damit erstmalig auf dem Sektionsplenum konfrontiert. Sie hatten sich auf die interdisziplinäre Arbeit nicht durch das Studium der dafür wichtigen Ergebnisse aus der Forschung anderer Bereiche der gleichen Sektion vorbereitet. Auch in diesem Fall war der Meinungsstreit nicht effektiv, weil die vorher durchzuführende Information im Mittelpunkt stand und nicht der Streit um Positionen und Argumente. Deshalb müssen die Diskussionen zu wissenschaftlichen Themen auf den Sektionsplenartagungen durch bestimmte Bereiche vorbereitet und Thesen herausgegeben werden, die durch den Bereich bestätigt werden. Dadurch erhöht sich die Verantwortung des Bereichs und seiner Mitglieder für die interdisziplinäre Arbeit in der Sektion. Er nimmt an den Vordiskussionen teil und kann die erarbeiteten Ergebnisse mit Argumenten verteidigen. Die Thesen dienen der Vorbereitung durch die anderen Bereiche, die sich möglichst ebenfalls einen Bereichsstandpunkt dazu erarbeiten sollten. Damit wird die Gemeinschaftsarbeit in der Sektion, die interdisziplinären Charakter hat, durch Gemeinschaftsarbeit in den Bereichen mitbestimmt, die wesentlich disziplinär ist. Für jedes Sektionsmitglied wird dadurch die Bereitschaft zu interdisziplinärer Gemeinschaftsarbeit auch zur Fähigkeit, solche Arbeit durchführen zu können.

Die Forschung an den Universitäten besitzt spezifische Seiten gegenüber der an Akademien und anderen Forschungseinrichtungen, die für die Organisation der Gemeinschaftsarbeit berücksichtigt werden müssen. Das Forschungsprofil der Sektion muß die Zusammenarbeit der Mitarbeiter verschiedener Bereiche sichern und darf die Forschung für die Lehre in den Grundlagendisziplinen der Ausbildungsrichtung nicht vernachlässigen. Bei der Bearbeitung des Themas „Philosophische Probleme der Sozialismustheorie" konnten die Potenzen der Sektion nicht voll ausgenutzt werden, manche Mitarbeiter bekamen sogar Themen, die mit ihrer bisherigen Forschungs- und Lehrarbeit nur indirekt zusammenhingen. Nun ist gewiß nicht immer der volle Einklang von Lehr- und Forschungsaufgaben zu gewährleisten. Es ist jedoch eine wesentliche Forschungspotenz in den gesellschaftswissenschaftlichen Sektionen, wenn die Lehre durch Forschung vorbereitet, die Ergebnisse den Studenten vorgetragen und mit der Auswertung der Lehre die Forschungsergebnisse publiziert werden. Voraussetzung dafür ist die Organisation der Gemeinschaftsarbeit in Lehre und Forschung mit solchen Themen, die erstens die bisherigen Forschungsergebnisse berücksichtigen lassen, zweitens die Erfahrungen in der Lehre auswerten und drittens den Bedürfnissen der gesellschaftlichen Auftraggeber entsprechen. In diesem Sinne ist das Forschungsthema „Dialektisch-materialistische Entwicklungstheorie" konzipiert. Es baut auf den bisherigen Erfahrungen bei der Ausarbeitung der Probleme des dialektischen Determinismus auf und setzt die damit begonnenen Untersuchungen zur materialistischen Dialektik direkt fort. Die Mitarbeit aller Bereiche durch spezifische Themen, wie der Entwicklungsgedanke in der vormarxschen Philosophie, in der imperialistischen Philosophie und bei den Klassikern des Marxismus-Leninismus; Entwicklungsprobleme in der

Gesellschaft; Persönlichkeitsentwicklung; naturwissenschaftliche und philosophische Entwicklungstheorie; ist gesichert. Das sind spezifische Beiträge, die als Bereichsmonographie erarbeitet werden und Grundlagen für eine Monographie zur dialektisch-materialistischen Entwicklungstheorie sind. Da eine solche umfassende Monographie in der marxistischen Literatur bisher fehlt, Probleme der Entwicklung aber immer mehr in den Vordergrund wissenschaftlichen Interesses treten und in der Lehre bei der Vermittlung der Fähigkeit, dialektisch zu denken, breiten Raum einnehmen, wird damit ein wichtiger Forschungsbeitrag zur weiteren Ausarbeitung der marxistisch-leninistischen Philosophie geleistet. In dem Zusammenhang ist es wichtig, anzumerken, daß für die Persönlichkeitsentwicklung an der Universität die selbsterlebte Einheit von Forschung und Lehre, die Erkenntnis von der gesellschaftlichen Bedeutung gemeinsam erarbeiteter Ergebnisse und das Bewußtsein, daß der eigene Beitrag wichtig für das Gelingen des Gesamtvorhabens ist, eine große Rolle spielen.

Die bisher durchgeführte Forschungsarbeit zeigte eine Unterschätzung des Zeitfaktors. Effektive Gemeinschaftsarbeit fordert Zeit, weil eine Reihe von Voraussetzungen dafür zu schaffen sind. Die Mißachtung der Zeitdauer für echte Forschungsergebnisse hat verschiedene Ursachen. Es gibt einfach Illusionen darüber, wie schnell man in den Gesellschaftswissenschaften in Gemeinschaftsarbeit neue Erkenntnisse gewinnen kann. Das führt dann zur Gigantomanie, zur Ausarbeitung großer Projekte, von denen wenig realisiert wird. Die verschiedenen Phasen der Forschungsarbeit werden nicht unterschieden und von Forschungskonzeptionen werden manchmal schon die Formulierungen der zu erreichenden Erkenntnisse verlangt. Nach der Diskussion über das Thema und die damit verbundene Aufgabenstellung genügt eine grobe Konzeption, in der das Ergebnis der Diskussion festgehalten wird und Themen, Termine und Verantwortliche bestimmt sind. Danach beginnt die Etappe der Problemerforschung im Rahmen des vorgegebenen Themas. Schon das Thema darf nicht aus Augenblicksinteressen geboren sein, was in der Gesellschaftswissenschaft hin und wieder der Fall ist, sondern es muß so sein, daß die Forschungsresultate dann auch gebraucht werden, wenn sie vorliegen. Das dürfte aber in der Regel erst nach einigen Jahren der Fall sein. Der gesellschaftliche Auftrag an den Forscher, vermittelt über die Gemeinschaft der Forscher, darf sich also in der Zeit der Forschungsarbeit nicht durch die Notwendigkeit, andere Aufgaben zu lösen, erledigen. Deshalb gewinnt neben der Themenbestimmung auch die Erforschung der offenen Probleme der Themen große Bedeutung. Die Ausarbeitung von Konzeptionen, bei der keine geistige Kraft auf die Charakteristik der offenen Probleme verwandt wird, ist ebenfalls nicht effektiv und könnte in den meisten Fällen unterbleiben. Wir sehen, wie wichtig es ist, ständig die Einheit von Prognose und täglicher Arbeit zu beachten. Aus der richtigen Prognose stammt die Richtung unserer Arbeit, die in den täglichen Kleinarbeiten präzisiert, aber nicht beseitigt wird.

Die Erarbeitung der Palette der offenen Probleme, nach der Durchsicht der vorhandenen Literatur, der Konsultation von erfahrenen Forschern auf dem Gebiet und der prognostischen Einschätzung der Bedeutung der Lösung dieser Probleme für die Gesellschaft, gestattet erst die gezielte Problemlösung, ausgehend von den vorhandenen Kräften. Gerade die Teilnahme an der Erforschung der Probleme, die später in Gemeinschaftsarbeit gelöst werden sollen, ist wichtig für die Entwicklung der Forscherpersönlichkeit. Es bildet sich das Problembewußtsein heraus, vorhandene Thesen werden auf ihre Praktikabilität überprüft, und die gesellschaftliche Bedeutung der Forschungsarbeit wird erkannt.

Wer in der gesellschaftswissenschaftlichen Forschung die Lösung der Probleme schon vorgegeben wissen will, mißachtet die notwendigen Etappen der Forschungsarbeit und hemmt damit die Arbeit durch Diskussionen, die erst am Ende der Forschungsarbeit geführt werden können. Diese Etappen für die Erarbeitung der Forschungskonzeption und die Durchführung der Forschungsarbeit in der Sektion sind: *Erstens* müssen Gesamtthema, Teilthema, Verantwortliche, Termine bestimmt werden (Grobkonzeption). *Zweitens* gilt es, für jedes Thema die Aufgabenstellung, die zu erforschenden Problemkreise, die Termine und Mitarbeiter festzulegen (Themenkonzeption). *Drittens* muß dann die eigentliche Forschungsarbeit im Sinne der Problemerforschung beginnen, an deren Ende erst die Präzisierung der Themenkonzeption und damit auch der Gesamtkonzeption steht. *Viertens* erfolgt entsprechend den Festlegungen die Ausarbeitung der disziplinären Teilobjekte, die Grundlage der interdisziplinären Gesamtarbeit sind. In dieser Phase ist die gegenseitige ständige Information der disziplinär arbeitenden Gruppen über ihre Ergebnisse in Form interdisziplinärer Diskussionen notwendig. *Fünftens* lassen die disziplinären Teilprojekte nach ihrer Fertigstellung dann die Präzisierung der Gesamtkonzeption zu, nach der nun das Gesamtprojekt interdisziplinär erarbeitet wird.

Sicher gibt es Modifizierungen in diesem Stufenprogramm. Der Versuch jedoch, den wir unternommen haben, die dritte und vierte Phase zu überspringen und nach der Konzeption sofort das Gesamtprojekt zu erarbeiten, zeugt davon, daß die Dialektik von disziplinärer und interdisziplinärer Arbeit im Rahmen der größeren Gemeinschaftsarbeit nicht berücksichtigt wurde. Durch die Nichtbeachtung der verschiedenen Stufen der Forschungsarbeit und entsprechender Zeitvolumina zur Vorbereitung der Gemeinschaftsarbeit im Rahmen der Sektion gab es einige Mißerfolge, die sich negativ auf das Bewußtsein der Mitarbeiter auswirken und die Gemeinschaftsarbeit diskreditieren.

Ich habe bisher noch nicht zur Mitarbeit der Studenten in der Forschungsarbeit Stellung genommen, weil das ein wesentliches Problem in der Arbeit ist, das gesondert behandelt werden muß. Es gehört zur Persönlichkeitsentwicklung des Studenten, daß er die Einheit von Forschung und Lehre in der Gemeinschaftsarbeit mit den Lehrenden selbst erlebt. Mit unserem ersten Sektionsprojekt ergab sich auf Grund der kurzen Terminstellung, demzufolge auch der ungenügenden Vorarbeiten, nur die sporadische Einbeziehung einiger Studentenarbeiten. Nach unseren Erfahrungen muß für eine sinnvolle Einbeziehung der Studenten in die langfristige Forschung der Sektion, wobei Studentengruppen mit ihren Jahres- und Diplomarbeiten echte Forschungsbeiträge in Gemeinschaftsarbeit leisten können, die Forschungsarbeit der Sektion mindestens auf 5–7 Jahre vorausgeplant sein.

Zweifellos gibt es kurzfristige Forschungsaufträge mit praktischem Nutzen bei unseren Studenten in der Rationalisierung der Lehre, in der Vermittlung unserer Weltanschauung, bei der Ausarbeitung von Propagandamaterialien. Mir geht es um den Schritt darüber hinaus, der getan werden muß. Für die Festlegung von Studentenarbeiten, die unter Anleitung des Lehrkörpers im Kollektiv durch Studenten als echter Beitrag zur langfristigen Forschungsaufgabe erarbeitet werden, muß die vorher genannte dritte Phase bereits abgeschlossen sein. Die Laufzeit von Themen in unserem Bereich beträgt dabei, wie die Erfahrungen mit der Erforschung des Determinismus zeigen, auf jeden Fall 7–10 Jahre, wobei nach relativ kurzer Zeit erste Ergebnisse vorgelegt werden. Diese Laufzeit ermöglicht die Übergabe von Komplexthemen an Studentengruppen, deren Fertigstellung nicht kurzfristig erfolgen muß und es gestattet, mit diesen Themen die Studenten über Jahresarbeiten zu Diplomarbeiten zu führen. Voraussetzung dafür ist eine präzisierte Forschungskonzeption, die die offenen Probleme, die im Interesse der Gesellschaft erforscht werden müssen, ausweist. Wenn das gesellschaftliche Bedürfnis für die Lösung von gesellschaftswissenschaftlichen Problemen schon so weit vorhanden ist, daß die Lösung als praktische Aufgabe vor uns steht, dann ist es zu spät, langfristig geplante Forschungsvorhaben einzusetzen. Die langfristige Forschungsplanung ist aber Voraussetzung für die Lösung der genannten Aufgabe, die Studenten zu befähigen, in Gemeinschaftsarbeit Forschungsprobleme mit gesellschaftlicher Bedeutung als Beitrag zum Forschungsvorhaben der Sektion zu lösen. Ich möchte dabei nicht weiter auf die Notwendigkeit einer klaren Aufgabenstellung, einer für Studenten zu bewältigenden Aufgabe, einer intensiven Betreuungsarbeit usw. eingehen. Es sollte nur darauf hingewiesen werden, daß die angestrebte Einbeziehung der Studenten in die Forschungsarbeit, wenn sie mit großem erzieherischen Effekt erfolgen soll, Anforderungen an die Konzipierung der Forschungsarbeit der Sektion stellt, denen wir noch nicht voll gerecht werden.

Als letztes Problem sei nur kurz erwähnt, daß die Auswahl von Themenleitern eine wichtige Aufgabe ist, wenn der Erfolg der Gemeinschaftsarbeit gesichert werden soll. Ihr hervorstechendstes Merkmal muß die wissenschaftliche Autorität durch eigene Leistungen sein, die es ihnen gestattet, den Meinungsstreit sachlich zu organisieren und fundiert durchzuführen, neue Ideen nicht zu unterdrücken und doch die bestätigte Konzeption durchzusetzen. Sie müssen also die Fähigkeit als Leiter besitzen, wissenschaftliche Gemeinschaftsarbeit zu organisieren. Das ist keine organisatorische Fähigkeit, wie man manchmal meint. Entscheidend für die wissenschaftliche Gemeinschaftsarbeit ist die Vorbildwirkung des Leiters, der nicht nur zur Gemeinschaftsarbeit bereit, sondern auch fähig dazu sein muß.

Das sind einige Probleme und Schlußfolgerungen, die sich für die Analyse der Gemeinschaftsarbeit ergeben. Die Wissenschaft muß sich mit dem Verhältnis von Persönlichkeit und Gesellschaft in Wissenschaftskollektiven noch weiterhin befassen, um echte Hilfe für die Organisation der Gemeinschaftsarbeit zu geben, die, wenn sie erfolgreich ist, entscheidend zur Entwicklung sozialistischer Persönlichkeitseigenschaften unter Mitarbeitern und Studenten beiträgt.

Dabei wird deutlich, daß das System der Wissenschaften nach verschiedenen Seiten hin untersucht werden muß. Die marxistisch-leninistische Philosophie erweist sich dabei auch als weltanschauliche, erkenntnistheoretische und methodologische Grundlage der Arbeit auf dem Gebiet der Wissenschaftswissenschaft, wobei die Philosophie auch hier ihre weltanschauliche und heuristische Funktion erfüllen muß.

KAPITEL VIII

Dialektischer Materialismus und bürgerliche Naturphilosophie

Wenn wir die Entwicklung der bürgerlichen Naturphilosophie betrachten, so zeigt sich eine Veränderung in den wissenschaftlichen Diskussionen. Der zu Beginn unseres Jahrhunderts vorherrschende Positivismus war der Entwicklung der Wissenschaften nicht adäquat, was von immer mehr Naturwissenschaftlern eingesehen wird. Das darf aber nicht darüber hinwegtäuschen, daß für den Naturwissenschaftler, der sich nicht mit theoretischen Grundlagenproblemen und weltanschaulichen Konsequenzen beschäftigen will, die positivistische Deklarierung der philosophischen Grundfragen zu Scheinfragen eine willkommene Begründung eines atheoretischen Standpunktes ist. Auch darf der Einfluß von Popper, Carnap, Hempel, Feigl u. a. auf die philosophische Bildung junger Naturwissenschaftler nicht unterschätzt werden. Manche vom Positivismus ausgearbeitete These ist nur die Verallgemeinerung einer spontanen atheoretischen Haltung. Trotzdem haben sich die philosophischen Grundfragen als nicht wegdiskutierbar erwiesen. Das hat eben einerseits die Abwendung mancher Naturwissenschaftler vom Positivismus mit sich gebracht, andererseits aber auch zu einer Entwicklung der Vertreter des Positivismus geführt. So gaben sie Einseitigkeiten im empirischen Verifikationskriterium auf, beschäftigten sich mit theoretischen Begriffen, was manchmal sogar als Abgehen vom Positivismus eingeschätzt wurde. So meint N. R. Hanson, daß beim Vergleich der Ansichten Carnaps, Feigls und Hempels in den dreißiger und sechziger Jahren sich ihr Abgehen vom Positivismus erweise.[1] Mary B. Hesse vertritt dagegen den berechtigten Standpunkt, daß zwar bestimmte Positionen aufgegeben, die positivistischen Grundzüge aber beibehalten wurden.[2] Bezugnehmend auf diese Äußerungen betonen auch Nowik und Rusawin in ihrem Vorwort zu Carnaps russischer Übersetzung des Buches „Philosophische Grundlagen der Physik“ den positivistischen Charakter seiner Ausführungen. Carnap will Materialismus und Idealismus versöhnen, was ihn aber immer wieder zu idealistischen Auffassungen führt.[3]

Del-Negro macht im Zusammenhang mit der Entwicklung des Positivismus darauf aufmerksam, daß dieser sich zum kritischen Realismus entwickle.[4] Manche These erweckt tatsächlich diesen Eindruck. Auch ist die in der ersten Hälfte unseres Jahrhunderts oft sehr scharf geführte Polemik zwischen Positivisten und kritischen Realisten nicht mehr zu spüren. Trotzdem hebt das nicht den Unterschied zwischen beiden Richtungen der bürgerlichen Naturphilosophie auf, wobei der kritische Realismus an Einfluß unter den Naturwissenschaftlern gewonnen hat. Der Unterschied wird vor allem deutlich, wenn man den Atheismus der Positivisten mit der Haltung kritischer Realisten vergleicht, die den kritischen Realismus zur Erkenntnistheorie des Neothomismus erklären. Für uns ist es deshalb wichtig, vor allem die positivistische und neothomistische Naturphilosophie zu betrachten, da letztere zwar nicht so oft vertreten wird, aber doch die Konsequenzen zeigt, wohin der kritische Realismus führen kann.[5]

Uns geht es um den Einfluß der bürgerlichen Naturphilosophie auf die Naturwissenschaftler und um die kritische Haltung des dialektischen Materialismus zu dieser Naturphilosophie. Deshalb sollen zuerst einige Bemerkungen über die Art und Weise der Kritik idealistischer Verfälschungen naturwissenschaftlicher Erkenntnisse gemacht werden, um dann die Naturphilosophie des Positivismus und Neothomismus kritisch zu betrachten.

1. Zur Einschätzung philosophischer Ansichten von Naturwissenschaftlern

Die richtige Einschätzung philosophischer Ansichten hervorragender Naturwissenschaftler, die teilweise dem Einfluß bürgerlicher Ideologie und Philosophie unterlegen sind, ist eine schwierige Aufgabe. Trotzdem kann eine idealistische These eines Naturwissenschaftlers nicht mit der gleichen These eines idealistischen Philosophen gleichgesetzt werden. Der Naturwissenschaftler trägt mit seinen Erkenntnissen zur Entwicklung der Naturerkenntnis bei. Oft formuliert er philosophische Probleme, ausgehend von seinen naturwissenschaftlichen Erkenntnissen. Die Antworten aus der bürgerlichen Naturphilosophie reichen nicht aus, werden aber mangels anderer oft übernommen. Damit wird die ideologische Bedeutung solcher Thesen vom Naturwissenschaftler nicht immer erkannt. Objektiv unterstützt er den Idealismus mit seiner These, subjektiv unterscheidet sich aber seine Haltung meist von der des idealistischen Philosophen, für den die einzelne These Bestandteil seines

Systems ist, das Klasseninteressen ausdrückt und zur Lösung der philosophischen Probleme der Naturwissenschaft ungeeignet ist.

Knotenpunkte in der Entwicklung des naturwissenschaftlichen Denkens, wie die Entwicklung der klassischen Physik, die Begründung der Theorie des Elektromagnetismus, die Aufstellung der Relativitäts- und Quantentheorie, die Entwicklung der Genetik und die biologische Entwicklungstheorie sind zugleich Zeiten großer weltanschaulicher Auseinandersetzungen. Das zeigen die durch die Galileische und Kopernikanische Wende in der Physik hervorgerufene Auseinandersetzung mit den klerikalen Anhängern des Aristoteles und Ptolemäus, die Diskussionen um den Feldbegriff bei der Entdeckung der Gesetze des Elektromagnetismus, der noch nicht beendete Meinungsstreit um die philosophische Deutung der Relativitäts- und Quantentheorie und die Auseinandersetzung um den Entwicklungsgedanken der Biologie sowie der Streit um den materialistischen Gehalt der Genetik. Auch die in der Entwicklung sich befindende Kybernetik brachte Auseinandersetzungen über die Denkfähigkeit von Maschinen mit sich, die weit über den Rahmen einer Einzelwissenschaft hinausgehen und letzten Endes weltanschaulichen Charakter tragen. Dabei hängen diese Diskussionen eng mit der weltanschaulichen Haltung der hervorragenden Wissenschaftler dieser Zeit zusammen. Eine richtige Analyse der historischen und heutigen weltanschaulichen Streitpunkte verlangt auch eine gründliche Einschätzung der Haltung der am Streit beteiligten Partner.

Es geht heute um die Ausarbeitung objektiver Maßstäbe für die Einschätzung unter den heutigen Bedingungen, um die Berücksichtigung der Hinweise Lenins für eine richtige marxistische Kritik und um den wissenschaftlichen Meinungsstreit über die richtige Würdigung der Leistungen jedes Naturwissenschaftlers.

Schon vor Jahren hob die sowjetische Philosophiezeitschrift in einem Leitartikel zu Ehren der damals vor vierzig Jahren geschriebenen Arbeit von Lenin „Über den streitbaren Materialismus" folgende wichtige Momente falschen Verhaltens dabei hervor: Erstens gab es teilweise vulgäres und nihilistisches Herangehen an eine ganze Anzahl neuester naturwissenschaftlicher Entdeckungen durch Naturwissenschaftler und Philosophen. Dadurch wurde zweitens die von Lenin gestellte Aufgabe, die Ergebnisse der modernen Naturwissenschaft dialektisch-materialistisch zu verallgemeinern, ungenügend gelöst. Drittens wurden bei der Kritik des Idealismus von vielen Philosophen und Naturwissenschaftlern *nicht* die progressiven materialistischen Momente in der Weltanschauung bedeutender Gelehrter, wie Einstein und anderer, beachtet und oberflächliche Einschätzungen gegeben.[6] In dem Beitrag wird die große Arbeit gewürdigt, die von den Wissenschaftlern in der Sowjetunion und den sozialistischen Ländern zur Beseitigung dieser Haltung bereits geleistet wurde. Die Konferenz zum 50. Jahrestag des Erscheinens der Leninschen Arbeit im März 1972 in Moskau unterstrich die Bedeutung der wissenschaftlichen Lösung philosophischer Probleme der Naturwissenschaft, verbunden mit der differenzierten Einschätzung von Naturwissenschaftlern. In der Sowjetunion und auch in den anderen sozialistischen Ländern sind viele Bücher und Artikel zur Geschichte der Naturwissenschaft und zu hervorragenden Naturwissenschaftlern der Gegenwart erschienen, die eine kritische Analyse der philosophischen Standpunkte geben.[7] Es geht um eine wissenschaftliche objektive Einschätzung, um die Untersuchung der materialistischen Momente und ihrer Herausbildung in den Ansichten hervorragender Gelehrter in den kapitalistischen Ländern, ohne dabei Zugeständnisse an Idealismus und Mystik zu machen.

Lenin hatte von den streitbaren Materialisten das enge Bündnis mit den Vertretern der modernen Naturwissenschaft gefordert, „die dem Materialismus zuneigen und sich nicht scheuen, ihn entgegen der in der sogenannten ‚gebildeten' Gesellschaft herrschenden philosophischen Modeschwankungen zum Idealismus und Skeptizismus zu verfechten und propagieren."[8] Solche Bündnispartner sind die hervorragenden Physiker Planck, Einstein, Born, Bohr u. a. Nicht subjektive Willkür oder einseitige Hervorhebung bestimmter Ansichten kann zur Grundlage einer richtigen Einschätzung gemacht werden. Sorgsam muß man gerade die Entwicklung der Auffassungen der Physiker untersuchen. Zweifellos gibt es bei Werner Heisenberg Äußerungen, die seiner spontan-materialistischen Grundhaltung widersprechen und in denen sich der Einfluß des Positivismus bemerkbar macht. Aber er hat sich in einigen Fragen klar und eindeutig vom Positivismus distanziert. Man würde der Forderung Lenins keineswegs Rechnung tragen, wollte man sich mit der Feststellung zufriedengeben, daß Heisenberg ein großer Naturwissenschaftler und kleiner Philosoph sei. Wohl begibt sich Heisenberg mit seinen philosophischen Äußerungen auf ein ihm fachlich fremdes Gebiet. Er sucht nach der philosophischen Konsequenz seiner Entdeckungen. Dabei gibt er jedoch dem Philosophen Aufgaben, Anregungen und Hinweise zur Weiterentwicklung der Philosophie. Es gibt einen Unterschied zwischen der philosophischen Haltung eines bürgerlichen Naturwissenschaftlers und seiner fachwissenschaftlichen Arbeit. Nur wenige ringen sich zum dialektischen Materialismus durch. Aber dieser Unterschied darf nicht als unüberbrückbarer Gegensatz betrachtet werden. Viele Naturwissenschaftler in den kapitalistischen Ländern versuchen sich Klarheit über die Stellung der marxistischen Philosophie zur Naturwissenschaft zu verschaffen. Aber sie erhalten in der kapitalistischen Welt ein falsches Bild vom Marxismus, benutzen oft reaktionäre, verfälschte Literatur und können so die große Bedeutung der Ideen des dialektischen Materialismus nicht erkennen. Eben das wurde auch am ausführlich behandelten Beispiel Monods deutlich, der bewußt Materialismus propagiert, spontaner Dialektiker ist, aber die Dialektik ablehnt und sich gegen die materialistisch-leninistische Philosophie wendet. Die von ihm genannten philosophischen Probleme sind durch die Kritik seiner einseitigen Haltung nicht gelöst.

Lenins Werk „Materialismus und Empiriokritizismus" ist ein Musterbeispiel für marxistische Kritik an reaktionären philosophischen Strömungen. Dort fordert er ebenso wie in anderen Werken, sich die gemachten Errungenschaften zu eigen zu machen und zu verarbeiten. Die Kritik ist also mit der Lösung der Probleme zu verbinden. Für Lenin ist das Bestandteil der Bündnispolitik. Es ist ein Erfolg sozialistischer Intelligenzpolitik, wenn Ziolkowski vor seinem Tode schrieb: „Meine gesamten Arbeiten über Luftschiffahrt, Raketenflug und innerplanetaren Verkehr übergebe ich der Partei der Bolschewiki und der Sowjetmacht – dem wahren Wegbereiter des Fortschritts der menschlichen Kultur. Ich bin überzeugt, daß sie diese Arbeiten erfolgreich beenden werden."[9] Zweifellos wird nicht jeder Naturwissenschaftler aus einem kapitalistischen Land auch die letzte Konsequenz für seine gesellschaftliche Haltung ziehen. Aber die Ansätze materialistischen Denkens müssen wir herausarbeiten, weil sie uns in der Auseinandersetzung mit Mystizismus und Idealismus helfen und mögliche Wege zeigen, um den betreffenden Wissenschaftler von seinem spontanen zum bewußten Materialismus zu führen. Ungeduld kann bei diesem langwierigen Prozeß leicht zur Negierung vorhandener fortschrittlicher Tendenzen führen. Eben das ist unmarxistisch! Nur eine sachliche und kritische Auseinandersetzung, verbunden mit einer objektiven Einschätzung der vorhandenen philosophischen Auffassungen eines Naturwissenschaftlers und ihrer Entwicklung hilft uns bei der Festigung des Bündnisses zwischen marxistischen Philosophen und Naturwissenschaftlern.

Wir achten die Leistung unserer hervorragenden Naturwissenschaftler der Vergangenheit und Gegenwart, ihren Kampf um den Fortschritt der Wissenschaft und das Wohl der Menschheit. Wir achten auch die Meinung des Diskussionspartners und kritisieren mit Argumenten, wie es der wissenschaftliche Meinungsstreit erfordert. Die

Parteilichkeit des dialektischen Materialismus muß aus seiner Kenntnis der gesellschaftlichen Zusammenhänge, aus der exakten Untersuchung der zur Diskussion stehenden Sachverhalte erwachsen. Objektiv hilft eine idealistische These eines Naturwissenschaftlers der reaktionären Philosophie bei der Begründung reaktionärer Zustände. Diese Seite muß gezeigt, aber mit der positiven Beantwortung der hinter der These steckenden Problematik verbunden werden. Erst damit wird dem Naturwissenschaftler auch die Kompetenz des Philosophen bei der Klärung von allgemeinen Problemen seines Fachs deutlich.

Oft wird von bürgerlichen Ideologen auf die philosophischen Äußerungen führender Naturwissenschaftler zur Akausalität der Mikrophysik, zur Ablehnung der Rolle der Philosophie, der Lehren des dialektischen Materialismus über den Determinismus und die Entwicklung usw. hingewiesen. Die Einordnung einer wissenschaftlichen Entdeckung in die Wissenschaft, ihre Folgerungen für die bereits existierende Theorie und ihre philosophischen Konsequenzen müssen gesondert herausgearbeitet werden. Der Entdecker eines neuen Gesetzes oder gar einer neuen Theorie muß nicht selbst alle Konsequenzen ziehen. So wie er auf der Arbeit seiner Vorgänger aufbaut und ihm nur dadurch seine Leistung gelingt, so befassen sich die Nachfolger mit der Entwicklung der Theorie, ihrer Ausdehnung auf andere Gebiete und auch ihren philosophischen Konsequenzen. Die jahrzehntelange Diskussion um die philosophische Bedeutung der Relativitäts- und Quantentheorie beweist, wie schwierig die klare Erarbeitung der philosophischen Grundgedanken einer neuen Theorie ist. Zwar anerkennt der Physiker den Unterschied zwischen der experimentellen und der theoretischen Physik im Allgemeinheitsgrad und würdigt auch die Arbeit des theoretischen Physikers als eine Verallgemeinerung der experimentellen Ergebnisse. Jedoch stellt mancher davon die Bedeutung der Philosophie als einer Verallgemeinerung der physikalischen Theorie wie anderer Einzelwissenschaften, als der methodologischen Grundlage für die Arbeit des physikalischen Theoretikers in Frage. Die Anerkennung verschiedener Allgemeinheitsgrade in physikalischen Aussagen dürfte ihm nicht die Augen vor der Notwendigkeit weiterer Verallgemeinerungen, der Einordnung seiner Ergebnisse in eine wissenschaftliche Weltanschauung verschließen lassen.

Die marxistisch-leninistische Philosophie muß deshalb die Ergebnisse der modernen Naturwissenschaft verallgemeinern, die Kluft zwischen philosophischen Aussagen und naturwissenschaftlichen Sätzen überbrücken helfen, dadurch die methodische Bedeutung philosophischer Lehren für die Arbeit des Naturwissenschaftlers herausarbeiten und die Philosophie als Methodologie weiterentwickeln. Das ist verbunden mit der Auseinandersetzung, d. h. der sachlichen Kritik idealistischer und mystischer Ansichten, was eine sehr komplizierte Angelegenheit ist. Allein die Haltung der Naturwissenschaftler zu bestimmten philosophischen Richtungen muß genau untersucht werden. So verwies Heisenberg auf die Bedeutung der Lehre Platons über das Primat der Ideen für die Erklärung der Rolle der Mathematik. Daraus könnte man die Tendenz Heisenbergs zum objektiven Idealismus ableiten. Inhaltlich ist damit jedoch nichts gesagt. Die Aufgabe des marxistischen Philosophen besteht aber darin, die Rolle der Mathematik in der modernen Physik gemeinsam mit dem Naturwissenschaftler auszuarbeiten und so zu einer richtigen philosophischen Deutung der neuen Lage zu gelangen; Heisenberg meinte sie in der Philosophie Platons zu finden.

Heisenberg hebt auch richtig eine rationelle Seite der Philosophie der Pythagoreer hervor, wenn er schreibt: „Es gab in den Lehren der Pythagoreischen Schule auch viel Mystik, die für uns schwer zu verstehen ist. Aber indem sie die Mathematik zu einem Teil ihrer Religion machten, berührten sie einen entscheidenden Punkt in der Entwicklung des menschlichen Denkens.“ [10]

Die Hinwendung eines Naturwissenschaftlers zu einer Philosophie ist stets mit der Hoffnung verbunden, Antworten auf bestimmte, ihn bewegende Fragen zu finden. Deshalb muß der dialektische Materialist diese Fragen und Probleme herausarbeiten und sie wissenschaftlich zu lösen versuchen.

Jeder Naturwissenschaftler leistet mit seiner Arbeit einen Beitrag zur menschlichen Kultur. Dabei gibt er den anderen Wissenschaftlern Anregungen, auch dem Philosophen hilft er heute durch Fragen und Probleme, deren Beantwortung und Lösung wiederum dem Naturwissenschaftler hilft und die Philosophie weiterentwickelt. So wirft die moderne Physik die Probleme der objektiven Realität, des Determinismus, der Struktur, der Anschaulichkeit, des Modells usw. auf. Das Verhältnis von Individuum und System, von Teil und Ganzem, Inhalt und Form, Wechselwirkung und Bewegung usw. muß mit Hilfe der physikalischen Ergebnisse präzisiert werden. Wer glaubt, hier ohne den Gedankenreichtum auszukommen, den hervorragende Naturwissenschaftler auch in den kapitalistischen Ländern entwickelt haben, steht vor einer unlösbaren Aufgabe.

Es ist notwendig, um das Verhältnis von Naturwissenschaft und philosophischer Haltung eines Naturwissenschaftlers richtig einzuschätzen, die Einseitigkeit zu überwinden, die nur das von ihm selbst über dieses Verhältnis Gesagte anerkennt. Es gibt verschiedene Aspekte des Verhältnisses von Naturwissenschaft und Philosophie. Nur ihre Beachtung hilft uns bei einer richtigen Einschätzung der Naturforscher. Erstens muß man den im naturwissenschaftlichen Materialismus zum Ausdruck kommenden unreflektierten materialistischen Standpunkt hervorheben, der den Naturwissenschaftler zum Bundesgenossen des philosophischen Materialismus macht. Es gilt, dem Naturwissenschaftler diesen spontanen Materialismus, der aus der Arbeit mit der objektiven Realität im Experiment entspringt, bewußtzumachen. Solange er nur spontaner Materialist ist, ist er gegenüber unwissenschaftlichen philosophischen Äußerungen anfällig und kann zeitweilig idealistische Thesen vertreten, wenn es auch kein dauerhaftes Bündnis zwischen Idealismus und Naturwissenschaft gibt. Erst der bewußte Materialist kann auch den Materialismus als Methode und die vom dialektischen Materialismus ausgearbeiteten oder noch auszuarbeitenden methodologischen Hilfsmittel ausnutzen.

Der moderne Naturwissenschaftler entwickelt sich zweitens immer mehr zum spontanen Dialektiker. Das zeigt sich schon in der Physik. Bereits die Deutung der Quantentheorie und noch mehr die moderne Elementarteilchenphysik verlangt dialektisches Denken. Unbestimmtheitsrelationen, die Umwandlung der Teilchen ineinander, der Welle-Korpuskel-Dualismus erzwangen einen neuen Denkstil des Physikers. Die Komplementaritätsthese Bohrs war der Versuch, die objektive Widersprüchlichkeit und damit die dialektische Struktur der Natur zu begreifen. Hier zeigen sich also schon Bestrebungen zur Erkenntnis der Dialektik und damit Momente des Übergangs von der spontanen zur bewußten Dialektik. Spontan dialektisches Denken bei Physikern war auch manchmal der Grund ihrer ablehnenden Haltung zum Materialismus, da der metaphysische Materialismus, dem sie bisher anhingen, die Dialektik nicht berücksichtigt. Auch in der Biologie verlangt das theoretische Verständnis der Entwicklungsprozesse dialektisches Denken. Gerade diese spontane Dialektik in Physik, Biologie, Chemie, Geologie usw. gilt es auszuarbeiten und den Naturwissenschaftlern die Bedeutung der Dialektik als Wissenschaft zu zeigen.

Neben der spontanen Dialektik und dem naturwissenschaftlichen Materialismus ist drittens die bewußte philosophische Äußerung der Naturwissenschaftler zu einzelnen naturwissenschaftlichen Ergebnissen oder Theorien zu berücksichtigen. In diesem Sinne beschäftigte sich die Kopenhagener Schule mit der philosophischen Deutung der Quantentheorie, wenn sie sich mit dem Problem der Kausalität, der Bewegung usw. auseinandersetzte. Eine solche bewußte philosophische

Haltung des Naturwissenschaftlers ist nur zu begrüßen, weil sie dem Philosophen Anregungen für seine Arbeit gibt. Dabei zeigt sich, daß nur der bewußte dialektische Materialismus ein Abgleiten in den Idealismus verhindert. Jedoch muß man dabei den Unterschied zwischen einer idealistischen These eines Naturwissenschaftlers und der eines reaktionären Philosophen berücksichtigen.

Viertens gibt es Äußerungen von Naturwissenschaftlern zu direkten philosophischen Fragen, wie der Einschätzung philosophischer Richtungen, und zu Grundproblemen der Philosophie, wie zur Einheit der Welt in der Materialität und zur Determinismuskonzeption überhaupt. Dabei hängt das mit dem vorher erwähnten Aspekt eng zusammen, denn aus der philosophischen Deutung einer Theorie ergeben sich solche allgemeinen Probleme. Es besteht jedoch ein zu beachtender Unterschied. Können wertvolle Hinweise für die Lösung eines Einzelproblems gegeben werden, so heißt das noch nicht, daß die philosophische Verallgemeinerung insgesamt einwandfrei ist. Das traf auf die Kopenhagener Deutung der Quantentheorie zu, die interessante Hinweise über die statistische Deutung der Quantentheorie und die Komplementarität machte, aber teilweise die objektive Realität der Elementarobjekte leugnete. Andererseits hat Einstein mit der Anerkennung der objektiven Realität grundsätzlich recht, obwohl er einige mit der statistischen Deutung zusammenhängende Fragen nicht richtig beantwortete, was ihm die Kritik Bohrs u. a. eintrug. Fünftens muß man die Äußerungen zum Verhältnis von Naturwissenschaft und Philosophie berücksichtigen. Hervorragende Naturwissenschaftler, wie Einstein, Planck, Heisenberg, Bohr, Born, Weizsäcker, haben die Bedeutung der Philosophie gewürdigt, ganz besonders aber die bekannten Naturwissenschaftler der Sowjetunion, wie Wawilow, Fock, Blochinzew, Alexandrow, Markow, Dubinin, Engelhardt u. a. Es gibt jedoch auch ablehnende Haltungen zur Philosophie. Das bedeutet nicht etwa, daß derjenige, der in Worten die Philosophie oder die Bedeutung der Arbeit der Philosophen negiert, nicht selbst sich philosophisch äußert oder nicht auf die Philosophen angewiesen wäre. Sechstens könnte man alle die Fragen berücksichtigen, die nicht das Verhältnis von Naturwissenschaft und Philosophie betreffen, z. B. auch das gesellschaftliche Verhalten und die Aussagen über das Verhältnis von Philosophie, Politik und Gesellschaft.

Diese verschiedenen Aspekte, die bei der Einschätzung eines Naturwissenschaftlers berücksichtigt werden müssen, zeigen uns, wie eine einseitige und schematische Haltung kein Bild der Forscherpersönlichkeit gibt. Eine marxistische Einschätzung muß die spontan materialistischen und dialektischen Elemente in der Arbeit des Naturwissenschaftlers hervorheben, die sich vor allem in seiner fachwissenschaftlichen Arbeit zeigen. Sie hat die Äußerungen zur philosophischen Deutung naturwissenschaftlicher Ergebnisse und zu philosophischen Fragen kritisch zu sichten, Antwort auf die dabei auftretenden Fragen zu geben, positive Ansätze auszunutzen und idealistische Thesen zu kritisieren. Die bei den verschiedenen Aspekten auftauchenden Widersprüche gilt es zu analysieren, wobei das Anliegen des Naturwissenschaftlers in erster Linie von seiner spontan materialistischen Haltung und nicht von einzelnen idealistischen Thesen her bestimmt werden muß.

Es geht also gegen eine einseitige undifferenzierte und damit oberflächliche Einschätzung von Naturforschern, denn damit ist der Entwicklung der Wissenschaft nicht gedient. Einschätzungen hervorragender Naturforscher sind selbst eine wissenschaftliche Aufgabe, die nur durch allseitige Analyse gelöst werden kann. Dabei muß man immer die Tatsachen interpretieren. Der bekannte Physiker L. Infeld meint dazu: „Auch die trockenste, gelehrteste Biographie muß interpretieren; andernfalls wäre sie eine bloße Dokumentensammlung. Der Biograph muß sich mit den Urteilen und Meinungen seiner Zeitgenossen, seines Helden, mit einander widersprechenden Behauptungen, mit allzu lobenden und allzu strengen Wertungen, mit Vorurteilen und Sympathien auseinandersetzen. Niemand kann Tatsachen beschreiben, ohne sie zu interpretieren." [11]

Es geht also um eine marxistisch-leninistische Einschätzung philosophischer Auffassungen, die konsequent die idealistische und revisionistische Verfälschung naturwissenschaftlicher Erkenntnisse entlarvt.

In den Schlußbemerkungen zu seinem Buch „Materialismus und Empiriokritizismus" charakterisiert Lenin seine Methode der Auseinandersetzung mit den revisionistischen und idealistischen Verfälschungen der Naturwissenschaft durch den Empiriokritizismus.[12] Das hat aktuelle Bedeutung für unseren heutigen ideologischen Kampf mit den Gegnern des Marxismus.

Erstens müssen die theoretisch-philosophischen Grundlagen naturphilosophischer Modeströmungen untersucht und mit denen des dialektischen Materialismus verglichen werden. Lenin weist den reaktionären Charakter des Empiriokritizismus nach, der die alten idealistischen und agnostizistischen Auffassungen mit den naturwissenschaftlichen Erkenntnissen verbindet und dabei den Materialismus verfälscht. Die Entwicklung der Naturwissenschaft selbst bringt solche

Versuche immer wieder hervor. So mußten in der Diskussion um die Kopenhagener Deutung der Quantentheorie die marxistisch-leninistischen Philosophen einerseits die materialistischen Grundpositionen gegen die Leugnung der objektiven Realität der Elementarteilchen verteidigen, während sie andererseits erkenntnistheoretische Probleme, die sich im Zusammenhang mit dem Subjekt-Objekt-Verhältnis, mit der Theorie des Experiments und mit neuen physikalischen Materiestrukturen ergaben, lösen mußten. Heisenberg meinte den Leninschen Materiebegriff als überholt ansehen zu müssen, da er vor der Entwicklung der Quantentheorie ausgearbeitet sei und deshalb für sie nicht gelten könne. Eine dialektisch-materialistische Interpretation der Ergebnisse der Qantentheorie ist jedoch möglich. Sie beruht auf dem philosophischen Materialismus und löst die auftretenden erkenntnistheoretischen Probleme dialektisch, wobei sie auch auf die offenen Fragen verweist. Zu den letzteren gehört beispielsweise die Rolle der Mathematik in der Physik, was zu den philosophischen Grundlagen der Mathematik führt, um die der Streit entbrannt ist. Der Vergleich philosophischer Grundpositionen bei der Deutung naturwissenschaftlicher Erkenntnisse mit dem dialektischen Materialismus läßt für den marxistischen Philosophen erst die eigentlichen Probleme, um deren Lösung er sich bemühen muß, sichtbar werden.

Zweitens gilt es den Platz einer bestimmten naturphilosophischen Schule in den philosophischen Auseinandersetzungen zu bestimmen. Der Empiriokritizismus kam von Kant über Mach und Avenarius zu Hume und Berkeley. Er fand seine Verbündeten im Idealismus. Für uns ist es heute wichtig, den Zusammenhang zwischen einflußreichen Parolen imperialistischer Ideologen vom Zusammenbruch des Materialismus angesichts der Ergebnisse der modernen Naturwissenschaft und Inkonsequenzen in den Äußerungen führender Naturwissenschaftler sowie ihre Systematisierung in bestimmten Schulphilosophien, wie dem logischen Positivismus, dem kritischen Realismus, dem Existenzialismus oder dem Strukturalismus, zu erkennen. Die Auseinandersetzung mit philosophischen Auffassungen von Naturwissenschaftlern erfordert die Aufdeckung ihrer philosophiehistorischen Quellen und ihrer philosophischen Stoßrichtung. Wie wir bei Strombach gesehen haben, nutzt er Heisenbergs Auffassung von der Existenz eines physikalischen Feldes mit allgemeinen Symmetrieeigenschaften zur Rechtfertigung seines kritisch-realistischen Standpunktes aus. Man kann seine Argumentation nur verstehen, wenn man die naturphilosophische Konzeption des kritischen Realismus kennt, dessen kritische Seite in der Behauptung der Nichtadäquatheit unserer Erkenntnis besteht.

Hier knüpfen neothomistische kritische Realisten mit der Behauptung an, unsere Erkenntnis könne deshalb direkt nichts über das ideelle Wesen der materiellen Wirklichkeit aussagen, aber indirekt ließe sich darauf schließen. In diesem Sinne interpretierte Strombach Heisenbergs Aussagen „weltbildhaft", d. h. im Gedankengebäude des kritischen Realismus, und Büchel schloß auf die Existenz der Substanz als Grundlage der physikalischen Eigenschaften.

Drittens ging Lenin auf den Zusammenhang von Machismus und Naturwissenschaft ein und betonte die Kurzlebigkeit des physikalischen Idealismus. Der spontane Materialismus der Naturwissenschaftler steht den Angriffen der idealistischen Philosophie entgegen und erliegt ihnen teilweise. Lenin schreibt: „Auf der Seite des Materialismus steht unveränderlich die überwiegende Mehrheit der Naturforscher sowohl im allgemeinen als auch auf dem betreffenden Spezialgebiet, nämlich in der Physik. Eine Minderheit der modernen Physiker ist unter dem Eindruck des durch die großen Entdeckungen der letzten Jahre hervorgerufenen Zusammenbruchs der alten Theorien, unter dem Eindruck der Krise der modernen Physik, die besonders anschaulich die Relativität unseres Wissens gezeigt hat, und infolge der Unkenntnis der Dialektik über den Relativismus zum Idealismus hinabgeglitten."[13]

Die Aufgabe für den marxistisch-leninistischen Philosophen besteht darin, den spontanen Materialismus der Naturwissenschaftler bewußtzumachen, wozu die erkenntnistheoretischen Probleme, die mit der Entwicklung der Naturwissenschaft auftauchen, materialistisch zu lösen sind. Das hat Lenin getan, und das ist auch unsere Aufgabe. Wenn Heisenberg die Frage danach, ob die moderne Physik Demokrit oder Plato Recht gegeben habe, eindeutig zugunsten Platos beantwortet, so ist damit zwar ein Ansatzpunkt für idealistische Philosophen gegeben, Heisenberg als Kronzeugen zu benutzen; für den dialektischen Materialisten ergibt sich jedoch die Aufgabe, das damit verbundene philosophische Problem zu lösen. Heisenberg schreibt: „Ich glaube, die moderne Physik hat an dieser Stelle definitiv für Plato entschieden. Denn die kleinsten Einheiten der Materie sind tatsächlich nicht physikalische Objekte im gewöhnlichen Sinn des Wortes; sie sind Formen, Strukturen, oder im Sinne Platos Ideen, über die man unzweideutig nur in der Sprache der Mathematik reden kann. Die gemeinsame Hoffnung von Demokrit und Plato war es gewesen, bei den kleinsten Einheiten der Materie dem ‚Einen' näher zu kommen, dem einheitlichen Prinzip, das den Lauf der Welt regelt, Plato war überzeugt, daß dieses Prinzip nur in mathematischer Form ausgedrückt und verstanden werden könne. In der Gegenwart ist das zentrale Problem der theoretischen Physik die mathematische Formulierung des Naturgesetzes, das dem Verhalten der Elementarteilchen zugrunde liegt." [14]

Heisenberg sucht nach einer einheitlichen Theorie der Elementarteilchen und hat dabei besondere Schwierigkeiten mit der mathematischen Formulierung. Andere Physiker entwickeln Teiltheorien oder versuchen die Experimente theoretisch zu deuten, ohne den schwierigen Weg über eine einheitliche Theorie zu gehen, in der alle Arten der Wechselwirkung erfaßt sind. Die zukünftige Physik wird über die Berechtigung der verschiedenen Ansätze entscheiden und möglicherweise zu einer Synthese der verschiedenen Standpunkte kommen. In dieser physikalischen Situation sucht Heisenberg philosophische Gründe für sein Herangehen an die Probleme. Da für ihn im Vordergrund die mathematische Erfassung des Elementarteilchenverhaltens steht, wobei die mathematische Theorie mögliches Verhalten angeben soll, das als Wirklichkeit erst gefunden werden muß, findet er die Rechtfertigung in Platos Ideenlehre. Damit fällt jedoch keine Entscheidung für den Idealismus und gegen den Materialismus, denn der dialektische Materialismus anerkennt die Bedeutung des schöpferischen Denkens für den wissenschaftlichen Fortschritt bei der Untersuchung der Materiestruktur. Er faßt mathematische Theorien als ideelle Systeme möglicher Relationen zwischen ideellen Objekten auf, die zur Widerspiegelung wirklicher Relationen zwischen materiellen Objekten geeignet sind. Von diesem materialistischen Standpunkt ausgehend, muß die Rolle der Mathematik in der Physik historisch, logisch, methodologisch-erkenntnistheoretisch weiter untersucht werden, um zu philosophischen Deutungen der Rolle der Mathematik zu kommen. Idealismus wird Heisenbergs Standpunkt erst, wenn aus ihm auf ein ideelles Wesen der Wirklichkeit geschlossen wird. Der Materialist stellt sich die Aufgabe, die heuristische Wirksamkeit der Mathematik zu erklären, der Idealist postuliert ein nicht nachweisbares ideelles Wesen. Im Sinne Lenins ist es, wenn der Idealismus als für die Entwicklung der Naturwissenschaft schädlich zurückgewiesen und das echte Problem gelöst wird. Das ist der Beitrag zur Überführung des spontanen Materialismus der Naturwissenschaftler zum bewußten, d. h. dialektischen Materialismus.

Viertens zeigt Lenin, daß das keine Aufgabe der erkenntnistheoretischen Diskussion allein sein kann. Er wies den Parteienkampf in der Philosophie und damit deren Parteilichkeit nach und hob die ideologische Funktion philosophischer Schulen im Klassenkampf hervor. Der dialektische Materialismus ist als theoretische Grundlage der wissenschaftlichen Weltanschauung der Arbeiterklasse zugleich philosophische Begründung des wissenschaftlichen Sozialismus. Diese innere Einheit von Philosophie und Politik macht Angriffe auf den dialektischen Materialismus auch zu Angriffen auf die theoretischen Grundlagen der sozialistischen Politik. Mehr noch, der Naturwissenschaftler, der sich zum Verständnis der dialektischen und materialistischen Naturauffassung durchgerungen hat, kapituliert manchmal vor den Konsequenzen auf gesellschaftlichem Gebiet. Er anerkennt zwar die objektiven Naturgesetze, leugnet aber objektive Gesetze der Gesellschaft.

Gerade die Einführung des Materialismus in die Gesellschaftslehren ist jedoch ein großes Verdienst des Marxismus. Erkenntnistheoretische Diskussionen werden durch weltanschauliche und politische Stellungnahmen modifiziert. Das wird etwa in der Haltung Max Borns zum dialektischen und historischen Materialismus deutlich, den er als „Staatsreligion" ablehnt: „Da Lenins Philosophie im Osten eine Art Staatsreligion geworden ist, so wird eine Sache, die so viele Denker beschäftigt und beunruhigt hat, hier zu einem Artikel des Glaubensbekenntnisses, hinter dem die Staatsmacht steht."[15] Hinter der Diskussion um die philosophischen Probleme der Naturwissenschaften steckt auch die Anerkennung oder Nichtanerkennung einer Gesellschaftswissenschaft und einer wissenschaftlichen sozialistischen Politik. Das darf jedoch die sachliche Auseinandersetzung um die philosophischen Probleme der Naturwissenschaften nicht behindern. Die Konsequenz wissenschaftlichen Denkens, die dem Naturwissenschaftler eigen ist, versagt heute noch für diejenigen, die der antikommunistischen Propaganda unterliegen, bei der Anerkennung der Einheit von dialektischem und historischem Materialismus mit dem wissenschaftlichen Sozialismus. Diese gehört zu den Grundprinzipien der marxistisch-leninistischen Philosophie, die Lenin verteidigt hat und die auch wir verteidigen.

Lenin schied sehr klar den Revisionismus von der Revision naturphilosophischer Sätze.[16] Die durch die neuen naturwissenschaftlichen Erkenntnisse erforderliche Präzisierung philosophischer Thesen mit Hilfe des naturwissenschaftlichen Materials als Grundlage philosophischer Hypothesen ist eine notwendige Bedingung dafür, daß der dialektische Materialismus weltanschauliche, erkenntnistheoretische und methodologische Grundlage der naturwissenschaftlichen Forschung bleiben kann und er nicht seine Glaubwürdigkeit verliert, weil angeblich der Widerspruch zwischen Materialismus und Naturwissenschaft nachgewiesen sei. Der Revisionismus dagegen gibt Grundprinzipien der marxistisch-leninistischen Philosophie preis, indem er ihre Antworten auf die weltanschaulichen Fragen aufgibt. Der Materialist ist an die Anerkennung der objektiven Realität gebunden, aber nicht an eine Aussage über die Materiestruktur. Er anerkennt die Existenz der objektiven Wahrheit ebenso wie die These, daß es keine endgültige Wahrheit über die Struktur der Materie gibt. Lenins Haltung ist uns Vorbild im Kampf gegen Idealismus und Revisionismus, aber auch bei der schöpferischen Erarbeitung philosophischer Deutungen moderner naturwissenschaftlicher Erkenntnisse. Seine Methode der Auseinandersetzung, die er in „Materialismus und Empiriokritizismus" praktizierte, hat aktuelle Bedeutung. Auch für uns kann die Auseinandersetzung mit idealistischen und revisionistischen Strömungen nicht Selbstzweck sein, sondern muß der Lösung der dabei auftauchenden neuen philosophischen Probleme dienen, wie sie durch die Entwicklung der Naturwissenschaft ständig hervorgebracht werden.

2. Zur Naturphilosophie des Positivismus und Neothomismus[17]

Die moderne Naturphilosophie hat sich mit der Entwicklung der Wissenschaften merklich verändert. Konnte man in der ersten Hälfte unseres Jahrhunderts noch von einem ständig wachsenden Einfluß des Neopositivismus unter den Naturwissenschaftlern sprechen, so distanzieren sich heute bekannte Wissenschaftler von positivistischen Thesen. Als mit den Erkenntnissen der modernen Physik die mechanisch-materialistischen Vorstellungen in vielen Naturwissenschaften ihre Bedeutung verloren, gewann der Positivismus viele Anhänger, weil er versuchte, seine Thesen mit den wissenschaftlichen Erkenntnissen in Einklang zu bringen und allgemeine philosophische Aussagen über die objektive Realität ablehnte. Das entsprach in gewisser Weise der Vorsicht einiger Physiker, ihre Ansichten über die Struktur der Materie nicht allgemein zu formulieren, sondern sie nur als Darstellung von experimentellen Ergebnissen auszudrücken. Die später einsetzende Kritik am Neopositivismus, an der sich unter den Naturwissenschaftlern und Philosophen auch Neopositivisten selbst beteiligten, brachte den Vertretern einer anderen Richtung der bürgerlichen Naturphilosophie, dem kritischen Realismus, einen gewissen Aufschwung. Von den Vertretern der katholischen Philosophie, den Neothomisten, wurde der kritische Realismus in Frontstellung zur marxistischen Philosophie zur Interpretation der Ergebnisse der modernen Naturwissenschaft ausgenutzt.

Wir werden uns mit einigen wesentlichen Thesen des Positivismus und Neopositivismus sowie des kritischen Realismus und Neothomismus befassen. Dabei muß man sich immer den Widerspruch vor Augen halten, der entsteht, wenn Naturwissenschaftler idealistisch-philosophische Thesen vertreten, da sie in ihrer Grundhaltung spontane Materialisten sind. Das heißt, sie anerkennen spontan die reale Außenwelt, die nicht von ihnen geschaffen wurde, aber von ihnen erkannt werden soll. Nutzen sie dann idealistische Ansichten zur Interpretation naturwissenschaftlicher Erkenntnisse, so widerspricht das dieser spontan materialistischen Auffassung. Daraus ergeben sich viele philosophische Inkonsequenzen in den Arbeiten solcher Wissenschaftler. Die marxistische Philosophie muß diese Inkonsequenzen zeigen, ihren Hauptangriff aber gegen die Philosophen richten, die den Naturwissenschaftlern Idealismus zur Erklärung der Natur anbieten.

Der Einfluß des Positivismus und Neopositivismus auf die modernen Naturwissenschaften wird von bürgerlichen Philosophen meist an zwei Beispielen gezeigt. Einmal wird der Einfluß Maens auf Einstein bei der Begründung der Relativitätstheorie hervorgehoben und zum anderen die Bedeutung des Neopositivismus bei der philosophischen Interpretation der Quantentheorie. So war auch die Kopenhagener Schule lange Zeit positivistisch orientiert.[18] Viele Naturwissenschaftler verstanden unter Positivismus nur die Anerkennung positiver Erkenntnisse als Grundlage der Theorienbildung, die Hervorhebung der Sinneseindrücke als Ausgangspunkt der Erkenntnis. Sie sahen nicht die idealistischen Konsequenzen positivistischer Ansichten.

A. Comte führte in seiner „Rede über den Geist des Positivismus" (1844) den Ausdruck Positivismus zur Kennzeichnung einer philosophischen Richtung in die Philosophie ein. Er sagte: „Mit einem Wort, die grundlegende Revolution, die das Mannesalter unseres Geistes charakterisiert, besteht im wesentlichen darin, überall an Stelle der unerreichbaren Bestimmung der eigentlichen Ursachen die einfache Erforschung von Gesetzen, d. h. der konstanten Beziehungen zu setzen, die zwischen den beobachteten Phänomenen bestehen." [19]

Das richtet sich sowohl gegen die Metaphysik, verstanden als Suche nach den letzten Ursachen, nach dem ideellen Ursprung der Welt, gegen die spekulative Naturphilosophie, als auch gegen die philosophische Analyse wissenschaftlicher Erkenntnisse zur Beantwortung weltanschaulicher Grundfragen. Das erste wird meist von Naturwissenschaftlern begrüßt, während das zweite in seinen Konsequenzen nicht überschaut wird. Diese werden aber deutlich, wenn man die Forderung des Positivismus überlegt, überhaupt nicht mehr nach Ursachen zu suchen.

Comte fordert, das Wort „Ursache" müsse aus der philosophischen Fachsprache verschwinden, weil es „irrational und sophistisch" sei. Die Entstehungsursachen könnten nicht erforscht werden, nur die Aufstellung der Ablaufgesetze sei wissenschaftlich erreichbar.[20] Das geht bereits weit über die Betonung der Rolle der Empfindungen für die Erkenntnis hinaus. Zweifellos sind in jedem Erkenntnisprozeß die Empfindungen die Quelle unseres Wissens. Auf ihnen bauen wir unsere Begriffe auf. Mit ihrer Hilfe überprüfen wir die Richtigkeit unserer theoretischen Schlußfolgerungen. Lassen wir jedoch das Wort Ursache verschwinden, d. h. leugnen wir die Möglichkeit der Erforschung von Ursachen, sind die erforschten Gesetze nur noch Formulierungen für unsere Empfindungen und ihren Zusammenhang, aber nicht mehr Widerspiegelung der objektiven Beziehungen. Der Zusammenhang zwischen den Beziehungen, die zwischen beobachteten Phänomenen bestehen, und denen, die objektiv vorhanden sind, ob sie beobachtet werden oder nicht, wird negiert. Es geht um die Beantwortung der Frage: Existieren die festgestellten Beziehungen beispielsweise zwischen verschiedenen Elementarobjekten untereinander objektiv oder nicht?

Die Beantwortung dieser Frage ist eines der wichtigsten erkenntnistheoretischen Probleme, das bei neuen Entdeckungen in der Naturwissenschaft immer wieder auftaucht. Es geht um die Ursache unserer Empfindungen, die objektive Realität, die außerhalb und unabhängig vom Bewußtsein existiert und durch ihre Wirkung auf die Sinnesorgane erst Empfindungen, Wahrnehmungen usw. hervorbringt, womit sie uns Nachrichten über die Außenwelt vermittelt. Es geht also um die alte erkenntnistheoretische Frage: Können wir von unserer sinnlichen Widerspiegelung auf die objektive Realität schließen? Der Positivist behandelt dieses Problem als Scheinfrage, die über das hinausgeht, was wir wissen können. Er begründet das mit der Unmöglichkeit, die Ursachen zu erforschen. Wenn wir die Entstehungsursachen materieller Prozesse prinzipiell nicht erforschen können, dann ist auch die Frage nach den Entstehungsursachen unserer Empfindungen sinnlos. Die Frage nach der objektiven Realität, nach der Materie als der Gesamtheit der objektiv-realen Dinge, Erscheinungen, Zusammenhänge usw., die von unserem Bewußtsein widergespiegelt werden können, wird dann zu einer Scheinfrage.

Nicht die Betonung der Empfindungen als Quelle unserer Kenntnisse, sondern die positivistische Leugnung der Ursache dieser Empfindungen, d. h. der objektiven Realität, ist idealistisch. Die Schwierigkeit bei der Widerlegung der positivistischen Auffassungen besteht nun gerade darin, daß das Hauptproblem nicht immer scharf genug herausgearbeitet wird. Für den Physiker spielt die erwähnte Problematik eine große Rolle. So brachten die Entdeckungen über den Zusammenhang zwischen Wellen- und Korpuskeleigenschaften in den Elementarobjekten erkenntnistheoretische Schwierigkeiten mit sich, die gerade mit der vom Positivismus aufgeworfenen Problematik zusammenhingen. Heisenberg stellte fest, „daß man in die allergrößten Schwierigkeiten geriete, wenn man versuchen wollte, zu beschreiben, was zwischen zwei aufeinanderfolgenden Beobachtungen geschieht.“[21] In den Wahrscheinlichkeitsaussagen der Quantenmechanik wird der physikalische Prozeß nicht in seinem direkten Ablauf beschrieben, sondern sein Ergebnis als Wahrscheinlichkeit vorausgesagt. Deshalb hat Heisenberg recht mit der Feststellung, daß man aus den statistischen Gesetzen nicht den eindeutigen Ablauf eines Prozesses rekonstruieren kann. Das wird jedoch im Neopositivismus mit der allgemeinen Feststellung verbunden, daß nur Aussagen über Beobachtetes zugelassen werden dürfen. Damit wird aber die Bedeutung der Theorie eingeschränkt, die Voraussagen für erst zu findende experimentelle Daten machen soll. Wir sehen hier die Bedeutung der positivistischen Fragestellung. Der Positivismus verdeckt gerade die Schwächen physikalischer Theorien, indem er die Frage nach den Ursachen bestimmter Erscheinungen nicht zuläßt. Philosophisch ist das die Frage nach der objektiven Realität. Einzelwissenschaftlich ist es die Frage nach dem, was zwischen verschiedenen Beobachtungen existiert, eben nach den konkreten objektiven Gesetzen der zu untersuchenden Objekte. Es wäre dabei verkehrt, wollte man auf die Untersuchung der Ursache für das Verhalten eines Einzelobjektes orientieren. Es geht zum Beispiel nicht darum, zu erklären, warum ein bestimmtes Uranatom zu einem bestimmten Zeitpunkt zerfällt. Es müssen aber die Zerfallsgesetze weiter studiert und es muß eine Theorie der Elementarteilchen gefunden werden. Deshalb werden heute die Gesetze des Elementarteilchenverhaltens untersucht, die Hypothese von existierenden Fundamentalteilchen überprüft und das Verhältnis von Struktur und Elementarität behandelt. Die Ergebnisse der Elementarteilchenphysik heben die Grundaussagen der Quantentheorie nicht auf, lassen sie aber besser verstehen. Es ist interessant, daß sich Heisenberg zu dem Zeitpunkt kritisch mit dem Positivismus auseinandersetzte, als er sich um eine einheitliche Theorie der Elementarteilchen bemühte.

Die Hauptthesen der positivistischen Auffassung sind:

1. Quelle aller menschlichen Erkenntnis ist das positiv Gegebene. Darunter fällt das Beobachtbare, das experimentelle Ergebnis, die Zeigerablesung, letzten Endes die konkrete sinnliche Wahrnehmung, die uns etwas über einen Vorgang in der objektiven Realität vermittelt. Alles, was über die Empfindungen hinausgeht, ist nicht Gegenstand unseres Wissens.

2. Sowohl die uns umgebende Welt als auch das menschliche Subjekt sind eine Einheit von Empfindungskomplexen, Elementen (Mach). Es gibt keine prinzipielle Unterscheidung zwischen Subjekt und Objekt, Physischem und Psychischem, Materie und Bewußtsein. Hier wird die Einheit der Welt auf idealistische Weise im Ideellen gesehen. Das Primat der Materie wird aufgehoben.

3. Fragen nach dem, was hinter den Empfindungen ist, sind Scheinfragen.

Der Positivismus versucht, über den Richtungen Materialismus und Idealismus zu stehen, begibt sich jedoch mit der Leugnung des Materialismus auf idealistische Positionen.

Das Wesen der positivistischen Auffassungen ist der subjektive Idealismus, weil die Existenz der objektiven Realität geleugnet, besser als nicht nachweisbar bekämpft wird und zur Quelle unseres Wissens die damit subjektiv bedingten Empfindungen erklärt werden. Aber dieser subjektive Idealismus wirkt nicht direkt unter den Naturwissenschaftlern. Viele von ihnen anerkennen nur die Betonung des positiv Gegebenen. Sie wenden sich damit gegen sinnlose Spekulationen. Daraus ist auch das ständige Schwanken mancher Naturwissenschaftler zwischen idealistischen und materialistischen Formulierungen zu erklären. Einerseits übernehmen sie mit dem positiven Anliegen, das sie im Positivismus meinen finden zu können, auch idealistische Formulierungen. Andererseits verwahren sie sich gegen die Behauptung, subjektive Idealisten zu sein, was aus ihrem spontan materialistischen Standpunkt zu erklären ist. Lange Zeit wirkten die Auffassungen des Neopositivismus auf einige hervorragende Physiker wie Bohr, Heisenberg, Weizsäcker u. a.

Im Neopositivismus ging es vor allem um logische Untersuchungen. Die Frage nach dem Sinn bestimmter Fragestellungen trat in den Vordergrund. Auch Mach äußerte sich bereits dazu: „Ebenso hat die oft gestellte Frage, ob die Welt wirklich ist oder ob wir sie bloß träumen, gar keinen wissenschaftlichen Sinn. Auch der wüsteste Traum ist eine Tatsache, so gut als jede andere.“[22] Mach vermengt hier offensichtlich zwei nicht zusammengehörende Probleme. Zweifellos ist ein wüster Traum eine Tatsache in dem Sinne, daß er existiert. Wenn wir aber nach der Wirklichkeit fragen, geht es nicht darum, ob etwas existiert, sondern wie es existiert. Die Frage nach dem Wie wird im allgemeinsten Sinne beantwortet, wenn man die philosophische Grundfrage beantwortet. Die Anerkennung des Primats der Materie bedeutet die Anerkennung der Wirklichkeit, d. h., etwas existiert außerhalb und unabhängig von unserem Bewußtsein und wird von ihm widergespiegelt.

Auch der Traum vermittelt uns Abbilder der objektiven Realität, aber in verzerrter Form. Die Existenz von Träumen hebt die Frage nach der Existenz der objektiven Realität nicht auf. Wir können ja die Falschheit oder Richtigkeit geträumter Abbilder an der Wirklichkeit überprüfen.

Vom Neopositivismus (logischer Positivismus) wurde der Philosophie die Aufgabe erteilt, den Sinn von Sätzen zu klären. Ausgangspunkt des logischen Positivismus ist der Wiener Kreis um Moritz Schlick, der seit 1922 den Lehrstuhl Machs in Wien innehatte. R. Carnap gründete mit H. Reichenbach (Berliner Kreis) die Zeitschrift „Erkenntnis" (1930). Durch persönliche Gespräche, internationale Kongresse und Publikationen wurden die Ideen des Wiener Kreises weit in die Reihen der Naturwissenschaftler getragen. Mit Schlicks Tod und der Emigration vieler Gelehrter während des Faschismus löste sich der Wiener Kreis auf. Neue Zentren entstanden in den USA (Reichenbach, Carnap, Feigl) und England (Waisman, Ayer). Carnap hatte die Aufgaben des Wiener Kreises so formuliert: „Die Arbeiten des Wiener Kreises ... haben zum Objekt die Wissenschaft, die entweder als Ganzes oder in ihren einzelnen Zweigen untersucht wird; die in den verschiedenen Gebieten der Wissenschaft auftretenden Begriffe, Sätze, Beweise, Theorien werden analysiert, und zwar ... unter dem logischen Gesichtspunkt ... Unter Wissenschaft ist dabei die Gesamtheit der anerkannten Sätze verstanden"[23].

Es geht also in erster Linie um die logische Untersuchung einzelwissenschaftlicher Aussagen, d. h. um ihre extensionalen Beziehungen. Gerade dieses Anliegen des Wiener Kreises fand großen Anklang bei den Physikern. Die Erfahrungen bei der Entdeckung der Relativitätstheorie hatten gelehrt, daß in bestimmten Etappen der wissenschaftlichen Entwicklung grundlegende Begriffe ihren Inhalt verändern. Sie müssen kritisch untersucht und präzisiert werden. Einstein hatte das vor allem mit den Begriffen Raum und Zeit gemacht. Dabei stützte er sich unter anderem auf die Kritik der klassischen Raum-Zeit-Begriffe durch E. Mach. Dieser hatte bereits darauf hingewiesen, daß die Raum-Zeit-Welt nur in Verbindung mit Massen und Energien existieren kann. Whittaker spricht in diesem Zusammenhang von der Mach-Einsteinschen Lehre.[24] Auch L. Infeld betont die Bedeutung Machs: „Obwohl Mach heute mit Recht als idealistischer Philosoph verurteilt wird, besteht kein Zweifel, daß seine spezielle physikalische Analyse der Mechanik in der zur Relativitätstheorie führenden Entwicklung der Physik eine Rolle gespielt hat."[25]

Die Aufstellung des Machschen Prinzips ist nicht mit der subjektiv-idealistischen philosophischen Konzeption zu verwechseln. Als methodologisches physikalisches Prinzip hatte es große Bedeutung für die Entwicklung der Physik. Oft wurden jedoch physikalische Leistung und philosophische Haltung vermengt. Das zeigt sich auch im Verhältnis Einsteins zu Mach und tritt uns verstärkt in der Kopenhagener Schule entgegen. Mit dem vom Naturwissenschaftler anerkannten Anliegen der Kritik bestimmter grundlegender Begriffe wurde bei Mach und im Neopositivismus die wesentlich subjektiv-idealistische Grundkonzeption des Positivismus verbunden. Bei Anerkennung des richtigen Anliegens übernahmen viele Wissenschaftler, darunter auch Einstein, positivistisches Gedankengut. Das darf nicht zu einer Fehleinschätzung des Naturwissenschaftlers führen, der nicht in erster Linie Philosoph ist. Bei Einstein wurde das oft gemacht. Man sprach davon, daß die Philosophie Einsteins „vom Idealismus inspiriert" sei.[26] Man muß jedoch bei dieser Einschätzung nicht nur auf die großen Leistungen Einsteins in der Physik, sondern auch auf seine Haltung in der Diskussion um die Quantentheorie verweisen, in der er das Unbefriedigende der Kopenhagener Deutung der Quantentheorie hervorhob. Offensichtlich hatte die Kritik der klassischen Raum-Zeit-Auffassung durch Mach und die Hervorhebung der Relativität von Raum und Zeit Bedeutung für die Entwicklung der Relativitätstheorie durch Einstein. Die physikalische Analyse darf jedoch nicht mit der positivistisch-idealistischen Theorie verwechselt werden, die Lenin als einen Verrat an der Naturwissenschaft bezeichnete.[27]

Bei der Entwicklung der Quantentheorie ergab sich eine ähnliche Situation. Grundlegende Begriffe wie Bewegung und Determinismus wurden präzisiert. Sie bedurften einer gründlichen Analyse in ihrer Anwendung auf die moderne Physik. Das verstärkte offensichtlich das Interesse der Physiker an den erkenntnistheoretischen Problemen, die bei der Analyse von Begriffen auftraten, und an den logischen Grundlagen für die Analyse dieser Begriffe. Vertreter der positivistischen Philosophie haben viel bei der Klärung der logischen Grundlagen geholfen (Carnap), aber die erkenntnistheoretischen Probleme konnten sie nicht lösen.

Viele Naturwissenschaftler anerkannten die Bedeutung Machs für die physikalische Analyse der Raum-Zeit-Begriffe, warnten jedoch vor Machs idealistischen Folgerungen. Der bekannte Physiker A. Sommerfeld schrieb: „Machs Lehre schafft alle metaphysischen Vorurteile, alles hergebrachte dogmatische Gestrüpp, das die freie Forschung behindern möchte, aus dem Wege. Aber tut sie nicht zuviel des Guten, untergräbt sie nicht das für den Naturforscher unentbehrliche Fundament, die Überzeugung von der Objektivität und Unwandelbarkeit der Naturgesetze!"[28]

Mit dieser Frage stellt Sommerfeld den notwendigen Kernpunkt der Auseinandersetzung mit Machs Philosophie heraus, soweit es um die Objektivität der Naturgesetze geht. Ihre Unwandelbarkeit ist sicher nicht zu behaupten, da auch Naturgesetze historischen Charakter besitzen, was aber noch weiter untersucht werden muß. Auch Einstein bezeichnete Machs erkenntnistheoretische Stellung als im wesentlichen unhaltbar.[29] Eben aus der Stellungnahme gegen den Idealismus resultiert Einsteins Haltung in der Diskussion um die Deutung der Quantentheorie. Heisenberg rechnet die Kritik Einsteins neben der von Laue und Schrödinger zu den Auffassungen, die eine Rückkehr zur „materialistischen Ontologie" fordern. Man muß nach ihnen auch das erforschen, was nicht beobachtet wird.[30] Einstein schrieb selbst: „Ich glaube noch an die Möglichkeit eines Modells der Wirklichkeit, d. h. einer Theorie, die die Dinge selbst und nicht nur die Wahrscheinlichkeit ihres Auftretens darstellt."[31]

Die Äußerungen Einsteins und anderer Physiker enthalten die prinzipielle Kritik des Materialisten an einer idealistischen Philosophie. Aber zugleich steckt in ihnen ein Problem, um das es genau genommen auch bei der Diskussion der Naturwissenschaftler um die Entwicklung der Quantentheorie ging. Das zeigt sich klar in der zuletzt zitierten Äußerung Einsteins. Es geht um die Frage: Sind die Prozesse der Mikrophysik als Einzelprozesse zu erfassen oder muß unsere Theorie von diesen Prozessen prinzipiell statistisch sein?

Heisenberg hebt diese Problematik hervor, wenn er schreibt: „Die Kritik schließlich, die Einstein, von Laue in verschiedenen ihrer Arbeiten ausgedrückt haben, konzentriert sich auf die Frage, ob die Kopenhagener Deutung eine eindeutige, objektive Beschreibung der physikalischen Tatsachen ermögliche."[32] Heisenbergs Antwort auf diese Frage zeigt die wirkliche Schwierigkeit bei der Deutung der Ergebnisse der Quantentheorie. Er schreibt: „Die Forderung, daß man beschreiben solle, was in einem quantentheoretischen Prozeß zwischen zwei aufeinanderfolgenden Beobachtungen geschehe, ist eine contradictio in adjecto, da das Wort ‚beschreiben' sich eben auf die Verwendung der klassischen Begriffe bezieht, während diese Begriffe doch in dem Raum zwischen zwei Beobachtungen nicht verwendet werden können. Sie können nur im Moment der Beobachtung angewendet werden."[33]

Anschließend distanziert sich Heisenberg vom Positivismus. Das zeigt uns, daß es Heisenberg nicht in erster Linie um eine Auseinandersetzung über die philosophische Grundfrage, sondern um eine spezielle erkenntnistheoretische Problematik geht, die natürlich mit der Grundfrage zusammenhängt. Heisenberg vertritt die Auffassung, man könne nicht beschreiben, was zwischen den Beobachtungen vor sich geht. Für sich genommen entspricht diese These dem Positivismus Comtes und Machs sowie dem Neopositivismus, soweit er vom Wiener Kreis vertreten wurde. Aber Heisenberg präzisiert seine Auffassung dahingehend, daß wir nur etwas unter Benutzung klassischer Begriffe beschreiben können. Klassische Begriffe können aber nicht auf einen unbeobachteten quantentheoretischen Prozeß angewandt werden.

Diese Argumentation hat nun einen vom Physiker schwer festzustellenden Fehler. Heisenberg setzt stillschweigend voraus, daß wir nur mit den klassischen Begriffen die Wirklichkeit erfassen. Dies ist aber nicht der Fall. Philosophisch wurde die Kritik der mechanisch-materialistischen Begriffe bereits durch die Klassiker des Marxismus-Leninismus vorgenommen. Diese zeigten unter anderem die Unhaltbarkeit der klassischen Bewegungs- und Determinismusauffassung. Wir erfassen die Wirklichkeit mit den Begriffen des dialektischen Materialismus. Mit diesen Begriffen kommen wir aber nicht in die von Heisenberg erwähnten Schwierigkeiten. Im Gegenteil: Wir erhalten sogar die Möglichkeit, auf der philosophischen Grundlage des dialektischen Materialismus die Schlüsse zu rechtfertigen, die von Beobachtungen auf unbeobachtete Ereignisse gezogen werden können. Damit entfällt der positivistisch-idealistische Kern der Behauptung Heisenbergs über die Unmöglichkeit von Aussagen über unbeobachtetes Geschehen. Es bleibt aber die von ihm aufgeworfene Problematik: Kann man den Weg eines Einzelteilchens nur statistisch oder auch dynamisch erfassen? Zu diesem Problem kann die Philosophie eine prinzipielle Antwort im dialektischen Determinismus geben. Gelöst werden kann es nur durch die einzelwissenschaftliche Forschung. Die philosophische Antwort läßt viele Möglichkeiten offen. Was sie jedoch grundsätzlich ausschließt, ist eine positivistische Deutung der Ergebnisse der modernen Physik.

Es wird hier die von Lenin aufgestellte These bestätigt, daß mit bestimmten erkenntnistheoretischen Schwierigkeiten, die die Entwicklung der Wissenschaft mit sich bringt, der Weg für manche Naturwissenschaftler zum Idealismus führt. Aber diese Verbindung ist nicht dauerhaft. Wirkliche Hilfe erhält der Naturwissenschaftler durch den marxistischen Philosophen, wenn er nicht nur die philosophischen und politischen Konsequenzen seiner Auffassung gezeigt bekommt, sondern auch die wirkliche philosophische Problematik herausgearbeitet und der Weg zu ihrer Lösung gewiesen wird.

Es wurde schon auf die Entwicklung in den neopositivistischen Auffassungen hingewiesen, die einerseits den sinkenden Einfluß des Positivismus zeigt und andererseits bestätigt, daß die Entwicklung der Naturwissenschaft selbst die Absage an den Positivismus fordert. Das wird deutlich in den Arbeiten von Carnap, Feigl, Hempel u. a.

Wir hatten gesehen, daß die Frage nach dem Sinn der Sätze der Kern des Neopositivismus ist. Er mußte Kriterien für die Sinnhaftigkeit oder Sinnlosigkeit von Sätzen formulieren. Diese waren in den zwanziger und dreißiger Jahren sehr eng formuliert. So schrieb Carnap: „Alles jedoch, was jenseits des Sachhaltigen liegt, muß unbedingt als sinnlos angesehen werden; eine (scheinbare) Aussage, die grundsätzlich nicht durch ein Erlebnis fundiert werden könnte und daher nicht sachhaltig wäre, würde gar keinen auch nur denkbaren Sachverhalt zum Ausdruck bringen, also gar keine Aussage sein, sondern ein bloßes Konglomerat sinnloser Striche oder Geräusche." [34]

Es ist klar, daß mit diesem Kriterium die Frage nach der objektiven Realität der Erkenntnisobjekte sinnlos ist, denn es gibt nicht die Realität oder die Materie, sondern nur reale, materielle Objekte. In diesem Zusammenhang verneint Carnap, wie Mach und andere Naturwissenschaftler, den Sinn der Frage, ob etwas objektiv-real existiert.[35]

Dieses Kriterium wurde von idealistischer wie von materialistischer Seite kritisiert und seine Unhaltbarkeit herausgearbeitet. Auch Heisenberg wendet sich als Naturwissenschaftler gegen dieses Kriterium. Er schreibt: „Aber im allgemeinen dürfte das aus der mathematischen Logik entwickelte positivistische Denkschema zu eng sein für eine Naturbeschreibung, die doch genötigt ist, Worte und Begriffe zu gebrauchen, die nur unscharf definiert werden können. Die philosophische These, daß alle Kenntnis letzten Endes auf Erfahrung beruhe, hat also schließlich – nämlich im modernen Positivismus – zu einer Forderung geführt, die die logische Klärung jeder Aussage über die Natur zum Gegenstand hat ... Das Beharren auf der Forderung nach völliger logischer Klarheit würde wahrscheinlich die Wissenschaft unmöglich machen. Wir werden hier in der modernen Physik an die alte Erkenntnis erinnert, daß man dann, wenn man darauf besteht, niemals einen Irrtum auszusprechen, eben schweigen muß." [36]

Heisenberg erkennt, daß die Anerkennung des Kriteriums, das Carnap formulierte, die wissenschaftliche Arbeit unmöglich macht. Viele Begriffe der Wissenschaft sind nicht direkt mit einem Erlebnis verbunden oder können es prinzipiell nicht sein. Wir haben schon auf die allgemeinsten philosophischen Begriffe verwiesen. Gleiches trifft zum Beispiel auf solche Begriffe wie Energie zu, welche nur als konkrete Energieform erlebt werden kann.

Die Unhaltbarkeit der positivistischen These Carnaps hat zu Diskussionen unter den Vertretern positivistischer Auffassungen selbst geführt und die bereits genannte Änderung in den Auffassungen hervorgebracht. Carnap stellt fest, daß einige Positivisten daran zweifeln, ob man zwischen sinnvollen und sinnlosen Aussagen richtig abgrenzen könne. C. G. Hempel zeigt die Sinnhaftigkeit von Aussagen als graduelle Angelegenheiten. Er meint, man könne die Sinnfrage nicht für einen einzelnen Term oder Satz, sondern nur für ein ganzes System aufwerfen. Für dieses System als Ganzes gäbe es aber keinen scharfen Unterschied zwischen sinnvoll und sinnlos. Wir können nach Hempel nur etwas über den Grad seiner Bestätigung auf Grund der verfügbaren Beobachtungsdaten oder über den Grad seiner Kraft, beobachtbare Ereignisse zu erklären oder vorauszusagen, aussagen.[37] Das ist die Bankrotterklärung des Neopositivismus. Er gibt damit selbst seine Grundlage preis. Natürlich behält er noch seine Vorbehalte gegenüber der Frage nach der objektiven Realität bei. Aber dies ist eine Einzelfrage, die im System des dialektischen Materialismus hinreichend begründet ist. Das System des dialektischen Materialismus hat sich bewährt. Also wäre nach Hempel diese Frage doch als sinnvolle Frage zu bezeichnen.

Unabhängig von diesem Fiasko der idealistisch-positivistischen Philosophie bei der Deutung der Ergebnisse der modernen Naturwissenschaft zeigt sich andererseits, daß bei vielen positivistischen Denkern die wirkliche Problematik des Erkenntnisprozesses erkannt wird und die positivistische Verabsolutierung des Verifikationsprinzips, d. h. die unbedingte Rückführung aller Aussagen auf Beobachtungen, aufgegeben wird. Man kann eben nicht von vornherein wissenschaftliche Fragestellungen als sinnvoll oder sinnlos bezeichnen. Als sinnlos muß man in der Wissenschaft nur den Versuch übernatürlicher Erklärungsweisen ablehnen.

Carnap selbst teilt den Standpunkt Hempels nicht. Er schreibt: „Ich glaube, daß es auch in der theoretischen Sprache möglich ist, eine angemessene Grenzlinie zwischen dem wissenschaftlich Sinnvollen und dem Sinnlosen zu ziehen."[38] Sein Artikel dient dazu, neue Kriterien zu finden. Aber auch er muß sich von dem engen, früher formulierten Kriterium lossagen: „Es besteht keine scharfe Grenze zwischen fruchtbaren und nutzlosen Hypothesen und Theorien; das ist nur ein gradueller Unterschied, es erscheint sogar zweifelhaft, ob es möglich ist, den quantitativen Grad der Fruchtbarkeit einer wissenschaftlichen Theorie in ganz allgemeiner Weise zu definieren."[39]

Carnap hat Recht, wenn seine Aussagen auf einzelwissenschaftliche Hypothesen und Fragestellungen bezogen werden. In der Einzelwissenschaft kann es einander widersprechende Lösungsversuche einer konkreten Problematik geben. In der Geschichte der Wissenschaft kennen wir die Wellen- und die Korpuskeltheorie des Lichts, die beide ihre Berechtigung nachwiesen. Keine der beiden konnte gegenüber der anderen einfach als nutzlos abgetan werden. In der modernen Physik sind beide aufgehoben und aufbewahrt.

Etwas anderes aber zeigt sich in der Feststellung Carnaps. Mit Hilfe der mathematischen Logik allein sind die erkenntnistheoretischen Probleme nicht zu lösen. Bereits die grundsätzliche Frage nach der wissenschaftlichen Forschungsmethode, nach dem wissenschaftlichen Herangehen an die Wirklichkeit ist eine inhaltliche Frage, die man nicht mit Kriterien der mathematischen Logik entscheiden kann. Die Existenz der objektiven Realität und die Notwendigkeit der materialistischen Erklärung der Wirklichkeit wird inhaltlich in der marxistischen Philosophie bewiesen. Über den quantitativen Grad der Fruchtbarkeit einer bestimmten Theorie kann man ebenfalls keine extensionalen Regeln aufstellen. Mit der marxistischen Philosophie können wir qualitativ etwas über die Fruchtbarkeit von Theorien allgemein sagen, vor allem über das Wahrheitsproblem. Über die Fruchtbarkeit und Wahrheit einer speziellen Theorie entscheidet jedoch die Entwicklung der Einzelwissenschaft. Es bestätigt sich die bereits getroffene Feststellung, daß moderne Positivisten ihren Beitrag zur Entwicklung der mathematisch-logischen Untersuchung der Denkgesetze geleistet haben. In den erkenntnistheoretisch wesentlichen Fragen sind sie jedoch gescheitert. Sie sind nicht in der Lage, die Ergebnisse der modernen Physik auf der Grundlage ihrer positivistischen Grundhaltung wissenschaftlich zu deuten. Deshalb scheiterte auch der Positivismus in der Naturwissenschaft. Immer mehr Einzelwissenschaftler grenzen sich von ihm ab. Er verliert seinen Einfluß unter den Naturwissenschaftlern, speziell unter den Physikern. Auch Positivisten wie Hempel, Carnap u. a. müssen dieser Entwicklung Rechnung tragen. Carnaps Selbstkritik gegenüber den Psychologen ist die Kritik an der hemmenden Rolle des Positivismus bei der Entwicklung der Wissenschaft. Carnap schreibt: „Manche meiner psychologischen Freunde denken, daß wir Empiristen für die zu engen Schranken, die die Psychologen sich auferlegten, verantwortlich sind. Vielleicht überschätzen sie den Einfluß, den die Philosophen im allgemeinen auf die Wissenschaftler ausüben; aber wir sollten uns vielleicht als im gewissen Grade schuldig bekennen. Desto mehr sollten wir jetzt die geänderte Auffassung betonen, die dem arbeitenden Wissenschaftler mehr Freiheit in der Wahl seines begrifflichen Werkzeugs gewährt.“ [40]

Damit ist jedoch die erkenntnistheoretische Problematik, vor der die Naturwissenschaftler stehen, nicht geklärt. Es ist nur das Unvermögen zur Klärung durch den Positivismus eingestanden. Der Naturwissenschaftler hat nun das Recht, so könnte man Carnap deuten, unbekümmert von positivistischen Vorurteilen theoretisch zu arbeiten. Aber dieses Recht hatte er sich durch den Positivismus nicht streitig machen lassen, wie die Diskussion um die Entwicklung einer allgemeinen Theorie der Elementarteilchen zeigt. Nur der Naturwissenschaftler, der sich ganz vom Positivismus hätte einfangen lassen, müßte heute feststellen, daß er noch vor denselben erkenntnistheoretischen Fragen wie am Anfang der philosophischen Diskussion steht. Der Positivismus hat nichts geklärt, sondern die Fragen nur verwirrt. Zur weiteren Klärung trugen die Entwicklung der Physik einerseits und die Diskussion der Marxisten andererseits bei.

Durch das Scheitern der positivistischen Deutungen der modernen Physik und den darauf folgenden schwindenden Einfluß der positivistischen Ideen auf die Naturwissenschaftler gewinnen solche idealistischen philosophischen Richtungen Einfluß auf die Naturwissenschaftler, die den Positivismus immer kritisierten. Dazu gehört vor allem der Neothomismus in Verbindung mit dem kritischen Realismus.

Der Neothomismus beruht auf der Philosophie des Thomas von Aquino (1224–1274), der die Bedeutung des Wissens für die Offenbarung begründete. Die Erkenntnis der Welt erfolgt über die Einwirkung der stofflichen Dinge auf unsere Sinnesorgane. Die Erkenntnis des unstofflichen Wesens der Welt vollzieht sich dagegen mit Hilfe von Analogien. Diese Analogien weisen auf eine höhere Erkenntnisform, nämlich die Offenbarung hin. Sie vermittelt uns das Wissen von der Existenz Gottes. In der Enzyklika „Aeterni Patris" (1879) hatte Papst Leo XIII. die Aufgabe gestellt, die Philosophie des Thomas wieder aufzunehmen, um eine ideologische Waffe gegen die nichtkatholischen philosophischen Strömungen zu erhalten, vor allem gegen die marxistische Philosophie.

Worin besteht das Wesen der philosophischen Argumentation des Neothomismus?

Er geht von der Voraussetzung der dogmatischen Gültigkeit der Glaubenssätze zur Einbeziehung der Naturwissenschaft in die analoge Begründung derselben aus. Die Naturwissenschaft beweise nicht exakt die Existenz Gottes, sondern weise durch Analogien und Lücken in der Erkenntnis auf die Notwendigkeit des Glaubens und der Existenz Gottes hin. In diesem Sinne bemerkt H. Dolch: „Gott kann man eben nicht verheimlichen, man kann ihn nur verkleiden ... Solange die Naturgesetzlichkeit als streng kausal angesehen wurde, schien kein Raum für Gottes Einwirkung in diese Welt vorhanden zu sein, nun aber, da man meint, das Weltgeschehen im ganzen auf Grund der Erkenntnisse innerhalb der Atomphysik als akausal ansprechen zu müssen, erscheint damit auch wieder der Raum für Gottes Einwirken geöffnet."[41] Dolch behauptet weiter, daß „das innerste Anliegen neuzeitlicher Naturwissenschaft ... keineswegs der formelle Aufstand gegen die Herrschaft Gottes (bzw. deren Verkündung durch die Kirche)" sei.[42] K. Heim warnt jedoch vor einer zu ausgiebigen Benutzung naturwissenschaftlicher Argumente für die theologische Begründung der Existenz Gottes: „Aber so dankbar wir sind, daß nach dem Zeugnis führender Forscher ... die Naturwissenschaft gerade heute in ein Stadium eingetreten ist, dem Bavink die Überschrift geben konnte: ‚Die Naturwissenschaft auf dem Wege zur Religion', so haben wir bei dieser apologetischen Methode doch von vornherein die Empfindung, daß wir dabei in eine völlige Abhängigkeit vom jeweiligen Stand der Naturwissenschaft hineingeraten ... Diese Abhängigkeit vom Stande der Naturwissenschaft könnte aber sofort gefährlich werden, wenn der Wind umschlüge und der Glaube wieder wie einst gezwungen wäre, mit höchster Anstrengung gegen den Wind zu kreuzen."[43]

Gerade deshalb weisen die Neothomisten immer wieder auf die Bedeutung der Analogie für den Nachweis der Existenz Gottes hin. So suchen sie den ersten Beweger aus der Bewegung überhaupt zu erschließen, „begründen" die Notwendigkeit einer immateriellen ersten Ursache, sehen Gott als erste Notwendigkeit und höchstes Prinzip der Welt an. Dabei wird stillschweigend der Fehlschluß benutzt, unsere Welt sei notwendig unvollkommen und endlich und müßte deshalb ihre Begründung in einem immateriellen Prinzip finden. Die erkenntnistheoretische Begründung für die Notwendigkeit der Analogie findet der Neothomismus gerade im kritischen Realismus, worauf noch näher einzugehen ist.

Die Einbeziehung der Naturwissenschaft in die Begründung der thomistischen Philosophie erfordert weiter die idealistische Verzerrung des objektiven Gesamtzusammenhangs. Möglichkeit und Wirklichkeit, Möglichkeit und Notwendigkeit, Kausalität und Wechselwirkung werden auseinandergerissen. Sie kommen nach dieser Auffassung verschiedenen Objekten zu. Analog der Bewegung des einen durch das andere, der Verursachung des einen durch das andere wird ein erster Beweger, eine erste Ursache usw. angenommen. In diesem Sinne meint Wetter, daß durch das Umschlagen quantitativer Veränderungen in qualitative nicht vollständig das Auftreten von etwas Neuem erklärt wird. Deshalb bedarf es nach seiner Meinung noch einer äußeren Ursache. Er schreibt dann: „... so haben wir hier schon das erste Glied in jener Ursachenkette, die ... letztlich zu einer unveränderlichen Erstursache führen muß, die selbst nicht wird, nicht aus wenigstens teilweisem Nichtsein in Sein übergeht, sondern reine Wirklichkeit und unendliche Vollkommenheit ist, und eine derartige Endursache bezeichnet man von jeher mit dem Namen ‚Gott' ..."[44]

Das ist ein Beispiel für die Argumentation der Neothomisten. Nirgends versucht die marxistische Philosophie die Behauptung aufzustellen, daß durch das Umschlagen bestimmter quantitativer Veränderungen in qualitative allein etwas Neues erklärt wird. Die marxistische Philosophie betont gerade die Notwendigkeit bestimmter Bedingungen und Ursachen für das Eintreten qualitativer Änderungen. Das Gesetz vom Umschlagen einer Qualität in eine andere durch quantitative und qualitative Änderungen im Rahmen der alten Qualität erklärt nur den Ablauf, nicht die Quelle der Bewegung. Ohne jedoch hier näher auf die dialektisch-materialistische Entwicklungstheorie einzugehen, stellt Wetter fest, daß eine Ursache für diesen Vorgang vorhanden sein muß. Dann wendet er, ohne weitere Begründung, die thomistische These von einem vollkommenen Wesen, einer vollkommenen Ursache an, die Gott ist.

Er entstellt die marxistische Philosophie und beweist gerade an der Stelle nicht, wo er beweisen müßte. Sein Schluß vom Vorhandensein einer Ursache auf eine ideelle erste Ursache ist wissenschaftlich nicht haltbar. Neben der Auflösung des objektiven Gesamtzusammenhangs in verabsolutierte einzelne Seiten und isolierte nebeneinanderstehende Dinge und Erscheinungen wird von ihm der Entwicklungszusammenhang geleugnet. Die Stufen der Dinge, genauer: die qualitativ verschiedenen Bewegungsformen sind voneinander isoliert. Um den gedanklich erst negierten Zusammenhang wieder herzustellen, konstruiert der Neothomismus eine immaterielle Ursache, eben Gott. So kann er nicht erklären, wie das Leben entstanden ist, wenn er nicht bereits eine immaterielle Substanz in der anorganischen Welt voraussetzt. Damit wird die Existenz objektiver, vom Bewußtsein unabhängiger Gesetzmäßigkeiten geleugnet. Es ist die weise Leitung Gottes, die die Dinge so und nicht anders wirken läßt.

Das Wesen des Neothomismus besteht damit in einer objektiv-idealistischen Apologetik vorausgesetzter Glaubensgrundsätze, die in der Behauptung einer Existenz Gottes gipfeln. Man kann die Argumentation der Neothomisten nur verstehen, wenn man sich über diese Tatsache und die daraus folgende Mißachtung der objektiven Dialektik klar ist. Man darf die Anerkennung richtiger Seiten des dialektischen Materialismus durch den Neothomismus nicht überbewerten. Die Gefährlichkeit des Neothomismus besteht darin, daß er der marxistischen Philosophie eine ausgearbeitete philosophische Theorie entgegenstellt, die sich den Anschein gibt, sie stütze sich auf die Wissenschaften.

Um die Naturwissenschaftler für den Neothomismus zu gewinnen und den Kampf gegen die marxistische Philosophie besser führen zu können, verbindet sich der Neothomismus mit dem kritischen Realismus. Zweifellos ist nach den Voraussetzungen der thomistischen Philosophie die Existenz Gottes keiner Diskussion unterworfen. Das Ergebnis der neothomistischen Analyse der Ergebnisse der Naturwissenschaften liegt bereits fest. Es bezieht sich ja auf eine immaterielle Welt, auf ein vollkommenes außerweltliches Wesen. Um den Naturwissenschaftler jedoch für diese Lehre gewinnen zu können, bedarf es einer philosophischen Interpretation der Ergebnisse der Naturwissenschaften, die auf eine prinzipielle Unerkennbarkeit bestimmter Bereiche der objektiven Realität hinweist. Diese, mit wissenschaftlichen Methoden unlösbaren Probleme und Fragen sollen dem Naturwissenschaftler die Notwendigkeit ihrer Lösung mit Hilfe der Religion, d. h. der thomistischen Philosophie, zeigen. Diese Philosophie kann ja die Offenbarung als eine weitere Erkenntnismethode anführen. Geoffenbarte Kenntnis muß man glauben. Der kritische Realismus hat also erkenntnistheoretisch für den Neothomisten die Aufgabe, den Naturwissenschaftler vom Wissen zum Glauben, von der wissenschaftlichen Erkenntnismethode zur Offenbarung zu führen.

Der kritische Realismus ist nicht notwendig mit dem Neothomismus verbunden. Das enge Bündnis läßt sich allerdings bei der Naturbetrachtung nicht übersehen. Der kritische Realismus kritisierte mit Erfolg den Positivismus. Er spielte daher eine große Rolle bei der Abwendung vieler Naturwissenschaftler von positivistischen Positionen. Als Schule entstand der kritische Realismus Ende des vergangenen Jahrhunderts. Zu den Begründern werden G. Th. Fechner, H. Lotze, W. Wundt und O. Külpe gezählt. Als bekannte Vertreter des kritischen Realismus werden weiterhin E. Becher, E. v. Hartmann, H. Driesch, A. Messer, B. Bavink und A. Wenzl genannt, die sich jedoch bei der Behandlung einzelner philosophischer Probleme stark voneinander unterscheiden.

Diese eben genannte Gruppe vertritt nicht allein die kritisch-realistische Haltung. Im Lager des Neothomismus selbst bezeichnen sich die meisten Vertreter der Naturphilosophie als kritische Realisten. In beiden Gruppen geht es allerdings wesentlich um eine weitergehendere Bestimmung der Grenzen des Naturerkennens, als der Positivismus sie zu geben vermag, und um die Anerkennung und Hervorhebung der Notwendigkeit von Betrachtungen über das Wesen des Seins.

Der Ausgangspunkt ist dabei verschieden. Die Vertreter der Schule des kritischen Realismus sind nicht an die Anerkennung der Religion, schon gar nicht an die Anerkennung einer bestimmten Religion gebunden. Die kritischen Realisten unter den Neothomisten sind dagegen von den Postulaten ihrer Religion abhängig. Dementsprechend ist die Art ihres Philosophierens verschieden. Die erste Gruppe geht von den Naturwissenschaften aus. Sie bereitet objektiv den Weg für eine theologische Interpretation der Naturwissenschaften vor, selbst dann, wenn es nicht beabsichtigt ist. Diese Gruppe tritt gewöhnlich mit dem Anspruch auf, eine neue Philosophie zu verfechten, die sich sowohl vom Positivismus als auch von der spekulativen Naturphilosophie unterscheidet. Die Neothomisten dagegen benutzen den kritischen Realismus als erkenntnistheoretische Festigung ihrer idealistisch-religiösen Weltanschauung. Allerdings gehen die einzelnen Vertreter von den verschiedensten Voraussetzungen aus – teilweise bestimmt durch die naturwissenschaftlichen Disziplinen, die sie beherrschen. Auch die Motivierung ihres Bestrebens, wenn auch schwer und oft gar nicht zu erkennen, ist sicherlich nicht einheitlich. Während die einen, befangen durch den katholischen Glauben, den nach ihrer Meinung besten Weg der Verbindung von Naturwissenschaft und Religion suchen und der Überzeugung sind, im kritischen Realismus die positive Lösung gefunden zu haben, sind die anderen darauf aus, um jeden Preis die Naturwissenschaft in den Dienst der Kirche zu stellen. Zwischen beiden Gruppen vermittelten Wissenschaftler wie etwa Van Steenberghen, de Vries und Nink, auf die dann unter anderem der Jesuit W. Büchel seine Verbindung des Neothomismus mit dem kritischen Realismus gründet.

Es vertreten jedoch nicht etwa nur einzelne neothomistische Naturphilosophen den kritischen Realismus. Wir müssen diese Verbindung als allgemeine Tendenz betrachten. Der Neothomismus muß der gesellschaftlichen Entwicklung und damit auch der Entwicklung der Produktivkräfte Rechnung tragen. Die große Bedeutung der Naturwissenschaften für den wissenschaftlich-technischen Fortschritt und damit für die Entwicklung der materiellen Grundlagen der Gesellschaft verlangt, daß ihnen der Weg für die Weiterentwicklung nicht versperrt wird. Es gilt für den Neothomisten, wirkungsvolle Interpretationen zu ersinnen, die die moderne Naturwissenschaft nicht als Widerlegung des Neothomismus erscheinen lassen. Die Entwicklung der Naturwissenschaften brachte eine Abwendung der Naturwissenschaftler von positivistischen und neukantianischen Grundhaltungen hervor, führte sie zu ihrem spontanen Materialismus zurück, den sie versuchen, philosophisch zu begreifen. Antikommunismus und bürgerliche Ideologie hindern sie daran. Eine erfolgversprechende Philosophie, um die Naturwissenschaftler von einer völligen Hinwendung zum Materialismus abzulenken, ist der kritische Realismus. Daher also auch die offizielle Anerkennung des kritischen Realismus als philosophische Konzeption der Neothomisten.

Papst Pius XII. rief zu einem Bündnis zwischen Naturwissenschaft und kritischem Realismus auf, den kritischen Realismus allerdings weiter fassend als die Vertreter der kritisch-realistischen Schule: „Wir halten eher dafür, daß die Naturwissenschaften in ständiger Berührung mit einer Philosophie des kritischen Realismus, wie er immer bei der philosophia perennis in ihren hervorragendsten Vertretern zu finden war, zu einer Gesamtschau der sichtbaren Welt gelangen können, die doch in irgendeiner Weise das Suchen und das brennende Verlangen nach der Wahrheit zufriedenstellt."[45] Aber Pius XII. warnt auch die Vertreter des kritischen Realismus innerhalb des Neothomismus und die Naturwissenschaftler überhaupt mit den Worten: „Mögen sie mit allen ihren Kräften den Fortschritt der Wissenschaft fördern, aber sie mögen sich hüten, die Grenzen zu überschreiten, die wir errichtet haben, um die Wahrheit des Glaubens und der katholischen Lehre zu verteidigen."[46]

Diese Warnung wurde und wird von den Neothomisten befolgt. Beispiele dafür sind Wetter, Karisch und andere, die sich redlich mühen, den Gläubigen überhaupt, wie auch den Naturwissenschaftlern, den Unterschied zwischen Materialismus und kritischem Realismus bewußt zu machen und ihre spontan materialistische Haltung nicht als Materialismus, sondern als gegen den Materialismus gerichteten Realismus zu interpretieren.

Viele neothomistische Autoren versuchen in ihren Schriften und Artikeln den kritischen Realismus anzuwenden. Genannt seien hier nur W. Büchel, A. Haas, J. Haas, P. Overhage, W. Kuhn, H. Muschalek. Sie sind an die kirchlichen Dogmen gebunden und daher nicht in der Lage, wie andere kritische Realisten bei der Behandlung einzelner Probleme eigene Wege zu gehen.

Obwohl das II. Vatikanische Konzil durch eine teilweise erstaunlich reale Einschätzung der heutigen Situation in der Welt eine große Anpassungsfähigkeit der Kirche an das wirkliche Geschehen dokumentiert und damit mancherlei Veränderungen in der Taktik der Kirche zu bemerken sind, ist über das Bündnis von Naturwissenschaft und Religion und der damit im Zusammenhang stehenden Orientierung auf eine philosophische Haltung des kritischen Realismus überhaupt festzustellen, wenn etwas verändert wurde, dann nur die stärkere Betonung der Naturwissenschaften.

An mehreren Stellen der Pastoralkonstitution des II. Vaticanums „Über die Kirche in der Welt von heute" wird der Fortschritt der Naturwissenschaften hervorgehoben und betont, daß die naturwissenschaftlichen Leistungen eine entscheidende Rolle für die Entwicklung der Gesellschaft spielen. Diese Einschätzung zwingt natürlich zu Folgerungen für die Haltung der Gläubigen zum wissenschaftlichen Fortschritt. Grenzen für die Wissenschaft setzt man auch in der genannten Konstitution als selbstverständlich voraus. Eingeleitet mit den Worten „Viele, die die Grenzen der positiven Wissenschaften ungehörig überschreiten ..."[47], wendet sich das Konzil gegen atheistische Konsequenzen moderner naturwissenschaftlicher Erkenntnisse, die nicht gezogen werden sollen. Gleichzeitig müsse man aber, so die Konstitution, entsprechend der realen Einschätzung der gesellschaftlichen Entwicklung der wissenschaftlichen Forschung alle Wege öffnen: „Der nach Gottes Bild geschaffene Mensch hat ja den Auftrag erhalten, sich die Erde mit allem, was zu ihr gehört, zu unterwerfen und die Welt in Heiligkeit und Gerechtigkeit zu regieren."[48]

Natürlich war sich das Konzil bewußt, daß das gewünschte Ziel nicht so einfach erreicht werden kann. Es wird daher zu einigen Problemen Stellung genommen, die das Verhältnis von Naturwissenschaft und Religion bei den Christen betreffen. Dabei ist die enge Verwandtschaft kritisch-realistischer Argumentation und der theologisch formulierten Einschätzung zum Verhältnis von Naturwissenschaft und Religion unverkennbar. Das Konzil betont: „Doch scheinen viele unserer Zeitgenossen zu befürchten, daß durch eine engere Verbindung des menschlichen Schaffens mit der Religion die Autonomie der Menschen, der Gesellschaften und der Wissenschaften verhindert werde. Wenn wir unter Autonomie der irdischen Dinge verstehen, daß die geschaffenen Dinge und Gesellschaften ihre eigenen Gesetze und Werte haben, die der Mensch schrittweise erkennen, gebrauchen und gestalten muß, dann ist es durchaus berechtigt, diese Eigengesetzlichkeit zu beanspruchen. Das wird nicht nur von den Menschen unserer Zeit gefordert, sondern entspricht auch dem Willen des Schöpfers. Durch den Zustand ihres Geschaffenseins nämlich sind alle Dinge auf die ihnen eigene Weise mit fester Form, Wahrheit und Gutsein sowie mit eigenen Gesetzen und Ordnungen ausgestattet, die der Mensch unter Anerkennung der den einzelnen Wissenschaften und Techniken eigenen Methoden achten und ehren muß. Es wird darum die methodische Forschung in allen Wissensbereichen, wenn sie in wahrhaft wissenschaftlicher Weise und gemäß den Normen der Sittlichkeit vorgeht, niemals dem Glauben wirklich entgegenstehen, weil die Dinge des profanen Bereichs und des Glaubens in demselben Gott ihren Ursprung haben ... Deshalb sind gewisse Geisteshaltungen, die einst auch unter Christen wegen eines ungenügenden Verstehens der rechtmäßigen Autonomie der Wissenschaft nicht fehlten, entschieden zu bedauern, zumal sie infolge der dadurch entfachten Streitigkeiten und Kontroversen viele dazu geführt haben, Glauben und Wissenschaft als Gegensätze zu betrachten."[49] Hier wird der wachsenden Bedeutung der Wissenschaft Rechnung getragen, zugleich jedoch der Weg zur Religion über wissenschaftlich noch nicht gelöste Probleme offengelassen. Der Neothomismus ist objektiver Idealismus. Er anerkennt die vom Menschen unabhängige Welt, die zu erforschen ist, und der Ursprung dieser Welt ist Gott. Damit wird sowohl die Frontstellung gegen den Positivismus klar, der zwar die Frage nach der objektiv-realen Existenz als Scheinfrage betrachtet, aber wesentlich atheistisch ist, als auch die Aufgabe des kritischen Realismus. Durch seine Leugnung adäquater Erkenntnisse wird die Frage nach dem materiellen oder ideellen Ursprung zu einer durch eine andere, nichtwissenschaftliche Erkenntnisweise zu beantwortenden Frage.

Der Gegensatz zwischen Naturwissenschaft und Religion läßt sich so eben nur durch ein idealistisches Gedankengebäude beheben. In der Formulierung des Konzils sieht das so aus: „Das Konzil macht sich daher die Lehre des ersten Vatikanischen Konzils zu eigen, daß es eine ‚zweifache Ordnung der Erkenntnis' gibt, zwei voneinander verschiedene Ordnungen: die des Glaubens und die der Vernunft, und die Kirche verschließt sich keinesfalls davor, ‚daß sich die menschlichen Künste und Wissenschaften, jede in ihrem Bereich, ... eigener Prinzipien und einer eigenen Methode bedienen'. Daher bejaht sie in Anerkennung dieser ‚gerechten Freiheit' die legitime Autonomie der Kultur und vor allem der Wissenschaften."[50] Die Lehre von der doppelten Wahrheit des Thomas, die die Wahrheit der Naturwissenschaft in die geoffenbarte Wahrheit einordnet, hilft also die Entwicklung der Naturwissenschaft anzuerkennen und keine Glaubensposition aufzugeben. Ausdrücklich wird die Wissenschaft nur als eine Ordnung neben einer anderen bezeichnet und diese andere sei mit wissenschaftlichen Methoden nicht zu ergründen. Erkenntnistheoretisch führt diese Lehre zur Anwendung und Ausnutzung des kritischen Realismus, der Platz für die Offenbarung schafft, indem er auf die Lücken der Erkenntnis verweist, die nach ihm prinzipiell nicht zu schließen sind.

Zugleich gibt das II. Vatikanische Konzil mit seiner Orientierung auf die Autonomie der Wissenschaften gegenüber der Religion und Offenbarung religiös gebundenen Menschen die Möglichkeit zur stärkeren Beschäftigung mit der Wissenschaft und fordert diese geradezu heraus. Damit wird auch in gewisser Weise die Starrheit des Dogmas durchbrochen, mit der man sich manchmal neuen Einsichten entgegenstellte. Der katholische Wissenschaftler kann sich jetzt von religiösen Einflüssen fast frei machen und ungehindert von Vorurteilen naturwissenschaftliche Forschungen betreiben. Weltanschauliche Konsequenzen dürfen daraus jedoch nie im Sinne des Glaubensdogmas gezogen werden. Daher war sich das Konzil auch über die möglichen Konsequenzen seiner Betonung der Naturwissenschaften klar, deshalb warnte es vor denen, die zu weit gehen. Zu dieser Gruppe gehören die Wissenschaftler, die über der Wissenschaft die Religion ganz vergessen und in gewisser Weise dem Positivismus mit seinen atheistischen Konsequenzen verfallen, und auch diejenigen, die aus der Naturwissenschaft materialistische Konsequenzen ziehen. Deshalb soll gerade die Verbindung von Neothomismus und kritischem Realismus die Lücken der Wissenschaft bei der Lösung erkenntnistheoretischer Probleme zeigen, die nur durch die Religion geschlossen werden können.

Wenn man auch vergeblich nach inhaltlichen Unterschieden zwischen den erkenntnistheoretischen Positionen der kritischen Realisten und der Neothomisten, die den kritischen Realismus vertreten, sucht, so ist es doch interessant, die Reaktion A. Wenzls auf eine Einschätzung zu betrachten, die ihm die Unterstützung der klerikalen Reaktion vorwirft.

A. Wenzl, der mehrmals die Einschätzung bestätigt, daß der kritische Realismus den um die Jahrhundertwende herrschenden Neukantianismus und den Positivismus einer Kritik unterzog, wehrt sich heftig gegen die Feststellung von J. B. Moltschanow und J. B. Nowik, der kritische Realismus sei eine dem Neothomismus nahestehende objektiv-idealistische Schule: „. . . ihn als eine dem Neothomismus nahestehende objektiv-idealistische Schule zu bezeichnen und ihm die Tendenz der Unterordnung des Wissens unter den Glauben zu unterstellen, ist bereits eine Verkennung seines eigentlichen Wesens, das er durch seinen Namen klar und eindeutig ausdrückt: er erkennt die Existenz einer von unserem Bewußtsein unabhängigen Außenwirklichkeit an, die wir in unseren Wahrnehmungen und deren Beziehungen und Veränderungen weitgehend erklären können auf Grund von zunächst hypothetischen Annahmen, welche sich durch Bewährung bestätigen, – daher der Name ‚Realismus' –; er betrachtet aber die sinnlichen Qualitäten, die Merkmale unserer Wahrnehmungen und erschlossenen räumlichen und zeitlichen Beziehungen noch nicht als objektive Aussagen über die Dinge an sich, sondern nimmt nur an, daß den wahrgenommenen und mit guten Gründen erschlossenen Eigenschaften und Beziehungen solche der objektiven Wirklichkeit an sich entsprechen und daß unsere Erkenntnis Grenzen hat – daher die Bezeichnung ‚kritischer‘ Realismus.“[51]

Wenzl glaubt, einen dritten Weg zwischen Materialismus und Idealismus gefunden zu haben. Seine Haltung ist jedoch objektiver Idealismus, solange die Wirklichkeit nur als unabhängig von unserem Bewußtsein gefaßt, aber ihr materieller Charakter nicht betont wird. Da Wenzl die Wirklichkeit aber nicht so faßt, hat er die Einschätzung von Moltschanow und Nowik nicht entkräftet. Er will sich aber objektiv-idealistischen Konsequenzen entziehen, indem er Anleihen an den Materialismus macht. Sie sind jedoch nicht konsequent.

Wie wenig sich Neothomismus und kritischer Realismus in ihrer Erkenntnistheorie wirklich unterscheiden, erkennen wir am besten, wenn wir uns die Grundaussagen des kritischen Realismus ansehen. Was sind seine Hauptgedanken?

Vor allem anerkennt er einen objektiven Ursprung der Welt. Es existiert etwas außerhalb von unserem Bewußtsein. So schreibt E. Becher: „Wir müssen eine Außenwelt außerhalb des Bewußtseins der Menschen und Tiere als wirklich anerkennen, weil sonst die Gesetzmäßigkeitsvoraussetzung undurchführbar ist und den Sinneswahrnehmungen die Ursachen fehlen, die sie doch nach dem Kausalprinzip haben müssen.“[52] Wir sehen, wie geschickt hier Becher eine der Hauptschwächen des Positivismus ausnutzt. Der Positivismus konnte die Frage nach den Ursachen der Empfindungen nicht klären und tat sie deshalb als Scheinfrage ab. Der kritische Realismus kommt dem spontanen Materialismus des Naturwissenschaftlers mit der Anerkennung einer realen Außenwelt entgegen.

Wir wissen, daß die Anerkennung einer realen Außenwelt noch nicht entscheidend für das Wesen einer philosophischen Konzeption ist. Es geht um den objektiven, d. h. vom menschlichen (und außermenschlichen postulierten) Bewußtsein unabhängigen Charakter dieser Außenwelt. Es geht um den materiellen Charakter der Außenwelt, um das Primat der Materie gegenüber dem Bewußtsein. Aber diesen Charakter können wir nach Becher mit Hilfe der Naturwissenschaft nicht erkennen. Hier zeigen sich für ihn die Grenzen des Naturerkennens. „Unser Naturerkennen erfaßt nur ‚formale‘ Züge der Außenwelt an sich, d. h. nur solche Züge, die gleichsam deren Form betreffen, z. B. Unterschiede, zeitliche und Zahleigenschaften, sowie sie betreffende Gesetzmäßigkeiten. Nur die Form der Außenwelt an sich, nicht ihre inneren Eigenschaften, ihr ‚inneres Wesen‘, ist dem

Naturerkennen zugänglich. Damit sind die Grenzen des Naturerkennens festgelegt."[53]

Der kritische Realismus anerkennt eine außerhalb vom Menschen existierende Außenwelt. Insofern ist er Realismus. Das Wesen dieser Außenwelt ist aber noch nicht erkennbar. Das ist sein ‚kritisches' Element. Gerade das macht ihn aber für den Neothomismus interessant. Ohne daß schon direkt von Gott gesprochen wird, erkennen wir die Möglichkeit einer theologischen Interpretation der Naturwissenschaft mit dieser Auffassung. Wenn die Grenzen des Naturerkennens uns nicht in das Wesen der Wirklichkeit eindringen lassen, die kritischen Realisten aber als mögliches Wesen eine ideelle Realität anerkennen, dann kann diese ideelle Realität das Wirken eines Weltgeistes, eines objektiven Willens oder Gottes sein. Die Realität wird in dieser Form des Realismus zwar anerkannt, sein kritischer Charakter weist jedoch auf die scheinbare Unmöglichkeit einer Erkenntnis des Wesens der Wirklichkeit hin, um dann in objektiv-idealistischer Weise den Charakter der Außenwelt als ideell zu bestimmen. Damit erweist sich der kritische Realismus trotz seiner gegenteiligen Behauptungen als eine Form des Idealismus.

Der kritische Realismus kritisiert den Positivismus völlig zu Recht wegen dessen theoretischer Unfähigkeit, die Ursachen der Empfindungen zu erklären. Für den kritischen Realismus bringen die Empfindungen und Wahrnehmungen jedoch das ideelle Wesen der Wirklichkeit zum Ausdruck. Wenzl schreibt: „So sehr der Realist es ablehnt, im Wahrgenommenen nur seine eigene Einbildung zu sehen, so sehr er einen ‚subjektiven Idealismus' ablehnt, so sehr muß er umgekehrt das Wahrnehmbarsein als zum Seinsbegriff gehörig anerkennen."[54] Wenn darunter verstanden wird, daß die objektive Realität nicht nur außerhalb und unabhängig vom Bewußtsein existiert, sondern auch erkannt werden kann und wird, so trifft das mit der dialektisch-materialistischen Materieauffassung zusammen. Aber dieses Wahrnehmbarsein gibt der Außenwelt keinen ideellen Charakter. Es äußert sich in materiellen Einwirkungen auf die Sinnesorgane. Insofern sind wir als dialektische Materialisten auch materialistische Sensualisten. Eben um den Charakter der Außenwelt geht es bei der Auseinandersetzung zwischen kritischem Realismus und Materialismus.

Wenzl behandelt die Frage, was dieses wahrgenommene Seiende sei. Wenn es nach ihm nur Seiendes ist, wenn es wahrgenommen, aber nicht subjektiv-idealistisch vom Menschen geschaffen wird, wenn es nicht objektiv-idealistisch in unser Bewußtsein eingepflanzt wird, so kann es sich nach Wenzl nur noch aus seinem eigenen Innern heraus geltend machen. Es muß dann, so schlußfolgert er, „dank dieses eigenen Innen auch ein Sein für sich haben, das heißt ein ihm immanentes ,Wollen', und eine ihm immanente ,Rolle' in dem Beziehungsgefüge einer Ordnung muß sich kundtun, es muß ein ,Inhalt' sein, der sich ,Ausdruck' gibt und dadurch in Erscheinung tritt".[55]

Die Kritik am subjektiven Idealismus wird also dazu benutzt, einer anderen idealistischen Philosophie den Weg zu bereiten. Wenzls erkenntnistheoretischer Fehlschluß beginnt damit, daß er das Wahrnehmbarsein, das er zum Seinsbegriff hinzunimmt, als ideellen Inhalt des Seins interpretiert, als immanentes Wollen. Zweifellos fordert auch die dialektisch-materialistische These von der prinzipiellen Erkennbarkeit der Welt, daß prinzipiell das materielle Sein die Möglichkeit der Widerspiegelung in unserem Bewußtsein besitzt. Dazu bedarf es aber bestimmter Voraussetzungen. Der Mensch als erkennendes Wesen muß existieren. Die Annahme eines übermenschlichen Wesens, das zu der Zeit, da es noch keinen Menschen gab, die Welt wahrnahm, ist Spekulation. Außerdem muß sich der Mensch erst die Mittel im historischen Entwicklungsprozeß erarbeiten, um in der Erkenntnis immer weiter vorzudringen. Erst wenn er etwas erkennt, wird die Möglichkeit der Widerspiegelung zur Wirklichkeit. Dabei bleibt stets ein unendlicher Rest von Nichterkanntem, obwohl der Mensch mit seinen Kenntnissen bereits in der Lage ist, Aussagen über die Gesetze des Universums zu machen.

Damit ist aber die Eigenschaft der Wahrnehmung (als menschliche Wahrnehmung) an den Menschen gebunden. Ohne die Existenz der Menschen gäbe es keine menschliche Erkenntnis, aber die objektive Realität würde existieren, ohne daß der Mensch sie in ihrer Gesamtheit wahrnimmt. Das Wahrnehmbarsein kann deshalb nur unter diesen Voraussetzungen, die mit der Existenz erkennender Menschen verbunden sind, mit wissenschaftlicher Berechtigung dem Sein (der Materie) zuerkannt werden.

Der rationale Kern dieser Auffassung besteht möglicherweise auch darin, daß die Widerspiegelung eine allgemeine Eigenschaft der Materie ist, die in ihrer Entwicklung bis zur spezifisch menschlichen Widerspiegelung führt. Dazu bedarf es aber keines inneren Willens oder eines ideellen Inhalts der Materie, sondern diese Entwicklung vollzieht sich nach objektiven Gesetzen, hat ihre materiellen Ursachen, die von der Wissenschaft untersucht und aufgedeckt werden. Mit dieser Aufdeckung bestätigt die Naturwissenschaft den materiellen Charakter des Seins und erweist die Annahme eines ideellen Inhalts des Seins als Hypothese ohne wissenschaftlichen Wert. Die Annahme eines inneren Wesens, inneren

Willens oder ideellen Inhalts der Materie führt die kritischen Realisten zur Annahme prinzipieller Erkenntnisschranken.

Wenzl hält die von den Klassikern des Marxismus – namentlich erwähnt er Lenin – zurückgewiesene Vorstellung von Grenzen der wissenschaftlichen Erkenntnis als einen sich aus der Zeit ergebenden Mangel an Erkenntniskritik. Wenzl gibt zu, daß der kritische Realismus in eine „induktive Metaphysik" mündet. Er meint, da die induktive Metaphysik nach der Ordnung und dem inneren Wesen des Seins der Gesamtwirklichkeit fragt und den Zusammenhang all unserer unmittelbaren und wissenschaftlichen Erfahrungen berücksichtigt wissen will, würde genau an dieser Stelle die grundsätzliche Grenze unseres Erkennens und Denkens offenbar.

Zudem wird der objektive Zusammenhang vom kritischen Realismus metaphysisch auseinandergerissen. Es wird ein Stufenreich der Welt aufgebaut, das durch ideelle Faktoren zusammengehalten wird. Dabei gelingt es dem kritischen Realismus zwar, in der Auseinandersetzung mit dem Mechanizismus gewisse dialektische Momente des Zusammenhangs der verschiedenen Seinsschichten herauszuarbeiten (N. Hartmann), aber eine wissenschaftliche Erklärung des objektiven Zusammenhangs ist ihm nicht möglich. Das zeigt sich auch bei der Deutung der Ergebnisse der modernen Physik. Da das Wesen der Wirklichkeit nicht erkannt werden kann, kann auch das Wesen der physikalischen Prozesse, wie sie die Quantentheorie untersucht, nicht mit wissenschaftlichen Methoden gefunden werden. Dieses Wesen, meint er, besteht eben in einem ideellen Willen, Inhalt, Geist usw., der in der Wirklichkeit vorhanden ist. Um jedoch die Ergebnisse der modernen Physik richtig deuten zu können, muß man sie wissenschaftlich verallgemeinern, die allgemeinen Beziehungen des objektiven Zusammenhangs aufdecken und darf keine unbeweisbaren Postulate eines inneren ideellen Gehalts der Wirklichkeit aufstellen.

Der kritische Realismus, obwohl an keine Religion gebunden, trifft die Feststellung, daß die Naturwissenschaft dazu zwinge, zur Religion überzugehen. Bavink hatte bereits von der Naturwissenschaft auf dem Wege zur Religion gesprochen. Wenzl schließt dort an und schreibt: „Was Bavink meint, und was tatsächlich ausgesprochen werden muß, ist also erstens, daß die Naturwissenschaft heute nicht mehr wie noch vor einem Menschenalter und erst recht vor einem halben Jahrhundert als Hemmnis gegenüber einer positiven religiösen Entscheidung betrachtet werden kann, und daß diese vorausgesetzt, die Ergebnisse, die ohne religiöse Voraussetzung gewonnen sind, die Kluft zwischen Wissenschaft und Religion nicht unüberbrückbar lassen."[56]

Wie sich die Naturwissenschaft auf den Weg zur Religion begebe, beschreibt Wenzl ebenfalls. Sie ist „sich selbst ihrer Grenzen bewußt geworden" und führt zu Fragen, „auf die eine Metaphysik ... hypothetische Antworten wagen kann, wenn sie letztlich freilich nur durch eine religiöse Entscheidung beantwortet werden können."[57]

Andererseits wendet sich Wenzl immer wieder gegen die Charakterisierung, der kritische Realismus versuche eine theologische Interpretation der Naturwissenschaften. Selbstverständlich hat er recht, wenn er darauf verweist, daß z. B. Nicolai Hartmann der Religion ablehnend gegenüberstand, und auch Erich Becher und Bernhard Bavink die Naturwissenschaft nicht als Religionsersatz aufgefaßt wissen wollten. Das hat aber auch niemand behauptet. Behauptet wurde lediglich, daß der kritische Realismus – mit wenigen Ausnahmen – den Bavinkschen Gedanken – die Naturwissenschaft sei auf dem Wege zur Religion – theoretisch stützt.

Während also der Neothomismus an die dogmatische Anerkennung der thomistischen Philosophie gebunden ist, will der kritische Realismus Fragen zeigen, die nicht durch die Naturwissenschaft selbst beantwortet werden können. Dort muß nach Meinung der kritischen Realisten die Religion einsetzen. Die Kritik am subjektiven Idealismus dient dazu, dem objektiven Idealismus den Weg zu ebnen. Dabei ergibt sich die Schlußfolgerung von der Naturwissenschaft auf dem Wege zur Religion einmal aus den unbewiesenen Behauptungen von der Unmöglichkeit der Erkenntnis des inneren Wesens der Wirklichkeit und der damit verbundenen Behauptung der prinzipiellen Erkenntnisschranken. Zum andern kommt der kritische Realismus zu seiner Behauptung von der Notwendigkeit des Übergangs zur Religion durch Äußerungen führender Naturwissenschaftler.

Die kritisch-realistische Argumentation ist also unhaltbar, wird jedoch von den Neothomisten dankbar aufgegriffen. Sie benutzen den kritischen Realismus zur Bestätigung ihrer These, daß die Naturwissenschaft der Offenbarung nicht widersprechen könne.

Die Einheit von Neothomismus und kritischem Realismus besteht in der Anerkennung einer realen Außenwelt, die ihrem Charakter nach ideell ist. Das ist eine Einheit auf der Grundlage des Idealismus. Dabei soll auch seitens der Neothomisten die Grundfrage der Philosophie als Unterscheidungskriterium zwischen wissenschaftlicher und unwissenschaftlicher Philosophie beseitigt werden. Wetter schreibt: „Bei der ganzen Diskussion (um die philosophischen Probleme der Physik – d. Verf.) geht es eigentlich gar nicht um die Antithese Idealismus – Materialismus, sondern um die Auseinandersetzung zwischen einer idealistisch-positivistischen und einer realistischen Erkenntnistheorie. Wir anerkennen durchaus das Bestreben der Sowjetphilosophie nach einer Überwindung der Quantenphysik. Wir verwahren uns bloß gegen den Mißbrauch des Begriffs ‚Materialismus', der hier gewöhnlich getrieben wird, indem auch hier der Begriff ‚Materialismus' mit dem Begriff ‚Realismus' verwechselt wird. Wenn der Nachweis erbracht wird, daß das Mikroteilchen eine vom Meß- und Beobachtungsvorgang unabhängig existierende Realität darstellt, so ist dies keine ‚materialistische', sondern eine ‚realistische' Deutung. Die Anerkennung einer vom Subjekt unabhängigen Wirklichkeit ist nicht ‚Materialismus', da dadurch noch nichts über die Frage der Natur der Wirklichkeit entschieden ist, d. h. über die Frage, ob die Materie einzige und letzte Wirklichkeit ist."[58]

Hier wird ganz offensichtlich, wie Wetter den dialektischen Materialismus unter Umgehung der klaren Frontstellung zwischen Idealismus und Materialismus angreift. Dabei geht es nicht um eine nebensächliche Meinungsverschiedenheit, sondern um den Materialismus, um die Anerkennung des Primats der Materie und damit um die Wissenschaftlichkeit oder Unwissenschaftlichkeit unseres Herangehens an die Interpretation der Ergebnisse der Physik. Wetter stellt Positivismus und Realismus einander gegenüber, reiht den dialektischen Materialismus in die Front des Realismus ein und benutzt nun die kritisch-realistische Argumentation von den offenen Fragen in der Naturwissenschaft. Durch diese geschickte Veränderung der Frontstellung wird der dialektische Materialismus zu einer realistischen Strömung gemacht, sein Kampf gegen den Positivismus hervorgehoben. Aber zu den von der Naturwissenschaft offen gelassenen Fragen hat der dialektische Materialismus demnach nichts, der Neothomismus hingegen alles zu sagen. Hier liegt eines der Hauptargumente gegen den Materialismus vor: Die Einheit der Welt in der Materialität sei nicht bewiesen. Wetter anerkennt aber, wie wir gesehen haben, daß die Mikroteilchen eine vom Beobachtungsvorgang unabhängige Existenz besitzen. Damit taucht nun wieder die Frage nach dem Charakter dieser Existenz auf. Um die idealistische Behauptung vom ideellen Charakter dieser Existenz zu rechtfertigen, müßte Wetter die Abhängigkeit der objektiven Realität von einem außerweltlichen Bewußtsein zeigen. Der dialektische Materialismus stützt sich nur auf die Ergebnisse der Wissenschaften, die die objektiven Gesetze der objektiv realen Prozesse aufdecken. Damit werden diese Prozesse als materiell verursacht angesehen, auch wenn die Wissenschaft nicht eine bestimmte Ursache für einen bestimmten Einzelfall aufdeckt. Die Annahme außerweltlicher ideeller Ursachen ist mit der Wissenschaft unvereinbar und, wie wir bei der Darlegung des Neothomismus zeigten, eine unbewiesene Hypothese, die sich nur auf die Behauptung von der Unvollkommenheit und Endlichkeit unserer Welt stützt.

Hier bestätigt sich erneut, was wir schon betonten: Die Neothomisten gehen stillschweigend über die Problematik ihrer Hypothesen und Postulate hinweg, betrachten alle anderen philosophischen Richtungen als unbewiesen und messen nur ihrer Auffassung, als der einzig richtigen, Bedeutung für die Interpretation der Naturwissenschaft zu.

Wetter will den Materialismus grundlegend treffen, indem er ihn für unbewiesen erklärt. Dazu muß er die Grundfrage der Philosophie verwischen und nebensächliche Unterschiede zwischen zwei idealistischen Richtungen (Positivismus und kritischer Realismus) als Hauptunterschiede proklamieren. Damit soll die Mitarbeit der Naturwissenschaftler erreicht werden, deren spontanem Materialismus man mit der Anerkennung einer realen Außenwelt entgegenkommt. Indem die marxistisch-leninistische Philosophie als eine realistische Richtung mit unbewiesenen Voraussetzungen behandelt wird, soll der Übergang der Naturwissenschaftler vom spontanen zum bewußten Materialismus verhindert werden. Der dialektische Materialismus unterscheidet sich jedoch grundsätzlich vom Positivismus wie auch vom kritischen Realismus und Neothomismus, da er die wissenschaftlichen Ergebnisse des Denkens und die Grundvoraussetzungen der wissenschaftlichen Arbeit gegen die Angriffe jeder idealistischen Richtung verallgemeinert.

Der kritische Realismus hat bei seiner Kritik des Positivismus, erzwungen durch die objektive Entwicklung der Naturwissenschaften, selbstverständlich auch positive Elemente hervorgebracht, die in der weltanschaulichen Auseinandersetzung zu Beginn des 20. Jahrhunderts den Materialismus unterstützten und Probleme der Methodologie der wissenschaftlichen Forschung richtig charakterisieren. So hat Bavink in seinem Buch „Ergebnisse und Probleme der Naturwissenschaften – eine Einführung in die heutige Naturphilosophie" besonders im ersten Teil zur Physik Wesentliches gegen den Positivismus gesagt. E. Becher, ab 1916 der Nachfolger Külpes in München, hat sich in seinen „Philosophischen Voraussetzungen der exakten Naturwissenschaften" über den Begriff der Hypothese mit dem Positivismus vor allem E. Machs auseinandergesetzt. Mit beweiskräftigen Argumenten wendet sich Becher hier gegen die Auffassung von einer hypothesenfreien Physik und weist die Bedeutung der Hypothese für die wissenschaftliche Arbeit nach. Dabei darf nicht vergessen werden, daß Bechers Versuche in eine Zeit fallen, die sehr viele erkenntnistheoretische Schwierigkeiten in den Naturwissenschaften hervorbrachte und die Kritik des

Positivismus an dieser Stelle direkt forderte. Im logischen Positivismus versucht er ja dann in den zwanziger und dreißiger Jahren gerade erkenntnistheoretische und methodologische Probleme zu behandeln. Richtig erkennt Becher, daß die für eine hypothesenfreie Physik formulierten Argumente durchweg philosophischer Natur waren und daß es sich nicht etwa nur um die eine oder andere Hypothese handelte, sondern daß das Prinzip der Hypothesenbildung in der Naturwissenschaft überhaupt in Frage stand.

Wenn auch diese Auseinandersetzung nicht an die prinzipiellen Kritiken heranreicht, die Lenin gegen den Positivismus führte, so sei doch vermerkt, daß Lenin in seinem „Materialismus und Empiriokritizismus" Bechers Buch „Philosophische Voraussetzungen der exakten Naturwissenschaften" (1907) positiv erwähnt.[59]

Die Hervorhebung positiver Leistungen der kritischen Realisten oder einzelner Vertreter dieser Schule ändert allerdings nichts an der gegebenen Grundeinschätzung. Positivismus und kritischer Realismus versuchen mit ihrer Naturphilosophie idealistische Deutungen naturwissenschaftlicher Erkenntnisse zu geben. Zwar meinen ihre Vertreter, neben den Richtungen Materialismus und Idealismus zu stehen. Wir haben jedoch gesehen, daß der Positivismus dem subjektiven und der kritische Realismus dem objektiven Idealismus zuneigt. Letzteres wird besonders deutlich, wenn sich kritischer Realismus und Neothomismus verbinden.

KAPITEL IX

Mensch uud Wissenschaft

Das Verhältnis des Menschen zur Wissenschaft hat verschiedene Aspekte. Meistens wird die Beantwortung der Frage: Was bringt die Wissenschaft dem Menschen? in den Vordergrund gestellt. Es wird auf die Verbesserung der Lebensbedingungen verwiesen, auf die Erfolge der technischen Entwicklung, der Medizin usw. Die Bedürfnisse der Menschen sind gewachsen und werden mit Hilfe neuer wissenschaftlicher Einsichten immer besser befriedigt. Es wächst die Zahl der Menschen und ihr durchschnittliches Lebensalter. Aber auch die Gefahren werden erkannt, die durch die Ausnutzung wissenschaftlicher Erkenntnisse zur Produktion von Massenvernichtungswaffen entstanden sind. Deshalb wird in der marxistischen Literatur darauf hingewiesen, daß Richtung und Ziel wissenschaftlichen Forschens unter kapitalistischen und sozialistischen Bedingungen sich prinzipiell unterscheiden. Das Verhältnis des Menschen zur Wissenschaft kann nicht abstrakt betrachtet werden, weil es in einer bestimmten Gesellschaftsordnung von den dort herrschenden gesellschaftlichen Verhältnissen abhängt.

Neben den Ergebnissen der Wissenschaft für den Menschen und den Anforderungen der Gesellschaft an die Wissenschaft unterliegt auch der Mensch selbst der wissenschaftlichen Analyse. Medizin, Psychologie, Pädagogik, Philosophie, Wirtschafts- und Rechtswissenschaften befassen sich mit verschiedenen Seiten des menschlichen Daseins. Die Entwicklung des Menschen und der Gesellschaft, der Klassenkampf, die kulturelle Betätigung und vieles andere wird erforscht.

Ungenügend wird jedoch die moderne wissenschaftliche Denkweise selbst zum Gegenstand wissenschaftlicher Untersuchungen gemacht. Manche Naturwissenschaftler beschäftigt die Frage, ob die moderne Wissenschaft nicht den Menschen aus dem Auge verliere. Walter Heitler meint, „daß große Teile der gegenwärtigen Wissenschaft selbst lebensfremde und lebensfeindliche Züge aufweisen.“ [1] Es geht hier um den humanistischen Gehalt wissenschaftlichen Forschens und nicht um äußere Beziehungen zwischen Wissenschaft, Mensch und Gesellschaft, bei denen die Ergebnisse der Wissenschaft nur auf ihren Nutzen oder Schaden für die Menschheit geprüft werden. Die Wissenschaft kann nicht nur die Lebensweise der Menschen, sondern auch den Menschen selbst verändern. Heitler behandelt eine Reihe von Gesichtspunkten des Verhältnisses von Mensch und Wissenschaft, die oft unter Naturwissenschaftlern diskutiert werden. Auch drücken seine Auffassungen die Angst von Menschen in kapitalistischen Ländern vor der unheilvollen Entwicklung der Naturwissenschaft aus. Leider wird dabei die Rolle der gesellschaftlichen Verhältnisse für die Wissenschaftsentwicklung nicht beachtet. Naturwissenschaftliche Erkenntnisse sind nicht an sich gut oder böse, sondern werden es durch bestimmte gesellschaftliche Verhältnisse, die Ausbeutung des Menschen durch den Menschen, Kriege usw. hervorbringen. Auch die Wissenschaft selbst muß analysiert werden. Man muß die Bedenken Heitlers ernst nehmen: „Es scheint, daß die Wissenschaft schon im Begriffe ist, in vielen Bereichen unseres Lebens die Macht zu übernehmen und den Menschen nach ihrem Ebenbild zu formen. Es ist in der Tat vorgeschlagen worden, den Menschen durch chemische Änderung seiner Erbanlagen zu ‚verbessern'. So wie die Wissenschaft heute zum großen Teil verstanden und betrieben wird, wäre dies im Endeffekt der gut arbeitende Roboter, durch Chemie wohl ernährt, durch Pillen in die gewünschte Verfassung gebracht, sei es Schlaf, hemmungsloser Mut oder willenloser Gehorsam, und durch automatische Freizeitgestaltung bei guter Laune gehalten."[2]

Sicher kann man die wissenschaftliche Forschung nicht aufhalten, aber man muß die Gefahren kennen, die sie mit sich bringt. Die Wissenschaft bietet selbst Mittel, um den Gefahren zu begegnen. Man muß die von den Wissenschaftlern vorgeschlagenen Lösungen der Probleme diskutieren und die humanistischen Forderungen an die Wissenschaft ausarbeiten.

1. Die moralische Verantwortung des Wissenschaftlers

1.1. Gefahren wissenschaftlicher Entwicklung

Die Produktion und der Einsatz der Massenvernichtungswaffen haben vielen Menschen die Augen über die Gefährlichkeit wissenschaftlicher Entdeckungen geöffnet. Als Otto Hahn, der Entdecker der Uranspaltung, vom Abwurf der Atombombe auf Japan erfuhr, war er tief erschüttert, zu welchen Ergebnissen seine Entdeckung führte. Am 7. August 1945 schrieb der mit Hahn und anderen Wissenschaftlern gemeinsam internierte Erich Bagge in sein Tagebuch: „Der beklagenswerte Prof. Hahn! Er erzählte uns, daß er schon damals, als er zum erstenmal erkannte, welche furchtbaren Wirkungen die Uranspaltung haben könne, mehrere Nächte lang nicht geschlafen und erwogen habe, sich das Leben zu nehmen. Eine Zeitlang sei sogar der Plan aufgetaucht, ob man zur Verhütung dieser Katastrophe nicht alles Uran ins Meer versenken solle. Aber kann man gleichzeitig die Menschheit um all die segensreichen Wirkungen bringen, die das Uran andererseits auslöst?"[3] Hier werden wir bereits mit einem der Probleme konfrontiert, mit dem wir uns später noch einmal auseinandersetzen wollen. Man könnte die Verantwortung des Wissenschaftlers dahingehend bestimmen, daß er für die friedliche Verwendung seiner Erkenntnisse zum Nutzen der Menschheit sorgen müsse. Aber wer gibt ihm die Möglichkeit dazu? Unter kapitalistischen Verhältnissen hat er fast keinen Einfluß auf die weitere Ausnutzung seiner Entdeckungen. Überhaupt können so grundlegende Entdeckungen, wie die von Hahn, zu den verschiedensten Folgeerscheinungen führen, die vorher meist gar nicht abzusehen sind. Es geht also nicht mehr nur um die Beziehung des einzelnen Wissenschaftlers zu seinen Erkenntnissen. Neben der persönlichen Verantwortung hat auch die Gesellschaft ihrer Kontrollpflicht gegenüber der Wissenschaft nachzukommen, was wiederum zu der Frage nach den herrschenden gesellschaftlichen Verhältnissen führt, die den Charakter dieser Kontrolle beeinflussen. Schon das einfache Beispiel von der einsichtigen Gefahr der Massenvernichtungswaffen führt uns deshalb zu einer Vielzahl neuer Probleme, von der persönlichen Verantwortung über die gesellschaftliche Kontrolle bis hin zur Produktion dieser Waffen zur Verteidigung des Sozialismus.

Noch komplizierter wird unsere Betrachtung des humanistischen Gehalts wissenschaftlicher Forschungsarbeit, wenn wir eine andere Gruppe Gefahren ins Auge fassen. Denken wir etwa an die chemische Vergiftung der Natur durch Schädlingsbekämpfungsmittel. Der Erfolg gibt uns recht, denn die Erträge steigen. Durch die Entwicklung widerstandsfähiger Schädlinge werden die Gifte immer stärker, und es können unbeabsichtigte Nebenwirkungen auftreten, da nicht nur Schädlinge, sondern auch andere Lebewesen vernichtet werden. Auch auf Genetik, Chemie und Pharmakologie in ihrer Bedeutung für den Menschen kann man verweisen. Inwieweit ist die Anwendung von Drogen berechtigt? Wo beginnt der Mißbrauch? Zu welchen Folgerungen führt die Humangenetik? Diese Fragen sind schwer zu beantworten, wenn man nicht einfach triviale Fälle herausgreift.

Die technische Entwicklung gestattet heute, über die Massenmedien das Informationsbedürfnis vieler Menschen zu befriedigen, sie mit den Kunstschätzen der Vergangenheit und Gegenwart vertraut zu machen, führt aber auch zur Manipulierung des Bewußtseins unter den Verhältnissen des staatsmonopolistischen Kapitalismus. Reklame und Propaganda suggerieren ein Bild von den gesellschaftlichen Verhältnissen und der Rolle des Individuums, das einseitig und teilweise völlig entstellt ist. Aber von vielen Menschen wird dieses Bild für die Wirklichkeit genommen, so daß mancher Arbeiter den Verlust der Freiheit gar nicht mehr empfindet.

Diese wenigen Beispiele sollen nur die Gefahren verdeutlichen, die auf den verschiedensten Gebieten für den Menschen und die Entwicklung der menschlichen Gesellschaft aus wissenschaftlichen Einsichten heraus entstanden sind und weiter entstehen können. Das veranlaßte Heitler zu der Feststellung, daß sich die Wissenschaft vom Menschen abgewandt habe. Die in der modernen Wissenschaft erhobenen Forderungen nach Analyse und Messung, nach quantitativer und kausaler Erfassung der Wirklichkeit bezeichnet er als einseitig. Er meint: „Diese Wissenschaftsrichtung entfernt sich mehr und mehr vom Leben und vom Menschen. Sie will betont nicht anthropomorph sein. Weder die Welt der Atome noch die des astronomischen Universums ist für Menschen erlebbar. Sie kann nur gedacht und mit komplizierten Instrumenten, die nur der Experte versteht, beobachtet werden. Und wieviel ist durch die Beschränkung auf das quantitative und auf den kausalen Ablauf verlorengegangen! Praktisch alles, was wir wirklich erleben: Die Sinnesqualitäten, Farbe, Töne, Geruch usw., alles, was Gestalt und Form hat, vor allem die Gestalten der Lebewesen, – und insbesondere alles seelische und geistige Innenleben. All dies ist dieser Wissenschaftsrichtung prinzipiell – auf Grund ihrer Voraussetzungen – nicht zugänglich. Und doch tritt sie oft mit dem Anspruch auf, die ganze Wahrheit zu sein und folglich unser Leben zu beherrschen."[4] Heitler leugnet keineswegs den Fortschritt unserer Erkenntnis, den wir gerade durch diese Methoden erreicht haben. Wissenschaftliche Exaktheit erfordert die quantitative Erfassung qualitativer Phänomene, die Zerlegung der Ganzheit. Gerade deshalb muß man seinen Einwand sorgfältig prüfen, ob nicht diese Haltung den Wissenschaftler dazu verleitet, das analysierte Phänomen nicht mehr in der Synthese zu betrachten, sondern es zerlegt bestehen zu lassen. Heitler sieht in dieser Auffassung einen neuen mechanistischen Aberglauben, den diese Wissenschaftsrichtung auch auf den Menschen anwendet: „Sie will die Lebewesen nach ihrem Ebenbild formen und macht aus ihnen

Uhrwerkmechanismen. Sie will auch den Menschen in ihr Schema zwängen und versucht ihn hinter die Gitter eines unfreien, seelenlosen und morallosen Daseins zu bringen, das womöglich das Dasein des Roboters sein soll."[5] Diese Haltung zum Menschen bedeutet für den Wissenschaftler, daß er seine Arbeit nicht mehr zu verantworten braucht. Auch gegen den Willen des Menschen und zu seinem Schaden an ihm vorgenommene Experimente wären daraus begründbar. Über den Menschen, dem die Wissenschaft dienen soll, wird dann das wissenschaftliche Interesse gestellt, das völlig von den menschlichen Interessen losgelöst ist und etwa als reiner Forscherdrang (ohne Rücksicht auf die Folgen) maskiert wird. Macht man die Erkenntnis zum alleinigen Maßstab wissenschaftlicher Forschungsarbeit und bestimmt nicht das humanistische Ziel der Wissenschaft, dann ist der Mensch nur noch Objekt der Wissenschaft und beherrscht ihre Ergebnisse nicht mehr.

Hier wird das Verhältnis von Wissenschaft und Humanismus zum Problem, das ebenfalls wissenschaftlich gelöst werden muß. Seine oberflächliche Untersuchung könnte sich gegen den Materialismus richten, der den Menschen auch als Objekt wissenschaftlicher Forschung betrachtet. Für den historischen Materialismus ist jedoch der Mensch sowohl als Objekt wie auch als Subjekt der Geschichte Objekt der Forschung. Auch die Gesetze seines gesellschaftlichen Handelns werden erforscht.

Es ist interessant, daß Heitler sich gegen den Materialismus wendet, indem er die von ihm als einseitig verurteilte Wissenschaftsrichtung als materialistisch bezeichnet. Über die Gefahren für den Humanismus, die von dieser Richtung ausgehen, meint er: „Die Bedrohung der Menschheit durch Atombomben und Ähnliches ist allgemein bekannt. Größer ist die schleichende Gefahr der moralischen Vernichtung der Menschen, der später vermutlich die physische folgen würde. (Wenn wir einmal soweit sind, im Menschen nur eine komplizierte Maschine zu sehen, was liegt dann daran, ihn zu zerstören?) Noch besitzen wir ein großes Kapital von Humanismus, das sich dieser Gefahr schützend entgegenstellt. Es stammt wohl hauptsächlich aus vergangenen Zeiten. Die meisten Menschen wissen natürlich noch um menschliche und ethische Werte. Aber tun wir wirklich genug, um dieses kostbare Kapital gegen den Ansturm einseitiger Wissenschaft und ihrer vielen verantwortungslosen Anwendungen zu bewahren? Bewahren ist nicht genug. Es muß stets mit neuem Leben erfüllt und neu geschaffen werden."[6]

Heitlers Warnung vor einer einseitigen Denkweise der modernen Wissenschaft, die zu einer Enthumanisierung der Wissenschaft führen kann, ist sicher berechtigt. Ob jedoch die Alternative, die er uns anbietet, einen Ausweg darstellt, möchte ich bezweifeln. Die Ergänzung des Analysierens, Messens, Abstrahierens und Datenverarbeitens durch Zusammensehen, durch Anschauung und intuitive Gesamtschau will das Problem nur durch die Umorientierung der Wissenschaftler auf eine neue Denkweise lösen. Die genannten Gefahren haben jedoch nicht nur wissenschaftliche, sondern auch außerwissenschaftliche, gesellschaftliche Ursachen.

1.2. Zu den Ursachen der Gefahren

Will man die Frage beantworten, was die Wissenschaft selbst tun kann, um die durch ihre Entwicklung für den Menschen heraufbeschworenen Gefahren zu bannen, muß man zunächst deren Ursachen suchen. Wir wollen einige Hauptursachen nennen. Erstens führt die von Heitler und vielen Wissenschaftlern erwähnte Spezialisierungstendenz der Wissenschaft zum teilweisen Verlust der Gesamtschau. So untersuchen z. B. verschiedene Wissenschaften die Entwicklung der menschlichen Beziehungen in unserer sozialistischen Gesellschaft, ohne daß eine von ihnen in der Lage wäre, sie allseitig zu erforschen. Darauf wurde bei der Behandlung des Verhältnisses von Integration und Spezialisierung schon hingewiesen. Wenn wir jedoch den humanistischen Gehalt der wissenschaftlichen Forschungsarbeit betonen, wenn es uns stets um das Wohl des Menschen geht, dann brauchen wir dieses allseitige Bild von der Entwicklung der menschlichen Beziehungen, um daran die wissenschaftlichen Erfolge messen zu können. Es geht eben nicht einfach um Erkenntnisgewinn, sondern um solche Erkenntnisse, die es den Menschen gestatten, ihre Existenzbedingungen besser zu produzieren, ihr Leben zu verlängern und sich zu entwickeln, die Kultur zu erweitern usw. Die verschiedenen Wissenschaften liefern jedoch nur ein Teilbild. Es geht um den Maßstab der Entwicklung, d. h. um die zukünftigen menschlichen Beziehungen unter bestimmten gesellschaftlichen Verhältnissen. So untersuchen die Naturwissenschaften Voraussetzungen für das menschliche Leben, mögliche naturwissenschaftliche Verbesserungen für die Existenzbedingungen des Menschen bis hin zu den Verebungsmechanismen und den objektiven Grundlagen des Denkens. Daraus lassen sich aber keine Aussagen über das Ziel naturwissenschaftlicher Forschungsarbeit ableiten. Unter der Voraussetzung des von Heitler genannten mechanistischen Menschenideals hätte jede Wissenschaft das Recht, ihre Erkenntnisse auch zum Schaden bestimmter Menschengruppen anzuwenden. Aber auch keine der Gesellschaftswissenschaften kann allein dieses Ziel bestimmen. Die Ökonomie berücksichtigt die materiellen gesellschaftlichen Beziehungen, die materiellen Interessen, Bedürfnisse, Stimuli usw. Die Pädagogik wiederum synthetisiert schon in gewisser Weise Erkenntnisse anderer Wissenschaften, aber doch nur bezogen auf Bildung und Erziehung. In vielen Fragen ist sie auf andere Wissenschaften angewiesen, was schon an einem so einfachen Beispiel deutlich wird, daß der Bildungsinhalt auf den verschiedensten Wissensgebieten sich in Abhängigkeit von der Entwicklung der entsprechenden Wissenschaften verändert. Auch die Vermittlung der Bildung verändert sich durch neue Methoden in der Wissenschaft und neue technische Möglichkeiten. Der Philosoph kann wiederum kaum die Theorie der menschlichen Beziehungen im Sozialismus ausarbeiten, ohne die Ergebnisse beispielsweise der Ökonomie, Psychologie und Rechtswissenschaften zu kennen. Die Gefahr, die aus der Spezialisierung nun entstehen kann, besteht gerade in der Verabsolutierung von speziellen Erkenntnissen zu allgemeinen Theorien.

Zweitens kann die Entwicklung eines Weltbilds der Wissenschaften, das den Menschen aus der Betrachtung ausschließt, zur Gefahr werden. Das ergibt sich bereits aus dem bisher Gesagten. Dabei kann nicht der abstrakte Mensch das Ziel wissenschaftlichen Forschens sein, sondern es ist der Mensch, dessen Wesen als das Ensemble der gesellschaftlichen Verhältnisse zu bestimmen ist, wobei primär die materiellen Verhältnisse, die Produktionsverhältnisse sind. Der dialektische Materialismus leugnet die Rolle des Menschen als des Subjekts der Geschichte keineswegs. Er stellt aber die Wissenschaft vom Menschen im historischen Materialismus selbst auf einen materialistischen Boden. Gerade deshalb schrieben Marx und Engels in der „Heiligen Familie" über die Rolle des Proletariats: „Es kann sich aber nicht selbst befreien, ohne seine eigenen Lebensbedingungen aufzuheben. Es kann seine eigenen Lebensbedingungen nicht aufheben, ohne alle unmenschlichen Lebensbedingungen der heutigen Gesellschaft, die sich in seiner Situation zusammenfassen, aufzuheben. Es macht nicht vergebens die harte, aber stählende Schule der Arbeit durch. Es handelt sich nicht darum, was dieser oder jener Proletarier oder selbst das ganze Proletariat als Ziel sich einstweilen vorstellt. Es handelt sich darum, was es ist und was es diesem Sein gemäß geschichtlich zu tun gezwungen sein wird. Sein Ziel und seine geschichtliche Aktion ist in seiner eigenen Lebenssituation wie in der ganzen Organisation der heutigen bürgerlichen Gesellschaft sinnfällig, unwiderruflich vorgezeichnet."[7] Gerade die wissenschaftliche materialistische Analyse der gesellschaftlichen

Entwicklung führt auch zum realen Humanismus, der die Befreiung der ganzen Menschheit durch die Befreiung des Proletariats fordert. Insofern unterlag in der Marxschen Analyse der Mensch als Subjekt der Geschichte auch der wissenschaftlichen Forschung. Die Gefahr, die aus der Mißachtung dieses Tatbestands entspringen kann, besteht zwar einerseits, wie Heitler betonte, in der Entfernung der Wissenschaft vom Menschen, ausgedrückt in einem mechanistischen Menschenbild. Sie besteht aber auch andererseits in der Negation des materialistischen Herangehens an die Stellung des Menschen in Natur und Gesellschaft. Dann wird zwar der Mensch als Ziel wissenschaftlichen Forschens anerkannt, aber der Mensch selbst nicht der Analyse unterworfen, sondern als unanalysierbares Phänomen betrachtet, wie das der Existentialismus macht, der nicht zu den Determinanten menschlichen Handelns vordringt.

Drittens bringt fehlende Einsicht der Wissenschaftler in die gesellschaftlichen Verhältnisse Gefahren mit sich. Hier sind wir bereits bei außerwissenschaftlichen Ursachen, denn es geht dabei um den notwendigen praktischen Kampf des Wissenschaftlers zur humanen Verwendung seiner Erkenntnisse, den er nur erfolgreich führen kann, wenn er sich mit den Klassenkräften verbündet, die für den gesellschaftlichen Fortschritt eintreten.

Viertens kann auch die Monopolisierung der Macht, wie sie im staatsmonopolistischen Kapitalismus erfolgt, zur Verwendung aller technischen und wissenschaftlichen Erkenntnisse für die Unterdrückung der Mehrheit der Gesellschaft genutzt werden.

Die Tragweite der letztgenannten Ursachen wird von Heitler noch ungenügend berücksichtigt, wenn er über die Gründe der Gefahren schreibt: „Der Grund dürfte nicht nur darin zu suchen sein, daß Menschen, sei es aus Mangel an Verantwortungsgefühl oder aus Sucht nach Geld und Macht, Erkenntnisse falsch angewandt haben. Mit Hilfe der Wissenschaft ist es so leicht, Leben in großem Stil zu schädigen und zu zerstören, aber Leben schaffen können wir nicht. Es scheint, daß etwas von dieser lebenzerstörenden Tendenz in der heutigen Wissenschaft selbst enthalten sein muß".[8] Es geht um die notwendige Veränderung der gesellschaftlichen Verhältnisse, durch die bestimmte Gefahrengruppen generell ausgeschaltet werden können, nämlich die, die dem humanistischen Anliegen vieler Wissenschaftler entgegenwirken. Der Humanismus vieler Naturwissenschaftler in den kapitalistischen Ländern drückt sich vor allem in folgenden Forderungen an die Wissenschaft aus: Sie soll dem Wohl der Menschheit dienen. Dazu bedarf es aber solcher gesellschaftlicher Verhältnisse, die das überhaupt zulassen. Deshalb ist der humanistische Wissenschaftler, der dieser Forderung entsprechen will, zum Kampf gegen alle Verhältnisse gezwungen, unter denen wissenschaftliche Erkenntnisse zur Ausbeutung der Menschen, zur Unterdrückung der Mehrheit durch eine Minderheit eingesetzt werden. Weiter soll die Wissenschaft dem Frieden dienen. Das erfordert den Kampf gegen den Einsatz von wissenschaftlichen Erkenntnissen zu aggressiven Zwecken. Hierzu braucht der Wissenschaftler wiederum Einsicht in die Gesetze der gesellschaftlichen Entwicklung, um sich richtig orientieren zu können und die Aggressionspolitik imperialistischer Staaten von der Verteidigungspolitik sozialistischer Staaten unterscheiden zu können. Die Wissenschaft richtet sich auch gegen Rassendiskriminierung, Nationalismus und Chauvinismus. Die Geschichte zeigt jedoch, daß sich viele Wissenschaftler auch dafür mißbrauchen lassen. Denken wir nur an das chauvinistische Manifest deutscher Wissenschaftler der Akademie der Wissenschaften zum ersten Weltkrieg und an die Vertreter der „Deutschen Physik" in der Zeit des Faschismus. Die humanistischen Forderungen der Naturwissenschaftler müssen selbst wissenschaftlich analysiert und auf ihre Erfüllbarkeit überprüft werden. Sie erfordern eine wissenschaftliche Gesellschaftstheorie und den Kampf der Wissenschaftler um die Bedingungen, unter denen sie erfüllt werden können. Ohne die Mittel real einzuschätzen, die den Humanismus garantieren, bleibt er abstrakt, wird nicht zum realen Humanismus. Darauf ist noch einmal zurückzukommen.

Heitler hat aber zweifellos recht, wenn er auch auf die Ursachen in der Wissenschaft selbst verweist, die Gefahren mit sich bringen. Er geht dabei vor allem auf die Spezialisierung und die damit verbundene analytische und quantifizierende Betrachtungsweise der modernen Wissenschaft ein.

1.3. Worin besteht der Ausweg?

Heitler schildert am Beispiel der physikalischen Erforschung der Farben, worin er einen der Hauptmängel der modernen Wissenschaft sieht. Die qualitativen Wahrnehmungen werden in quantitative und damit meßbare Sachverhalte transformiert, die sie dann erst wissenschaftlich verarbeiten kann. So hatte es die Physik verstanden, die qualitative Farbwahrnehmung durch das quantitative Substrat der Wellenlänge zu ersetzen. Zum Gegenstand wissenschaftlicher Erkenntnis wurde nun nur noch das gerechnet, was meßbar ist. Heitler schreibt zu dieser Haltung der Wissenschaft: „In den quantitativen Tatsachen glauben wir eine sichere Wahrheit, sozusagen schwarz auf weiß, in den Händen zu haben, während alles Qualitative von menschlichen Gefühlen mitbedingt ist. Im Laufe der Zeit ist es dazu gekommen, daß Messung, d. h. die quantitative Beobachtung auch das einzige ist, was als Phänomen der Welt, die außerhalb des Menschen existiert, zugelassen und wissenschaftlich verwertet wird. Die Natur antwortet nur auf Fragen, die man ihr stellt. Wir stellen (durch entsprechende Experimente) quantitative Fragen und erhalten quantitative Antworten. Das bedeutet natürlich nicht, daß nicht auch qualitative Begriffe in der exakten Wissenschaft vorkommen, sie sind aber stets mit quantitativen verbunden."[9] Diese Haltung wurde durch Galilei und Newton begründet, und der Erfolg gab ihr recht. Sie wurde zum Maßstab für die Wissenschaftlichkeit überhaupt. Exakte wissenschaftliche Aussagen können damit nur über meßbare, quantitativ bestimmbare Sachverhalte gemacht werden.

Goethes Kritik an der Newtonschen Farbenlehre bestand nun darin, daß in ihr die Farbe nicht mehr als Objekt der wissenschaftlichen Forschung galt. Heitler sieht darin einen rationellen Kern. Er steht mit dieser Auffassung auch nicht allein. Heisenberg schreibt dazu: „Wenn Goethe sagt, daß das, was der Physiker mit seinen Apparaten beobachtet, nicht mehr die Natur sei, so meint er ja wohl auch, daß es weitere und lebendigere Bereiche der Natur gebe, die eben dieser Methode der Naturwissenschaft nicht zugänglich seien. In der Tat werden wir gerne glauben, daß die Naturwissenschaft dort, wo sie sich nicht mehr der leblosen, sondern der belebten Materie zuwendet, immer vorsichtiger werden muß mit den Eingriffen, die sie zum Zwecke der Erkenntnis an der Natur vornimmt. Je weiter wir unseren Wunsch nach Erkenntnis auf die höheren, auch die geistigen Bereiche des Lebens richten, desto mehr werden wir uns mit einer nur aufnehmenden, betrachtenden Untersuchung begnügen müssen."[10] Hier wird wieder das Ideal wissenschaftlicher Forschungsmethoden zur Diskussion gestellt, worum es schon beim Verhältnis von Philosophie und Materialismus ging. Es gibt danach in den Wissenschaften, die sich mit der anorganischen Materie befassen, durch Eingriffe, Messungen usw. quantitative Aussagen, während die anderen Wissenschaften sich mit einer betrachtenden Untersuchung begnügen müssen. Gerade in dieser Richtung möchte Heitler auch die Einseitigkeit der quantitativen Untersuchungsmethode aufheben, indem er die analytische durch eine synthetische Erkenntnis ergänzt. Er sagt dazu: „Auf der einen Seite das Analysieren, Atomisieren, Meßinstrumenteablesen, Datenverarbeiten, intellektuelles Abstrahieren. Auf der anderen Seite das Zusammensehen, die Anschauung, das intuitive Erkennen von Gesamtheiten. Es braucht kaum gesagt werden, daß die zweite Richtung mehr dem Leben dient als die erste. Die erste dient der Technik, dem Erschaffen von leblosen Mechanismen, die als Diener unser Leben erleichtern sollen, aber nicht berufen sind, uns zu ihren Dienern zu machen." [11]

Versuchen wir uns noch einmal die wesentlichen Punkte der Heitlerischen Wissenschaftsbetrachtungen zu verdeutlichen: Erstens hat sich in der Wissenschaft eine sehr erfolgreiche Richtung herausgebildet, die die qualitativen Wahrnehmungen auf meßbare Phänomene zurückführt und dadurch der wissenschaftlichen Betrachtung zugänglich macht. Zweitens bringt die wissenschaftliche Entwicklung eine ganze Reihe von Gefahren für die Menschheit mit sich, von der Atombombe über die chemische Vergiftung der Natur bis zur falsch eingesetzten Reklame. Die Ursachen für diese Gefahren können nicht nur im Mißbrauch der Ergebnisse allein liegen, sondern müssen auch in der wissenschaftlichen Denkweise selbst begründet sein. Deshalb ist es drittens notwendig, die vorherrschende wissenschaftliche Denkweise kritisch zu untersuchen. Dabei stellt sich heraus, daß ihre Anwendung auf den Menschen zur Entmoralisierung der Wissenschaft führt. Sie entfernt sich vom Menschen und gleicht ihn den Maschinen an. Der Mensch ist nur noch Objekt der Wissenschaft und nicht mehr ihr Beherrscher.

Den Ausweg sieht Heitler in der Veränderung dieser Denkweise und der sinnvollen Ergänzung der besonders durch die Physik geprägten Forschungsmethode durch eine synthetisierende Methode. Erreicht er damit die Beseitigung der Gefahren, die er selbst nennt? Wir haben schon gesehen, daß er die gesellschaftlichen Ursachen dafür unterschätzt und das Schwergewicht auf die innerwissenschaftlichen legt. Auch dabei ergibt sich eine Gefahr. Es wird die Möglichkeit quantifizierender Betrachtungsweisen in der Biologie und der Gesellschaftswissenschaft zwar nicht negiert, aber doch als unwesentlich abgetan. Hier liegt aber gerade eine der modernen Forschungsrichtungen mit Aussicht auf Erfolg vor. Die Einführung der Mathematik in viele gesellschaftswissenschaftliche Disziplinen brachte bereits beachtliche Resultate. Damit entsteht jedoch auch in diesen Forschungsbereichen die Gefahr, von der Heitler sprach, nämlich den Menschen aus den Augen zu verlieren.

Um die von Heitler charakterisierten Gefahren zu bannen, reicht der Appell an die Wissenschaftler, ihre Denkweise kritisch zu überprüfen, nicht aus. Für die wissenschaftliche Betrachtung des Problems dürften folgende wesentliche Seiten unbedingt erforderlich sein: Erstens geht es um die Aufgaben der Wissenschaft.

Wir hatten schon betont, daß im dialektischen und historischen Materialismus der Mensch nicht nur als Objekt betrachtet wird, sondern auch als handelndes Subjekt der Geschichte. Die analytische Betrachtungsweise würde als Ausgangspunkt der wissenschaftlichen Untersuchungen das menschliche Individuum nehmen. Man kann jedoch, wie Marx gezeigt hat, den Menschen nur begreifen, wenn man seine gesellschaftlichen Beziehungen begreift. Heute weiß man, daß keine Wissenschaft, auch nicht die Physik, das Forschungsobjekt an sich, losgelöst von seiner Umgebung und seinen Wirkungen auf die Umgebung betrachtet. Immer mehr dringt die Betrachtungsweise in den Vordergrund, die Einzelobjekte als Elemente von Systemen begreifen will, deren Verhalten durch die Systemgesetze statistisch, aber nicht eindeutig bestimmt ist.

Sieht man einmal von den Besonderheiten ab. die gesellschaftliche Gesetze gegenüber den Naturgesetzen haben, dann gilt in dieser Allgemeinheit die angedeutete Betrachtungsweise in beiden Bereichen. Gesetze im Elementarteilchenbereich erfassen nicht das eindeutige Verhalten einzelner Objekte, sondern ihr Wahrscheinlichkeitsverhalten. Das Gesetz gibt eine Skala von Möglichkeiten, von denen zwar eine notwendig verwirklicht wird, aber welche das sein wird, ist (bezogen auf das Gesetz) zufällig. Dabei ist dieses zufällige Verwirklichen doch durch Wahrscheinlichkeiten bestimmt. Die quantifizierende Betrachtungsweise ist in der modernen Wissenschaft selbst modifiziert worden. Es handelt sich nicht mehr um die Erkenntnis von Gesetzen, die für das Verhalten nur eine Möglichkeit zulassen, die notwendig verwirklicht werden muß. Das ist der Grenzfall einer umfassenderen statistischen Konzeption, nach der das Gesetz ein Möglichkeitsfeld für das Verhalten der einzelnen Objekte angibt, die zu dem System gehören, für das das Gesetz gilt. Diese Konzeption der quantifizierenden Betrachtungsweise hat große Bedeutung auch für die gesellschaftswissenschaftliche Forschung. Das individuelle Verhalten wird damit in Gesetzen erfaßt, die eine Skala von Möglichkeiten geben, von denen eine bestimmte auf Grund der vorhandenen Bedingungen verwirklicht wird.

Die zu untersuchenden Systeme sind Klassen, Gruppen und die ganze Gesellschaft, deren Systemgesetze zu finden sind. In dieser Hinsicht fällt also ein bisher immer wieder betonter prinzipieller Unterschied zwischen Natur- und Gesellschaftswissenschaft auf, der in der quantifizierenden Betrachtungsweise der Naturwissenschaft gesehen wurde.

Deshalb kann der Ausweg auch nicht darin bestehen, daß man die analytische, quantifizierende und kausale Betrachtungsweise, wie Heitler meint, durch eine andere ergänzen müsse. Das würde die bisherige Kluft nicht überwinden, sondern bestehen lassen. Er sagt selbst: „Die

Resultate beider Forschungsrichtungen sind durch eine Kluft getrennt, die gegenwärtig fast unüberbrückbar scheint. Wir haben keine Idee, wie die Farbe, die wir sehen, mit der elektromagnetischen Welle wirklich zusammenhängt, was der Geruch der Rose mit der chemischen Formel der ätherischen Öle zu tun hat, wie die Blütengestalt einer Pflanze mit der Chemie ihrer Chromosomen zusammenhängt, usw. Nur ein paar oberflächliche und beschränkt gültige Korrelationen, wie die Farbe-Wellenlänge-Beziehung, sind bekannt. Solange diese Zusammenhänge so völlig im dunkeln liegen, kann von einem wahren Verständnis der Natur und vor allem der Lebensvorgänge keine Rede sein." [12] Das echte Problem scheint mir, wie schon betont, darin zu bestehen, wie die notwendige Spezialisierung der Wissenschaften sinnvoll in den Integrationsprozeß eingeordnet wird.

Wir haben beispielsweise auf die chemische Vergiftung der Natur durch Schädlingsbekämpfungsmittel hingewiesen. Offensichtlich kommen wir hier nicht zu einem Verständnis der zukünftigen Naturvorgänge, wenn wir die Intuition und Anschauung zu Hilfe nehmen. Die Auflösung der Qualität dieser Naturvorgänge in verschiedene quantitativ erfaßbare Seiten ist unbedingt erforderlich. Das leistet aber die Spezialisierung. Der Chemiker liefert Gifte gegen die Schädlinge. Der Biologe untersucht die Wirkung der Gifte auf die Pflanze. Der Landwirtschaftswissenschaftler versucht andere Sorten zu züchten. Die Lebensbedingungen der Schädlinge und ihre Verbreitung werden studiert. Der Ökonom kann Nutzen und Schaden für die Volkswirtschaft abwägen usw. Um jedoch die Vergiftung der Natur zu verhindern, reicht es nicht aus, auf chemische Gifte zu verzichten, weil sonst der Schaden für die Ernährung zu groß wäre. Aber auch die unkontrollierte Anwendung der Gifte ist auf die Dauer nicht tragbar. Ist die Erkenntnis solcher Integrationsprobleme und die Einsicht in die notwendige komplexe Arbeitsweise zu ihrer Lösung vorhanden, müssen solche Forschungskollektive auch organisiert werden, weil sie sich nicht spontan herausbilden. Die ganze traditionell entstandene Wissenschaftsorganisation ist nicht geeignet, die Bearbeitung solcher Integrationsprobleme zu fördern.

Würde man der von Heitler geforderten Ergänzung der analytischen Betrachtungsweise die Aufgabe zur Lösung solcher Probleme stellen, so wäre ihre wissenschaftliche Bearbeitung nicht garantiert. Spezialisierung ist die notwendige Voraussetzung für die Integration, wie diese die notwendige Ergänzung der Spezialisierung ist, um zu einem Gesamtbild einer Erscheinung zu kommen. Von Heitler wird m. E. das Problem der Zergliederung ganzheitlicher Phänomene gesehen, das durch einseitiges Herangehen an die komplexen qualitativen Erscheinungen entsteht, aber seine Lösungsvorschläge reichen nicht aus.

Man kann auch nicht bei der Feststellung stehen bleiben, daß sich die Wissenschaft vom Menschen entfernt. Der Mensch unterliegt in verschiedener Hinsicht der wissenschaftlichen Forschung. Biologie und Medizin untersuchen Entwicklung und Gesundheit oder Krankheit des Menschen. Die Gesellschaftswissenschaften befassen sich mit den gesellschaftlichen Beziehungen, während die Psychologie das individuelle Verhalten auf diese gesellschaftlichen Verhältnisse bezieht usw. Wir wollen nur hervorheben, wie auch verschiedene Seiten des menschlichen Verhaltens von Spezialisten untersucht werden, die die Gesetze dieses Verhaltens erkennen. Dabei ist die Gesetzeserkenntnis nicht in jeder wissenschaftlichen Disziplin auf der gleichen Höhe. Manche haben erst qualitative Beziehungen formuliert, andere geben schon quantitative Abschätzungen, und nur wenige Gesetze sind bereits mathematisch ausgearbeitet. Generell gibt dabei jedes Gesetz, wie bereits erwähnt, ein Möglichkeitsfeld für das individuelle Verhalten an. Die Ausarbeitung der Gesamtheit der menschlichen Beziehungen in einer bestimmten Etappe der gesellschaftlichen Entwicklung stellt aber wiederum eines der genannten Integrationsprobleme dar, das von der Wissenschaft gelöst werden muß. Dabei ist es wichtig, daß der Mensch als Subjekt der Geschichte selbst zu einem Determinationsfaktor seiner Zukunft wird, der die Bedingungen für die Existenz bestimmter Gesetze gesetzmäßig verändern kann. Darauf werden wir noch einmal zurückkommen. Hier wollen wir nur die Feststellung treffen, daß die menschlichen Beziehungen von der Wissenschaft erforscht werden müssen und nicht als irrationaler Maßstab die Moral des Wissenschaftlers bestimmen. Die wissenschaftliche Entwicklung wirkt auch auf die Veränderung der menschlichen Beziehungen zurück, deren Verbesserung das Ziel wissenschaftlichen Forschens ist.

So überwinden wir die Schranken in der Wissenschaft durch die Wissenschaft selbst. Sie kann ihren Beitrag zur Beseitigung einer Reihe von Gefahren leisten, wenn Ziel und Richtung wissenschaftlichen Forschens bestimmt werden und die Lösung der Integrationsprobleme mit wissenschaftlichen Methoden erfolgt. Neben den Aufgaben der Wissenschaft geht es zweitens um die Haltung des Wissenschaftlers, durch die eine Reihe von Gefahren entstehen oder vermieden werden kann. Wir haben bereits auf die humanistischen Ideale vieler Naturwissenschaftler verwiesen. Es muß jedoch klar gesagt werden, daß durch die wissenschaftliche Forschung allein diese Ideale nicht verwirklicht werden. Nur der aktive Einsatz aller Wissenschaftler für sie gibt Aussicht auf Erfolg. Dazu gehören der Kampf um Frieden und soziale Gerechtigkeit, gegen den Mißbrauch wissenschaftlicher Erkenntnisse für aggressive, menschenfeindliche Zwecke, für die Verteidigung sozialer Errungenschaften, für Demokratie usw. Um diesem Handeln eine wissenschaftliche Grundlage zu geben, bedarf es bestimmter Einsichten in die Gesetze der gesellschaftlichen Entwicklung. Hier ist der Naturwissenschaftler direkt auf die Forschungsergebnisse der Gesellschaftswissenschaften angewiesen. Angesichts der durch die Wissenschaft für den Fortschritt der Menschheit heraufbeschworenen Gefahren trägt auch der Wissenschaftler gegenüber der Menschheit eine besondere Verantwortung für die Verwendung seiner Forschungsergebnisse.

Drittens hat auch die Gesellschaft Pflichten gegenüber der Wissenschaft und den Wissenschaftlern. Dazu gehört vor allem die Kontrolle der wissenschaftlichen Arbeit und der Verwendung ihrer Ergebnisse. Unter staatsmonopolistischen Verhältnissen kann diese Kontrollpflicht durch die Gesellschaft kaum erfüllt werden, da die herrschende Klasse gerade die wissenschaftlichen Erkenntnisse, die Bedeutung für den Machtapparat und die Kriegsindustrie haben, nicht der Kontrolle durch demokratische Institutionen zugänglich macht. Wie sich die Wissenschaftler deshalb mit den demokratischen Kräften verbinden müssen, müssen diese sich ebenso um die Mitarbeit der Wissenschaftler bemühen. Verschiedene gesellschaftliche Verhältnisse führen zu verschiedenen Bedingungen für die Wissenschaft. Dabei vollzieht sich der Wettstreit zwischen den unterschiedlichen gesellschaftlichen Systemen auch auf wissenschaftlichem Gebiet. Gerade diese Beziehung wird von manchen Wissenschaftlern noch zuwenig gesehen. Sie betrachten den wissenschaftlichen Wettbewerb nur als einen Streit um die besseren Ideen zur Lösung eines speziellen Problems. In Wirklichkeit steckt auch dahinter die Auseinandersetzung zwischen Kapitalismus und Sozialismus in unserer Zeit. Das wird durch den amerikanischen Nationalökonomen Galbraith ausgesprochen. Er sagt über die Bedeutung der Sputniks und sowjetischen Mondsonden: „Jene Errungenschaften, die zweifellos mit militärischer Bedrohung verbunden, aber keineswegs durch sie bedingt sind, waren dem Prestige der Sowjets ungeheuer förderlich. Sie haben mit einer weitverbreiteten und keineswegs auf die nichtkommunistischen Länder beschränkten Meinung aufgeräumt, derzufolge man solche Leistungen normalerweise von den Vereinigten Staaten zu erwarten habe. Der Mythos von Amerikas Allmacht im Reiche der Wissenschaften war dahin. Schon seit langem galten ja wissenschaftliche Errungenschaften als Quelle nationalen Prestiges." [13]

Wir haben versucht, kurz die Aufgaben zu skizzieren, die vor der

Wissenschaft, den Wissenschaftlern und der Gesellschaft in bezug auf die Wissenschaft stehen, um die Gefahren zu verhindern, die sich aus der Entwicklung der Wissenschaft ergeben. Es wurde deutlich, wie kompliziert das Verhältnis von Mensch und Wissenschaft ist. Viele Aspekte konnten nur angedeutet werden. Es ist jedoch offensichtlich geworden, daß Heitler ein echtes Problem behandelt, nämlich die heute vorherrschende Konzeption wissenschaftlichen Arbeitens und ihre Gefahren. Man muß also neben den Beziehungen zwischen Gesellschaft, Mensch und Wissenschaft auch die wissenschaftliche Denkweise selbst analysieren und ihre Mängel beim komplexen Verständnis von Natur und Gesellschaft herausarbeiten, um Wege zu deren Überwindung zu finden.

2. Zur Determiniertheit menschlichen Erkennens und Handelns

Von Heitler wurde bei der Behandlung seines Themas auch eine Reihe von Problemen erwähnt, die Bedeutung für das Verhältnis von Mensch und Wissenschaft haben und von der marxistischen Philosophie bisher teilweise noch ungenügend ausgearbeitet wurden. Man kann sie in der Frage zusammenfassen: Was determiniert das menschliche Erkennen und Handeln? Wir haben schon betont, daß Heitler den mechanischen Materialismus angreift und von einem mechanischen Aberglauben spricht, der den Menschen nur als eine komplizierte Maschine betrachtet. Angriffe auf die materialistische Haltung zum menschlichen Handeln sind nicht selten. Dabei wird nicht immer nur der mechanische, sondern auch der dialektische Materialismus gemeint.

2.1. Materialismus und menschliches Handeln

Als in den zwanziger und dreißiger Jahren unseres Jahrhunderts die Diskussion um die philosophischen Konsequenzen der Quantentheorie begonnen wurde, stellte mancher Teilnehmer in der Diskussion den Materialismus in Frage. Anlaß dazu war die für die Erkenntnis notwendige Wechselwirkung zwischen Gerät und Objekt, die während des Beobachtungsprozesses zu einer Änderung des Objekts führt.[14] Heitler benutzt in seinen Ausführungen dieses Argument: „Im ganzen logischen Aufbau der Quantenmechanik ist der bewußte Beobachter ein wesentliches Glied. Der Mensch also, insofern er Beobachter ist, kann nicht mehr ignoriert werden ... Der Physiker kommt allerdings kaum in die Lage, wo all dies eine Rolle spielt. Er interessiert sich ja für Gesetze, und zwar für quantitative Gesetze. Diese zeigen sich aber erst in statistischem Sinn. Um Wahrscheinlichkeiten experimentell zu prüfen, muß er dieselbe Messung an vielen Einzelobjekten wiederholen. Hier herrschen dann quantitative Gesetze wie früher."[15] Heitler bemerkt richtig, daß es sich um eine Änderung unserer Gesetzesauffassung und nicht um die Aufhebung des objektiven Charakters der Gesetze handelt. Die erkannten statistischen Gesetze sind ebenso subjektunabhängig wie die Gesetze der klassischen Physik. Es kann also hier nicht der materialistische Standpunkt überhaupt, sondern nur der mechanische Materialismus angegriffen werden, der die praktische Veränderung der Wirklichkeit als Grundlage der Erkenntnis negierte. Deshalb ist auch die Einwirkung des Subjekts auf das Objekt nicht die Begründung für die Existenz statistischer Gesetze. Die Wechselwirkung zwischen Lichtquant und Elektron beispielsweise vollzieht sich auch unabhängig davon, ob das Lichtquant sich durch ein angenommenes Mikroskop bewegt, wie das im Gedankenexperiment Heisenbergs der Fall ist, oder nicht. Deshalb gibt die bei der Einwirkung des Subjekts auf das Objekt vorhandene Wechselwirkung nur den Stoff für die Analyse des Prozesses und die Aufdeckung der objektiven Gesetze, die subjektunabhängig sind. Unter Gesetzen verstehen wir dabei allgemeinnotwendige, d. h. reproduzierbare, und wesentliche Zusammenhänge.

Problematisch ist noch der Begriff des Objektiven. Man kann ihn durch Subjektunabhängigkeit erfassen, muß aber erläutern, was darunter zu verstehen ist. Heitler meint dazu: „Als objektiv wollen wir eine Erscheinung bezeichnen, die von allen Menschen mit gesunden Sinnen in gleicher Weise beurteilt wird. Wenn eine Längenmessung objektiv ist, dann heißt das, daß alle Menschen mit gesundem Verstand die gleiche Länge finden, wenn sie den gleichen Maßstab anlegen. Die ganze Objektivität der exakten Wissenschaft beruht auf der Wiederholbarkeit und allgemeinen Gültigkeit der Meßresultate, also darauf, daß alle Menschen (die dazu fähig sind) das gleiche Resultat ablesen."[16] Wir wissen, daß Lenin gegen diese Argumentation schon einwandte, daß alle Menschen unter bestimmten historischen Bedingungen die Existenz Gottes in gleicher Weise beurteilten. Offensichtlich ist aber die Reproduzierbarkeit des Vorgangs ein wesentliches Merkmal der objektiven Gesetze. In der Messung selbst vermischen sich subjektive und objektive Elemente. Es handelt sich dabei ja gerade um die aktive Einwirkung des Subjekts auf das Objekt. Wir wollen deshalb als objektiv das bezeichnen, was subjektunabhängig ist. Materiell ist dagegen das, was außerhalb und unabhängig vom menschlichen Bewußtsein existiert. Materielle Prozesse können als Erkenntnisobjekt vom Menschen verändert werden und müssen es auch, wenn er ihr Wesen erkennen will. Das Ergebnis des Erkenntnisprozesses ist dann die ideelle Widerspiegelung der materiellen Prozesse durch Erkenntnis der objektiven Gesetze, die den Charakter des Prozesses bestimmen.

Hier stoßen wir auf verschiedene Aspekte der Subjektunabhängigkeit. Gegenstand unserer Erkenntnis sind nicht nur materielle Prozesse, sondern auch Prozesse, die eine Einheit von materiellen und ideellen Komponenten sind, wie die Handlungen der Menschen sowie die ideellen Objekte selbst, Sprache, Metasprachen usw. Auch hierbei kommt es darauf an, im Ergebnis des Erkenntnisprozesses die objektiven Gesetze zu kennen, die die Beziehungen in diesen Prozessen und zwischen den ideellen Objekten bestimmen. Sicher ist dabei die in einer Nomenklaturkommission getroffene Entscheidung für die Benennung etwa eines neuen Elements in der Chemie nicht objektiv, aber der mit dem Wort bezeichnete Sachverhalt, etwa die Reaktionsweisen dieses Elements, sind subjektunabhängig. Auch aufgestellte Regeln, etwa für ein Spiel, sind nicht objektiv. Man kann aber an sie zwei Fragen stellen: erstens, ob sie sinnvoll sind, und zweitens, welche Folgerungen sich aus ihnen ergeben. Insofern sind sie auch Erkenntnisgegenstand, können aber als Spielregeln nach dem Ermessen des Subjekts wieder geändert werden.

Subjektunabhängigkeit gibt es in verschiedener Hinsicht. Die in der Natur existierenden objektiven Gesetze sind unabhängig von der menschlichen Gesellschaft überhaupt. Sie verändern sich auch nicht in Abhängigkeit von der Entwicklung der Gesellschaft. Gesellschaftliche Gesetze sind dagegen von der Entwicklung der Gesellschaft abhängig. Sie haben verschiedenen Allgemeinheitsgrad und können für die gesellschaftliche Entwicklung überhaupt oder nur für bestimmte Formationen gültig sein. Auch die Handlungen der Menschen können objektive Faktoren sein. Das ist der Fall im Klassenkampf, in dem die Handlungen des Gegners als objektive Faktoren in die eigene Strategie eingehen. Auch hier muß die Gesellschaftswissenschaft die objektiven Gesetze erkennen, die das Möglichkeitsfeld der Handlungen bestimmen.

Der Erkenntnisprozeß, in dem der Mensch auf das Objekt einwirkt, kann ebenso zum Gegenstand der Erkenntnis gemacht werden wie die Beziehungen verschiedener Menschen, Menschengruppen und Klassen zueinander und wie der einzelne Mensch und das Bewußtsein. Die Subjektunabhängigkeit kann sich also auf die Gesetze, Verhältnisse und Tatbestände beziehen, die entweder von der Gesellschaft, von einer Klasse oder von den einzelnen Menschen unabhängig sind. Dabei existiert eine Hierarchie objektiver Gesetze, bei denen die allgemeinen den Rahmen für das Wirken spezieller Gesetze bestimmen. Ein Gesetz bezieht sich nie auf den einzelnen Prozeß in seiner konkreten Bestimmtheit, sondern immer auf reproduzierbare Vorgänge. Durch die Analyse objektiver Tatbestände werden Gesetze gefunden.

In das objektive gesellschaftliche Gesetz gehen die Handlungen der Menschen als Komponenten ein. Darauf hatte schon Engels in seinem Brief an Bloch verwiesen. Das Endresultat entsteht aus den Konflikten vieler Einzelwillen. Jeder Mensch trägt zur Resultante bei und ist in sie einbegriffen.[17] Die marxistische Philosophie hat die Erkenntnis des objektiven Charakters der gesellschaftlichen Entwicklung wesentlich vertieft. Wir machen die Geschichte selbst, aber sie verläuft nach bestimmten Gesetzen. Wir erklären die gesellschaftliche Entwicklung nicht mechanisch-deterministisch, sondern auf Grund der erkannten Gesetze, die verschiedene Möglichkeiten für das geschichtliche Ereignis zulassen. Darauf hatte Marx schon verwiesen, als er über die Zufälle in der Geschichte sprach.[18]

Heitler vereinfacht deshalb die Marxsche Auffassung, wenn er schreibt: „Karl Marx hat das kausale Argument in die Geschichtsbetrachtung eingeführt: Der Geschichtsablauf ist die Folge eines Spiels gegeneinander wirkender wirtschaftlicher Kräfte. Er oder seine Nachfolger gehen so weit, auf einen zwangsläufigen, deterministischen Ablauf der Geschichte zu schließen, ganz wie es die Physik für mechanische Bewegungen tut.“[19] Wenn man schon die Physik heranziehen will, dann könnte man die Marxsche Auffassung von den objektiven Gesetzen höchstens mit der modernen Physik und ihren statistischen Gesetzen vergleichen. Wichtig ist jedoch, daß Marx den Materialismus in die Geschichtsbetrachtung einführte und auf dieser Grundlage die objektiven Gesetze der kapitalistischen Gesellschaftsordnung analysierte. Er deckte die materiellen gesellschaftlichen Verhältnisse als die gegenüber dem Bewußtsein bestimmenden auf und stellte sich auf den materialistischen Standpunkt: „Die Produktionsweise des materiellen Lebens bedingt den sozialen, politischen und geistigen Lebensprozeß überhaupt. Es ist nicht das Bewußtsein der Menschen, das ihr Sein, sondern umgekehrt ihr gesellschaftliches Sein, das ihr Bewußtsein bestimmt.“[20] Der Ausgangspunkt für Marx ist deshalb nicht einfach die gesellschaftliche Praxis, sondern die Produktionsweise des materiellen Lebens, die er dem Bewußtsein als das Bestimmende entgegenhält.

Es reicht deshalb nicht aus, um den materialistischen Standpunkt zu charakterisieren, wenn H. Seidel schreibt: „Daß im Arbeitsprozeß praktische (sinnlich-gegenständliche) und theoretische Tätigkeit eine Einheit bilden – ebenso wie die materielle und ideelle Tätigkeit –, ist nicht zu bestreiten. Diese These wird allerdings erst dann zu einer wissenschaftlichen, den Idealismus überwindenden Erkenntnis, wenn die Praxis als die Ursache und die Grundlage des theoretischen Verhältnisses, als das sie letzthin bestimmende Moment gefunden ist. Dies kann aber nur durch eine gründliche Analyse des Subjekt-Objekt-Verhältnisses geschehen."[21] Wenn man die Praxis zur zentralen Kategorie der marxistischen Philosophie erklärt, wird dabei ein Umstand übersehen. In der praktischen Tätigkeit, im Verändern der Wirklichkeit, ist das bewußte Handeln entscheidend. Von dieser Seite her wird der materialistische Ausgangspunkt nicht herausgearbeitet, sondern gerade verwischt. Deshalb ist es notwendig, auf die materiellen Verhältnisse zu verweisen, die das Bewußtsein bestimmen, wie Marx das tat.

In der Produktion, durch die Entwicklung der Produktivkräfte bedingt, gingen die Menschen Verhältnisse ein, die unabhängig von ihrem Willen waren. Selbst wenn es uns gelingt, durch das gesellschaftliche Eigentum an Produktionsmitteln ermöglicht, diese Verhältnisse bewußt zu modifizieren, so bleiben sie doch ihrem Wesen nach durch den Charakter der Produktion bedingt. Zukünftige Umwälzungen vollziehen sich bei uns später nicht mehr als Veränderungen der Eigentumsformen, wenn man allgemeines Volkseigentum als schon gegeben annimmt, sondern als Umgestaltung der Beziehungen der Menschen in der Produktion. Diese nicht vom Willen abhängigen Beziehungen bilden die Grundlage für die materialistische Theorie. Sie werden in ihren objektiven Gesetzen erkannt und bestimmmen das Bewußtsein. Dabei muß die materialistische Gesellschaftstheorie, auch wenn sie diesen Ausgangspunkt festhält, das Verhältnis von gesellschaftlichem Sein und Bewußtsein untersuchen und die Rückwirkung bewußten Handelns auf diese Verhältnisse berücksichtigen. Insofern hat die Praxis große Bedeutung. In ihr wird die bisher schon erkannte Theorie, also das Bewußtsein entscheidend zur Grundlage des Handelns. Den Idealismus überwinden wir aber nicht durch diese These, denn sie ist hauptsächlich gegen den mechanischen Materialismus gerichtet, sondern nur durch die Betonung dessen, was auch unser Bewußtsein bestimmt, eben der materiellen gesellschaftlichen Verhältnisse.

Auch die Analyse des Subjekt-Objekt-Verhältnisses liefert uns den materialistischen Ausgangspunkt nicht. In der Veränderung des Objekts durch das Subjekt wird der Einfluß des Menschen deutlich, wie Heitler am Beispiel des Beobachters in der Quantentheorie betont. In der Gegenüberstellung von materiellen und ideellen Verhältnissen dagegen wird gerade vom Erkenntnisprozeß abgesehen und der Ausgangspunkt der Erkenntnis, eben die materiellen Verhältnisse, dem Endprodukt der Erkenntnis, der Theorie oder allgemeiner dem Bewußtsein, gegenübergestellt. In dieser erkenntnistheoretischen Gegenüberstellung begründen wir unseren materialistischen Standpunkt, indem wir die materiellen Verhältnisse als primär gegenüber den ideellen ansehen.[22] Eine auf materialistischer Grundlage ausgearbeitete Gesellschaftstheorie gibt uns dann die wissenschaftliche Grundlage für unser Handeln.

Wir müssen den materialistischen Standpunkt in dieser Frage stets gegen zwei extreme Auffassungen verteidigen. Einerseits wird das aktive, verändernde Einwirken der Menschen auf die natürlichen und gesellschaftlichen Beziehungen vernachlässigt. Dieser im mechanischen Materialismus vorherrschende Standpunkt wurde von Marx durch die Betonung der Praxis kritisiert. Andererseits wird jedoch mit der Begründung, daß der Mensch bewußt handle und die Wirklichkeit verändere, die Existenz objektiver gesellschaftlicher Gesetze und materieller gesellschaftlicher Verhältnisse in Frage gestellt. Demgegenüber wurden durch Marx und Engels die Produktionsverhältnisse als die das Bewußtsein bestimmenden hervorgehoben und die Existenz objektiver Gesetze im Handeln der Menschen ausgearbeitet.

2.2. Gesetz und Zufall

Heitler kritisiert die mechanisch-materialistische Gesetzesauffassung. Dabei versteht er unter kausalen Gesetzen solche, bei denen aus den Gegebenheiten in einem Zeitpunkt zwangsläufig die Geschehnisse unmittelbar folgen. Teleologische Gesetze sind für ihn solche, die eine Gesamtgestalt, eine zu bildende Form, die Gesamtheit einer Bewegung, oder auch etwas, was erst in späterer Zukunft geschehen soll, betreffen. Den Unterschied leitet Heitler aus dem unterschiedlichen Herangehen von Kepler (teleologisch) und Newton (kausal) an die Wirklichkeit ab. Kausalgesetze sollen blind gegenüber der Zukunft sein, denn die zufälligen Anfangsbedingungen legen erst die künftige Bewegung fest. Über den Zufall sagt Heitler dann: „Zufall dient nie der Schaffung von Ordnung, er wirkt immer in der Richtung wachsender Unordnung. Ein aus mehreren Körpern bestehendes System, dessen Anfangsbedingungen zufällig sind, wird fast immer eine ungeordnete Bewegung zeigen. Nur wenn die Anfangsbedingungen durch Menschenhand geeignet gesetzt sind, ist eine geordnete Bewegung zu erwarten. Und selbst dann genügt meistens eine kleine Einwirkung von außen, die Ordnung zu zerstören und in Bälde Unordnung zu erzeugen."[23] Hier taucht wieder die prinzipielle Frage nach der Wissenschaftskonzeption auf, die unseren heutigen Erkenntnissen entspricht. Sollen wir den Zufall als Maß der Unordnung fassen und ihn den Gesetzen entgegenstellen? Dann kommen wir zu der Alternative: Zufall oder Absicht. Entweder ist alles, was sich bis heute entwickelt hat, zufällig entstanden, oder es steckt dahinter eine ordnende Kraft, die ähnlich dem Menschen die Anfangsbedingungen so eingerichtet hat, daß die Entwicklung stattfinden konnte. Mit Hilfe der kausalen Gesetze ist jedenfalls die Entwicklung nicht zu erklären.

Das führt Heitler auch zu der Annahme, die Entwicklung der Lebewesen habe sich nach einem Plan vollzogen, da er die zufällige Entwicklung so komplizierter Organismen ablehnt. Er meint: „Wenn wir aber schon im Zusammenhang mit den Kausalgesetzen ein außermenschliches geistiges Prinzip anerkennen müssen, dann besteht auch keine Schwierigkeit, ein solches auch für Plangebung, z. B. in der Evolution, verantwortlich zu machen."[24] Er setzt also die teleologische Betrachtungsweise der kausalen entgegen. Dieses Herangehen wird verständlich, wenn man bedenkt, daß die kausalen Gesetze zur Erklärung der Welt wirklich nicht ausreichen. Kausale Gesetze erfassen die eindeutige Abhängigkeit des zukünftigen vom gegenwärtigen Zustand, wesentlich für den wirklichen Ablauf des Prozesses sind jedoch die Anfangsbedingungen. Sind bestimmte Anfangsbedingungen vorhanden, dann verläuft der Prozeß nach dieser Gesetzesauffassung automatisch. Diesem Weltbild setzt Heitler die Idee eines außermenschlichen geistigen Prinzips, das die wirklichen Vorgänge lenkt, entgegen.

Da diese Problematik große weltanschauliche Bedeutung besitzt, wollen wir kurz darauf eingehen. Sicher gibt es noch Mängel in der marxistischen Theorie. Wir haben immer noch keine Typologie der Gesetze. Die verschiedenen Arten des Zufalls sind ungenügend ausgearbeitet. Oft wird der Zufall nur als unwesentlich betrachtet; er kann jedoch als Störfaktor für ein System auch wesentliche Bedeutung haben, wenn er zu einer qualitativen Änderung des Systems führt. Trotz dieser Mängel in der Theorie haben wir im dialektischen Determinismus die prinzipielle Lösung des Problems bereits vorliegen. Engels und Marx hatten schon darauf hingewiesen, daß sich die verschiedenen Zufälle im menschlichen Handeln, in dem Gegen- und Miteinander verschiedener Pläne von Gruppen, gegenseitig kompensieren, aber nicht so, daß als Resultante Null entstünde. Dann wäre gesellschaftliche Entwicklung wirklich ausgeschlossen. Es zeigen sich in diesem Spiel der gesellschaftlichen Kräfte bestimmte Entwicklungstendenzen, deren Erforschung uns zur Formulierung von Gesetzen führt, die Grundlage unseres Handelns sein können. Solange die mechanistische Gesetzesauffassung vorherrschte, wurden diese gesellschaftlichen Gesetze als nicht exakt angesehen. Von vielen Gegnern des Marxismus wird dies heute noch als Argument benutzt. Die Entwicklung unserer Gesetzesauffassung zeigte jedoch, daß sich Zufall und Gesetz nicht als einander ausschließende Momente gegenüberstehen und der Zufall nicht nur das Gesetz bei der konkreten Verwirklichung modifiziert. Letzteres wird zum Ausdruck gebracht, wenn wir den Zufall als Erscheinungsform der Notwendigkeit oder genauer der Gesetze fassen, die das zufällige Ereignis bestimmen.

Wir hatten schon bei der Behandlung der statistischen Gesetze darauf hingewiesen, wie der Zufall heute seinen Platz im Gesetz selbst hat. Das aus dem Gesetz sich ergebende Möglichkeitsfeld enthält eine gesetzmäßige, notwendige Verteilung der verschiedenen Möglichkeiten für das Verhalten der Elemente eines Systems. Obwohl nun eine bestimmte Möglichkeit durch ein Element in bezug auf das Gesetz zufällig verwirklicht wird, bestimmen die vorhandenen Anfangsbedingungen diese Verwirklichung. Diese Bedingungen sind aber nicht nur zufällig. Das Gesetz gibt für die Verwirklichung einer bestimmten Möglichkeit die Wahrscheinlichkeit an. Haben wir es also mit Gesetzen zu tun, die den gesamten gesellschaftlichen Prozeß charakterisieren, so ergeben sich Möglichkeiten für die gesellschaftliche Umwälzung in einzelnen Ländern. Diese Möglichkeiten sind nicht alle gleich wahrscheinlich. Sie sind in ihrer Wahrscheinlichkeit abhängig von den inneren und äußeren Bedingungen. Die Gesellschaftswissenschaft kann also, nach eingehender Analyse der Lage, angeben, welche wesentlichen Bedingungen vorhanden sein müssen, damit eine bestimmte Möglichkeit Wirklichkeit wird, etwa der Übergang zum Sozialismus durch parlamentarische Machtergreifung, gestützt auf außerparlamentarische Aktionen. Die Analyse der wesentlichen Bedingungen gibt dann die Orientierung für den praktischen Kampf. Hier kann nun wieder der Zufall eine Rolle spielen, wie Marx hervorhob: „Die Weltgeschichte wäre allerdings sehr bequem zu machen, wenn der Kampf nur unter der Bedingung unfehlbar günstiger Chancen aufgenommen würde. Sie wäre andererseits sehr mystischer Natur, wenn ‚Zufälligkeiten' keine Rolle spielten."[25]

Das Verhältnis von Zufall und Gesetz wird also generell durch zwei Komponenten bestimmt. Einerseits ist der Zufall die Erscheinungsform des Gesetzes, der die konkrete Verwirklichung einer Möglichkeit modifiziert, indem er zu Schwankungen um die im Gesetz zum Ausdruck gebrachte Tendenz führt. Andererseits haben wir es mit der zufälligen Verwirklichung einer der Möglichkeiten, die das Möglichkeitsfeld des Gesetzes angibt, zu tun. Beide Komponenten gelten sowohl für Natur- als auch für gesellschaftliche Gesetze. Die dynamischen Gesetze sind nur ein Grenzfall dieser statistischen Gesetze, die das Verhalten von Elementen in komplizierten Systemen bestimmen. In der Gesellschaft kommt nun eine weitere Komponente hinzu, das ist das bewußte Handeln der Menschen. Wie wir gesehen haben, liegen dem Handeln selbst bestimmte Gesetze zugrunde. In ihnen ist der bewußt handelnde Mensch nur Objekt der Geschichte, da sich in seinem Handeln die gesellschaftlichen Gesetze auch gegen seinen Willen durchsetzen. Die Erkenntnis dieser Gesetze macht jedoch den Menschen unter unseren gesellschaftlichen Bedingungen zum Beherrscher seiner Verhältnisse. Da die gesellschaftlichen Gesetze nur den Rahmen bestimmen, in dem sich die gesellschaftliche Entwicklung vollzieht, muß der Mensch mit seinen gezielten Aktionen dafür sorgen, daß eine bestimmte Möglichkeit Wirklichkeit wird. Gerade die Analyse der verschiedenen Möglichkeiten, die das Gesetz enthält, und die Aufdeckung der wesentlichen Bedingungen, die zur Verwirklichung einer Möglichkeit führen, erlauben den organisierten gesellschaftlichen Kräften, ihren Kampf um diese Bedingungen zu führen. Die verschiedene Wertigkeit der Möglichkeiten gestattet den richtigen Einsatz der Kräfte. So ist der Mensch einerseits Objekt der Geschichte, er kann aber durch auf Sachkenntnis beruhende Entscheidung und entsprechendes Handeln zum freien Subjekt der Geschichte werden.

Wir wollten diese prinzipielle Lösung des Problems nur andeuten, weil sie große Bedeutung für unseren materialistischen Standpunkt hat. Der Mensch geht mit seinen Handlungen immer als Determinationsfaktor in die zukünftigen gesellschaftlichen Prozesse ein. Was wir heute bewußt schaffen, ist objektive Bedingung für das Handeln späterer Generationen. Das erlegt uns auch die Pflicht auf, an unsere Nachfolger zu denken. Der Mensch kann den Verlauf der Geschichte nur als organisierte gesellschaftliche Kraft beeinflussen, nicht indem er die objektiven Gesetze außer Kraft setzt, sondern indem er die Bedingungen schafft, die die im Gesetz enthaltene und von ihm gewünschte Möglichkeit verwirklichen.

Die Alternative, die Heitler zwischen kausalen und teleologischen Gesetzen sieht und bei der er sich für die Annahme eines außermenschlichen geistigen Prinzips entscheidet, verdeckt gerade die Probleme, die für das auf wissenschaftlicher Grundlage beruhende Handeln der Menschen wesentlich sind, eben das wirkliche Verhältnis von Gesetz und Zufall. Zweifellos muß man sich gegen den Automatismus der gesellschaftlichen Entwicklung wenden, den manche mit der Anerkennung objektiver Gesetze verbinden. Aber das reicht nicht aus. Der Zufall muß der Erkenntnis zugänglich gemacht werden, damit seine Auswirkungen im bewußten Handeln berücksichtigt werden können. Die Anerkennung objektiver Gesetze und die menschliche Freiheit schließen sich also nicht gegenseitig aus, sondern bedingen einander. Die Kenntnis der gesellschaftlichen Gesetze ist Voraussetzung der menschlichen Freiheit.

3. Gibt es Gesetze der Wissenschaftsethik?

3.1. Ethik und Wissenschaft

Das materialistische Herangehen an die gesellschaftliche Entwicklung und die Existenz objektiver gesellschaftlicher Gesetze, die vom Menschen bewußt ausgenutzt werden können, sind die Grundlage für die Lösung des von Heitler behandelten Problems der Verantwortung des Wissenschaftlers für seine Erkenntnisse. Wir haben auf die Vielfalt der dabei auftretenden Beziehungen, auf die Aufgaben der Wissenschaft, des Wissenschaftlers und der Gesellschaft schon im ersten Abschnitt hingewiesen. Wir können uns jetzt mit der Auffassung Heitlers noch einmal beschäftigen, daß auch die Wissenschaft selbst nicht ethisch wertfrei ist. Heitler meint: „Daß der Erfinder für die Dinge, die er macht, verantwortlich ist, – und nicht erst derjenige, der sie praktisch verwendet – darüber kann kein Zweifel bestehen. Die Dinge, die der Erfinder machen kann und glaubt machen zu dürfen, stehen aber in engstem Zusammenhang mit der ganzen wissenschaftlichen Einstellung, die der Erfindung vorhergeht.“ [26] Sicher hat die Einstellung zum Menschen, die der Erfinder hat, Auswirkungen auf seine Art zu experimentieren. Wer den Menschen und den Humanismus in der Wissenschaft negiert, wird sich auch zu wissenschaftlicher Arbeit bereitfinden, die dem Menschen schon von der Anlage her schadet. Denken wir nur an die Experimente von SS-Ärzten mit Menschen. Aber viele Entdeckungen sind selbst wieder sowohl zum Schaden als auch zum Nutzen der Menschheit verwendbar. Wenn also die Anlage der Forschungsarbeit selbst schon menschenfeindlich oder wenigstens nicht menschenfreundlich ist, so ist der Wissenschaftler, der diese Forschungsarbeit konzipierte und durchführte, zur Verantwortung zu ziehen. Was wollen wir aber in der Zukunft mit den Ergebnissen der Humangenetik anfangen? Ist es nicht an der Zeit, daß sich auch Ethiker mit den Auswirkungen naturwissenschaftlicher Erkenntnisse auf den Menschen befassen und wissenschaftliche Maßstäbe miterarbeiten, die die Grenzen für die humanistische Anwendung wissenschaftlicher Erkenntnisse angeben? Unsere Moral hat sich in dieser Hinsicht entwickelt. Im Mittelalter galt es als antihuman, Leichen zu sezieren. Die Fortschritte der Medizin wären aber sicher ohne diese Methode nicht denkbar. War die Moral auch damals wesentlich von der religiösen Auffassung her bestimmt, so bleibt doch die Frage offen, ob wir heute nicht zu weite oder zu enge Maßstäbe an die wissenschaftliche Entwicklung anlegen. Heitler würde meinen, die Maßstäbe sind zu weit, denn die wissenschaftliche Denkweise schließe den Menschen aus: „Ethische Entscheidungen fallen schon am Schreibtisch. Wenn ich ernsthaft glaube, daß ein Mensch durch eine komplizierte Anordnung von Kohlenstoff- und Phosphoratomen definiert ist, dann bewerte ich ihn eben als Menschen gleich Null, ich beraube ihn seines Menschentums, und dies ist schon eine ethische Entscheidung in negativer Richtung."[27] Heitler erinnert hier an die Beratungen des Londoner Genetikerkongresses von 1962, wo über die freiwillige oder gelenkte Zuchtwahl des Menschen diskutiert wurde. Es wurden Vorschläge gemacht, Menschen mit größeren Gehirnen zu züchten oder die Gliedmaßen für Kosmonauten durch Zucht an andere Bedingungen anzupassen. Wenn man über solche Diskussionen nachdenkt, kann man die Forderung von Heitler nur unterstützen: „Wir brauchen nichts dringender als eine Ethik, die der heutigen Naturwissenschaft angepaßt ist."[28] Es geht dabei nicht um moralische Probleme, wie sie bei der Tätigkeit der SS-Ärzte in der faschistischen Barbarei auftauchten. Dort ist der antihumane Charakter offensichtlich. Es geht um die moralischen Entscheidungen des modernen Naturwissenschaftlers schon beim Konzipieren seiner Forschungsrichtung. Es reicht nicht aus, die Denkweise moderner Wissenschaft nur unter methodologischen und erkenntnistheoretischen Gesichtspunkten zu erforschen. Das ist eine wichtige Aufgabe, bei der sich die Unhaltbarkeit eines mechanisch-deterministischen Weltbildes ergibt. Aus ihm kann die Möglichkeit eigener Entscheidungen des Menschen auch begründet werden, aber der Maßstab für diese Entscheidungen wird nicht gesetzt. Die moderne Ethik muß also die humanistische Zielsetzung der modernen Wissenschaft ausarbeiten. Wissenschaftliche Arbeit ist nicht wertfrei. Sie dient dem Ansehen des Staates, und sie hat eine bestimmte Zielsetzung, die vom Menschen ausgehen kann, aber nicht muß. (Wir können hier wissenschaftliche Arbeiten ausschließen, die keinen direkten Bezug zur Existenz des Menschen und zur Entwicklung der menschlichen Gesellschaft haben.) Die anfangs genannten Gefahren zeigen, wie die Wissenschaft in alle Lebensbereiche eindringt. Es ist unsere Aufgabe, das Ziel der wissenschaftlichen Entwicklung so zu bestimmen, daß sie dem Menschen dient. Die Maßstäbe für dieses Ziel müssen jedoch wissenschaftlich ausgearbeitet werden. Sollten sie zu eng sein, wird die Entwicklung der Wissenschaft gehemmt. Sind sie zu weit, werden Entwicklungen zugelassen, die dem Menschen schaden.

Die Entwicklung der Wissenschaft zwingt dazu, das Verhältnis von Ethik und Wissenschaft zu beachten. Die Erkenntnis will bewertet sein, aber das geht nur, wenn sie als gesellschaftliche Erkenntnis begriffen wird, wobei die Gesellschaft Richtung, Ziel, Arbeitsweise und Auswertung der Erkenntnisse mehr oder weniger direkt bestimmt. Die Entwicklung immer stärkerer Vernichtungswaffen gibt die Möglichkeit, die Menschheit durch einen Krieg mit diesen Waffen zu vernichten, oder sie wird in ihrer Entwicklung zurückgeworfen. Die wissenschaftlich fundierten Praktiken der manipulierten Meinungsbildung durch wenige Monopolgruppen in den imperialistischen Ländern sind Eingriffe in die Freiheit des Menschen. Die Wissenschaft gibt also nicht nur Erkenntnisse, deren Auswertung das Leben der Menschen erleichtert, weil die Existenzbedingungen im umfassenden Sinne besser produziert werden können, sondern auch solche, die das Leben, die Kultur und die Existenzgrundlagen der Menschen bedrohen. Deshalb stellen viele Wissenschaftler die Frage nach dem Wert wissenschaftlicher Theorien, die wahr, aber nicht immer wertvoll für die Menschen sind. Es geht dabei nicht um eine spezifische Ethik für den Wissenschaftler, dessen moralisches Verhalten damit allein theoretisch erfaßt werden könnte, sondern um den Wert wissenschaftlicher Theorien, der nicht aus der Entwicklung der Naturwissenschaft allein bestimmt werden kann. Die moralischen Anforderungen an den Wissenschaftler ergeben sich aus dem Verhältnis der Gesellschaft zur Wissenschaft, die selbst integrierter Bestandteil gesellschaftlicher Entwicklung ist. Wissenschaftsethik ist also keine spezielle Gelehrtenethik, sondern die wissenschaftliche Analyse und theoretische Erklärung des Verhältnisses von Wissenschaft und Humanismus, von Wahrheit und Wert wissenschaftlicher Theorien und den gesellschaftlich bedingten ethischen Forderungen an den Wissenschaftler, die seine Beziehung zu theoretischen Erkenntnissen und deren gesellschaftliche Ausnutzung betreffen. Die Frage, die damit gestellt ist, ist die, ob es Gesetze der Wissenschaftsethik gibt, die Widerspiegelungen objektiver Beziehungen zwischen Wissenschaftsentwicklung, gesellschaftlich bedingter Moralauffassung und moralischem Verhalten der Wissenschaftler darstellen, und welchen Charakter diese Gesetze haben. Ihre Erforschung wäre ein Beitrag zur wissenschaftlichen Fundierung des weitverbreiteten Humanismus der Naturwissenschaftler, der meist abstrakten Charakter hat. Die Ethik hat auf diese Frage der Naturwissenschaftler bisher zu wenig geantwortet. Deshalb kommt es oft zu Kritiken an der Ethik und zur Feststellung, daß eine der modernen Wissenschaftsentwicklung adäquate Ethik geschaffen werden müsse. G. Monod fordert, „die Grundlage der Ethik einer totalen Revision zu unterziehen."[29] Auf internationalen Konferenzen wird über das Verhältnis von Wissenschaft und Ethik diskutiert, weil es aus der Behandlung philosophischer Probleme der Naturwissenschaften nicht mehr ausgeklammert werden kann. Es geht um die Beziehung der Naturwissenschaft zu solchen weltanschaulichen Grundproblemen wie dem Sinn des Lebens und dem Charakter des gesellschaftlichen Fortschritts.[30] Dabei gibt es verschiedene Versuche, der immer deutlicher werdenden moralischen Verantwortung des Wissenschaftlers gerecht zu werden. Meist gehen sie vom abstrakten Humanismus der Naturwissenschaftler aus.

3.2. Abstrakter Humanismus und moralische Verantwortung des Wissenschaftlers

Unter abstraktem Humanismus des Naturwissenschaftlers soll die Auffassung verstanden werden, daß die Wissenschaft dem Wohl der Menschheit zu dienen habe, wobei jedoch die Mittel und Wege, um dieses Ziel zu erreichen, von den gesellschaftlichen Bedingungen, den Möglichkeiten für diese Mittel und die Wege und damit von den realen Klassenauseinandersetzungen und bestimmten gesellschaftlichen Verhältnissen abstrahieren. So wurde von K. Popper der Vorschlag gemacht, und nicht nur von ihm, sondern auch von vielen anderen, die Wissenschaftler durch einen dem hippokratischen Eid ähnlichen Eid zu verpflichten, dem Wohle der Menschen und nicht ihrem Schaden zu dienen.[31] Sicher hätte die Annahme moralischer Normen durch Wissenschaftler, die sie an die Erhaltung des Lebens, der Kultur und Existenzbedingungen der Menschen binden und die deren Sicherung und Entwicklung mit Hilfe wissenschaftlicher Einsichten fördern, Bedeutung für die öffentliche Meinung und für die Beurteilung von wissenschaftlichen Entwicklungen, die gegen diese Normen gerichtet sind, durch sie. Aber die Frage nach den Sanktionen dieser moralischen Normen, die deren Einhaltung garantieren und ihre Verletzung bestrafen, ist nicht beantwortet. Die Geschichte der Medizin kennt Beispiele der reaktionären gesellschaftlichen Nutzung medizinischer Methoden durch Ärzte für Folterungen, tödliche Experimente mit Menschen usw., deren Verurteilung in der öffentlichen Meinung keinen Erfolg brachte. Denken wir etwa an die barbarischen Verbrechen der SS-Ärzte, so fühlten sie sich mit dem hippokratischen Eid nur gebunden, der höheren Rasse zu helfen, aber alles andere zu vernichten, von kommunistischen Gegnern bis zu loyalen Angehörigen einer anderen Rasse. Prozesse gegen solche Ärzte waren erst nach dem Sieg über den Faschismus möglich und werden in imperialistischen Ländern nicht selten verschleppt oder gar als verjährt betrachtet. Selbst dort also, wo dann die juristische Sanktion zur Verurteilung solcher Verbrechen durch Ärzte besteht, wird diese in Abhängigkeit von den gesellschaftlichen Verhältnissen nicht voll genutzt. Deshalb muß die moralische Forderung an den Wissenschaftler, seiner Verantwortung gerecht zu werden und solche wissenschaftlichen Forschungen zu betreiben, die dem Wohl des Menschen dienen, und sich ihrer schädlichen Auswirkung entgegenzustellen, mit der Analyse der Mittel und Wege verbunden werden, sie gesellschaftlich wirksam durchzusetzen.

Er hilft nichts, wenn man etwa meint, nur noch Friedensforschung zu betreiben und jede Forschung für den Krieg einzustellen. Dagegen sprechen zwei wesentliche Gründe.

Der erste ist die Entwicklung der Wissenschaft selbst, die sich nicht aufhalten läßt, deren Erkenntnisse aber auch verschieden genutzt werden können. Denken wir etwa an die zur Schädlingsbekämpfung wichtigen chemischen Gifte, die in großer Dosierung eingesetzt zur Vernichtung der Ernte und zur Verseuchung führen können. Die Entwicklung der Atomphysik vollzog sich sowohl als Suche nach dem überkritischen Reaktor als neuer Energiequelle, als auch durch die Entwicklung der Atombombe. Die Forderung, bestimmte wissenschaftliche Richtungen zu stoppen, ist deshalb illusionär, weil andere Richtungen ebenfalls nicht nur wissenschaftliche Grundlagen zur Verbesserung der Existenzbedingungen, sondern auch zu ihrer Vernichtung schaffen. Diese Feststellung ist nicht mit der Antwort auf die Frage zu verwechseln, ob bestimmte Forschungsrichtungen von der Anlage her schon gegen den Humanismus gerichtet sind. Die polyvalente Ausnutzung wissenschaftlicher Erkenntnisse für kriegerische oder friedliche Zwecke hebt nicht die Notwendigkeit auf, genau zu untersuchen, ob eine Forschung direkt menschenfeindlichen Zwecken dient. Es geht hier darum, daß die Forderung, jede Forschung, die menschenfeindlich ausgenutzt werden kann, einzustellen, bedeutet, jede Forschung überhaupt einzustellen, was praktisch unmöglich ist. Die Analyse von Forschungsrichtungen muß deshalb sowohl diesen polyvalenten Charakter als auch die Möglichkeit beachten, daß Forschungen direkt zum Schaden des Menschen, zu seiner Vernichtung geplant sind.

Der zweite Grund ist gesellschaftlicher Natur. Die Gesellschaft ist in Klassen gespalten, und es existieren verschiedene Gesellschaftssysteme. Die vom Sozialismus angestrebte friedliche Koexistenz von Staaten mit verschiedenen Gesellschaftsordnungen ersetzt nicht die notwendige Verteidigungskraft der sozialistischen Länder. Solange Kriege möglich sind und keine vollständige und allseitige Abrüstung existiert, die wirksam kontrolliert wird, kann es keine einseitige Abrüstung geben. Die möglichen Aggressionskriege verlangen entsprechende wirksame Verteidigungen. Aber auch Befreiungskriege unterdrückter Völker bedürfen eines militärischen Potentials. Der politische und ideologische Klassenkampf wird also auch um die Durchsetzung des Prinzips der friedlichen Koexistenz geführt, um Voraussetzungen für eine wirksam kontrollierte Abrüstung zu schaffen. Der Wissenschaftler steht damit nicht einfach vor der Frage, ob er für den Krieg oder für den Frieden arbeitet, die wegen der Polyvalenz wissenschaftlicher Erkenntnisse bei der Ausnutzung schon schwer zu beantworten ist, sondern vor den noch schwerer zu beantwortenden Fragen: Setzt er sich mit seiner Wissenschaft für den Fortschritt ein? Mit welchen Klassenkräften verbündet er sich? Auf welcher Seite steht er im Klassenkampf? Die Antwort auf diese Fragen verlangt Einsicht in gesellschaftliche Zusammenhänge. Das macht deutlich, daß die moralische Verantwortung des Wissenschaftlers nicht aus der Wissenschaftsentwicklung bestimmt werden kann, sondern nur aus den gesellschaftlichen Gesetzen, der gesellschaftlichen Entwicklung und der Rolle der Wissenschaft, die dabei zu bestimmen ist.

Deshalb löst auch die Forderung nach einer Gewerkschaft der Wissenschaftler, die ihre Regierungen zwingt, nur friedliche Forschung zu betreiben, das Problem nicht.[32] Die Mitglieder dieser Gewerkschaft dürften, wenn sie Erfolg haben wollen, nicht nur durch das Ziel verbunden sein, die Wissenschaft nur noch zum Nutzen der Menschheit einzusetzen, sondern müßten auch Mittel und Wege finden, ihr Ziel zu erreichen. Sie müßten sich damit als politische Macht organisieren, die ihren Platz nicht nur in der wissenschaftlichen, sondern vor allem auch in den Klassenauseinandersetzungen bestimmt. Erst dadurch kann der abstrakte Humanismus zum realen werden. Gerade um diesen realen Humanismus ringen viele Wissenschaftler und solche Bewegungen wie die Weltförderation der Wissenschaftler, die Pugwash-Bewegung usw. Es geht um den Übergang von der abstrakten Forderung nach dem Beitrag des Wissenschaftlers zur friedlichen Regelung internationaler

Probleme, nach dem Einsatz der Wissenschaft zu friedlichen Zwecken, zum realen Klassenbündnis der Wissenschaftler mit den Kräften, die sich für den Fortschritt einsetzen, d. h. mit der Klassenorganisation der Arbeiterklasse, mit dem sozialistischen Lager und mit der nationalen Befreiungsbewegung. Ausgehend von dem Ziel wissenschaftlichen Erkennens, dem Wohle des Menschen zu dienen, wird damit die moralische Verantwortung des Wissenschaftlers zu einer politischen, der er in politischen Organisationen gerecht werden kann, die sich für den Fortschritt einsetzen.

Wie schwierig es jedoch ist, die gesellschaftliche Bedingtheit wissenschaftlich erforschter Prozesse gesellschaftlichen Verhaltens zu begreifen und daraus auf die moralische Verantwortung zu schließen, zeigt die Ansicht von Monod. Er versucht die Erkenntnisse der Molekularbiologie auf ihre gesellschaftlichen Konsequenzen hin zu überprüfen. Dabei wird deutlich, daß er die Möglichkeit einer Gesellschaft, in der der Mensch nicht ausgebeutet und unterdrückt wird, in der Verhältnisse der gegenseitigen Hilfe und kameradschaftlichen Unterstützung, also sozialistische Moralnormen herrschen, unterschätzt. Er bestimmt den Einfluß der kulturellen Entwicklung des Menschen auf die natürliche Auslese. Im Kriege überlebten die tüchtigsten Gruppppen, die sich immer starke neue Organisationen schufen und aggressiv nach außen waren. Jetzt sind jedoch die Einflüsse der kulturellen Entwicklung auf die genetische zurückgegangen, meint Monod. Beide Entwicklungen sind voneinander getrennt. Er schreibt: „Es liegt auf der Hand, daß diese beiden Entwicklungen in den modernen Gesellschaften völlig voneinander gelöst sind. Hier ist die Selektion aufgehoben worden. Sie hat zumindest nichts ‚Natürliches‘ im Darwinschen Sinne mehr. Wenn in unseren Gesellschaften noch eine gewisse Selektion stattfindet, dann fördert sie nicht mehr das ‚Überleben des Tüchtigsten‘, das heißt in modernen Worten: das *genetische* Überleben dieses ‚Tüchtigsten‘ in einer größeren Nachkommenschaft. Intelligenz, Ehrgeiz, Mut und Phantasie sind in den modernen Gesellschaften gewiß immer noch Erfolgsfaktoren. Aber es handelt sich dabei um den *persönlichen* und nicht den *genetischen* Erfolg, der allein für die Evolution zählt. Die Statistiken zeigen ganz im Gegenteil, wie allgemein bekannt ist, daß zwischen dem Intelligenzquotienten (beziehungsweise dem kulturellen Niveau) und der durchschnittlichen Kinderzahl pro Elternpaar eine negative Korrelation besteht. Darüber hinaus geht aus den gleichen Statistiken hervor, daß bezüglich des Intelligenzquotienten unter Ehegatten eine starke Korrelation besteht. In dieser Situation liegt die Gefahr, daß das beste Erbgut sich nach und nach bei einer Elite sammelt, deren Umfang immer mehr schrumpfen wird."[33] Hier wird das Verhältnis von Genetik und Gesellschaft einseitig dargestellt. Mit der Entwicklung der menschlichen Gesellschaft gelten auch neue Entwicklungsgesetze für die Gesellschaft. Die Entwicklung wird nicht mehr durch die natürliche Auslese des genetischen Materials, durch das Überleben in der Auseinandersetzung bestimmt, sondern durch gesellschaftliche Verhältnisse, die auch den Schwachen das Überleben gestatten. Unter den Bedingungen des gesellschaftlichen Eigentums an Produktionsmitteln, der Herrschaft der Arbeiterklasse und ihrer Verbündeten und der Entwicklung der klassenlosen Gesellschaft, wird die Persönlichkeitsentwicklung eine entscheidende gesellschaftliche Aufgabe, die nur unter Einsatz aller wissenschaftlichen und gesellschaftlichen Möglichkeiten gelöst werden kann. Es geht vor allen Dingen darum, die sozialen Bedingungen zur Entwicklung der schöpferischen Tätigkeit überhaupt zu schaffen. Dazu ist es notwendig, das Bildungsmonopol, oft gegründet auf soziale Ungleichheit, zu brechen und Bildung durch materielle Sicherung des Bildungsweges für alle zu garantieren. Dabei gibt es heute neue Möglichkeiten, um den Mitgliedern der menschlichen Gesellschaft zu helfen, die früher als untüchtig eingeschätzt wurden. Monod meint: „In einer noch nicht lange zurückliegenden Zeit wurden selbst in den relativ ‚fortgeschrittenen' Gesellschaften die körperlich und geistig weniger Tüchtigen automatisch und unerbittlich ausgeschieden. Die Mehrheit erreichte nicht das Pubertätsalter. Heute leben viele dieser erblich Schwachen lange genug, um sich vermehren zu können. Gegen den Verfall, der unvermeidlich wird, wenn die natürliche Auslese aufgehoben ist, schützte sich die Art durch einen Mechanismus, der heute dank der Fortschritte der sozialen Einsicht und der Sozialethik höchstens noch bei den allerschwersten Erbschäden wirksam wird."[34] Hier wird wiederum die natürliche Auslese als Schutz vor Fehlern und Mängeln in der gesellschaftlichen Entwicklung betont, und die gesellschaftlichen Bedingungen werden nicht beachtet. Zu den von Monod genannten körperlich und geistig weniger Tüchtigen gehörten vor nicht allzu langer Zeit auch die Menschen, die blind und taubstumm zugleich sind. Die Ergebnisse der Erziehung solcher Menschen, z. B. in Sagorsk und Moskau, zeigen jedoch, daß sie sich durch Zeichensprache miteinander verständigen können, sich folglich Wissen aneignen und zu vollwertigen Mitgliedern der menschlichen Gesellschaft werden können. Eine Gruppe dieser Zöglinge studiert heute Psychologie mit hervorragenden Ergebnissen. Der Maßstab für körperliche und geistige Tüchtigkeit wird also nicht durch die Genetik allein gesetzt, sondern durch die gesellschaftliche Entwicklung bestimmt. Deshalb ist es wichtig, wenn sich Monod gegen Illusionen wendet, mit der modernen Genetik schnell und wirksam Erbfehler bei Nachkommen abzustellen.[35] Aber das ist eben nicht allein das Problem, sondern viel wichtiger ist die Entwicklung solcher gesellschaftlicher Bedingungen, daß sich massenhaft Persönlichkeiten entwickeln können, wobei die genetisch Geschädigten zu Gliedern der Gesellschaft herangezogen werden müssen, die sie als Arbeitskraft und Persönlichkeit ausweisen.

Monod ist der Auffassung, daß diese Probleme der Erbkrankheiten, die Entwicklung einer Intelligenzelite usw. noch nicht so schlimm seien wie die „geistige Not" der Gegenwart. Er bemerkt völlig richtig, daß die Entwicklung der Wissenschaft allein nicht „zu einer wunderbaren Entfaltung der Menschheit" führt.[36] Eben deshalb fordert er, die Grundlagen der Ethik zu revidieren. Er schreibt: „Unsere Gesellschaft ist mit allen Möglichkeiten ausgerüstet, die die Wissenschaft ihr gibt, sie genießt alle Reichtümer, die ihr die Wissenschaft schenkt, aber sie versucht noch, Wertsysteme zu praktizieren und zu lehren, die schon an der Wurzel durch eben diese Wissenschaft zerstört sind."[37] So wie er vorher die gesellschaftlichen Möglichkeiten zur Hilfe für genetisch geschädigte Menschen unterschätzte und die Rolle der Gesellschaft für die massenhafte Entwicklung von Persönlichkeiten nicht beachtete, bleibt er auch jetzt abstrakt bei Feststellungen über die Gesellschaft allgemein stehen. Es ist jedoch notwendig, die gesellschaftlichen Bedingungen genauer zu untersuchen, um die Wertsysteme mit ihnen zu verbinden. Sicher soll der Wert nicht durch den Glauben bestimmt, sondern wissenschaftlich begründet werden. Es ist also die Grundfrage für das Verhältnis von Ethik und Wissenschaft, die Monod stellt, ob die Ethik in ihrer Aussage für die Wissenschaft, kurz gesagt, die Wissenschaftsethik, wissenschaftlich begründet werden kann. Nach ihm kann sie es. Sein Versuch landet jedoch selbst wieder im abstrakten Humanismus, weil er von den gesellschaftlichen Bedingungen in der Konkretheit abstrahiert und die Ethik auf allgemeinen Forderungen aufbauen will, die keine reale Grundlage haben und vor allem verschieden unter verschiedenen gesellschaftlichen Bedingungen verwirklicht werden.

Nach Monod sind Wertvorstellungen und Erkenntnis im Handeln wie in der Rede immer miteinander verknüpft, und die Definition der weiteren Erkenntnis beruht auf einer ethischen Forderung. Monod schreibt: „Die Ethik und die Erkenntnis werden unvermeidlich im Handeln und durch das Bewußtsein miteinander verbunden. Das Handeln bringt *gleichzeitig* das Wissen und die Werte ins Spiel. Jede Handlung drückt eine Ethik aus, dient bestimmten Werten oder ist ihnen abträglich, stellt eine Wertentscheidung dar oder gibt es vor. Andererseits aber setzt jede Handlung notwendig ein Wissen voraus, und umgekehrt ist die Handlung eine der beiden unerläßlichen Quellen der Erkenntnis."[38] Der Grundgedanke von der Einheit von Wert und Wahrheit in der Erkenntnis und im Handeln ist interessant. Wenn wir jedoch eine wissenschaftliche Begründung der Ethik versuchen, dann darf ihr Wert nicht von der Wahrheit getrennt werden, sondern es muß die wahre Erkenntnis als Grundlage der Bewertung gefunden werden. Darauf ist noch zurückzukommen, wenn über das Verhältnis von Wahrheit und Wert wissenschaftlicher Theorien gesprochen wird.

Monod will beides klar voneinander trennen. Bei ihm heißt es: „In dem Augenblick, wo die Forderung der Objektivität als der notwendigen Bedingung für jegliche Wahrheit der Erkenntnis erhoben wird, wird eine radikale Trennung zwischen den Bereichen der Ethik und der Erkenntnis eingeführt, die für die Erforschung der Wahrheit auch unerläßlich ist. Die eigentliche Erkenntnis ist über jegliches Werturteil, das sich nicht auf den ‚erkenntnistheoretischen Wert' bezieht, erhaben, während die ihrem Wesen nach *nicht objektive* Ethik für immer vom Objektbereich der Erkenntnis ausgeschlossen ist."[39] Damit wird die Frage, ob es Gesetze der Wissenschaftsethik gibt, negativ beantwortet. Der Wert wird nicht wissenschaftlich begründet. In Monods Ethik wird die Erkenntnis entweder als ethische Forderung, die objektive Wahrheit zu finden, vorausgesetzt oder als Ergänzung zur wahren Erkenntnis hinzugefügt, um das Handeln zu ermöglichen. Damit ist aber die Bewertung eine rein subjektive Angelegenheit. Monod begründet damit theoretisch nichts anderes als die Forderungen des abstrakten Humanismus, wie sie sich etwa im Wunsch nach einem hippokratischen Eid ausdrücken. Er kommt deshalb auch zu der utopischen Feststellung: „Allein die Ethik der Erkenntnis wird, wenn man sie als Basis der gesellschaftlichen und politischen Institutionen und damit als den Maßstab ihrer Wahrheit und Geltung akzeptiert, zum Sozialismus führen können."[40] Die Ethik der Erkenntnis ist die Forderung nach wahrer Erkenntnis und nach Bewertung der Erkenntnis. Aber die Forderung nach wahrer Erkenntnis ist das in der Geschichte der Philosophie entwickelte materialistische Grundprinzip, die Tatsachen in ihrem eigenen und in keinem phantastischen Zusammenhang zu sehen. Eben dieses Grundprinzip, in der Naturerkenntnis berücksichtigt, führt in der Gesellschaftserkenntnis zu Klasseninteressen und ihr ideologischer Ausdruck zu Gesellschaftstheorien. Es müssen also objektive Klasseninteressen an der Gesellschaftserkenntnis vorhanden sein, um die Forderungen nach objektiver Erkenntnis der Gesellschaft zu verwirklichen.

Bereits diesen Zusammenhang zwischen Klasseninteresse, Ideologie, Wissenschaft und Ethik der Erkenntnis sieht Monod nicht. Das macht aber seine Forderung tatsächlich zur Utopie, weil die Mittel und Wege zu ihrer Erfüllung nicht beachtet werden. Damit hängt auch das weitere Problem zusammen, ob die Bewertung sich aus der Wahrheit ergibt oder ob sie, wie bei Monod, subjektiver Zusatz zur Wahrheit ist. Wenn es keine objektive Grundlage für die Bewertung gibt, dann ist auch die Forderung danach, die Ethik der Erkenntnis zur Basis der gesellschaftlichen und politischen Institutionen zu machen, eine Utopie, weil sie die objektiven Klasseninteressen nicht berücksichtigt und ihnen nicht entspricht. Die Konsequenz des subjektivistischen Standpunktes von Monod ist klar. Nach ihm gibt es dann auch keine Gesetze der Wissenschaftsethik. Die Ethik wird als Voraussetzung und Ergänzung der Wahrheitssuche betrachtet, aber selbst nicht der Analyse unterworfen, um ihre Gesetze aufzudecken. Monod hält seinen Standpunkt von der Trennung von Wahrheit und Wert, die beide in der Erkenntnis zwar vorhanden, aber auseinandergehalten werden müssen, konsequent durch. Er schreibt: „Um unserem Grundsatz treu zu bleiben, bestimmen wir daher, daß eine Rede (oder ein Handeln) nur dann (oder in dem Maße) als gültig, als authentisch betrachtet werden soll, wenn (oder wie) es die Unterscheidung der beiden Kategorien, die es miteinander verbindet, deutlichmacht und aufrechterhält. So definiert, wird der Begriff der Authentizität zu dem Bereich, in dem Ethik und Erkenntnis sich treffen, in dem die Wertungen und die Wahrheit sich miteinander verbinden, aber nicht vermischen, wo sie dem Menschen, der aufmerksam ihre Untertöne wahrnimmt, ihre volle Bedeutung enthüllen. Die nichtauthentische Rede, in der die beiden Kategorien miteinander vermengt, nicht auseinandergehalten werden, kann umgekehrt nur zum schlimmsten Unsinn und zur frevelhaftesten Lüge führen, selbst wenn sie ungewollt sind."[41] Die authentische Rede begründet nach Monod die Wissenschaft. Die Gesellschaft ist von der Wissenschaft durchdrungen. Nach Monod verdankt die Gesellschaft ihre „materielle Stärke" der „Ethik, die Erkenntnis begründet, ihre moralische Schwäche jenen Wertsystemen, auf die sie sich noch immer zu berufen versucht und die durch die Erkenntnis selbst zerstört wurden. Dieser Widerspruch ist tödlich; er reißt jenen Abgrund auf, der sich unter unseren Füßen öffnet. Allein die Ethik der Erkenntnis, durch die die Welt von heute geschaffen wurde, läßt sich mit dieser Welt vereinbaren; allein diese Ethik kann, wenn sie einmal verstanden und akzeptiert worden ist, die Entwicklung dieser Welt lenken."[42] Monod gibt damit letzten Endes eine objektiv drapierte subjektivistische Begründung für die Bedeutung der Ethik. Da sie das Handeln bewerten und regeln soll, werden subjektivistische Einschätzungen zur Grundlage des Handelns herangezogen. Dabei muß man mit Monod übereinstimmen, wenn er die Einheit von Wahrheit und Wertung in der Handlung und Erkenntnis betont. Auch ist tatsächlich die subjektive Wertung von der objektiven Wahrheit zu trennen. Die Frage, die daraus entsteht, ist aber, ob damit eine absolute Trennung von objektiver Wahrheit und Bewertung gegeben ist, oder ob eine objektive Grundlage für Bewertungen existiert. Monod lehnt das ab. Er wendet sich gegen den Anspruch der marxistisch-leninistischen Philosophie und der Gesellschaftswissenschaften, objektive gesellschaftliche Entwicklungsgesetze zu erkennen, die die Entwicklung der Gesellschaft bestimmen. Damit verletzt er aber sein Objektivitätspostulat, die Grundlage seiner Ethik der Erkenntnis, für die Gesellschaft selbst. Er gibt eine theoretische Begründung für den abstrakten Humanismus, der die gesellschaftlichen Beziehungen und die moralischen Verhaltensweisen nicht in die wissenschaftliche Analyse einbezieht. Die Konsequenz des Objektivitätspostulats, die Forderung nach wissenschaftlicher Untersuchung der Natur, der Gesellschaft und des Denkens ist m. E. jedoch auch die Frage nach der objektiven Begründung der Bewertungen und nach den Gesetzen der Wissenschaftsethik. So ergibt sich ein Gegensatz von Monod zu dem Herangehen des marxistisch-leninistischen Philosophen an das Problem, ob es Gesetze der Wissenschaftsethik gibt.

Erstens kann es für den dialektischen Materialismus keine ethische – was bei Monod bedeutet, nicht objektive Erkenntnis zu sein – Grundforderung nach wissenschaftlicher Erkenntnis als Grundlage der wissenschaftlichen Erkenntnis geben. Der Mensch, in seiner gesellschaftlichen Auseinandersetzung mit der Natur, war durch Erfahrungen gezwungen, die Natur als objektive Realität anzuerkennen, die außerhalb und unabhängig von seinem Bewußtsein existiert und deren objektive Gesetze er erkennt. Erst viel später begriff er auch die Materialität gesellschaftlicher Verhältnisse und die determinierende Rolle der materiellen Produktionsverhältnisse für die Gesellschaft und das gesellschaftliche Bewußtsein. Damit ist die ethische Forderung nach objektiver wissenschaftlicher Erkenntnis im naiven Realismus des Naturwissenschaftlers enthalten, der die Existenz der Natur außerhalb und unabhängig vom Bewußsein anerkennt, wobei dieser Realismus seine philosophische Begründung im philosophischen Materialismus erhält, der das Primat der Materie gegenüber dem Bewußtsein anerkennt, die materielle Einheit der Welt untersucht, das Wesen der Menschen als Ensemble der gesellschaftlichen Verhältnisse begreift, den Materialismus auf die Gesellschaft ausdehnt und so den Charakter des gesellschaftlichen Fortschritts und den Sinn des Lebens erklärt. Auf diesen Aspekt soll hier nicht weiter eingegangen werden.

Zweitens sind für Monod die Bewertungen wissenschaftlicher Erkenntnisse Ergänzungen zur Wahrheit, während der marxistisch-leninistische Philosoph nach den objektiven Grundlagen der Bewertungen und damit nach der Wahrheit von Bewertungen sucht. Die Trennung von Wahrheit und Wert reicht nicht aus, um das Verhältnis von Wissenschaft und Ethik zu klären. Die Flucht in den subjektivistischen Standpunkt der nicht objektiv begründbaren Bewertungen entsteht aus der Angst entweder vor der Kompliziertheit des Problems oder vor den Konsequenzen, die wissenschaftliche Orientierungen für praktisches Handeln fordern.

Drittens ist damit die Frage gestellt, ob es für die moralische Verantwortung des Wissenschaftlers, für sein moralisches Verhalten objektive Gesetze gibt, die den Zusammenhang von Wissenschaftsentwicklung und moralischem Verhalten bestimmen. Nach Monod gibt es diese Gesetze nicht. Um jedoch dem abstrakten Humanismus zu entgehen, muß die bejahende Antwort auf diese Frage geprüft werden, was hier auch geschehen soll.

Es geht also um zwei Probleme, die sich aus der Kritik des abstrakten Humanismus ergeben, um das Verhältnis von Wahrheit und Wert wissenschaftlicher Theorien und um den Charakter der Gesetze der Wissenschaftsethik.

3.3. Wahrheit und Wert wissenschaftlicher Theorien

Die Polyvalenz naturwissenschaftlicher Erkenntnisse bezüglich ihrer gesellschaftlichen Verwendung zum Schaden oder Nutzen des Menschen zeigt, daß aus der naturwissenschaftlichen Erkenntnis allein keine Werte begründet werden können. Alle Versuche in dieser Richtung sind gescheitert. Wissenschaft und Technik sind nicht an sich böse oder gut. Die Erkenntnisse über die Struktur des Atoms sind Grundlagen der Kernenergiegewinnung und der Atombombe. Erdsatelliten übermitteln wissenschaftliche Daten und Spionagematerial. Chemische Gifte können als Waffen zur Vernichtung im Krieg, aber auch als Schädlingsbekämpfungsmittel eingesetzt werden. Heisenberg macht darauf aufmerksam, daß die Einbeziehung der Biologie in die Entwicklung der Technik die Gefahr für den Menschen gegenüber der Atombombe durch biologische Waffen vervielfacht. Für ihn ist die Zweckmäßigkeit, wie sie in Huxleys „Brave new world" mit der Züchtung von Menschen für bestimmte Zwecke karikiert wird, kein Wert. Er wendet sich gegen die Ziele wissenschaftlicher Forschungsarbeit, die zwar zweckbestimmt sind, deren Sinn aber nicht klar ist; mit der Frage: „Ist der Zweck wertvoll, wenn die betreffenden Erkenntnisse den Möglichkeiten gemäß sind, denen sie dienen sollen?"[43]

Denken wir etwa an die Selbstexperimente von Ärzten, die sich selbst mit gefährlichen Krankheiten infizierten, um das entdeckte Serum in seiner Wirksamkeit zu erproben, dann ist dieses freiwillige Selbstexperiment im Interesse der Verhütung von Krankheiten durchgeführt worden. Es beruhte auf dem Prinzip der freien Entscheidung. Sein Sinn lag im Nutzen füı die Menschheit, und die Opfer waren nicht umsonst. Aber niemand gibt einem Arzt das Recht, mit Patienten Experimente ohne ihr Einverständnis, ohne Aufklärung usw. anzustellen, selbst wenn es im Interesse der Wissenschaftsentwicklung wäre. Die Grenzen, die der Humanismus für die Wissenschaftsentwicklung setzt, wenn es sich um Experimente mit Menschen handelt, ergeben sich nicht aus der Wissenschaftsentwicklung selbst, sondern sind abhängig von den gesellschaftlichen Verhältnissen, der daraus sich ergebenden herrschenden Weltanschauung und Moralauffassung und der Stellung des Menschen dazu. Die Naturwissenschaft dringt mit der Frage nach dem Wert ihrer Erkenntnisse über sich selbst hinaus. Wer etwa weltanschaulich kurzschlüssig aus Rassenuntersuchungen auf die Vorherrschaft einer bestimmten Menschenrasse schließt und daraus die Berechtigung ableitet, alles zur Entwicklung dieser Rasse auf Kosten aller anderen zu tun, nutzt naturwissenschaftliche Erkenntnisse für barbarische, antihumane Zwecke aus. Der Mensch aus der angeblich minderwertigen Rasse wird als Objekt behandelt, dessen Zweckmäßigkeit überprüft wird, der aber kein Recht auf ein eigenes frei bestimmtes sinnvolles Leben hat. Aber hier gerade geht es nicht um die Beziehung von Naturwissenschaft, Weltanschauung und Wertvorstellung allein. Hinter solchen weltanschaulichen Auffassungen stehen reaktionäre gesellschaftliche Interessen. Mit der Rassentheorie haben auf verschiedene Weise der englische Kolonialismus, der deutsche Faschismus und der amerikanische Imperialismus ihre aggressiven chauvinistischen, ökonomischen und politischen Interessen wissenschaftlich drapiert. Für die Ausbeutung der Kolonien war die Forderung nach nationaler Unabhängigkeit, nach Selbstbestimmung usw. ein entscheidendes Hemmnis, das oft mit Waffengewalt beseitigt, aber immer ideologisch bekämpft wurde. Der Versuch des deutschen Imperialismus, mit Hilfe von Weltkriegen die Neuaufteilung von Einflußsphären zu erzwingen und die Reichtümer anderer Länder ausbeuten zu können, schlug fehl, hatte aber ideologische Rechtfertigungen reaktionärer Theoretiker gefunden, die vom „Lebensraum" über die „Rassentheorie" bis zum „Antikommunismus" alles aufboten, um diese Ziele zu erreichen

Wenn also wissenschaftliche Werte erarbeitet werden sollen, die für naturwissenschaftliche Erkenntnisse Gültigkeit haben, dann muß die Beziehung der naturwissenschaftlichen Erkenntnis zum Menschen, die gesellschaftlich bedingte sinnvolle Zielsetzung und Auswertung wissenschaftlicher Arbeit berücksichtigt werden. Dabei sind zwei Aspekte zu beachten. Erstens hat die Wahrheit, wenn sie zur Bewertung führen soll, komplexen Charakter. Sie kann nicht die Wahrheit von Teiltheorien über die Natur, sondern muß die Wahrheit von Theorien über das gesellschaftliche Verhalten des Menschen in der Auseinandersetzung mit der Natur sein.

Zweitens sind wissenschaftlich begründete Werte und Klasseninteressen Fakten, die das moralische Verhalten der Menschen in ihren Beziehungen zur Wissenschaft bestimmen, die aber nicht immer übereinstimmen, und es bedarf der Entscheidung des Wissenschaftlers, mit welcher Klasse er sich für welche Werte einsetzt. Beide Aspekte hängen miteinander zusammen. Erst das gibt auch die Möglichkeit, von wissenschaftlich begründeten Werten zu sprechen, die unter bestimmten gesellschaftlichen Bedingungen als Norm des Verhaltens aufgefaßt und als Wertmaßstab anerkannt werden. Die gesellschaftliche und Wissenschaftsentwicklung zeigt uns in der Geschichte genügend Beispiele, um die Kompliziertheit dieser Beziehungen zu verdeutlichen. So hatten sich emigrierte Antifaschisten in den USA entschlossen, den Bau der Atombombe zu fordern, um dem Faschismus wirksam entgegentreten zu können. Der Zweck, dem alles untergeordnet wurde, war der Bau der Bombe. Wissenschaftler gaben dazu ihre bisherigen Arbeiten auf. Mit militärischer Disziplin wurde die Arbeit organisiert. Die Sicherheitsbestimmungen führten bis zu persönlichen Beleidigungen usw. Dieser Zweck wurde von vielen auf Grund des Sinns anerkannt, den die Arbeit haben sollte, dem deutschen Faschismus zuvorzukommen, ihm nicht die Möglichkeit zur Ausnutzung der Bombe für seine Weltherrschaftspläne zu geben. Die Feststellung des Wertes dieser wissenschaftlichen Arbeiten könnte damit so ausgedrückt werden: Die Entwicklung der Bombe ist gut, weil sie gegen den Faschismus gerichtet ist. Die nicht emigrierten Wissenschaftler im faschistischen Deutschland standen vor einer anderen Entscheidung, wenn sie sich nicht voll hinter die Ziele der Faschisten stellten. Für sie war eigentlich die Entwicklung dieses hochexplosiven Sprengstoffs moralisch zu verurteilen, weil er zur Vernichtung vieler Menschen beitrug. Die moralische Rechtfertigung war für sie der Zwang. Es wurde an der Bombe gearbeitet, aber mit geringem Erfolg und ohne besondere materielle Unterstützung. Die Bombe wurde in den USA gebaut und gegen einen militärisch bereits geschlagenen Gegner eingesetzt. Das faschistische Deutschland hatte die Bombe nicht. Die zuerst vorhandenen Wertvorstellungen verkehrten sich damit ins Gegenteil. Während die emigrierten Antifaschisten ihre Kollegen in Deutschland verurteilten und ihre Arbeit an der Bombe dem Ziel des Kampfes gegen den Faschismus unterordneten, mußten die Wissenschaftler in Deutschland zugeben, daß sie teilweise Hilfe für eine antihumane Entwicklung leisteten. Nach dem Abwurf der Bombe gewannen die damals internierten deutschen Wissenschaftler eine gewisse moralische Rechtfertigung dadurch, daß sie die Bombe nicht gebaut hatten, während die in den USA lebenden Atomphysiker sich moralisch für den Abwurf der Bombe rechtfertigen mußten.

Wir sehen daran, wie schwer es ist, Werte wissenschaftlich zu begründen. Die Feststellung von der Bedeutung des Bombenbauens in den USA, als moralisch im Kampf gegen den Faschismus gerechtfertigt, hatte nämlich eine Reihe von Bedingungen, die beachtet werden mußten und den Wert einschränkten. Die USA waren trotz des Bündnisses mit der Sowjetunion ein imperialistisches Land, dessen herrschende Kreise eine solche Macht, wie sie die Bombe darstellt, zu ihren Zwecken gebrauchen würden, die dem Sinn, den die Antifaschisten dieser Wissenschaftsentwicklung gaben, direkt widersprach. Das Bündnis mit der Sowjetunion verdeckte nicht das Interesse der großen Monopolgruppen an möglichst großem Schaden, den der Faschismus dem Kommunismus zufügen sollte. Die Bombe in der Hand eines Bündnispartners wurde sofort zum Drohmittel gegen den anderen und zur Erpressung im kalten Krieg genutzt. Zu einer solchen Analyse von Fakten, die die Wertbestimmung für wissenschaftliche Entwicklungen beeinflussen, sind also gesellschaftswissenschaftliche Kenntnisse erforderlich, die dann das moralische Verhalten mitbestimmen. Nur wenige Kommunisten unter den Wissenschaftlern, wie Joliot-Curie und andere, zogen entsprechende Schlußfolgerungen für das eigene Verhalten aus der Analyse der Situation und sind dadurch als Wissenschaftler moralisch gerechtfertigt. Der Vorwurf an die Kollegen im faschistischen Deutschland, die mit durch ihre Anwesenheit und Forschungsarbeit den Faschismus unterstützten, auch wenn der Bau der Bombe nicht gelang und viele Erkenntnisse später für die Kernenergiegewinnung ausgenutzt wurden, sich moralisch falsch verhalten zu haben, ist berechtigt. Sie könnten emigriert sein, aktiv gegen den Faschismus auftreten, wie es antifaschistische deutsche Wissenschaftler taten, und sich gegen den Bau der Bombe wenden. Damit wäre auch die moralische Rechtfertigung für die in den USA lebenden antifaschistischen deutschen Physiker entfallen, die ihren zurückgebliebenen Kollegen die Fähigkeit zutrauten, die Bombe für den Faschismus zu bauen.

Die naturwissenschaftliche und technische Entwicklung ist also stets eingebettet in die gesellschaftliche Entwicklung und die Auseinandersetzung von Gesellschaftsklassen und Gesellschaftssystemen. Moralisches Verhalten kann deshalb nicht aus einem abstrakten Humanismus heraus begründet werden, sondern bedarf der komplexen Untersuchung des Verhältnisses von Wissenschaftsentwicklung, gesellschaftlichen Verhältnissen und moralischer Verantwortung. Ist eine naturwissenschaftliche Entdeckung gelungen, muß ihre praktische Bedeutung untersucht werden, um die Möglichkeit der Verwendung zu zeigen. Die Verwirklichung dieser Möglichkeit muß nun in Beziehung zur gesellschaftlichen Entwicklung gesetzt werden, was zu moralischen Bewertungen führt, die sich in Abhängigkeit vom Gesellschaftssystem, in dem sich die Wissenschaftsentwicklung vollzieht, unterscheiden. Die Weigerung, imperialistisch-monopolistische Bedürfnisse durch wissenschaftliche Erkenntnisse zu befriedigen, müßte nach Analyse der eigentlichen Werte bis zur aktiven Verteidigung des Friedens und des Fortschritts führen. Damit wird also der wissenschaftlich begründete Wert zum Maßstab des eigenen Handelns mit entscheidenden Konsequenzen für das persönliche Leben, wenn es sich um einen Naturwissenschaftler in einem imperialistischen Land handelt, der offen Partei für die Interessen der Arbeiterklasse ergreift und seine naturwissenschaftlichen Erkenntnisse zum Wohle der Menschen ausgenutzt wissen will, weshalb er sich für die Abschaffung der Ausbeutung des Menschen durch den Menschen usw. einsetzt. Die komplexe Wahrheit umfaßt also die Rolle der Naturerkenntnis im gesellschaftlichen Leben mit ihren moralisch gerechtfertigten und zu vertretenden Möglichkeiten und führt damit bis zur wissenschaftlichen Orientierung für das eigene Handeln, das damit wissenschaftlich begründet und moralisch gerechtfertigt ist.

Heisenberg erkennt bereits einen Teil dieser Problematik, wenn er sieht, daß die Wertvorstellungen sich nicht aus der Naturwissenschaft ergeben. Er schreibt: „Die moderne Naturwissenschaft vermittelt also Erkenntnisse, deren Richtigkeit im ganzen nicht bezweifelt werden kann; und die aus ihr entspringende Technik gestattet, diese Erkenntnisse zur Verwirklichung auch weitgesteckter Ziele einzusetzen. Aber ob der so erreichte Fortschritt wertvoll sei, wird damit überhaupt nicht entschieden. Das entscheidet sich erst mit den Wertvorstellungen, von denen sich die Menschen beim Setzen der Ziele leiten lassen. Diese Wertvorstellungen aber können nicht aus der Wissenschaft selbst kommen; jedenfalls kommen sie einstweilen nicht daher."[44] Die Frage, ob aus der Wissenschaft Wertvorstellungen begründbar sind, ist nur zu beantworten, wenn man die Entwicklung der Gesellschaftswissenschaft betrachtet. Aus der Naturwissenschaft allein ergeben sich keine Wertvorstellungen, da diese die Rolle wissenschaftlicher Erkenntnisse für menschliches Handeln berücksichtigen müssen, um den Sinn wissenschaftlicher Entwicklungen zu begreifen. Deshalb gibt die Gesellschaftswissenschaft, die die Gesetze der gesellschaftlichen Entwicklung in Beziehung zum menschlichen Handeln untersucht, die Grundlage für die wissenschaftliche Analyse des Verhältnisses von naturwissenschaftlicher Erkenntnis und menschlichem Handeln, die bis zur Bewertung geführt werden muß. Sicher machen Interessen reaktionärer Klassen sich als Hemmnis für die wissenschaftliche Begründung von Werten bemerkbar, und das moralische Handeln der Wissenschaftler wird entscheidend durch die Gesellschaftsformation bestimmt, in der er lebt. Sich gegen imperialistische Verhältnisse zu wenden, um moralisch gerechtfertigt dem Fortschritt zu dienen, erfordert mehr persönlichen Mut und wissenschaftliche Konsequenz, als mit dem Sozialismus moralisch zu sein. Die Anerkennung der Existenz von Gesellschaftswissenschaft ist deshalb m. E. mit der bejahenden Antwort auf die Frage verbunden, ob Werte wissenschaftlich begründbar sind. Wertvorstellungen unterliegen damit dem wissenschaftlichen Erkenntnisprozeß. Sie sind aus komplexen Erkenntnissen über das Verhältnis von Gesellschaft und Naturwissenschaft als Maßstab für das moralische Handeln abzuleiten und damit wissenschaftliche Handlungsanweisungen in Form von moralischen Normen. Für die Wahrheit der Norm ist entscheidend, ob die komplexe Wahrheit der Theorie überprüft ist, aus der die Norm abgeleitet wird. Die Norm, „Du sollst den Atombombenbau in den USA als Mittel im antifaschistischen Kampf unterstützen!", baute, wie angedeutet wurde, nur auf Teilwahrheiten auf. Die Aussage: „Es ist moralisch gut, die Bombe in den USA zu bauen", war nicht komplex wahr. Sie umfaßte nicht die Beziehungen von Wissenschaft und Gesellschaft in ihrer damals schon absehbaren wesentlichen Seite des Widerspruchs zwischen Sozialismus und Imperialismus als Ausdruck des Grundwiderspruchs zwischen dem gesellschaftlichen Charakter der Arbeit und dem monopolistischen Eigentum von Produktionsmitteln. Damit werden wesentliche Bewertungen theoretisch vernachlässigt, was seinen Ausdruck in einer Moralaussage und einer darauf aufbauenden Norm fand, die sich nicht als wahr erwies.

Heisenberg bemerkt, ausgehend vom Streit Goethes mit den Anhängern der Newtonschen Farbenlehre, die breitere Wahrheitsauffassung Goethes: Er unterscheidet zwischen Richtigkeit einer Theorie, die keine Wertvorstellungen enthält, und Wahrheit, die Werte enthält: „Der entscheidende Einwand Goethes gegen die seit Newton angewandte Methodik der Naturwissenschaft richtet sich also wohl gegen das Auseinanderfallen der Begriffe ‚Richtigkeit' und ‚Wahrheit' in dieser Methodik. Wahrheit war für Goethe vom Wertbegriff nicht zu trennen. Das ‚unum, bonum, verum', das ‚Eine, Gute, Wahre' war für ihn wie für die alten Philosophen der einzig mögliche Kompaß, nach dem die Menschheit sich beim Suchen ihres Weges durch die Jahrhunderte richten konnte. Eine Wissenschaft aber, die nur noch richtig ist, in der sich die Begriffe ‚Richtigkeit' und ‚Wahrheit' getrennt haben, in der also die göttliche Ordnung nicht mehr von selbst die Richtung bestimmt, ist zu sehr gefährdet, sie ist, um wieder an Goethes ‚Faust' zu denken, zu sehr dem Zugriff des Teufels ausgesetzt. Daher wollte Goethe sie nicht akzeptieren. In einer verdunkelten Welt, die vom Licht dieser Mitte, des ‚unum, bonum, verum', nicht mehr erhellt wird, sind, wie Erich Heller es in diesem Zusammenhang einmal ausgedrückt hat, die technischen Fortschritte kaum etwas anderes als verzweifelte Versuche, die Hölle zu einem angenehmeren Aufenthaltsort zu machen. Das muß besonders jenen gegenüber betont werden, die glauben, mit der Verbreitung der technisch-naturwissenschaftlichen Zivilisation auch auf die entlegensten Gebiete der Erde alle wesentlichen Voraussetzungen für ein goldenes Zeitalter schaffen zu können. So leicht kann man dem Teufel nicht entgehen."[45]

Das wissenschaftliche Problem, um das es hier wieder geht, ist die Analyse gesellschaftlichen Verhaltens des Menschen, die bis zur Aufdeckung gesellschaftlicher Entwicklungsgesetze geführt werden muß. Nicht um eine übernatürliche göttliche Ordnung geht es, die der Maßstab gesellschaftlichen Handelns und der Auswertung naturwissenschaftlicher Erkenntnisse ist, sondern um den Aufbau einer klassenlosen, sozial gerechten, humanen Gesellschaftsordnung. Diesem Ziel muß auch die humane Naturwissenschaft dienen, was sie nicht direkt kann, wegen ihrer Polyvalenz, und was sie auch nicht automatisch hervorbringt. Heisenbergs Einwand gegen den Technizismus ist völlig berechtigt. Obwohl wir als Materialisten keineswegs die Bedeutung der materiellen Lebensbedingungen des Menschen unterschätzen, zu deren Verbesserung Naturwissenschaft und Technik entscheidend beigetragen haben, muß die kulturelle Entwicklung in ihrer ganzen Breite beachtet werden. Es geht um die geistigen Werte, um ein sinnvolles Leben, um die Entwicklung der ganzen Persönlichkeit. Erst von den gesellschaftlichen Zielen, vom realen Humanismus her, wird auch der Wert naturwissenschaftlicher Erkenntnisse zur Gestaltung humaner menschlicher Beziehungen deutlich, wird klar, was moralisch gut ist und gefordert werden muß und was moralisch schlecht ist und bekämpft werden muß. Gut und Böse erweisen sich dabei als keine abstrakten allgemein-geistigen Werte, die naturwissenschaftlichen Erkenntnissen zuzusprechen sind, sondern als gesellschaftlich bedingte Wertungen für wissenschaftliche Entwicklungen in einer bestimmten Situation. Dabei können wir auch bei naturwissenschaftlichen Erkenntnissen von Wahrheit sprechen, bezogen auf die Werte sind es aber Teilwahrheiten, weil sich die wissenschaftlich begründeten Werte erst aus der komplexen Wahrheit ergeben. Es geht also nicht um die Ergänzung der Newtonschen Methode durch eine wahre Gesamtschau, beruhend auf Intuition, die Werte hervorbringt, sondern um die Ausdehnung der wissenschaftlichen Methode auf die Erforschung der Gesellschaft und das Wechselverhältnis von Naturwissenschaft, Gesellschaft und moralischem Verhalten zur Wissenschaft. Deshalb ist es problematisch, wenn Heisenberg den Ausweg in der Aufdeckung von Ordnungsstrukturen der Welt nicht nur mit der Ratio sieht. Er schreibt: „Wenn man also nach dem Verhältnis von Richtigkeit und Wahrheit in der modernen Naturwissenschaft fragt, so wird man zwar auf ihrer pragmatischen Seite nur die völlige Trennung der beiden Begriffe konstatieren müssen. Man wird aber dort, wo es sich, wie in der Biologie, um das Erkennen ganz großer Zusammenhänge handelt, die in der Natur von Anfang an vorhanden und nicht etwa von Menschen gemacht sind, eine gewisse Änderung feststellen können. Denn die ganz großen Zusammenhänge werden in den Grundstrukturen, in den so sich manifestierenden platonischen Ideen sichtbar, und diese Ideen können, da sie von der dahinterliegenden Gesamtordnung Kunde geben, vielleicht auch von anderen Bereichen der menschlichen Psyche als nur von der Ratio aufgenommen werden, von Bereichen, die eben selbst wieder in unmittelbarer Beziehung zu jener Gesamtordnung und damit auch zur Welt der Werte stehen."[46] Hier wird durch Intuition, durch Erahnen die Lücke überwunden, die zwischen einer Naturwissenschaft und Technik existiert, die keine Wertvorstellungen ergibt, die nur auf Zwecke orientiert, deren Sinn gleichgültig ist und den Wertvorstellungen der Menschen, ihren Fragen nach dem Sinn des Lebens. Diese Lücke will die marxistisch-leninistische Philosophie wissenschaftlich schließen, indem sie als Bindeglieder zwischen naturwissenschaftlichen Erkenntnissen und Wertvorstellungen die objektiven gesellschaftlichen Entwicklungsgesetze betrachtet, die die naturwissenschaftlichen Erkenntnisse in ihrer Bedeutung für gesellschaftliche Ziele zeigen, deren moralische Bewertung im Hinblick auf den gesellschaftlichen Fortschritt und damit den realen Humanismus untersucht werden kann, was zu Werten und Normen führt, die moralisches Verhalten bewerten und regulieren. Die wissenschaftliche Weltanschauung gibt Antworten auf die Fragen nach dem Ursprung der Welt und der Quelle des Wissens, nach der Stellung des Menschen in der Welt, nach dem Sinn des Lebens und dem Charakter des gesellschaftlichen Fortschritts. Manch Revolutionär hat die Antworten nicht theoretisch gefunden, sondern aus seinen Erfahrungen erahnt. Aber wie Lenin betont, entsteht aus dem Kampf der Arbeiterklasse um ihre Befreiung nicht automatisch die wissenschaftliche Theorie des gesellschaftlichen Ziels, der Mittel und Wege des revolutionären Kampfes. Das gilt auch für den hier behandelten Teilaspekt moralischer Forderungen an die Gesellschaft im Verhältnis zur Wissenschaft. Man kann sie erahnen. Sie sind aber wissenschaftlich zu begründen. Von dieser kritischen Sicht zu Heisenbergs Ausführungen sind es zwei Probleme, die er in den folgenden Ausführungen sichtbar macht, aber einseitig darlegt, weshalb auch die Lösung einseitig ist. Die Wissenschaft muß rational nicht nur die Natur, sondern auch die Gesellschaft und das Verhältnis von Naturwissenschaft und Gesellschaft begreifen, um zu Werten zu kommen und auf das moralische Handeln zu orientieren. Das ist die eine Seite, die Heisenberg nicht beachtet und auch nicht beachten kann, da er Zweifel an der Berechtigung einer wissenschaftlichen Weltanschauung hat und Gesellschaftswissenschaft mehr erahnt als wissenschaftlich betrieben hat. Die andere Seite ist die Einheit von emotionalem und rationalem Verständnis der Welt. Rationale Einsicht gestattet Gefühlseinsichten, die sich nicht in Affekten und kurzschlüssigen emotionellen Reaktionen erschöpfen, sondern weltanschauliche Gefühle ausbildet, die den Menschen die Wirklichkeit mit seinem ganzen Wesen und nicht nur durch den Verstand erfassen lassen. Für Heisenberg erscheint das Gefühl als Ersatz für die nicht mögliche wissenschaftliche Analyse der Lücke zwischen Wissen und Wert, wenn er schreibt: „In der Naturwissenschaft, wie in der Kunst, ist die Welt seit Goethe den Weg gegangen, vor dem Goethe gewarnt hat, den er für zu gefährlich hielt. Die Kunst hat sich von der unmittelbaren Wirklichkeit ins Innere der menschlichen Seele zurückgezogen, die Naturwissenschaft hat den Schritt in die Abstraktion getan, hat die riesige Weite der modernen Technik gewonnen und ist bis zu den Urgebilden der Biologie und bis zu den Urformen vorgedrungen, die in der modernen Wissenschaft den platonischen Körpern entsprechen. Gleichzeitig sind die Gefahren so bedrohlich geworden, wie Goethe es vorausgesehen hat. Wir denken etwa an die Entseelung, die Entpersönlichung der Arbeit, an das Absurde der modernen Waffen oder an die Flucht in den Wahn, der die Form einer politischen Bewegung angenommen hatte. Der Teufel ist ein mächtiger Herr. Aber der lichte Bereich, von dem im Zusammenhang mit der romantischen Musik vorhin schon die Rede war und den Goethe überall durch die Natur hindurch erkennen konnte, ist auch in der modernen Naturwissenschaft sichtbar geworden, dort wo sie von der großen einheitlichen Ordnung der Welt Kunde gibt. Wir werden von Goethe auch heute noch lernen können, daß wir nicht zugunsten des einen Organs, der rationalen Analyse, alle anderen verkümmern lassen dürfen; daß es vielmehr darauf ankommt, mit allen Organen, die uns gegeben sind, die Wirklichkeit zu ergreifen und sich darauf zu verlassen, daß diese Wirklichkeit dann auch das Wesentliche, das ‚Eine, Gute, Wahre' spiegelt. Hoffen wir, daß dies der Zukunft besser gelingt, als es unserer Zeit, als es meiner Generation gelungen ist."[47] Die Unzufriedenheit mit dieser Haltung ist Heisenbergs Worten selbst anzumerken. Die Mängel der naturwissenschaftlichen Erkenntnisse, die keinen Wert hervorbringen, sind ihm bekannt, aber er weiß keinen wissenschaftlichen Ausweg. Allein das Gefühl statt die wissenschaftliche Analyse gesellschaftlicher Zusammenhänge anzurufen, hat in seinem Leben ebenfalls zu Schwierigkeiten geführt, wenn wir daran denken, daß er zu den Physikern gehörte, die humanistisch gesinnt, im faschistischen Deutschland blieben und gezwungenermaßen an der Entwicklung der Atombombe arbeiteten. Heisenberg zeigt eine tiefe Einsicht in das ethische Problem des Verhältnisses von Wahrheit und Wert wissenschaftlicher Theorien, das durch die Analyse und Ausarbeitung wissenschaftlich begründeter Werte gelöst werden müßte. Wenn die wissenschaftliche Forschung über Theorien mit komplexer Wahrheit zu wissenschaftlich begründeten moralischen Normen und Werten kommen kann, wofür ich Argumente zu bringen versuchte, dann gibt es für die in dieser Theorie existierenden Zusammenhänge solche, die wir als allgemein-notwendig, d. h. reproduzierbar, und wesentlich, d. h. den Charakter der Erscheinungen bestimmend, und damit als objektive Gesetze analysieren können. Eben diese bezeichne ich als Gesetze der Wissenschaftsethik, wenn sie den Zusammenhang von Wissenschaftsentwicklung, gesellschaftlicher Bedingtheit, Norm (Wert) und moralischem Verhalten zum Ausdruck bringen.

3.4. Was sind Gesetze der Wissenschaftsethik?

Die Ethik beschäftigt sich mit dem moralischen Verhalten der Menschen, das den herrschenden Moralnormen in einer Gesellschaftsformation ent- oder widerspricht, die die Interessen der herrschenden Klasse ausdrücken und so auch überlieferte Traditionen modifizieren. Die Bezugspunkte ethischer Forschungen sind also die Normen und das Verhalten. Die Normen sind ideelle Konsequenzen aus Theorien über menschliches Verhalten, die sich aus der Analyse der Produktionsverhältnisse, Klassenbeziehungen und ihren ideologischen Reflexionen mit entsprechenden Institutionen ergeben und als motiv- und willensbildende Handlungsweisen Ideologiecharakter besitzen. Sie werden in Sollsätzen ausgedrückt und sind damit sowohl ideelle Regulatoren des Handelns als auch Wertmaßstäbe, an denen Verhalten gemessen wird. Das moralische Verhalten des Menschen ist jede Art bewußten, vom Willen abhängigen zwischenmenschlichen Kontaktes bei der Produktion und Konsumtion materieller Güter und der Befriedigung der menschlichen Bedürfnisse. Damit unterscheiden sich moralische Beziehungen in erster Linie von den Produktionsverhältnissen, die die Menschen zur Produktion materieller Güter eingehen müssen und die nicht von ihrem Willen abhängig sind. Der Teil der zwischenmenschlichen Kontakte, der bewußt und vom Willen abhängig eingegangen wird, aber notwendig für eine bestimmte Organisation der Gesellschaftsordnung ist, wird durch den Staat mit juristischen Normen geregelt, und Verstöße dagegen werden geahndet. Dasselbe trifft auch auf die Normen in politischen Organisationen zu, die durch die Machtmittel der Organisation sanktioniert werden.[48] Insofern werden auch juristische Normen als staatlich sanktionierte moralische Normen angesehen. Das moralische Verhalten kann also normgerecht sein, gegen die Norm verstoßen oder neue Normen verlangen.

Dabei gibt es in der menschlichen Gesellschaft neben der herrschenden Moral stets die Moral der Ausgebeuteten, die der der herrschenden Klasse widerspricht. Moralische Beziehungen sind vom Willen des einzelnen Menschen abhängig, werden von ihm bewußt gestaltet. Aber die Möglichkeiten moralischen Verhaltens sind durch die entsprechenden Produktionsverhältnisse, staatlich sanktionierten juristischen Normen und Normen politischer Organisationen vorgegeben. Selbstverständlich hat ein Revolutionär das moralische Recht, gegen Normen der Gesellschaftsordnung zu verstoßen, die er revolutionieren will, aber er muß damit rechnen, daß alle Machtmittel gegen ihn eingesetzt werden. Die Anarchisten sind in ihrem Verhalten zu diesem Problem Subjektivisten, da sie die Moralnorm nicht aus einer wissenschaftlichen Theorie über die gesellschaftliche Entwicklung ableiten, die objektiven Entwicklungsgesetze der Gesellschaft nicht beachten und so politisch scheitern müssen. Es gibt keine Moral an sich. Sie ist Klassenmoral, bedingt durch die ökonomischen und politischen Beziehungen in einer Gesellschaftsformation, die den Inhalt und den Stellenwert moralischer Beziehungen festlegen.[49] Durch die Produktionsverhältnisse, die politische Organisation und die juristische Norm wird eine bestimmte Moral hervorgebracht, in der sich der Charakter der Gesellschaftsordnung ausdrückt. Denken wir etwa an den durch den Kapitalismus geförderten Egoismus, den Karrierismus, die Konkurrenzangst. Es ist die Wolfsmoral der Ausbeuterklasse, die den Standpunkt fordert, daß jeder Mensch der Feind des anderen Menschen ist. Die Abschaffung der Ausbeutung des Menschen durch den Menschen durch die Vergesellschaftung der Produktionsmittel und die entsprechende politische Organisation der Gesellschaft im Sozialismus und Kommunismus bringt in einem komplizierten Erziehungsprozeß neues Moralverhalten hervor, das sich in der revolutionären Arbeiterbewegung als Solidarität, proletarischer Internationalismus usw. manifestierte und sich als gegenseitige Hilfe und kameradschaftliche Unterstützung entwickelt.

Für die Gesetze der Wissenschaftsethik ergeben sich aus dieser kurzen Bemerkung wichtige Schlußfolgerungen. Erstens gibt es keine Gesetze, die nur durch die Wissenschaftsentwicklung einerseits und durch das moralische Verhalten dazu andererseits bedingt sind. Dagegen spricht sowohl die gesellschaftliche Determiniertheit der Wissenschaftsentwicklung als auch die der Moral, auf die gerade aufmerksam gemacht wurde. Es ist also zu bestimmen, wie diese gesellschaftliche Determiniertheit in einem solchen Gesetz sich ausdrückt.

Zweitens müssen diese Gesetze wissenschaftliche Grundlagen für die Bewertung naturwissenschaftlicher Erkenntnisse in der Bedeutung für den Menschen sein. Das ist nur möglich, wenn die Moralnorm, die als ideelle Regulation und als Wertmaßstab aus den Gesetzen gewonnen wurde, mit der allgemeinen Moral der Gesellschaftsordnung in Verbindung gebracht wird, in der der moralisch handelnde Mensch existiert.

Drittens sind die möglichen moralischen Verhaltensweisen zur Wissenschaft in einer Gesellschaftsformation durch Klasseninteressen bestimmt. Es gibt also stets ein Möglichkeitsfeld von Verhaltensweisen, das Werte enthält, die den herrschenden Normen, und solche, die zukünftigen Gesellschaftsentwicklungen entsprechen. Schon bei der Betrachtung des Verhaltens von Wissenschaftlern zur Atombombe hatten sich verschiedene Möglichkeiten in Abhängigkeit von der bisherigen

Haltung des Wissenschaftlers als Emigrant oder nicht, von den Bedingungen im Lande, z. B. in den USA oder im faschistischen Deutschland, von der Einsicht in die gesellschaftlichen Zusammenhänge, z. B. Stellung zur Sowjetunion, usw. ergeben. Es ist also stets das Möglichkeitsfeld moralischer Verhaltensweisen in Abhängigkeit von den Bedingungen zu beachten.

Viertens ist moralisches Handeln bewußt und vom Willen abhängig. Da jedoch die Möglichkeiten gesellschaftlich bedingt sind, erfordert moralisches Handeln, das dem Fortschritt dienen soll, das also gut ist, oft persönlichen Mut, Konsequenz, das Ertragen von Rückschlägen usw.

Versuchen wir mit diesen Komponenten von der gesellschaftlichen Bedingtheit der Wissenschaftsentwicklung und Moral, vom Zusammenhang moralischen Verhaltens zur Wissenschaftsentwicklung mit der herrschenden Moral, vom bedingten Möglichkeitsfeld moralischen Verhaltens und vom bewußten moralischen Handeln ein Gesetz auszudrücken. Das Gesetz muß ein allgemein-notwendiger, d. h. reproduzierbarer, und wesentlicher, d. h. den Charakter der Erscheinung bestimmender, Zusammenhang zwischen der Wissenschaftsentwicklung und dem moralischen Verhalten sein. Eine solche Beziehung liegt offensichtlich im Verhältnis zwischen Wissenschaftskonzeption, Menschenbild und Verhaltensnorm vor. Nehmen wir dazu den Extremfall der im faschistischen Deutschland praktizierten Unterordnung der Wissenschaft unter die Weltmachtinteressen des deutschen Imperialismus. Die Wissenschaftskonzeption war damit so zu erfassen: Der Zweck heiligt die Mittel. Es wurden ausländische Wissenschaftler unter physischem, ökonomischem, politischem und moralischem Druck zur Arbeit gezwungen. Menschen wurden als Versuchsobjekte zur Verfügung gestellt oder als Arbeitssklaven ausgebeutet. Wissenschaftler wurden verleumdet, die „deutsche Wissenschaft“ proklamiert usw. Diese auf reaktionäre und chauvinistische Interessen gerichtete Entwicklung der Wissenschaft war mit einem Menschenbild verbunden, das sich aus der Rassentheorie ergab und ebenfalls den herrschenden Klasseninteressen untergeordnet war. Danach war die Elite auf Kosten der anderen zu entwickeln, die Objekte als Sklaven, Objekte des Sadismus und Objekte der Forschung waren. Der Moralkodex, der sich daraus ergab, war auf die moralische Rechtfertigung dieses Objektcharakters der nicht zur Elite gehörenden Menschen und die Willkür, die Barbarei usw. der Elite gerichtet. Das Möglichkeitsfeld moralischen Verhaltens im faschistischen Deutschland umfaßte damit die Einordnung in die herrschende Moral, die passive Duldung mit Bedenken bis Abscheu verbunden und den aktiven Kampf gegen diese herrschende Unmoral mit den verschiedensten Mitteln und der Gefahr, bei Entdeckung physisch vernichtet zu werden.

Die Wissenschaftskonzeption, d. h. die Auffassung über die Ziele, Methoden, Arbeitsweise der Wissenschaft, umfaßt immer ein bestimmtes Menschenbild, d. h. eine Antwort auf die weltanschaulichen Grundfragen nach dem Sinn des Lebens, der Stellung des Menschen in der Welt und dem Charakter des gesellschaftlichen Fortschritts. Aus dieser engen Verknüpfung von Wissenschaftskonzeption und Menschenbild in einer bestimmten Gesellschaftsformation ergeben sich dann die Möglichkeiten moralischen Verhaltens des einzelnen.

Das Gesetz hebt also den Zusammenhang zwischen Wissenschaftskonzeption, Menschenbild, Möglichkeit des moralischen Verhaltens und moralischem Verhalten hervor. Das benutzte Beispiel zeigt dabei, daß es notwendig ist, die Kriterien für moralisches Verhalten zu beachten. Die Existenz des genannten gesetzmäßigen Zusammenhangs bestimmt noch nicht, was moralisch gut oder böse, ausgehend von einer wissenschaftlichen Begründung der Werte, ist. Nach der dargestellten Beziehung könnte sich auch der faschistische Arzt durch die Wissenschaftskonzeption und das Menschenbild moralisch rechtfertigen, wenn Werte nur subjektiv sein sollten und keiner wissenschaftlichen Begründung fähig wären. Deshalb ist für die Bewertung als moralisch gut oder böse die weltanschauliche Komponente im Gesetz entscheidend. In ihr wird bestimmt, ob es sich um eine wissenschaftliche Beantwortung der genannten weltanschaulichen Grundfragen des Menschenbildes oder um einen Ausdruck reaktionärer Ideologie mit scheinwissenschaftlicher Begründung zur Rechtfertigung reaktionärer Interessen handelt. Das zentrale Glied jedes Gesetzes der Wissenschaftsethik ist damit das Menschenbild, besser gesagt, die Antwort auf die weltanschaulichen Grundfragen nach der Stellung des Menschen in der Welt, nach dem Sinn des Lebens und dem Charakter des gesellschaftlichen Fortschritts. Eine wissenschaftliche Begründung der Werte naturwissenschaftlicher Erkenntnisse für den Menschen muß diese Fragen wissenschaftlich beantworten und davon ausgehend die Wissenschaftskonzeption analysieren, kritisieren und wenn möglich verändern. Die Veränderung ist jedoch stets abhängig von den Bedingungen des Gesetzes, d. h. der entsprechenden Gesellschaftsformation.

Von diesen Grundüberlegungen zu den Gesetzen der Wissenschaftsethik ausgehend, ergeben sich folgende Komponenten jedes Gesetzes: Erstens ist die zentrale Komponente die Weltanschauung, weil von ihr ausgehend bestimmt werden kann, ob es sich bei den Möglichkeiten moralischen Verhaltens, die durch die Weltanschauung und Wissenschaftskonzeption bestimmt werden, um wissenschaftlich begründete Werte handelt oder nicht. Gibt die Weltanschauung keine wissenschaftlichen Antworten auf die weltanschaulichen Grundfragen, kann die daraus sich ergebende moralische Norm nicht als wissenschaftlich begründete ideelle Regulation des menschlichen Verhaltens und als Wertmaßstab betrachtet werden. Das moralisch gute Verhalten im Interesse des Fortschritts wird sich dann deshalb meist gegen die herrschende und begründete Norm richten müssen. Ist jedoch die Wissenschaftskonzeption und sind die Möglichkeiten moralischen Verhaltens ausgehend von wissenschaftlichen Einsichten in menschliches Verhalten bestimmt, dann sind auch die daraus sich ergebenden Normen wissenschaftlich begründete Werte, die moralisch gutes Verhalten verlangen.

Die zweite Komponente ist die Wissenschaftskonzeption und damit auch die Analyse der Wissenschaftsentwicklung. Aus dieser Analyse ergeben sich solche Tendenzen, wie die der beschleunigten Umsetzung wissenschaftlicher Erkenntnisse in die Praxis, die Integration, die Mathematisierung, die Kybernetisierung usw. Solche Tendenzen allein ergeben keine Wissenschaftskonzeption. Diese entsteht erst, wenn Tendenzen und Weltanschauung untereinander theoretisch verbunden werden.Die Weltanschauung ist hier der theoretische Ausdruck der gesellschaftlichen Bedingtheit bei der Entwicklung der Wissenschaftskonzeption. Sie vermittelt, ob bewußt oder unbewußt, die gesellschaftlichen Interessen in der Wissenschaftskonzeption. Damit stellt sie schon eine theoretische Vereinigung von gesellschaftlichen Interessen und weltanschaulicher Haltung zu Zielen, Zwecken, Sinn usw. der Wissenschaftsentwicklung dar.

Drittens sind die Möglichkeiten moralischen Verhaltens zu bestimmen. Aus einer Wissenschaftskonzeption, die nur die Entwicklung der Wissenschaft beachtet und keine humanistischen Maßstäbe anerkennt, wäre der Mensch stets nur als Objekt wissenschaftlicher Forschung zu bestimmen. So verfahren etwa die Ärzte, die Auswirkungen von Rauschgift auf Jugendliche untersuchen, indem sie nicht für juristische Normen gegen den Mißbrauch von Rauschgift eintreten, sondern es für einen Bestandteil der moralischen Freiheit halten, sich selbst vergiften zu können. Dadurch gewinnen sie dann experimentelle Grundlagen für Forschungen, die sonst nicht möglich wären. In die Möglichkeit moralischen Verhaltens geht die durch die Produktionsverhältnisse und die politische Organisation bestimmte herrschende Moralauffassung einer Gesellschaftsformation mit ein. Die wissenschaftliche Analyse des Problems zeigt jedoch auch in der Ausbeuterordnung Wege zum moralisch guten Verhalten zur Wissenschaftsentwicklung. So ist etwa die

Forderung nach demokratischer Kontrolle von Wissenschaftsentwicklungen imperialistischer Staaten, die Weigerung, an kriegswichtigen Forschungen mitzuarbeiten, usw. moralisch gerechtfertigt und im Sinne des realen Humanismus.

Viertens ist die Verwirklichung einer der Möglichkeiten für moralisches Verhalten immer abhängig von der persönlichen Entscheidung. Deshalb kann das Gesetz selbst nur die Möglichkeiten enthalten, aber nicht den Einzelfall in seiner konkreten Bestimmtheit.

Daraus ergeben sich nun Schlußfolgerungen für den Charakter der Gesetze der Wissenschaftsethik. Das Verhältnis von Wissenschaftskonzeption, Menschenbild und Möglichkeiten moralischen Verhaltens ist ein statistisches Gesetz, das mit den Systembeziehungen Möglichkeiten für moralisches Verhalten des einzelnen bestimmt, wobei sich für ihn aus der Wissenschaftskonzeption und dem Menschenbild nicht automatisch nur eine Möglichkeit ergibt, die notwendig verwirklicht wird. Aber die Möglichkeiten sind nicht alle gleichberechtigt und gleichwahrscheinlich. Die Wahrscheinlichkeitsverteilung für die Verwirklichung bestimmter Möglichkeiten moralischen Verhaltens ergibt sich aus den Bedingungen des Gesetzes, aus dem Charakter der Gesellschaftsformation. Bei vorherrschender Passivität in imperialistischen Staaten zu Ergebnissen der Naturwissenschaft und ihrer menschlichen Bedeutung ist die Auflehnung gegen den Mißbrauch solcher Erkenntnisse durch Wissenschaftler schwierig. Das muß bei der Einschätzung des moralischen Werts solcher Stellungnahmen etwa in den USA gegen den Vietnamkrieg, gegen den Einsatz von ABC-Waffen usw. berücksichtigt werden.

Die genannten Komponenten können nun im Zusammenhang mit verschiedenen Tendenzen der Wissenschaftsentwicklung untersucht werden, um den gesetzmäßigen Charakter des Zusammenhangs von Wissenschaftskonzeption und moralischem Verhalten, vermittelt über die Weltanschauung und die Möglichkeiten moralischen Verhaltens, zu zeigen. Denken wir etwa an die ständig umfangreichere Erforschung der naturwissenschaftlichen Grundlagen des Menschen, eine Tendenz, die Molekularbiologie, Entwicklungsrichtungen der Medizin usw. hervorgebracht hat. Damit verbunden sind immer bessere Möglichkeiten zur Hilfe für den Menschen. Es treten soziale Probleme im Zusammenhang mit den am Leben erhaltenen, aber körperlich oder geistig gebrechlichen Menschen auf. Monod hatte auf die Problematik der genetischen Veränderungen aufmerksam gemacht, die nicht mehr der biologischen Auslese unterliegen usw. Die entsprechende Wissenschaftskonzeption kann sicher nicht nur darin bestehen, alles zu erforschen, ohne den Sinn der Forschungen zu überprüfen. Der ist aber abhängig von der Weltanschauung und dem damit begründeten Humanismus. Es geht also um die humanistischen Forderungen an die Wissenschaftsentwicklung, die im Zusammenhang mit Homunkulusexperimenten, Herztransplantationen usw. bestimmt werden müssen und Stellungnahmen zur These von der Züchtung des Menschen verlangen. Die grundsätzliche Antwort der marxistisch-leninistischen Philosophie auf diese Frage muß vom Wesen des Menschen als Ensemble der gesellschaftlichen Verhältnisse ausgehen. Damit sind viele mögliche moralische Verhaltensweisen schon ausgeschlossen, etwa die Tötung von Menschen wegen angeblicher Lebensuntüchtigkeit. Biologische Mängel können immer mehr durch gesellschaftliche Mittel aufgehoben, teilweise beseitigt oder eingeschränkt werden. Die Problemlösung kann also nie individueller Natur sein, und die Einschätzung von Mängeln muß vom Entwicklungsstand der Gesellschaft aus erfolgen.

In dieser Richtung können auch solche Wissenschaftstendenzen, wie die wachsende Verwissenschaftlichung aller Teilbereiche des gesellschaftlichen Lebens, die Mathematisierung der Wissenschaften, die Aufdeckung komplexer Wahrheit durch die Lösung von Integrationsproblemen usw. untersucht werden. Die Betrachtungen zeigen, daß es sinnvoll ist, Gesetze der Wissenschaftsethik zu untersuchen und dabei das historische und prognostische Material der Wissenschafts- und Gesellschaftsentwicklung auszunutzen. Die Gesetze sind integralen Charakters, da sie Elemente der Wissenschaftsentwicklung mit Weltanschauung und Möglichkeiten moralischen Verhaltens verbinden. Sie haben statistischen Charakter, da eine Wissenschaftskonzeption nicht automatisch eine bestimmte Möglichkeit des moralischen Verhaltens zur Wissenschaftsentwicklung ergibt. Die gesellschaftliche Bedingtheit wird über die Weltanschauung zum Ausdruck gebracht, wobei die wissenschaftliche Analyse beachten muß, ob es bei den gesetzmäßigen Beziehungen um wissenschaftliche weltanschauliche Beziehungen geht oder um nicht wissenschaftlich begründete Menschenbilder. Die moralische Bewertung ergibt sich aus dem gesetzmäßigen Zusammenhang. Es gilt aber dann, wissenschaftlich begründete Werte zu erhalten, so daß die auf dem Gesetz aufbauende Norm, als Sollsatz ausgedrückt, die Forderung enthält, den moralischen Anforderungen zu genügen, die sich aus dem Gesetz ergeben und maximal dem Fortschritt der Gesellschaft und Wissenschaft dienen. Deshalb ist es für uns wichtig, die Wissenschaftskonzeption stets auf der Basis der wissenschaftlichen Weltanschauung zu entwickeln, deren theoretische Begründung die marxistisch-leninistische Philosophie ist.

Nachwort

Die Anregung zum vorliegenden Buch gab das Lektorat Philosophie des Akademie-Verlages, das mich bat, Gedanken aus einem Artikel in „Naturphilosophie - Von der Spekulation zur Wissenschaft“ ausführlicher auszuarbeiten. Das kam meinem Wunsch entgegen, die Beziehungen zwischen marxistisch-leninistischer Philosophie und moderner Naturwissenschaft einmal umfassend darzulegen. In vielen Artikeln war ich auf Teilaspekte dieses Verhältnisses schon eingegangen. Dabei sollten Erfahrungen aus Vorträgen, Vorlesungen, Publikationen verallgemeinert und die dabei immer wieder auftauchenden Fragen nach der Art und Weise, wie die marxistisch-leninistische Philosophie moderne naturwissenschaftliche Erkenntnisse verallgemeinert, beantwortet werden. Ob das gelungen ist, wird die Diskussion um das vorliegende Buch zeigen. Ich danke jedenfalls Dr. Schubardt für die Anregung und den Mitarbeitern und Freunden des Lehrstuhls „Philosophische Probleme der modernen Naturwissenschaften“ an der Humboldt-Universität für viele Diskussionen. Eine Gastprofessur an der Moskauer Universität im Frühjahr 1972 ermöglichte den Austausch vieler Ideen und den Meinungsstreit zu offenen Fragen mit sowjetischen Kollegen. Besonders Prof. Iljin, mit dem mich eine herzliche Freundschaft verbindet, war stets zum Meinungsstreit bereit. Ihm und seinem Lehrstuhl Dialektischer Materialismus an der Philosophischen Fakultät der Lomonossow-Universität gilt deshalb mein besonderer Dank für Gastfreundschaft, Hilfe und Unterstützung.

In das Buch wurde eine Reihe von vorhergehenden Veröffentlichungen übernommen, die meine Auffassungen auch heute noch zum Ausdruck bringen, so daß eine Neubearbeitung nur Doppelarbeit gewesen wäre. Die meisten Artikel wurden jedoch überarbeitet und erweitert, um kurz dargelegte Gedanken ausführlich darzustellen. Manchmal handelt es sich auch nur um Aspekte, die übernommen wurden. In diesem Sinne wurden neben kleinen Abschnitten folgende wichtige Arbeiten ausgewertet: Materialismus und moderne

Physik, in: DZfPh, Sonderheft 1966; Mensch und Wissenschaft, in: DZfPh, 7/1967;

Die heuristische Funktion der marxistisch-leninistischen Philosophie in der naturwissenschaftlichen Forschung, in: Weltanschauung und Methode, Berlin 1969;

Zur Naturphilosophie des Positivismus und Neothomismus (mit K.-F. Wessel), in: Naturphilosophie, Berlin 1969;

Lenins Wahrheitstheorie in ihrer Bedeutung für die Naturwissenschaften, in: Wiss. Zeitschrift der HU, Ges.-Sprachw., R. XIX (1970) 5;

Friedrich Engels und die Naturwissenschaft, in: ebd., XX (1971) 6;

Lenin und die moderne Naturwissenschaft, in: DZfPh, Sonderheft 1970;

Modell und Anschaulichkeit in der modernen Physik, in: DZfPh, 12/1971.

Anmerkungen

Kapitel I

1 Bei Aristoteles bedeutet Metaphysik das, was nach der Physik kommt, eben die Lehre vom ersten Beweger usw. Die Metaphysik des Aristoteles enthält viele dialektische Elemente, z. B. in der Inhalt-Form-Beziehung, die zur Begründung der Existenz des ersten Bewegers ausgenutzt wird. Gerade die nicht konsequente Durchführung der Dialektik, das Postulat eines ersten Bewegers, führte später dazu, die Metaphysik direkt als Bezeichnung der Antidialektik zu benutzen.
2 Vgl. H. v. Helmholtz, Philosophische Reden und Aufsätze, Berlin 1971.
3 Marx/Engels, Werke, Bd. 2, Berlin 1957, S. 132ff.
4 Vgl. Hegelverständnis in unserer Zeit, Berlin 1972.
5 Vgl. H. v. Helmholtz, Philosophische Reden und Aufsätze, a. a. O.
6 Vgl. Marx/Engels, Werke, Bd. 20, Berlin 1962.
7 Vgl. W. Büchel, Wille; Wunder, Welt, Kevelaer 1958; Vgl. W. Büchel, Philosophische Probleme der Physik, Freiburg 1965.
8 Vgl. H. Hörz, Materiestruktur, Berlin 1971.
9 Vgl. J. Monod, Zufall und Notwendigkeit, München 1971.

Kapitel II

1 Dazu gehören vor allem Veröffentlichungen der sowjetischen Autoren: Kedrow, Kopnin, Omeljanowski, Satschkow, Frolow, Iljin, Meljuchin, Gott, Swetschnikow u. a. Aber auch in der DDR ist eine umfangreiche Arbeit dazu geleistet worden. Vgl. K. Reiprich, Die philosophisch-naturwissenschaftlichen Arbeiten von Karl Marx und Friedrich Engels, Berlin 1969; Vgl. Lenin und die Wissenschaft, Bd. II, Berlin 1970; Vgl. Wissenschaftliche Zeitschrift der Humboldt-Universität, Gesellschaftlich-Sprachwissenschaftliche Reihe, 6/1971; Vgl. K. Reiprich zeigt die Vielfalt der Beziehungen von Marx und Engels zur Naturwissenschaft.
2 P. Ruben, Problem und Begriff der Naturdialektik, in: Weltanschauung und Methode, Berlin 1969, S. 68.
3 Ebenda, a. a. O., S. 56.

4 Ebenda, a. a. O., S. 62.

5 Ebenda, a. a. O., S. 59. Von dieser Auffassung hat sich P. Ruben inzwischen distanziert; Vgl. P. Ruben, Aktuelle theoretische Probleme der materialistischen Naturdialektik, in: DZfPh 8/1973, S. 909ff.

6 Der Verfasser hat darauf mehrmals aufmerksam gemacht. Vgl. H. Hörz, Materie und Bewußtsein, Berlin 1965; Vgl. H. Hörz, Mensch und Wissenschaft, in: DZfPh 7/67; Vgl. H. Hörz, Philosophischer Materialismus und Leninscher Materiebegriff, in: DZfPh 12/1969.

7 Weltanschauung und Methode, a. a. O., S. 69.

8 Ebenda, a. a. O., S. 55.

9 Ebenda, a. a. O.

10 Zur Erläuterung vgl. den Abschnitt zur Entwicklungstheorie.

11 Weltanschauung und Methode, a. a. O., S. 54.

12 Zu den Leistungen von Marx und Engels vgl. Geschichte der Philosophie, Bd. III, Berlin 1961, S. 254ff.

13 Marx/Engels, Werke, Ergänzungsband, Erster Teil, Berlin 1968, S. 543.

14 Ebenda, a. a. O., S. 544.

15 Marx/Engels, Werke, Bd. 16, Berlin 1962, S. 217.

16 Marx/Engels, Werke, Bd. 30, Berlin 1964, S. 578.

17 Marx/Engels, Werke, Bd. 23, Berlin 1962, S. 362.

18 Marx/Engels, Werke, Bd. 31, Berlin 1965, S. 304.

19 Ebenda, a. a. O., S. 306.

20 Marx/Engels, Werke, Bd. 23, a. a. O., S. 327.

21 Marx/Engels, Werke, Bd. 20, Berlin 1962, S. 10.

22 Ebenda, a. a. O., S. 12.

23 Ebenda, a. a. O., S. 11.

24 Ebenda, a. a. O., S. 12f.

25 Ebenda, a. a. O., S. 13.

26 Marx/Engels, Werke, Ergänzungsband, Zweiter Teil, a. a. O., S. 189.

27 W. I. Lenin, Werke, Bd. 19, Berlin 1962, S. 550.

28 W. I. Lenin, Werke, Bd. 2, S. 11.

29 Marxismusstudien, 3/1960.

30 Marx/Engels, Werke, Bd. 20, a. a. O., S. 346.

31 S. I. Wawilow, Lenin und die moderne Physik, Moskau 1970, S. 31 (russ.).

32 N. P. Dubinin, Probleme der Genetik und die marxistisch-leninistische Philosophie – Materialien der Allunionskonferenz 1970.

33 Ebenda, a. a. O., S. 4.

34 Marx/Engels, Werke, Bd. 20, a. a. O., S. 74.

35 Ebenda, a. a. O., S. 468f.

36 Thesen des ZK der KPdSU zum 100. Geburtstag W. I. Lenins, in: Neues Deutschland vom 27. 12. 1969.

37 W. I. Lenin, Werke, Bd. 33, Berlin 1962, S. 219.

38 W. I. Lenin, Werke, Bd. 32, Berlin 1961, S. 139.

39 Ebenda, a. a. O., S. 133.

40 Ebenda, a. a. O., S. 132.

41 Ebenda, a. a. O., S. 141.
42 Thesen des ZK der KPdSU zum 100. Geburtstag W. I. Lenin, a. a. O.
43 Ebenda, a. a. O.
44 W. I. Lenin – Biographie, Berlin 1970, S. 617.
45 Ebenda, a. a. O., S. 616.
46 W. I. Lenin, Werke, Bd. 32, a. a. O., S. 56.
47 W. I. Lenin, Werke, Bd. 18, Berlin 1962. S. 288.
48 W. I. Lenin, Werke, Bd. 31, Berlin 1959, S. 277.
49 W. I. Lenin, Werke, Bd. 33, a. a. O., S. 220.
50 J. Monod, Zufall und Notwendigkeit, a. a. O., S. 53.
51 W. I. Lenin, Werke, Bd. 33, a. a. O., S. 219.
52 J. Monod, Zufall und Notwendigkeit, a. a. O., S. 11.
53 Ebenda, a. a. O., S. 48.
54 Vgl. W. v. Del-Negro, Konvergenzen in der Gegenwartsphilosophie und die moderne Physik, Berlin 1970.
55 Zur Kritik des kritischen Realismus vgl. K.-F. Wessel, Dialektischer Materialismus und kritischer Realismus, Berlin 1971.
56 Vgl. E. A. Budilowa, Philosophische Probleme in der sowjetischen Psychologie, Moskau 1972 (russ.).
57 Vgl. F. Jacob, Die Logik des Lebendigen, Frankfurt a./Main 1972.

Kapitel III

1 Dialektik und moderne Naturwissenschaft, Moskau 1970, S. 21f. Eine Einschätzung des Diskussionsstandes um die Disziplin „Philosophische Probleme der Naturwissenschaften" hat Laitko früher schon gegeben. Er betont die enge Verbindung von Philosophie und Naturwissenschaft und die Bedeutung der Bearbeitung philosophischer Probleme der Naturwissenschaft. Vgl. H. Laitko, Zum Standort der Disziplin „Philosophische Probleme der Naturwissenschaft", in: DZfPh 3/1965, S. 343ff. Die Diskussion um das Verhältnis von Philosophie und Naturwissenschaft wird auch in der DDR weitergeführt. Vgl. K. Lanius, Physik und Weltanschauung, in: Einheit 9/1970; Vgl. G. Klimaszewski, Revolution in der Philosophie und Entwicklung der Wissenschaften, in: Einheit 11/1970; Vgl. H. Hörz, Physik und Weltanschauung, Leipzig 1971; Vgl. H. Ley, Technik und Weltanschauung, Leipzig 1971; Vgl. R. Löther, Biologie und Weltanschauung, Leipzig 1972; Vgl. F. Fiedler/G. Klimaszewski/G. Söder, Das Verhältnis der marxistisch-leninistischen Philosophie zu den Einzel- und Strukturwissenschaften, in: DZfPh, 11/1972, S. 1309ff und weitere Beiträge in der DZfPh.
2 P. W. Kopnin, Logische Grundlagen der modernen Wissenschaft, a. a. O., S. 23.
3 Ebenda, a. a. O., S. 22.
4 Dialektik und moderne Naturwissenschaft, a. a. O., S. 304.
5 Ebenda, S. 23., a. a. O., S. 23.

6 Ebenda, a. a. O., S. 24
7 Ebenda, a. a. O., S. 22.
8 Ebenda, a. a. O., S. 340.
9 Ebenda, S. 342; Die von Judin kritisierte Konzeption von O. Lange, die er als „widerspruchsvoll" und „wenig effektiv" bezeichnet, ist vom Verfasser mit Hilfe der von Judin so genannten philosophischen Methode ebenfalls kritisch beleuchtet worden. Vgl. H. Hörz, Materiestruktur, a. a. O., S. 86ff, 368ff.
10 Dialektik und moderne Naturwissenschaft, a. a. O., S. 328.
11 Vgl. H. Hörz, Materiestruktur, a. a. O., S. 156ff; Dort wird auf die mit verschiedenen physikalischen Hypothesen verbundenen philosophischen Standpunkte eingegangen.
12 Ebenda, a. a. O., S. 330f.
13 L. B. Bashenow kritisiert in seinem Beitrag „Zwei Tendenzen bei der Erforschung philosophischer Probleme der Naturwissenschaften" berechtigt die Vorstellung, daß die Welt spezifisch philosophisch und losgelöst von den Wissenschaften erforscht werden könnte und dabei endgültige Lösungen von Problemen auftreten. Vgl. Dialektik und moderne Naturwissenschaft, a. a. O., S. 381f; Eine gute Darlegung des Wechselverhältnisses von Philosophie und Biologie geben A. Ja. Iljin/I. T. Frolow, Wissenschaftliche Forschung und philosophischer Kampf in der Biologie, Moskau 1972.
14 Dialektik und moderne Naturwissenschaft, a. a. O., S. 402, Mostepanenko erläutert diesen Gedanken auch in: Philosophie und physikalische Theorie, Leningrad 1969.
15 Ebenda. a. a. O., S. 403.
16 Vgl. H. Hörz, Atome, Kausalität, Quantensprünge, Berlin 1964.
17 W. I. Lenin, Werke, Bd. 14, Berlin 1962, S. 251.
18 Vgl. J. Monod, Zufall und Notwendigkeit, a. a. O.
19 Dialektik und moderne Naturwissenschaft, a. a. O., S. 403.
20 Vgl. H. Hörz, Werner Heisenberg und die Philosophie, Berlin 1968.
21 Dialektik und moderne Naturwissenschaft, a. a. O., S. 403.
22 Vgl. Kapitel VI.
23 Dialektik und moderne Naturwissenschaft, a. a. O., S. 403.
24 Ebenda, a. a. O., S. 404.
25 Vgl. M. v. Laue, Geschichte der Physik, Bonn 1950.
26 Vgl. A. Einstein/L. Infeld, Evolution der Physik, Hamburg 1956.
27 Vgl. G. Stiehler, Der Idealismus von Kant bis Hegel, Berlin 1970.
28 Vgl. H. Hörz, Die Rolle statistischer Gesetze in der Gesellschaftswissensch. und ihre Bedeutung für die Prognose, in: DZfPh 3/1968, S. 327ff.
29 Vgl. J. P Sartre, Marxismus und Existentialismus, Hamburg 1964.
30 G. Klaus, Philosophie und Einzelwissenschaft, Berlin 1958, S. 20.
31 Philosophisches Wörterbuch, hrsg. von M. Buhr/G. Klaus, Leipzig 1974, Stichwort „Philosophie".
32 Ebenda, a. a. O., Stichwort „Verallgemeinerung".

33 G. Klaus, Kybernetik in philosophischer Sicht, Berlin 1961, S. 33.
34 A. Kosing, Wissenschaftstheorie als Aufgabe der marxistischen Philosophie, Sitzungsberichte der DAW, Klasse für Philosophie, Geschichte, Staats-, Rechts- und Wirtschaftswissenschaften, 1/1967, S. 24.
35 C. F. v. Weizsäcker, Die Einheit der Natur, München 1971, S. 375.
36 Ebenda, a. a. O., S. 376.
37 Ebenda, a. a. O., S. 378.
38 Ebenda, a. a. O., S. 380.
39 Ebenda, a. a. O., S. 381f.
40 Ebenda, a. a. O., S. 115.
41 Ebenda, a. a. O., S. 109f.
42 Ebenda, a. a. O., S. 119.
43 O. Lange, Ganzheit und Entwicklung in kybernetischer Sicht, Bln. 1966.
44 Vgl. Probleme der formalen Analyse der Systeme, Moskau 1968 (russ.); Vgl. Entwicklung der Konzeption der Strukturniveaus in der Biologie, Moskau 1972, S. 294ff (russ.).
45 W. Heitler, Der Mensch und die naturwissenschaftliche Erkenntnis, Braunschweig 1966, S. 3.
46 Ebenda, a. a. O., S. 88.
47 Vgl. E. Hahn, Ideologie, Berlin 1970; Vgl. H. C. Rauh, Zum Ideologiestreit, in: DZfPh 11/1970; Vgl. O. Finger, Sozialistische Ideologie, Berlin 1970; Auf diese Problematik, die mit dem Ideologiebegriff verbunden ist, soll hier nicht eingegangen werden. Für unsere Darlegungen reicht die vorgeschlagene Definition als Arbeitshypothese.
48 W. I. Lenin, Werke, Bd. 30, Berlin 1961, S. 325.
49 W. I. Lenin, Werke, Bd. 32, a. a. O., S. 136.
50 Ebenda, a. a. O., S. 137.
51 Ebenda, a. a. O., S. 56.
52 W. I. Lenin, Werke, Bd. 35, Berlin 1962, S. 533f.
53 Ebenda, S. 435.
54 W. I. Lenin, Werke, Bd. 33, a. a. O., S. 220f.
55 J. Monod, Zufall und Notwendigkeit, a. a. O., S. 203.
56 Ebenda, a. a. O., S. 206f.
57 Ebenda, a. a. O., S. 214f.
58 Ebenda, a. a. O., S. 203f.
59 Ebenda, a. a. O., S. 53; Wie sehr Monod hier selbst durch die bürgerliche Ideologie beeinflußt ist, zeigen seine Bemerkungen gegen Lenin und Engels. Engels lehnte den zweiten Hauptsatz der Thermodynamik und Darwins Theorie nicht ab, sondern wandte sich gegen einseitige philosophische Schlußfolgerungen aus ihnen, und Lenin führte einen berechtigten Kampf gegen den Machismus. Die Vorwürfe gegen Engels und Lenin sind unberechtigt.
60 W. I. Lenin, Werke, Bd. 14, a. a. O., S. 250.
61 Ebenda, a. a. O., S. 260.
62 E. Schrödinger, Die Natur und die Griechen, Hamburg, S. 10.

63 W. I. Lenin, Werke, Bd. 38, Berlin 1964, S. 251.
64 G. W. F. Hegel, Wissenschaft der Logik. Erster Teil, Leipzig 1951, S. 7.
65 W. I. Lenin, Werke, Bd. 38, a. a. O., S. 80.
66 Ebenda, a. a. O., S. 279.
67 Vgl. K. Popper, On the theory of the objective mind, in: Akten des XIV. Internationalen Kongresses für Philosophie, Bd. 1, Wien 1968, S. 25ff.
68 Ebenda, a. a. O., S. 26f.
69 I. Kant, Kritik der reinen Vernunft, Leipzig 1945, S. 103.
70 W. I. Lenin, Werke, Bd. 21, Berlin 1960, S. 38.
71 W. I. Lenin, Werke, Bd. 19, a. a. O., S. 4.
72 Ebenda, a. a. O.
73 Ebenda, a. a. O., S. 5.
74 W. S. Gott, Philosophische Fragen der modernen Physik, Moskau 1972, S. 404.
75 Ebenda, a. a. O., S. 404.
76 Vgl. H. Hörz, Materiestruktur, a. a. O., S. 156ff.
77. Moderne Probleme der materialistischen Dialektik, Moskau 1971, S. 218.
78 Ansätze zu solchem schematischen Herangehen finden sich m. E. in einigen Arbeiten von Swiderski zum Verhältnis von System und Element und von Stabilität und Veränderlichkeit. Er arbeitet angebliche allgemeine dialektische Züge aus, die entweder intuitiv erschlossen oder als Beispiele ohne Überprüfung der Allgemeingültigkeit abgeleitet werden und nennt dann Beispiele für das allgemeine Prinzip; so das Verhältnis von Allgemeinem und Besonderem zu verstehen, ist zu vereinfacht. In diesem Sinn verfährt er auch mit der These von der Relativität der konkreten Zustände der sich bewegenden Materie. Vgl. Dialektik und moderne Naturwissenschaft, a. a. O., S. 310ff.
79 Moderne Probleme der materialistischen Dialektik, a. a. O., S. 232.
80 Die Ausführungen des Verfassers zur Problematik statistischer Gesetze in den Gesellschaftswissenschaften, die auf skalierte Abschätzungen der Wahrscheinlichkeiten für die Verwirklichung von Möglichkeiten verweisen, vgl. in: H. Hörz, Der dialektische Determinismus in Natur und Gesellschaft, Berlin 1971, S. 106ff.
81 J. Meurers, Wissenschaft im Kollektiv, München 1959, S. 169.
82 Ebenda, a. a. O., S. 170.
83 Vgl. H. Klotz, Der philosophische Beweis, Berlin 1967.
84 J. Meurers, Das Problem der Entideologisierung der Naturwissenschaft, in: Akten des XIV. Internationalen Kongresses für Philosophie, Bd. I, Wien 1968, S. 603.
85 Ebenda, S. 606.
86 J. Meurers, Wissenschaft im Kollektiv, a. a. O., S. 157.
87 Ebenda, a. a. O., S. 158.
88 Ebenda, a. a. O., S. 159.

89 J. Meurers, Das Problem der Entideologisierung der Naturwissenschaft, a. a. O., S. 607.
90 W. I. Lenin, Werke, Bd. 14, a. a. O., S. 267.
91 P. Vranicki, Die Notwendigkeit der verschiedenen Varianten in der marxistischen Philosophie, in: Akten des XIV. Internationalen Kongresses für Philosophie, Bd. II, S. 139f.
92 Ebenda, a. a. O., S. 140.
93 Ebenda, a. a. O.
94 J. Müller, Ansatz zu einer systematischen Heuristik, in: DZfPh, 6/1968, S. 699.
95 Ebenda, a. a. O., S. 705.

Kapitel IV

1 W. I. Lenin, Werke, Bd. 14, a. a. O., S. 124.
2 W. I. Lenin, Werke, Bd. 21. a. a. O., S. 41.
3 W. Heisenberg, Das Naturbild der heutigen Physik, Hamburg 1955, S.12.
4 J. Monod, Zufall und Notwendigkeit, a. a. O., S. 129.
5 W. Strombach, Natur und Ordnung, München 1968, S. 64.
6 Auf solche Probleme, die mit der Entwicklung der Elementarteilchenphysik auftauchen und philosophisch interessant sind, wie auch das Verhältnis von Lokalität und Kausalität, Symmetrie und Asymmetrie usw., geht der Verfasser ein in: H. Hörz, Materiestruktur, a. a. O. Hier bestätigt sich noch einmal die bei der Darlegung der weltanschaulichen Funktion getroffene Unterscheidung zwischen den direkt weltanschaulich bedeutsamen Erkenntnissen, die Antworten auf weltanschauliche Grundfragen sind oder sein sollten, und anderen von der Philosophie zu analysierenden Erkenntnissen, die aber nur mittelbar weltanschaulich wirksam werden.
7 H. Meschkowski, Das Christentum im Jahrhundert der Naturwissenschaften, München/Basel 1961, S. 40; Zu Borns Realitätsauffassung vgl. H. Hörz, Atome, Kausalität, Quantensprünge, a. a. O., S. 205ff.
8 P. Chauchard, Naturwissenschaft und Katholizismus, Olten/Freiburg i. B. 1962, S. 82f.
9 Ebenda, S. 84.
10 W. Büchel, Philosophische Probleme der Physik, Freiburg/Basel/Wien 1965, S. 427.
11 Vgl. mit dem Abschnitt „Materie oder Substanz?“
12 W. I. Lenin, Werke, Bd. 14, a. a. O., S. 175ff.
13 Ebenda, a. a. O., S. 260, 262.
14 W. I. Lenin, Werke, Bd. 33, a. a. O., S. 219; Auf die Verteidigung der materialistischen Grundposition bei der Deutung physikalischer Erkenntnisse durch sowjetische Gelehrte macht W. S. Gott aufmerksam. Vgl. Philosophische Fragen der modernen Physik, a. a. O., S. 102ff.

15 In diesem Sinne ist z. B. die Anerkennung eines unverkennbaren Determinismus hinter der von der Quantenmechanik untersuchten physikalischen Realität durch W. Büchel und andere Neothomisten eine metaphysische Ergänzung, weil durch die Naturwissenschaft nicht nachweisbar. Vgl. Moderne Naturwissenschaft und Atheismus, Berlin 1964, S. 124ff.
16 I. Kant, Kritik der reinen Vernunft, a. a. O., S. 525.
17 Ebenda, a. a. O., S. 184.
18 W. I. Lenin, Werke, Bd. 38, a. a. O., S. 149.
19 A. Einstein/L. Infeld, Die Evolution der Physik, Hamburg 1956, S. 162f.
20 Ebenda, a. a. O., S. 164.
21 B. Bavink, Ergebnisse und Probleme der Naturwissenschaften, Leipzig 1933, S. 180.
22 W. Büchel, Philosophische Probleme der Physik, a. a. O., S. 432.
23 Ebenda, a. a. O., S. 427
24 P. Mittelstaedt, Philosophische Probleme der modernen Physik, Mannheim 1963, S. 87f.
25 Vgl. W. Strombach, Die Frage nach der Wirklichkeit und Wesenheit des Anorganischen, in: Philosophia naturalis, Bd. VII, 1/1961, S. 39ff;. Vgl. W. Strombach, Natur und Ordnung, München 1968.
26 Vgl. E. Schmutzer, Energieerhaltungssatz und relativistische Physik, in: DZfPh, 9/1966.
27 W. Heitler, Der Mensch und die naturwissenschaftliche Erkenntnis, Braunschweig 1961, S. 38.
28 Ebenda, a. a. O., S. 39.
29 J. Meurers, Das Weltbild im Umbruch der Zeit, Aschaffenburg 1958, S. 16f.
30 Ebenda, a. a. O., S. 57.
31 Über die Rolle des Experiments gibt es eine Reihe von Arbeiten; Vgl. H. Parthey/D. Wahl, Die experimentelle Methode in Natur- und Gesellschaftswissenschaften, Berlin 1966; Vgl. Wege des Erkennens, Berlin 1969; Aber die Rolle des Experiments als Kriterium der Wahrheit ist noch ungenügend untersucht.
32 W. Heisenberg, Physik und Philosophie, Berlin 1959, S. 114.
33 Ebenda, a. a. O., S. 105.
34 E. Zimmer, Umsturz im Weltbild der Physik, München 1944, S. 282f.
35 Ebenda, a. a. O., S. 270.
36 P. Jordan, Das Bild der modernen Physik, Berlin 1957, S. 45.
37 M. Born, Physik im Wandel meiner Zeit, Braunschweig 1958, S. 148.
38 W. Strombach, Natur und Ordnung, a. a. O., S. 63.
39 C. F. v. Weizsäcker, Die Einheit der Natur, a. a. O., S. 126.
40 Ebenda, a. a. O., S. 126f.
41 Ebenda, a. a. O., S. 127.
42 W. Heisenberg, Schritte über Grenzen, München 1971, S. 531.

43 Ebenda, a. a. O., S. 305.
44 W. Strombach, Natur und Ordnung, a. a. O., S. 60.
45 W. I. Lenin, Werke, Bd. 14, a. a. O., S. 309f.
46 W. Strombach, Natur und Ordnung, a. a. O., S. 64.
47 Vgl. J. Monod, Zufall und Notwendigkeit, a. a. O.
48 W. v. Del-Negro, Konvergenzen in der Gegenwartsphilosophie und die moderne Physik, a. a. O., S. 66.
49 Vgl. W. I. Lenin, Werke, Bd. 14, a. a. O., S. 82f., 304.
50 Eine ausführliche Analyse der Unhaltbarkeit solcher Kritiken, die die Abbildung mechanisch-materialistisch verstehen, wird im Zusammenhang mit der Betrachtung der Helmholtzschen Erkenntnistheorie gegeben in: Wissenschaftliche Zeitschrift der Humboldt-Universität, Math.-Nat. Reihe, Jg. XXII, Heft 3/1973.
51 W. v. Del-Negro, Konvergenzen in der Gegenwartsphilosophie und die moderne Physik, a. a. O., S. 75f.
52 W. I. Lenin, Werke, Bd. 38, a. a. O., S. 160.
53 Ebenda, a. a. O., S. 203.
54 Auf eine Reihe von Fragen, die in den Arbeiten von G. Schulz, L. Kreiser, W. Heitsch, P. Ruben und G. Kasdorf behandelt werden, wird hier nicht eingegangen. Insbesondere wird nicht das Verhältnis von Logik und Mathematik betrachtet und auch nicht die verschiedenen Richtungen der Philosophie und Mathematik. Das erfordert eine eigene Arbeit, da Mathematik nicht Naturwissenschaft ist.
55 Vgl. R. Carnap, Philosophical foundations of physics, New York/London 1967.
56 R. Carnap, Philosophische Grundlagen der Physik, Moskau 1971, S. 10f.
57 Ebenda, a. a. O., S. 11.
58 Ebenda, a. a. O., S. 158ff.
59 Vgl. H. Hörz, Ergebnisse und Aufgaben einer marxistischen Theorie des objektiven Gesetzes. Sitzungsberichte der DAW, Klasse Philosophie 2/1968.
Dieses in der Forschungsarbeit bei der philosophischen Analyse des Gesetzesbegriffs aufgetauchte Problem und seine Lösung durch Differenzierung in den mathematischen Teil und die damit verbundene Konzeption des statistischen Gesetzes, die auch in den Gesellschaftswissenschaften Bedeutung hat, ohne schon mathematisiert zu sein, zeigt den heuristischen Wert philosophischer Konzeptionen, aber auch die Grenzen der Mathematisierbarkeit, die durch unsere Erkenntnis immer weiter verschoben werden.
60 Dialektik und moderne Naturwissenschaft, a. a. O., S. 15.
61 Ebenda, a. a. O., S. 57.
62 Ebenda, a. a. O., S. 415.
63 Ebenda, a. a. O.
64 Ebenda, a. a. O., S. 416.
65 Ebenda, a. a. O.

66 Ebenda, a. a. O.

67 Dazu ist aber auch notwendig, den Begriff „Struktur" philosophisch exakter zu bestimmen, als das oft geschieht, da er manchmal sogar mit Gesetz identifiziert wird; Vgl. die Auseinandersetzung mit solchen Auffassungen in: H. Hörz, Materiestruktur, a. a. O., S. 64ff.

68 Dialektik und moderne Naturwissenschaft, a. a. O., S. 102ff.

69 Ebenda, a. a. O., S. 417; W. I. Siforow unterstützt die Aussage von Kröber, daß einige Aspekte der Dialektik formalisiert werden können, meint aber, daß dazu neue mathematische Theorien erforderlich seien. Den Standpunkt Kopnins und anderer, die meinen, daß die Dialektik durch Formalisierung verschwinde, hält er für falsch. Vgl. ebenda, a. a. O., S. 300ff.

70 R. Carnap, Philosophische Grundlagen der Physik, a. a. O., S. 49.

71 Ebenda, a. a. O.

72 Vgl. I. Kant, Kritik der reinen Vernunft, Reclam Leipzig 1956.

73 Vgl. dazu die ausführliche Kritik von Helmholtz an Kants Auffassung von den synthetischen Urteilen a priori in: H. v. Helmholtz, Philosophische Aufsätze, Berlin 1971; Eine marxistische Einschätzung dazu wird im Vorwort gegeben.

74 R. Carnap, Philosophische Grundlagen der Physik, a. a. O., S. 28.

75 Ebenda, a. a. O., S. 249.

76 Ebenda, a. a. O , S. 316f.

77 Ebenda, a. a. O., S. 242.

78 H. Hörz, Materiestruktur, a. a. O., S. 294ff.

79 Vgl. A. I. Ujomov, Analogie in der Praxis wissenschaftlicher Erkenntnis, Moskau 1970.

80 P. Bernays, Die schematische Korrespondenz und die idealisierten Strukturen, in: Dialektica, Vol. 24, 1/1970, 2/1970, 3/1970.

81 Ebenda, a. a. O., S. 57.

82 Ebenda, a. a. O., S. 58.

83 Vgl. H. Hörz, Materiestruktur, a. a. O., S. 70ff.

84 Carnap, Philosophische Grundlagen der Physik, a. a. O., S. 165f.

85 Vgl. ebenda, a. a. O., S. 167f.

86 Ebenda, a. a. O., S. 169; Zu Goethes Auffassung vgl. A. W. Gulyga, Der deutsche Materialismus am Ausgang des 18. Jahrhunderts, Berlin 1966, S. 146ff.

87 W. Heitler, Der Mensch und die naturwissenschaftliche Erkenntnis, a. a. O.; Auf die damit im Zusammenhang stehenden ethischen Fragen der Wissenschaftsentwicklung wird später eingegangen. Sie nehmen bereits einen breiten Raum in der Diskussion der Naturwissenschaftler zu philosophischen Fragen ein. Dabei geht es um die moralische Verantwortung der Wissenschaftler, um Wahrheit und Wert wissenschaftlicher Theorien usw. Auf das letztere macht z. B. W. Heisenberg aufmerksam; Vgl. W. Heisenberg, Schritte über Grenzen, a. a. O., S. 252.

88 J. F. Gonseth, Sprache und Methode, in: Archives de Philosophie, Band 34, 4/1971, S. 631ff.

89 J. Piaget, Methodologie interdisziplinärer Beziehungen, in: ebenda, S. 539ff.

90 P. Bernays, Bemerkungen zur Rolle der Methode in den Wissenschaften, in: ebenda, S. 576f.

91 Ebenda, S. 577.

92 Ebenda, S. 577f.

93 W. Heisenberg, Schritte über Grenzen, a. a. O., S. 246f.

94 Ebenda, a. a. O., S. 247.

95 Ebenda, a. a. O., S. 267.

96 W. v. Del-Negro, Konvergenzen in der Gegenwartsphilosophie und die moderne Physik, a. a. O., S. 144.

97 Ebenda, a. a. O., S. 150; Es geht sicher nicht um die Stofflichkeit des Begriffs, sondern um die Stofflichkeit als Eigenschaft der objektiven Realität, die im Begriff widergespiegelt oder nicht widergespiegelt wird.

98 Ebenda, a. a. O., S. 151.

99 Ebenda, a. a. O., S. 152; Als Kröbers These wird verstanden, „daß der Begriff ‚Materie' gar nichts anderes enthalte als die Anerkennung einer bewußtseinsunabhängigen Realität"

100 W. I. Lenin, Werke Bd. 14, a. a. O., S. 67.

101 Ebenda, a. a. O., S. 47.

102 Vgl. W. Rüdiger, Unser Gehirn als Regelungs- und Informationsinstrument, Berlin 1970; Vgl. F. Klix, Information und Verhalten, Berlin 1971.

103 Vgl. V. Chauchard, Naturwissenschaft und Katholizismus, a. a. O., S. 83f.

104 Del-Negro, Konvergenzen in der Gegenwartsphilosophie und die moderne Physik, a. a. O., S. 68.

105 K. N. Kornilow, in: Psychologie und Marxismus, Leningrad-Moskau 1925.

106 Vgl. E. A. Budilowa, Philosophische Probleme der Psychologie, Moskau 1972, S. 37.

107 S. Wasiljew, Widerspiegelungstheorie und künstlerisches Schöpfertum, Moskau 1970, S. 265.

108 J.-P. Sartre, Marxismus und Existentialismus, a. a. O., S. 29.

109 Ebenda, a. a. O., S. 29f.

110 W. I. Lenin, Werke, Bd. 14, a. a. O., S. 131.

111 Dazu gibt es eine umfangreiche Literatur auch von marxistischer Seite. Vgl. das umfangreiche Literaturverzeichnis in: A. P. Ursul, Information, Moskau 1971; Vgl. N. J. Shukow, Information, Minsk 1971, S. 259ff.

112 Vgl. P. Kirschenmann, Kybernetik, Information, Widerspiegelung, München 1963, S. 275.

113 N. J. Shukow, Information, a. a. O., S. 55; In diesem Buch ist auch eine Untersuchung der verschiedenen Formen der Information und eine sachliche Kritik der verschiedensten Einseitigkeiten, Halbheiten usw. enthalten.
114 Vgl. A. Polikarow, Materie und Bewußtsein, Sofia 1961, S. 157ff.
115 N. J. Shukow, Information, a. a. O., S. 17.
116 P. Chauchard, Naturwissenschaft und Katholizismus, a. a. O., S. 87.
117 Ebenda, a. a. O., S. 89.

Kapitel V

1 Vgl. P. V. Kopnin, Dialektik, Logik, Erkenntnistheorie, Berlin 1970; Vgl. G. Pawelzig, Dialektik der Entwicklung objektiver Systeme, Berlin 1970; Vgl. G. Stiehler, System und Widerspruch, Berlin 1971; Vgl. H. Hörz, Der dialektische Determinismus in Natur und Gesellschaft, a. a. O.
2 G. Stiehler, System und Widerspruch, a. a. O., S. 23.
3 Marx/Engels, Werke, Bd. 23, a. a. O., S. 27.
4 G. A. Wetter, Ordnung ohne Freiheit, Kavelaar 1956, S. 11.
5 Ergebnisse der Arbeit sind dargestellt in: Determinismus und Gesetzmäßigkeit, Wissenschaftliche Zeitschrift der Humboldt-Universität, Mathematisch-Naturwissenschaftliche Reihe, 3/1963; Gesetz und Bedingungen, Wissenschaftliche Zeitschrift der Humboldt-Universität, 4/1965, 5/1965; Struktur und Prozeß, Wissenschaftliche Zeitschrift der Humboldt-Universität, Mathematisch-Naturwissenschaftliche Reihe, 6/1967.
6 Vgl. Quo vadis Universum? Berlin 1965, S. 11ff.
7 W. I. Lenin, Werke, Bd. 38, a. a. O., S. 242.
8 G. Stiehler, System und Widerspruch, a. a. O., S. 11.
9 Ebenda, a. a. O., S. 22.
10 Marx/Engels, Werke, Bd. 20, a. a. O., S. 307.
11 W. I. Lenin, Werke, Bd. 38, a. a. O., S. 214.
12 Ebenda, a. a. O., S. 88.
13 P. Bernays, Bemerkungen zur Rolle der Methode in den Wissenschaften, in: Archives de Philosophie, Bd. 34, 4/1971, S. 576.
14 Da diese Diskussion nicht im einzelnen ausgeführt werden soll, sondern nur als Hinweis auf die Kompliziertheit methodisch-dialektischer Arbeit gedacht ist, vgl. zu den inhaltlichen Diskussionen H. Hörz, Atome, Kausalität, Quantensprünge, a. a. O.
15 Vgl. H. Hörz, Materiestruktur, a. a. O., S. 329ff.
16 W. I. Lenin, Werke, Bd. 32, a. a. O., S. 82.
17 Vgl. Logik der Forschung, Moskau 1966; Vgl. Probleme der formalen Systemanalyse, Mokau 1968; Vgl. Probleme der Struktur und der wissenschaftlichen Erkenntnis, Saratow 1965; Vgl. Wege des Erkennens, Berlin 1967; Vgl. Natur und Erkenntnis, Berlin 1964; Vgl. Materia-

listische Dialektik und Methoden der naturwissenschaftlichen Erkenntnis, Moskau 1968; Vgl. H. Korch, Die wissenschaftliche Hypothese, Berlin 1971; Es gibt dazu eine Vielzahl weiterer Arbeiten und Sammelbände, aber der Versuch, den Zusammenhang der Methoden überhaupt zu analysieren, um damit einen Beitrag zur allseitigen Ausarbeitung der Methodologie zu geben, steht noch aus.

18 Darauf ist vom Verfasser in: H. Hörz, Materiestruktur, a. a. O., S. 15ff, eingegangen worden. Hier wird die Problematik dieser Dialektik nur genannt.

19 Vgl. H. Heynert, Einführung in die allgemeine Bionik, Berlin 1972.

20 J. Monod, Zufall und Notwendigkeit, a. a. O., S. 49.

21 Ebenda, a. a. O., S. 50.

22 Ebenda, a. a. O., S. 50f.

23 Ebenda, a. a. O., S. 53.

24 Ebenda, a. a. O.

25 Der Verfasser stützt sich dabei auf eigene Forschungsarbeiten und auf die in anderen Arbeiten ausgewertete Literatur. Zum allgemeinen Überblick vgl. H. Hörz, Der dialektische Determinismus in Natur und Gesellschaft, a. a. O.; Zur Kopenhagener Deutung vgl. H. Hörz, Atome, Kausalität, Quantensprünge, a. a. O.; Vgl. H. Hörz, Werner Heisenberg und die Philosophie, a. a. O.; Zur speziellen Problematik des Verhältnisses von Kausalität und Lokalität vgl. H. Hörz, Materiestruktur, a. a. O.; Einen Überblick über die Entwicklung der Kausalitätsauffassung gibt H. Korch, Kausalität, Berlin 1967.

26 Vgl. A. Polikarow, Relativität und Quanten, Moskau 1966.

27 Vgl. H. Vogel, Max Born, Berlin 1966.

28 Vgl. H. Vogel, Max Planck, Berlin 1963.

29 E. Schrödinger, Was ist ein Naturgesetz? München/Wien 1967, S. 15.

30 Ebenda, a. a. O.

31 Ebenda, a. a. O., S. 49.

32 Ebenda, a. a. O., S. 53.

33 Ebenda, a. a. O., S. 54.

34 W. Heisenberg, Schritte über Grenzen, a. a. O., S. 27.

35 Ebenda, a. a. O., S. 29. Vgl. K. Fuchs, Moderne Physik und marxistisch-leninistische Philosophie, in: DZfPh, Sonderheft 1965.

36 Vgl. Ju. W. Satschkow, Einführung in die Wahrscheinlichkeitswelt, Moskau 1971, S. 77ff.

37 Diese Formulierung von G. Klaus in: Jesuiten, Gott, Materie, Berlin 1957, S. 10, ist u. a. vom Verfasser ausführlich kritisiert worden in: H. Hörz, Materiestruktur, a. a. O., S. 216ff; Vgl. Dialektik und moderne Naturwissenschaft, S. 253ff.; Vgl. K. Mare, Determinismus, Bukarest 1964; Vgl. M. A. Parnjuk, Determinismus, Moskau 1972.

38 R. Carnap, Philosophische Grundfragen der Physik, a. a. O., S. 278.

39 Ebenda, a. a. O., S. 277.

40 Ebenda, a. a. O.

41 Ebenda, a. a. O., S. 253f.

42 Ebenda, a. a. O., S. 254.
43 Eben diesen Umstand der Einschätzung positivistischer Thesen, der Neuformulierung von Auffassungen nutzt Del-Negro zum Nachweis, daß sich der Positivismus dem kritischen Realismus nähere. Vgl. Del-Negro, Konvergenzen in der Gegenwartsphilosophie und die moderne Physik, a. a. O., S. 110ff.
44 Bei der Untersuchung verschiedener philosophischer Standpunkte auf der Basis des dialektischen Materialismus wurde bisher zuwenig darauf geachtet, die mögliche philosophische Äquivalenz aufzudecken. Ein Grund dafür mag sein, daß man meint, die eigene Originalität ginge dann verloren. Nun ist das ein geringer Verlust gegenüber dem Gewinn an Wissenschaftlichkeit. Deshalb sollten auch verschiedene Determinismuskonzeptionen auf ihre mögliche inhaltliche Äquivalenz überprüft werden.
45 In einer Diskussion des Verfassers mit W. I. Pripisnow aus Dushanbe auf einem Symposium zum Gesetzesbegriff im April 1972 in Moskau zeigte sich beispielsweise die Äquivalenz bestimmter Teile der hier entwickelten statistischen Gesetzeskonzeption mit der von W. I. Pripisnow entwickelten Auffassung zu Wesen, Wirkungsmechanismus und Ausnutzung sozialer Gesetze in seiner Konzeption.
46 Vgl. Der Gesetzesbegriff in der Philosophie und in der Einzelwissenschaft, hrsg. von G. Kröber, Berlin 1968.
47 Auf die Rolle der Bedingungen muß hier nicht eingegangen werden. Es ist nur zu beachten, daß alle Gesetze bedingt sind.
48 Diese Gedanken zum System der Gesetze können hier nicht weiter ausgeführt werden, da sie den Rahmen des vorliegenden Themas sprengen. Sie sollen aber auf die Vielfalt methodologischer und heuristischer Konsequenzen aus philosophischen Untersuchungen naturwissenschaftlicher Erkenntnisse verweisen; Vgl. G. Klimaszewsky, Methodologische Probleme bei der Erkenntnis sozialer Gesetze, in: DZfPh, 8/1972, S. 941ff; Vgl. J. Kuszynski, Gesellschaftsgesetze, Berlin 1972.
49 Das umstrittene Experiment: Mensch – Modelle für seine neue Welt, München 1966, S. 22.
50 P. Kaletta, Der Führungsanspruch der SED, Naturwissenschaft contra Marxismus, Hamburg 1970, S. 19.
51 Ebenda, a. a. O., S. 21.
52 Abstracts zum IV. Internationalen Kongreß für Logik, Methodologie und Philosophie der Wissenschaften, Bukarest 1971, S. 245.
53 Ebenda, a. a. O., S. 236, 243.
54 Vgl. R. Bellmann, Typen von Gesetzen der Wissenschaft, Phil. Dissertation, Humboldt-Universität, Berlin 1964; Vgl. U. Röseberg, Philosophische Aspekte der Evolution physikalischer Bewegungsauffassungen, Phil. Dissertation, Humboldt-Universität, Berlin 1972.
55 Vgl. Ju. W. Satschkow, Einführung in die Wahrscheinlichkeitswelt, a. a. O., S. 128ff.

56 Marx/Engels, Werke, Bd. 25, a. a. O., S. 321ff.
57 Ebenda, a. a. O., S. 224.
58 Eine Kritik verschiedener Entwicklungskonzeptionen und ihrer philosophischen Bedeutung geben M. F. Wedenow/W. I. Kremjanski/A. T. Schatalow, in: Entwicklung der Konzeption des Strukturniveaus in der Biologie, Moskau 1972; Vgl. Philosophische Probleme der Evolutionstheorie – Materialien zum Symposium, Teil 1–3, Moskau 1971; Vgl. Das Problem der Entwicklung in der modernen Naturwissenschaft, Moskau 1968.
59 Vgl. H. v. Helmholtz, Philosophische Aufsätze, Berlin 1971.
60 I. I. Schmalhausen, Probleme des Darwinismus, Moskau-Leningrad 1968, S. 141.
61 J. Monod, Zufall und Notwendigkeit, a. a. O., S. XIIIf.
62 Ebenda, a. a. O., S. XV.
63 A. Ja. Iljin/I. N. Smirnov, Marxistisch-leninistische Philosophie und Evolutionstheorie, in: Philosophische Probleme der Evolutionstheorie, a. a. O., S. 13ff.
64 Ebenda, a. a. O., S. 15.
65 Ebenda, a. a. O., S. 16.
66 R. Carnap, Philosophische Grundlagen der Physik, a. a. O., S. 275.
67 Der Bereich „Philosophische Fragen der Wissenschaftsentwicklung" an der Akademie der Wissenschaften der DDR bereitet mit Biologen gemeinsam eine Publikation zum Thema „Philosophische und biologische Entwicklungstheorie" vor.
68 Die Evolution der Organismen, Stuttgart 1971, S. 134; Die vorliegende Arbeit gibt durch ihre Einschätzung der Diskussion zu diesem Thema wichtige Anregungen für die philosophische Reflexion zur Entwicklungstheorie. Solche Anregungen werden hier auf philosophischer Ebene ausgewertet, um die Bedeutung der Determinismuskonzeption und der dialektisch-materialistischen Entwicklungstheorie, also die materialistische Dialektik bei der Lösung der mit der biologischen Evolution verbundenen Probleme zu diskutieren. Das muß betont werden, damit nicht der Eindruck entsteht, es handle sich um einen philosophischen Aufriß der wesentlichen Grundprobleme der biologischen Entwicklungstheorie. Dazu gibt es eine Reihe von Arbeiten; Vgl. R. Löther, Die Beherrschung der Mannigfaltigkeit, Jena 1972; Vgl. W. Schellhorn, Probleme der Struktur, Organisation und Evolution biologischer Systeme, Jena 1969. Hier geht es um das Aufgreifen von Fragen einiger Biologen, um biologische Diskussionen und ihre philosophisch-weltanschauliche Bedeutung. An der Darstellung der wesentlichen philosophischen Grundprobleme biologischer Entwicklung und deren Lösung wird noch gearbeitet.
69 W. Herre/M. Roehrs, Domestikation und Stammesgeschichte, in: Die Evolution der Organismen, Stuttgart 1971, S. 134.

70 Vgl. E. Mayr, Artbegriff und Evolution, Hamburg/Berlin 1967.
71 Vgl. R. Löther, Die Beherrschung der Mannigfaltigkeit, a. a. O.
72 Die Entwicklung von Einzelmerkmalen betont O. H. Schindewolfs „Neue Systematik", in: Zeitschrift für Palaeontologie, Bd. 36/1962, S. 59ff.
73 Die Evolution der Organismen, a. a. O., S. 148.
74 Ebenda, a. a. O., S. 149.
75 Vgl. W. Plesse, Quantität und Qualität, Jena 1967.
76 Vgl. Philosophische Probleme der Evolutionstheorie, a. a. O., S. 41ff; Die Widerspruchsdialektik in ihrer Bedeutung für die Biologie ist sicher noch tiefer und umfassender auszuarbeiten. Für Schmalhausen ist die Leninsche Konzeption, die den Kern der Entwicklungsdialektik im Gesetz vom dialektischen Widerspruch als Quelle der Entwicklung sieht, die einzige theoretische Erklärung der biologischen Entwicklung; Vgl. ebenda, S. 16f.; Vgl. G. Stiehler, Der dialektische Widerspruch, Berlin 1968; Vgl. Ja. M. Gall/A. P. Moselow, Zur Frage nach dem Grundwiderspruch des Evolutionsprozesses, in: Philosophische Probleme der Evolutionstheorie, Bd. III, S. 73ff.
77 Vgl. K. Lorenz, So kam der Mensch auf den Hund, Wien 1950; K. Lorenz, Über tierisches und menschliches Verhalten, München 1966; K. Saller, Lehrbuch der Anthropologie, Stuttgart 1959.
78 Vgl. L. Bolk, Das Problem der Menschwerdung, Jena 1926.
79 Vgl. D. Starck, Der heutige Stand des Fetalisationsproblems, Hamburg/Berlin 1962.
80 Die Evolution der Organismen, a. a. O., S. 131.
81 Ebenda, a. a. O., S. 131.
82 Ebenda, a. a. O., S. 139; Vgl. C. Bresch, Klassische und molekulare Genetik, Berlin/Göttingen/Heidelberg 1964.
83 Vgl. Th. Dobshansky, Evolution, genetics and man, New York 1957.
84 Die Evolution der Organismen, a. a. O., S. 140.
85 Ebenda, a. a. O., S. 197; Zur Entwicklung der Kulturpflanze vgl. F. Schwanitz, Die Evolution der Kulturpflanzen, München 1967.
86 Ebenda, a. a. O., S. 198.
87 Vgl. ebenda, a. a. O., S. 269ff.
88 W. G. Borsenkow/W. I. Kupzow, Zur Problemstellung des Zufälligen in der Evolutionstheorie, in: Philosophische Probleme der Evolutionstheorie, in: a. a. O., S. 107ff.
89 Vgl. H. Hörz, Der dialektische Determinismus in Natur und Gesellschaft, a. a. O.
90 J. Monod, Zufall und Notwendigkeit, a. a. O., S. 120.
91 Ebenda, a. a. O., S. 119f.
92 Ebenda, a. a. O., S. 120.
93 Ebenda, a. a. O., S. 120f.
94 Die Evolution der Organismen, a. a. O., S. 24.
95 Ebenda, a. a. O., S. 2.

96 Ebenda, a. a. O., S. 3.
97 Ebenda, a. a. O., S. 208; Vgl. H. Stubbe, Einige Ergebnisse der Mutationsforschung an Kulturpflanzen, in: Sitzungsberichte der DAW, Berlin 1/1959.
98 J. Monod, Zufall und Notwendigkeit, a. a. O., S. XIV.
99 Vgl. I. F. Frolow, Über den dialektisch-materialistischen Determinismus in der Biologie, in: Botaničeski Shurnal, Bd. 43, 6/1958; Vgl. I. F. Frolow, Über Kausalität und Zweckmäßigkeit in der lebenden Natur, Berlin 1964.
100 Eine ausführliche Darstellung der Diskussion um die Strukturniveaus in der Biologie und weitere Literaturhinweise vgl. Die Entwicklung der Konzeption der Strukturniveaus in der Biologie, Moskau 1972.
101 Ebenda, a. a. O., S. 7ff.
102 Zur philosophischen Diskussion über das Verhältnis von Information und biologischer Entwicklung gibt es eine große Anzahl von Publikationen. Erwähnt seien hier nur einige sowjetische Arbeiten, die auf die Vielzahl der Standpunkte aufmerksam machen. Vgl. N. W. Medwedjew, Widerspiegelungstheorie und ihre naturwissenschaftlichen Grundlagen, Moskau 1963; Vgl. B. W. Achlibinski, Die Leninsche Widerspiegelungstheorie und die Kybernetik, Leningrad 1969; Vgl. Kybernetische Aspekte der Erforschung der Arbeit des Gehirns, Moskau 1970; Vgl. P. K. Anochin, Widerspiegelungstheorie und moderne Wissenschaft über das Gehirn, Moskau 1970; Vgl. K. S. Trintschew, Biologie und Information, Moskau 1965; Vgl. W. G. Atanasjew, Der Organismus als selbstregulierendes Biosystem, in: Entwicklung der Konzeption der Strukturniveaus in der Biologie, a. a. O., S. 278ff.
103 N. I. Shukow, Information, a. a. O., S. 251.
104 Umfangreich hat sich damit K. Fuchs-Kittowski befaßt. Vgl. Probleme des Determinismus und der Kybernetik in der molekularen Biologie, Jena 1969.
105 J. Monod, Zufall und Notwendigkeit, a. a. O., S. 76.
106 Ebenda, a. a. O., S. 61.
107 Ebenda, a. a. O., S. 84f.
108 Ebenda, a. a. O., S. 85.
109 Ebenda, a. a. O., S. 94.
110 Ebenda, a. a. O., S. 95f.
111 Ebenda, a. a. O., S. 96.
112 Ebenda, a. a. O., S. 111.
113 Ebenda, a. a. O., S. 118f.
114 Ebenda. a. a. O., S. 105.
115 Vgl. N. I. Shukow, Information, a. a. O., S. 56ff.
116 J. Monod, Zufall und Notwendigkeit, a. a. O., S. 5.
117 Ebenda, a. a. O., S. 11.
118 Ebenda, a. a. O., S. XV.
119 Ebenda, a. a. O., S. 17.

120 Ebenda, a. a. O., S. 20.
121 Ebenda, a. a. O., S. 141f.
122 Ebenda, a. a. O., S. 43.
123 Ebenda, a. a. O., S. 48.
124 Vgl. ebenda, a. a. O., S. 67, 75, 85, 137.
125 Vgl. ebenda, a. a. O., S. 128f., 153.
126 Ebenda, a. a. O., S. XIVf.
127 Ebenda, a. a. O., S. 129.
128 Ebenda, a. a. O., S. 146.
129 Ebenda, a. a. O., S. 187.

KAPITEL VI

1 W. Heisenberg, Der Teil und das Ganze, München 1969, S. 173.
2 Vgl. M. Black, Models and Metaphors, Ithaca 1962; Vgl. E. H. Hutten, The Origins of Science, London 1962; Vgl. M. Bunge, Philosophy and Physics, in: Contemporary philosophy, Bd. II, Firenze 1968, S. 167ff.; Vgl. M. Strauß, Intertheory Relations, in: Induction, Physics and Ethics, Dordrecht 1970.
3 Vgl. Weltanschauung und Methode, Berlin 1969.
4 A. Einstein, Mein Weltbild, (West-)Berlin 1956, S. 116f.
5 Vgl. H. Hörz, Werner Heisenberg und die Philosophie, a. a. O.
6 W. Heisenberg, Der Teil und das Ganze, a. a. O., S. 63.
7 Der sowjetische Physiker Joffe schildert dieses Gespräch, in: Begegnungen mit Physikern, Moskau 1962.
8 W. I. Lenin, Werke, Bd. 14, a. a. O., S. 116.
9 Ebenda, a. a. O., S. 127.
10 W. I. Lenin, Werke, Bd. 38, a. a. O., S. 83.
11 Ebenda, a. a. O., S. 83f.
12 W. I. Lenin, Werke, Bd. 14, a. a. O., S. 129.
13 Relativitätstheorie und Weltanschauung, Berlin 1967, S. 199.
14 Vgl. W. Heisenberg, Der Teil und das Ganze, a. a. O.
15 W. I. Lenin, Werke, Bd. 15, Berlin 1962, S. 19.
16 D. Wittich, Widerspiegelung und gesellschaftliche Praxis – Über zwei erkenntnistheoretisch relevante Widerspiegelungsbeziehungen, in: DZfPh, Sonderheft/1968, S. 42.
17 W. I. Lenin, Werke, Bd. 38, a. a. O., S. 185.
18 Ebenda, a. a. O., S. 186.
19 D. Wittich, Widerspiegelung und gesellschaftliche Praxis – Über zwei erkenntnistheoretisch relevante Widerspiegelungsbeziehungen, a. a. O., S. 43.
20 W. I. Lenin, Werke, Bd. 14, a. a. O., S. 130f.
21 Ebenda, a. a. O., S. 137f.
22 W. Fuchs, Formeln zur Macht, Hamburg 1966, S. 23.

23 Ebenda, a. a. O.
24 W. Heisenberg, Physik und Philosophie, a. a. O., S. 70.
25 W. I. Lenin, Werke, Bd. 14, a. a. O., S. 123.
26 W. Heisenberg, Physik und Philosophie, a. a. O., S. 70.
27 Ebenda, a. a. O., S. 71.
28 W. I. Lenin, Werke, Bd. 38, a. a. O., S. 186.
29 Auf den moralischen Aspekt dieser Problematik wird im Abschnitt über Wissenschaftsethik Stellung genommen.
30 W. Heitler, Der Mensch und die naturwissenschaftliche Erkenntnis, a. a. O., S. 93.
31 Dabei ist das System der Gesetze noch genauer zu untersuchen, wobei die Konzeption der statistischen Gesetze Anhaltspunkte für eine Systembetrachtung von Gesetzmäßigkeiten bietet.
32 Solche Auffassungen entstehen oft aus dem ungenügenden Verständnis der Dialektik von Analyse und Synthese im Erkenntnisprozeß und vernachlässigen vor allem die Bedeutung der wissenschaftlichen Philosophie für die Synthese der Erkenntnis.
33 W. I. Lenin, Werke, Bd. 33, a. a. O., S. 219.
34 Akten des XIV. Internationalen Kongresses für Philosophie, Wien 1968, Bd. 1, S. 608f.
35 Vgl. den Abschnitt zur Entwicklungstheorie.
36 Akten des XIV. Internationalen Kongresses für Philosophie, a. a. O., S. 609.
37 Ebenda, a. a. O.
38 J. Meurers, Wissenschaft im Kollektiv, a. a. O., S. 228.
39 In den letzten Jahren hat sich besonders in der Sowjetunion eine umfangreiche logische Literatur entwickelt, die sich mit verschiedenen theoretischen Ansätzen zur Entwicklung der Logik befaßt und logische Probleme der Bewegung, der Entwicklung, der Bewertung usw. aufwirft. Vgl. dazu die Arbeiten von Sinowjew, Iwin, Rusawin usw.; Vgl. Quantoren, Modalitäten, Paradoxien, Berlin 1972. Es ist an der Zeit, das Verhältnis von Philosophie und Logik auf der Grundlage erreichter Ergebnisse wieder einmal zu reflektieren.
40 H. Wessel, Zur Wahrheitsproblematik in den empirischen Wissenschaften, DZfPh, Sonderheft/1968, S. 195f.
41 Ebenda, a. a. O., S. 197; D. Wittich geht in seinem Artikel: Die Allgemeingültigkeit des marxistisch-leninistischen Begriffes „objektive Wahrheit", in: DZfPh 8/1971, S. 941, leider nicht auf die eigentlichen Probleme, wie die Komplexität der Wahrheit, das Verhältnis von logischer und philosophischer Wahrheitstheorie u. a., ein. Er kritisiert zwar die Auffassung von Wessel, aber seine Argumente treffen nicht den Kern.
42 R. Carnap, Induktive Logik und Wahrscheinlichkeit, Wien 1959, S. 1.
43 Ebenda, a. a. O., S. 6f.
44 Ebenda, a. a. O., S. 7.

45 Ebenda, a. a. O., S. 54.
46 „bit" ist die Abkürzung von binary digit, d. h. „Zweierschritt" und bezeichnet eine gefällte Ja-Nein-Entscheidung. Zur Bestimmung der Information vgl. W. A. Schtoff, Modellierung und Philosophie, Berlin 1968.
47 N. Wiener, Kybernetik, Hamburg 1968, S. 87.
48 C. F. v. Weizsäcker, Die Einheit der Natur, a. a. O., S. 54.
49 Ebenda, a. a. O., S. 54.
50 Ebenda, a. a. O.
51 B. S. Ukrainzew, Die Kategorie „Ziel" und die Kybernetik, in: Dialektik und moderne Naturwissenschaft, a. a. O., S. 272.
52 Ebenda, a. a. O.
53 Die Problematik wird umfangreich dargelegt in: Wissenschaftliche Zeitschrift der Humboldt-Universität, Protokoll der Helmholtz-Konferenz vom September 1971 an der Humboldt-Universität, a. a. O.
54 C. F. v. Weizsäcker, Die Einheit der Natur, a. a. O., S. 55.
55 Dieses Problem ist ausführlicher behandelt in: H. Hörz, Determinismus und Entscheidungen, DZfPh, 3/1972.
56 C. F. v. Weizsäcker, Die Einheit der Natur, a. a. O., S. 57.
57 Ebenda, a. a. O., S. 60.
58 N. I. Shukow, Information, a. a. O., S. 139; Zur philosophischen Diskussion über Zeichen vgl. L. O. Resnikow, Erkenntnistheoretische Probleme der Semiotik, Moskau 1964; Vgl. L. A. Abramjan, Erkenntnistheoretische Probleme der Theorie der Zeichen, Jerewan 1965; Vgl. auch F. Klix, Information und Verhalten, Berlin 1971.
59 Die Probleme der intuitiven Erkenntnis, die nicht allein durch die Logik der Erkenntnis zu lösen sind, werden untersucht in: A. A. Naldschadshjan, Einige psychologische und philosophische Probleme der intuitiven Erkenntnis, Moskau 1972; Vgl. H. Korch, Die wissenschaftliche Hypothese, Berlin 1971; Vgl. Wege des Erkennens, Berlin 1969; Vgl. G. Klimaszewsky, Die Erkenntnisfunktion verschiedener Hypothesenarten in der Physik, in: DZfPh, 12/1971, S. 1500ff; Die Dialektik des Erkenntnisprozesses in den Naturwissenschaften verdient in allen ihren Aspekten größere Aufmerksamkeit.

Kapitel VII

1 Die Stellung der Wissenschaftsgeschichte im System der Wissenschaften könnte unter folgenden Aspekten neu untersucht werden: das Verhältnis von Wissenschaftsgeschichte, Geschichtswissenschaft und jener Wissenschaft, deren Geschichte untersucht wird; das Verhältnis von Logischem und Historischem; die Wissenschaftsgeschichte als zu analysierendes Material der Wissenschaftswissenschaft. Zu Problemen der Wissenschaft von den Gesellschaftswissenschaften vgl. die Arbeiten von G. Kröber, H. Laitko; vgl. J. Kuczinsky, Studien zur Wissenschaft von den Gesellschaftswissenschaften, Berlin 1972.

2 Das von der Wissenschaft formulierte Gesetz wird als Widerspiegelung des objektiven Gesetzes betrachtet. Die formulierten Gesetze sind relativ wahre Erkenntnisse objektiver, gesetzmäßiger Zusammenhänge. Solange jedoch die erkenntnistheoretische Problematik nicht beachtet werden muß, bedarf es keiner direkten Unterscheidung. Dann gilt der Terminus „Gesetz" zur Bezeichnung des formulierten Gesetzes als des exakten Abbilds des objektiven Gesetzes.

3 Vgl. F. Richter/W. Krause, in: Mikrokosmos-Makrokosmos, Berlin 1966, S. 41ff; Vgl. Die Klassifikation der Wissenschaften als philosophisches Problem, hrsg. v. R. Rochhausen, Berlin 1968.

4 W. Heitler, Der Mensch und die naturwissenschaftliche Erkenntnis, a. a. O., S. 16f.

5 Ebenda, a. a. O., S. 27.

6 Zum Problem der Wissenschaftsklassifikation und Geschichte vgl. B. M. Kedrow, Die Klassifizierung der Wissenschaften, Bd. I und II, Moskau 1961 und 1965; Kedrow gibt auch eine umfassende Darstellung der Gedanken von Engels. Vgl. B. M. Kedrow, ebenda, Bd. I, a. a. O., S. 318ff.

Kapitel VIII

1 The legacy of logical positivism, Baltimore 1969, S. 84.

2 Ebenda, a. a. O., S. 87.

3 R. Carnap, Philosophische Grundlagen der Physik, a. a. O., S. 25 (russ.).

4 Vgl. W. v. Del-Negro, Konvergenzen in der Gegenwartsphilosophie und die moderne Physik, a. a. O.

5 Vgl. K.-F. Wessel, Kritischer Realismus und dialektischer Materialismus, Berlin 1971.

6 Fragen der Philosophie, 3/1962, S. 4.

7 Eine Einschätzung der Entwicklung und eine theoretische Begründung für das Verhältnis von Parteilichkeit und Wissenschaft, für die Formen der Parteilichkeit vgl. bei P. W. Alexejew/A. J. Iljin, Prinzip der Parteilichkeit und die Naturwissenschaft, Moskau 1972.

8 W. I. Lenin, Werke, Bd. 33, a. a. O., S. 218.

9 Vgl. I. Shdanow, Lenin und die Naturwissenschaft, Leipzig/Jena 1960, S. 20.

10 W. Heisenberg, Physik und Philosophie, a. a. O., S. 43.

11 L. Infeld, Wen die Götter lieben, Berlin 1957, S. 394.

12 W. I. Lenin, Werke, Bd. 14, a. a. O., S. 362f.

13 Ebenda, a. a. O., S. 363.

14 Universitas, 4/1969, S. 339.

15 M. Born, Symbol und Wirklichkeit, in: Naturwissenschaft heute, Gütersloh 1965, S. 113; Zur Einschätzung der Auffassungen von M. Born vgl. H. Vogel, Physik und Philosophie bei Max Born, Berlin 1968.

16 W. I. Lenin, Werke, Bd. 14, a. a. O., S. 250.

17 Dieser Abschnitt ist ein Beitrag des Verfassers, der in Gemeinschaftsarbeit mit K. -F. Wessel entstand; Vgl. Naturphilosophie – von der Spekulation zur Wissenschaft, Berlin 1969.

18 Unter Kopenhagener Schule versteht man die Physiker, die mit Niels Bohr in Kopenhagen die Interpretation der Quantenmechanik ausarbeiteten. Dazu gehören u. a. Max Born, Werner Heisenberg, Pascual Jordan. Diese Namen machen schon deutlich, welche verschiedenen Ansichten dort vertreten werden. Wenn Jordan ein Verfechter des Positivismus war, so Born einer seiner entschiedensten Kritiker unter den Quantenmechanikern.

19 A. Comte, Rede über den Geist des Positivismus, Hamburg 1956, S. 27f.

20 Ebenda, a. a. O.

21 W. Heisenberg, Physik und Philosophie, a. a. O., S. 34.

22 E. Mach, Die Analyse der Empfindungen und das Verhältnis des Physischen zum Psychischen, Jena 1906, S. 9.

23 R. Carnap, Die Aufgabe der Wissenschaftslogik, Wien 1934, S. 5.

24 E. Whittaker, Von Heraklid zu Eddington, Wien/Stuttgart 1952, S. 171.

25 L. Infeld, Albert Einstein, Wien 1953, S. 82.

26 Vgl. R. Garaudy, Die materialist. Erkenntnistheorie, Bln. 1960, S.251ff.

27 W. I. Lenin, Werke, Bd. 14, Berlin 1962, S. 353; Vgl. H.-J. Treder, Entstehung, Entwicklung und Perspektiven der Einsteinschen Gravitationstheorie, Berlin 1966.

28 A. Sommerfeld, Über die Elektronentheorie der Metalle, in: Monatshefte für Mathematik und Physik, Bd. 37/1930, S. 197.

29 Albert Einstein als Philosoph und Naturforscher, Stuttgart 1956, S. 8.

30 W. Heisenberg, Physik und Philosophie, a. a. O., S. 118.

31 A. Einstein, Mein Weltbild, a. a. O., S. 118.

32 W. Heisenberg, Physik und Philosophie, a. a. O., S. 117.

33 Ebenda, a. a. O., S. 118f.

34 R. Carnap, Scheinprobleme in der Philosophie, Berlin 1928, S. 30.

35 Ebenda, a. a. O., S. 35.

36 W. Heisenberg, Physik und Philosophie, a. a. O., S. 64f.

37 Vgl. R. Carnap, Theoretische Begriffe der Wissenschaft, in: Zeitschrift für philosophische Forschung, Bd. XIV/1960, S. 210.

38 Ebenda, a. a. O., S. 211.

39 Ebenda, a. a. O., S. 233.

40 Ebenda, a. a. O., S. 579.

41 H. Dolch, Kausalität im Verständnis des Theologen und der Beginn der neuzeitlichen Physik, Freiburg 1954, S. 4.

42 Ebenda, a. a. O., S. 229.

43 K. Heim, Der christliche Gottesglaube und die Naturwissenschaft, Tübingen 1949, S. 23.

44 G. A. Wetter, Ordnung ohne Freiheit, a. a. O., S. 20f.

45 R. Kirchhoff, Wissenschaftliche Weltanschauung und religiöser Glaube, Berlin 1960, S. 11f.

46 Ebenda, a. a. O., S. 18.
47 Die Beschlüsse des Konzils (Der vollständige Text der vom II. Vatikanischen Konzil beschlossenen Dokumente in deutscher Übersetzung), hrsg. von W. Becker, Leipzig 1967, S. 152.
48 Ebenda, a. a. O., S. 165.
49 Ebenda, a. a. O., S. 166f.
50 Ebenda, a. a. O., S. 193.
51 A. Wenzl, Erwiderung, in: Osteuropa/Naturwissenschaft, Juli/1961, S.4.
52 E. Becher, Grundlagen und Grenzen des Naturerkennens, München/Leipzig 1928, S. 52.
53 Ebenda, a. a. O., S. 66f.
54 A. Wenzl, Die philosophischen Grenzfragen der modernen Naturwissenschaft, Stuttgart 1954, S. 131.
55 Ebenda, a. a. O., S. 132.
56 Ebenda, a. a. O., S. 136.
57 Ebenda, a. a. O., S. 137.
58 G. A. Wetter, Philosophie und Naturwissenschaft in der Sowjetunion, Hamburg 1958, S. 36f.
59 W. I. Lenin, Werke, Bd. 14, a. a. O., S. 291f.

KAPITEL IX

1 Vgl. W. Heitler, Der Mensch und die naturwissenschaftliche Erkenntnis, a. a. O.
2 Ebenda, a. a. O., S. 3f.
3 Bagge/Diebner/Jay, Von der Uranspaltung bis Calder Hall, Hamburg 1957, S. 57.
4 W. Heitler, Der Mensch und die naturwissenschaftliche Erkenntnis, a. a. O., S. 92.
5 Ebenda, a. a. O.
6 Ebenda, a. a. O., S. 94f.
7 Marx/Engels, Werke, Bd. 2, Berlin 1957, S. 38.
8 W. Heitler, Der Mensch und die naturwissenschaftliche Erkenntnis, a. a. O., S. 3.
9 Ebenda, a. a. O., S. 16.
10 W. Heisenberg, Wandlungen in den Grundfragen der Naturwissenschaft, Stuttgart 1949, S. 68.
11 W. Heitler, Der Mensch und die naturwissenschaftliche Erkenntnis, a. a. O., S. 93.
12 Ebenda, a. a. O.
13 J. K. Galbraith, Tabus in Wirtschaft und Politik der USA, Hamburg 1964, S. 19.
14 Wir stoßen nun wieder auf allgemeine Beziehungen, die in der Natur und in der Gesellschaft gelten, ohne daß damit der Unterschied zwi-

schen Natur und Gesellschaft, zwischen objektiven Natur- und Gesellschaftsgesetzen aufgehoben würde. Es gilt also, sowohl die Gemeinsamkeiten als auch die Unterschiede exakter zu bestimmen.

15 W. Heitler, Der Mensch und die naturwissenschaftliche Erkenntnis, a. a. O., S. 42.

16 Ebenda, a. a. O., S. 21.

17 Marx/Engels, Ausgewählte Briefe, Berlin 1953, S. 503f.

18 Ebenda, a. a. O., S. 309.

19 W. Heitler, Der Mensch und die naturwissenschaftliche Erkenntnis, a. a. O., S. 13.

20 Marx/Engels, Werke, Bd. 13, Berlin 1961, S. 8f.

21 H. Seidel, Vom praktischen und theoretischen Verhältnis der Menschen zur Wirklichkeit, in: DZfPh, 10/1966, S. 1182.

22 Wir sprechen hier nicht von der von Lenin betrachteten Beziehung zwischen materiellen und ideologischen Verhältnissen.

23 W. Heitler, Der Mensch und die naturwissenschaftliche Erkenntnis, a. a. O., S. 12.

24 Ebenda, a. a. O., S. 61.

25 Marx/Engels, Ausgewählte Briefe, a. a. O., S. 309.

26 W. Heitler, Der Mensch und die naturwissenschaftliche Erkenntnis, a. a. O., S. 88.

27 Ebenda, a. a. O.

28 Ebenda, a. a. O., S. 91.

29 J. Monod, Zufall und Notwendigkeit, a. a. O., S. 208.

30 Vgl. Physics, Induction, Ethics, a. a. O.

31 Ebenda, a. a. O.

32 Ebenda, a. a. O.

33 J. Monod, Zufall und Notwendigkeit, a. a. O., S. 200.

34 Ebenda, a. a. O., S. 200f.

35 Ebenda, a. a. O., S. 201; Vgl. auch H. Böhme, Molekular- und Zellgenetik in der Gegenwart, in: Einheit 10/1973; Vgl. R. Löther, Die Dialektik von Biologischem und Gesellschaftlichem, in: Einheit 7/1974.

36 Ebenda, a. a. O., S. 208.

37 Ebenda, a. a. O., S. 208f.

38 Ebenda, a. a. O., S. 212.

39 Ebenda, a. a. O.

40 Ebenda, a. a. O., S. 219.

41 Ebenda, a. a. O., S. 219f.

42 Ebenda, a. a. O., S. 216.

43 W. Heisenberg, Schritte über Grenzen, a. a. O., S. 252.

44 Ebenda, a. a. O., S. 252.

45 Ebenda, a. a. O., S. 252f.

46 Ebenda, a. a. O., S. 260.

47 Ebenda, a. a. O., S. 260f.

48 Das Verhältnis von Moral und Rechtsnorm kann uns hier nicht weiter

beschäftigen. Es läßt auf jeden Fall Rückschlüsse auf den Charakter des Staates zu, welche moralischen Beziehungen wie weit staatlich sanktioniert und damit zu juristischen Normen werden. Es wäre jedoch verkehrt, das nur quantitativ zu sehen. Es geht um die staatliche Sanktion der Macht der herrschenden Klasse, die in der Ausbeuterordnung durch die Unterdrückung der ausgebeuteten Klassen mit Hilfe ökonomischen Drucks geschieht, durch juristische Normen gesichert und durch Manipulierung der öffentlichen Meinung ergänzt wird. Die Entwicklung des Sozialismus-Kommunismus ist nun keinesfalls durch einen einfachen Abbau juristischer Normen zu erklären. Die Entwicklung der sozialistischen Demokratie erfordert die Festigung der Macht des sozialistischen Staates und die juristische Sicherung der Machtausübung in der sozialistischen Demokratie durch die Arbeiterklasse und ihre Verbündeten. Die für die sozialistische und kommunistische Produktions- und Lebensweise wesentlichen Beziehungen müssen juristisch bestimmt und staatlich sanktioniert sein.

49 Das gilt auch für die kommunistische Moral, solange noch Klassen existieren. Anders verhält es sich mit der Moral in der entwickelten kommunistischen Gesellschaft, wenn im wesentlichen keine kapitalistische Bedrohung mehr exisitert.

Personenregister

Sachregister